电子工程师成长之路

# 信号完整性与电源完整性仿真设计

林超文　李　奇　叶　炳　编著

電子工業出版社
Publishing House of Electronics Industry
北京·BEIJING

## 内 容 简 介

本书依据 PADS 9.5 完整版本自带的 HyperLynx 8.2.1 编写，详细介绍了利用 HyperLynx 8.2.1 实现 SI/PI 前仿真和后仿真的流程与技巧。本书结合设计实例，配合大量的示意图，以实用易懂的方式介绍 HyperLynx 的前仿真原理图设计流程和板级后仿真设计流程，从而轻松掌握使用此软件进行 SI/PI 前仿真和后仿真，可以与市面上的《PADS 9.5 实战攻略与高速 PCB 设计》图书配套学习，使学习更全面。

本书注重理论和实际相结合，偏重实践。全书共 15 章，主要内容包括：信号完整性原理图、LineSim Cell-Based SCH 原理图讲解、信号完整性理论讲解、HyperLynx 软件简介、仿真模型介绍、叠层结构介绍、PADS 导入设置、去耦电容网络预分析、Allegro 导入设置、HDMI 仿真实例、USB 仿真实例、DDR 仿真实例、DC Drop 直流降仿真实例、去耦平面噪声及协同分析实例、S 参数级联和 TDR 查看。

书中实例的部分源文件，读者可以在 EDA 设计智汇馆的书籍与培训版块进行下载使用。

本书适合从事硬件设计与 PCB 设计相关的技术人员阅读，也可作为职业院校、技工院校及高等学校相关专业的教学参考书，尤其适合作为从事信号完整性和电源完整性的工程师的参考工具书。



**图书在版编目（CIP）数据**

信号完整性与电源完整性仿真设计 / 林超文，李奇，叶炳编著. —北京：电子工业出版社，2024.4
（电子工程师成长之路）
ISBN 978-7-121-47617-4

Ⅰ. ①信…　Ⅱ. ①林…　②李…　③叶…　Ⅲ. ①信号设计②电源电路－电路设计　Ⅳ. ①TN911.2
②TN710.02

中国国家版本馆 CIP 数据核字（2024）第 068839 号

责任编辑：张　迪（zhangdi@phei.com.cn）
印　　刷：三河市华成印务有限公司
装　　订：三河市华成印务有限公司
出版发行：电子工业出版社
　　　　　北京市海淀区万寿路 173 信箱　邮编：100036
开　　本：787×1 092　1/16　印张：30.75　字数：787.2 千字
版　　次：2024 年 4 月第 1 版
印　　次：2024 年 4 月第 1 次印刷
定　　价：99.00 元

凡所购买电子工业出版社图书有缺损问题，请向购买书店调换。若书店售缺，请与本社发行部联系，联系及邮购电话：（010）88254888，88258888。

质量投诉请发邮件至 zlts@phei.com.cn，盗版侵权举报请发邮件至 dbqq@phei.com.cn。

本书咨询联系方式：（010）88254469，zhangdi@phei.com.cn。

# 前　言

随着EDA技术的不断发展，众多EDA软件工具厂商所提供的EDA工具的性能也在不断提高。HyperLynx是一款由Mentor Graphics公司打造的SI/PI仿真设计验证软件，现在的高速数字印刷电路板（PCB）结构越来越复杂，如果不进行SI/PI仿真，后期项目损失会很大。这款软件可以为设计师提供一套完整的SI/PI分析技术，让其能够对任何类型的PCB设计进行导入分析。最新版本将信号和电源完整性分析、三维电磁解析和快速规则检查集成到一个统一的环境中。

HyperLynx是一个很好的科研和教学平台，主要有以下特点：第一，通过该平台的学习，初学者可以系统、全面地掌握SI/PI设计方法，可以很容易地学习和使用其他厂商的相关EDA工具，如Cadence Sigrity、ADS、Anasys的SI/PI等组件；第二，HyperLynx的人机交互简单易懂，初学者在使用HyperLynx学习SI/PI前仿和后仿的过程中，当接触到一些比较抽象的理论知识时，可以很容易地通过友好的人机交互界面建模，使对抽象理论知识的学习变得浅显易懂。

本书由高校老师和长期从事SI/PI、硬件设计的一线工程师合力编写。本书内容紧密结合具体项目，理论联系实际，希望能够给广大读者学习HyperLynx（尤其是自学HyperLynx）提供一条捷径。本书有些图片和简单例子来自网络，感谢那些在网络上默默奉献的技术工作者。

本书是基于HyperLynx 8.2.1版本编写的，通过理论与实例结合的方式，深入浅出地介绍了其使用方法和设计流程。本书共15章。其中，第1～3章、第5～6章由李奇编写，第4章、第7～9章由林超文编写，第10～15章由叶炳编写，全书由李奇统稿。由于印制的原因，书中部分彩图未能很好地展示出来，如果有影响读者阅读和理解的地方，欢迎读者联系编著者（26005192@qq.com）或出版社索取部分彩图。

本书涉及的知识很新，加之时间仓促，书中难免存在疏漏和不足之处，恳请各位专家和读者批评指正。

编著者
2024年4月

# 目　　录

**第 1 章　信号完整性原理图** ……（1）

1.1 新建 LineSim 工程 ……（1）

1.2 运行仿真 ……（6）

1.3 端接优化 ……（7）

**第 2 章　LineSim Cell-Based SCH 原理图** ……（10）

**第 3 章　信号完整性理论** ……（19）

3.1 信号完整性概述 ……（19）

3.2 传输线 ……（20）

3.2.1 传输线效应 ……（22）

3.2.2 微带线和带状线的串扰比较 ……（27）

3.3 时序 ……（29）

3.4 电磁干扰（EMI）与电磁兼容（EMC） ……（32）

3.5 信号完整性的“4T 原则” ……（34）

3.5.1 芯片设计技术 ……（35）

3.5.2 电路的拓扑结构 ……（36）

3.5.3 电路的端接 ……（37）

3.5.4 传输线的参数 ……（39）

3.6 叠层 ……（41）

3.7 影响传输延时的因素 ……（41）

3.8 在 LineSim 中查看传输线参数 ……（42）

**第 4 章　HyperLynx 软件简介** ……（44）

4.1 前仿真流程 ……（44）

4.2 HyperLynx 菜单设置 ……（45）

4.3 HyperLynx 工作界面介绍 ……（54）

**第 5 章　仿真模型简介** ……（67）

5.1 HyperLynx 支持的仿真模型 ……（67）

5.2 MOD 模型 ……（67）

5.3 IBIS 模型 ……（69）

5.4 SPICE 模型 ……（77）

5.5 S 参数模型 ……（81）

5.6 EBD 模型 ……（84）

5.7 PML 模型 ……（86）

**第 6 章　HyperLynx（SI）叠层结构** ……（87）

6.1 叠层编辑器简介 ……（87）

6.2 叠层编辑器中的菜单 ……（88）
6.3 叠层编辑器中的表格 ……（92）
6.4 叠层编辑器中的标签 ……（94）
6.5 叠层编辑器熟悉步骤 ……（95）
6.6 目前常见的叠层 ……（96）
**第 7 章 HyperLynx 之 PADS 导入** ……（99）
7.1 PADS 导出设置 ……（99）
7.2 导入 HyperLynx ……（101）
**第 8 章 HyperLynx 去耦电容预分析** ……（102）
8.1 新建一个 LineSim Free-Form 原理图 ……（102）
8.2 编辑叠层结构 ……（103）
8.3 画板框 ……（104）
8.4 添加去耦电容 ……（105）
8.5 仿真分析 ……（108）
**第 9 章 HyperLynx 之 Allegro 导入** ……（122）
9.1 Intel FPGA BRD 主板导入过程 ……（122）
9.2 DDR 内存条导入过程 ……（128）
**第 10 章 HyperLynx 之 HDMI 实例讲解** ……（131）
10.1 HDMI 简介 ……（131）
10.2 HDMI 概述 ……（131）
10.3 HDMI 标准物理层 ……（133）
10.3.1 连接器和电缆 ……（133）
10.3.2 电气规范 ……（139）
10.4 信号和编码 ……（147）
10.5 眼图和眼图模板 ……（148）
10.6 HDMI 仿真示例 ……（152）
10.6.1 源设备侧眼图建模仿真示例 ……（152）
10.6.2 HDMI 差分对长度仿真示例 ……（162）
10.6.3 HDMI 插入 Connector 的寄生 S 参数后对比原理图仿真示例 ……（169）
10.6.4 HDMI 差分对内偏差仿真示例 ……（170）
10.6.5 HDMI 差分对间偏差仿真示例 ……（177）
10.6.6 HDMI 常规链路仿真示例 ……（182）
10.7 HDMI 后仿真示例 ……（191）
**第 11 章 HyperLynx 之 USB 仿真实例** ……（196）
11.1 USB 简介 ……（196）
11.2 USB 1.0/1.1/2.0 的上电识别过程 ……（204）
11.3 USB 2.0 测试点和测试眼图模板 ……（206）
11.4 USB 链路图 ……（211）
11.5 二层板项目实例 ……（228）

11.6 USB 3.0 体系架构概述 …… (235)
11.6.1 USB 3.0 系统说明 …… (235)
11.6.2 超高速架构 …… (236)
11.6.3 电缆结构和电线分配 …… (240)
11.6.4 物理层的功能描述 …… (248)
11.6.5 符号编码 …… (249)
11.6.6 时钟与抖动 …… (250)
11.6.7 驱动器技术规格书 …… (251)
11.6.8 USB 3.0 的预仿真评估 …… (253)
11.6.9 USB 3.0 后仿真 …… (263)
**第 12 章 HyperLynx 之 DDR 仿真实例** …… (267)
12.1 DRAM 简介 …… (267)
12.2 DDR2 存储器接口的 SI 前仿真 …… (269)
12.3 DDR2 存储器接口的 SI 后仿真 …… (300)
12.4 DDR3 Fly-By 结构预仿真举例 …… (323)
12.5 DDR3 的 PCB 后仿真 …… (330)
**第 13 章 HyperLynx 之 DC Drop 仿真** …… (342)
13.1 DC Drop 前仿真 …… (342)
13.2 3D 显示图形中的按钮功能 …… (347)
13.3 直流电流密度图 …… (348)
13.4 多层板直流降后仿真例子 …… (352)
13.5 多层板直流降批处理后仿真例子 …… (363)
13.6 二层板直流降仿真例子 …… (366)
13.7 DDR2 内存条直流降仿真例子 …… (377)
**第 14 章 去耦平面噪声及协同分析实例** …… (385)
14.1 电源完整性理论 …… (385)
14.2 去耦预分析举例 …… (386)
14.3 去耦平面后分析举例 …… (405)
14.4 去耦电容后分析举例 …… (412)
14.5 用 QPL 文件去耦后分析举例 …… (422)
14.6 平面噪声分析 …… (428)
14.7 平面噪声后分析 …… (432)
14.8 SI/PI 协同仿真 …… (438)
14.9 通过过孔旁路分析研究过孔阻抗的好坏 …… (443)
14.10 PDN 预设计 …… (446)
14.11 多层板去耦后分析 …… (459)
14.12 4 层板去耦后分析 …… (465)
14.13 导出内存条 EBD 模型 …… (472)
**第 15 章 HyperLynx 之 S 参数级联和 TDR 查看** …… (477)

# 第 1 章

# 信号完整性原理图

HyperLynx 包括前仿真（LineSim）和后仿真（BoardSim）两个仿真模块。其中，LineSim 模块主要对原理图进行仿真分析，从而验证电路原理设计是否满足要求，然后再把验证的结果和设计规则输出给 PCB 工程师；BoardSim 模块主要对 PCB 进行仿真验证，包括信号完整性、电源完整性、EMC 仿真及热仿真，从而查看设计的 PCB 是否满足信号质量和时序的要求，是否满足总线规范的要求，是否满足产品系统的设计要求，等等。

## 1.1 新建 LineSim 工程

布线前的仿真环境由原理图绘制模块组成。其中，自由格式（Free-Form）原理图可以选择建立 SI、PI 或者 SI/PI 原理图。

新建 LineSim 工程的操作步骤如下所述。

第 1 步：双击“ ”图标，启动 HyperLynx 软件，在弹出的对话框中单击图标栏中的“ ”图标，弹出如图 1-1 所示的对话框。

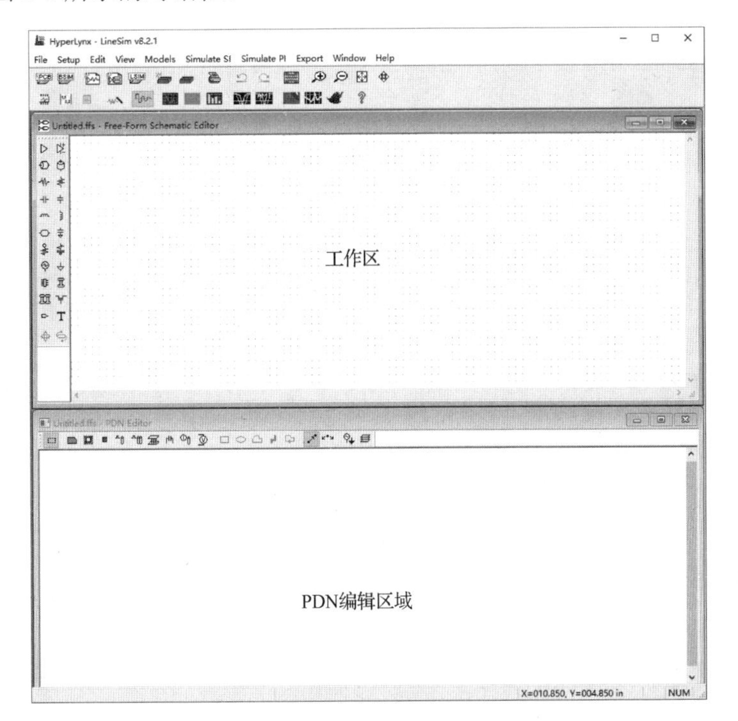


图 1-1

第 2 步：执行菜单命令 File>Save As，在弹出的“另存为”对话框中选择合适的路径，命名一个原理图名称，如 linesim_freeform，单击“保存”按钮，如图 1-2 所示。

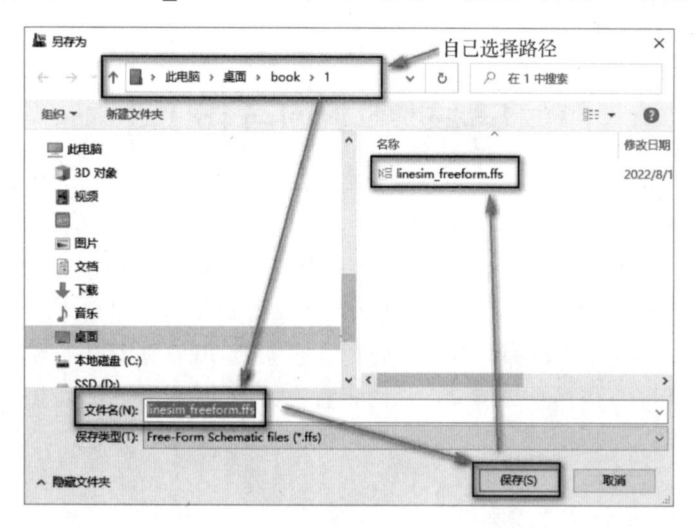


图 1-2

第 3 步：编辑叠层。单击图 1-1 中的“ ”叠层结构图标，弹出“Stackup Editor”对话框。在该对话框中，HyperLynx 默认是 6 层的叠层结构，如图 1-3 所示。

Stackup Editor

File Edit View Help

Basic | Dielectric | Metal | Z0 Planning | Custom View

| | Visible | Color | Pour Draw Style | Layer Name | Type | Usage | Thickness mils, oz | Er | Test Wic mils |
|---|---|---|---|---|---|---|---|---|---|
| 1 | | | | | Dielectric | Solder Mask | 0.5 | 3.3 | |
| 2 | ✓ | | Solid | TOP | Metal | Signal | 0.5 | <Auto> | 6 |
| 3 | | | | | Dielectric | Substrate | 3.546 | 4.3 | |
| 4 | ✓ | | Solid | VCC | Metal | Plane | 1 | <Auto> | 6 |
| 5 | | | | | Dielectric | Substrate | 5.145 | 4.3 | |
| 6 | ✓ | | Solid | InnerSignal1 | Metal | Signal | 1 | <Auto> | 6 |
| 7 | | | | | Dielectric | Substrate | 35.5 | 4.3 | |
| 8 | ✓ | | Solid | InnerSignal2 | Metal | Signal | 1 | <Auto> | 6 |
| 9 | | | | | Dielectric | Substrate | 5.145 | 4.3 | |
| 10 | ✓ | | Solid | GND | Metal | Plane | 1 | <Auto> | 6 |
| 11 | | | | | Dielectric | Substrate | 3.546 | 4.3 | |
| 12 | ✓ | | Solid | BOTTOM | Metal | Signal | 0.5 | <Auto> | 6 |
| 13 | | | | | Dielectric | Solder Mask | 0.5 | 3.3 | |

Measurement units: English

Metal thickness as: Weight

Draw proportionally

Use layer colors

No errors in stackup.

OK Cancel Help

图 1-3

第 4 步：添加传输线。单击图 1-1 中的图标“ ”，添加传输线元件到工作区，默认命名为“TL1”。

第 5 步：设置传输线属性。双击“TL1”，弹出“Edit Transmission Line”对话框，如图 1-4 所示。在该对话框中的“Transmission-Line Type”标签页中选择“Uncoupled (single line)”

下面的“Stackup”，即叠层非耦合单条传输线类型；在该对话框中的“Values”标签页中，默认线长为“3.000 in”，默认线宽为“6.00 mils”，特征阻抗为“50.0 ohms”，单击“确定”按钮。弹出如图 1-5 所示的对话框。

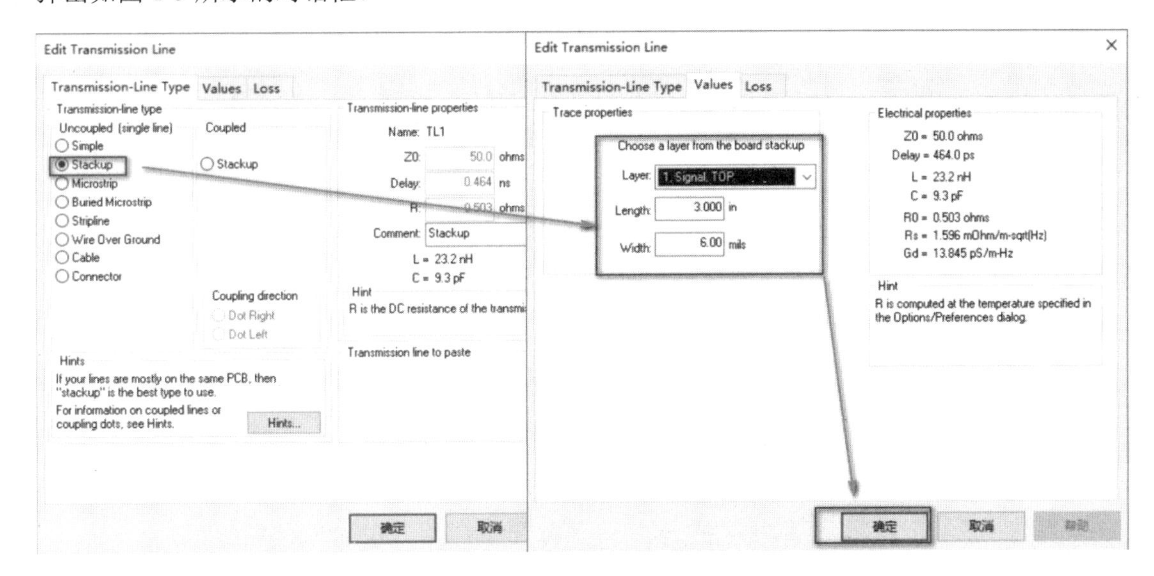


图 1-4

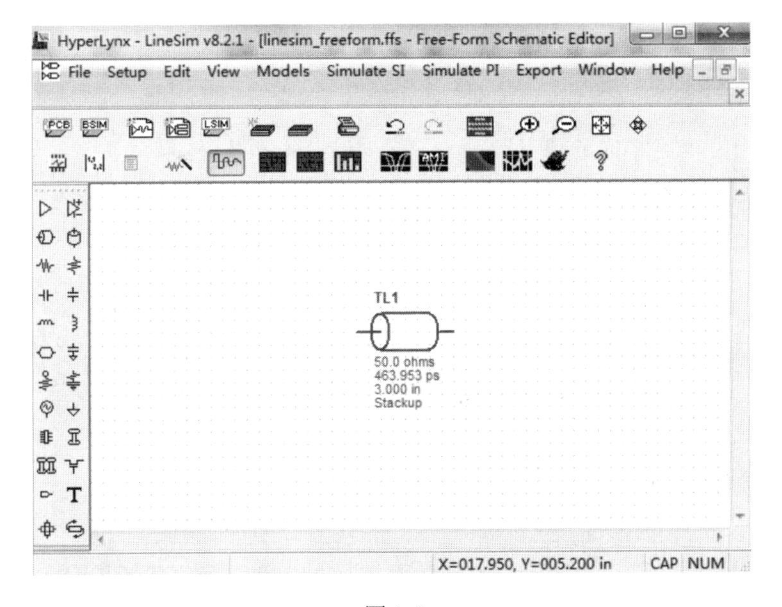


图 1-5

第 6 步：添加有源 IC 元件。单击元件栏中的图标“▷”，添加 IC 元件到工作区，并在工作区合适的地方单击鼠标左键进行放置。重复前面的步骤再放一个 IC 元件，放置好后如图 1-6 所示。

第 7 步：添加无源元件。单击元件栏中的电阻图标“-W-”，添加电阻元件到工作区，添加电阻元件后如图 1-7 所示。

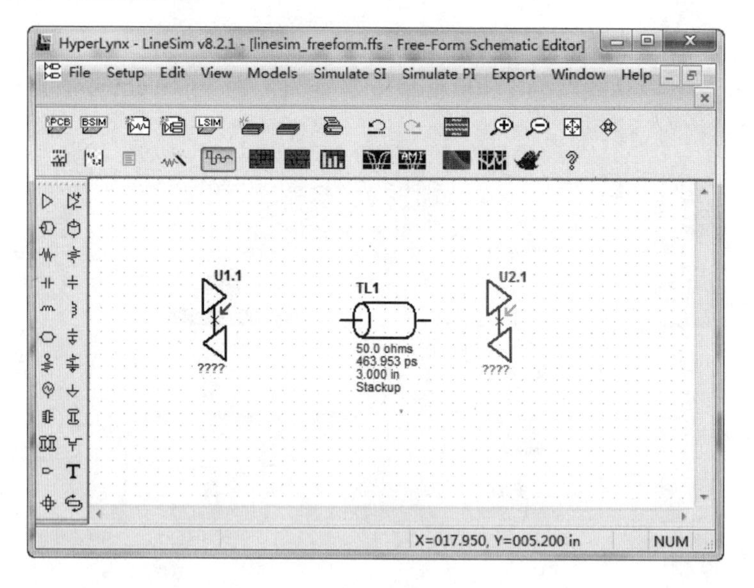


图 1-6

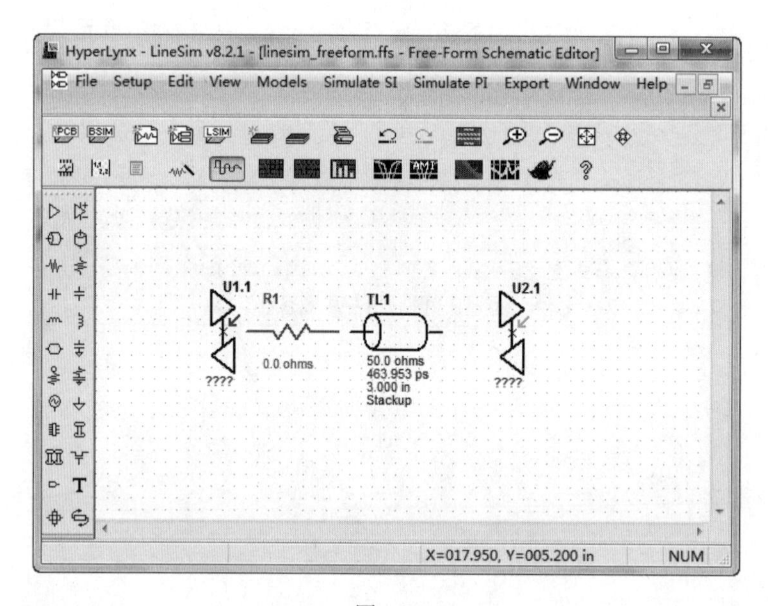


图 1-7

第 8 步：连线。

- 第一种连线方法是：将光标移动到需要连接的元件节点处会呈现“+”字形，然后按住鼠标左键移动到另一个需要连接的元件节点处，软件会自动连接好，并出现蓝色的连接点。
- 第二种连线方法是：单击元件，按住鼠标左键移动整个元件，让它的引脚节点与另一个元件的引脚节点相接触，这样就可以连上了，连好后的原理图如图 1-8 所示。

第 9 步：添加 IC 仿真模型。单击 U1.1，然后单击鼠标右键，在弹出的右键菜单中执行菜单命令“Assign Models”，在弹出的对话框中按图 1-9 中所示的步骤完成 IC 模型的添加。

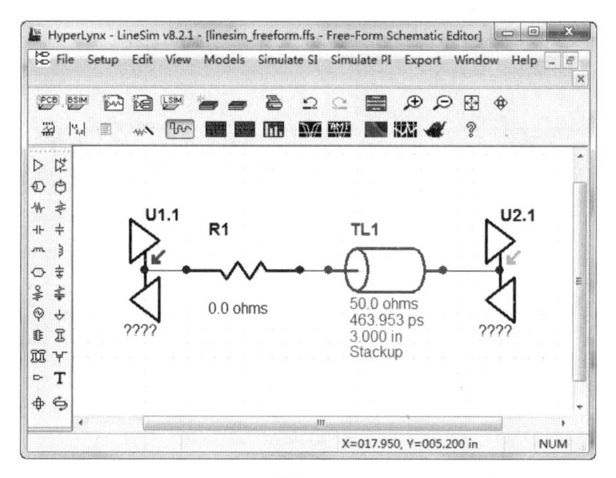


图 1-8

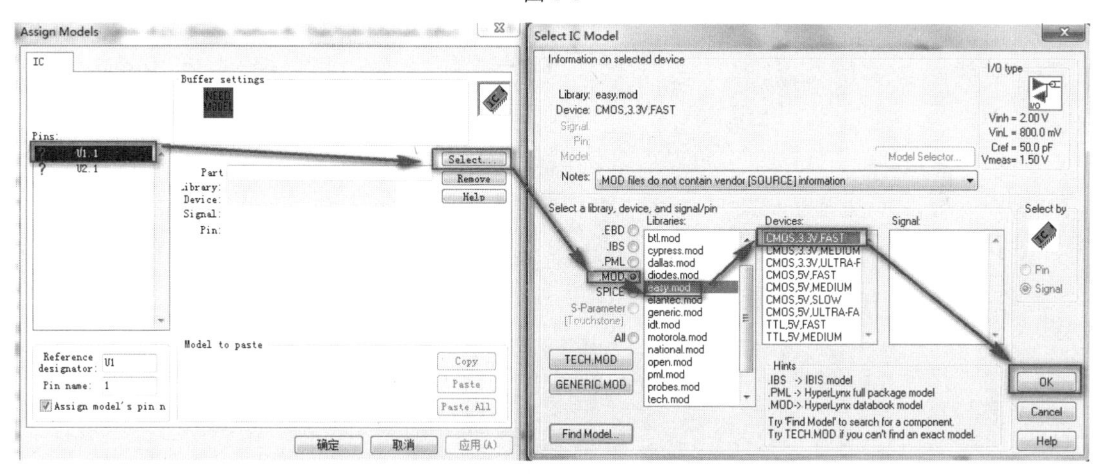


图 1-9

第 10 步：如图 1-10 所示，把 IC-U1.1 设置为“Output”（输出 Buffer）。

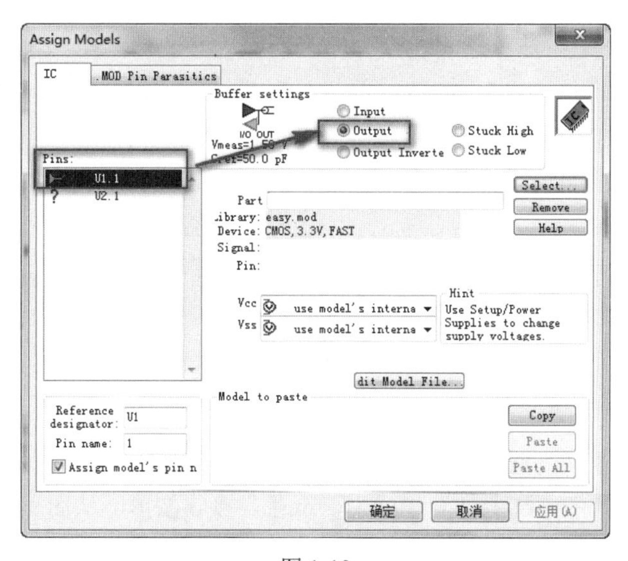


图 1-10

第 11 步：按照上面的步骤给 U2.1 也添加这个模型，并设置为“Input”（输入 Buffer），如图 1-11 所示。

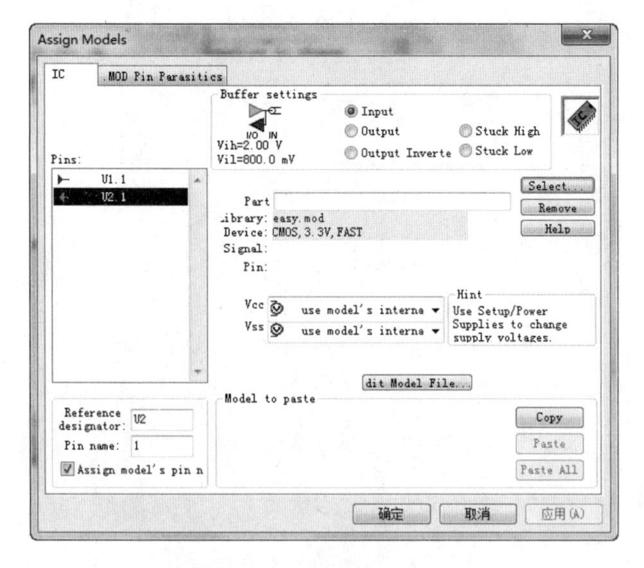


图 1-11

第 12 步：单击图 1-11 中的“确定”按钮，添加完 IC 模型后的原理图如图 1-12 所示。至此，一个简单的自由格式的原理图建立完毕。

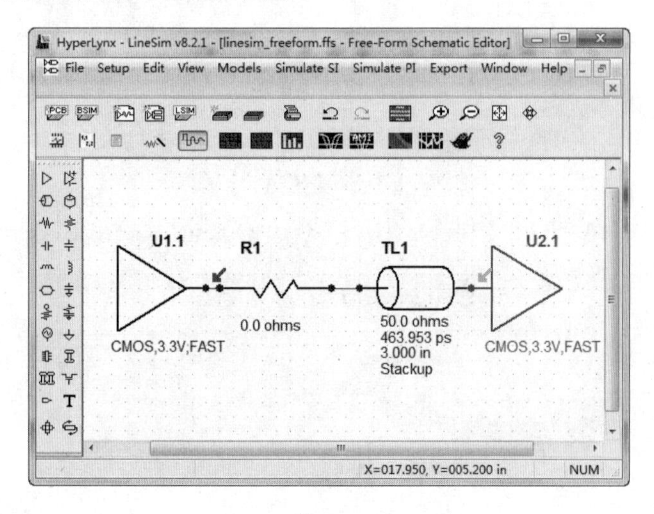


图 1-12

## 1.2 运行仿真

单击工具栏中的图标“■”，出现数字示波器对话框，按照图 1-13 中所示数字顺序操作即可看到仿真波形。其中，红色是发送波形，绿色是接收波形，从图 1-13 中可以看到，仿真出来的接收波形明显很差。

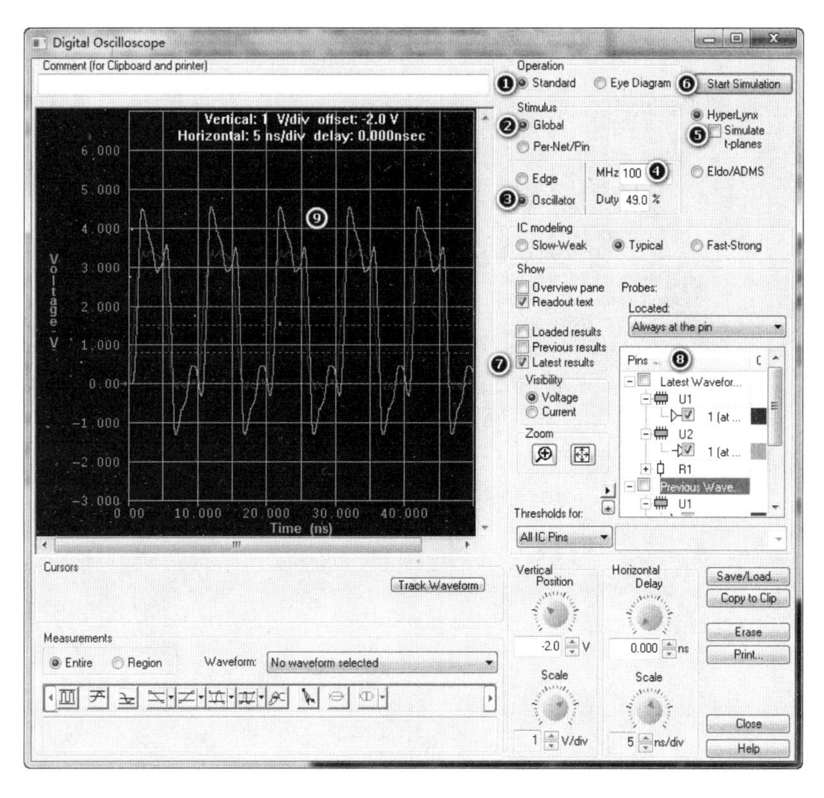


图 1-13

## 1.3 端接优化

端接优化的步骤如下所述。

➢ 单击工具栏中的图标“ ”，在弹出的对话框中选中 U1.1，单击“OK”按钮，如图 1-14 所示。

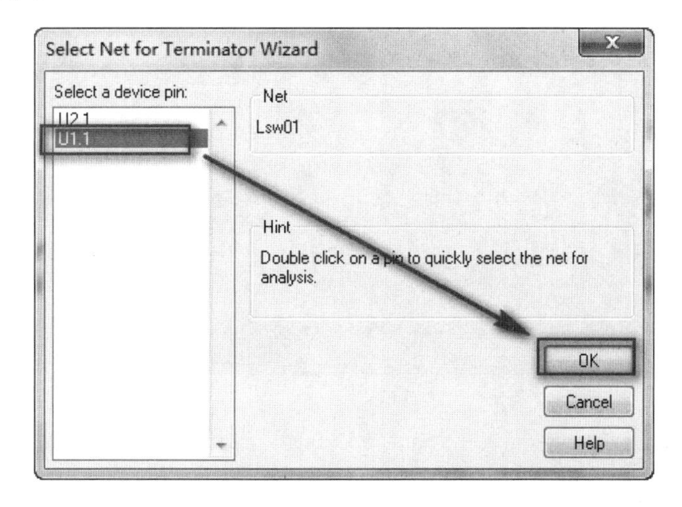


图 1-14

➢ 在弹出的对话框中单击“Apply Values”按钮，再单击“OK”按钮，如图 1-15 所示。

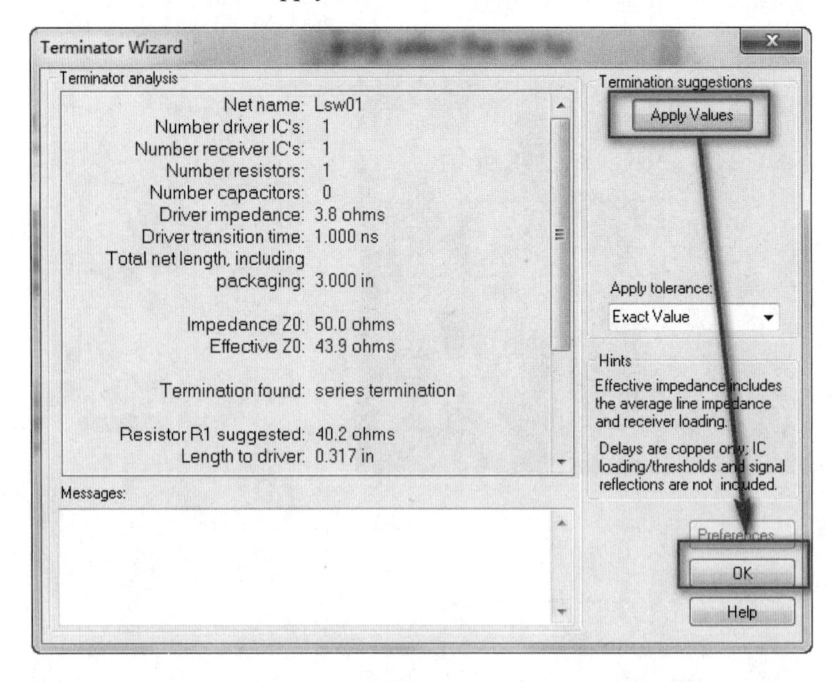


图 1-15

➢ 原理图中电阻的阻值变成了 40.2Ω，如图 1-16 所示。

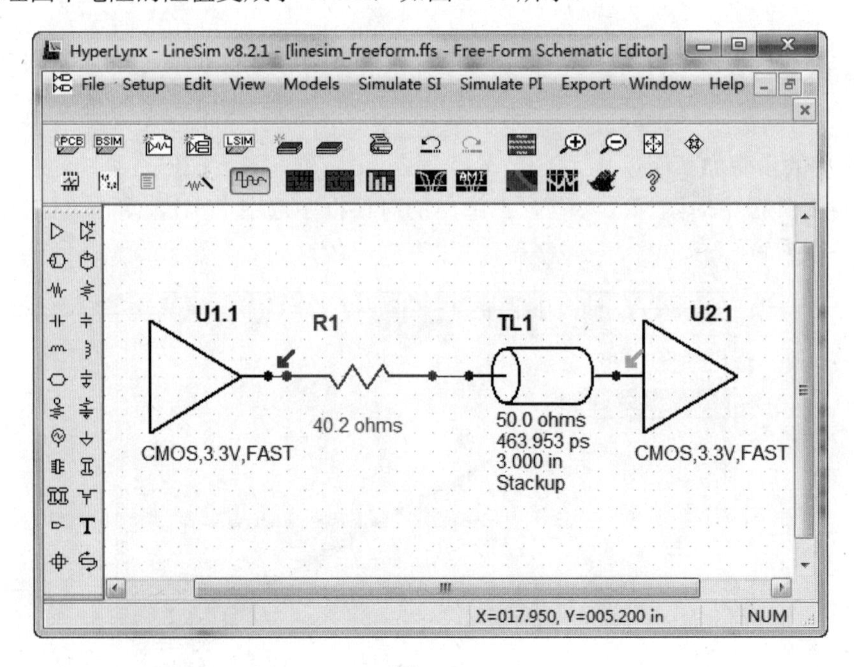


图 1-16

➢ 再次单击工具栏中的图标“■”进行仿真，将会看到如图 1-17 所示的仿真结果。这时可以看到，接收波形明显变好，这就是信号进行源端端接的优化设计。

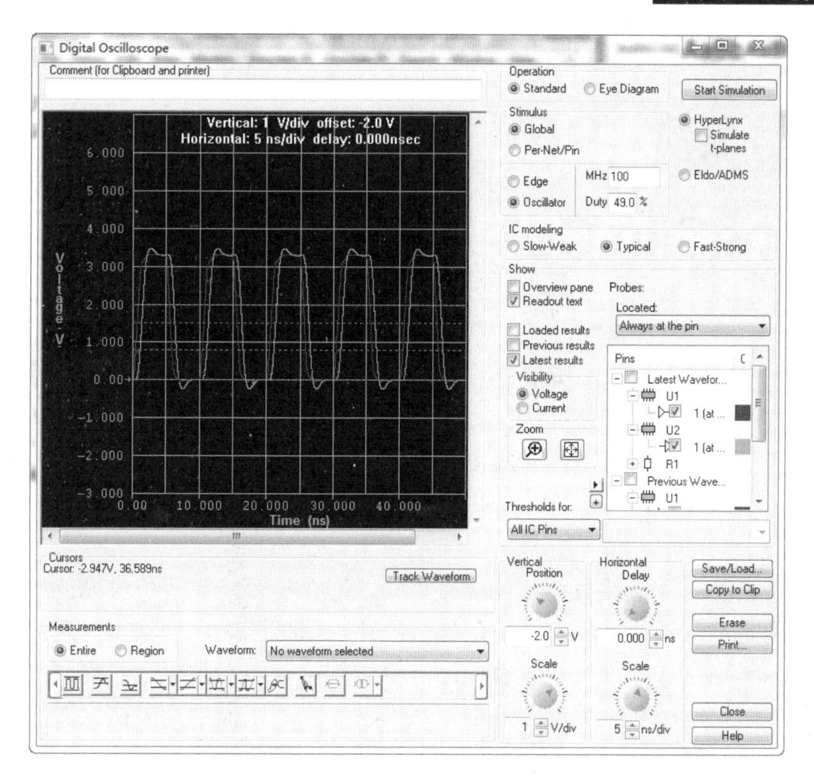


图 1-17

本章小结：通过一个简单实例讲解信号完整性源端端接如何优化。读者可以掌握新建原理图的基本操作；掌握添加 IC 模型的步骤；掌握如何使用 HyperLynx 软件对原理图进行仿真和测试。

思考题：如果只有 1 个驱动芯片，但是有 2 个接收芯片，这时应该如何设置？

# 第 2 章 LineSim Cell-Based SCH 原理图

随着单板时钟频率的提高，PCB 上的互连线成为了分布式的传输线。由于传输线效应，如果设计者没有进行适当的端接匹配，那么信号传输过程中的反射、串扰将使信号的波形质量恶化，如过冲、振铃、非单调、衰减等现象，因此电路的端接匹配至关重要。

### 1. 源端端接

源端端接是典型时钟电路最流行的端接方式，即在尽可能靠近信号源的地方串接一个电阻。电阻的作用是使时钟驱动器的输出阻抗与线路的阻抗匹配，这使得发射波在返回时被吸收。源端匹配的作用是：即使终端没有匹配，信号到达终端发生反射，返回到源端的反射信号也会由于源端阻抗匹配而不会发生反射，从而消除了二次反射和多次反射的影响。源端端接如图 2-1 所示。

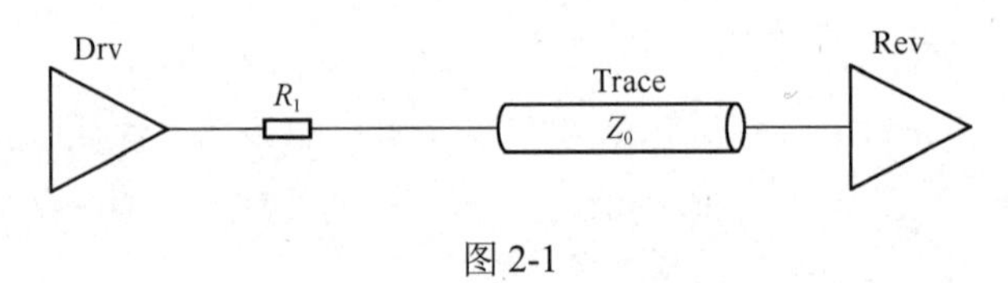


图 2-1

在进行 PCB 布局时，匹配电阻应靠近驱动端放置。

### 2. 终端端接

终端端接是指在尽量靠近负载端位置加上拉和/或下拉阻抗以实现终端阻抗匹配的端接方式，使很少甚至没有反射回到驱动端的信号上。

终端端接包括并联端接、戴维宁端接和交流端接 3 种类型。

（1）并联端接如图 2-2 所示。由于多数 IC 的接收端的输入阻抗比传输线的阻抗高得多，因此采用并联一个电阻的方式实现接收端与传输线的阻抗匹配。采用此端接的条件是驱动端必须能够提供输出高电平时的驱动电流，以保证通过端接电阻的高电平电压满足门限电压要求。

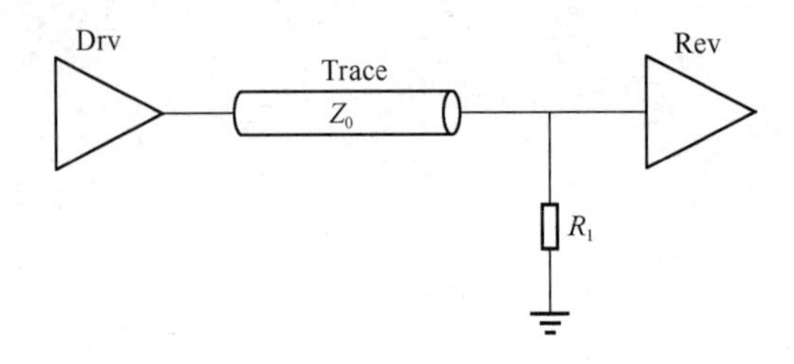


图 2-2

（2）戴维宁端接如图 2-3 所示。此端接方案降低了对源端器件驱动能力的要求，但却由于在电源和地之间连接了电阻 $R_1$ 和 $R_2$，从而一直从系统电源中吸收电流，因此直流功耗较大。在 PCB 上表现为增加了器件和网络连接的数量。

（3）交流端接如图 2-4 所示。此端接方案无任何直流功耗。原因在于端接电阻小于或等于传输阻抗 $Z_0$，电容 $C_1$ 必须大于 100pF，推荐使用 0.1μF 的多层陶瓷电容。电容有阻低频通高频的作用，故电阻不是驱动源的直流负载。串联的 RC 电路作为匹配网络，只能在信号工作比较稳定的情况下使用。这种方案最适合对时钟信号进行匹配。

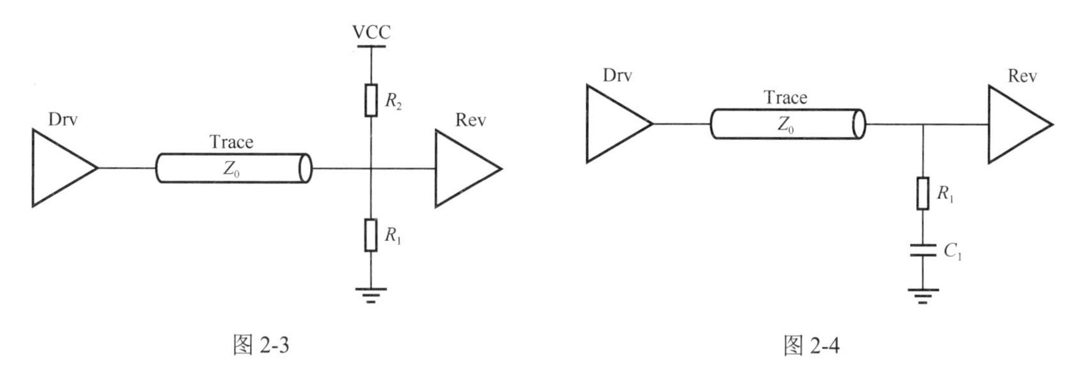


图 2-3　　　　图 2-4

PCB 设计要求：在进行 PCB 布局时，匹配电阻（或电容：交流端接）应靠近接收端（终端）放置。

在系统原理图设计完毕以后，需要利用 HyperLynx 的 LineSim 工具在 PCB 布局布线前进行仿真，以便建立布局布线约束、计划叠层，并在电路板布局之前优化时钟、关键信号的拓扑和终端负载，在第一时间预测和消除信号完整性问题。

接下来我们用一个简单工程来了解 LineSim Cell-Based 原理图终端端接仿真，具体的步骤如下所述。

第 1 步：启动软件。

➢ 双击“ ”图标，启动 Hyperlynx 软件，在弹出的对话框中单击“ ”图标，弹出 Cell-Based 格式的原理图工作区，如图 2-5 所示。温馨提示：Hyperlynx 9.0 之后应该没有这种原理图格式。

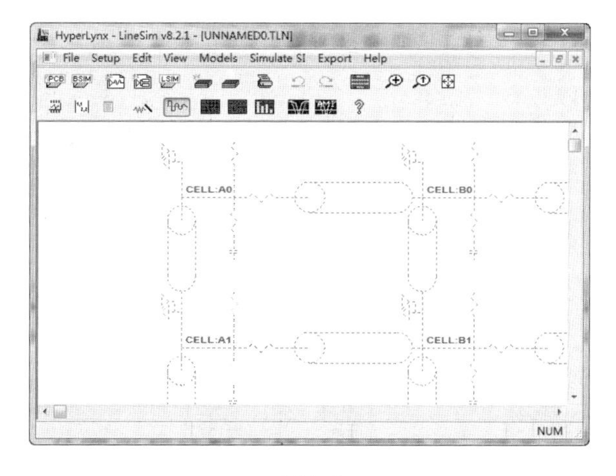


图 2-5

➢ 执行菜单命令 File>Save As，在弹出的对话框中选择合适的路径，命名一个原理图名称，如“linesim_cellbased”，然后单击“保存”按钮，如图 2-6 如示。

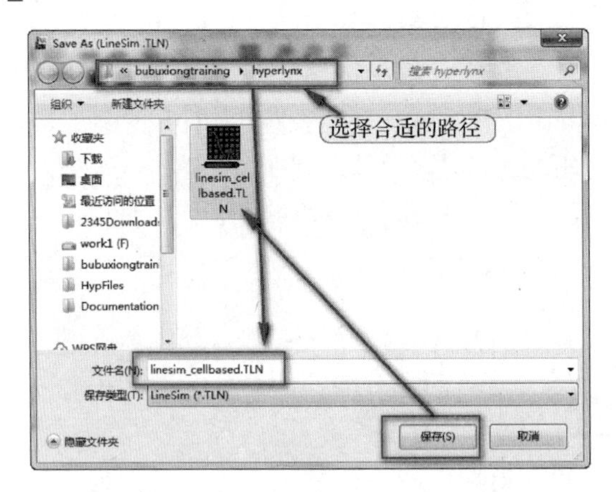


图 2-6

第 2 步：编辑叠层结构，这一步是关键步骤。

➢ 单击叠层结构图标“ ”，弹出“Stackup Editor”对话框。在该对话框中，HyperLynx 默认是 6 层的叠层结构。输入图 2-7 中所示的叠层厚度参数，单击“OK”按钮保存。

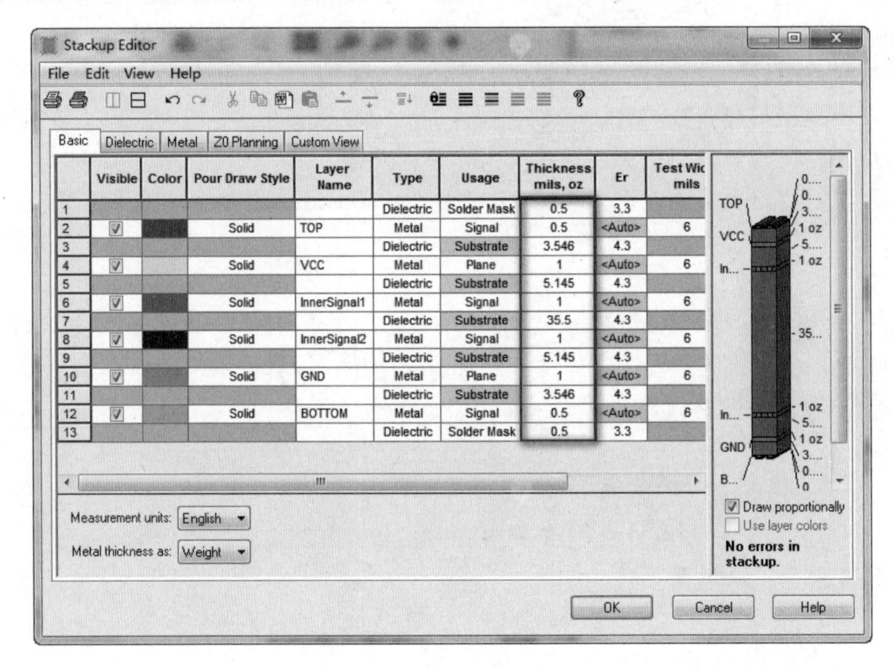


| | Visible | Color | Pour Draw Style | Layer Name | Type | Usage | Thickness mils, oz | Er | Test Width mils |
|---|---|---|---|---|---|---|---|---|---|
| 1 | | | | | Dielectric | Solder Mask | 0.5 | 3.3 | |
| 2 | ☑ | | Solid | TOP | Metal | Signal | 0.5 | <Auto> | 6 |
| 3 | | | | | Dielectric | Substrate | 3.546 | 4.3 | |
| 4 | ☑ | | Solid | VCC | Metal | Plane | 1 | <Auto> | 6 |
| 5 | | | | | Dielectric | Substrate | 5.145 | 4.3 | |
| 6 | ☑ | | Solid | InnerSignal1 | Metal | Signal | 1 | <Auto> | 6 |
| 7 | | | | | Dielectric | Substrate | 35.5 | 4.3 | |
| 8 | ☑ | | Solid | InnerSignal2 | Metal | Signal | 1 | <Auto> | 6 |
| 9 | | | | | Dielectric | Substrate | 5.145 | 4.3 | |
| 10 | ☑ | | Solid | GND | Metal | Plane | 1 | <Auto> | 6 |
| 11 | | | | | Dielectric | Substrate | 3.546 | 4.3 | |
| 12 | ☑ | | Solid | BOTTOM | Metal | Signal | 0.5 | <Auto> | 6 |
| 13 | | | | | Dielectric | Solder Mask | 0.5 | 3.3 | |

图 2-7

第 3 步：添加传输线。

➢ 在工作区单击图 2-8 中所示的方框一次，随后会出现一根传输线，如图 2-9 所示。

温馨提示：用鼠标左键单击一次是传输线，再单击一次是短路线，再点击一次就断开了，然后单击就开始循环。

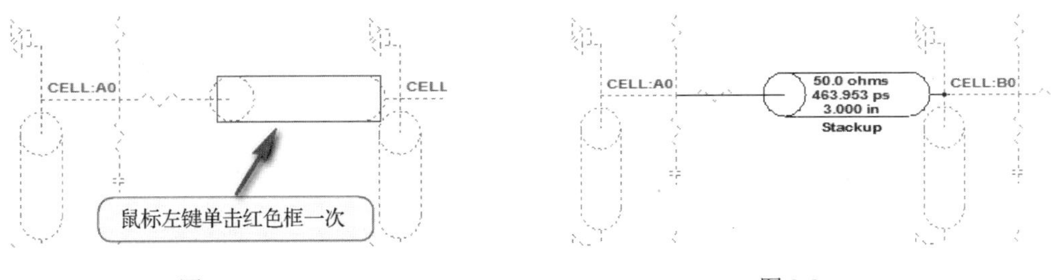


图 2-8　　　　图 2-9

➢ 鼠标右键单击图 2-9 中的传输线，然后如图 2-10 所示，在“Transmission-line type”标签页中选择“Uncoupled（single line）”下面的“Stackup”（叠层非耦合单条传输线类型），默认线长为“3.000 in”，默认线宽为“6.00 mils”，特征阻抗为“50.0 ohms”。

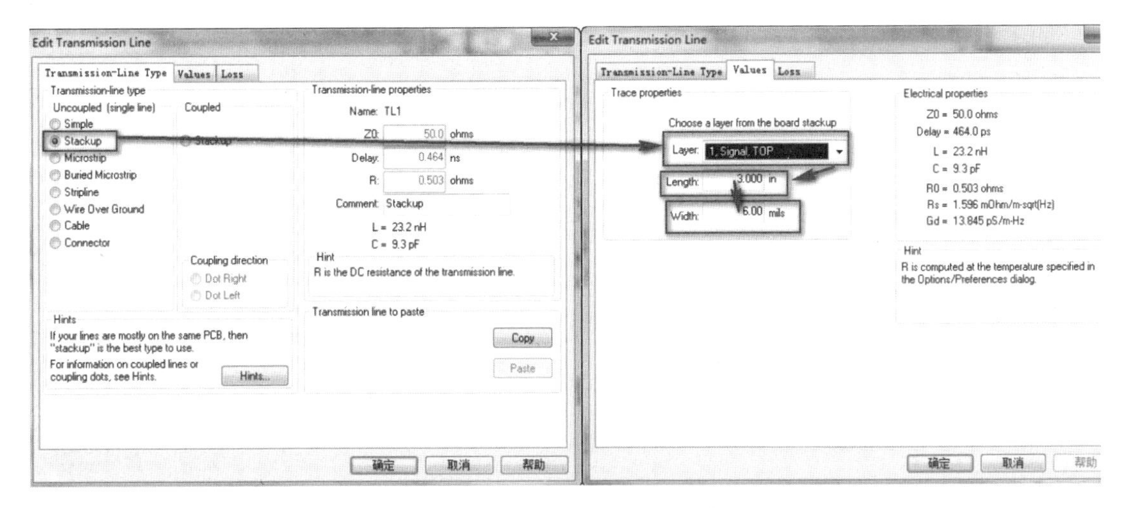


图 2-10

➢ 设定好后，单击“确定”按钮后，软件自动返回至如图 2-11 所示的对话框，这时这根传输线已经设置好了。

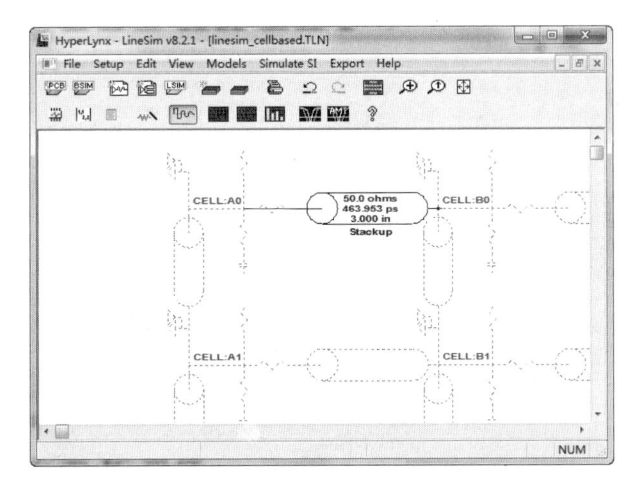


图 2-11

第 4 步：添加有源 IC 元件。

➢ 单击工作区中的图标“ ”一次，然后变成“????”，再单击又变成图标“ ”，循环往复。

➢ 重复上一步再放一个 IC，添加好后如图 2-12 所示。

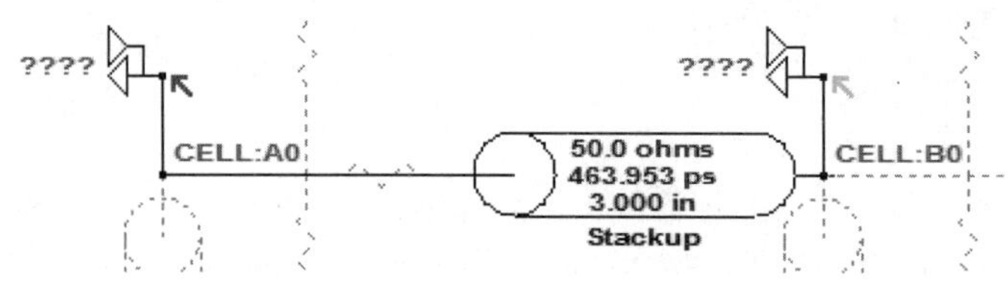


图 2-12

第 5 步：添加无源元件，如电阻。

➢ 单击工作区中的图标“ ”，出现电阻元件，再次单击会去掉，然后循环往复，如图 2-13 所示。

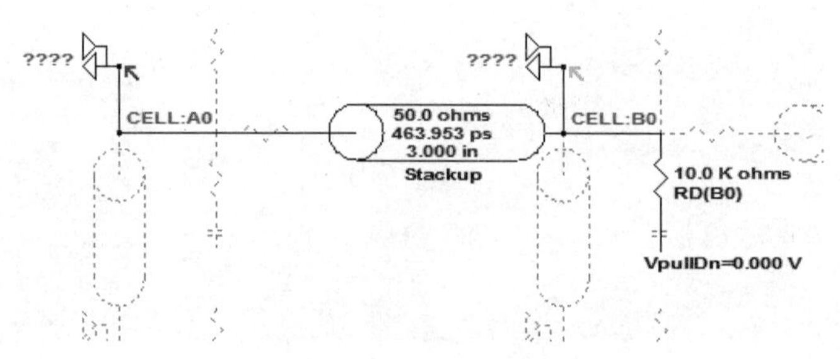


图 2-13

第 6 步：添加 IC 仿真模型。

➢ 在图 2-13 中用鼠标右键单击图标“????”，出现如图 2-14 所示的分配模型对话框，根据图中所示的箭头，完成 IC 赋模型的设置。

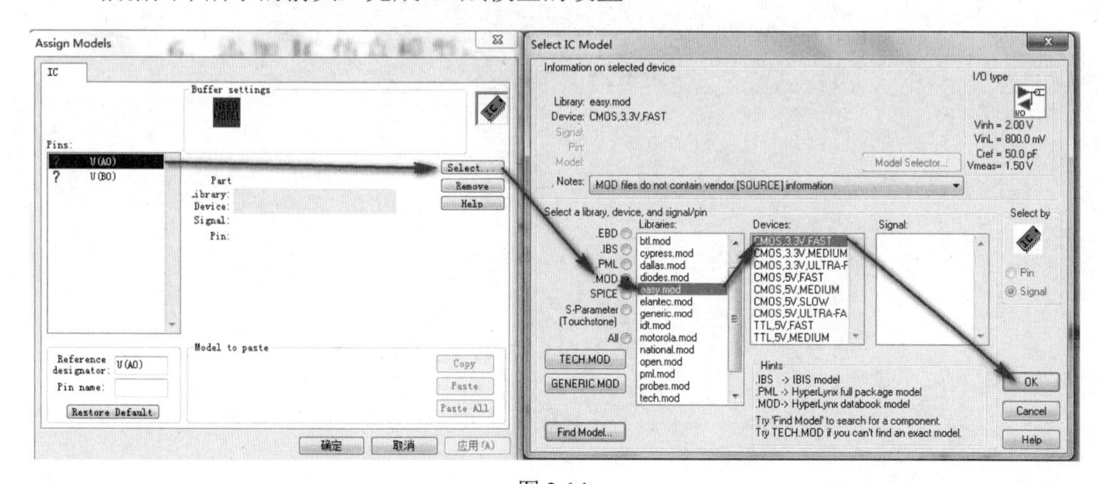


图 2-14

➢ 把 U（A0）设置为“Output”，如图 2-15 所示。

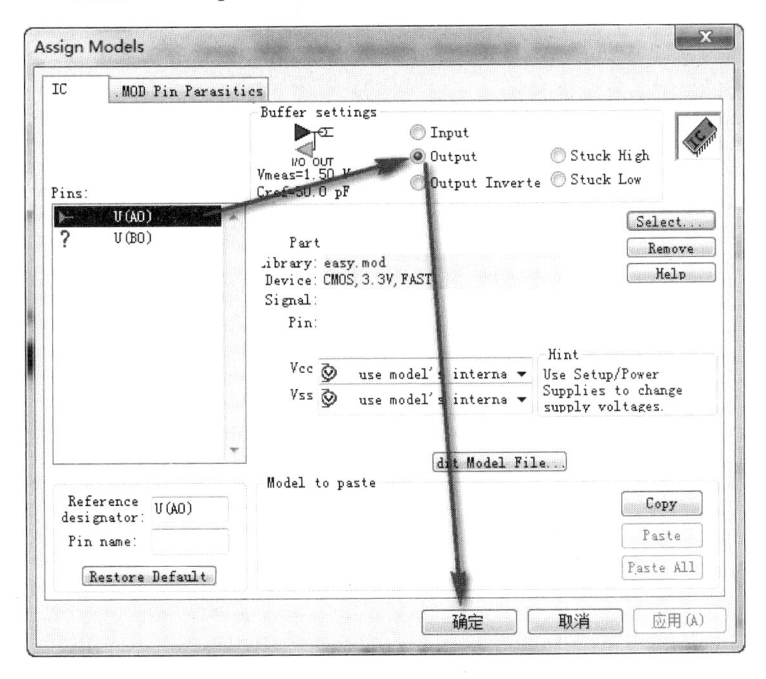


图 2-15

➢ 按照上面 2 个步骤给 U（B0）也赋这个模型，并设置为“Input”（即输入 buffer），如图 2-16 所示。

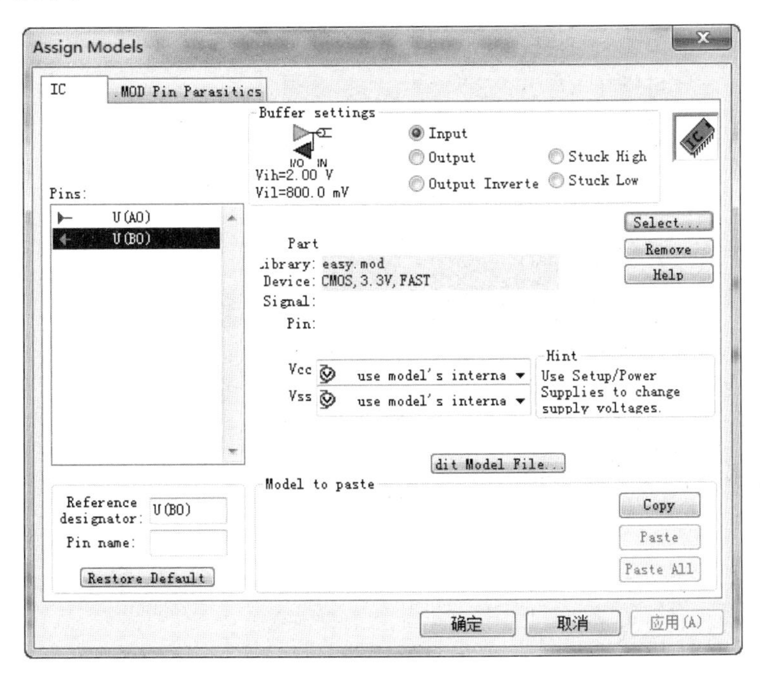


图 2-16

➢ 添加完 IC 模型后的原理图如图 2-17 所示。

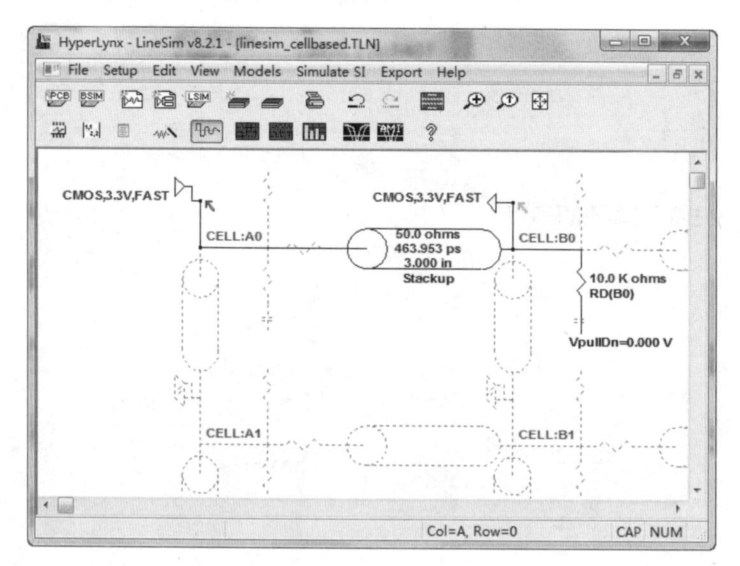


图 2-17

第 7 步：运行仿真。

➢ 单击工具栏中的图标“”，出现数字示波器对话框，按照图 2-18 中所示箭头的顺序操作，即可看到仿真波形。其中，红色是发送波形，绿色是接收波形，可以看到，仿真出来的接收波形明显很差。

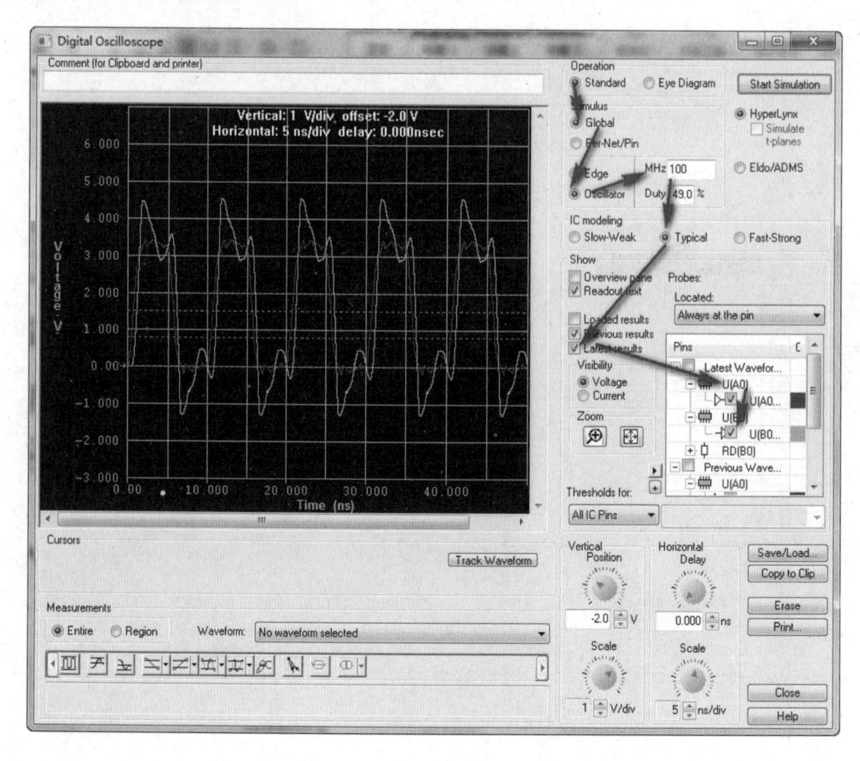


图 2-18

第 8 步：端接优化。

➢ 单击工具栏中的图标“ ”，出现如图 2-19 所示的对话框。

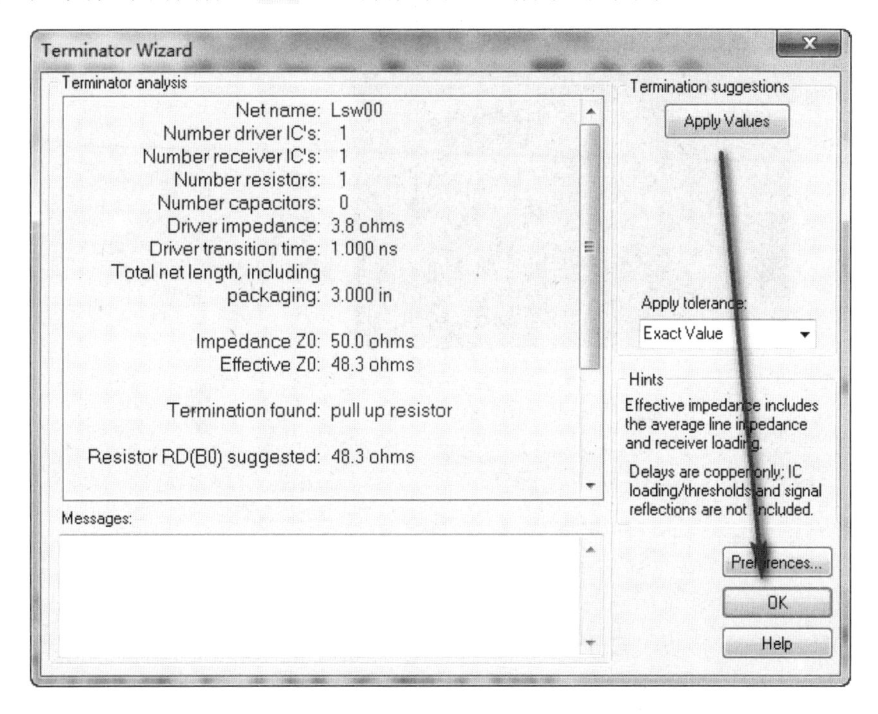


图 2-19

➢ 单击“Apply Values”按钮后，单击“OK”按钮，完成设置并返回至如图 2-20 所示的对话框，可以发现原理图中电阻的值已经发生了改变。

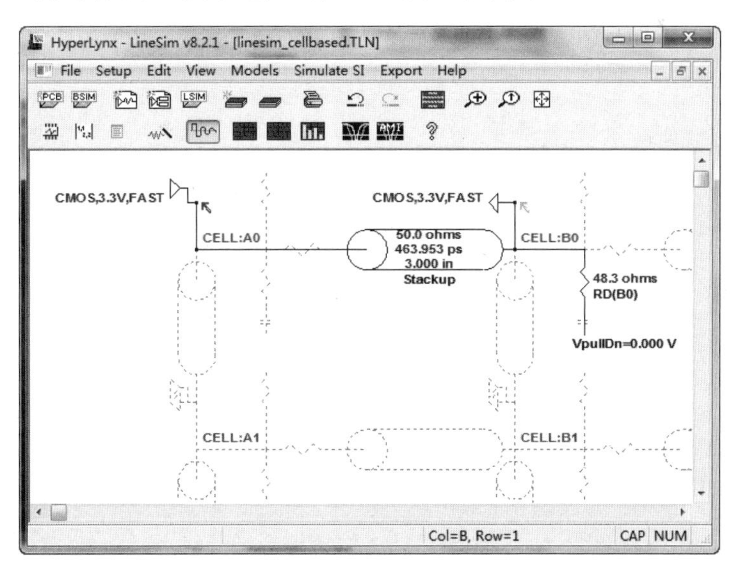


图 2-20

➢ 再次进行第 7 步运行仿真，结果如图 2-21 所示。

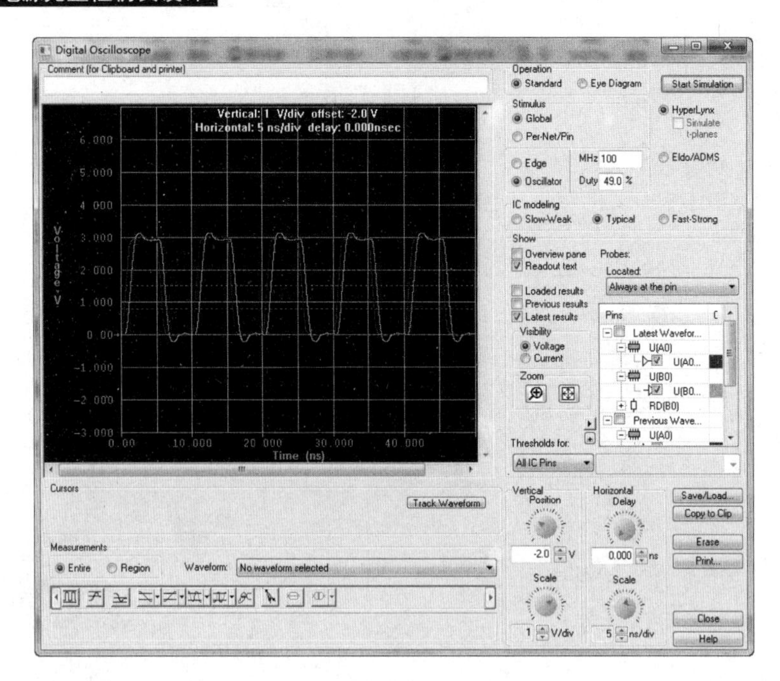


图 2-21

从图中可以看出，接收波波形明显变好，这就是信号完整性终端端接如何优化的一个简单例子，通过这个例子我们应该对 Mentor 的 HyperLynx Cell-Based 原理图有了一定的了解。

课后思考题：如果是菊花链拓扑，该如何建模？

# 第 3 章 信号完整性理论

## 3.1 信号完整性概述

信号完整性（Signal Integrity，SI），就是在传输过程中让信号保质、保量地从发送端传送到接收端，让接收端能正确无误地识别。

信号完整性分析的目的是看信号是否能在传输过程中保持完好。但是实际上是不可能的，所以需要人工通过仿真模拟去判断是否满足各种各样的标准从而让信号能够被完美识别，在成本和信号完美方面做一个综合，也就是信号不是特别完美，但是能够被稳定识别也是可以的。

信号完整性高速设计的 4 个主要考虑因素为信号的过冲、振铃，信号的交扰，信号的时序和 EMI，如图 3-1 所示，同时该图也指明了以上 4 个因素之间的关系。

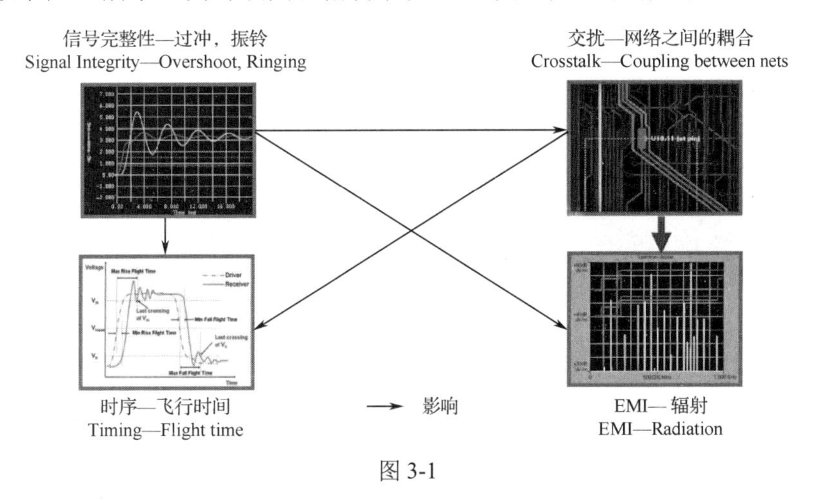


图 3-1

信号完整性分析需要考虑的因素如图 3-2 所示。

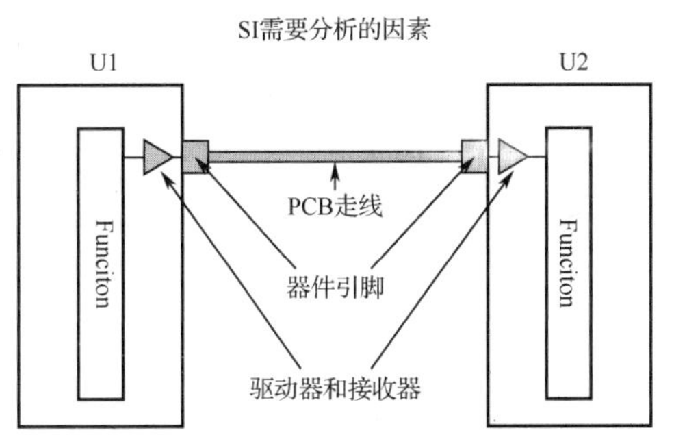


图 3-2

## 3.2 传输线

### 1. 传输线特性

一条无损传输线（见图 3-3）的特性组成部分如下所述。

- 由至少 2 个导体组成。
- 零电阻。
- 横截面上是均匀的。
- 可以无限延伸。
- 传输延时。
- 特征阻抗。

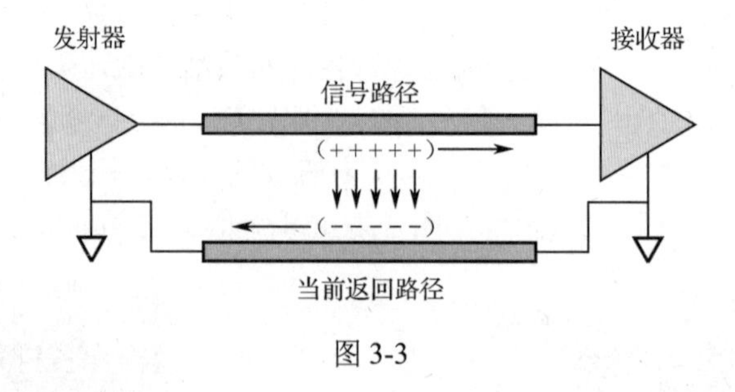


图 3-3

### 2. 传输线中信号传输的特点

信号沿传输线以横电磁模（TEM 模，又称传输线模）传输。TEM 模的特点（在传播方向上没有电场和磁场分量）是：

（1）电场和磁场相互正交。

（2）以 $Z$ 方向传输，电场和磁场在传输方向上为零，如图 3-4 所示。

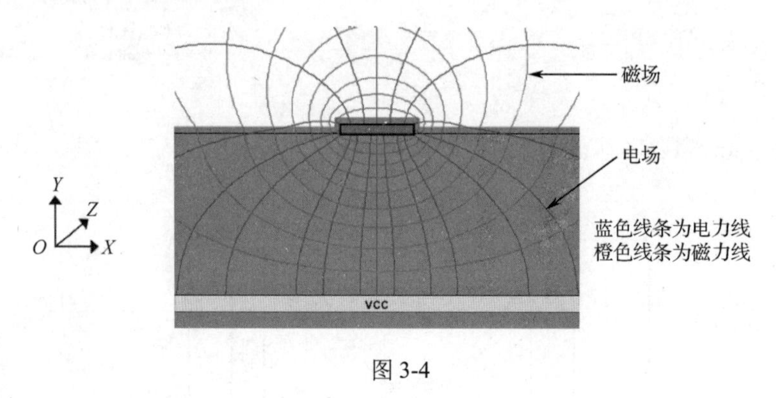


图 3-4

### 3. 传输线分布参数

一条无损传输线的分布参数模型如图 3-5 所示。

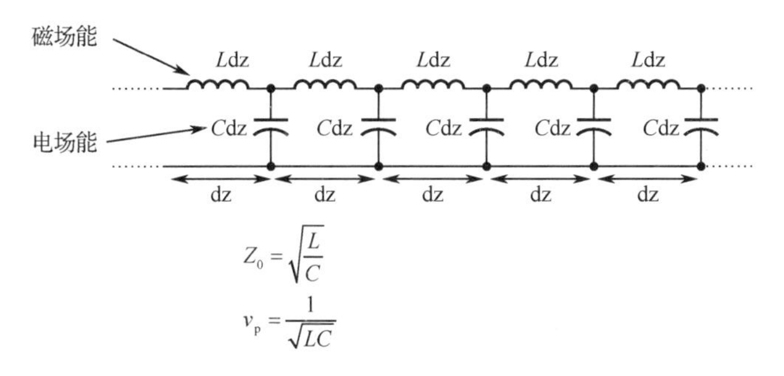


图 3-5

图中，$Z_0$ 为特征阻抗；$L$ 为单位长度的电感；$C$ 为单位长度的电容；$v_p$ 为传输速度。

### 4. 传输线临界长度

传输线临界长度的定义是：传输线需要考虑信号完整性的临界长度。超过这个长度，就需要仿真模拟做信号完整性分析，临界长度计算评估公式如下所示。

$$L_{crit}=\frac{1}{6}\frac{T_{10\%\sim90\%}}{\tau}$$

其中，$T_{10\%\sim90\%}$ 为信号从 10%的电平上升到 90%的电平所需的时间；$\tau$ 为单位长度的传输延时时间，一般 PCB 内层为 170～180ps/in，外层为 140～150ps/in。

提醒：有些严格的设计这个长度通常是上升沿的 1/10，这里是 1/6。

举个例子，比如具有带状线的 PCB 介电常数为 4，则 PCB 的传播速度 $v_p=\frac{C}{\sqrt{\varepsilon_r}}\approx\frac{11.8\text{in/ns}}{\sqrt{4}}=5.9\text{in/ns}$。

如果信号的上升沿为 1ns，那么按照上面的公式临界长度约为 1in，也就是说上升沿为 1ns 的 1in 带状线不用考虑信号完整性问题。PCB 内层带状线每英寸的延时（飞行时间）为 170ps 左右，外层微带线因为介电常数小于 4，所以更快，我们可以自己建个工程（transmission line flight time.ffs）看一下，原理图如图 3-6 所示。

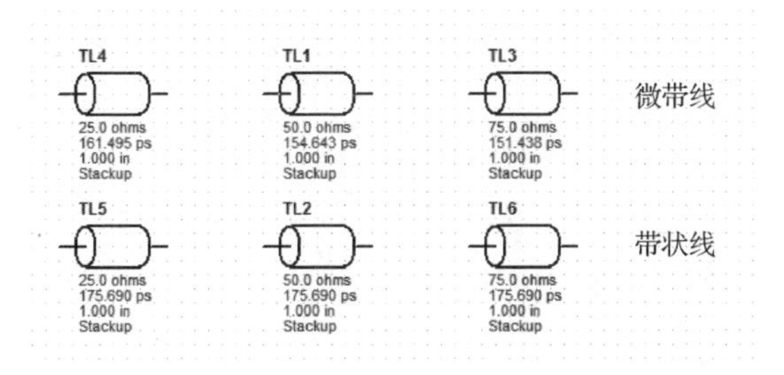


图 3-6

结论：外层微带线传输速度快于内层带状线。

### 3.2.1 传输线效应

**1．反射**

振铃、过冲和多次穿越相交是由传输线的反射引起的，而反射是由阻抗不匹配导致的，如图 3-7 所示。

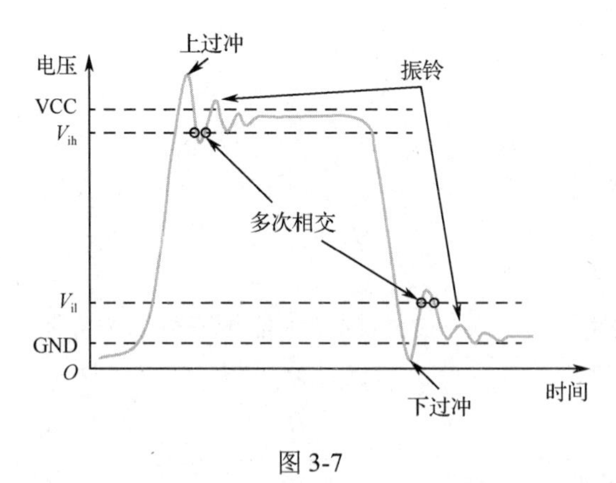


图 3-7

当负载 $R_L$ 与传输阻抗 $Z_0$ 不匹配的时候，就会有反射信号从负载反射到源，反射系数计算公式如下所示：

源端反射系数

$$\rho_S = \frac{R_S - Z_0}{R_S + Z_0}$$

负载端反射系数

$$\rho_L = \frac{R_L - Z_0}{R_L + Z_0}$$

戴维宁等效驱动模型如图 3-8 所示。

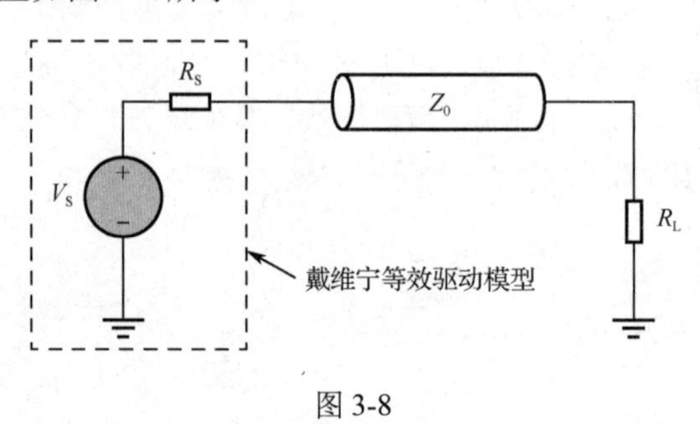


图 3-8

不匹配反射说明如图 3-9 所示。

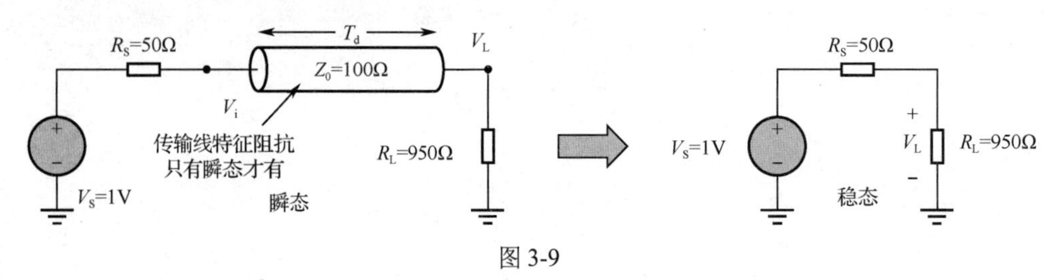


图 3-9

其中：

$$\rho_S = \frac{R_S - Z_0}{R_S + Z_0} = \frac{50-100}{50+100} = -0.33 \qquad \rho_L = \frac{R_L - Z_0}{R_L + Z_0} = \frac{950-100}{950+100} = 0.81$$

提醒：当负载为 CMOS 输入端的时候，反射系数接近 1，即全反射。

经过几次反射后的值如图 3-10 所示。

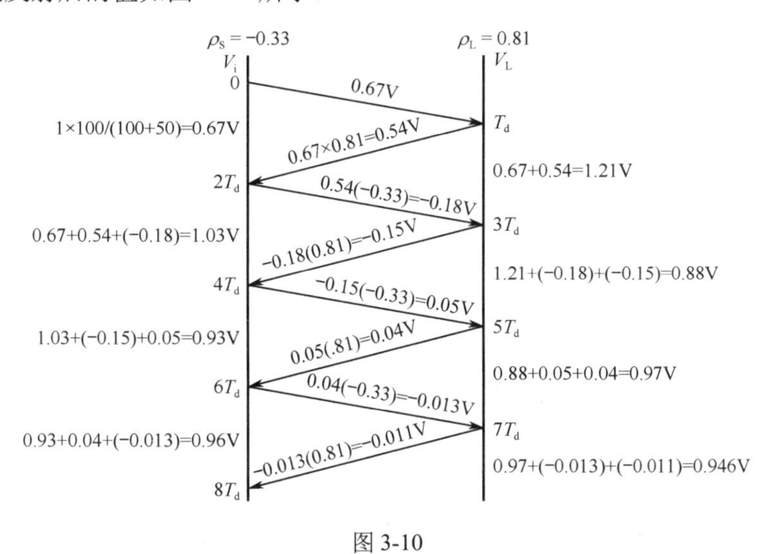


图 3-10

0.67V 是 1V 源信号在 $V_i$ 点处零时刻 100/(50+100)所得的值，把图 3-10 的信号反射分析图画成波形图，如图 3-11 所示。

接下来我们可以用 HyperLynx 原理图模拟出反射波形，如图 3-12 所示。

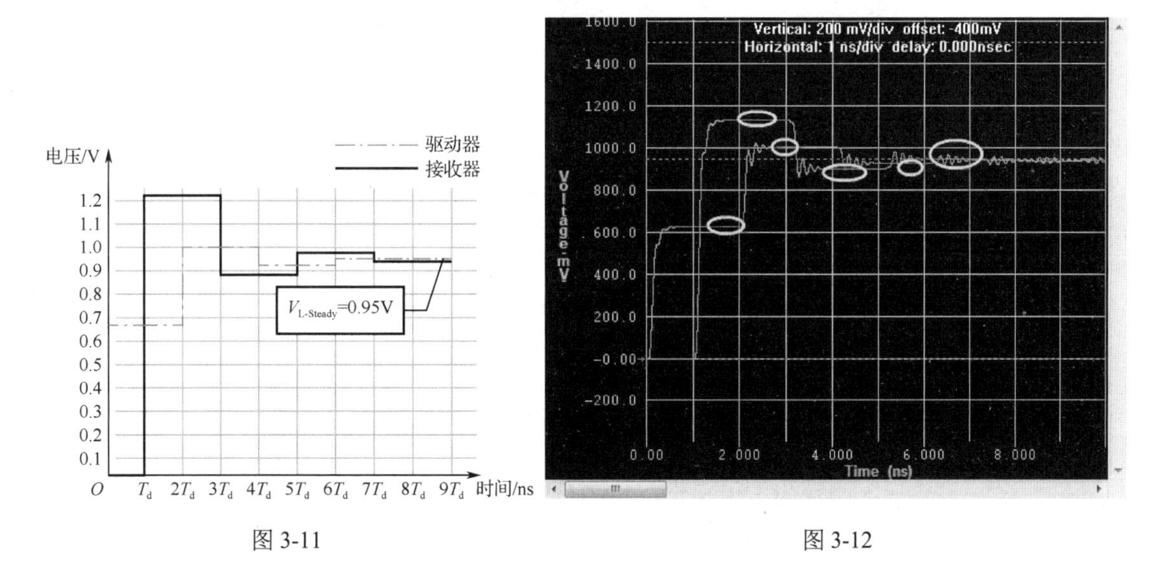


图 3-11　　　　图 3-12

匹配无反射说明如图 3-13 所示。

用 HyperLynx 原理图匹配没有反射，仿真模拟得到如图 3-14 所示的波形图。

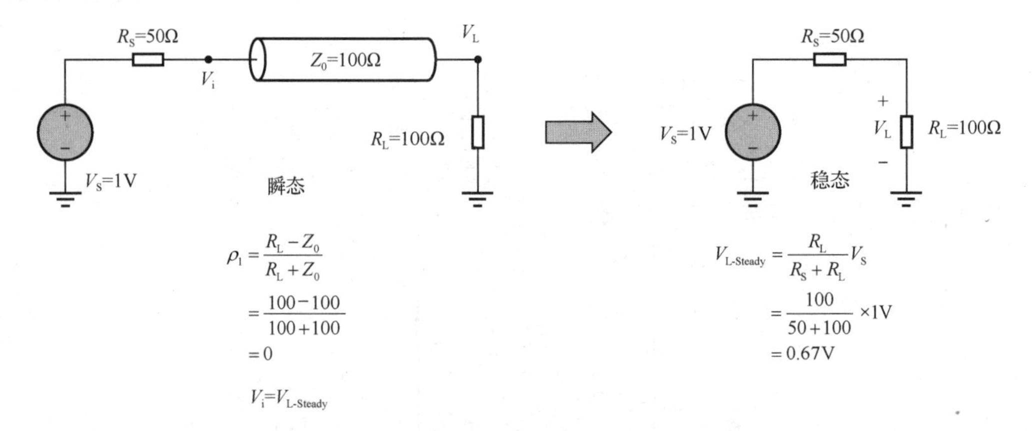


图 3-13

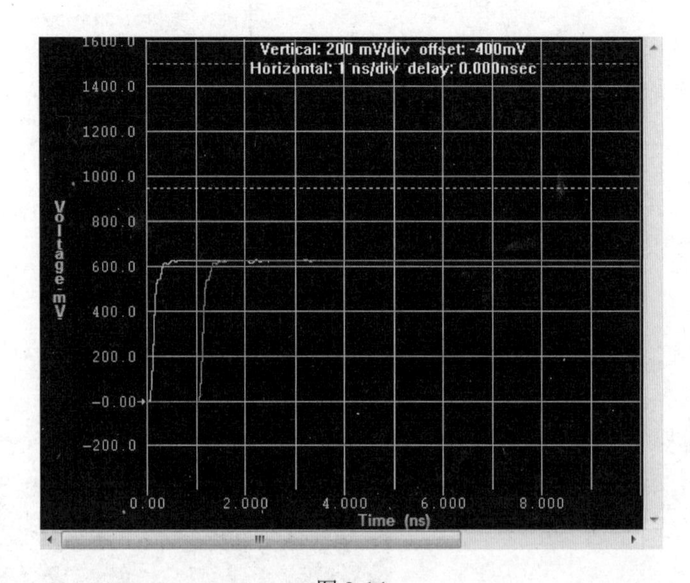


图 3-14

如图 3-15 所示为过冲测量示意图，从图中可以看到，在做好匹配的情况下没有出现由反射引起的振铃传输线效应，但是仍存在传输线延时的问题。

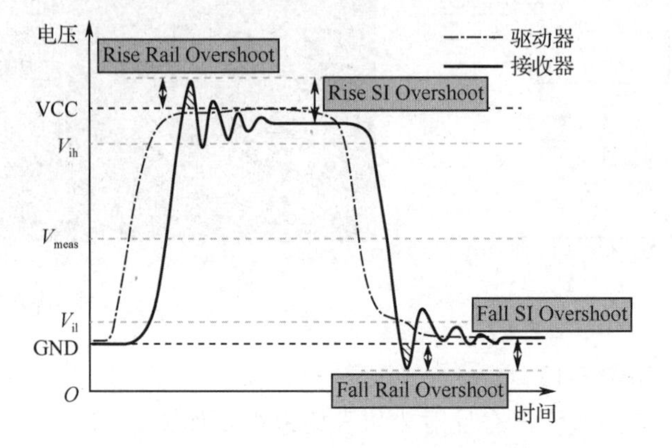


图 3-15

如图 3-16 所示，在示波器栏中有测量项供用户选择。

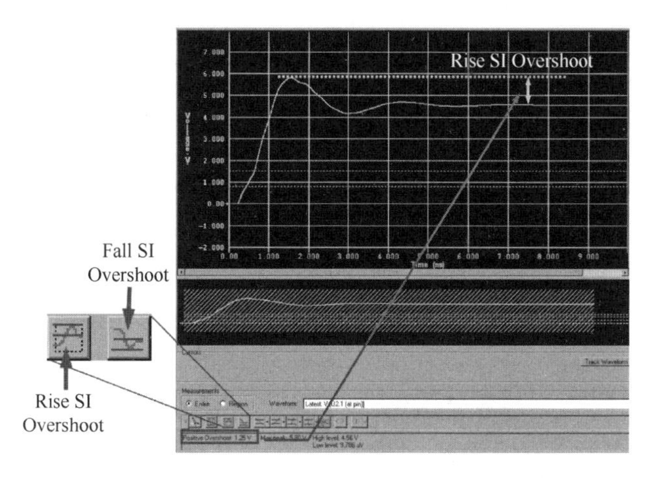


图 3-16

接下来用 HyperLynx 原理图模拟一个波形，如图 3-17 所示。

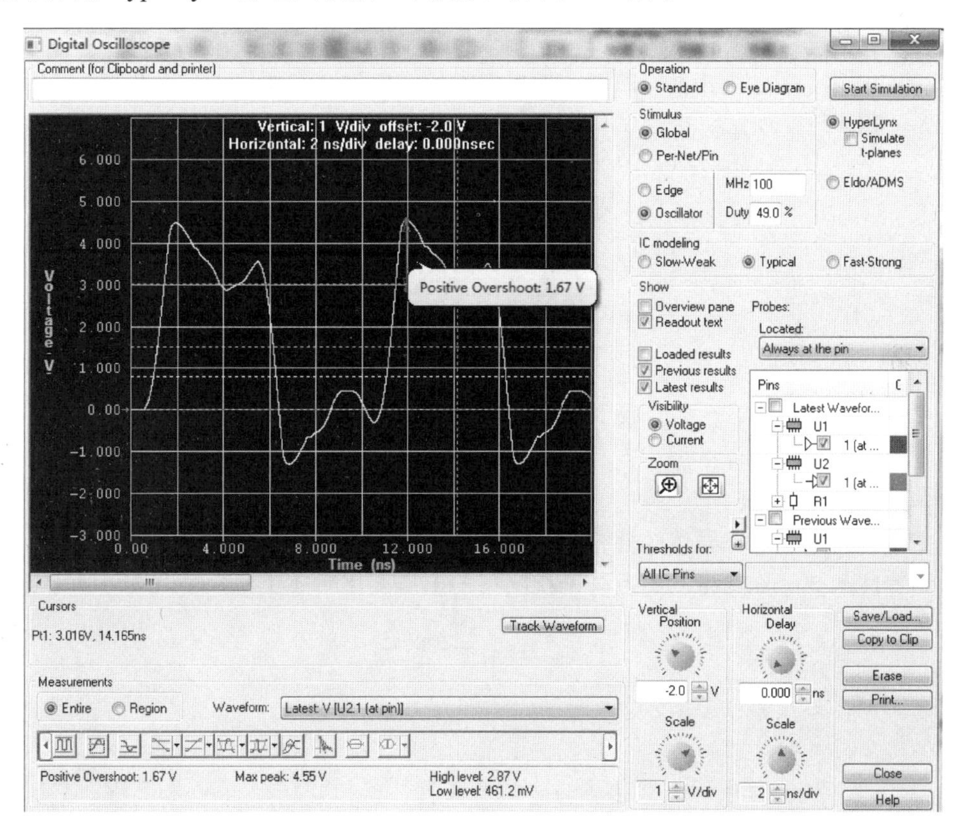


图 3-17

## 2. 串扰

PCB 走线中的电流会产生电场和磁场，如图 3-18 所示。

图 3-18

当电流增加时，PCB 走线会有信号边沿变化，这时会导致磁场改变直到达到稳态，如图 3-19 所示。

图 3-19

当 PCB 中有 2 条导线相互靠近时，如果一条导线电流发生变化，则能在另一条导线上感应出电流，如图 3-20 所示。

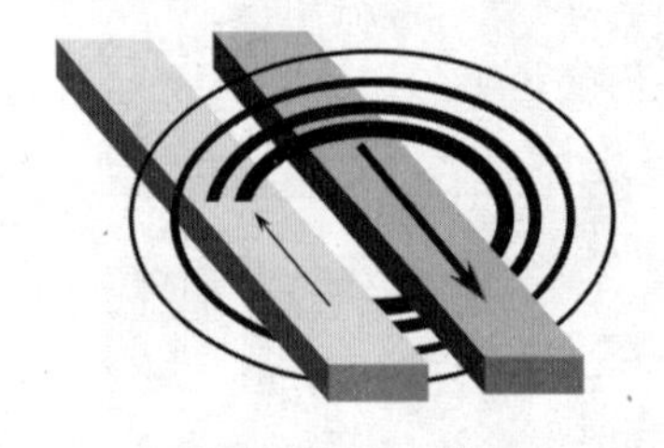

图 3-20

电场引起的串扰如下所述。

➢ 由电场引起的 2 个导体的耦合用互容表示。

➢ 互容注入被干扰网络的电流与干扰网络的电压变化率成正比，公式如下所示：

$$I_{\text{noise}} = C_{\text{m}} \frac{\mathrm{d}V_{\text{Aggressor}}}{\mathrm{d}t}$$

互容串扰示意如图 3-21 所示。

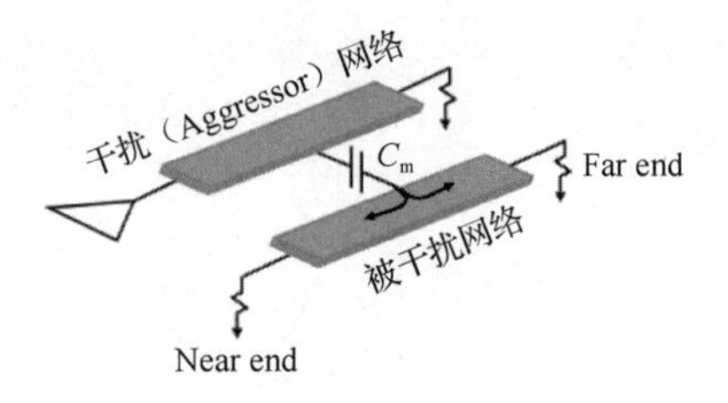


图 3-21

磁场引起的串扰如下所述。

➢ 由磁场引起的 2 个导体的耦合用互感表示。
➢ 互感注入被干扰网络的电压与干扰网络的电流变化率成正比，公式如下所示：

$$V_{\text{noise}} = L_{\text{m}} \frac{\mathrm{d}i_{\text{Aggressor}}}{\mathrm{d}t}$$

互感串扰示意如图 3-22 所示。

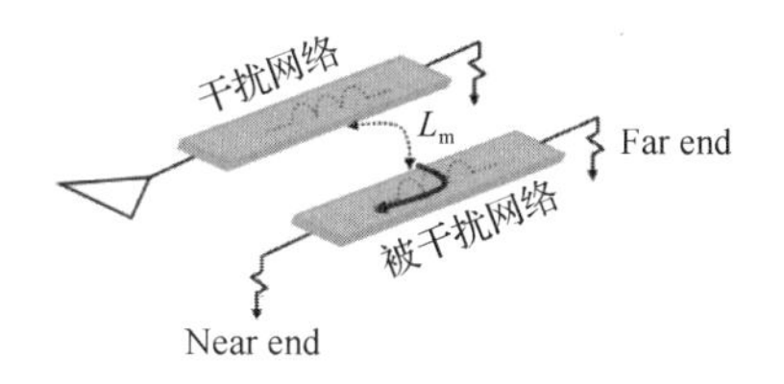


图 3-22

通过对互容串扰和互感串扰的介绍，可以了解串扰增加的因素主要有：

➢ 信号边沿变得更快。
➢ 干扰导体之间的距离减小。
➢ 导体离地参考高度增加，PCB 就是介质厚度增加。
➢ 不仅仅是最近的临近驱动边沿率。
➢ 导体之间耦合长度或平行长度增加（有一定的极限值）。

串扰电磁场如图 3-23 所示。

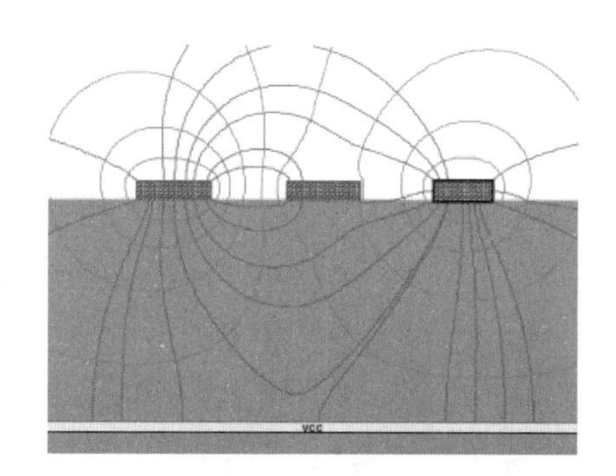

图 3-23

### 3.2.2 微带线和带状线的串扰比较

在多层高速 PCB 设计时，通常建议用户将重要信号线走在内层，即用带状线的设计方法。这是因为微带线比带状线在同样的距离产生的串扰会更大，如图 3-24 所示。

接下来返回至 HyperLynx 软件界面，建立如图 3-25 所示的仿真工程原理图。

然后运行串扰仿真，如图 3-26 所示为近端串扰对比波形图，如图 3-27 所示为远端串扰对比波形图。

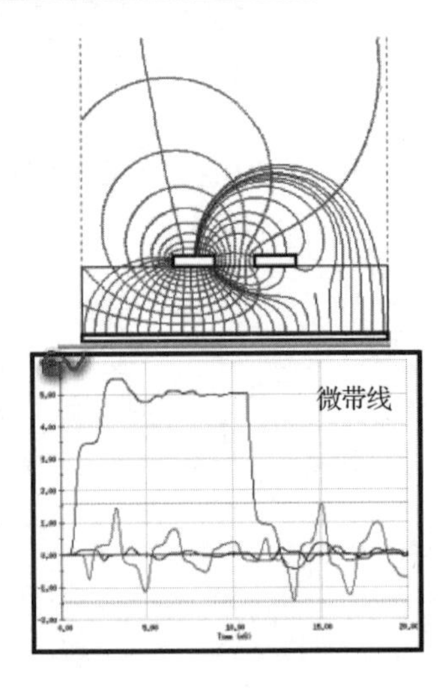
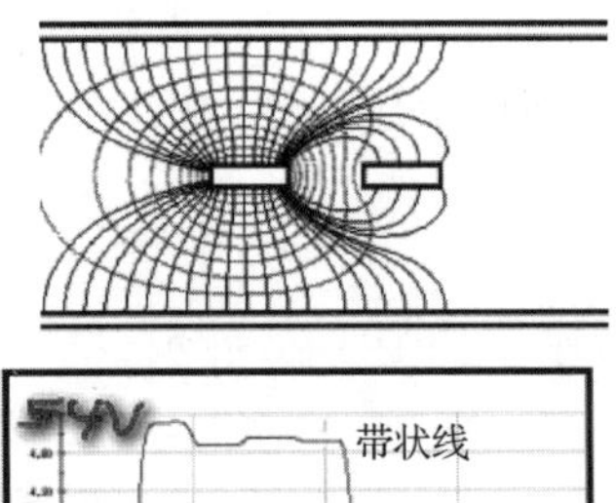
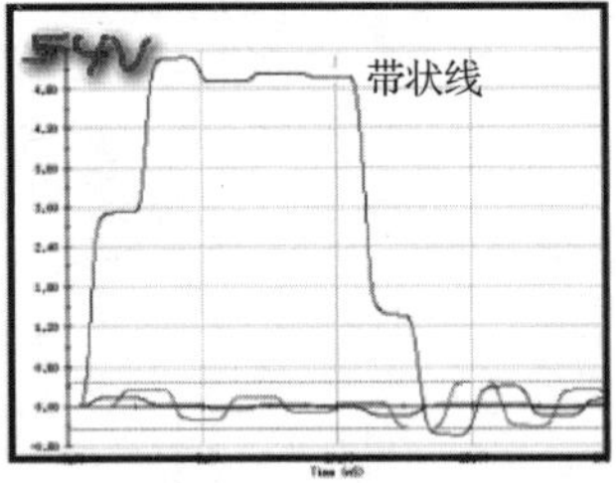


图 3-24

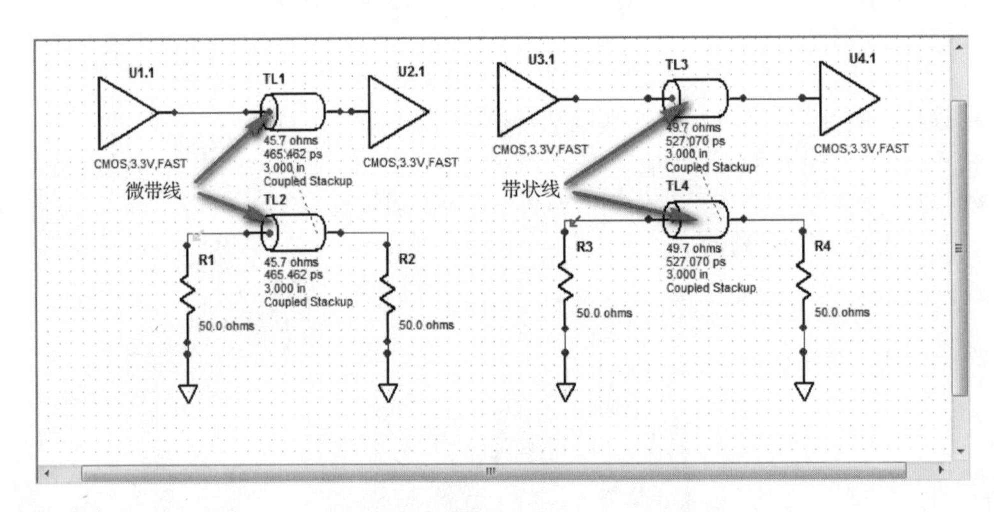


图 3-25

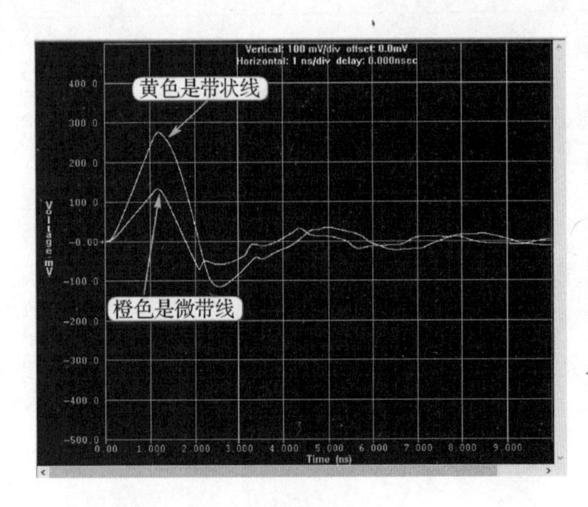


图 3-26

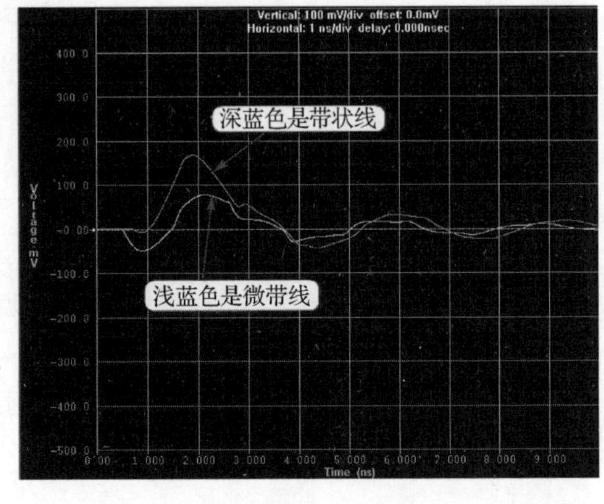


图 3-27

## 3.3 时序

### 1. 抽取时序参数

HyperLynx 不是一个静态时序工具，它可以抽取延时时间参数加入时序公式中用以计算。在时序公式中需要考虑的 2 个时间因子——建立时间和保持时间。

考虑以下因素后，建立时间和保持时间必须要有足够的设计余量：

- 时钟周期（Clock Period）。
- 飞行时间（Flight Time），即 PCB 互连时间（PCB Interconnect）。
- 时钟偏差，一个公共时钟分出 2 个时钟后它们之间的时间差（Clock Skew）。
- 时钟抖动（Clock Jitter）。
- 驱动器和接收器的内部延时（Driver/Receiver Internal Delay）。
- 公共时钟总线，如图 3-28 所示。

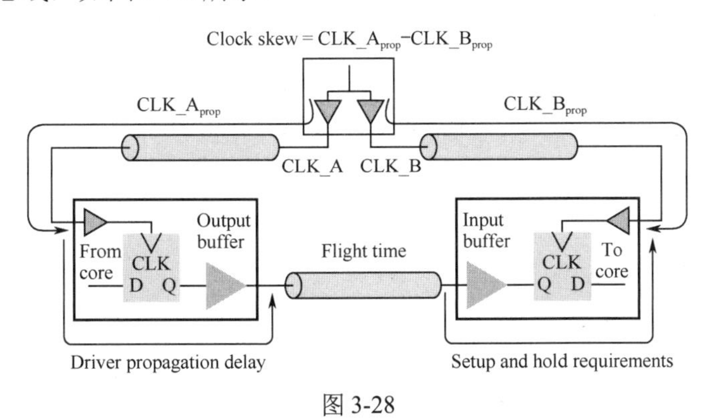


图 3-28

### 2. 数据手册时序规范

- 芯片厂家规定的时序参数是在特定的负载下测得的。
- 例如，传输延时（$T_{co}$）是内部逻辑到缓冲（buffer）的时间加上内部缓冲（buffer）驱动负载到$V_{meas}$的时间和，如图 3-29 所示。

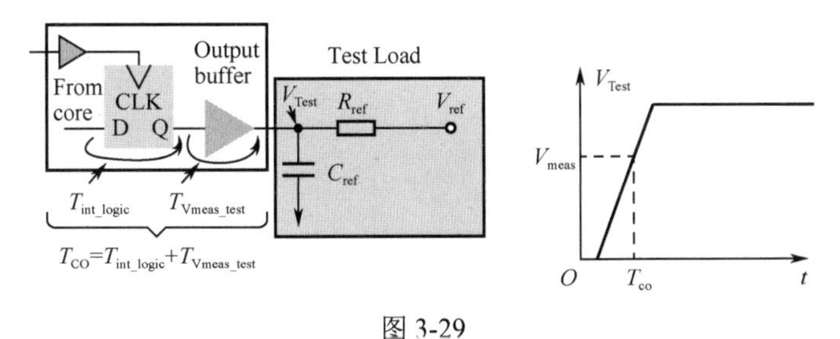


图 3-29

### 3. 实际系统负载和飞行时间

实际系统负载由一个传输线的分布参数模型、接收器和一种形式的端接组成，如图 3-30

所示。IBIS 模型仅仅关注输出 buffer 的参数，不包括任何内部逻辑信息，它是一个行为级模型。

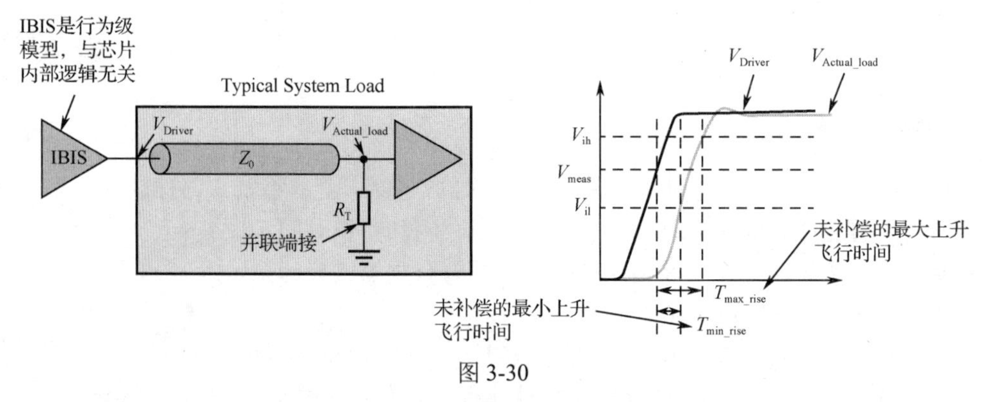


图 3-30

飞行时间测量示意图如图 3-31 所示。

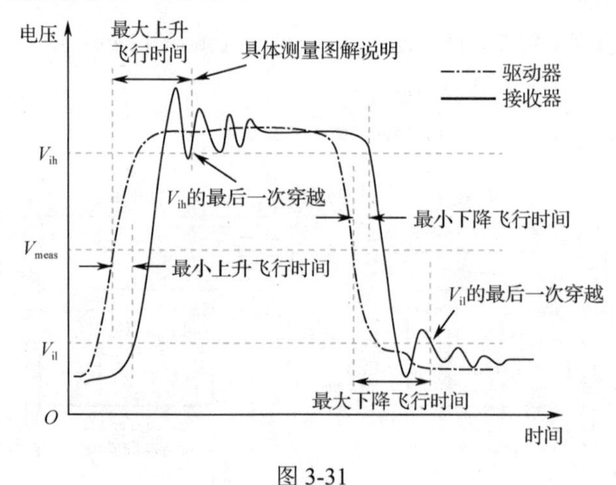


图 3-31

### 4．补偿飞行时间

为什么需要补偿飞行时间呢？这是因为：

- 如果 $T_{co}$（$T_{int\_logic}+T_{Vmeas\_test}$）和未补偿的飞行时间加入时序方程，测试负载和实际负载都被加入计算。
- 实际上时序方程只需要考虑实际负载。
- $T_{Vmeas\_test}$ 这个值必须以某种方式减去，它能够通过 IBIS 驱动厂家的测试负载得到，如图 3-32 所示。

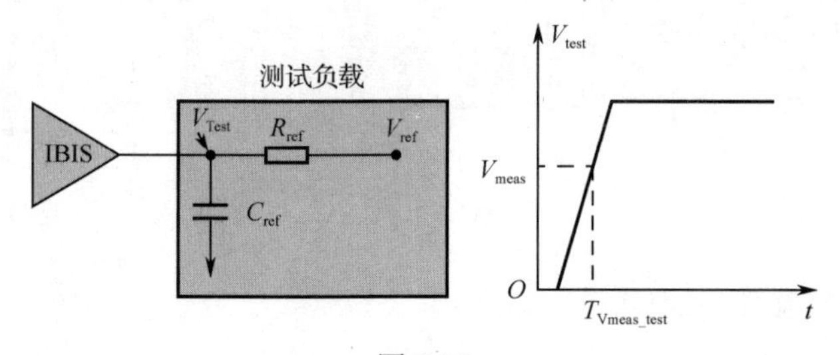


图 3-32

补偿飞行时间图解如图 3-33 所示。

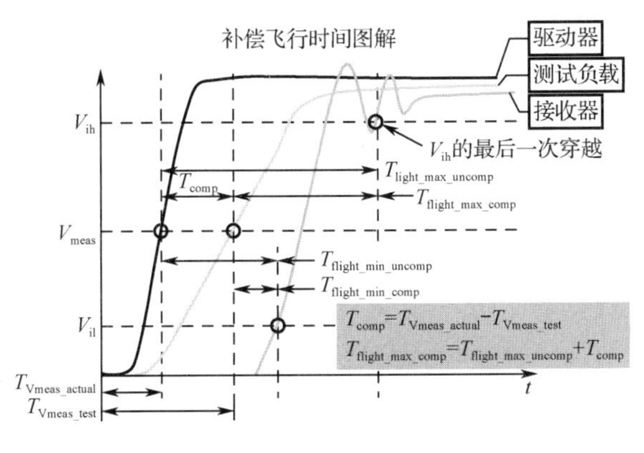


图 3-33

当实际负载比测试负载轻，在短互连的情况下实际飞行时间可能为负，如图 3-34 所示。

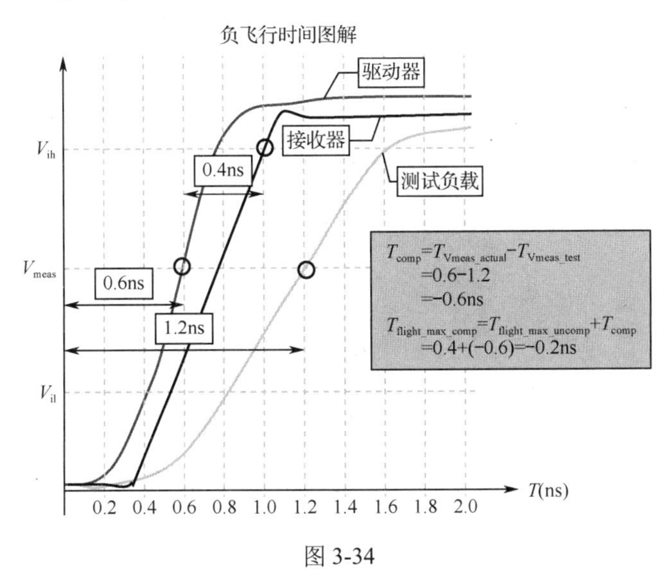


图 3-34

在 LineSim 原理图中，飞行时间的测量有 2 种方法。

第 1 种方法：自动测量，如图 3-35 所示。

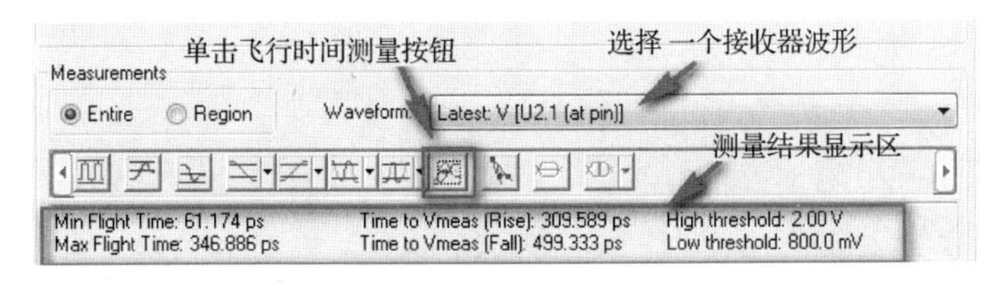


图 3-35

第 2 种方法：手动测量，需要建立如图 3-36 所示的原理图。

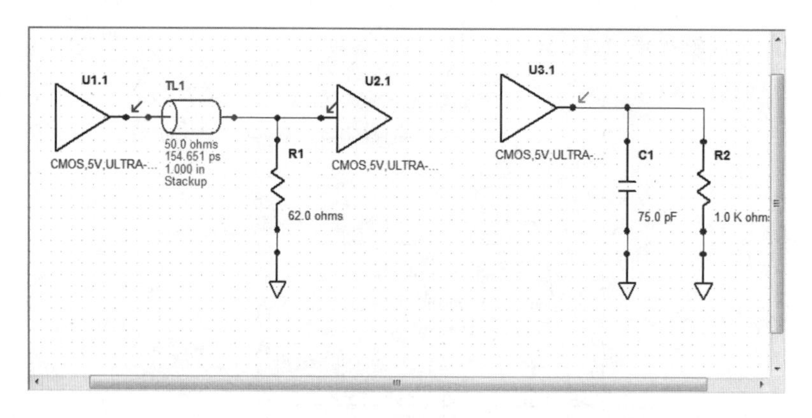


图 3-36

原理图的仿真结果如图 3-37 所示，然后按照定义进行测量即可。

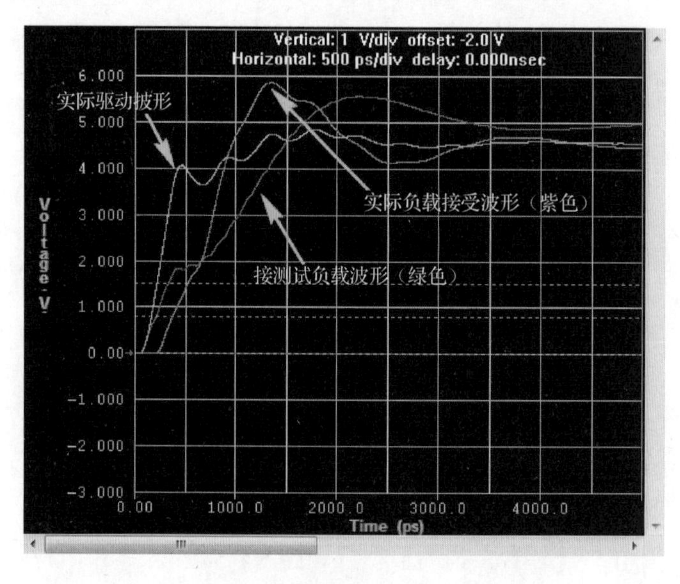


图 3-37

## 3.4 电磁干扰（EMI）与电磁兼容（EMC）

### 1. 定义

电磁干扰：任何导致电子设备性能下降或者不期望反应的电磁辐射。

电磁兼容：设备和系统在预设的环境中由于无意的电磁干扰没有引起或接收降级的能力。

### 2. 差模辐射

差模辐射：当电流大小相等、方向相反的导体彼此紧邻时会产生差模辐射。电流回路越大，辐射越大；电流变化率越高，辐射越大。差模辐射示意图如图 3-38 所示。

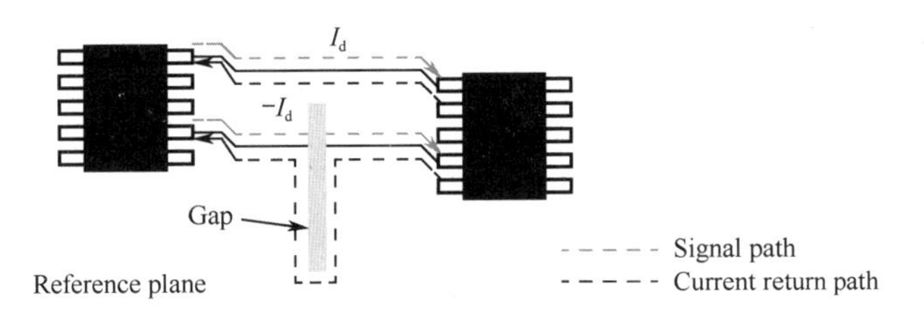


图 3-38

### 3．共模辐射

共模辐射：在信号流向与返回路径流向一致的情况下会产生共模辐射，如图 3-39 所示为共模辐射示意图。流进意外路径的任何电流，或者电流很小但回路很大也会导致严重的电磁干扰问题。用户很难控制它，因为它会在你想不到的地方进行流动。原因可能是电缆、连接器、桩线、平面缝隙等。

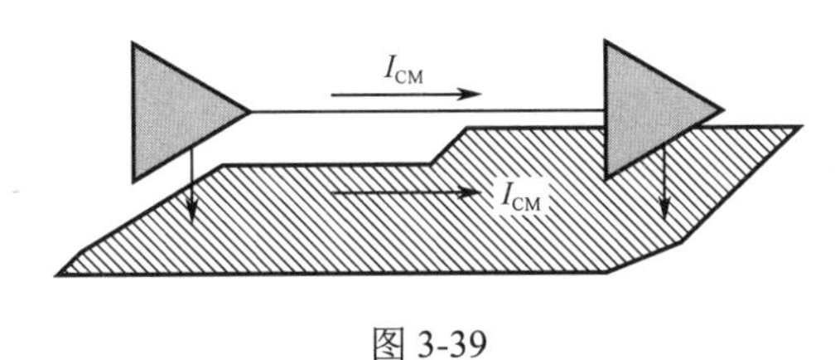


图 3-39

### 4．电磁干扰分析：天线探头

用与电磁干扰实验类似的方法测量实际远场辐射，设置如图 3-40 所示。

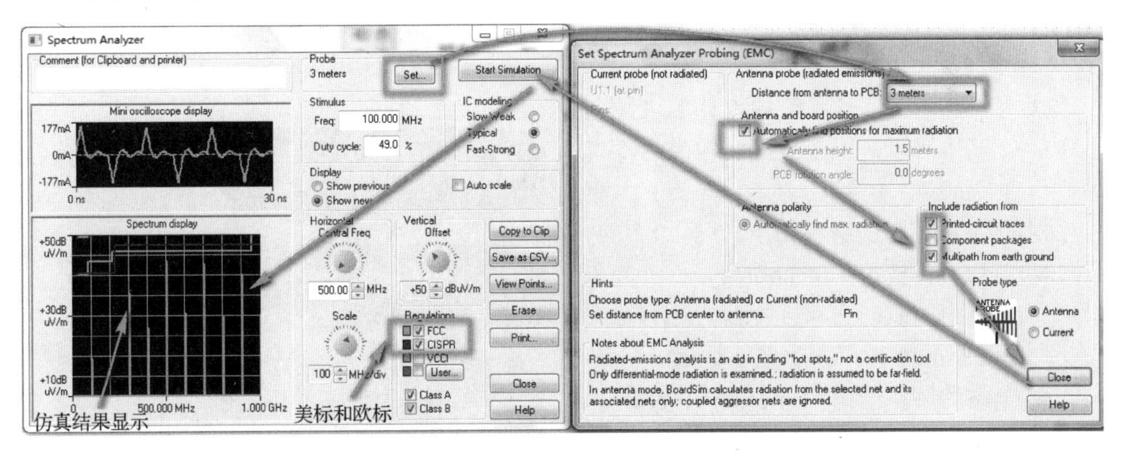


图 3-40

### 5．电磁兼容分析：电流探头

测量源电流并且在频域中显示。既然辐射主要归因于电流，就要对电流进行分析，因为减小电流能降低辐射，如图 3-41 所示。

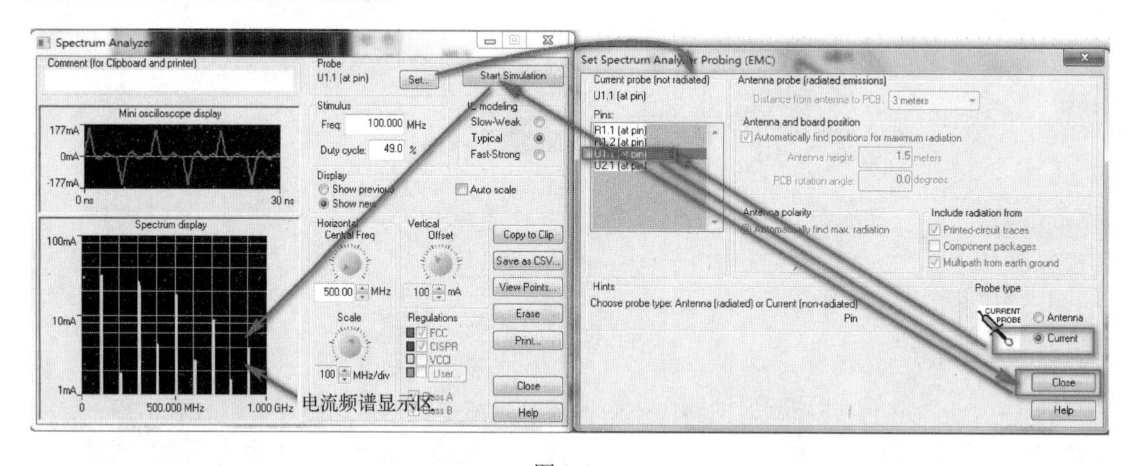


图 3-41

### 6. 电磁兼容仿真的准确性和局限性

HyperLynx 的电磁兼容仿真能够准确判断是否有网络会造成电磁兼容问题，预测对一个网络的更改，辐射是否是改善还是恶化。但是也有一些局限性，主要体现在以下几个方面：

- 同一时刻只能分析一个驱动。
- 假定平面是完整的。
- 仅仅预测差模辐射。
- 封装辐射只能在 BoardSim 中进行，不能在 LineSim 中进行。
- 在多板仿真中没有天线探头。

## 3.5 信号完整性的“4T 原则”

决定一个电路信号完整性设计的成功与否有 4 个基本因素，也就是我们常说的“4T 原则”，如图 3-42 所示。

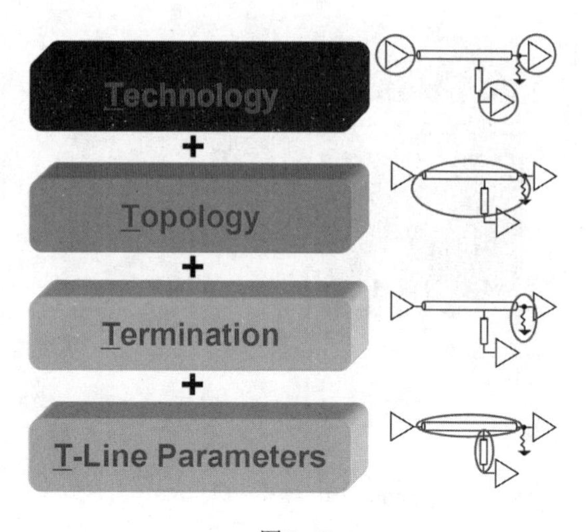


图 3-42

对“4T 原则”的解释如下。

- 芯片设计技术（Technology）：考量 SI 链路中的驱动器和接收器，如芯片采用 28nm 工艺，驱动强度是 20mA。
- 电路的拓扑结构（Topology）：如 DDR 电路可以采用 Fly-by 拓扑结构，属于菊花链拓扑，只是支路更短。
- 电路的端接（Termination）：如终端并联端接。
- 传输线的参数（T-Line Parameters）：如采用 50R 特征阻抗的带状线。

### 3.5.1 芯片设计技术

（1）由 I/O 缓冲电路（I/O buffer circuits）的特性决定。

- 电路类型：例如，图腾柱、射极跟随器或开集、开漏等。
- 电路的上升和下降时间。
- 驱动强度：依赖于驱动源输出阻抗和 VCC 供电电压。
- 电路功耗（Power Dissipation）。
- 速度和数据速率（Speed and Data-Rate）。
- 并行或串行数据传输（Parallel or Series Data Transfer）。
- 采用单端还是差分结构（Single Ended or Differential）。

（2）如果硅片供应商已经设计固化了驱动器和接收器的结构，可能是最不灵活的一个“T”。

（3）为达到设计目的，必须去仿真评估不同的驱动器和接收器的有效性，以及上升时间/下降时间的重要性。

① 上升时间，即一个电压从其峰值电压的 10%上升到峰值电压的 90% 所用的时间，下降时间反之。

② 上升时间和下降时间可能是不相等的，如 DDR 数据的上升时间和下降时间基本都是不相等的，可以在实测中看到，上升沿被影响的概率比较大。

③ 频率与上升时间有何关系？如下是 3dB 截止频率计算公式。

$$F_{3\text{dB}} = \frac{0.35}{T_{10\%\sim90\%}}$$

补充转折频率计算公式如下所示：

$$F_{\text{knee}} = \frac{0.5}{T_{10\%\sim90\%}}$$

注意：通常扫描频率的设置上限都以这个频率值为准。

（4）在高速设计中，电压和电流的变化率会带来很多问题，其表达式如下所示。

$$\frac{\mathrm{d}V}{\mathrm{d}t} = \frac{\Delta V}{T_{10\%\sim90\%}} \text{ 和 } \frac{\mathrm{d}I}{\mathrm{d}t} = \frac{\Delta I}{T_{10\%\sim90\%}}$$

器件选型经验如下所述：

（1）不要使用边沿速率超过需求的器件。

（2）最好选用上升时间可调的器件，如图 3-43 所示为 I/O 技术标准。

I/O Technology Standards

I/O技术标准

| I/O Standards | Type | Speed | Application |
|---|---|---|---|
| GTL/GTL+ | Single-ended | 100/200 MHz | Backplane 背板 |
| SSTL-2 | Single-ended | 200 MHz | DDR I SDRAM |
| SSTL-18 | Single-ended | 200 MHz | DDR II SDRAM |
| HSTL I & II | Single-ended | 250 MHz | Memory |
| 3.3V PCI | Single-ended | 66 MHz | PC/Embedded |
| 3.3V PCI-X | Single-ended | 133 MHz | PC/Embedded |
| 1x AGP/ 2x AGP | Single-ended | 66/133 MHz | 3-D Graphics |
| LVDS | Differential | 800 Mbps | Host Processor |
| HyperTransport | Differential | 800 Mbps | Backplane |
| Differential HSTL/SSTL | Differential | 200 MHz | Memory |

图 3-43

### 3.5.2 电路的拓扑结构

拓扑结构的定义：将驱动器与接收器物理连接起来的一种方式。

2 个重要的拓扑考虑因素是：

● 对称性。

● 每个节点处最小化阻抗的不连续性。

常用的拓扑结构如下所述：

● 点对点拓扑。

● 菊花链式拓扑或多分支拓扑。

● 星形拓扑。

● T 形拓扑。

1）点对点拓扑

点对点拓扑结构是从驱动器到接收器所连接的最简单、最基本的单对单拓扑结构，通常用于总线和网络组，如 DDR 数据总线就是单对单的拓扑结构。

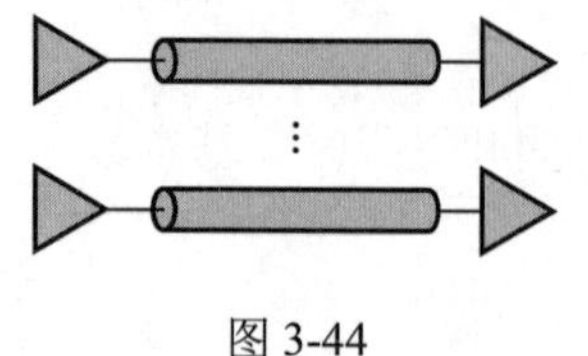

图 3-44

常见的约束条件是：

（1）最大和最小长度限制。

（2）走线如果没有端接，走线长度不超过 1/6 上升时间所传输的距离。

（3）组内网络的长度必须匹配在合理的范围内，如图 3-44 所示。

2）多分支拓扑

多分支拓扑结构是被应用于一个驱动器驱动 3 个或 3 个以上接收器的拓扑结构。通用约束和考量如下：

● 短桩线（stub）的长度必须尽量短。

● 中间的分支结构会增加总线的输入电容，同时会降低总线的有效特征阻抗，即节点处并联降低了阻抗。

前端总线 FSB、PCI 总线和 DDR 地址控制总线使用多分支拓扑结构，如图 3-45 所示。

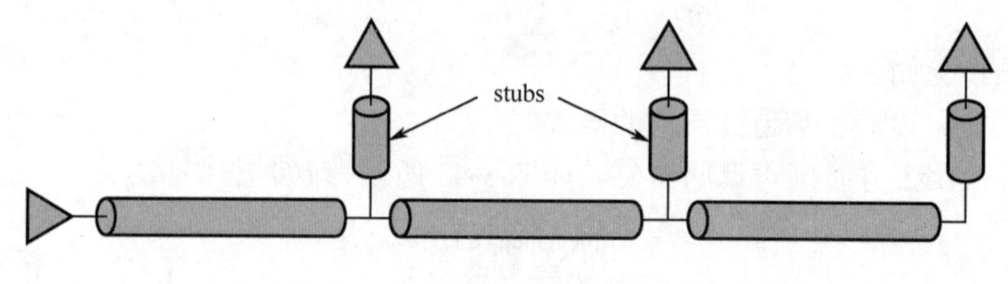


图 3-45

顺便提一下 DDR3 的 fly-by 结构，就是 stub 短一些的菊花链拓扑结构。

3）星形拓扑

在星形拓扑结构中，所有的线都被连接到公共节点上，如图 3-46 所示。其中的一些约束条件如下所述。

● 所有分支具有相同的电延时。

● 所有负载必须相等。如果不等，校正线长去补偿。

4）T 形拓扑

T 形拓扑结构是被应用于一个驱动器驱动 2 个接收器的拓扑结构，如图 3-47 所示。

如果 T 形分支长度小于上升时间的 1/6，反射就不明显。其中的一些约束条件如下所述。

- 缩减节点处的阻抗不连续。
- T 形分支的长度必须相等。
- 负载必须完全相同。如果不相等，必须校正分支长度使其平衡。

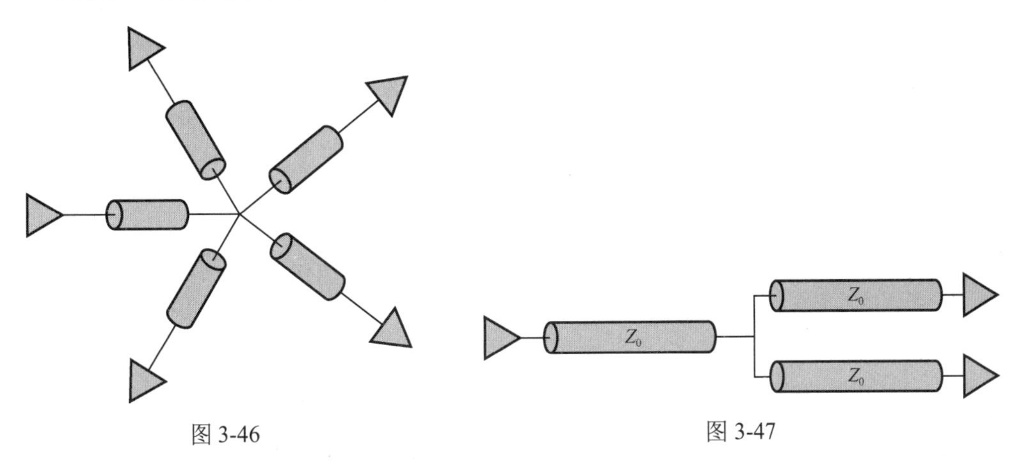


图 3-46　　　　图 3-47

在 LineSim 原理图中可以这样建模，如图 3-48 所示。

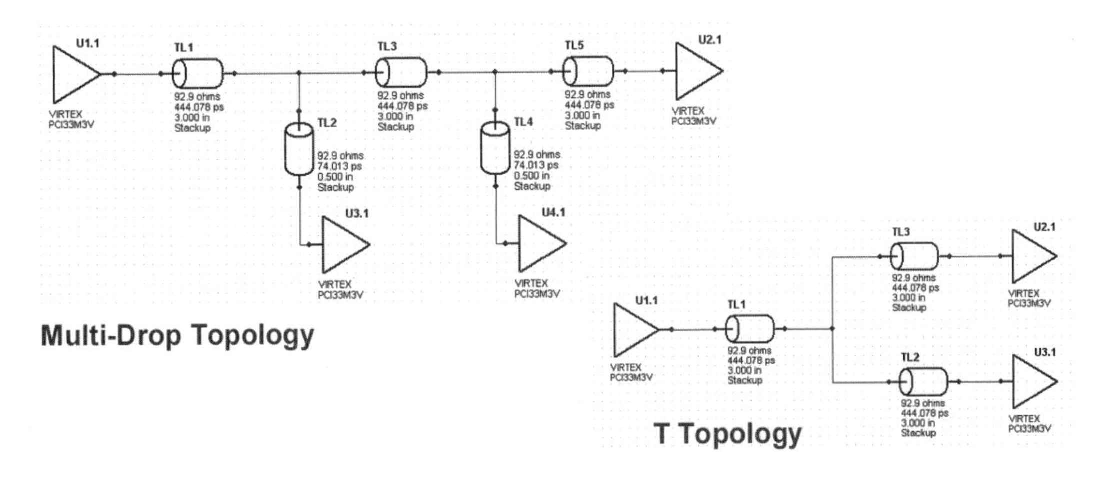


图 3-48

### 3.5.3　电路的端接

端接是匹配驱动器、传输线和接收器阻抗而不发生反射的方法。什么时候需要进行端接设计呢？就是当传输线长度超过 1/6 信号上升沿时（有的工程师对这比较苛刻，为 1/10）需要进行端接。在 FR-4 板材中，假如信号有 1ns 的上升沿，这个传输长度大概是 1in（经验估算值：PCB 走线 1in 延时估算外层为 150ps 左右，内层为 180ps 左右）。

在选择端接方式时需要考虑的因素如下所述。

- 电源功耗（Power Dissipation）。

● 合适的元件值（Correct Value of the Components）。
● 元件的布局（Placement of Components）。

4 种最常见的端接方式如下所述。

● 直流并联端接（DC Parallel Termination）。
● 串联端接（Series Termination）。
● 交流并联端接（AC Parallel Termination）。
● 戴维宁并联端接（Thevenin Parallel Termination）。

（1） 直流并联端接如图 3-49 所示。

① 电阻取值：$R_T = Z_0$。

② PCB 布局位置：放在最后一个接收器的后面。

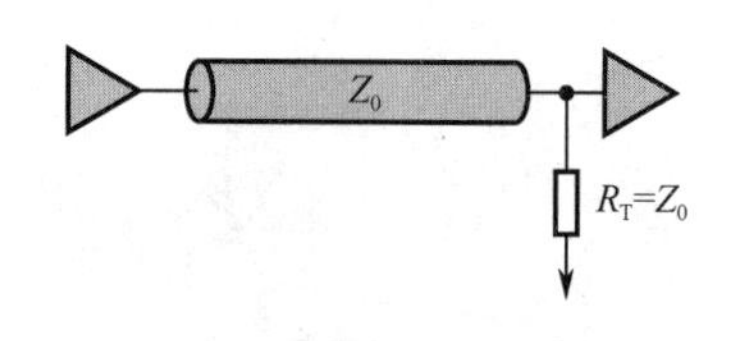

图 3-49

优点：

● 在接收器处消除了反射。
● 实现简单，只需一个电阻。

缺点：

● 直流功耗大。
● 电压幅度被缩减。

（2）串联端接如图 3-50 所示。

① 电阻取值：$R_T = Z_0 - R_S$。

② 串联端接的特点主要有：

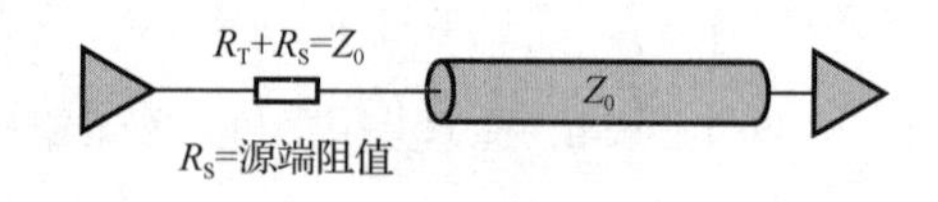

图 3-50

● 沿传输线只传输一半的电压。
● 一次反射发生在高阻抗接收器上。
● 反射的信号传回源端。
● 在源端处不再发生第二次反射，全部被源端电阻吸收。

③ 放置位置：尽可能靠近驱动器。

优点：几乎无直流损耗。

缺点：

● 电阻值难以选择，但软件有端接向导可以参考。
● 容性负载会导致比终端并联端接有更加缓的上升时间。

（3）交流并联端接如图 3-51 所示。

① 电阻取值：匹配条件 $R_T = Z_0$，$C=2T_{rise}/Z_0$。

② PCB 布局位置：尽可能靠近接收器。

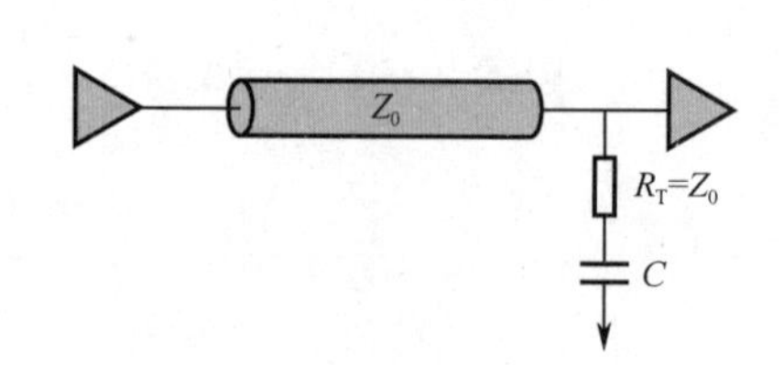

图 3-51

优点：电容隔离了直流电流。

缺点：

● 很难选择合适的电容值。
● 需要两个元件。

（4）戴维宁并联端接如图 3-52 所示。

① 电阻取值：$\dfrac{1}{Z_0}=\dfrac{1}{R_1}+\dfrac{1}{R_2}$。

② PCB 布局位置：放在最后一个负载后面。

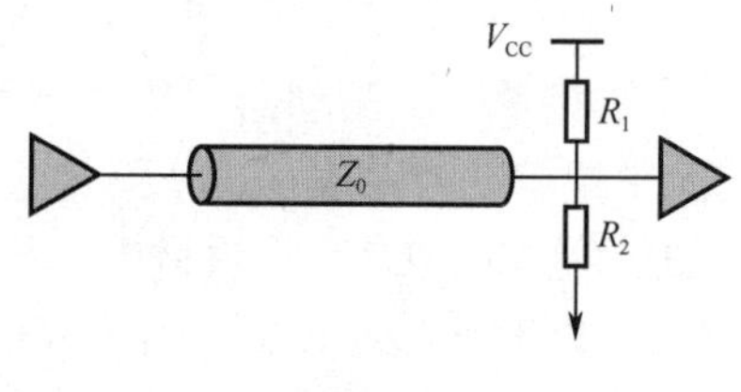

图 3-52

优点：

- 比直流并联端接有更小的电源功耗。
- $R_1$ 与 $R_2$ 配合可以配出任意直流偏置需求。

缺点：需要 2 个元件。

HyperLynx 画的端接原理图如图 3-53 所示。

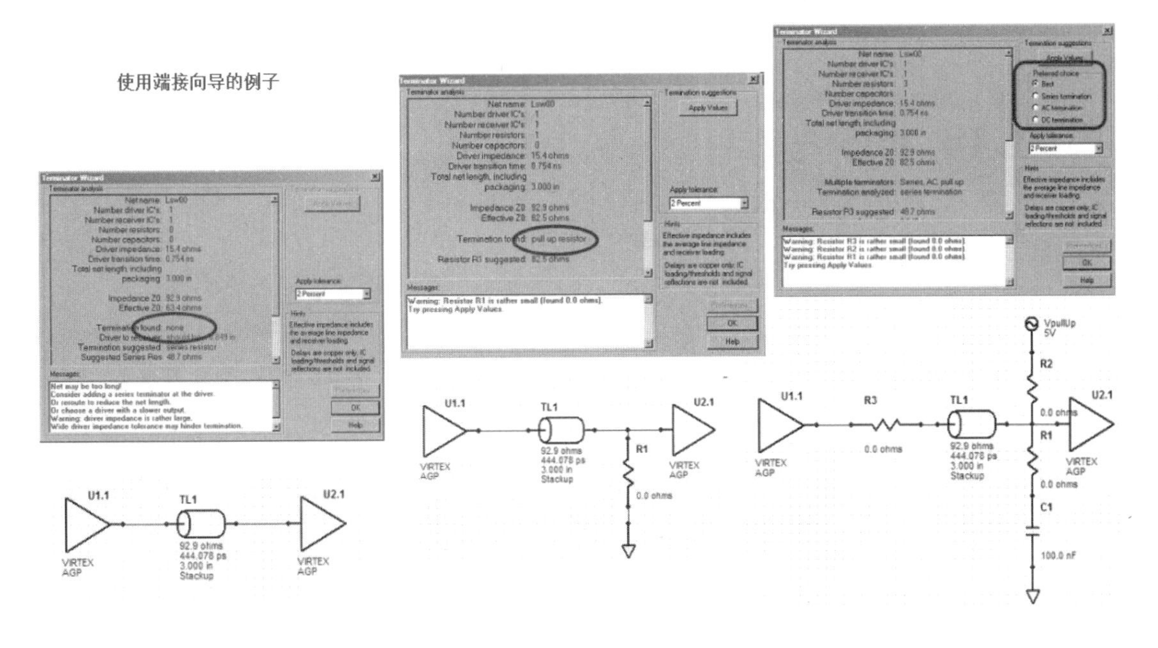


图 3-53

### 3.5.4　传输线的参数

传输线的参数能够被用来控制信号的完整性、延时、交扰和 EMI。

传输线的参数是：

- 特征阻抗（瞬时阻抗）。
- 传输延时（互连延时）。

如图 3-54 所示为影响特征阻抗的因素图，图中，$h$ 为导线到平面层的介质厚度；$t$ 为信号线的铜厚；$\varepsilon_r$ 为相对介电常数；$\varepsilon_0$ 为空气介电常数。

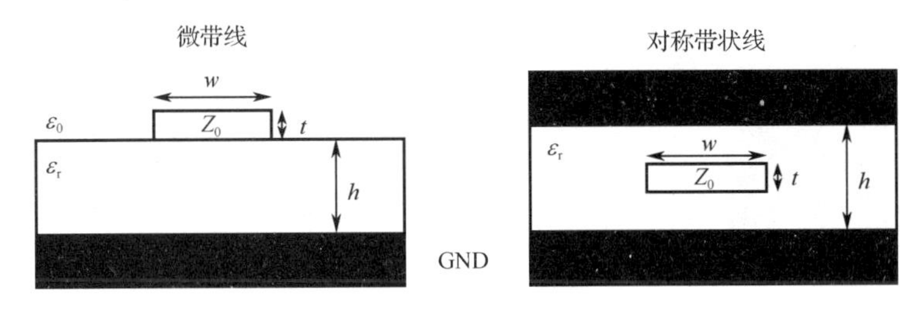


图 3-54

均匀的间隔和等值容性负载有时候也会减小传输线的有效特征阻抗（见图 3-55）。

为了便于对比，将无损传输线模型和计算公式复制到这里，如图 3-56 所示。

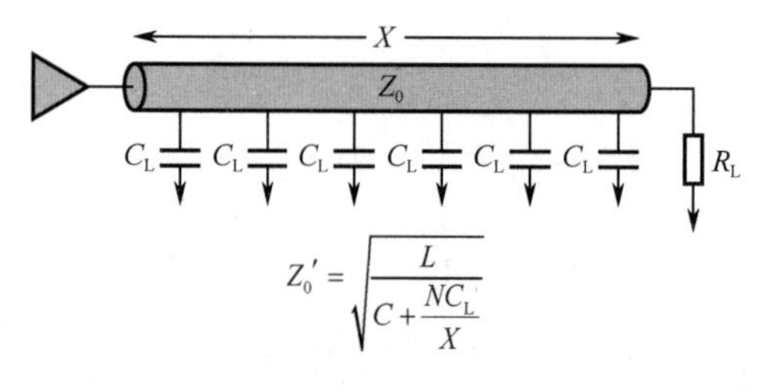


图 3-55

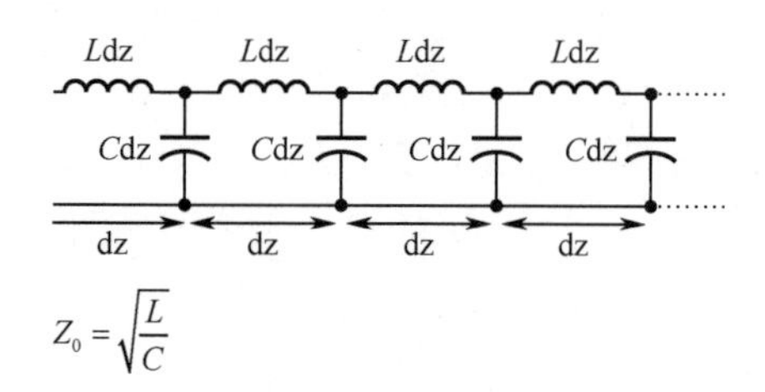


图 3-56

耦合的情况下也会影响特征阻抗，主要体现在偶模和奇模。在偶模下，有效特性阻抗降低；在奇模下，有效特性阻抗增加。如图 3-57 所示为奇偶、偶模与阻抗的关系。

$$Z_{0,\text{even}} < Z_0 < Z_{0,\text{odd}}$$

图 3-57

奇模、偶模和共模是相对于地来说的，以地作为参考面。而差分线是相对于 2 根线之间的关系来说的。

奇模图如图 3-58 所示。差模图如图 3-59 所示。

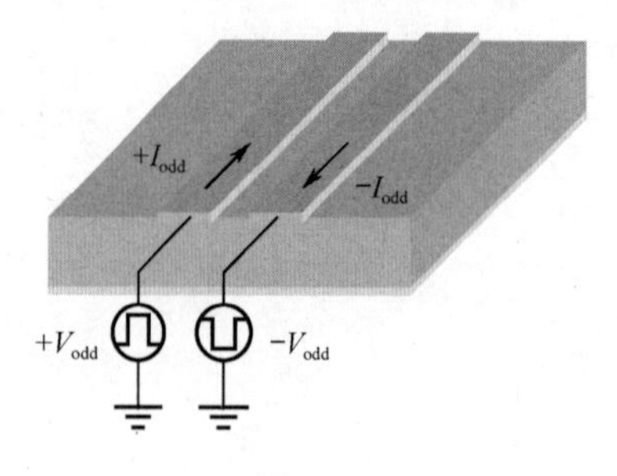


图 3-58

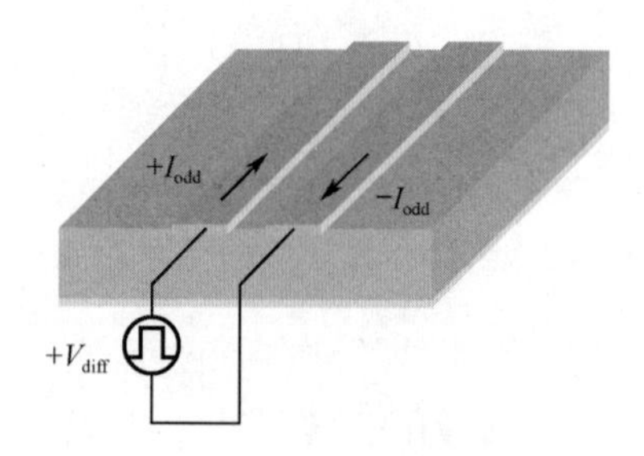


图 3-59

由此可见：$Z_{\text{odd}} = V_{\text{odd}} / I_{\text{odd}}$；$V_{\text{diff}} = 2V_{\text{odd}}$；$I_{\text{diff}} = I_{\text{odd}}$。

那么 $Z_{\text{diff}} = V_{\text{diff}} / I_{\text{diff}} = 2V_{\text{odd}} / I_{\text{odd}} = 2Z_{\text{odd}}$

偶模图如图 3-60 所示。共模图如图 3-61 所示。

由此可见：$Z_{\text{even}} = V_{\text{even}} / I_{\text{even}}$；$V_{\text{comm}} = V_{\text{even}}$；$I_{\text{comm}} = 2I_{\text{even}}$。

那么 $Z_{\text{comm}} = V_{\text{comm}} / I_{\text{comm}} = V_{\text{even}} / (2I_{\text{even}}) = Z_{\text{even}} / 2$。

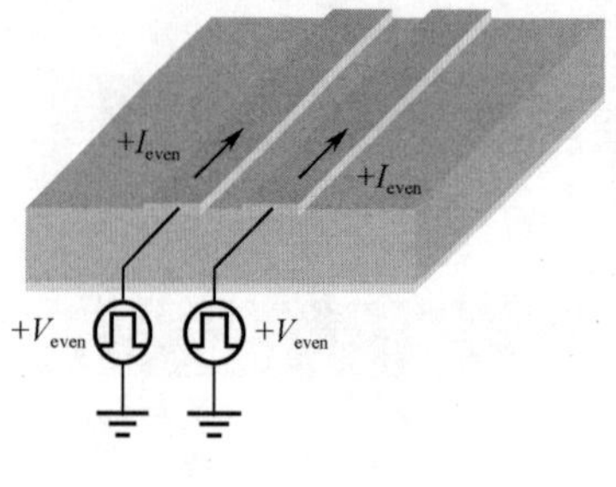


图 3-60

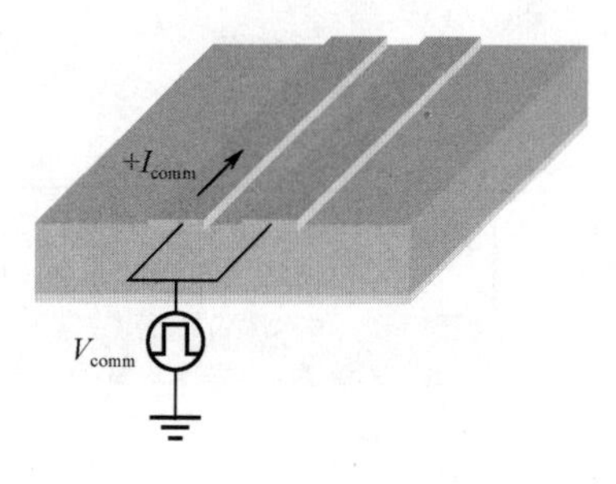


图 3-61

## 3.6　叠层

在规划叠层时需要考虑一些因素，如图 3-62 所示。

- 板子的层数-板子密度。
- 铜厚-电源需求。
- 板材（介质 Dk）-损耗角正切值、延时。
- 线宽线距-阻抗。
- 半固化片-未固化的玻璃纤维环氧树脂，称半固化片。
- 固化片-固化（硬化）玻璃纤维环氧树脂，称固化片。

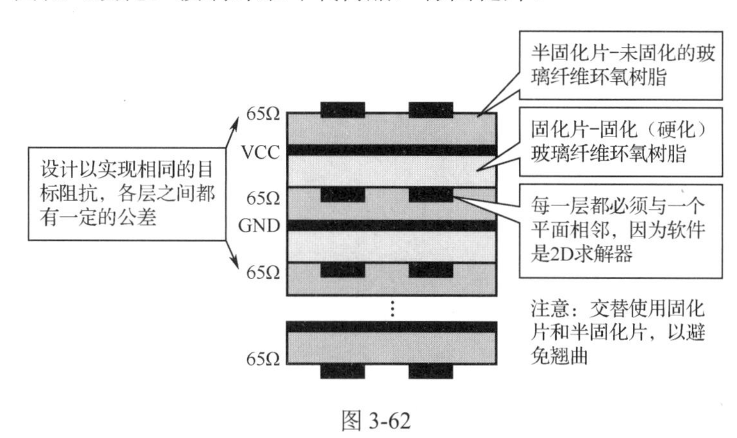

半固化片-未固化的玻璃纤维环氧树脂
固化片-固化（硬化）玻璃纤维环氧树脂
每一层都必须与一个平面相邻，因为软件是2D求解器
注意：交替使用固化片和半固化片，以避免翘曲
设计以实现相同的目标阻抗，各层之间都有一定的公差
65Ω
VCC
65Ω
GND
65Ω
65Ω

图 3-62

## 3.7　影响传输延时的因素

微带线和对称带状线示意图如图 3-63 所示。

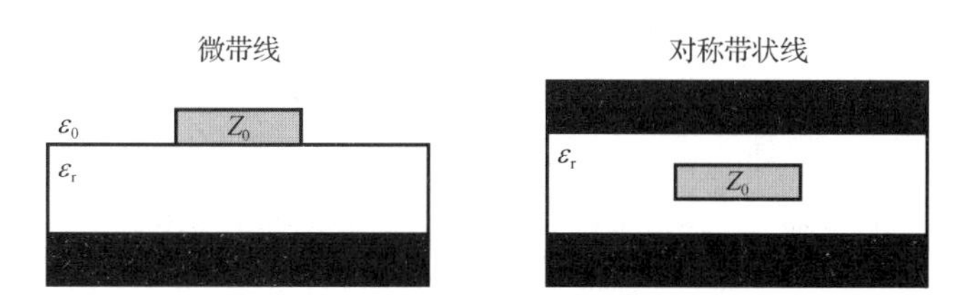

微带线
对称带状线
$\varepsilon_0$
$Z_0$
$\varepsilon_r$
$\varepsilon_r$
$Z_0$

图 3-63

微带线和对称带状线的传输延时 $t_{pd}$ 的计算如下所示：

$$t_{pd} = \frac{1}{\upsilon_p} = \frac{\sqrt{\varepsilon_r}}{c} = 85\sqrt{\varepsilon_r}\,\text{ps/in}$$

$$t_d = Lt_{pd}$$

其中，$\varepsilon_r$为相对介电常数，空气的相对介电常数为 1.00053；$\varepsilon_0$为真空绝对介电常数，$\varepsilon_0$ = 8.854187817×$10^{-12}$F/m（近似值）；$t_{pd}$为传播延时；$c$ 为光速，$c$=11.8in/ns=3×$10^8$m/s；$t_d$为互连延时；$L$ 为传输线长度。

## 3.8 在 LineSim 中查看传输线参数

在 HyperLynx LineSim 中编辑不带耦合的传输线参数，如图 3-64 所示。

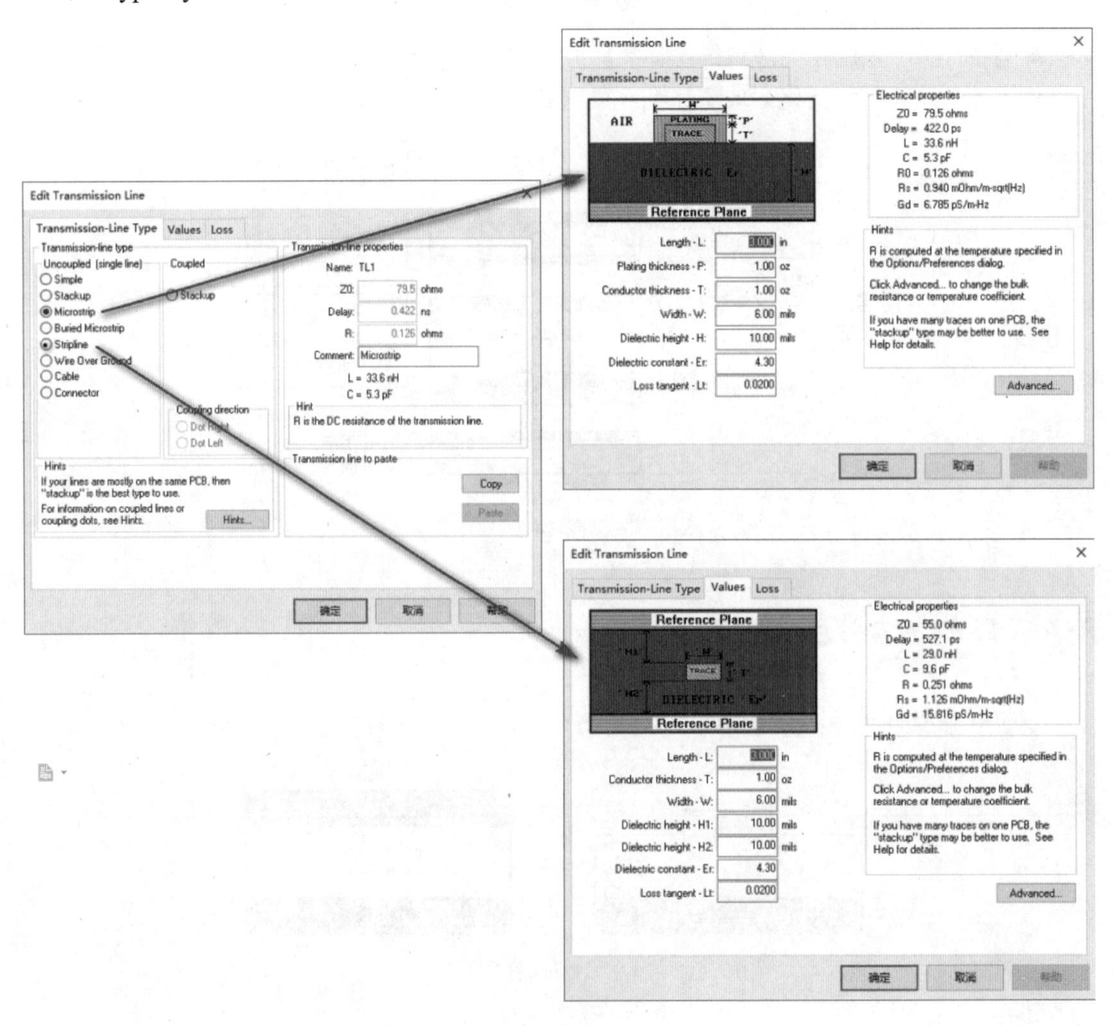


图 3-64

在 HyperLynx LineSim 中编辑带耦合的传输线参数，如图 3-65 所示。

通过本章的学习，读者应对信号完整性理论有了一个基本的了解，并能够结合实例在 HyperLynx 中观察和设置相应的案例原理图设计。

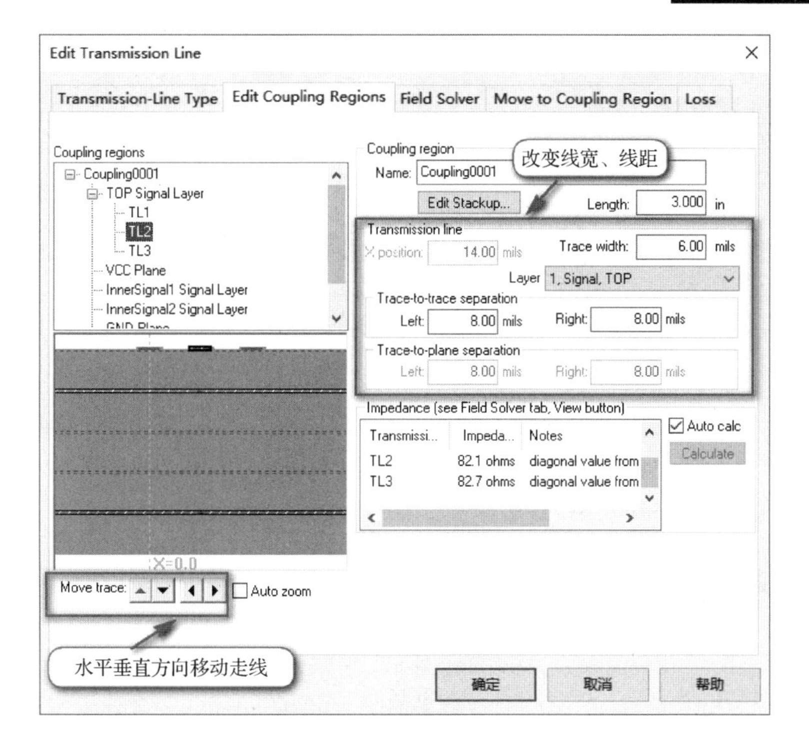
Edit Transmission Line
Transmission-Line Type
Edit Coupling Regions
Field Solver
Move to Coupling Region
Loss
改变线宽、线距
水平垂直方向移动走线
Move trace:
Auto zoom
确定
取消
帮助

图 3-65

# 第 4 章

# HyperLynx 软件简介

HyperLynx 包含前仿真环境（LineSim 和 Cell-Based）、后仿真环境（BoardSim）及多板分析功能，可以帮助设计者对电路板上频率低至几十兆赫、高达千兆赫以上的网络进行信号完整性与电磁兼容性仿真分析，也可以进行电热协同仿真，消除设计隐患，提高设计成功率，是业界板级仿真软件的引领者之一。

## 4.1 前仿真流程

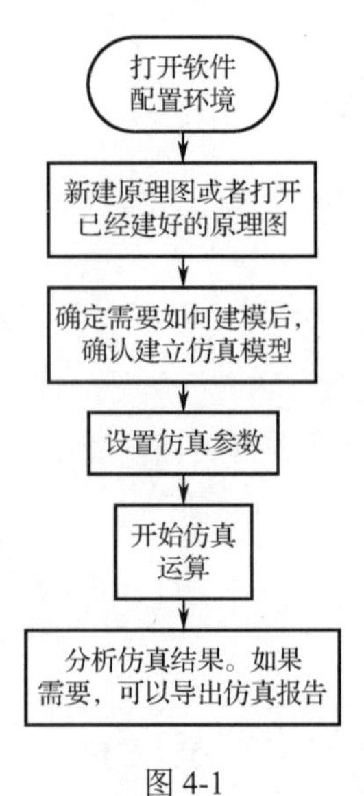

打开软件
配置环境
新建原理图或者打开
已经建好的原理图
确定需要如何建模后，
确认建立仿真模型
设置仿真参数
开始仿真
运算
分析仿真结果。如果
需要，可以导出仿真报告

图 4-1

前仿真流程图如图 4-1 所示。

如果用户已安装了旧版本的 HyperLynx 软件，可以将旧版本软件中的芯片模型文件夹、设计文件夹和其他设置传递到新安装的 HyperLynx 软件中，具体过程如下所述。

第 1 步：给最新安装的 HyperLynx 软件的 BSW.INI 文件重新命名。例如，将“D:\Mentor Graphics\9.5PADS\SDD_HOME\HyperLynx\BSW.INI”改成“D:\MentorGraphics\9.5PADS\SDD_HOME\HyperLynx\BSW.INI.save”。

第 2 步：将先前安装软件目录下的 BSW.INI 文件复制到最新安装软件的目录下。例如，将“D:\MentorGraphics\9.4PADS\SDD_HOME\HyperLynx\BSW.INI”复制到“D:\MentorGraphics\9.5PADS\SDD_HOME\HyperLynx\ BSW.INI”。

第 3 步：编辑复制到最新安装软件目录下的 BSW.INI 文件，改变的内容如下所述。

① 将[BSW_LIBRARY]下的 ModLibPath 改变为最新版本的库路径，就是把以前版本库包含进来。

② 将[BSW_PREFERENCES]下的 HypPath 改变为新的安装路径，目的是将一些设计文件包含进来。

③ 将[DIFF_PAIR_SUFFIXES]下的 Pair1、Pair2 等原先定义的自动辨别的差分对后缀包含进来。

第 4 步，保存编辑好的 BSW.INI 文件，然后打开 HyperLynx 软件，此时就转移好了先前配置的软件设置。

# 4.2 HyperLynx菜单设置

## 1. 设置路径

打开HyperLynx软件，执行菜单命令Setup>Options>Directories，打开如图4-2所示的设置界面并进行设置。

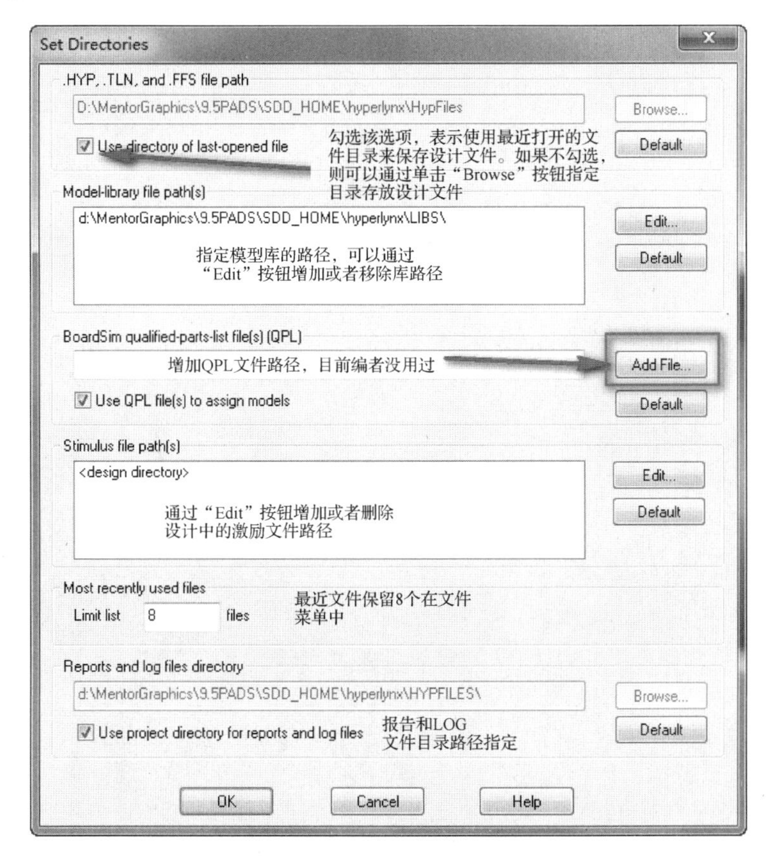


图 4-2

- Use directory of last-opened file：勾选，表示使用最近打开的文件目录来保存设计文件；如果不勾选，则可以单击“Browse”按钮指定目录保存设计文件。
- Model-library file path(s)：进行模型库的路径设定。用户可以通过“Edit”按钮增加或者移除IC模型路径，如图4-3所示。
- Simulus file path(s)：设置设计中的激励文件路径。用户可以通过“Edit”按钮，进入如图4-4所示的选择激励文件路径对话框。单击该对话框中的“Add”按钮可以增加激励文件，单击“Import”按钮可以导入其他设计的激励文件，单击“Export”按钮可将当前设计中的激励文件导出，方便其他的设计调用。
- BoardSim qualified-parts-list file(s)(QPL)：添加QPL文件路径。QPL文件是指Qualified Part List File，用户可以自己用文本编辑修改。

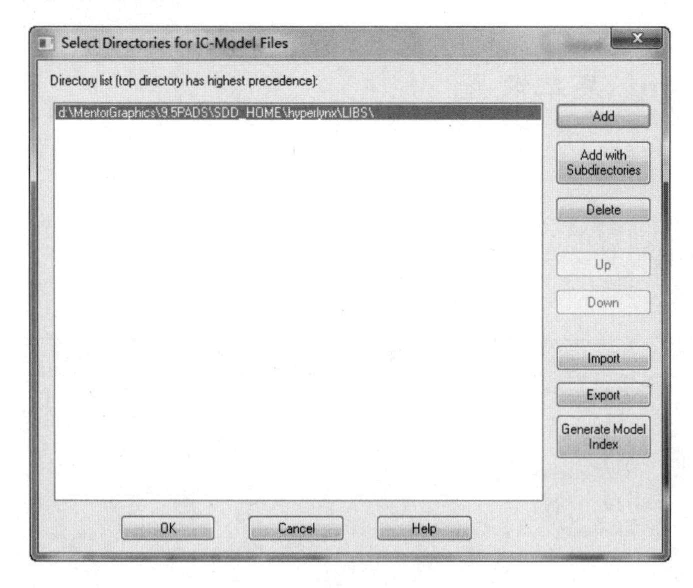


图 4-3

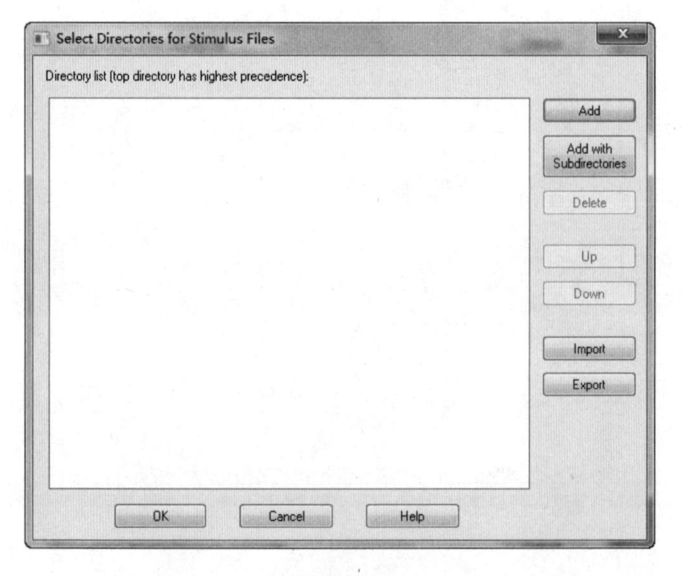


图 4-4

PCB 的芯片模型可以有 2 种文件格式，即 REF 和 QPL。无论哪一种格式，都可以用文本打开，如图 4-5 所示为 REF 格式的文件，如图 4-6 所示为 QPL 格式的文件。

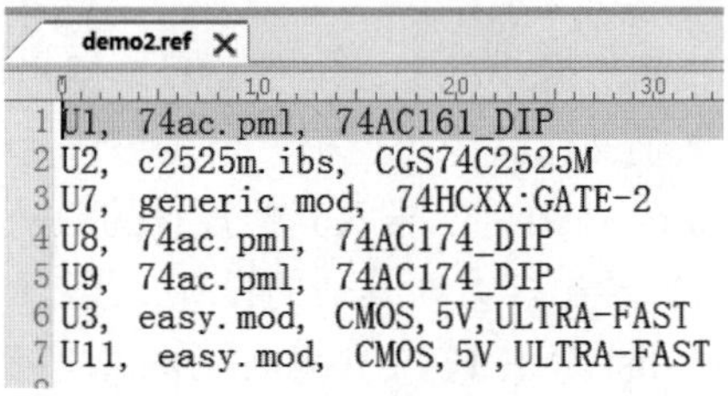

demo2.ref

```
1 U1,  74ac.pml,  74AC161_DIP
2 U2,  c2525m.ibs,  CGS74C2525M
3 U7,  generic.mod,  74HCXX:GATE-2
4 U8,  74ac.pml,  74AC174_DIP
5 U9,  74ac.pml,  74AC174_DIP
6 U3,  easy.mod,  CMOS,5V,ULTRA-FAST
7 U11,  easy.mod,  CMOS,5V,ULTRA-FAST
```

图 4-5

```
123.qpl
1 *
2 * Q[ualified] P[art] L[ist] file *        CAP      ESR      ESL
3 *
4 DECAP, CC0603-100N-J, "100nFdecap", RLC, 1e-007, 0.036, no
5 DECAP, CC0603-100N-M, "100nFdecap", RLC, 1e-007, 0.036, no
6 DECAP, CC0603-10N-J, "10nFdecap", RLC, 1e-008, 0.097, no
7 DECAP, CC0805-10U-J, "10uFdecap", RLC, 1e-005, 0.003, no
8 DECAP, RADIAL-1200U-J, "1200uFdecap", RLC, 0.0012, 0.003, 2e-008, no
```

图 4-6

如果用户知道了相应的芯片模型，就可以按照以上格式进行编辑。

### 2．编辑参考标识的映射

执行菜单命令 Setup>Options>Reference Designator Mappings，进入如图 4-7 所示的对话框，在这里可以编辑每个元器件参考标识的映射。例如，在“Ref.prefix”右侧的文本框中输入“R”，代表映射所有的电阻和排阻元器件，单击“Add/Apply”按钮可以增加新的元器件参考标识的映射。

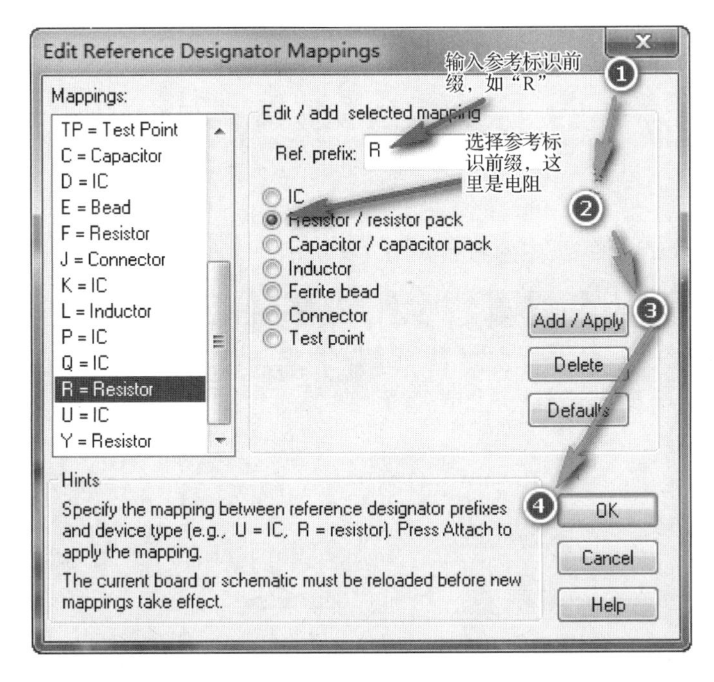


图 4-7

### 3．软件默认参数设置

执行菜单命令 Setup>Options>General，进入软件优先权默认设置对话框。建议用户采用以下图示的参数设置。

（1）“General”标签页中的内容如图 4-8 所示。

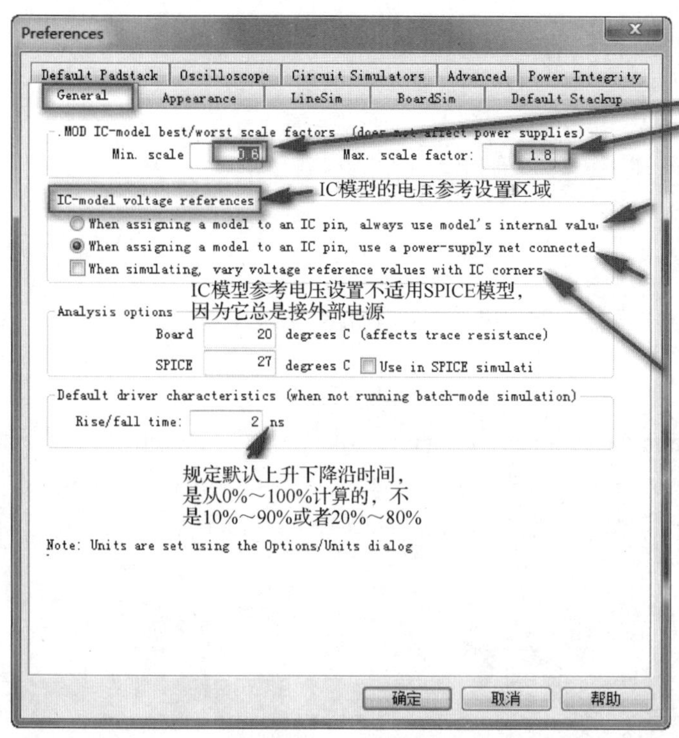


图 4-8

（2）“Appearance”标签页中的内容如图 4-9 所示。

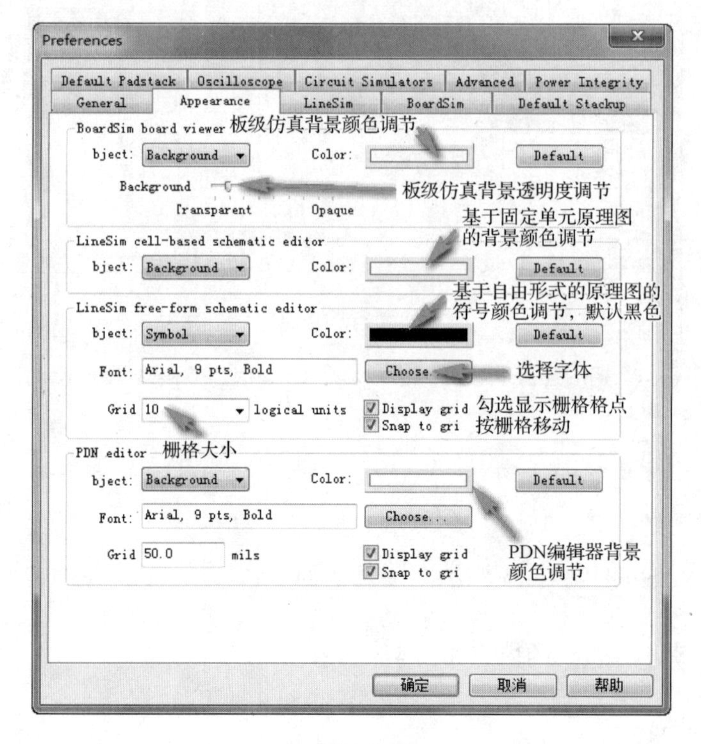


图 4-9

（3）“LineSim”标签页中的内容如图 4-10 所示。

图 4-10

（4）“BoardSim”标签页中的内容如图 4-11 所示。

图 4-11

（5）“Default Stackup”标签页中的内容如图 4-12 所示。

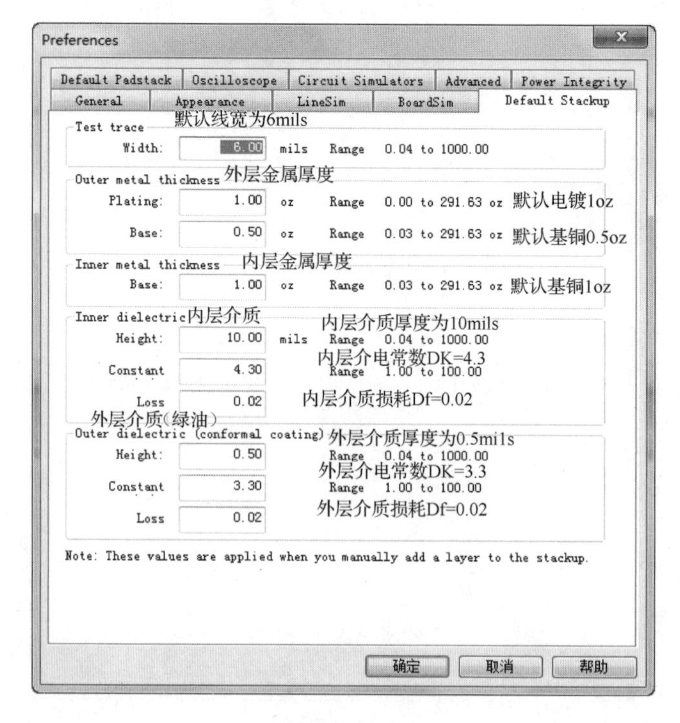


图 4-12

（6）“Default Padstack”标签页中的内容如图 4-13 所示。

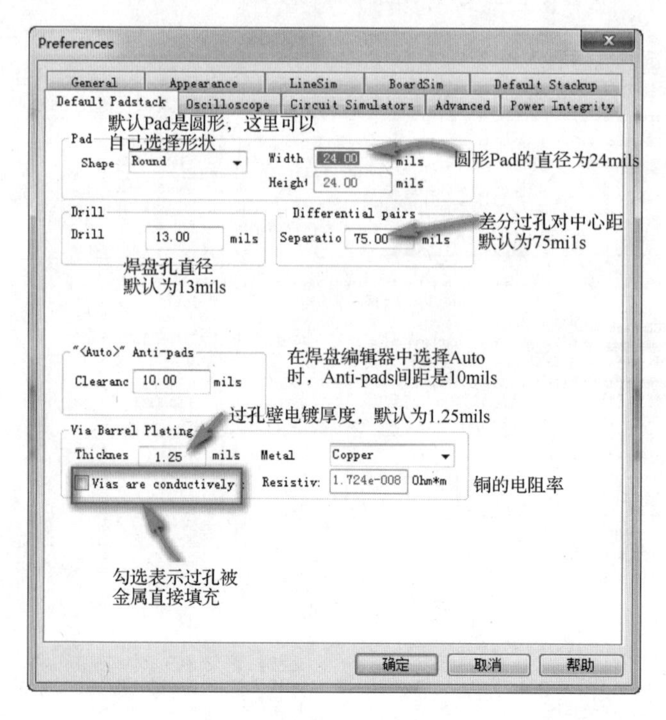


图 4-13

（7）“Oscilloscope”标签页中的内容如图 4-14 所示。

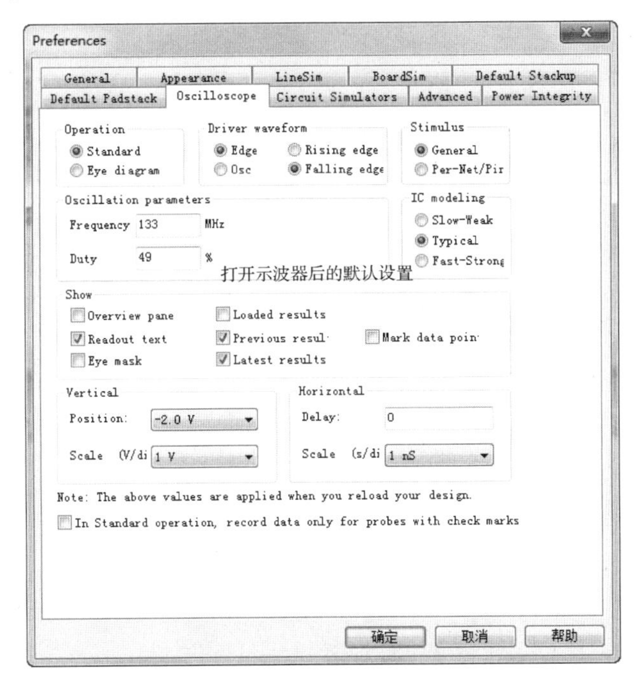


图 4-14

（8）“Circuit Simulators”标签页中的内容如图 4-15 所示。

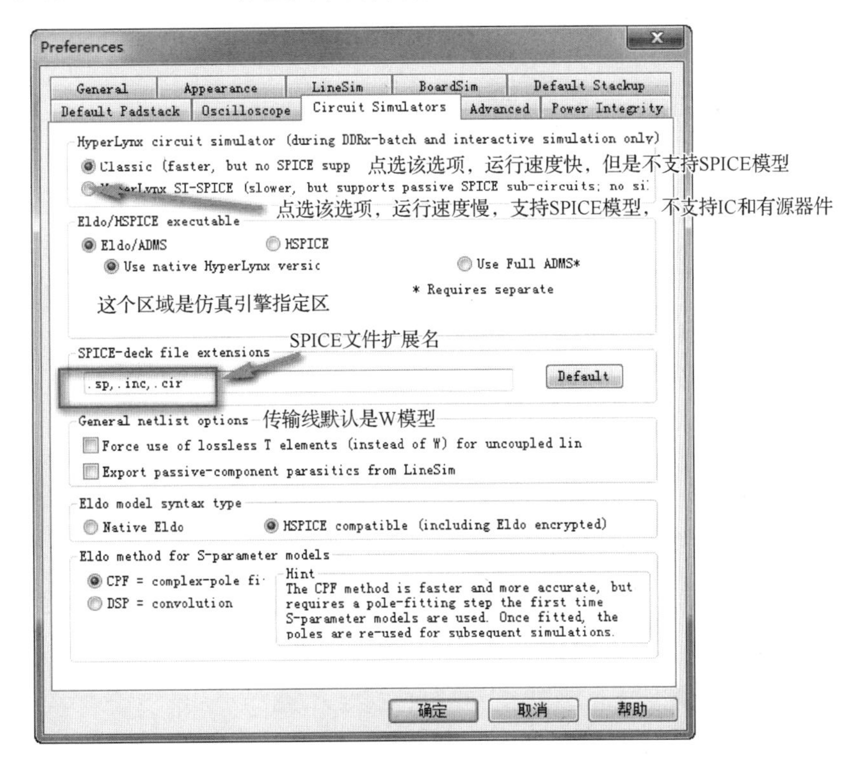


图 4-15

（9）“Advanced”标签页中的内容如图 4-16 所示。

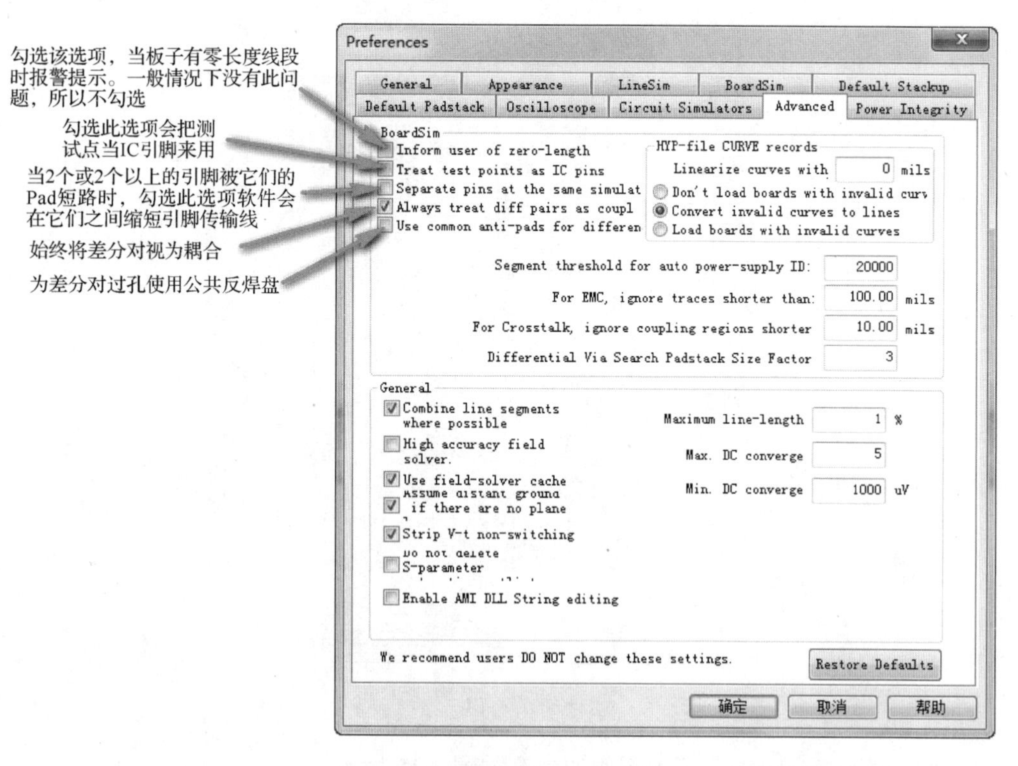


图 4-16

（10）“Power Integrity”标签页中的内容如图 4-17 所示。

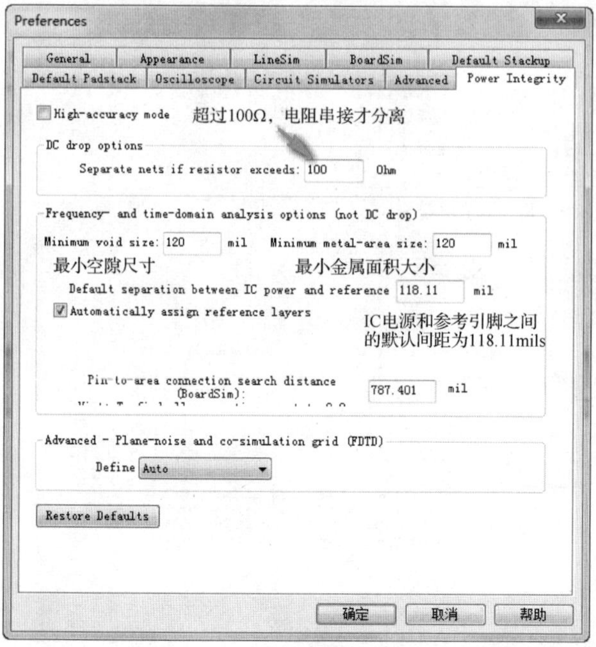

超过100Ω，电阻串接才分离

最小空隙尺寸

最小金属面积大小

IC电源和参考引脚之间的默认间距为118.11mils

图 4-17

### 4．设置默认测量单位

执行菜单命令 Setup>Options>Units，在弹出的对话框中设置默认的测量单位，如图 4-18 所示。

在这里可以选择测量单位使用公制还是英制，厚度用重量还是长度。

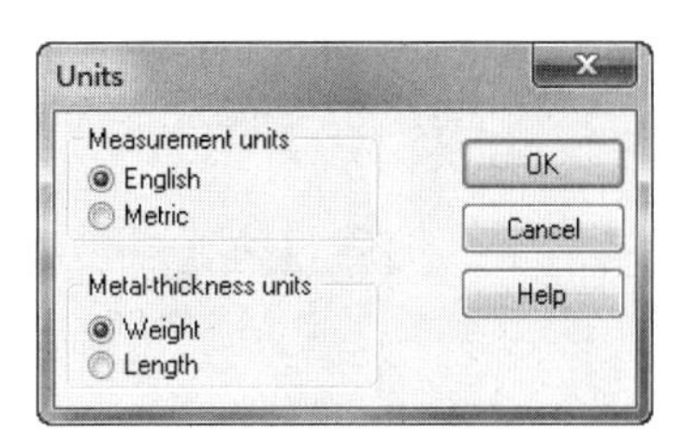


图 4-18

### 5．许可证设置

执行菜单命令 Setup>Options>Licence Checkout and Checkin，在弹出的对话框中可以选择许可证的权力，如图 4-19 所示。

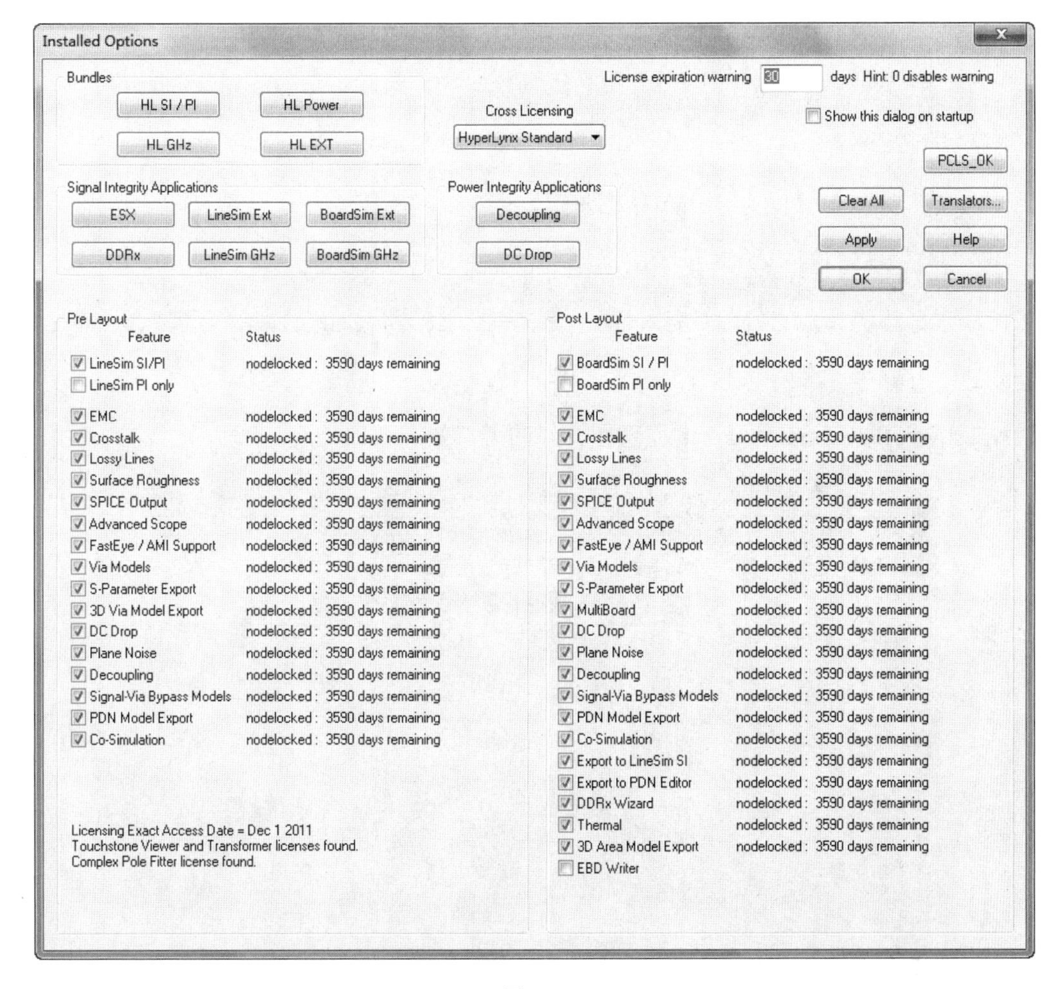


图 4-19

这个对话框可以告诉用户有多少使用期限，许可证中有哪些使用权限可用。

## 4.3 HyperLynx 工作界面介绍

HyperLynx LineSim Cell-based 原理图打开的菜单如图 4-20 所示。

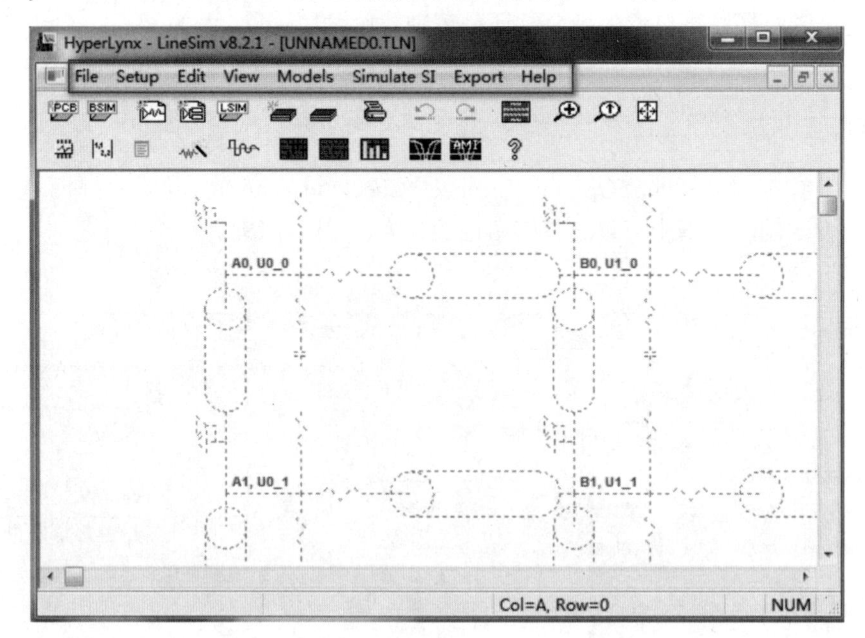


图 4-20

HyperLynx LineSim Free-Form 原理图打开的菜单如图 4-21 所示。

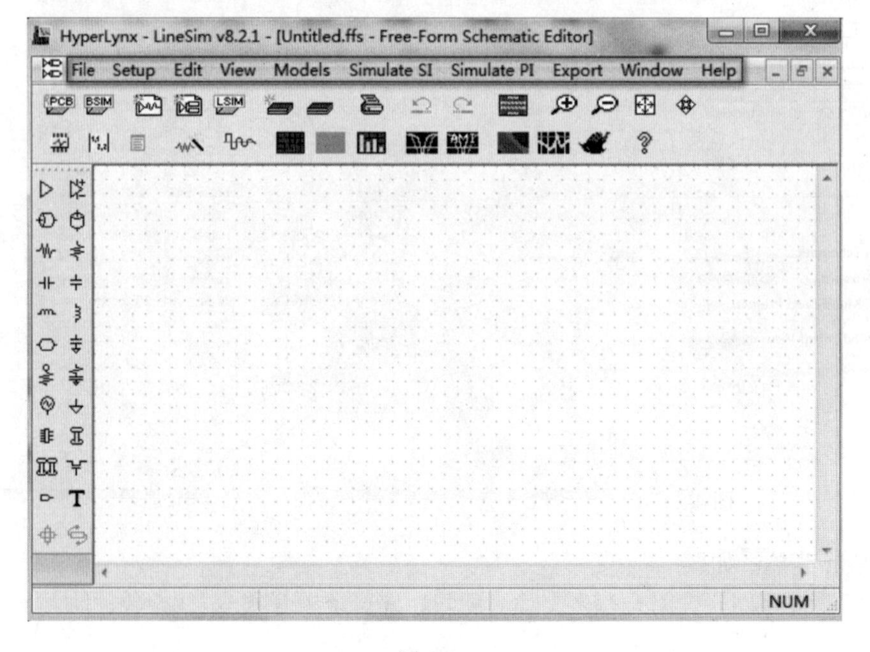


图 4-21

HyperLynx BoardSim 打开的菜单如图 4-22 所示。

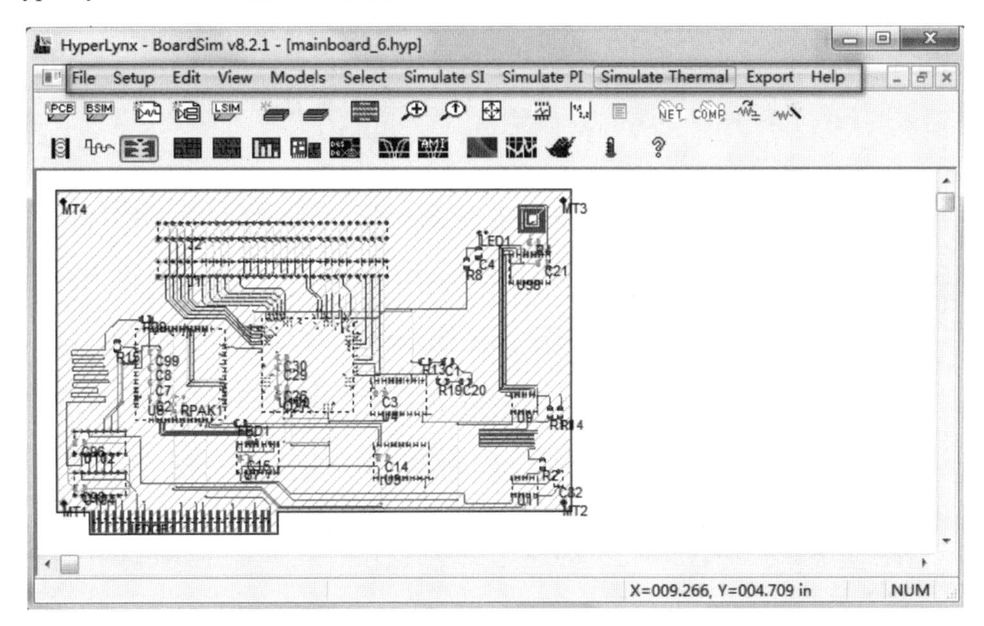


图 4-22

## 1. HyperLynx Boardsim 打开的菜单介绍

（1）File 菜单，如图 4-23 所示。

（2）Setup 菜单，如图 4-24 所示。

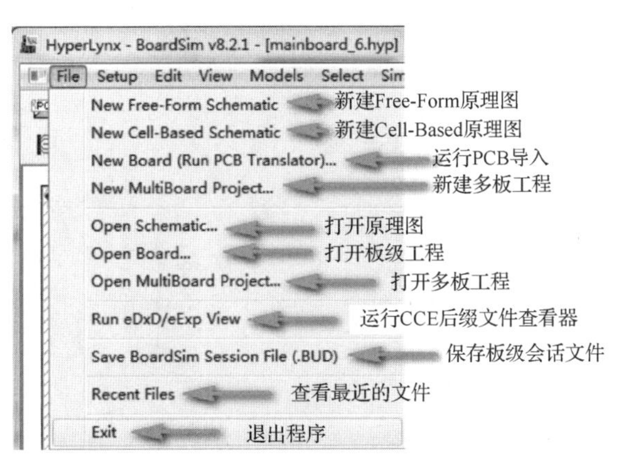


图 4-23

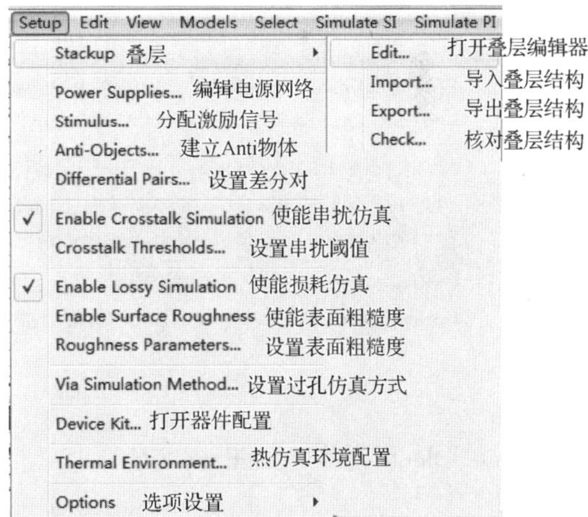


图 4-24

（3）Edit 菜单，如图 4-25 所示。

（4）View 菜单，如图 4-26 所示。

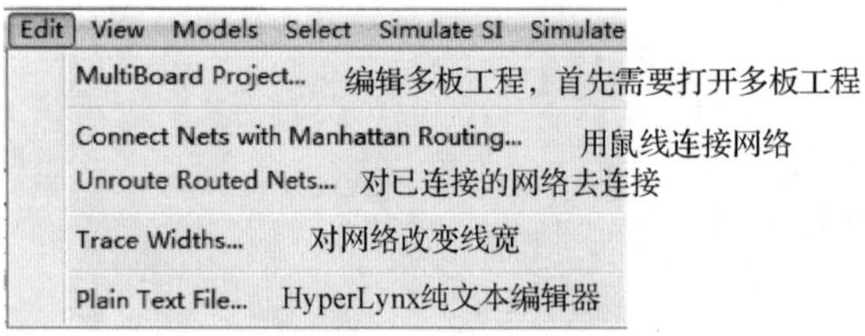

Edit View Models Select Simulate SI Simulate
MultiBoard Project... 编辑多板工程，首先需要打开多板工程
Connect Nets with Manhattan Routing... 用鼠线连接网络
Unroute Routed Nets... 对已连接的网络去连接
Trace Widths... 对网络改变线宽
Plain Text File... HyperLynx纯文本编辑器

图 4-25

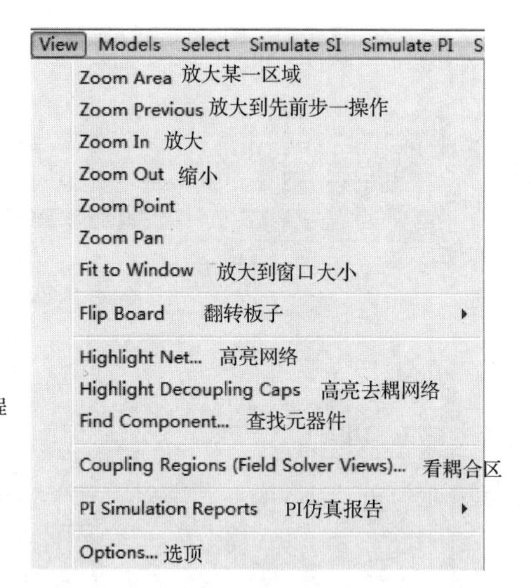


图 4-26

（5）Model 菜单，如图 4-27 所示。

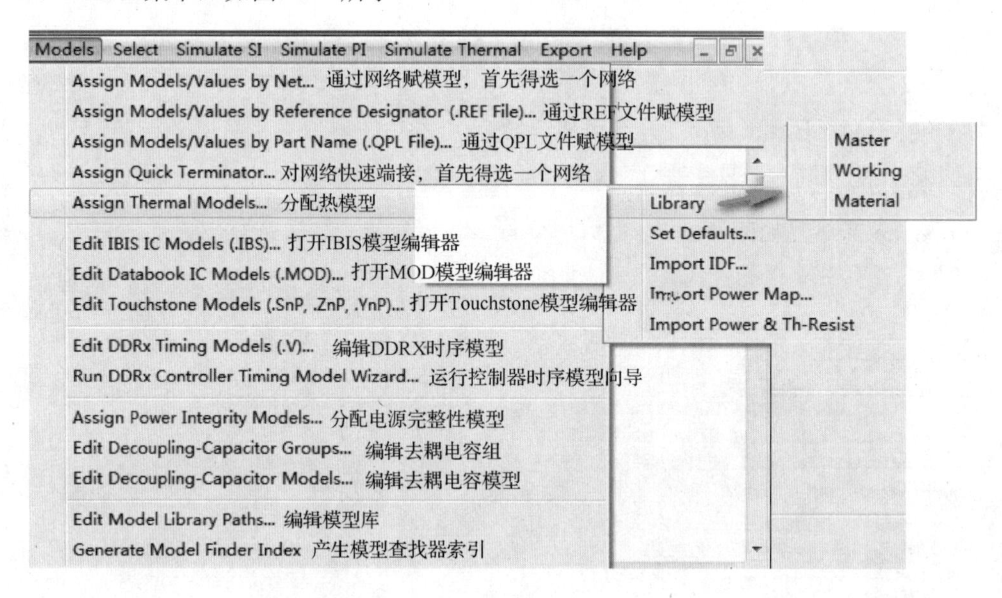


图 4-27

（6）Select 菜单，如图 4-28 所示。

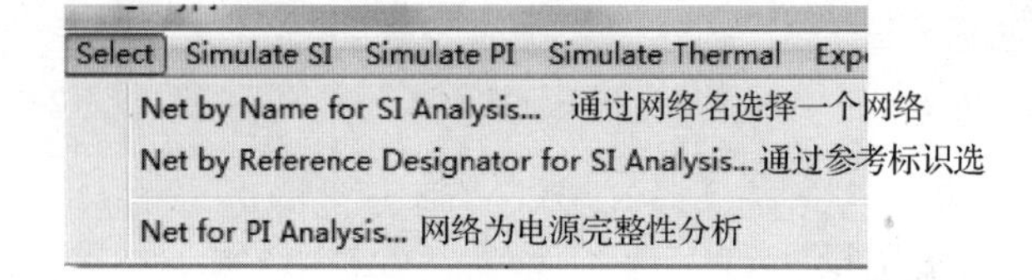


图 4-28

（7）Simulate SI 菜单，如图 4-29 所示。

图 4-29

（8）Simulate PI 菜单，如图 4-30 所示。

（9）Simulate Thermal 菜单，如图 4-31 所示。

图 4-30

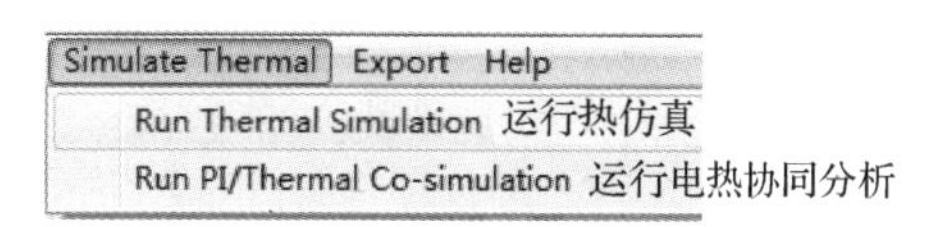


图 4-31

（10）Export 菜单，如图 4-32 所示。

（11）Help 菜单，如图 4-33 所示。

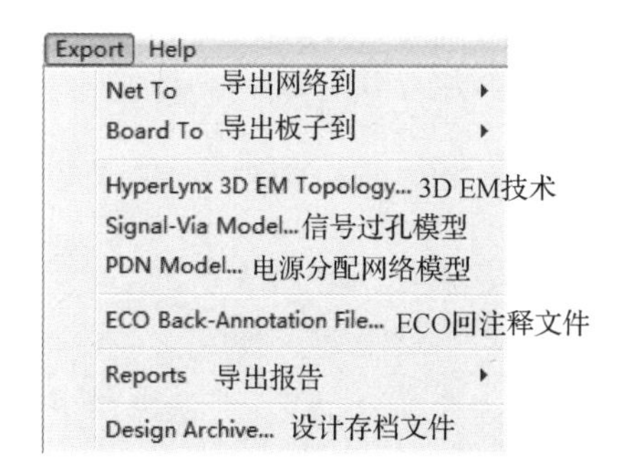


图 4-32

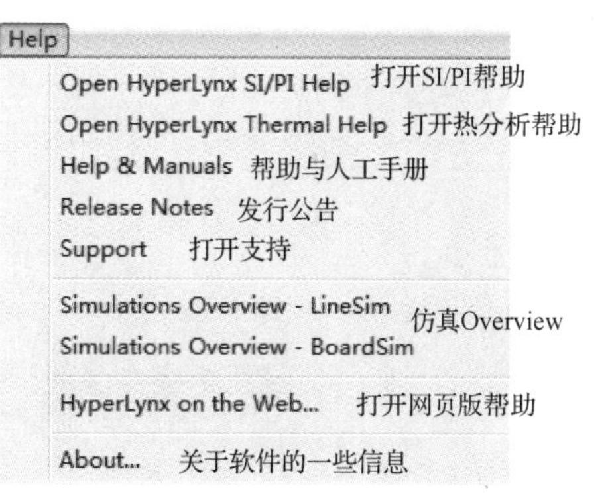


图 4-33

## 2. HyperLynx LineSim Cell-Based 原理图打开的菜单介绍

（1）File 菜单，如图 4-34 所示。

（2）Setup 菜单，如图 4-35 所示。

图 4-34

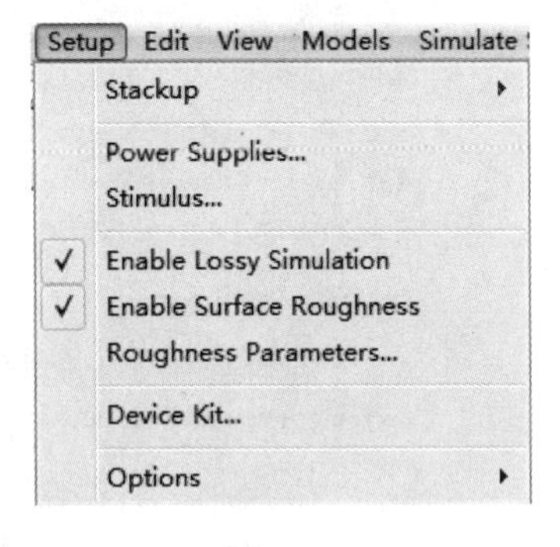


图 4-35

（3）Edit 菜单，如图 4-36 所示。

（4）View 菜单，如图 4-37 所示。

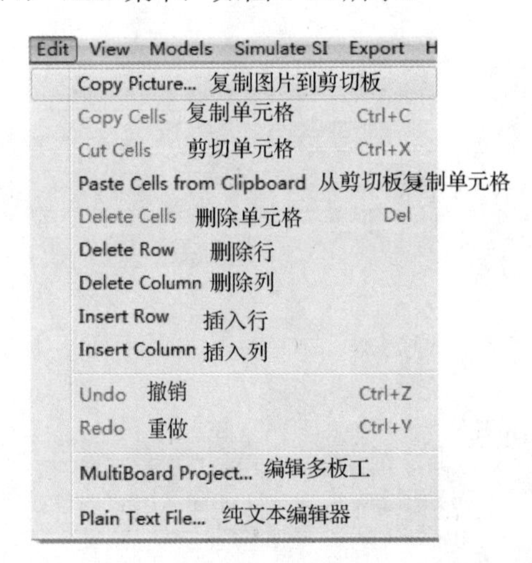


图 4-36

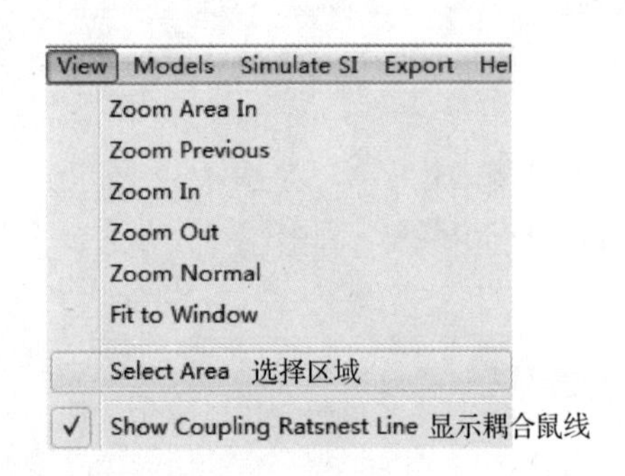


图 4-37

（5）Models 菜单，如图 4-38 所示。

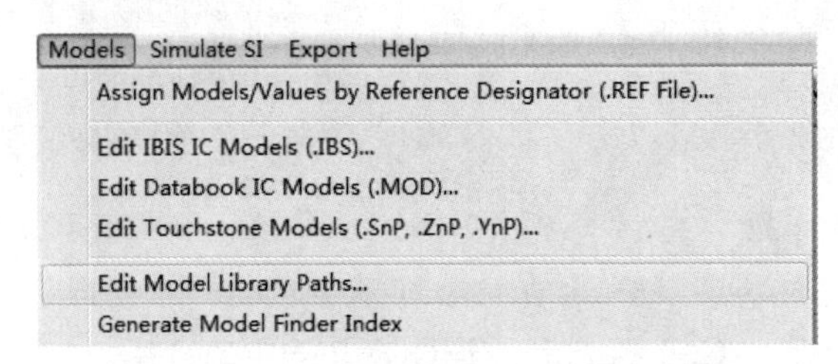


图 4-38

（6）Simulate SI 菜单，如图 4-39 所示。

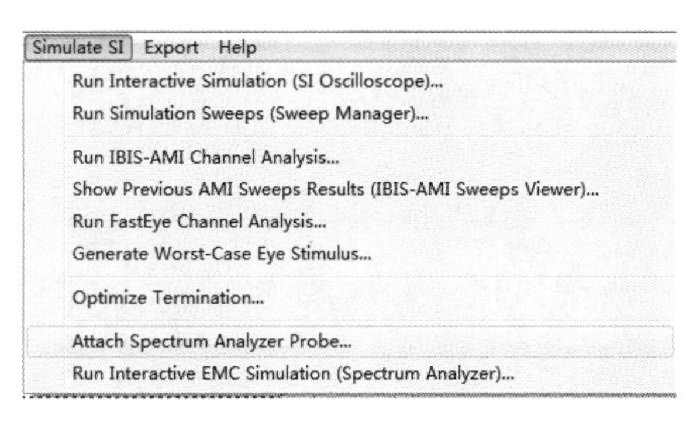


图 4-39

（7）Export 菜单，如图 4-40 所示。

图 4-40

### 3．HyperLynx LineSim Free-Form 原理图打开的菜单介绍

（1）File 菜单，如图 4-41 所示。

（2）Setup 菜单，如图 4-42 所示。

① Enable Lossy Simulation：使能传输线损耗。

② Enabel Surface Roughness：使能表面粗糙度。

图 4-41

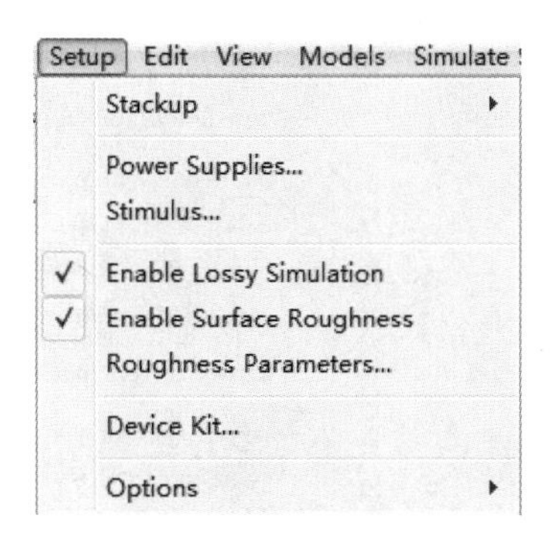


图 4-42

（3）Edit 菜单，如图 4-43 所示。

（4）View 菜单，如图 4-44 所示。

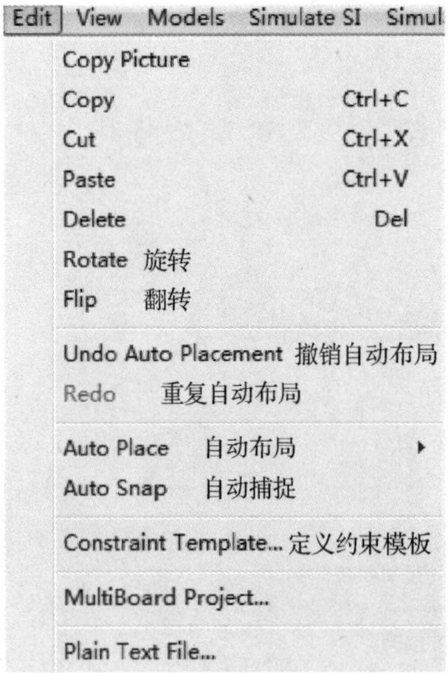

Edit View Models Simulate SI Simul

Copy Picture
Copy Ctrl+C
Cut Ctrl+X
Paste Ctrl+V
Delete Del
Rotate 旋转
Flip 翻转
Undo Auto Placement 撤销自动布局
Redo 重复自动布局
Auto Place 自动布局
Auto Snap 自动捕捉
Constraint Template... 定义约束模板
MultiBoard Project...
Plain Text File...

图 4-43

View Models Simulate SI Simulate PI

Zoom Area In
Zoom Area Out
Zoom Normal
Fit to Window
Pan
Select Area
✓ Display Grid 显示栅格
✓ Snap to Grid 捕捉栅格
✓ Show Coupling Ratsnets Lines
✓ Show Virtual Pins 显示虚拟引脚
PI Simulation Reports 电源完整性仿真报告

图 4-44

（5）Models 菜单，如图 4-45 所示。

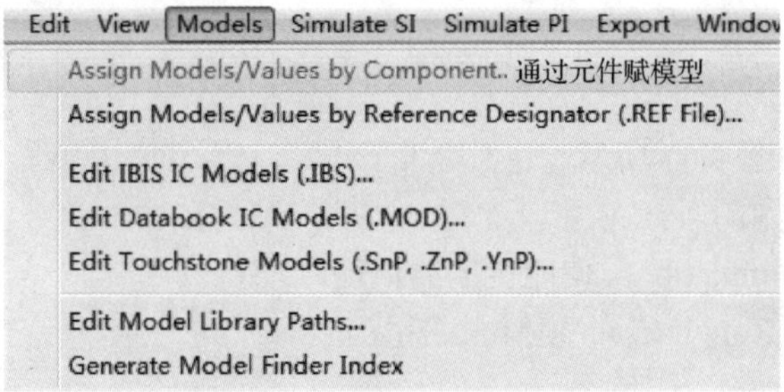

Edit View Models Simulate SI Simulate PI Export Windov

Assign Models/Values by Component.. 通过元件赋模型
Assign Models/Values by Reference Designator (.REF File)...
Edit IBIS IC Models (.IBS)...
Edit Databook IC Models (.MOD)...
Edit Touchstone Models (.SnP, .ZnP, .YnP)...
Edit Model Library Paths...
Generate Model Finder Index

图 4-45

（6）Simulate SI 菜单，如图 4-46 所示。

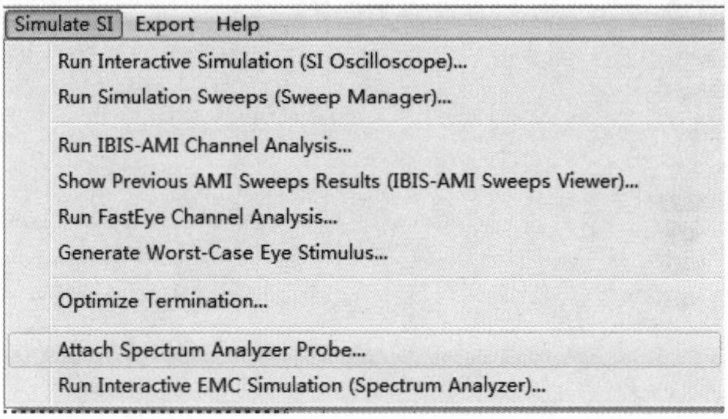

Simulate SI Export Help

Run Interactive Simulation (SI Oscilloscope)...
Run Simulation Sweeps (Sweep Manager)...
Run IBIS-AMI Channel Analysis...
Show Previous AMI Sweeps Results (IBIS-AMI Sweeps Viewer)...
Run FastEye Channel Analysis...
Generate Worst-Case Eye Stimulus...
Optimize Termination...
Attach Spectrum Analyzer Probe...
Run Interactive EMC Simulation (Spectrum Analyzer)...

图 4-46

（7）Simulate PI 菜单，如图 4-47 所示。

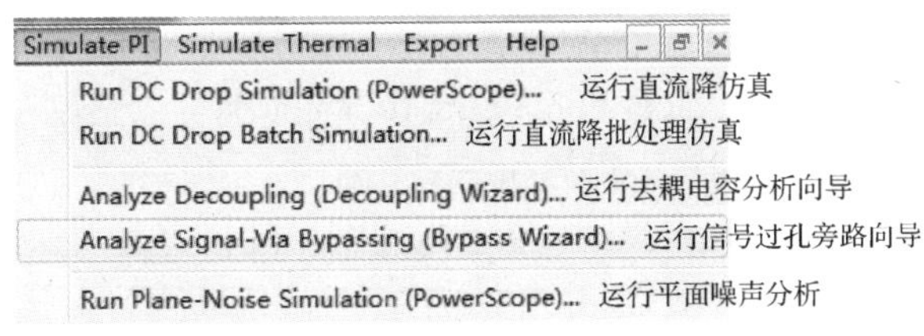


图 4-47

（8）Export 菜单，如图 4-48 所示。

（9）Window 菜单，如图 4-49 所示。

图 4-48

图 4-49

## 4．HyperLynx LineSim Free-Form 原理图的组件栏简介

HyperLynx LineSim Free-Form 原理图的组件栏简介，如图 4-50 所示。

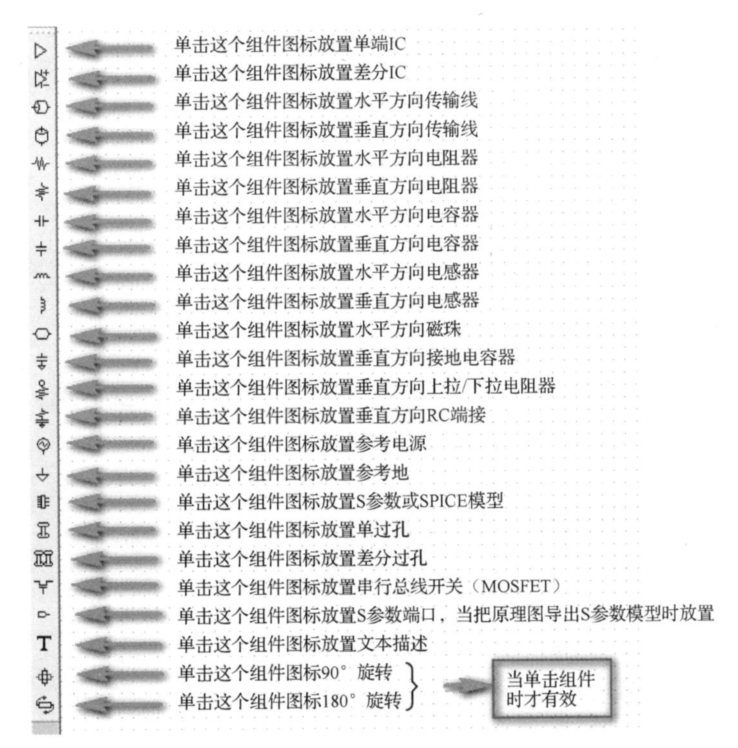


图 4-50

➢ LineSim Free-Form 原理图的组件可以自动布局和强制从左向右布局：
- 执行菜单命令 Edit>Auto Place>Auto Arrange 就可以自动布局。
- 执行菜单命令 Edit>Auto Place>Force Left To Right 就可以强制从左向右布局。

➢ LineSim Free-Form 原理图指定网格偏好设置：
- 执行菜单命令 View>Display Grid，显示原理图中的格点。
- 执行菜单命令 View>Snap To Grid，移动组件时，自动到格点位置。
- 当没有选择自动格点功能，导致有些器件不在格点位置处时，可以执行菜单命令 Edit>Auto Snap 来完成。

➢ LineSim Free-Form 之 PDN 编辑器组件栏，如图 4-51 所示。

单击这个组件图标使能选择模式，可以选择和修改被放置的组件
单击这个组件图标是画板框，可以输入坐标也可以直接在工作区画，作用于所有层
单击这个组件图标是在画好的铜皮里面抠出一块形状
单击这个组件图标是增加铜皮
单击这个组件图标增加信号过孔
单击这个组件图标增加差分信号过孔
单击这个组件图标增加缝合过孔，把2个平面短路起来
单击这个组件图标增加去耦电容
单击这个组件图标增加IC电源引脚
单击这个组件图标增加直流电源或者DC/DC电源
单击这个组件图标增加矩形
单击这个组件图标增加椭圆形或者圆形
单击这个组件图标增加任意多边形
单击这个组件图标增加任意路径形状
单击这个组件图标增加任意多边形闭合
单击这个组件图标使能移动模式，可以移动被放置的组件
单击这个组件图标使能旋转模式，可以旋转被放置的组件
单击这个组件图标打开PDN网络管理器
单击这个组件图标打开邀活层对话框

图 4-51

➢ LineSim 原理图通常由以下组件组成：
- 传输线线段。
- IC 器件代表驱动器和接收器。
- 无源器件。例如，电阻器、电容器、电感器和铁氧体磁珠。
- 代表 PDN 部分的金属区域和缝合过孔。

➢ LineSim 原理图与平时硬件工程师画的 PCB 原理图的区别，如图 4-52 所示为硬件工程师画的原理图。

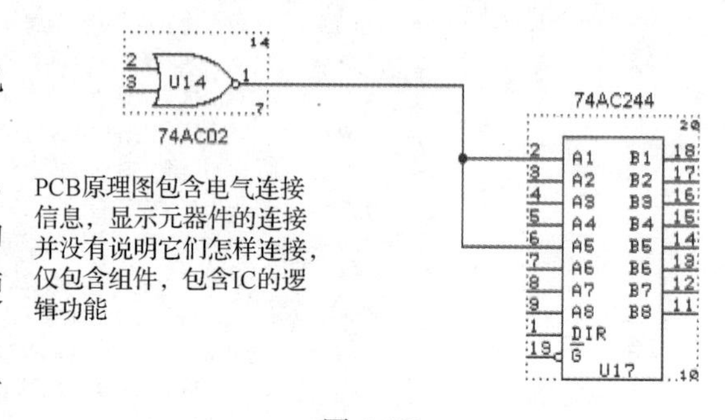
U14
74AC02
74AC244
A1 A2 A3 A4 A5 A6 A7 A8
B1 B2 B3 B4 B5 B6 B7 B8
DIR
G
U17
PCB原理图包含电气连接信息，显示元器件的连接并没有说明它们怎样连接，仅包含组件，包含IC的逻辑功能

图 4-52

对应这个 PCB 原理图，LineSim 原理图有好多种实现方式，如图 4-53 所示，列举了 2 种实现方式。

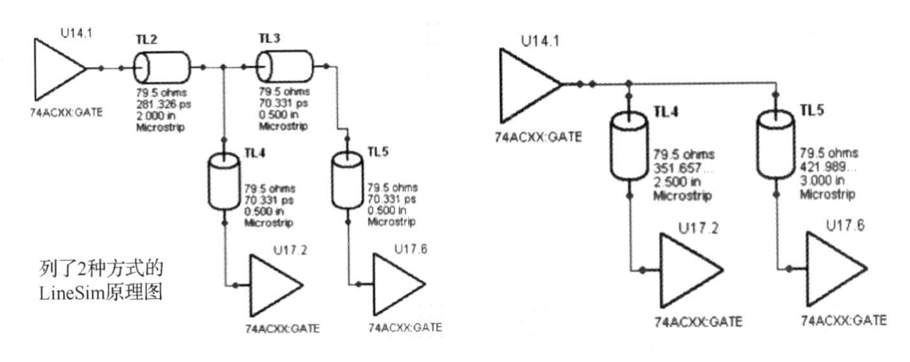


图 4-53

➢ LineSim 原理图是 ASCII 格式的，以后缀名.FFS 或者.TLN 保存，如 linesim_cellbased2.TLN 或者 transmission mismatch3.ffs，原理图中包含以下信息。

- 原理图符号。
- IC 模型选择。
- 传输线模型。
- 传输线平面形状和电路元件（仅 Free-Form 格式的原理图）。
- 叠层结构。
- 焊盘（仅 Free-Form 格式的原理图）。
- 过孔（仅 Free-Form 格式的原理图）。
- 端接元器件的值。
- 示波器和频谱分析仪探头的位置。
- 示波器和频谱分析仪设置。
- PDN 编辑器的内容（仅 Free-Form 格式的原理图）。

举个例子：通过一个串联端接例子来仔细说明端接向导。

➢ 用 IBIS 模型仿真一个串联端接网络。

第 1 步：建立 LineSim Free-Form 格式的原理图（4Series-0R_ an IBIS Model.ffs），如图 4-54 所示。

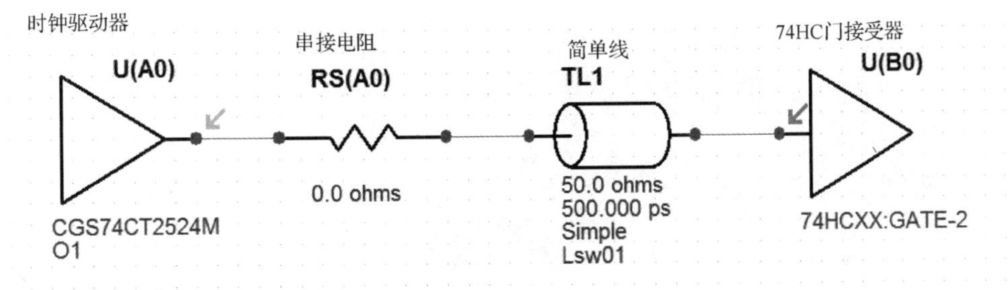


图 4-54

第 2 步：执行菜单命令 Simulate SI > Run Interactive Simulation，或者单击图标“ ”，弹出数字示波器对话框，在弹出对话框中的“IC modeling”标题栏中点选“Slow-Weak”，如图 4-55 所示。

图 4-55

第 3 步：单击“Start Simulation”按钮，弹出如图 4-56 所示的 Slow-Weak 仿真波形图。

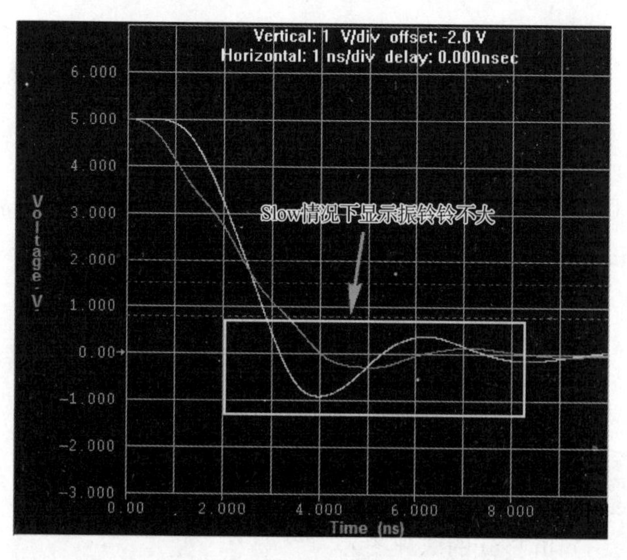


图 4-56

第 4 步：在“IC modeling”标题栏中点选“Fast-Strong”，并单击“Start Simulation”按钮，弹出如图 4-57 所示的 Fast-Strong 仿真波形图。

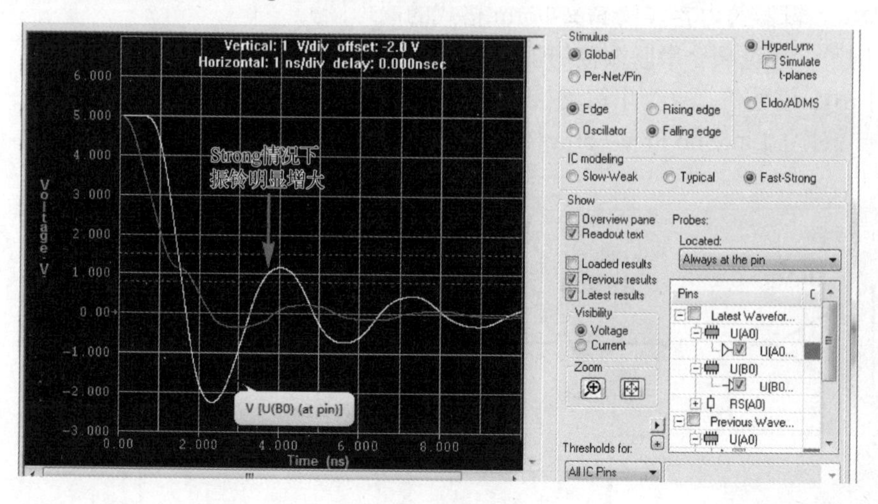


图 4-57

第 5 步：执行菜单命令 Simulate SI > Optimize Termination，或者单击工具栏中的图标“ ”，做端接优化。在弹出的对话框中选择“U(A0).Lsw00”，单击“OK”按钮，优化完毕后如图 4-58 所示。

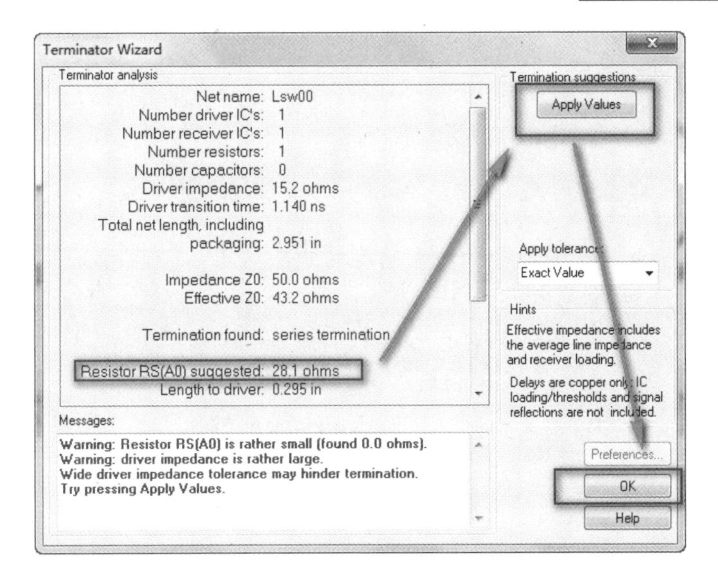


图 4-58

第 6 步：端接好的原理图如图 4-59 所示（书中实例为 4Series-28R_ an IBIS Model.ffs）。

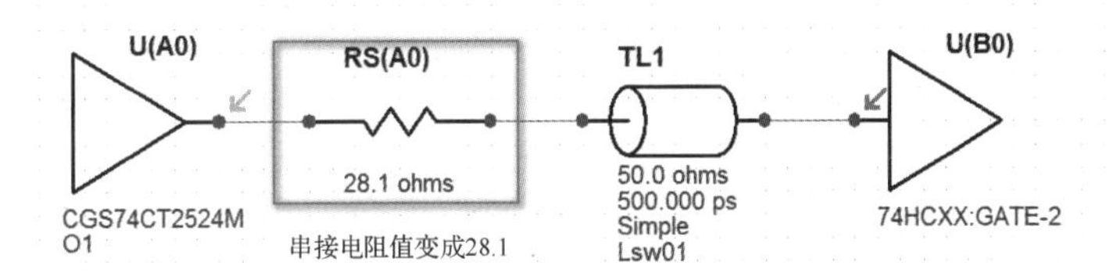


图 4-59

第 7 步：再次单击“Start Simulation”按钮，弹出如图 4-60 所示的端接后的仿真波形图。

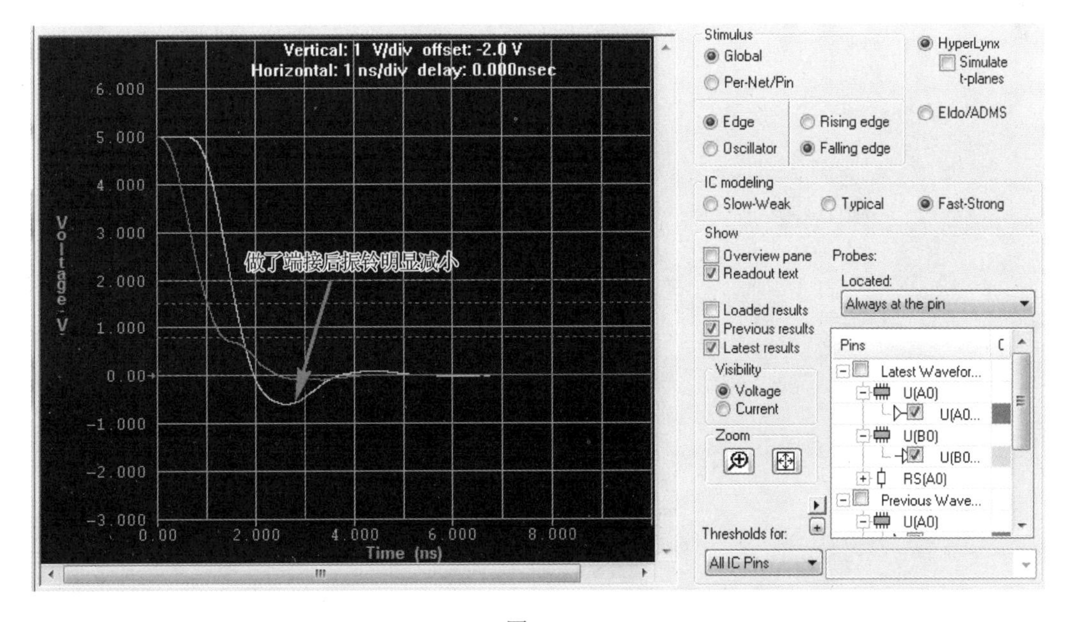


图 4-60

### 5．端接向导的详细解释

端接向导的详细解释如图 4-61 所示。

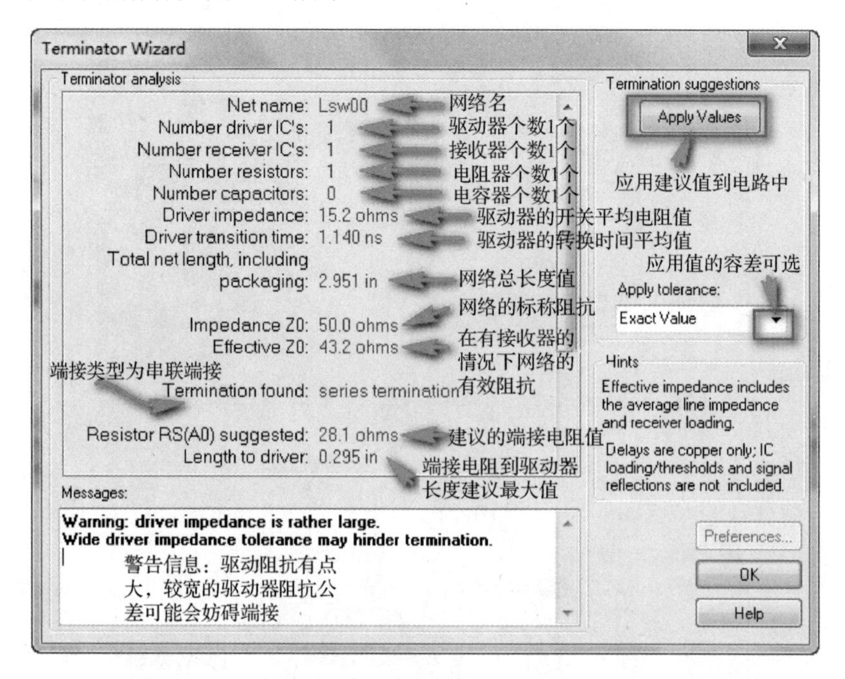


图 4-61

# 第 5 章

# 仿真模型简介

## 5.1 HyperLynx 支持的仿真模型

双击图标“ ”打开 HyperLynx 软件后，在工具栏中单击 LineSim 图标“ ”，在弹出的对话框中单击元件栏中的 IC 图标“▷”，然后按照图 5-1 中所示进行操作。从图中可以看出，HyperLynx 软件支持 6 种模型，分别是 EBD 模型、IBIS 模型（.IBS）、PML 模型、MOD 模型、SPICE 模型和 S 参数模型。

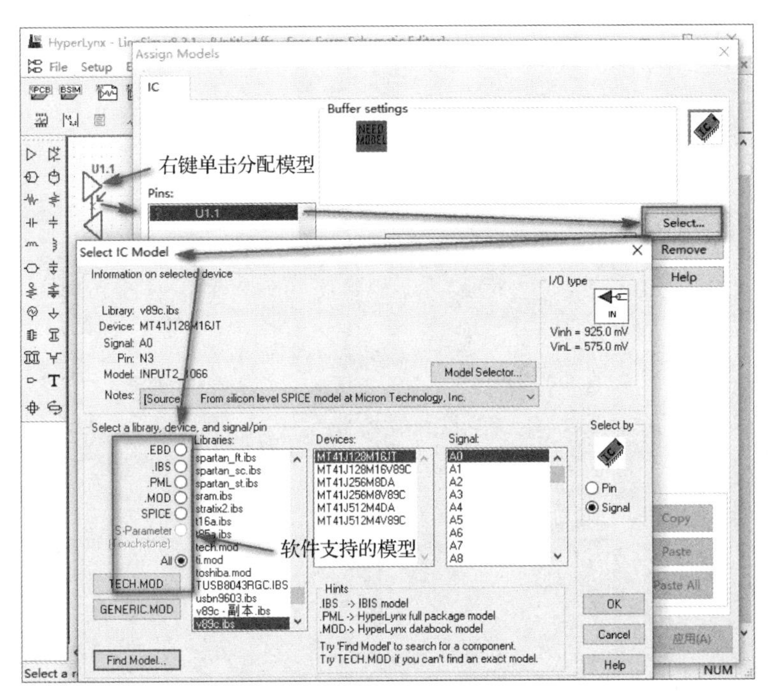


图 5-1

## 5.2 MOD 模型

MOD 模型是 HyperLynx 9.0 以下版本独有的基于数据的模型，对用户来说很方便。软件更新至 9.0 版本后，用户需要使用 IBIS 模型进行建模，高版本是 MODVSEZ.IBS。

制作 MOD 模型的操作步骤如下所述。

第 1 步：如图 5-2 所示进行操作，即执行菜单命令 Models>Edit Databook IC Modes(.MOD)。

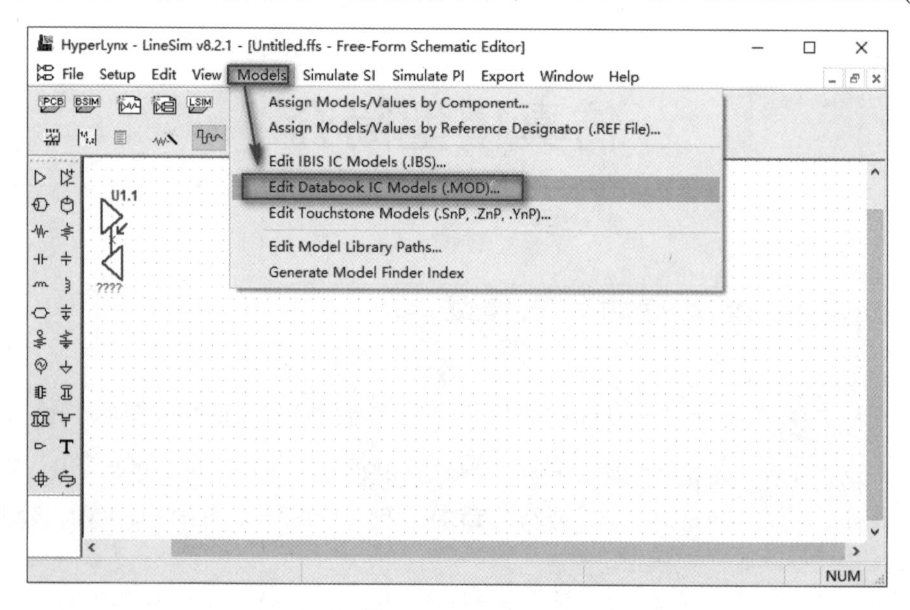


图 5-2

第 2 步：弹出 MOD 模型编辑对话框，如图 5-3 所示。在该对话框中可以进行模型库的选择、查看器件模型信息、模型输入与输出的选择、测量的阈值和测试负载区数据的设置。

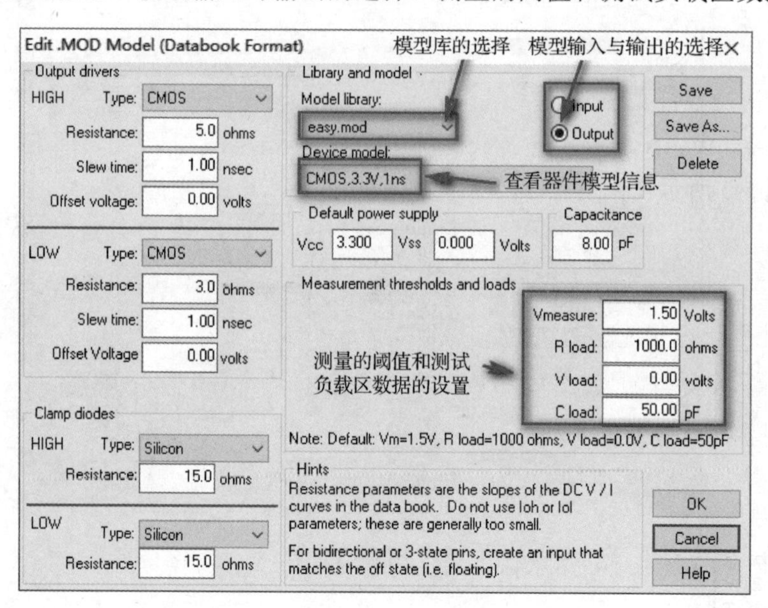


图 5-3

第 3 步：在软件的安装目录下以文本的方式编辑，如 C:\MentorGraphics\9.5PADS\SDD_HOME\hyperlynx\LIBS。MOD 文本的具体描述如图 5-4 所示。随书实例文件为 5linesim_freeform.ffs。

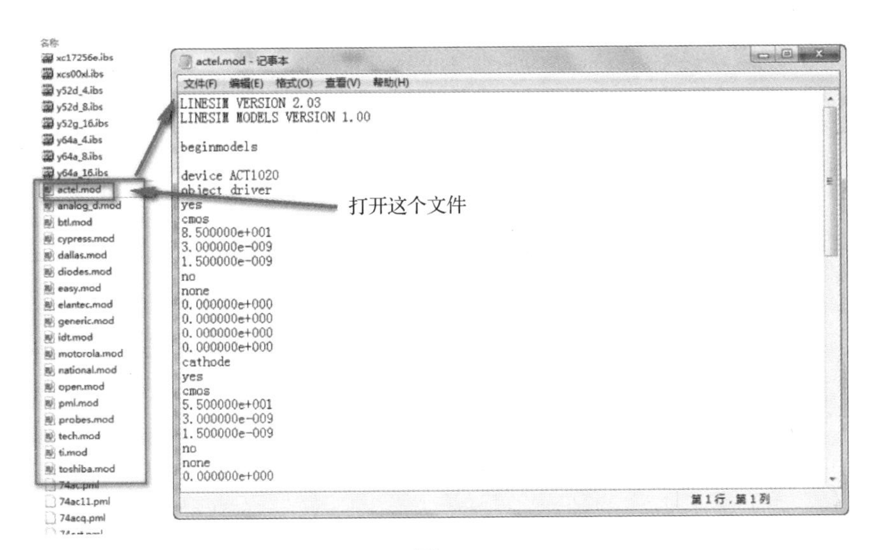


图 5-4

## 5.3　IBIS 模型

IBIS 模型是描述 I/O Buffers 行为的模型（Behavioral Description of I/O Buffers），不考虑芯片的内部结构，因为芯片厂家不需要提供内部设计电路，只需要描述引脚特性即可。因为将芯片当成黑匣子就不会泄密，所以深受芯片厂家欢迎。

IBIS 模型由 IBIS 组织提出，在其官网上有很多免费资料可以获得，但都是英文的。我们可以去生产 DDR 颗粒的官网下载一个 IBIS 模型，即打开官网网页首页，通过产品分类>利基型动态随机存取内存>DDR3 SDRAM>1Gb>W631GG6MB，单击该颗粒，然后单击 IBIS Model，将模型下载下来（W631GG6MB_ibis.zip），最后用 HyperLynx 软件的 IBIS 模型编辑器打开它，具体操作如图 5-5 所示。

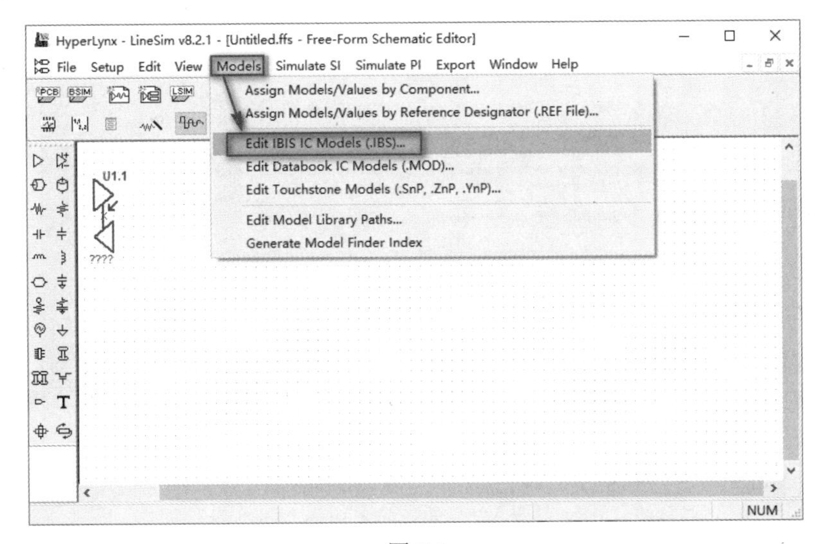


图 5-5

打开后的 IBIS 模型编辑器如图 5-6 所示。

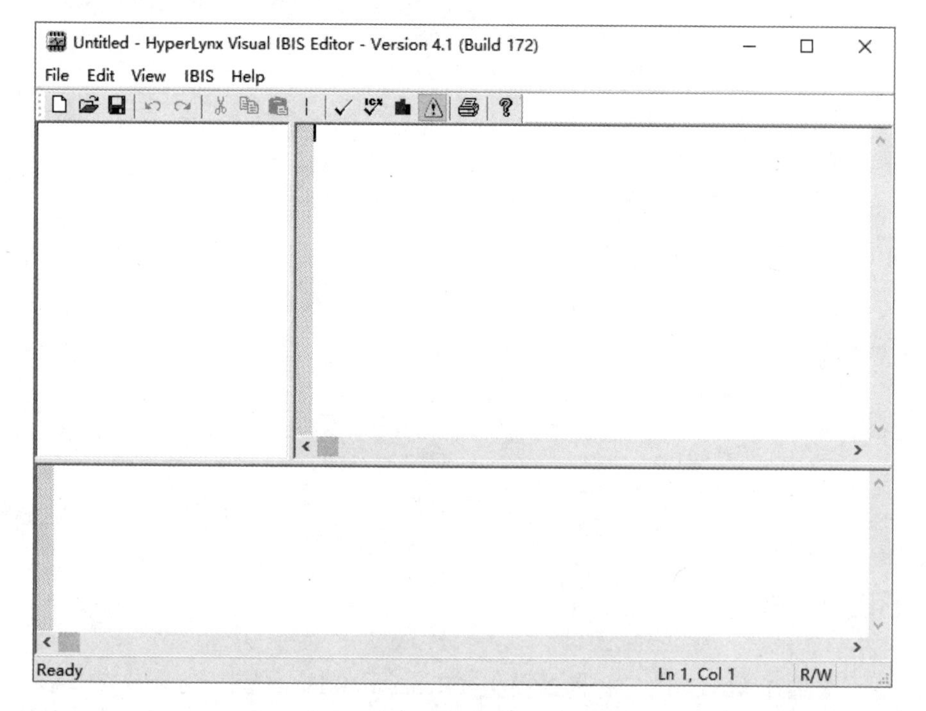


图 5-6

注意：HyperLynx 软件的不同版本提供不同版本的 IBIS 模型编辑器。版本越高，能支持的 IBIS 模型编辑功能越强。低版本的 IBIS 模型编辑器只能检查比自己低和同等版本的 IBIS 模型，在 Help 菜单中即可查看当前版本号。高版本的 IBIS 模型只能用相应版本的模型编辑器检查编辑，如 HyperLynx 8.2.1 支持的 IBIS 模型编辑器如图 5-7 所示。

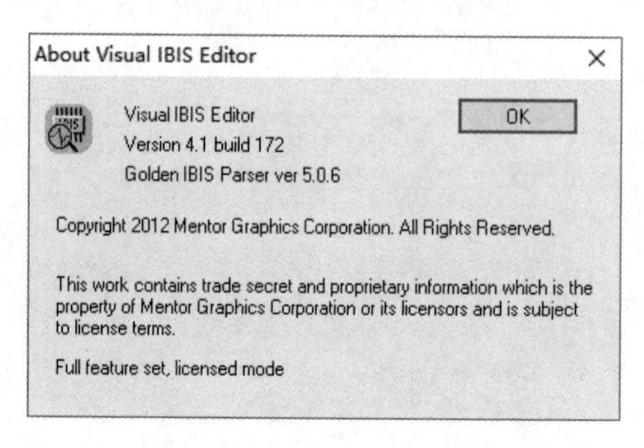


图 5-7

例如，HyperLynx 7.5 版本支持 IBIS 3.2 版本以下的模型编辑；HyperLynx 7.7 版本支持 IBIS 4.0 版本以下的模型编辑；HyperLynx 8.0 版本支持 IBIS 4.1 版本以下的模型编辑。更高版本的 IBIS 模型检查需要更高版本的模型编辑器。

注意：如果高版本的 IBIS 模型用低版本的模型编辑器检查，则会发生明明是对的也会报错的情况。

用模型编辑器打开下载下来的其中一个模型，如图 5-8 所示。

W631GG6MB12J_a002.ibs - HyperLynx Visual IBIS Editor - Version 4.1 (Build 172)
File Edit View IBIS Help
[IBIS Ver]
[File Name]
[File Rev]
[Date]
[Source]
[Notes]
[Disclaimer]
[Copyright]
[Component] W631GG6ME
[Model] CMD
[Model] DATA_34
[Model] DATA_40
[Model] DATA_60
[Model] DATA_80
[Model] ODT_120
[Model] ODT_20
[Model] ODT_30
[Model] ODT_40
[Model] ODT_60
[Model] ODT_off
[End]
[IBIS Ver] 4.0
[File Name] w631gg6mb12j_a002.ibs
[File Rev] 002
[Date] Sep 22, 2020
[Source] From silicon level SPICE model at Winbond Electronics Corp
[Notes]
- Voltage condition is [1.5V, 1.425V, 1.575V]
- IBIS Model Revision History:
Rev 001: First release
Rev 002: Fixed C_comp value.
[Disclaimer] This software code and all associated documentation,
comments or other information (collectively "Software") is
provided "AS IS" without warranty of any kind. Winbond Electroni
Corporation ("WEC") hereby DISCLAIMS ALL WARRANTIES EXPRESS
OR IMPLIED, INCLUDING BUT NOT LIMITED TO, NONINFRINGEMENT
OF THIRD PARTY RIGHTS, AND ANY IMPLIED WARRANTIES OF MERCHANTABI
OR FITNESS FOR ANY PARTICULAR PURPOSE. WEC DOES NOT
WARRANT THAT THE SOFTWARE WILL MEET YOUR REQUIREMENTS, OR THAT
THE OPERATION OF THE SOFTWARE WILL BE UNINTERRUPTED OR ERROR-FRE
FURTHERMORE, WEC DOES NOT MAKE ANY REPRESENTATIONS REGARDING
THE USE OR THE RESULTS OF THE USE OF THE SOFTWARE IN
TERMS OF ITS CORRECTNESS, ACCURACY, RELIABILITY, OR OTHERWISE.
THE ENTIRE RISK ARISING OUT OF USE OR PERFORMANCE OF THE SOFTWAR
SHALL REMAIN WITH YOU. IN NO EVENT SHALL WEC, ITS AFFILIATED
COMPANIES OR THEIR SUPPLIERS BE LIABLE FOR ANY DIRECT,
INDIRECT, CONSEQUENTIAL, INCIDENTAL, OR SPECIAL DAMAGES (INCLUDI
WITHOUT LIMITATION, DAMAGES FOR LOSS OF PROFITS, BUSINESS
INTERRUPTION, OR LOSS OF INFORMATION) ARISING OUT OF YOUR
USE OF OR INABILITY TO USE THE SOFTWARE, EVEN IF WEC HAS BEEN
ADVISED OF THE POSSIBILITY OF SUCH DAMAGES.
[Copyright] Copyright 2020 Winbond Electronics Corporation. All rig
[Component] W631GG6MB12J
[Manufacturer] Winbond Electronics Corp.
[Package]
variable typ min max
R_pkg 541.468m 308.310m 867.570m
L_pkg 1.759nH 0.966nH 2.725nH
C_pkg 0.554pF 0.363pF 0.800pF
Ready
Ln 1, Col 1
R/W

图 5-8

模型内容描述如下所述。

◆ [IBIS Ver]为 IBIS 模型版本号关键字，这个文件是 4.0 版本。

◆ [File Name]为 IBIS 模型的文件名，这里是 w631gg6mb12j_a002.ibs 这个文件名。

◆ [File Rev]为文件的版本号，这里是 002。

◆ [Date]为文件的制作日期，这里是“Sep 22，2020”，即 2020 年 9 月 22 日制作。

◆ [Source]为文件的制作来源，这里的意思是从晶体管级别的 SPICE 模型转换而来的。

◆ [Notes]为文件的注释，这里指明电压条件和文件的历史版本。

◆ [Disclaimer]为文件的声明。

◆ [Copyright]为版权所有项。

◆ [Component]为模型的元器件名，一个 IBIS 文件可以包含多个元器件，这里元器件名为 W631GG6MB12J。

◆ [Manufacturer]为生产厂家关键字，这里是华邦电子。

◆ [Package] 为模型的芯片封装寄生参数，这里有 3 种可选变量，即典型值/最小值/最大值变量，模型中的每一个信号的寄生参数在这个关键字下无差别对待。

◆ [Pin]是模型封装引脚的说明，也是描述芯片封装引脚的寄生参数，只是这个模型中每个信号引脚的封装寄生参数不是像上面关键字里面的无差别定义，这里每个信号都不一样，如图 5-9 所示。

```
|
[Pin]  Signal_Name   Model_Name  R_Pin   L_Pin C_Pin
|
N3        A0        CMD       529.99m       1.8994nH          0.51059pF
P7        A1        CMD       539.8m        2.0527nH          0.50636pF
P3        A2        CMD       594.19m       2.4894nH          0.55418pF
N2        A3        CMD       528.93m       2.0896nH          0.58541pF
```

图 5-9

例如，地址 A0 信号的封装引脚是 N3，信号名为 A0，模型为 CMD，这个引脚的寄生参数 $R$ 为 529.99m，寄生电感为 1.8994nH，寄生电容为 0.51059pF，而地址 A1 的寄生参数 $R$ 为 539.8m，寄生电感为 2.0527nH，寄生电容为 0.50636pF，跟前面统一的寄生参数完全不一样，也就是在封装寄生参数的描述上更加详细，这意味着在模型的精确度方面更加精确。

◆ [Diff Pin]为模型的差分对描述，如图 5-10 所示。

```
|******************************** Diff Pin ********************************
[Diff Pin]   inv_pin   vdiff      tdelay_typ   tdelay_min   tdelay_max
|
F3           G3        0.3500V    0ns           NA           NA
C7           B7        0.3500V    0ns           NA           NA
J7           K7        0.3500V    0ns           NA           NA
|
```

图 5-10

这里 F3 和 G3 引脚为一对差分对，差分阈值电压为 0.35V，这个可以看 DDR3 手册知晓。

◆ [Model Selector]为模型选择器关键字，如图 5-11 所示。

```
|
[Model Selector]  DQ
|
DATA_34           RZQ/7 Output Driver (ODT Off)
DATA_40           RZQ/6 Output Driver (ODT Off)
DATA_60           RZQ/4 Output Driver (ODT Off)
DATA_80           RZQ/3 Output Driver (ODT Off)
ODT_off           Data/Data Strobe/Data Mask Receiver
ODT_120           ODT 120 Ohm (RZQ/2)
ODT_60            ODT 60  Ohm (RZQ/4)
ODT_40            ODT 40  Ohm (RZQ/6)
ODT_30            ODT 30  Ohm (RZQ/8)
ODT_20            ODT 20  Ohm (RZQ/12)
```

图 5-11

如果有关键字[Model Selector]，则说明该信号模型不只是一个，如图 5-11 所示的数据是双向的，输出模型可以选 4 个，输入模型可以选 6 个。

◆ [Model]为模型关键字，指明是什么模型。如图 5-12 所示，指明模型名是 CMD。

```
|
[Model]     CMD
Model_type     Input
Vinl = 0.6
Vinh = 0.9
|
```

图 5-12

◆ 模型的具体内容如图 5-13 所示。

凡是带方括号（[ ]）的都是关键字，读者需要重点关注一下。

➢ IBIS 模型之典型输出模型描述图，如图 5-14 所示。

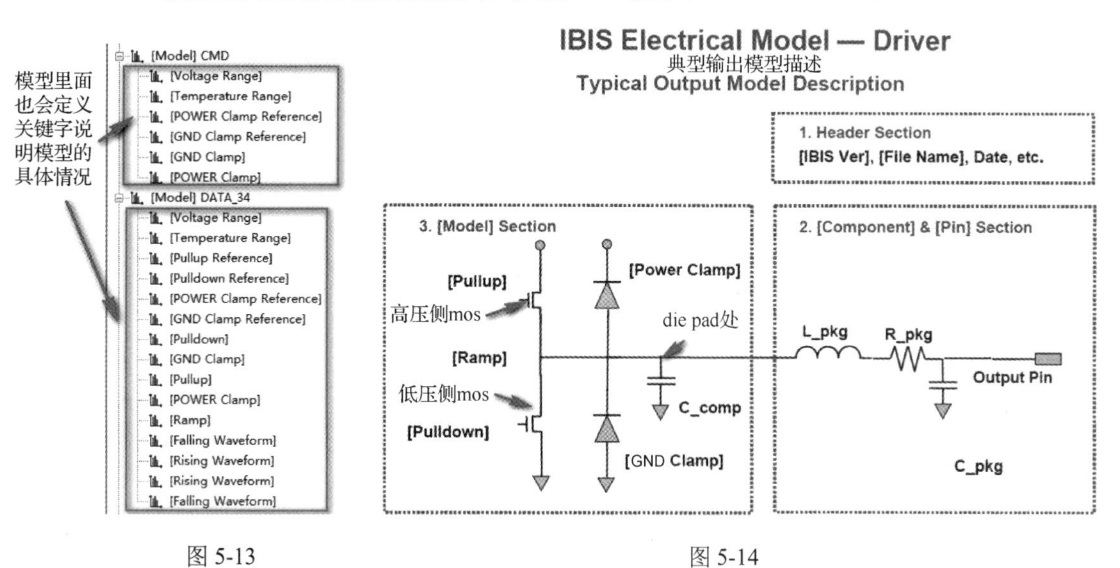


图 5-13　　　　　　　　　　图 5-14

➢ IBIS 模型之典型接收模型描述图，如图 5-15 所示。

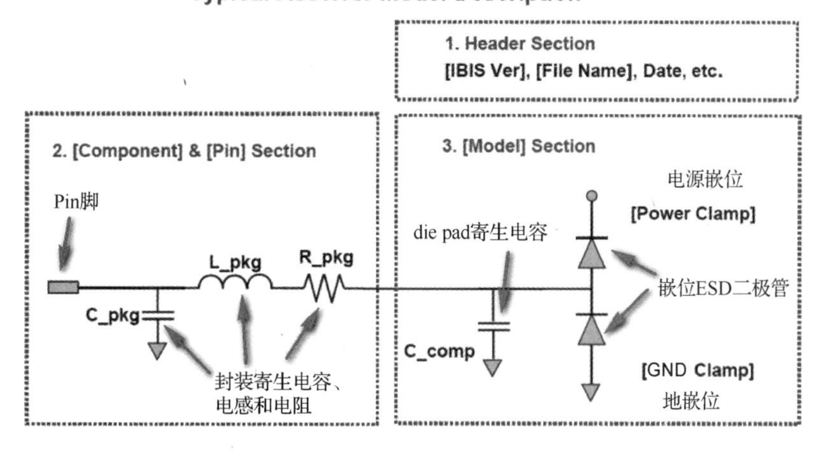


图 5-15

➢ IBIS 参数测量方法如下所述。

◆ Pulldown 参数测量图：驱动口为低电平，然后用-Vcc～+2Vcc 扫进去测得，电流定义流入为正方向，参考电压是地电压，如图 5-16 所示。

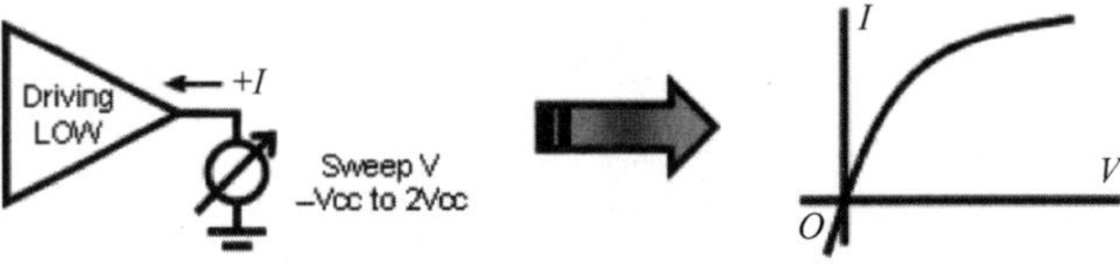


图 5-16

◆ 如图 5-17 所示为 w631gg6mb12j_a002.ibs 文件中的 W631GG6MB12J 元器件中的 DATA_34 模型的 Pulldown 曲线。

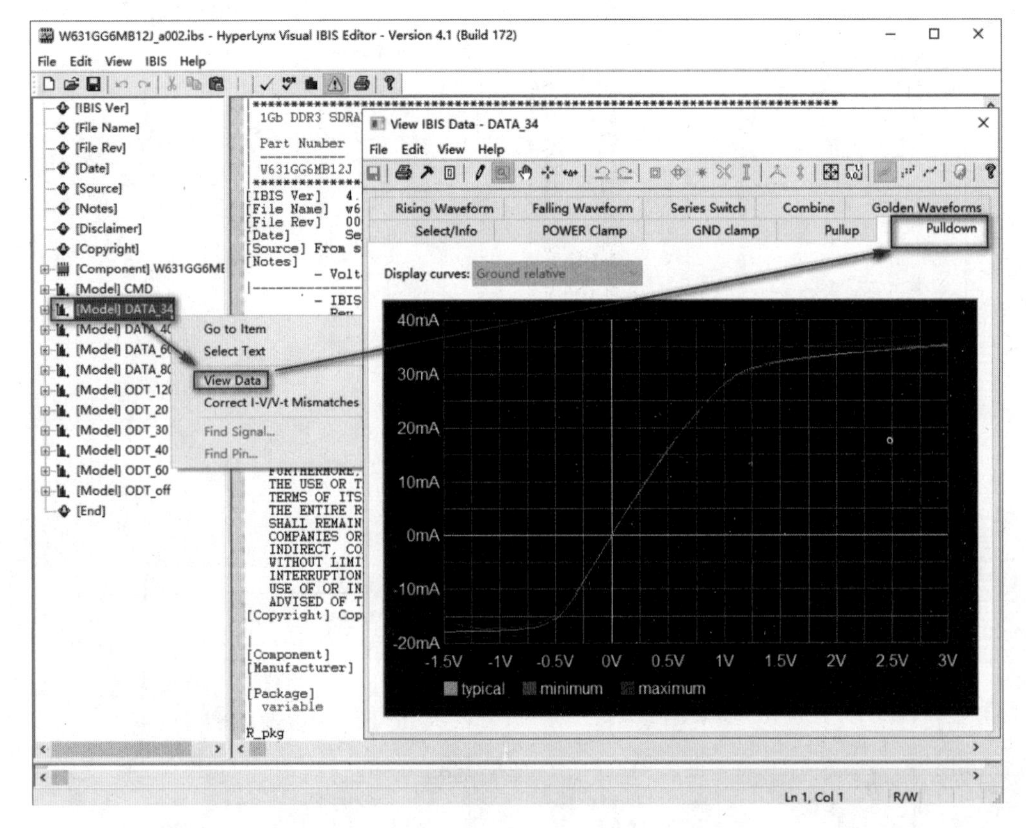


图 5-17

◆ Pullup 参数测量图：驱动口为高电平，然后用-Vcc～+2Vcc 扫进去测得，电流定义流入为正方向，参考电压是地电压，也可是电源电压 Vcc，现在做的模型默认是 Vcc，这里是地，可相互转换。实现方法是电压取反加上 Vcc，对应的电流数据一样，如图 5-18 所示。

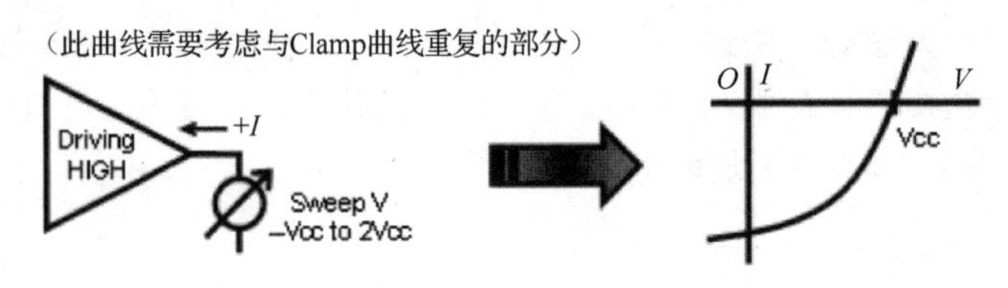


图 5-18

◆ 如图 5-19 所示为 w631gg6mb12j_a002.ibs 文件中的 W631GG6MB12J 元器件中的 DATA_34 模型的 Pullup 曲线。

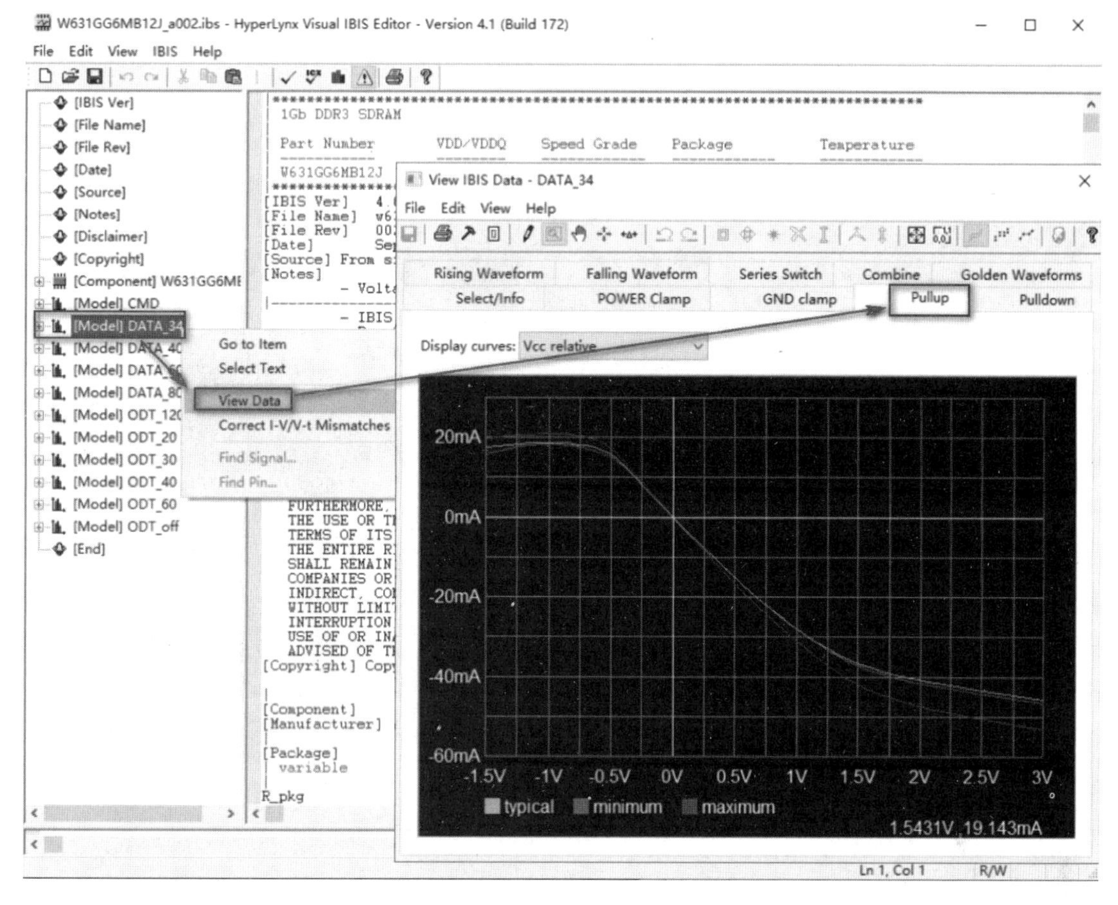

图 5-19

◆ GND Clamp 参数测量图：驱动口为三态，然后用−Vcc～+2Vcc 扫进去测得，电流定义流入为正方向，参考电压是地电压，如图 5-20 所示。

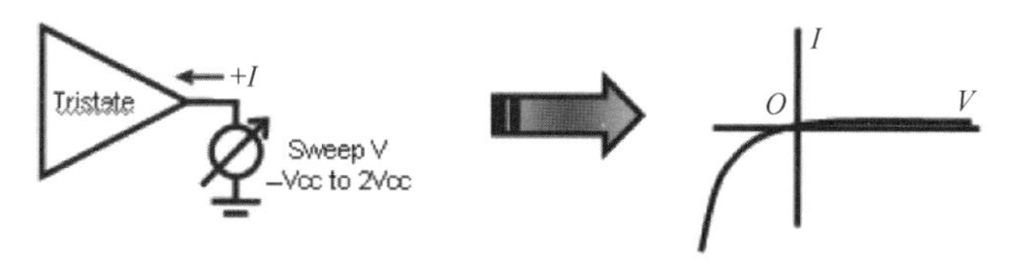


图 5-20

◆ 如图 5-21 所示为 w631gg6mb12j_a002.ibs 文件中的 W631GG6MB12J 元器件中的 DATA_34 模型的 GND Clamp 曲线。

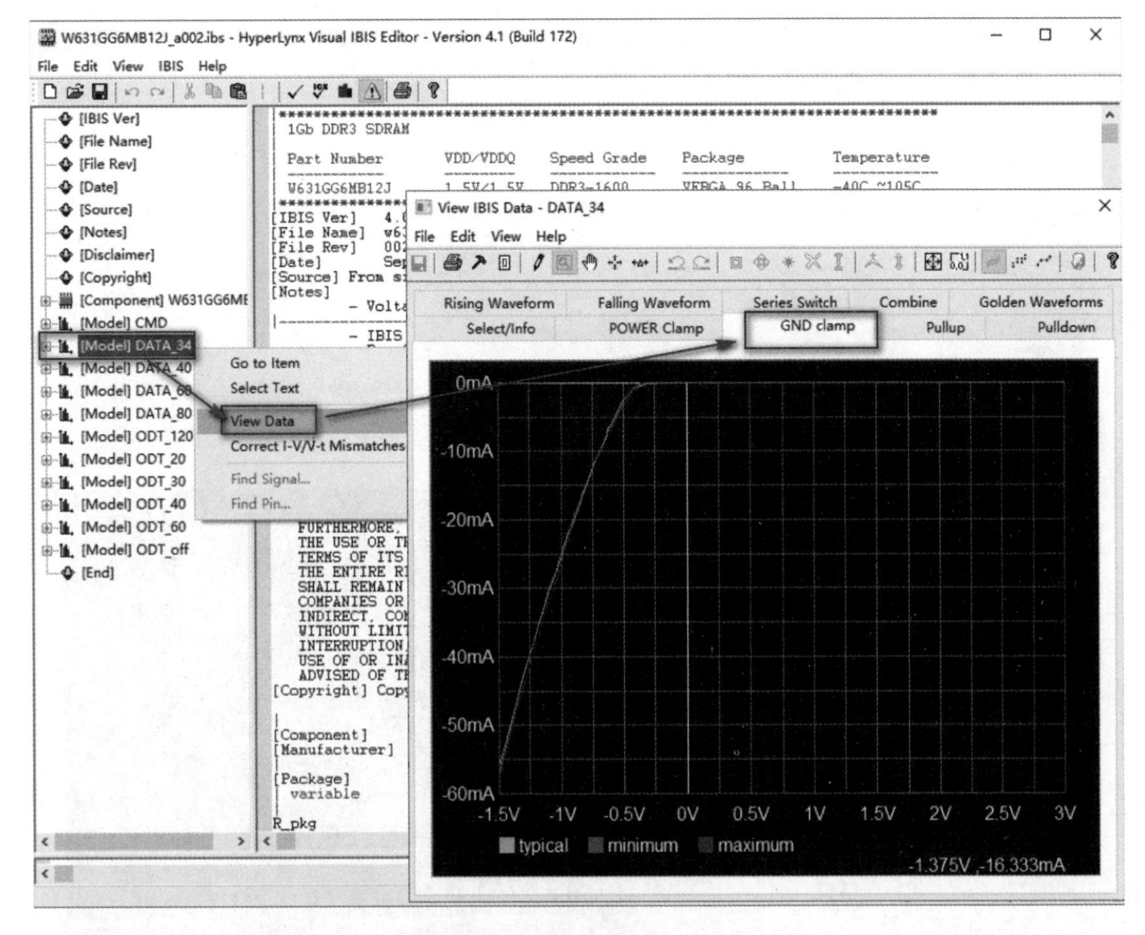


图 5-21

◆ POWER Clamp 参数测量图：驱动口为三态，然后用-Vcc～+2Vcc 扫进去测得，电流定义流入为正方向，参考电压是地电压，也可是电源电压 Vcc，现在做的模型默认是 Vcc，这里是地，可相互转换。实现方法是电压取反加上 Vcc，对应的电流数据一样，如图 5-22 所示。

图 5-22

◆ 如图 5-23 所示为 w631gg6mb12j_a002.ibs 文件中的 W631GG6MB12J 元器件中的 DATA_34 模型的 POWER Clamp 曲线。

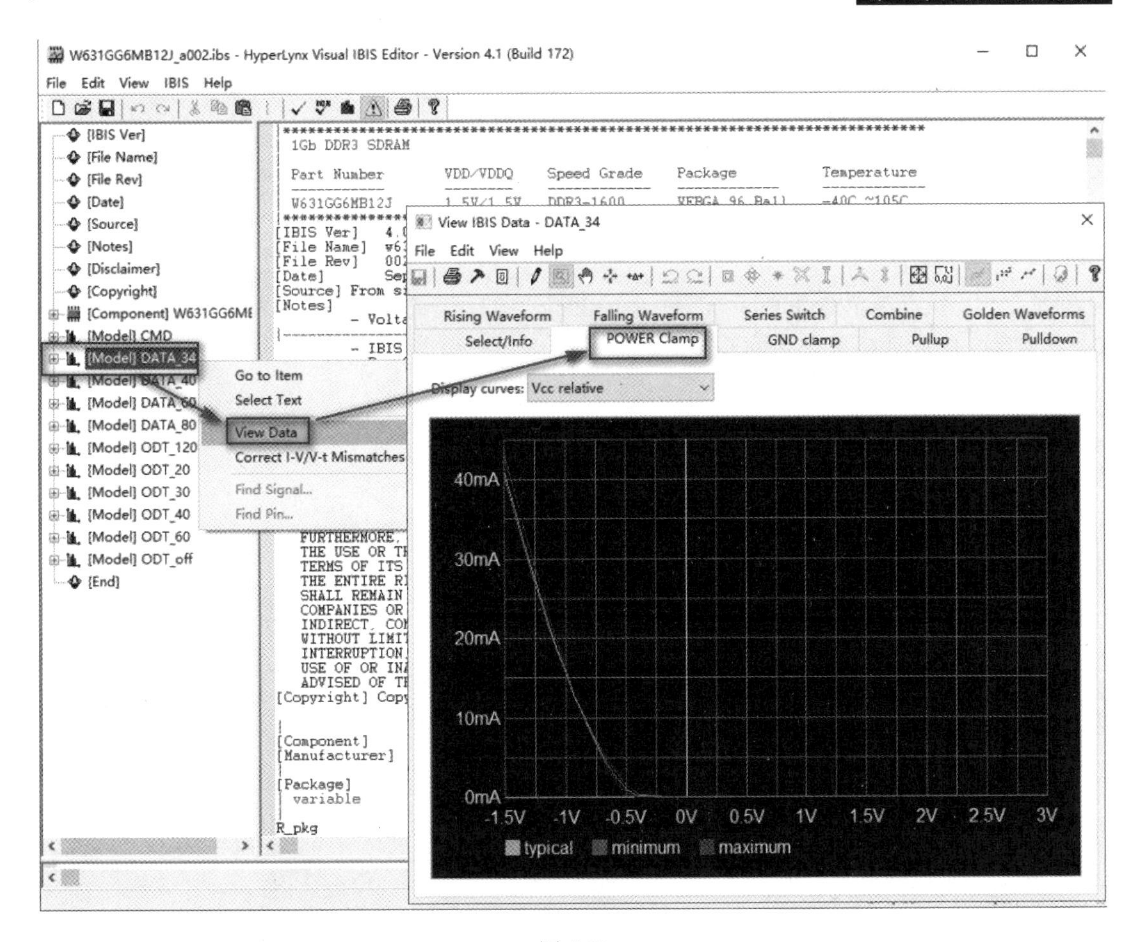


图 5-23

IBIS 应用例子的随书文件为 5ser_ibs.ffs。

## 5.4　SPICE 模型

SPICE 是 Simulation Program with Integrated Circuit Emphasis 的缩写，是一种功能强大的通用模拟电路仿真器，描述器件内部实际的电气连接，已经具有几十年的历史了，它是美国加利福尼亚大学伯克利分校电工和计算科学系开发的，主要用于集成电路的电路分析程序中，SPICE 的网表格式变成了通常模拟电路和晶体管级电路描述的标准，SPICE 模型是晶体管级别的模型。

本节使用软件内置的 2 个 SPICE 模型仿真，实际模型需要单独安装 HSPICE 软件来说明 SPICE 模型如何使用。软件内置仿真器不支持加密的 SPICE 模型，如果是加密模型，则需要安装 HSPICE 软件。具体操作步骤如下所述。

第 1 步：设置默认软件的模型库。执行菜单命令 Setup>Options>Directories，在弹出的对话框中设置默认软件的模型库，如图 5-24 所示。

提示：安装路径是 C:\MentorGraphics\9.5PADS\SDD_HOME\hyperlynx\LIBS\。

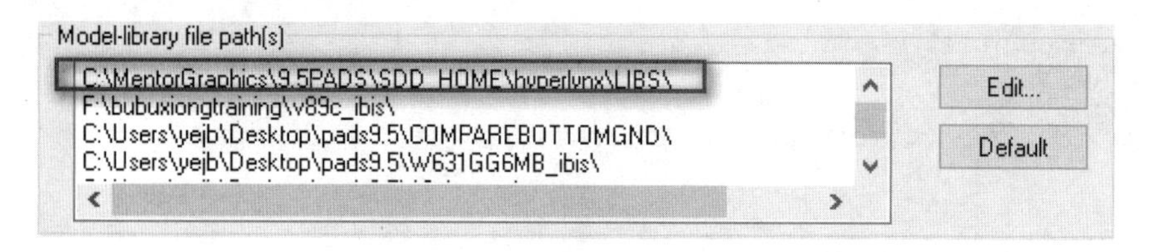


图 5-24

第 2 步：执行菜单命令 File > Open Schematic，在弹出的对话框中单击做好的 5spicelossy.ffs 文件，打开如图 5-25 所示的原理图。

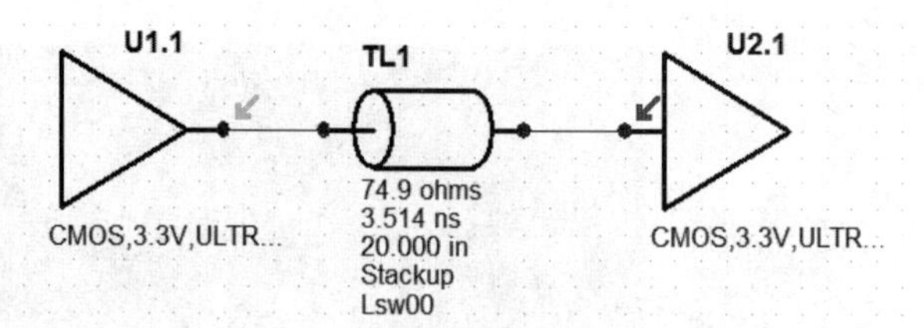


图 5-25

第 3 步：双击原理图中的 U1.1，在弹出的对话框中进行赋模型设置，如图 5-26 所示。

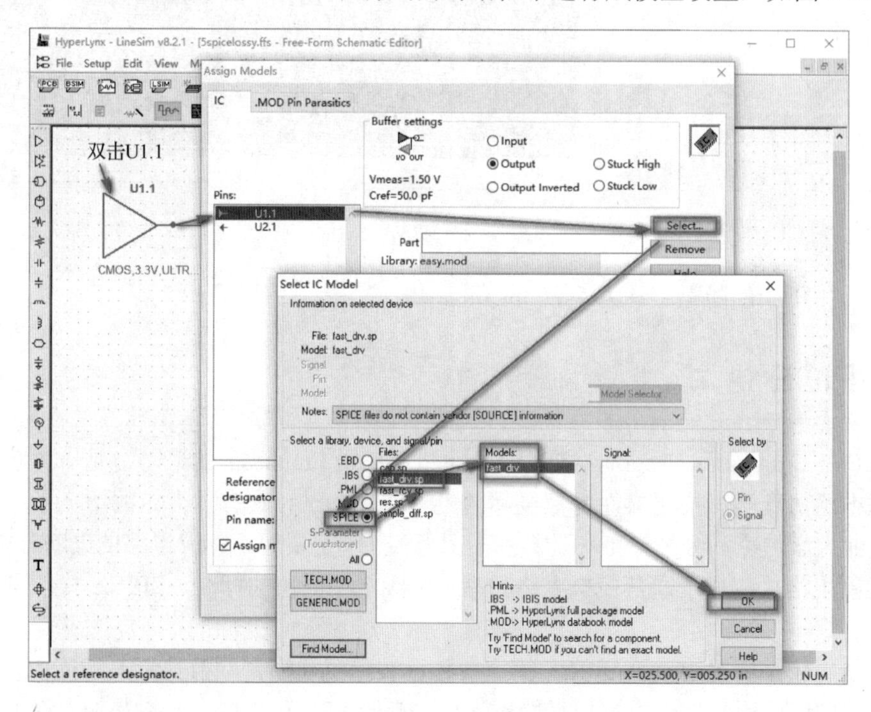


图 5-26

第 4 步：在弹出的“Assign Models”对话框中进行模型的设置，如图 5-27 所示。

第 5 步：双击原理图中的 U2.1，在弹出的对话框中进行模型的设置，如图 5-28 所示。

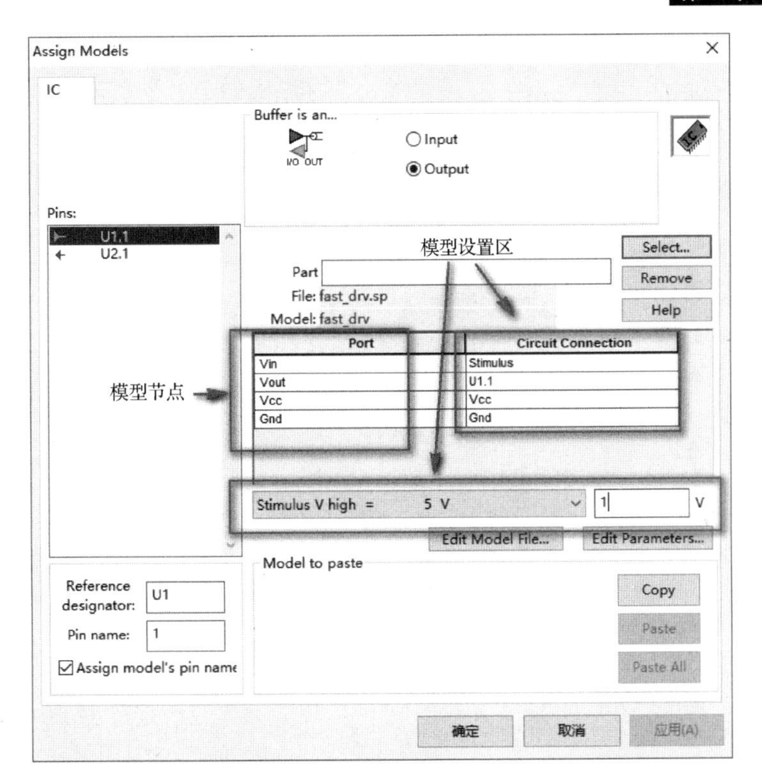


图 5-27

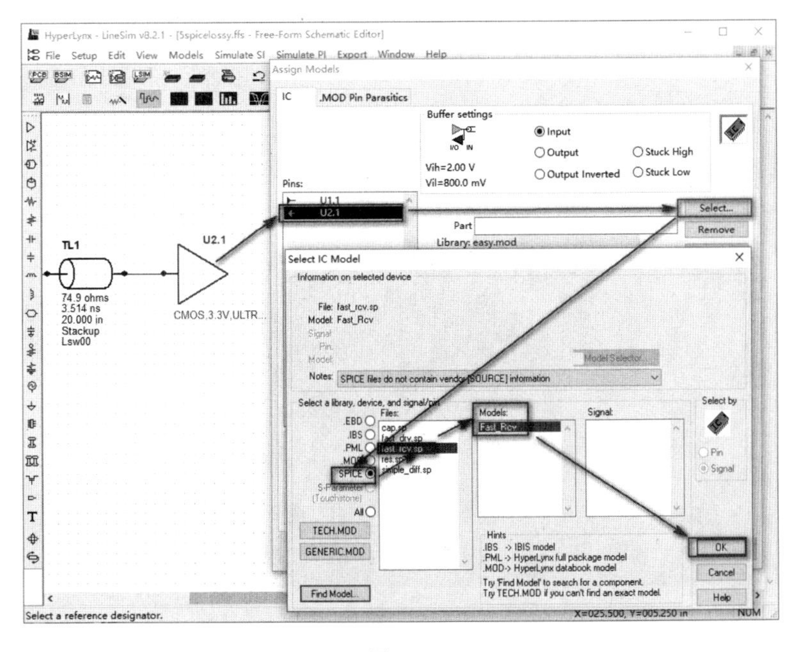


图 5-28

第 6 步：在弹出的“Assign Models”对话框中进行模型的设置，如图 5-29 所示。

第 7 步：设置完成，将原理图文件名更名为 5spicelossygai.ffs，如图 5-30 所示为设置完成后的原理图。

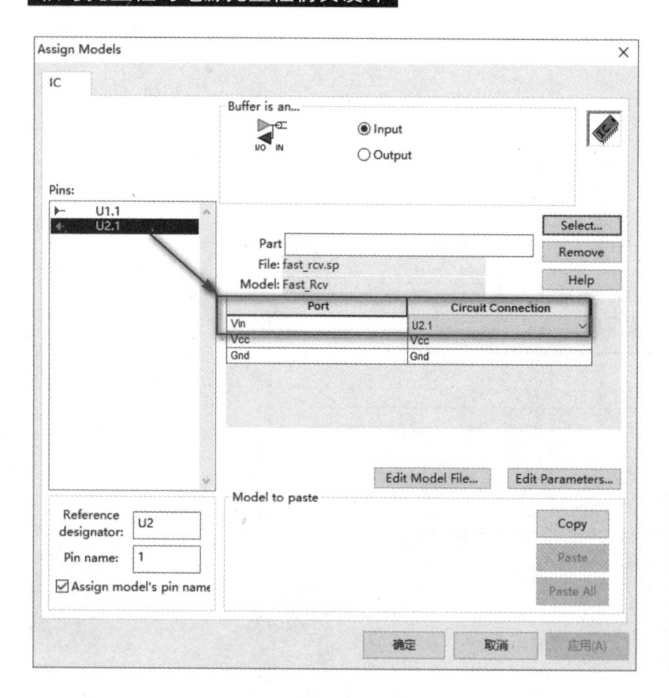

图 5-29

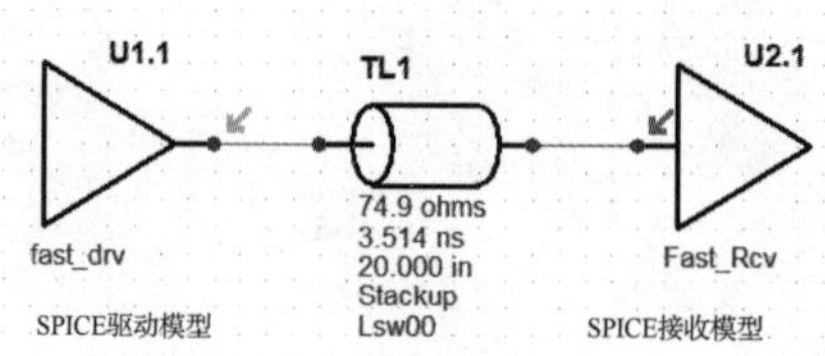


图 5-30

第 8 步：打开示波器对原理图进行仿真。按如图 5-31 所示进行选择，并单击“Start Simulation”按钮进行仿真。

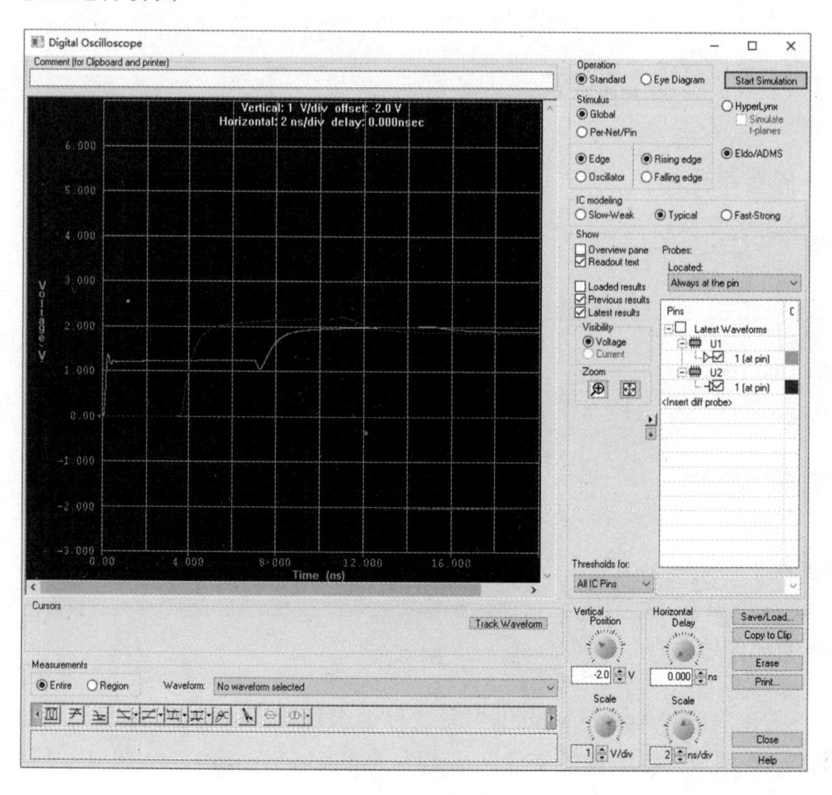

图 5-31

● 用文本编辑器打开 fast_drv.sp 中的内容如下。

```
.SUBCKT fast_drv    Vin Vout Vcc Gnd
* filter input waveform to 100ps risetime 10%~90%
* to change rise/fall time multiply all C and L
* values by    new_risetime/100ps
Chl_bw1    bw1    Gnd    2.532e-11
Lhl_bw1    bw1    bw2    6.628e-11
Chl_bw2    bw2    Gnd    7.168e-11
Lhl_bw2    bw2    bw3    6.628e-11
Chl_bw3    bw3    Gnd    2.532e-11
*
RPWR Vcc Gnd 10K
*
Rhl_in Vin    bw1    1
Rhl_filt    bw3    Gnd    1
Ehl_out    bw4    Gnd    bw3    Gnd    4
* change the value of Rhl_linkin to desired output impedance
Rhl_linkin    bw4 Vout 50
.ENDS
```

● 根据 HSPICE 语法，内容如下。

HSPICE 中提供了一些供激励用的独立源和受控源。电源描述语句也由代表电源名称的关键字、连接情况和有关参数值组成。描述电源的关键字含义如下所示。

| | |
|---|---|
| V：独立电压源 | I：独立电流源 |
| E：电压控制电压源 | F：电流控制电流源 |
| G：电压控制电流源 | H：电流控制电压源 |

● 用文本编辑器打开 fast_rcv.sp 中的内容如下。

```
* Dummy Receiver model for demo
.subckt Fast_Rcv Vin Vcc Gnd
Cin Vin Gnd 5p
Rin Vin Gnd 1k
RPWR Vcc Gnd 100k
.ends
```

## 5.5 S 参数模型

使用 4 端口 S 参数模型的具体步骤如下所述。

第 1 步：执行菜单命令 File > Open Schematic，打开预先准备好的文件 5ser_touchstone.ffs，打开后的原理图如图 5-32 所示。

第 2 步：复制一份打开后的原理图，如图 5-33 所示。

第 3 步：删除图 5-33 中的 TL1 和 TL2，单击组件栏中的图标“ ”，将其放置到原理图中，如图 5-34 所示。

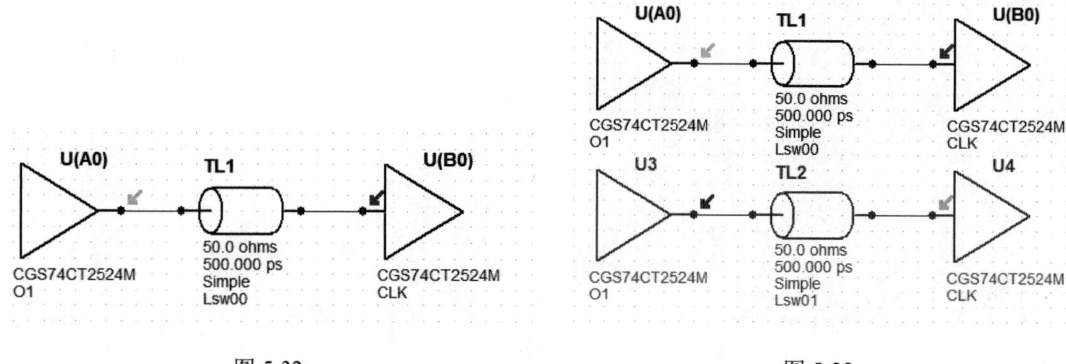


图 5-32　　　　图 5-33

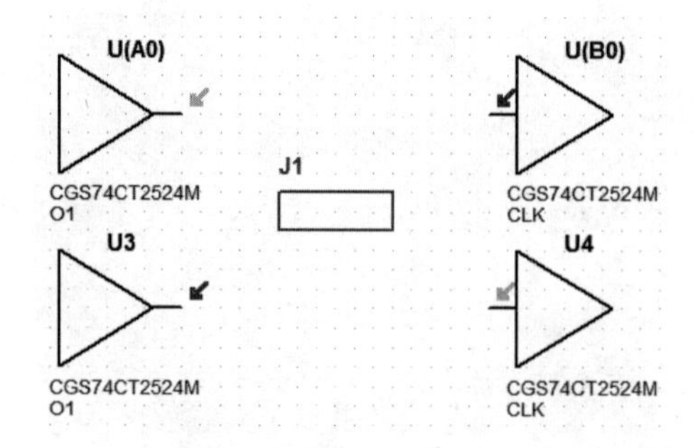


图 5-34

第 4 步：双击图 5-34 中的 J1，在弹出的对话框中按图 5-35 所示进行赋模型的设置。

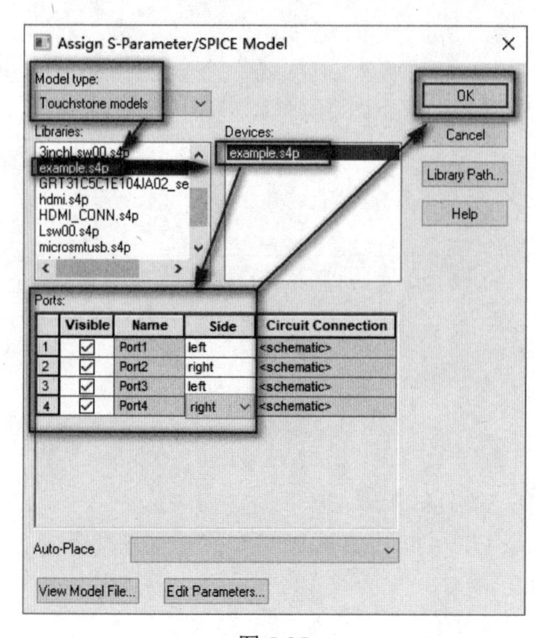


图 5-35

第 5 步：连接好线，如图 5-36 所示。演示案例文件随书文件名为 5ser_touchstonegai.ffs。

第 6 步：对原理图进行仿真，得到的仿真结果如图 5-37 所示。

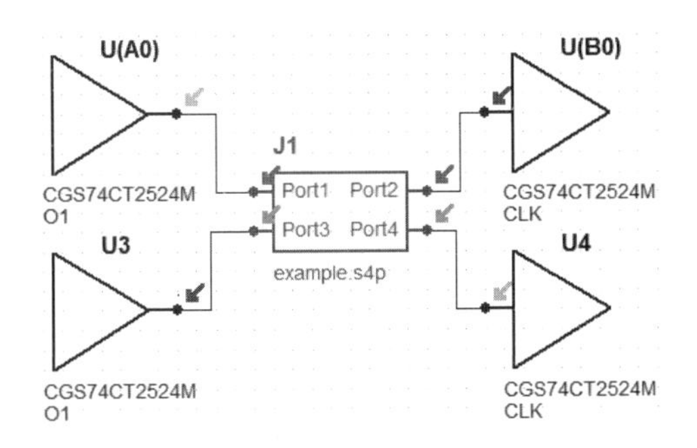


图 5-36

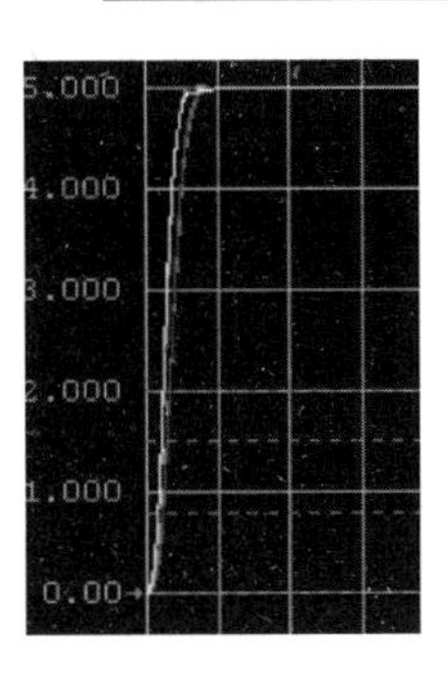


图 5-37

① 打开 example.s4p，内容如图 5-38 所示。

```
! Data from _SModelTemp_Run
# GHZ S RI  R 5.000000E+001
!
1.0000000000000002E-004 -1.6399438908687158E-001 5.6028845550465476E-004 1.6595044537442094E-001 -7.6940563757594229E-005 8.3150655884819669E-001
           1.6595044537442638E-001 -7.6940563756841128E-005 -1.6399438908821695E-001 5.6028836812183384E-004 1.6653508485105617E-001 -1.22888089
           8.3150655884819669E-001 -5.1390321790390576E-004 1.6653508485105031E-001 -1.2288808921354108E-004 -1.6526532499864266E-001 3.03296527
           1.6653508485104071E-001 -1.2288808912986788E-004 8.3150655884683555E-001 -5.1390330520296112E-004 1.6722138128621242E-001 1.800513643
2.0000000000000004E-004 -1.6384979581438985E-001 9.1619175927937365E-004 1.6592278674298699E-001 -1.1490329156077378E-004 8.3140339622812742E-001
           1.6592278674298924E-001 -1.1490329155998947E-004 -1.6384979581688230E-001 9.1619158561019305E-004 1.6651898163395110E-001 -2.23319737
           8.3140339622812742E-001 -8.8283238667942628E-004 1.6651898163394943E-001 -2.2331973726119581E-004 -1.6518559016755163E-001 4.93684478
           1.6651898163389875E-001 -2.2331973708568376E-004 8.3140339622558190E-001 -8.8283256017345423E-004 1.6725858109620373E-001 3.07603988
3.0000000000000008E-004 -1.6373872206291806E-001 1.2385754771308927E-003 1.6590150248121335E-001 -1.4639788751397682E-004 8.3132375528710423E-001
           1.6590150248120838E-001 -1.4639788751689389E-004 -1.6373872206671769E-001 1.2385752176533823E-003 1.6650645377119147E-001 -3.1999105
           8.3132375528710412E-001 -1.2276855830317978E-003 1.6650645377119599E-001 -3.1999105678453166E-004 -1.6512442989903753E-001 6.65633094
           1.6650645377108433E-001 -3.1999105651655873E-004 8.3132375528319558E-001 -1.2276858422371759E-003 1.6728721031743543E-001 4.265444943
4.0000000000000007E-004 -1.6364489351488887E-001 1.5436218324541000E-003 1.6588352514454530E-001 -1.7453068451496316E-004 8.3125623406871885E-001
           1.6588352514454341E-001 -1.7453068451966342E-004 -1.6364489351994815E-001 1.5436214874017815E-003 1.6649574926280186E-001 -4.14698085
```

图 5-38

② 传输线的 S 参数有 3 种格式，如图 5-39 所示。

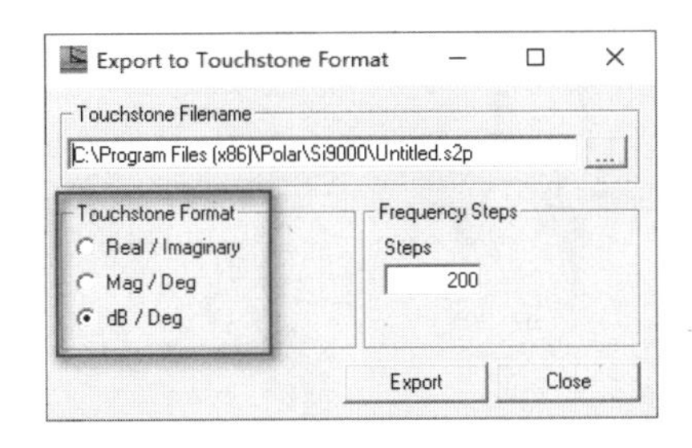


图 5-39

③ 选择“dB/Deg”，单击“Export”按钮，即可看到如图 5-40 所示的内容。

```
! File : F:\bubuxiongtraining\mircostrip2.s2p
! Polar Si9000 PCB Transmission Line Field Solver  v7.1.0
# MHz S DB R 50
!
! FREQ              S11                        S21                        S12                        S22
!                DB          ANG           DB          ANG           DB          ANG           DB          ANG
100.0000      -27.807199    80.875302    -0.036832    -5.783224    -0.036832    -5.783224    -27.807199    80.875302
102.3411      -27.613690    80.791152    -0.037524    -5.916833    -0.037524    -5.916833    -27.613690    80.791152
104.7371      -27.420355    80.702809    -0.038239    -6.053482    -0.038239    -6.053482    -27.420355    80.702809
107.1891      -27.227200    80.610233    -0.038979    -6.193239    -0.038979    -6.193239    -27.227200    80.610233
109.6986      -27.034230    80.513380    -0.039743    -6.336171    -0.039743    -6.336171    -27.034230    80.513380
112.2668      -26.841453    80.412206    -0.040533    -6.482348    -0.040533    -6.482348    -26.841453    80.412206
114.8951      -26.648876    80.306664    -0.041349    -6.631841    -0.041349    -6.631841    -26.648876    80.306664
117.5850      -26.456504    80.196704    -0.042193    -6.784722    -0.042193    -6.784722    -26.456504    80.196704
120.3378      -26.264346    80.082275    -0.043066    -6.941065    -0.043066    -6.941065    -26.264346    80.082275
123.1551      -26.072408    79.963326    -0.043968    -7.100945    -0.043968    -7.100945    -26.072408    79.963326
126.0383      -25.880698    79.839800    -0.044901    -7.264439    -0.044901    -7.264439    -25.880698    79.839800
```

图 5-40

④ 选择“Real/Imaginary”，单击“Export”按钮，即可看到如图 5-41 所示的内容。

```
1  ! www.PolarInstruments.com
2  ! File Export V3.30 [1.80]
3  ! For hxji@mail.xidian.edu.cn;QQ=47399897
4  ! File : F:\bubuxiongtraining\microri.s2p
5  ! Polar Si9000 PCB Transmission Line Field Solver  v7.1.0
6  # MHz S RI R 50
7  !
8  ! FREQ              S11                   S21                    S12                    S22
9  !                REAL      IMAG      REAL       IMAG        REAL       IMAG        REAL      IMAG
10 100.0000       0.006455  0.040189  0.990700  -0.100339   0.990700  -0.100339   0.006455  0.04018!
11 102.3411       0.006661  0.041085  0.990385  -0.102640   0.990385  -0.102640   0.006661  0.04108!
12 104.7371       0.006875  0.041999  0.990056  -0.104993   0.990056  -0.104993   0.006875  0.04199!
13 107.1891       0.007099  0.042932  0.989712  -0.107399   0.989712  -0.107399   0.007099  0.04293:
14 109.6986       0.007333  0.043884  0.989354  -0.109858   0.989354  -0.109858   0.007333  0.04388
15 112.2668       0.007577  0.044856  0.988981  -0.112372   0.988981  -0.112372   0.007577  0.04485
16 114.8951       0.007831  0.045847  0.988591  -0.114941   0.988591  -0.114941   0.007831  0.04584
17 117.5850       0.008097  0.046858  0.988185  -0.117567   0.988185  -0.117567   0.008097  0.04685
18 120.3378       0.008373  0.047890  0.987761  -0.120251   0.987761  -0.120251   0.008373  0.04789
19 123.1551       0.008662  0.048942  0.987319  -0.122994   0.987319  -0.122994   0.008662  0.04894:
20 126.0383       0.008963  0.050015  0.986858  -0.125797   0.986858  -0.125797   0.008963  0.05001!
```

图 5-41

## 5.6 EBD 模型

EBD 模型是 PCB 仿真模型，内存条常用这样的模型，需要厂家提供。EBD 模型是用电气方法描述具体物理 PCB 的一种模型，相当于你将具体 PCB 拿到手后提取相应参数形成的模型。

➢ 打开预先准备好的 mt18vddt6472ag-202b1.ebd 文件看一下具体内容。打开后的 EBD 模型如图 5-42 所示。[Pin List]内容如图 5-43 所示，[Path Description]内容如图 5-44 所示，其中[Reference Designator Map]内容如图 5-45 所示。

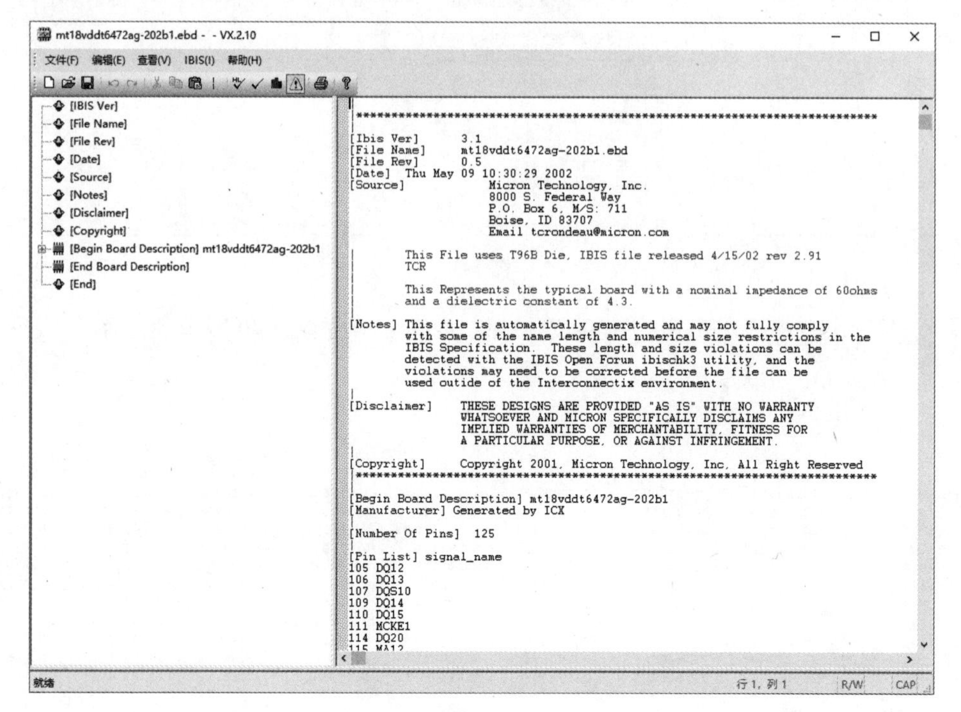
mt18vddt6472ag-202b1.ebd - - VX.2.10
文件(F) 编辑(E) 查看(V) IBIS(I) 帮助(H)
[IBIS Ver]
[File Name]
[File Rev]
[Date]
[Source]
[Notes]
[Disclaimer]
[Copyright]
[Begin Board Description] mt18vddt6472ag-202b1
[End Board Description]
[End]
[Ibis Ver] 3.1
[File Name] mt18vddt6472ag-202b1.ebd
[File Rev] 0.5
[Date] Thu May 09 10:30:29 2002
[Source] Micron Technology, Inc.
8000 S. Federal Way
P.O. Box 6, M/S: 711
Boise, ID 83707
Email tcrondeau@micron.com
This File uses T96B Die, IBIS file released 4/15/02 rev 2.91
TCR
This Represents the typical board with a nominal impedance of 60ohms
and a dielectric constant of 4.3.
[Notes] This file is automatically generated and may not fully comply
with some of the name length and numerical size restrictions in the
IBIS Specification. These length and size violations can be
detected with the IBIS Open Forum ibischk3 utility, and the
violations may need to be corrected before the file can be
used outide of the Interconnectix environment.
[Disclaimer] THESE DESIGNS ARE PROVIDED "AS IS" WITH NO WARRANTY
WHATSOEVER AND MICRON SPECIFICALLY DISCLAIMS ANY
IMPLIED WARRANTIES OF MERCHANTABILITY, FITNESS FOR
A PARTICULAR PURPOSE, OR AGAINST INFRINGEMENT.
[Copyright] Copyright 2001, Micron Technology, Inc, All Right Reserved
[Begin Board Description] mt18vddt6472ag-202b1
[Manufacturer] Generated by ICX
[Number Of Pins] 125
[Pin List] signal_name
105 DQ12
106 DQ13
107 DQS10
109 DQ14
110 DQ15
111 MCKE1
114 DQ20
就绪
行 1, 列 1
R/W
CAP

图 5-42

```
[Begin Board Description] mt18vddt6472ag-202b1
[Manufacturer] Generated by ICX
|
[Number Of Pins]  125
|
[Pin List] signal_name
105 DQ12
106 DQ13
107 DQS10
109 DQ14
110 DQ15
111 MCKE1
114 DQ20
115 MA12
117 DQ21
118 MA11
119 DQS11
12 DQ8
121 DQ22
122 MA8
123 DQ23
125 MA6
126 DQ28
127 DQ29
129 DQS12
13 DQ9
130 MA3
131 DQ30
133 DQ31
134 CB4
135 CB5
```

图 5-43

```
|
[Path Description] DQ12
Pin 105
Len = 0.00407371 L = 3.37787e-007 C = 9.32385e-011 R = 3.5079 /
Node RN25.3
Node RN25.6
Len = 0.0104606 L = 3.37787e-007 C = 9.32385e-011 R = 3.5079 /
Len = 0 L = 3.33333e-010 C = 1.66667e-013 /
Fork
  Len = 0 L = 3.33333e-010 C = 1.66667e-013 /
  Len = 0.00389779 L = 3.37787e-007 C = 9.32385e-011 R = 3.5079 /
  Node U2.59
Endfork
Len = 0 L = 3.33333e-010 C = 1.66667e-013 /
Len = 0.00389779 L = 3.37787e-007 C = 9.32385e-011 R = 3.5079 /
Node U11.8
|
[Path Description] DQ13
Pin 106
Len = 0.00375808 L = 3.37787e-007 C = 9.32385e-011 R = 3.5079 /
Node RN25.2
Node RN25.7
Len = 0.010748 L = 3.37787e-007 C = 9.32385e-011 R = 3.5079 /
Len = 0 L = 3.33333e-010 C = 1.66667e-013 /
Fork
  Len = 0 L = 3.33333e-010 C = 1.66667e-013 /
  Len = 0.00392108 L = 3.37787e-007 C = 9.32385e-011 R = 3.5079 /
  Node U2.56
Endfork
Len = 0 L = 3.33333e-010 C = 1.66667e-013 /
Len = 0.00392108 L = 3.37787e-007 C = 9.32385e-011 R = 3.5079 /
Node U11.11
|
```

图 5-44

```
RN8  mt18v6472ebd_comps.ibs  RN8_RP0603X2_22
RN9  mt18v6472ebd_comps.ibs  RN9_RP0603X4_22
U1  mt18v6472ebd_comps.ibs  MT46V32M8TG
U10  mt18v6472ebd_comps.ibs  MT46V32M8TG
U11  mt18v6472ebd_comps.ibs  MT46V32M8TG
U12  mt18v6472ebd_comps.ibs  MT46V32M8TG
U13  mt18v6472ebd_comps.ibs  MT46V32M8TG
U14  mt18v6472ebd_comps.ibs  MT46V32M8TG
U15  mt18v6472ebd_comps.ibs  MT46V32M8TG
U16  mt18v6472ebd_comps.ibs  MT46V32M8TG
U17  mt18v6472ebd_comps.ibs  MT46V32M8TG
U18  mt18v6472ebd_comps.ibs  MT46V32M8TG
U2  mt18v6472ebd_comps.ibs  MT46V32M8TG
U20  mt18v6472ebd_comps.ibs  EEPROM
U3  mt18v6472ebd_comps.ibs  MT46V32M8TG
U4  mt18v6472ebd_comps.ibs  MT46V32M8TG
U5  mt18v6472ebd_comps.ibs  MT46V32M8TG
U6  mt18v6472ebd_comps.ibs  MT46V32M8TG
U7  mt18v6472ebd_comps.ibs  MT46V32M8TG
U8  mt18v6472ebd_comps.ibs  MT46V32M8TG
U9  mt18v6472ebd_comps.ibs  MT46V32M8TG
|
[End Board Description]
```

图 5-45

➢ 打开事先准备好的 5EBDIBIS.ffs 文件（带 EBD 模型的原理图），如图 5-46 所示。

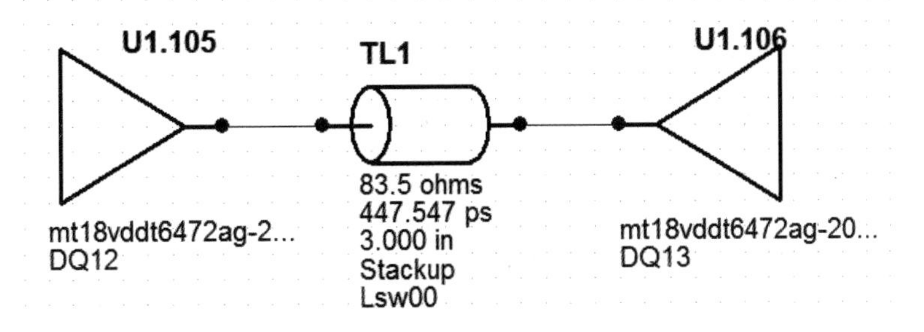


图 5-46

EBD 模型需要用 REF 文件分配，IC 的脚位一定要在 EBD 模型定义里面有，如图 5-46 所示中的 DQ12 和 DQ13 定义的引脚为 Pin 105 和 Pin 106，其在原理图中需要与 U1.105 和 U1.106 对应，否则就会报错，对应完成后会显示 DQ12 和 DQ13。

## 5.7 PML 模型

PML 模型（这种模型很少用）是带有封装参数的 MOD 模型。例如，打开 74act.pml 文件，内容如图 5-47～图 5-49 所示。

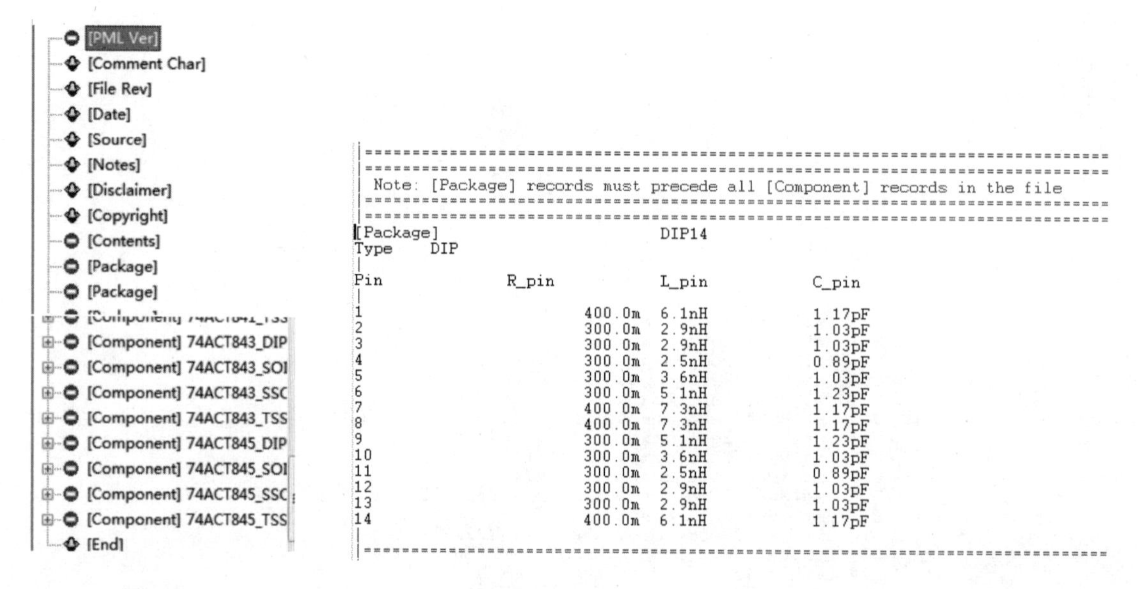


```
|==========================================================================
|==========================================================================
| Note: [Package] records must precede all [Component] records in the file
|==========================================================================
|==========================================================================
[Package]                         DIP14
Type     DIP
|
Pin              R_pin            L_pin            C_pin
|
1                        400.0m   6.1nH            1.17pF
2                        300.0m   2.9nH            1.03pF
3                        300.0m   2.9nH            1.03pF
4                        300.0m   2.5nH            0.89pF
5                        300.0m   3.6nH            1.03pF
6                        300.0m   5.1nH            1.23pF
7                        400.0m   7.3nH            1.17pF
8                        400.0m   7.3nH            1.17pF
9                        300.0m   5.1nH            1.23pF
10                       300.0m   3.6nH            1.03pF
11                       300.0m   2.5nH            0.89pF
12                       300.0m   2.9nH            1.03pF
13                       300.0m   2.9nH            1.03pF
14                       400.0m   6.1nH            1.17pF
|
|==========================================================================
```

图 5-47　　　　　　　　　　图 5-48

```
|==========================================================================
[Component]                 74ACT00_DIP
[Model File]          pml.mod
[Package Model]    DIP14
|
[Pin]          signal_name     model_name               direction
|
1                     A1                                      74ACTXX:GATE          IN
2                     B1                                      74ACTXX:GATE          IN
3                     Y1                                      74ACTXX:GATE          OUT
4                     A2                                      74ACTXX:GATE          IN
5                     B2                                      74ACTXX:GATE          IN
6                     Y2                                      74ACTXX:GATE          OUT
7                     GND                      GND                                         NA
8                     Y3                                      74ACTXX:GATE          OUT
9                     A3                                      74ACTXX:GATE          IN
10                    B3                       74ACTXX:GATE          IN
11                    Y4                       74ACTXX:GATE          OUT
12                    A4                       74ACTXX:GATE          IN
13                    B4                       74ACTXX:GATE          IN
14                    VCC                      POWER                                       NA
|
```

图 5-49

# 第 6 章

# HyperLynx（SI）叠层结构

## 6.1 叠层编辑器简介

### 1. 叠层编辑器（Stackup Editor）的打开方式

第 1 种方式：单击叠层结构图标“ ”打开。

第 2 种方式：执行菜单命令 Setup>Stackup>Edit 打开。

打开叠层编辑器后，如图 6-1 所示，叠层默认是 6 层。其中，4 层是信号布线层，2 层是平面层。

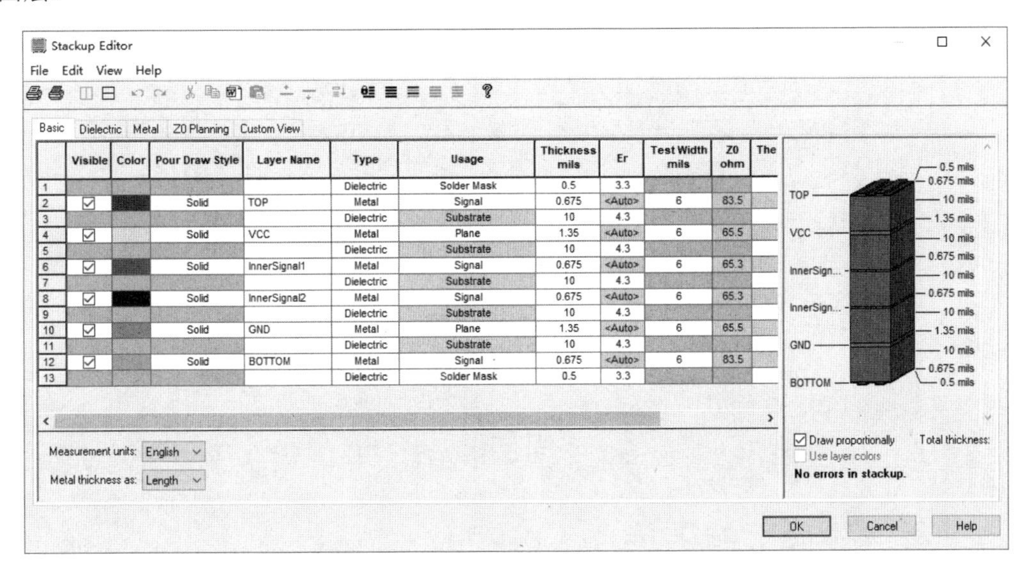


图 6-1

### 2. 叠层编辑器的作用

叠层编辑器是用来创建和规划 PCB 的叠层结构的，设计控制传输线阻抗，记录 PCB 叠层的强有力工具。下面通过例子来慢慢熟悉叠层编辑器。

打开某原理图的叠层编辑器的步骤如下所述。

第 1 步：执行菜单命令 File > Open Schematic，在弹出的对话框中选择路径，打开事先准备好的 6xt_three_trace_separation.ffs 文件，然后一张原理图呈现在原理图编辑器中，如图 6-2 所示。

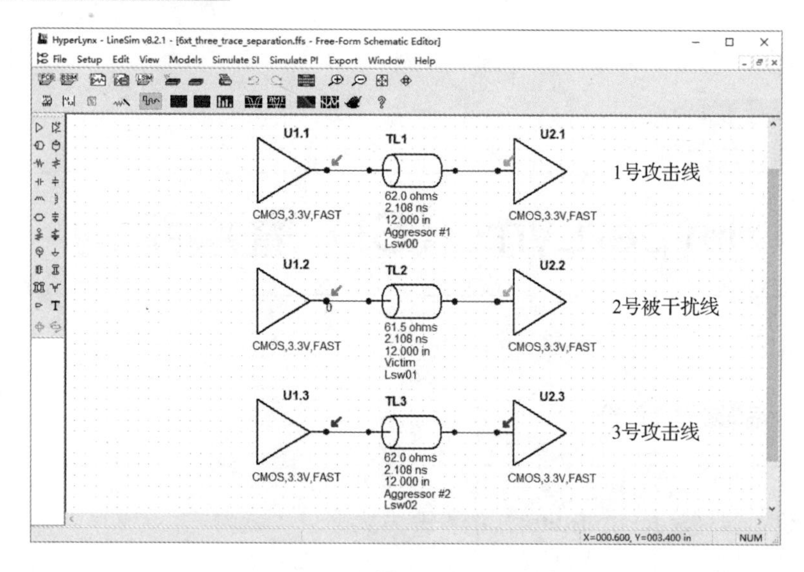


图 6-2

第 2 步：单击叠层结构图标“ ”，打开原理图的叠层编辑器，如图 6-3 所示。

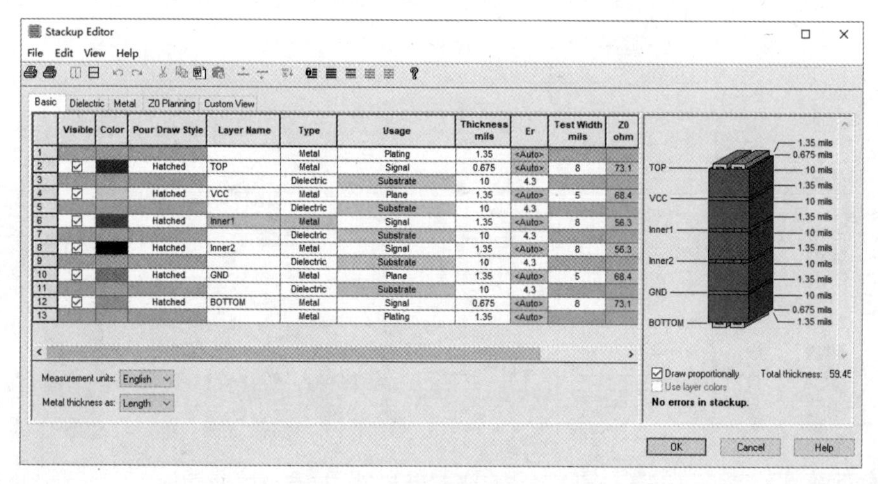


图 6-3

## 6.2 叠层编辑器中的菜单

➢ 叠层编辑器中的 File 菜单，如图 6-4 所示。

图 6-4

● 执行菜单命令 File>Print，或单击图标“ ”，可以把叠层打印出来。如果安装了 PDF 虚拟打印机，就可以打出 PDF 文档，如图 6-5 所示。

Number of layers: 13
Total thickness = 59.45 mils

59.45 mils

| NN | Layer Name | Type | Usage | Thickness mils, oz | Technology | Er | Metal | Bulk R ohm-m | T coef 1/° C | Loss Tangent | Test Width mils | Z0 ohm |
|---|---|---|---|---|---|---|---|---|---|---|---|---|
| 1 | | Metal | Plating | 1 | | | Copper | 1.724e-008 | 0.00393 | | | |
| 2 | TOP | Metal | Signal | 0.5 | | <Auto> | Copper | 1.724e-008 | 0.00393 | 0 | 8 | 73.1 |
| 3 | | Dielectric | Substrate | 10 | Prepreg | 4.3 | | | | 0.02 | | |
| 4 | VCC | Metal | Plane | 1 | | <Auto> | Copper | 1.724e-008 | 0.00393 | 0.02 | 5 | 68.4 |
| 5 | | Dielectric | Substrate | 10 | Prepreg | 4.3 | | | | 0.02 | | |
| 6 | Inner1 | Metal | Signal | 1 | | <Auto> | Copper | 1.724e-008 | 0.00393 | 0.02 | 8 | 56.3 |
| 7 | | Dielectric | Substrate | 10 | Prepreg | 4.3 | | | | 0.02 | | |
| 8 | Inner2 | Metal | Signal | 1 | | <Auto> | Copper | 1.724e-008 | 0.00393 | 0.02 | 8 | 56.3 |
| 9 | | Dielectric | Substrate | 10 | Prepreg | 4.3 | | | | 0.02 | | |
| 10 | GND | Metal | Plane | 1 | | <Auto> | Copper | 1.724e-008 | 0.00393 | 0.02 | 5 | 68.4 |
| 11 | | Dielectric | Substrate | 10 | Prepreg | 4.3 | | | | 0.02 | | |
| 12 | BOTTOM | Metal | Signal | 0.5 | | <Auto> | Copper | 1.724e-008 | 0.00393 | 0 | 8 | 73.1 |
| 13 | | Metal | Plating | 1 | | | Copper | 1.724e-008 | 0.00393 | | | |

图 6-5

● 执行菜单命令 File>Print Picture，或单击图标“ ”，可以把叠层图打印出来，如图 6-6 所示。

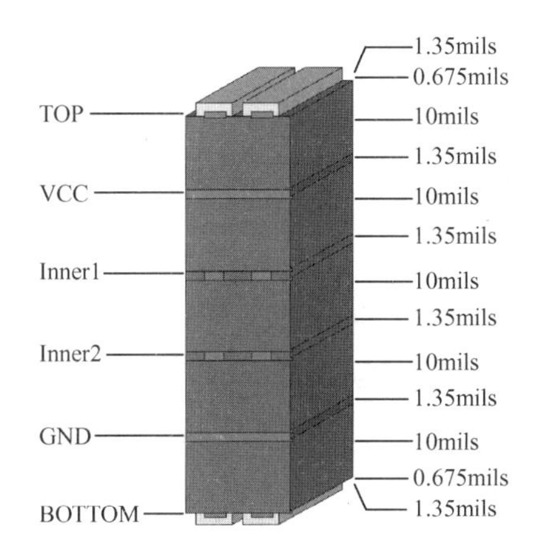


图 6-6

● 执行菜单命令 File>Apply & Close，表示设置好叠层后保存并退出叠层编辑器。
● 执行菜单命令 File>Discard & Close，表示设置好叠层后不保存并退出叠层编辑器。
➢ 叠层编辑器中的 Edit 菜单介绍如下所述。
● 执行菜单命令 Edit>Edit Undo，或单击图标“ ”，撤销上次的操作。
● 执行菜单命令 Edit>Edit Redo，或单击图标“ ”，恢复上次的操作。
● 执行菜单命令 Edit>Paste，或单击图标“ ”；执行菜单命令 Edit>Copy，或单击图标“ ”，这 2 个功能只有在选择层中有效，只有复制了才能粘贴。
● 执行菜单命令 Edit>Cut，或单击图标“ ”；执行菜单命令 Edit>Delete，或直接按键盘中的【Delete】键，这 2 个功能只有在选择层中有效，分别是剪切和删除操作。
● 执行菜单命令 Edit>Copy Spectial>Manufacture Documentation，或单击图标“ ”，直接把叠层信息复制到 word 文档中，内容如图 6-7 所示。

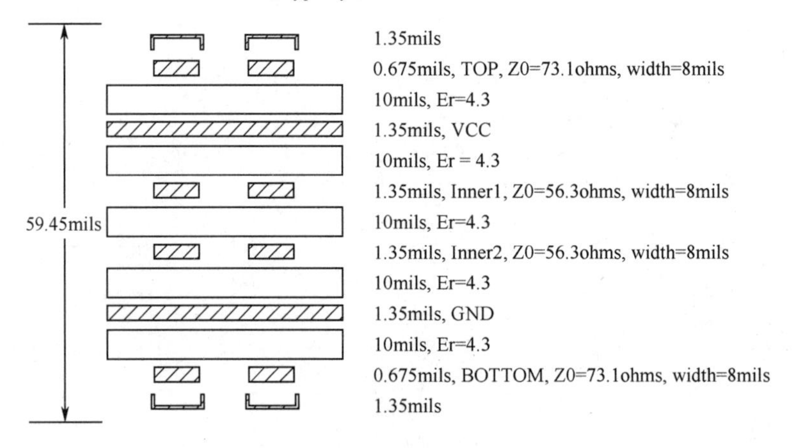


图 6-7

- 执行菜单命令 Edit>Copy Spectial>Picture，把叠层图复制到 word 文档中，如图 6-8 所示。

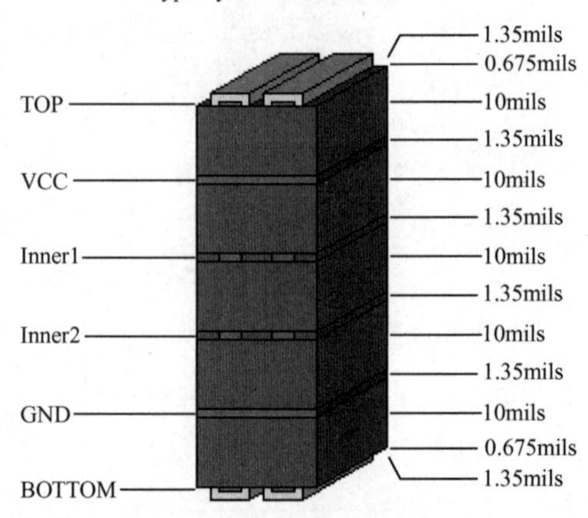


图 6-8

- 执行菜单命令 Edit>Insert Above 和 Edit>Insert Below 分别是在选中层上面插入层和下面插入层，可以插入的内容如图 6-9 所示。
- 单击图标“+”和图标“-”，分别是在所选中层上面和下面插入最合适的层，相当于选择 Most Suitable（最合适的层）。

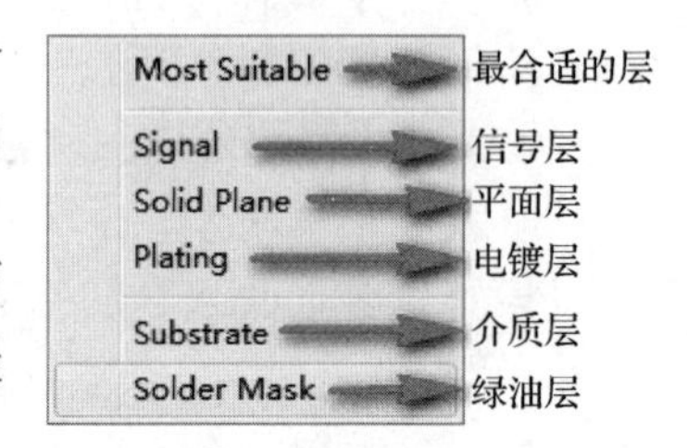


图 6-9

- 执行菜单命令 Edit>Apply to Selection，或单击图标“ ”，将选择行中更改的数据应用到其他已经选择行的相应位置，具体操作如下。例如，需要把几层的叠层厚度一起从 10mil 改成 5mil，先单击某一层，按“Ctrl”键的同时选中其他要更改的层，要更改的层全部选中后，按“Ctrl”键不放，鼠标单击某一层的叠层厚度，这时图标“ ”由灰色变成有效，然后在鼠标单击的叠层厚度区输入 5mil，单击图标“ ”后，其他所有层的叠层厚度都变成了 5mil。

➢ 叠层编辑器的 View 菜单介绍如下所述。

● 执行菜单命令 View>Split>Vertial，或单击图标“ ”；执行菜单命令 View>Split>Horizontal，或单击图标“ ”，将叠层编辑器竖着显示和横着显示，如图 6-10 所示为横着显示的叠层编辑器。

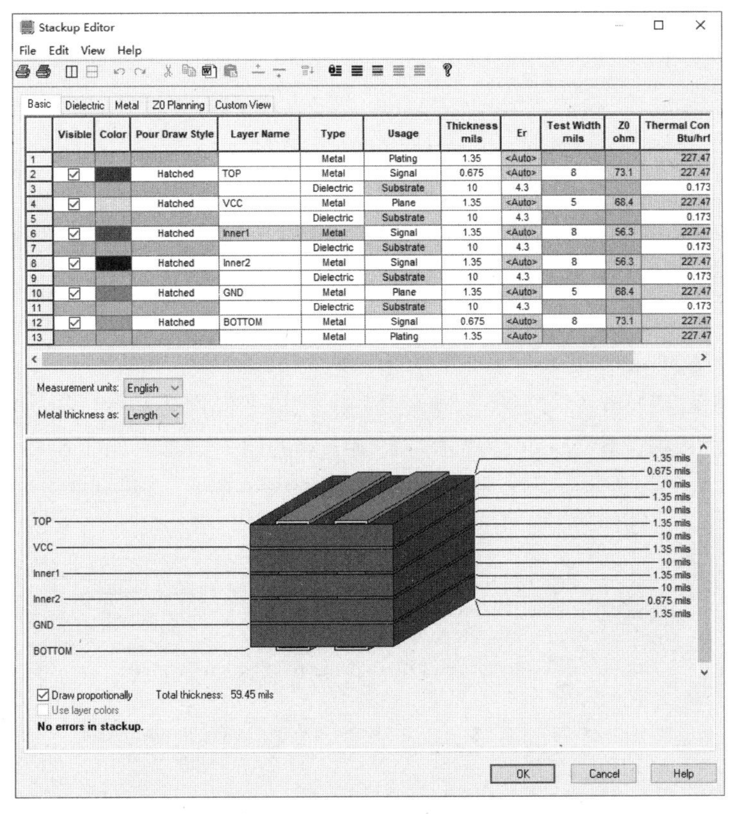


图 6-10

● 执行菜单命令 View>Customize，即可弹出如图 6-11 所示的对话框。

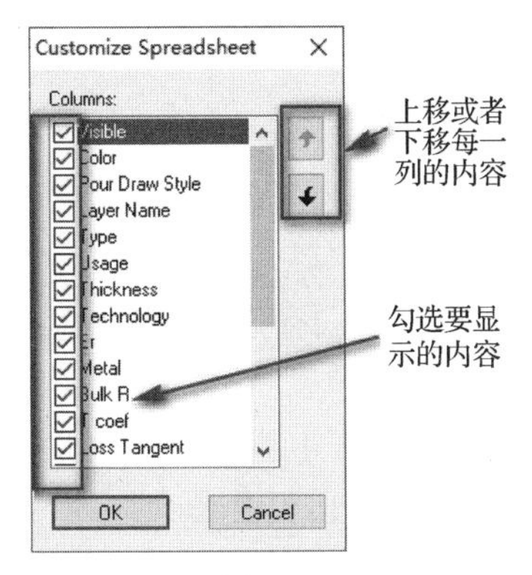


图 6-11

● 执行菜单命令 View>Keep Selection “On” During Edit，或单击图标“ ”后，你可以用鼠标单击每一层，每一层都会被选中，如图 6-12 所示，类似于按住“Ctrl”键然后单击所选层。

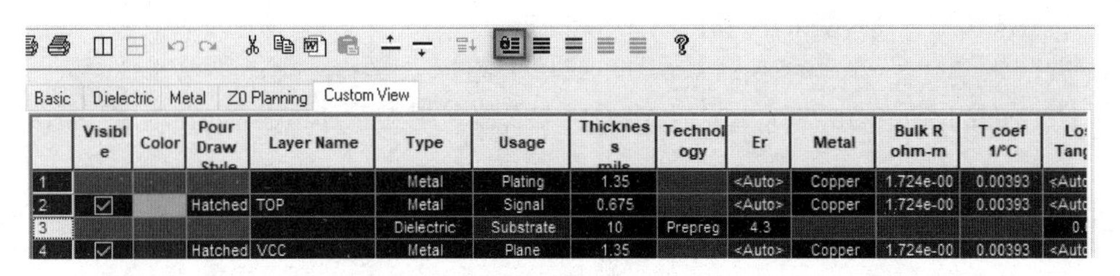
Basic
Dielectric
Metal
Z0 Planning
Custom View

| | Visible | Color | Pour Draw Style | Layer Name | Type | Usage | Thickness mils | Technology | Er | Metal | Bulk R ohm-m | T coef 1/°C | Loss Tang |
|---|---|---|---|---|---|---|---|---|---|---|---|---|---|
| 1 | | | | | Metal | Plating | 1.35 | | <Auto> | Copper | 1.724e-00 | 0.00393 | <Auto |
| 2 | ☑ | | Hatched | TOP | Metal | Signal | 0.675 | | <Auto> | Copper | 1.724e-00 | 0.00393 | <Auto |
| 3 | | | | | Dielectric | Substrate | 10 | Prepreg | 4.3 | | | | 0.( |
| 4 | ☑ | | Hatched | VCC | Metal | Plane | 1.35 | | <Auto> | Copper | 1.724e-00 | 0.00393 | <Auto |

图 6-12

如果不选择上面的功能，单击鼠标只能选定一行。

● 执行菜单命令 View>Select All，或单击图标“ ”即可选中所有层。
● 执行菜单命令 View>Select Metal，或单击图标“ ”即可选中所有金属层。
● 执行菜单命令 View>Select Dielectric，或单击图标“ ”即可选中所有介质层。
● 执行菜单命令 View>Clear Selection，或单击图标“ ”即可选中所有已经选中的层。

➢ 叠层编辑器的 Help 菜单介绍如下所述。

● 执行菜单命令 Help>Contents 会以网页的形式显示可供帮助参考的内容。
● 执行菜单命令 Help>About 会显示叠层编辑器的相关信息，如图 6-13 所示。

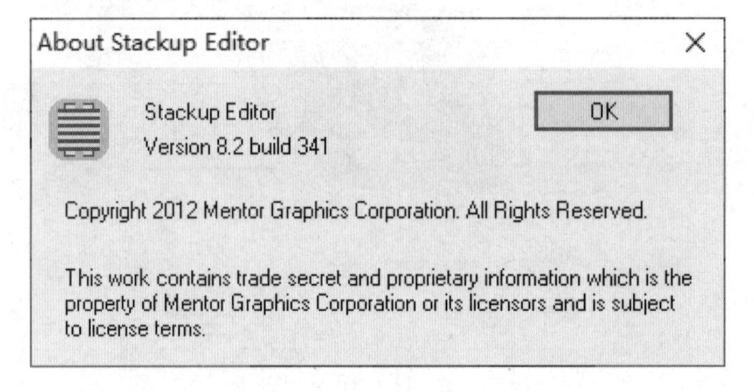
About Stackup Editor
Stackup Editor
Version 8.2 build 341
OK
Copyright 2012 Mentor Graphics Corporation. All Rights Reserved.
This work contains trade secret and proprietary information which is the property of Mentor Graphics Corporation or its licensors and is subject to license terms.

图 6-13

## 6.3 叠层编辑器中的表格

叠层编辑器中的表格参数介绍如下所述。

● Visible：勾选，显示层；不勾选，不显示。
● Color：给相应的层设置颜色，单击有颜色的地方会出现一个黑色的箭头，单击箭头，出现设置颜色对话框，如图 6-14 所示，可以随意选颜色，然后单击“确定”按钮即可。
● Pour Draw Style：敷铜显示方式，有 4 种选择，分别是 None、Solid、Hatched、Outline。
● Layer Name：层名称（设计者可以自己合理命名）。

- Type：层类型，分别是金属层和介质层（Metal/Dielectric）。
- Usage：层性质，分别是绿油、基材、电镀、信号和平面层。
- Thickness：层厚度单位。
- Er：PCB 介质的相对介电常数（Dk）。
- Metal：PCB 金属层选用哪种金属，默认是铜。
- Loss Tangent：损耗角正切（Df），默认 FR4 的 Df 是 0.02。
- Test Width mils：特征阻抗下对应的测试线宽。
- Z0 ohm：传输线的特征阻抗值。
- Target Z0 ohm：目标的特征阻抗值。
- Width mils：在目标阻抗值下计算对应的线宽。
- Gap mils：针对差分对，指差分对的间距，单根线是没有的。
- Z0 Curve：差分对特征阻抗曲线，如图 6-15 所示。

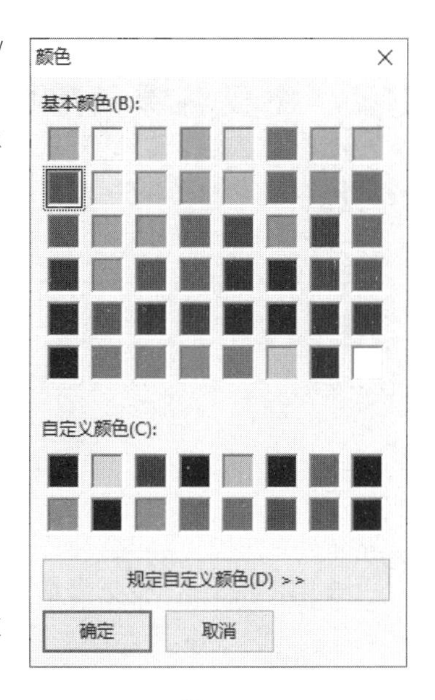


图 6-14

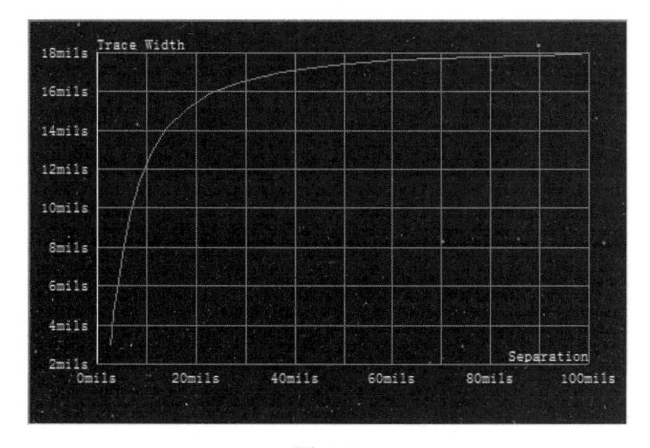


图 6-15

- Loss Curve：损耗曲线，如图 6-16 所示。

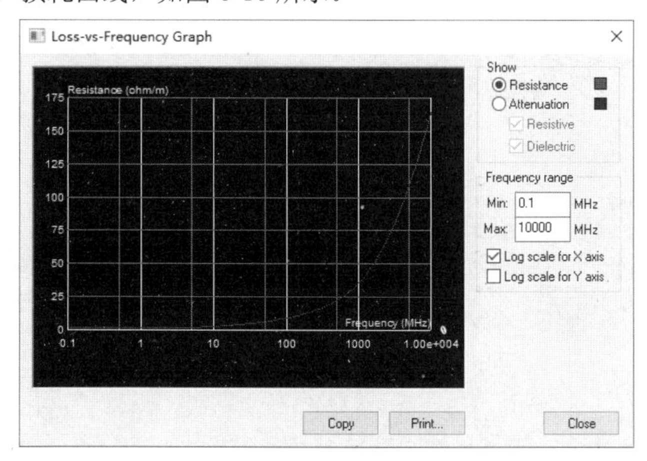


图 6-16

## 6.4 叠层编辑器中的标签

叠层编辑器中的标签介绍如下所述。

- Basic：会把最基本的列显示出来，同时“Basic”标签页下面还有公制和英制的选择栏，如图 6-17 所示。

图 6-17

- Dielectric：会把介质相关的内容显示出来，同时在“Dielectric”标签页下面还会显示如图 6-18 所示的内容。

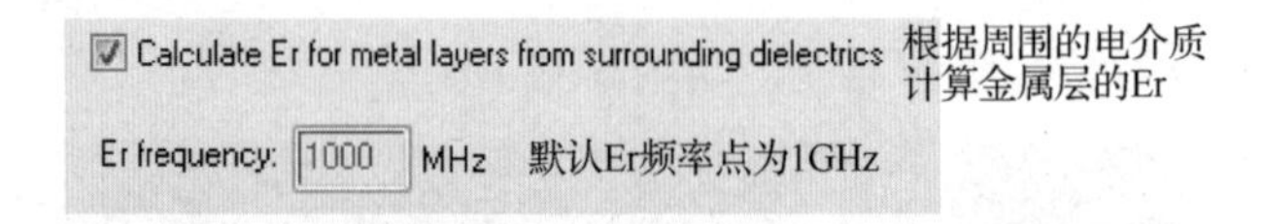


图 6-18

- Metal：会把金属层相关的内容显示出来，同时在“Metal”标签页下面还会显示如图 6-19 所示的内容。

Calculate Er for metal layers from surrounding dielectrics

图 6-19

- Z0 Planning：会把特征阻抗计算相关的内容显示出来，同时在“Z0 Planning”标签页下面还会显示如图 6-20 和图 6-21 所示的内容。

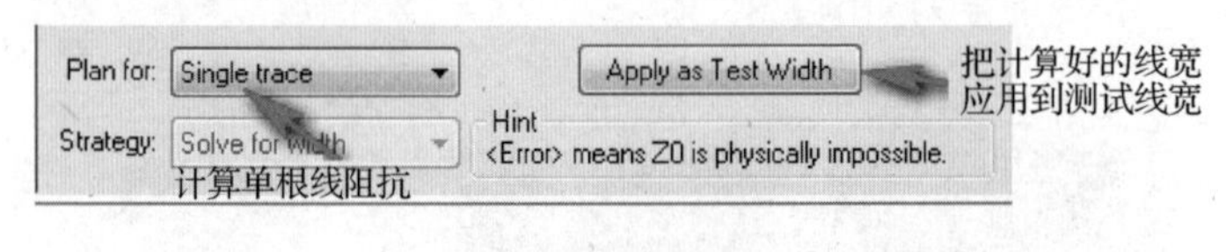


图 6-20

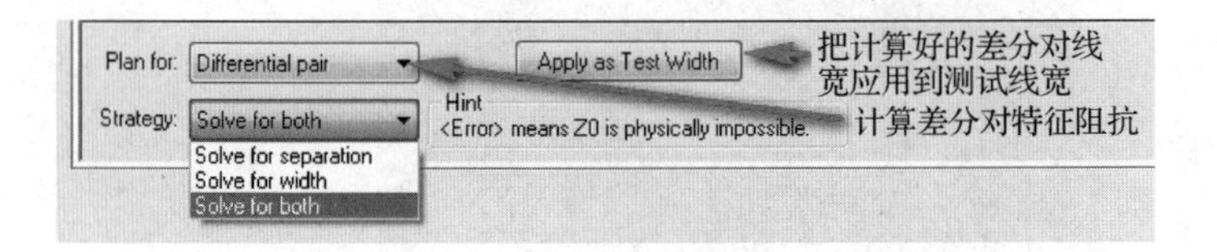


图 6-21

✧ Solve for separation：根据目标阻抗和差分对线宽计算差分对间距。

✧ Solve for width：根据目标阻抗和差分对间距计算差分对线宽。

✧ Solve for both：根据目标阻抗计算差分对间距和线宽的关系，是一条曲线，如图 6-22 所示。

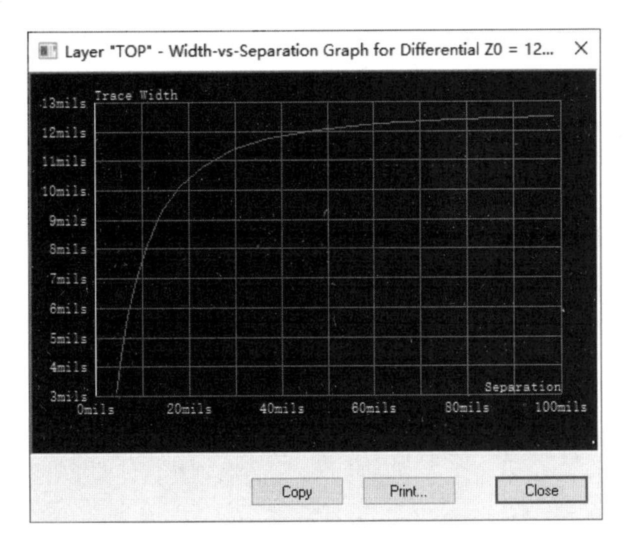


图 6-22

● Custom View：用户自定义标签页，如图 6-23 所示。

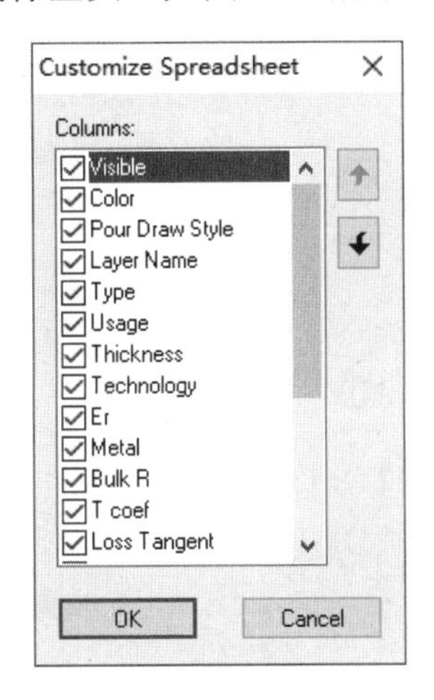


图 6-23

## 6.5　叠层编辑器熟悉步骤

更改电介质厚度，以查看其如何影响走线阻抗，简要步骤如下所述。

● 从 10mil 到 5mil 更改 TOP 层的介质厚度，阻抗从 73.1Ω 变成 51.4Ω（单根线阻抗计算）。

● 改变目标阻抗为 50Ω，这时线宽变为 8.5mil（单根线阻抗计算）。

● 差分对阻抗计算选择 Solve for separation/Solve for width/Solve for both。

## 6.6 目前常见的叠层

### 1．2 层（通常板厚 1.6mm/1.2mm/1mm）

- TOP-BOTTOM 叠层结构如图 6-24 所示。通常会把 BOTTOM 层作为参考平面层，原则上底层尽量不走线，只有在 TOP 层走不通的情况下才会走线，尽量保证 BOTTOM 层是完整的，2 层板目前难度也是最大的。以前电视机主板为单层板，现在基本不会采用，只有很简单的 key board 板还采用单层板，这主要从成本考虑。

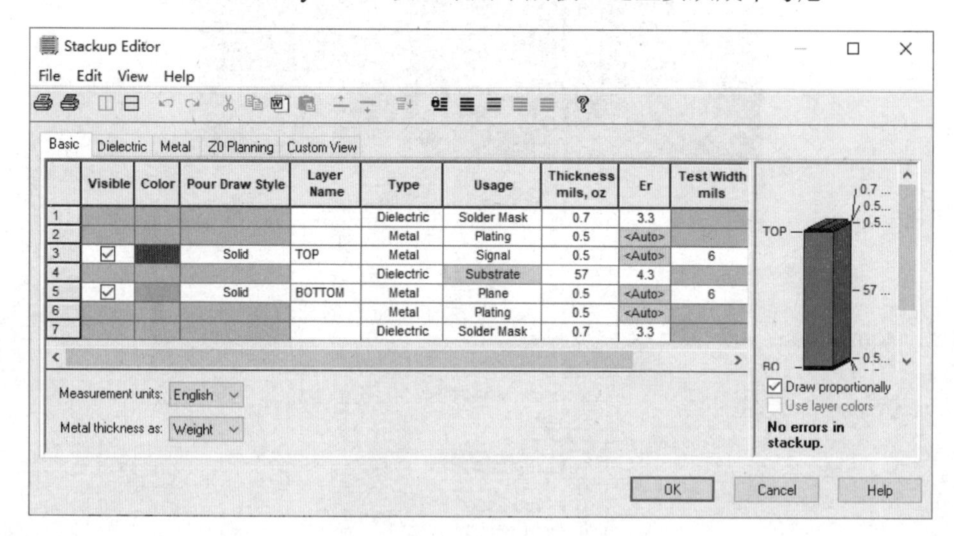


图 6-24

### 2．4 层（通常板厚 1.6mm，见图 6-25）

- 在顶层（TOP）和底层（BOTTOM）的基础上增加 2 个平面层，一般为电源层（VCC3）和地层（GND2），一般是 TOP-GND2-VCC3-BOTTOM。最佳布线层为 TOP 层，GND2/VCC3 之间要尽量近，一般低于 5mil。这是为了形成较大的平面电容，平面距离 $d$ 越小，$C$ 越大。
- TOP-VCC2-GND3-BOTTOM，此方案跟上面的类似，最佳布线层为 BOTTOM 层，为了照顾关键芯片。
- GND1-S2（信号层 2）-S3-GND4/VCC4，这种结构是为了增加屏蔽效果，一般很少采用。

### 3．6 层

- 一般推荐 TOP-GND2-S3-VCC4-GND5-BOTTOM，这种叠层结构以前推荐最佳布线层是 S3 层。TOP 和 S3 层，同时参考 GND2 层，VCC4 和 GND5 层之间尽量小，其原因是可形成更大的平面电容，获得更好的去耦效果。但是随着信号速率越来越高，S3 层因为有短桩线的存在也许并不是最佳层。

- 如果信号线数量多，也可以采用 TOP-GND2-S3-S4-VCC5-BOTTOM，这种叠层结构比推荐少了一层地层，增加了一层信号层，目的是增加布线层，这里要注意的是 S3 与 S4 层之间的距离，至少要保持 3 倍走线宽度的高度才行，以免层间干扰。

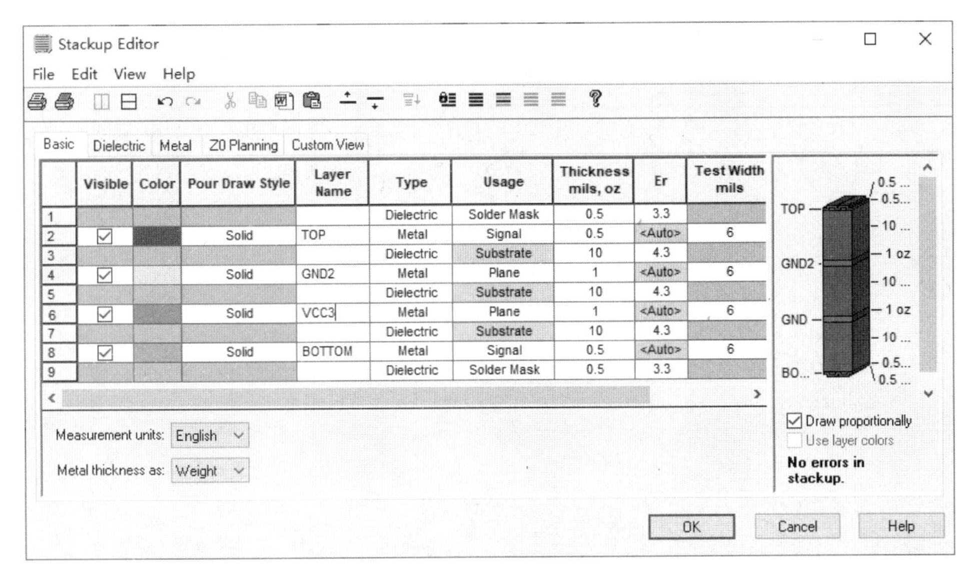


图 6-25

- TOP-S2-GND3-VCC4-S5-BOTTOM，这种叠层结构是在对电源要求比较苛刻的条件下想出来的，这时要注意 TOP 和 S2 层，它们之间需要十字交叉布线，而且 TOP 层出线尽量短；S5 和 BOTTM 层之间需要十字交叉布线，而且 BOTTM 层出线尽量短。

4. 8 层

- 一般推荐 TOP-GND2-S3-GND4-VCC5-S6-GND7-BOTTOM，其中 S3 层为推荐的最佳布线层，但是针对更高信号，这个推荐会改变，GND4 和 VCC5 层要尽量靠近，推荐 5mil 以下。
- TOP-GND2-S3-VCC4-GND5-S6-VCC7-BOTTOM，这种叠层结构用来在电源种类比较多、一对电源和地平面满足不了的情况下采用，最佳布线层为 S3 和 S6 层，需要换层的信号在 TOP 和 BOTTOM 层的布线尽量短。
- TOP-GND2-S3-S4-VCC5-S6-GND7-BOTTOM，这种叠层结构的电源平面去耦效果比较差，为了对付信号数量多的平板类，要注意 S3 与 S4 层之间的距离。

5. 10 层

- 一般推荐 TOP-GND2-S3-S4-GND5-VCC-S7-S8-GND9-BOTTOM，对电源数量少的方案，这个最佳，要注意 S3-S4 和 S7-S8 这 2 对信号层之间的距离，以免层间干扰。
- TOP-GND2-S3-S4-VCC5-GND6-S7-S8-VCC9-BOTTOM，这种叠层结构的最佳布线层为 S3 和 S7 层，要注意 S3-S4 和 S7-S8 这 2 对信号层之间的距离，以免层间干扰。
- TOP-GND2-S3-GND4-VCC5-VCC6-GND7-S8-GND9-BOTTOM，这种叠层结构在成本不用考虑、EMC 要求指标高且必须双电源平面供电的情况下采用；S3、S8 层是最优布线层，可以适当加大 VCC5 与 VCC6 层之间的距离，以免电源之间相互耦合干扰。

如果遇到 10 层以上的 PCB 我们该如何设计叠层结构呢？其实采用哪种叠层结构还是根据信号的数量、电源对的数量和需要控制阻抗的关键信号数量来决定的，一般平台开发板，如 Intel 和 Xilinx 这种 FPGA 开发板，是 BGA 封装的芯片，这种板子需要看 BGA 的圈数多少来决定需要多少层板子，一般规划一层信号要跟一层参考层（电源或者地层）。

# 第 7 章

# HyperLynx 之 PADS 导入

## 7.1 PADS 导出设置

PADS 导出设置的操作步骤如下所述。

第 1 步：打开使用 PADS 画的 PCB 文件，执行菜单命令 Tools>Options，或者直接按“Ctrl+Enter”组合键，然后按照图 7-1 所示的步骤进行设置。这样做的目的是产生所有平面层的覆铜数据。

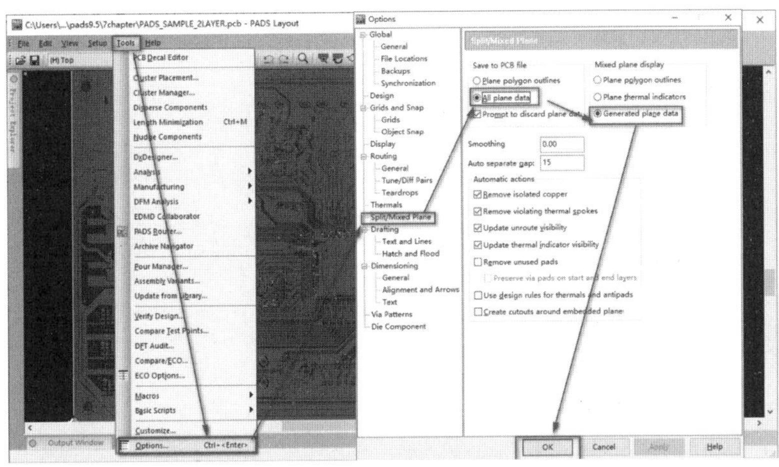


图 7-1

第 2 步：执行菜单命令 Tools>Pour Manager，在弹出的对话框中进行覆铜操作，如图 7-2 所示。

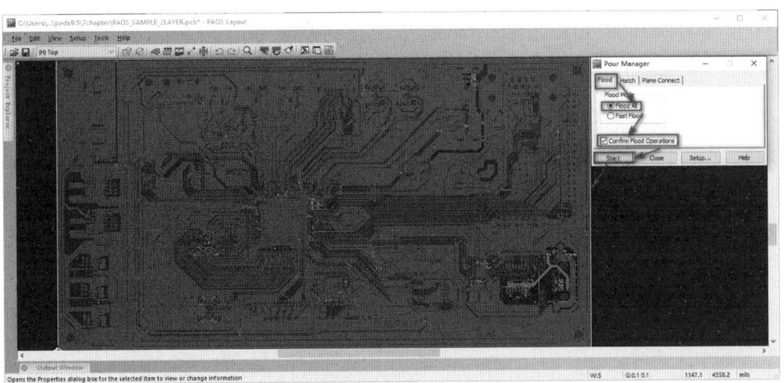


图 7-2

第 3 步：执行菜单命令 Tools> Analysis>Signal/Power integrity，在弹出的对话框中进行如图 7-3 所示的操作。

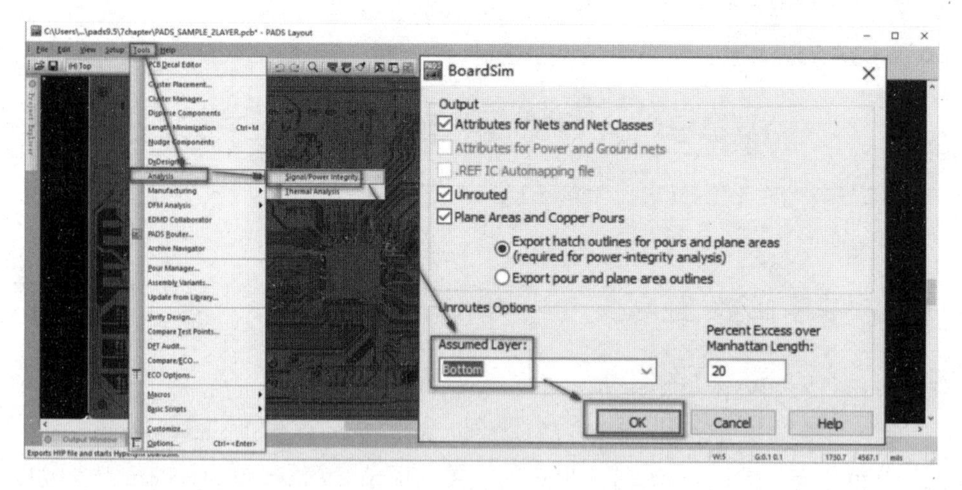


图 7-3

第 4 步：在弹出的对话框中进行如图 7-4 所示的设置，单击“OK”按钮。

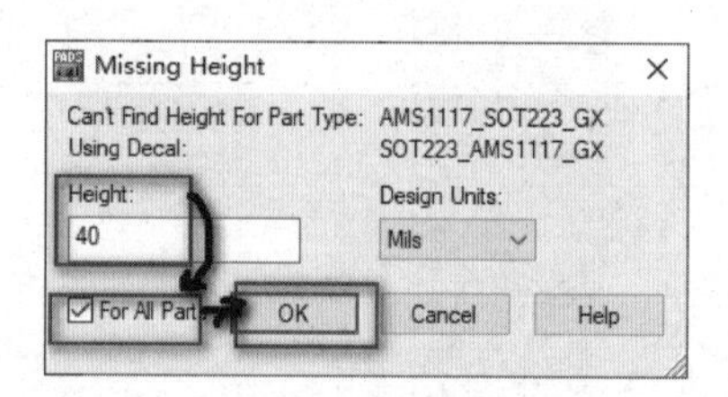


图 7-4

第 5 步：软件自动连接到 HyperLynx，如图 7-5 所示。

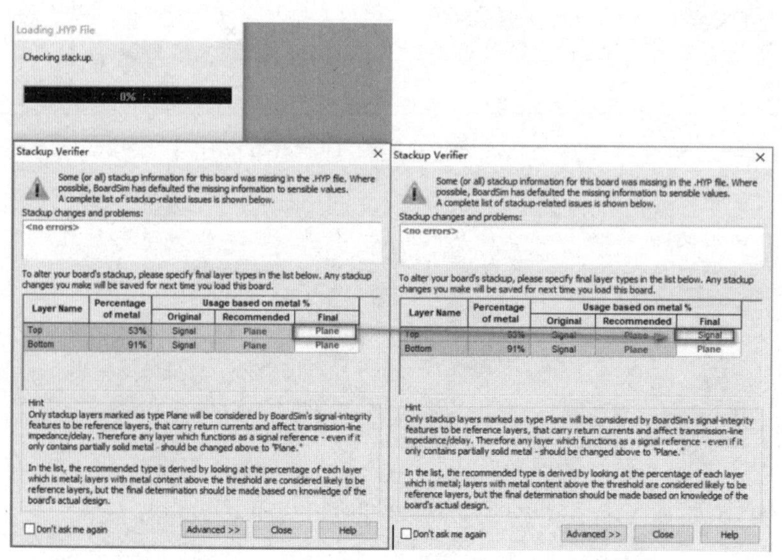


图 7-5

## 7.2　导入 HyperLynx

单击图 7-5 中的“Close”按钮，正式将 PCB 导入 HyperLynx 工作区，如图 7-6 所示。

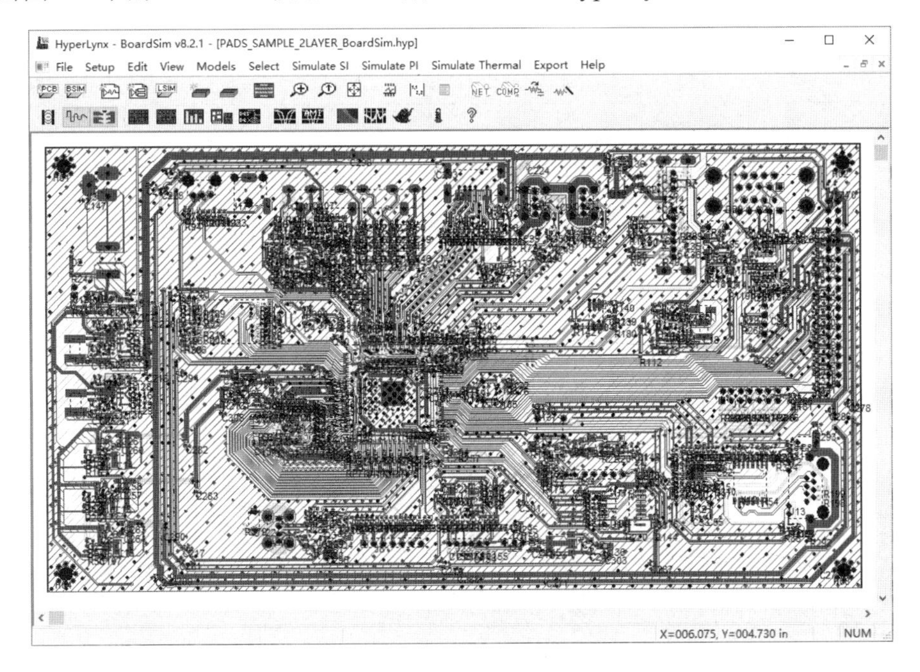


图 7-6

# 第 8 章

# HyperLynx 去耦电容预分析

## 8.1 新建一个 LineSim Free-Form 原理图

新建一个 LineSim Free-Form 原理图的步骤如下所述。

第 1 步：双击图标“ ”，启动 HyperLynx 软件。在弹出的对话框中单击图标“ ”，弹出 LineSim Free-Form 格式的原理图工作界面，同时带有电源完整性预分析窗口，高版本的软件可以单独建立不带 PI 的原理图，如图 8-1 所示。

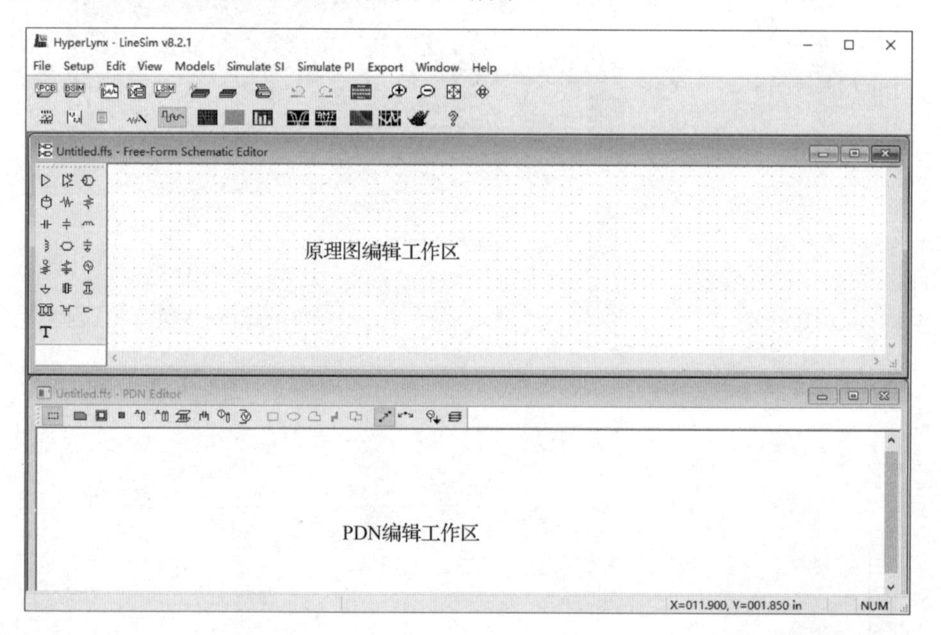


图 8-1

第 2 步：执行菜单命令 File>Save as，在弹出的对话框中选择合适的路径，将原理图文件命名为 8Decap_network_pre_analysis.ffs，如图 8-2 所示。

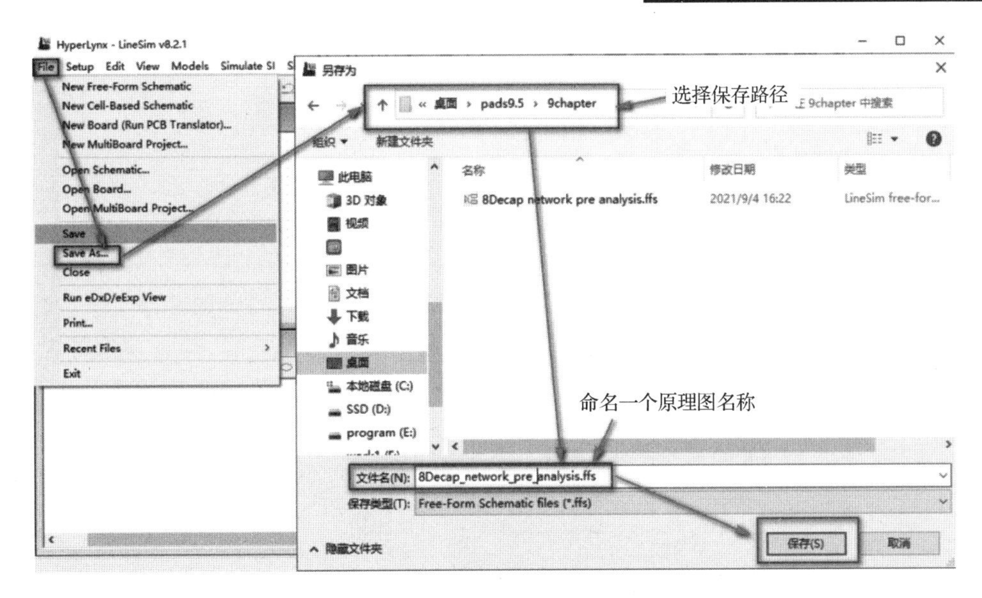


图 8-2

## 8.2 编辑叠层结构

编辑叠层结构的具体步骤如下所述。

第 1 步：单击图标栏中的叠层结构图标“ ”，弹出叠层结构编辑器对话框。

第 2 步：HyperLynx 软件默认是 6 层的叠层结构，删除两个内层信号层。删除方法是用鼠标左键和键盘“Ctrl”键选中这两层，然后用键盘中的“Delete”键删除这两层，变成经常用的 4 层叠层结构。

第 3 步：在叠层结构编辑器对话框中进行如图 8-3 所示的参数设置。

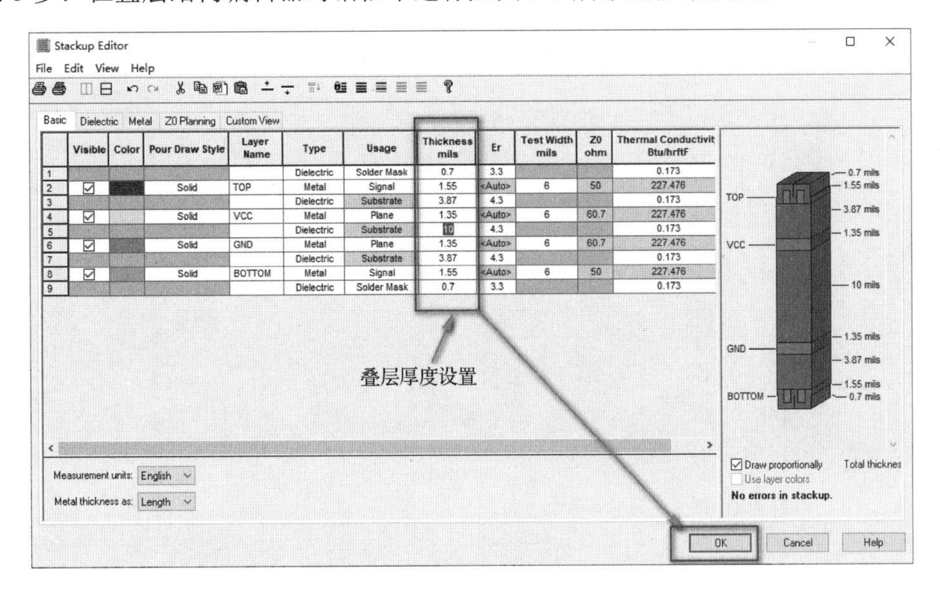


图 8-3

## 8.3 画板框

画板框的方式有以下两种。

第 1 种：执行菜单命令 Window>Switch to PDN Editor，切换到在 PDN 工作区域，然后单击最大化按钮“ ”，最后画电源平面板框。

第 2 种：单击元件栏中的图标“ ”，然后按图 8-4 中所示的步骤进行操作。有 3 种形状可供选择，分别是矩形边框、椭圆形边框和多边形边框，即“ ”，这里选择矩形边框。

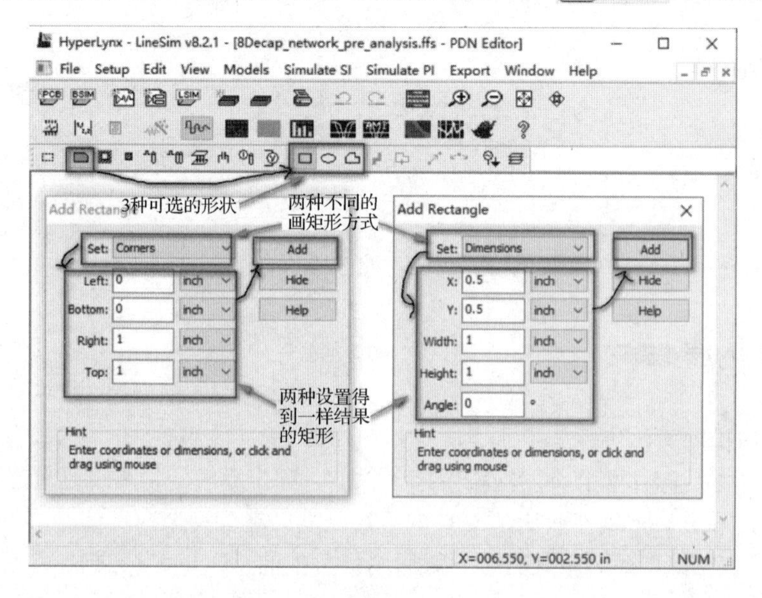


图 8-4

➢ 以上是两种精确画出矩形边框的方式。如果想粗略画，也可以通过鼠标左键在工作区中直接画，画完后如图 8-5 所示。

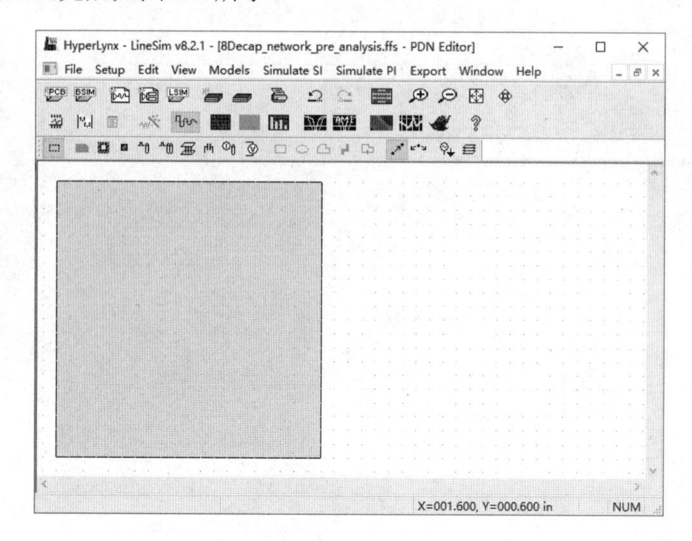


图 8-5

➢ 画完矩形边框之后，灌铜会铺满整个电源层和地层，如果需要在电源层和地层进行挖空操作，可以单击“▣”实现，或者需要增加一块铜皮时，单击“▪”即可实现。

## 8.4 添加去耦电容

添加去耦电容的具体步骤如下所述。

第 1 步：在电源层和地层之间添加 5 个不同容值的去耦电容，单击添加去耦电容图标“ᒧᒣ”，添加 C1 的电容值为 10μF，如图 8-6 和图 8-7 所示。

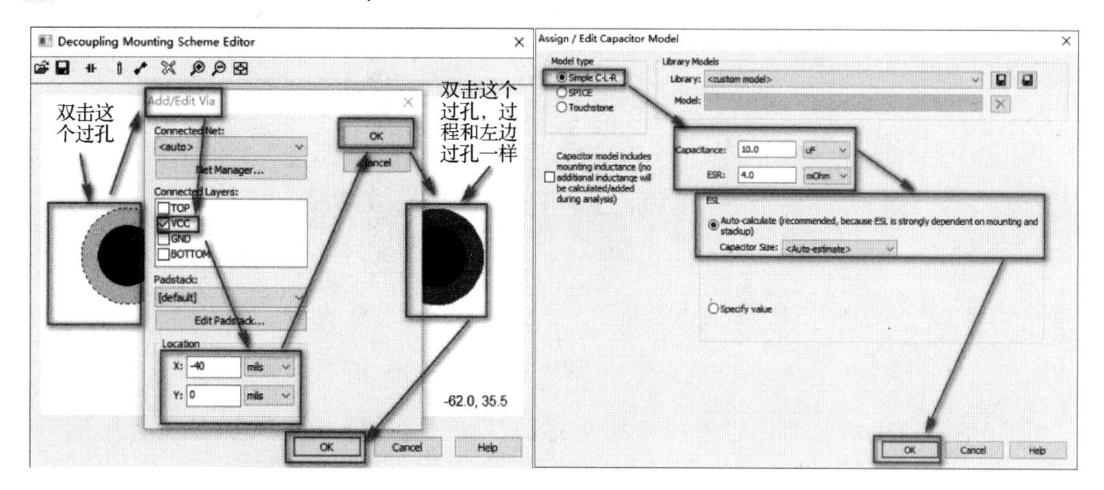


图 8-6

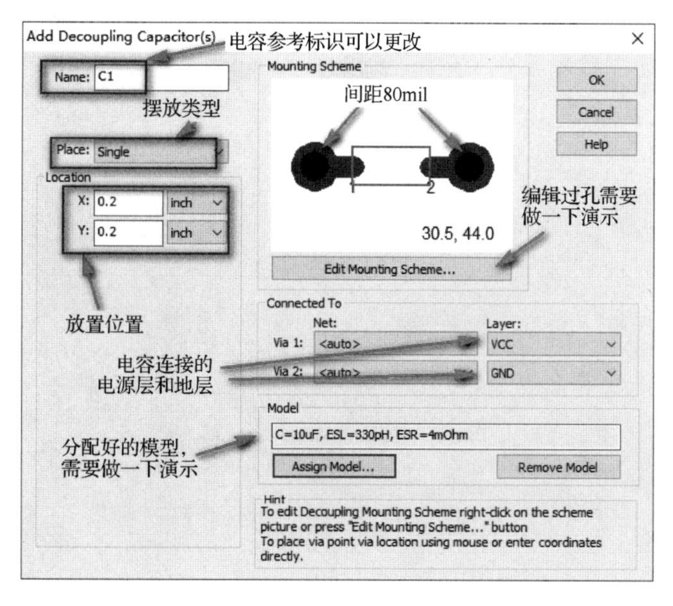


图 8-7

第 2 步：单击添加去耦电容图标“ ”，添加 C2 的电容值为 1μF，如图 8-8 所示。

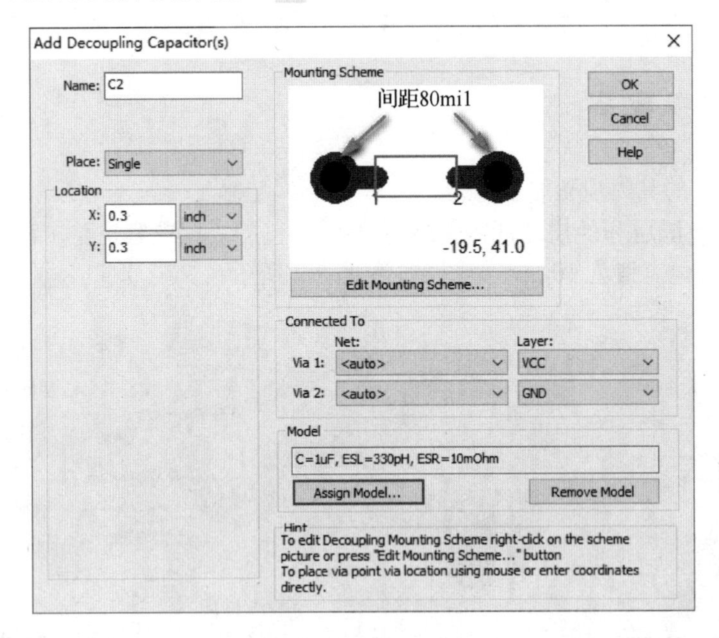


图 8-8

第 3 步：单击添加去耦电容图标“ ”，添加 C3 的电容值为 0.1μF，如图 8-9 所示。

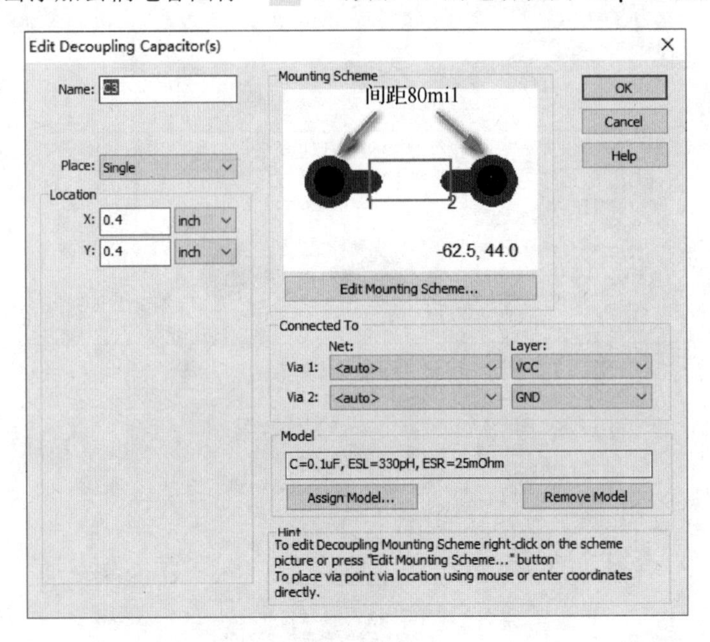


图 8-9

第 4 步：单击添加去耦电容图标“ ”，添加 C4 的电容值为 0.1μF，如图 8-10 所示。

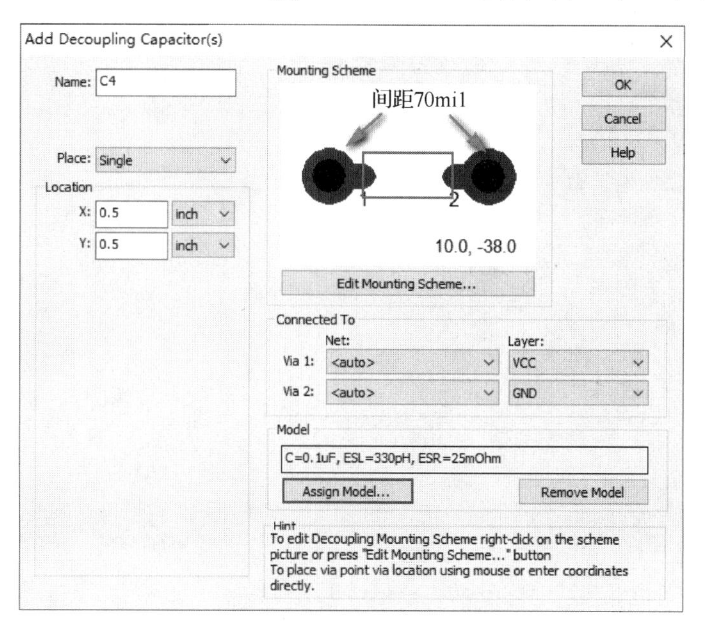


图 8-10

第 5 步：单击添加去耦电容图标“ ”，添加 C5 的电容值为 0.1μF，如图 8-11 所示。

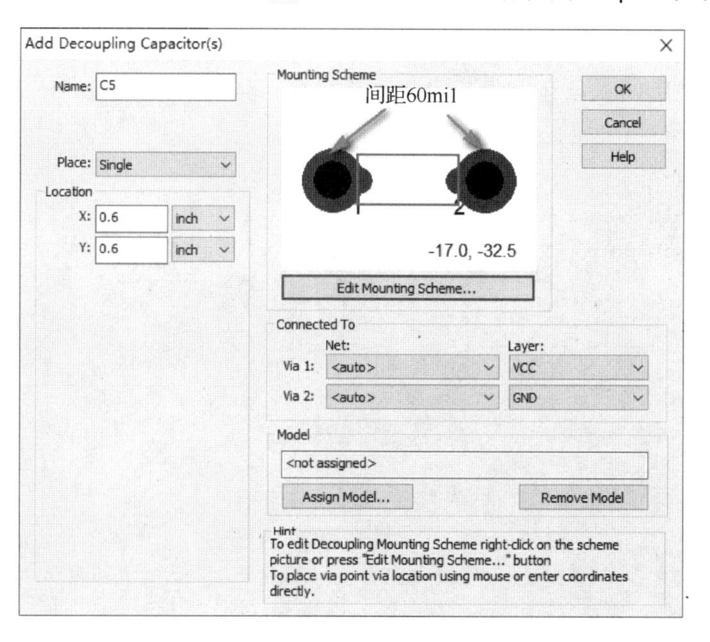


图 8-11

第 6 步：添加完 5 个电容，如图 8-12 所示。

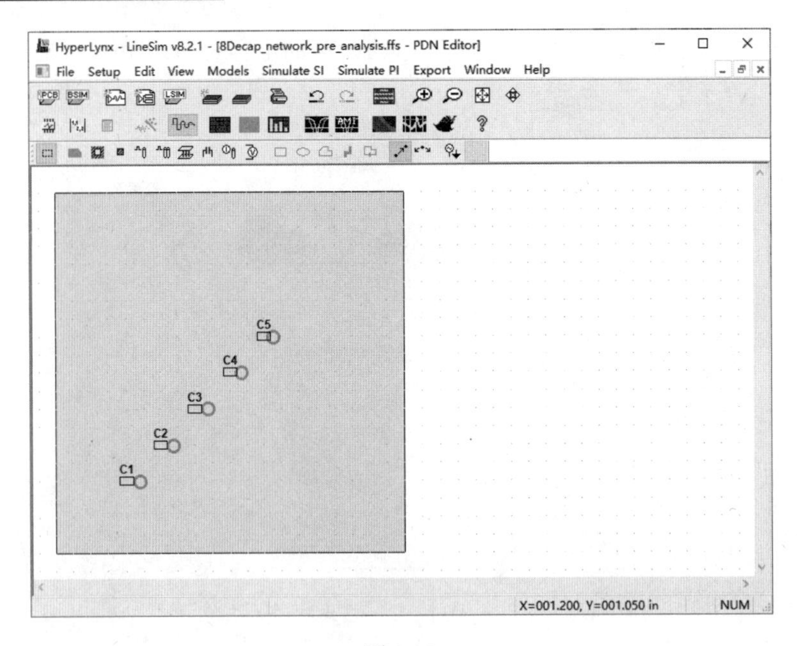


图 8-12

## 8.5 仿真分析

仿真分析的具体步骤如下所述。

第 1 步：如图 8-13 所示，执行菜单命令 Simulate PI>Analyze Decoupling(Decoupling Wizard)。

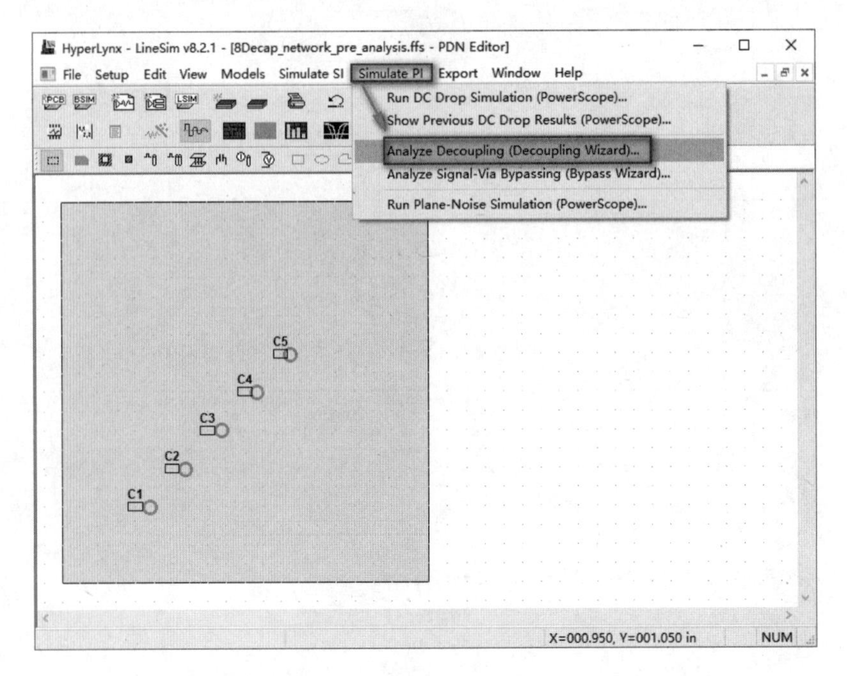


图 8-13

第 2 步：开启一个新的去耦分析向导，如图 8-14 所示。

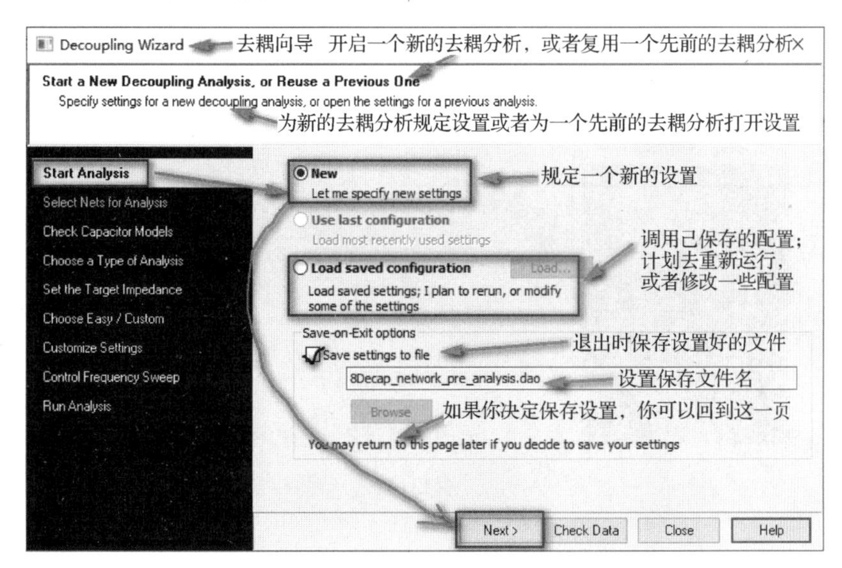


图 8-14

第 3 步：单击图 8-14 中的“Next”按钮，在弹出的对话框中将电源层和地层网络添加到分析区，具体操作如图 8-15 所示。

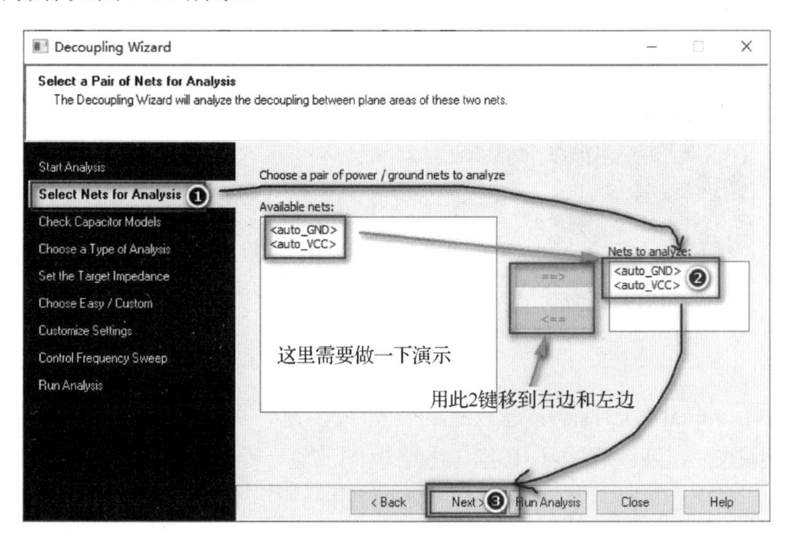


图 8-15

第 4 步：核对电容模型是否正确，不正确就重新改正，如图 8-16 所示。

第 5 步：在弹出的对话框中选择去耦分析的类型，如图 8-17 所示，去耦分析有 3 种类型。

快速分析（Quick Analysis）：该分析是快速分析板子上的所有去耦电容，然后产生一张表格显示每一个去耦电容的安装电感、有效谐振频率等，这种快速分析通常可用于发现安装不良的电容和其他有明显去耦的问题。

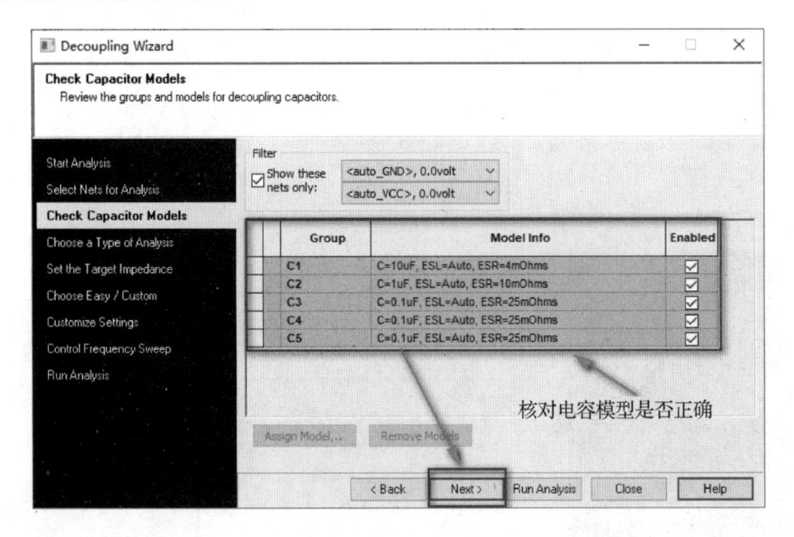
Decoupling Wizard
Check Capacitor Models
Review the groups and models for decoupling capacitors.
Start Analysis
Select Nets for Analysis
Check Capacitor Models
Choose a Type of Analysis
Set the Target Impedance
Choose Easy / Custom
Customize Settings
Control Frequency Sweep
Run Analysis
Filter
Show these nets only:
<auto_GND>, 0.0volt
<auto_VCC>, 0.0volt
Group
Model Info
Enabled
C1
C=10uF, ESL=Auto, ESR=4mOhms
C2
C=1uF, ESL=Auto, ESR=10mOhms
C3
C=0.1uF, ESL=Auto, ESR=25mOhms
C4
C=0.1uF, ESL=Auto, ESR=25mOhms
C5
C=0.1uF, ESL=Auto, ESR=25mOhms
核对电容模型是否正确
Assign Model...
Remove Models
< Back
Next >
Run Analysis
Close
Help

图 8-16

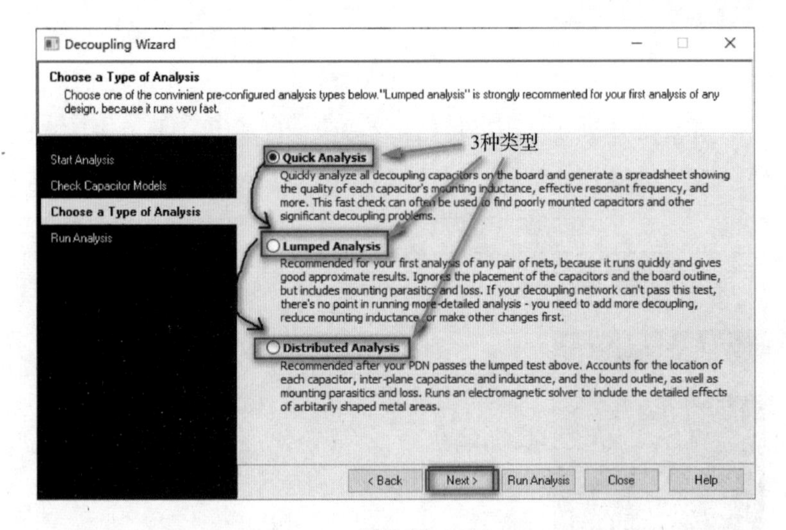
Decoupling Wizard
Choose a Type of Analysis
Choose one of the convinient pre-configured analysis types below."Lumped analysis" is strongly recommented for your first analysis of any design, because it runs very fast.
Start Analysis
Check Capacitor Models
Choose a Type of Analysis
Run Analysis
3种类型
Quick Analysis
Quickly analyze all decoupling capacitors on the board and generate a spreadsheet showing the quality of each capacitor's mounting inductance, effective resonant frequency, and more. This fast check can often be used to find poorly mounted capacitors and other significant decoupling problems.
Lumped Analysis
Recommended for your first analysis of any pair of nets, because it runs quickly and gives good approximate results. Ignores the placement of the capacitors and the board outline, but includes mounting parasitics and loss. If your decoupling network can't pass this test, there's no point in running more-detailed analysis - you need to add more decoupling, reduce mounting inductance, or make other changes first.
Distributed Analysis
Recommended after your PDN passes the lumped test above. Accounts for the location of each capacitor, inter-plane capacitance and inductance, and the board outline, as well as mounting parasitics and loss. Runs an electromagnetic solver to include the detailed effects of arbitarily shaped metal areas.
< Back
Next >
Run Analysis
Close
Help

图 8-17

集中分析（Lumped Analysis）：建议你首次分析任何一对网络，因为它能快速运行分析并给出一个良好近视的结果。忽视了电容与电路板的放置，但包含了安装寄生和损耗。假如你的去耦网络没有通过此测试，就无须进行更加详细的分析。你需要增加更多的去耦，缩减安装电感或者首先做其他更改。这个分析其实就是计算所有电容加 VRM 并联的响应，以及频域阻抗，而不考虑平面的分布电感以及电容的位置影响。它与 Excel 表计算是一样的。

分布式分析（Distributed Analysis）：建议你的 PDN 去耦分析通过上面的集中分析后再使用此分析。该分析包括：说明每个电容的位置，平面间电容和电感、电路板走线以及安装寄生和损耗；运行电磁解算器以包含任意形状金属区域的详细效果。

第 6 步：如图 8-18 所示，选择 Quick Analysis，单击“Next”按钮。

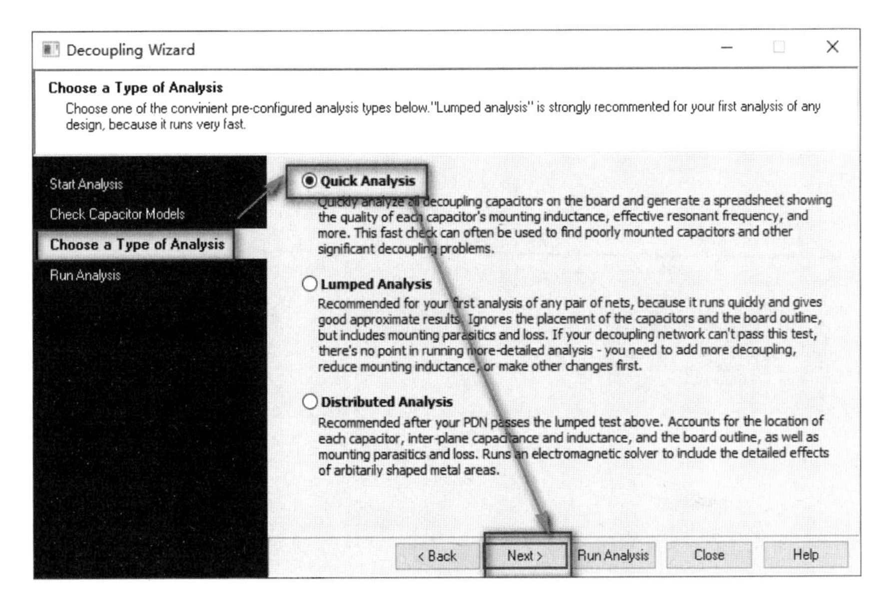
Decoupling Wizard
Choose a Type of Analysis
Choose one of the convinient pre-configured analysis types below."Lumped analysis" is strongly recommented for your first analysis of any design, because it runs very fast.
Start Analysis
Check Capacitor Models
Choose a Type of Analysis
Run Analysis
Quick Analysis
Quickly analyze all decoupling capacitors on the board and generate a spreadsheet showing the quality of each capacitor's mounting inductance, effective resonant frequency, and more. This fast check can often be used to find poorly mounted capacitors and other significant decoupling problems.
Lumped Analysis
Recommended for your first analysis of any pair of nets, because it runs quickly and gives good approximate results. Ignores the placement of the capacitors and the board outline, but includes mounting parasitics and loss. If your decoupling network can't pass this test, there's no point in running more-detailed analysis - you need to add more decoupling, reduce mounting inductance, or make other changes first.
Distributed Analysis
Recommended after your PDN passes the lumped test above. Accounts for the location of each capacitor, inter-plane capacitance and inductance, and the board outline, as well as mounting parasitics and loss. Runs an electromagnetic solver to include the detailed effects of arbitarily shaped metal areas.
< Back
Next >
Run Analysis
Close
Help

图 8-18

第 7 步：在弹出的对话框中按图 8-19 所示的步骤运行该分析。

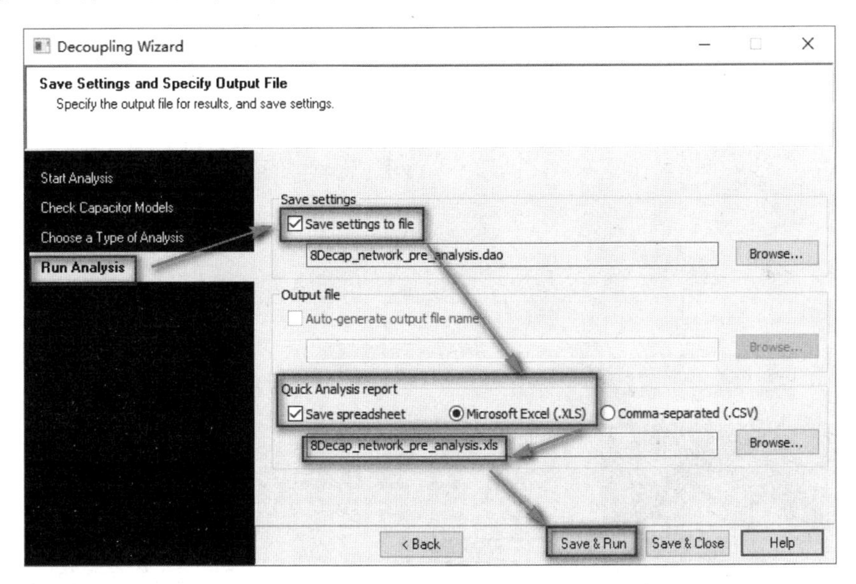
Decoupling Wizard
Save Settings and Specify Output File
Specify the output file for results, and save settings.
Start Analysis
Check Capacitor Models
Choose a Type of Analysis
Run Analysis
Save settings
Save settings to file
8Decap_network_pre_analysis.dao
Browse...
Output file
Auto-generate output file name
Browse...
Quick Analysis report
Save spreadsheet
Microsoft Excel (.XLS)
Comma-separated (.CSV)
8Decap_network_pre_analysis.xls
Browse...
< Back
Save & Run
Save & Close
Help

图 8-19

第 8 步：运行完毕，自动产生报告，如图 8-20 所示。

第 9 步：单击图 8-20 中最后一行，即可弹出如图 8-21 所示的表格，这张表格说明了 Quick Analysis 这一项分析所指的内容。

第 10 步：选择 Lumped Analysis，单击“Next”按钮，如图 8-22 所示。

第 11 步：在弹出的界面中按图 8-23 中所示的填写目标阻抗。

第 12 步：单击图 8-23 中的“Next”按钮，在弹出的对话框中进行如图 8-24 所示的操作。

第 13 步：单击图 8-24 中的“Next”按钮，在弹出的对话框中进行如图 8-25 所示的操作。

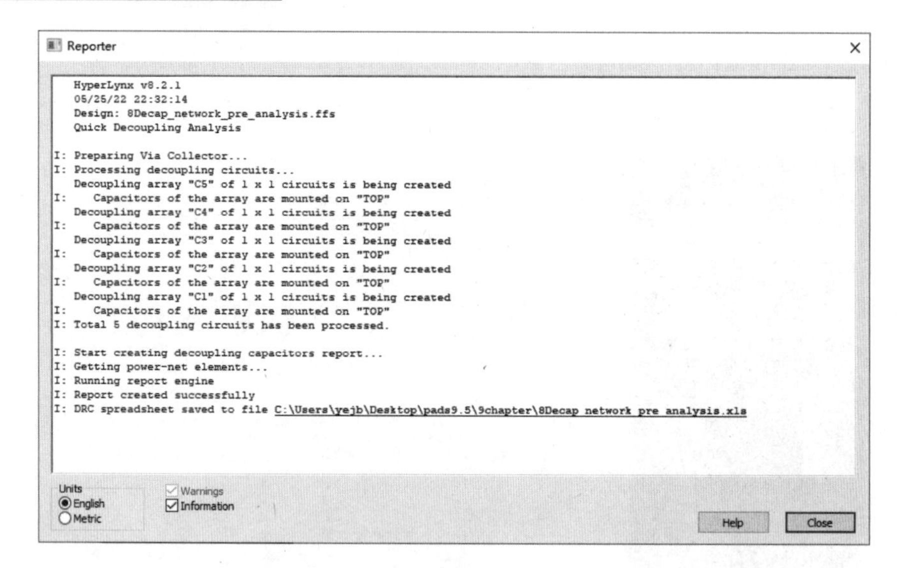
Reporter
HyperLynx v8.2.1
05/25/22 22:32:14
Design: 8Decap_network_pre_analysis.ffs
Quick Decoupling Analysis
I: Preparing Via Collector...
I: Processing decoupling circuits...
Decoupling array "C5" of 1 x 1 circuits is being created
I: Capacitors of the array are mounted on "TOP"
Decoupling array "C4" of 1 x 1 circuits is being created
I: Capacitors of the array are mounted on "TOP"
Decoupling array "C3" of 1 x 1 circuits is being created
I: Capacitors of the array are mounted on "TOP"
Decoupling array "C2" of 1 x 1 circuits is being created
I: Capacitors of the array are mounted on "TOP"
Decoupling array "C1" of 1 x 1 circuits is being created
I: Capacitors of the array are mounted on "TOP"
I: Total 5 decoupling circuits has been processed.
I: Start creating decoupling capacitors report...
I: Getting power-net elements...
I: Running report engine
I: Report created successfully
I: DRC spreadsheet saved to file C:\Users\yejb\Desktop\pads9.5\9chapter\8Decap network pre analysis.xls
Units
English
Metric
Warnings
Information
Help
Close

图 8-20

| Capacitor | Model | Value, uF | Mounting Quality | Total Mounting Inductance, nH | Estimated ESL, nH | Actual Resonance Frequency, MHz | Resonance Frequency w/o Mounting, MHz | Comments |
|---|---|---|---|---|---|---|---|---|
| C1 | C=10uF, ESL=Auto, ESR=4mOhms | 10 | good | 0.68 | 0.21 | 1.93 | 2.77 | |
| C2 | C=1uF, ESL=Auto, ESR=10mOhms | 1 | good | 0.65 | 0.21 | 6.23 | 8.76 | |
| C3 | C=0.1uF, ESL=Auto, ESR=25mOhms | 0.1 | good | 0.65 | 0.21 | 19.76 | 27.71 | |
| C4 | C=0.1uF, ESL=Auto, ESR=25mOhms | 0.1 | good | 0.55 | 0.21 | 21.37 | 27.71 | |
| C5 | C=0.1uF, ESL=Auto, ESR=25mOhms | 0.1 | good | 0.32 | 0.19 | 28.09 | 27.71 | |

图 8-21

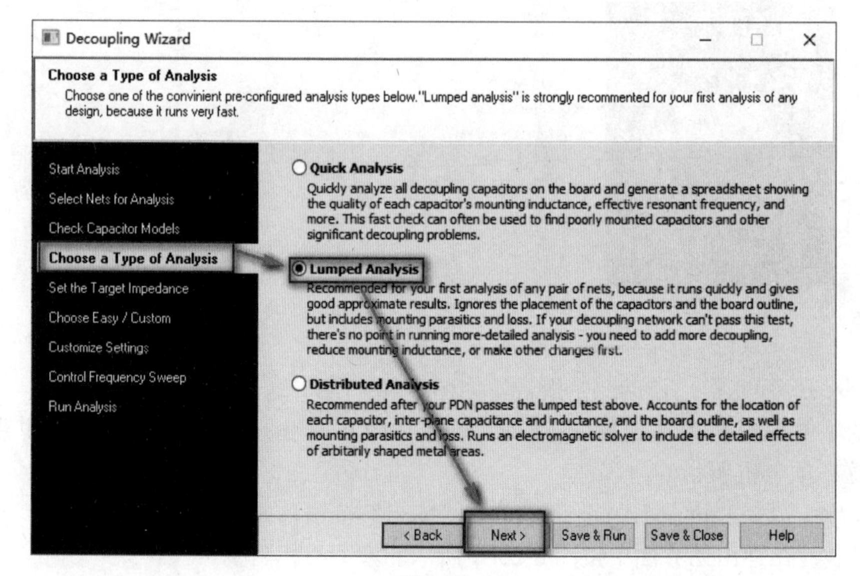
Decoupling Wizard
Choose a Type of Analysis
Choose one of the convinient pre-configured analysis types below."Lumped analysis" is strongly recommented for your first analysis of any design, because it runs very fast.
Start Analysis
Select Nets for Analysis
Check Capacitor Models
Choose a Type of Analysis
Set the Target Impedance
Choose Easy / Custom
Customize Settings
Control Frequency Sweep
Run Analysis
Quick Analysis
Quickly analyze all decoupling capacitors on the board and generate a spreadsheet showing the quality of each capacitor's mounting inductance, effective resonant frequency, and more. This fast check can often be used to find poorly mounted capacitors and other significant decoupling problems.
Lumped Analysis
Recommended for your first analysis of any pair of nets, because it runs quickly and gives good approximate results. Ignores the placement of the capacitors and the board outline, but includes mounting parasitics and loss. If your decoupling network can't pass this test, there's no point in running more-detailed analysis - you need to add more decoupling, reduce mounting inductance, or make other changes first.
Distributed Analysis
Recommended after your PDN passes the lumped test above. Accounts for the location of each capacitor, inter-plane capacitance and inductance, and the board outline, as well as mounting parasitics and loss. Runs an electromagnetic solver to include the detailed effects of arbitarily shaped metal areas.
< Back
Next >
Save & Run
Save & Close
Help

图 8-22

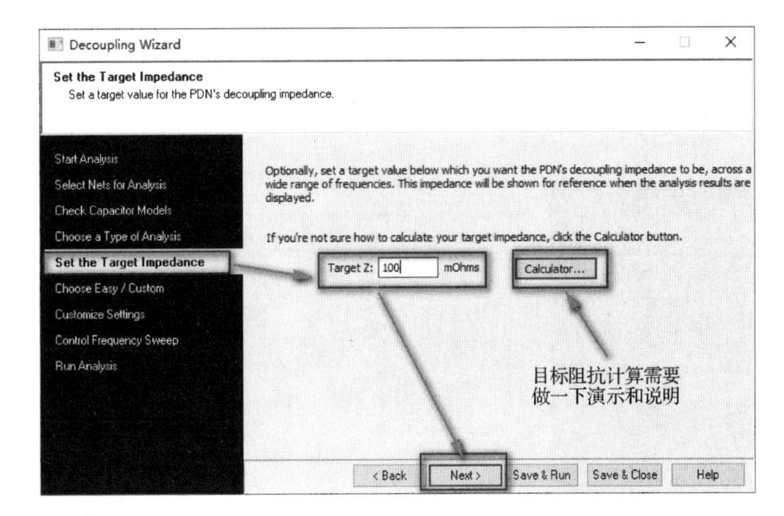
Decoupling Wizard
Set the Target Impedance
Set a target value for the PDN's decoupling impedance.
Start Analysis
Select Nets for Analysis
Check Capacitor Models
Choose a Type of Analysis
Set the Target Impedance
Choose Easy / Custom
Customize Settings
Control Frequency Sweep
Run Analysis
Optionally, set a target value below which you want the PDN's decoupling impedance to be, across a wide range of frequencies. This impedance will be shown for reference when the analysis results are displayed.
If you're not sure how to calculate your target impedance, click the Calculator button.
Target Z: 100 mOhms
Calculator...
目标阻抗计算需要
做一下演示和说明
< Back
Next >
Save & Run
Save & Close
Help

图 8-23

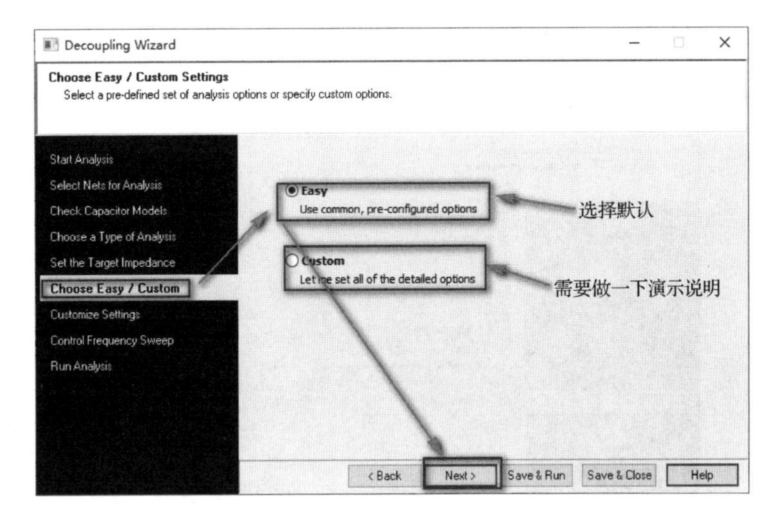
Decoupling Wizard
Choose Easy / Custom Settings
Select a pre-defined set of analysis options or specify custom options.
Start Analysis
Select Nets for Analysis
Check Capacitor Models
Choose a Type of Analysis
Set the Target Impedance
Choose Easy / Custom
Customize Settings
Control Frequency Sweep
Run Analysis
Easy
Use common, pre-configured options
选择默认
Custom
Let me set all of the detailed options
需要做一下演示说明
< Back
Next >
Save & Run
Save & Close
Help

图 8-24

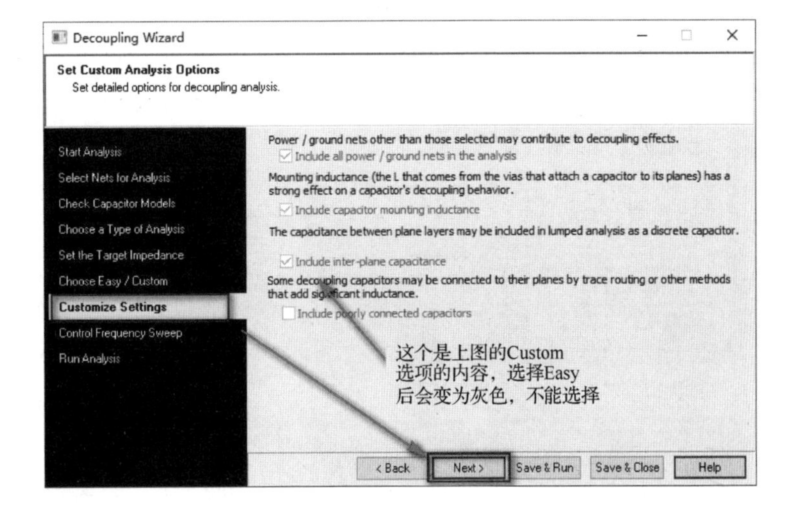
Decoupling Wizard
Set Custom Analysis Options
Set detailed options for decoupling analysis.
Start Analysis
Select Nets for Analysis
Check Capacitor Models
Choose a Type of Analysis
Set the Target Impedance
Choose Easy / Custom
Customize Settings
Control Frequency Sweep
Run Analysis
Power / ground nets other than those selected may contribute to decoupling effects.
Include all power / ground nets in the analysis
Mounting inductance (the L that comes from the vias that attach a capacitor to its planes) has a strong effect on a capacitor's decoupling behavior.
Include capacitor mounting inductance
The capacitance between plane layers may be included in lumped analysis as a discrete capacitor.
Include inter-plane capacitance
Some decoupling capacitors may be connected to their planes by trace routing or other methods that add significant inductance.
Include poorly connected capacitors
这个是上图的Custom
选项的内容，选择Easy
后会变为灰色，不能选择
< Back
Next >
Save & Run
Save & Close
Help

图 8-25

第 14 步：单击图 8-25 中的“Next”按钮，在弹出的对话框中进行如图 8-26 所示的操作。

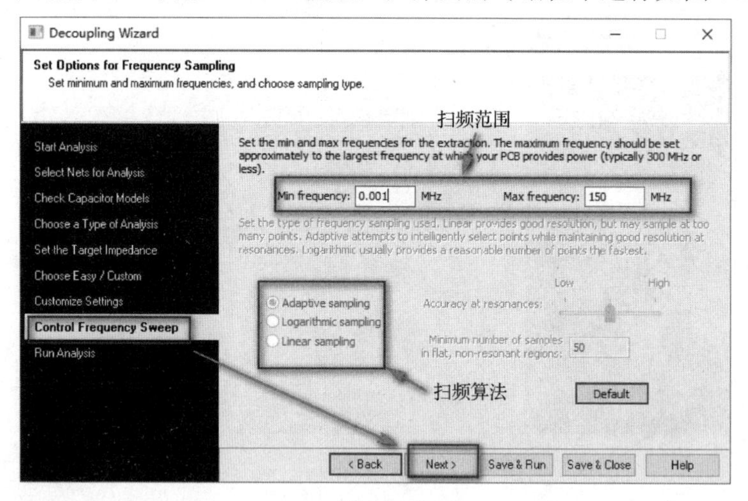

Decoupling Wizard
Set Options for Frequency Sampling
Set minimum and maximum frequencies, and choose sampling type.
扫频范围
Start Analysis
Select Nets for Analysis
Check Capacitor Models
Choose a Type of Analysis
Set the Target Impedance
Choose Easy / Custom
Customize Settings
Control Frequency Sweep
Run Analysis
Set the min and max frequencies for the extraction. The maximum frequency should be set approximately to the largest frequency at which your PCB provides power (typically 300 MHz or less).
Min frequency: 0.001 MHz
Max frequency: 150 MHz
Set the type of frequency sampling used. Linear provides good resolution, but may sample at too many points. Adaptive attempts to intelligently select points while maintaining good resolution at resonances. Logarithmic usually provides a reasonable number of points the fastest.
Adaptive sampling
Logarithmic sampling
Linear sampling
Low
High
Accuracy at resonances:
Minimum number of samples in flat, non-resonant regions:
50
扫频算法
Default
< Back
Next >
Save & Run
Save & Close
Help

图 8-26

第 15 步：单击图 8-26 中的“Next”按钮，在弹出的对话框中进行如图 8-27 所示的操作。

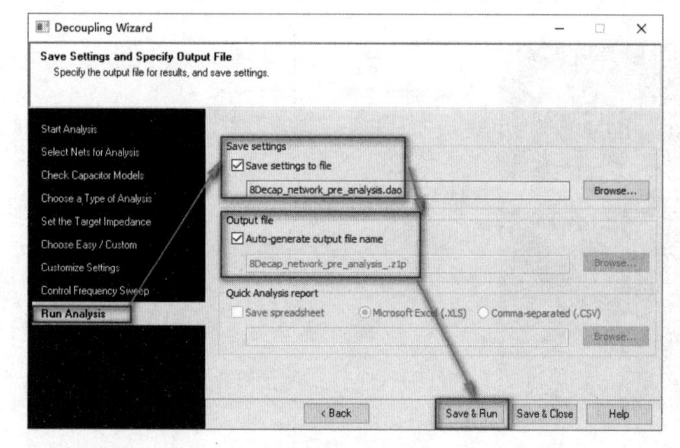

Decoupling Wizard
Save Settings and Specify Output File
Specify the output file for results, and save settings.
Start Analysis
Select Nets for Analysis
Check Capacitor Models
Choose a Type of Analysis
Set the Target Impedance
Choose Easy / Custom
Customize Settings
Control Frequency Sweep
Run Analysis
Save settings
Save settings to file
8Decap_network_pre_analysis.dao
Browse...
Output file
Auto-generate output file name
8Decap_network_pre_analysis_.z1p
Browse...
Quick Analysis report
Save spreadsheet
Microsoft Excel (.XLS)
Comma-separated (.CSV)
Browse...
< Back
Save & Run
Save & Close
Help

图 8-27

第 16 步：自动弹出报告和 PDN 频域曲线，如图 8-28 和图 8-29 所示。

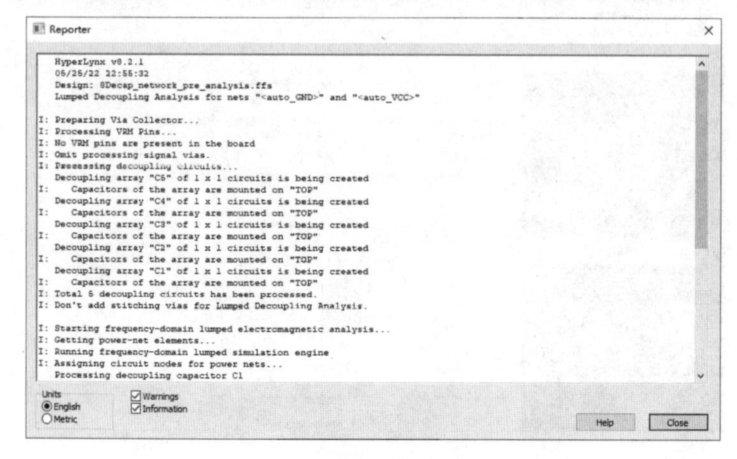

Reporter
HyperLynx v8.2.1
05/25/22 22:55:32
Design: 8Decap_network_pre_analysis.ffs
Lumped Decoupling Analysis for nets "<auto_GND>" and "<auto_VCC>"
I: Preparing Via Collector...
I: Processing VRM Pins...
I: No VRM pins are present in the board
I: Omit processing signal vias.
I: Processing decoupling circuits...
Decoupling array "C5" of 1 x 1 circuits is being created
I: Capacitors of the array are mounted on "TOP"
Decoupling array "C4" of 1 x 1 circuits is being created
I: Capacitors of the array are mounted on "TOP"
Decoupling array "C3" of 1 x 1 circuits is being created
I: Capacitors of the array are mounted on "TOP"
Decoupling array "C2" of 1 x 1 circuits is being created
I: Capacitors of the array are mounted on "TOP"
Decoupling array "C1" of 1 x 1 circuits is being created
I: Capacitors of the array are mounted on "TOP"
I: Total 5 decoupling circuits has been processed.
I: Don't add stitching vias for Lumped Decoupling Analysis.
I: Starting frequency-domain lumped electromagnetic analysis...
I: Getting power-net elements...
I: Running frequency-domain lumped simulation engine
I: Assigning circuit nodes for power nets...
Processing decoupling capacitor C1
Units
English
Metric
Warnings
Information
Help
Close

图 8-28

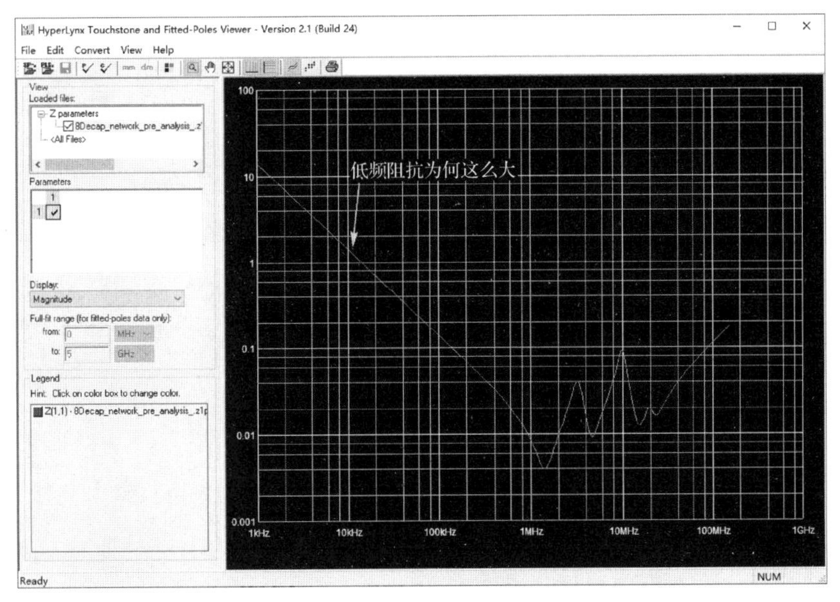


图 8-29

PCB 平板电容的估算公式为 $C = \varepsilon \times \varepsilon_0 \times S/d$：

- 电容 $C$，单位为法拉。
- $\varepsilon$ 是相对介电常数。
- $\varepsilon_0$ 是真空介电常数。
- $S$ 是层面积，单位为平方米。
- $d$ 是层间距，单位为米。

举例，$1\text{in}^2$，间距 10mil 的平板电容值，FR4：

$C$=4×8.86pF/m×0.0006452m$^2$/0.000254m=90pF

第 17 步：单击 VRM 电压源模型的图标“”，添加电压源，如图 8-30 所示。

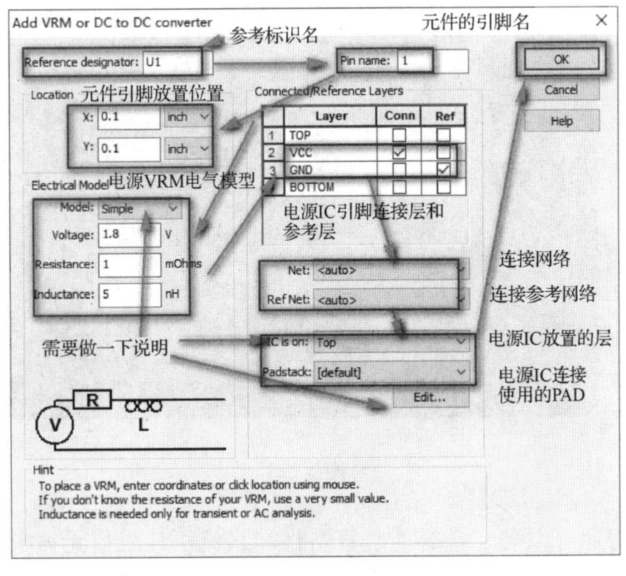


图 8-30

添加完成后，如图 8-31 所示。

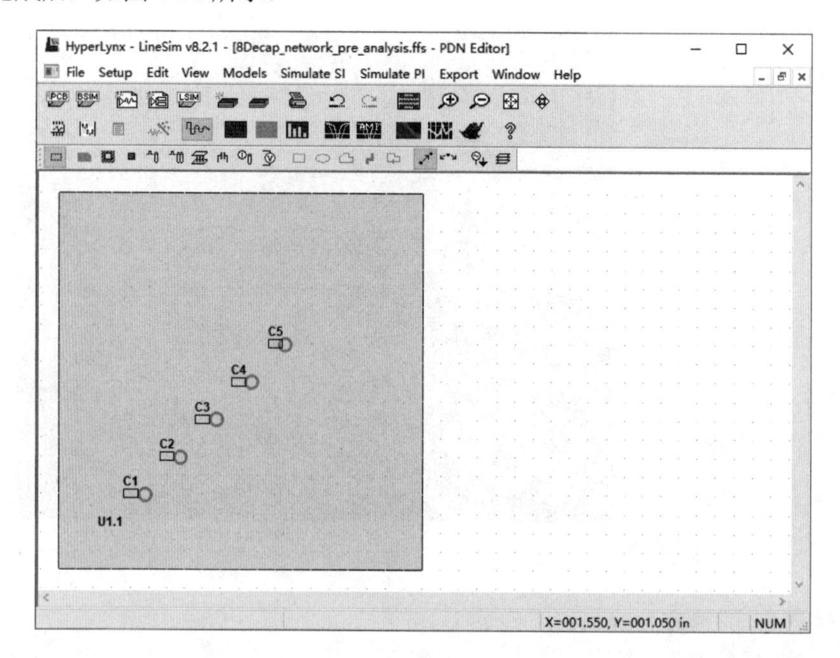


图 8-31

第 18 步：再次执行 Lumped Analysis 仿真分析，如图 8-32 所示为添加 U1.1 后的阻抗曲线图。

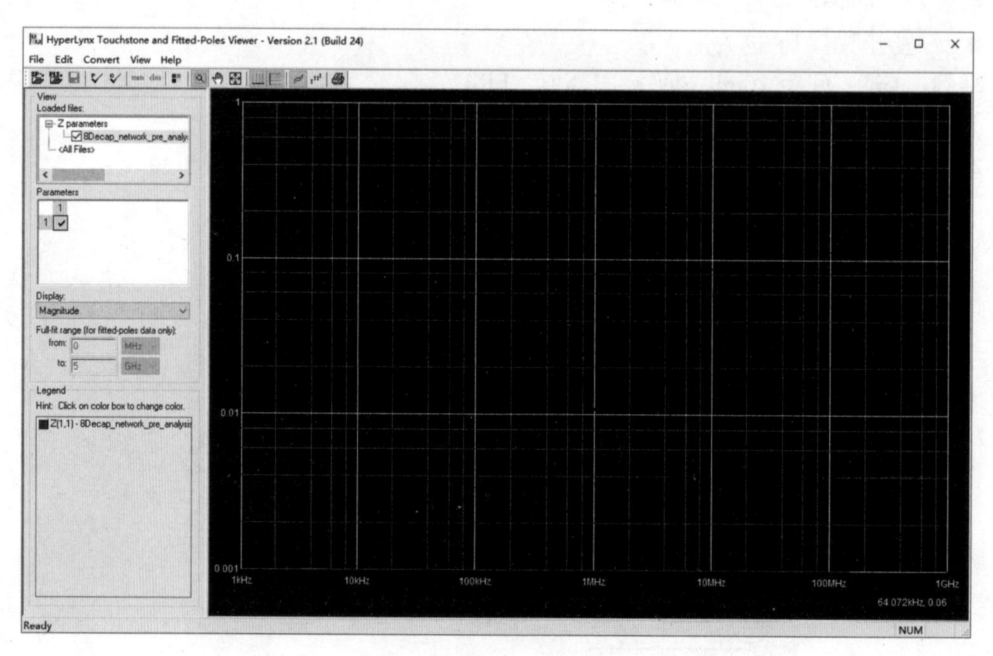


图 8-32

通过与图 8-29 对比可以确定电容的隔直特性，直流下其阻抗无穷大。

第 19 步：单击组件栏中的图标“”，添加 IC 电源 Pin 模型，如图 8-33 所示。

Add IC Power Pin(s)
Reference designator: U2　Pin name: 1　OK
Place: Single　Distance to Ref Pin: 118.11023 mils　Cancel
Help
Location
X: 0.7 inch
Y: 0.7 inch
Connected/Reference Layers

| | Layer | Conn | Ref |
|---|---|---|---|
| 1 | TOP | ☐ | ☐ |
| 2 | VCC | ☑ | ☐ |
| 3 | GND | ☐ | ☑ |

Net: <auto>
Ref Net: <auto>
IC is on: Top
Padstack: [default] Edit...
Electrical Models
☑ AC Model:
Triangle, 4ns, 0.5A　Edit...
☑ DC Model:
0.5A, 1000000Ohm (each)　Edit...
Hint
IC power pins must be connected to at least one power layer and reference at least one ground layer.
To place via point via location using mouse or enter coordinates directly.

图 8-33

添加完成后，如图 8-34 所示。

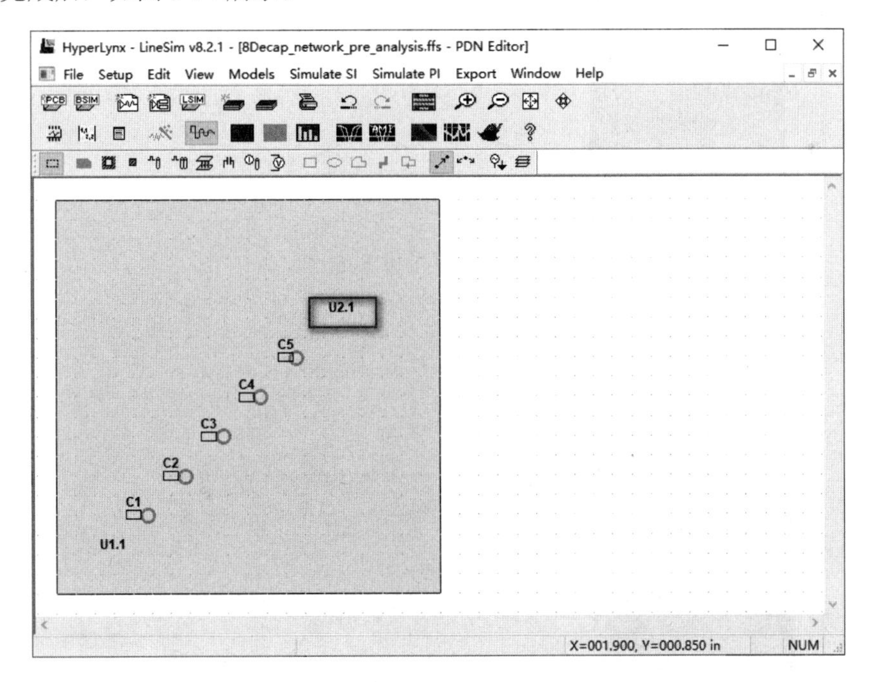


图 8-34

第 20 步：选择分布式分析，如图 8-35 所示。
第 21 步：在弹出的对话框中进行如图 8-36 所示的操作。

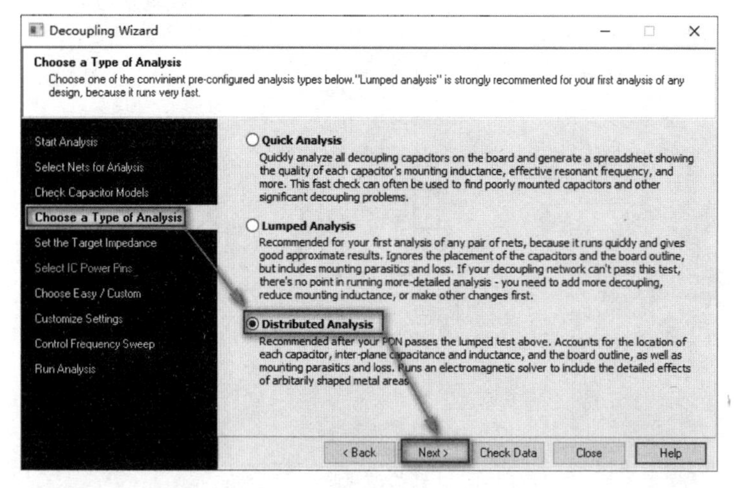

Decoupling Wizard
Choose a Type of Analysis
Choose one of the convinient pre-configured analysis types below."Lumped analysis" is strongly recommented for your first analysis of any design, because it runs very fast.
Start Analysis
Select Nets for Analysis
Check Capacitor Models
Choose a Type of Analysis
Set the Target Impedance
Select IC Power Pins
Choose Easy / Custom
Customize Settings
Control Frequency Sweep
Run Analysis
Quick Analysis
Quickly analyze all decoupling capacitors on the board and generate a spreadsheet showing the quality of each capacitor's mounting inductance, effective resonant frequency, and more. This fast check can often be used to find poorly mounted capacitors and other significant decoupling problems.
Lumped Analysis
Recommended for your first analysis of any pair of nets, because it runs quickly and gives good approximate results. Ignores the placement of the capacitors and the board outline, but includes mounting parasitics and loss. If your decoupling network can't pass this test, there's no point in running more-detailed analysis - you need to add more decoupling, reduce mounting inductance, or make other changes first.
Distributed Analysis
Recommended after your PDN passes the lumped test above. Accounts for the location of each capacitor, inter-plane capacitance and inductance, and the board outline, as well as mounting parasitics and loss. Runs an electromagnetic solver to include the detailed effects of arbitarily shaped metal areas.
< Back
Next >
Check Data
Close
Help

图 8-35

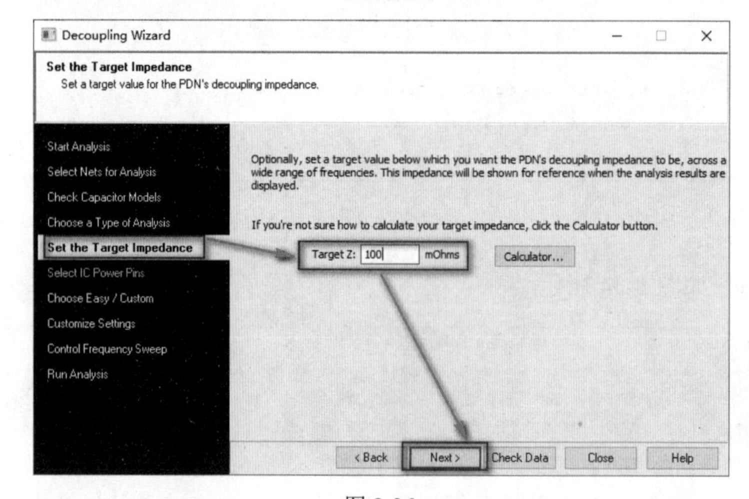

Decoupling Wizard
Set the Target Impedance
Set a target value for the PDN's decoupling impedance.
Start Analysis
Select Nets for Analysis
Check Capacitor Models
Choose a Type of Analysis
Set the Target Impedance
Select IC Power Pins
Choose Easy / Custom
Customize Settings
Control Frequency Sweep
Run Analysis
Optionally, set a target value below which you want the PDN's decoupling impedance to be, across a wide range of frequencies. This impedance will be shown for reference when the analysis results are displayed.
If you're not sure how to calculate your target impedance, click the Calculator button.
Target Z: 100 mOhms
Calculator...
< Back
Next >
Check Data
Close
Help

图 8-36

第 22 步：在弹出的对话框中进行如图 8-37 所示的操作。

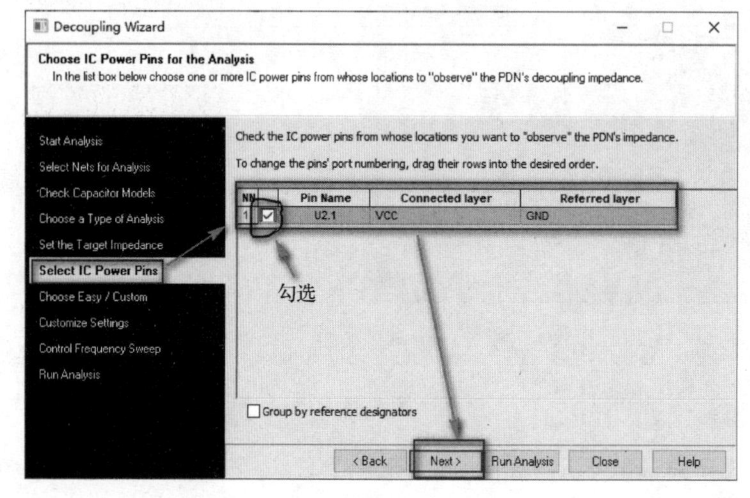

Decoupling Wizard
Choose IC Power Pins for the Analysis
In the list box below choose one or more IC power pins from whose locations to "observe" the PDN's decoupling impedance.
Start Analysis
Select Nets for Analysis
Check Capacitor Models
Choose a Type of Analysis
Set the Target Impedance
Select IC Power Pins
Choose Easy / Custom
Customize Settings
Control Frequency Sweep
Run Analysis
Check the IC power pins from whose locations you want to "observe" the PDN's impedance.
To change the pins' port numbering, drag their rows into the desired order.
Pin Name
Connected layer
Referred layer
U2.1
VCC
GND
勾选
Group by reference designators
< Back
Next >
Run Analysis
Close
Help

图 8-37

第 23 步：在接连弹出的两个对话框中单击“Next”按钮后，在弹出的对话框中进行如图 8-38 所示的操作。

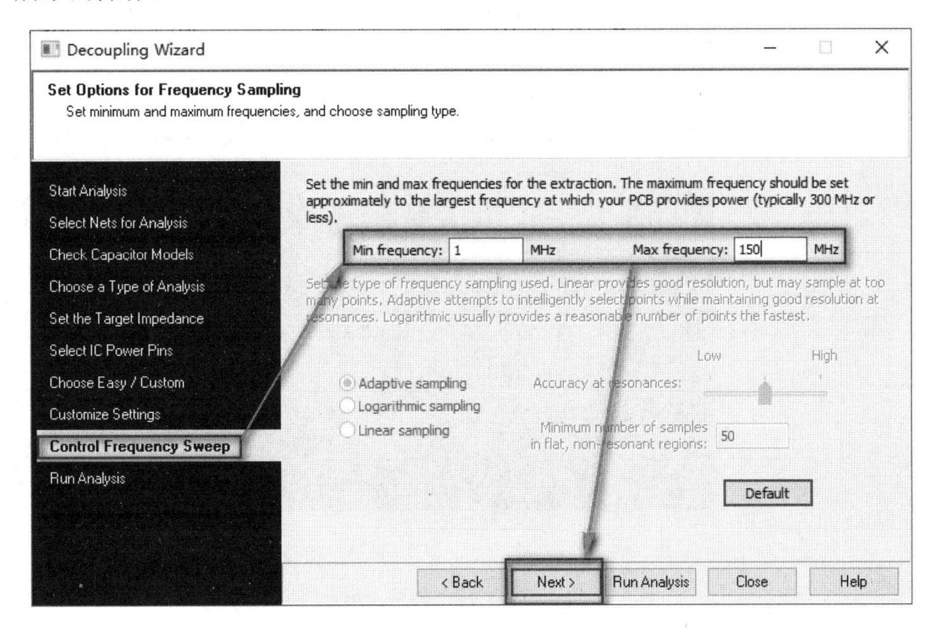


图 8-38

第 24 步：在弹出的对话框中进行如图 8-39 所示的操作。

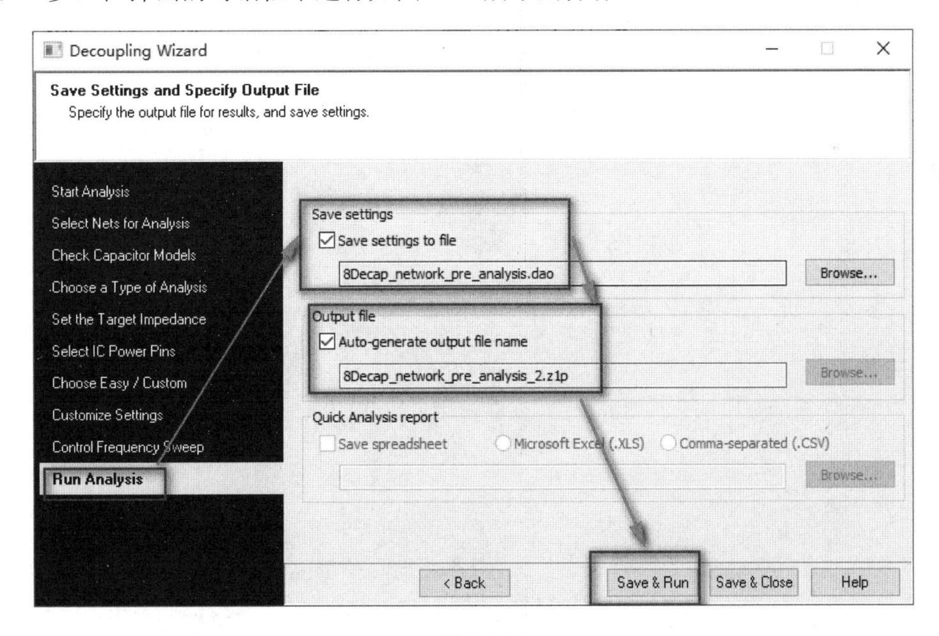


图 8-39

运行后的曲线如图 8-40 所示。

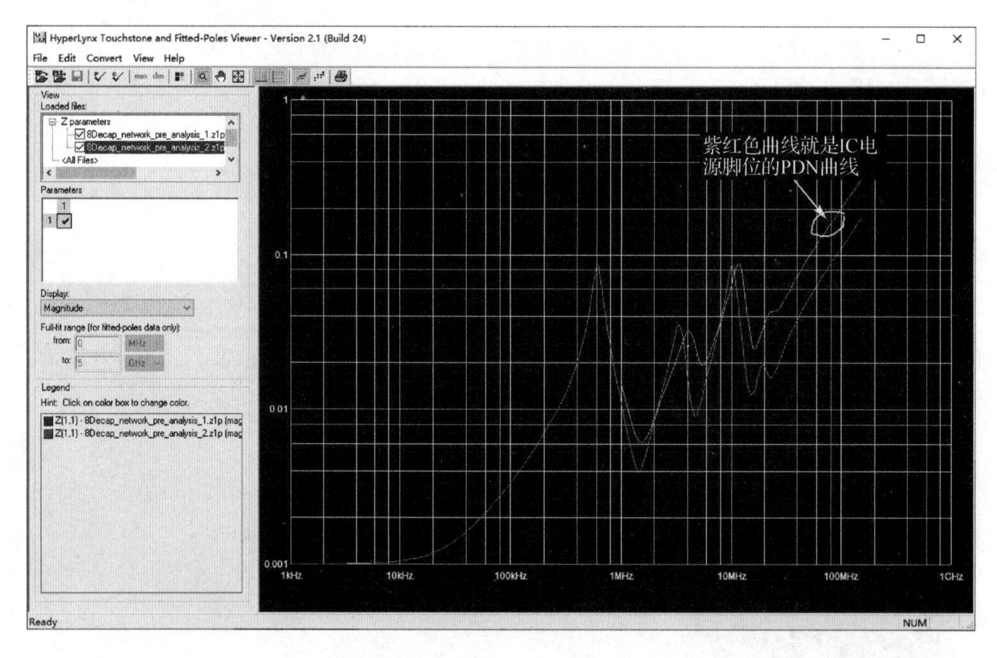


图 8-40

如果我们要把 IC 引脚 U2.1 压到 100mΩ 以下该怎么办？具体操作如下所述。

① 分别在 IC 附近添加 2 个 100nF 的电容，如图 8-41 所示，添加第 1 个 100nF 的电容，电容的 PAD 距离为 40mil，模型为“C=0.1μF，ESL=330pH，ESR=25mOhm”。

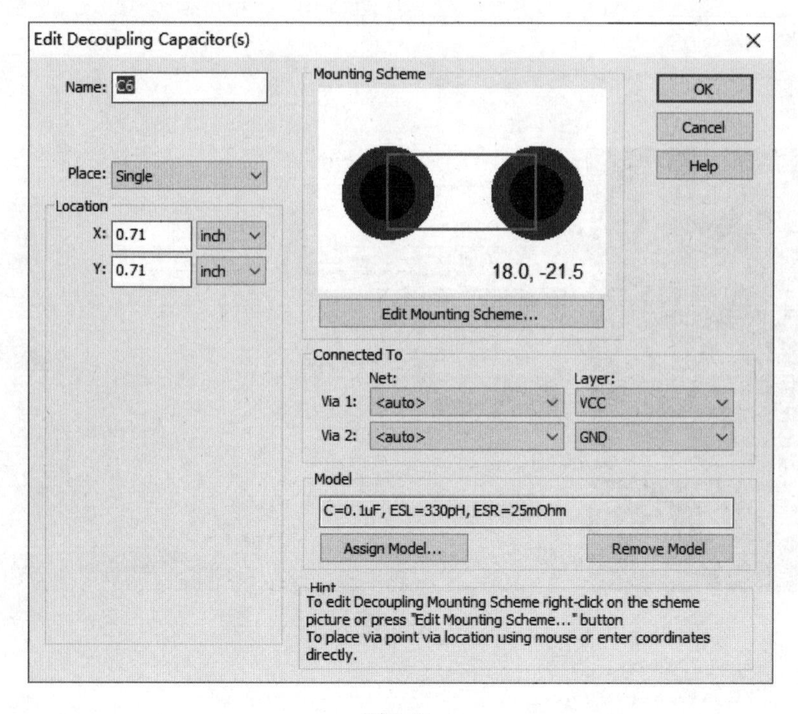


图 8-41

② 添加第 2 个 100nF 的电容，如图 8-42 所示。

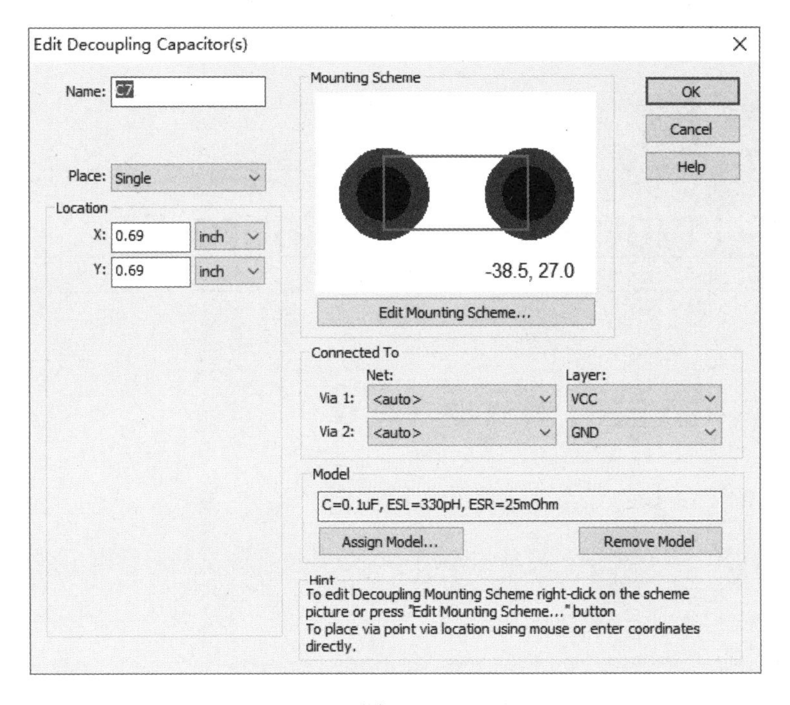


图 8-42

③ 再次运行仿真分析，仿真结果如图 8-43 所示。

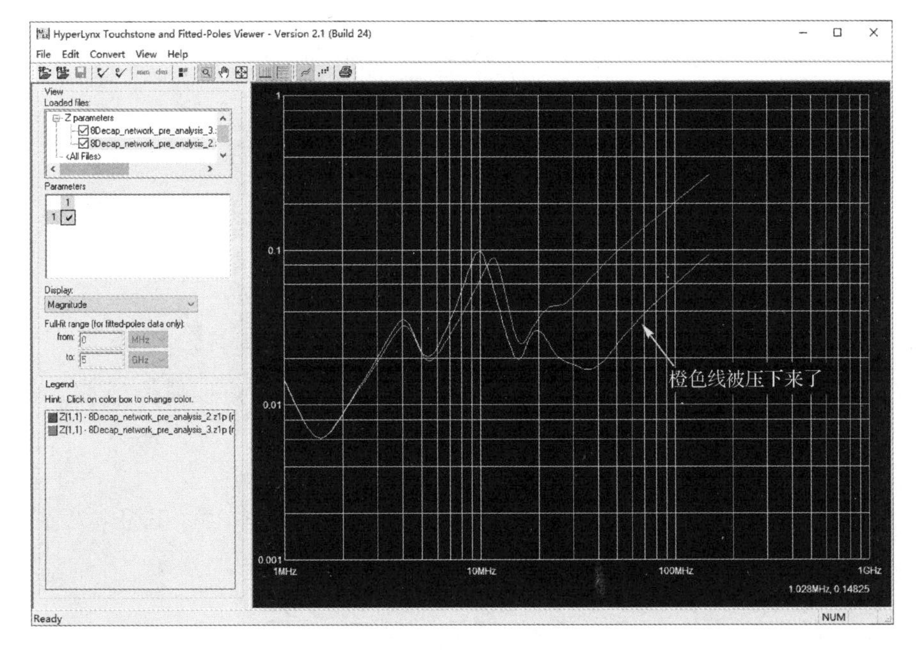


图 8-43

# 第 9 章

# HyperLynx 之 Allegro 导入

## 9.1 Intel FPGA BRD 主板导入过程

Intel FPGA BRD 主板的导入过程具体如下所述。

第 1 步：双击图标“ ”，启动 HyperLynx 软件，在弹出的对话框中进行如图 9-1 所示的操作，启动 PCB 导入对话框。

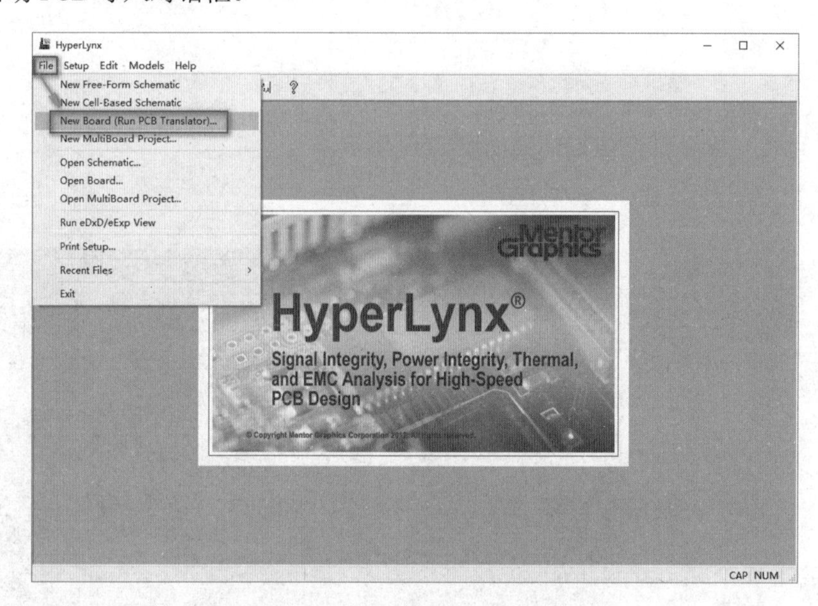


图 9-1

第 2 步：在弹出的对话框中按照如图 9-2 所示的步骤进行操作。如果图 9-2 中的 Cadence Allegro Files 括号里面没有*.BRD 后缀可选，则需要在环境变量里面设置一下。

- 变量名：CDSROOT。
- 变量值：Cadence 软件的安装路径。比如本书作者的安装路径是 C:\Cadence\Cadence_SPB_17.2-2016，那么环境变量就如图 9-3 所示设置。

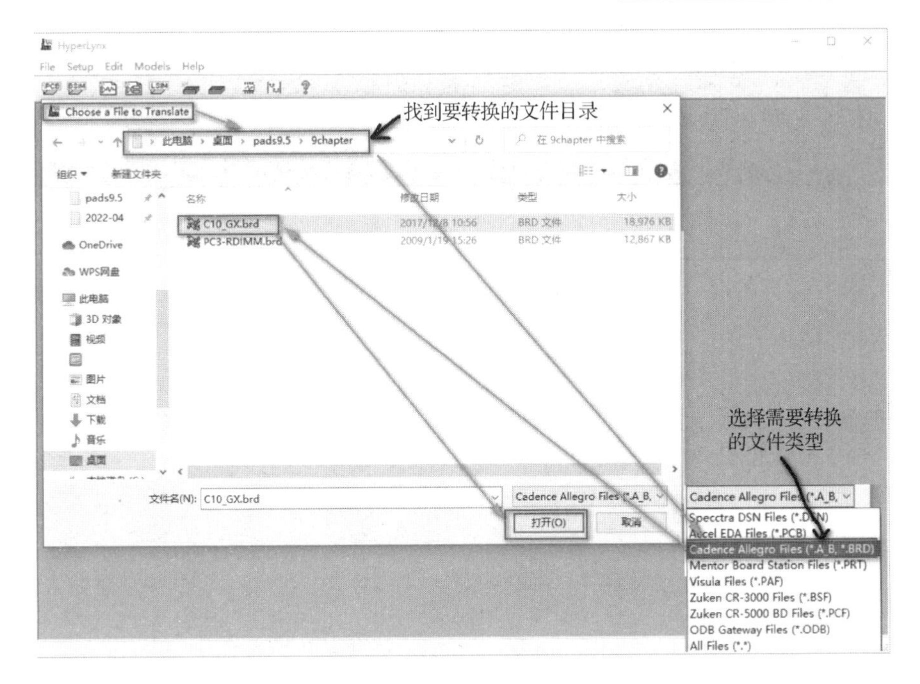


图 9-2

编辑用户变量

变量名(N): CDSROOT

变量值(V): C:\Cadence\Cadence_SPB_17.2-2016

浏览目录(D)...　浏览文件(F)...　确定　取消

图 9-3

第 3 步：单击图 9-2 中的“打开”按钮后，在弹出的对话框中进行相应设置，具体操作如图 9-4 所示。

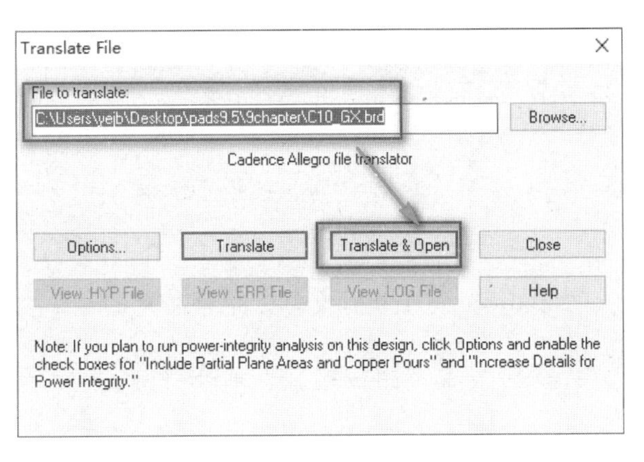


图 9-4

第 4 步：单击“Translate & Open”按钮后弹出的内容一闪而过，具体如图 9-5 所示。

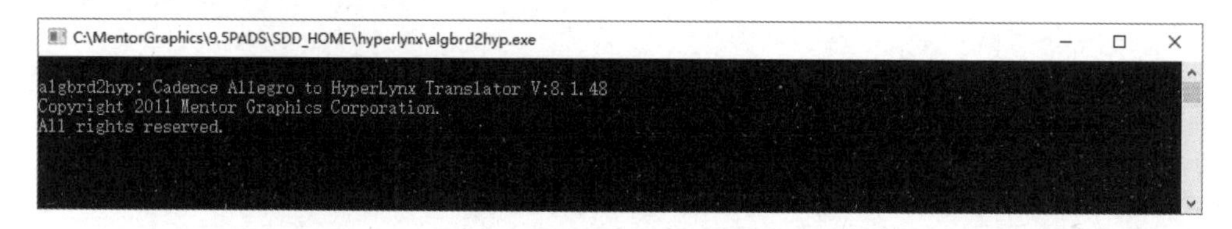
C:\MentorGraphics\9.5PADS\SDD_HOME\hyperlynx\algbrd2hyp.exe
algbrd2hyp: Cadence Allegro to HyperLynx Translator V:8.1.48
Copyright 2011 Mentor Graphics Corporation.
All rights reserved.

图 9-5

第 5 步：在弹出的对话框中单击“View .ERR File”这个文件，打开如图 9-6 所示的错误文件显示信息。

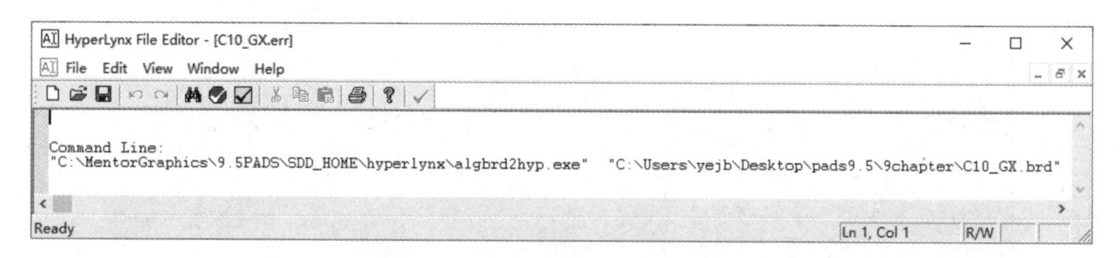
HyperLynx File Editor - [C10_GX.err]
File Edit View Window Help
Command Line:
"C:\MentorGraphics\9.5PADS\SDD_HOME\hyperlynx\algbrd2hyp.exe" "C:\Users\yejb\Desktop\pads9.5\9chapter\C10_GX.brd"
Ready
Ln 1, Col 1
R/W

图 9-6

第 6 步：在弹出的对话框中单击“View .LOG File”这个文件，打开如图 9-7 所示的 LOG 文件显示信息。

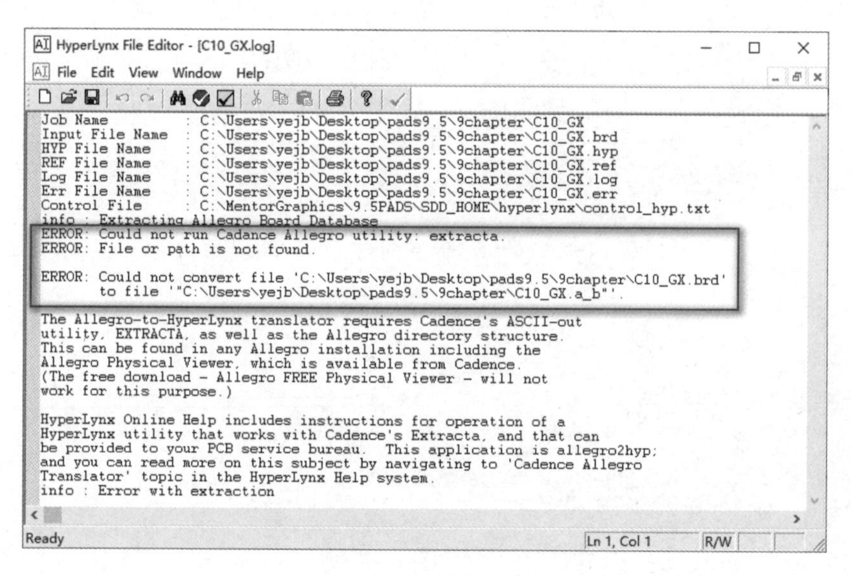
HyperLynx File Editor - [C10_GX.log]
File Edit View Window Help
Job Name : C:\Users\yejb\Desktop\pads9.5\9chapter\C10_GX
Input File Name : C:\Users\yejb\Desktop\pads9.5\9chapter\C10_GX.brd
HYP File Name : C:\Users\yejb\Desktop\pads9.5\9chapter\C10_GX.hyp
REF File Name : C:\Users\yejb\Desktop\pads9.5\9chapter\C10_GX.ref
Log File Name : C:\Users\yejb\Desktop\pads9.5\9chapter\C10_GX.log
Err File Name : C:\Users\yejb\Desktop\pads9.5\9chapter\C10_GX.err
Control File : C:\MentorGraphics\9.5PADS\SDD_HOME\hyperlynx\control_hyp.txt
info : Extracting Allegro Board Database
ERROR: Could not run Cadance Allegro utility: extracta.
ERROR: File or path is not found.
ERROR: Could not convert file 'C:\Users\yejb\Desktop\pads9.5\9chapter\C10_GX.brd'
to file '"C:\Users\yejb\Desktop\pads9.5\9chapter\C10_GX.a_b"'.
The Allegro-to-HyperLynx translator requires Cadence's ASCII-out
utility, EXTRACTA, as well as the Allegro directory structure.
This can be found in any Allegro installation including the
Allegro Physical Viewer, which is available from Cadence.
(The free download - Allegro FREE Physical Viewer - will not
work for this purpose.)
HyperLynx Online Help includes instructions for operation of a
HyperLynx utility that works with Cadence's Extracta, and that can
be provided to your PCB service bureau. This application is allegro2hyp;
and you can read more on this subject by navigating to 'Cadence Allegro
Translator' topic in the HyperLynx Help system.
info : Error with extraction
Ready
Ln 1, Col 1
R/W

图 9-7

图 9-7 中显示不能运行 extracta 这个执行文件，提示可能文件或者路径没有被发现，此时用“Everything”这个软件输入“extracta”查到的 extracta.exe 如图 9-8 所示。终于明白，原来是文件路径没有被发现，那么我们只要在系统变量里面指定路径就可以了，具体操作如图 9-9 所示。

第 7 步：单击图 9-9 中的“环境变量”按钮后，在弹出的对话框中指定 extracta.exe 的路径，具体操作如图 9-10 所示。

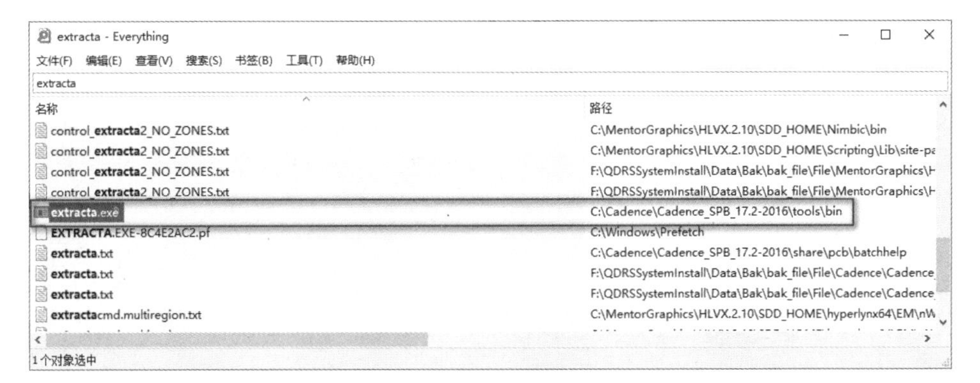

extracta - Everything
文件(F) 编辑(E) 查看(V) 搜索(S) 书签(B) 工具(T) 帮助(H)
extracta
名称
路径
control_extracta2_NO_ZONES.txt
C:\MentorGraphics\HLVX.2.10\SDD_HOME\Nimbic\bin
control_extracta2_NO_ZONES.txt
C:\MentorGraphics\HLVX.2.10\SDD_HOME\Scripting\Lib\site-pa
control_extracta2_NO_ZONES.txt
F:\QDRSSystemInstall\Data\Bak\bak_file\File\MentorGraphics\H
control_extracta2_NO_ZONES.txt
F:\QDRSSystemInstall\Data\Bak\bak_file\File\MentorGraphics\H
extracta.exe
C:\Cadence\Cadence_SPB_17.2-2016\tools\bin
EXTRACTA.EXE-8C4E2AC2.pf
C:\Windows\Prefetch
extracta.txt
C:\Cadence\Cadence_SPB_17.2-2016\share\pcb\batchhelp
extracta.txt
F:\QDRSSystemInstall\Data\Bak\bak_file\File\Cadence\Cadence
extracta.txt
F:\QDRSSystemInstall\Data\Bak\bak_file\File\Cadence\Cadence
extractacmd.multiregion.txt
C:\MentorGraphics\HLVX.2.10\SDD_HOME\hyperlynx64\EM\nW
1个对象选中


图 9-8

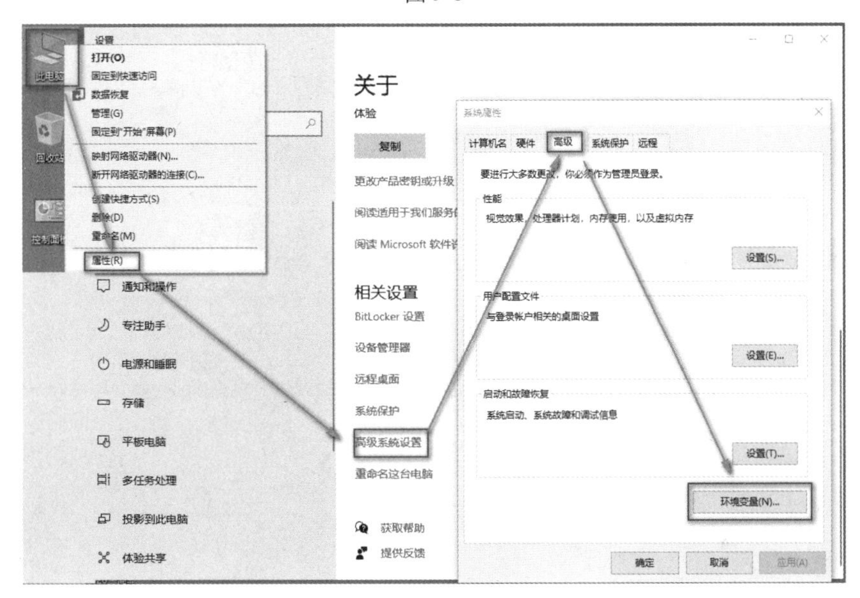

设置
打开(O)
固定到快速访问
数据恢复
管理(G)
固定到"开始"屏幕(P)
映射网络驱动器(N)...
断开网络驱动器的连接(C)...
创建快捷方式(S)
删除(D)
重命名(M)
属性(R)
通知和操作
专注助手
电源和睡眠
存储
平板电脑
多任务处理
投影到此电脑
体验共享
关于
体验
复制
更改产品密钥或升级
阅读 Microsoft 软件许
相关设置
BitLocker 设置
设备管理器
远程桌面
系统保护
高级系统设置
重命名这台电脑
获取帮助
提供反馈
系统属性
计算机名 硬件 高级 系统保护 远程
要进行大多数更改，你必须作为管理员登录。
性能
视觉效果，处理器计划，内存使用，以及虚拟内存
设置(S)...
用户配置文件
与登录帐户相关的桌面设置
设置(E)...
启动和故障恢复
系统启动、系统故障和调试信息
设置(T)...
环境变量(N)...
确定
取消
应用(A)


图 9-9

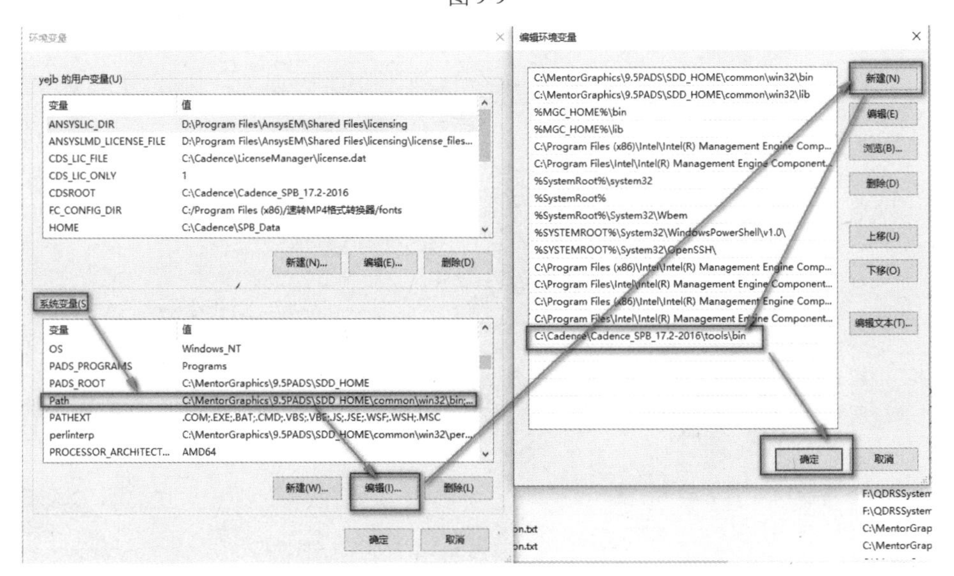

环境变量
yejb 的用户变量(U)
变量
值
ANSYSLIC_DIR
D:\Program Files\AnsysEM\Shared Files\licensing
ANSYSLMD_LICENSE_FILE
D:\Program Files\AnsysEM\Shared Files\licensing\license_files...
CDS_LIC_FILE
C:\Cadence\LicenseManager\license.dat
CDS_LIC_ONLY
1
CDSROOT
C:\Cadence\Cadence_SPB_17.2-2016
FC_CONFIG_DIR
C:/Program Files (x86)/速转MP4格式转换器/fonts
HOME
C:\Cadence\SPB_Data
新建(N)...
编辑(E)...
删除(D)
系统变量(S)
变量
值
OS
Windows_NT
PADS_PROGRAMS
Programs
PADS_ROOT
C:\MentorGraphics\9.5PADS\SDD_HOME
Path
C:\MentorGraphics\9.5PADS\SDD_HOME\common\win32\bin;...
PATHEXT
.COM;.EXE;.BAT;.CMD;.VBS;.VBE;.JS;.JSE;.WSF;.WSH;.MSC
perlinterp
C:\MentorGraphics\9.5PADS\SDD_HOME\common\win32\per...
PROCESSOR_ARCHITECT...
AMD64
新建(W)...
编辑(I)...
删除(L)
确定
取消
编辑环境变量
C:\MentorGraphics\9.5PADS\SDD_HOME\common\win32\bin
C:\MentorGraphics\9.5PADS\SDD_HOME\common\win32\lib
%MGC_HOME%\bin
%MGC_HOME%\lib
C:\Program Files (x86)\Intel\Intel(R) Management Engine Comp...
C:\Program Files\Intel\Intel(R) Management Engine Component...
%SystemRoot%\system32
%SystemRoot%
%SystemRoot%\System32\Wbem
%SYSTEMROOT%\System32\WindowsPowerShell\v1.0\
%SYSTEMROOT%\System32\OpenSSH\
C:\Program Files (x86)\Intel\Intel(R) Management Engine Comp...
C:\Program Files\Intel\Intel(R) Management Engine Component...
C:\Program Files (x86)\Intel\Intel(R) Management Engine Comp...
C:\Program Files\Intel\Intel(R) Management Engine Component...
C:\Cadence\Cadence_SPB_17.2-2016\tools\bin
新建(N)
编辑(E)
浏览(B)...
删除(D)
上移(U)
下移(O)
编辑文本(T)...
确定
取消


图 9-10

第 8 步：单击图 9-10 中的“确定”按钮后，在接连弹出的两个对话框中直接单击“确定”按钮后，即可完成路径的设置。然后关闭并重新启动软件，此时软件才能识别设置好的路径。

第 9 步：重新单击“Translate & Open”按钮，开始正确转换，BRD 文件被正确转换到工作区，如图 9-11 所示。这时会发现平面层没有带进来，如图 9-12 所示为没有平面数据的平面层。

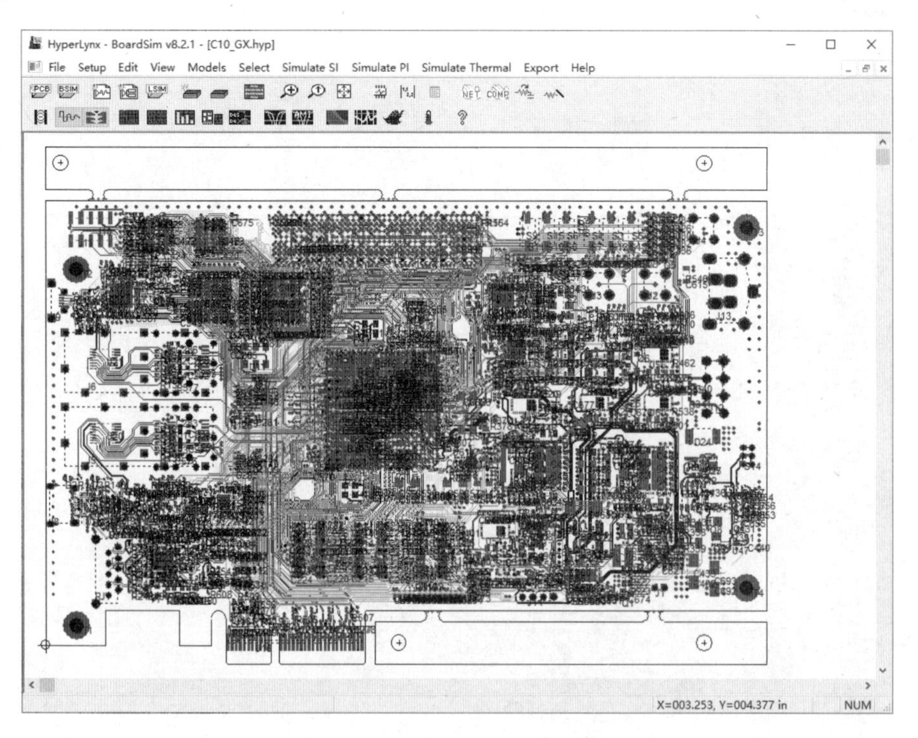


图 9-11

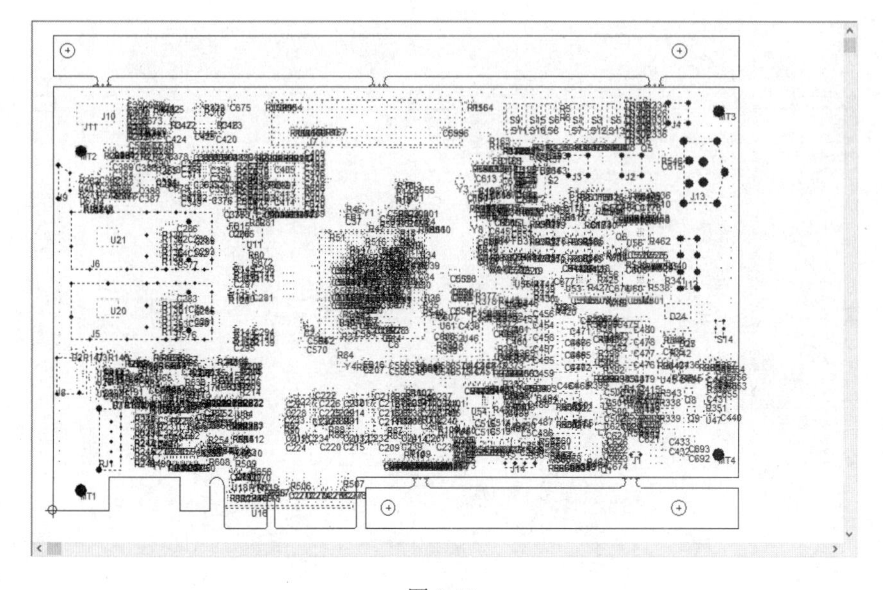

图 9-12

第 10 步：这时需要查看导入过程中还有哪些没有设置，具体操作如图 9-13 所示。

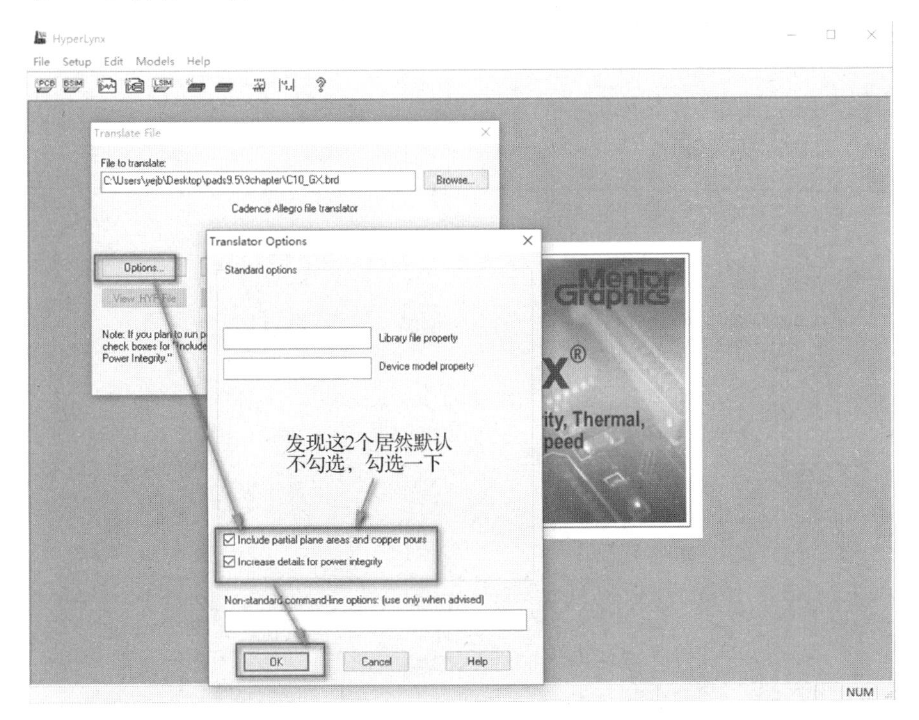


图 9-13　转换设置图

第 11 步：重新导入试一下，发现可以了，如图 9-14 所示为导入平面数据后的 BRD 文件。

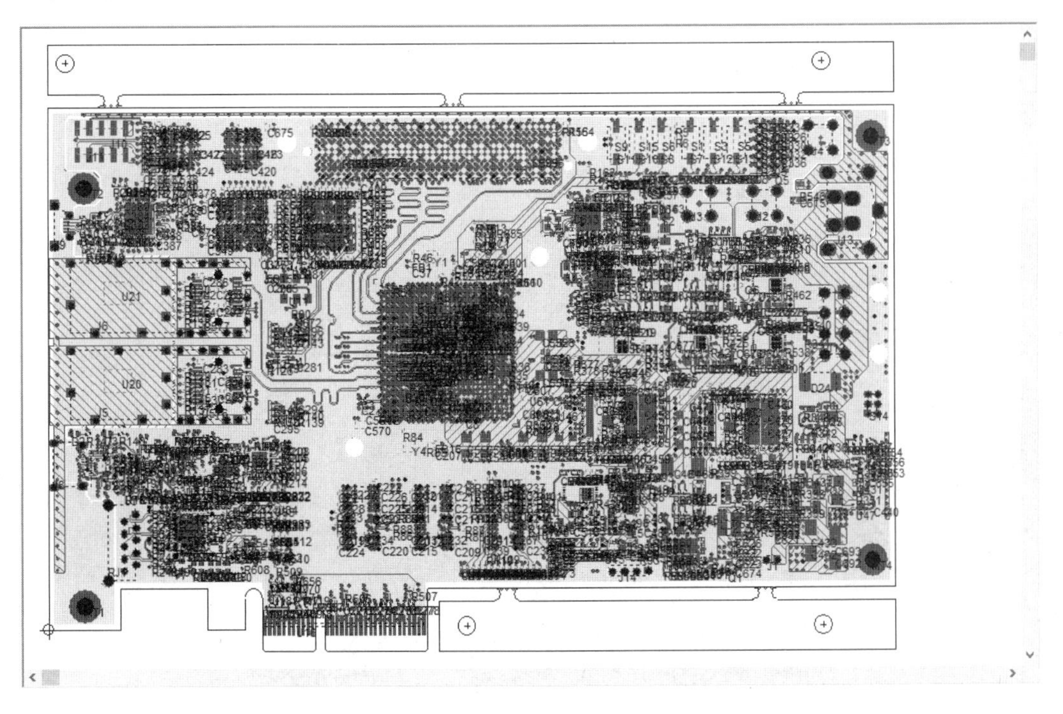

图 9-14

## 9.2 DDR 内存条导入过程

DDR 内存条的导入过程具体如下所述。

第 1 步：双击图标“![]”，启动 HyperLynx 软件，在弹出的对话框中按照图 9-15 中所示进行操作。

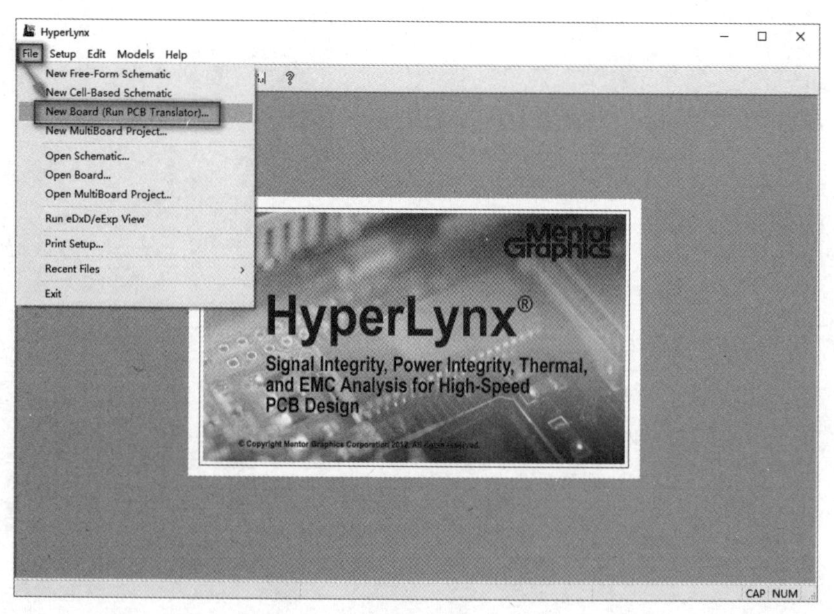


图 9-15

第 2 步：弹出选择文件对话框，在该对话框中选择需要转换的 BRD 文件，具体操作如图 9-16 所示。

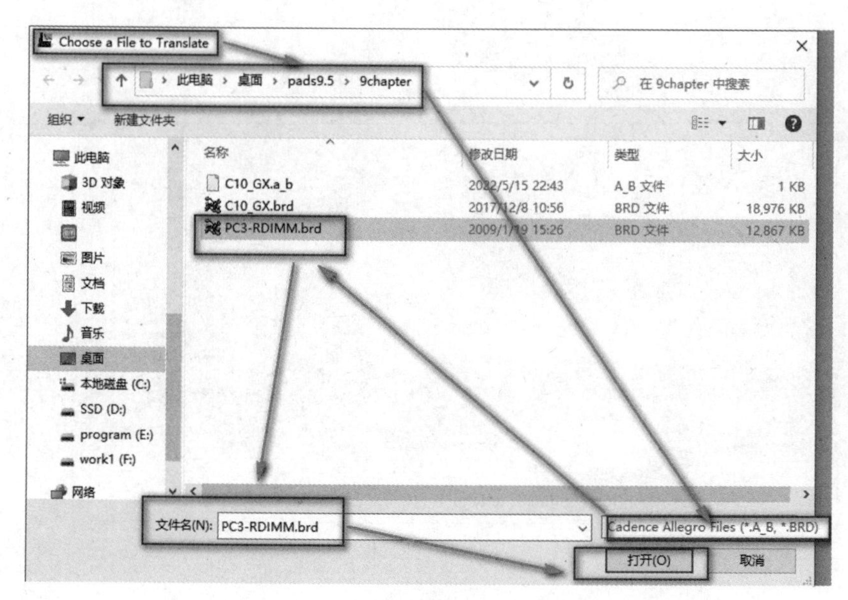


图 9-16

第 3 步：单击图 9-16 中的“打开”按钮后，在弹出的对话框中转换并打开相应文件，具体操作如图 9-17 所示。

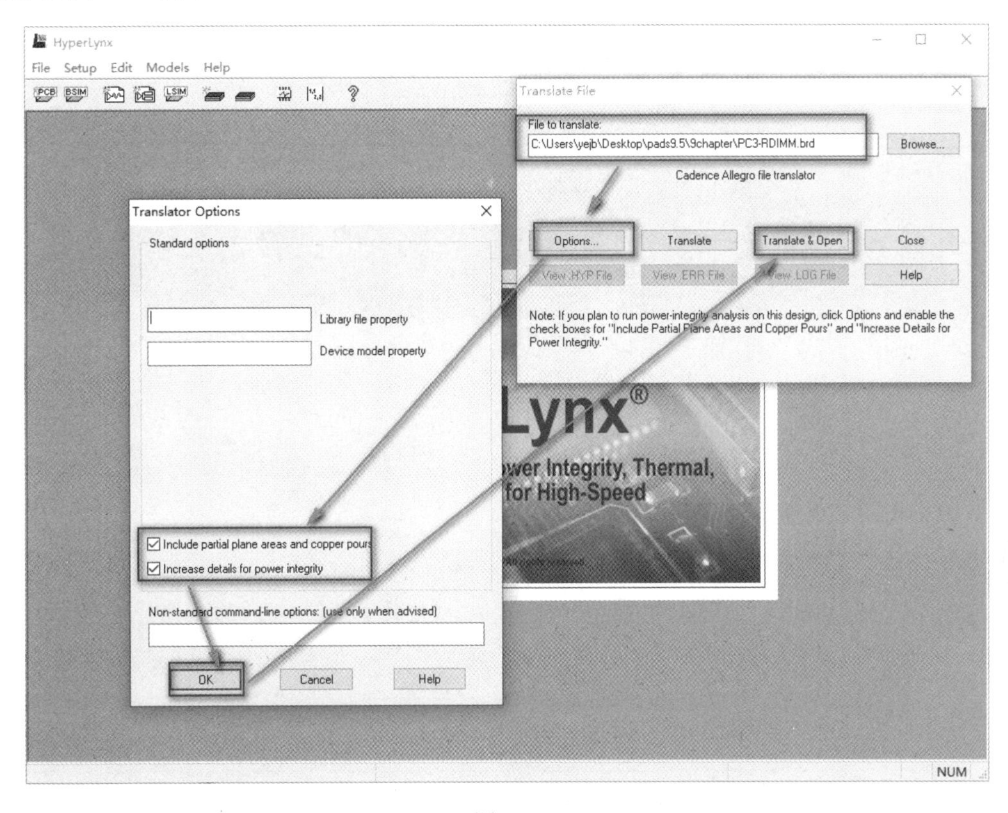


图 9-17

第 4 步：出现转换信息，如图 9-18 所示。

```
C:\MentorGraphics\9.5PADS\SDD_HOME\hyperlynx\algbrd2hyp.exe
Extract: processed 69921 records.
Extract: processed 71329 records.
Extract: processed 73575 records.
Extract: processed 76252 records.
Extract: processed 78922 records.
Extract: processed 81698 records.
Extract: processed 84246 records.
Extract: processed 84772 records.
Extract: processed 84772 records.
Extract: processed 84772 records.
Extract: processed 87098 records.
Extract: processed 87507 records.
Extract: processed 87507 records.
Extract: processed 87507 records.
Extract: processed 87529 records.
Extract: processed 87529 records.
Extract: processed 87529 records.
Extract: processed 87529 records.
Extract ended.
Revising design for compatibility with current software.
Extract started ... command file is 'control_hyp2.txt'.
Extract: processed 4000 records.
Extract ended.
info : reading in Allegro Board data
...reading :C:\Users\yejb\Desktop\pads9.5\9chapter\PC3-RDIMM.a_b:
...reading :C:\Users\yejb\Desktop\pads9.5\9chapter\PC3-RDIMM_COMPONENT.txt:
...reading :C:\Users\yejb\Desktop\pads9.5\9chapter\PC3-RDIMM_COMPONENT_PIN.txt:
...reading :C:\Users\yejb\Desktop\pads9.5\9chapter\PC3-RDIMM_COMPOSITE_PAD.txt:
...reading :C:\Users\yejb\Desktop\pads9.5\9chapter\PC3-RDIMM_CONNECTIVITY.txt:
```

图 9-18

第 5 步：转换完文件后将其导入工作界面，如图 9-19 所示为导入工作区的内存条。

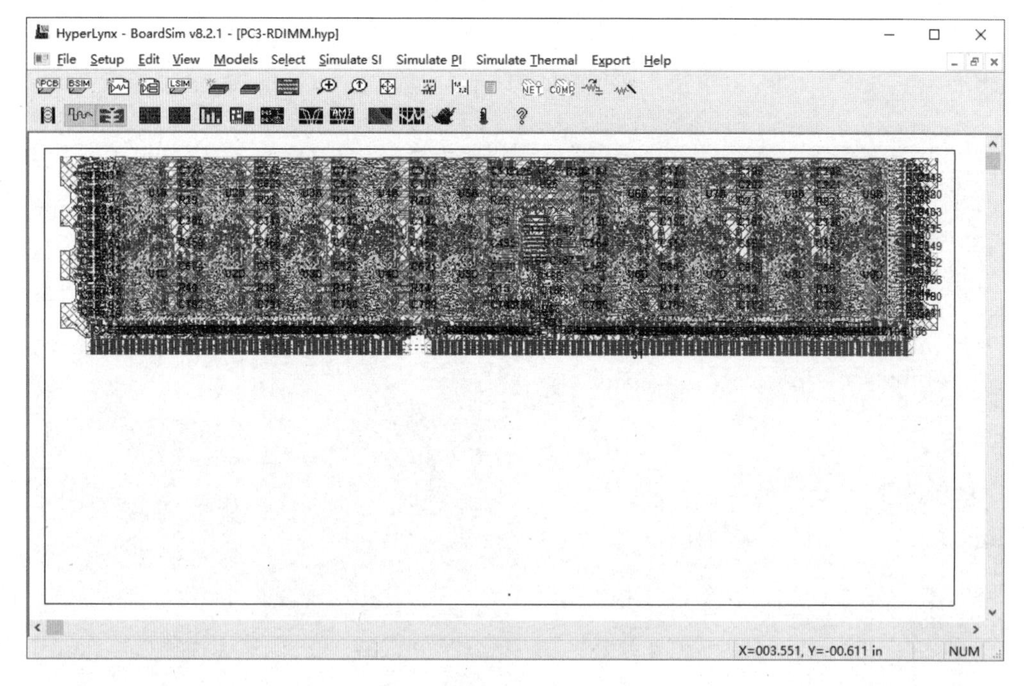


图 9-19

第 6 步：通过叠层编辑器查看 GND4 层的工作区，如图 9-20 所示。

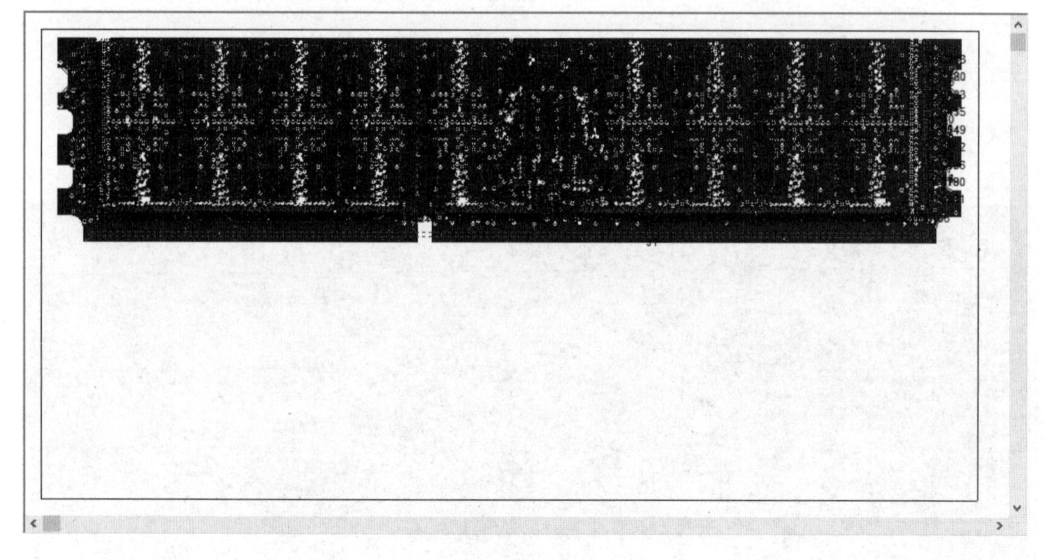

图 9-20

# 第 10 章 HyperLynx 之 HDMI 实例讲解

## 10.1 HDMI 简介

- 高清多媒体接口（High Definition Multimedia Interface，HDMI）是一种全数字化音视频发送接口，可以发送未压缩的音视频信号。HDMI 可以同时发送音频和视频信号，由于音视频信号采用同一条线材，大大简化了系统线路的安装难度。
- HDMI 组织的发起者包括各大消费电子产品制造商，如日立制作所、松下电器、Quasar、飞利浦、索尼、汤姆生 RCA、东芝等。数字内容保护公司（Digital Content Protection，LLC）提供 HDMI 相关的防拷保护技术。此外，HDMI 也受到各主要电影制作公司（如 20 世纪福斯、华纳兄弟、迪士尼），包括三星电子在内的各大消费电子产品制造商，以及多家有线电视系统业者的支持。
- HDMI 版本及信号规格如表 10-1 所示。

表 10-1

| HDMI 版本 | | | | | |
|---|---|---|---|---|---|
| | 1.0-1.2a | 1.3-1.3a | 1.4-1.4b | 2.0-2.0b | 2.1 |
| 发布日期 | 2002 年 12 月（1.0） | 2006 年 6 月（1.3） | 2009 年 6 月（1.4） | 2013 年 9 月（2.0） | 2017 年 11 月 |
| | 2004 年 5 月（1.1） | 2006 年 11 月（1.3a） | 2010 年 3 月（1.4a） | 2015 年 4 月（2.0a） | |
| | 2005 年 8 月（1.2） | | 2011 年 10 月（1.4b） | 2016 年 3 月（2.0b） | |
| | 2005 年 12 月（1.2a） | | | | |
| | | | | | |
| 信号规格 | | | | | |
| 传输带宽 | 4.95Gbps | 10.2Gbps | 10.2Gbps | 18Gbps | 48Gbps |
| 最大传输数据速率 | 3.96Gbps | 8.16Gbps | 8.16Gbps | 14.4Gbps | 42.6Gbps |
| TMDS 时钟 | 165MHz | 340MHz | 340MHz | 600MHz | 1200MHz |
| 媒体流通道 | 3 | 3 | 3 | 3 | 4 |
| 编码方式 | 8b/10b | 8b/10b | 8b/10b | 8b/10b | 16b/18b |
| 压缩（可选） | | | | | DSC 1.2 |

## 10.2 HDMI 概述

下面的表格和图片大都来自标准 HDMI Specification Version 1.3A/1.4 里面的表格和图片，

所以保留有原始标准里面图片和表格的序号，便于读者核对。

- HDMI 系统架构由源设备（Source）、接收设备（Sink）和传输通道线缆（Cable）等组成；HDMI 分 TMDS（Transition Minimized Differential Signaling）通道、CEC 通道和 DDC 通道及热插拔信号和电源/地。
- HDMI 总线采用最小化传输差分信号（Transition-Minimized Differential Signaling，TMDS）的差分传输技术，每一个标准的 HDMI 通道，采用 3 对数据 TMDS 和 1 对独立时钟，TMDS 时钟信号的传输频率为数据线速率的 1/10。
- HDMI Specification Version 1.3A 标准，如图 10-1 所示。

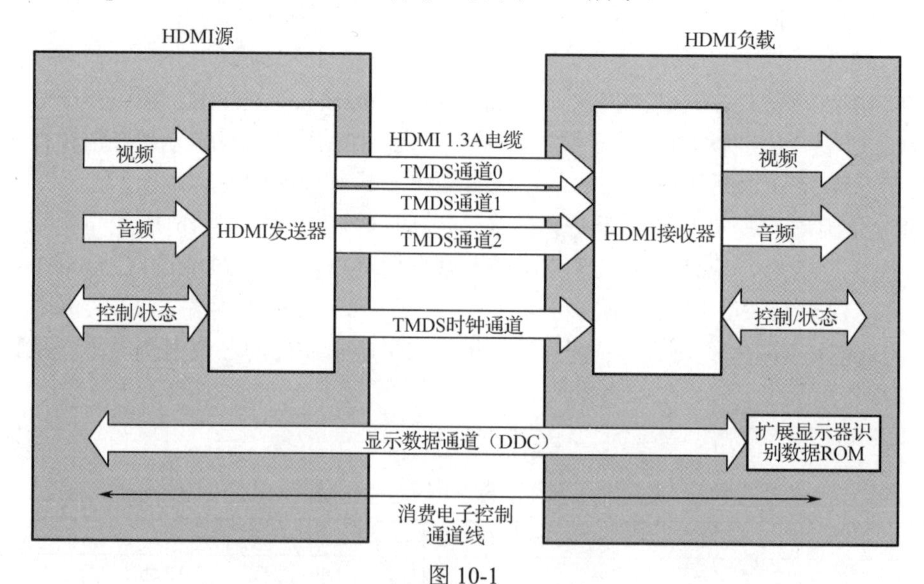


图 10-1

- HDMI Specification Version 1.4 标准，如图 10-2 所示。

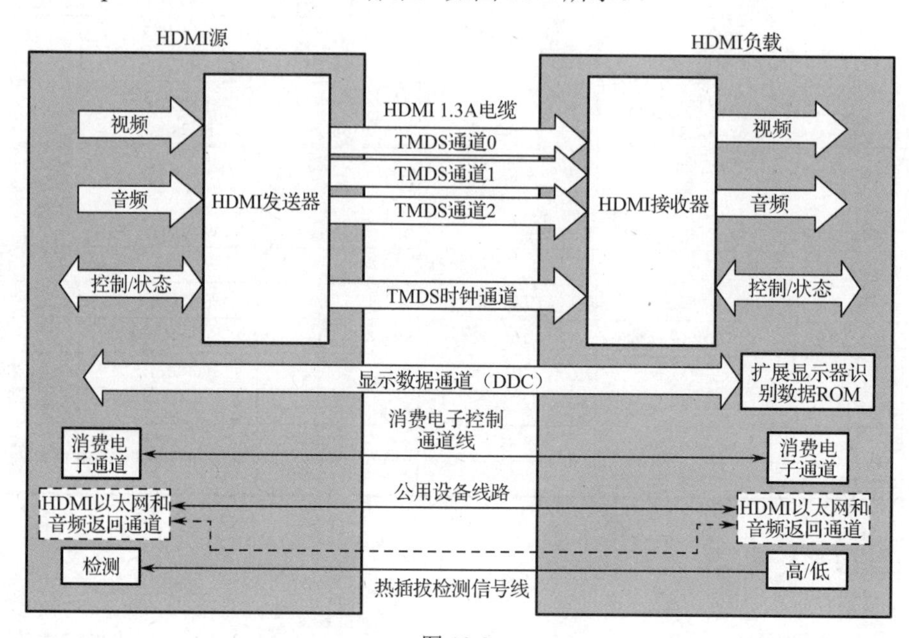


图 10-2

HDMI Specification Version 1.4 与 HDMI Specification Version 1.3A 相比，增加了 HEAC（HDMI Ethernet and Audio Return Channel），所以提醒大家做仿真之前一定要仔细查看标准。

# 10.3　HDMI 标准物理层

## 10.3.1　连接器和电缆

- HDMI Specification Version 1.3A 标准中规定的连接器为 Type A、Type B 和 Type C 型，而 HDMI Specification Version 1.4 标准中规定的连接器在其基础上增加了 2 种，分别为 Type D 和 Type E 型，HDMI 设备都是用这 5 种类型的连接器和电缆连接在一起形成传输链路的。
- 电缆根据所支持的时钟频率分为两类。除汽车应用外，这里指定的两类电缆在满足补充 2 中的附加电缆规格后也可以支持 HEAC 应用，如表 10-2 所示。

表 10-2

| 电缆组件 | 最大时钟频率 | 电缆适配器 | 电气性能 | 市场名 |
|---|---|---|---|---|
| 电缆类别 1 | 74.25MHz | Type A-Type A/C/D<br>Type C-Type C | 见标准 4.2.6 节 | 标准电缆 |
| 电缆类别 2 | 340MHz | Type A-Type A/C/D<br>Type C-Type C | 见标准 4.2.6 节 | 高速电缆 |
| 具有以太网和音频返回通道的电缆类别 1 | 74.25MHz | Type A-Type A/C/D<br>Type A- Type A/C/D<br>Type C-Type C<br>Type C- Type C | 见标准 4.2.6 节和标准补充 2 | 带以太网标准电缆 |
| 具有以太网和音频返回通道的电缆类别 2 | 340MHz | Type A-Type A/C/D<br>Type C-Type C | 见标准 4.2.6 节和标准补充 2 | 带以太网高速电缆 |
| 汽车电子用的电缆类型 1 | 74.25MHz | Type E-Type E | 见标准 4.2.6 节 | 仅为汽车电子厂家的标准电缆 |
| | | Type E-Type A<br>继电插座 | 见标准 4.2.6 节 | |
| | | Type A-Type A | 见标准 4.2.6 节 | 汽车电子标准电缆 |

- Type A 和 Type E 型连接器的引脚分配一样，如表 10-3 所示。

表 10-3

| 引脚 | 信号分配 | 引脚 | 信号分配 |
|---|---|---|---|
| 1 | TMDS Data2+<br>TMDS 差分数据 2+ | 2 | TMDS Data2 Shield<br>TMDS 差分数据 2 屏蔽 |
| 3 | TMDS Data2−<br>TMDS 差分数据 2− | 4 | TMDS Data1+<br>TMDS 差分数据 1+ |

续表

| 引　脚 | 信号分配 | 引　脚 | 信号分配 |
|---|---|---|---|
| 5 | TMDS Data1 Shield<br>TMDS 差分数据 1 屏蔽 | 6 | TMDS Data1-<br>TMDS 差分数据 1- |
| 7 | TMDS Data0+<br>TMDS 差分数据 0+ | 8 | TMDS Data0 Shield<br>TMDS 差分数据 0 屏蔽 |
| 9 | TMDS Data0-<br>TMDS 差分数据 0- | 10 | TMDS Clock+<br>TMDS 差分时钟+ |
| 11 | TMDS Clock Shield<br>TMDS 差分时钟屏蔽 | 12 | TMDS Clock-<br>TMDS 差分时钟- |
| 13 | CEC 消费电子控制通道 | 14 | Utility 公用设备线 |
| 15 | SCL 串行时钟线 | 16 | SDA 串行数据线 |
| 17 | DDC/CEC Ground　DDC/CEC 接地 | 18 | +5V Power　+5V 电源 |
| 19 | Hot Plug Detect　热插拔检测信号 | | |

- CEC，全称是 Consumer Electronics Control，用来传送工业规格的 AV Link 协议信号，以便支持单一遥控器操作多台 AV 机器；为单芯线双向串行总线。
- DDC，全称是 Display Data Channel，传送端与接收端可利用 DDC 得知彼此的传送与接收能力，但 HDMI 仅需单向获知接收端（显示器）的能力；使用 100kHz 时钟频率的 $I^2C$ 信号；传送的数据结构为 VESA Enhanced EDID (V1.3)。
- HDMI Type A 插头示意图片和插头插座实物如图 10-3 所示（图片来自网上）。

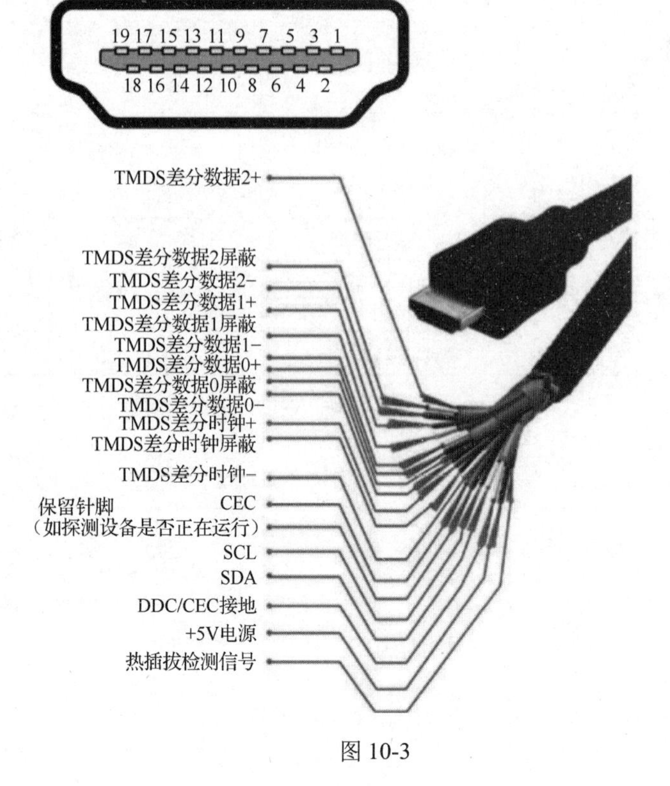


图 10-3

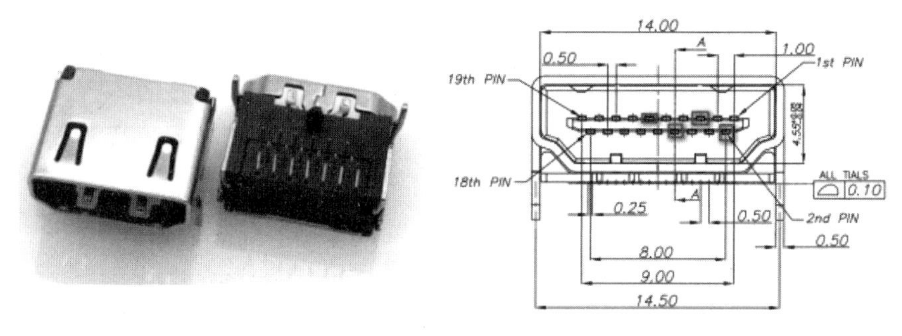


图 10-3（续）

➢ HDMI Type B 的引脚定义如表 10-4 所示。

表 10-4

| 引　脚 | 信 号 分 配 | 引　脚 | 信 号 分 配 |
|---|---|---|---|
| 1 | TMDS Data2+<br>TMDS 差分数据 2+ | 2 | TMDS Data2 Shield<br>TMDS 差分数据 2 屏蔽 |
| 3 | TMDS Data2−<br>TMDS 差分数据 2− | 4 | TMDS Data1+<br>TMDS 差分数据 1+ |
| 5 | TMDS Data1 Shield<br>TMDS 差分数据 1 屏蔽 | 6 | TMDS Data1−<br>TMDS 差分数据 1− |
| 7 | TMDS Data0+<br>TMDS 差分数据 0+ | 8 | TMDS Data0 Shield<br>TMDS 差分数据 0 屏蔽 |
| 9 | TMDS Data0−<br>TMDS 差分数据 0− | 10 | TMDS Clock+<br>TMDS 差分时钟+ |
| 11 | TMDS Clock Shield<br>TMDS 差分时钟屏蔽 | 12 | TMDS Clock−<br>TMDS 差分时钟− |
| 13 | TMDS Data5+<br>TMDS 差分数据 5+ | 14 | TMDS Data5 Shield<br>TMDS 差分数据 2 屏蔽 |
| 15 | TMDS Data5−<br>TMDS 差分数据 5− | 16 | TMDS Data4+<br>TMDS 差分数据 4+ |
| 17 | TMDS Data4 Shield<br>TMDS 差分数据 4 屏蔽 | 18 | TMDS Data4−<br>TMDS 差分数据 4− |
| 19 | TMDS Data3+<br>TMDS 差分数据 5+ | 20 | TMDS Data3 Shield<br>TMDS 差分数据 3 屏蔽 |
| 21 | TMDS Data3−<br>TMDS 差分数据 3− | 22 | CEC 消费电子控制通道 |
| 23 | Reserved (N.C. on device)<br>保留（设备上是空脚.） | 24 | Reserved (N.C. on device)<br>保留（设备上是空脚.） |
| 25 | SCL 串行时钟线 | 26 | SDA 串行数据线 |
| 27 | DDC/CEC Ground　DDC/CEC 接地 | 28 | +5V Power　+5V 电源 |
| 29 | Hot Plug Detect 热插拔检测信号 | | |

➢ HDMI Type C 的引脚定义如表 10-5 所示。

表 10-5

| 引　　脚 | 信 号 分 配 | 引　　脚 | 信 号 分 配 |
|---|---|---|---|
| 1 | TMDS Data2 Shield<br>TMDS 差分数据 2 屏蔽 | 2 | TMDS Data2+<br>TMDS 差分数据 2+ |
| 3 | TMDS Data2−<br>TMDS 差分数据 2− | 4 | TMDS Data1 Shield<br>TMDS 差分数据 1 屏蔽 |
| 5 | TMDS Data1+<br>TMDS 差分数据 1+ | 6 | TMDS Data1−<br>TMDS 差分数据 1− |
| 7 | TMDS Data0 Shield<br>TMDS 差分数据 0 屏蔽 | 8 | TMDS Data0+<br>TMDS 差分数据 0+ |
| 9 | TMDS Data0−<br>TMDS 差分数据 0− | 10 | TMDS Clock Shield<br>TMDS 差分时钟屏蔽 |
| 11 | TMDS Clock+<br>TMDS 差分时钟+ | 12 | TMDS Clock−<br>TMDS 差分时钟− |
| 13 | DDC/CEC Ground<br>DDC/CEC 接地 | 14 | CEC<br>消费电子控制通道 |
| 15 | SCL 串行时钟线 | 16 | SDA 串行数据线 |
| 17 | Utility 公用设备线 | 18 | +5V Power +5V 电源 |
| 19 | Hot Plug Detect 热插拔检测信号 | | |

➢ HDMI Type C 的引脚序号图和实物图，如图 10-4 所示。

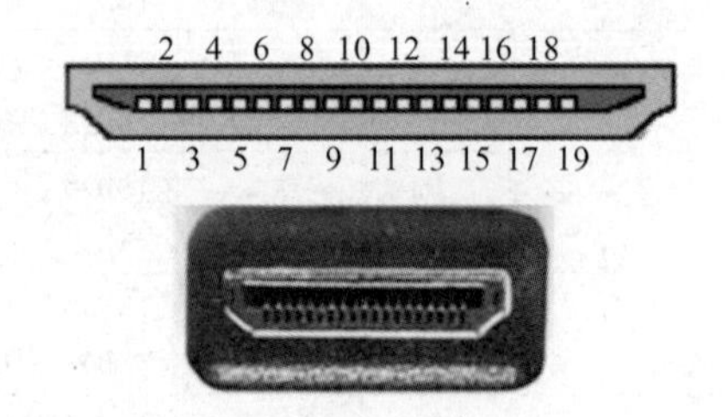


图 10-4

➢ HDMI Type D 的引脚定义如表 10-6 所示。

表 10-6

| 引　　脚 | 信 号 分 配 | 引　　脚 | 信 号 分 配 |
|---|---|---|---|
| 1 | Hot Plug Detect 热插拔检测信号 | 2 | Utility 公用设备线 |
| 3 | TMDS Data2+<br>TMDS 差分数据 2+ | 4 | TMDS Data2 Shield<br>TMDS 差分数据 2 屏蔽 |
| 5 | TMDS Data2−<br>TMDS 差分数据 2− | 6 | TMDS Data1+<br>TMDS 差分数据 1+ |
| 7 | TMDS Data1 Shield<br>TMDS 差分数据 1 屏蔽 | 8 | TMDS Data1−<br>TMDS 差分数据 1− |
| 9 | TMDS Data0+<br>TMDS 差分数据 0+ | 10 | TMDS Data0 Shield<br>TMDS 差分数据 0 屏蔽 |

续表

| 引 脚 | 信 号 分 配 | 引 脚 | 信 号 分 配 |
|---|---|---|---|
| 11 | TMDS Data0−<br>TMDS 差分数据 0− | 12 | TMDS Clock+<br>TMDS 差分时钟+ |
| 13 | TMDS Clock Shield<br>TMDS 差分时钟屏蔽 | 14 | TMDS Clock−<br>TMDS 差分时钟− |
| 15 | CEC 消费电子控制通道 | 16 | DDC/CEC Ground<br>DDC/CEC 接地 |
| 17 | SCL 串行时钟线 | 18 | SDA 串行数据线 |
| 19 | +5V Power +5V 电源 | | |

HDMI Type A/C/D 实物图，如图 10-5 所示。

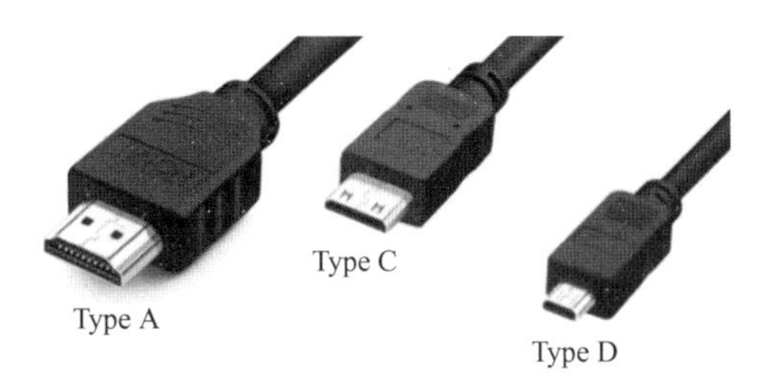


图 10-5

➢ HDMI 插头插座插入过程中的接触顺序如表 10-7 和表 10-8 所示，分别对应 HDMI 1.3A 版本和 HDMI 1.4 版本。

表 10-7

| 连接器触点顺序（HDMI 1.3A 版本） | | |
|---|---|---|
| 连接 | 信号 | |
| | Type A 和 Type C 型连接器 | Type B 型连接器 |
| 第 1 个接触 | 连接器外壳 | 连接器外壳 |
| 第 2 个接触 | 引脚 1～17 和引脚 19 | 引脚 1～27 和引脚 19 |
| 第 3 个接触 | 引脚 18（+5V 电源） | 引脚 28（+5V 电源） |

表 10-8

| 连接器触点顺序（HDMI 1.4 版本） | | | | |
|---|---|---|---|---|
| 连接 | 信号 | | | |
| | Type A 型和 Type C 型连接器 | Type B 型连接器 | Type D 型连接器 | Type E 型连接器 |
| 第 1 个接触 | 连接器外壳 | 连接器外壳 | 连接器外壳 | 连接器外壳 |
| 第 2 个接触 | 引脚 1～17 和引脚 19 | 引脚 1～27 和引脚 19 | 引脚 1～18 | 引脚 1～19 |
| 第 3 个接触 | 引脚 18（+5V 电源） | 引脚 28（+5V 电源） | 引脚 19（+5V 电源） | |

提醒：HDMI Type E 型连接器主要用于车载娱乐系统的音视频传输。

➢ HDMI 连接器的电气特性（Connector Electrical Characteristics）如表 10-9 所示。

表 10-9

| 项　目 | 测 试 条 件 | 要　求 |
| --- | --- | --- |
| 接触电阻 | 配对的连接器<br>测试端子：测试端子在回路中施加最大 20mV 电压、10mA 直流的电流时，测端子的接触电阻值<br>外壳：测试外壳在开路中施加最大 5V、10mA 直流的电流时，测外壳的接触电阻值 | 初始接触电阻（不包括导体电阻）：最大 10mΩ（目标设计值） |
| 耐压强度 | 未配对连接器，在相邻的端子与地之间施加<br>Type A/B/C/E：交流有效值为 500V<br>Type D：交流有效值为 250V<br>配对连接器，在相邻的端子与地之间施加<br>Type A/B/C/E：交流有效值为 300V<br>Type D：交流有效值为 150V | 不能有损坏 |
| 绝缘电阻 | 未配对的连接器，在相邻端子或地之间施加 500V 直流电 | 最小 100mΩ（未配对） |
| | 配对连接器，在相邻端子或地之间施加 150V 直流电 | 最小 10MΩ（已配对） |
| 触点额定电流 | 55℃，最高环境温度<br>85℃，最大温度变化<br>(ANSI/EIA-364-70A) | Type A/B/C/E 型：最小 0.5 A<br>Type D 型：最小 0.3A |
| 施加电压额定值 | 相对于在屏蔽壳的任何信号引脚上施加连续 40V 交流有效值的最大值 | 不能有损坏 |
| 静电放电 | 使用 8mm 球形探头，以 1kV 为步长，从 1kV 到 8kV 对每个未匹配的连接器进行测试<br>Type E 型：<br>测试 1kV 至 8kV 的每个未配对连接器<br>以 1kV 的步进和 15kV 的电压使用 8mm 球形探头 | 没有证据表明触点在 8kV 电压下放电<br>Type E 型：没有证据表明触点在 8kV 电压下放电 |
| TMDS 信号时域阻抗 | 上升时间≤200ps（10%～90%）<br>每个 HDMI 指定的信号对地引脚的比率<br>差分测量试样环境阻抗=100Ω<br>源侧插座连接器安装在受控阻抗 PCB 夹具上 | 连接器区域：<br>Type A/E 型：100Ω±15%<br>Type C/D 型：100Ω±25%<br>过渡区域：<br>Type A/C/D 型：100Ω±15%<br>Type E 型：100Ω±25%<br>电缆区域：<br>100Ω±10% |
| TMDS 信号时域远端串扰 | 上升时间≤200psec（10%～90%）<br>每个 HDMI 指定的信号对地引脚的比率<br>差分测量试样环境阻抗=100Ω<br>源侧插座连接器安装在受控阻抗 PCB 夹具上 | Type A 型：最大 5%<br>Type C/D/E 型：最大 10% |

➢ 电缆适配器规范如下所述。

● 电线类别如表 10-12（Table 4-13）所示。

表 10-10

| 导线类型 | 描述 |
|---|---|
| A | TMDS 信号线 |
| B | TMDS 屏蔽线 |
| C | 控制线 |
| D | 控制线地 |
| N.C. | 无连接（无导线） |
| 5V | 5V 电源线 |

- A 插头到 A 插头（TypeA Plug to TypeA Plug）如表 10-11 所示。

表 10-11

| Type A 引脚 | 信号名 | 线型 |
|---|---|---|
| 1 | TMDS Data2+ TMDS 差分数据 2+ | A |
| 2 | TMDS Data2 Shield TMDS 差分数据 2 屏蔽 | B |
| 3 | TMDS Data2- TMDS 差分数据 2- | A |
| 4 | TMDS Data1+ TMDS 差分数据 1+ | A |
| 5 | TMDS Data1 Shield TMDS 差分数据 1 屏蔽 | B |
| 6 | TMDS Data1- TMDS 差分数据 1- | A |
| 7 | TMDS Data0+ TMDS 差分数据 0+ | A |
| 8 | TMDS Data0 Shield TMDS 差分数据 0 屏蔽 | B |
| 9 | TMDS Data0- TMDS 差分数据 0- | A |
| 10 | TMDS Clock+ TMDS 差分时钟+ | A |
| 11 | TMDS Clock Shield TMDS 差分时钟屏蔽 | B |
| 12 | TMDS Clock- TMDS 差分时钟- | A |
| 13 | CEC 消费电子控制通道 | C |
| 14 | Utility 公用设备线 | C |
| 15 | SCL 串行时钟线 | C |
| 16 | SDA 串行数据线 | C |
| 17 | DDC/CEC Ground DDC/CEC 接地 | D |
| 18 | +5V Power +5V 电源 | 5V |
| 19 | Hot Plug Detect 热插拔检测信号 | C |

### 10.3.2 电气规范

（1）TMDS 差分对框图概述（TMDS Overview）如图 10-6 所示。

- 单端差分信号（Single-ended Differential Signal）如图 10-7 所示。
- 差分信号（Differential Signal）如图 10-8 所示。
- 一个 TMDS 链路的信号测试点，如图 10-9 所示，TP1 用于 HDMI 源端和发送端组件的测试，TP2 用于 HDMI 负载端和接收端组件的测试。TP1 和 TP2 也一起被用于电缆组件的测试，为汽车电子继电器连接的 TMDS 链路中间测试点，如图 10-10 中的 TP5 所示。

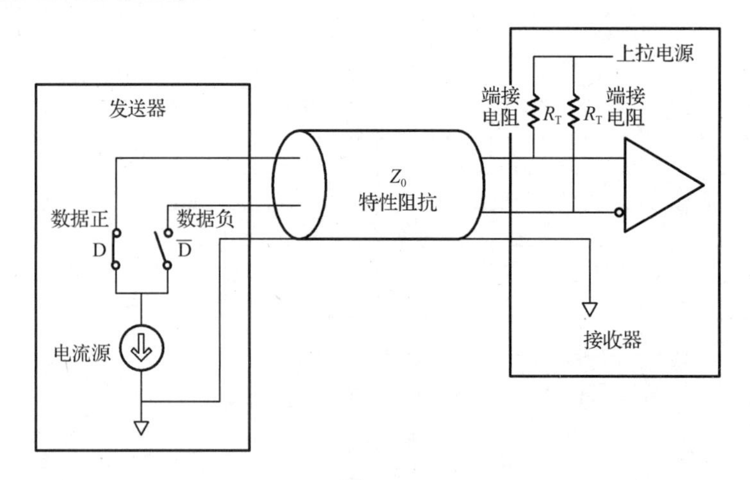


图 10-6

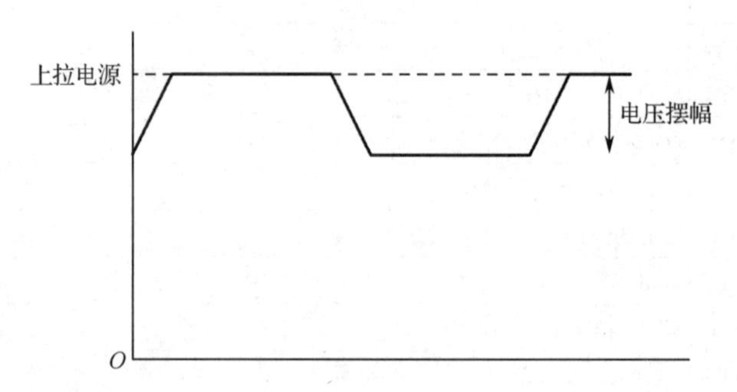


图 10-7

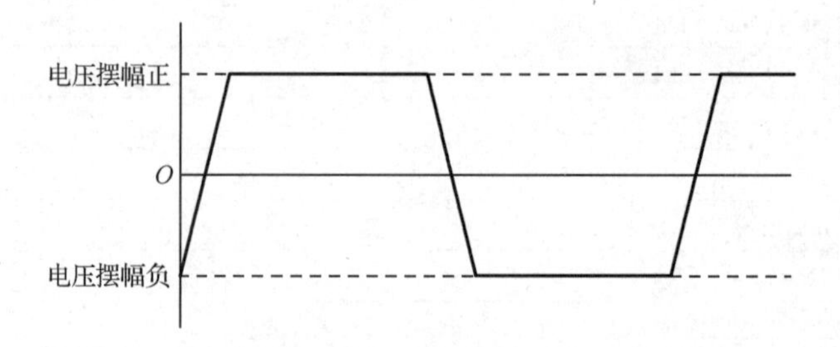


图 10-8

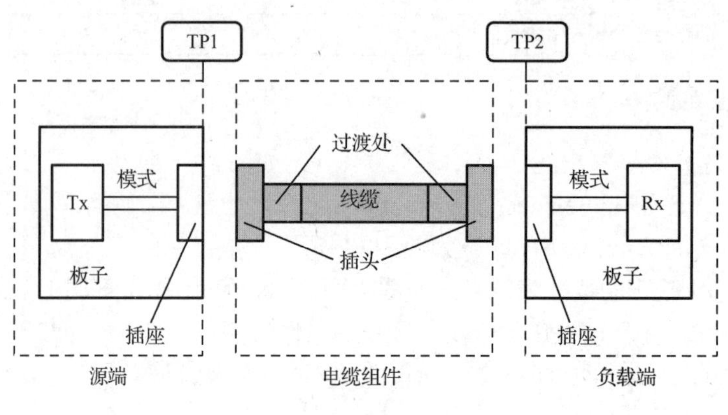


图 10-9

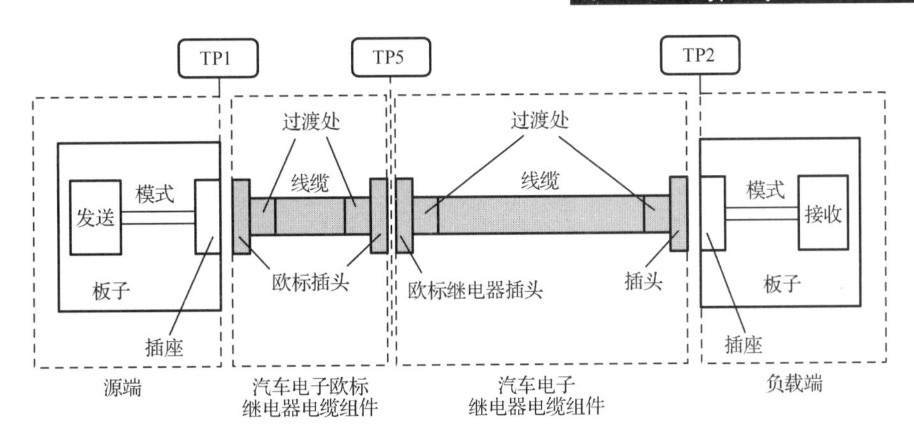


图 10-10

（2）TMDS 系统工作条件（TMDS System Operating Conditions）。

- TMDS 差分对需求的工作条件见表 10-12 (Table 4-22)。

表 10-12

| 项　　目 | 值 |
|---|---|
| 端接供电电压，AVcc | 3.3V±5% |
| 端接电阻，$R_T$ | 50Ω±10% |

（3）HDMI 源端的 TMDS 特性如下所述。

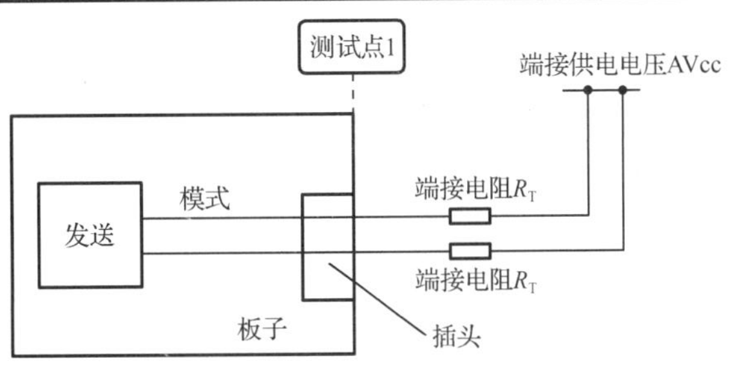


图 10-11

- HDMI 需要一个直流耦合的 TMDS 链路，源端的电气测试应使用图 10-11 所示的测试负载进行，AVcc 设置为 3.3V，TP1 表示插座的连接点。
- 源端在 TP1 处的 DC 特性如表 10-13(Table 4-23)所示。

表 10-13

| 项　　目 | 值 |
|---|---|
| 单端待机（关机）输出电压 $V_{OFF}$ | AVcc±10mV |
| 单端输出摆幅电压 $V_{swing}$ | 400mV≤$V_{swing}$≤600mV |
| 单端高电平输出电压 $V_H$ | 如果接收设备的信号频率小于或等于 165MHz：AVcc±10mV<br>如果接收设备的信号频率大于 165MHz：(AVcc-200mV)≤$V_H$≤(AVcc+10mV) |
| 单端低电平输出电压 $V_L$ | 如果接收设备的信号频率小于或等于 165MHz：<br>(AVcc-600 mV)≤$V_L$≤(AVcc-400mV)<br>如果接收设备的信号频率大于 165MHz：<br>(AVcc-700mV)≤$V_L$≤(AVcc-400mV) |

● 源端在 TP1 上的 AC 特性如表 10-14(Table 4-24)所示。

表 10-14

| 项　　目 | 值 |
|---|---|
| 上升时间/下降时间（20%～80%） | 75ps≤上升时间/下降时间 |
| 源连接器上的差分对内偏差最大值 | 0.15 个位时间 |
| 源连接器上的差分对间偏差最大值 | 0.2 个字符时间 |
| 时钟占空比，最小/平均/最大 | 40%/50%/60% |
| TMDS 差分时钟抖动，最大值 | 0.25 个位时间 |

● 源端 TP1 处的眼图模板如图 10-12 所示。

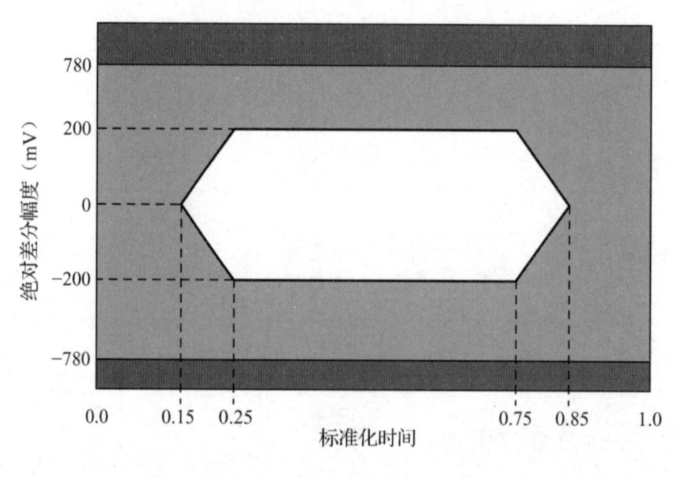


图 10-12

Vhigh(max)=$V_{\text{swing(max)}}$+15%(2$V_{\text{swing(max)}}$)=600+180=780mV；

Vhigh(min)=$V_{\text{swing(min)}}$−25%(2$V_{\text{swing(min)}}$)=400−200=200mV；

Vlow(max)=−$V_{\text{swing(max)}}$−15%(2$V_{\text{swing(max)}}$)=−600−180=−780mV；

Vlow(min)=−$V_{\text{swing(min)}}$+25%(2$V_{\text{swing(min)}}$)=−400+200=−200mV；

Minimum opening at Source=Vhigh(min)−Vlow(min)=400mV。

（4）HDMI 负载端的 TMDS 特性如下所述。

● HDMI 负载端的测试应使用测试信号发生器进行，如图 10-13 所示。

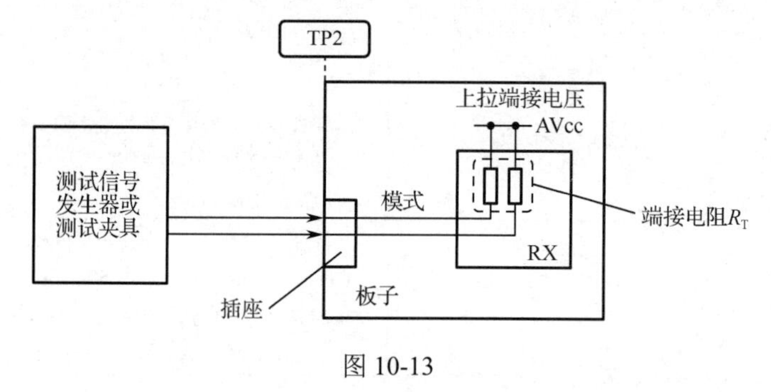


图 10-13

● 负载端在 TP2 处的 DC 特性如表 10-15 和表 10-16 所示。

表 10-15

| 项　　目 | 值 |
| --- | --- |
| 输入差分电压电平 $V_{idiff}$ | 150≤$V_{idiff}$≤1200mV |
| 输入共模电压 $V_{icm1}$ 和 $V_{icm2}$ | 如果接收设备的信号频率小于或等于 165MHz：<br>(AVcc-300mV)≤$V_{icm1}$≤(AVcc-37.5mV)<br>如果接收设备的信号频率大于 165MHz：<br>(AVcc-400mV)≤$V_{icm1}$≤(AVcc-37.5mV)<br>$V_{icm2}$=AVcc±10mV |

表 10-16

| 项　　目 | 值 |
| --- | --- |
| 差分电压电平 | AVcc±10mV |

● 负载端在 TP2 处的 AC 特性如表 10-17 所示。

表 10-17

| I　项目 | 值 |
| --- | --- |
| 最小差分灵敏度（峰峰值） | 150mV |
| 最大差分输入（峰峰值） | 1560mV |
| 在负载连接器处最大可接收对内偏差 | 对于 TMDS 时钟频率为 222.75MHz 及以下：0.4 个位时间<br>对于高于 222.75MHz 的 TMDS 时钟频率：0.15 个位时间+112ps |
| 在负载连接器处最大可接收对间偏差 | 0.2 个字符时间+1.78ns |
| TMDS 时钟抖动 | 0.30 个位宽（相对于理想恢复时钟） |

● 接收端 TP2 处的眼图模板如图 10-14 所示。

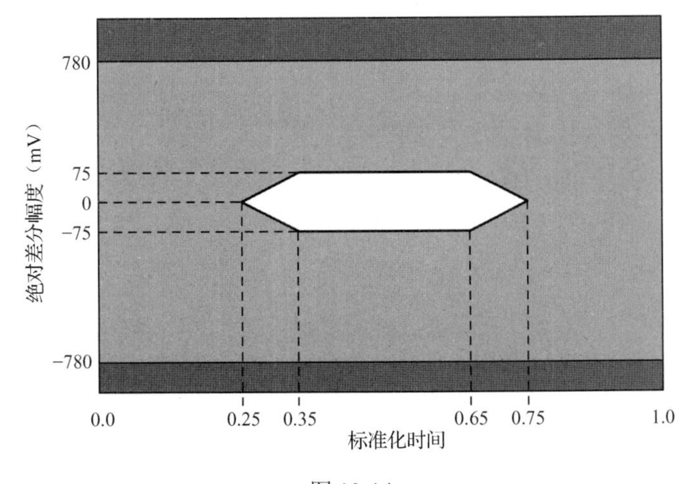


图 10-14

● 在 TP2 处的负载端阻抗特性如表 10-18 所示。

表 10-18

| 项　　目 | 值 |
| --- | --- |
| 在 TP2 处的 TDR 上升时间（10%～90%） | ≤200p |
| 直通连接阻抗 | 100Ω±15% |
| 在端接处的阻抗（当 $V_{icm}$ 在 $V_{icm1}$ 范围内时） | 100Ω±10% |
| 在端接处的阻抗（当 $V_{icm}$ 在 $V_{icm2}$ 范围内时） | 100Ω±35% |

（5）电缆组件的 TMS 特性如下所述。

◆ 术语“电缆组件”包括以下列出的五个部分：

- 源端插头（Source-Side Plug）；
- 源端过渡区（Source-Side Transition）；
- 电缆本身（Cable Itself）；
- 负载端过渡区（Sink-Side Transition）；
- 负载端插头（Sink-Side Plug）。

根据电缆本身的材料，定义了四种类型的电缆组件。

导线：仅导线结构，无电路组件。

无源：导线和无源电路元件，没有有源电路元件。

有源：包含具有均衡器功能的有源电路元件，没有 Tx 或 Rx 功能。

转换器：包含 Rx 和 Tx 功能；在 Rx 和 Tx 功能之间可以使用任何传输介质，如无线、光纤等；充当 1 对 1 中继器，两端都是电缆插头。

◆ HDMI 电缆组件将在图 10-15 中所示的测试点 TP3 和 TP4 处进行测量。TP1 和 TP2 不可用，因为在测试期间无法访问插头和插座之间的连接点。因此，使用 TP3 和 TP4，即使在测试结果中包含了两端插座的影响。同样地，使用 TP6 代替 TP5，如图 10-15 所示。

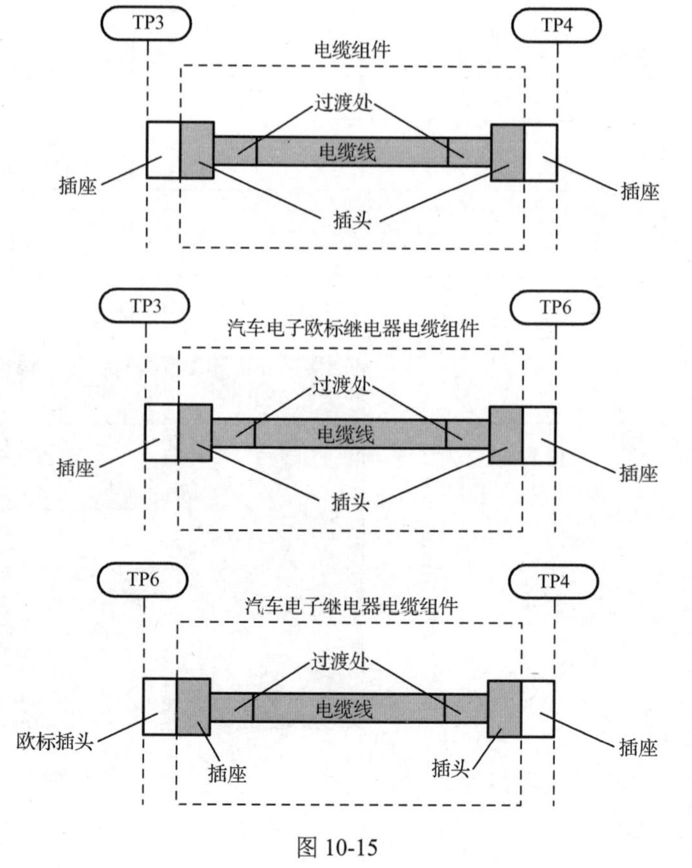


图 10-15

- 电缆组件的 TMDS 参数（Cable Assembly TMDS Parameters）如表 10-19 (Table 4-29)所示。

表 10-19

| 参　　数 | 类型 1（最高 74.25MHz） | 类型 2（最高 340MHz） |
| --- | --- | --- |
| 电缆组件对内最大偏差 | 151ps | 112ps |
| 电缆组件对间最大偏差 | 2.42ns | 1.78ns |
| 远端串扰 | <-20dB | <-20dB |
| 差分阻抗连接点和过渡区：到达 1ns<br>电缆区：1～2.5ns | 100Ω±15%<br>100Ω±10% | |

◆ 类型 1，支持时钟频率最大为 74.25MHz，电缆衰减限制-充分条件，如图 10-16 所示。

◆ 类型 2，支持时钟频率最大为 340MHz，电缆衰减限制-充分条件，如图 10-17 所示。

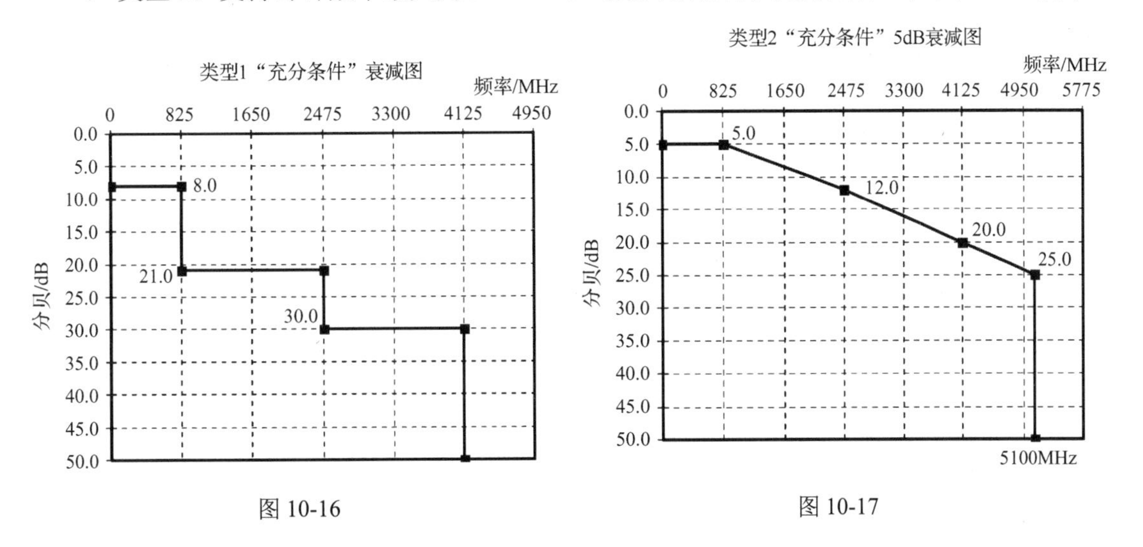


图 10-16　　　　图 10-17

提醒：其他几类不再复述，可通过查看标准学习。

### 1. 5V 电源信号规范

◆ HDMI 连接器其中一个引脚是 5V 电源引脚，允许源设备提供 5V 电压给电缆和负载设备。

- 每当 HDMI 源设备使用 DDC 或 TMDS 信号时，所有 HDMI 源设备应确保有+5V 电源信号；由源设备提供的+5V 电压应在规定的 TP1 电压范围内，HDMI 源设备的+5V 电压应具有不超过 0.5A 的过流保护能力。
- 所有 HDMI 源设备应能够向+5V 电源引脚提供至少 55mA 的电流。
- 负载设备从+5V 电源引脚吸取的电流不得超过 50mA。当负载设备上电时，它可以从+5V 电源信号中抽取不超过 10mA 的电流。负载设备在源设备提供+5V 电压过来后，它的+5V 电压应在规定的 TP2 电压范围内。
- 电缆组件即使连接到不超过 55mA 电流的源设备电源，它也应能够向负载设备的+5V 电源引脚提供至少 50mA 的电流。
- +5V 电源的回流路径为 DDC/CEC 的地，+5V 电源引脚的电压见表 10-20(Table 4-34)。

表 10-20

| 项　目 | 最 小 值 | 最 大 值 |
|---|---|---|
| TP1 电压 | 4.8V | 5.3V |

### 2. DDC（显示数据通道）

◆ HDMI 设备的 DDC 电气特性应符合表 10-21～表 10-23 中所示的数值。

表 10-21

| 项　目 | HDMI 源设备 | 电 缆 组 件 | HDMI 负载设备 |
|---|---|---|---|
| 串行数据线对 DDC/CEC 地 | 50pF | 700pF | 50pF |
| 串行时钟线对 DDC/CEC 地 | 50pF | 700pF | 50pF |

表 10-22

| 项　目 | HDMI 源设备 | 电缆组件 | | | HDMI 负载设备 |
|---|---|---|---|---|---|
| | | 汽车电子电缆 | 欧标继电器电缆 | 汽车电子继电器电缆 | |
| 串行数据线对 DDC/CEC 地 | 50pF | 700pF | 210pF | 490pF | 50pF |
| 串行时钟线对 DDC/CEC 地 | 50pF | 700pF | 210pF | 490pF | 50pF |

表 10-23

| 项　目 | 值 |
|---|---|
| 串行时钟和串行数据信号源端上拉电阻 | 最小 1.5kΩ，最大 2.0kΩ |
| 串行时钟信号负载端上拉电阻 | 47kΩ±10% |

### 3. 热插拔检测信号（Hot Plug Detect Signal，HPD）

◆ 热插拔检测信号的接地参考是 DDC/CEC 接地引脚。
◆ 热插拔检测信号所需的输出特性见表 10-24。

表 10-24

| 项　目 | 值 |
|---|---|
| 高电压电平（负载） | 最小 2.4V，最大 5.3V |
| 低电压电平（负载） | 最小 0V，最大 0.4V |
| 输出电阻 | 1000Ω±20% |

◆ 热插拔检测信号所需的检测电平见表 10-25。

表 10-25

| 项　目 | 值 |
|---|---|
| 高电压电平（源） | 最小 2.4V，最大 5.3V |
| 低电压电平（源） | 最小 0V，最大 0.8V |

提醒：许多 HDMI 负载设备只简单地通过 1kΩ 电阻将 HPD 信号连接到+5V 电源，因此可能需要源设备下拉 HPD 信号以便区分悬空的 HPD 和高电平 HPD 信号，也就是需要弱下拉源设备 HPD 信号。

#### 4. CEC 线（CEC Line）

- 线路连通性：任何两个 HDMI 连接器之间互连的 CEC 线的最大电阻值为 5Ω。
- 关电特性：在不上电状态下，最大的 CEC 线泄漏电流为 1.8μA。
- CEC 线电容如下所述。
  - CEC 根设备的中继器和源设备的 CEC 线的最大负载电容为 150pF。
  - CEC 根设备和负载设备的 CEC 线的最大负载电容为 200pF。
  - 电缆组件的 CEC 线的最大负载电容为 700pF。
  - 车用电缆组件的 CEC 线的最大负载电容为 700pF。
  - CE 中继器（CE Relay）电缆组件的 CEC 线的最大负载电容为 210pF。
  - 车用中继器（Automotive Relay）电缆组件的 CEC 线的最大负载电容为 490pF。

#### 5. Utility Line

- 公用信号（Utility Signal）的地参考是 DDC/CEC 的地信号，如表 10-26 所示。

表 10-26

| 项　　目 | 值 |
|---|---|
| 阻抗 | 55Ω±35% |

## 10.4 信号和编码

HDMI 编码器/解码器概述图如图 10-18 所示。

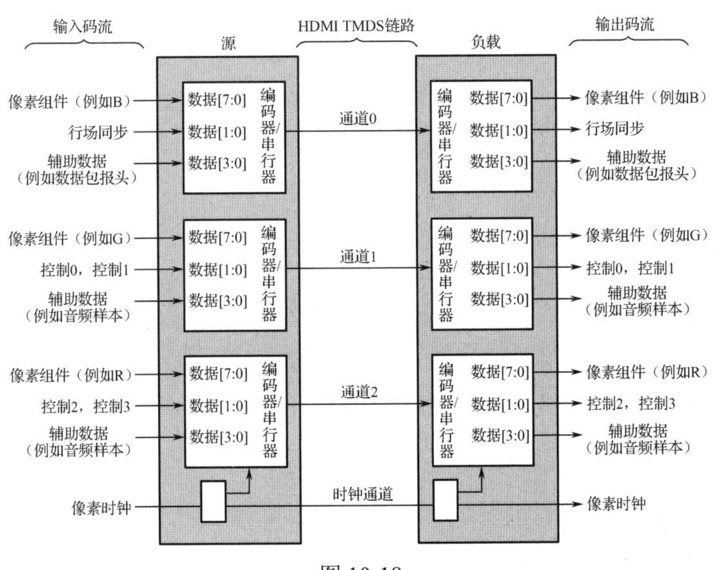


图 10-18

## 10.5 眼图和眼图模板

眼图是一系列数字信号在示波器上累积而显示的图形，它包含了丰富的信息。从眼图上可以观察出码间串扰和噪声的影响，体现数字信号整体的特征，从而估计系统的优劣程度，因而眼图分析是高速互联系统信号完整性分析的核心，如图 10-19 所示。眼图模板的定义如图 10-20 所示。

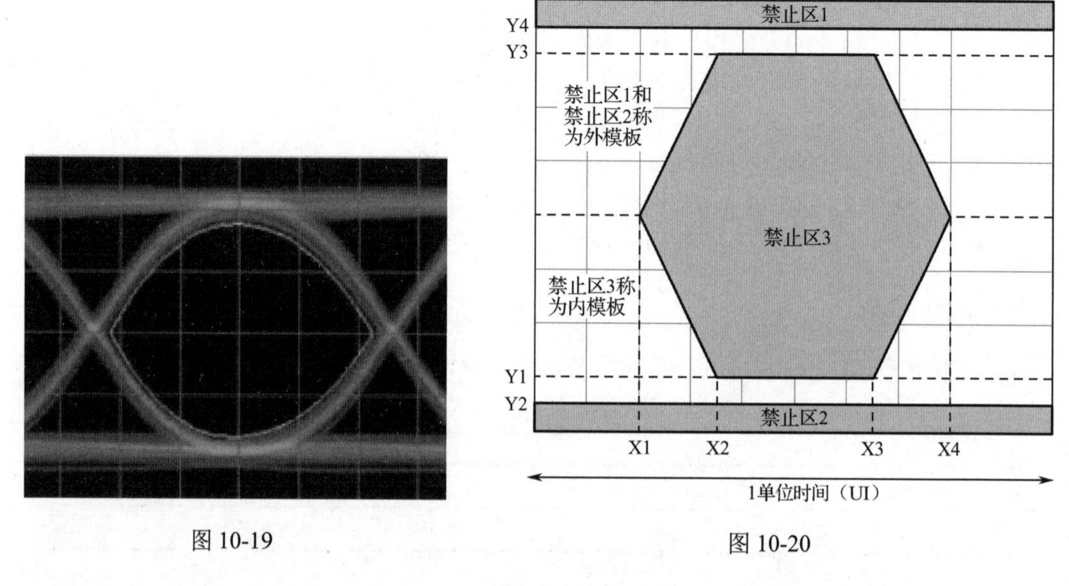


图 10-19　　　　图 10-20

例如，TI 的 Tlk2201b 的 1.25Gbps SGMII 信号的眼图模板如表 10-27 所示。

表 10-27

| 参　　数 | 测试条件 | 最小值 | 典型值 | 最大值 | 单　位 |
|---|---|---|---|---|---|
| $V_{od}=\|T_{xD}-T_{xN}\|$ | $R_T$=50Ω | 600 | 850 | 1100 | mV |
| | $R_T$=75Ω | 800 | 1050 | 1200 | |
| 传输共模电压范围 | $R_T$=50Ω | 1000 | 1250 | 1400 | mV |
| | $R_T$=75Ω | 1000 | 1250 | 1400 | |
| 接收器输入电压要求 | | 200 | | 1600 | mV |
| 接收器共模电压范围 | | 1000 | 1250 | 2250 | mV |
| 接收器输入泄漏电流：$I_{lkg(R)}$ | | −350 | | 350 | uA |
| 接收器输入电容：$C_I$ | | | | 2 | pF |
| 串行数据总抖动（峰峰值）：$t_{TJ}$ | | | | 0.24 | UI |
| 串行数据确定性抖动（峰峰值）：$t_{DJ}$ | | | | 0.12 | UI |
| 串行数据抖动容忍度最低眼图打开要求（根据 IEEE-802.3 规范） | | | | 0.25 | UI |

- 表 10-27 中，$V_{od}$ 的差分摆幅最大值为 1100mV，最小值为 600mV。由此可以得到发送

端信号眼图模板的垂直刻度：

Y1=-(1100mV/2)=-550mV；

Y4=-Y1=550mV；

Y2=-(600mV/2)=-300mV；

Y3=-Y2=300mV。

- 发送端允许的最大总体抖动 $t_{TJ}$ 为 0.24UI。将该抖动裕量分配到眼图两侧，各占 0.12UI，也就是 X1、X4 离两侧分别为 TJ/2。因此可以得到 X1=0.12UI，X4=(1-0.12)UI=0.88UI。
- 1.25Gbps 位宽为 800ps。
- 考虑一个极限情况，即一个上升沿，其抖动为允许的值，即 50%电平处的水平位置刚好在 X1 处；其上升时间也是允许的值；其摆幅是允许的值。这个情况下的信号紧挨着模板的边沿，如图 10-21 中的白色线段所示。

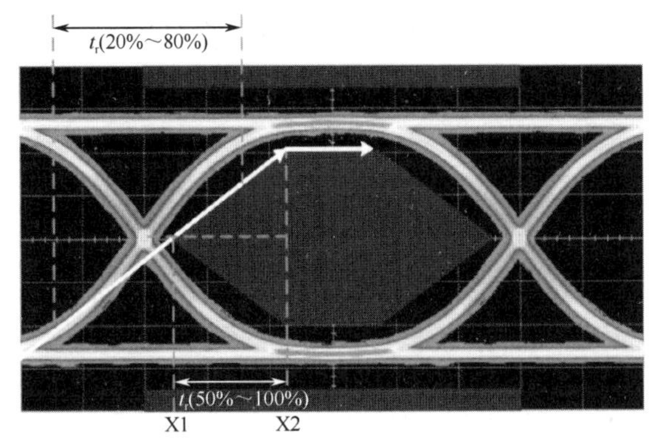


图 10-21

- 芯片手册中规定了发送端信号的上升/下降时间（20%～80%）为 250ps，那么 50%～100%的时间为 208.33ps，即 208/800=0.26UI，这就是 X2-X1 的宽度，因此可以得到 X2=0.26UI+X1=0.38UI。由对称性可知，X3=0.88-0.26=0.62UI。
- 到此，通过芯片的电气规格特性，推导出了眼图模板的 X1～X4、Y1～Y4 等参数，在 HyperLynx 软件中设置 SGMII 眼图模板，如图 10-22 所示。

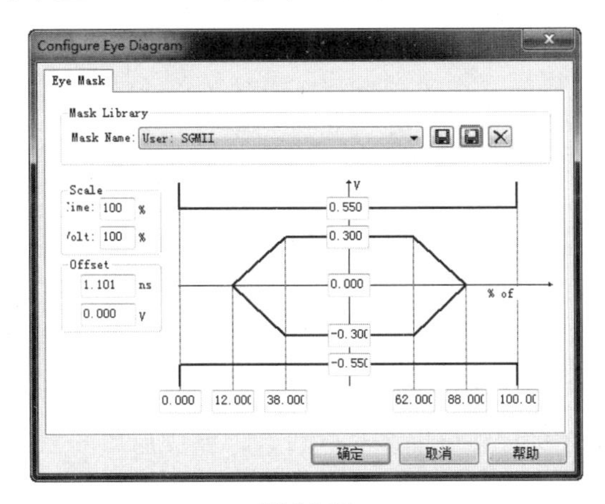


图 10-22

➢ 在 HyperLynx 软件中设置 HDMI 眼图模板的具体步骤如下所述。

第 1 步：双击软件图标“ ”，启动 HyperLynx 软件。

第 2 步：在弹出的对话框中单击图标“ ”，新建一个原理图。

第 3 步：单击示波器图标“ ”，出现数字示波器，如图 10-23 所示。图 10-23 中的“①”处框里面有软件系统自带的总线眼图模板。

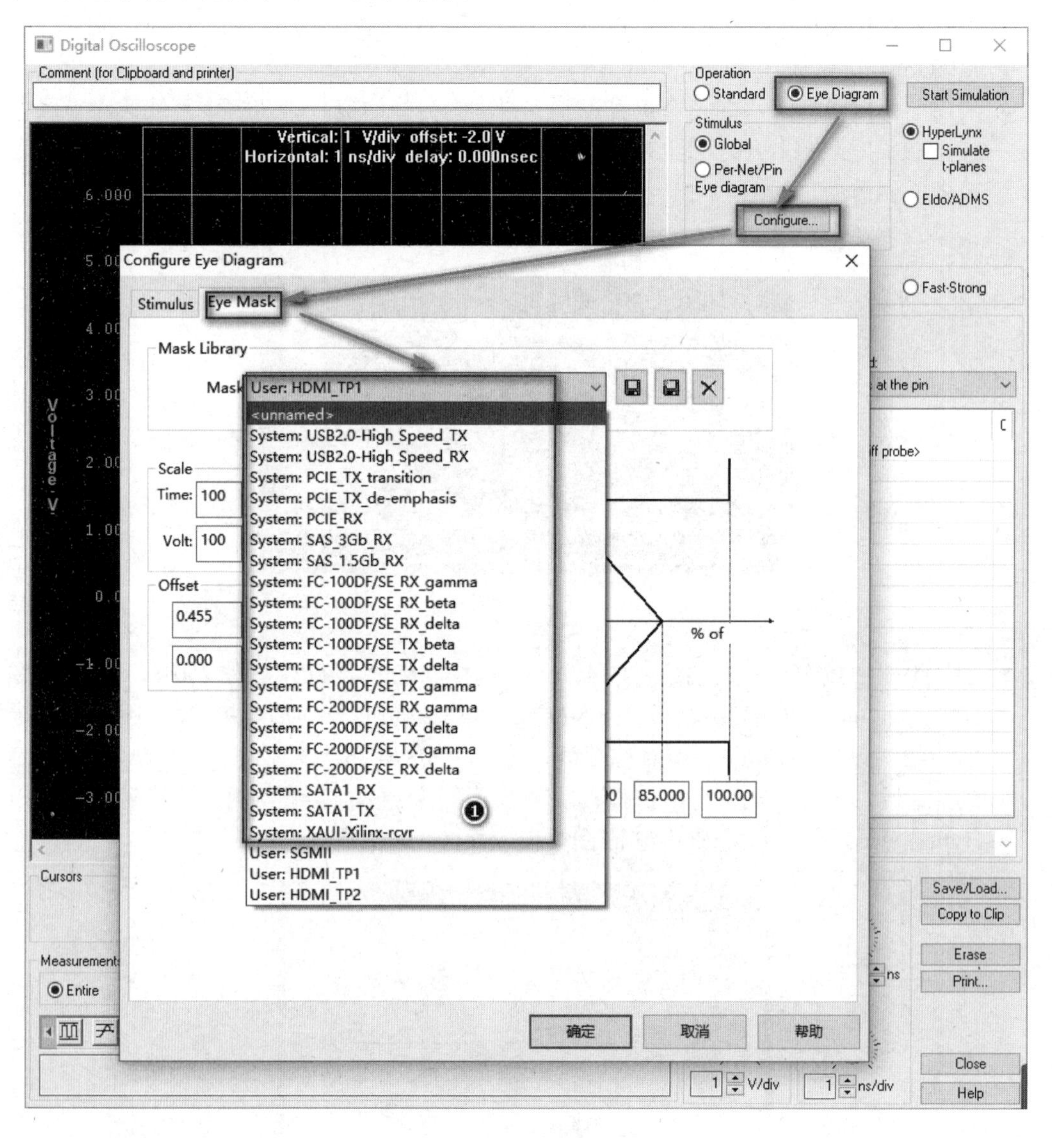


图 10-23

第 4 步：按图 10-24 中所示的步骤进行设置。

第 5 步：TP2 处的眼图模板按上面的步骤设置，完成后如图 10-25 所示。

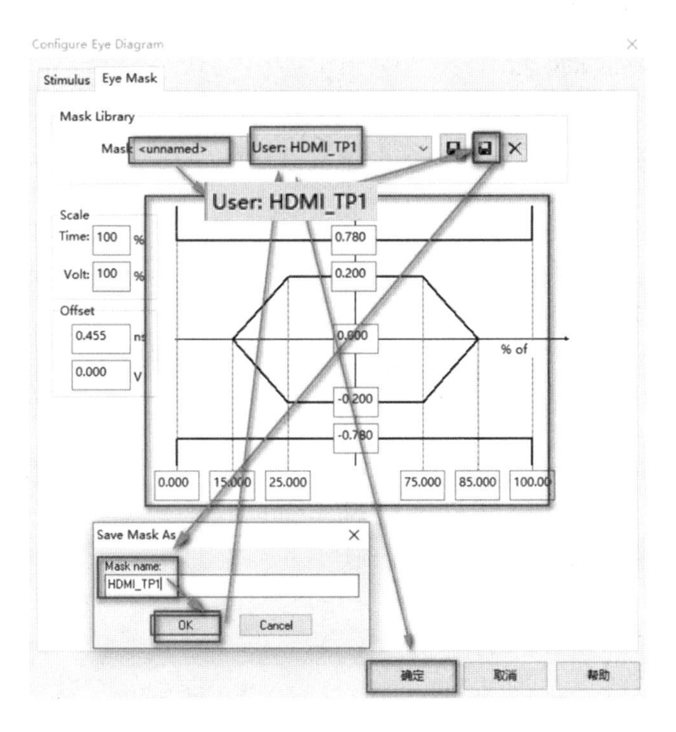
Configure Eye Diagram
Stimulus
Eye Mask
Mask Library
Mask
<unnamed>
User: HDMI_TP1
User: HDMI_TP1
Scale
Time: 100 %
Volt: 100 %
Offset
0.455 ns
0.000 V
0.780
0.200
0.000
-0.200
-0.780
% of
0.000
15.000
25.000
75.000
85.000
100.00
Save Mask As
Mask name:
HDMI_TP1
OK
Cancel
确定
取消
帮助

图 10-24

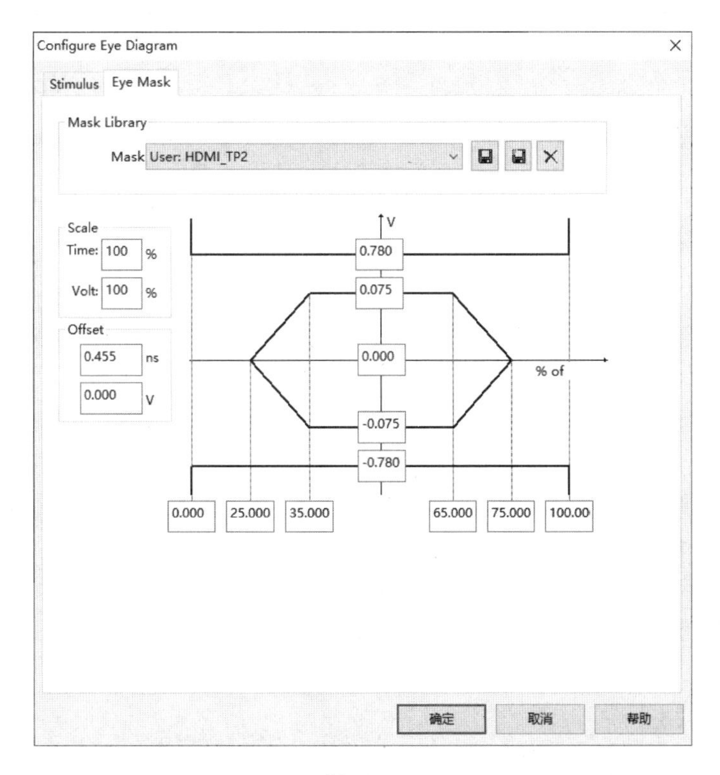
Configure Eye Diagram
Stimulus
Eye Mask
Mask Library
Mask User: HDMI_TP2
Scale
Time: 100 %
Volt: 100 %
Offset
0.455 ns
0.000 V
V
0.780
0.075
0.000
-0.075
-0.780
% of
0.000
25.000
35.000
65.000
75.000
100.00
确定
取消
帮助

图 10-25

# 10.6 HDMI 仿真示例

## 10.6.1 源设备侧眼图建模仿真示例

源设备侧眼图建模仿真示例具体介绍如下所述。

第 1 步：根据图 10-26，建立源设备测试的简化 HyperLynx 原理图，并将其命名为 10HDMI_PULLUP_ 50R_ADV7513_165M.ffs。

第 2 步：单击原理图组件栏中的 IC 差分图标“”，放置差分 IC，如图 10-27 所示。

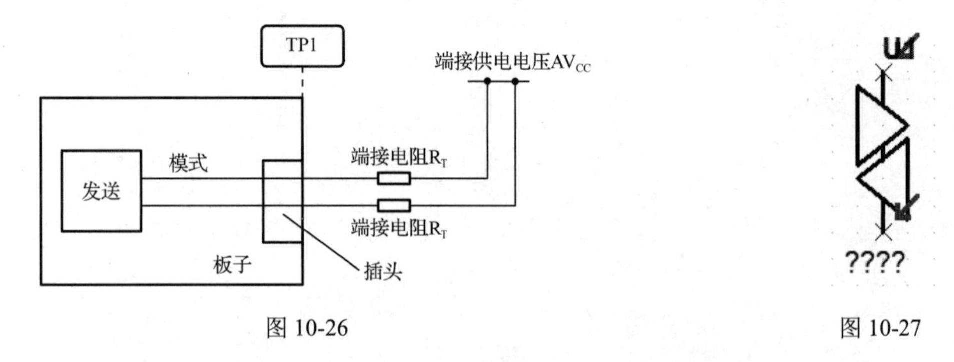


图 10-26　　　　图 10-27

第 3 步：单击叠层图标“”，利用叠层结构阻抗计算器算好线宽和线距，如图 10-28 所示。

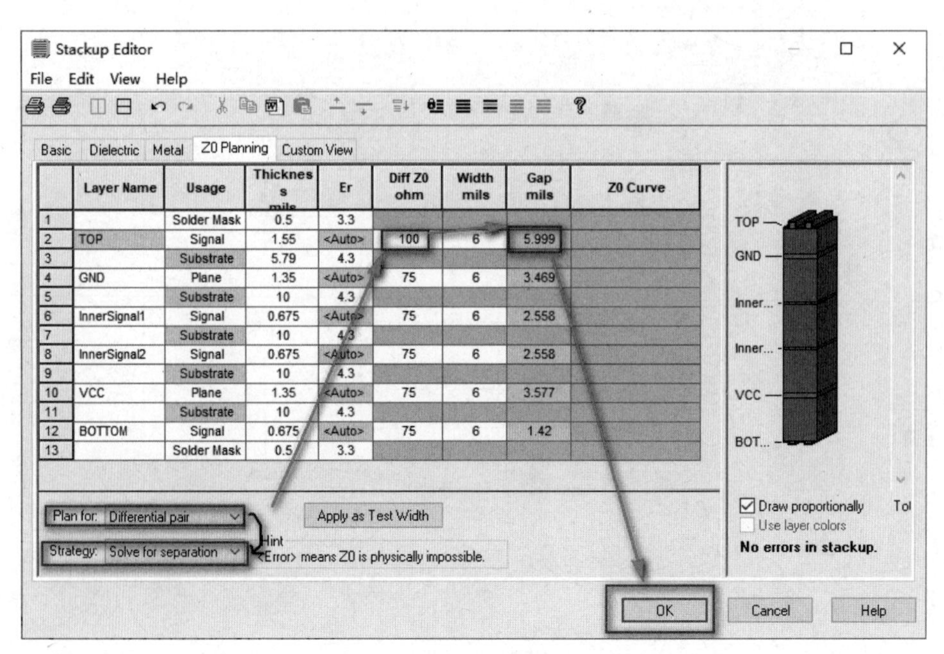


图 10-28

第 4 步：单击传输线图标“”，放置 TL1/TL2。选中 TL1/TL2，单击鼠标右键，执行菜单命令“Couple”，在弹出的对话框中按图 10-29 中所示的操作进行设置。

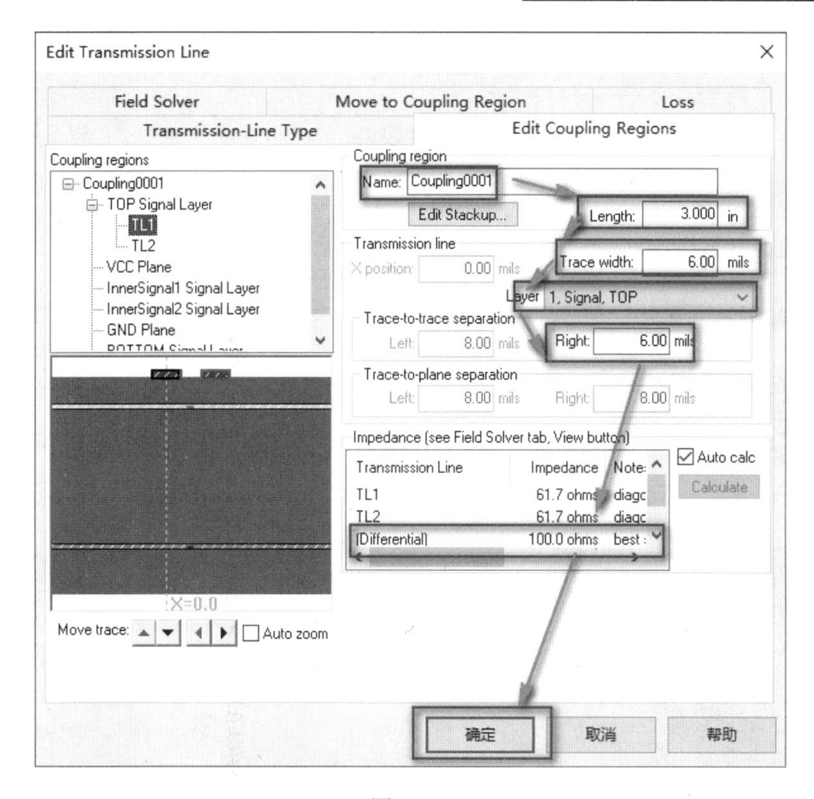


图 10-29

第 5 步：设置完成后，原理图如图 10-30 所示。

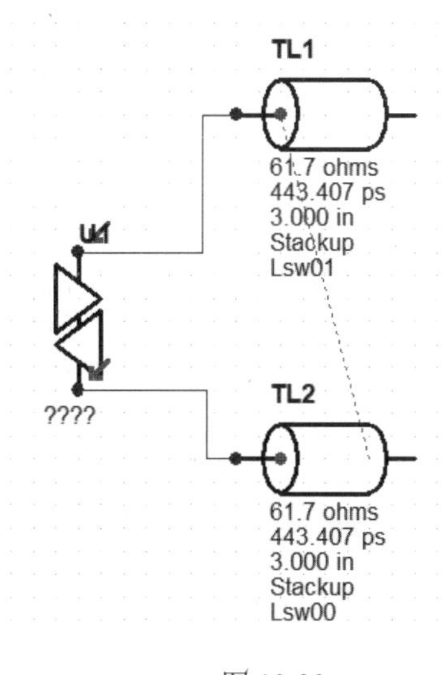


图 10-30

第 6 步：下载 HDMI 的驱动和接收模型，如图 10-31 所示。单击图 10-34 中的“音频和视频产品”，在打开的网页中单击“ HDMI/DVI发送器 ”，然后在打开的网页中选择“ADV7513”，如图 10-32 所示。

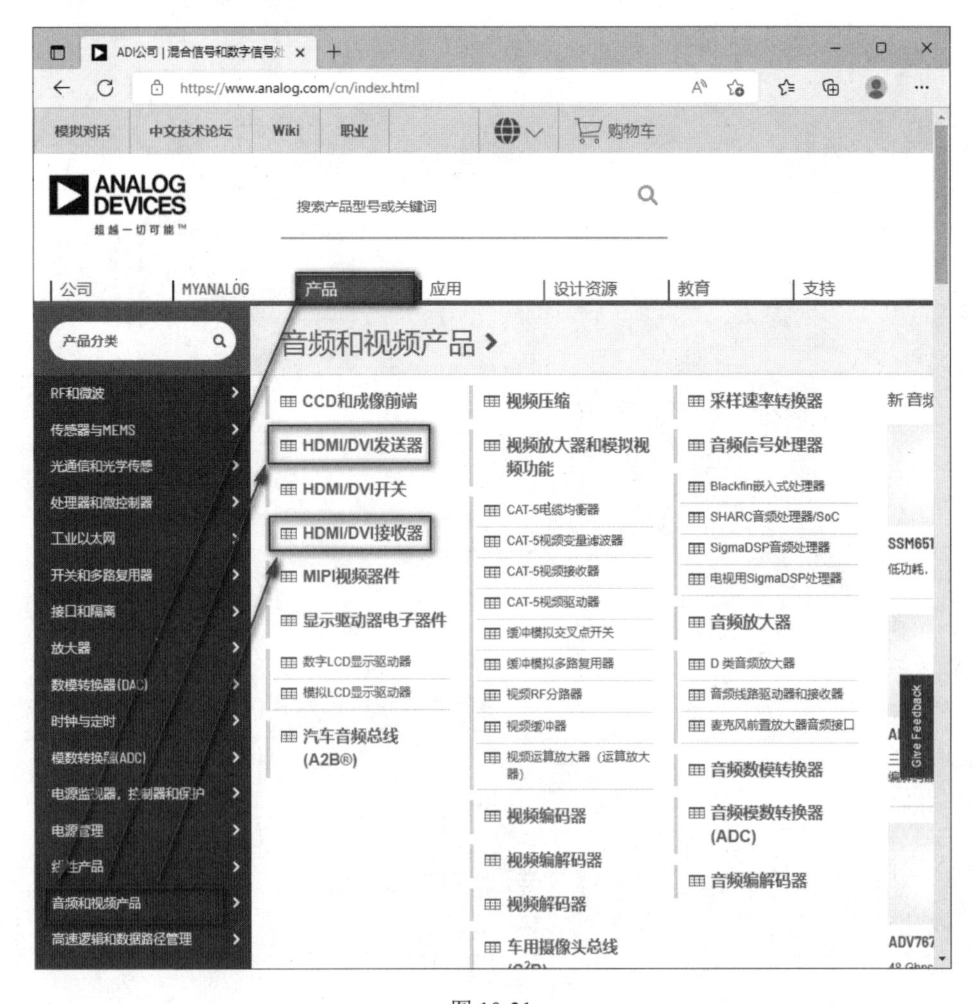


图 10-31

ADV7513　　Check Distributor Inventory　　HDMI/DVI Tx　　Pixel Bus　　24-bit Pixel Bus

图 10-32

第 7 步：单击图 10-32 中的 HDMI 发送器 ADV7513，在出现的网页中选择“ADV7513 IBIS Model”，如图 10-33 所示。下载下来的 ADV7513 的 IBIS 模型是 adv7513.ibs。

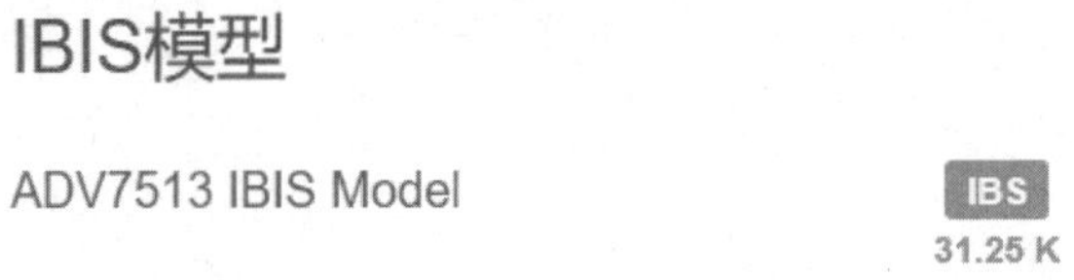

IBIS模型

ADV7513 IBIS Model　　IBS 31.25 K

图 10-33

第 8 步：下载一个接收芯片的 IBIS 模型（adv7611.ibs）。

第 9 步：将下载下来的 adv7513.ibs 加载到原理图中，如图 10-34 所示。

第 10 步：单击组件栏中的电阻图标“ ”，放置 R1/R2 并将其设置为 50Ω，同时让寄生设置成最小，放置完电阻的原理图如图 10-35 所示。

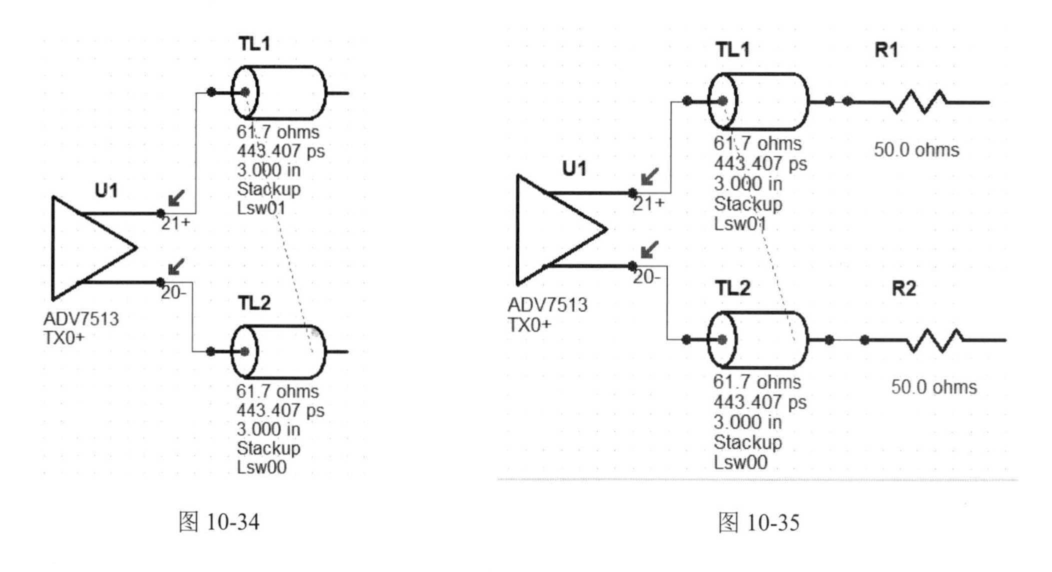


图 10-34　　　　图 10-35

第 11 步：单击组件栏中的上拉电源图标“ ”，放置完上拉电源的原理图如图 10-36 所示。

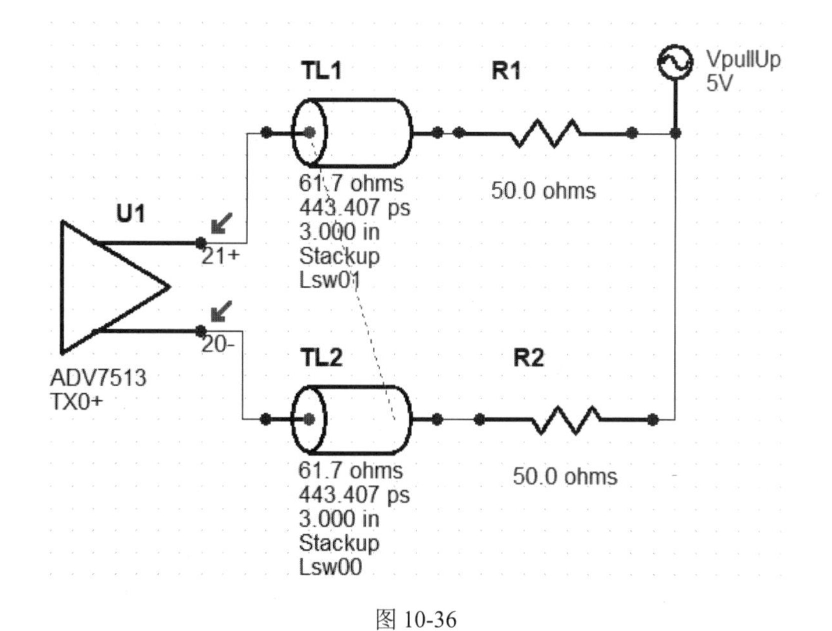


图 10-36

第 12 步：按照图 10-37 中所示的步骤设置 AVCC 的 3.3V 电源。

第 13 步：双击图 10-37 中的上拉电源 VpullUp，在弹出的对话框中选择 AVCC，单击“OK”按钮，如图 10-38 所示。

第 14 步：改好上拉电源 VpullUp 后的原理图如图 10-39 所示。

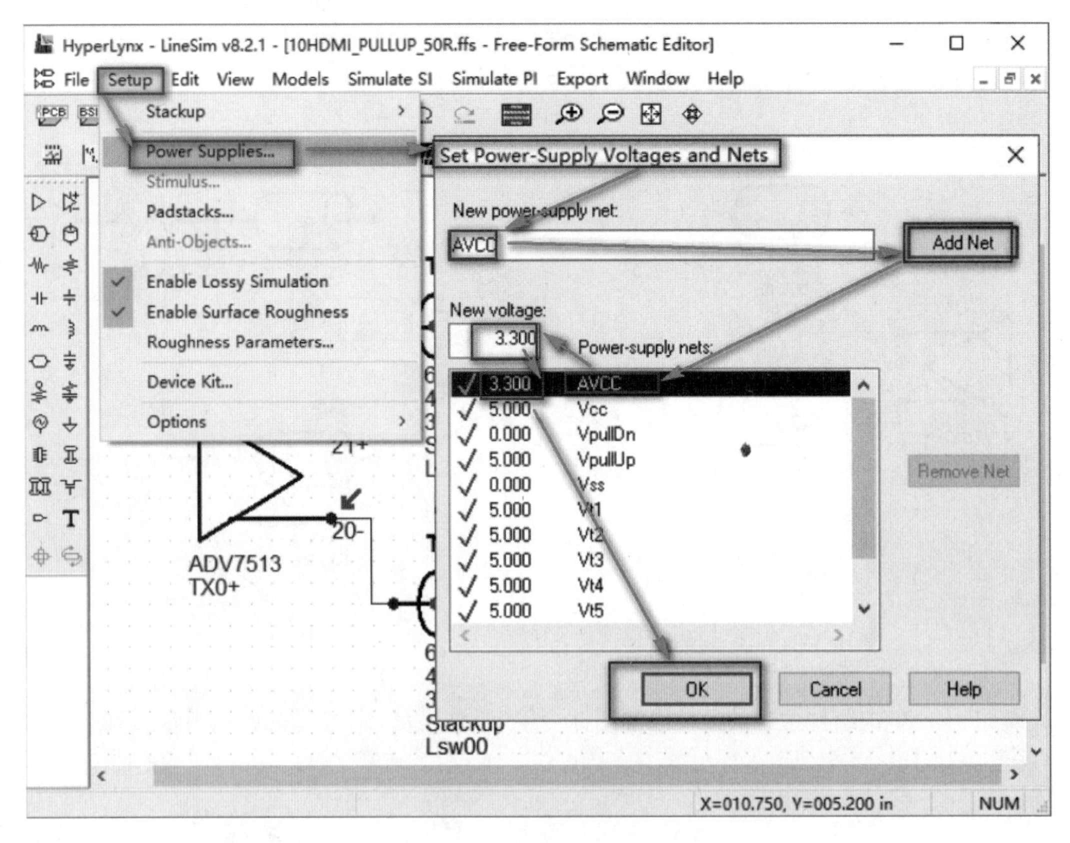


图 10-37

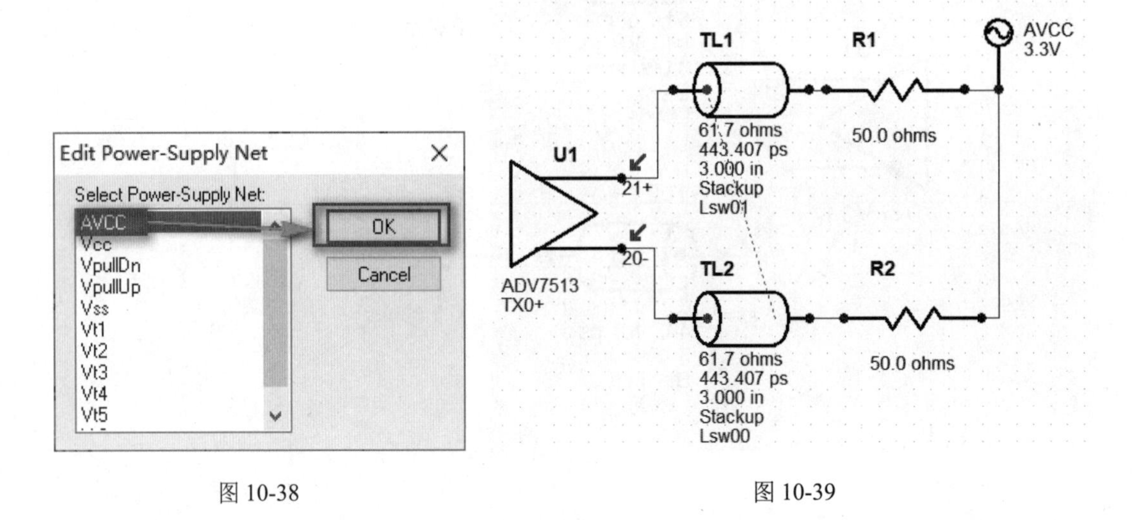


图 10-38　　　　图 10-39

第 15 步：单击工具栏中的示波器图标“”，按照图 10-40 中所示的步骤配置眼图。

第 16 步：双击原理图中的“ADV7513”后，在弹出的对话框中按照图 10-41 中所示的步骤进行设置。

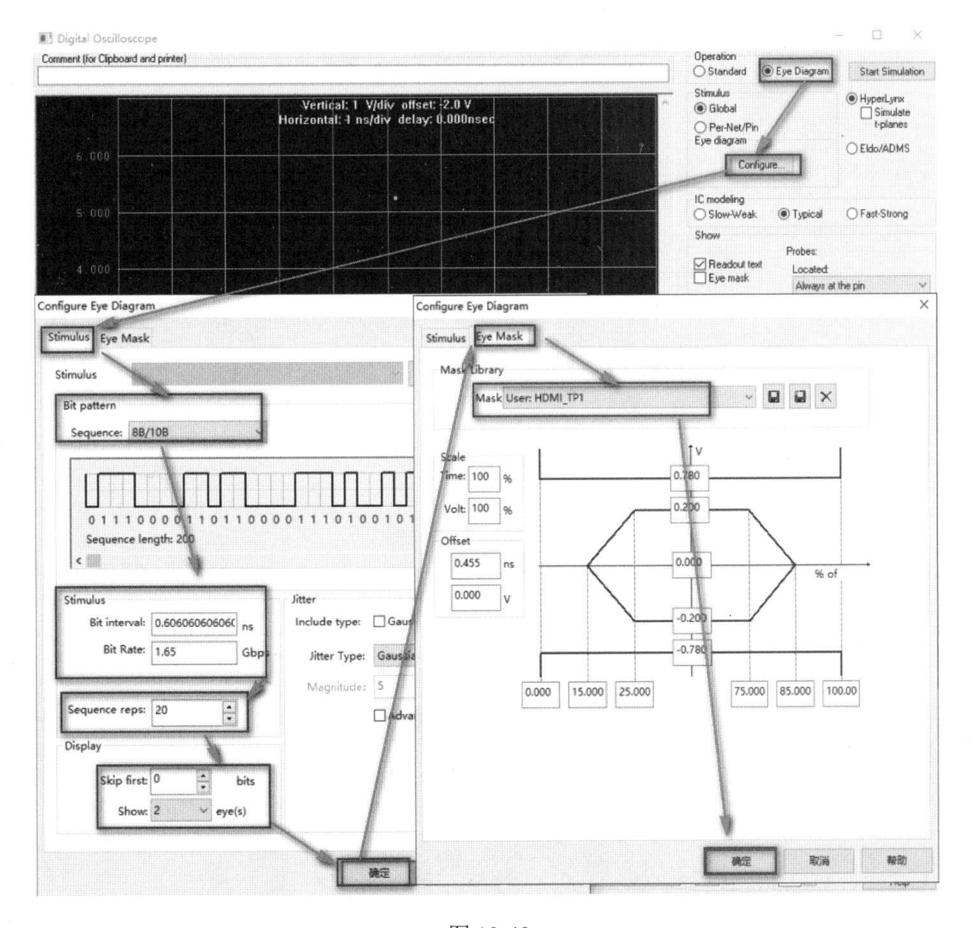

Digital Oscilloscope
Comment (for Clipboard and printer)
Vertical: 1 V/div offset: -2.0 V
Horizontal: 1 ns/div delay: 0.000nsec
6.000
5.000
4.000
Operation
Standard
Eye Diagram
Start Simulation
Stimulus
Global
Per-Net/Pin
Eye diagram
HyperLynx
Simulate t-planes
Eldo/ADMS
Configure...
IC modeling
Slow-Weak
Typical
Fast-Strong
Show
Readout text
Eye mask
Probes:
Located:
Always at the pin
Configure Eye Diagram
Stimulus
Eye Mask
Stimulus
Bit pattern
Sequence: 8B/10B
0 1 1 1 0 0 0 0 1 1 0 1 1 0 0 0 0 1 1 1 0 1 0 0 1 0 1
Sequence length: 200
Stimulus
Bit interval: 0.606060606060 ns
Bit Rate: 1.65 Gbps
Jitter
Include type:
Jitter Type:
Magnitude: 5
Sequence reps: 20
Display
Skip first: 0 bits
Show: 2 eye(s)
确定
Configure Eye Diagram
Stimulus
Eye Mask
Mask Library
Mask User: HDMI_TP1
Scale
Time: 100 %
Volt: 100 %
Offset
0.455 ns
0.000 V
V
0.780
0.200
0.000
-0.200
-0.780
% of
0.000
15.000
25.000
75.000
85.000
100.00
确定
取消
帮助


图 10-40

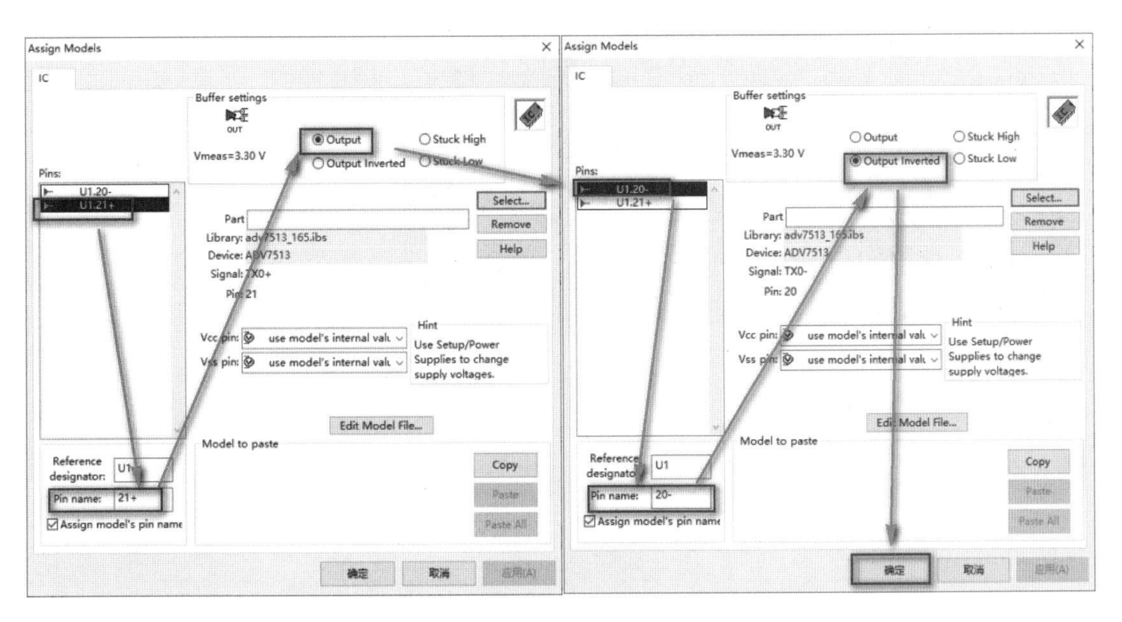

Assign Models
IC
Buffer settings
OUT
Vmeas=3.30 V
Output
Output Inverted
Stuck High
Stuck Low
Pins:
U1.20-
U1.21+
Select...
Remove
Help
Part
Library: adv7513_165.ibs
Device: ADV7513
Signal: TX0+
Pin: 21
Vcc pin:
Vss pin:
use model's internal valu
Hint
Use Setup/Power Supplies to change supply voltages.
Edit Model File...
Model to paste
Copy
Paste
Paste All
Reference designator: U1
Pin name: 21+
Assign model's pin name
确定
取消
应用(A)
Assign Models
IC
Buffer settings
OUT
Vmeas=3.30 V
Output
Output Inverted
Stuck High
Stuck Low
Pins:
U1.20-
U1.21+
Select...
Remove
Help
Part
Library: adv7513_165.ibs
Device: ADV7513
Signal: TX0-
Pin: 20
Vcc pin:
Vss pin:
use model's internal valu
Hint
Use Setup/Power Supplies to change supply voltages.
Edit Model File...
Model to paste
Copy
Paste
Paste All
Reference designator: U1
Pin name: 20-
Assign model's pin name
确定
取消
应用(A)


图 10-41

第 17 步：双击示波器里面的“<Insert diff probe>”，在弹出的对话框中按照图 10-42 中所示进行操作。

第 18 步：单击图 10-42 中的“OK”按钮后，R1.1 与 R2.1 组成的差分对就出现在探头图中，如图 10-43 所示。

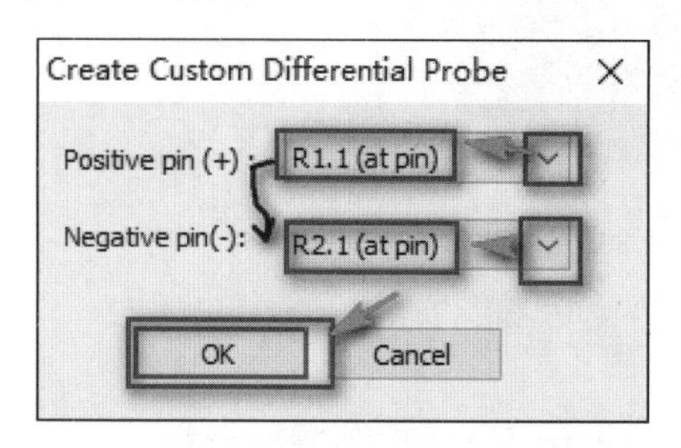


图 10-42

图 10-43

第 19 步：在示波器中按照图 10-44 中所示进行操作。

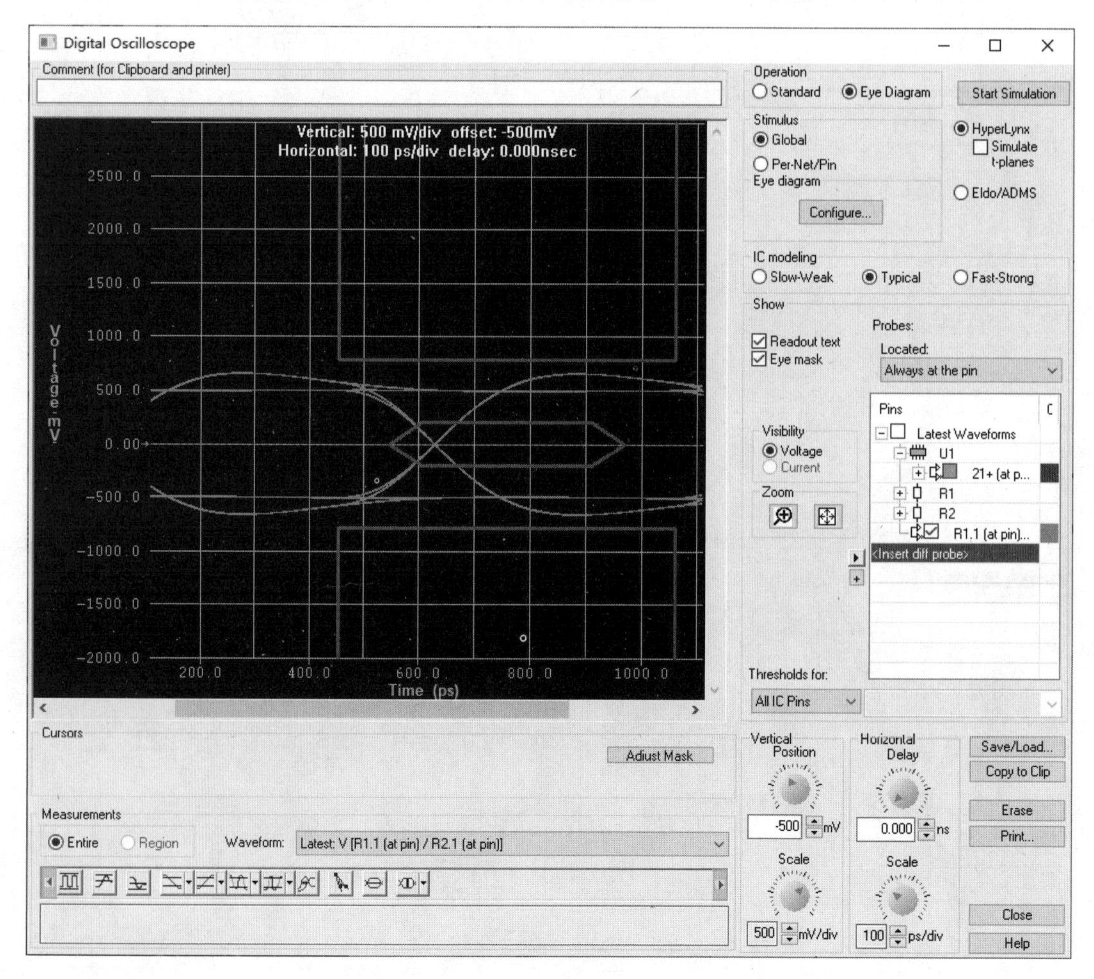


图 10-44

第 20 步：单击“Adjust Mask”，把眼图框移动到眼图中央，如图 10-45 所示。

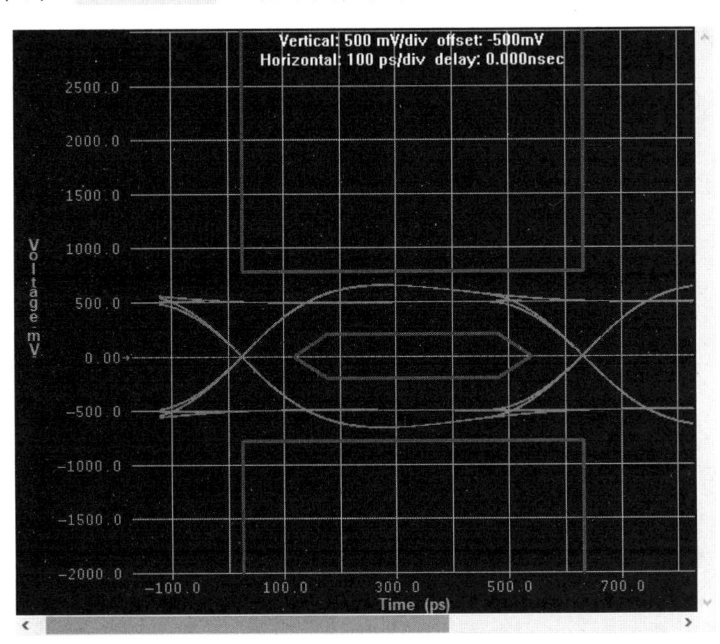


图 10-45

第 21 步：明显眼图符合要求，我们加入 5%的高斯抖动，将原理图文件另存为 10HDMI_PULLUP_ 50R_5%jitter.ffs，具体操作如图 10-46 所示。

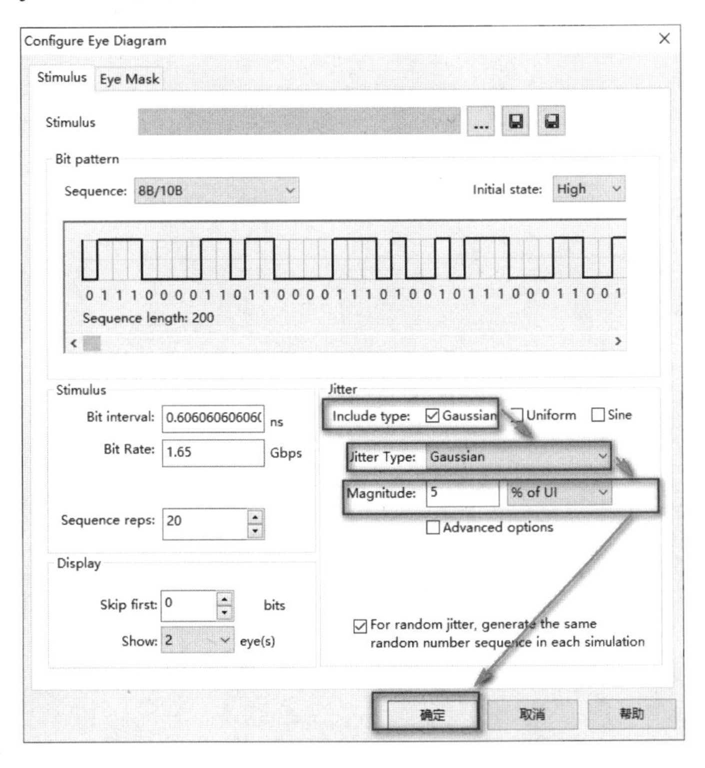


图 10-46

第 22 步：再次仿真，眼图如图 10-47 所示。

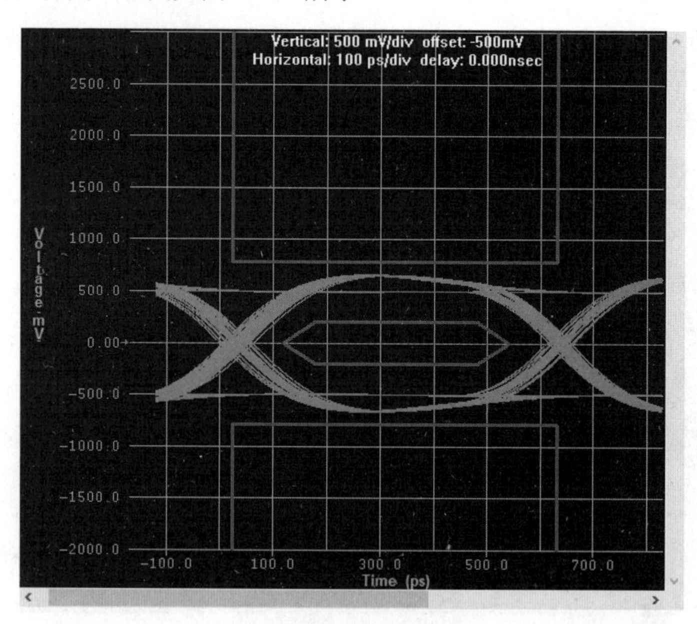


图 10-47

第 23 步：如图 10-48 所示，将序列改成 100 后，单击“确定”按钮，并将原理图文件另存为 10HDMI_PULLUP_50R_5%jitter_100.ffs。

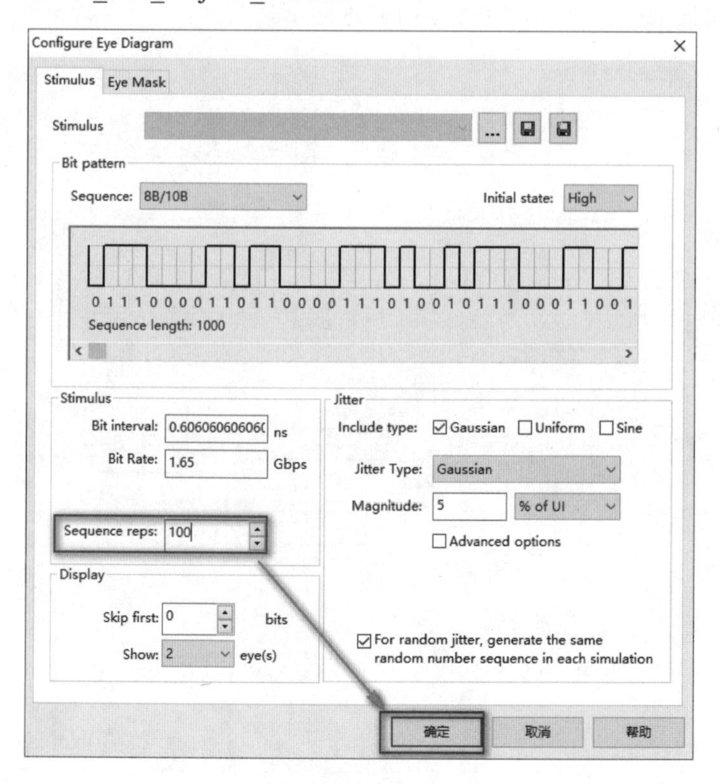


图 10-48

第 24 步：再次仿真，眼变密集了，如图 10-49 所示。

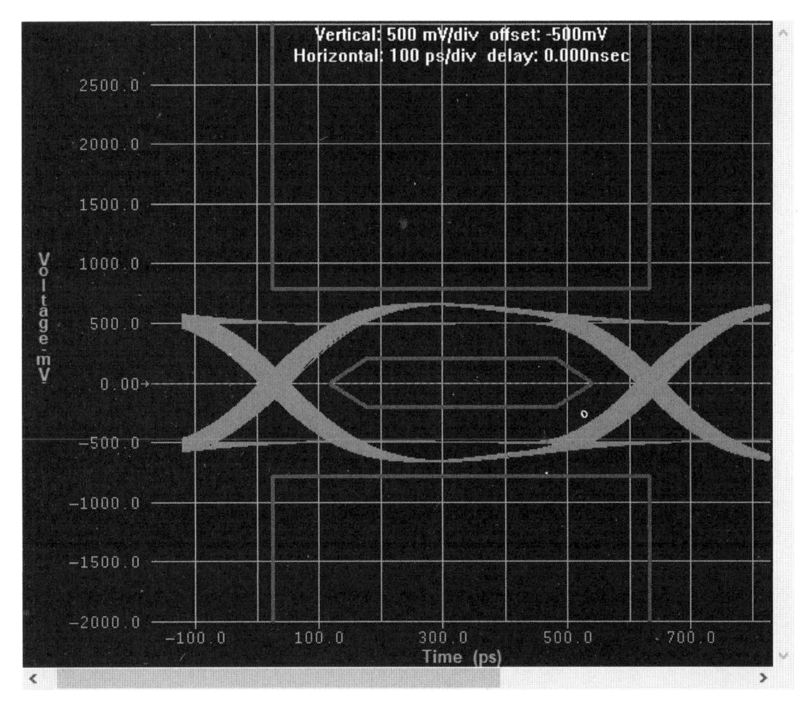


图 10-49

第 25 步：如图 10-50 所示，把驱动芯片变成 ADV7511，并将原理图文件另存为 10HDMI_PULLUP_50R_5%jitter_100_ADV7511_225M.ffs。

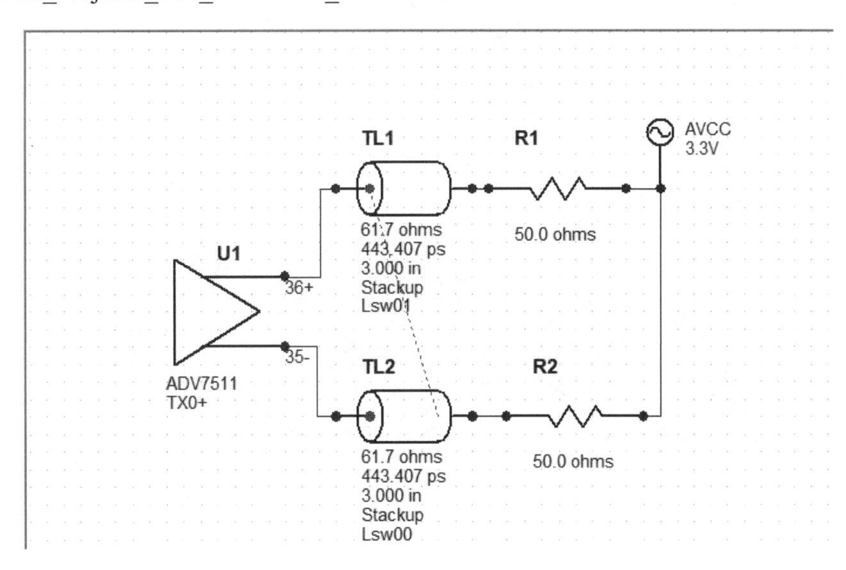


图 10-50

第 26 步：如图 10-51 所示，将速率改成 2.25Gbps，单击“确定”按钮。

第 27 步：再次仿真，如图 10-52 所示为 2.25Gbps 的眼图。

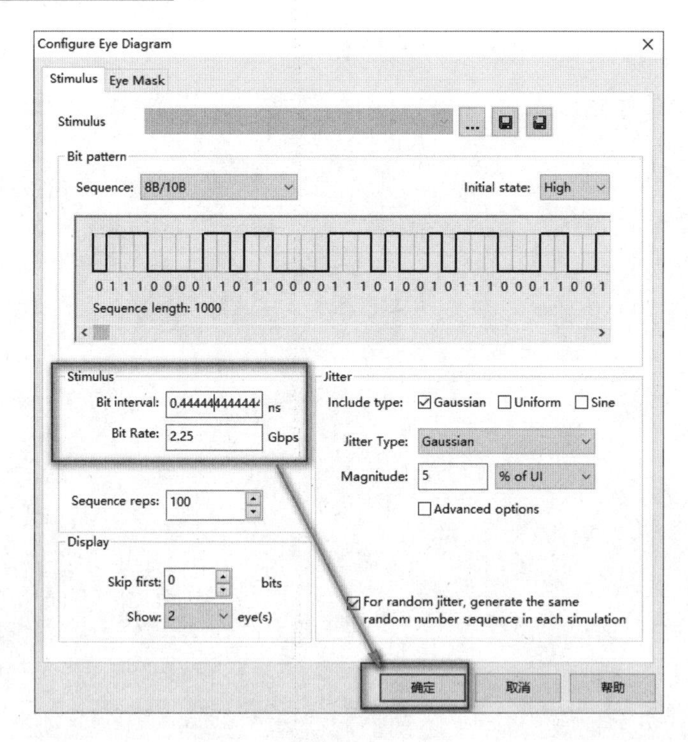


图 10-51

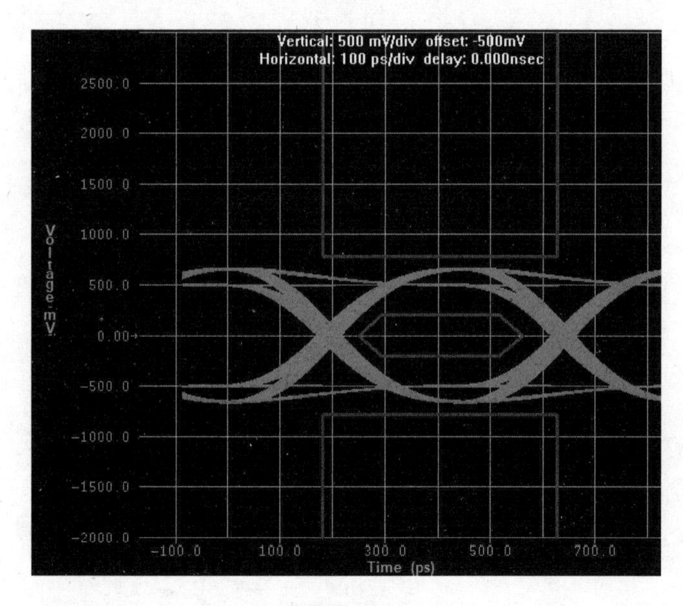


图 10-52

### 10.6.2 HDMI 差分对长度仿真示例

HDMI 差分对长度仿真示例操作步骤如下。

第 1 步：把 10HDMI_PULLUP_50R_5%jitter_100_ADV7511_225M.ffs 另存为 10HDMI_PULLUP_50R_5%jitter_100_ADV7511_225M_sweep_1_8inch.ffs。

第 2 步：单击 Sweep Manager 图标“▆”，在弹出的对话框中按照图 10-53 中所示的步骤进行操作。

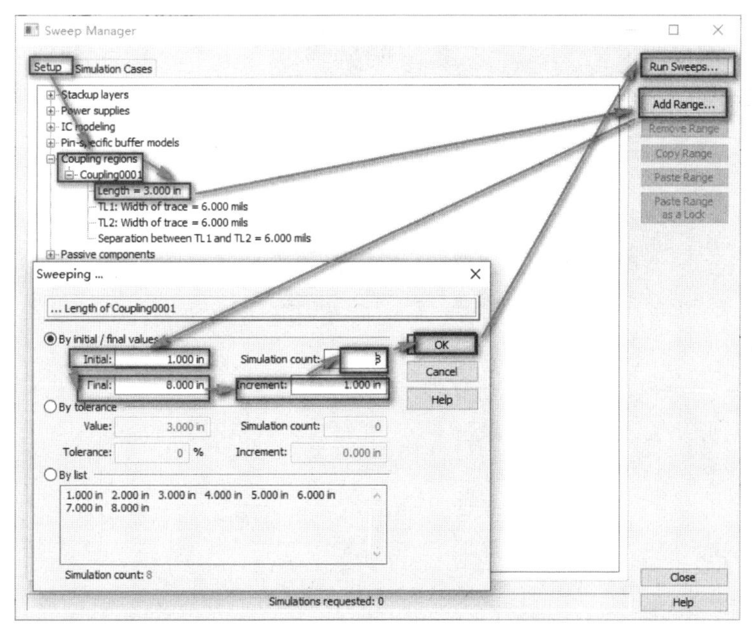


图 10-53

第 3 步：扫描传输线长度进行仿真，如图 10-54 所示为扫完 8 个长度后的眼图。

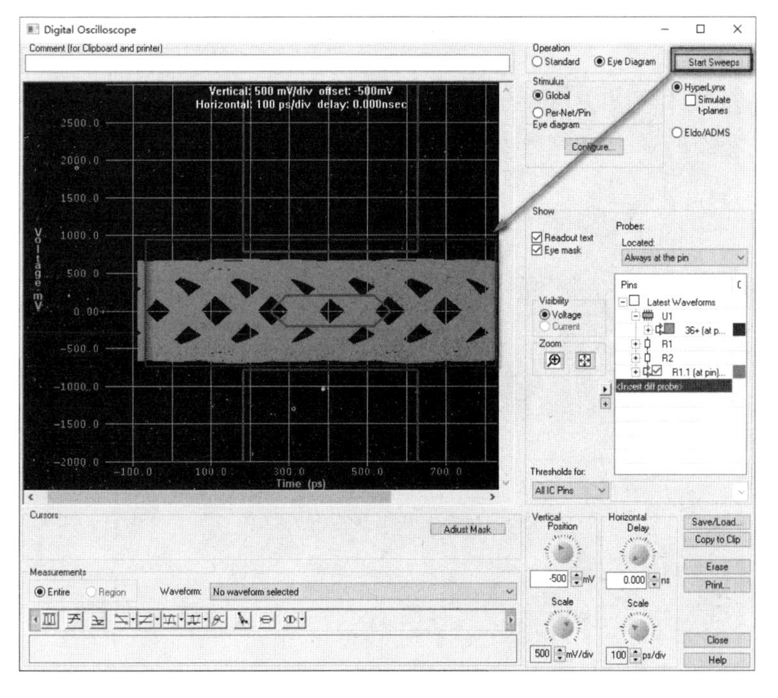


图 10-54

① 传输线为 1in 的眼图如图 10-55 所示。

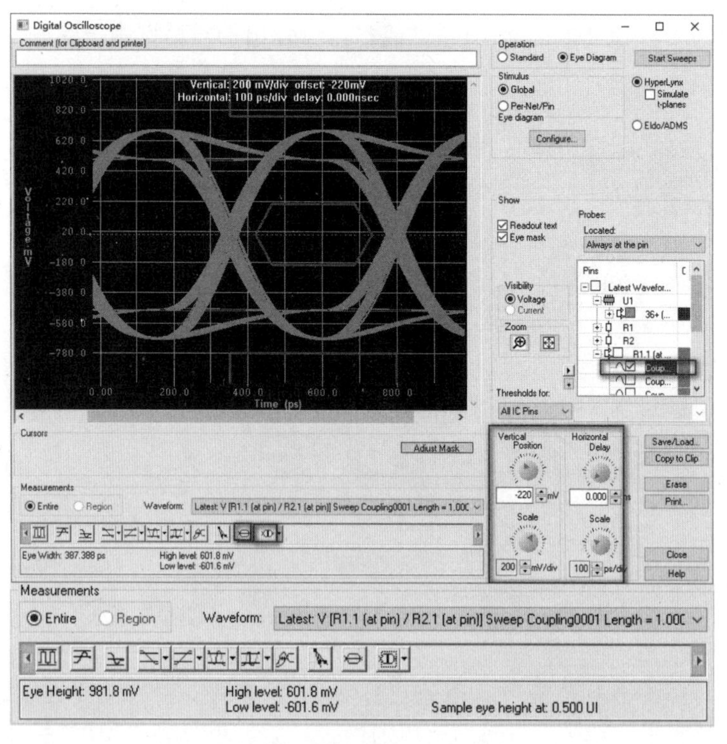


图 10-55

② 传输线为 8in 的眼图如图 10-56 所示。

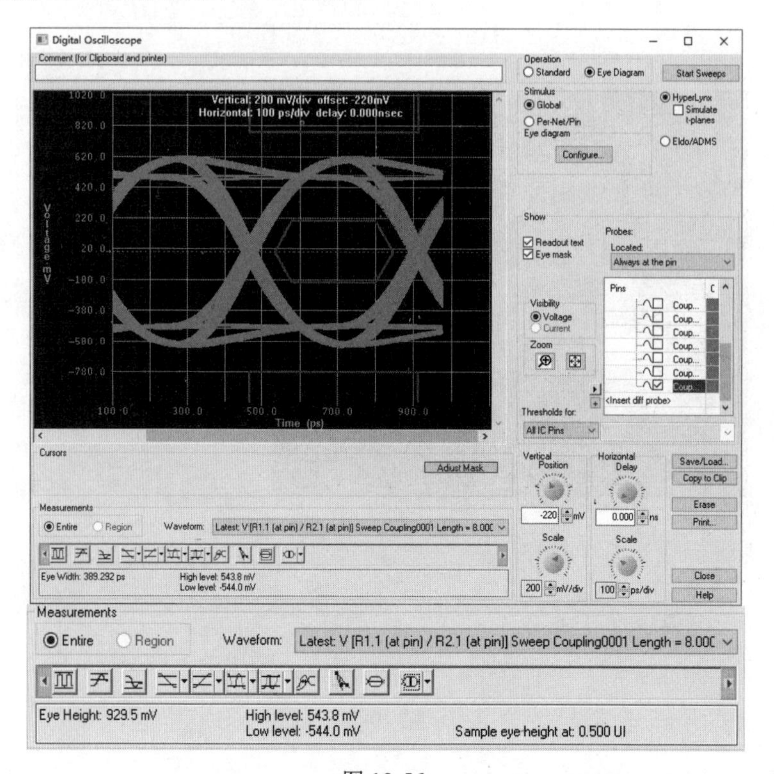


图 10-56

第 4 步：再扫一次传输线长度，从 25in 到 30in。如图 10-57 所示为 28in 的眼图。

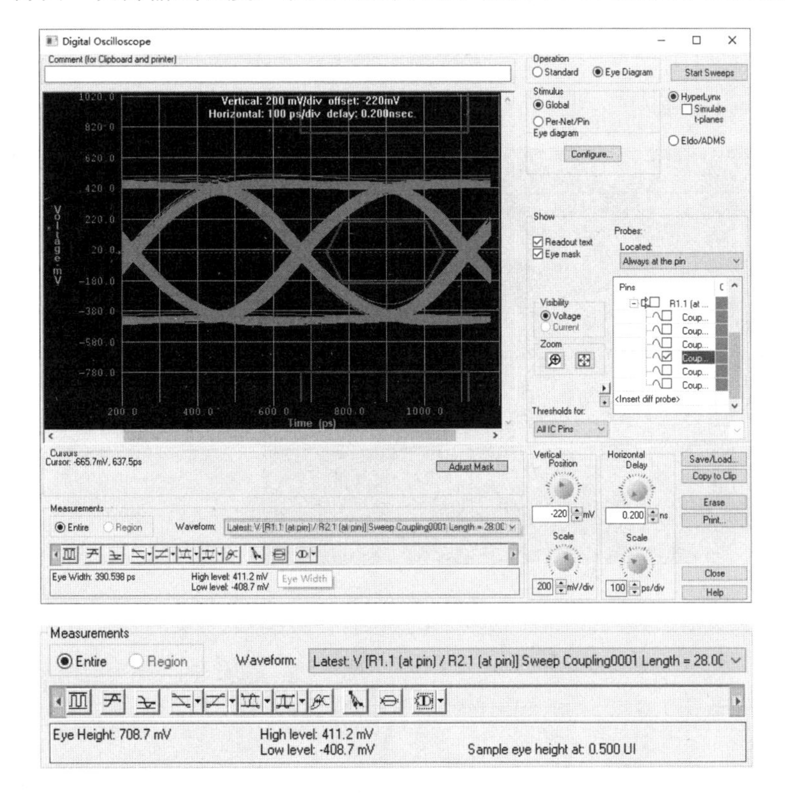


图 10-57

当传输线长度为 28in 的时候眼图已经不好了，即在这种链路下最长到 28in，同时从中可以发现传输线长度变长后眼图的眼高变化明显。

第 5 步：将介电常数改成 2.8、介质损耗改成 0.002，单击“OK”按钮，如图 10-58 所示。

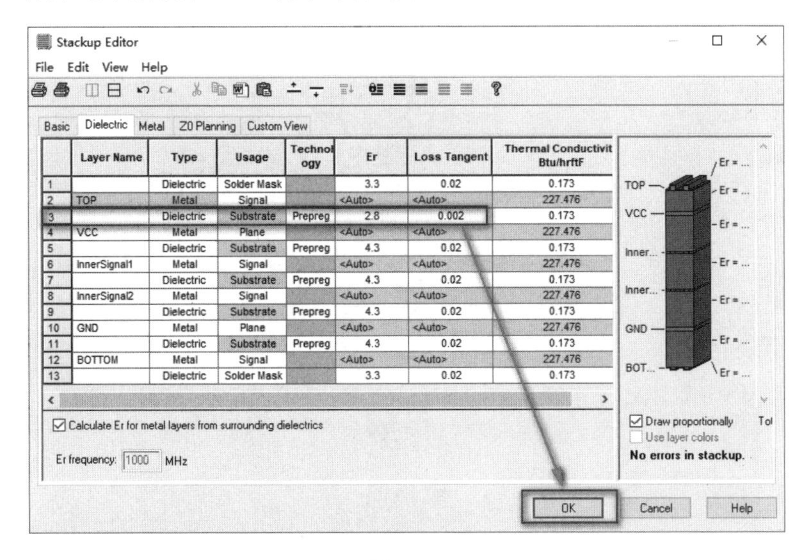


图 10-58

第 6 步：再次仿真，可以发现 30in 的眼图通过了，如图 10-59 所示，这就是高速板材的好处。

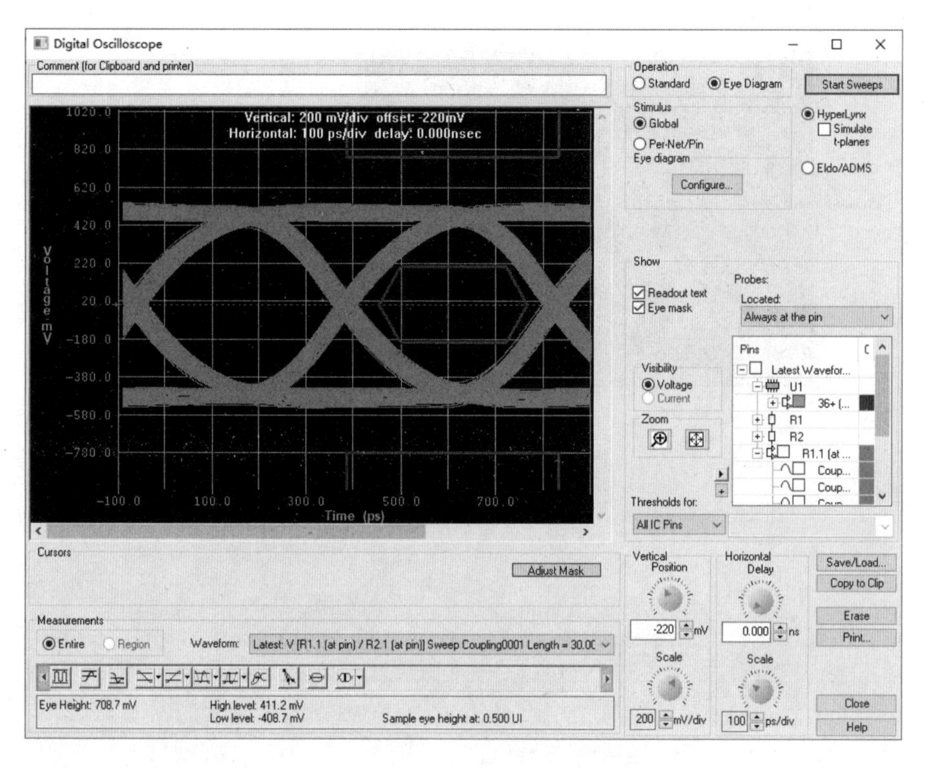


图 10-59

第 7 步：将接收的电阻去掉，加入 HDMI 接收器，并将原理图文件另存为 10HDMI_PULLUP_50R_5%jitter_ 100_ADV7511_ADV7612_225M_sweep_1_8inch.ffs。加入 HDMI 接收器的原理图如图 10-60 所示。

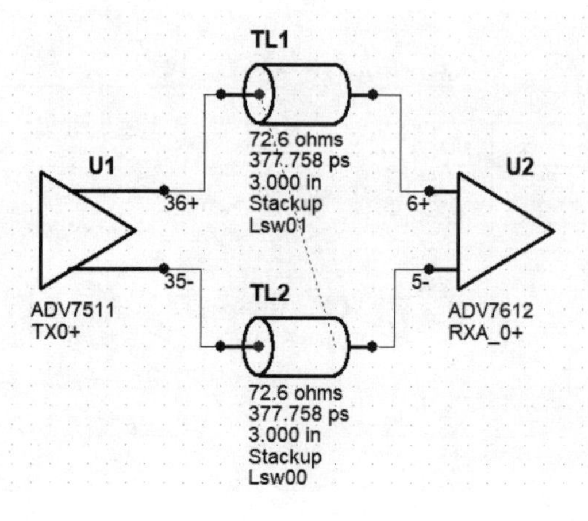


图 10-60

第 8 步：如图 10-61 所示进行扫描设置。

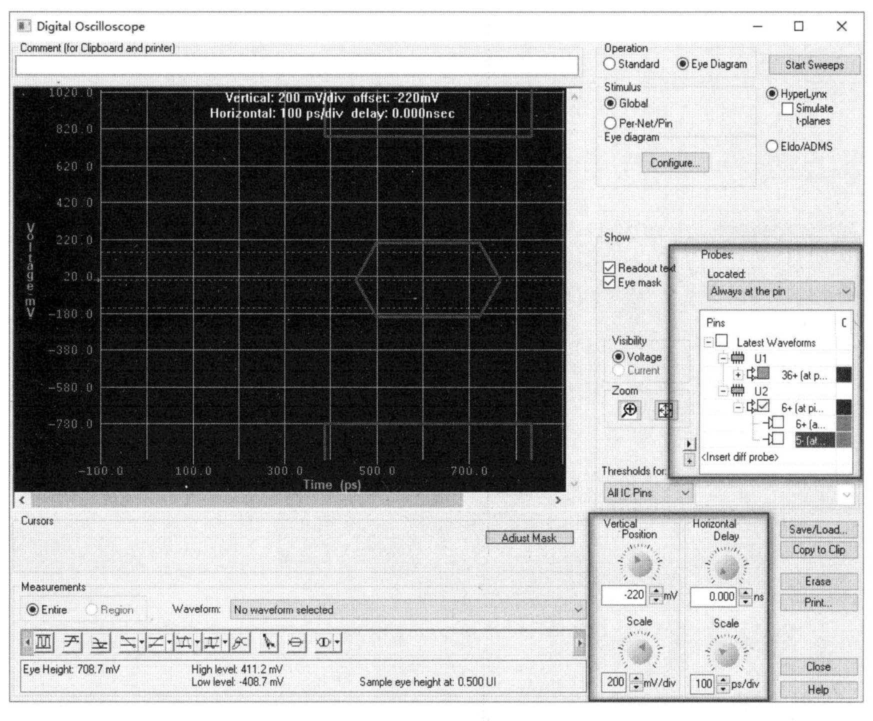


图 10-61

第 9 步：扫一次传输线长度，从 1in 到 8in，传输线长度为 1in 的眼图如图 10-62 所示。

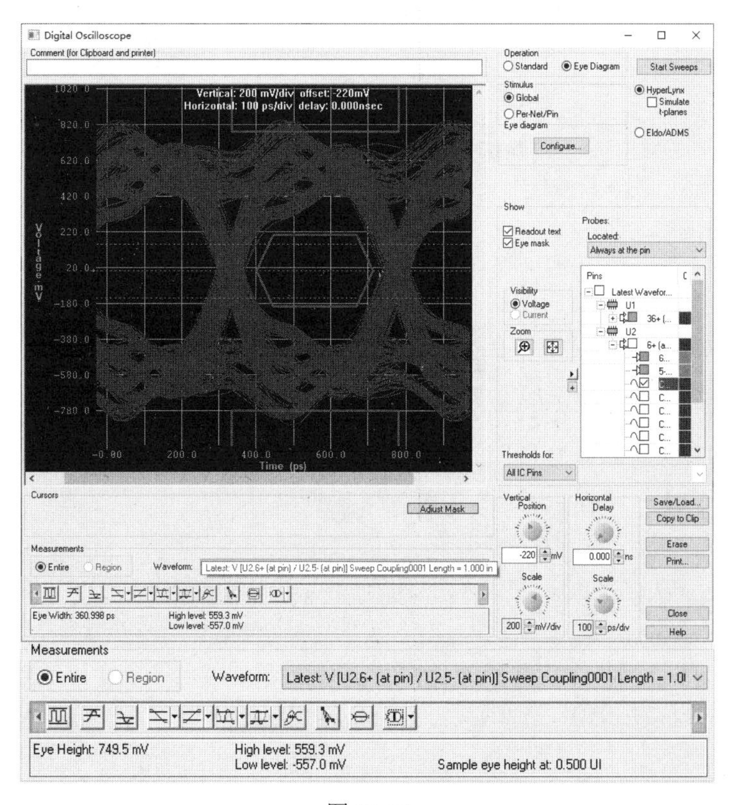


图 10-62

从图 10-62 中可以发现，眼图的振铃很大，质量比较差。

第 10 步：查看传输线长度为 8in 的眼图，如图 10-63 所示，居然通过了。

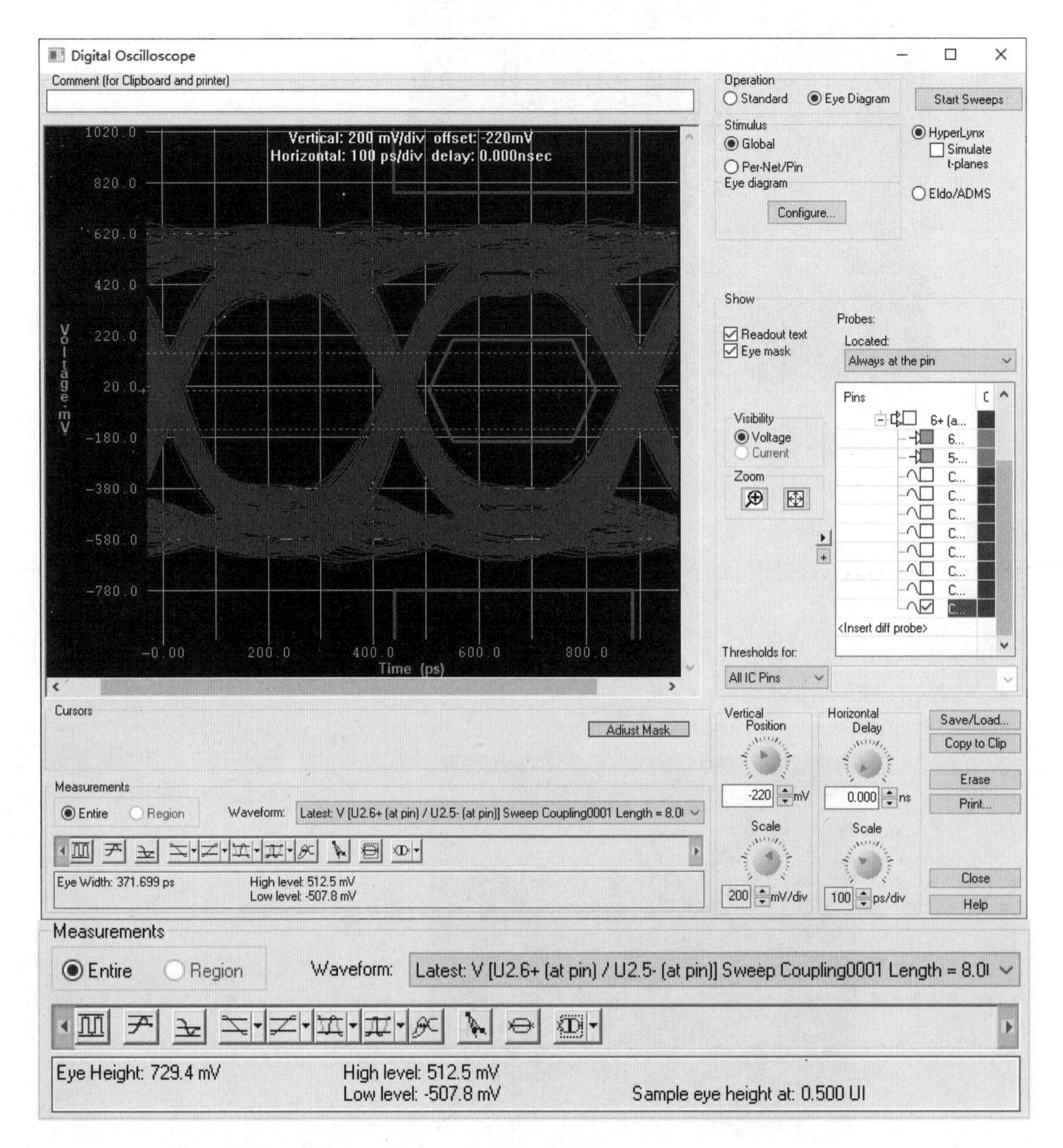


图 10-63

第 11 步：扫一次传输线长度，从 15in 到 20in，传输线长度为 17in 的眼图如图 10-64 所示。

从图 10-64 中可以发现，传输线的长度到 17in 后眼图就过不了了。比较下来，说明芯片做的端接明显不如直接用电阻进行端接，而且传输线短了，不一定能通过眼图。

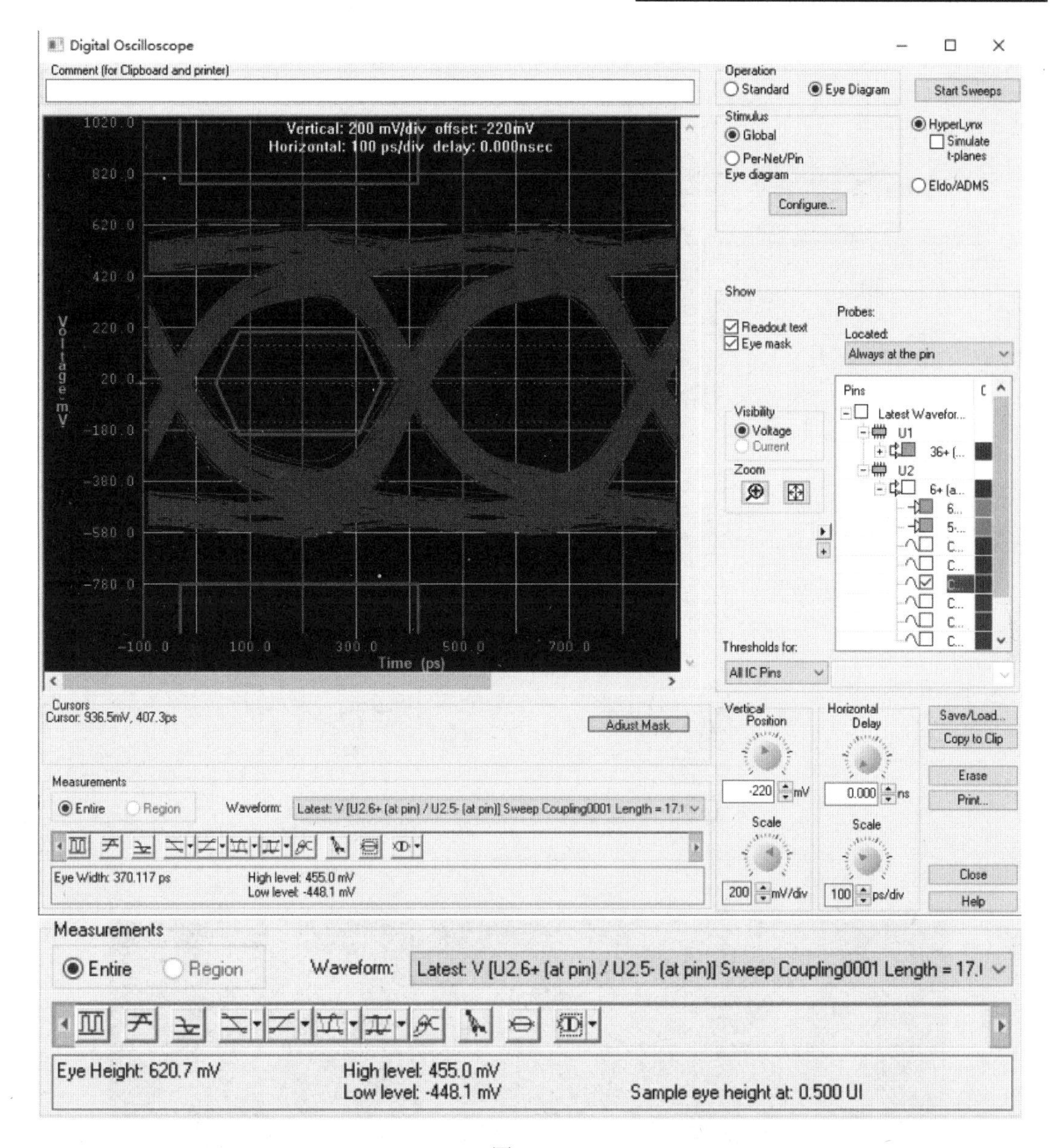


图 10-64

### 10.6.3 HDMI 插入 Connector 的寄生 S 参数后对比原理图仿真示例

（1）HDMI 插入 Connector 的寄生 S 参数之前的原理图和之后的原理图（10HDMI_PULLUP_50R_5%jitter_100_ADV7511_225M_connector.ffs）如图 10-65 所示。

（2）R1.1/R2.1 差分对和 R3.1/R4.1 差分对眼图如图 10-66 所示。

（3）眼高与眼宽的对比如下所述。

R1/R2 差分对：眼宽-395.8ps；眼高-968.9ps。

R3/R4 差分对：眼宽-386.4ps；眼高-938.6ps。

可见插入 HDMI 插座的接插件后眼高和眼宽变差。

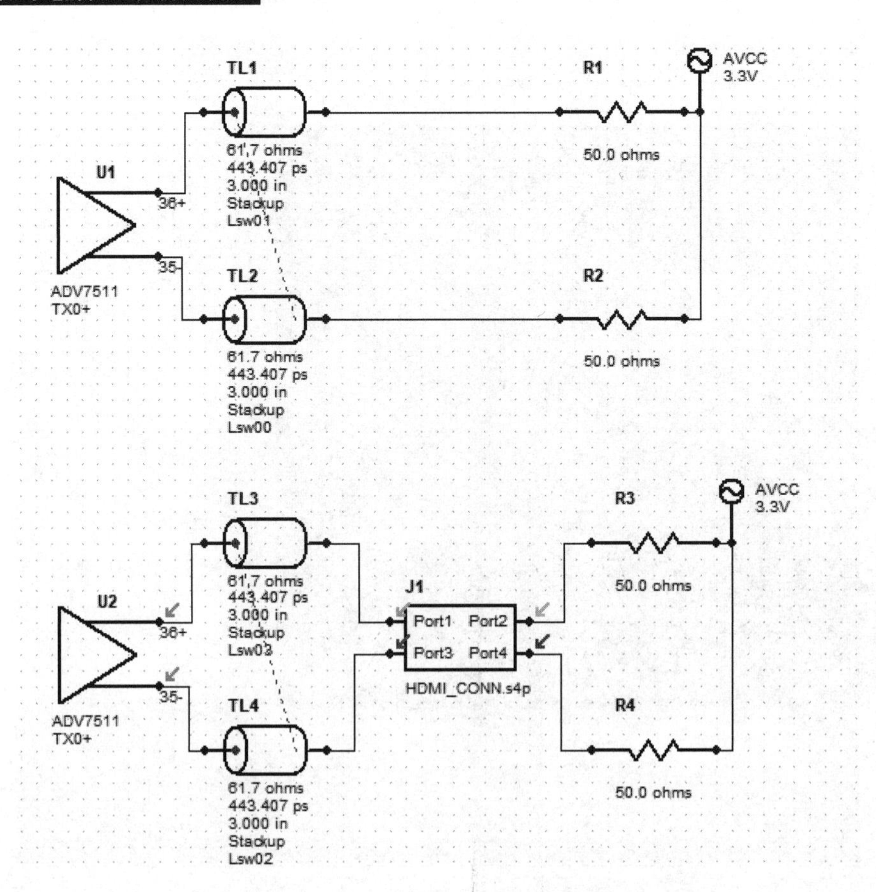


图 10-65

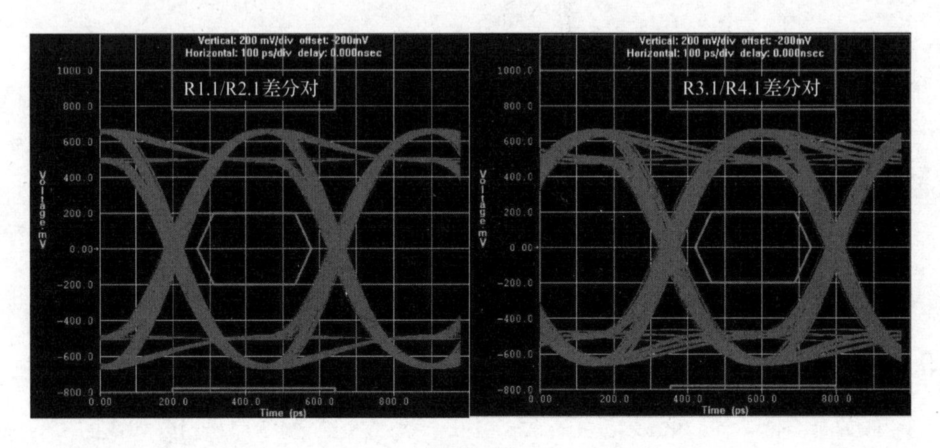


图 10-66

## 10.6.4 HDMI 差分对内偏差仿真示例

HDMI 差分对内偏差仿真示例的操作步骤如下所述。

第 1 步：按照规范要求，差分对内偏差为 0.15Tbit，1080P、60Hz 的时钟是 148.5MHz，数据率为 1.485Gbps，那么对内偏差约 101ps。

第 2 步：原理图按照图 10-67 中所示进行更改，并将原理图文件另存为 10HDMI_PULLUP_50R_40sequence_con_Intra_Pair_Skew.ffs。

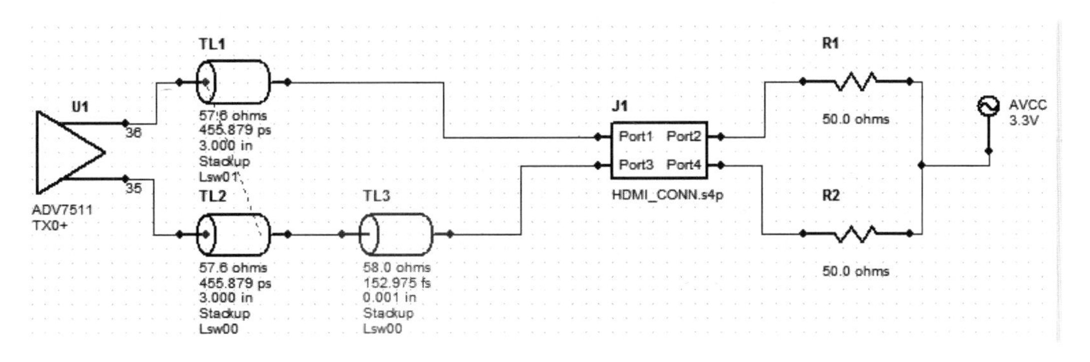


图 10-67

第 3 步：单击 Sweep 示波器图标“ ”，在弹出的对话框中按照图 10-68 中所示的步骤进行操作。

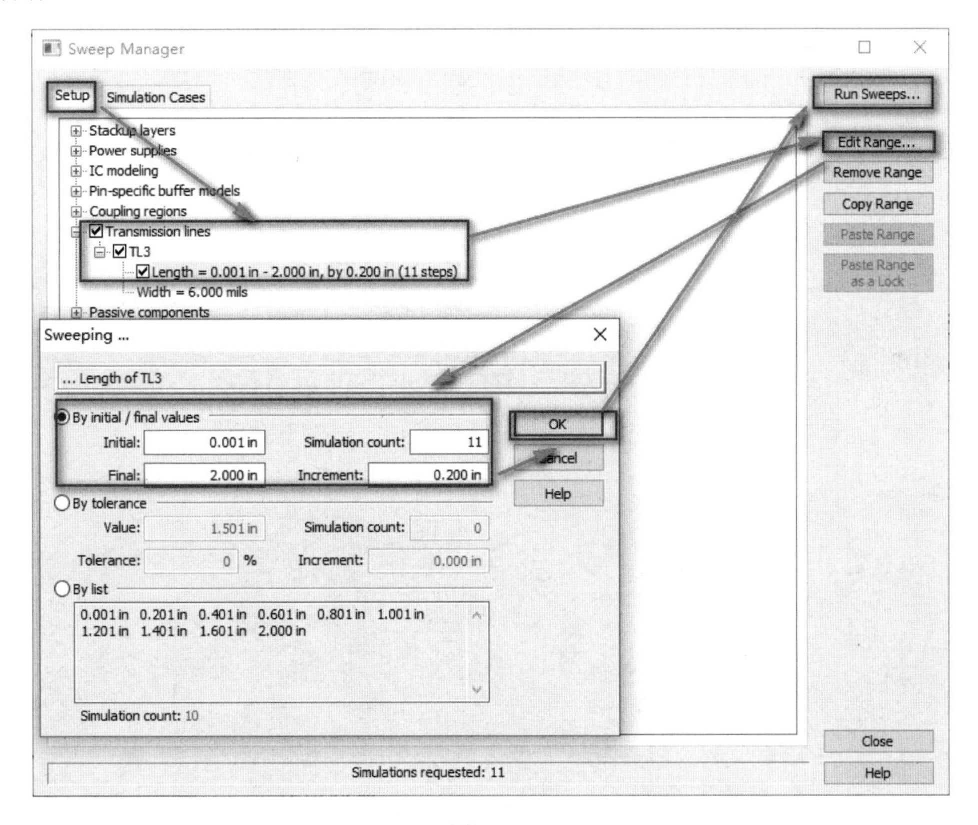


图 10-68

第 4 步：单击图 10-68 中的“Run Sweeps”按钮后，在弹出的示波器中按照图 10-69 中所示进行操作。

第 5 步：单击图 10-69 中的“Start Sweeps”按钮后，在弹出的对话框中进行激励设置，如图 10-70 所示。

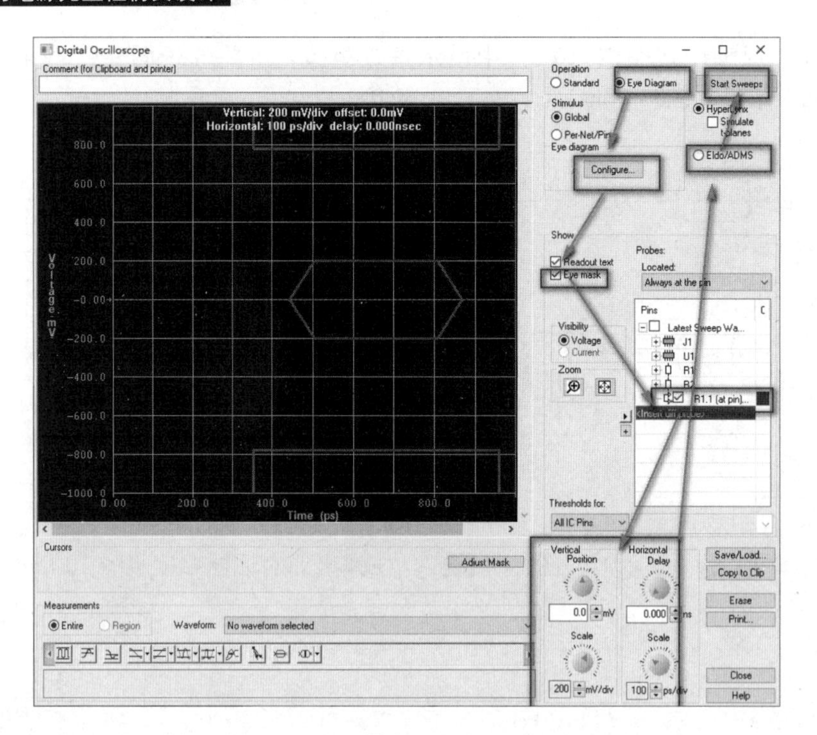


图 10-69

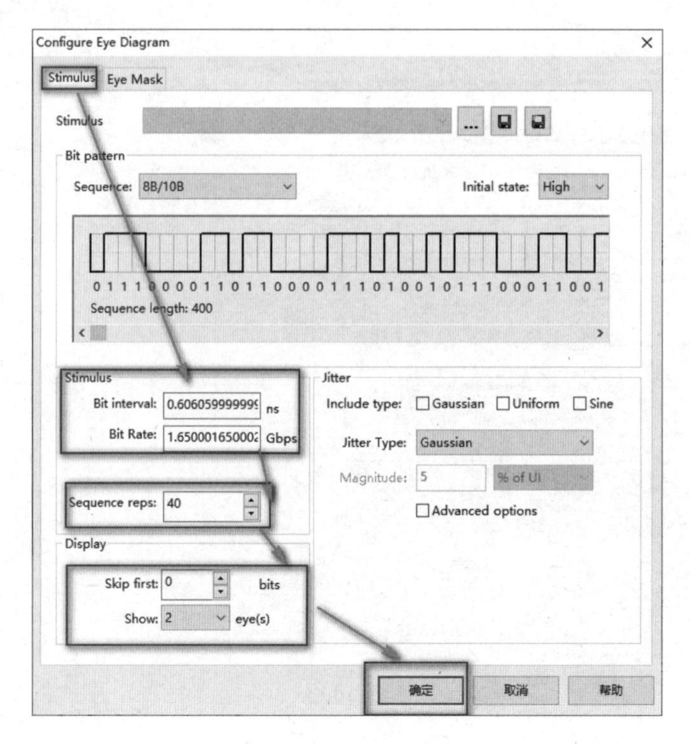


图 10-70

第 6 步：单击图 10-70 中的“确定”按钮后，在弹出的对话框中进行相应设置，如图 10-71 所示。

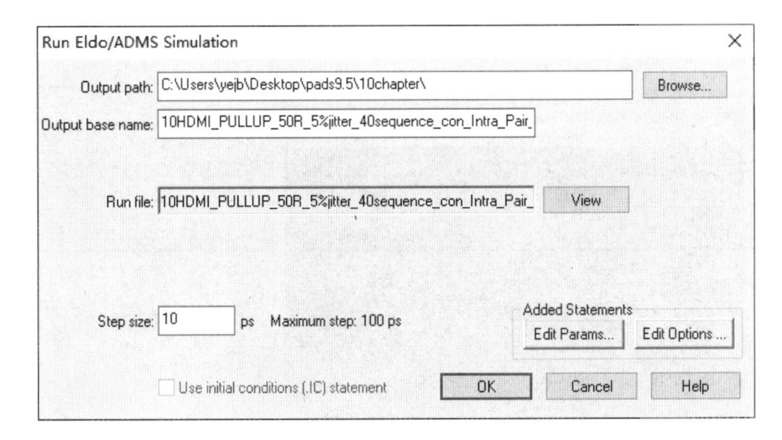


图 10-71

第 7 步：单击图 10-71 中的“OK”按钮后开始仿真，弹出如图 10-72 所示的 ADMS 仿真状态进度条。

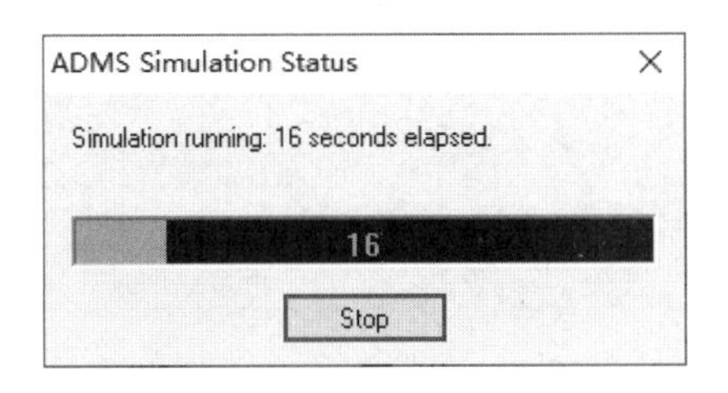


图 10-72

第 8 步：仿真结果如图 10-73 所示。

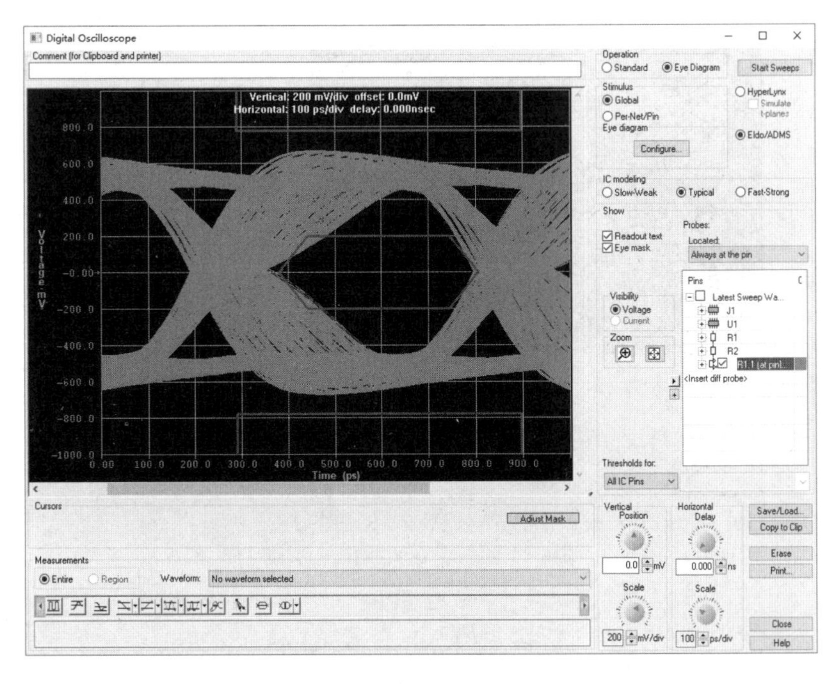


图 10-73

① 相差 0.2in 的眼图如图 10-74 所示。

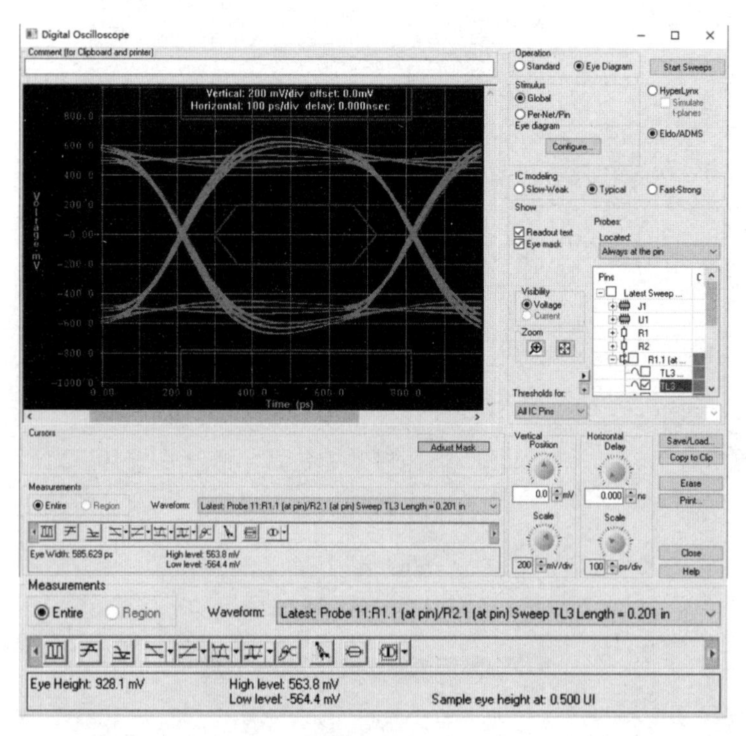


图 10-74

② 相差 0.4in 的眼图如图 10-75 所示。

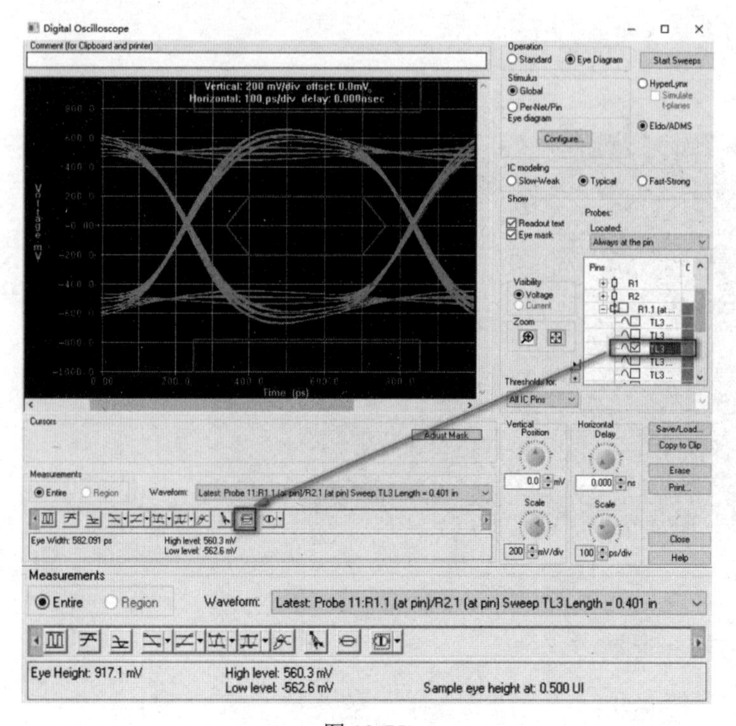


图 10-75

③ 相差 0.6in 的眼图如图 10-76 所示。

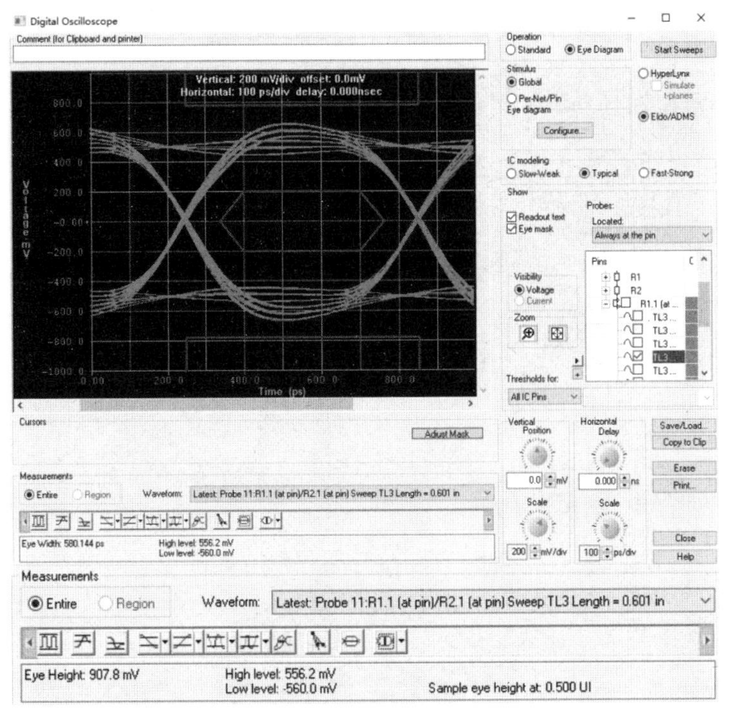


图 10-76

④ 相差 1.2in 的眼图如图 10-77 所示。

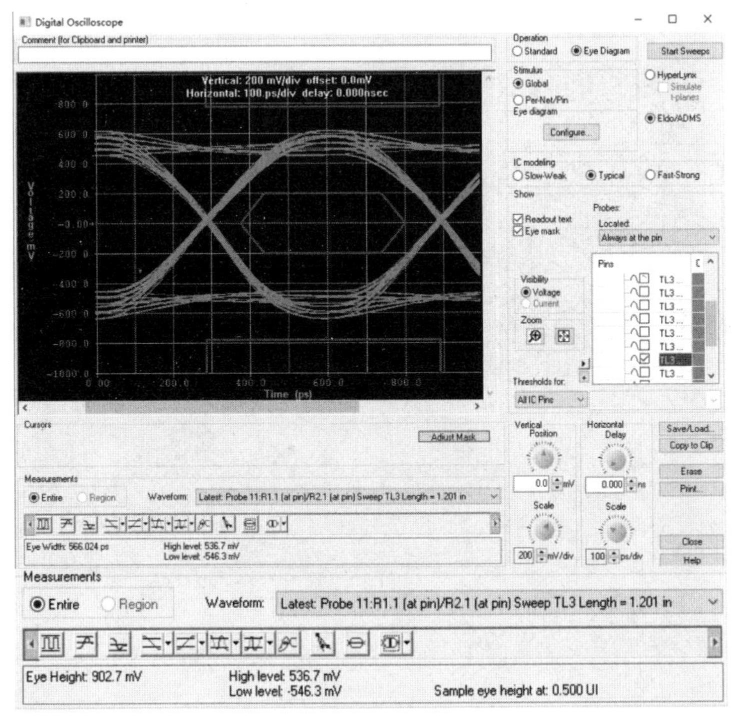


图 10-77

⑤ 相差 1.6in 的眼图如图 10-78 所示。

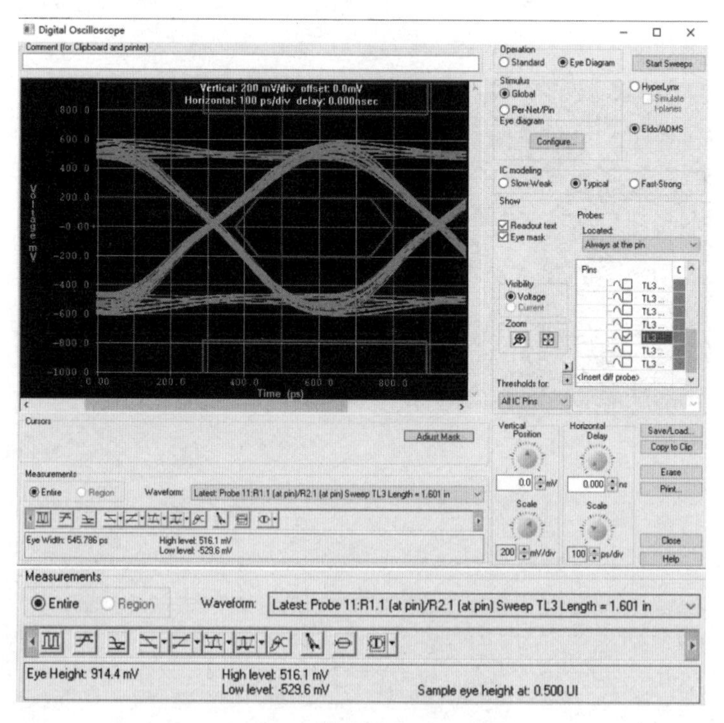


图 10-78

⑥ 相差 2.0in 的眼图如图 10-79 所示。

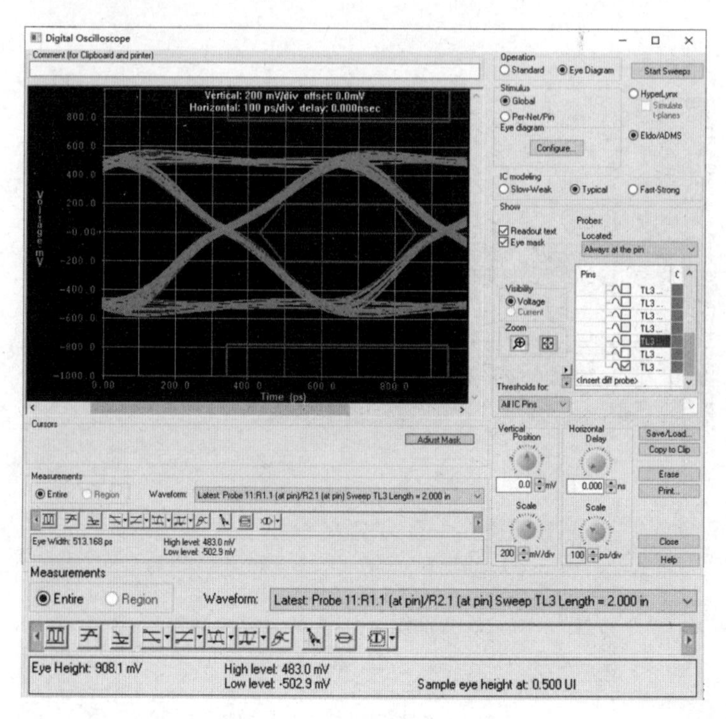


图 10-79

PCB 布线规则：4 对差分走线对内误差最好做到 5mil 范围内，对与对的差分误差最好控制在 10mil 范围内。同时，对与对之间的间距要求做到 15mil，在空间准许的情况下尽量拉开，减小串扰。

根据仿真结果可以看出，其实相差 200mil 也没事，所以布线时其实可以随机应变，如果相差不大，PCB 走线可以直接拉直。

### 10.6.5　HDMI 差分对间偏差仿真示例

HDMI 差分对间偏差仿真示例的操作步骤如下所述。

第 1 步：按照规范要求，得到差分对间偏差的最大值为（数据速率为 1.485Gbps）1346ps（0.2×Tcharacter=0.2×10×673）。

第 2 步：打开预先准备好的 HyperLynx 文件，差分对间偏差仿真原理图（10HDMI_PULLUP_50R_40sequence_con_Inter_Pair_Skew.ffs）如图 10-80 所示。

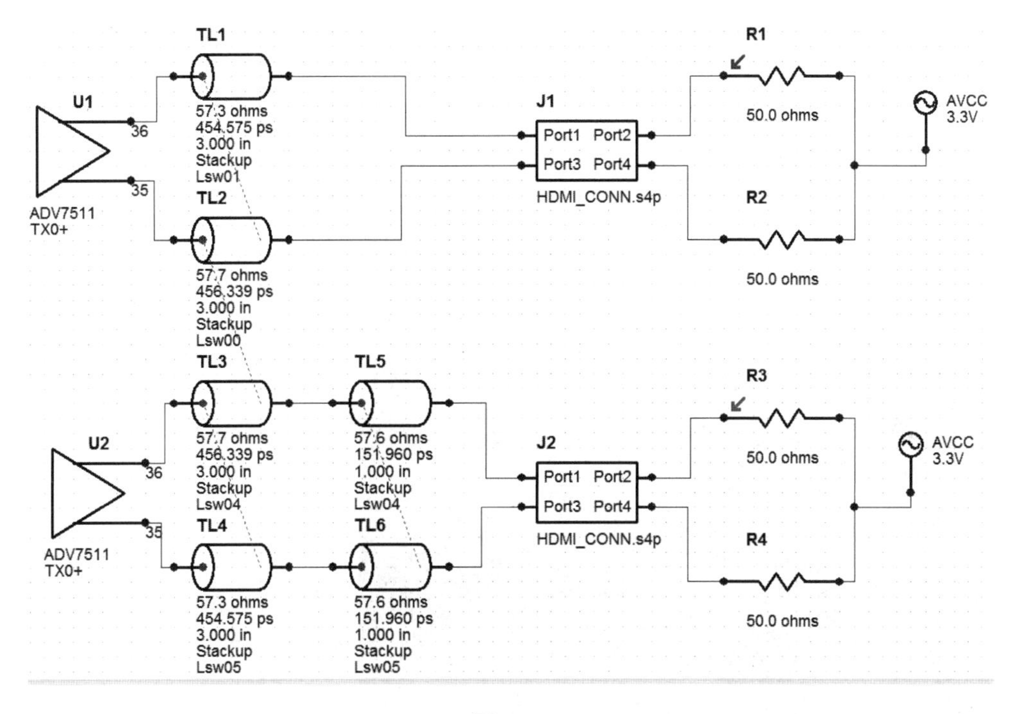


图 10-80

第 3 步：单击工具栏中的扫描图标“ ”，在弹出的对话框中按照图 10-81 中所示的步骤进行操作。

第 4 步：对间偏差扫描完后的眼图如图 10-82 所示。

① 相差 1in 的时候，对间偏差 1in 的眼图如图 10-83 所示。

② 相差 2in 的时候，对间偏差 2in 的眼图如图 10-84 所示。

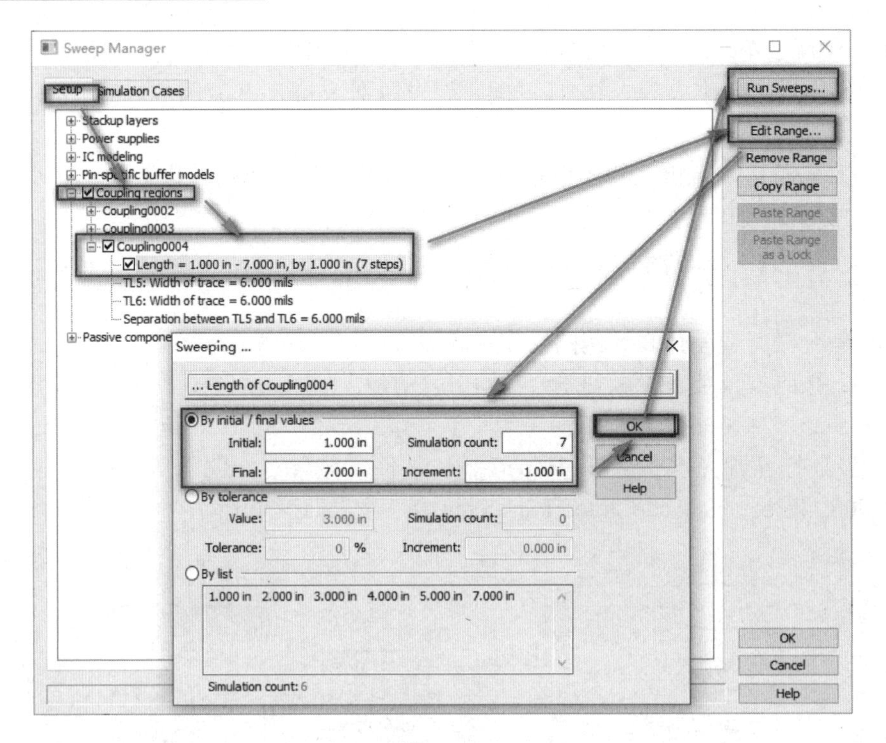

Sweep Manager
Setup
Simulation Cases
Stackup layers
Power supplies
IC modeling
Coupling regions
Coupling0002
Coupling0004
Length = 1.000 in - 7.000 in, by 1.000 in (7 steps)
TL5: Width of trace = 6.000 mils
TL6: Width of trace = 6.000 mils
Separation between TL5 and TL6 = 6.000 mils
Run Sweeps...
Edit Range...
Remove Range
Copy Range
Paste Range
Paste Range as a Lock
Sweeping ...
... Length of Coupling0004
By initial / final values
Initial:
1.000 in
Simulation count:
7
Final:
7.000 in
Increment:
1.000 in
OK
Cancel
Help
By tolerance
Value:
3.000 in
Simulation count:
0
Tolerance:
0
%
Increment:
0.000 in
By list
1.000 in 2.000 in 3.000 in 4.000 in 5.000 in 7.000 in
Simulation count: 6
OK
Cancel
Help


图 10-81

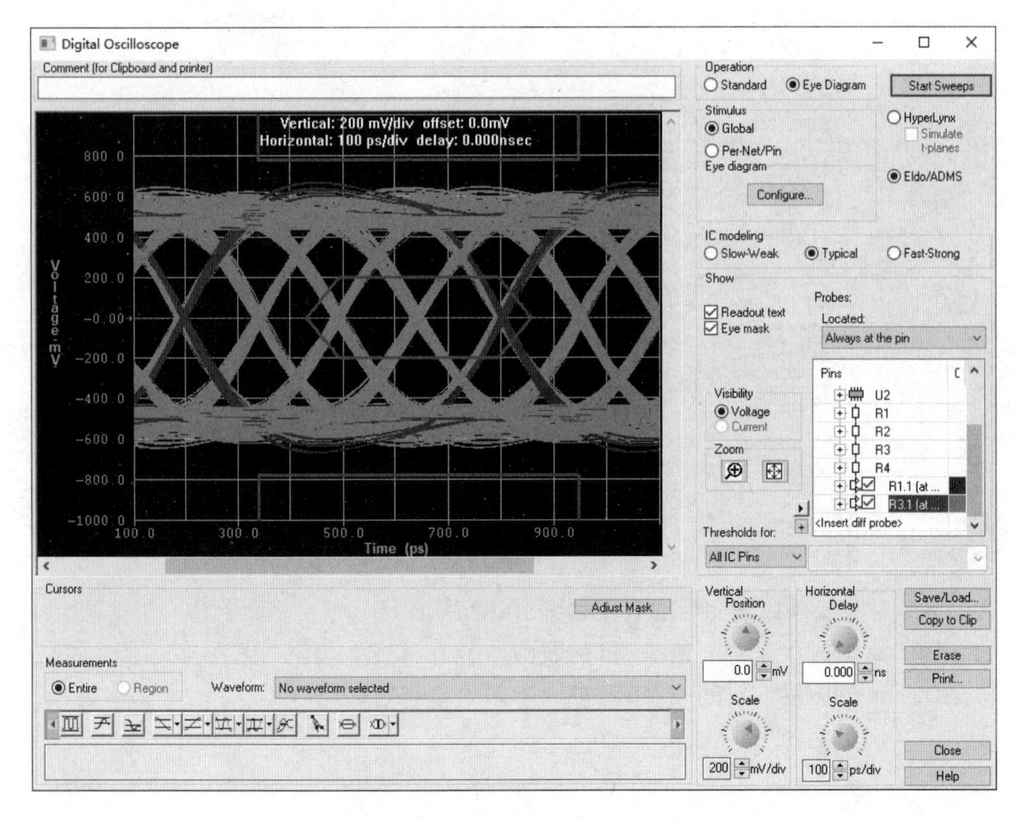

Digital Oscilloscope
Comment (for Clipboard and printer)
Vertical: 200 mV/div offset: 0.0mV
Horizontal: 100 ps/div delay: 0.000nsec
800.0
600.0
400.0
200.0
-0.00
-200.0
-400.0
-600.0
-800.0
-1000.0
Voltage-mV
100.0
300.0
500.0
700.0
900.0
Time (ps)
Operation
Standard
Eye Diagram
Start Sweeps
Stimulus
Global
Per-Net/Pin
Eye diagram
Configure...
HyperLynx
Simulate t-planes
Eldo/ADMS
IC modeling
Slow-Weak
Typical
Fast-Strong
Show
Readout text
Eye mask
Probes:
Located:
Always at the pin
Pins
U2
R1
R2
R3
R4
Visibility
Voltage
Current
Zoom
Thresholds for:
All IC Pins
<Insert diff probe>
Cursors
Adjust Mask
Measurements
Entire
Region
Waveform:
No waveform selected
Vertical Position
0.0
mV
Scale
200
mV/div
Horizontal Delay
0.000
ns
Scale
100
ps/div
Save/Load...
Copy to Clip
Erase
Print...
Close
Help


图 10-82

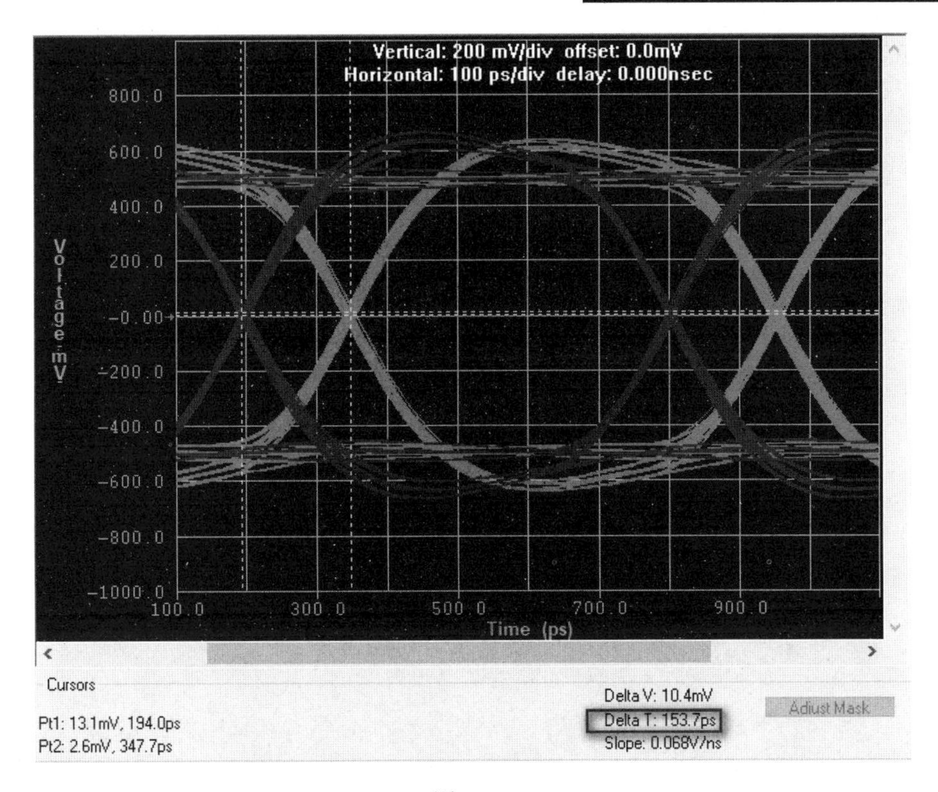
Vertical: 200 mV/div offset: 0.0mV
Horizontal: 100 ps/div delay: 0.000nsec
800.0
600.0
400.0
200.0
-0.00
-200.0
-400.0
-600.0
-800.0
-1000.0
Voltage-mV
100.0
300.0
500.0
700.0
900.0
Time (ps)
Cursors
Pt1: 13.1mV, 194.0ps
Pt2: 2.6mV, 347.7ps
Delta V: 10.4mV
Delta T: 153.7ps
Slope: 0.068V/ns
Adjust Mask

图 10-83

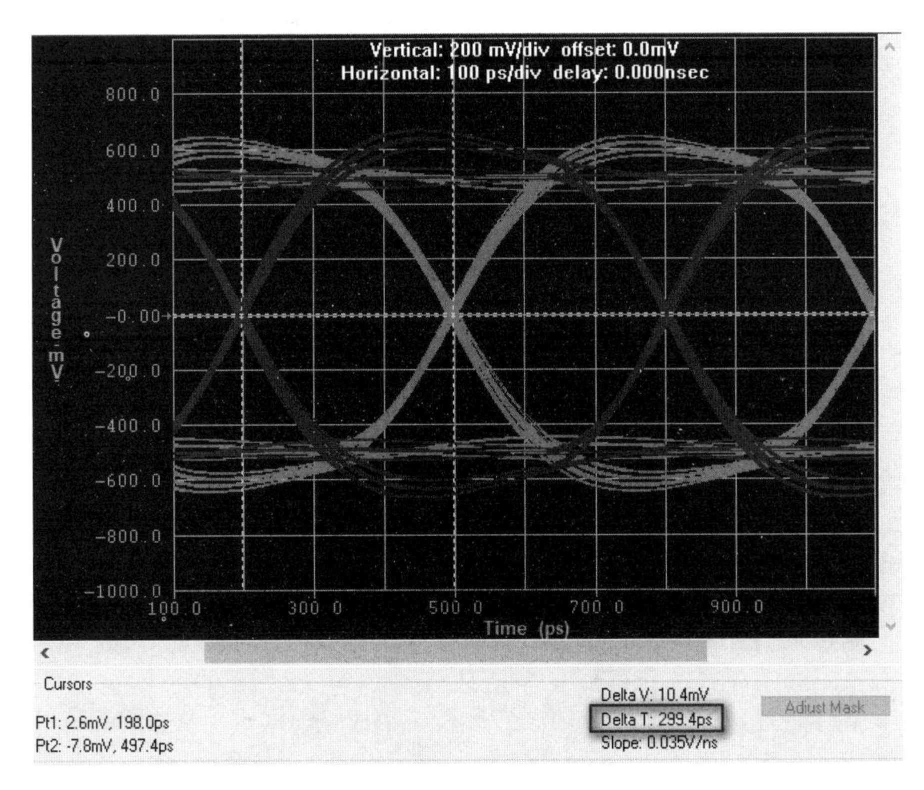
Vertical: 200 mV/div offset: 0.0mV
Horizontal: 100 ps/div delay: 0.000nsec
800.0
600.0
400.0
200.0
-0.00
-200.0
-400.0
-600.0
-800.0
-1000.0
Voltage-mV
100.0
300.0
500.0
700.0
900.0
Time (ps)
Cursors
Pt1: 2.6mV, 198.0ps
Pt2: -7.8mV, 497.4ps
Delta V: 10.4mV
Delta T: 299.4ps
Slope: 0.035V/ns
Adjust Mask

图 10-84

③ 相差 3in 的时候，对间偏差 3in 的眼图如图 10-85 所示。

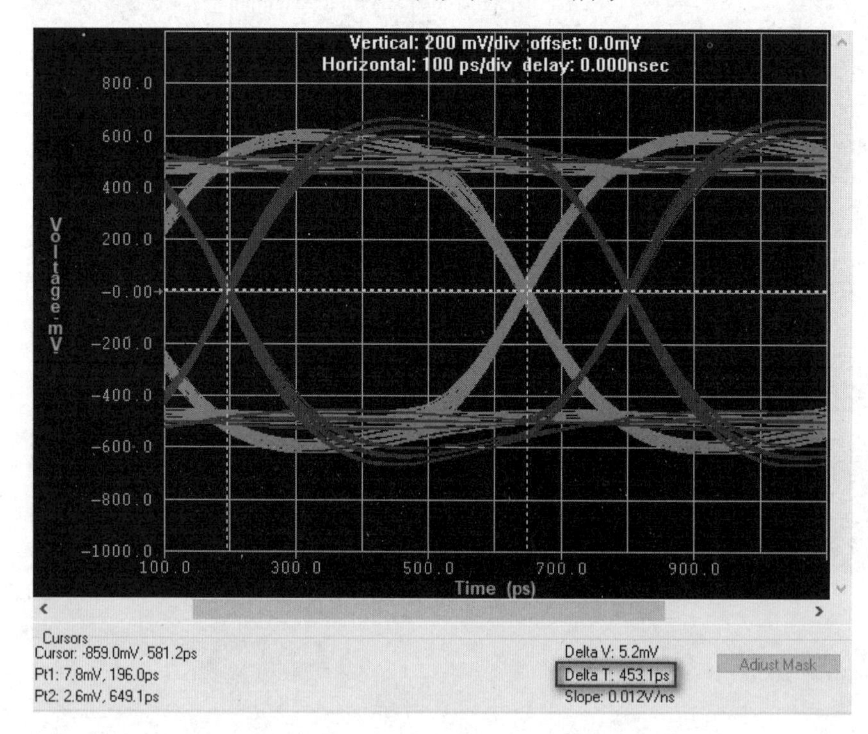


图 10-85

④ 相差 4in 的时候，对间偏差 4in 的眼图如图 10-86 所示。

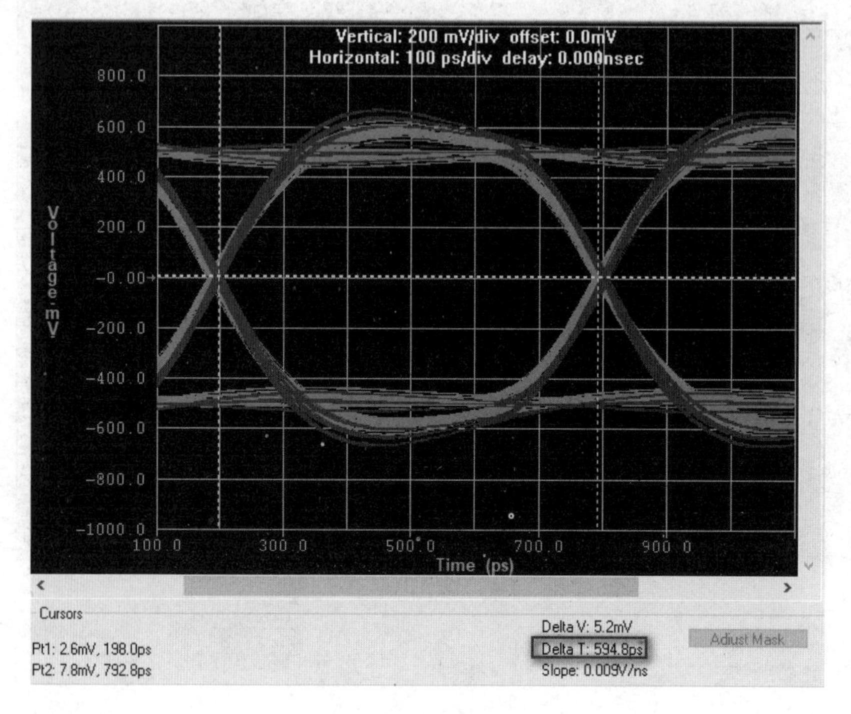


图 10-86

⑤ 相差 5in 的时候，对间偏差 5in 的眼图如图 10-87 所示。

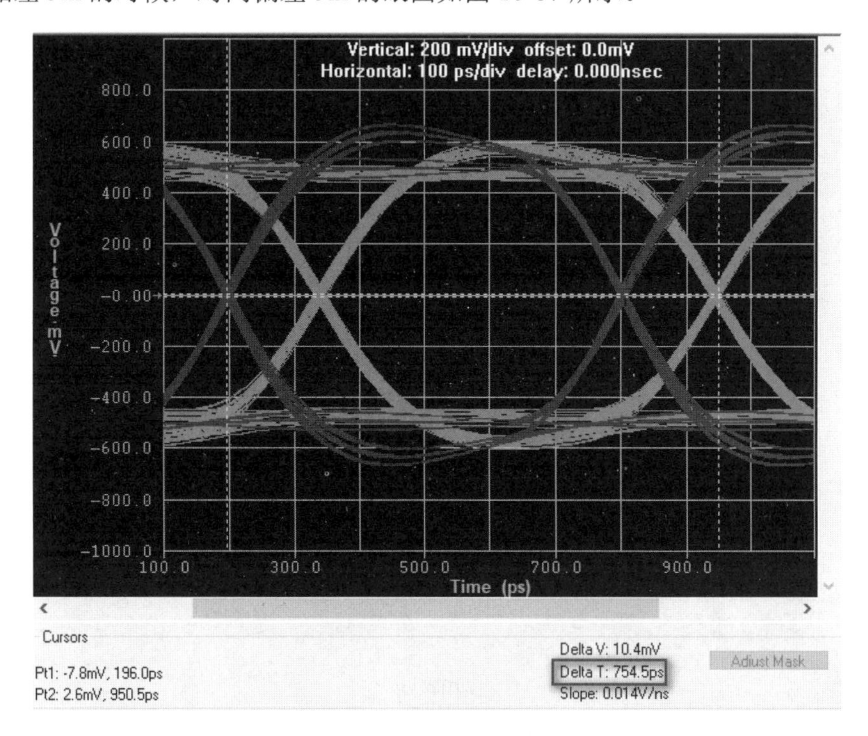


图 10-87

⑥ 相差 6in 的时候，对间偏差 6in 的眼图如图 10-88 所示。

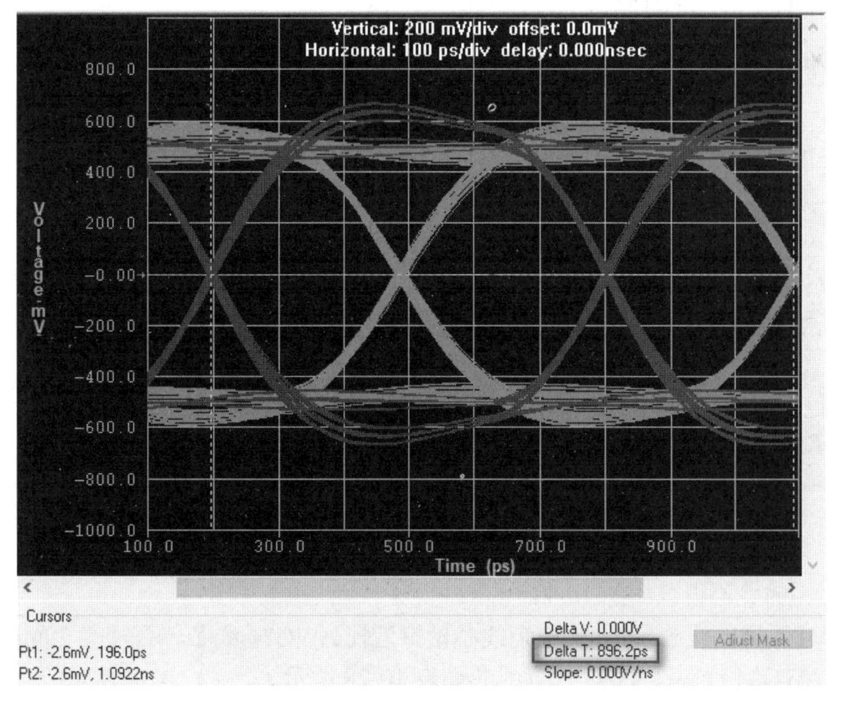


图 10-88

⑦ 相差 7in 的时候，对间偏差 7in 的眼图如图 10-89 所示。

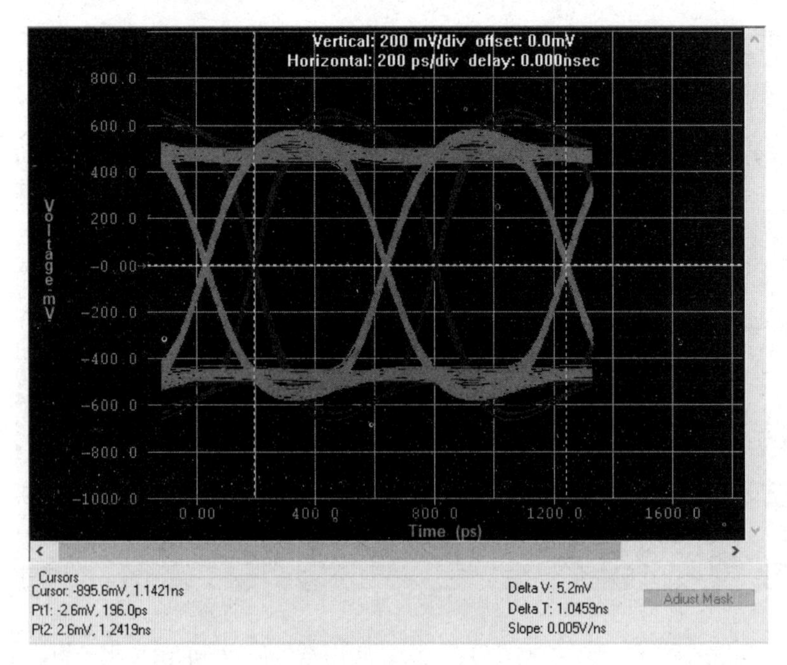


图 10-89

由上述几幅图的仿真结果可见，相差 7in 时也不到 1346ps 的这个时间差值，所以对间偏差余量加大，因此网上给出的 Layout Guide 规则都会相对严格些。

## 10.6.6 HDMI 常规链路仿真示例

HDMI 常规链路仿真示例的操作步骤如下所述。

第 1 步：画原理图，并将其命名为 10HDMI_ADV7513_ADV7611_40s__1_DATALINK.ffs。

① 画好的原理图如图 10-90 所示。

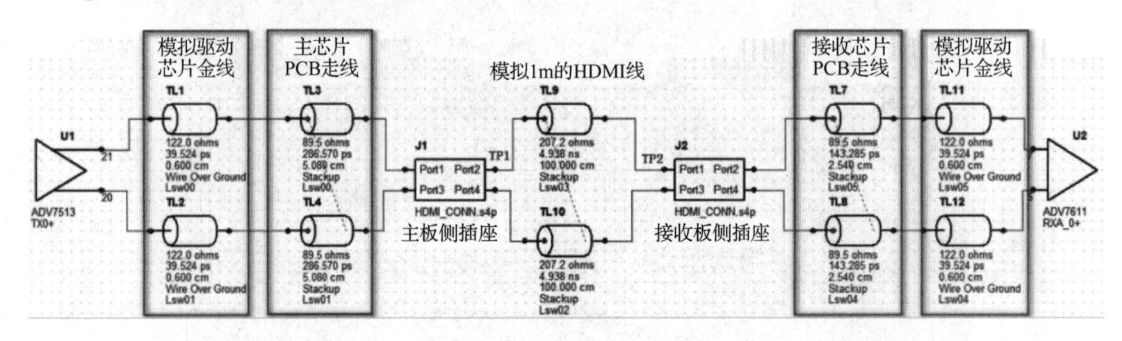


图 10-90

② 原理图的叠层设置如图 10-91 所示。

③ HDMI 采用的线芯。1m 的电缆线芯模拟近视 AWG24 线芯，直径约 20mil，所以传输线就是近视 AWG24 线芯。AWG 部分线芯如表 10-28 所示。

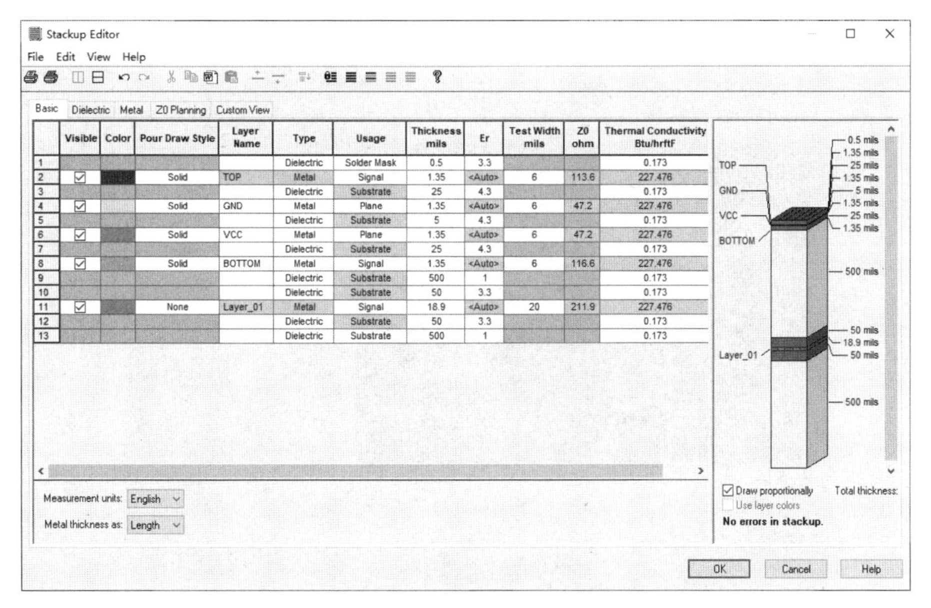


图 10-91

表 10-28

| AWG | 外径公制/mm | 外径英制/in | 截面积/mm$^2$ | 电阻值/Ω/km |
|---|---|---|---|---|
| 24 | 0.511 | 0.0201 | 0.2047 | 89.4 |
| 26 | 0.404 | 0.0159 | 0.1281 | 143 |
| 28 | 0.32 | 0.0126 | 0.0804 | 227 |
| 30 | 0.254 | 0.0100 | 0.0507 | 361 |

④ TP2 处的眼图如图 10-92 所示。

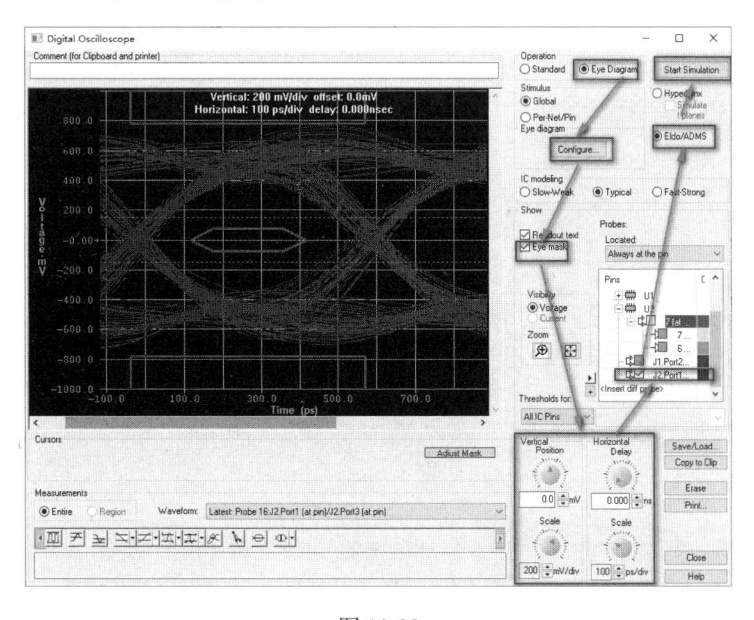


图 10-92

⑤ U2 处的眼图如图 10-93 所示。

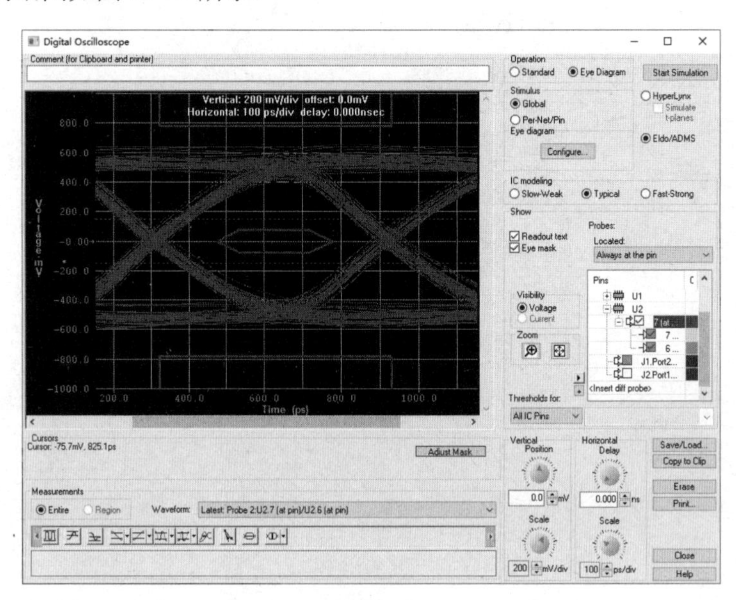


图 10-93

第 2 步：单击 Sweep 图标“ ”，扫描从 0.5m 到 2m，在弹出的对话框中按照图 10-94 中所示的步骤进行操作。

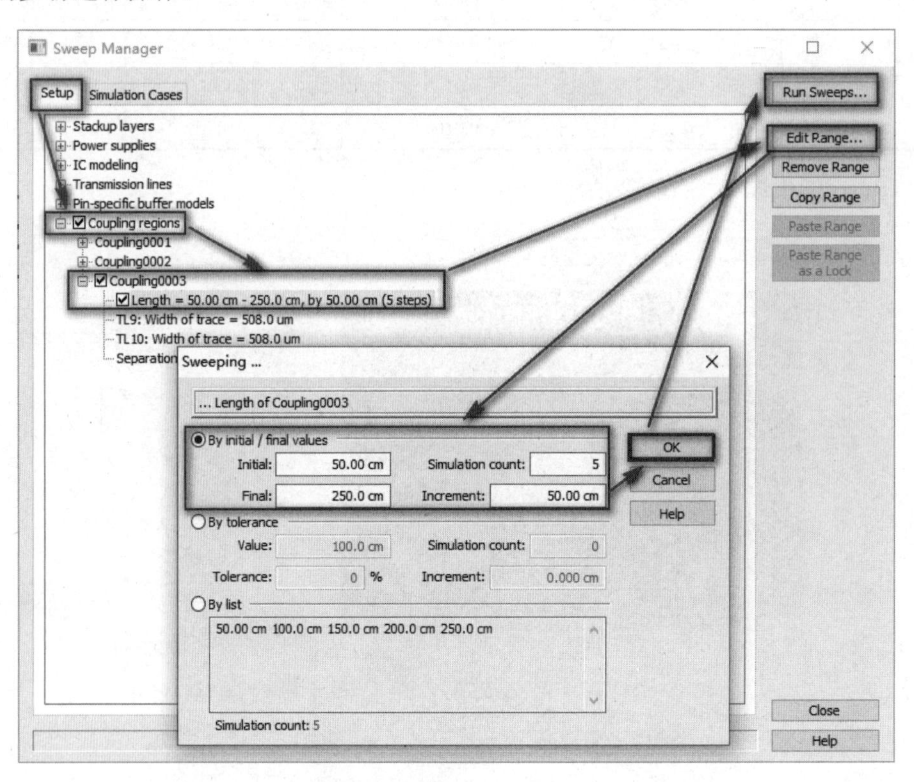


图 10-94

第 3 步：单击图 10-94 中的“Run Sweeps”按钮后，在弹出的示波器里面进行仿真分析。

① HDMI 电缆长度为 0.5m 时的眼图如图 10-95 所示。

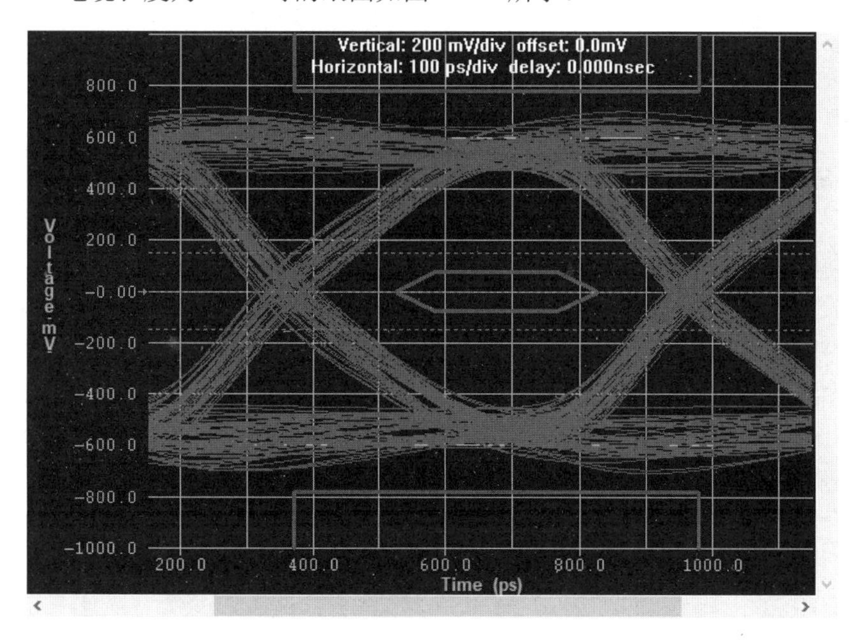


图 10-95

② HDMI 电缆长度为 1m 时的眼图如图 10-96 所示。

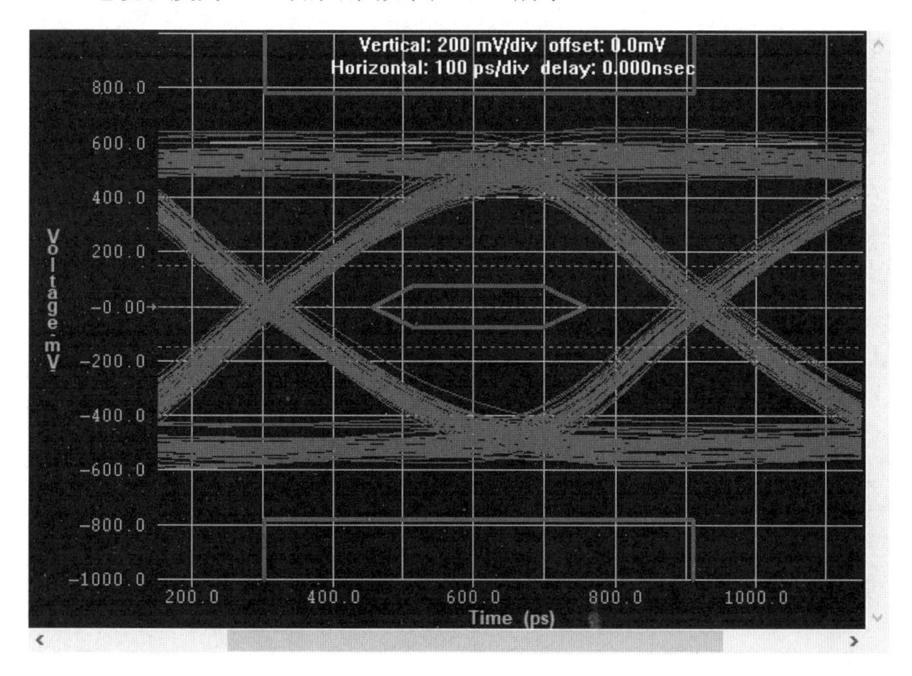


图 10-96

③ HDMI 电缆长度为 1.5m 时的眼图如图 10-97 所示。

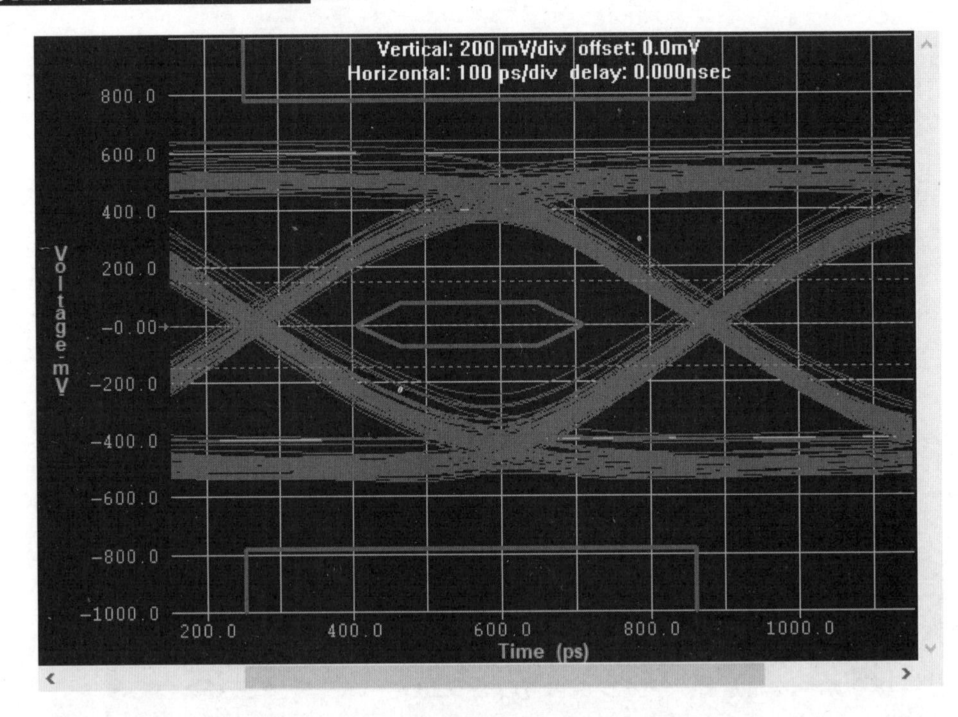


图 10-97

④ HDMI 电缆长度为 2m 时的眼图如图 10-98 所示。

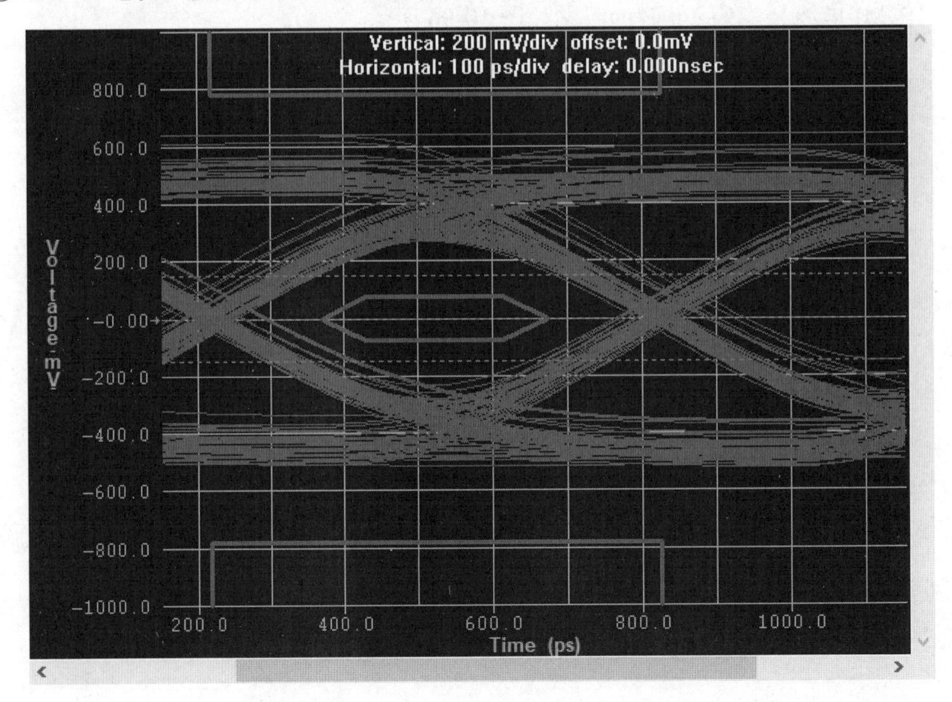


图 10-98

⑤ HDMI 电缆长度为 2.5m 时的眼图如图 10-99 所示。

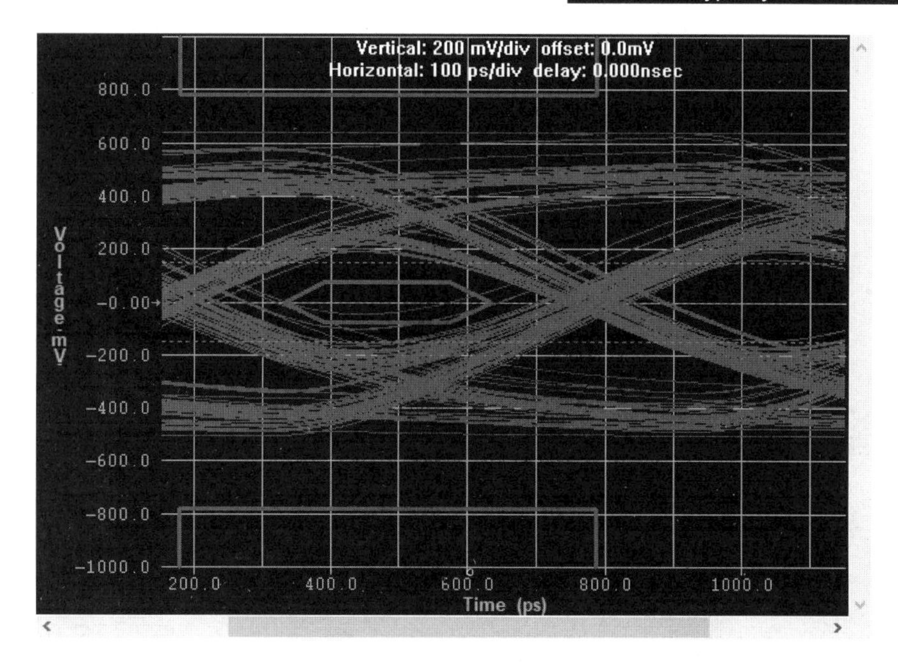


图 10-99

从以上眼图可以看出，当 HDMI 电缆长度为 2.5m 时已经不适合了，长度太长了，如果驱动更长的电缆就需要重新驱动了。

第 4 步：一起建立 3 对数据的 TMDS 原理图，如图 10-103 所示，并命名为 10HDMI_ADV7513_ADV7611_40s__3_DATALINK.ffs。

① 打开上面的原理图到工作区，如图 10-100 所示。

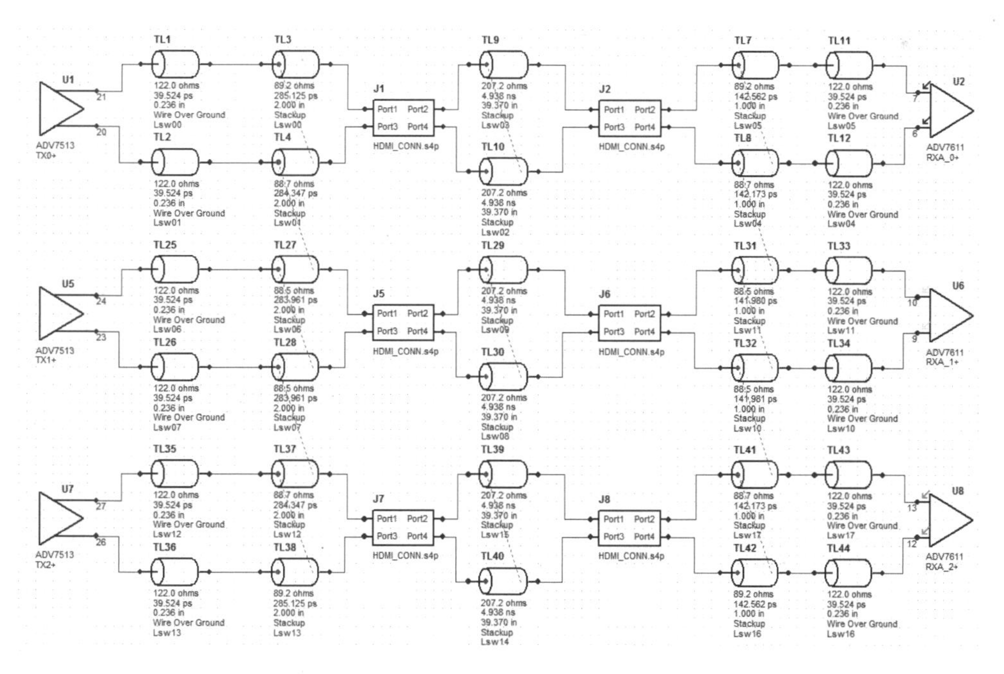


图 10-100

② 如图 10-101 所示为 3 对数据 TMDS 接收端眼图。

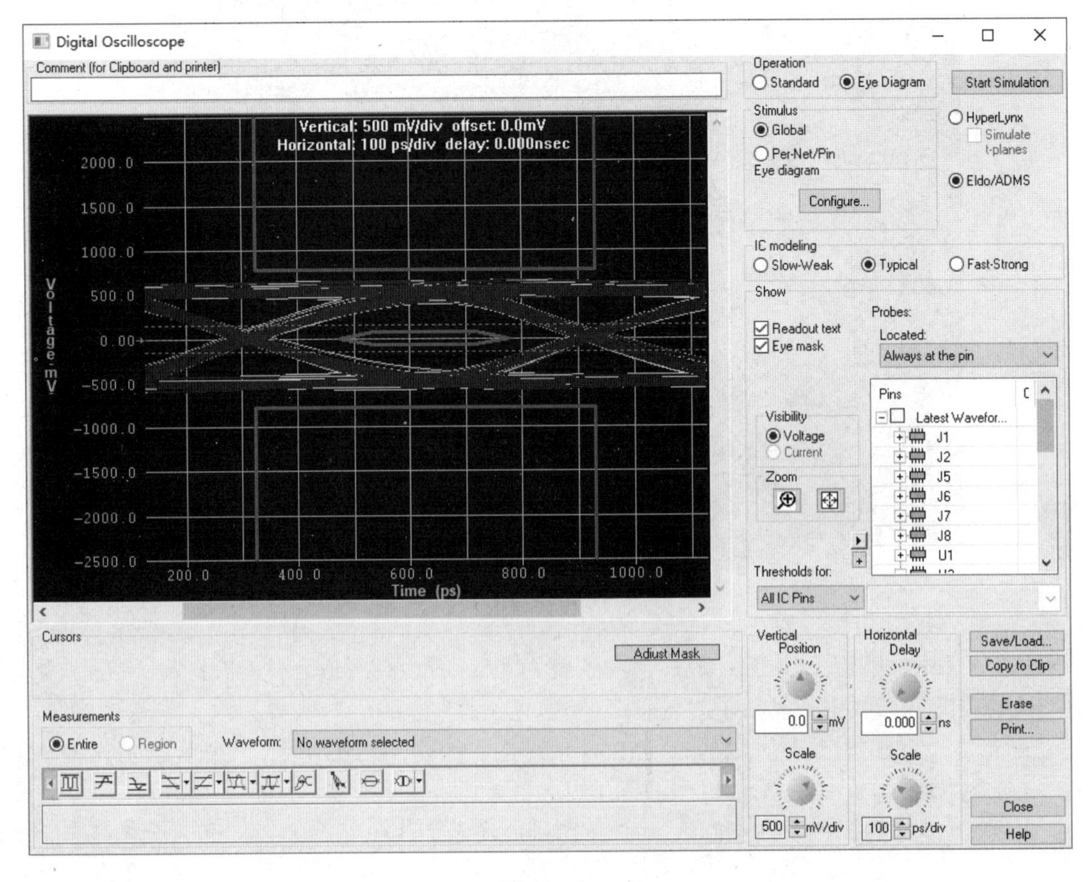


图 10-101

第 5 步：进行单独时钟差分对仿真。

① HDMI 时钟差分对仿真原理图如图 10-102 所示。

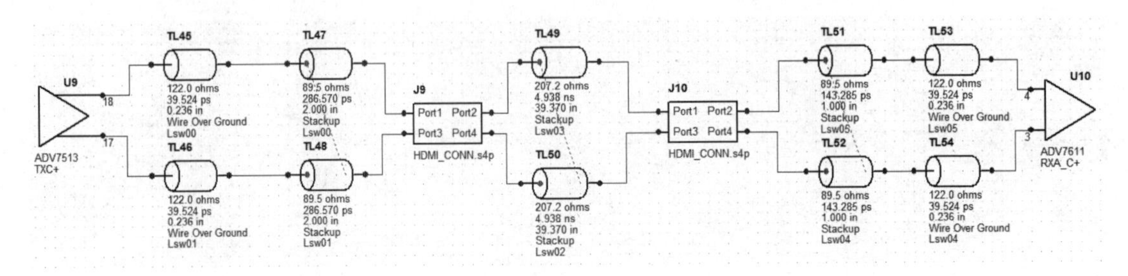


图 10-102

② 单击工具栏中的示波器图标“ ”，在弹出的对话框中按图 10-103 中所示的步骤进行操作。

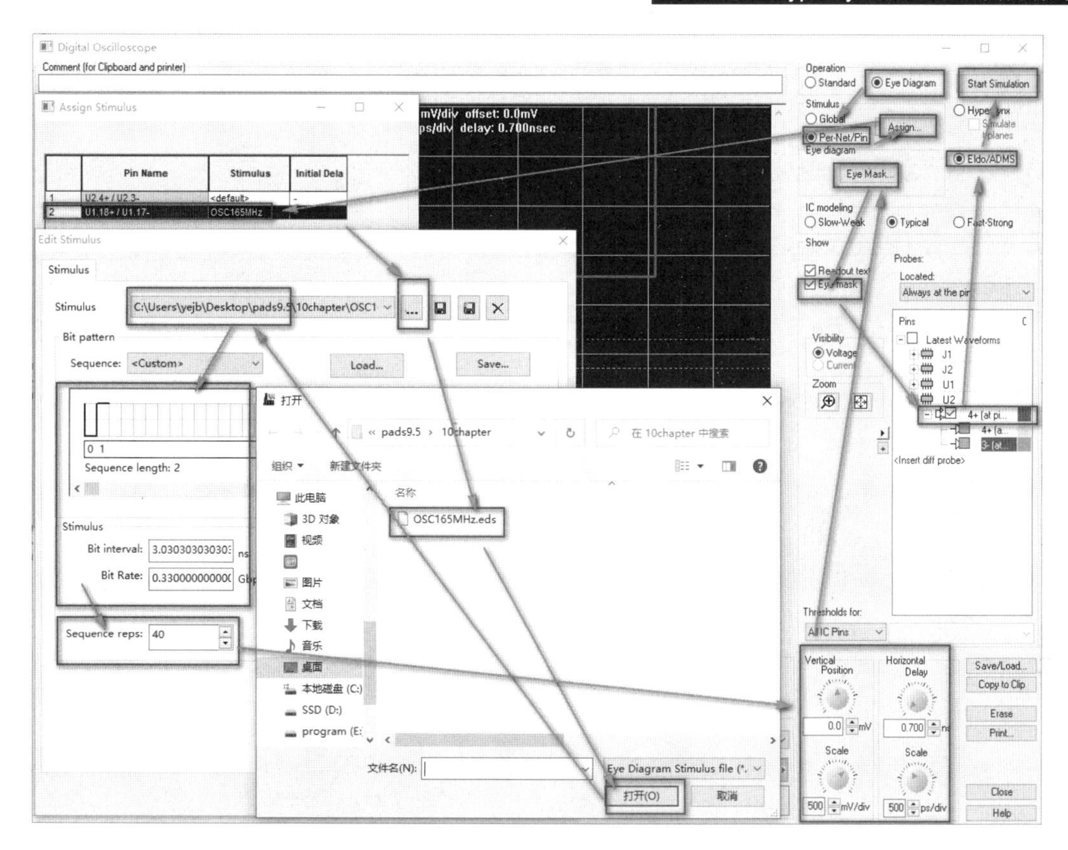


图 10-103

③ 如图 10-104 所示为 HDMI 时钟差分对眼图。

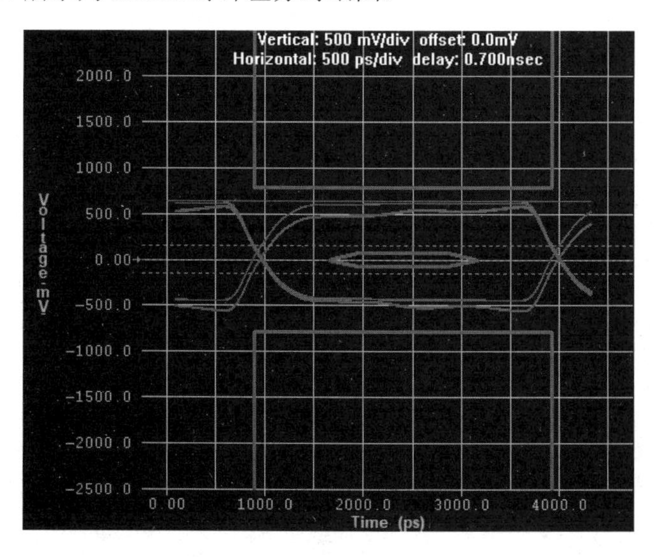


图 10-104

第 6 步：加入 5%的高斯抖动，并将原理图命名为 10HDMI_ADV7513_ADV7611_5%_40s_CLKLINK.ffs。

① 设置高斯抖动，具体如图 10-105 所示。

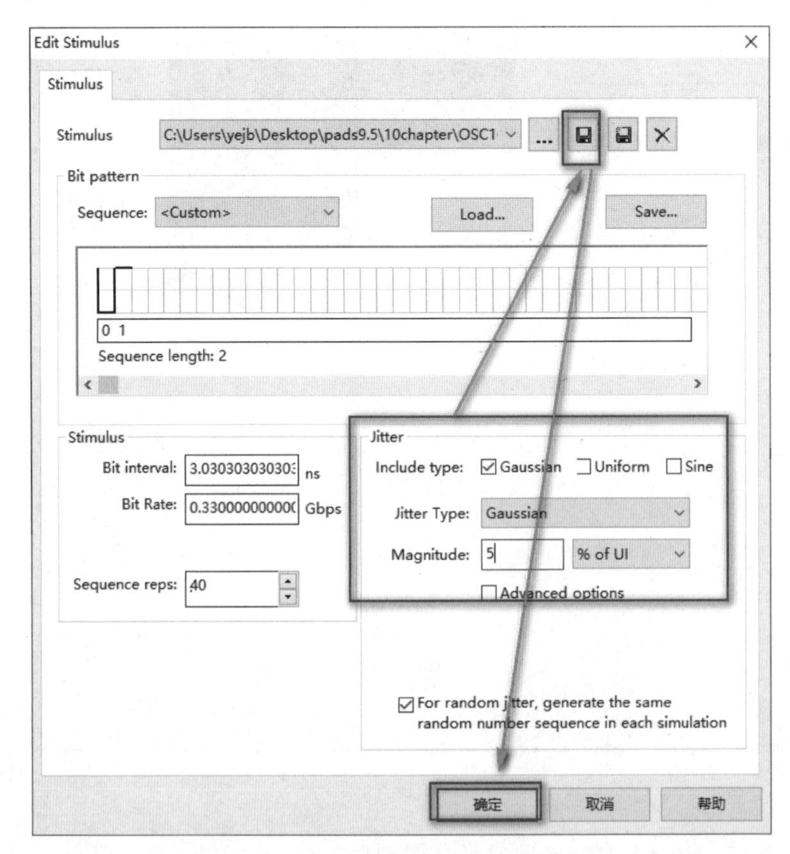


图 10-105

② 加入抖动的时钟眼图如图 10-106 所示。

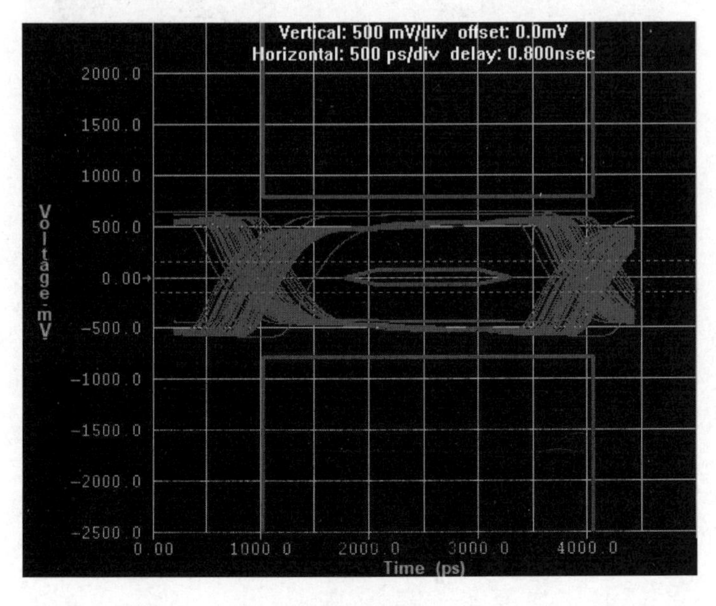


图 10-106

## 10.7 HDMI 后仿真示例

HDMI 后仿真示例的操作步骤如下所述。

第 1 步：打开预先准备好的 PCB 文件 PADS_SAMPLE_2LAYERNEW.pcb，将其导入 HyperLynx 后如图 10-107 所示。

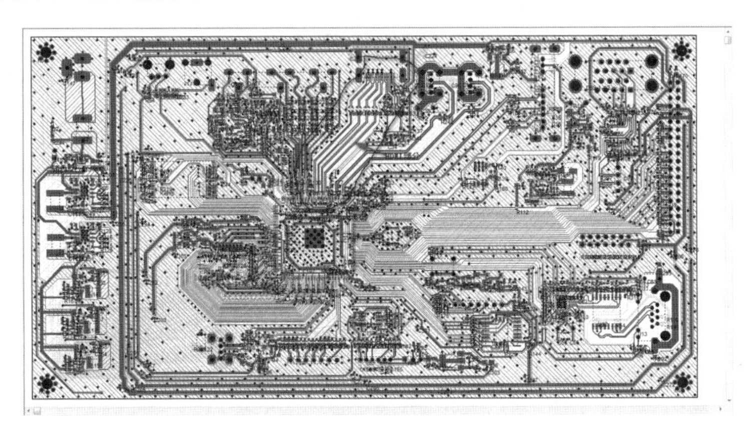

图 10-107

第 2 步：设置差分对，具体操作如图 10-108 所示。

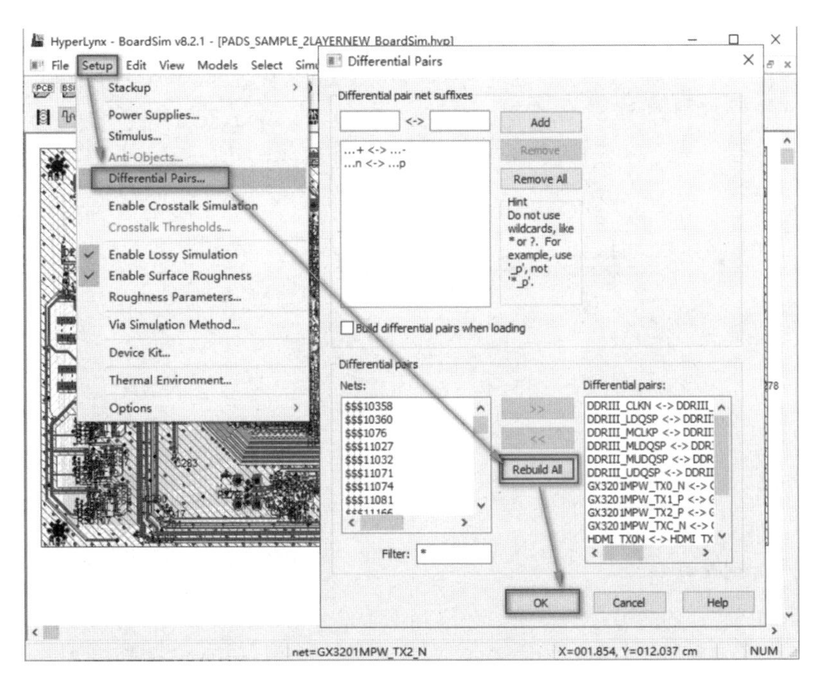


图 10-108

第 3 步：设置串扰阈值，将 3 对 HDMI 的数据差分对包括进来，高版本直接选择 3 对网络即可，具体操作如图 10-109 所示。

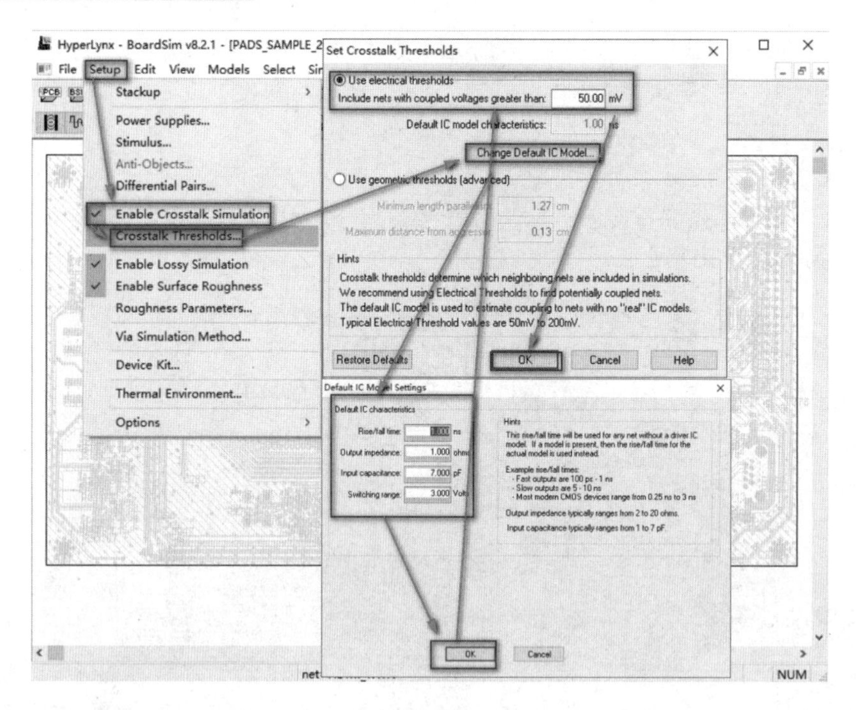


图 10-109

① 导出 HDMI 差分对，具体操作如图 10-110 所示。

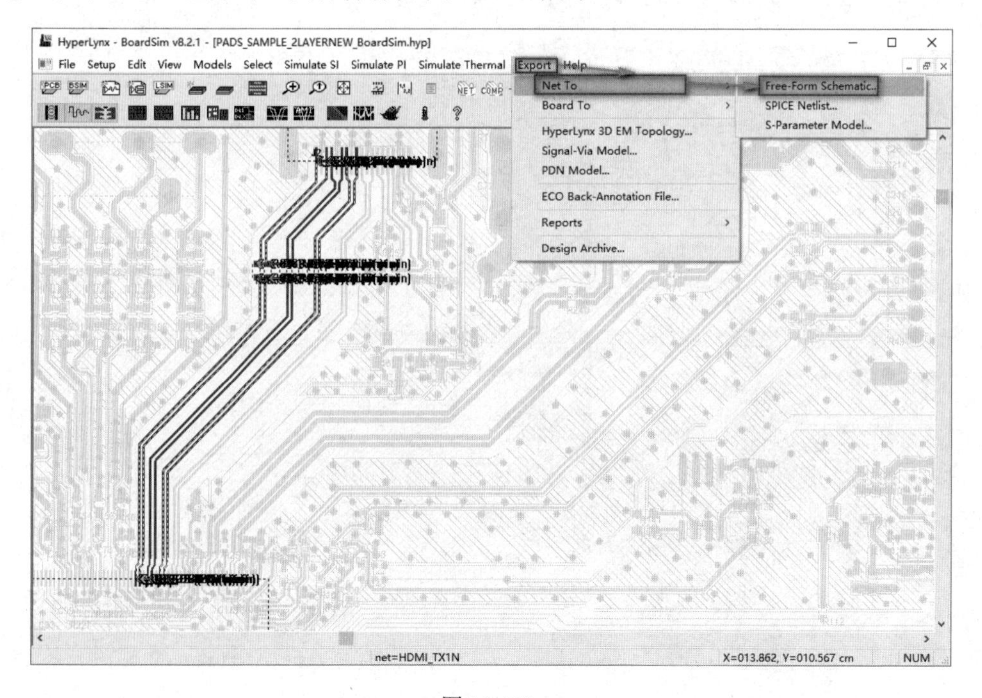


图 10-110

② 导出到 LineSim Free-Form 格式的原理图中，如图 10-111 所示为导出后的 HDMI 差分对原理图。

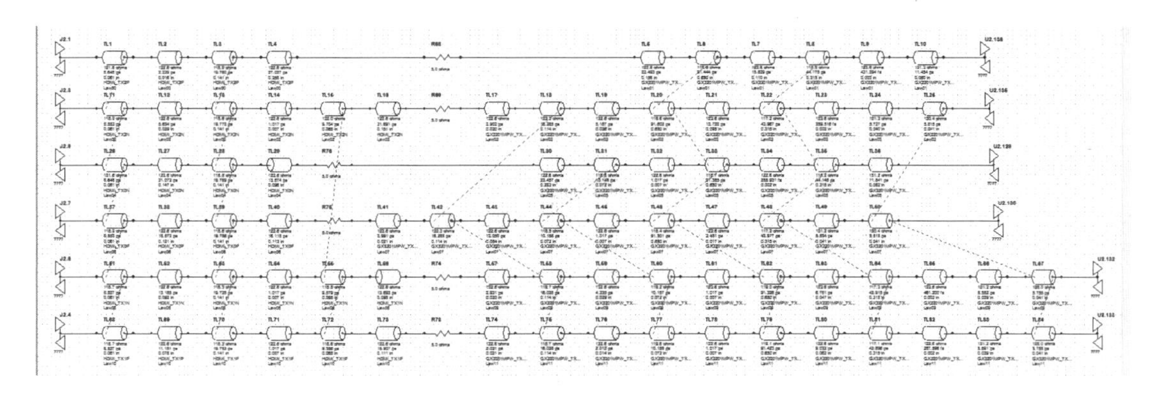

图 10-111

③ 附上 HDMI 驱动器 ADV7513 和 HDMI 接收器 ADV7611 后的原理图如图 10-112 所示，整理完并将其另存为 10HDMI_PCB_DATA_3_TX_5R.ffs。

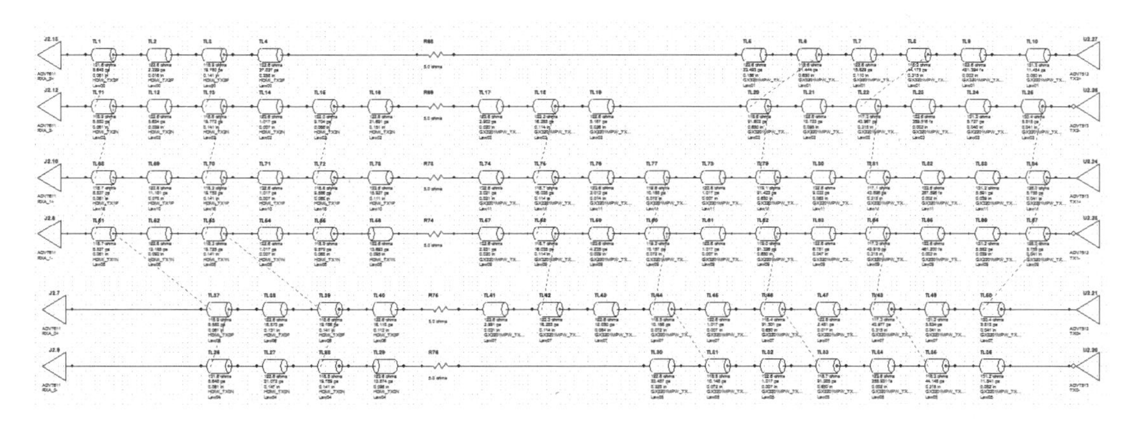

图 10-112

④ 仿真后得到串阻值为 5R 的眼图如图 10-113 所示。

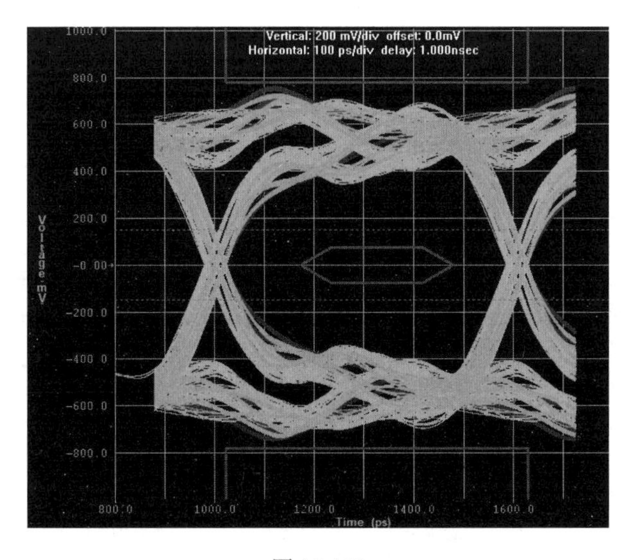


图 10-113

⑤ 将串阻值从 5R 变成 22R 后，将原理图另存为 10HDMI_PCB_DATA_3_TX_22R.ffs。仿真后，得到串阻值为 22R 的眼图如图 10-114 所示。

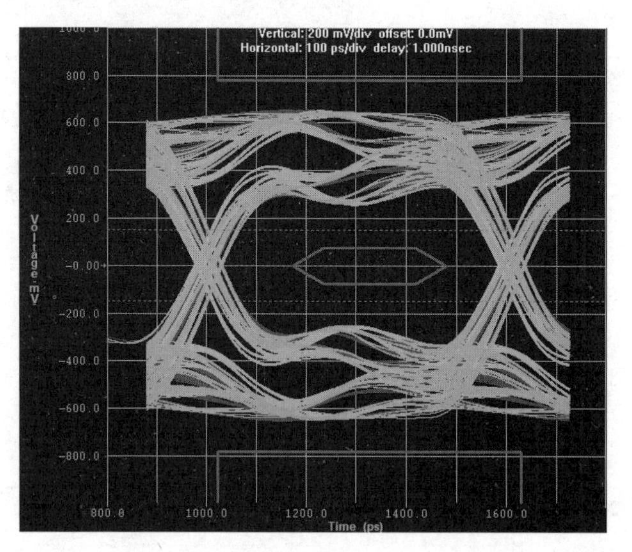


图 10-114

第 4 步：将时钟对提取出来，得到如图 10-115 所示的时钟差分对原理图。

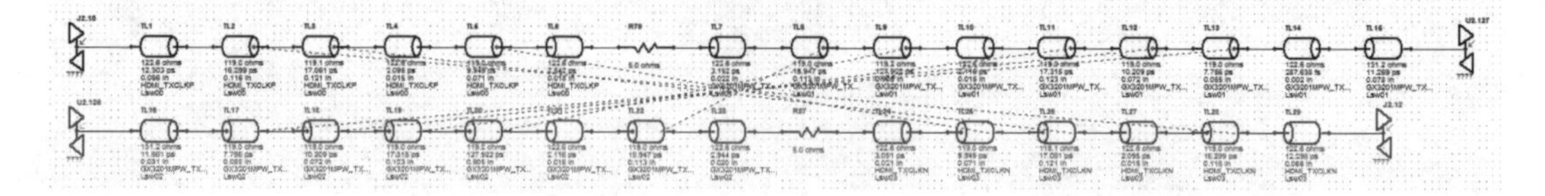

图 10-115

第 5 步：执行菜单命令 Edit>Rotate，在 Auto Place-Auto Arrange 后反过来了，得到如图 10-116 所示的整理完的时钟差分对原理图。

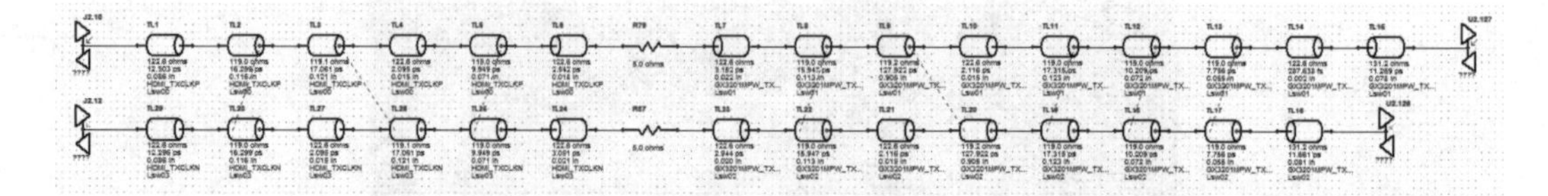

图 10-116

第 6 步：附上 HDMI 驱动器 ADV7513 和 HDMI 接收器 ADV7611，得到如图 10-117 所示的加上驱动接收器的时钟差分对原理图，并将其另存为 10HDMI_PCB_CLK_TX_5R.ffs。

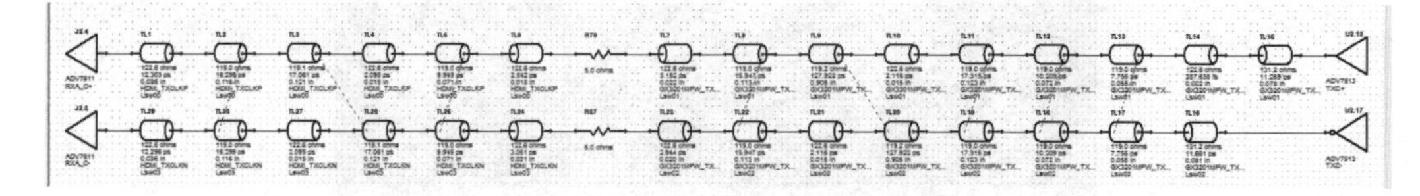

图 10-117

第 7 步：对图 10-117 所示的原理图进行仿真后得到的眼图如图 10-118 所示，这时串阻值为 5R。

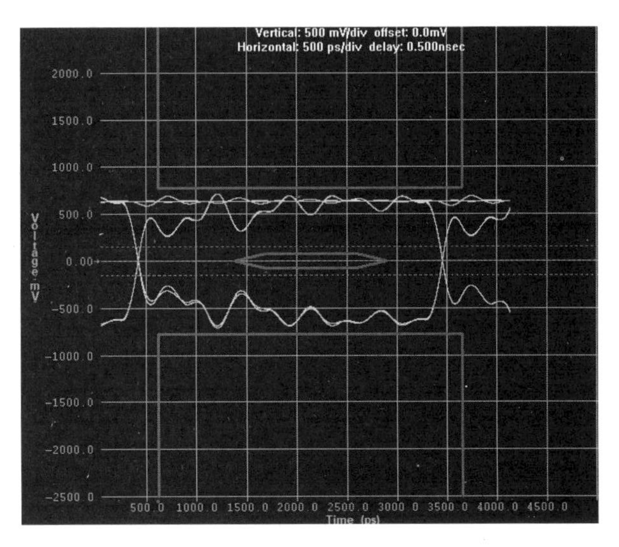


图 10-118

第 8 步：阻值为 51R 的时钟眼图如图 10-119 所示，并将相应的原理图另存为 10HDMI_PCB_CLK_TX_51R.ffs。

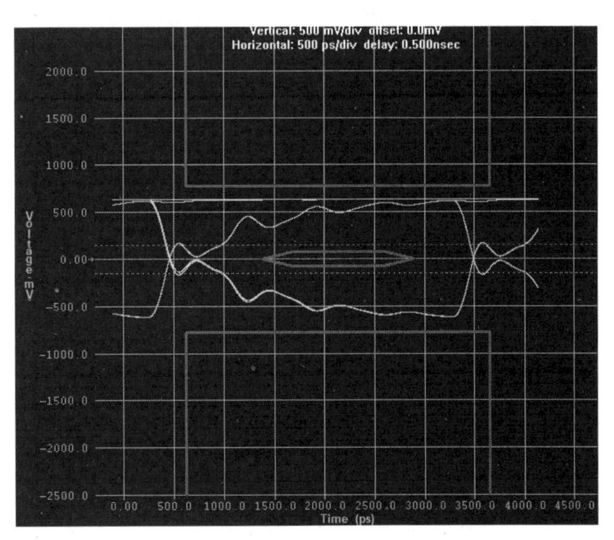


图 10-119

从以上仿真结果可以看出，时钟和数据的链路虽然相同，但是跑的速率不一样，所以可能要区别对待。

本章的目的是引导大家如何进行 HDMI 建模仿真，具体工作时需要自己根据项目仔细阅读标准，注意细节才能在项目仿真中少出错。

# 第 11 章 HyperLynx 之 USB 仿真实例

## 11.1 USB 简介

USB 是 Universal Serial Bus 的英文缩写，其是一种串行总线，由 USB-IF 协会组织指定并发布。USB 协会组织官方网页如图 11-1 所示。

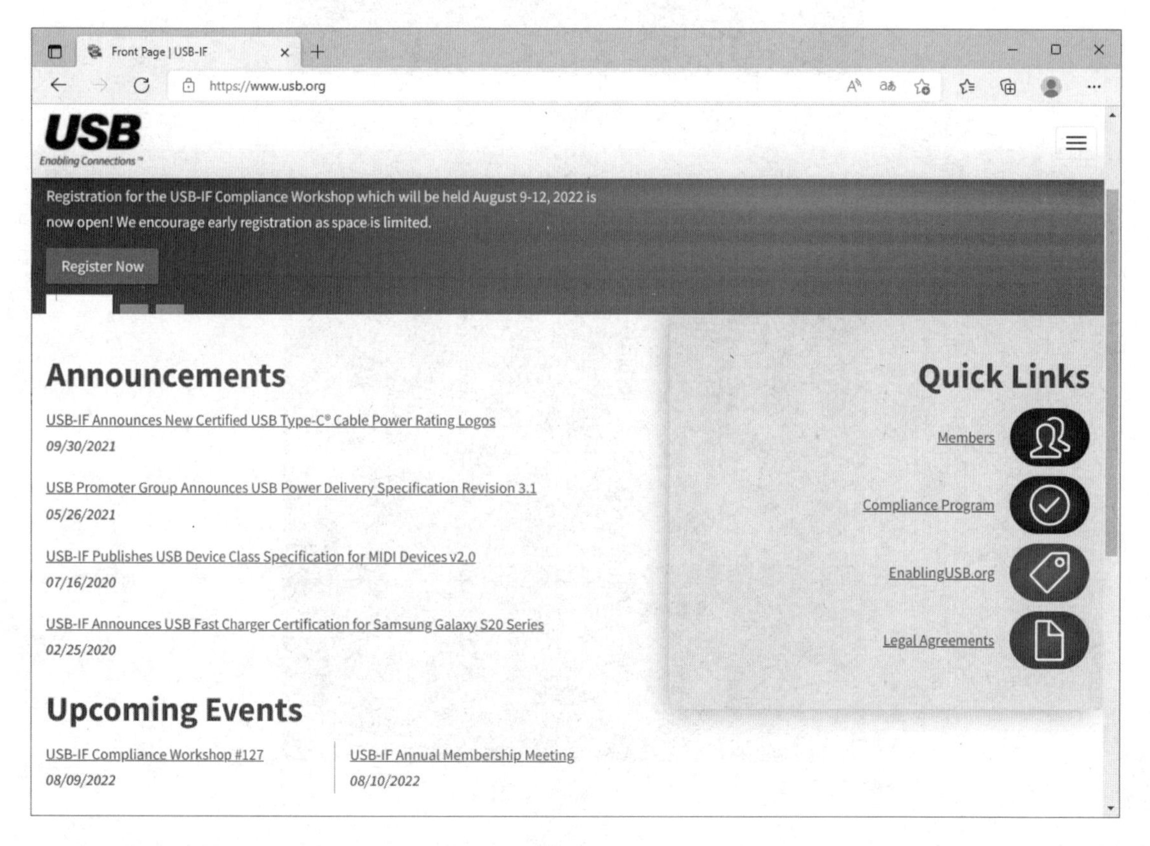


图 11-1

### 1. USB 1.0/1.1/2.0 简述

- 1996 年发布 USB 1.0，规定的最大速率为 1.5Mbps，75～300ns edge rates，供电电压为 5V，最大供电电流为 0.5A。

- 1998 年发布 USB 1.1，规定的最大速率为 12Mbps，4～20ns edge rates，供电电压为 5V，最大供电电流为 0.5A。
- 2000 年发布 USB 2.0，规定的最大速率为 480Mbps，400～500ps edge rates，供电电压为 5V，最大供电电流为 0.5A。
- USB 1.0/1.1/2.0 规定的编码方式为不归零反转码（Non-Return-to-Zero Inverted Code，NRZI），NRZI 编码采用 8bit 编码方式。
- USB 1.0/1.1/2.0 接口的定义一样，最大区别是速率。如图 11-2 所示，从左到右分别为标准、小型和微型插座插头图。

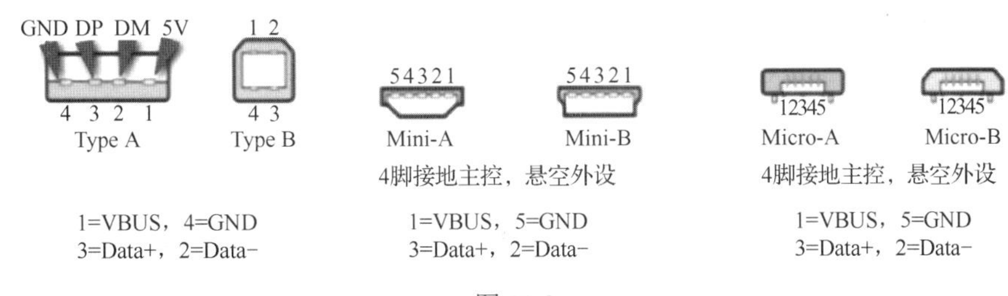


图 11-2

- USB 常用插头如图 11-3 所示。

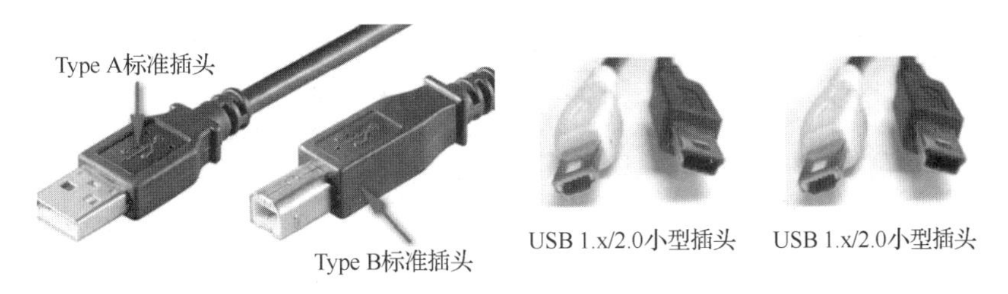


图 11-3

- USB 常用插座实物如图 11-4 所示。

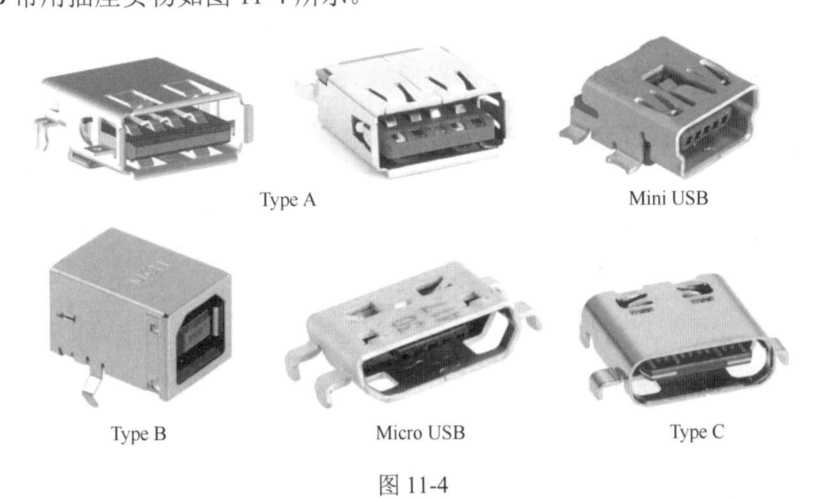


图 11-4

USB 2.0 标准规定的最大输出电流为 0.5A，但很多设备 USB 接口的最大输出电流都可以超过 0.5A，有些非标的充电头带 USB 接口的甚至可以达到 2A，以设备标称的 USB 最大输出电流为准。

➢ USB 2.0 为半双工通信（与 USB 1.0/1.1 一样，只是速率低），如图 11-5 所示。

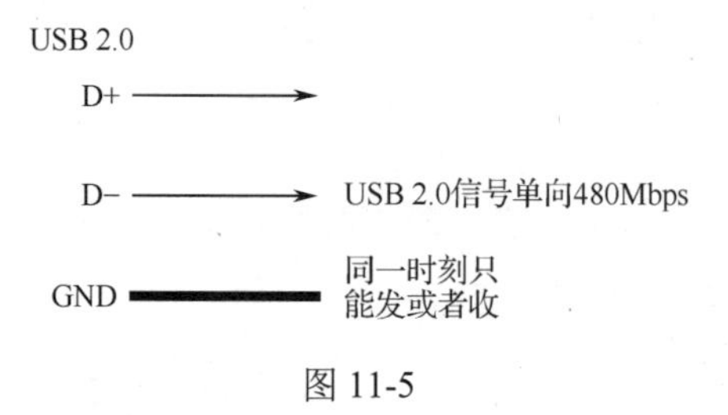


图 11-5

## 2. USB 3.0/USB 3.1 Gen1/USB 3.2 Gen1x1 简述

➢ 2008 年发布 USB 3.0，规定的最大速率为 5Gbps，供电电压为 5V，最大供电电流为 0.9A，编码方式为 8b/10b。

➢ USB 3.0 接口的定义如图 11-6（Micro USB 3.0 Type B/USB 3.0 Type A）所示。

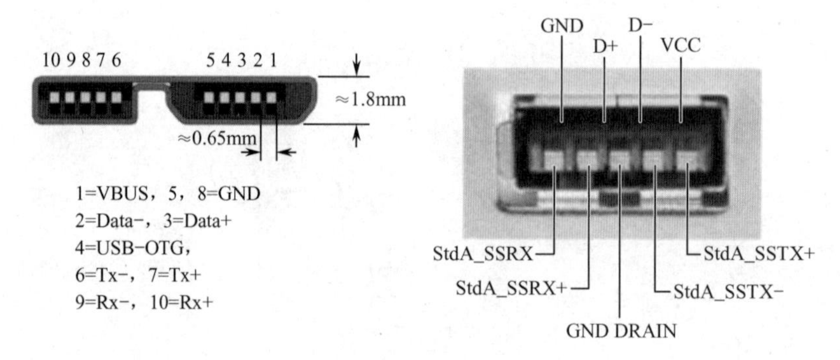


图 11-6

➢ USB 3.0 Type A 接口引脚的定义如表 11-1 所示。

表 11-1

| 引脚序号 | 信号名 | 描述 |
|---|---|---|
| 1 | VBUS | 电源 |
| 2 | D− | USB 2.0 差分对 |
| 3 | D+ | |
| 4 | GND | 电源回流地 |
| 5 | StdA_SSRX− | 超高速接收差分对 |
| 6 | StdA_SSRX+ | |
| 7 | GND_DRAIN | 信号回流地 |
| 8 | StdA_SSTX− | 超高速发送差分对 |
| 9 | StdA_SSTX+ | |
| 壳 | Shield | 连接器金属外壳 |

➢ USB 3.0 Type C 接口的定义如图 11-7 所示。

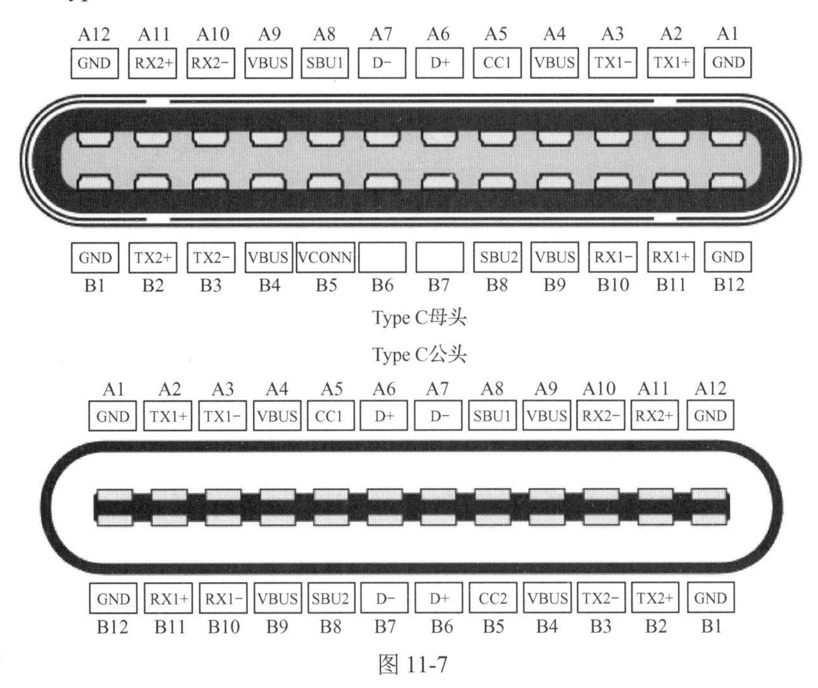


图 11-7

➢ Type C 插座插头的引脚配置如图 11-8 所示。

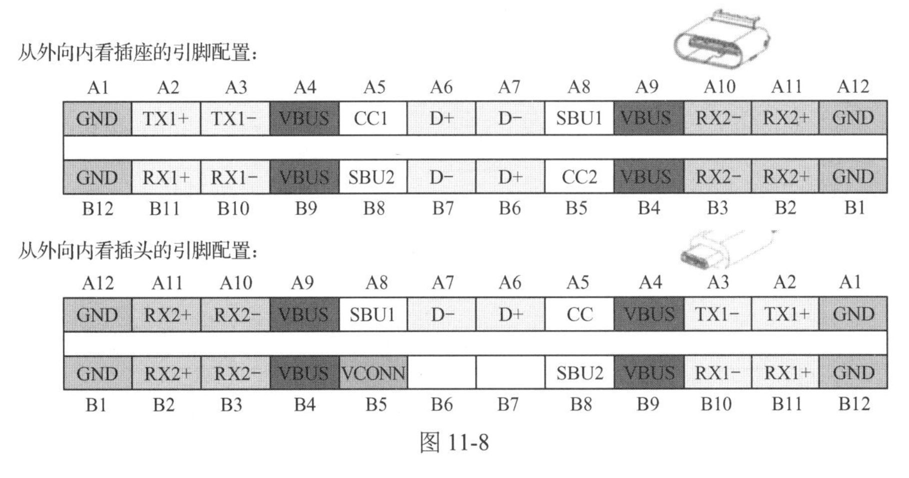

从外向内看插座的引脚配置：

| A1 | A2 | A3 | A4 | A5 | A6 | A7 | A8 | A9 | A10 | A11 | A12 |
|---|---|---|---|---|---|---|---|---|---|---|---|
| GND | TX1+ | TX1− | VBUS | CC1 | D+ | D− | SBU1 | VBUS | RX2− | RX2+ | GND |
| GND | RX1+ | RX1− | VBUS | SBU2 | D− | D+ | CC2 | VBUS | RX2− | RX2+ | GND |
| B12 | B11 | B10 | B9 | B8 | B7 | B6 | B5 | B4 | B3 | B2 | B1 |

从外向内看插头的引脚配置：

| A12 | A11 | A10 | A9 | A8 | A7 | A6 | A5 | A4 | A3 | A2 | A1 |
|---|---|---|---|---|---|---|---|---|---|---|---|
| GND | RX2+ | RX2− | VBUS | SBU1 | D− | D+ | CC | VBUS | TX1− | TX1+ | GND |
| GND | RX2+ | RX2− | VBUS | VCONN | | | SBU2 | VBUS | RX1− | RX1+ | GND |
| B1 | B2 | B3 | B4 | B5 | B6 | B7 | B8 | B9 | B10 | B11 | B12 |

图 11-8

➢ USB 3.0 插座插头实物图如图 11-9 所示。

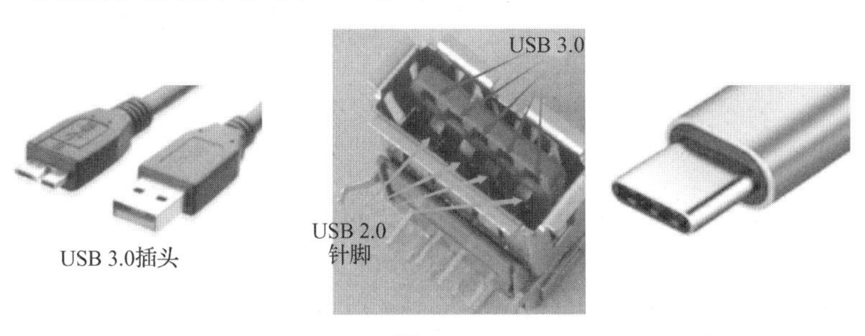


图 11-9

➢ 由于 USB 3.0 发表时只有常见的 Type A 与 Type B 两种接口类型，并没有 Type C 可选，所以 USB 3.0 Type A/B 的工作示意图如图 11-10 所示。

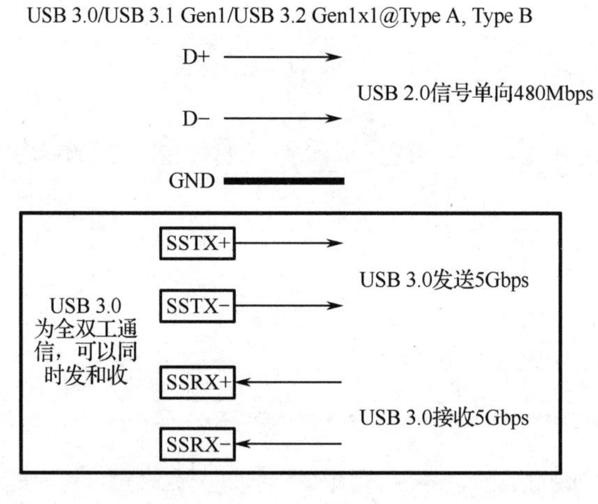


图 11-10

➢ USB 3.0 Type C 的工作示意图如图 11-11 所示。

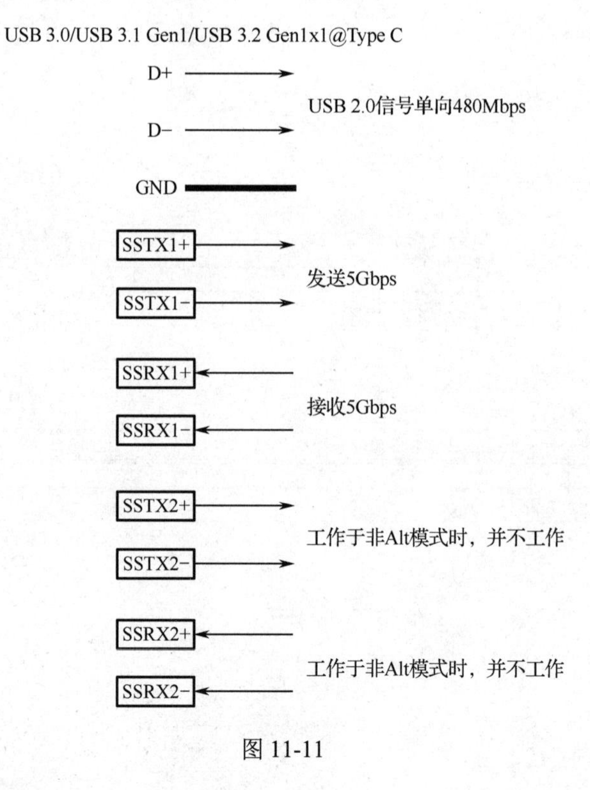


图 11-11

### 3. USB 3.1/USB 3.1 Gen2/USB 3.2 Gen2x1 简述

➢ 2013 年发布 USB 3.1，规定的最大速率为 10Gbps，供电电压为 5V，最大供电电流为 0.9A，可以用 Type A/B/C，编码方式为 128b/130b。

- 引入了新的 USB PD 协议，供电能力大幅度提高，提供最大 20V/5A（100W）的供电能力。
- USB 3.1 常见的 Type A 与 Type B 的工作示意图如图 11-12 所示。

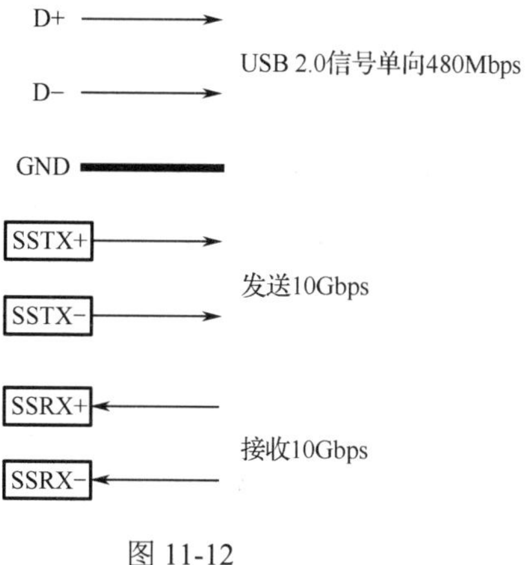


图 11-12

- USB 3.1 Type C 的工作示意图如图 11-13 所示。

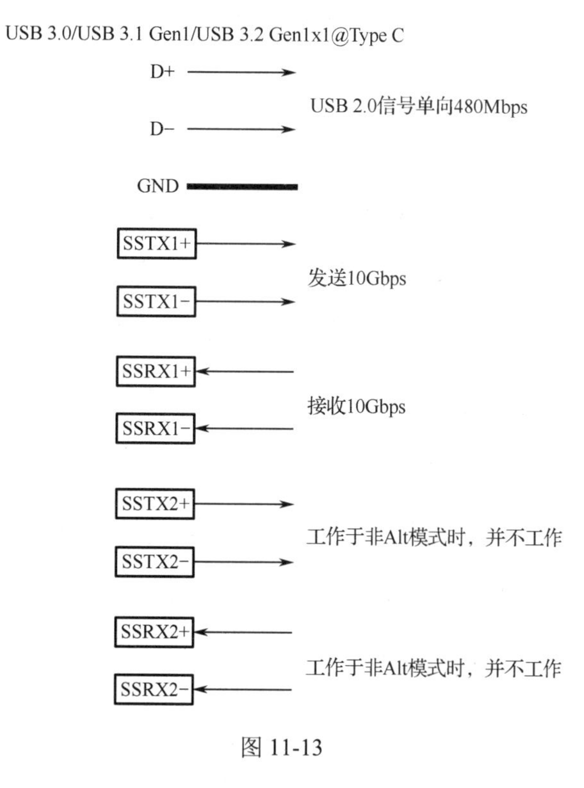


图 11-13

### 4. USB 3.2 Gen1x2/USB 3.2 Gen2x2 简述

- 2017 年发布 USB 3.2，USB 3.2 Gen1x2 标准规定的最大速率为 10Gbps，而 USB 3.2

Gen2x2 标准规定的最大速率为 20Gbps，供电电压最大为 20V，最大供电电流为 5A，只用 Type C，USB 3.2 Gen1x2 的编码方式为 8b/10b，而 USB 3.2 Gen2x2 的编码方式为 128b/130b。

➢ USB 3.2 Gen1x2 Type C 的工作方式如图 11-14 所示。

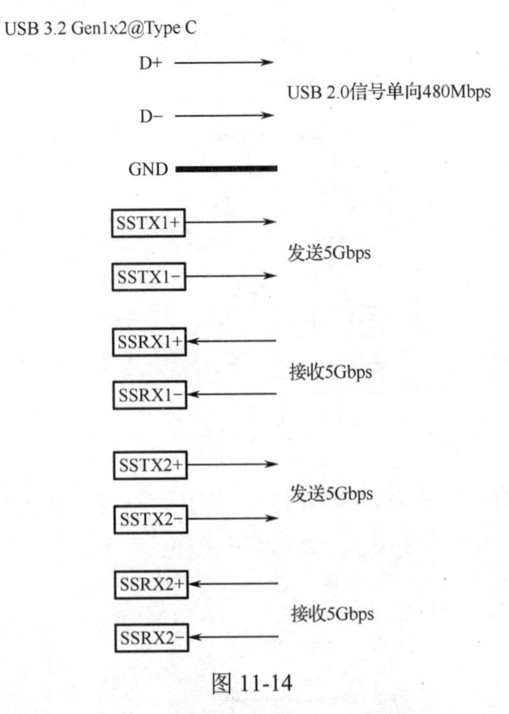


图 11-14

➢ USB 3.2 Gen2x2 Type C 的工作方式如图 11-15 所示。

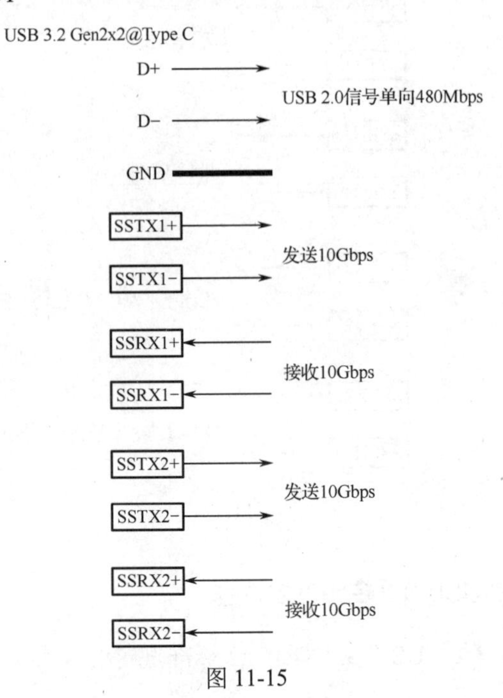


图 11-15

### 5．USB 4.0 Gen2x2/USB 4.0 Gen3x2 简述

- 2019 年发布 USB 4.0，USB 4.0 Gen2x2 规定的最大速率为 20Gbps，而 USB 4.0 Gen3x2 规定的最大速率为 40Gbps，供电电压最大为 20V，最大供电电流为 5A。
- USB 4.0 Gen2x2 Type C 的工作方式如图 11-16 所示。

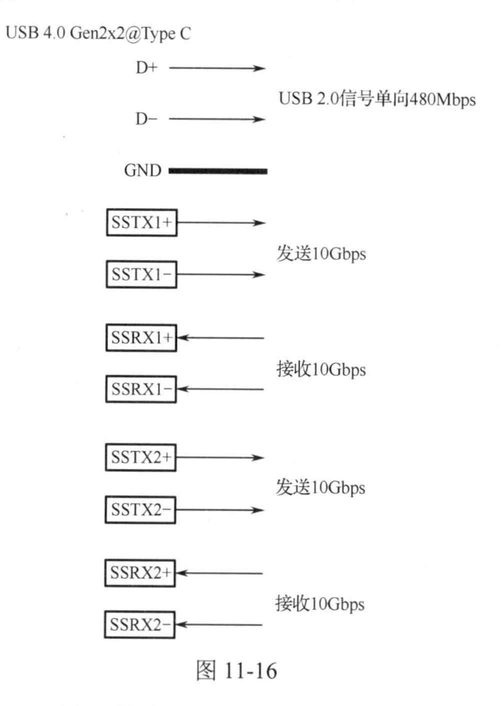


图 11-16

- USB 4.0 Gen3x2 Type C 的工作方式如图 11-17 所示。

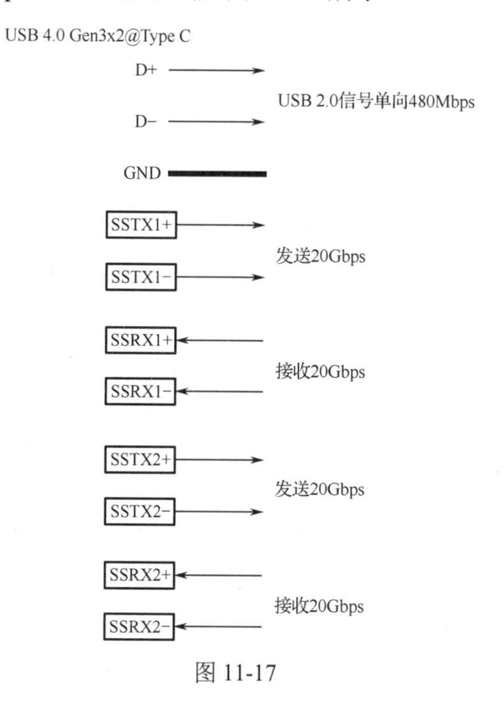


图 11-17

## 11.2　USB 1.0/1.1/2.0 的上电识别过程

（1）USB 1.0（Low Speed）上电连接过程。如图 11-18 所示为低速设备电缆和电阻连接示意图。

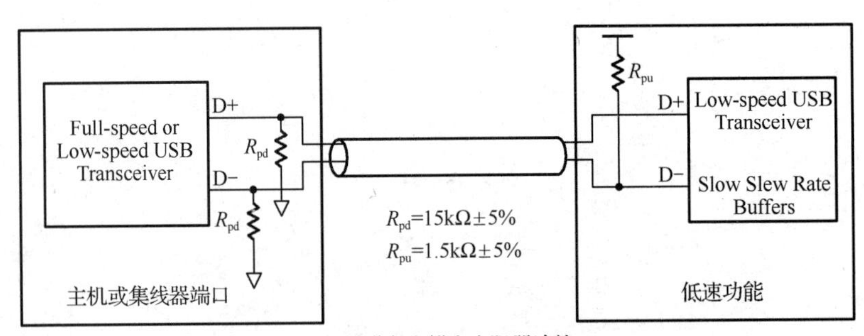


图 11-18

从图中可以看出，主机或集线器通过检测 D-上的电平来识别设备。当上电或插入时，$R_{pu}$和 $R_{pd}$ 分压得到了个高电平。低速设备连接检测示意图如图 11-16 所示。

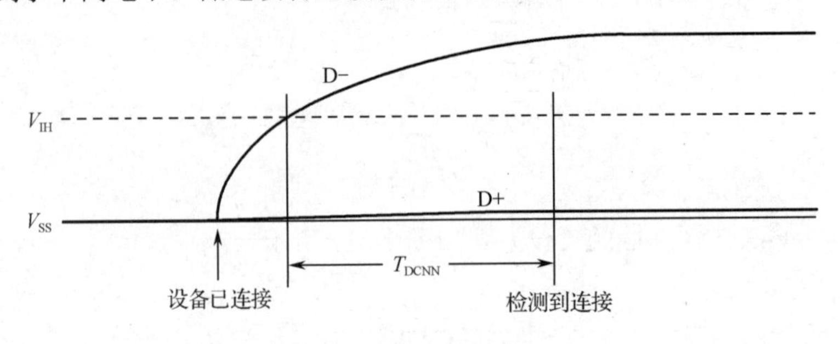


图 11-19

（2）USB 1.1（Full Speed）上电连接过程。如图 11-20 所示为全速设备电缆和电阻连接示意图。

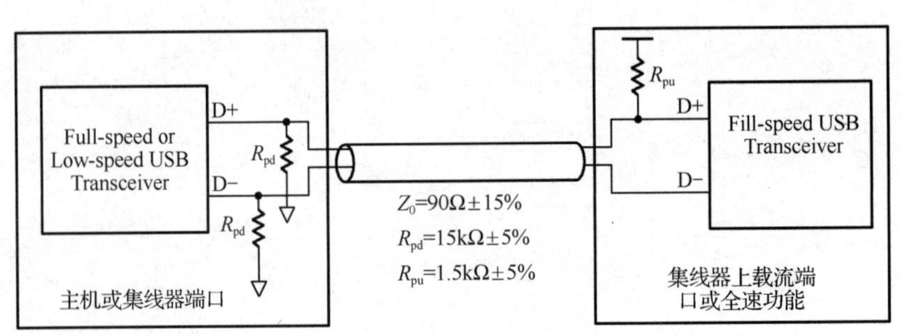


图 11-20

从图中可以看出，主机或集线器端口通过检测 D+上的电平来识别设备。当上电或插入时，$R_{pu}$ 和 $R_{pd}$ 分压得到了个高电平。全速设备连接检测示意图如图 11-21 所示。

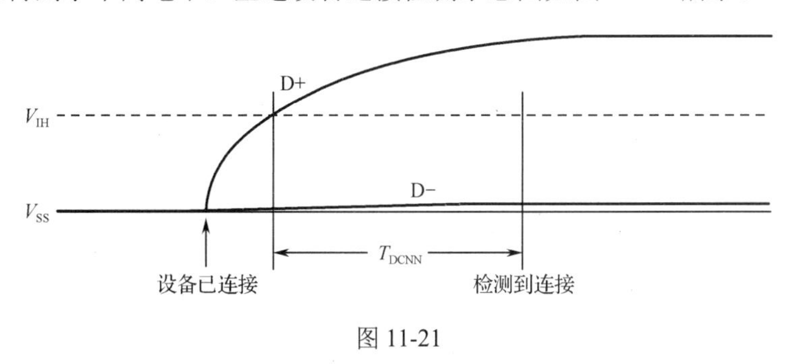


图 11-21

（3）USB 2.0（High Speed）上电连接过程。如图 11-22 所示为具有高速能力的收发器电路示意图。

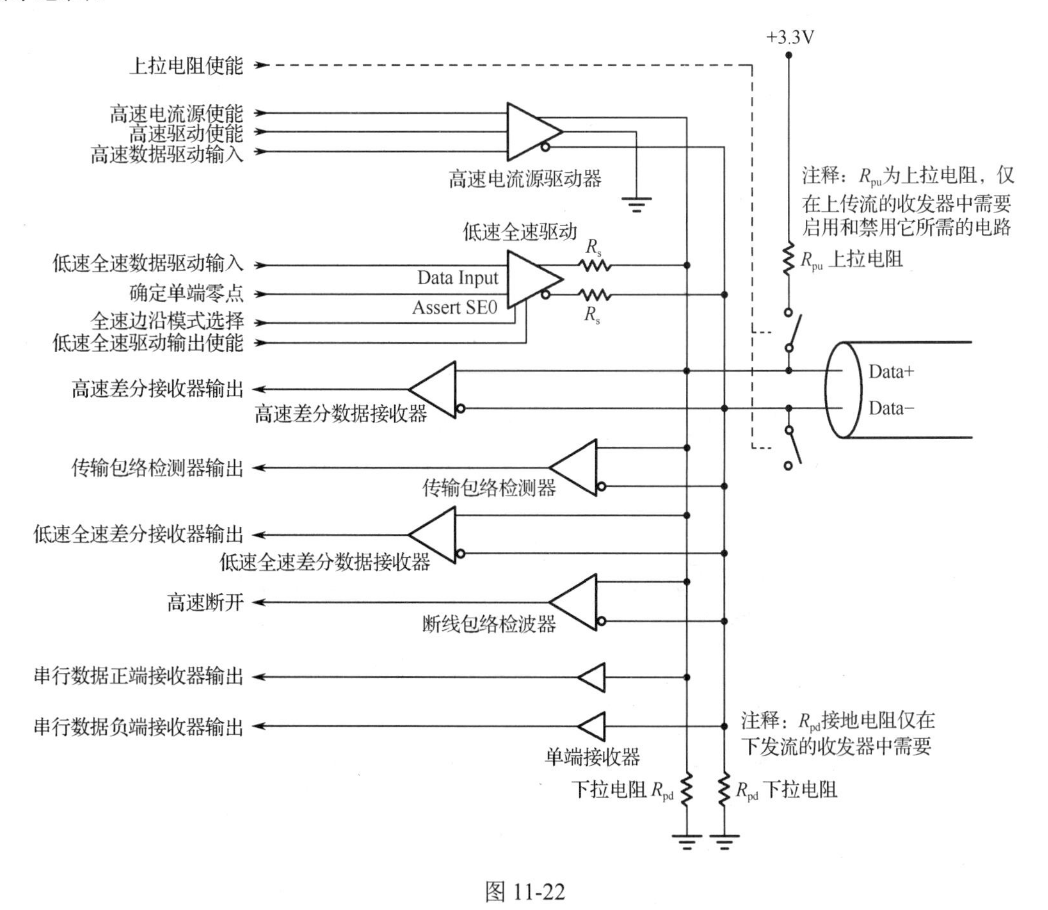


图 11-22

（4）USB 2.0 高速识别过程示意图如图 11-23 所示。

为了保持所需的兼容性，高速设备最初总是将自己呈现为全速设备（通过 D+上 1.5kΩ 的上拉电阻实现）。

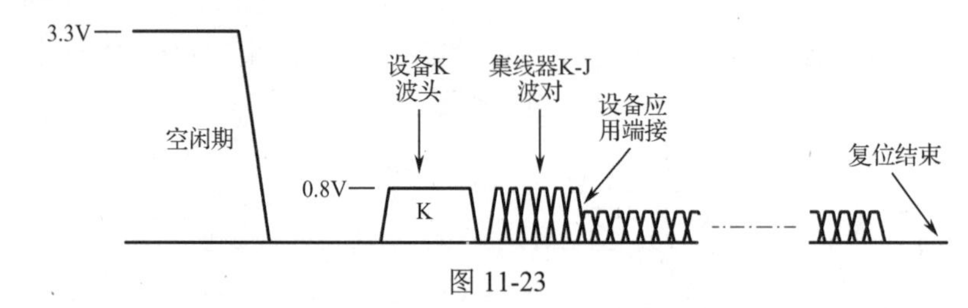

图 11-23

（5）接入设备后，主机会通过 SE0 对设备进行重置。若设备是高速设备，那么它内部的电流源会向 D-注入 17.78mA 的电流，与其高低速设备形成约 800mV 的电压，即 Chirp K（宽度大约 2.5ms 以内）。在 2.5μs 内，若主机支持高速，则主机端的接收器会对此 Chirp K 进行检测，一旦主机接收到此信号，就会在该 Chirp K 结束的 100μs 内回复一串 KJKJKJ 序列（40～60μs），即进行握手（Hand Shake）（Chirp Sequence），在设备接收到 3 对 KJ 信号（Six Chirp）之后，即 KJ 序列停止后的 100～500μs 内结束复位操作之后。所以设备必须在 500μs 内切换到高速模式，切换动作有：

① 断开 1.5kΩ 的上拉电阻；

② 连接 D+/D-上的高速终端电阻，其实就是全速/低速差分驱动器；

③ 进入默认的高速状态；

④ 执行完前两步后，USB 信号线上看到的现象就发生变化了；

⑤ HUB 发动的 Chirp 降到原来的一半，400mV，这是因为设备端挂载新的终端电阻后，并联原来的终端电阻，结果为 22.5Ω，17.78×22.5 为 400mV，以后高速设备操作的信号幅值就是 400mV 而不是全速/低速的 3.3V。

至此，高速设备与 USB 2.0 握手完毕，开始进行 480Mbps 的通信。TEK 高速示波器测试图如图 11-24 所示。

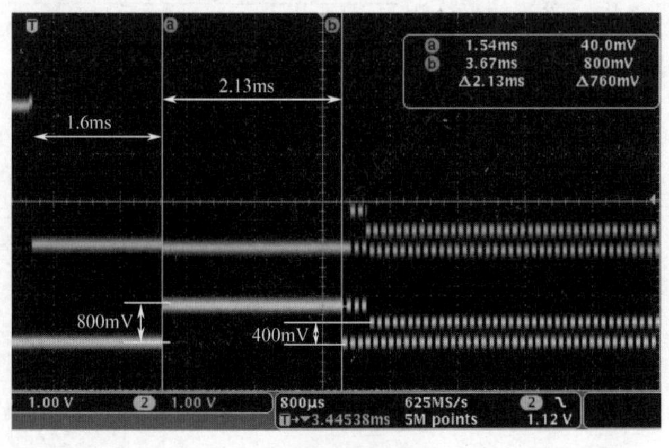

图 11-24

## 11.3 USB 2.0 测试点和测试眼图模板

### 1．USB 2.0 测试点

（1）USB 2.0 测试点示意图如图 11-25 所示。

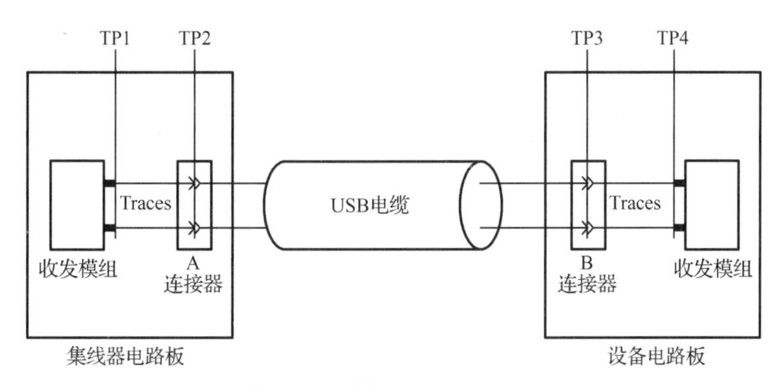


图 11-25

（2）USB 2.0 发射和接收测试夹具如图 11-26 所示。

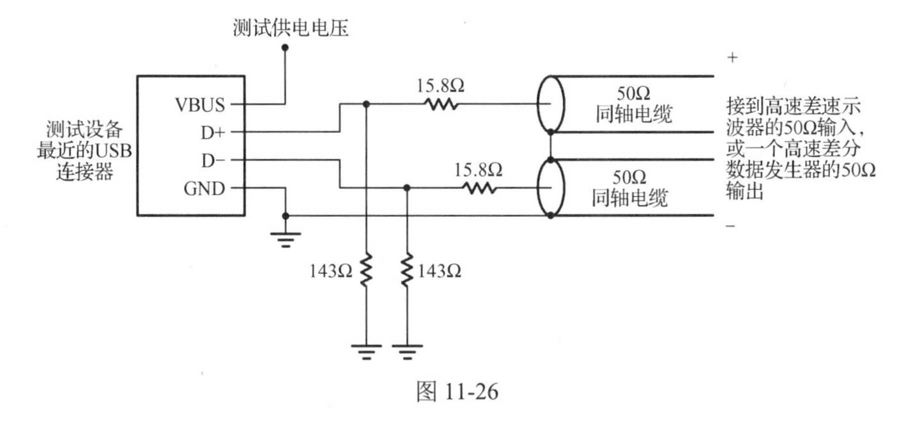


图 11-26

## 2. USB 2.0 测试眼图模板

1）USB 2.0 眼图模板 1

USB 2.0 眼图模板 1 如图 11-27 所示，其具体参数如表 11-2 所示。

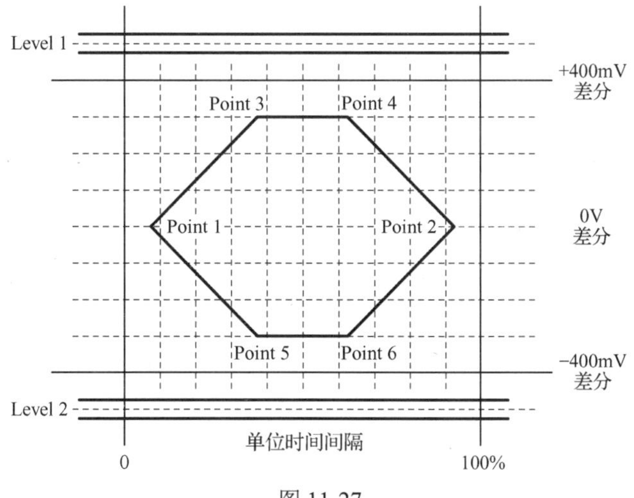


图 11-27

表 11-2

| | 电压值(D+ - D−) | 单位时间间隔百分比 |
|---|---|---|
| Level 1 | 转换后的 UI 为 525mV，其他均为 475 mV | N/A 不适用 |
| Level 2 | 转换后的 UI 为−525mV，其他均为−475mV | N/A 不适用 |
| Point 1 | 0V | 7.5% UI |
| Point 2 | 0V | 92.5% UI |
| Point 3 | 300mV | 37.5% UI |
| Point 4 | 300mV | 62.5% UI |
| Point 5 | −300mV | 37.5% UI |
| Point 6 | −300mV | 62.5% UI |

2）USB 2.0 眼图模板 2

USB 2.0 眼图模板 2 如图 11-28 所示，其具体参数如表 11-3 所示。

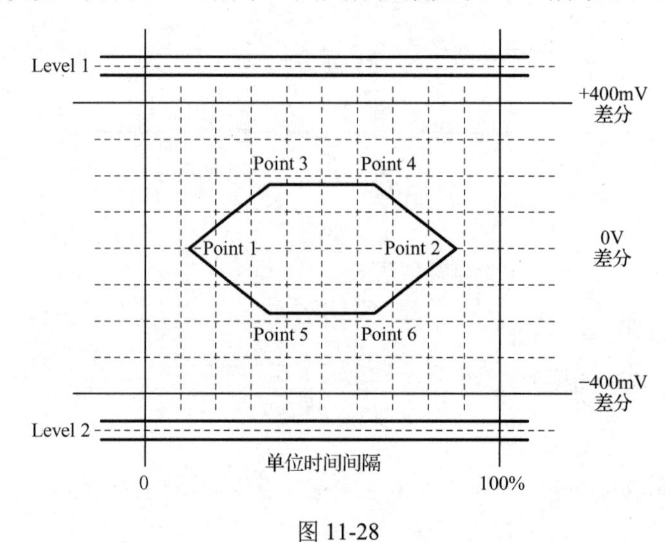


图 11-28

表 11-3

| | 电压值(D+ − D−) | 单位时间间隔百分比 |
|---|---|---|
| Level 1 | 转换后的 UI 为−525mV，其他均为 475mV | N/A 不适用 |
| Level 2 | 转换后的 UI 为−525mV，其他均为负 475mV | N/A 不适用 |
| Point 1 | 0V | 5% UI |
| Point 2 | 0V | 95% UI |
| Point 3 | 300mV | 35% UI |
| Point 4 | 300mV | 65% UI |
| Point 5 | −300mV | 35% UI |
| Point 6 | −300mV | 65% UI |

3）USB 2.0 眼图模板 3

USB 2.0 眼图模板 3 如图 11-29 所示，其具体参数如表 11-4 所示。

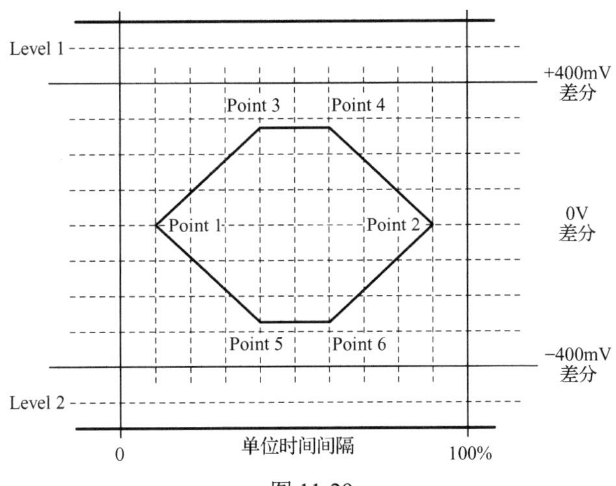


图 11-29

**表 11-4**

| | 电压值(D+ − D−) | 单位时间间隔百分比 |
|---|---|---|
| Level 1 | 575mV | N/A 不适用 |
| Level 2 | −575mV | N/A 不适用 |
| Point 1 | 0V | 20% UI |
| Point 2 | 0V | 80% UI |
| Point 3 | 150mV | 40% UI |
| Point 4 | 150mV | 60% UI |
| Point 5 | −150mV | 40% UI |
| Point 6 | −150mV | 60% UI |

4）USB 2.0 眼图模板 4

USB 2.0 眼图模板 4 如图 11-30 所示，其具体参数如表 11-5 所示。

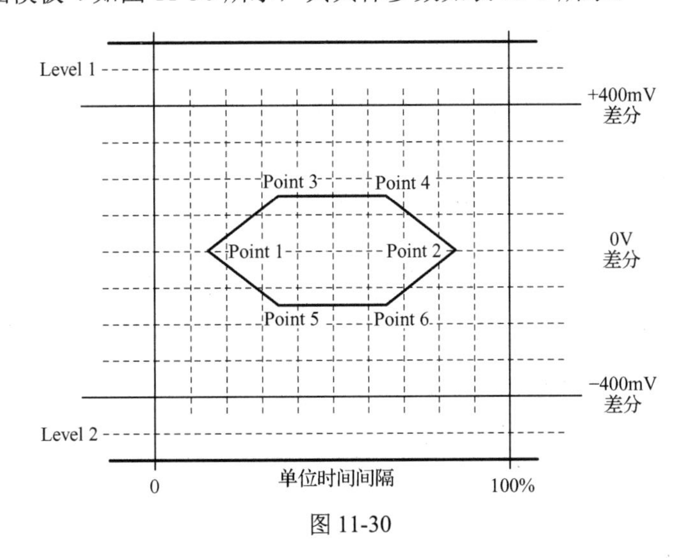


图 11-30

表 11-5

| | 电压值(D+ – D–) | 单位时间间隔百分比 |
|---|---|---|
| Level 1 | 575mV | N/A 不适用 |
| Level 2 | –575mV | N/A 不适用 |
| Point 1 | 0V | 15% UI |
| Point 2 | 0V | 85% UI |
| Point 3 | 150mV | 35% UI |
| Point 4 | 150mV | 65% UI |
| Point 5 | –150mV | 35% UI |
| Point 6 | –150mV | 65% UI |

5）USB 2.0 眼图模板 5

USB 2.0 眼图模板 5 如图 11-31 所示，其具体参数如表 11-6 所示。

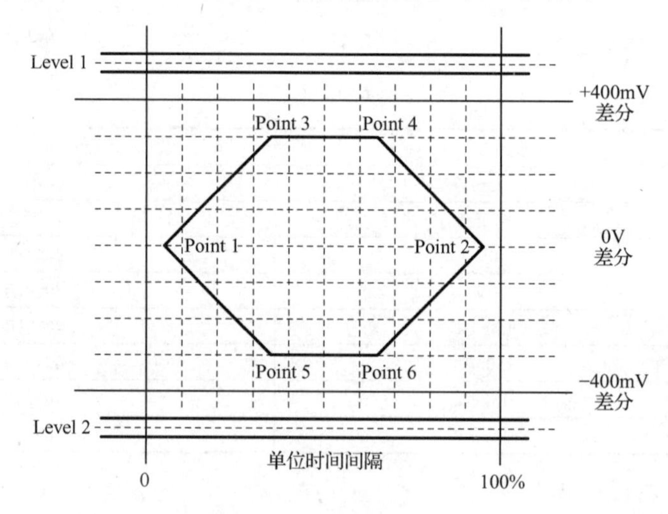


图 11-31

表 11-6

| | 电压值(D+ – D–) | 单位时间间隔百分比 |
|---|---|---|
| Level 1 | 转换后的 UI 为 525mV，其他均为 475mV | N/A 不适用 |
| Level 2 | 转换后的 UI 为–525mV，其他均为–475mV | N/A 不适用 |
| Point 1 | 0V | 5% UI |
| Point 2 | 0V | 95% UI |
| Point 3 | 300mV | 35% UI |
| Point 4 | 300mV | 65% UI |
| Point 5 | –300mV | 35% UI |
| Point 6 | –300mV | 65% UI |

6）USB 2.0 眼图模板 6

USB 2.0 眼图模板 6 如图 11-32 所示，其具体参数如表 11-7 所示。

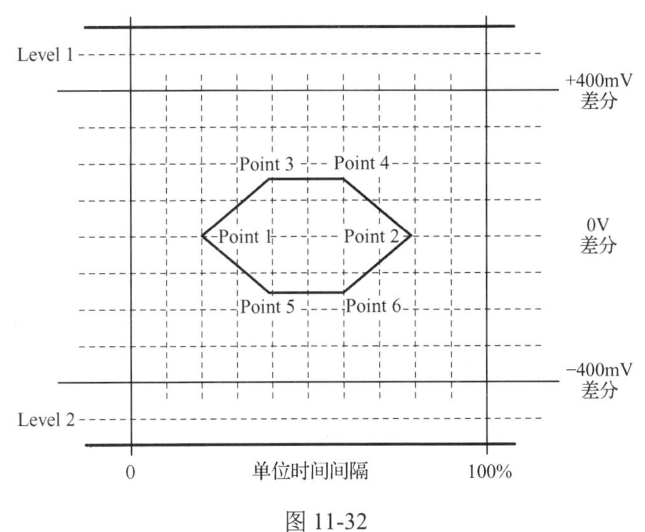


图 11-32

表 11-7

| | 电压值(D+ − D−) | 单位时间间隔百分比 |
|---|---|---|
| Level 1 | 575mV | N/A 不适用 |
| Level 2 | −575mV | N/A 不适用 |
| Point 1 | 0V | 20% UI |
| Point 2 | 0V | 80% UI |
| Point 3 | 150mV | 40% UI |
| Point 4 | 150mV | 60% UI |
| Point 5 | −150mV | 40% UI |
| Point 6 | −150mV | 60% UI |

## 11.4　USB 链路图

USB 一般链路图如图 11-33 所示。

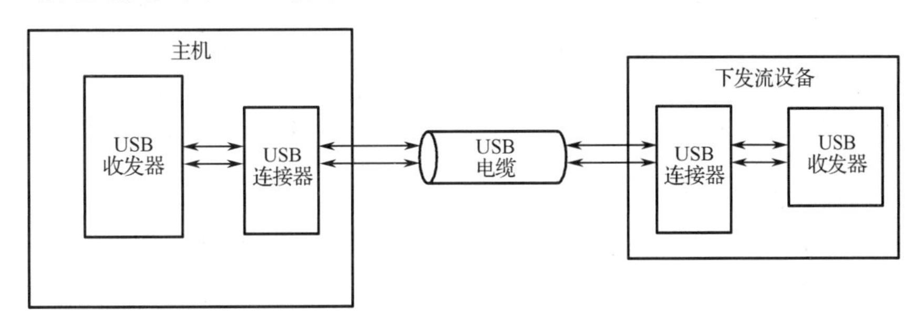


图 11-33

### 1. 低速发送器（Low-Speed Transmitter）

- 额定工作速率：1.5Mbps。
- 位宽：666.67ns。
- 额定沿：75～300ns。
- 低速电缆和器件的总负载电容：200～450pF。
- 低速电缆传播延时（TLSCBL）：小于 18ns。
- 低速驱动信号波形，如图 11-34 所示。

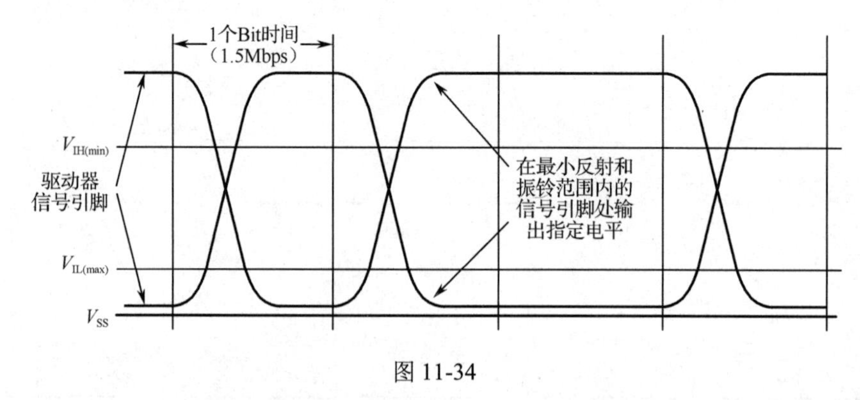


图 11-34

### 2. 全速发送器（Full-Speed Transmitter）

- 额定工作速率：12Mbps。
- 位宽：83.33ns。
- 额定沿：4～20ns。
- 全速 USB 使用带屏蔽双绞线电缆：差分特征阻抗为 90Ω±15%，共模阻抗为 30Ω±30%。
- 全速双绞线电缆传播延时（TFSCBL）：小于 26ns。
- 全速驱动器具备全速驱动能力的驱动阻抗（ZDRV）范围：28Ω≤ZDRV≤44Ω，如图 11-35 所示。

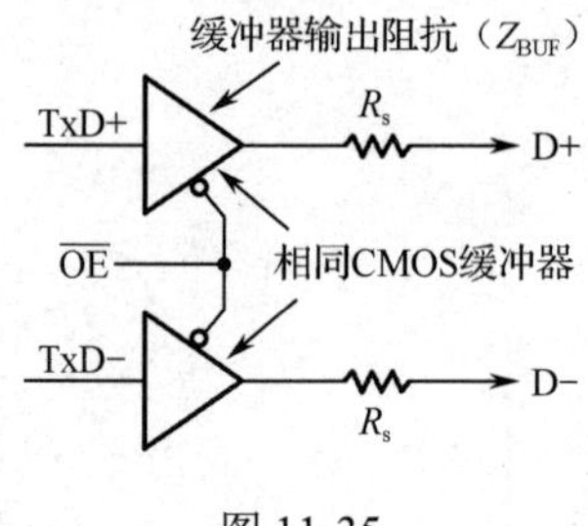


图 11-35

- 全速驱动器的 V/I 特性如图 11-36 所示。
- 全速驱动器具备高速驱动能力的驱动阻抗（ZHSDRV）范围，即 40.5Ω≤ZHSDRV≤49.5Ω，其 V/I 特性如图 11-37 所示。

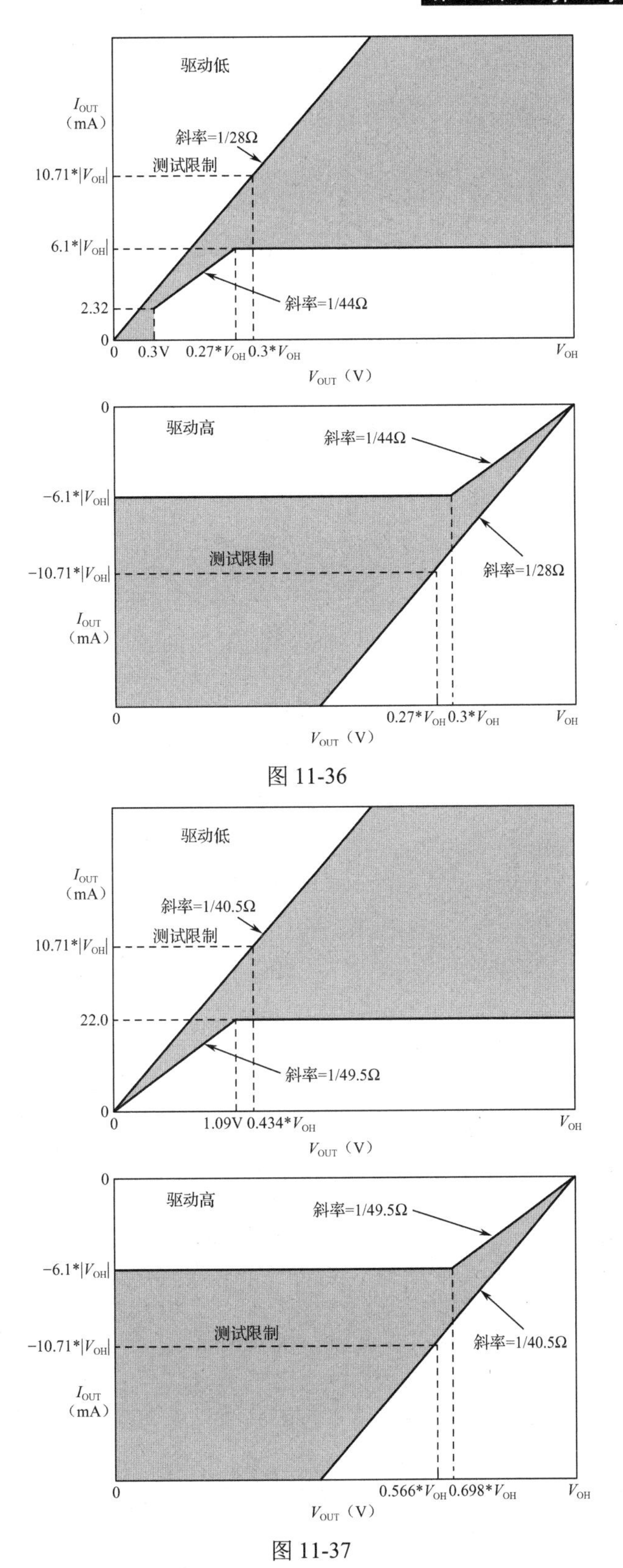

驱动低
$I_{OUT}$
（mA）
斜率=1/28Ω
测试限制
10.71*|$V_{OH}$|
6.1*|$V_{OH}$|
斜率=1/44Ω
2.32
0
0
0.3V
0.27*$V_{OH}$
0.3*$V_{OH}$
$V_{OH}$
$V_{OUT}$（V）
0
驱动高
斜率=1/44Ω
-6.1*|$V_{OH}$|
测试限制
-10.71*|$V_{OH}$|
斜率=1/28Ω
$I_{OUT}$
（mA）
0
0.27*$V_{OH}$
0.3*$V_{OH}$
$V_{OH}$
$V_{OUT}$（V）


图 11-36


驱动低
$I_{OUT}$
（mA）
斜率=1/40.5Ω
测试限制
10.71*|$V_{OH}$|
22.0
斜率=1/49.5Ω
0
0
1.09V
0.434*$V_{OH}$
$V_{OH}$
$V_{OUT}$（V）
0
驱动高
斜率=1/49.5Ω
-6.1*|$V_{OH}$|
测试限制
-10.71*|$V_{OH}$|
斜率=1/40.5Ω
$I_{OUT}$
（mA）
0
0.566*$V_{OH}$
0.698*$V_{OH}$
$V_{OH}$
$V_{OUT}$（V）


图 11-37

- 全速驱动信号波形如图 11-38 所示。

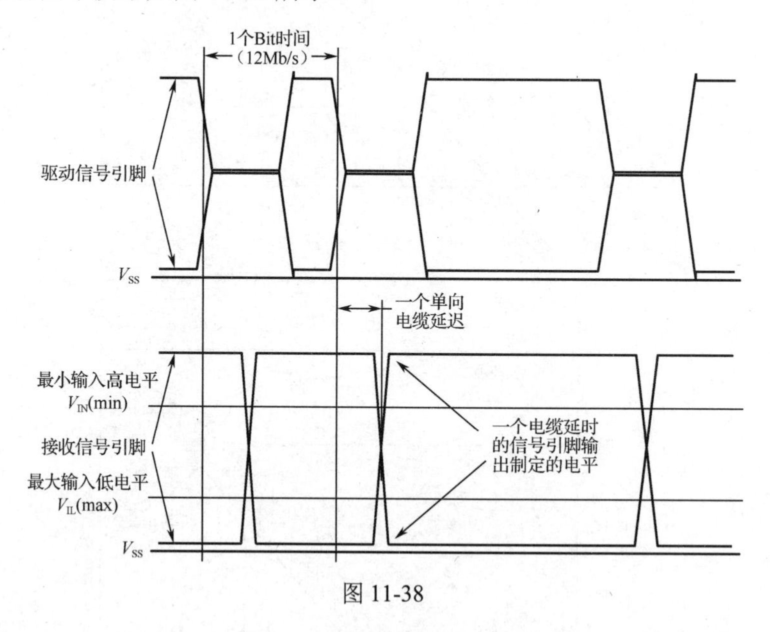


图 11-38

### 3. 高速发送器（High-Speed Transmitter）

- 额定工作速率：480Mbps。
- 位宽：2.0833ns。
- 额定沿：400～500ps。
- 高速 USB 使用带屏蔽双绞线电缆：差分特征阻抗为 90Ω±15%，共模阻抗为 30Ω±30%。
- 高速双绞线电缆传播延时（THSCBL）：小于 26ns。
- PCB 走线和其连接器的标称差分阻抗：90Ω。
- 从主机收发器硅到下发端口的最大延迟：3ns-（封装+PCB 延迟）。
- 从设备收发器硅到上传端口的最大延迟：1ns-（封装+PCB 延迟），其中，PCB 加接插件的总延时为 4ns。
- 带电流模式驱动器的差分信号：即电流模式逻辑，如图 11-39 所示，其中，400mV=(45Ω//45Ω)×17.78mA。

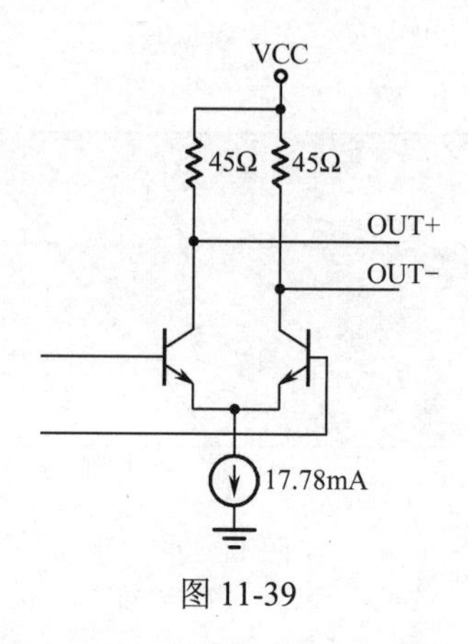


图 11-39

➢ 主机端的传播延迟必须小于 3ns，如图 11-40 所示。

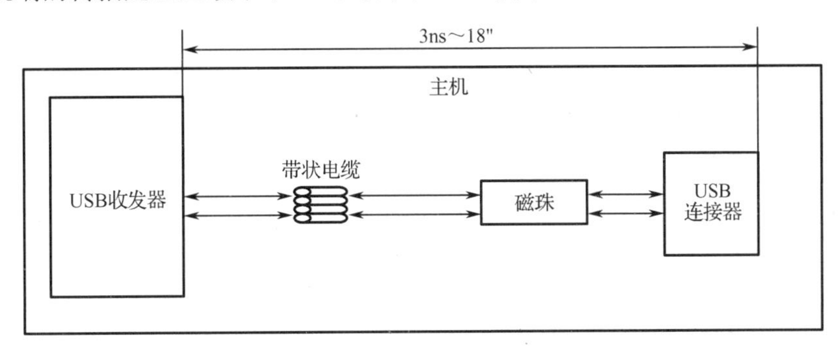


图 11-40 主机端的传播延迟图

➢ 外围设备的传播延迟小于 1ns，如图 11-41 所示。

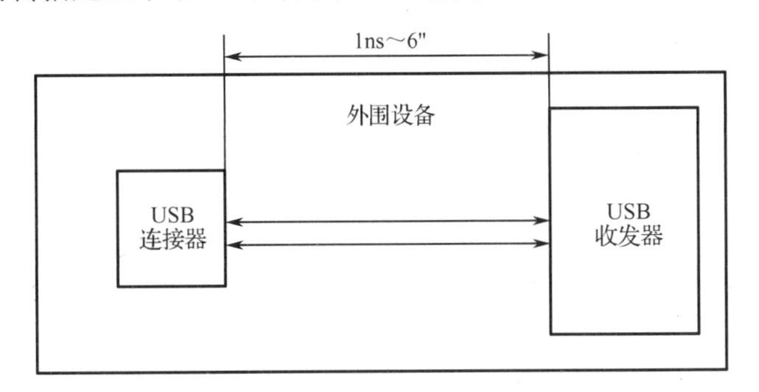


图 11-41

➢ 按照图 11-40 和图 11-41 建立原理图，具体操作步骤如下所述。

第 1 步：打开 HyperLynx 软件，单击图标“ ”，新建原理图，并命名为 11USB2.0_link_115R_cable.ffs。单击差分 IC 图标“ ”，放入工作区两次，软件依次自动命名为 U1 和 U2。双击 U1，在 Reference Designator 处重新命名为 Host；双击 U2，在 Reference Designator 处重新命名为 Peripheral Controller。命名后如图 11-42 所示。

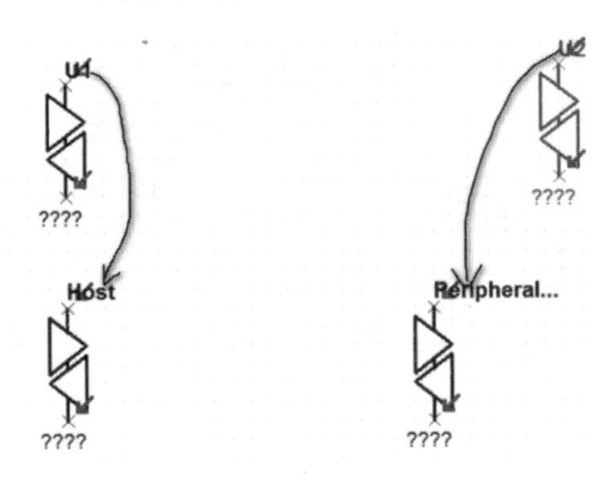


图 11-42

① 将参考标识 Host 设置成赛普拉斯（Cypress）半导体 CY7C680016 的 IBIS 模型，具体操作步骤如图 11-43 所示。

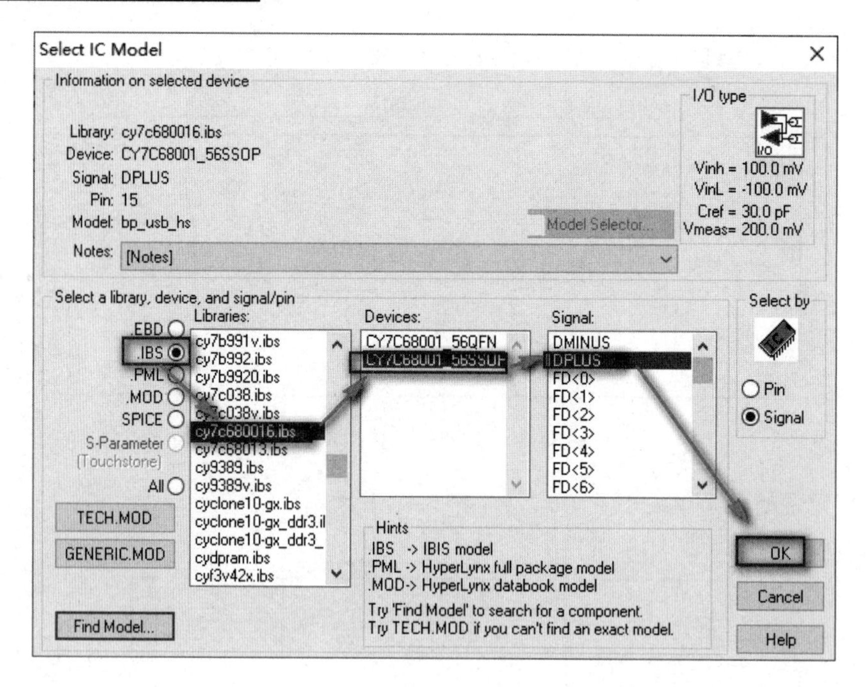


图 11-43

② 将参考标识 Peripheral Controller 设置成赛普拉斯（Cypress）半导体 CY7C68013 的 IBIS 模型，具体操作步骤如图 11-44 所示。

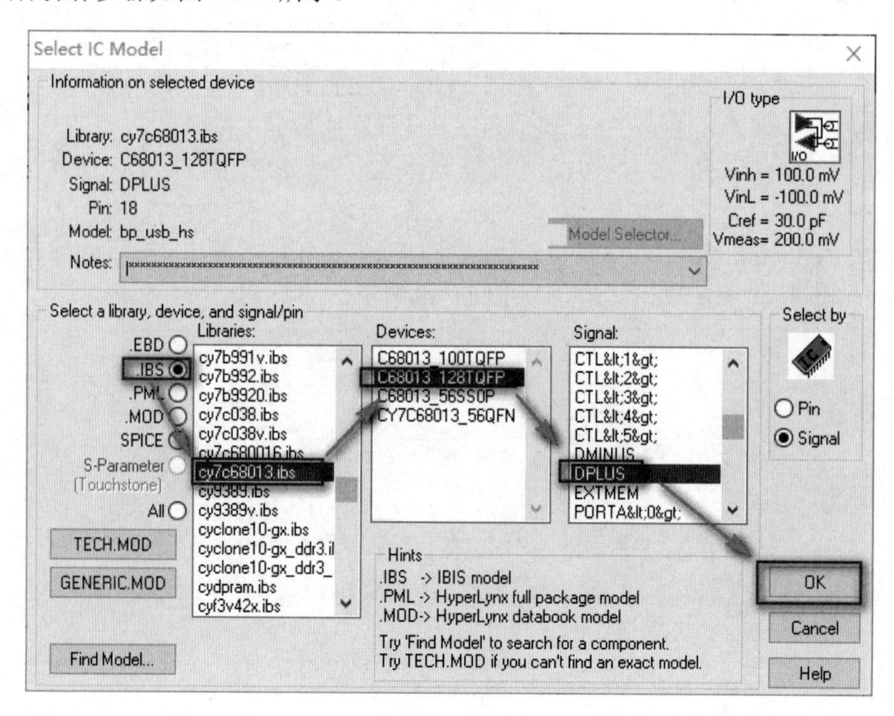


图 11-44

③ 赋完发送接收器模型后的原理图如图 11-45 所示。

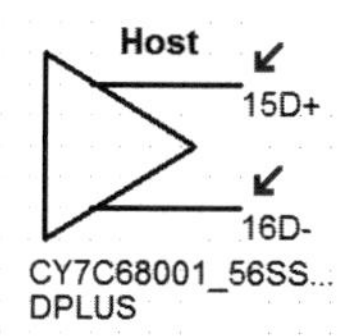


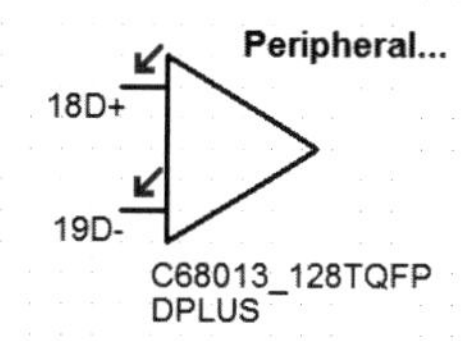


图 11-45

第 2 步：增加主控的 PCB 走线，长度为 5in，阻抗控制为 90Ω 左右。单击传输线图标“ ”，放置两根传输线并自动命名为 TL1 和 TL2。同时选中这两根传输线，单击鼠标右键，在弹出的菜单中执行菜单命令 Couple，然后在弹出的对话框中对 TL1 和 TL2 进行如下设置，同时对叠层进行设置，如图 11-46 所示。

Basic | Dielectric | Metal | Z0 Planning | Custom View

| | Visible | Color | Pour Draw Style | Layer Name | Type | Usage | Thickness mils | Er | Test Width mils | Z0 ohm | Thermal Conductivity Btu/hrftF |
|---|---|---|---|---|---|---|---|---|---|---|---|
| 1 | | | | | Dielectric | Solder Mask | 0.5 | 3.3 | | | 0.173 |
| 2 | ☑ | | Solid | TOP | Metal | Signal | 1.35 | <Auto> | 6 | 58.4 | 227.476 |
| 3 | | | | | Dielectric | Substrate | 5 | 4.3 | | | 0.173 |
| 4 | ☑ | | Solid | VCC | Metal | Plane | 1.35 | <Auto> | 6 | 68 | 227.476 |
| 5 | | | | | Dielectric | Substrate | 45 | 4.3 | | | 0.173 |
| 6 | ☑ | | Solid | GND | Metal | Plane | 1.35 | <Auto> | 6 | 67.4 | 227.476 |
| 7 | | | | | Dielectric | Substrate | 5 | 4.3 | | | 0.173 |
| 8 | ☑ | | Solid | BOTTOM | Metal | Signal | 1.35 | <Auto> | 6 | 56.7 | 227.476 |
| 9 | | | | | Dielectric | Substrate | 0.5 | 3.3 | | | 0.173 |

图 11-46

① 对耦合传输线进行设置，具体如图 11-47 所示。

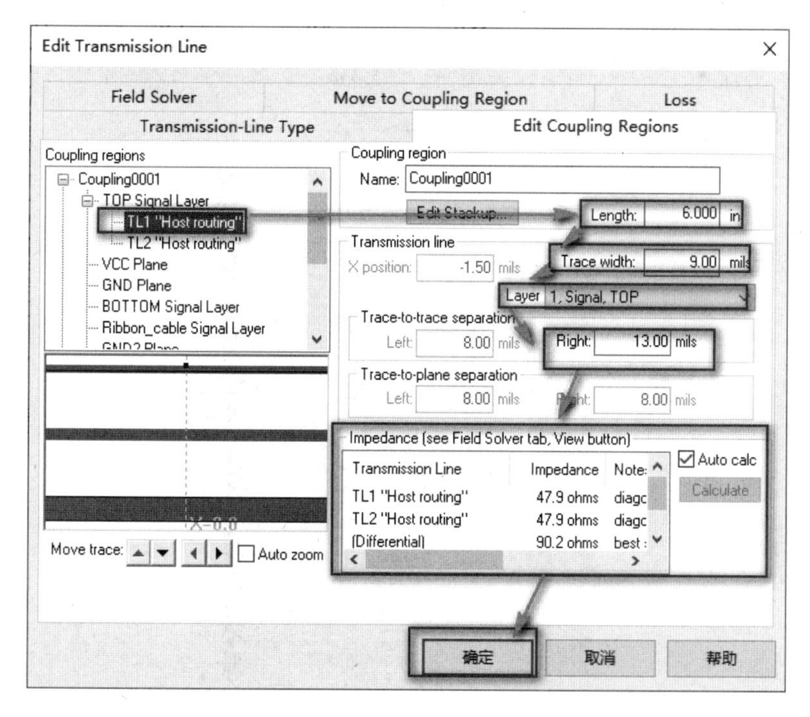


图 11-47

② 加入传输线后的原理图如图 11-48 所示。

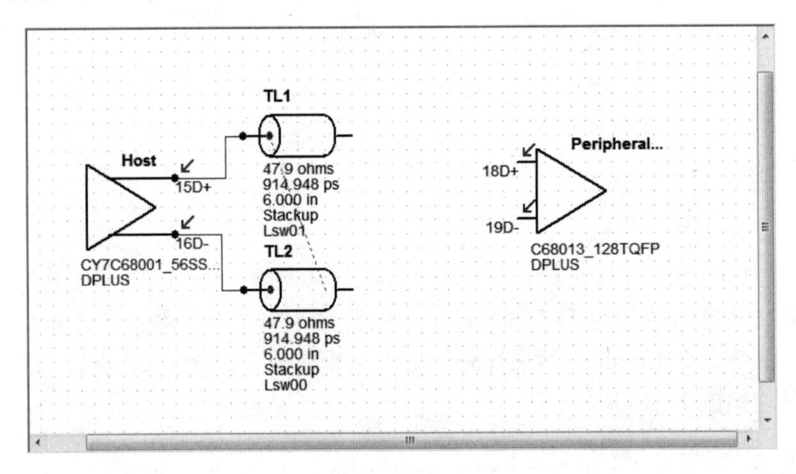


图 11-48

第 3 步：增加 USB 带状电缆（USB Ribbon Cable）。当用 28 AWG Cable 线做线材时，阻抗约为 115Ω，需要为 USB 带状电缆增加一下叠层结构，如图 11-49 所示。

Basic | Dielectric | Metal | Z0 Planning | Custom View

| | Visible | Color | Pour Draw Style | Layer Name | Type | Usage | Thickness mils | Er | Test Width mils | Z0 ohm | Thermal Conductivity Btu/hrftF |
|---|---|---|---|---|---|---|---|---|---|---|---|
| 1 | | | | | Dielectric | Solder Mask | 0.5 | 3.3 | | | 0.173 |
| 2 | ☑ | | Solid | TOP | Metal | Signal | 1.35 | <Auto> | 6 | 58.4 | 227.476 |
| 3 | | | | | Dielectric | Substrate | 5 | 4.3 | | | 0.173 |
| 4 | ☑ | | Solid | VCC | Metal | Plane | 1.35 | <Auto> | 6 | 68 | 227.476 |
| 5 | | | | | Dielectric | Substrate | 45 | 4.3 | | | 0.173 |
| 6 | ☑ | | Solid | GND | Metal | Plane | 1.35 | <Auto> | 6 | 67.4 | 227.476 |
| 7 | | | | | Dielectric | Substrate | 5 | 4.3 | | | 0.173 |
| 8 | ☑ | | Solid | BOTTOM | Metal | Signal | 1.35 | <Auto> | 6 | 56.7 | 227.476 |
| 9 | | | | | Dielectric | Substrate | 0.5 | 3.3 | | | 0.173 |
| 10 | | | | | Dielectric | Substrate | 500 | 1 | | | 0.173 |
| 11 | | | | | Dielectric | Substrate | 50 | 3 | | | 0.173 |
| 12 | ☑ | | Solid | Ribbon_cable | Metal | Signal | 13 | <Auto> | 13 | 203 | 227.476 |
| 13 | | | | | Dielectric | Substrate | 50 | 3 | | | 0.173 |
| 14 | | | | | Dielectric | Substrate | 500 | 1 | | | 0.173 |

插入空气

图 11-49

① USB 采用的 AWG（美国线规）如图 11-50 所示。

| AWG | 外径 公制 mm | 外径 英制 inch | 截面积 (mm2) | 电阻值 (Ω/km) |
|---|---|---|---|---|
| 22 | 0.643 | 0.0253 | 0.3247 | 54.3 |
| 23 | 0.574 | 0.0226 | 0.2588 | 48.5 |
| 24 | 0.511 | 0.0201 | 0.2047 | 89.4 |
| 25 | 0.44 | 0.0179 | 0.1624 | 79.6 |
| 26 | 0.404 | 0.0159 | 0.1281 | 143 |
| 27 | 0.361 | 0.0142 | 0.1021 | 128 |
| 28 | 0.32 | 0.0126 | 0.0804 | 227 |
| 29 | 0.287 | 0.0113 | 0.0647 | 289 |

图 11-50

② 单击传输线图标“ ”，放置两根传输线并自动命名为 TL3 和 TL4。同时选中这两根传输线，单击鼠标右键，在弹出的菜单中执行菜单命令 Couple，在弹出的对话框中对 TL3 和 TL4 进行设置，如图 11-51 所示。

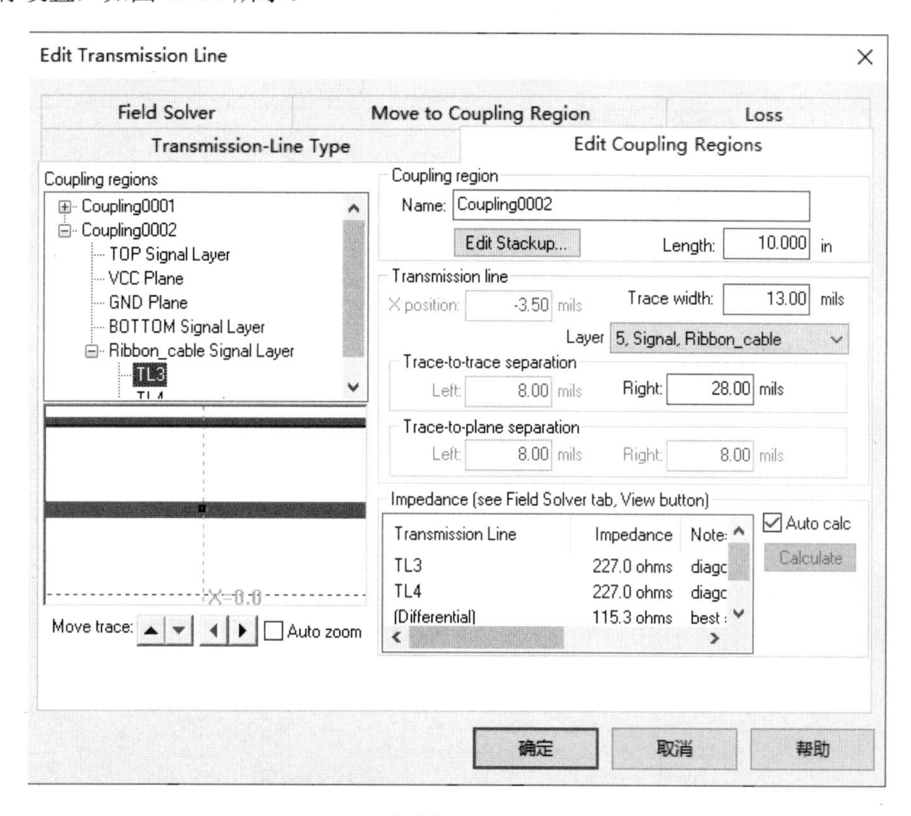


图 11-51

③ 设置完 TL3/TL4 后的原理图如图 11-52 所示。

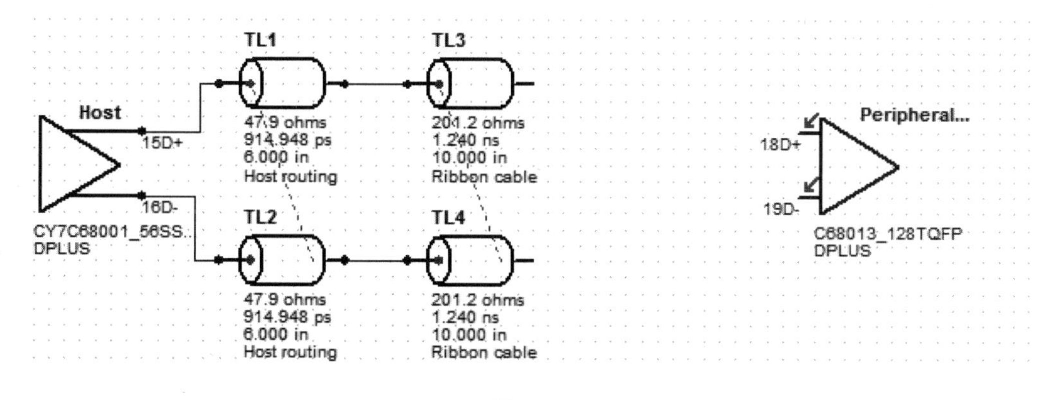


图 11-52

第 4 步：增加控制面板走线。单击传输线图标“ ”，放置两根传输线并自动命名为 TL5 和 TL6。同时选中这两根传输线，单击鼠标右键，在弹出的菜单中执行菜单命令 Couple，在弹出的对话框中对 TL5 和 TL6 都进行设置，如图 11-53 所示。

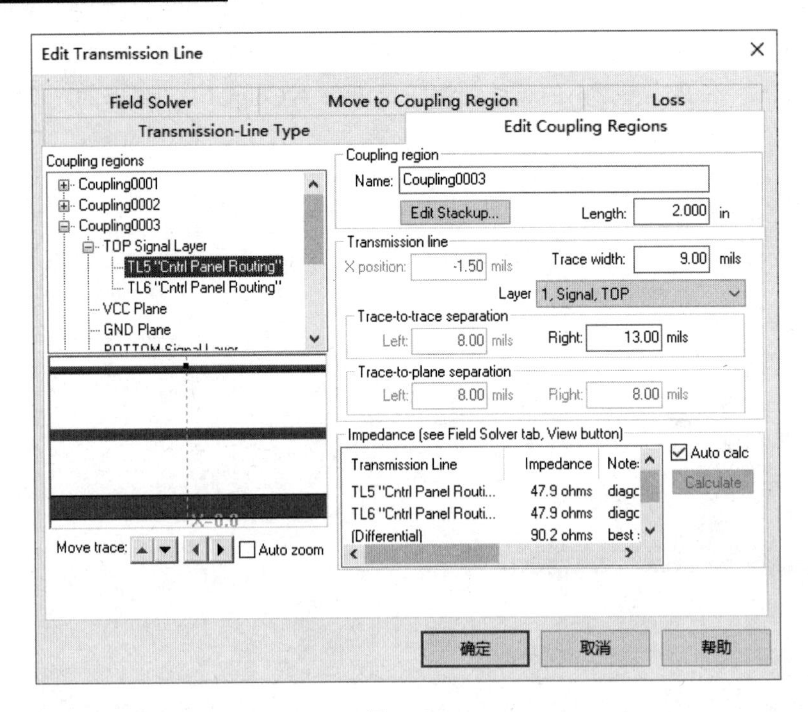


图 11-53

① 更改传输线描述，具体操作如图 11-54 所示。

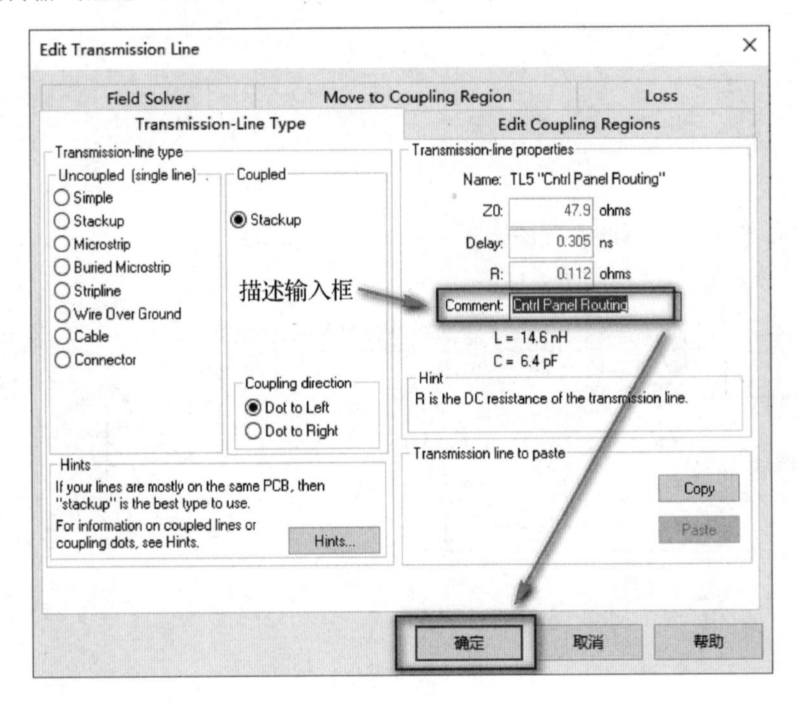


图 11-54

② 加入 USB 带状电缆后的原理图如图 11-55 所示。

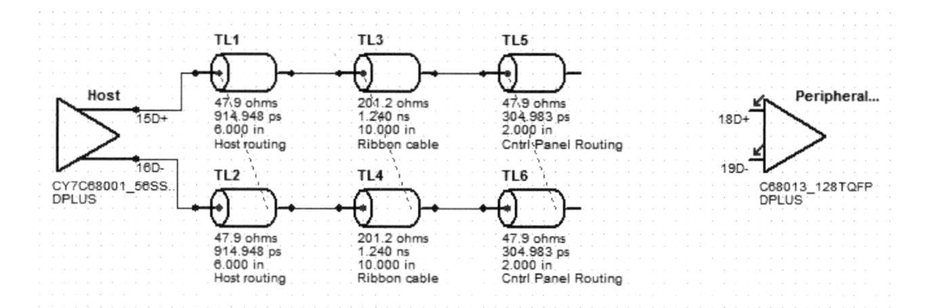


图 11-55

第 5 步：增加控制面板磁珠。单击传输线图标“ ”，放置两根传输线并自动命名为 TL7 和 TL8，这里用简单线替代（注意，软件有自带的磁珠库）。用简单线代替磁珠的操作步骤如图 11-56 所示。加入磁珠后的原理图如图 11-57 所示。

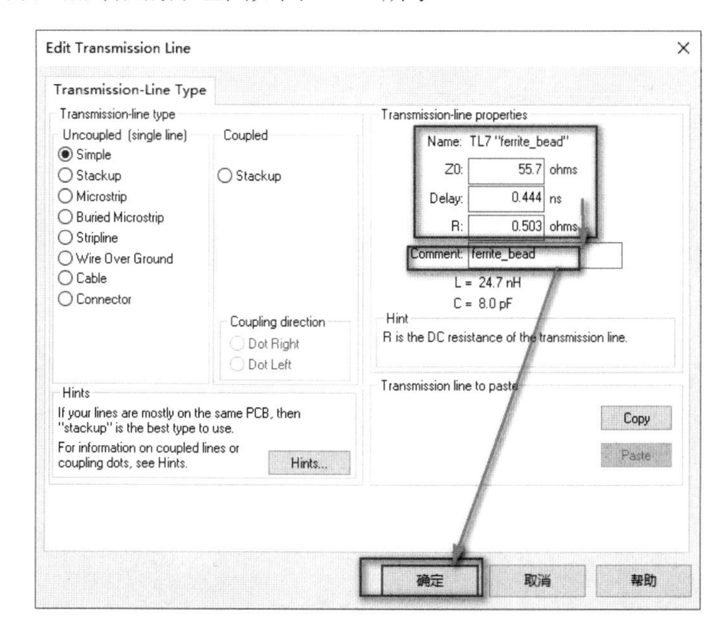


图 11-56

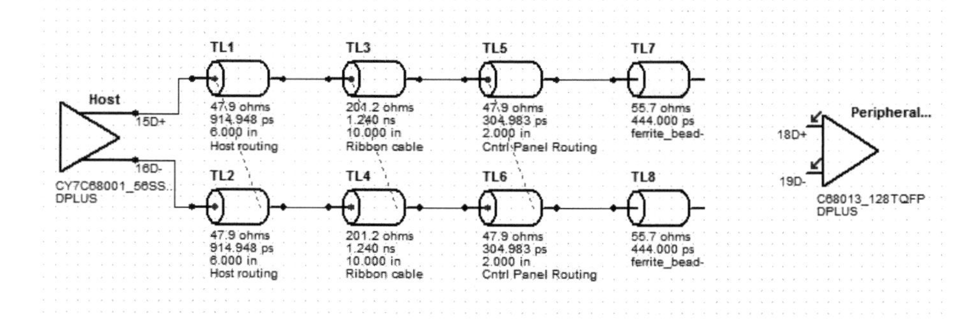


图 11-57

第 6 步：增加 5m 的 USB 电缆。单击传输线图标“ ”，放置两根传输线并自动命名为 TL9 和 TL10。同时选中这两根传输线，单击鼠标右键，在弹出的菜单中执行菜单命令 Couple，在弹出的对话框中对 TL9 和 TL10 进行设置，同时需要给电缆增加一下叠层结构模拟电缆，如图 11-58 所示。

Basic | Dielectric | Metal | Z0 Planning | Custom View

|  | Visible | Color | Pour Draw Style | Layer Name | Type | Usage | Thickness mils | Er | Test Width mils | Z0 ohm | Thermal Conductivity Btu/hrftF |
|---|---|---|---|---|---|---|---|---|---|---|---|
| 1 |  |  |  |  | Dielectric | Solder Mask | 0.5 | 3.3 |  |  | 0.173 |
| 2 | ☑ |  | Solid | TOP | Metal | Signal | 1.35 | <Auto> | 6 | 58.4 | 227.476 |
| 3 |  |  |  |  | Dielectric | Substrate | 5 | 4.3 |  |  | 0.173 |
| 4 | ☑ |  | Solid | VCC | Metal | Plane | 1.35 | <Auto> | 6 | 68 | 227.476 |
| 5 |  |  |  |  | Dielectric | Substrate | 45 | 4.3 |  |  | 0.173 |
| 6 | ☑ |  | Solid | GND | Metal | Plane | 1.35 | <Auto> | 6 | 67.4 | 227.476 |
| 7 |  |  |  |  | Dielectric | Substrate | 5 | 4.3 |  |  | 0.173 |
| 8 | ☑ |  | Solid | BOTTOM | Metal | Signal | 1.35 | <Auto> | 6 | 56.7 | 227.476 |
| 9 |  |  |  |  | Dielectric | Substrate | 0.5 | 3.3 |  |  | 0.173 |
| 10 |  |  |  |  | Dielectric | Substrate | 500 | 1 |  |  | 0.173 |
| 11 |  |  |  |  | Dielectric | Substrate | 50 | 3 |  |  | 0.173 |
| 12 | ☑ |  | Solid | Ribbon_cable | Metal | Signal | 13 | <Auto> | 13 | 203 | 227.476 |
| 13 |  |  |  |  | Dielectric | Substrate | 50 | 3 |  |  | 0.173 |
| 14 |  |  |  |  | Dielectric | Substrate | 500 | 1 |  |  | 0.173 |
| 15 | ☑ |  | Solid | GND2 | Metal | Plane | 1.35 | <Auto> | 6 | 96.3 | 227.476 |
| 16 |  |  |  |  | Dielectric | Substrate | 100 | 3.3 |  |  | 0.173 |
| 17 | ☑ |  | None | USB_Cable | Metal | Signal | 13.5 | <Auto> | 15 | 91.9 | 227.476 |
| 18 |  |  |  |  | Dielectric | Substrate | 100 | 3.3 |  |  | 0.173 |
| 19 | ☑ |  | None | GND3 | Metal | Plane | 1.35 | <Auto> | 6 | 96 | 227.476 |

图 11-58

① 模拟电缆的传输线设置如图 11-59 中所示。

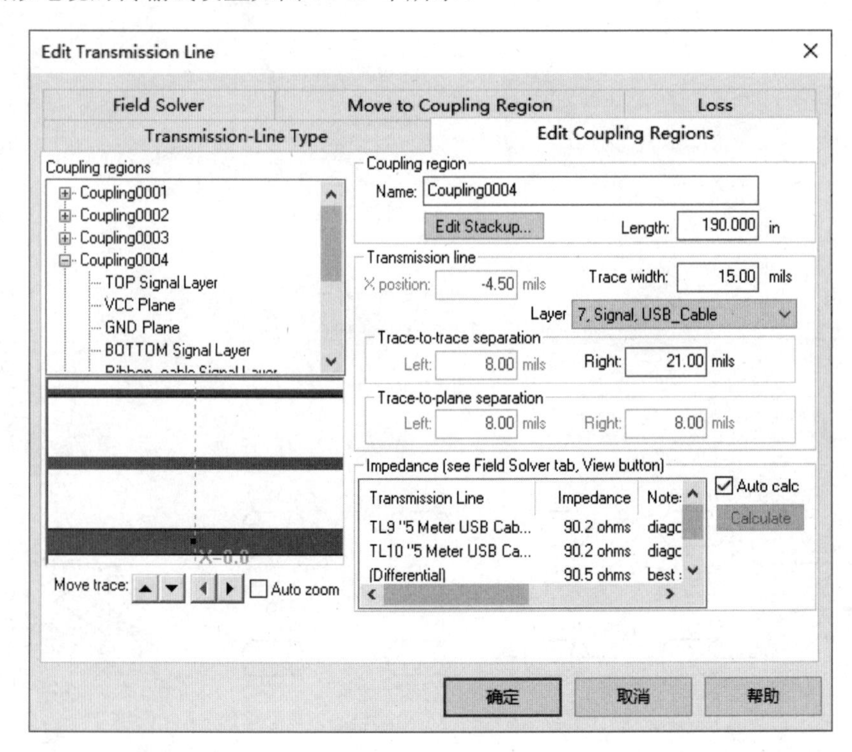


图 11-59

② 增加完 5m USB 电缆的原理图如图 11-60 所示。

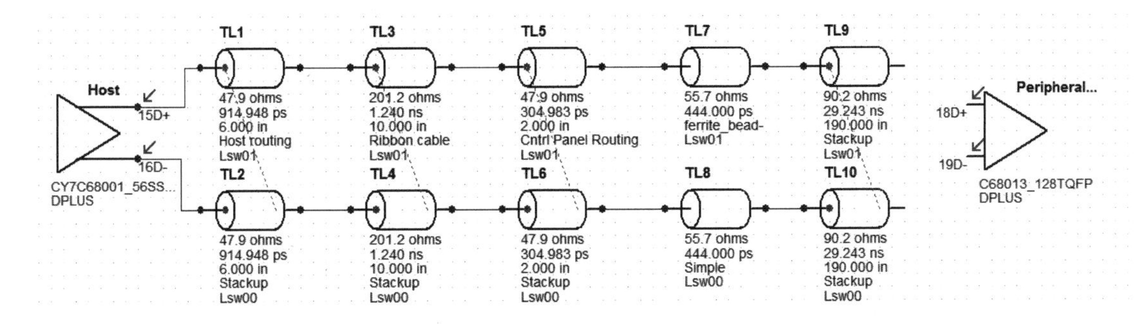


图 11-60

第 7 步：增加外围设备的 6in 走线。单击传输线图标“ ”，放置两根传输线并自动命名为 TL11 和 TL12。同时选中这两根传输线，单击鼠标右键，在弹出的菜单中执行菜单命令 Couple，在弹出的对话框中对 TL11 和 TL12 都进行如图 11-61 中所示的设置。

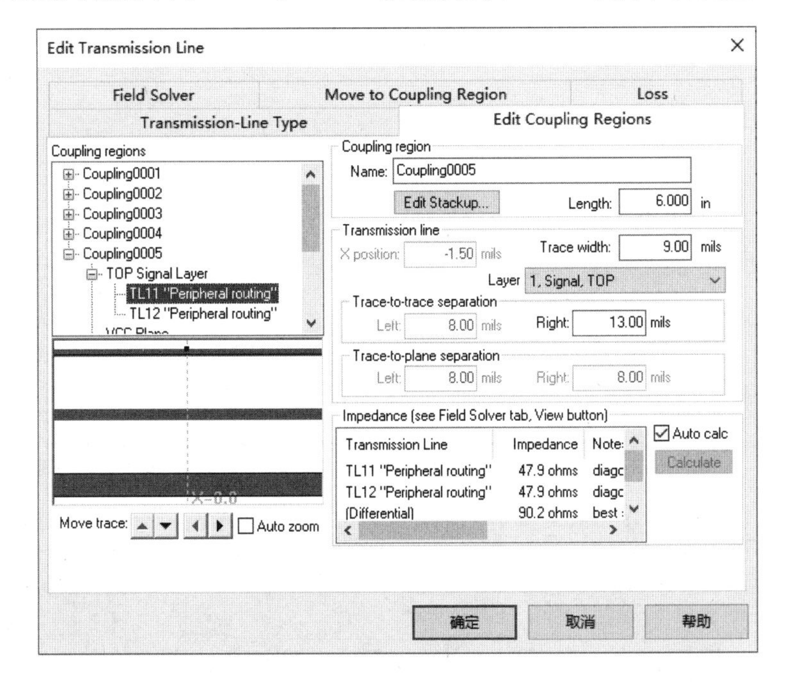


图 11-61

① 增加完外围设备 6in 走线后的原理图如图 11-62 所示。

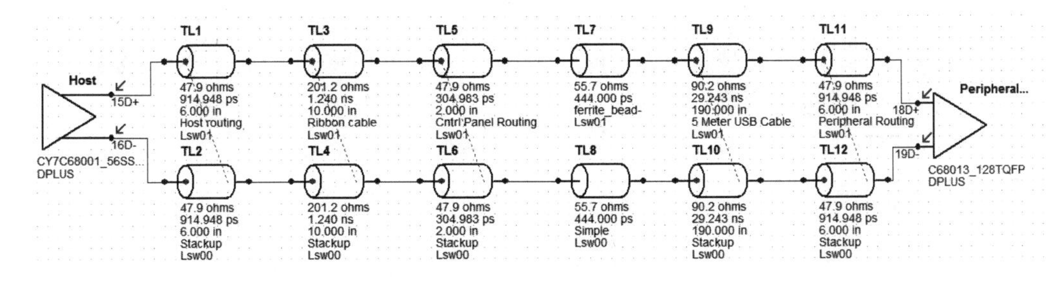


图 11-62

② 按照图 11-63 中所示的步骤保存文件。

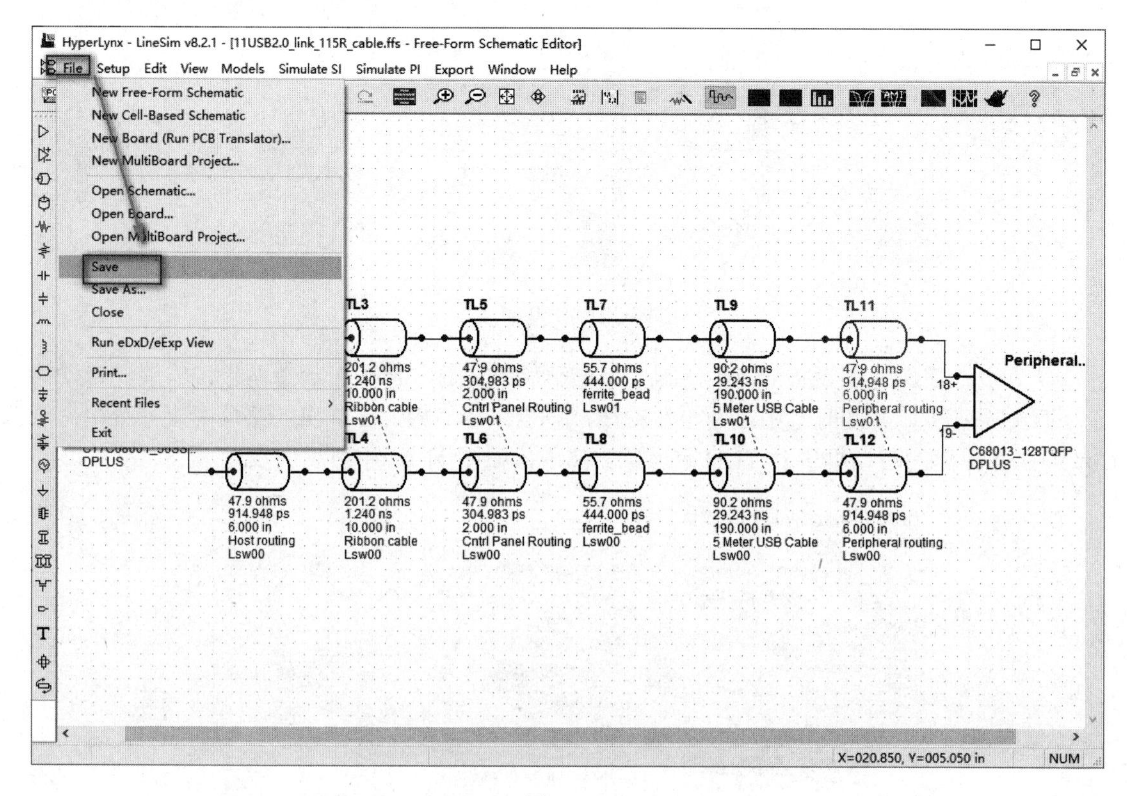


图 11-63

③ USB 2.0 整个复杂链路的说明如图 11-64 所示。

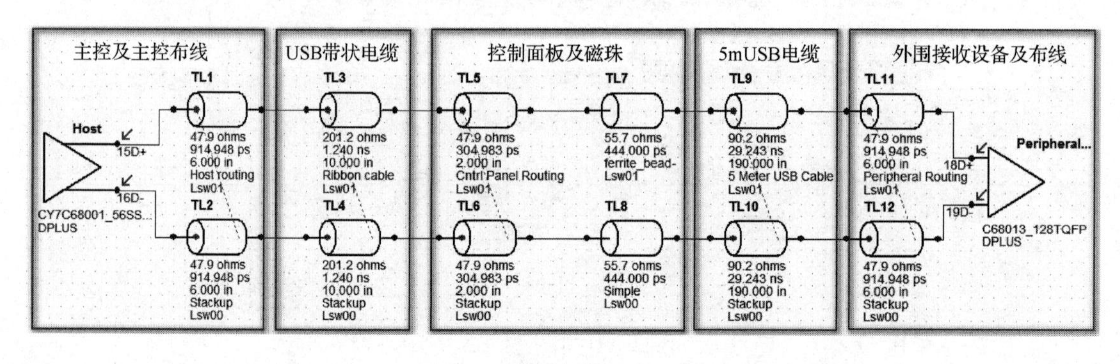


图 11-64

④ 图 11-64 中由于 USB 带状电缆大约为 115Ω，这时我们单击示波器图标“ ”，按照图 11-65 中所示的步骤进行设置。

⑤ 单击 TL3/TL4，在弹出的对话框中按照图 11-66 中所示进行设置，将线宽改为 20、线间距改为 20。将 USB 带状电缆用 26AWG Cable 代替，大约为 92Ω。

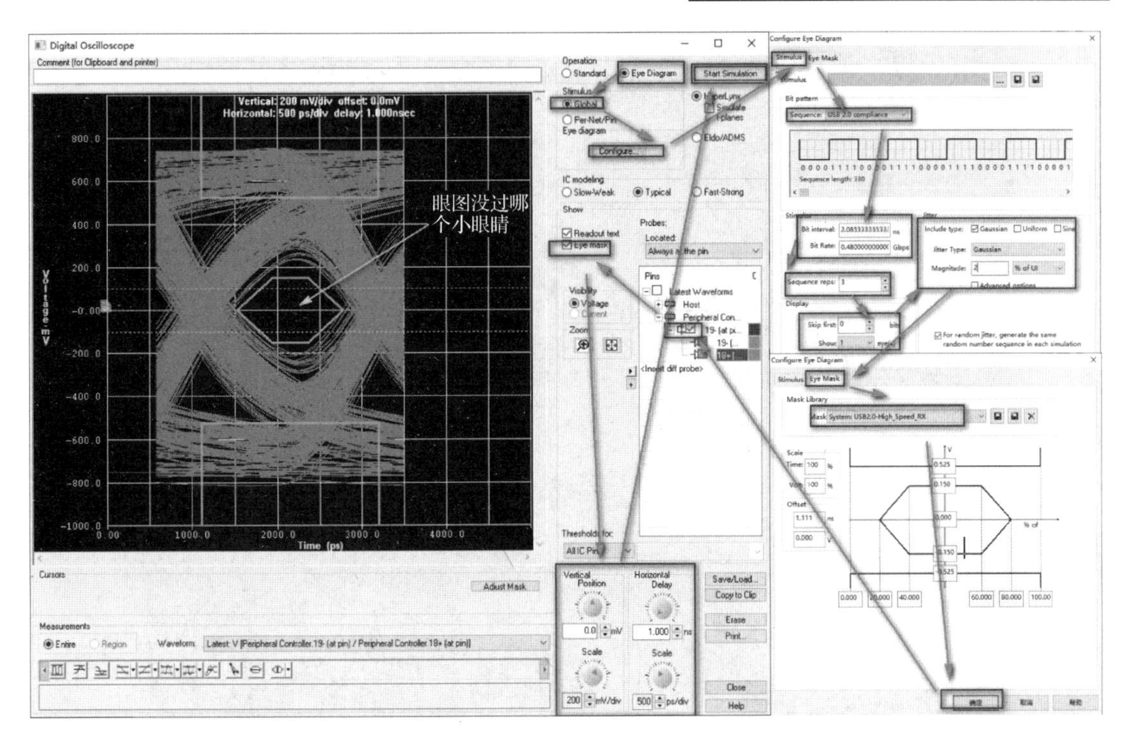


图 11-65

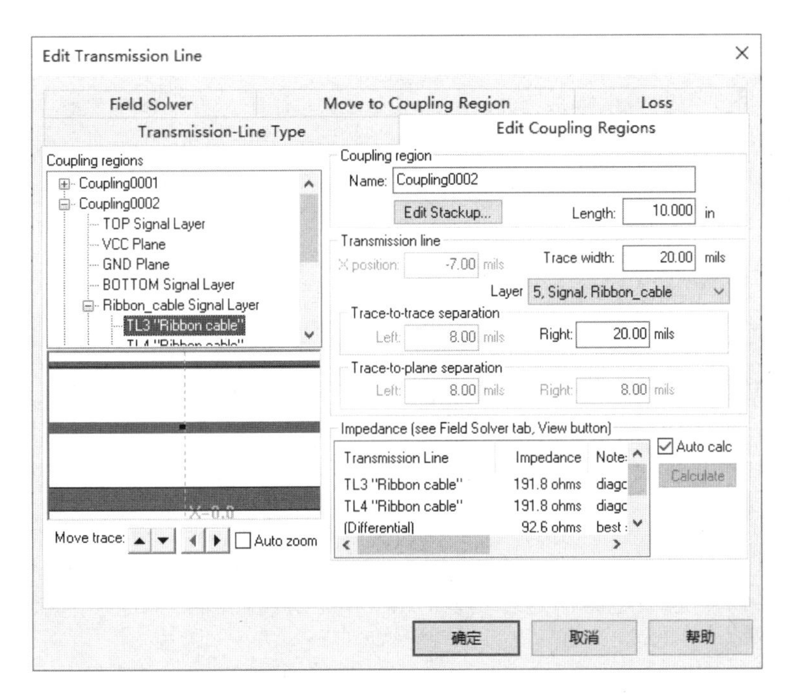


图 11-66

⑥ 这时阻抗突变基本连续，保存图 11-66 中的设置，将原理图另存为 11USB2.0_link_90R_cable.ffs。对其进行仿真后，得到阻抗连续后的眼图如图 11-67 所示。

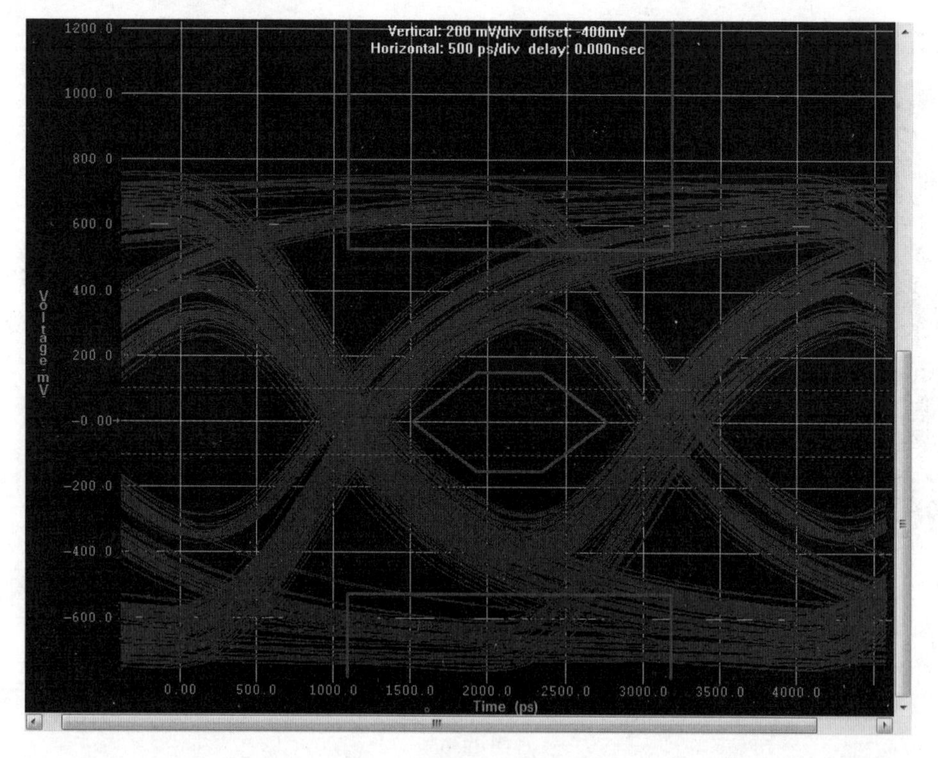


图 11-67

提醒：阻抗连续后的眼图明显变好，可见阻抗的连续性非常重要。

⑦ 将 USB 链路中的磁珠换成 Type A Connector（垂直、通孔）的 S 参数（0～5GHz）。插入有孔插座 S 参数后的原理图如图 11-68 所示，并将其另存为 11USB2.0_link_90R_Ausbconnector.ffs。

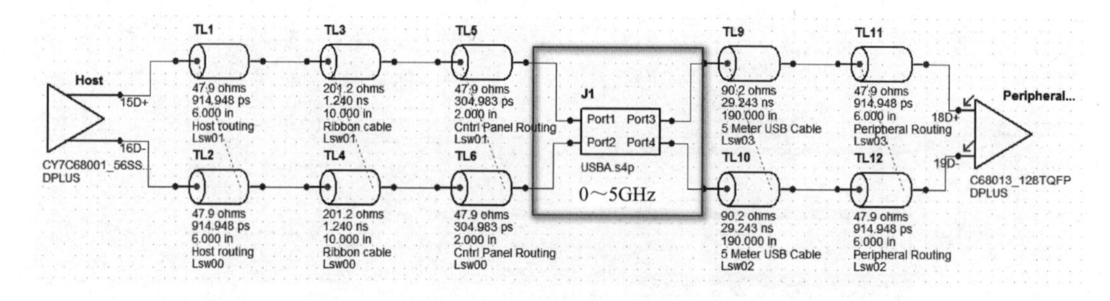


图 11-68

⑧ 对图 11-68 所示的电路图进行仿真，得到的插入有孔插座 S 参数的眼图如图 11-69 所示。

⑨ 将 USB 链路中的磁珠换成 USB Connector（SMD）的 S 参数（0～6GHz）。插入 SMD 插座 S 参数后的原理图如图 11-70 所示，并将其另存为 11USB2.0_link_90R_miniusbconnector.ffs。

⑩ 再次对修改后的电路图仿真，得到的插入 SMD 插座 S 参数的眼图如图 11-71 所示。

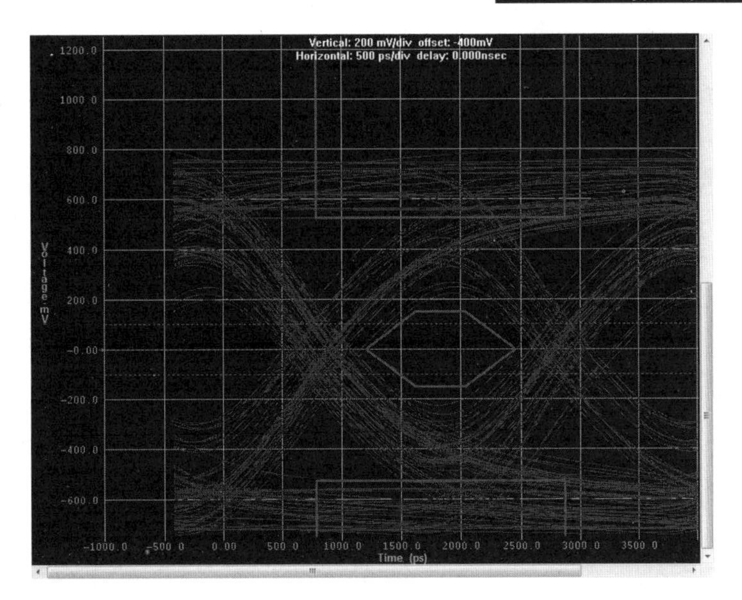


图 11-69

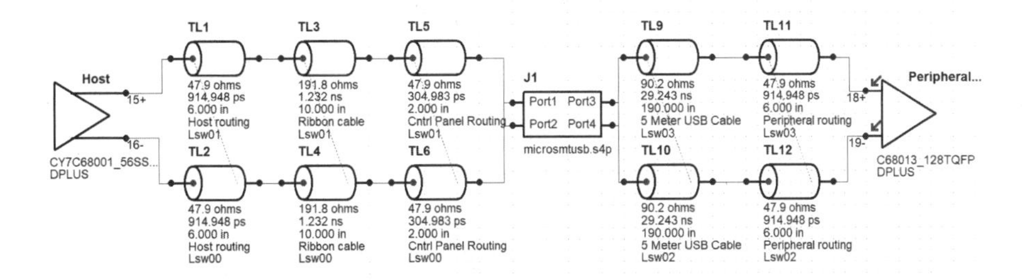


图 11-70

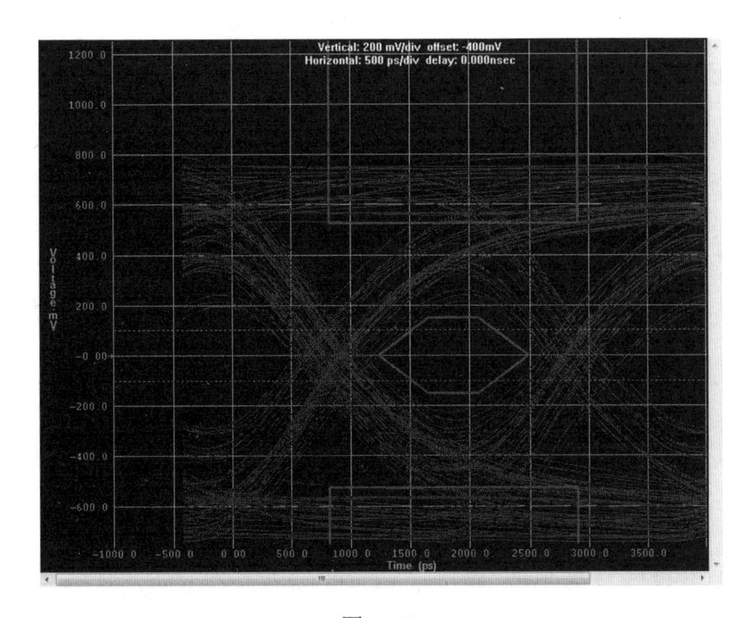


图 11-71

前面这些例子可以说明任何一个环节改了都会发生变化，当遇到不通过的时候，就需要仿真判断哪个环节才是起主要作用的。

## 11.5 二层板项目实例

二层板项目实例的操作步骤如下所述。

第 1 步：绘制二层板前仿真原理图，如图 11-72 所示，并将其命名为 11USB2.0_2layer_PRESIM.ffs。

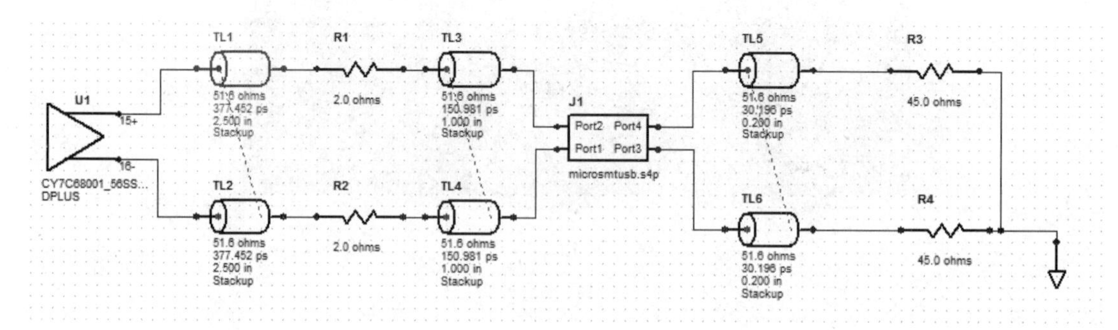


图 11-72

第 2 步：后仿真验证。打开从 PADS_SAMPLE_2LAYERNEW.pcb 文件转换出来的 PADS_SAMPLE_2LAYERNEW_BoardSim.hyp 文件，如图 11-73 所示。

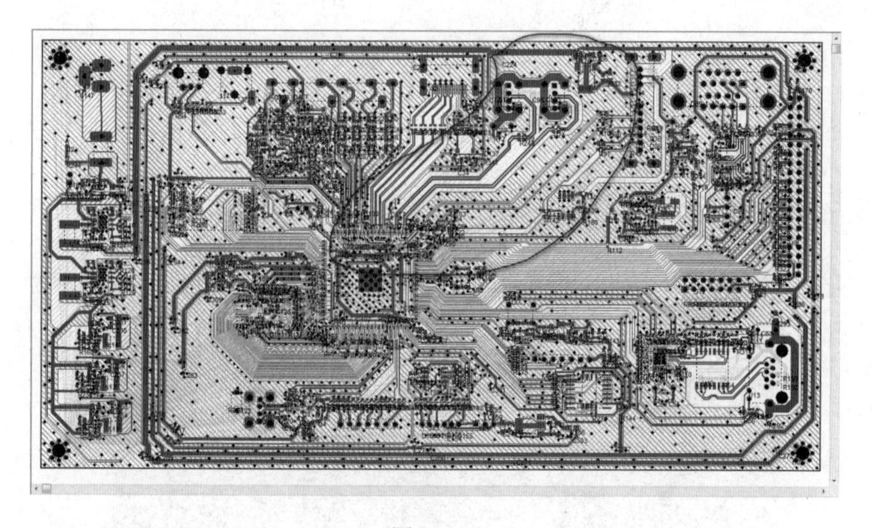

图 11-73

第 3 步：板级文件中 USB 2.0 的两对差分对如图 11-74 所示，让 HyperLynx 软件认识此 USB 2.0 的两对差分对，具体操作如图 11-75 所示。

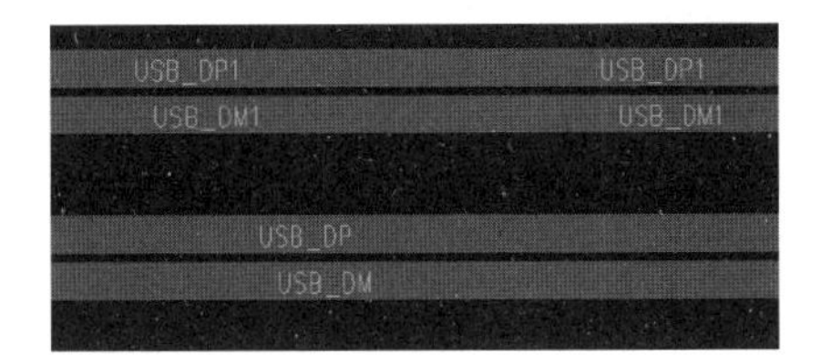


图 11-74

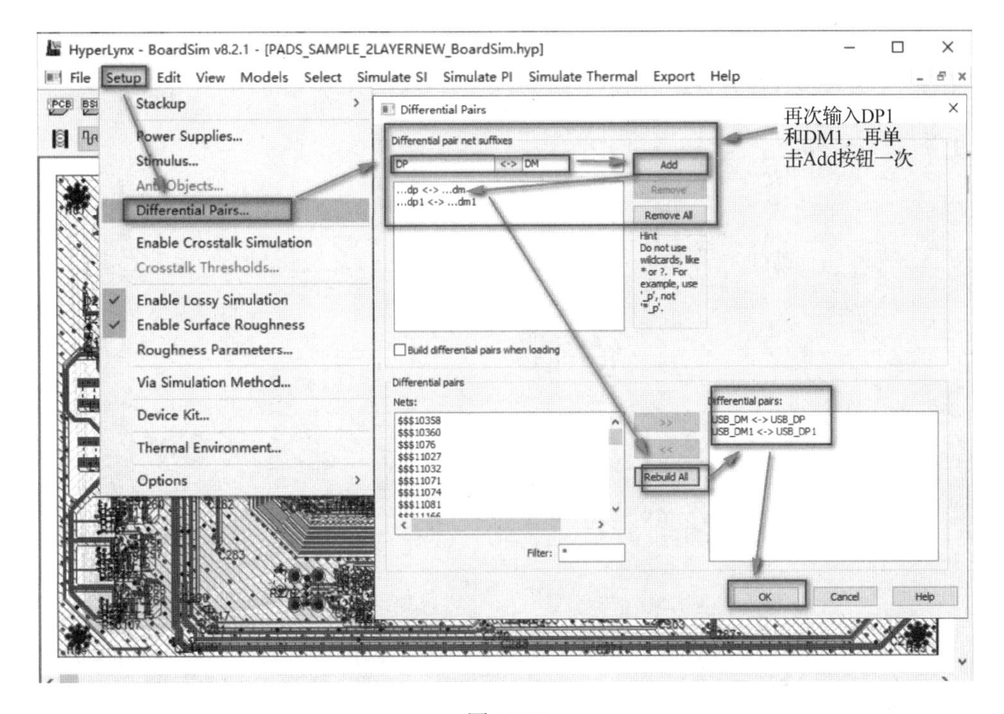


图 11-75

第 4 步：单击工具栏中的选择网络名图标“ ”，选择 USB_DP 后，显示如图 11-76 所示，发现两对一起被选上。

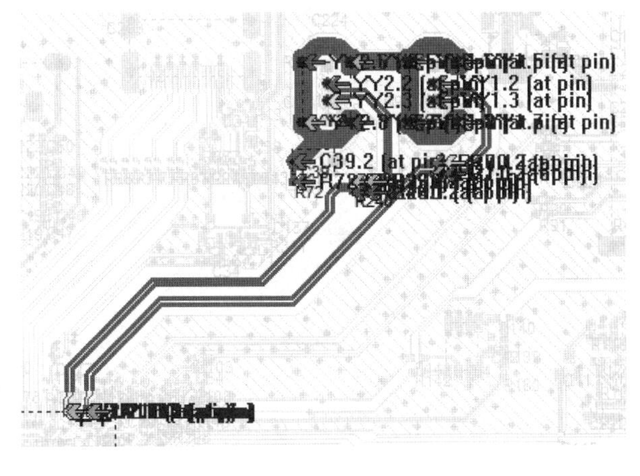

图 11-76

① 发现还有一个不是 USB 的网络 USBSHIELD_GND 也被选中，原因是其没有被设置成电源网络。将其设置成电源网络的具体操作如图 11-77 所示。

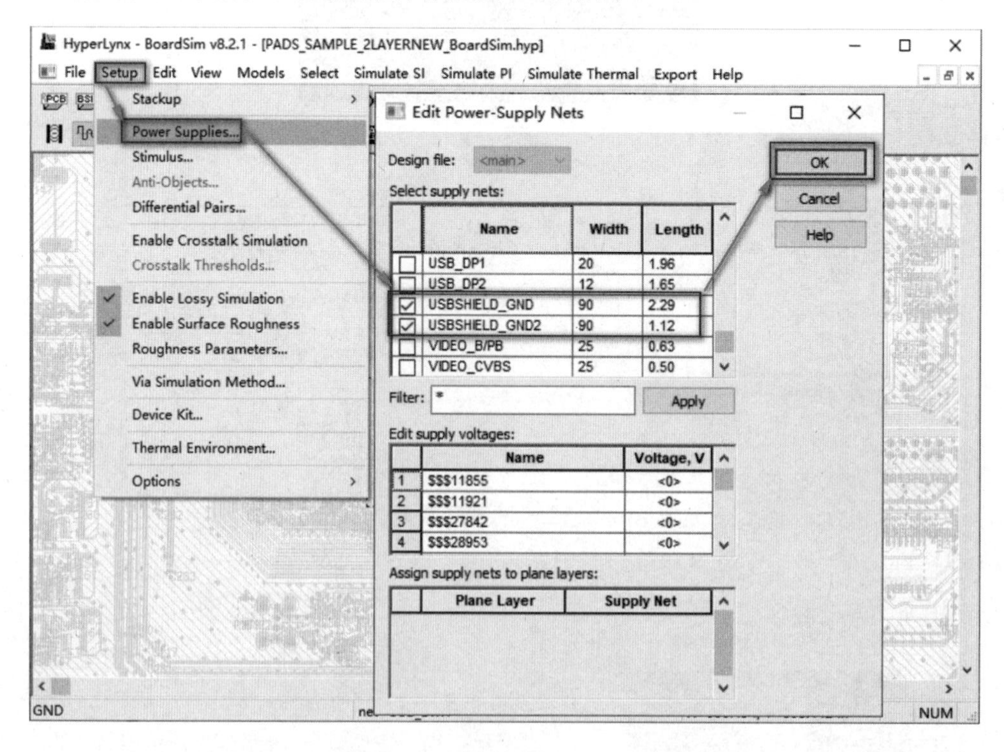


图 11-77

② 再次单击工具栏中的选择网络名图标“NET”，选择网络 USB_DP1，显示如图 11-78 所示。

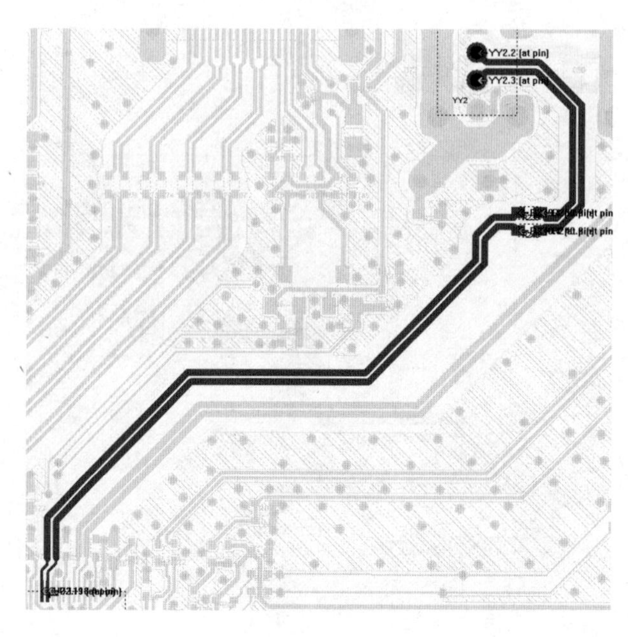


图 11-78

第 5 步：按照图 11-79 中所示的步骤进行操作，将原理图导出到 LineSim 中。导出后的原理图如图 11-80 所示，发现接插件变成了电阻 YY2-S3 和 YY2-S2。

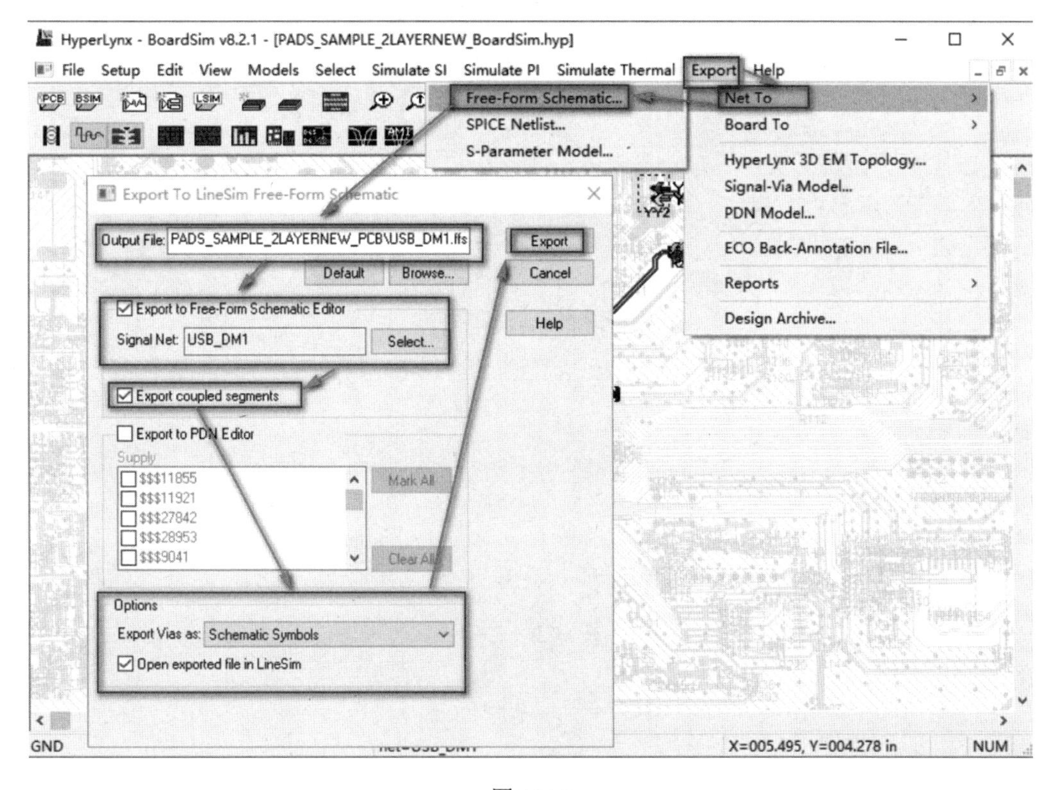


图 11-79

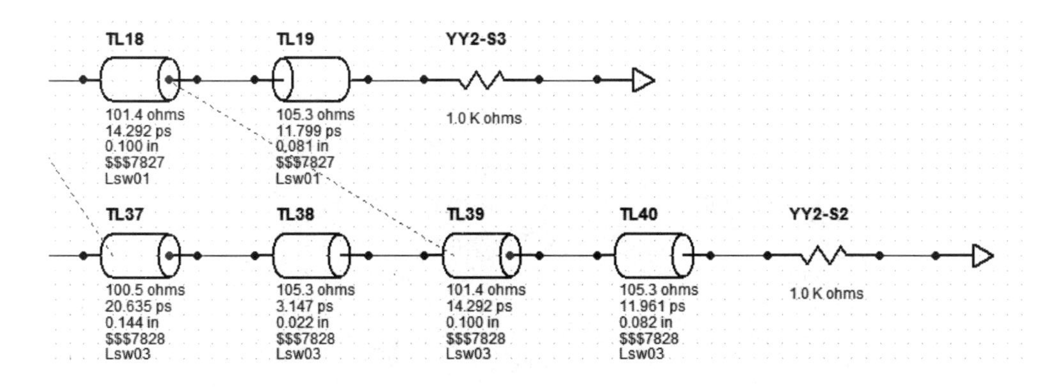


图 11-80

第 6 步：按照图 11-81 中所示的步骤进行操作，让软件把 YY2 识别成芯片模型。

第 7 步：将原理图重新导出到 LineSim 中进行整理。重新导出并整理好后的原理图如图 11-82 所示。

第 8 步：给 U2 和 YY2 赋值上 CY7C68001 和 CY7C68013，如图 11-83 所示。

第 9 步：串阻为 10R 时（11USB2.0_DPDM1_S_10R.ffs）的仿真眼图如图 11-84 所示。

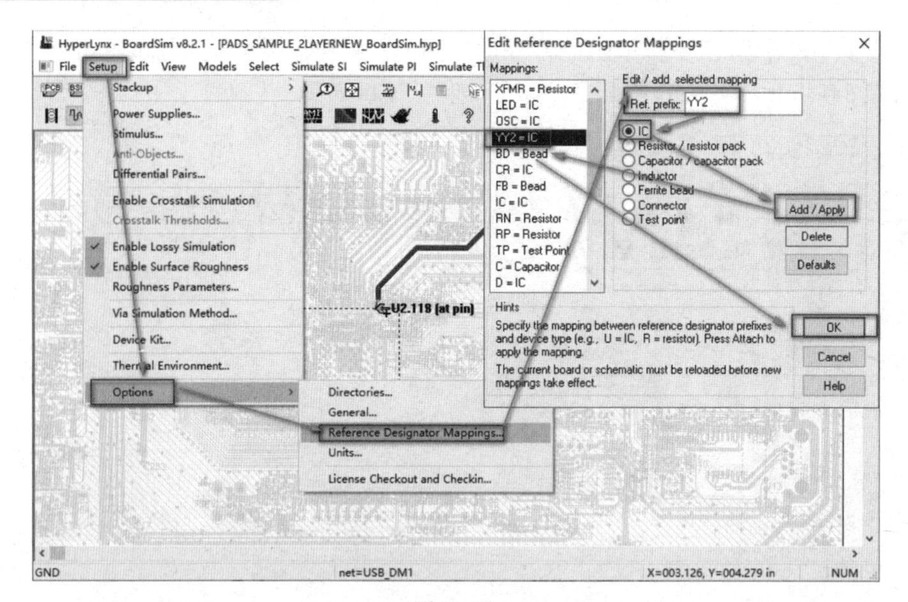


图 11-81

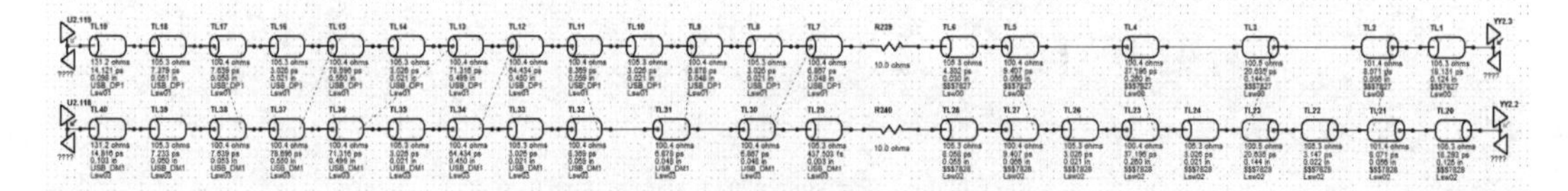

图 11-82

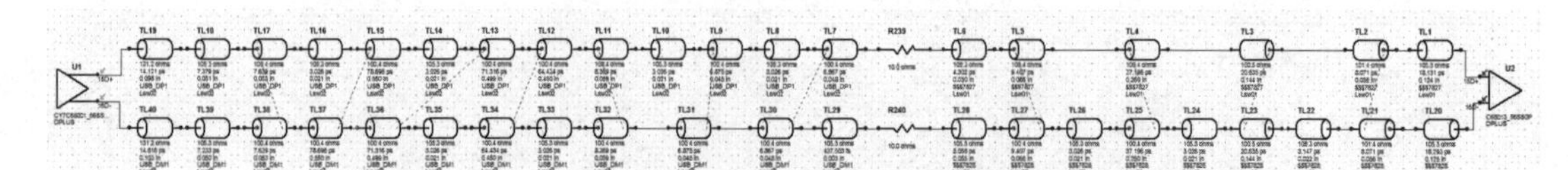

图 11-83

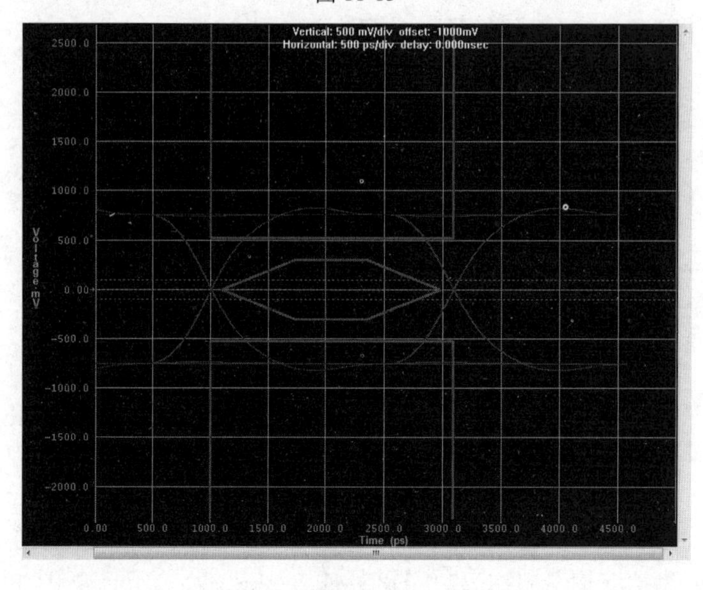


图 11-84

第 10 步：串阻变成 100R 时（11USB2.0_DPDM1_S_100R.ffs）的仿真眼图如图 11-85 所示。

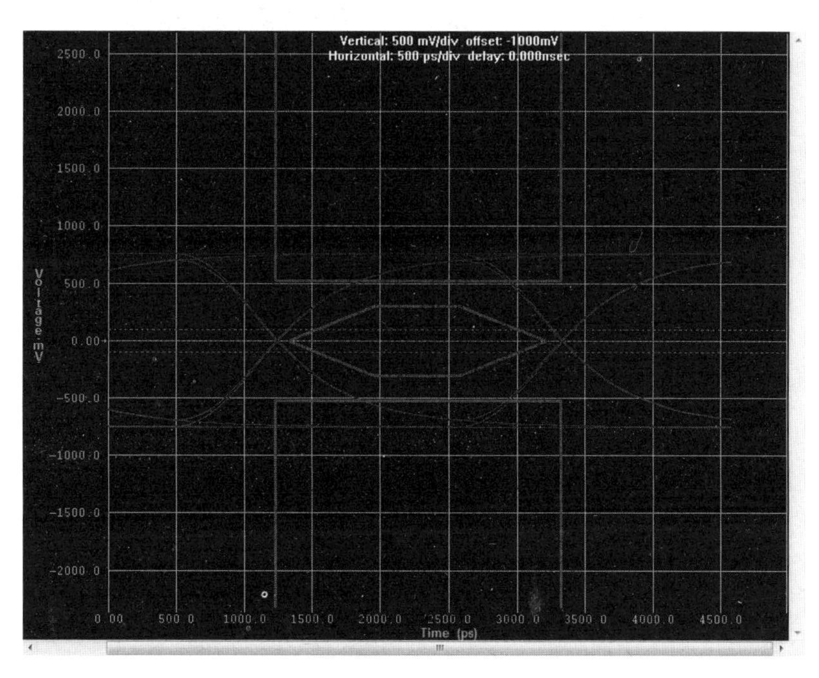


图 11-85

第 11 步：按上面步骤再次选择 DM-DP 差分对，导出并整理后的原理图如图 11-86 所示。

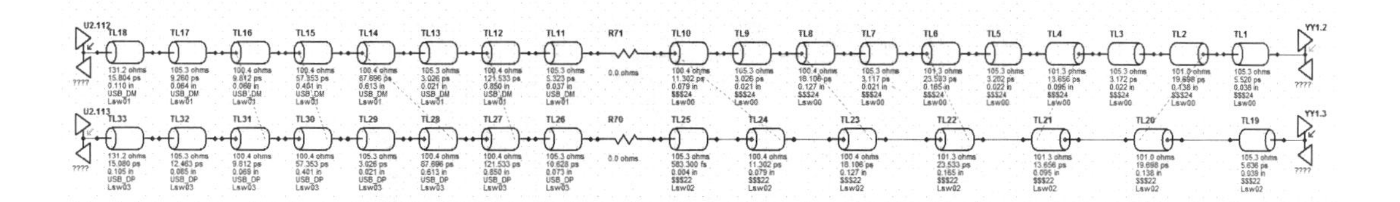

图 11-86

第 12 步：赋完模型后的 USB DM-DP 差分对原理图（11USB2.0_DPDM_S_0R.ffs）如图 11-87 所示。

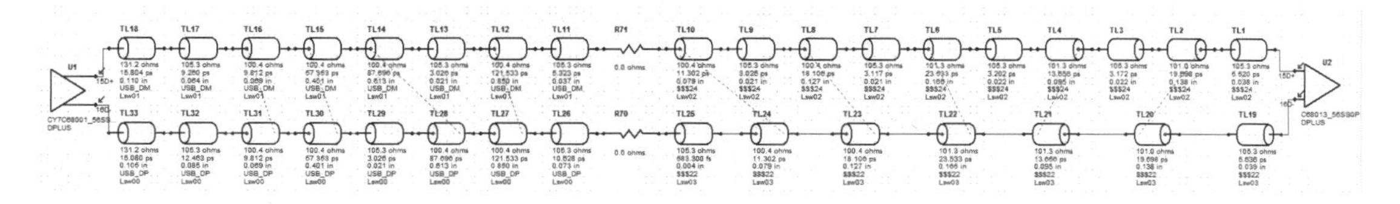

图 11-87

第 13 步：对图 11-87 所示的原理图进行仿真，得到的眼图如图 11-88 所示。

第 14 步：增加一个 USB 插座的 S 参数，得到的原理图如图 11-89 所示，并将其另存为 11USB2.0_DPDM_S_0R_AUSB.ffs。

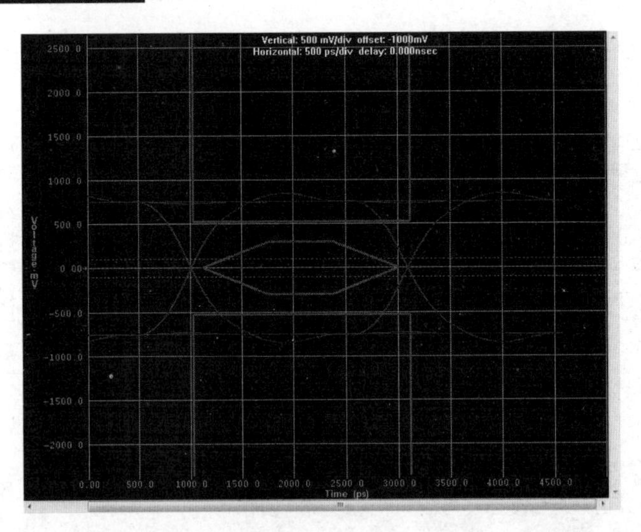


图 11-88

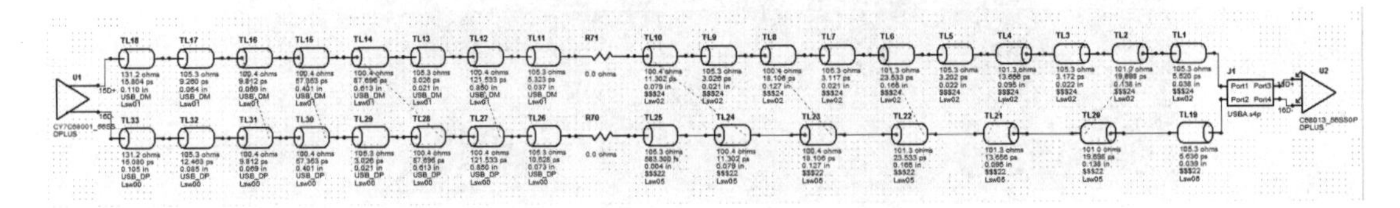

图 11-89

第 15 步：对图 11-89 所示的原理图进行仿真，得到的眼图如图 11-90 所示。从图中可以看出，发现抖动增加了一些。

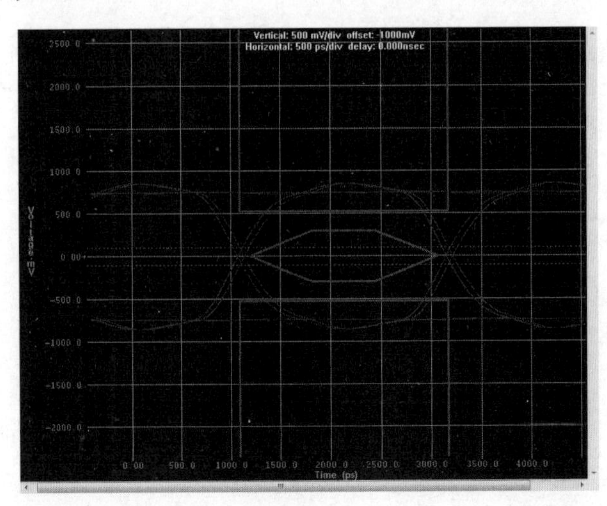


图 11-90

第 16 步：将接收器用 TEK 测试夹具替换，原理图如图 11-91 所示，并将其另存为 11USB2.0_ DPDM_S_0R_AUSB_TEK45R.ffs。

第 17 步：对图 11-91 所示的原理图进行仿真，得到的眼图如图 11-92 所示。由此看出，链路没有问题，可能需要一个跨接电阻做备用。

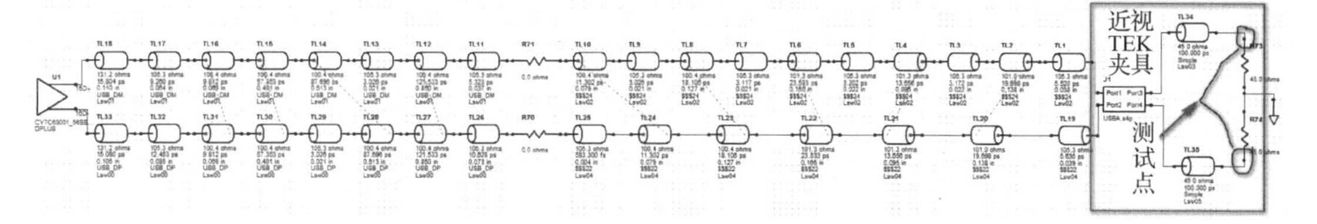


图 11-91

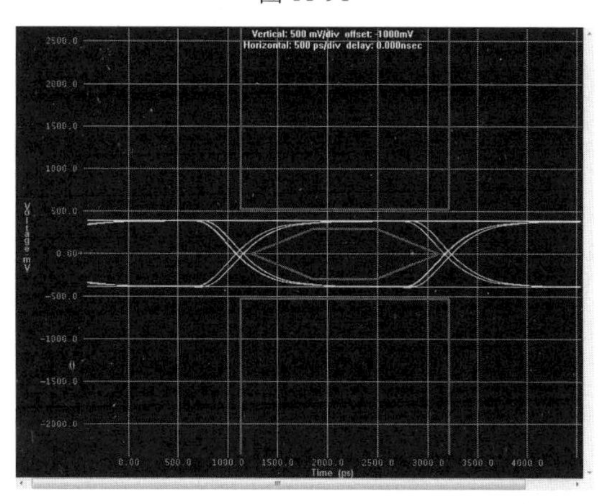


图 11-92

# 11.6　USB 3.0 体系架构概述

## 11.6.1　USB 3.0 系统说明

USB 3.0 由一个超高速总线与一个 USB 2.0 总线并行组合而成，它具有与 USB 2.0 类似的体系结构，如图 11-93 所示。

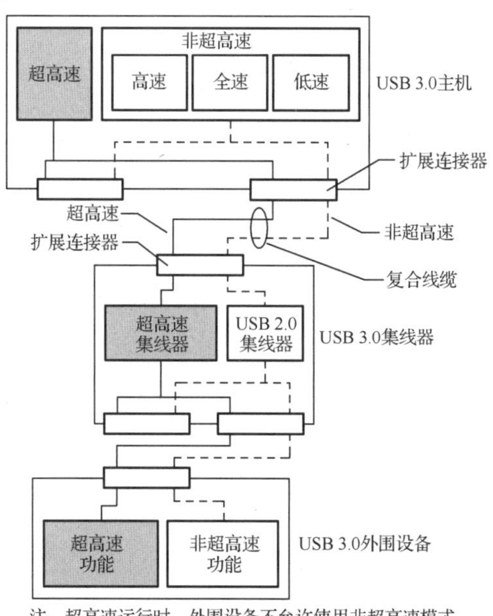


注：超高速运行时，外围设备不允许使用非超高速模式

图 11-93

### 1. USB 3.0 物理接口

USB 3.0 电缆有 8 个主要导体，即 3 对用于 USB 数据路径的双绞线信号对和 1 对电源对。如图 11-94 所示，同时也说明了 USB 3.0 电缆的基本信号配置。除用于 USB 2.0 数据路径的双绞信号对外，还使用两个双绞信号对来提供超高速数据路径，其中一个用于传输路径，一个用于接收路径。

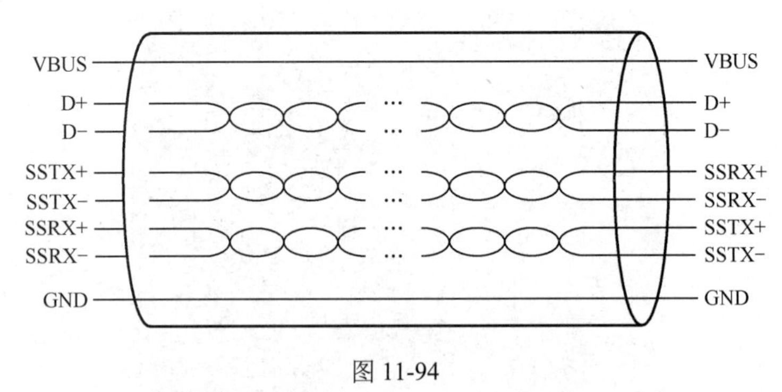


图 11-94

### 2. USB 3.0 体系结构摘要

USB 3.0 是一个双总线架构，包含一个 USB 2.0 总线和一个超高速总线。表 11-8(Table 3-1) 总结了超高速总线 USB 3.0 和总线 USB 2.0 之间的关键架构差异。

表 11-8

| 特性对比 | 超高速总线 USB 3.0 | 总线 USB 2.0 |
|---|---|---|
| 数据速率 | 最高 5.0Gbps | 低速 1.5Mbps、全速 12Mbps 和高速 480Mbps |
| 数据接口 | 全双工（Dual-Simplex），4 线差分信号，跟 USB 2.0 信号分离，同时具有双向数据流 | 半双工（Half-Duplex），二线差分信号，具有协商方向总线转换的单向数据流 |
| 电缆中的信号数量 | 6 根：4 根为 USB 3.0，2 根为 USB 2.0 | 2 根：2 根为 USB 1.0/1.1/2.0 |
| 总线事务协议 | 主机引导、异步通信流、包交换是被明确路由的 | 主机引导、轮询通信流、包交换是被广播到所有器件 |
| 电源管理 | 多级链路电源管理支持空闲、睡眠，以及挂起状态。链路、设备和功能级别的电源管理 | 端口级挂起，具有两级进入/退出时延的设备级电源管理 |
| 端口状态 | 端口硬件检测连接事件，并将端口带入可操作状态，准备好进行超高速（SuperSpeed）数据通信 | 端口硬件检测连接事件。系统软件使用端口指令来将端口转换进入使能状态（也就是能进行 USB 数据通信流） |
| 数据传输类型 | 具有超级速度限制的 USB 2.0 类型。批量具有流功能 | 4 种数据传输类型：控制、批量、中断、等时 |

## 11.6.2 超高速架构

如图 11-95 所示，显示了超高速总线 USB 3.0 通信层和电源管理组件。

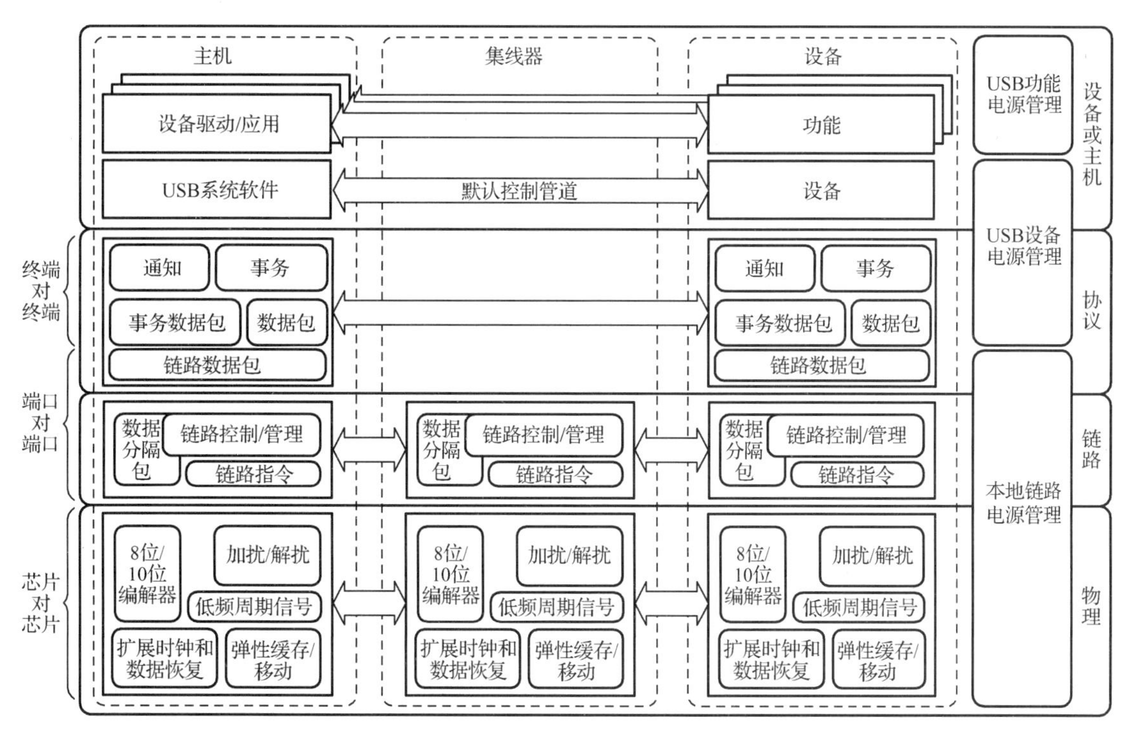


图 11-95

## 1. A 连接器

（1）表 11-9 中定义了 USB 3.0 标准-A 连接器中的 9 个引脚的使用和分配。

表 11-9

| 引 脚 序 号 | 信　号　名 | 描　　述 | 接 触 顺 序 |
|---|---|---|---|
| 1 | VBUS | 电源 | 第二接触 |
| 2 | E− | USB 2.0 差分对 | 第三接触或更高 |
| 3 | D+ | | |
| 4 | GND | 电源回流地 | 第二接触 |
| 5 | StdA_SSRX− | 超高速接收差分对 | 第三接触或更高 |
| 6 | StdA_SSRX+ | | |
| 7 | 信号地 | 信号回流地 | |
| 8 | StdA_SSTX− | 超高速发送差分对 | |
| 9 | StdA_SSTX+ | | |
| Shell | Shield | 连接器金属外壳 | 第一接触 |

（2）图 11-96 是 USB 3.0 标准-A 连接器示意图。

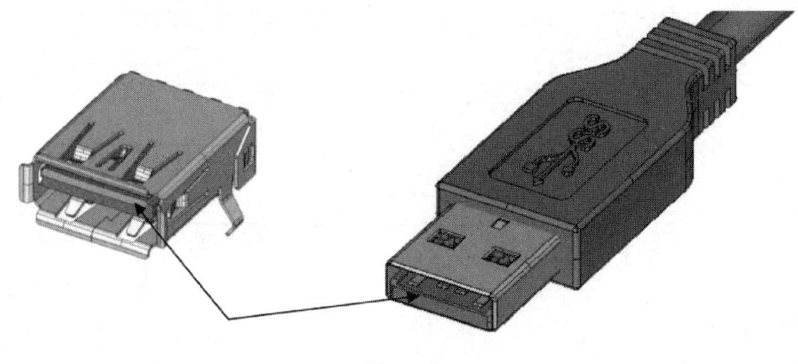

图 11-96

## 2. B 连接器

（1）表 11-10 定义了 USB 3.0 标准-B 连接器中 9 个引脚的使用和分配。

表 11-10

<table>
<tr><th>引脚序号</th><th>信号名</th><th>描述</th><th>接触顺序</th></tr>
<tr><td>1</td><td>VBUS</td><td>电源</td><td>第二接触</td></tr>
<tr><td>2</td><td>D−</td><td rowspan="2">USB 2.0 差分对</td><td rowspan="2">第三接触或更高</td></tr>
<tr><td>3</td><td>D+</td></tr>
<tr><td>4</td><td>GND</td><td>电源回流地</td><td>第二接触</td></tr>
<tr><td>5</td><td>StdB_SSTX−</td><td rowspan="2">超高速发送差分对</td><td rowspan="5">第三接触或更高</td></tr>
<tr><td>6</td><td>StdB_SSTX+</td></tr>
<tr><td>7</td><td>GND_DRAIN</td><td>信号回流地</td></tr>
<tr><td>8</td><td>StdB_SSRX−</td><td rowspan="2">超高速发送差分对</td></tr>
<tr><td>9</td><td>StdB_SSRX+</td></tr>
<tr><td>Shell</td><td>Shield</td><td>连接器金属外壳</td><td>第一接触</td></tr>
</table>

（2）USB 3.0 标准 B 连接器示意图如图 11-97 所示。

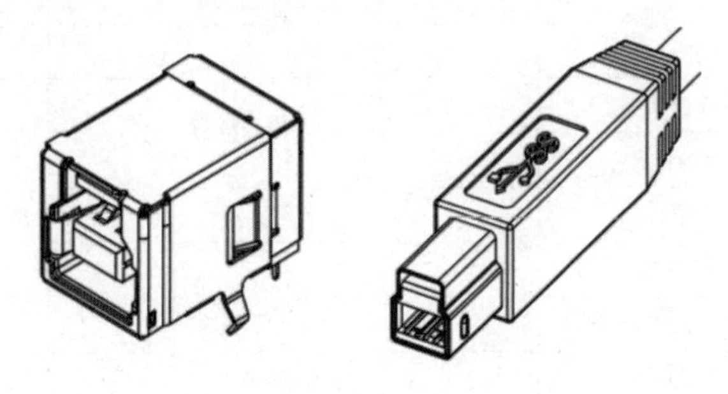

图 11-97

（3）USB 3.0 电源-B 连接器的引脚分配如表 11-11 所示。

表 11-11

| 引脚序号 | 信号名 | 描述 | 接触顺序 |
|---|---|---|---|
| 1 | VBUS | 电源 | 第二接触 |
| 2 | D− | USB 2.0 差分对 | 第三接触或更高 |
| 3 | D+ | | |
| 4 | GND | 电源回流地 | 第二接触 |
| 5 | StdB_SSTX− | 超高速发送差分对 | 第三接触或更高 |
| 6 | StdB_SSTX+ | | |
| 7 | GND_DRAIN | 信号回流地 | |
| 8 | StdB_SSRX− | 超高速发送差分对 | |
| 9 | StdB_SSRX+ | | |
| 10 | DPWR | 设备提供的电源 | |
| 11 | DGND | 设备电源回流地 | |
| Shell | Shield | 连接器金属外壳 | 第一接触 |

（4）USB 3.0 Micro-B 连接器的引脚分配如表 11-12 所示。

表 11-12

| 引脚序号 | 信号名 | 描述 | 接触顺序 |
|---|---|---|---|
| 1 | VBUS | 电源 | 第二接触 |
| 2 | D− | USB 2.0 差分对 | 最后接触 |
| 3 | D+ | | |
| 4 | ID | OTG 识别 | |
| 5 | GND | 电源回流地 | 第二接触 |
| 6 | MicB_SSTX− | 超高速发送差分对 | 最后接触 |
| 7 | MicB_SSTX+ | | |
| 8 | GND_DRAIN | 信号回流地 | 第二接触 |
| 9 | MicB_SSRX− | 超高速发送差分对 | 最后接触 |
| 10 | MicB_SSRX+ | | |
| Shell | Shield | 连接器金属外壳 | 第一接触 |

（5）USB 3.0 Micro-AB/-A 连接器的引脚分配如表 11-13 所示。

表 11-13

| 引脚序号 | 信号名 | 描述 | 接触顺序 |
|---|---|---|---|
| 1 | VBUS | 电源 | 第二接触 |

续表

| 引脚序号 | 信号名 | 描述 | 接触顺序 |
|---|---|---|---|
| 2 | D− | USB 2.0 差分对 | 最后接触 |
| 3 | D+ | | |
| 4 | ID | OTG 识别 | |
| 5 | GND | 电源回流地 | 第二接触 |
| 6 | MicA_SSTX− | 超高速发送差分对 | 最后接触 |
| 7 | MicA_SSTX+ | | |
| 8 | GND_DRAIN | 超高速信号回流地 | 第二接触 |
| 9 | MicA_SSRX− | 超高速接收差分对 | 最后接触 |
| 10 | MicA_SSRX+ | | |
| Shell | Shield | 连接器金属外壳 | 第一接触 |

## 11.6.3 电缆结构和电线分配

### 1. 电缆结构

图 11-98 显示了 USB 3.0 电缆的横截面。

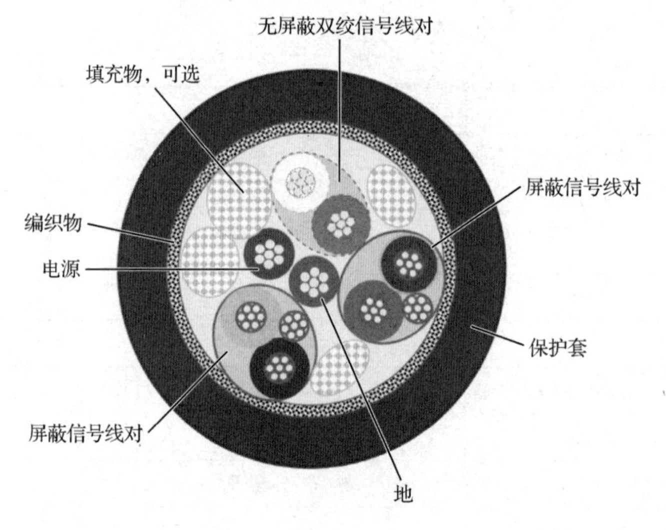


图 11-98

### 2. 电缆的分配

表 11-14 定义了导线的线号、信号分配和颜色。

表 11-14

| 线序号 | 信号名 | 描述 | 颜色 |
|---|---|---|---|
| 1 | PWR | 电源 | 红色 |

续表

| 线 序 号 | 信 号 名 | 描 述 | 颜 色 |
|---|---|---|---|
| 2 | UTP_D− | 无屏蔽双绞信号线对，负极 | 白色 |
| 3 | UTP_D+ | 无屏蔽双绞信号线对，正极 | 绿色 |
| 4 | GND_PWRrt | 电源回流地 | 黑色 |
| 5 | SDP1− | 屏蔽差分对 1，负极 | 蓝色 |
| 6 | SDP1+ | 屏蔽差分对 1，正极 | 蓝色 |
| 7 | SDP1_Drain | 屏蔽差分对 1 的地线 | |
| 8 | SDP2− | 屏蔽差分对 2，负极 | 紫色 |
| 9 | SDP2+ | 屏蔽差分对 2，正极 | 橙色 |
| 10 | SDP2_Drain | 屏蔽差分对 2 的地线 | |
| Braid | Shield | 电缆外部编织物 360° 端接至插头金属外壳 | |

### 3．USB 3.0 线缆标准和电缆直径

为了最大限度地提高电缆的灵活性，所有的电线都需要被绞合，并应尽量减少电缆的外径。例如，USB 3.0 电缆的外径可以从 3mm 到 6mm，如表 11-15 所示为参考线规表。

表 11-15

| 线 序 号 | 信 号 名 | 美国线规（AWG） |
|---|---|---|
| 1 | PWR | 20-28 |
| 2 | UTP_D− | 28-34 |
| 3 | UTP_D+ | 28-34 |
| 4 | GND_PWRrt | 20-28 |
| 5 | SDP1− | 26-34 |
| 6 | SDP1+ | 26-34 |
| 7 | SDP1_Drain | 28-34 |
| 8 | SDP2− | 26-34 |
| 9 | SDP2+ | 26-34 |
| 10 | SDP2_Drain | 28-34 |

### 4．USB 3.0 标准-A 至 USB 3.0 标准-B 的电缆组件

（1）图 11-99 显示了 USB 3.0 标准-A 到 USB 3.0 标准-B 的电缆组件。

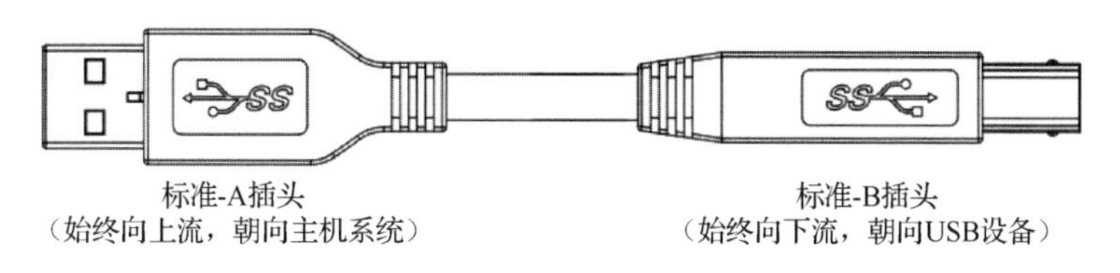


图 11-99

（2）表 11-16 定义了 USB 3.0 标准-A 到 USB 3.0 标准-B 电缆组件的电线连接。

表 11-16

| USB 3.0 标准-A 插头 | | 电　　线 | | USB 3.0 标准-B 插头 | |
|---|---|---|---|---|---|
| 引脚序号 | 信号名 | 线序号 | 信号名 | 引脚序号 | 信号名 |
| 1 | VBUS | 1 | PWR | 1 | VBUS |
| 2 | D− | 2 | UTP_D− | 2 | D− |
| 3 | D+ | 3 | UTP_D+ | 3 | D+ |
| 4 | GND | 4 | GND_PWRrt | 4 | GND |
| 5 | StdA_SSTX− | 5 | SDP1− | 5 | StdB_SSTX− |
| 6 | StdA_SSTX+ | 6 | SDP1+ | 6 | StdB_SSTX+ |
| 7 | GND_DRAIN | 7 和 10 | SDP1_Drain<br>SDP2_Drain | 7 | GND_DRAIN |
| 8 | StdA_SSRX− | 8 | SDP2− | 8 | StdB_SSRX− |
| 9 | StdA_SSRX+ | 9 | SDP2+ | 9 | StdB_SSRX+ |
| Shell | Shield | Braid | Shield | Shell | Shield |

（3）表 11-17 定义了 USB 3.0 标准-A 到 USB 3.0 标准-A 电缆装配的接线。

表 11-17

| USB 3.0 标准-A 插头 1 号 | | 电　　线 | | USB 3.0 标准-A 插头 2 号 | |
|---|---|---|---|---|---|
| 引脚序号 | 信号名 | 线序号 | 信号名 | 引脚序号 | 信号名 |
| 1 | VBUS | 无连接 | | 1 | VBUS |
| 2 | D− | 无连接 | | 2 | D− |
| 3 | D+ | 无连接 | | 3 | D+ |
| 4 | GND | 4 | GND_PWRrt | 4 | GND |
| 5 | StdA_SSTX− | 5 | SDP1− | 5 | StdA_SSTX− |
| 6 | StdA_SSTX+ | 6 | SDP1+ | 6 | StdA_SSTX+ |
| 7 | GND_DRAIN | 7 和 10 | SDP1_Drain<br>SDP2_Drain | 7 | GND_DRAIN |
| 8 | StdA_SSRX− | 8 | SDP2− | 8 | StdA_SSRX− |
| 9 | StdA_SSRX+ | 9 | SDP2+ | 9 | StdA_SSRX+ |
| Shell | Shield | Braid | Shield | Shell | Shield |

### 5. USB 3.0 图标

USB 3.0 电缆组件符合 USB 3.0 连接器和电缆组件规范，图 11-100 所示为 USB 3.0 图标。

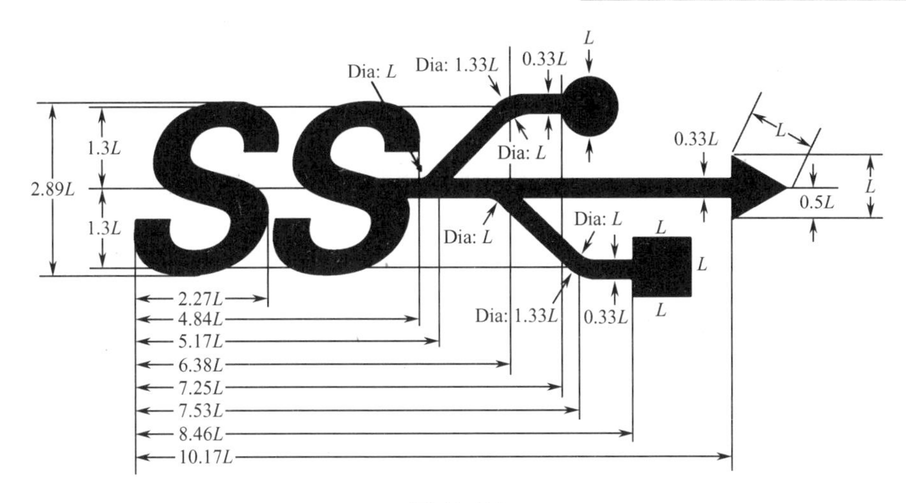


图 11-100

### 6. 电缆组件长度

USB 3.0 电缆组件可以具有任何长度，只要它满足规范中规定的所有要求。

### 7. 稳态电压降预算

稳态电压降预算来自以下假设：

- 主机或集线器的标称电压为 5V±5%，即 4.75～5.25V；
- 集线器或根端口在连接器处的供电电压范围为 4.45～5.25V；
- 对于可拆卸电缆 A 系列插头和 B 系列插头，其在 VBUS 上之间的最大电压降为 171mV；
- 计算能用的最大电流为 0.9A；
- 所有电缆在 GND 上的上流和下流之间的最大电压降为 171mV；
- 所有配套连接器的最大电压降为 27mV；
- 所有集线器和外围设备都应能够提供配置信息，在 B 系列插头的设备端应有 4.00V 的电压，低功率和大功率设备都能够在这个电压下工作；
- 图 11-101 显示了最小允许电压，注意，在瞬态条件下，设备处的电源可短暂降至 3.67V。

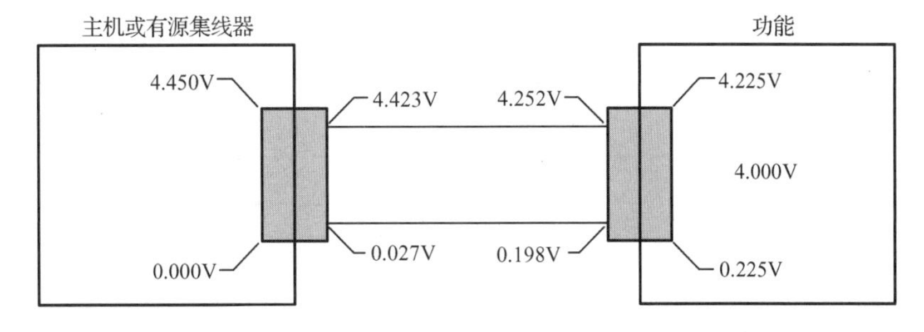


图 11-101

注意，图 11-101 中使用了以下假设：

- 带有 A 系列和 B 系列插头的 3m 电缆组件；

- AWG22 号线电源和接地线（0.019Ω/in）；
- A 系列和 B 系列插头/插座对的接触电阻为 30mΩ；
- 导线为 380mΩ 串联电阻；
- 设备上的直流降为 0.450V，即(2×0.03Ω+0.19Ω)×0.9mA×2，如图 11-102 所示。

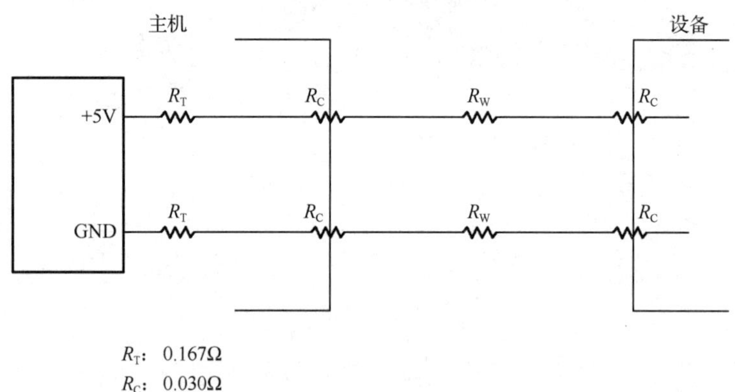


$R_T$：0.167Ω
$R_C$：0.030Ω
$R_W$：0.190Ω

图 11-102

### 8．USB 3.0 超高速电气系统的要求

1）裸电缆

- 裸电缆的特性阻抗：SDP 差分对的阻抗为 90Ω+/−7Ω，差分模式下的 TDR 测试应用 200ps（10%～90%）的上升时间。
- 裸电缆的对内偏差：SDP 差分对的对内偏差应小于 15ps/m，TDT 应该在差分模式下使用 200ps（10%～90%）的上升时间并在输入电压 50%的电压交叉点处来测量。
- 差分插入损耗：电缆损耗取决于导线型号和介质材料，表 11-18 列出了 SDP 差分对的差分插入损耗要求。注意，差分插入损耗值的参考差分阻抗为 90Ω，AWG 如图 11-103 所示。

表 11-18

| SDP 差分插入损耗示例 | | | | |
|---|---|---|---|---|
| 频率 | 34 号美国线规 | 30 号美国线规 | 28 号美国线规 | 28 号美国线规 |
| 0.625GHz | 2.7dB/m | 1.3dB/m | 1.0dB/m | 0.9dB/m |
| 1.25GHz | 3.3dB/m | 1.9dB/m | 1.5dB/m | 1.3dB/m |
| 2.5GHz | 4.4dB/m | 3.0dB/m | 2.5dB/m | 1.9dB/m |
| 5.0GHz | 6.7dB/m | 4.6dB/m | 3.6dB/m | 3.1dB/m |
| 7.5GHz | 9.0dB/m | 5.9dB/m | 4.7dB/m | 4.2dB/m |

2）配套连接器

配套连接器有阻抗要求，以满足信号完整性的需求。配套连接器的差分阻抗应在

90Ω+/−15Ω 以内，其 TDR 的上升时间为 50ps（20%～80%）。图 11-104 显示了配套连接器的阻抗限制。配套连接器的阻抗曲线必须在图 11-104 中所示的范围内。注意，配套连接器的阻抗曲线是从插座焊盘到插头电缆终端之间这个区域。在插头直接连接到设备 PCB 的情况下，配套连接器的阻抗曲线包括从插座焊盘到插头焊盘之间的路径。

| AWG | 外径 公制 mm | 外径 英制 inch | 截面积 (mm2) | 电阻值 (Ω/km) |
|---|---|---|---|---|
| 22 | 0.643 | 0.0253 | 0.3247 | 54.3 |
| 23 | 0.574 | 0.0226 | 0.2588 | 48.5 |
| 24 | 0.511 | 0.0201 | 0.2047 | 89.4 |
| 25 | 0.44 | 0.0179 | 0.1624 | 79.6 |
| 26 | 0.404 | 0.0159 | 0.1281 | 143 |
| 27 | 0.361 | 0.0142 | 0.1021 | 128 |
| 28 | 0.32 | 0.0126 | 0.0804 | 227 |
| 29 | 0.287 | 0.0113 | 0.0647 | 289 |
| 30 | 0.254 | 0.0100 | 0.0507 | 361 |
| 31 | 0.226 | 0.0089 | 0.0401 | 321 |
| 32 | 0.203 | 0.0080 | 0.0316 | 583 |
| 33 | 0.18 | 0.0071 | 0.0255 | 944 |
| 34 | 0.16 | 0.0063 | 0.0201 | 956 |

图 11-103

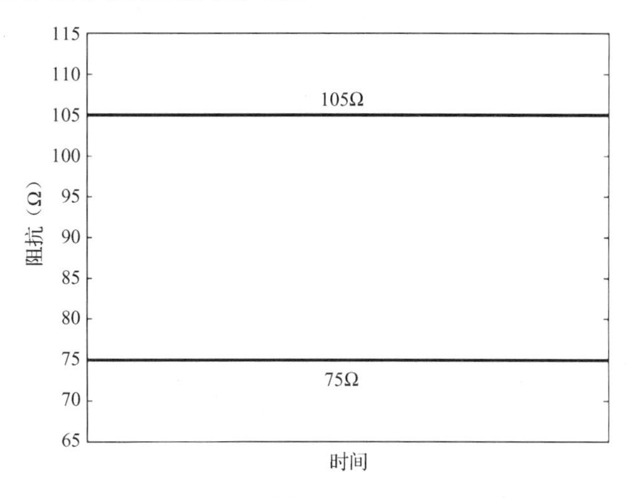


图 11-104

3）配套电缆组件

配套电缆组件是指安装在两端测试装置上的相应插座之间的电缆组件。要求配套电缆组件的整个信号路径是从主机插座接触焊板或主机系统板上的通孔到设备插座接触焊板或通过设备系统板上的孔，不包括 PCB 痕迹。如图 11-105 所示为 TP1（测试点 1）和 TP2（测试点 2）之间配套电缆组件的整个信号路径。

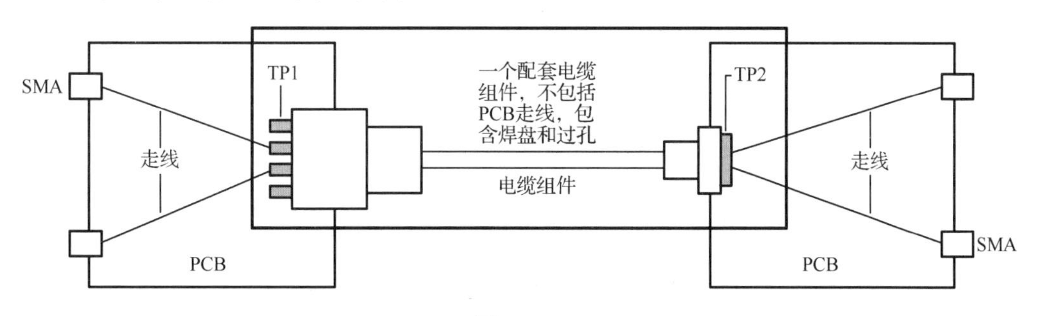


图 11-105

为了正确测量，插座应焊接在测试夹具上。测试夹具从 SMA 或微探针到参考平面或测试点的走线是非耦合的，走线最好具有 50Ω/−7%Ω 的单端特性阻抗。测试夹具应具有适当的校准结构用以校准夹具。所有相邻但未连接到测量端口的非接地引脚应端接 50Ω 的负载。

为符合 USB 3.0 通道 90Ω 的标称差分特性阻抗要求，所有测量的差分 S 参数均应对 90Ω 的参考差分阻抗进行归一化操作。大多数 VNA 测量软件允许将测量的 S 参数标准化为不同的参考阻抗。例如，在 PLTS 中，可以将端口阻抗设置为 45Ω，以将测量的 50Ω 单端 S 参数规一化为 45Ω，这将在单端到差分转换后产生 90Ω 的差分 S 参数。

4）USB 3.0 超高速对之间的差分近端串扰

由于 USB 3.0 的 Tx 对就在 Rx 对的旁边，因此只指定了差分近端串扰(DDNEXT)，如图 11-106 所示，差分参考阻抗为 90Ω。加上电缆组件，若 DDENXT 不超过图 11-106 中所示的限制，则其满足 DDNEXT 要求。其中，图 11-106 中定义了 DDNEXT 限制的顶点为（100MHz、−27dB）、（2.5GHz、−27dB）、（3GHz、−23dB）和（7.5GHz、−23dB）。

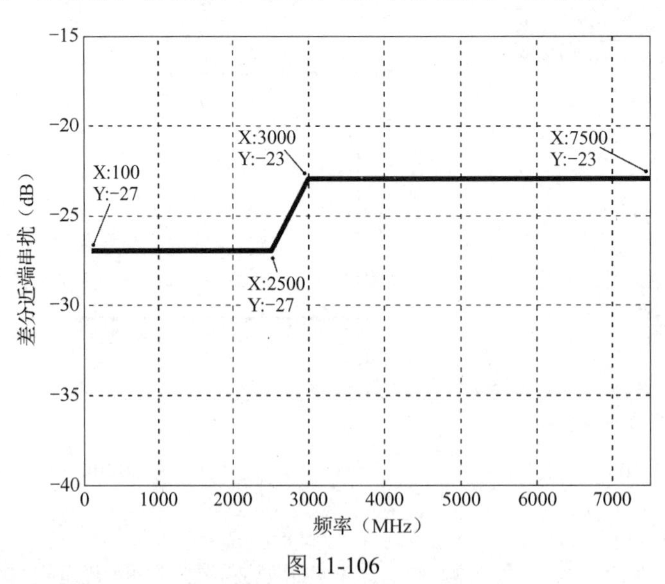


图 11-106

5）在 D+/D−对和超高速对之间的差分串扰

属于 USB 2.0 的 D+/D−差分对与超高速 USB 3.0 差分对（SSTX+/SSTX−或 SSRX+/SSRX−）之间的差分近端和远端串扰（DDFEXT）应控制为不超过图 11-107 中所示的限制。其中，图 11-107 中定义了 DDNEXT 和 DDFEXT 限制的顶点为（100MHz、−21dB）、（2.5GHz、−21dB）、（3.0GHz、−15dB）和（7.5GHz、−15dB），差分参考阻抗为 90Ω。

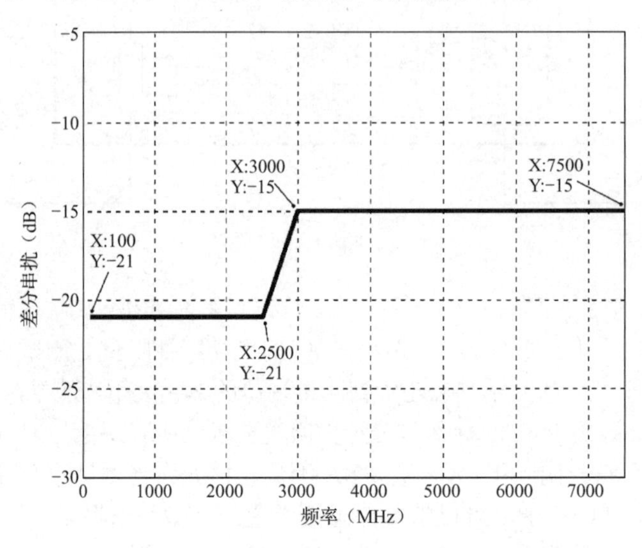


图 11-107

6）差分到共模的转换

由于共模电流是产生 EMI 的直接原因，因此需要限制差分到共模的转换率。SCD12 将限制连接器和电缆组件内 EMI 的产生。图 11-108 说明了 SCD12 的要求；如果其 SCD12 显示的频率范围内小于或等于−20dB，则配套电缆组件将通过 SCD12 的要求。

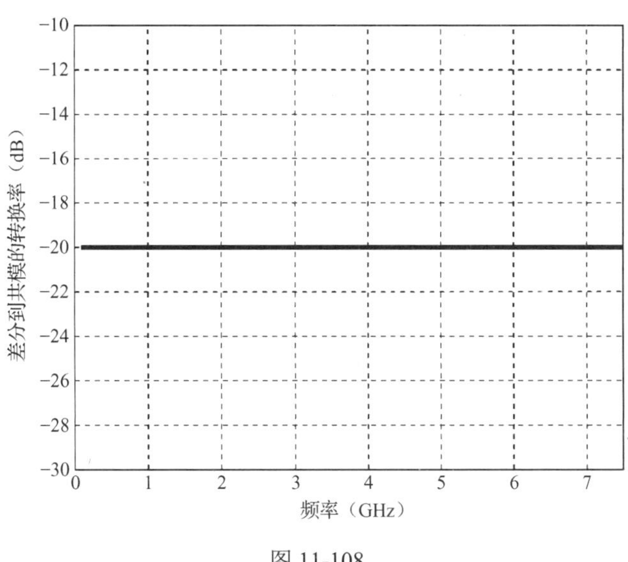


图 11-108

## 9．直流电气设备的要求

1）低电位接触电阻

以下要求同时适用于电源和信号触点。

- VBUS 和 GND 接触点的接触电阻：30mΩ（最大）。
- 所有其他接触点的接触电阻：50mΩ（最大）。
- 环境应力后的最大变化量（增量）：10mΩ。
- 绝缘强度：在未配对和配对连接器的相邻触点之间施加 100V 交流电（RMS）时，不得发生击穿。

2）绝缘电阻

在未配对和配对连接器的相邻触点之间至少需要 100MΩ 的绝缘电阻。

## 10．材料

规范中并未规定连接器和电缆的材料。连接器和电缆制造商应根据性能要求选择合适的材料。表 11-19 仅供参考。

表 11-19

| 组　件 | 材　料 | 注　释 |
|---|---|---|
| 电缆 | 导线：带镀锡的铜 | |
| | SDP 屏蔽材料：铝箔或者铝酯箔 | |

续表

| 组　件 | 材　料 | 注　释 |
|---|---|---|
|  | 编织材料：镀锡铜或铝 |  |
|  | 线缆护套：聚氯乙烯或无卤替代材料 |  |
| 电缆包覆成型 | 热固树脂 |  |
| 连接器外壳 | 铜合金或不锈钢，根据耐久性要求确定 |  |
| 接触点 | 基材：铜合金 |  |
|  | 下镀层：2.0μm 镍 |  |
|  | 接触面电镀材料：0.05μm 金（最小）+0.75μmn 镍钯（最小） |  |
|  | 焊锡尾部电镀：0.05μm 金（最小） |  |
| 外壳 | 能够承受无铅焊接温度的热塑性塑料 | USB 3.0 标准-A 型连接器外壳建议为国际标准色卡 300C（蓝色） |

## 11.6.4　物理层的功能描述

（1）驱动器方框图如图 11-109 所示。

（2）接收器方框图如图 11-110 所示。

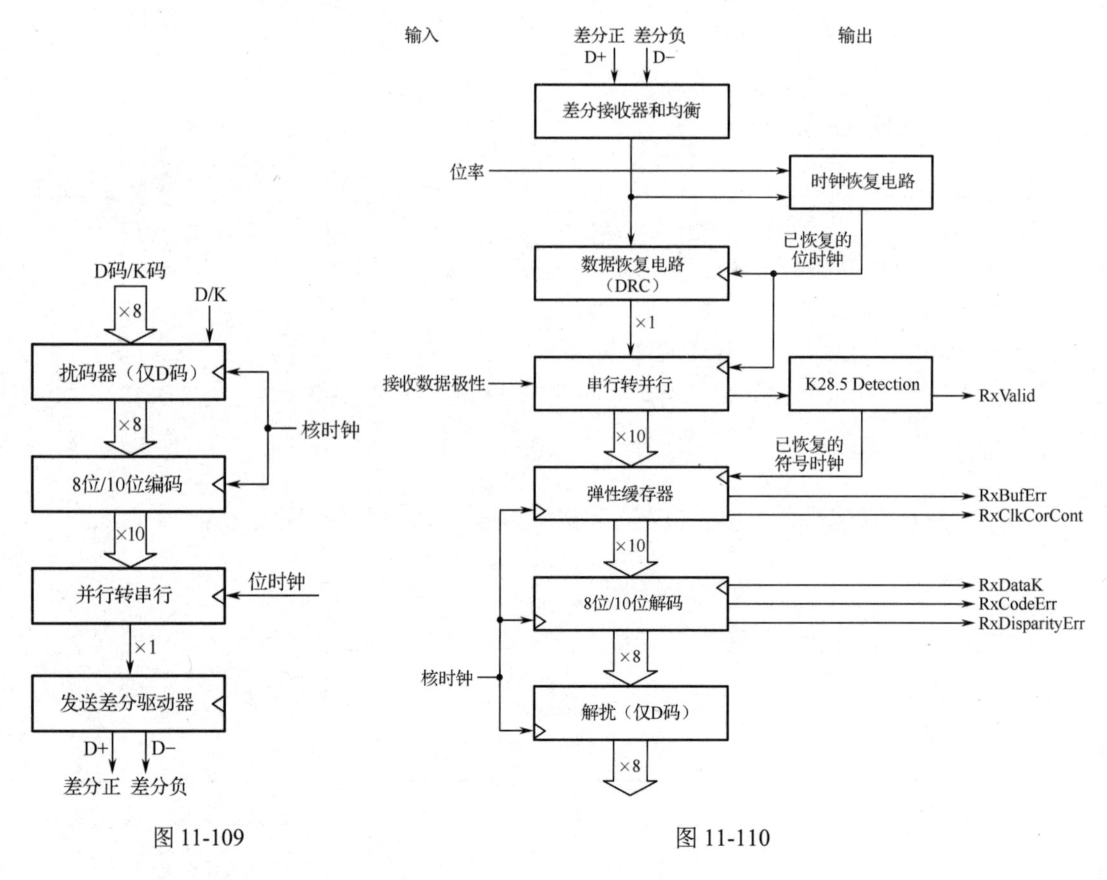


图 11-109　　　　图 11-110

（3）没有电缆和有电缆的通道模型如图 11-111 所示。

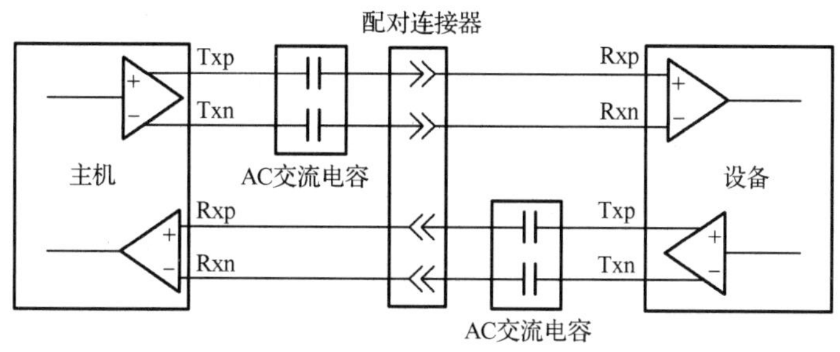


（a）不带电缆

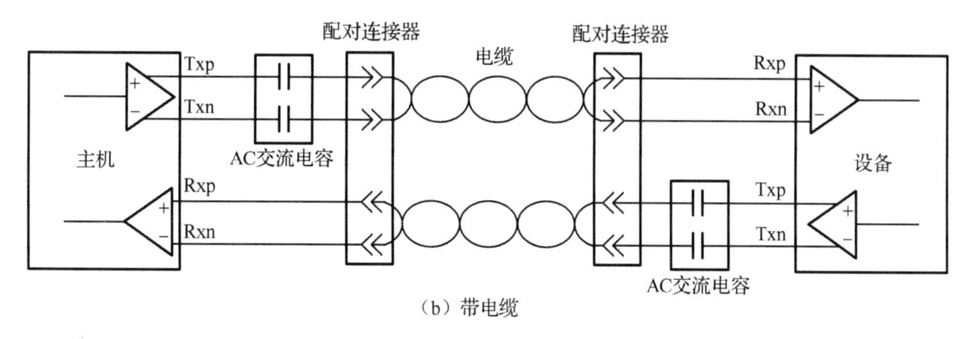


（b）带电缆

图 11-111

## 11.6.5 符号编码

USB 3.0 使用 8 位/10 位的传输编码。此传输编码的定义与 ANSIX3.230-1994（也称为 ANSIINCITS230-1994）第 11 条中规定的定义相同。如图 11-112 所示，ABCDE 映射到 abcdei，FGH 映射到 fghj。

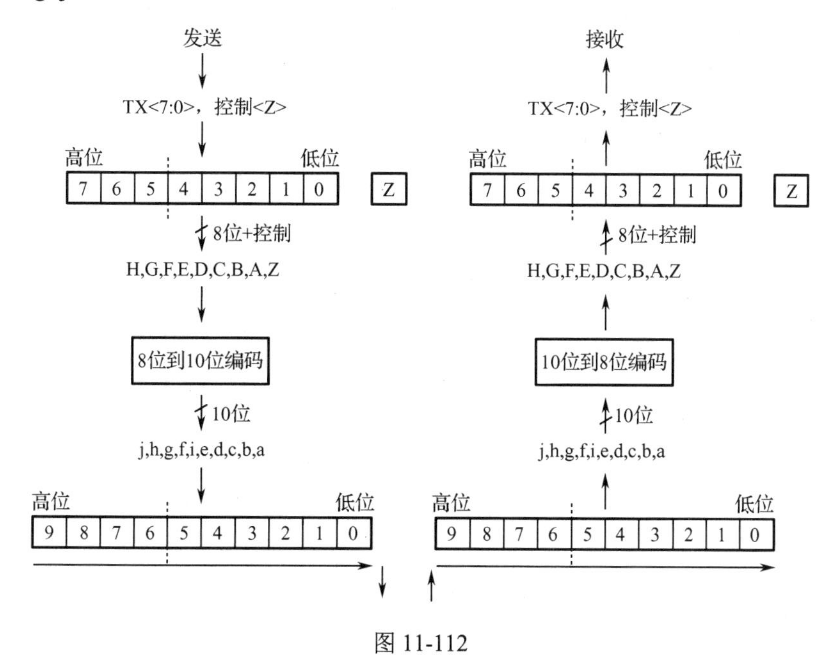


图 11-112

### 11.6.6 时钟与抖动

#### 1. 眼图

通用眼图模板图如图 11-113 所示。

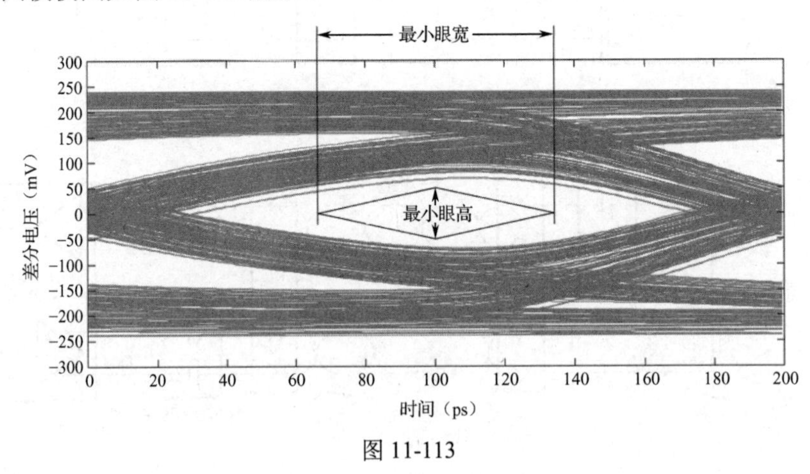


图 11-113

#### 2. 电压电平的定义

电压电平的定义如下所述。

- VDIFF=Txp−Txn。
- $VDIFF_{PP}$=2×VDIFF。
- VCM=(Txp+Txn)/2。

直流电被定义为 FDC=30kHz 以下的所有频率分量。交流电被定义为在 FDC=30kHz 处或以上的所有频率分量。这些定义涉及所有的电压和电流规范。

一个示例波形如图 11-114 所示。在该波形中，峰峰差分电压 $VDIFF_{PP}$ 为 800mV。差分电压 VDIFF 为 400mV。注意，Txp 和 Txn 的中心交叉点显示在 300mV 处，差分电压的相应交叉点为 0.0V。300mV 处的中心交叉点也是共模电压 VCM。

注意，这些波形包括去加重，根据表 11-20 允许范围的驱动器设置而变化。

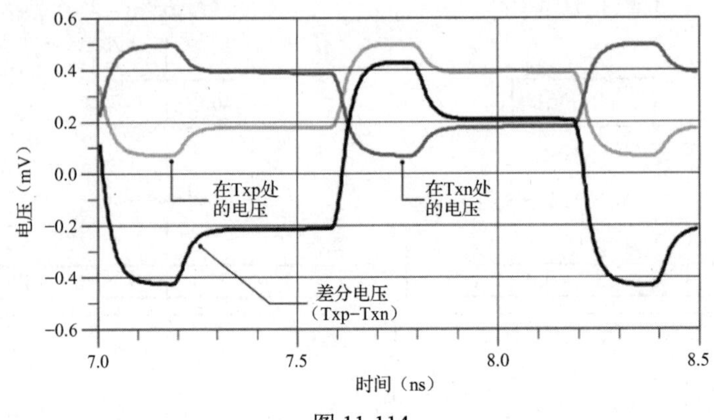


图 11-114

表 11-20

| 符　号 | 参　数 | 5.0GT/s | 单　位 | 描述 |
|---|---|---|---|---|
| UI | 单位时间间隔 | 199.94（最小）<br>200.06（最大） | ps | 规定的 UI 相当于每个设备可以容忍±300 ppm 的误差。周期不考虑扩频时钟引起的变化 |
| $V_{TX\text{-}DIFF\text{-}PP}$ | 差分发送电压摆幅峰峰值 | 0.8（最小）<br>1.2（最大） | V | 标称为 1V 峰峰值 |
| $V_{TX\text{-}DIFF\text{-}PP\text{-}LOW}$ | 低功率差分发送电压摆幅峰峰值 | 0.4（最小）<br>1.2（最大） | V | 此模式中没有去加重的要求，去加重为此模式的特定实现 |
| $V_{TX\text{-}DE\text{-}RATIO}$ | 发送电压去加重 | 3.0（最小）<br>4.0（最大） | dB | 标称为 3.5dB |
| $R_{TX\text{-}DIFF\text{-}DC}$ | D 直流差分阻抗 | 72（最小）<br>120（最大） | Ω | |
| $V_{TX\text{-}RCV\text{-}DETECT}$ | 接收器检测期间允许的电压变化量 | 0.6（最大） | V | 检测电压转换应该是在引脚上观察检测信号的电压增加，以避免当“关闭”接收器的输入低于地电平时出现高阻抗要求 |
| $C_{AC\text{-}COUPLING}$ | 交流耦合电容 | 75（最小）<br>200（最大） | nF | 所有发送器都应该采用交流耦合。在介质内或发送元件本身内都需要 AC 耦合 |
| $t_{CDR\text{-}SLEW\text{-}MAX}$ | 最大转换速率 | 10 | ms/s | |

### 3. Tx 和 Rx 输入寄生参数

Tx 和 Rx 输入寄生参数与图 11-115 所示的集中电路等效。从图 11-115 可以看出，输入被简化为一个终端电阻并联一个寄生电容。这个简化的电路是负载阻抗。

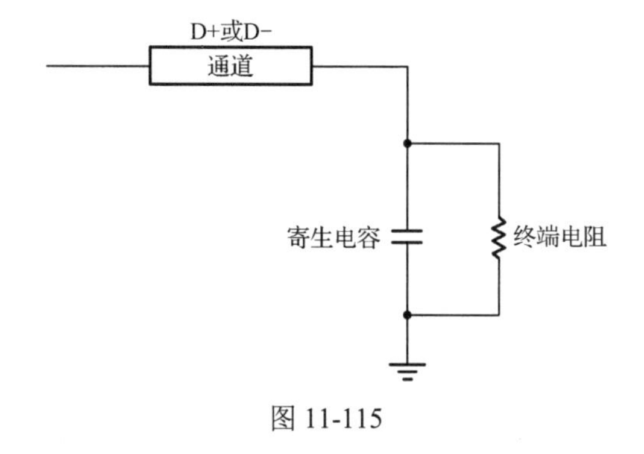


图 11-115

## 11.6.7 驱动器技术规格书

### 1. 驱动器电气参数

驱动器电气参数如表 11-21 所示。

表 11-21

| 符　号 | 参　数 | 5.0GT/s | 单　位 | 描　述 |
|---|---|---|---|---|
| UI | 单位时间间隔 | 199.94（最小）<br>200.06（最大） | ps | 规定的 UI 相当于每个设备可以容忍±300 ppm 的误差。周期不考虑扩频时钟引起的变化 |

续表

| 符　号 | 参　数 | 5.0GT/s | 单　位 | 描　述 |
|---|---|---|---|---|
| $V_{TX\text{-}DIFF\text{-}PP}$ | 差分发送电压摆幅峰峰值 | 0.8（最小）<br>1.2（最大） | V | 标称为 1V 峰峰值 |
| $V_{TX\text{-}DIFF\text{-}PP\text{-}LOW}$ | 低功率差分发送电压摆幅峰峰值 | 0.4（最小）<br>1.2（最大） | V | 此模式中没有去加重的要求。去加重为此模式的特定实现 |
| $V_{TX\text{-}DE\text{-}RATIO}$ | 发送电压去加重 | 3.0（最小）<br>4.0（最大） | dB | 标称为 3.5 分贝 |
| $R_{TX\text{-}DIFF\text{-}DC}$ | 直流差分阻抗 | 72（最小）<br>120（最大） | Ω | |
| $V_{TX\text{-}RCV\text{-}DETECT}$ | 接收器检测期间允许的电压变化量 | 0.6（最大） | V | 检测电压转换应该是在引脚上观察检测信号的电压增加，以避免当“关闭”接收器的输入低于地电平时出现高阻抗要求 |
| $C_{AC\text{-}COUPLING}$ | 交流耦合电容 | 75（最小）<br>200（最大） | nF | 所有发送器都应该采用交流耦合。在介质内或发送元件本身内都需要 AC 耦合 |
| $t_{CDR\text{-}SLEW\text{-}MAX}$ | 最大转换速率 | 10 | ms/s | |

## 2．驱动器眼图

（1）Tx 使用参考通道的标准设置图，如图 11-116 所示。所有测量均在 TP1 处进行，并在使用合规性参考均衡器传输函数处理测量数据后应用 Tx 规范。

图 11-116

（2）测试点 TP1 处的标准驱动器眼图模板参数设置如表 11-22 所示。

表 11-22

| 信号特性 | 最小值 | 标称值 | 最大值 | 单　位 | 注　释 |
|---|---|---|---|---|---|
| 眼高 | 100 | | 1200 | mV | 2，4 |
| 确定性抖动 | | | 0.43 | UI | 1，2，3 |
| 随机抖动 | | | 0.23 | UI | 1，2，3，5 |
| 总抖动 | | | 0.66 | UI | 1，2，3 |

注释：

1．在 $10^6$ 个连续 UI 上测量，并外推到 $10^{-12}$ 误码率；

2．接收器均衡功能后测量；

3．图 11-116 中 TP1 处的参考通道和电缆末端的测量；

4．眼睛高度应在最大开口处测量（眼睛宽度中心±0.05 UI 处）；

5．随机抖动规范被计算为 $10^{-12}$ 误码率的有效值随机抖动的 14.069 倍。

（3）USB 3.0 在 TP1 处的眼图模板在 HyperLynx 软件中的设置如图 11-117 所示。

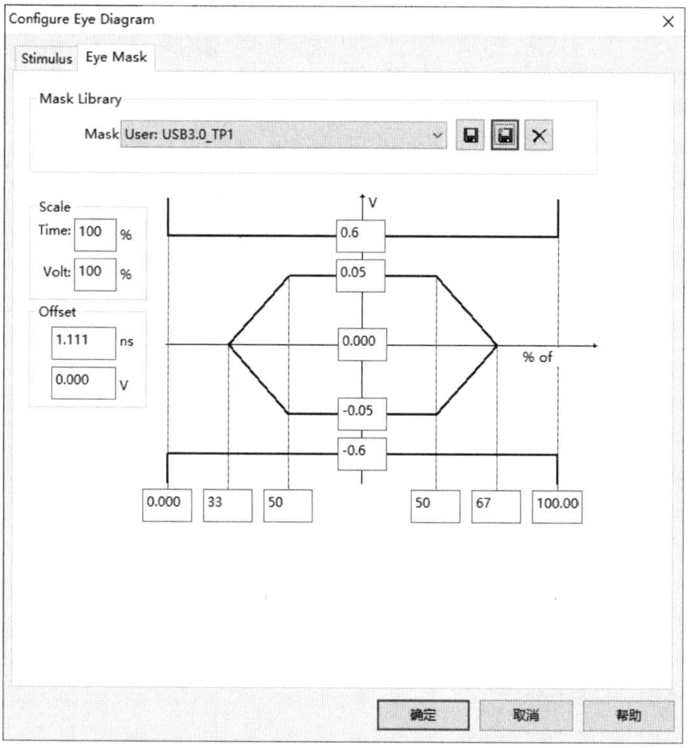

图 11-117

## 11.6.8　USB 3.0 的预仿真评估

从赛普拉斯公司（图标为 CYPRESS）的网站中下载 USB3.0-CYUSB3014 芯片的 IBIS 模型，即 cyusb3014_bga121_fx3.ibs。打开下载网站，在网站搜索栏中输入 cyusb3014 ibis，如图 11-118 所示。出现图 11-119 中所示的链接，单击图 11-119 中的链接，出现 IBIS 模型文件链接，如图 11-120 所示。单击下载下来的模型名 CYUSB3014-BZXC-BZXI-IBIS.zip，解压缩后模型为 cyusb3014_bga121_fx3.ibs。

图 11-118

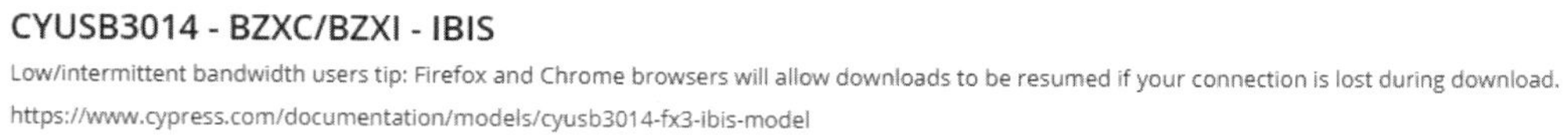

CYUSB3014 - BZXC/BZXI - IBIS

Low/intermittent bandwidth users tip: Firefox and Chrome browsers will allow downloads to be resumed if your connection is lost during download.

https://www.cypress.com/documentation/models/cyusb3014-fx3-ibis-model

图 11-119

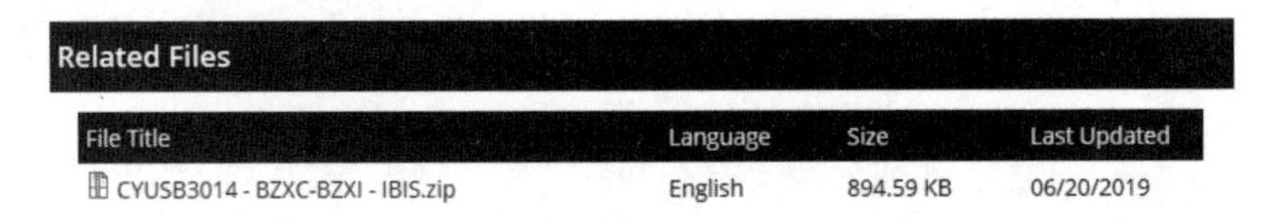

Related Files
File Title
Language
Size
Last Updated
CYUSB3014 - BZXC-BZXI - IBIS.zip
English
894.59 KB
06/20/2019


图 11-120

## 1．评估发送端原理图

第 1 步：双击“ ”图标启动 HyperLynx 软件后，继续单击图标“ ”，新建名为“11usb3.0_tek45r.ffs”的 LineSim 原理图。然后单击 IC 差分图标“ ”，将其放入原理图，如图 11-121 所示。

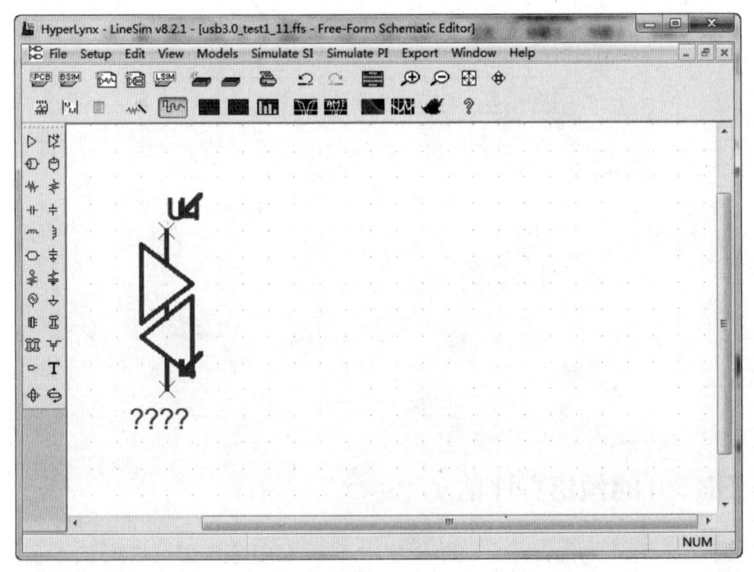


图 11-121

第 2 步：双击 U1，按照图 11-122 和图 11-123 中所示的步骤进行操作。赋模型并改名后的 IC 模型如图 11-124 所示。

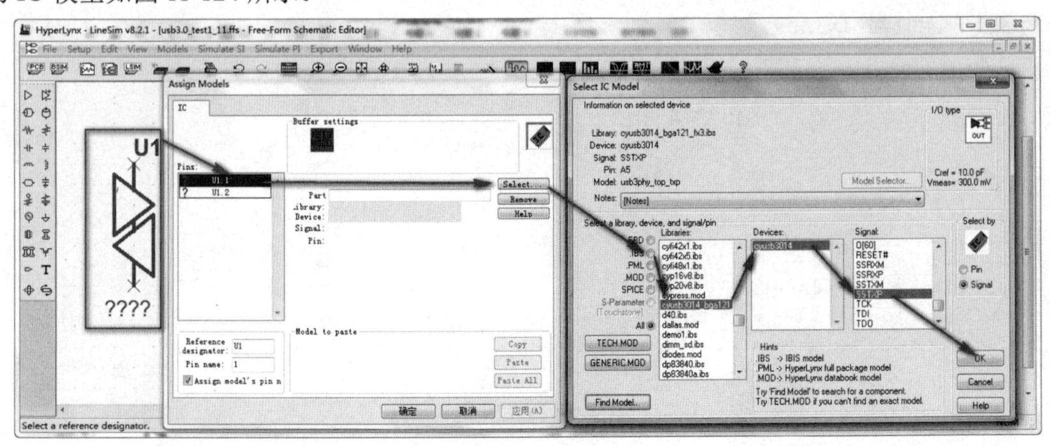


图 11-122

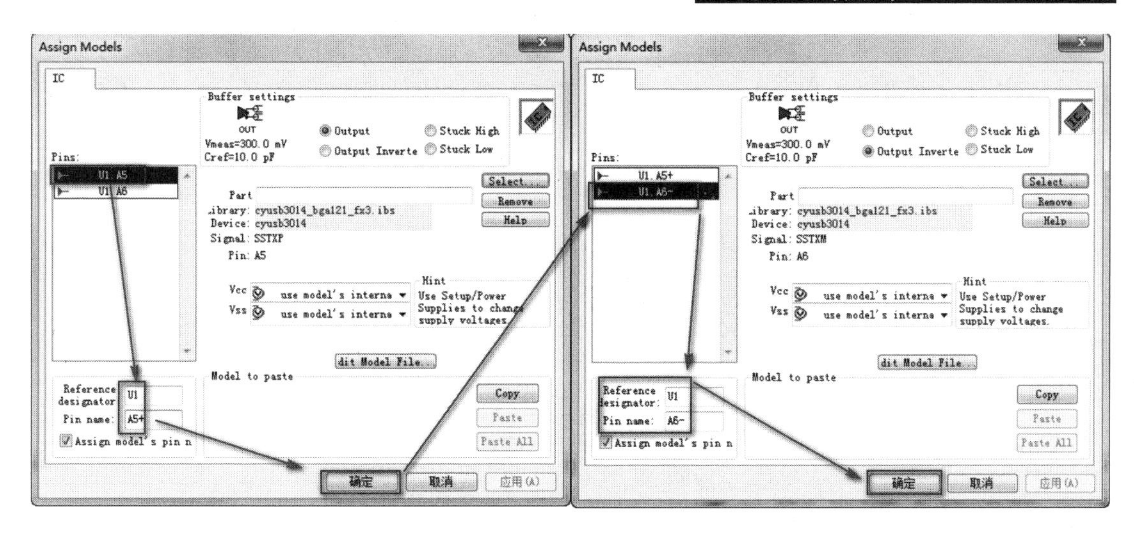


图 11-123

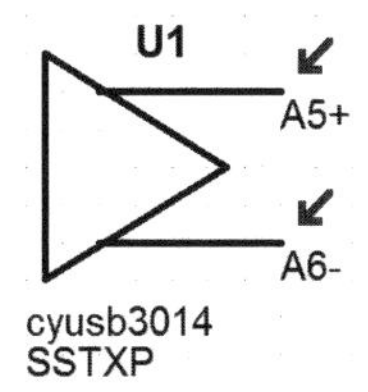


图 11-124

第 3 步：单击工具栏中的叠层图标“ ”，利用叠层计算 90Ω 的差分阻抗，如图 11-125 所示。

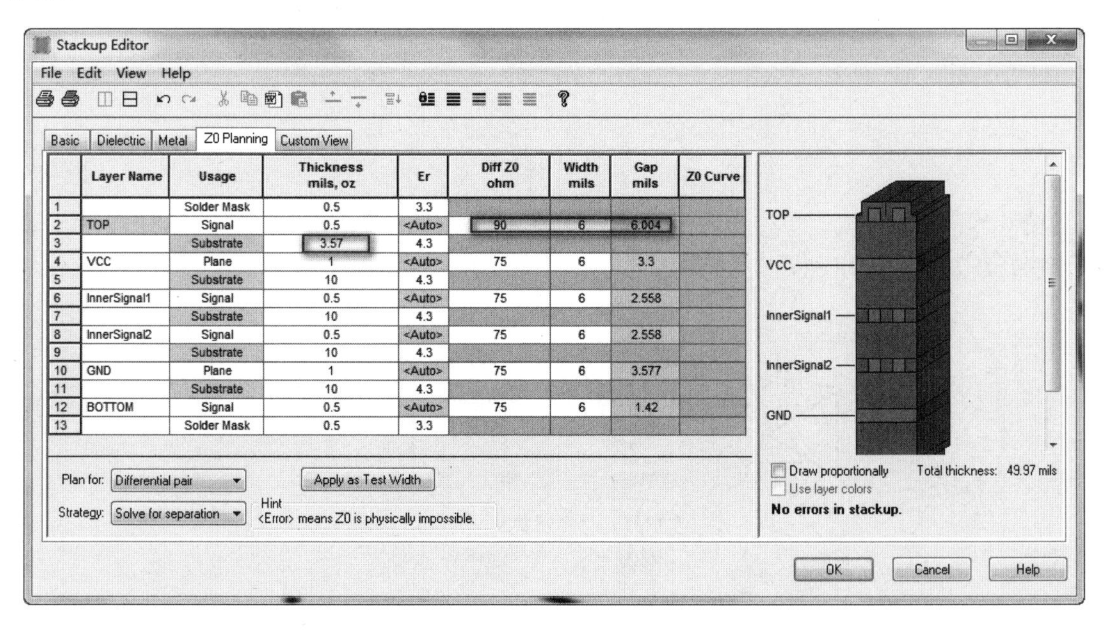


|  | Layer Name | Usage | Thickness mils, oz | Er | Diff Z0 ohm | Width mils | Gap mils | Z0 Curve |
|---|---|---|---|---|---|---|---|---|
| 1 |  | Solder Mask | 0.5 | 3.3 |  |  |  |  |
| 2 | TOP | Signal | 0.5 | <Auto> | 90 | 6 | 6.004 |  |
| 3 |  | Substrate | 3.57 | 4.3 |  |  |  |  |
| 4 | VCC | Plane | 1 | <Auto> | 75 | 6 | 3.3 |  |
| 5 |  | Substrate | 10 | 4.3 |  |  |  |  |
| 6 | InnerSignal1 | Signal | 0.5 | <Auto> | 75 | 6 | 2.558 |  |
| 7 |  | Substrate | 10 | 4.3 |  |  |  |  |
| 8 | InnerSignal2 | Signal | 0.5 | <Auto> | 75 | 6 | 2.558 |  |
| 9 |  | Substrate | 10 | 4.3 |  |  |  |  |
| 10 | GND | Plane | 1 | <Auto> | 75 | 6 | 3.577 |  |
| 11 |  | Substrate | 10 | 4.3 |  |  |  |  |
| 12 | BOTTOM | Signal | 0.5 | <Auto> | 75 | 6 | 1.42 |  |
| 13 |  | Solder Mask | 0.5 | 3.3 |  |  |  |  |

图 11-125

第 4 步：加差分传输线。单击传输线图标“ ”，增加 TL1 和 TL2。选中 TL1 和 TL2 后，单击鼠标右键，在弹出的菜单中选择 Couple，然后在弹出的对话框中按照图 11-126 中所示的步骤进行操作。

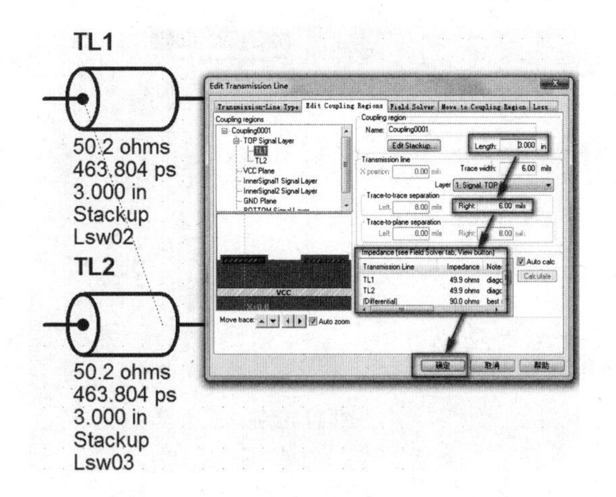


图 11-126

第 5 步：将线连接起来。单击电阻图标“ ”，放置两个 45Ω 的电阻，将其连接好，如图 11-127 所示。

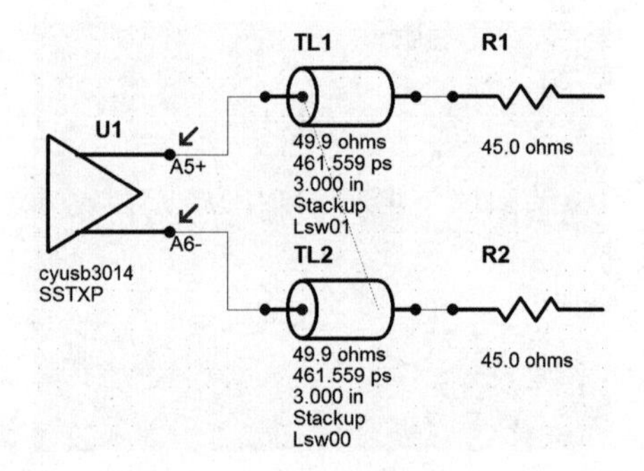


图 11-127

第 6 步：放置电源。单击电源图标“ ”，在原理图中放置一个 AVCC=3.3V 的电源，将其连接好，如图 11-128 所示。

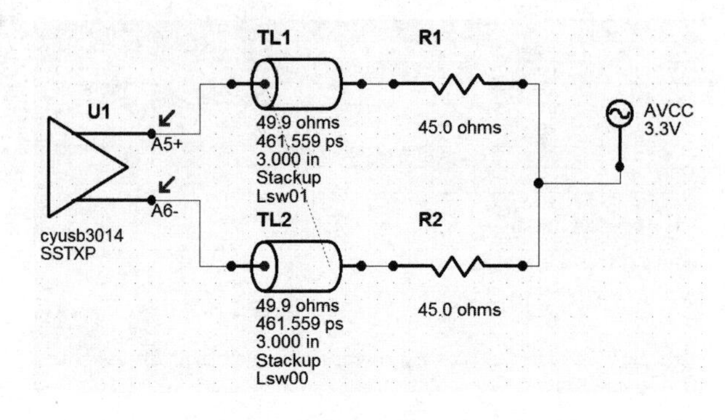


图 11-128

第 7 步：单击示波器图标"▦"，在弹出的对话框中按照图 11-129 和图 11-130 中所示的步骤进行操作。

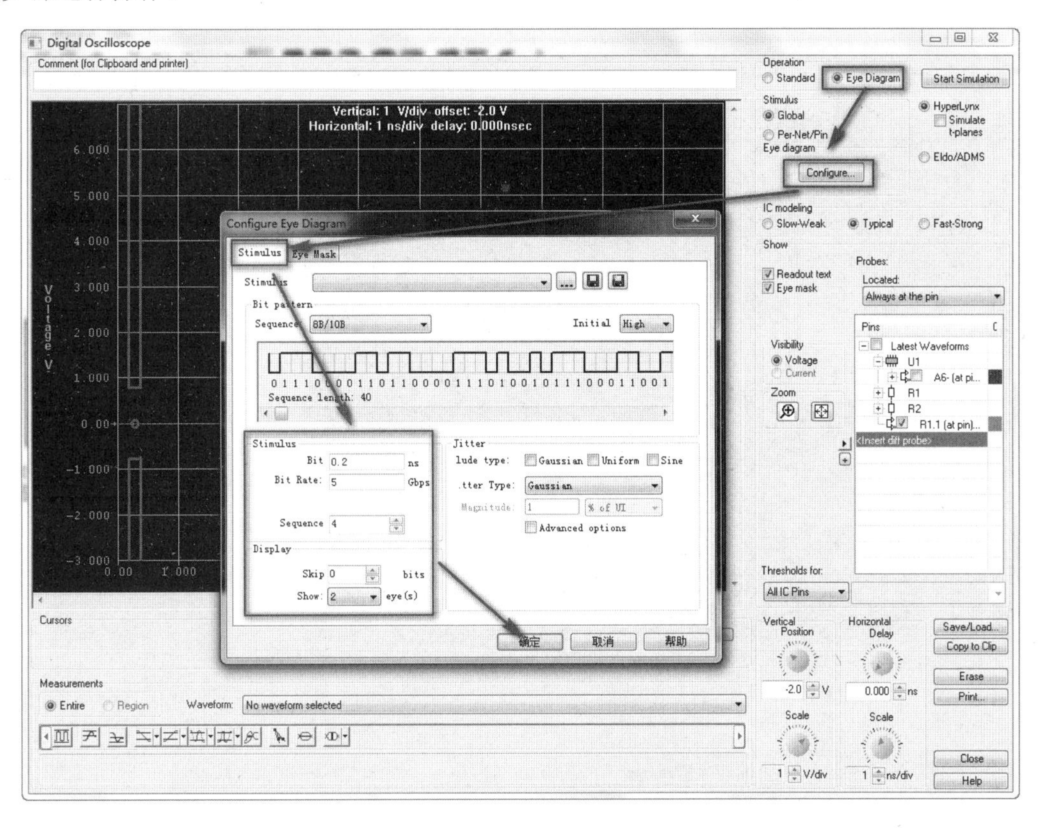

图 11-129

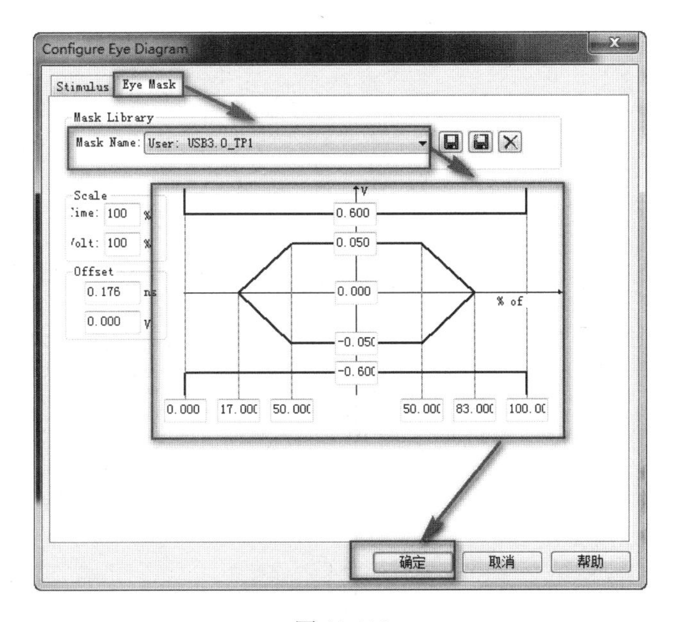

图 11-130

第 8 步：单击示波器中的“Start Simulation”按钮，弹出如图 11-131 所示的 USB 3.0 发送端眼图。从图中可以看出，这样的路径传输信号肯定没有问题。

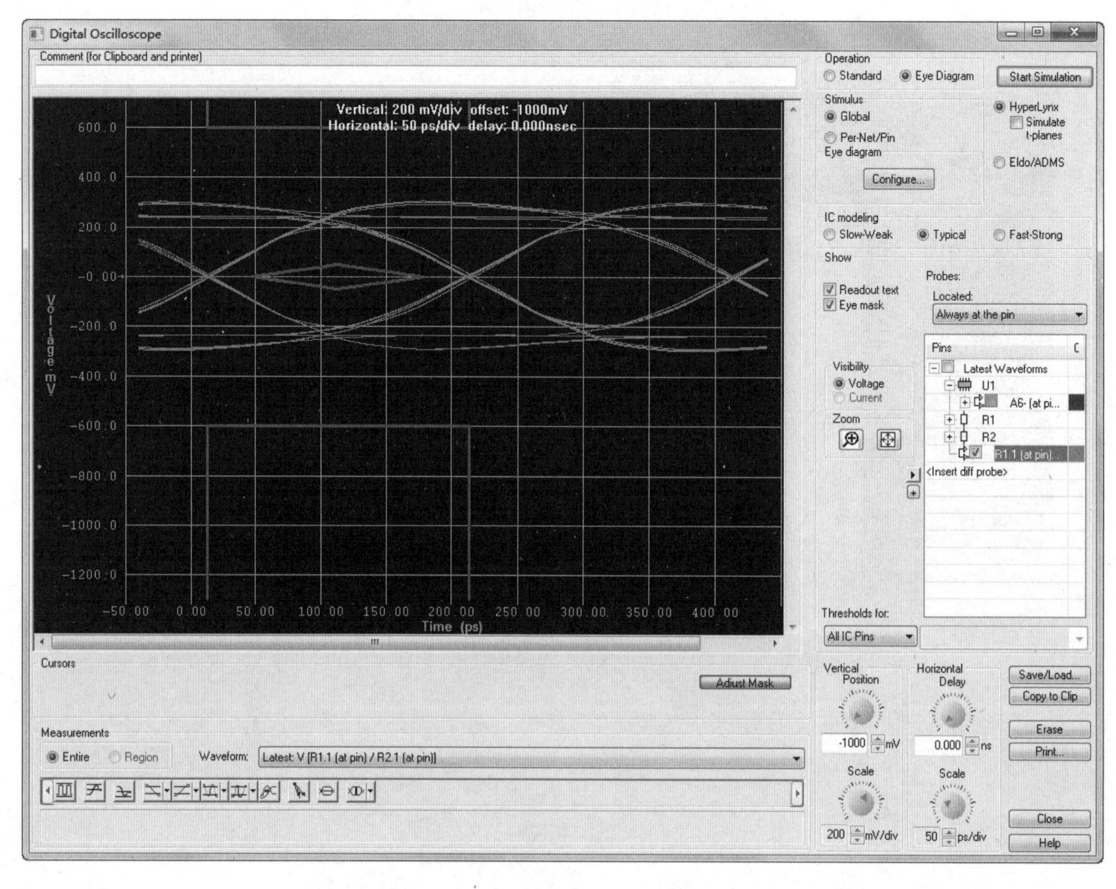


图 11-131

第 9 步：将电阻直接换成 USB 3.0 接收器，如图 11-132 所示，并将其重新命名为 11usb3.0_cyusb3014_txprxp.ffs。

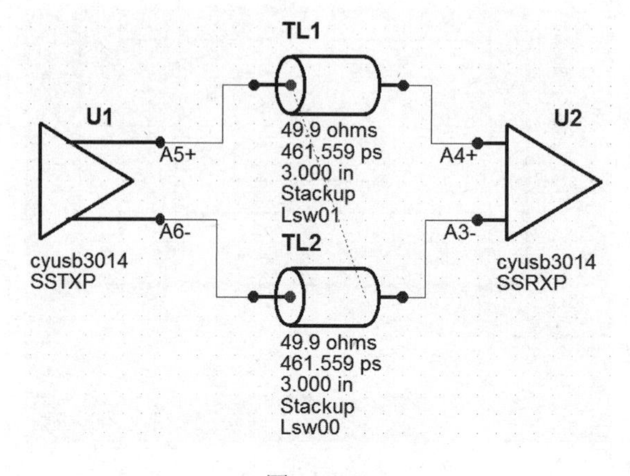


图 11-132

第 10 步：单击示波器中的“Start Simulation”按钮，弹出如图 11-133 所示的加入接收器后的眼图。

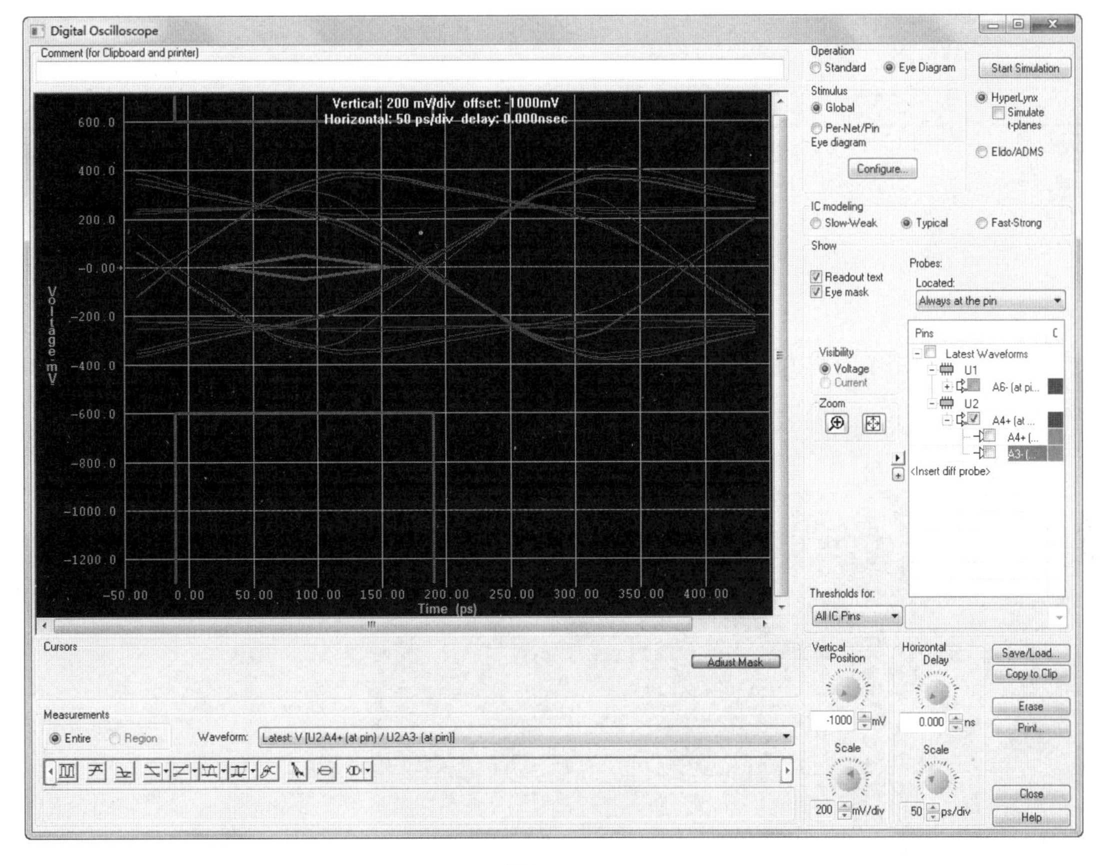


图 11-133

## 2. 按照规范图建立原理图

第 1 步：USB 3.0 的规范图如图 11-134 所示。按照图 11-134 建立原理图（11usb3.0_R_cap100nF.ffs），如图 11-135 所示。

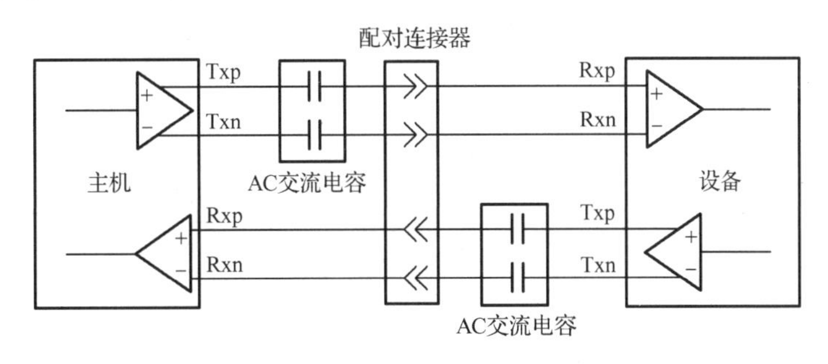


图 11-134

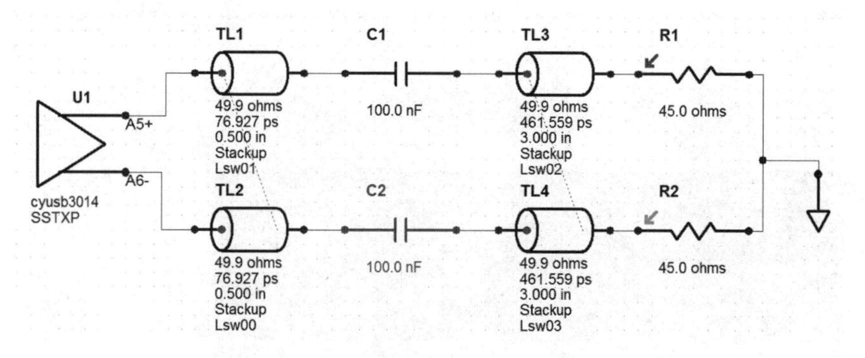


图 11-135

第 2 步：对图 11-135 中所示的原理图进行仿真，得到的眼图如图 11-136 所示。

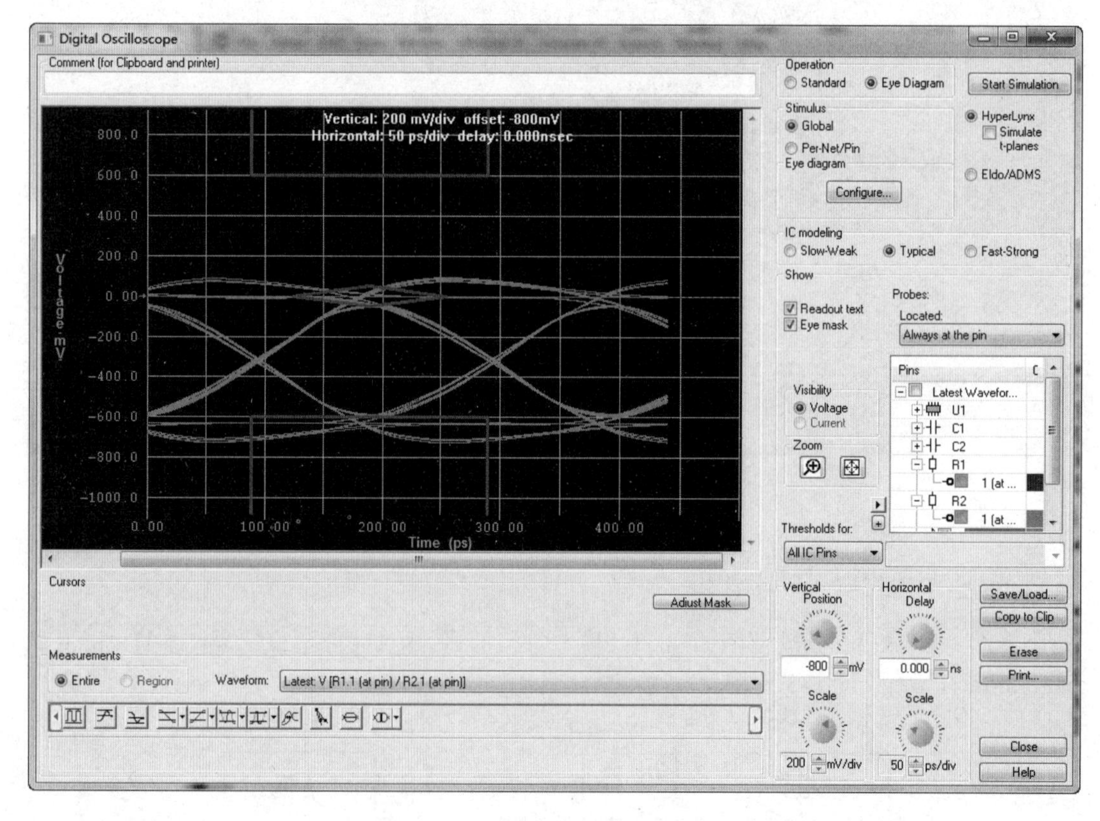


图 11-136

第 3 步：从图 11-136 中可以看出，眼图有问题。于是，我们将仿真结果转成瞬时波形，如图 11-137 所示。从图 11-137 中可以看出，出现问题是因为 AC 交流电容需要充放电。

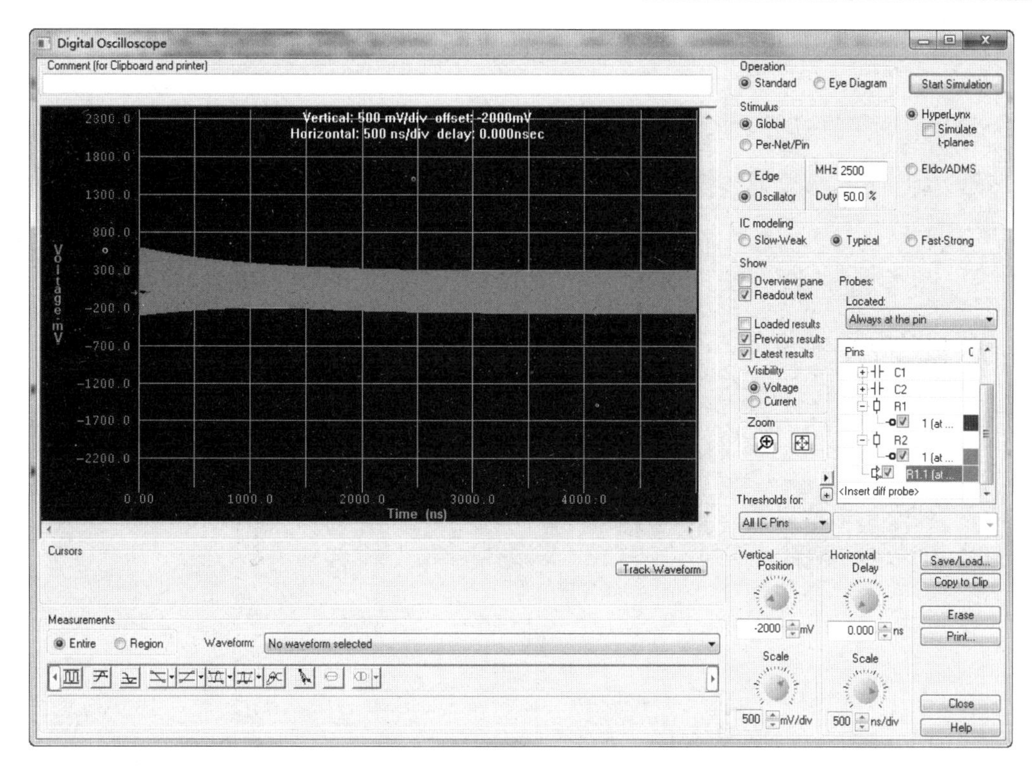

图 11-137

第 4 步：将电容改成 SPICE 模型，电容模型内容如下。

```
1 ****cap model***
2 .subckt DC_CAP C_PIN1 C_PIN2
3 C1   C_PIN1 C_PIN2 0.01uF ic=0
4 *.IC V(C_PIN1)=1.5V
5 *.IC V(C_PIN2)=1.5V
6 .ends
```

第 5 步：更改好后的原理图（11usb3.0_R_spicecap_10nF.ffs）如图 11-138 所示。

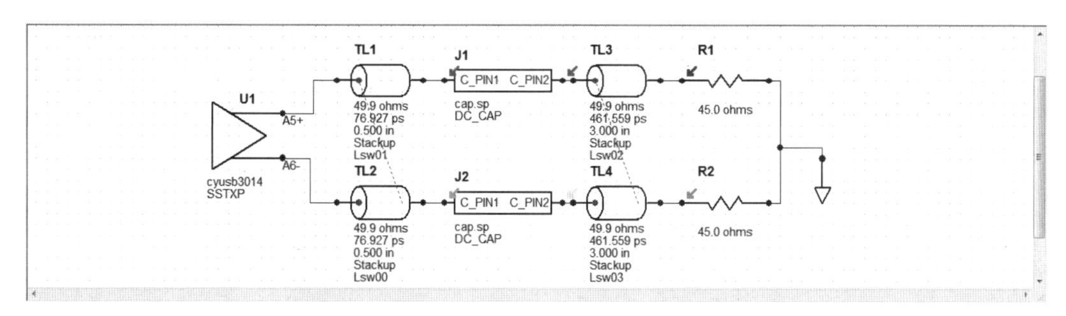


图 11-138

第 6 步：单击示波器中的图标“ ”，仿真出的眼图如图 11-139 所示。从图中可以看出，眼图变好了。

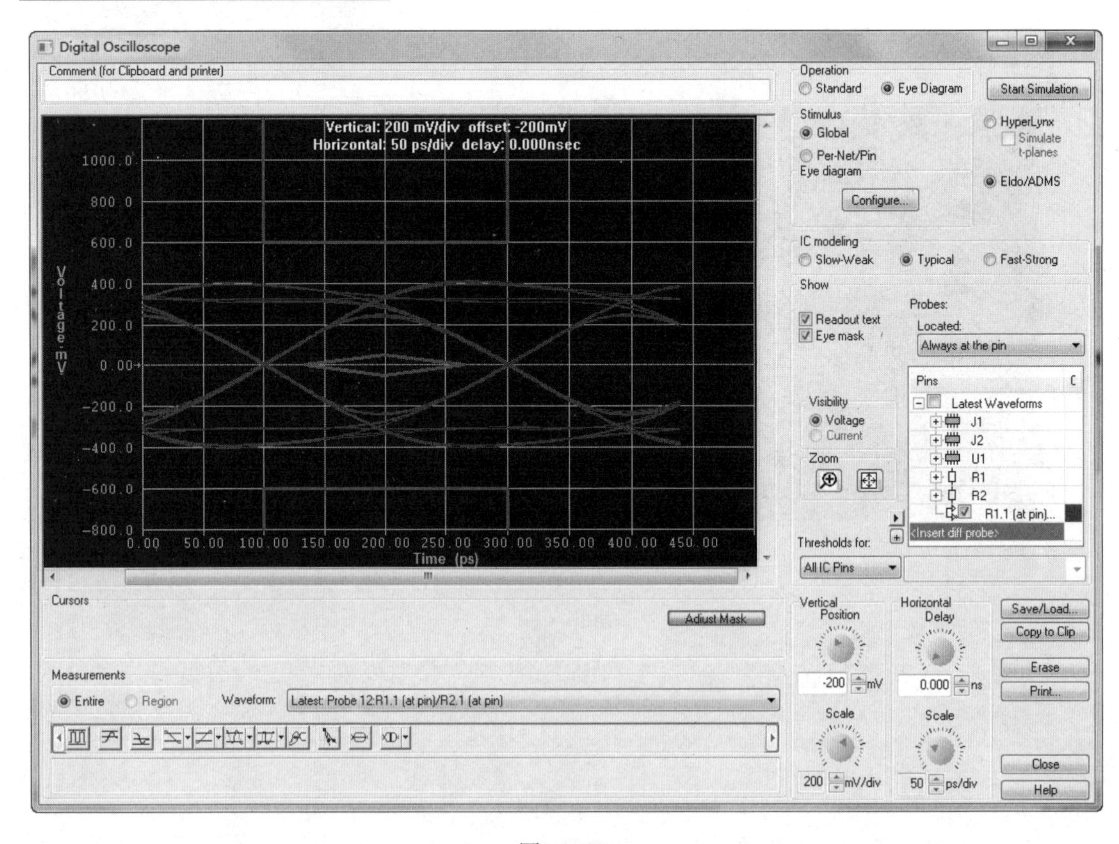


图 11-139

第 7 步：将 11usb3.0_R_spicecap_10nF.ffs 另存为 11usb3.0_RECEIVER_spicecap_10nF. ffs，将接收器变成 IBIS 模型，如图 11-140 所示。

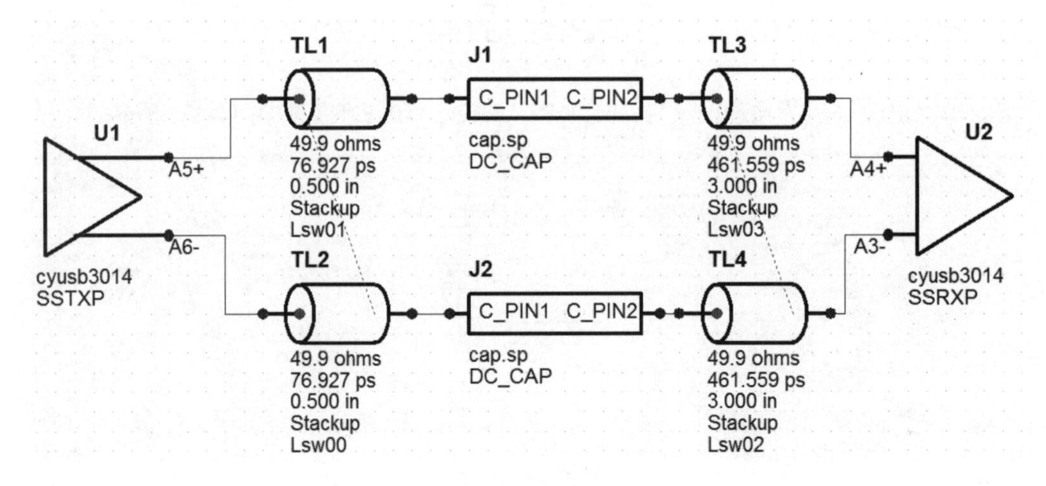


图 11-140

第 8 步：单击示波器图标“▦”，仿真出的眼图如图 11-141 所示。从图中可以看出，用 IBIS 模型的接收器明显没纯电阻负载做端的接收波形来得好。

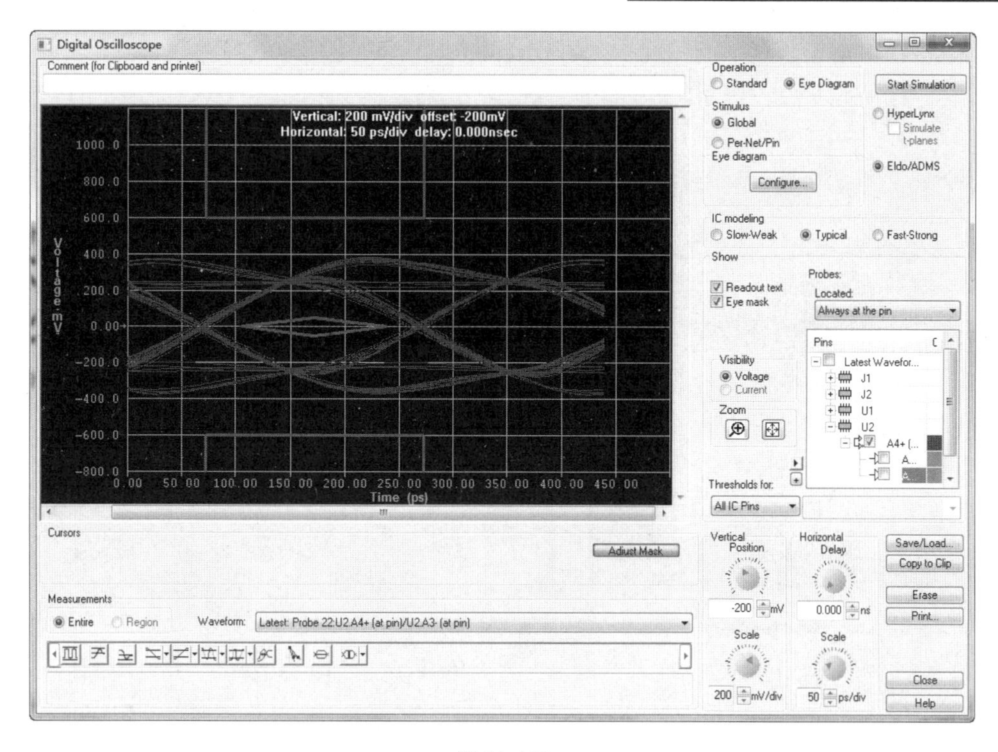


图 11-141

## 11.6.9　USB 3.0 后仿真

USB 3.0 后仿真操作步骤如下所述。

第 1 步：用 HyperLynx 软件打开 C10_GX.hyp，如图 11-142 所示。

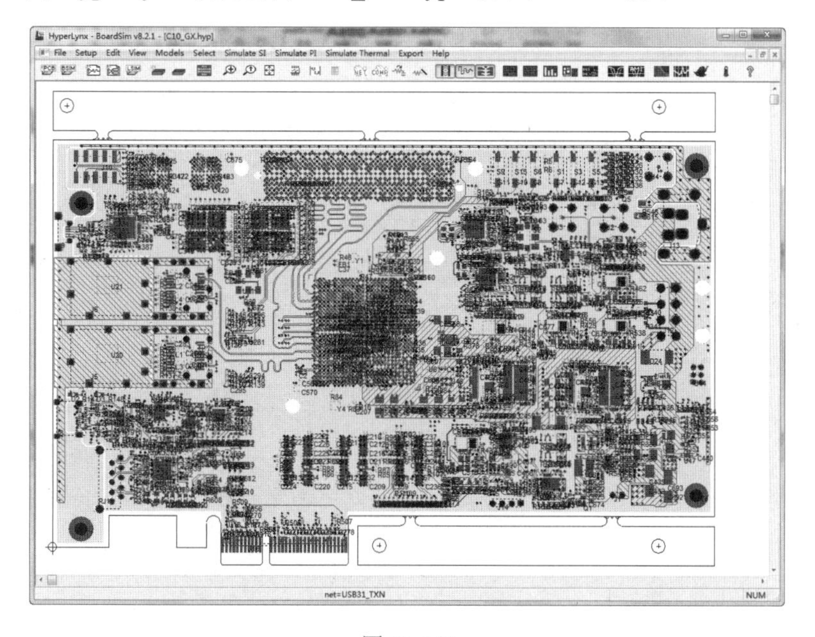


图 11-142

第 2 步：单击工具栏中的图标“ NET ”，选中图 11-143 中所示的网络。

第 3 步：单击工具栏中的图标“ COMP ”，在弹出的对话框中按照图 11-144 中所示的分配模型。

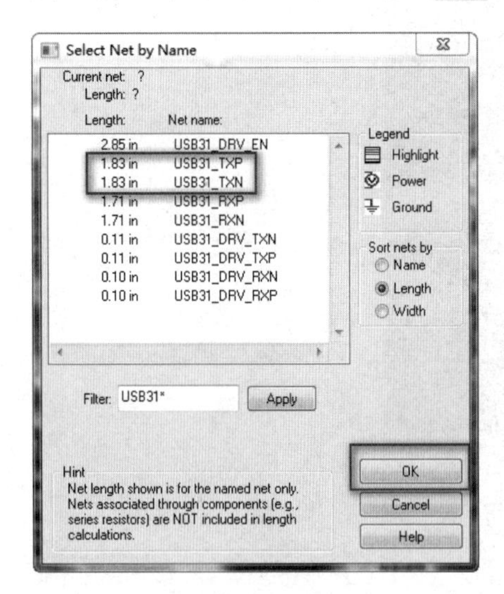


图 11-143

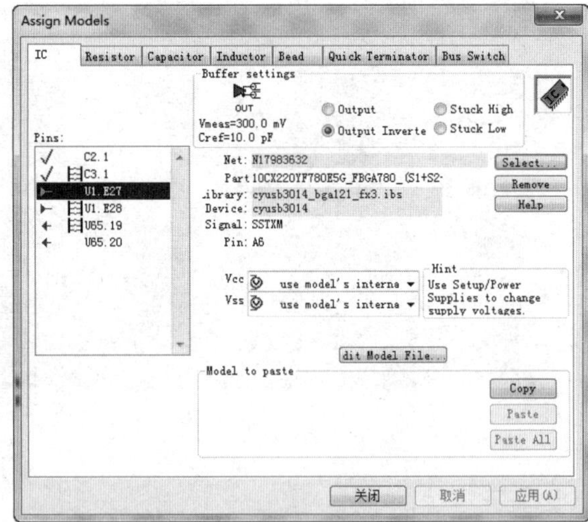


图 11-144

第 4 步：如图 11-145 所示，导出 LineSim Free-Form。

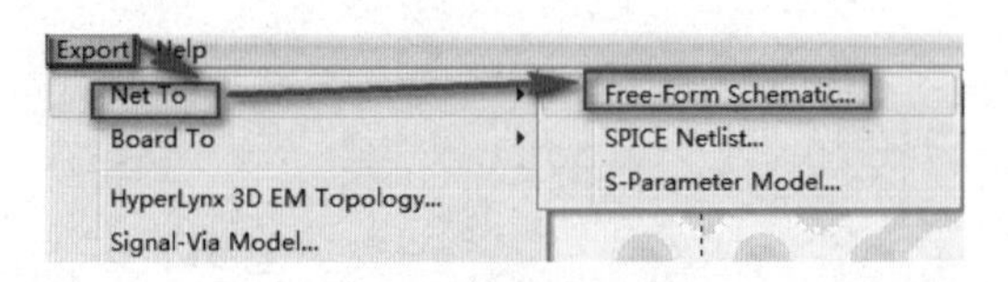


图 11-145

第 5 步：在弹出的对话框中按照图 11-146 中所示的步骤进行操作。

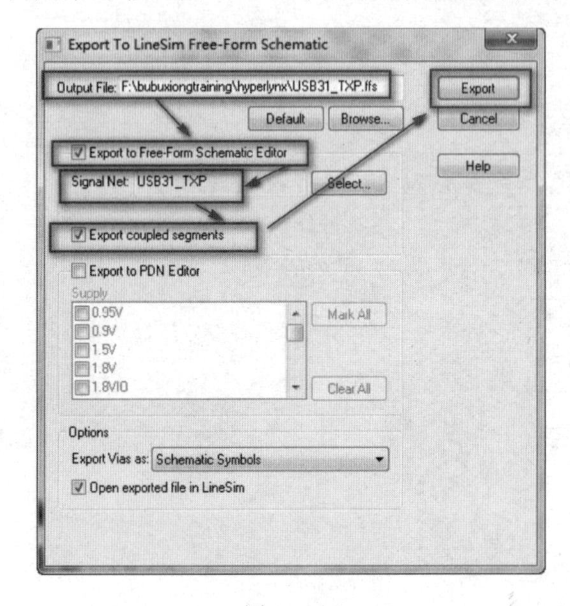


图 11-146

第 6 步：导出 USB31_TXP 后的原理图如图 11-147 所示。

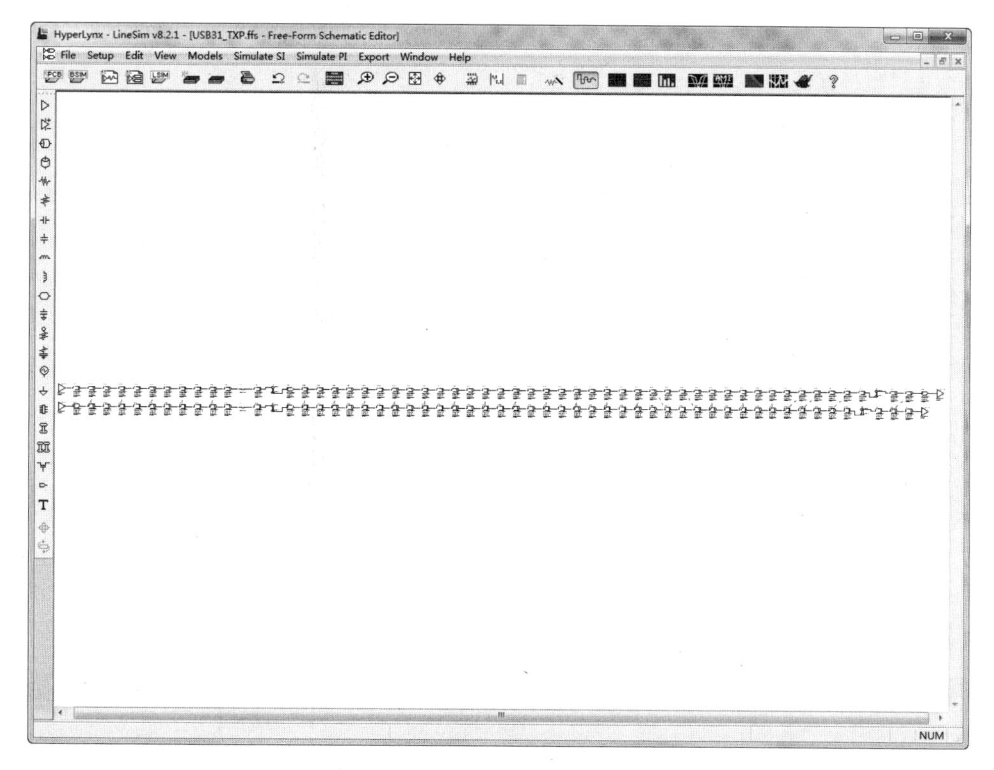


图 11-147

第 7 步：将左右两边的单端 IC 删除，放上差分 IC，赋上模型并局部放大；将电容符号替换成电容的 SPICE 模型，如图 11-148 和图 11-149 所示，并将原理图文件另存为 11USB3.1_TXPTXN.ffs。

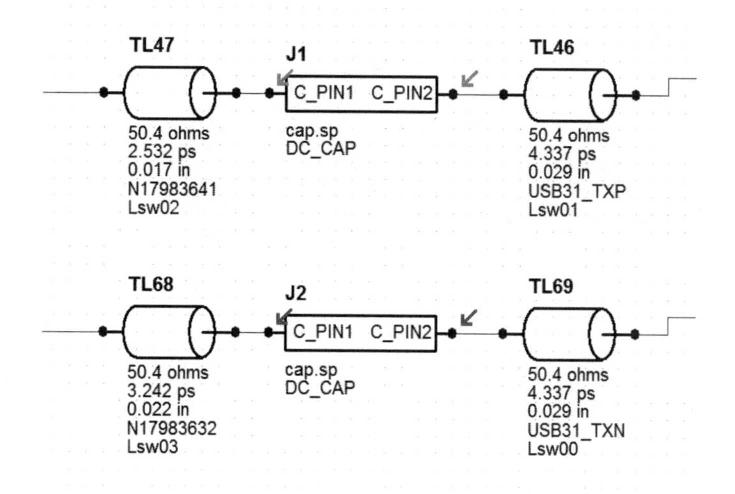


图 11-148

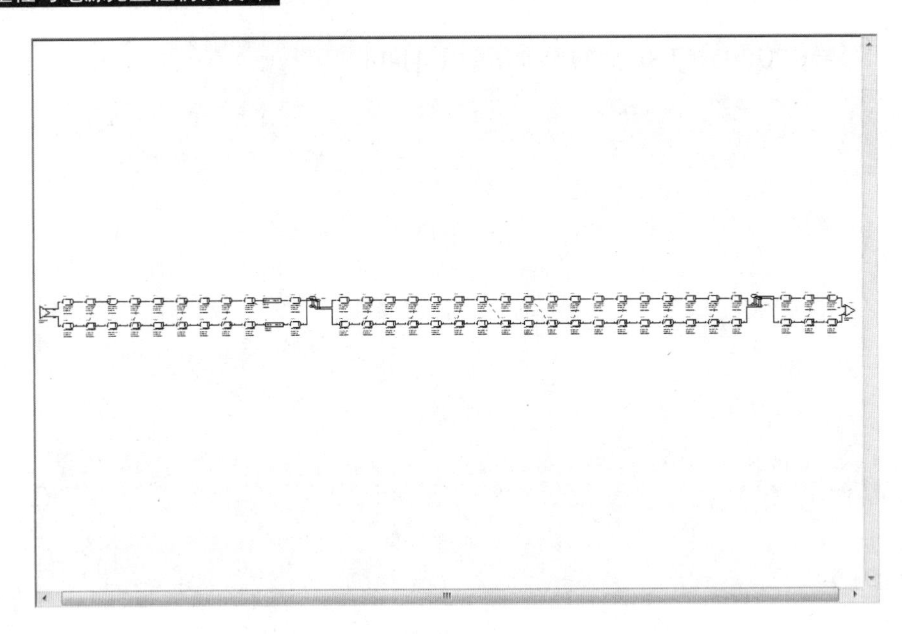

图 11-149

第 8 步：对图 11-149 中所示的原理图进行仿真，仿真后的眼图如图 11-150 所示。

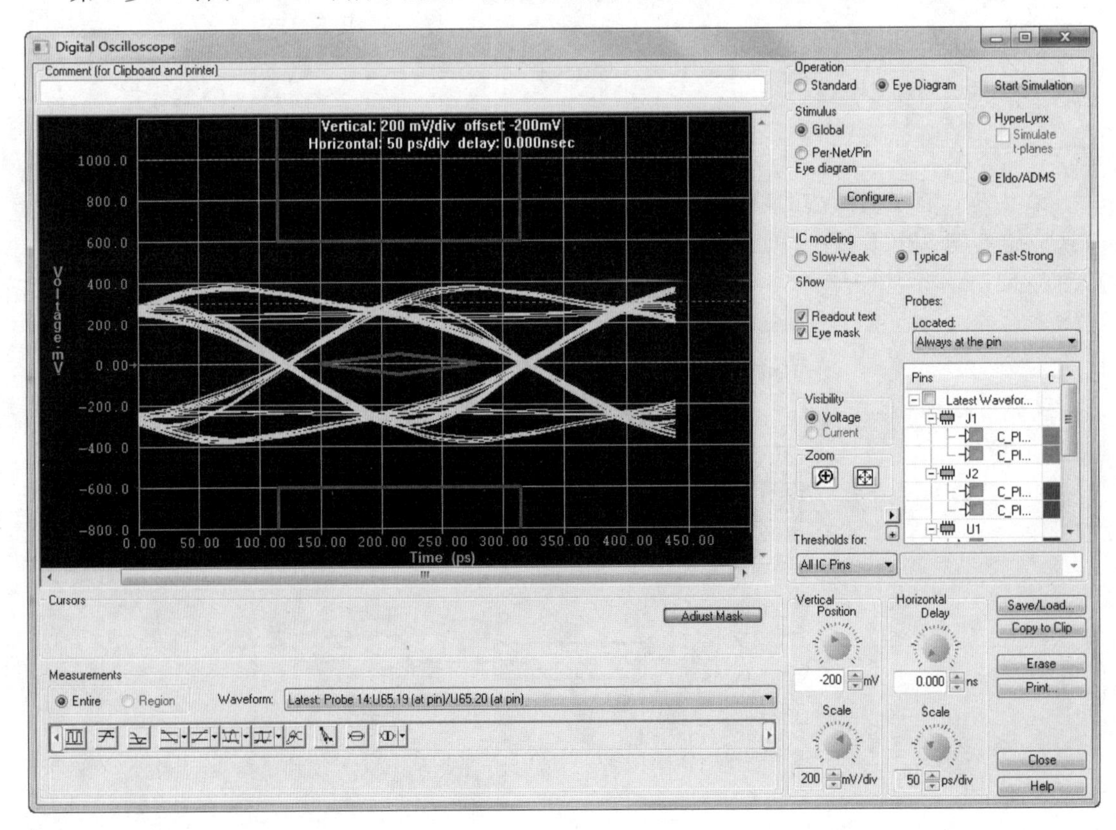


图 11-150

# 第 12 章 HyperLynx 之 DDR 仿真实例

## 12.1 DRAM 简介

### 1. DRAM 发展历史

DRAM 的发展历史为 SDRAM-DDR1-DDR2-DDR3-DDR4-DDR5-DDR6，目前 DDR6 处于早期开发阶段，计算机内存大多还在 DDR3 和 DDR4 阶段，DDR5 用得人少。DDR 总线规范由 JEDEC（Joint Electron Device Engineering Council）组织制定并发布。

### 2. 通用 SDRAM/DDR 各个参数

表 12-1 为作者总结的 SDRAM/DDR 各个参数对比表。

表 12-1

| 对比项目 | SDRAM | DDR1 | DDR2 | DDR3 | DDR4 |
|---|---|---|---|---|---|
| 位宽 | x8，x16，x32 | x4，x8，x16 | x4，x8，x16 | x4，x8，x16 | x4，x8，x16 |
| 工作电压/V | 3.3 | 2.5 | 1.8 | 1.35/1.5 | 1.2 |
| 时钟（CLK） | 单端 | 差分 | 差分 | 差分 | 差分 |
| 数据选通（DQS） | 无 | 单端 | 单端和差分 | 差分 | 差分 |
| 数据传输率/Mbps | 100～200 | 200～500 | 400～1333 | 800～2400 | 1333～3200 |
| 时钟频率/MHz | 100～200 | 100～250 | 200～667 | 400～1200 | 667～1600 |
| ODT/Ω | 无 | 无 | 50/75/150 | 20/30/40/60/120 | 34/40/48/60/80/120/240 |
| 接口电平 | LVTTL33 | SSTL-25 | SSTL-18 | SSTL-15/SSTL-135 | POD(Pseudo Open Drain)12 |

### 3. 镁光 Micron 公司 SDRAM/DDR 各个参数

表 12-2 为镁光 Micron 公司的产品参数对比表。

表 12-2

| 产　品 | 时钟周期/ns | | 数据率/Mbps | | 容　量 | 预取（突发长度） | 单元组数量 |
|---|---|---|---|---|---|---|---|
| | 最　小 | 最　大 | 最　小 | 最　大 | | | |
| SDRAM | 5 | 10 | 100 | 200 | 64～512Mb | 1*n* | 4 |
| DDR1 | 5 | 10 | 200 | 400 | 256Mb～1Gb | 2*n* | 4 |
| DDR2 | 2.5 | 5 | 400 | 800 | 512Mb～2Gb | 4*n* | 4,8 |
| DDR3 | 1.25 | 2.5 | 800 | 1600 | 1～8Gb | 8*n* | 8 |
| DDR4 | 0.625 | 1.25 | 1600 | 3200 | 4～16Gb | 8*n* | 8,16 |

### 4．DDR2/3 与 DDR4 电平具体对比

如图 12-1 所示为 DDR2/3 与 DDR4 电平具体对比简图。

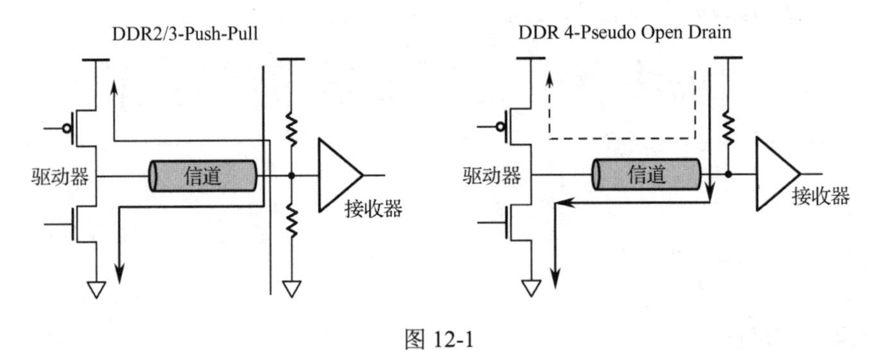


图 12-1

### 5．DBI 功能简述

如表 12-3 所示为 DBI 的功能简述，图 12-2 为 DBI 的一个例子。

表 12-3

| 读 | 写 |
| --- | --- |
| 如果一个字节里面有超过 4 位是低电平：<br>-反转输出数据<br>-驱动 DBI_n 脚变成低电平 | 如果 DBI_n 脚是低电平，写数据是反转的<br>-存储前在内部反转数据 |
| 如果一个字节里面等于或者少于 4 位是低电平：<br>-不用反转输出数据<br>-驱动 DBI_n 脚变成高电平 | 如果 DBI_n 脚是高电平，写数据是不反转的 |

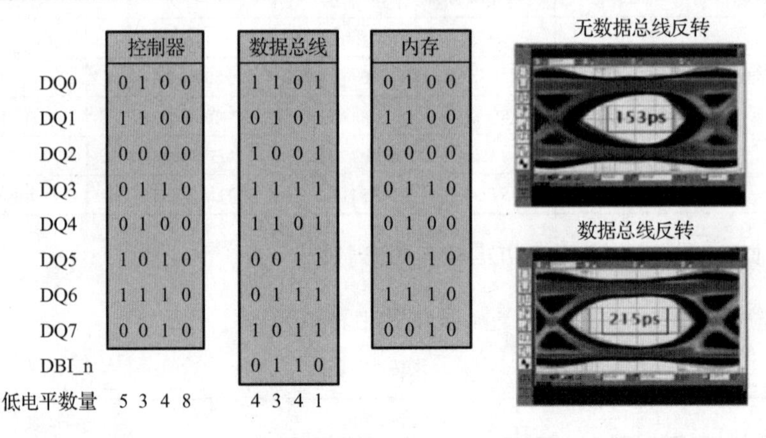


图 12-2

注意：到 DDR2 才有 ODT（On-Die Termination）（属于戴维南端接），到 DDR3，增加了写入均衡（Write Leveling），目的是支持 Fly-By 这种拓扑结构。有些 DDR3 控制器没有这个功能，不能用 Fly-By 结构，只能用 T 型拓扑结构。DDR4 的 ODT 做了一下改变，即变成 POD12 电平，这是因为这种电平结构增加 DBI 功能的目的是省功耗。

## 12.2 DDR2 存储器接口的 SI 前仿真

### 1. 下载内存条模型

第 1 步：打开镁光网站，搜索 MT16HTF6464AY-40EB2，如图 12-3 所示。

图 12-3

第 2 步：单击图 12-3 中的“Search”按钮，出现如图 12-4 所示的页面。

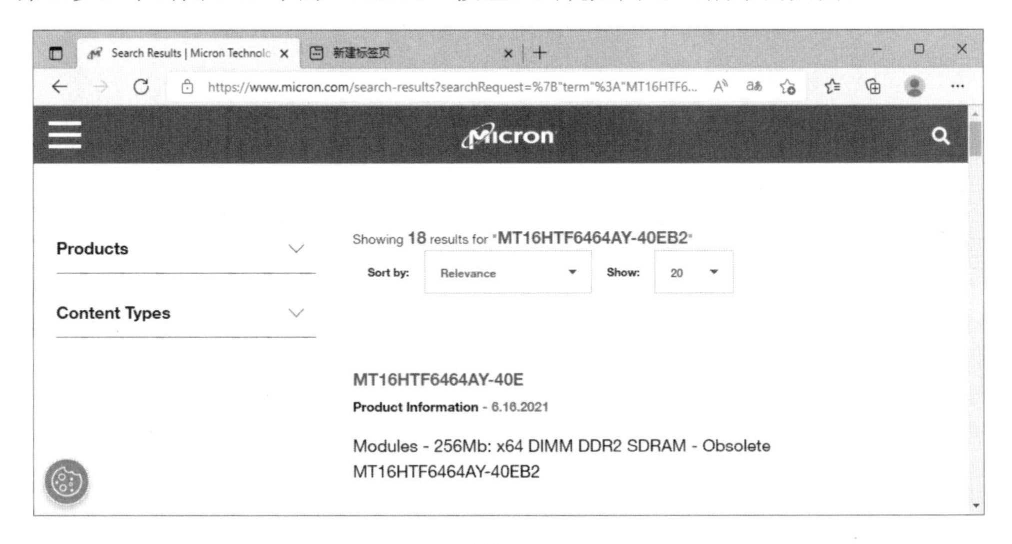


图 12-4

第 3 步：单击图 12-4 中的“MT16HTF6464AY-40EB2”后，出现如图 12-5 所示的页面。

第 4 步：单击图 12-5 中的“Simulation Models”，将 HyperLynx 文件和 IBIS 模型文件下载下来，下载内容是 587MT16HTF6464AY 40EB2_hyp.zip 和 586MT16HTF6464AY 40EB2_ebd.zip。

### 2. 下载主控模型

第 1 步：打开赛灵思网站（下载模型需要用公司邮箱注册账号），登录账号后，在弹出的页面中进行相应的操作，如图 12-6 所示。

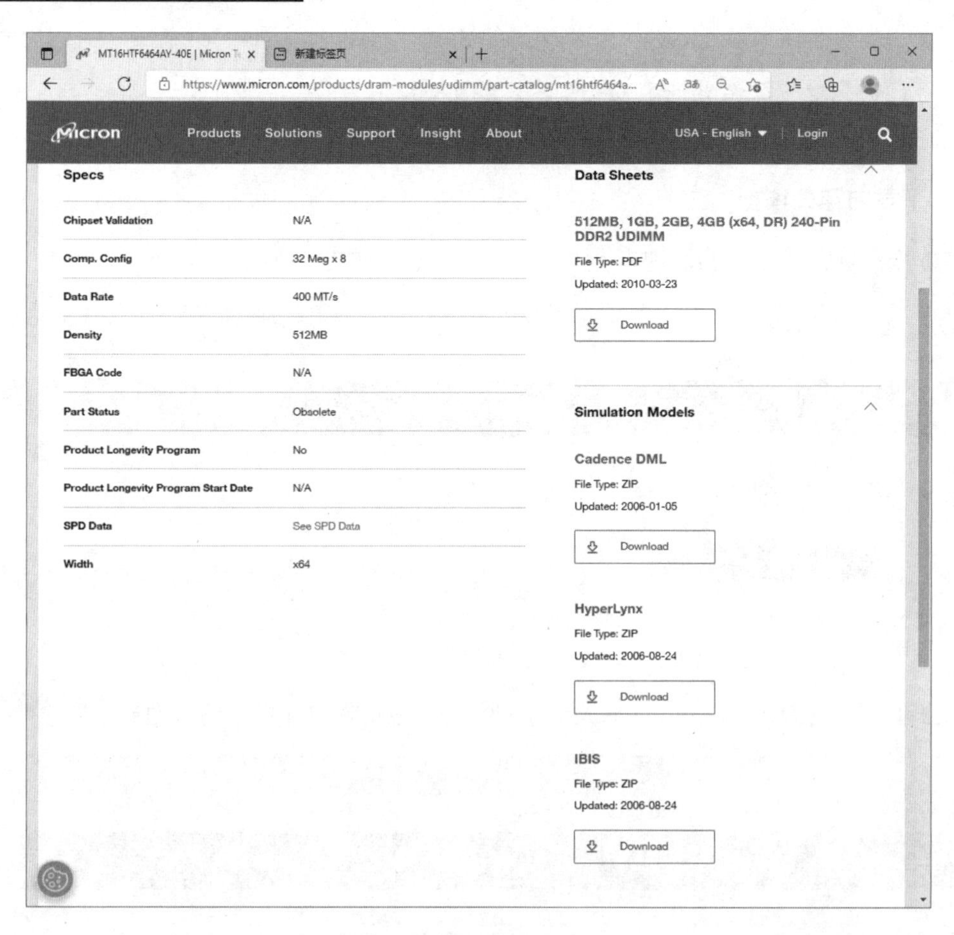
MT16HTF6464AY-40E | Micron T
新建标签页
https://www.micron.com/products/dram-modules/udimm/part-catalog/mt16htf6464a...
Micron
Products
Solutions
Support
Insight
About
USA - English
Login
Specs
Chipset Validation
N/A
Comp. Config
32 Meg x 8
Data Rate
400 MT/s
Density
512MB
FBGA Code
N/A
Part Status
Obsolete
Product Longevity Program
No
Product Longevity Program Start Date
N/A
SPD Data
See SPD Data
Width
x64
Data Sheets
512MB, 1GB, 2GB, 4GB (x64, DR) 240-Pin DDR2 UDIMM
File Type: PDF
Updated: 2010-03-23
Download
Simulation Models
Cadence DML
File Type: ZIP
Updated: 2006-01-05
Download
HyperLynx
File Type: ZIP
Updated: 2006-08-24
Download
IBIS
File Type: ZIP
Updated: 2006-08-24
Download

图 12-5

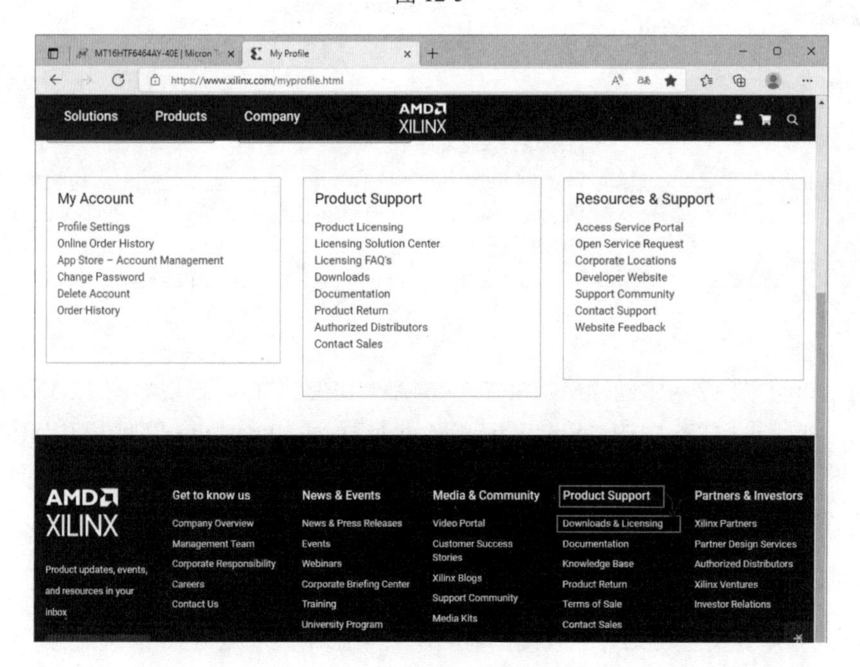
MT16HTF6464AY-40E | Micron T
My Profile
https://www.xilinx.com/myprofile.html
Solutions
Products
Company
AMD
XILINX
My Account
Profile Settings
Online Order History
App Store – Account Management
Change Password
Delete Account
Order History
Product Support
Product Licensing
Licensing Solution Center
Licensing FAQ's
Downloads
Documentation
Product Return
Authorized Distributors
Contact Sales
Resources & Support
Access Service Portal
Open Service Request
Corporate Locations
Developer Website
Support Community
Contact Support
Website Feedback
AMD
XILINX
Product updates, events, and resources in your inbox
Get to know us
Company Overview
Management Team
Corporate Responsibility
Careers
Contact Us
News & Events
News & Press Releases
Events
Webinars
Corporate Briefing Center
Training
University Program
Media & Community
Video Portal
Customer Success Stories
Xilinx Blogs
Support Community
Media Kits
Product Support
Downloads & Licensing
Documentation
Knowledge Base
Product Return
Terms of Sale
Contact Sales
Partners & Investors
Xilinx Partners
Partner Design Services
Authorized Distributors
Xilinx Ventures
Investor Relations

图 12-6

第 2 步：进入 Downloads 页面，在该页面中进行相应的操作，如图 12-7 所示。

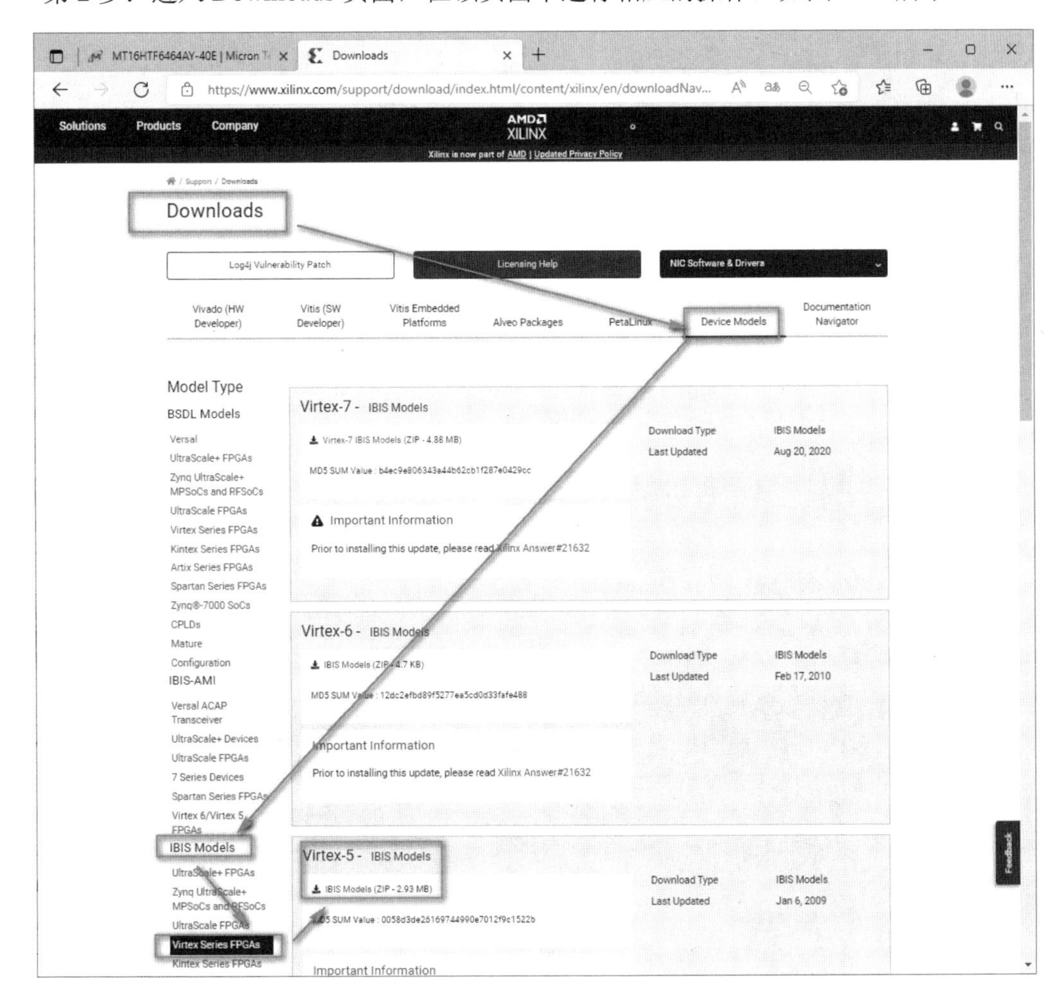


图 12-7

第 3 步：按照要求，输入公司一些信息就可以开始下载文件了。下载文件时单击“Agree”按钮，下载名为 virtex5_IBIS_v2.6_Ccomp.zip 的文件，将其解压缩后双击 virtex5.ibs 文件，打开 IBIS 模型，留下 SSTL18_I、SSTL18_II、SSTL18_II_DCI、SSTL18_I_DCI_I、SSTL18_I_DCI_O，然后将文件另存为 controller.ibs，即将原来的 FPAG 模型改成一个主控模型。

### 3．打开内存条文件

第 1 步：双击图标“ ”打开 HyperLynx 软件，执行菜单命令 File>Open Board，弹出打开板级文件对话框，在弹出的对话框中按照图 12-8 所示步骤进行操作。

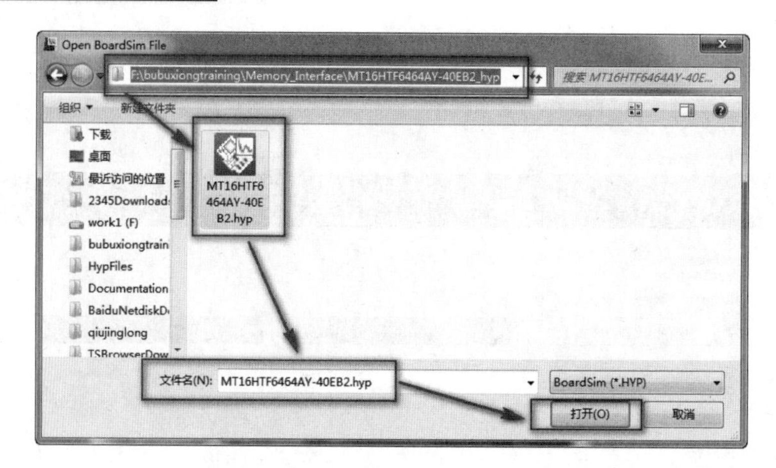


图 12-8

第 2 步：单击图 12-8 中的“打开”按钮后，将内存条文件调入工作界面中，如图 12-9 所示。

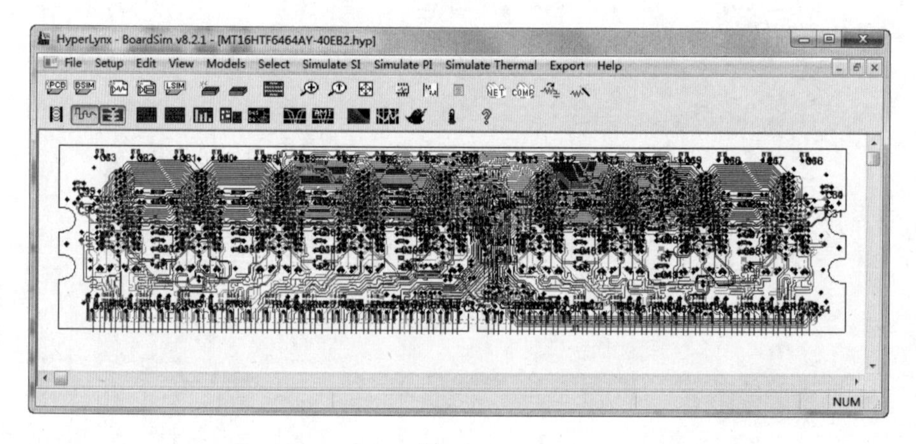


图 12-9

第 3 步：在图 12-9 中发现没有平面层数据，于是按照图 12-10 中所示的步骤进行操作，显示平面层。

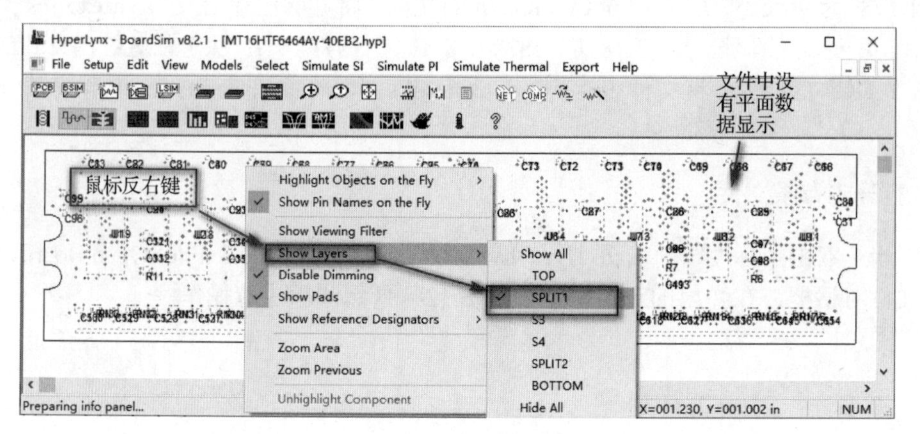


图 12-10

第 4 步：执行菜单命令 Setup>Power Supplies，在弹出的对话框中进行相应设置，将平面层数据显示出来，具体操作如图 12-11 所示。

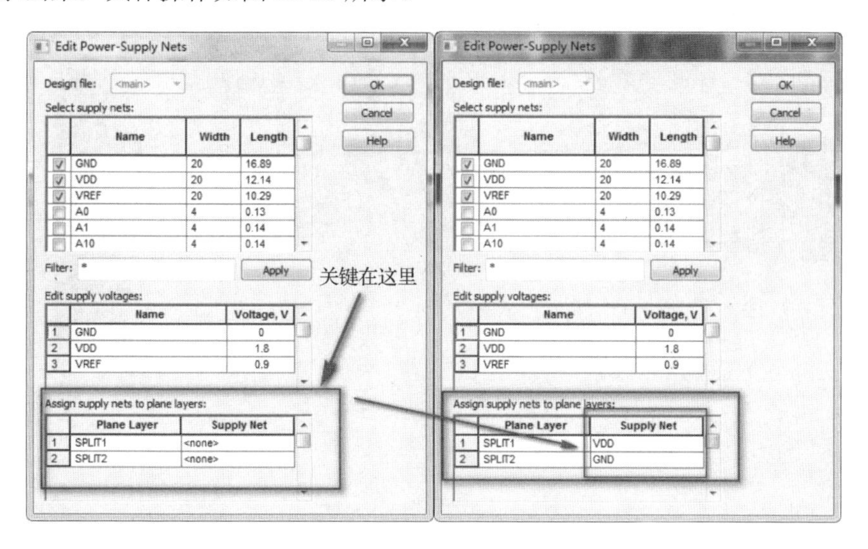


图 12-11

第 5 步：将叠层里面的颜色改一下，如图 12-12（VDD 平面层）和图 12-13（GND 平面层）所示。

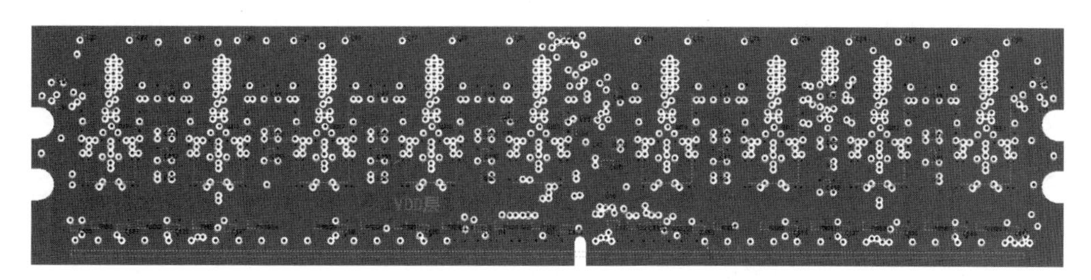


图 12-12

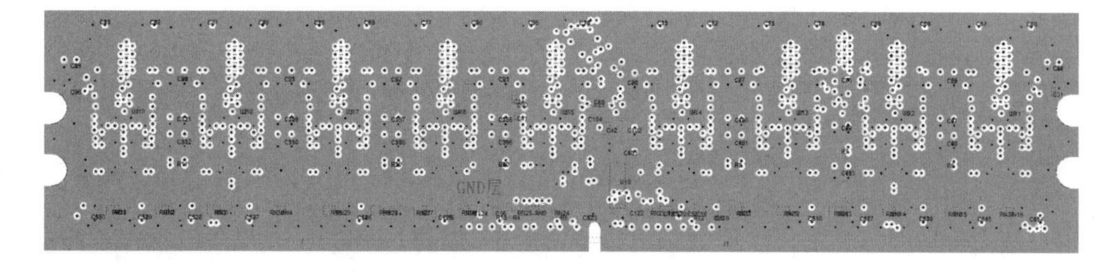


图 12-13

第 6 步：我们从软件中可以知道 DDR2 内存条板子的厚度，但是几个布线层、几个平面层、布线层的测试线宽和测试线宽对应的目标阻抗怎样才能得知呢？单击工具栏中的叠层结构图标“▤”，出现叠层对话框，如图 12-14 所示。从图 12-14 中可以看出板子的厚度为 50.8mil，4 个布线层，2 个平面层，测试线宽为 4mil，目标阻抗为 59.5Ω。

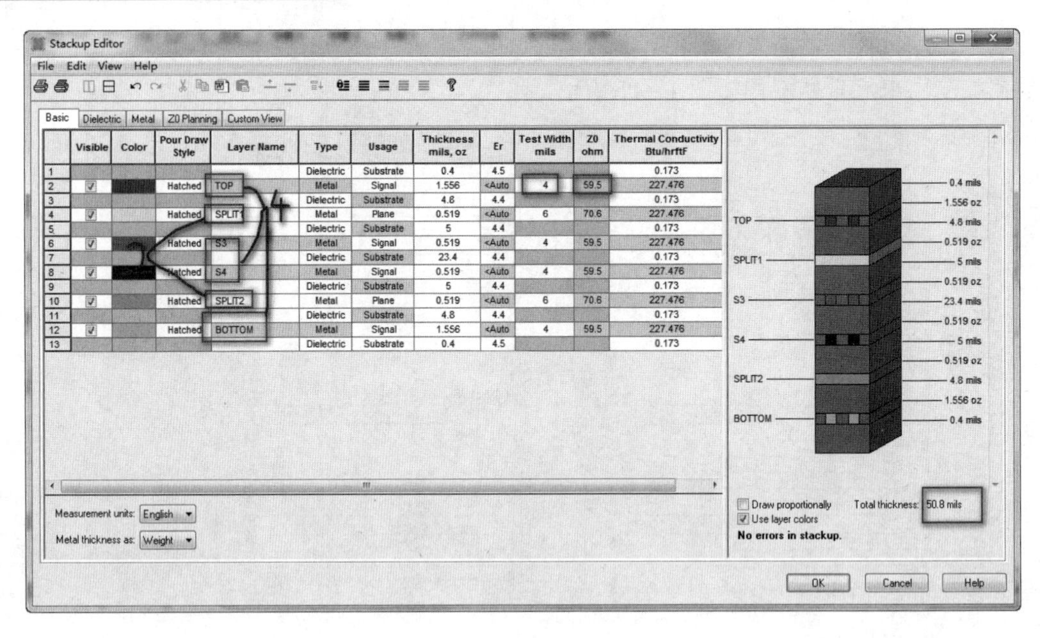


图 12-14

第 7 步：执行菜单命令 Models > Edit Model Library Paths，将模型路径加入进去。

### 4．单端数据 DQ 前仿真

1）从 DDR2 内存条中提取 DQ0 网络

第 1 步：单击工具栏中的网络图标“NET”，在弹出的对话框中进行图 12-15 中所示的操作。

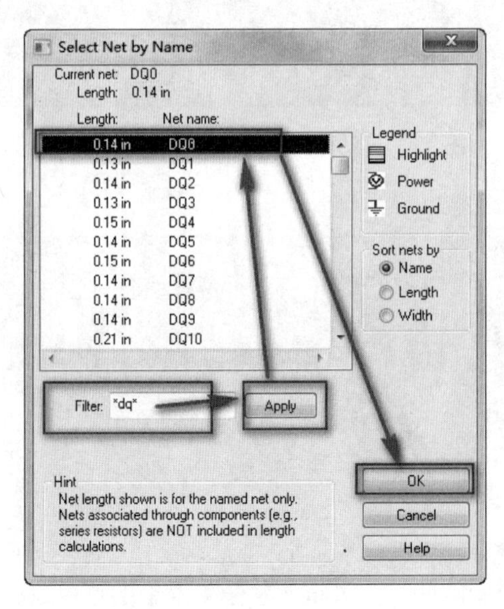


图 12-15

第 2 步：按图 12-15 中所示的步骤选择网络 DQ0 后，显示如图 12-16 所示。

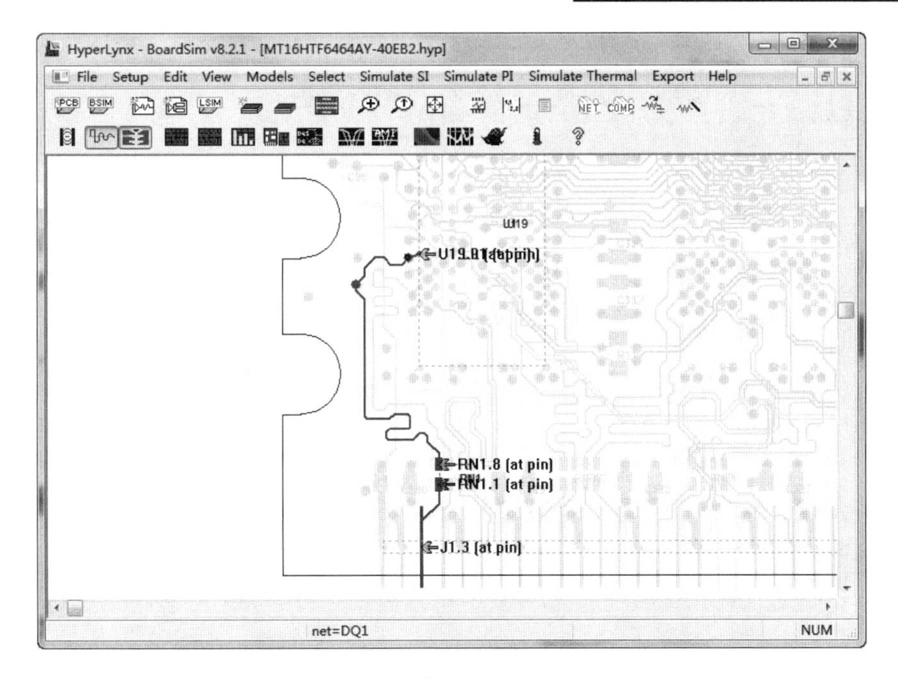


图 12-16

第 3 步：执行菜单命令 Export >Net To >Free-Form Schematic，在弹出的对话框中进行相应的操作，如图 12-17 所示。

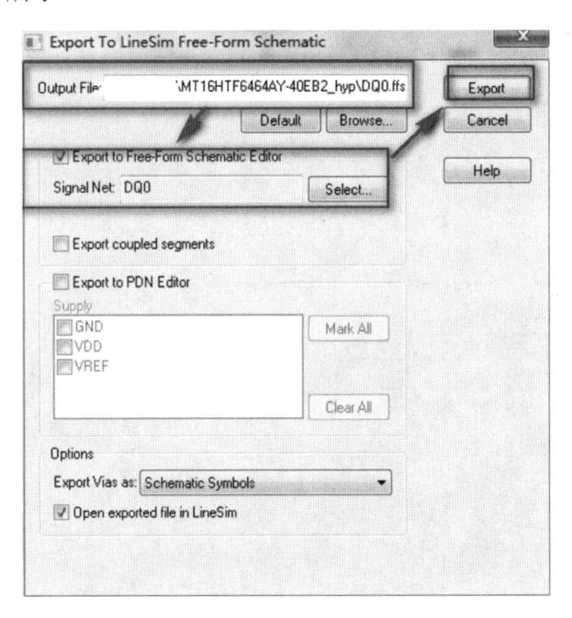


图 12-17

第 4 步：得到一个 LineSim Free-Form 原理图，如图 12-18 所示。图 12-18 中的 V1 其实就是 BoardSim 中的 TP1.1 测试点，如图 12-19 所示。

第 5 步：将 V1 删除，原理图如图 12-20 所示，然后将其保存。

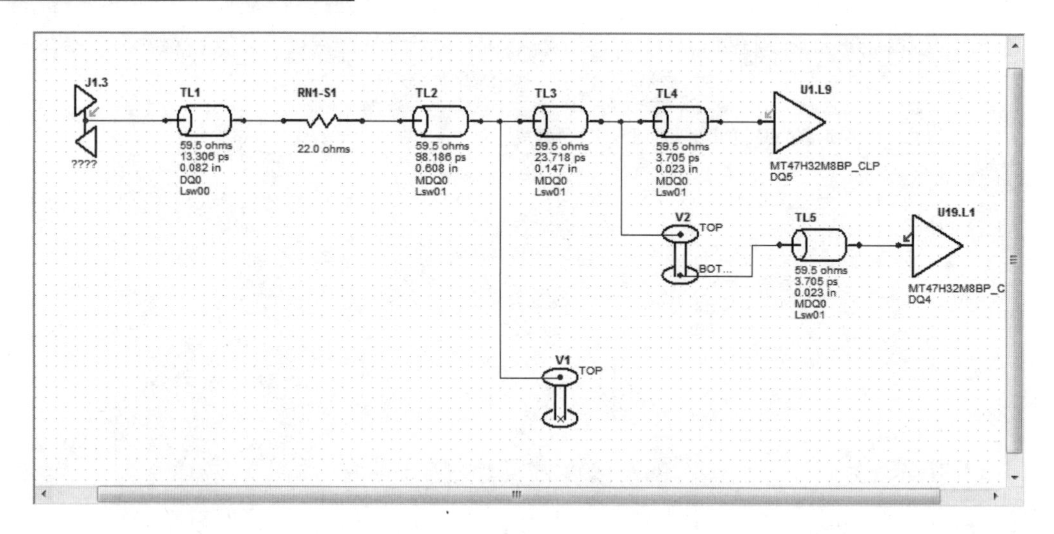


图 12-18

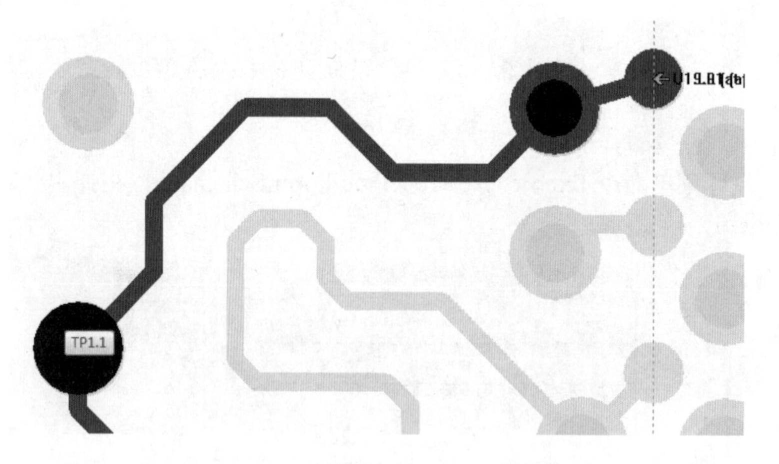


图 12-19

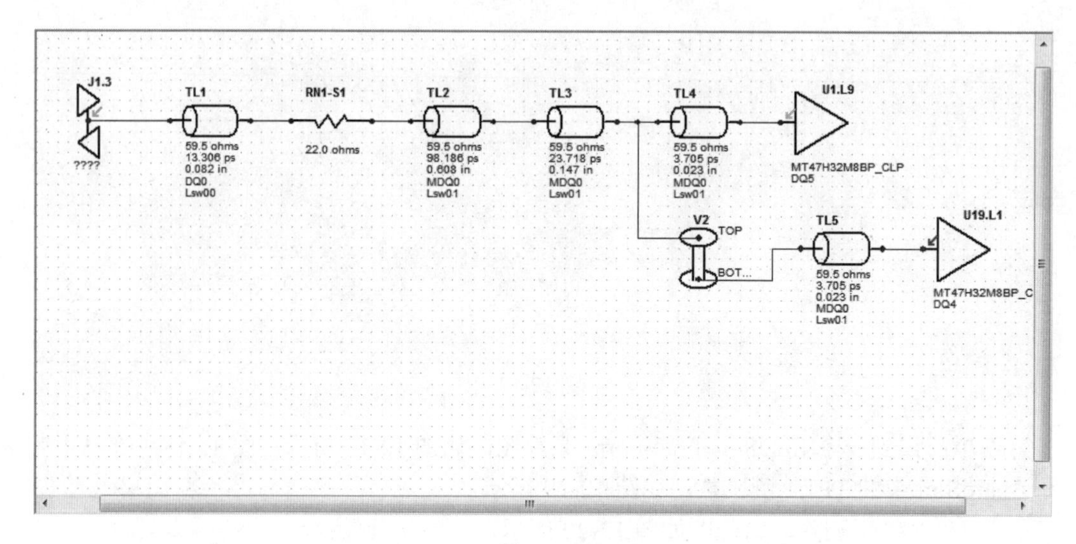


图 12-20

2）设置主控板叠层

第 1 步：因内存条是通过插槽插入主控板的，所以我们首先规划主控板叠层。用软件新建一个 LineSim 文件，然后单击叠层结构，默认为 6 层的叠层结构如图 12-21 所示。

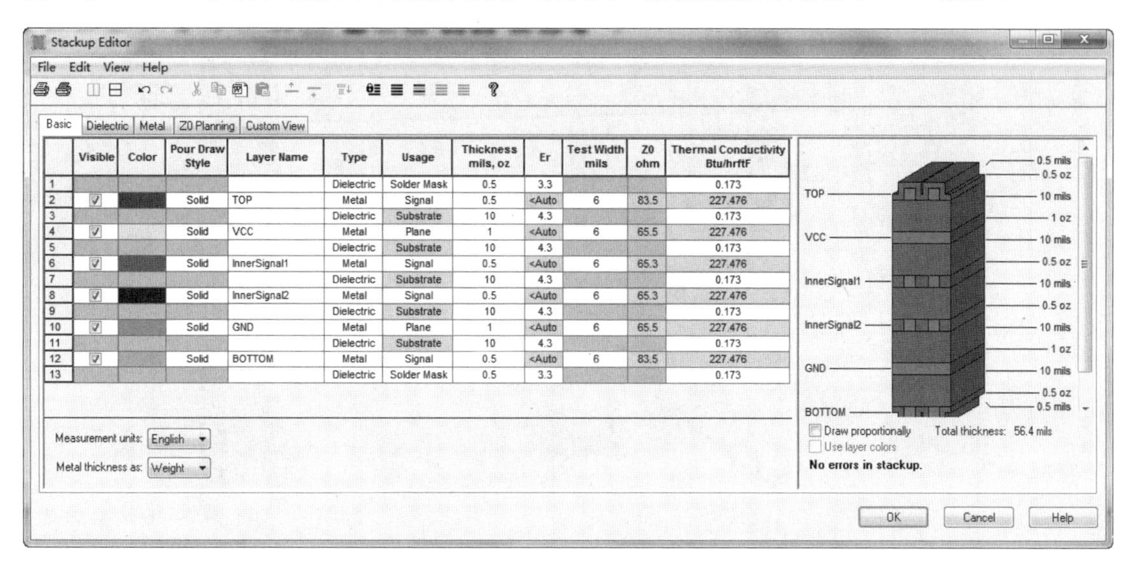


|  | Visible | Color | Pour Draw Style | Layer Name | Type | Usage | Thickness mils, oz | Er | Test Width mils | Z0 ohm | Thermal Conductivity Btu/hrftF |
|---|---|---|---|---|---|---|---|---|---|---|---|
| 1 |  |  |  |  | Dielectric | Solder Mask | 0.5 | 3.3 |  |  | 0.173 |
| 2 | √ |  | Solid | TOP | Metal | Signal | 0.5 | <Auto | 6 | 83.5 | 227.476 |
| 3 |  |  |  |  | Dielectric | Substrate | 10 | 4.3 |  |  | 0.173 |
| 4 | √ |  | Solid | VCC | Metal | Plane | 1 | <Auto | 6 | 65.5 | 227.476 |
| 5 |  |  |  |  | Dielectric | Substrate | 10 | 4.3 |  |  | 0.173 |
| 6 | √ |  | Solid | InnerSignal1 | Metal | Signal | 0.5 | <Auto | 6 | 65.3 | 227.476 |
| 7 |  |  |  |  | Dielectric | Substrate | 10 | 4.3 |  |  | 0.173 |
| 8 | √ |  | Solid | InnerSignal2 | Metal | Signal | 0.5 | <Auto | 6 | 65.3 | 227.476 |
| 9 |  |  |  |  | Dielectric | Substrate | 10 | 4.3 |  |  | 0.173 |
| 10 | √ |  | Solid | GND | Metal | Plane | 1 | <Auto | 6 | 65.5 | 227.476 |
| 11 |  |  |  |  | Dielectric | Substrate | 10 | 4.3 |  |  | 0.173 |
| 12 | √ |  | Solid | BOTTOM | Metal | Signal | 0.5 | <Auto | 6 | 83.5 | 227.476 |
| 13 |  |  |  |  | Dielectric | Solder Mask | 0.5 | 3.3 |  |  | 0.173 |

图 12-21

第 2 步：我们把 6 层主板板厚设置为 62mil（约 1.6mm），目标阻抗设置为 60Ω（因为上面的内存条为 59.5Ω），主板走线相应设置为 4mil（因为内存条的走线为 4mil），通过 Z0 Planning 我们可以计算出层厚，而线厚度为 1oz，最后计算好叠层，如图 12-22 所示。

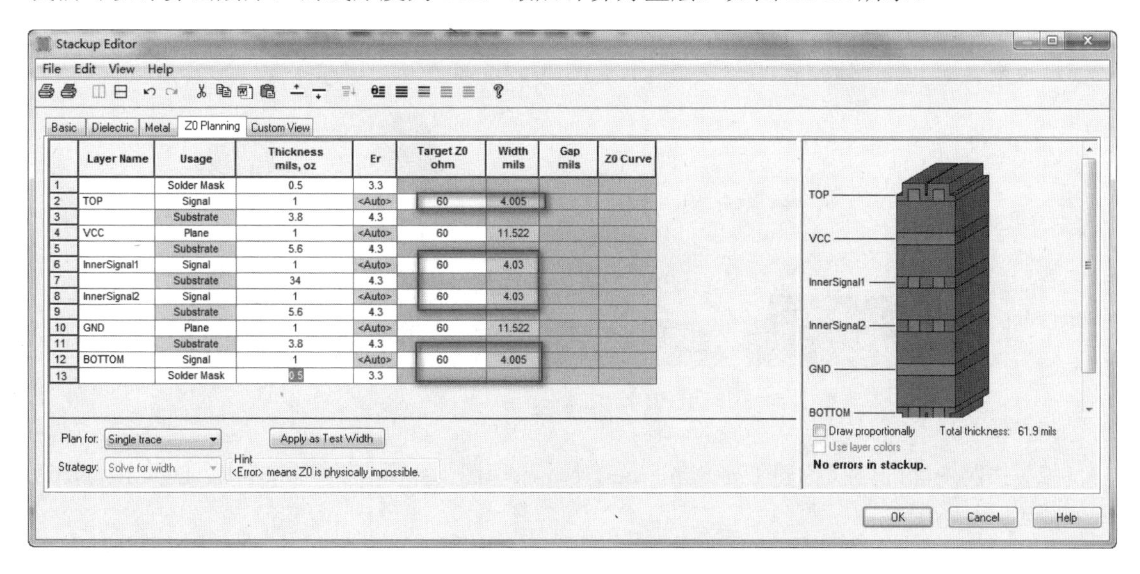


|  | Layer Name | Usage | Thickness mils, oz | Er | Target Z0 ohm | Width mils | Gap mils | Z0 Curve |
|---|---|---|---|---|---|---|---|---|
| 1 |  | Solder Mask | 0.5 | 3.3 |  |  |  |  |
| 2 | TOP | Signal | 1 | <Auto> | 60 | 4.005 |  |  |
| 3 |  | Substrate | 3.8 | 4.3 |  |  |  |  |
| 4 | VCC | Plane | 1 | <Auto> | 60 | 11.522 |  |  |
| 5 |  | Substrate | 5.6 | 4.3 |  |  |  |  |
| 6 | InnerSignal1 | Signal | 1 | <Auto> | 60 | 4.03 |  |  |
| 7 |  | Substrate | 34 | 4.3 |  |  |  |  |
| 8 | InnerSignal2 | Signal | 1 | <Auto> | 60 | 4.03 |  |  |
| 9 |  | Substrate | 5.6 | 4.3 |  |  |  |  |
| 10 | GND | Plane | 1 | <Auto> | 60 | 11.522 |  |  |
| 11 |  | Substrate | 3.8 | 4.3 |  |  |  |  |
| 12 | BOTTOM | Signal | 1 | <Auto> | 60 | 4.005 |  |  |
| 13 |  | Solder Mask | 0.5 | 3.3 |  |  |  |  |

图 12-22

第 3 步：复制叠层结构到导出的 DQ0.ffs 的原理图叠层结构中，复制完后如图 12-23 所示。

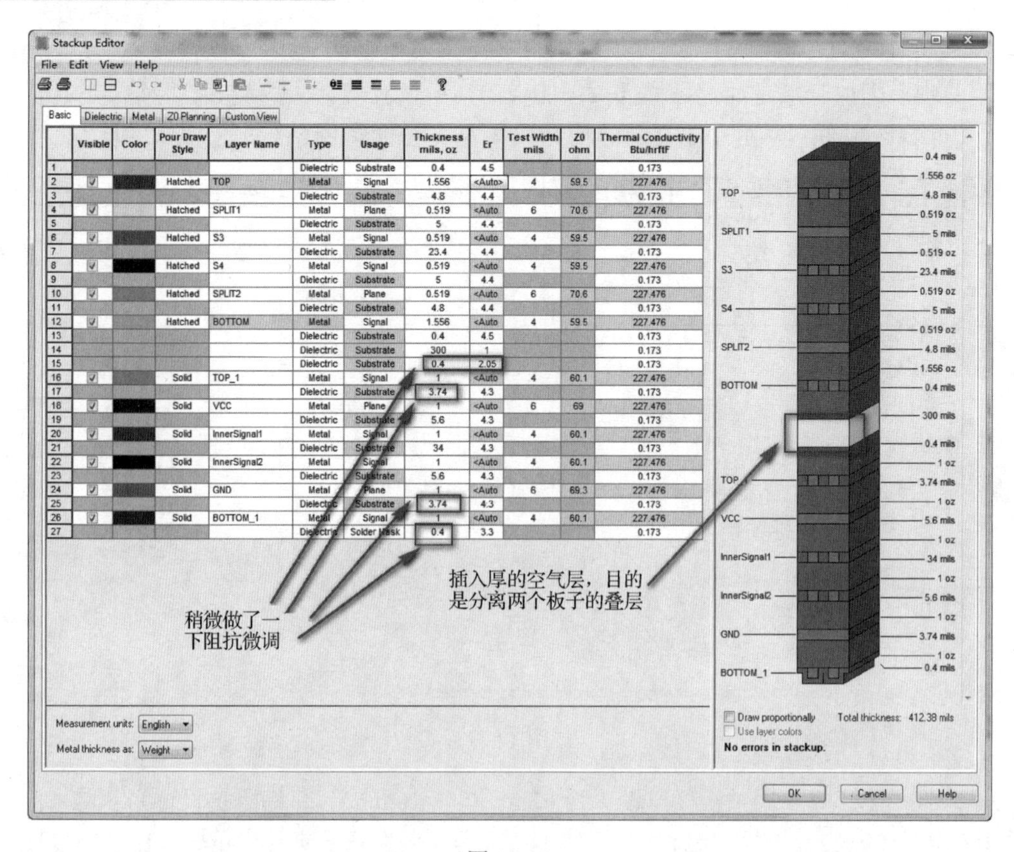


图 12-23

3）建立主控板加 2 个内存条 DQ0 的原理图

（1）这里模拟主控板上有 2 个内存插槽，如图 12-24 所示。

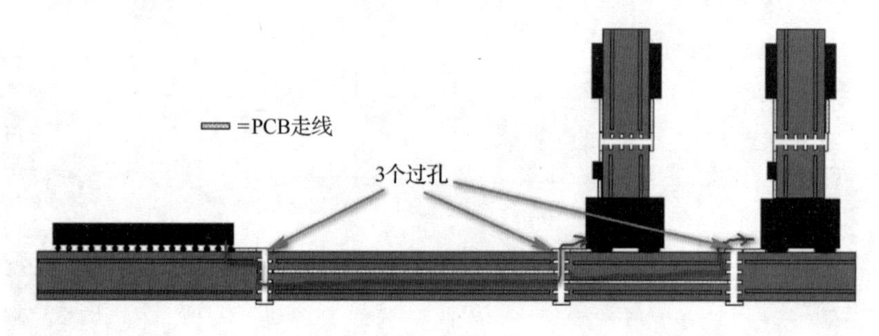


图 12-24

（2）按照上面的路径构建 LineSim Free-From 原理图，并另存为 Controller_DQ0.ffs，原理图如图 12-25 所示。

4）DQ0 原理图的写操作仿真评估

第 1 步：对 Controller 的控制芯片赋模型，模型用的是 SSTL18_II 这个模型，如图 12-26 所示进行操作。

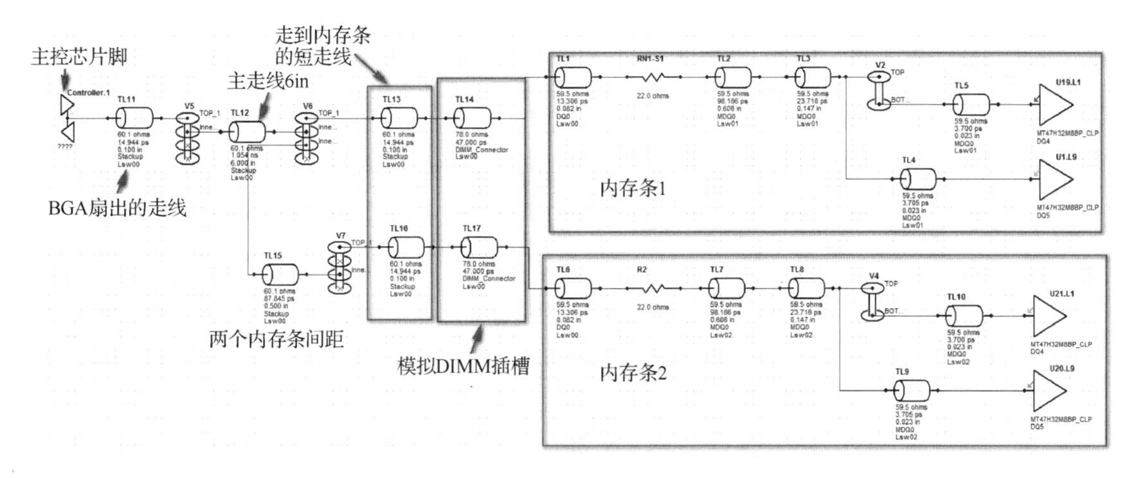

主控芯片脚
走到内存条的短走线
主走线6in
BGA扇出的走线
两个内存条间距
模拟DIMM插槽
内存条1
内存条2


图 12-25

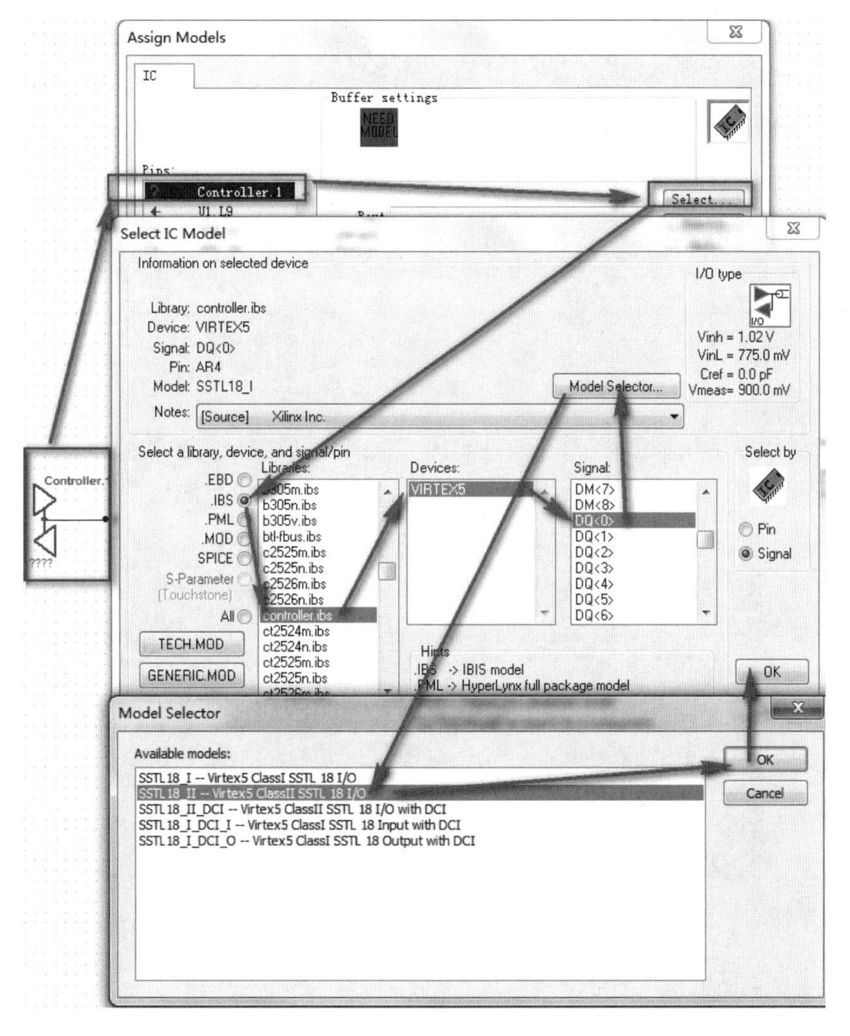

Assign Models
Buffer settings
Controller.1
Select...
Select IC Model
Information on selected device
Library: controller.ibs
Device: VIRTEX5
Signal: DQ<0>
Pin: AR4
Model: SSTL18_I
Notes: [Source] Xilinx Inc.
I/O type
Vinh = 1.02 V
VinL = 775.0 mV
Cref = 0.0 pF
Vmeas= 900.0 mV
Model Selector...
Select a library, device, and signal/pin
Libraries:
Devices:
Signal:
Select by
Pin
Signal
TECH.MOD
GENERIC.MOD
OK
Model Selector
Available models:
SSTL18_I -- Virtex5 ClassI SSTL 18 I/O
SSTL18_II -- Virtex5 ClassII SSTL 18 I/O
SSTL18_II_DCI -- Virtex5 ClassII SSTL 18 I/O with DCI
SSTL18_I_DCI_I -- Virtex5 ClassI SSTL 18 Input with DCI
SSTL18_I_DCI_O -- Virtex5 ClassI SSTL 18 Output with DCI
OK
Cancel


图 12-26

第 2 步：单击示波器图标“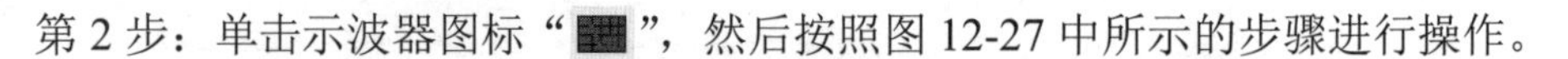”，然后按照图 12-27 中所示的步骤进行操作。

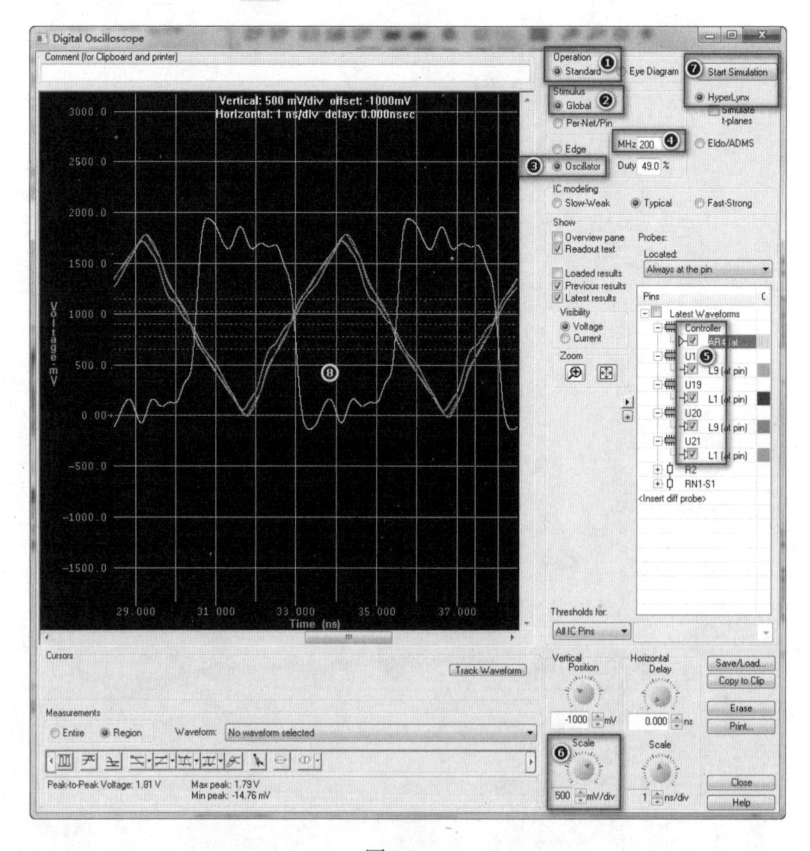


图 12-27

第 3 步：分别双击 4 个接收器，即 U19.L1、U21.L1、U1.L9、U20.L9，出现 Assign Models 对话框，在该对话框中单击“Select”按钮，弹出如图 12-28 所示的对话框。

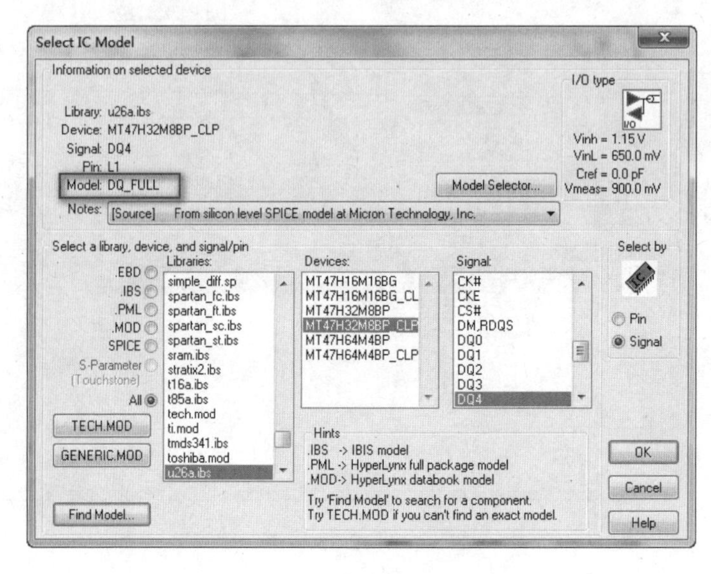


图 12-28

第 4 步：图 12-28 中显示的 4 个接收器的模型是 DQ_FULL，这个模型是没有端接策略的，所以波形不怎么好。让 U19.L1、U21.L1 用 50Ω 电阻上拉到 VTT=0.9V 做端接，如图 12-29 所示。

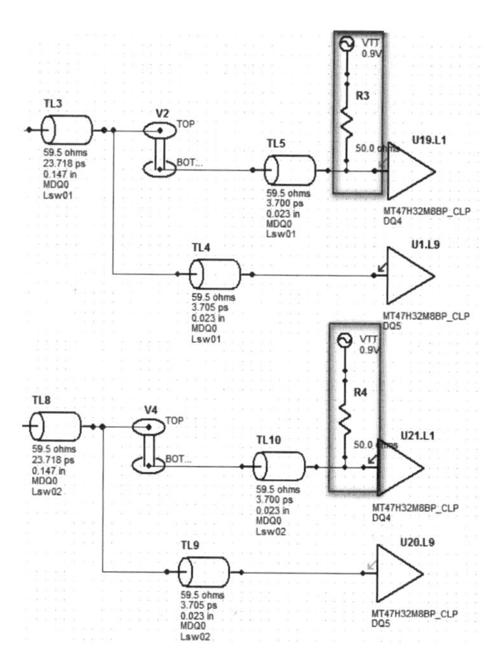


图 12-29

第 5 步：对修改后的原理图进行仿真，仿真结果如图 12-30 所示。

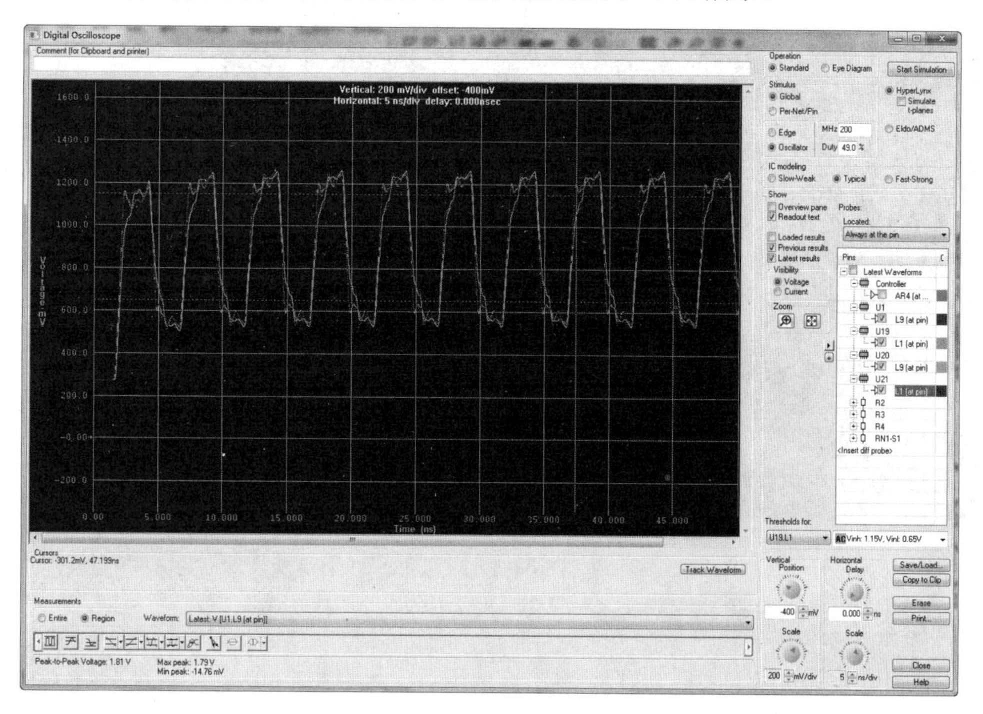


图 12-30

第 6 步：让 U19.L1、U21.L1 用模型 DQ_FULL_ODT150 做端接，如图 12-31 所示。

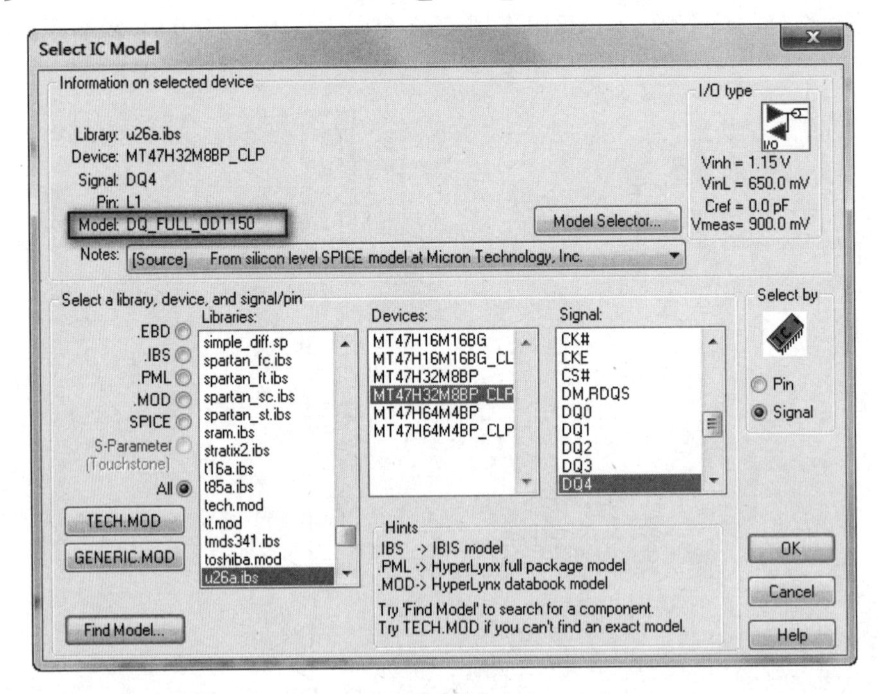


图 12-31

第 7 步：对修改后的原理图进行仿真，仿真结果如图 12-32 所示。

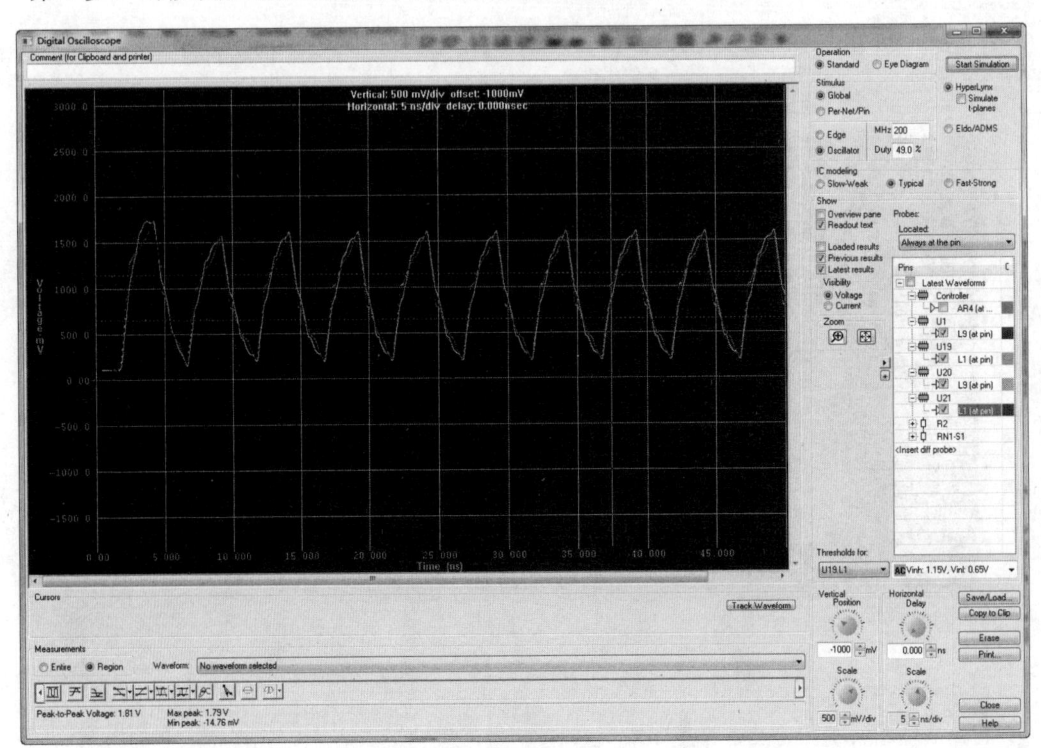


图 12-32

第 8 步：让 U19.L1、U21.L1、U1.L9、U20.L9 用模型 DQ_FULL_ODT150 做端接，对修改后的原理图进行仿真，仿真结果如图 12-33 所示。

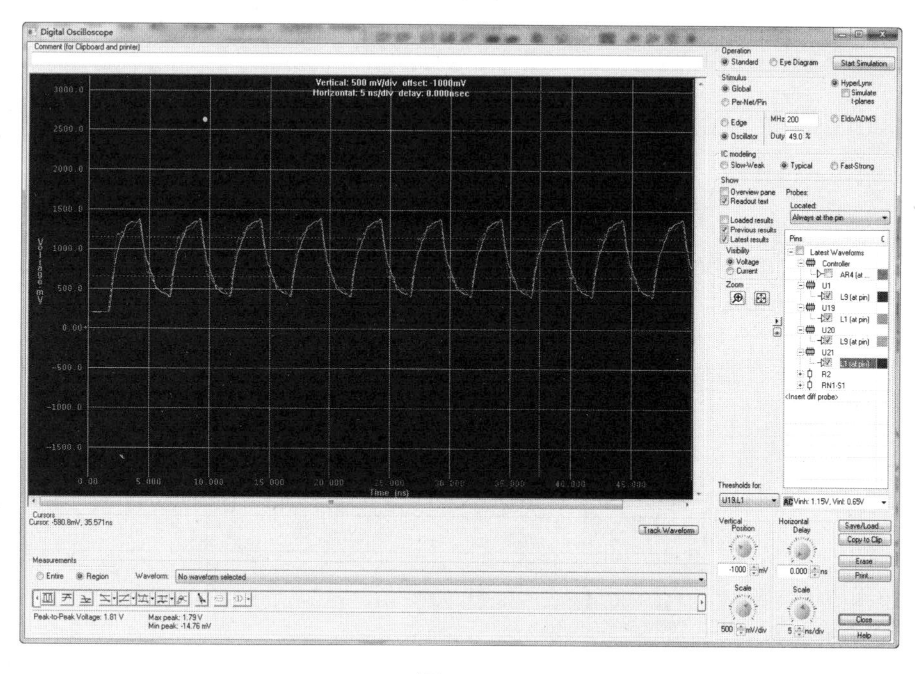


图 12-33

第 9 步：让 U1.L9、U20.L9 用模型 DQ_FULL_ODT75 做端接，对修改后的原理图进行仿真，仿真结果如图 12-34 所示。

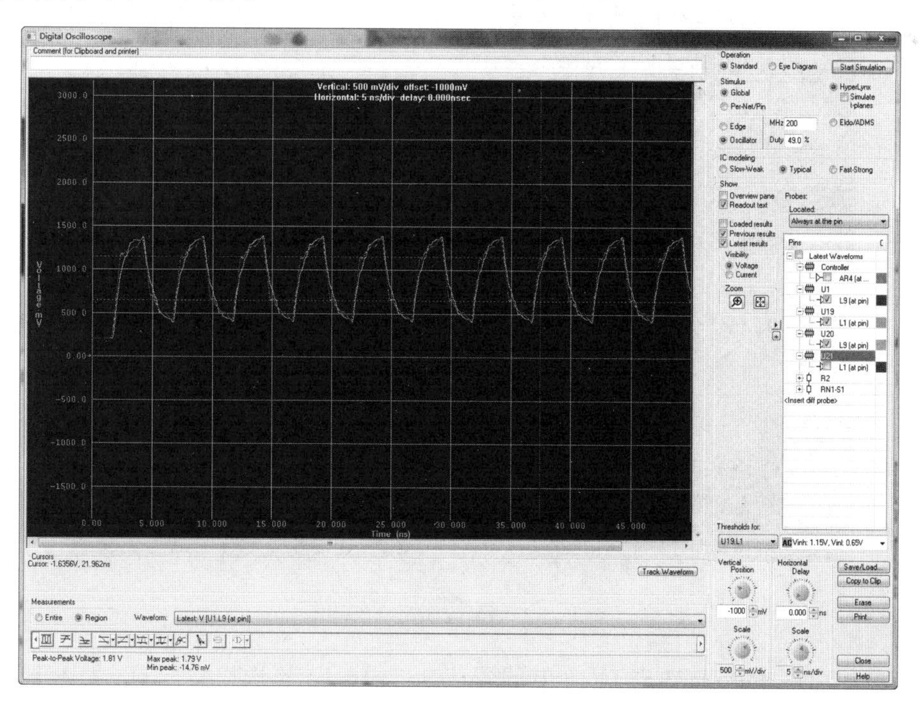


图 12-34

第 10 步：如果用 U21.L1 做端接，做一个扫描，扫描设置如图 12-35 所示。

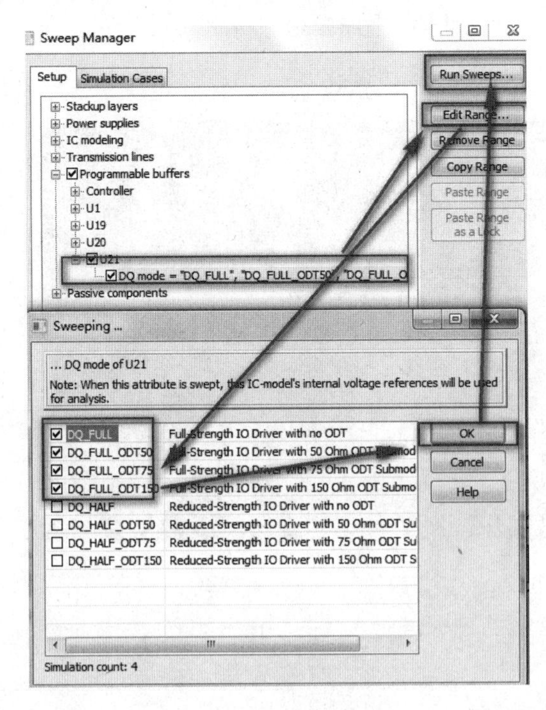


图 12-35

第 11 步：查看 U19.L1 的波形，如图 12-36 所示。

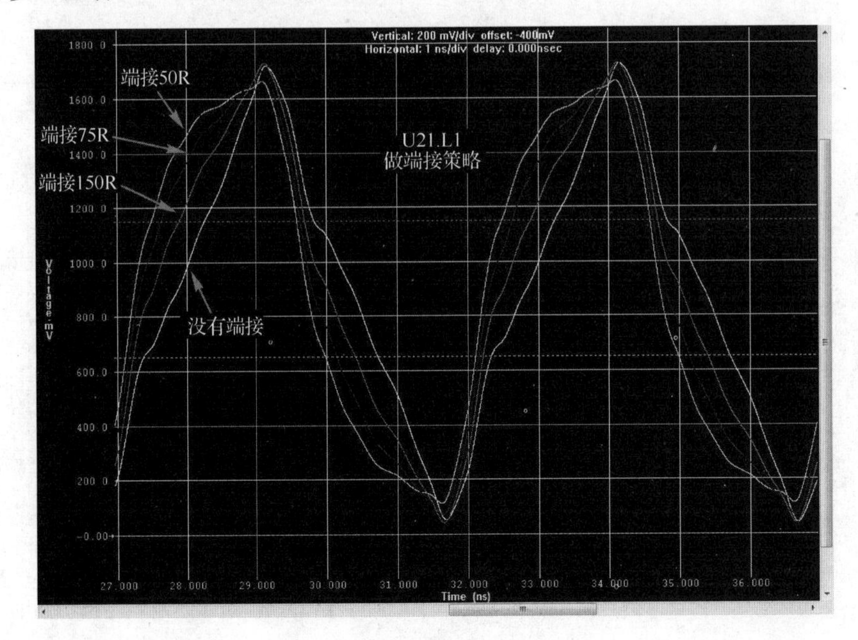


图 12-36

第 12 步：把 Controller.1 SSTL18_II 设置成 SSTL18_I，再次扫描一下，如图 12-37 所示。

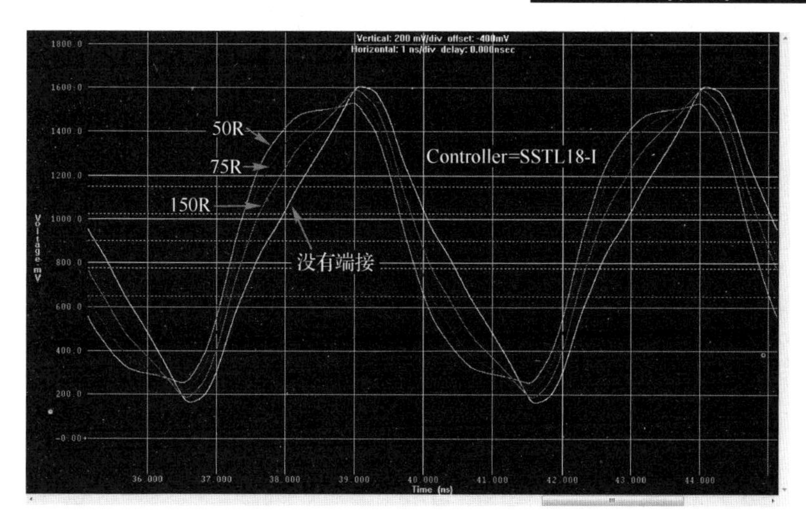


图 12-37

5）DQ0 原理图的读操作仿真评估

第 1 步：对图 12-25 所示的原理图进行读操作评估（U19.L1 发出数据，Controller.1 读入数据），具体操作如图 12-38（U19.L1 设置输出步骤图）和图 12-39（Controller.1 设置输入步骤图）所示。

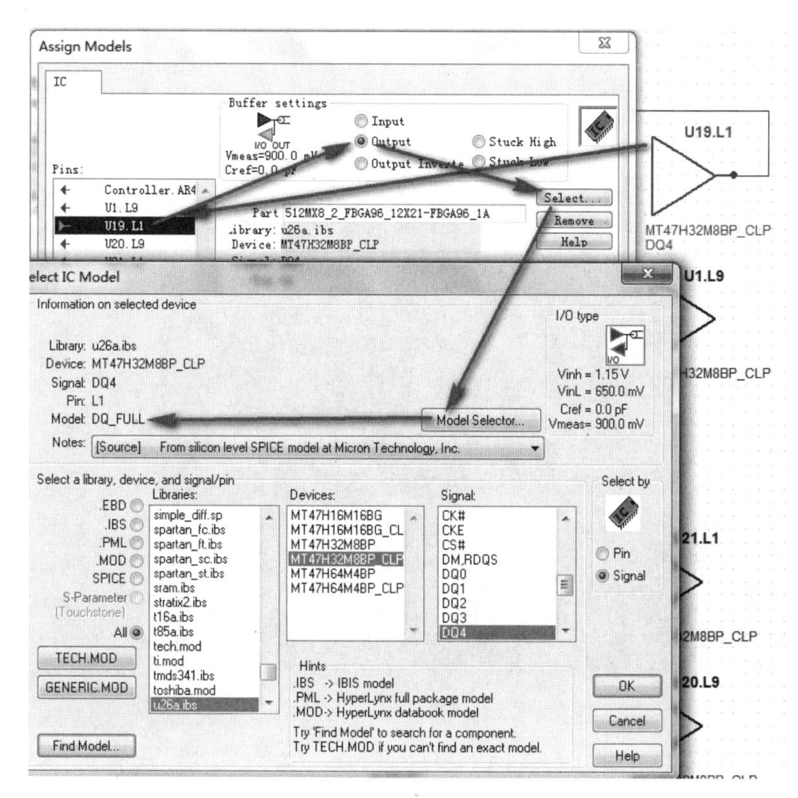


图 12-38

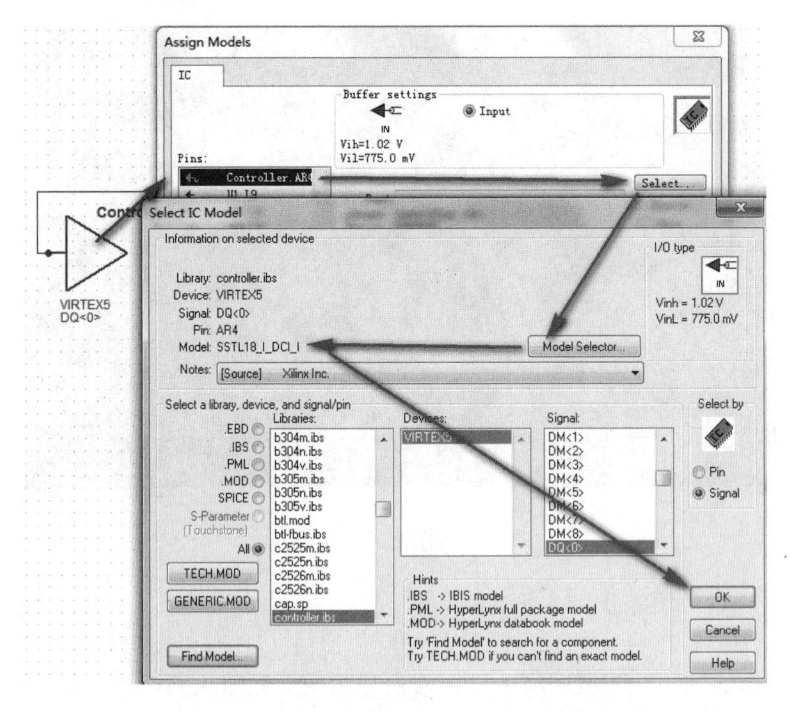


图 12-39

第 2 步：仿真波形（Controller.1 的读波形）如图 12-40 所示。

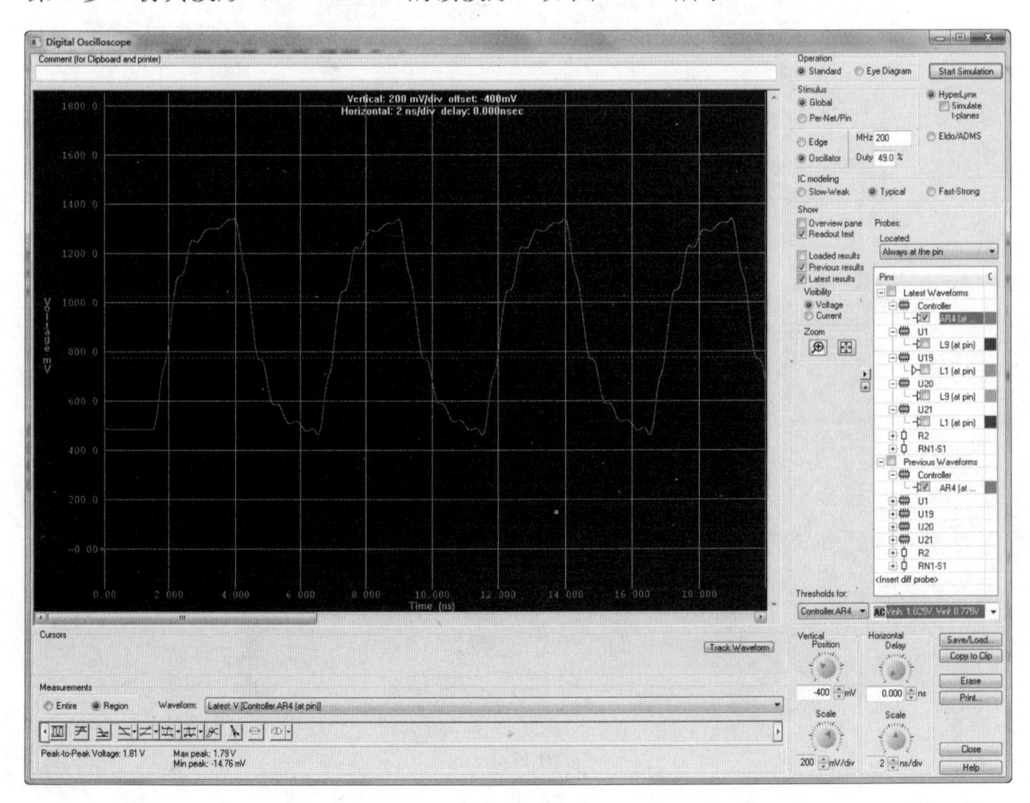


图 12-40

### 5．差分数据选通 DQS 前仿真

1）从内存条文件中导出 DQS 差分对到原理图

第 1 步：按照导出 DQ 的方法从内存条文件 MT16HTF6464AY-40EB2.hyp 中选择并导出 DQS0#网络到 LineSim Free-Form 中，导出的时候不要单击耦合项，否则导出的 TLINE 线段将会太多。导出并整理后的 DQS 差分对原理图如图 12-41 所示，然后将其另存为 DQS0.ffs。

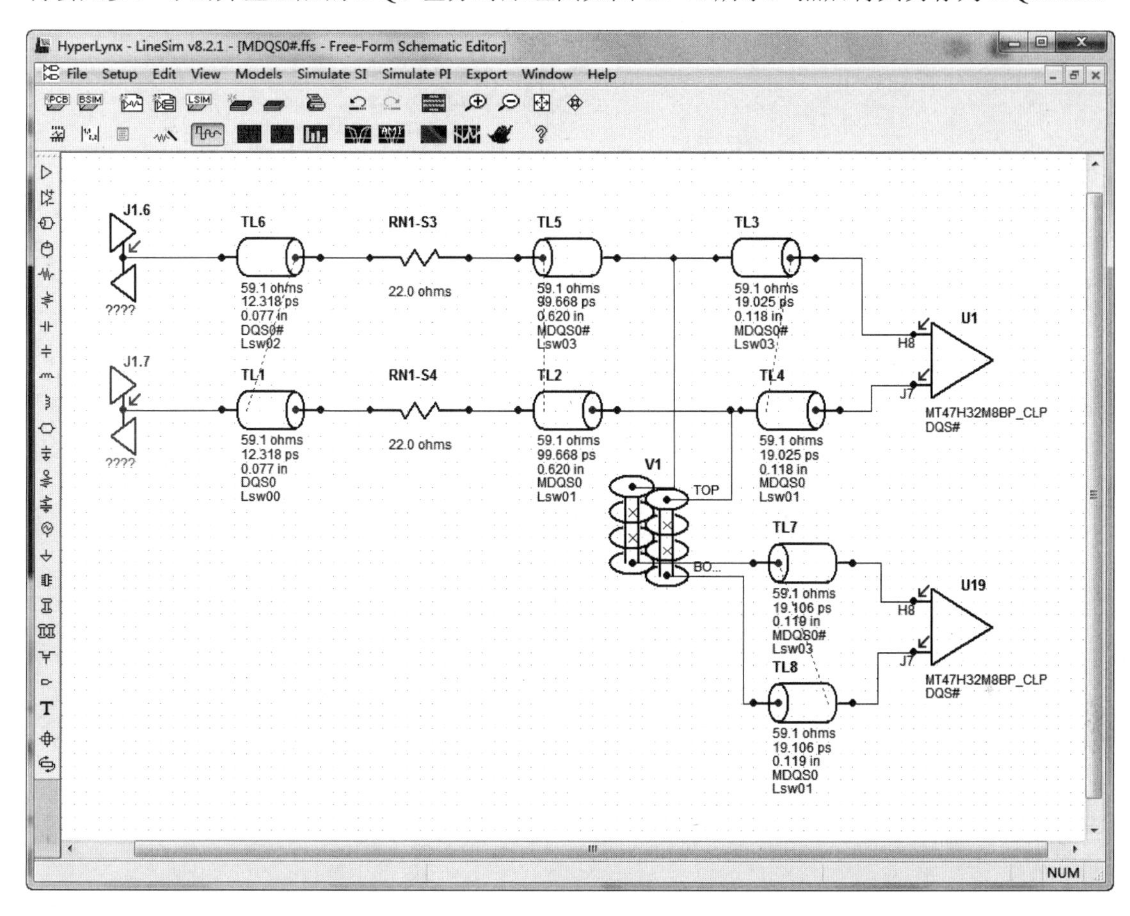


图 12-41

第 2 步：图 12-41 导出的只是其中一个 DIMM 条的 DQS 差分对，我们直接复制一个一模一样的原理图代表另一个 DIMM 条，复制完的 2 对 DQS 差分对如图 12-42 所示。然后如 DQ0 一样复制主板的叠层结构，可参阅图 12-23。

第 3 步：根据图 12-43 所示模拟出主板中的 DQS 差分网络。

2）设置差分过孔

第 1 步：执行菜单命令 Setup>Padstacks，弹出如图 12-44 所示的对话框。

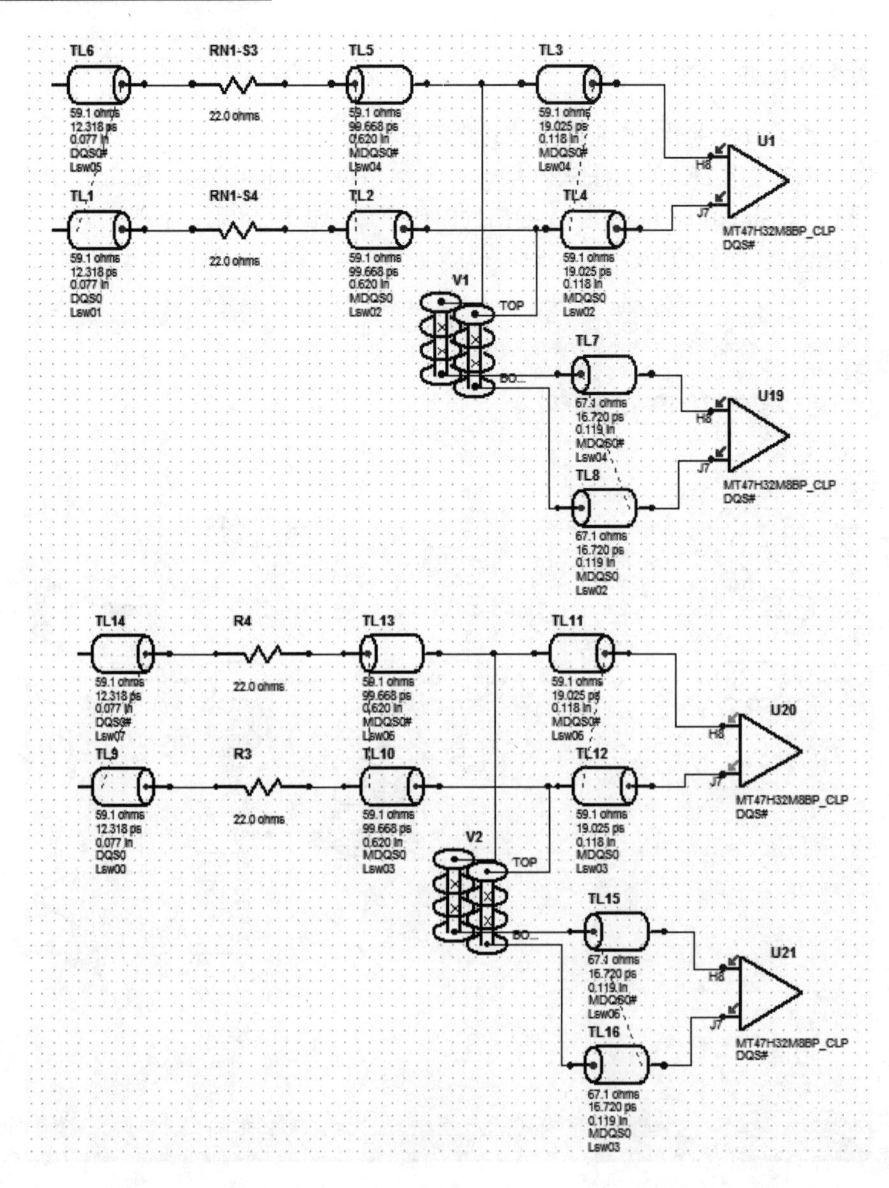
TL6
RN1-S3
TL5
TL3
59.1 ohms
12.318 ps
0.077 in
DQS0#
Lsw05
22.0 ohms
59.1 ohms
99.668 ps
0.620 in
MDQS0#
Lsw04
59.1 ohms
19.025 ps
0.118 in
MDQS0#
Lsw04
U1
H8
J7
MT47H32M8BP_CLP
DQS#
TL1
RN1-S4
TL2
TL4
59.1 ohms
12.318 ps
0.077 in
DQS0
Lsw01
22.0 ohms
59.1 ohms
99.668 ps
0.620 in
MDQS0
Lsw02
59.1 ohms
19.025 ps
0.118 in
MDQS0
Lsw02
V1
TOP
BO...
TL7
67.1 ohms
16.720 ps
0.119 in
MDQS0#
Lsw04
U19
H8
J7
MT47H32M8BP_CLP
DQS#
TL8
67.1 ohms
16.720 ps
0.119 in
MDQS0
Lsw02
TL14
R4
TL13
TL11
59.1 ohms
12.318 ps
0.077 in
DQS0#
Lsw07
22.0 ohms
59.1 ohms
99.668 ps
0.620 in
MDQS0#
Lsw06
59.1 ohms
19.025 ps
0.118 in
MDQS0#
Lsw06
U20
H8
J7
MT47H32M8BP_CLP
DQS#
TL9
R3
TL10
TL12
59.1 ohms
12.318 ps
0.077 in
DQS0
Lsw00
22.0 ohms
59.1 ohms
99.668 ps
0.620 in
MDQS0
Lsw03
59.1 ohms
19.025 ps
0.118 in
MDQS0
Lsw03
V2
TOP
BO...
TL15
67.1 ohms
16.720 ps
0.119 in
MDQS0#
Lsw06
U21
H8
J7
MT47H32M8BP_CLP
DQS#
TL16
67.1 ohms
16.720 ps
0.119 in
MDQS0
Lsw03

图 12-42

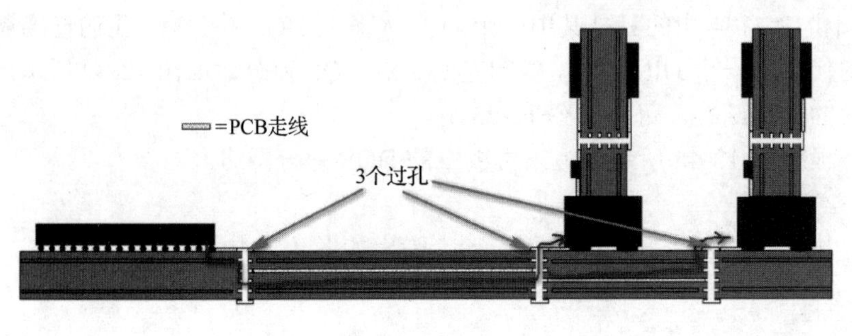
=PCB走线
3个过孔

图 12-43

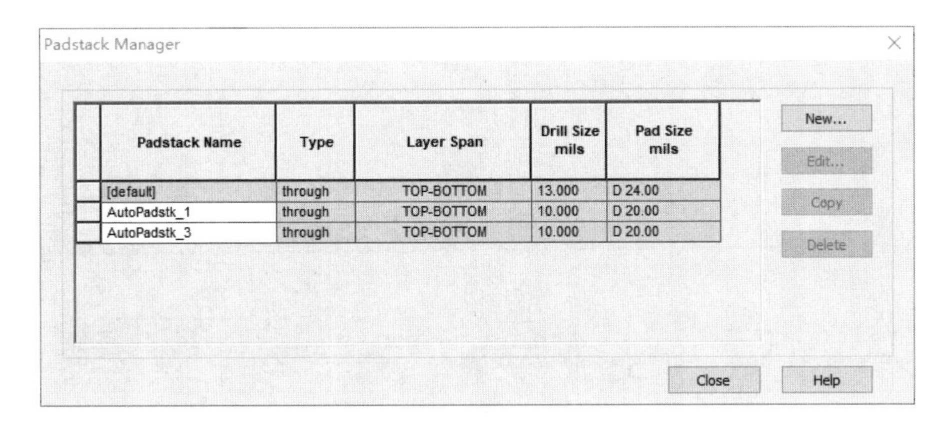


图 12-44

第 2 步：单击 AutoPadstk_3，复制一个差分过孔并命名为 AutoPadstk_2，然后按照图 12-45 中所示的步骤设置过孔。

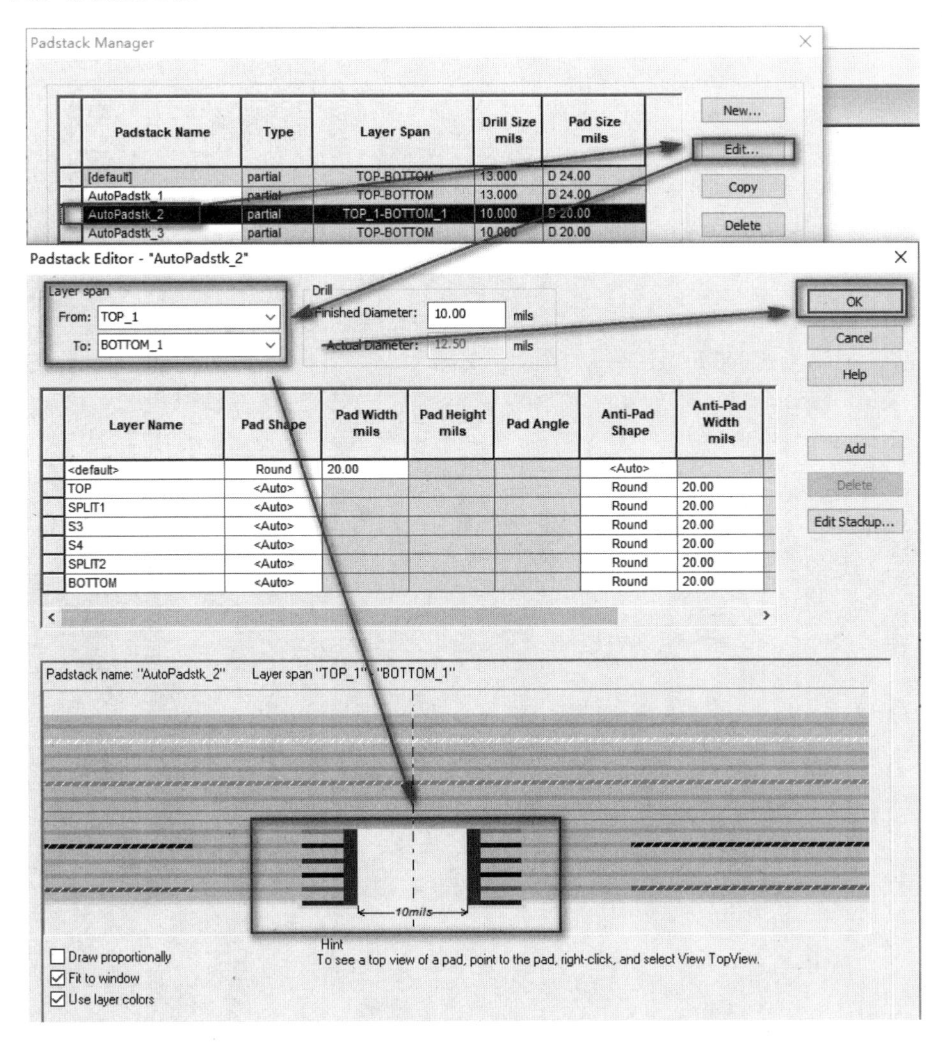


图 12-45

3）画 DQS0 差分原理图

第 1 步：画主板原理图（见图 12-46）。

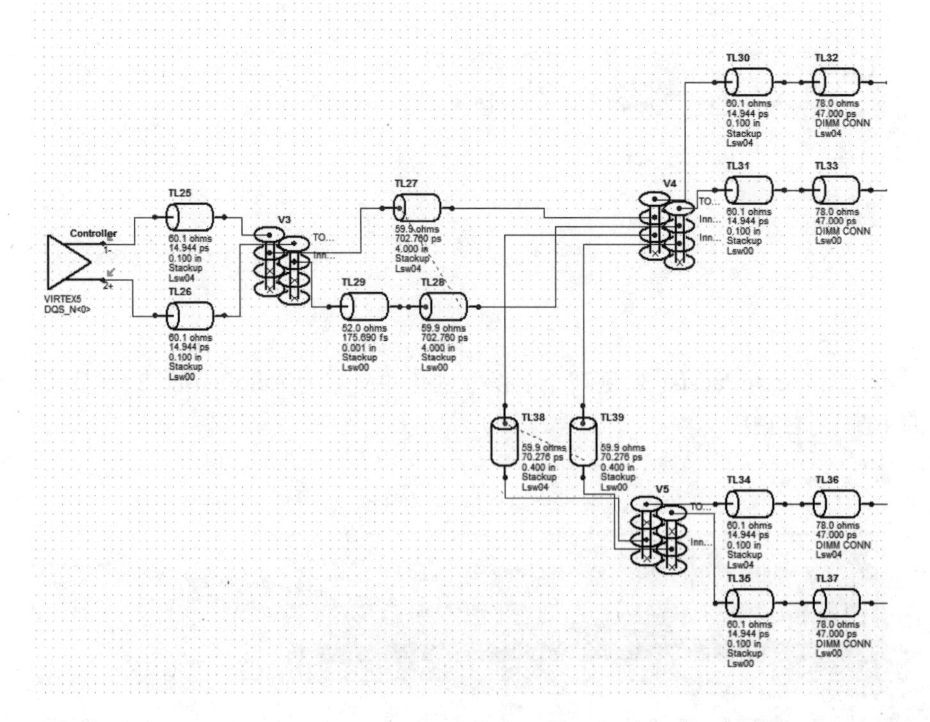


图 12-46

第 2 步：把导出的 DQS0 连接，如图 12-47 所示，并将其另存为 Controller_DQS0.ffs。

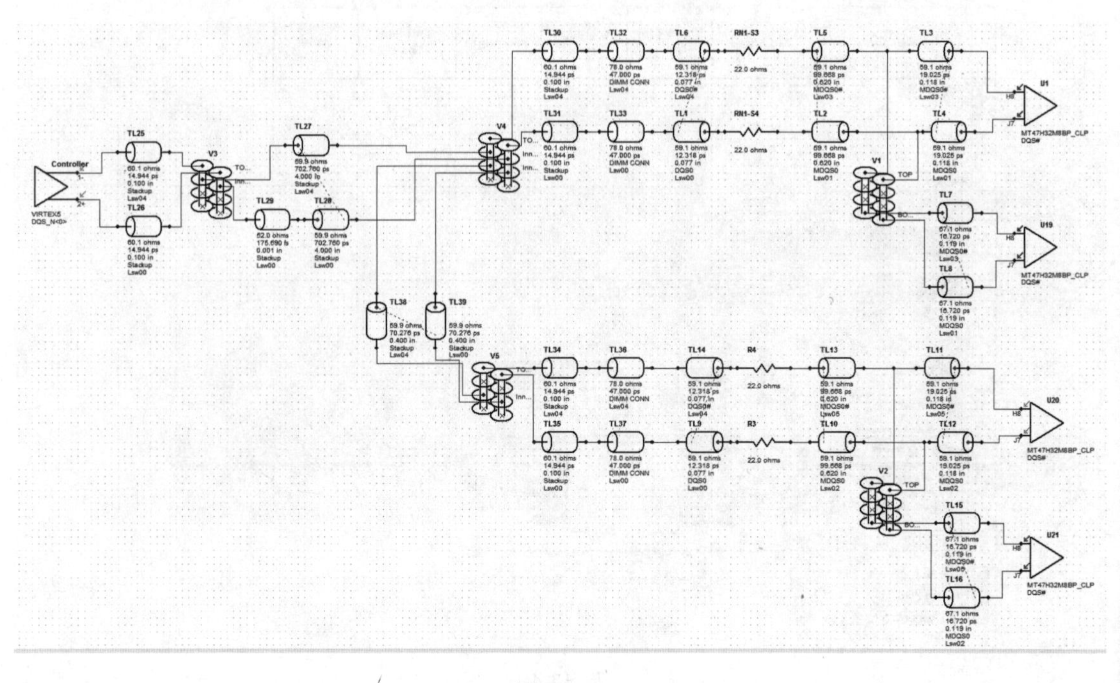

图 12-47

第 3 步：单击原理图中的 V3 过孔，可以知道差分过孔对的间距为 40mil，如图 12-48 所示。

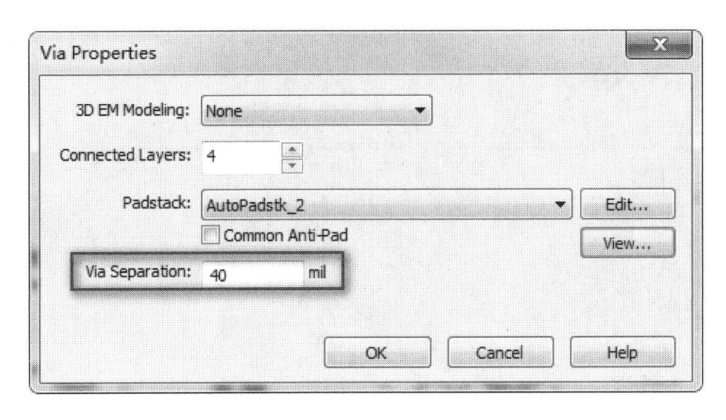


图 12-48

第 4 步：双击 TL27 或 TL28，可知差分对线宽/线距为 4mil/8mil，线长为 4in，在 InnerSignal1 层，差分阻抗为 99.5Ω，如图 12-49 所示。

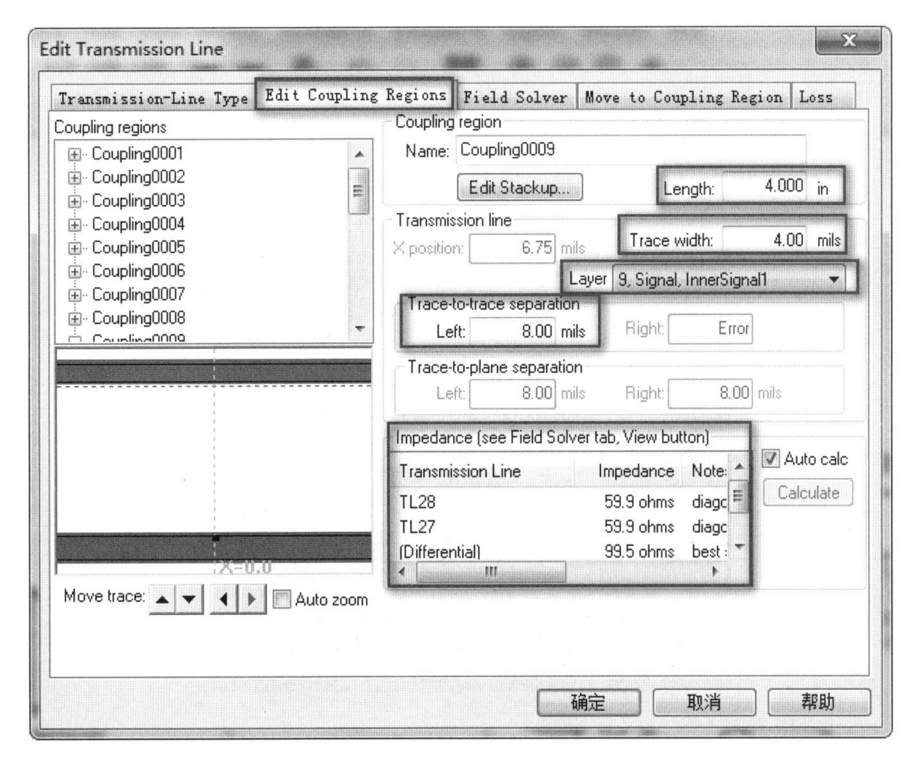


图 12-49

4）仿真模拟

第 1 步：把上面原理图中 Controller 的 IC 模型设置为 SSTL18_I，而将 U1、U19、U20、U21 模型设置为 DQ_FULL，然后单击示波器图标“▦”，在弹出的对话框中按照图 12-50 中所示的步骤设置后弹出仿真波形图。

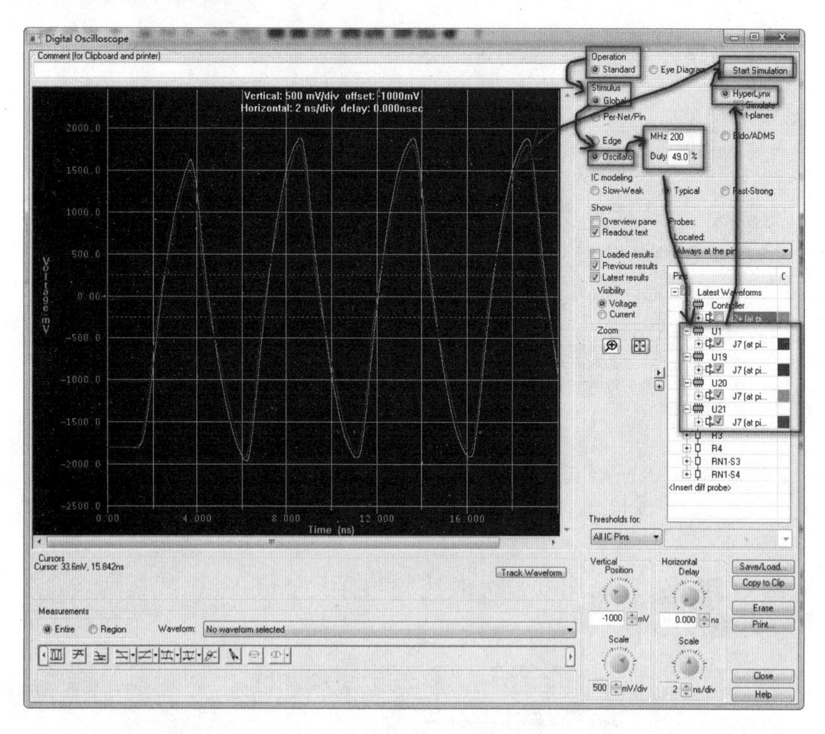


图 12-50

第 2 步：将 Controller 的 IC 模型设置为 SSTL18_II 后再次进行仿真，仿真结果如图 12-51 所示。从图中可以看出，SSTL18_II 明显比 SSTL18_I 驱动强，波形摆幅大。

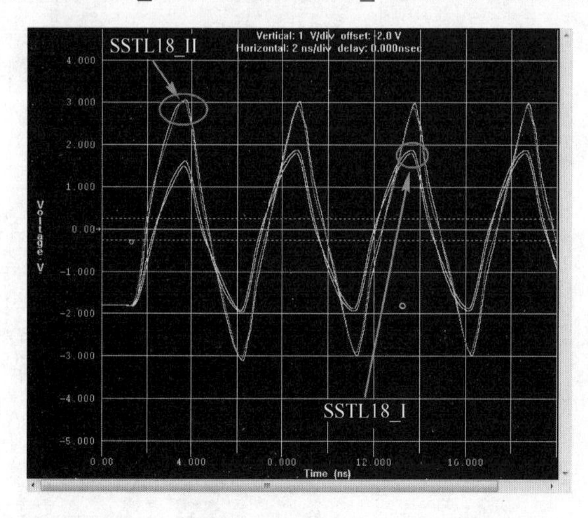


图 12-51

第 3 步：将 Controller 的 IC 模型设置为 SSTL18_I，同时将 U1、U19、U20、U21 分别设置为 DQ_FULL 和 DQ_FULL_ODT50 进行仿真，仿真对比波形如图 12-52 所示。从图中可以看出，还是 DQ_FULL_ODT50 好。

第 4 步：单击工具栏中的图标“ ”，做一下 DQS0 差分对长度差异的扫描，根据原理图，只要改变传输线 TL29 即可，具体操作如图 12-53 所示。

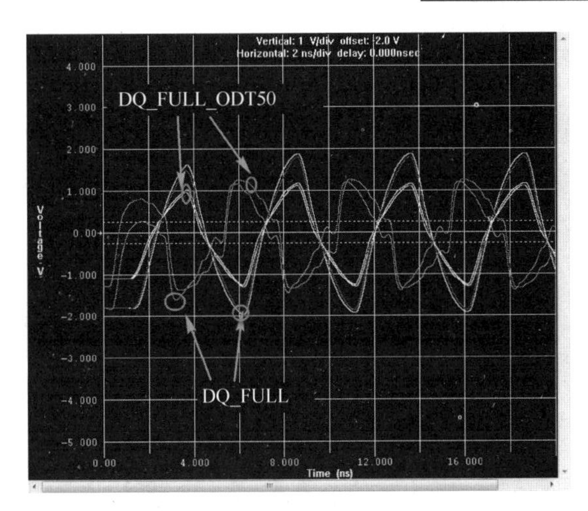


图 12-52

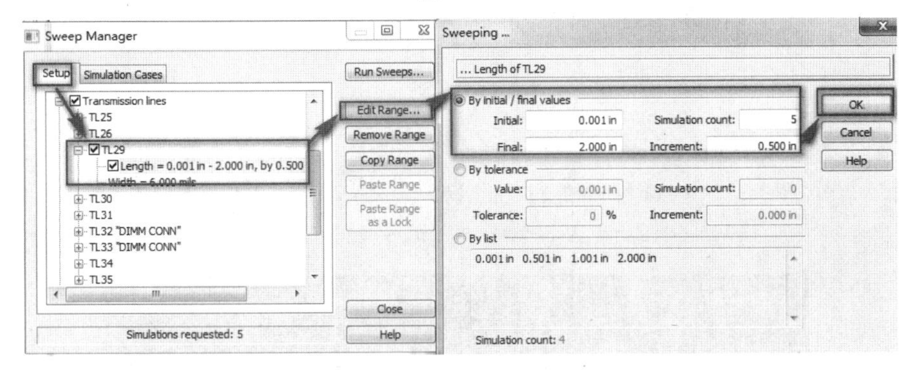


图 12-53

第 5 步：单击图 12-53 中的“Run Sweeps”按钮，在弹出的示波器中按照图 12-54 中所示的步骤进行操作，得到的仿真波形如图 12-54 所示。

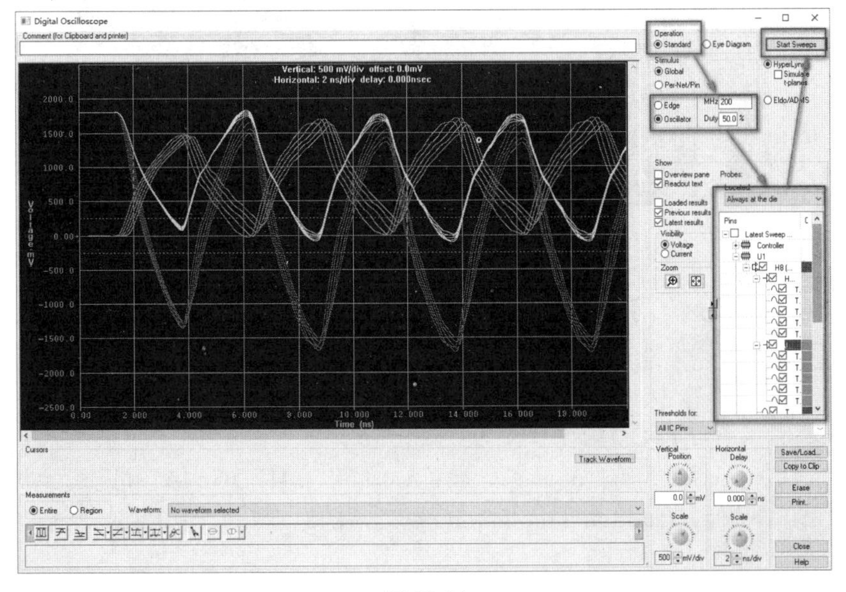


图 12-54

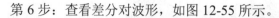

第 6 步：查看差分对波形，如图 12-55 所示。

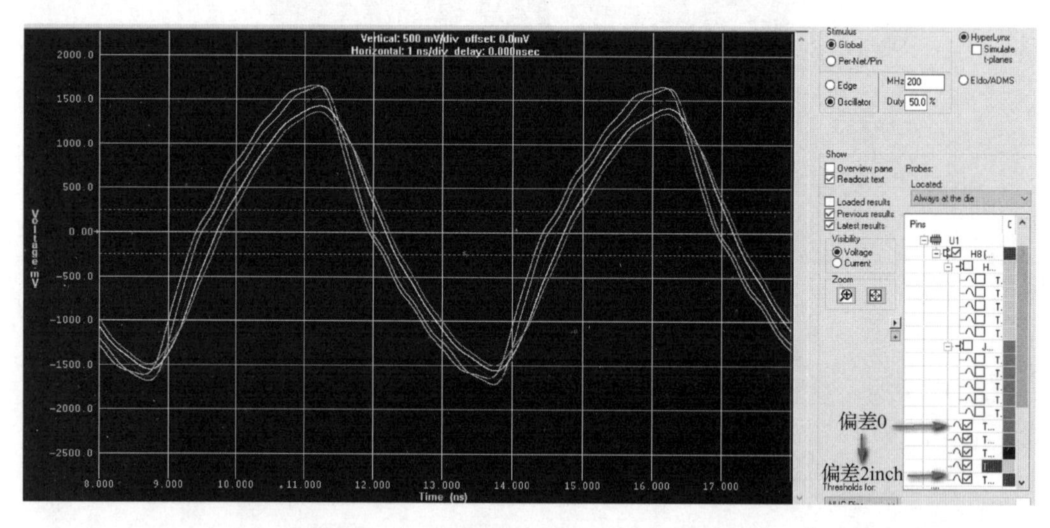


图 12-55

第 7 步：从图 12-55 中可以看出，在 PN 有线长差距的情况下从波形看不出多少问题，那来看单端的 PN，如图 12-56（PN 偏差为 0 的 DQS0_PN 端波形图）、图 12-57（PN 偏差为 1in 的 DQS0_PN 端波形图）、图 12-58（PN 偏差为 2in 的 DQS0_PN 端波形图）所示。

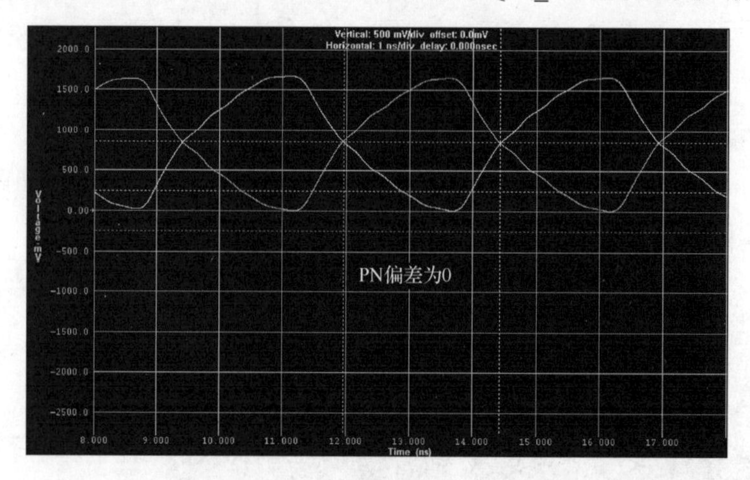


图 12-56

判断准则：VIX 和 VOX 这 2 个值不能超过标准规定的值。

### 6．地址前仿真

1）从内存条文件导出 A0 到原理图

第 1 步：用 HyperLynx 软件打开预先准备好的 MT16HTF6464AY-40EB2.hyp 文件，然后选择并导出 A0 网络到 LineSim Free-Form，整理后的原理图如图 12-59 所示，将其另存为 A0.ffs。

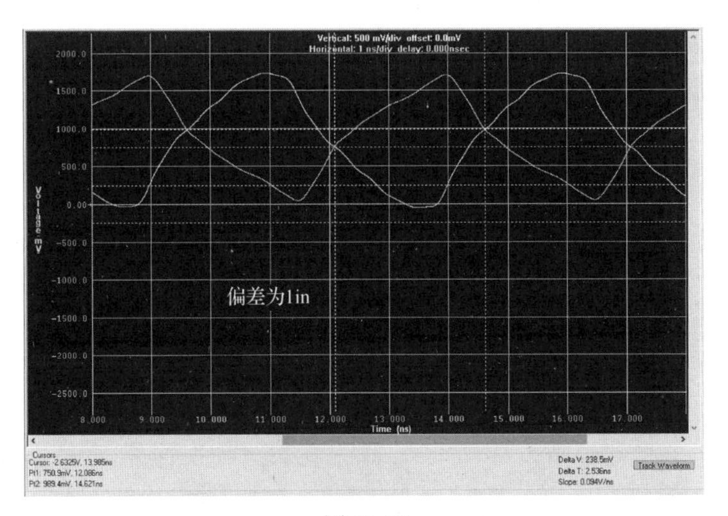


图 12-57

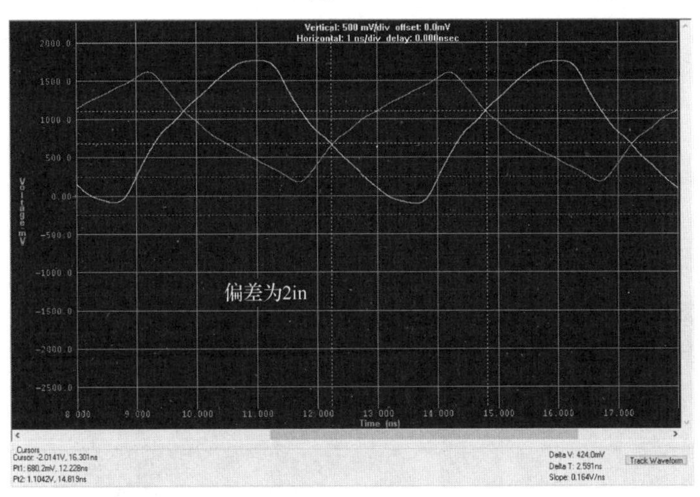


图 12-58

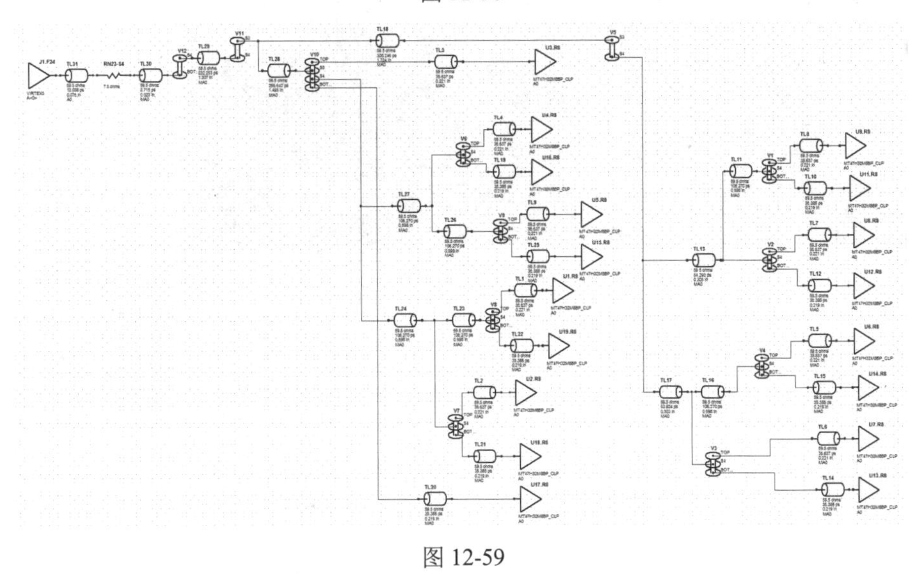

图 12-59

第 2 步：给图 12-59 中的 J1.F24 赋上模型 SSTL18_II，具体操作如图 12-60 所示。然后单击示波器图标“ ”，实现仿真，仿真结果如图 12-61 所示。进行仿真的目的是证明内存条本身有没有问题。

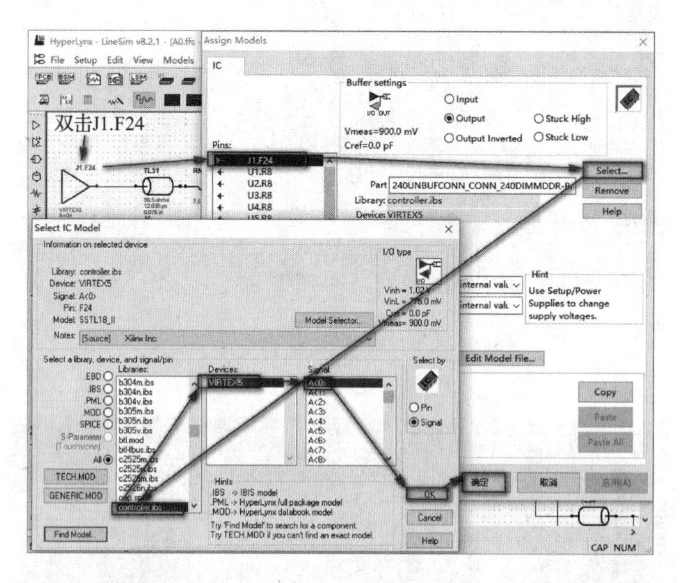


图 12-60

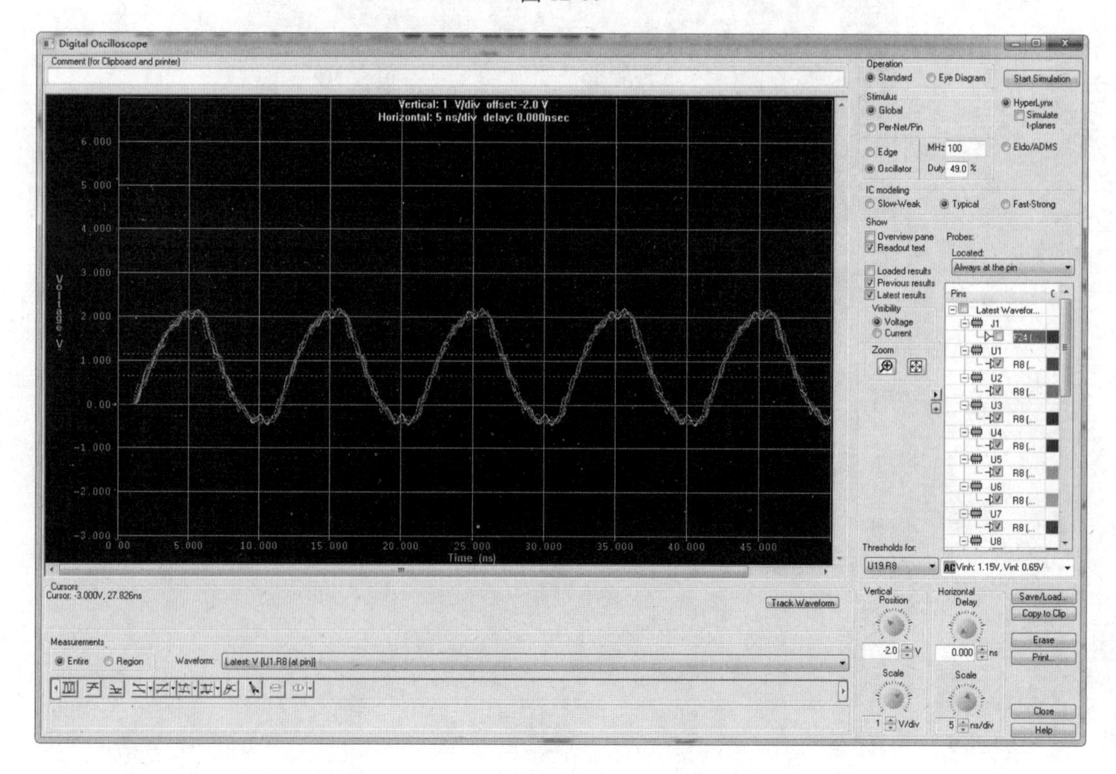


图 12-61

2）整合 A0 的原理图

加上主板的网络 A0，因为有 2 个内存条，所以需要复制一次 A0 网络，然后将相应的原理图另存为 Controller_A0.ffs，如图 12-62 所示。

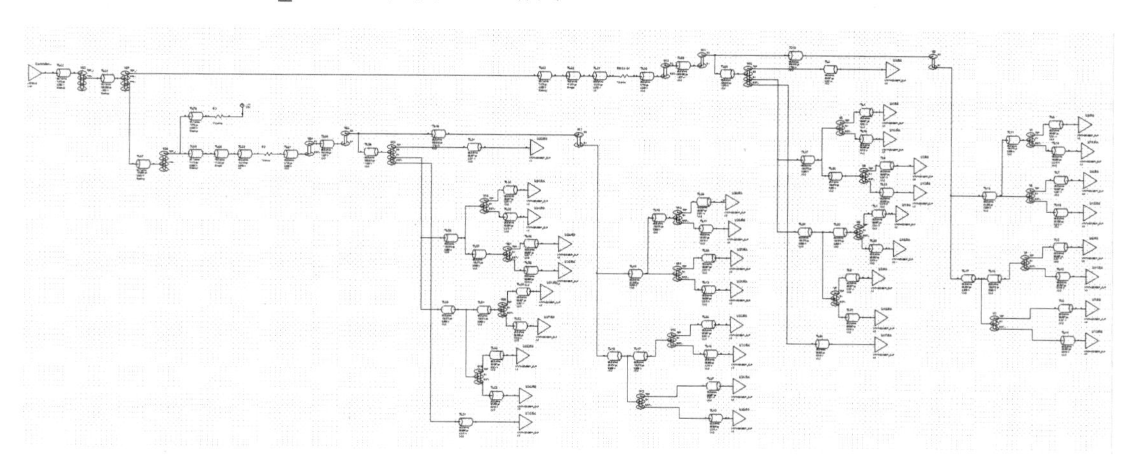

图 12-62

3）A0 网络的仿真

第 1 步：按照上面给 J1.F24 赋模型的步骤给 Controller.F24 赋上 SSTL18_II 模型，仿真后的波形如图 12-63 所示。

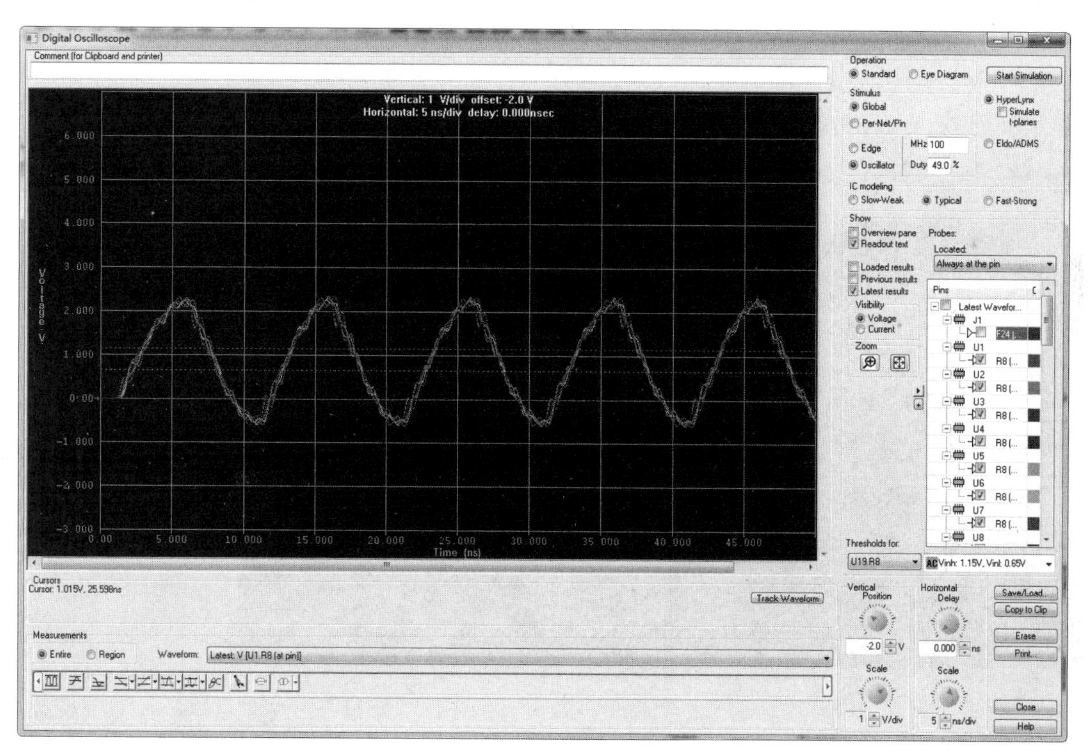


图 12-63

第 2 步：如果用 EBD 模型 MT16HTF6464AY-40EB2.ebd，上面的原理图就没那么复杂了，打开后的 EBD 模型图如图 12-64 所示。

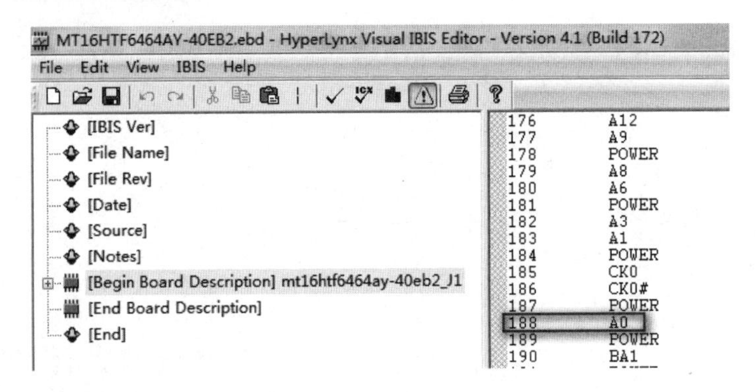


图 12-64

第 3 步：上面复杂的原理图就变成如图 12-65 所示的加入 EBD 模型后的 A0 原理图。

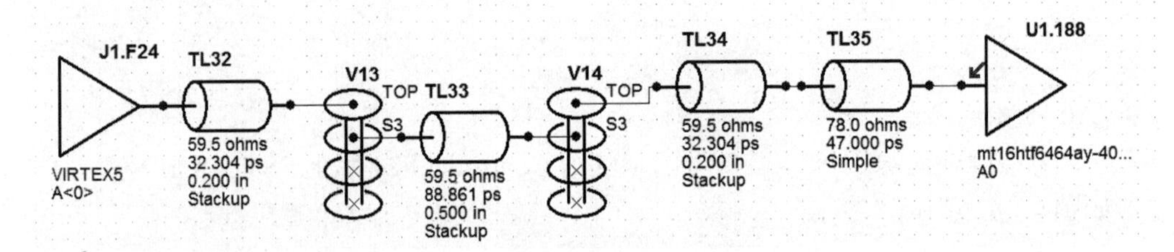


图 12-65

第 4 步：查看仿真结果是否一样，如图 12-66 所示。

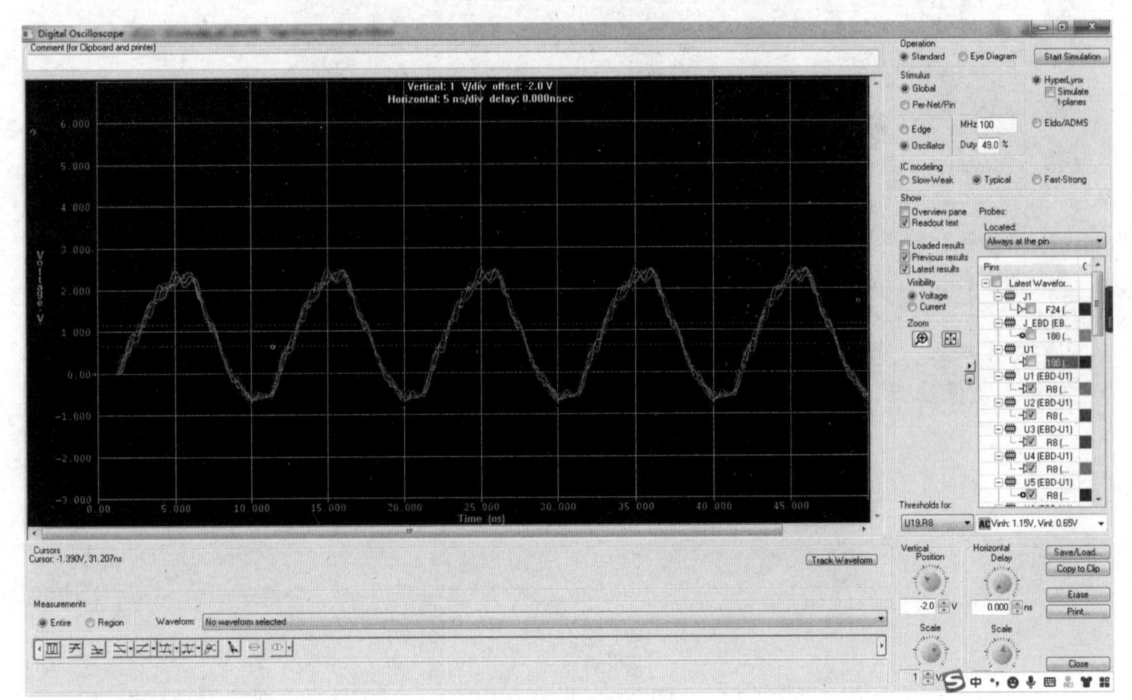


图 12-66

### 7．时钟前仿真（用 EBD 模型）

第 1 步：用 EBD 预仿真 CK 差分对，1 个内存条有 3 个时钟差分对，2 个内存条有 6 个差分对，如图 12-67 所示，并将原理图另存为 Controller_CK0_PN_ebd.ffs。

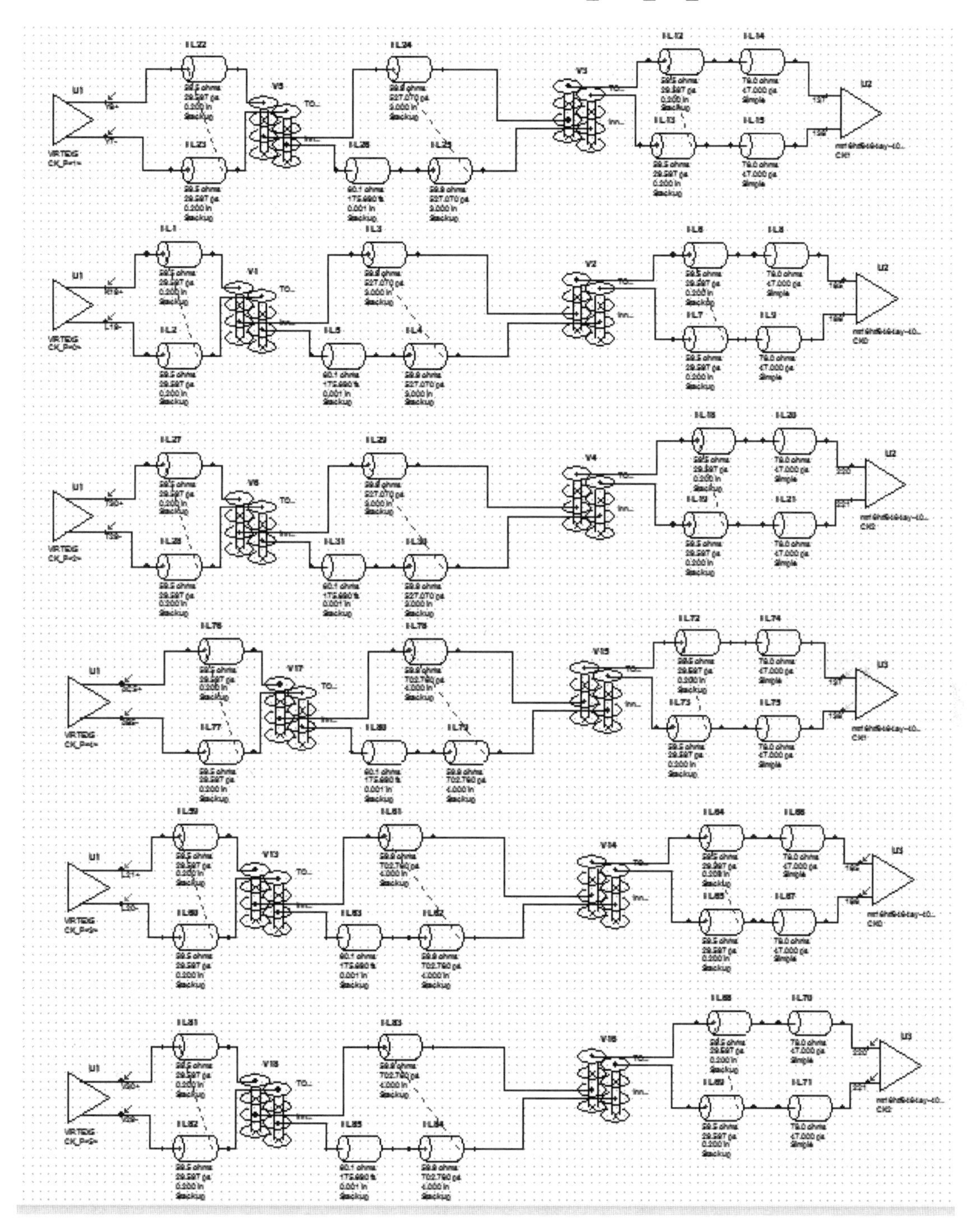

图 12-67

第 2 步：先仿真没有主板拓扑的（也就是先验证 EBD 模型）原理图，如图 12-68 所示。

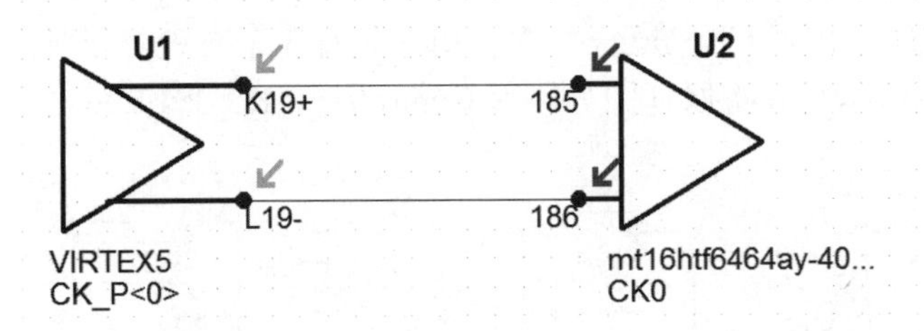


图 12-68

第 3 步：仿真结果如图 12-69 所示。

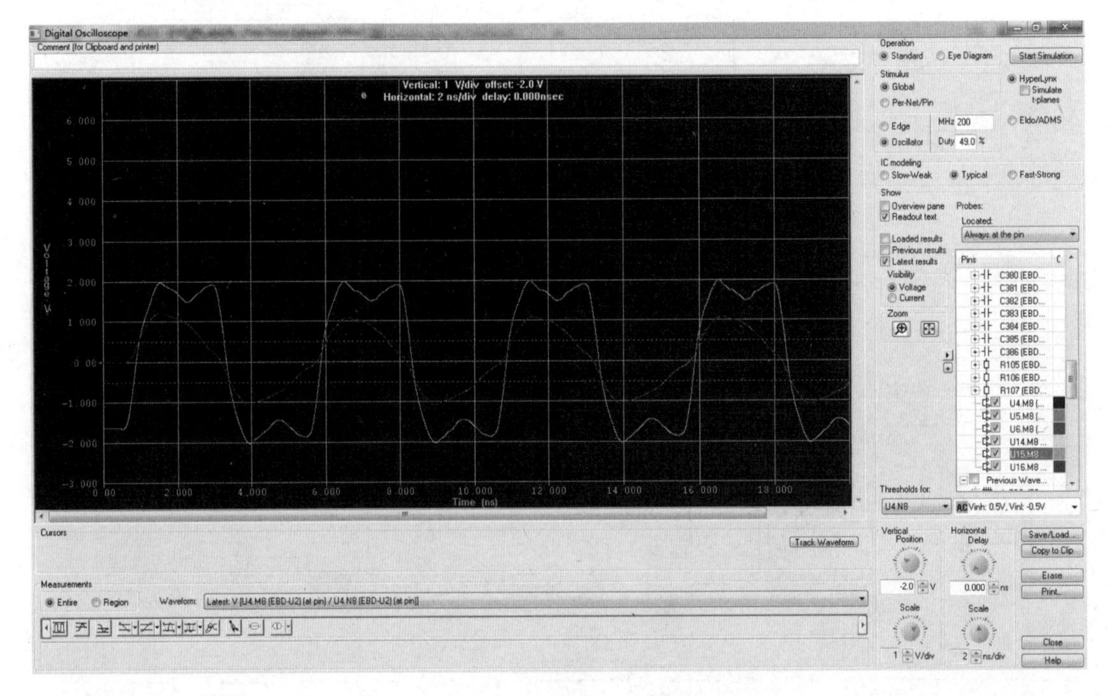


图 12-69

第 4 步：在仿真 EBD 模型的时候也一定要看看板级 HYP 文件是否跟其差不多，以防 EBD 模型或者板级 HYP 有问题。

## 12.3 DDR2 存储器接口的 SI 后仿真

### 1. DDR2 内存条的引脚

DDR2 内存条的引脚定义如图 12-70 所示。

| 针脚 | 1 | 2 | 3 | 4 | 5 | 6 | 7 | 8 | 9 | 10 | 11 | 12 | 13 | 14 | 15 | 16 | 17 | 18 | 19 | 20 | 21 |
|---|---|---|---|---|---|---|---|---|---|---|---|---|---|---|---|---|---|---|---|---|---|
| 信号线定义 | VREF | VSS | DQ0 | DQ1 | VSS | DQS#0 | DQS0 | VSS | DQ2 | DQ3 | VSS | DQ8 | DQ9 | VSS | DQS#1 | DQS1 | VSS | NC | NC | VSS | DQ10 |
| 针脚 | 22 | 23 | 24 | 25 | 26 | 27 | 28 | 29 | 30 | 31 | 32 | 33 | 34 | 35 | 36 | 37 | 38 | 39 | 40 | 41 | 42 |
| 信号线定义 | DQ11 | VSS | DQ16 | DQ17 | VSS | DQS#2 | DQS2 | VSS | DQ18 | DQ19 | VSS | DQ24 | DQ25 | VSS | DQS#3 | DQS3 | VSS | DQ26 | DQ27 | VSS | NC |
| 针脚 | 43 | 44 | 45 | 46 | 47 | 48 | 49 | 50 | 51 | 52 | 53 | 54 | 55 | 56 | 57 | 58 | 59 | 60 | 61 | 62 | 63 |
| 信号线定义 | NC | VSS | DQS#8 | DQS8 | VSS | NC | NC | VSS | VDDQ | CKE0 | VDD | A16 | NC | VDDQ | A11 | A7 | VDD | A5 | A4 | VDDQ | A2 |
| 针脚 | 64 | 65 | 66 | 67 | 68 | 69 | 70 | 71 | 72 | 73 | 74 | 75 | 76 | 77 | 78 | 79 | 80 | 81 | 82 | 83 | 84 |
| 信号线定义 | VDD | VSS | VSS | VDD | NC | VDD | A10/AP | BA0 | VDDQ | WE# | CAS# | VDDQ | S1# | QDT1 | VDDQ | VSS | DQ32 | DQ33 | VSS | DQS#4 | DQS4 |
| 针脚 | 85 | 86 | 87 | 88 | 89 | 90 | 91 | 92 | 93 | 94 | 95 | 96 | 97 | 98 | 99 | 100 | 101 | 102 | 103 | 104 | 105 |
| 信号线定义 | VSS | DQ34 | DQ35 | VSS | DQ40 | DQ41 | VSS | DQS#5 | DQS5 | VSS | DQ42 | DQ43 | VSS | DQ48 | DQ49 | VSS | SA2 | NC/TEST | VSS | DQS#6 | DQS6 |
| 针脚 | 106 | 107 | 108 | 109 | 110 | 111 | 112 | 113 | 114 | 115 | 116 | 117 | 118 | 119 | 120 | 121 | 122 | 123 | 124 | 125 | 126 |
| 信号线定义 | VSS | DQ50 | DQ51 | VSS | DQ56 | DQ57 | VSS | DQS#7 | DQS7 | VSS | DQ58 | DQ59 | VSS | SDA | SCL | VSS | DQ4 | DQ5 | VSS | DM0 | NC |
| 针脚 | 127 | 128 | 129 | 130 | 131 | 132 | 133 | 134 | 135 | 136 | 137 | 138 | 139 | 140 | 141 | 142 | 143 | 144 | 145 | 146 | 147 |
| 信号线定义 | VCC | DQ6 | DQ7 | VSS | DQ12 | DQ13 | VSS | DM1 | NC | VSS | CK1 | CK1# | VSS | DQ14 | DQ15 | VSS | DQ20 | DQ21 | VSS | DM2 | NC |
| 针脚 | 148 | 149 | 150 | 151 | 152 | 153 | 154 | 155 | 156 | 157 | 158 | 159 | 160 | 161 | 162 | 163 | 164 | 165 | 166 | 167 | 168 |
| 信号线定义 | VSS | DQ22 | DQ23 | VSS | DQ28 | DQ29 | VSS | DM3 | NC | VSS | DQ30 | DQ31 | VSS | NC | NC | VSS | DM8 | NC | VSS | NC | NC |
| 针脚 | 169 | 170 | 171 | 172 | 173 | 174 | 175 | 176 | 177 | 178 | 179 | 180 | 181 | 182 | 183 | 184 | 185 | 186 | 187 | 188 | 189 |
| 信号线定义 | VSS | VDDQ | CKE1 | VDD | A15 | A14 | VDDQ | A12 | A9 | VDD | A8 | A6 | VDDQ | A3 | A1 | VDD | CK0 | CK0# | VDD | A0 | VDD |
| 针脚 | 190 | 191 | 192 | 193 | 194 | 195 | 196 | 197 | 198 | 199 | 200 | 201 | 202 | 203 | 204 | 205 | 206 | 207 | 208 | 209 | 210 |
| 信号线定义 | BA1 | VDDQ | RAS# | S0# | VDDQ | QDT0 | A13 | VDD | VSS | DQ36 | DQ37 | VSS | DM4 | NC | VSS | DQ38 | DQ39 | VSS | DQ44 | DQ45 | VSS |
| 针脚 | 211 | 212 | 213 | 214 | 215 | 216 | 217 | 218 | 219 | 220 | 221 | 222 | 223 | 224 | 225 | 226 | 227 | 228 | 229 | 230 | 231 |
| 信号线定义 | DM5 | NC | VSS | DQ46 | DQ47 | VSS | DQ52 | DQ53 | VSS | CK2 | CK2# | VSS | DM6 | NC | VSS | DQ54 | DQ55 | VSS | DQ60 | DQ61 | VSS |
| 针脚 | 232 | 233 | 234 | 235 | 236 | 237 | 238 | 239 | 240 | | | | | | | | | | | | |
| 信号线定义 | DM7 | NC | VSS | DQ62 | DQ63 | VSS | VDDSPD | SA0 | SA1 | | | | | | | | | | | | |

图 12-70

## 2. 打开画好的主板

第 1 步：按照上面的预仿真画板子，板子画完后再由 HyperLynx 软件导入变成主控板，打开主控板文件 Controlmboard.hyp，如图 12-71 所示。

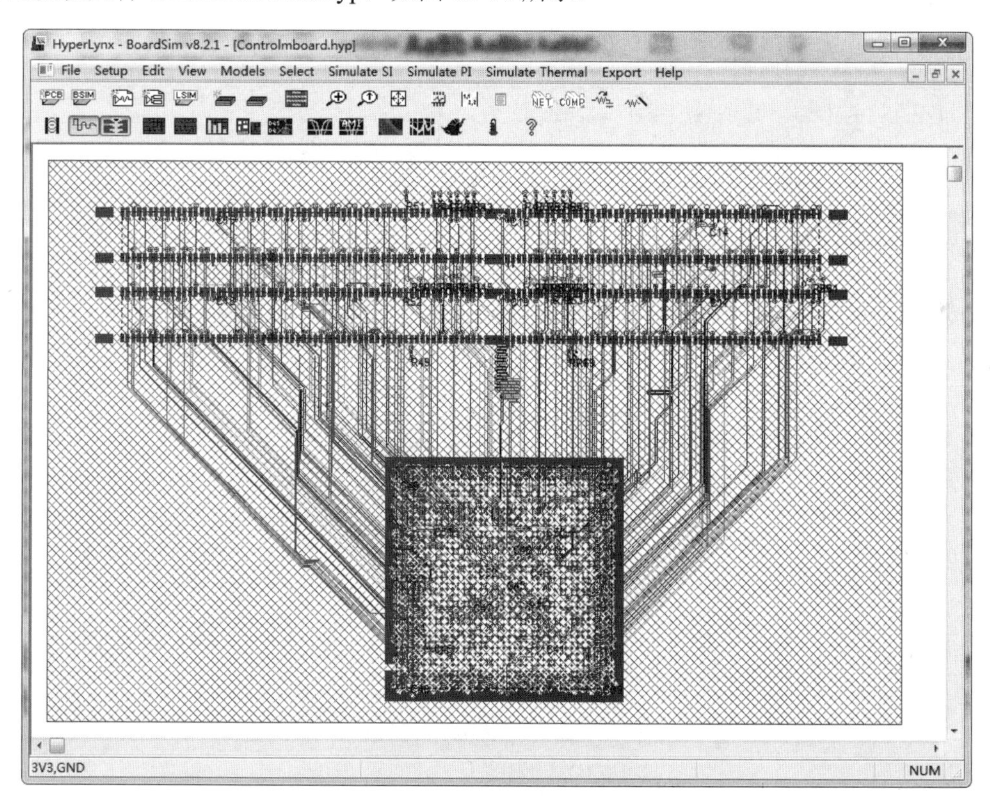


图 12-71

第 2 步：执行菜单命令 Setup>Power Supplies，在弹出的对话框中编辑电源网络，然后执行菜单命令 Setup>Stack>Edit，在弹出的对话框中进行相应设置。具体设置如图 12-72 和图 12-73 所示。

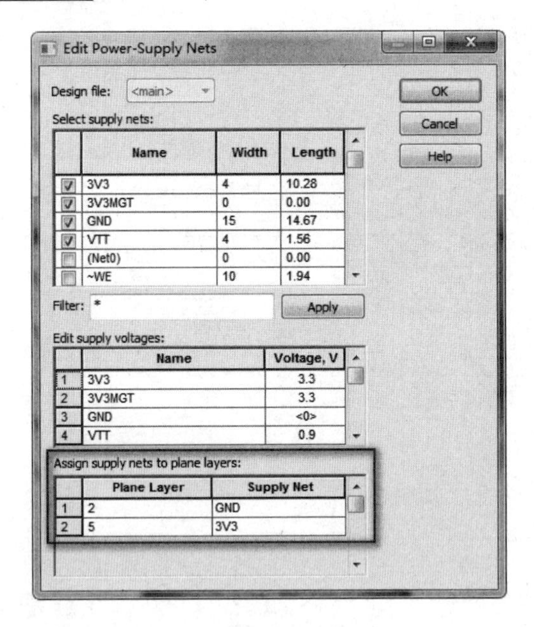


图 12-72

Basic | Dielectric | Metal | Z0 Planning | Custom View

| | Visible | Color | Pour Draw Style | Layer Name | Type | Usage | Thickness mils, oz | Er | Test Width mils | Z0 ohm |
|---|---|---|---|---|---|---|---|---|---|---|
| 1 | | | | | Dielectric | Solder Mask | 0.5 | 3.3 | | |
| 2 | ☑ | | Solid | 1 | Metal | Signal | 1 | <Auto | 4 | 60.2 |
| 3 | | | | | Dielectric | Substrate | 3.8 | 4.3 | | |
| 4 | ☑ | | Hatched | 2 | Metal | Plane | 1 | <Auto | 6 | 69.2 |
| 5 | | | | | Dielectric | Substrate | 5.6 | 4.3 | | |
| 6 | ☑ | | Solid | 3 | Metal | Signal | 1 | <Auto | 4 | 60.1 |
| 7 | | | | | Dielectric | Substrate | 34 | 4.3 | | |
| 8 | ☑ | | Solid | 4 | Metal | Signal | 1 | <Auto | 4 | 60.1 |
| 9 | | | | | Dielectric | Substrate | 5.6 | 4.3 | | |
| 10 | ☑ | | Hatched | 5 | Metal | Plane | 1 | <Auto | 6 | 69.2 |
| 11 | | | | | Dielectric | Substrate | 3.8 | 4.3 | | |
| 12 | ☑ | | Solid | 6 | Metal | Signal | 1 | <Auto | 4 | 60.2 |
| 13 | | | | | Dielectric | Solder Mask | 0.5 | 3.3 | | |

图 12-73

### 3. 建立多板工程

第 1 步：到目前为止只是单板工程，我们需要把主控板和 2 个内存条链接起来建立一个多板工程，需要准备 3 个文件夹，如图 12-74 所示。

CONTROLMBOARD 主控板
SLOT1 内存条1
SLOT2 内存条2

图 12-74

第 2 步：按照图 12-75 中所示的步骤打开多板工程向导，新建一个多板工程，并命名为 Control_2_ddr2.pjh。

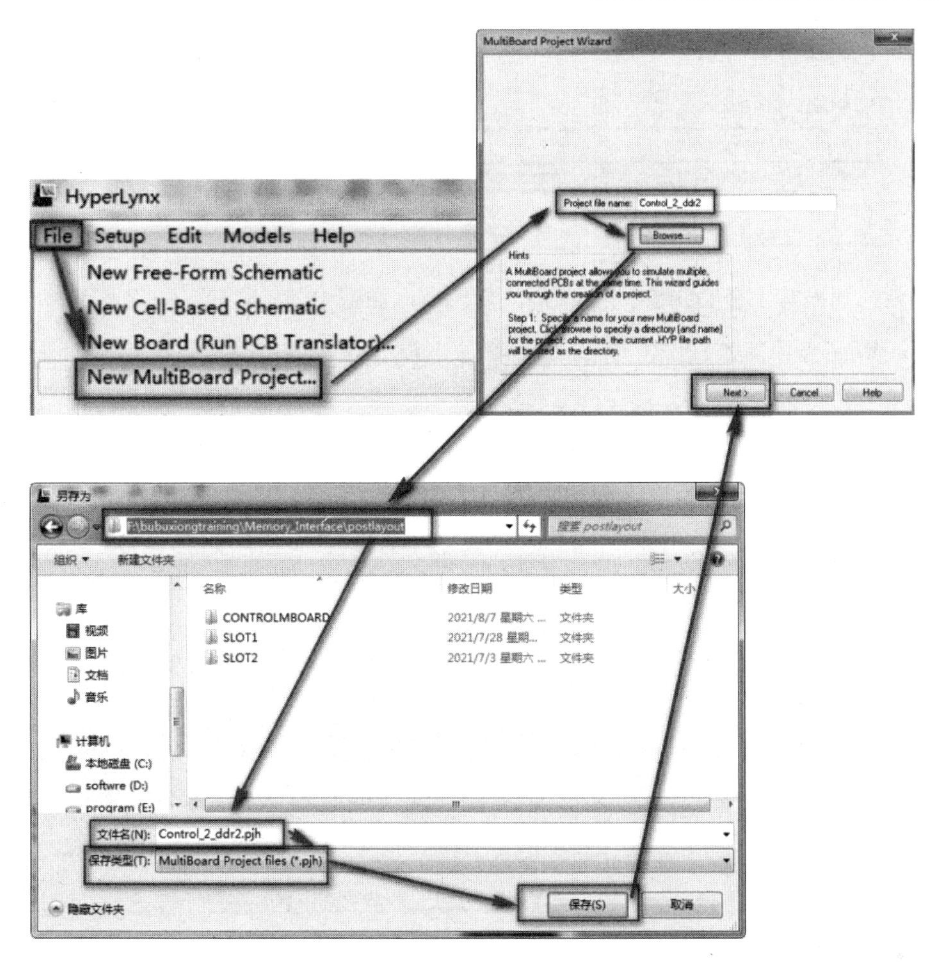


图 12-75

第 3 步：单击图 12-75 中的“Next”按钮后，在弹出的对话框中按照图 12-76 中所示的步骤进行操作。

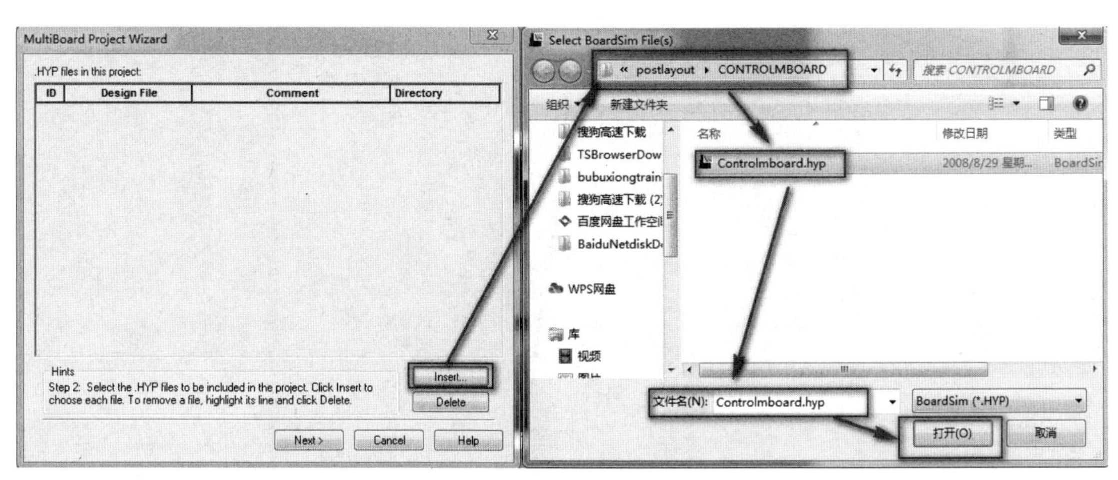


图 12-76

第 4 步：在弹出的对话框中输入 Comment 内容，如图 12-77 所示。

图 12-77

第 5 步：插入第 1 个 DDR2 的内存条，具体操作如图 12-78 所示。

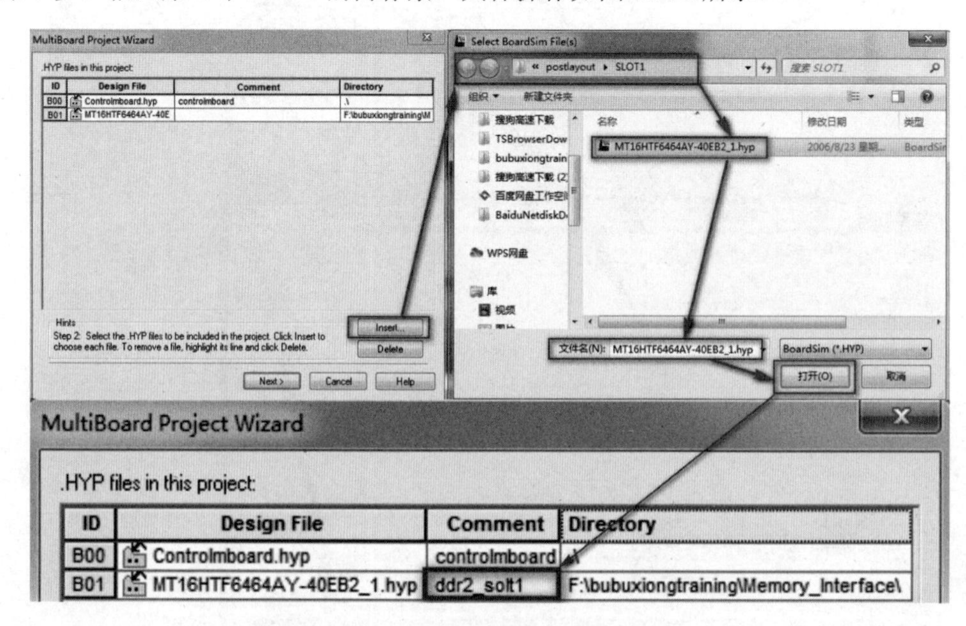


图 12-78

第 6 步：重复图 12-78 中所示的操作插入第二个内存条后的框图如图 12-79 所示。

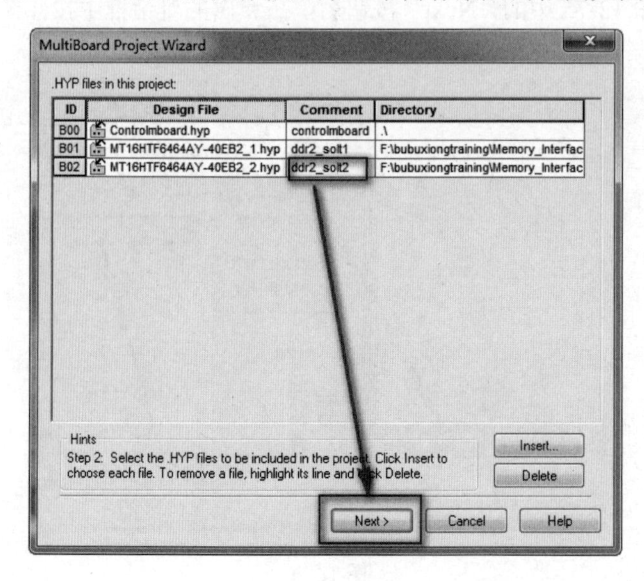


图 12-79

第 7 步：单击图 12-79 中的“Next”按钮后，链接第一个内存条，具体操作如图 12-80 所示。

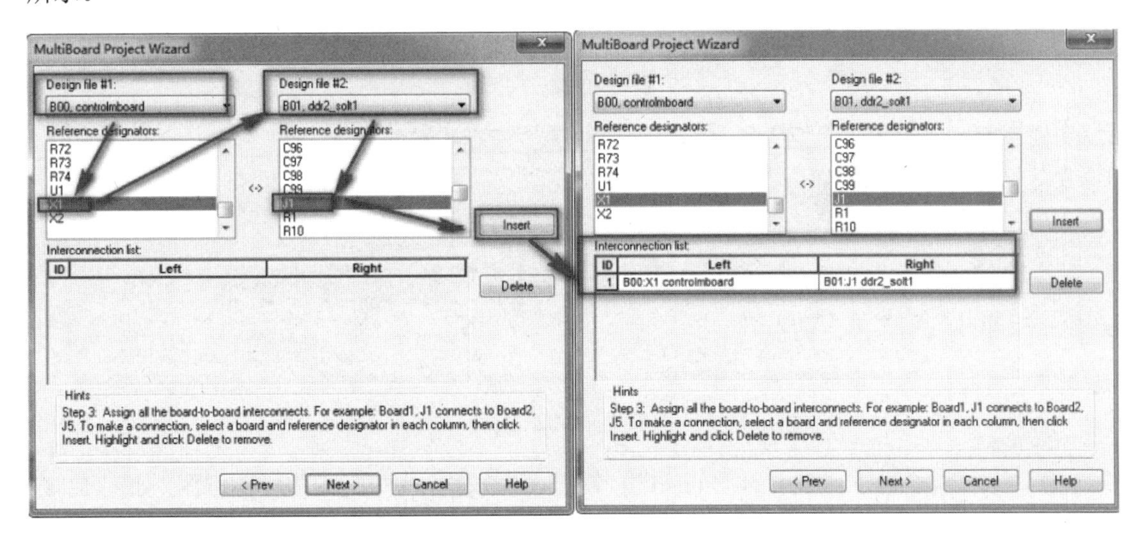


图 12-80

第 8 步：再次链接另一个内存条，如图 12-81 所示。

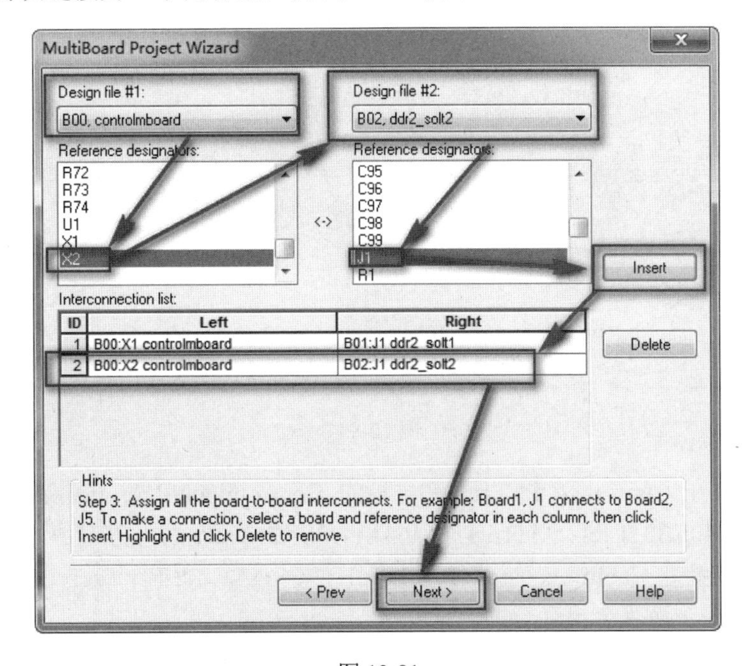


图 12-81

第 9 步：在弹出的对话框中按照图 12-82 中所示的步骤添加 2 个内存插槽的寄生参数。

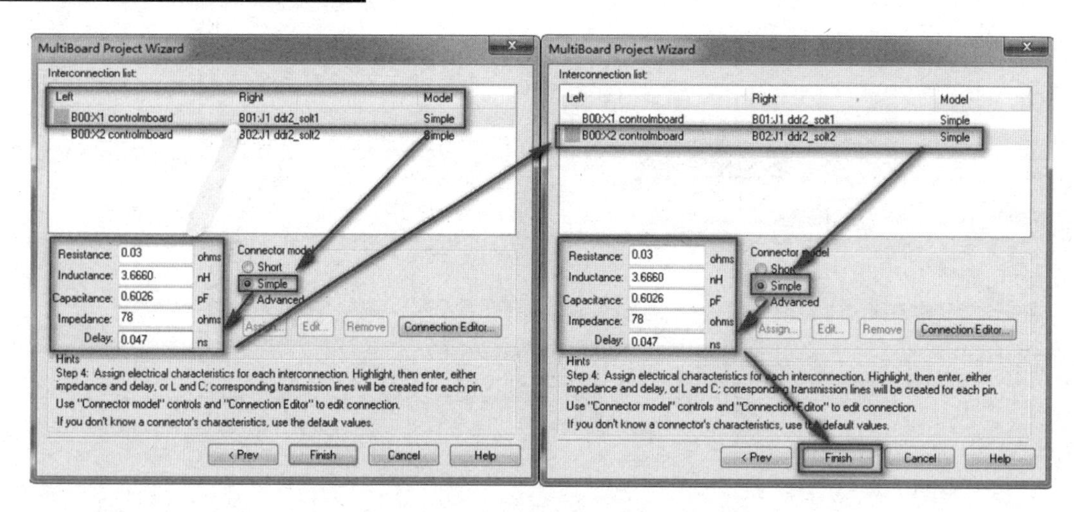


图 12-82

第 10 步：单击图 12-82 中的“Finish”按钮后，弹出建立完成后的多板工程图，如图 12-83 所示。

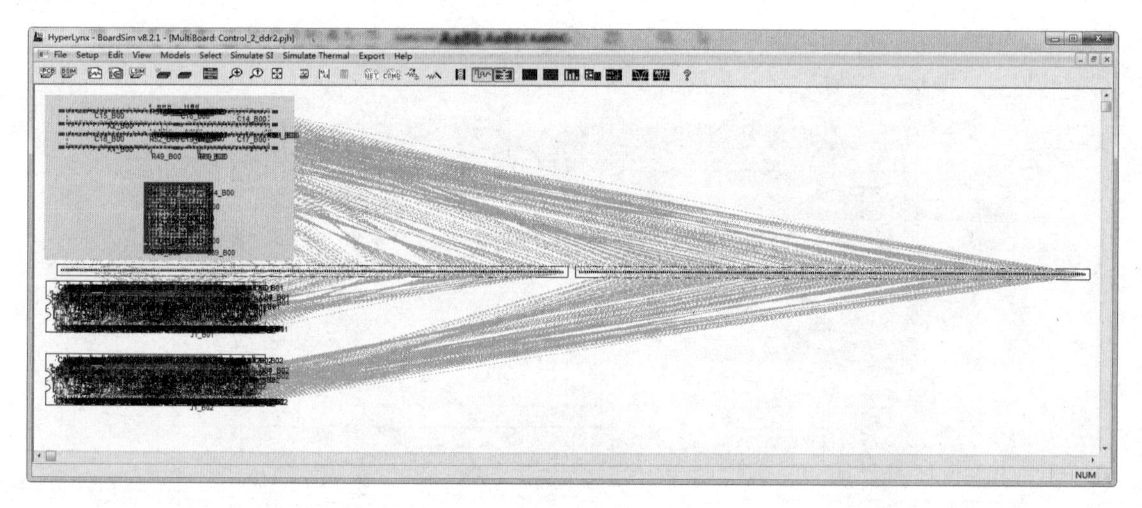


图 12-83

第 11 步：打开 Control_2_ddr2.ref 和主控的 Controlmboard.ref，以及 DDR2 的内存条 MT16HTF6464AY-40EB2_1.ref、MT16HTF6464AY-40EB2_2.ref，发现当建立多板工程后产生的 Control_2_ddr2.ref 就是 Controlmboard.ref、MT16HTF6464AY-40EB2_1.ref、MT16HTF6464AY-40EB2_2.ref 的合并，而且会自动合并。

### 4．利用 HyperLynx 的 DDRX 向导进行 DDR2 仿真

第 1 步：执行菜单命令 Simulate SI>Run DDRx Batch Simulation（DDRx Batch-Mode Wizard），出现 DDRx 向导，如图 12-84 所示。

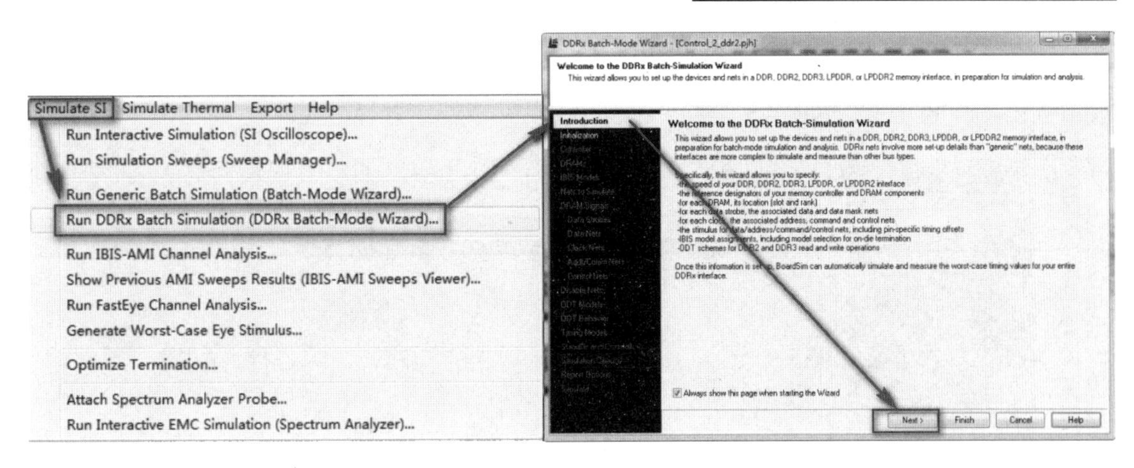


图 12-84

第 2 步：单击图 12-84 中的“Next”按钮后，出现初始化页面。在该页面中进行相应操作，具体如图 12-85 所示。

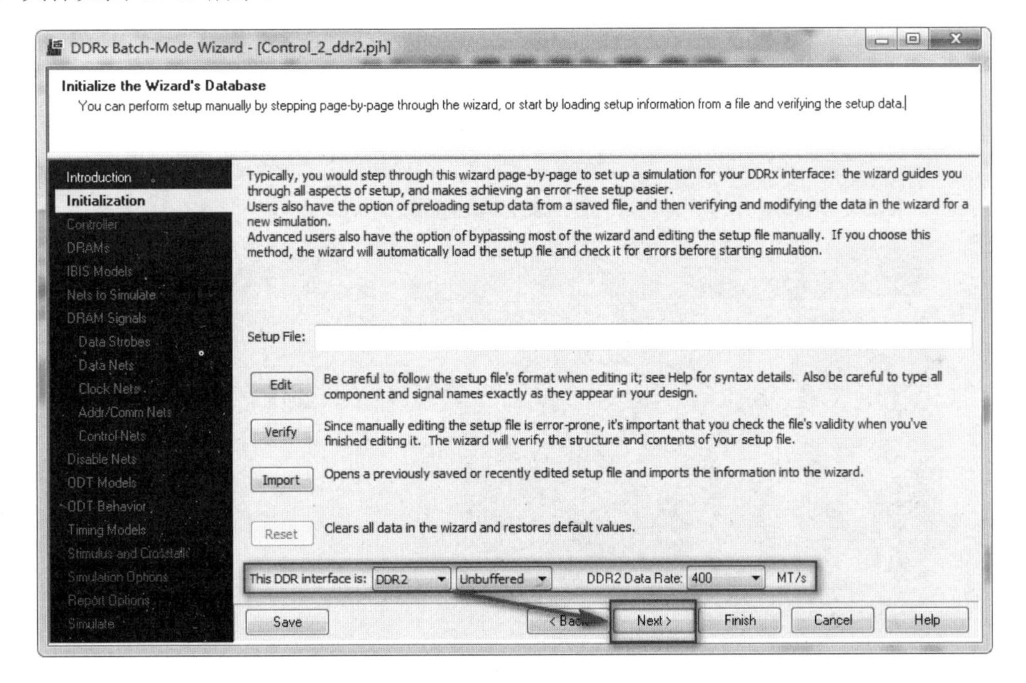


图 12-85

第 3 步：单击图 12-85 的“Next”按钮后，出现内存控制器选择页面。在该页面中进行相应操作，具体如图 12-86 所示。

第 4 步：单击图 12-86 的“Next”按钮后，出现指定内存参考标识和内存位置页面。在该页面中进行相应操作，具体如图 12-87 所示。

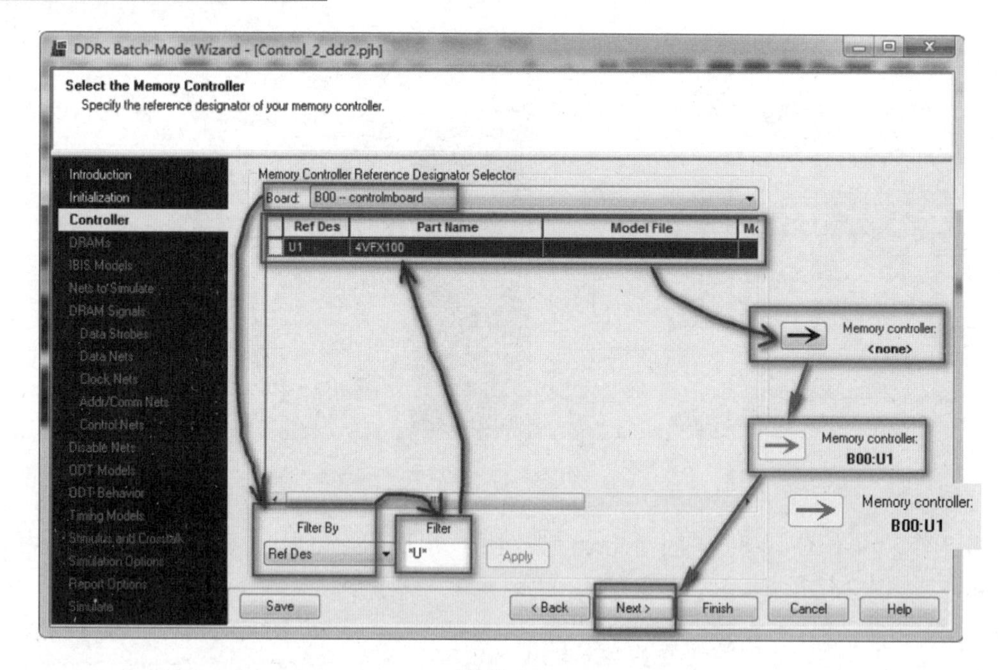


图 12-86

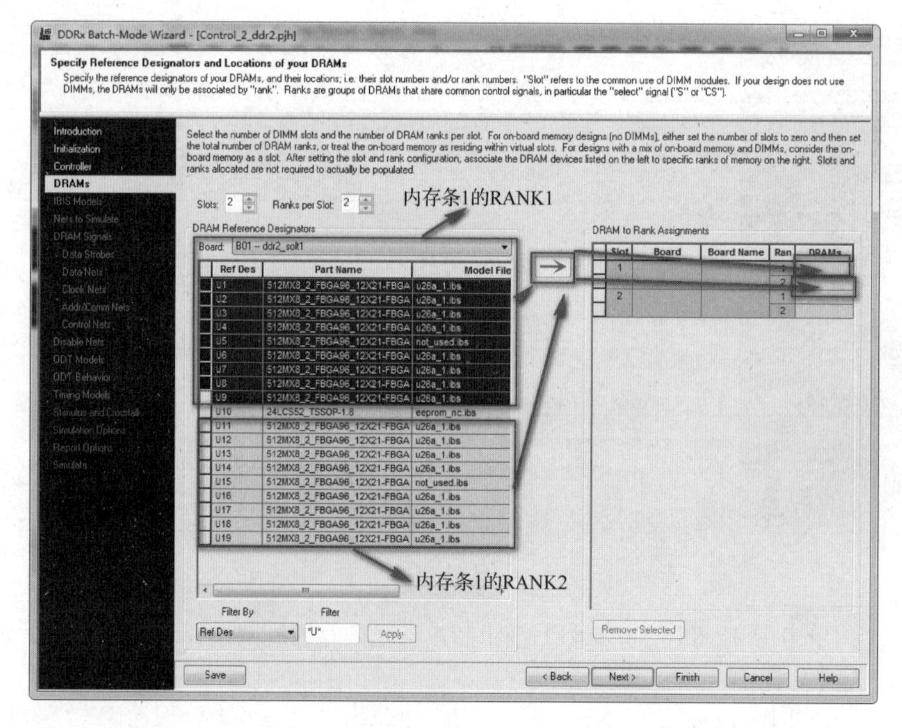


图 12-87

第 5 步：添加完内存插槽 1 的内存颗粒后，添加内存插槽 2 的内存颗粒，添加完后如图 12-88 所示。

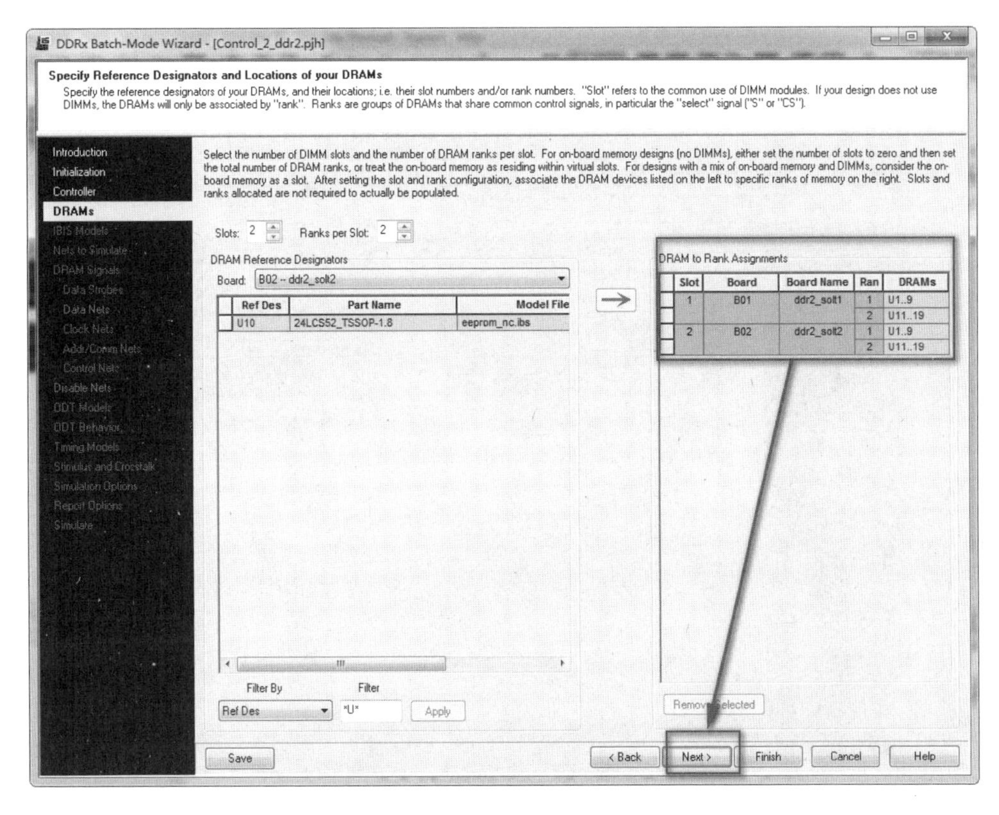


图 12-88

第 6 步：因为全部加上内存颗粒会影响仿真速度，我们这里只做演示，所以通过图 12-88 中的“Remove Selected”按钮移除所有内存颗粒，然后每个 RANK 只加一个内存颗粒，如 DQ0，如图 12-89 所示。

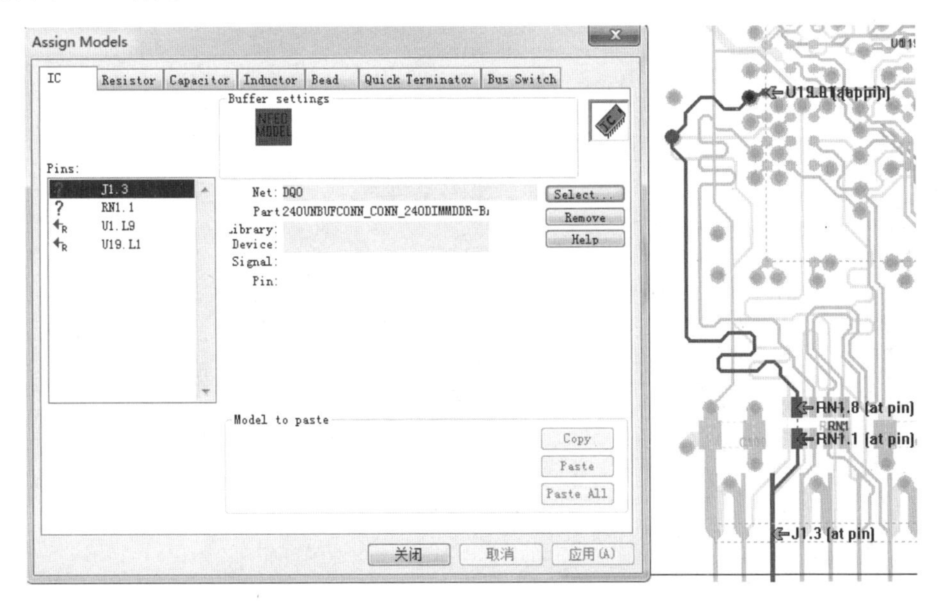


图 12-89

第 7 步：现在只加上图 12-89 中所示的正反 2 颗粒，这样仿真速度快一点，这里只是演示一个仿真过程。重新添加颗粒后如图 12-90 所示。

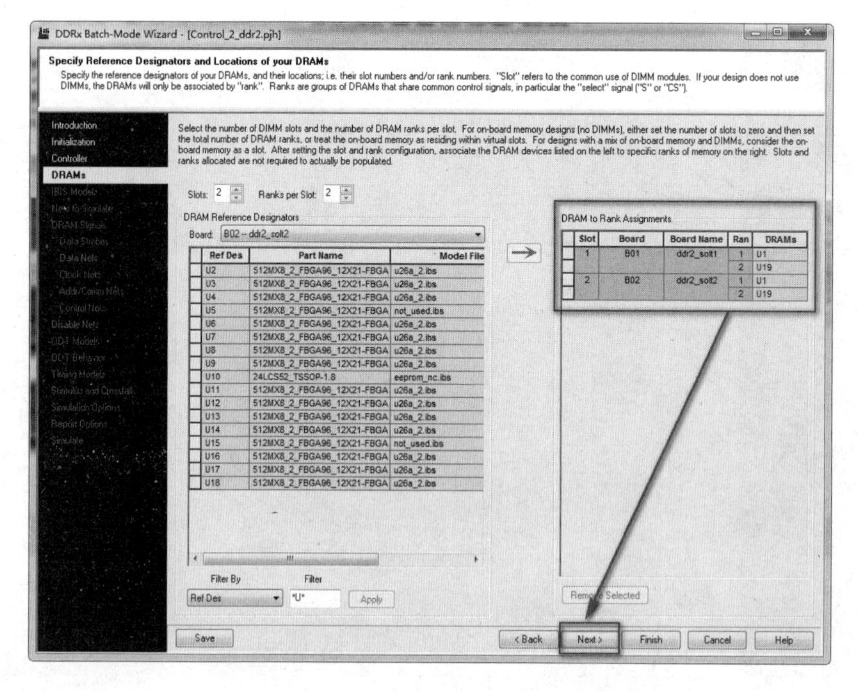

图 12-90

第 8 步：单击图 12-90 中的“Next”按钮后，出现验证 IBIS 模型分配页面。在该页面中进行相应操作，具体如图 12-91 所示。

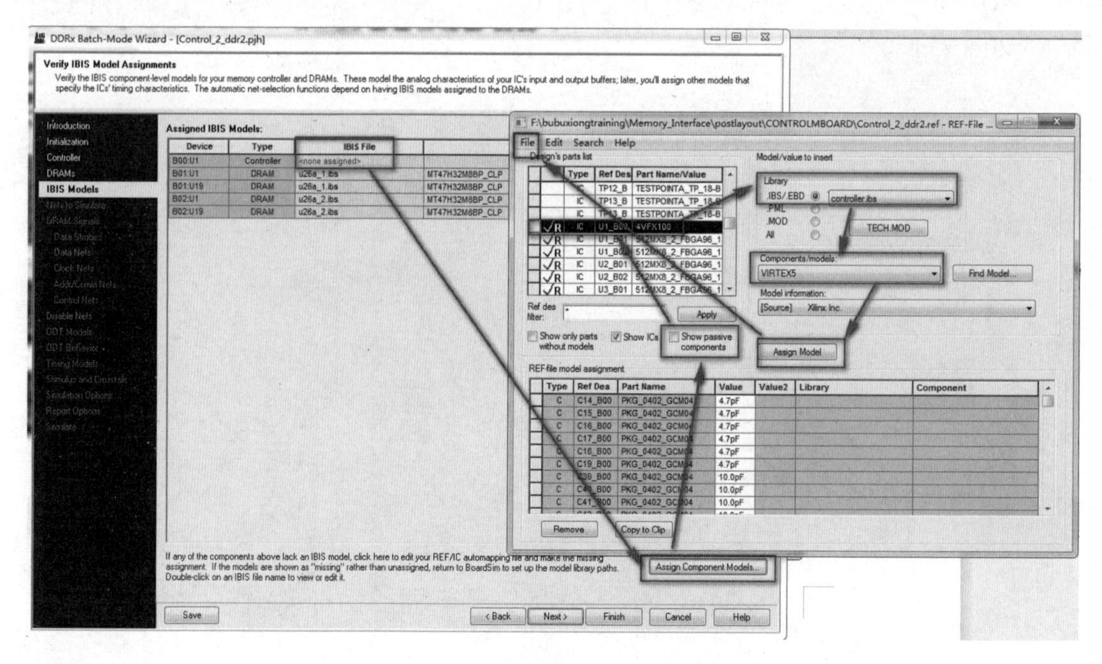

图 12-91

第 9 步：执行菜单命令 File>Save，存一下 ref 文件，然后打开 Control_2_ddr2.ref 文件，发现 U1 已经赋上模型了，如图 12-92 所示。

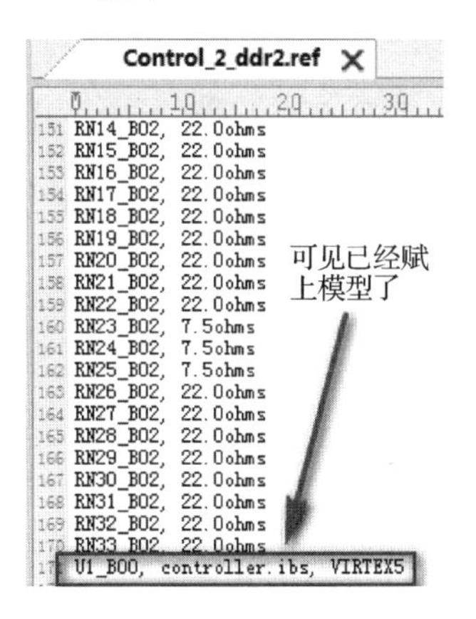


图 12-92

第 10 步：如图 12-93 中所示的变化，原来没有赋模型的圈出来的提示处，已经赋好了模型。

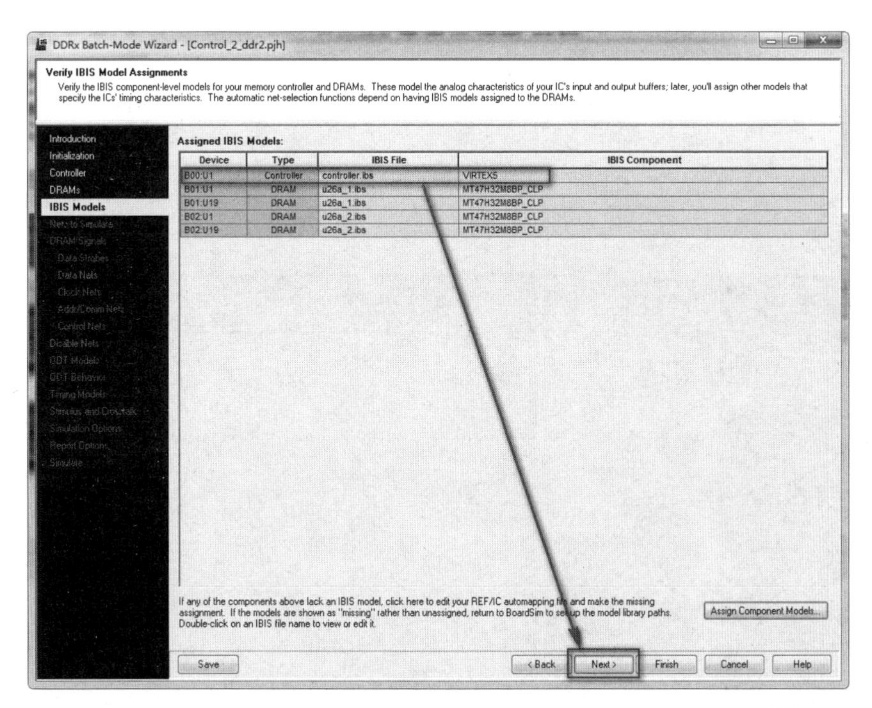


图 12-93

第 11 步：单击图 12-93 中的“Next”按钮后，出现分配模拟 DDRx 接口的部分内容页面。在该页面中进行相应操作，具体如图 12-94 所示。

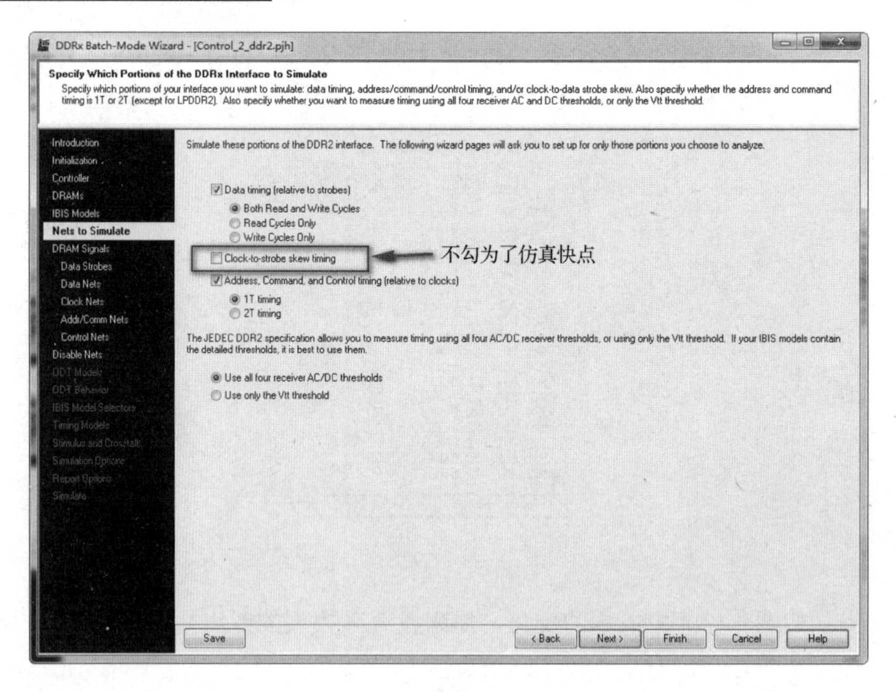


图 12-94

第 12 步：单击图 12-94 中的“Next”按钮后，出现 DRAM 信号汇总页面。在该页面中进行相应操作，具体如图 12-95 所示。

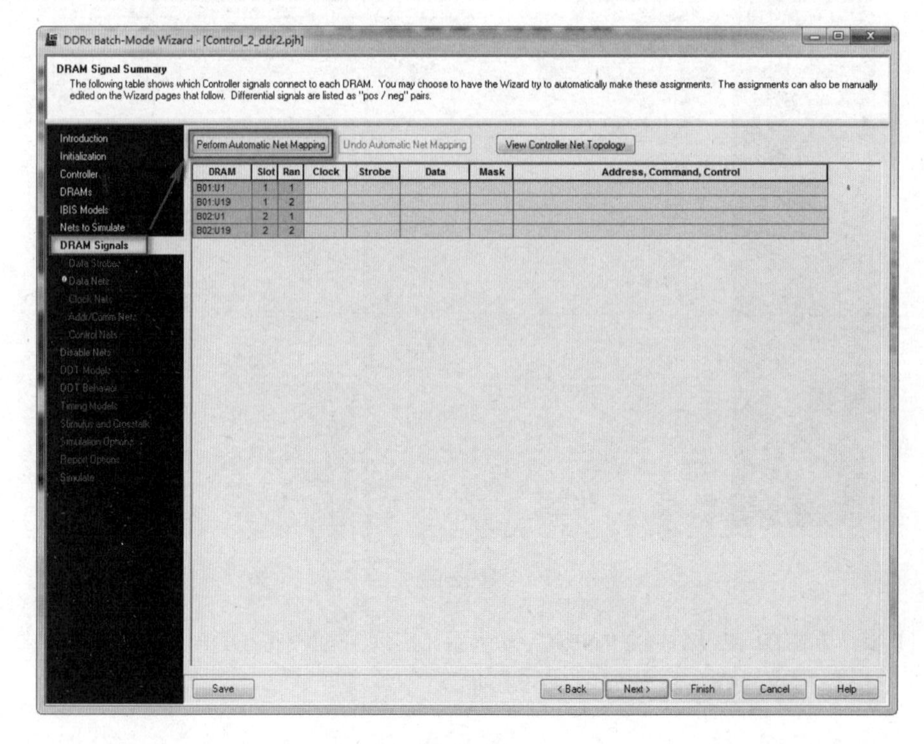


图 12-95

第 13 步：执行完自动网络映射后的 DRAM 信号汇总页面如图 12-96 所示。

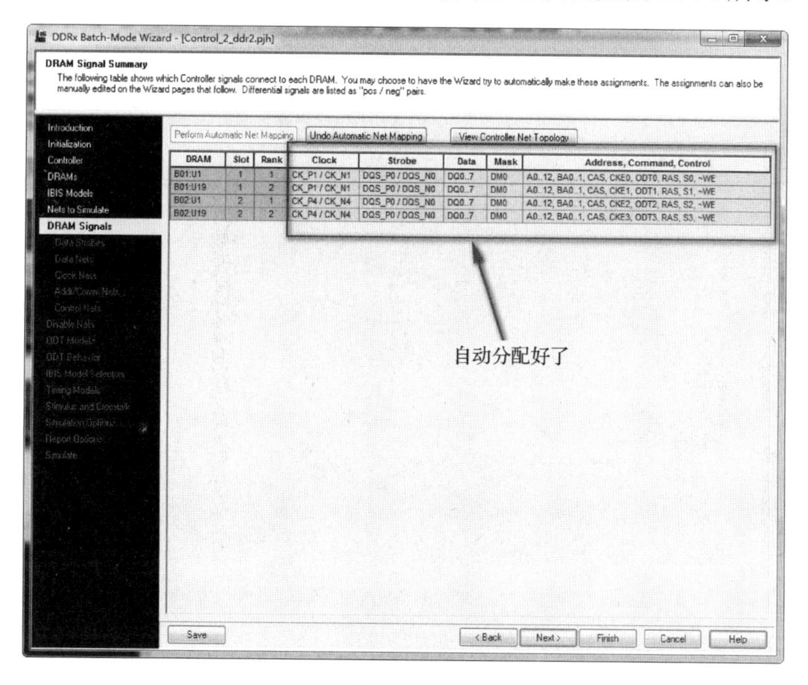


图 12-96

第 14 步：单击图 12-96 中的“Next”按钮后，出现分配数据选通网络页面。在该页面中进行相应操作，具体如图 12-97 所示。

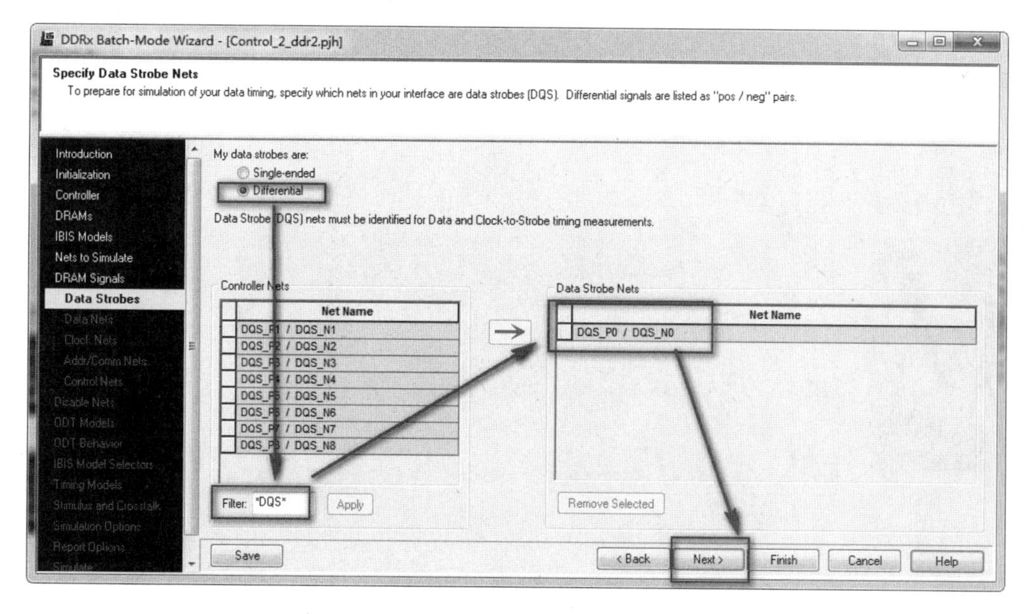


图 12-97

第 15 步：单击图 12-97 中的“Next”按钮后，出现分配数据网络页面。在该页面中进行相应操作，具体如图 12-98 所示。

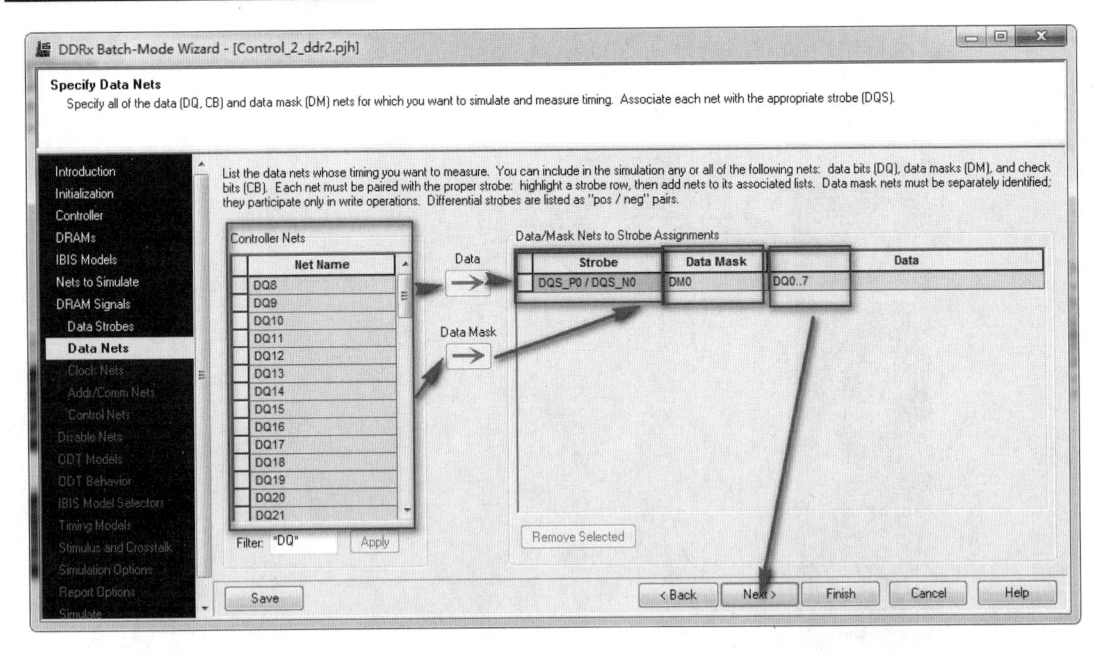


图 12-98

第 16 步：单击图 12-98 中的“Next”按钮后，出现分配时钟网络页面，如图 12-99 所示。

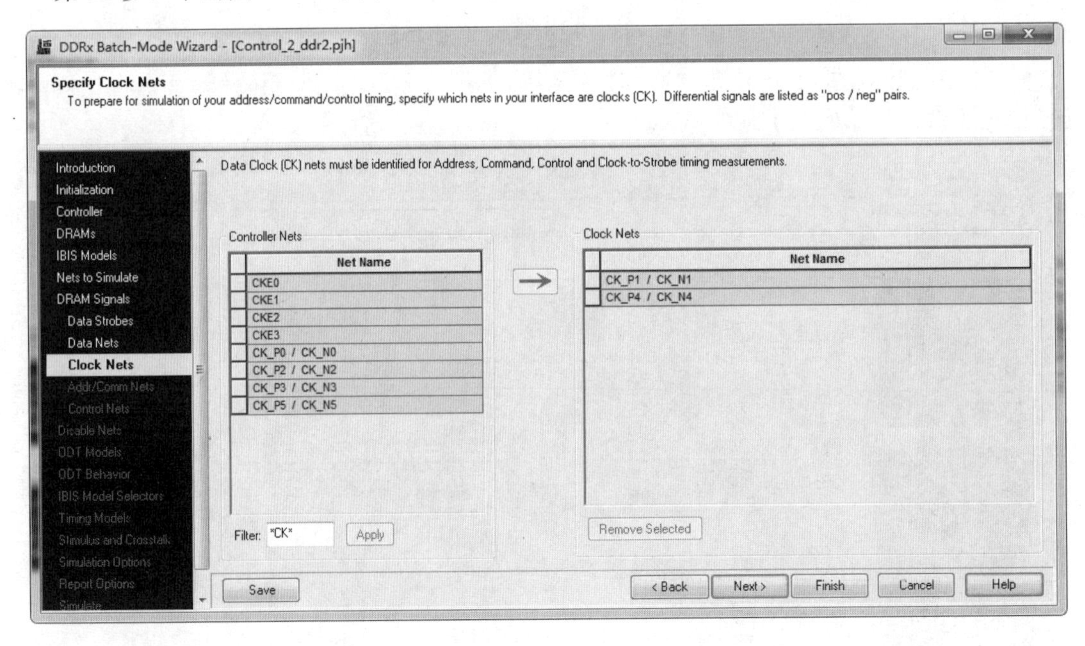


图 12-99

第 17 步：单击图 12-99 中的“Next”按钮后，出现分配地址和命令网络页面，如图 12-100 所示。

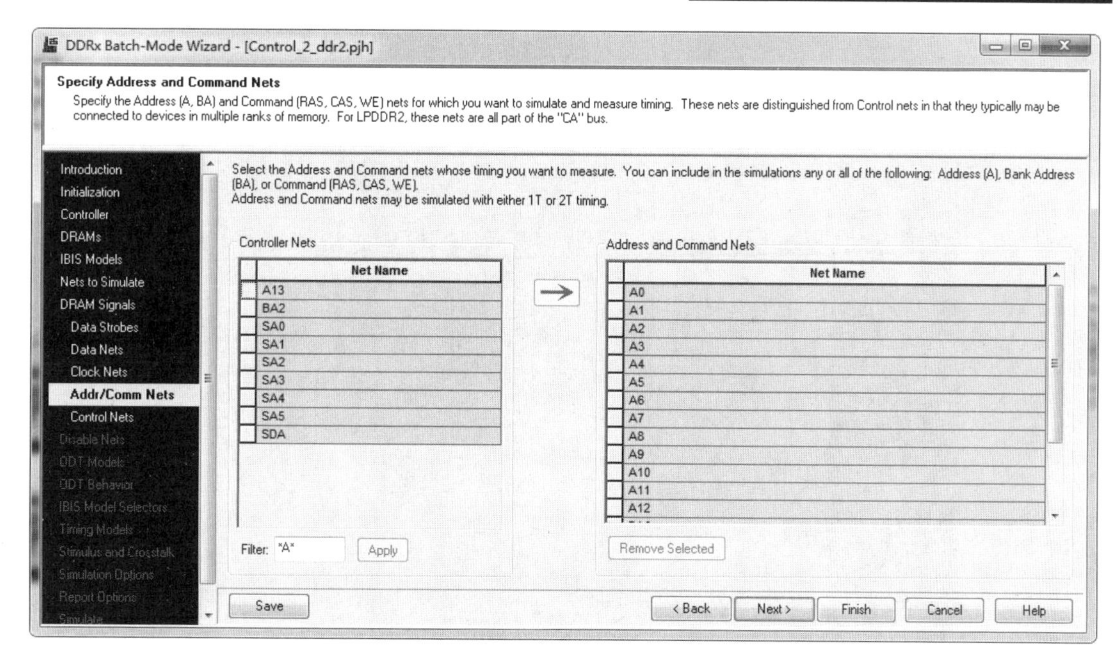
DDRx Batch-Mode Wizard - [Control_2_ddr2.pjh]
Specify Address and Command Nets
Specify the Address (A, BA) and Command (RAS, CAS, WE) nets for which you want to simulate and measure timing. These nets are distinguished from Control nets in that they typically may be connected to devices in multiple ranks of memory. For LPDDR2, these nets are all part of the "CA" bus.
Introduction
Initialization
Controller
DRAMs
IBIS Models
Nets to Simulate
DRAM Signals
Data Strobes
Data Nets
Clock Nets
Addr/Comm Nets
Control Nets
Select the Address and Command nets whose timing you want to measure. You can include in the simulations any or all of the following: Address (A), Bank Address (BA), or Command (RAS, CAS, WE).
Address and Command nets may be simulated with either 1T or 2T timing.
Controller Nets
Net Name
A13
BA2
SA0
SA1
SA2
SA3
SA4
SA5
SDA
Address and Command Nets
Net Name
A0
A1
A2
A3
A4
A5
A6
A7
A8
A9
A10
A11
A12
Filter: "A*"
Apply
Remove Selected
Save
< Back
Next >
Finish
Cancel
Help

图 12-100

第 18 步：单击图 12-100 中的“Next”的按钮后，出现分配控制网络页面，如图 12-101 所示。

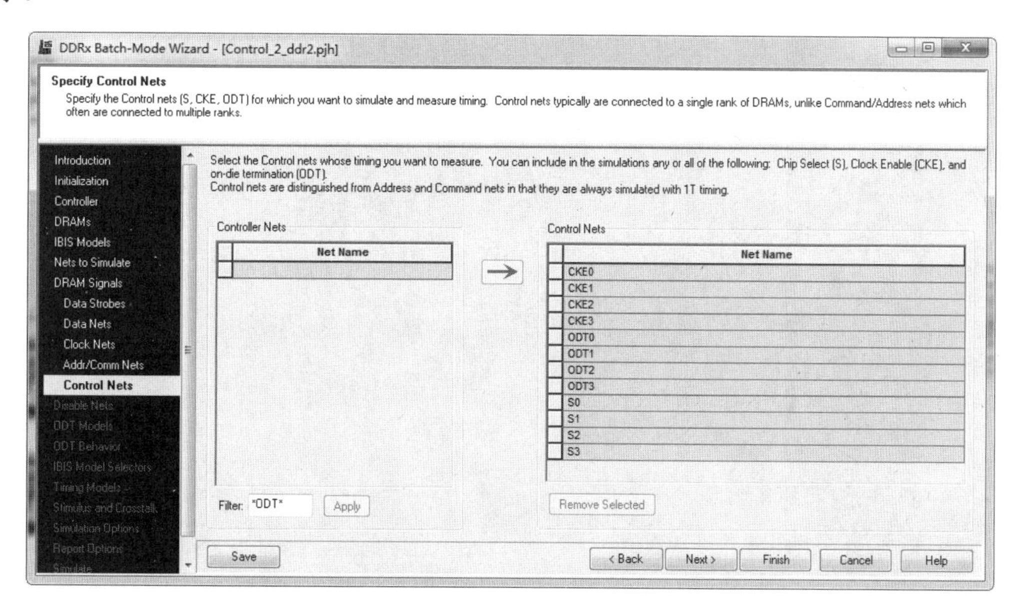
DDRx Batch-Mode Wizard - [Control_2_ddr2.pjh]
Specify Control Nets
Specify the Control nets (S, CKE, ODT) for which you want to simulate and measure timing. Control nets typically are connected to a single rank of DRAMs, unlike Command/Address nets which often are connected to multiple ranks.
Introduction
Initialization
Controller
DRAMs
IBIS Models
Nets to Simulate
DRAM Signals
Data Strobes
Data Nets
Clock Nets
Addr/Comm Nets
Control Nets
Select the Control nets whose timing you want to measure. You can include in the simulations any or all of the following: Chip Select (S), Clock Enable (CKE), and on-die termination (ODT).
Control nets are distinguished from Address and Command nets in that they are always simulated with 1T timing.
Controller Nets
Net Name
Control Nets
Net Name
CKE0
CKE1
CKE2
CKE3
ODT0
ODT1
ODT2
ODT3
S0
S1
S2
S3
Filter: "ODT*"
Apply
Remove Selected
Save
< Back
Next >
Finish
Cancel
Help

图 12-101

第 19 步：单击图 12-101 中的“Next”的按钮后，出现禁止特定网络页面。在该页面中进行相应操作，具体如图 12-102 所示。

第 20 步：为了仿真速度快点，不勾选图 12-102 中的框选内容后，图 12-102 变为图 12-103。

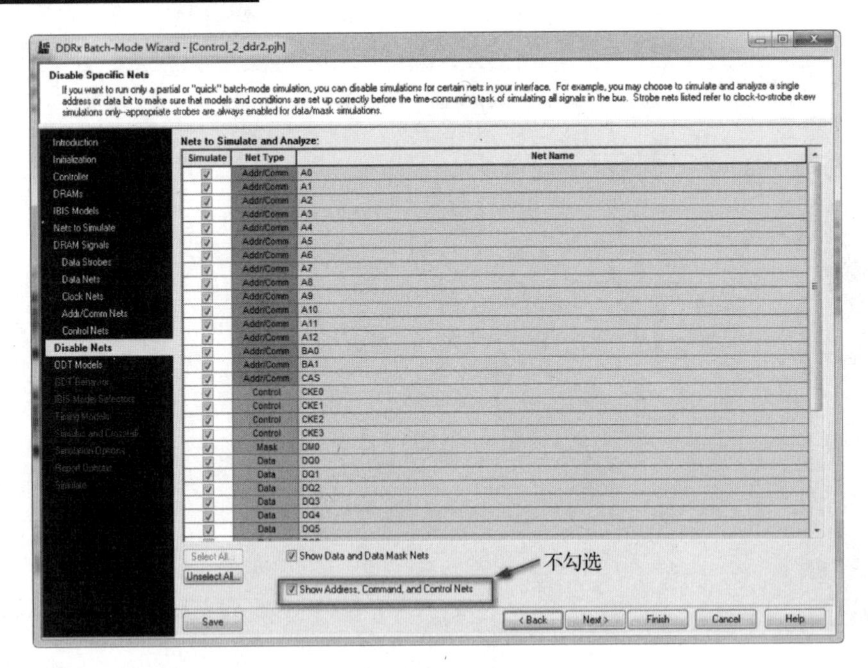


图 12-102

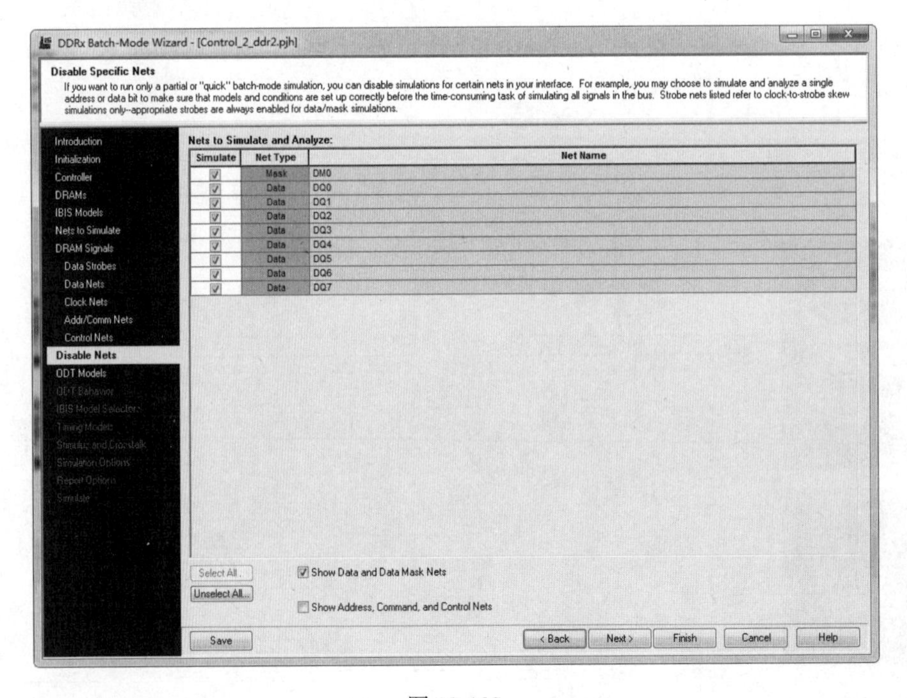


图 12-103

第 21 步：单击图 12-103 中的“Next”按钮后，出现分配 ODT 模型页面，如图 12-104 所示。

第 22 步：分配完后的 ODT 模型页面如图 12-105 所示。

第 23 步：单击图 12-105 中的“Next”按钮后，出现验证 ODT 行为页面，如图 12-106 所示。

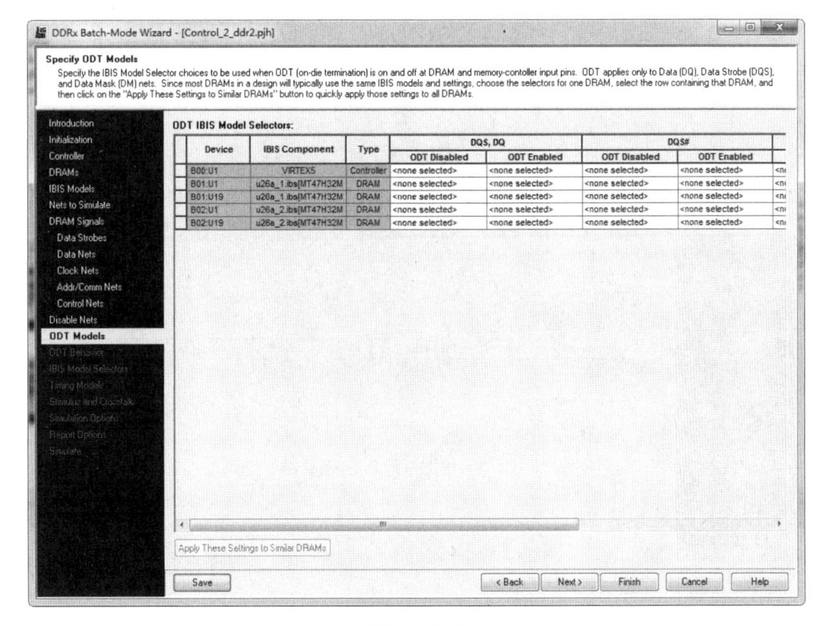

图 12-104

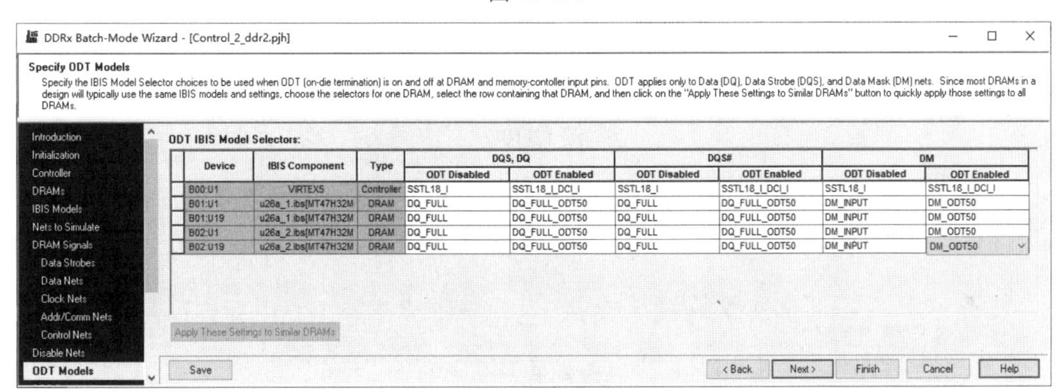

图 12-105

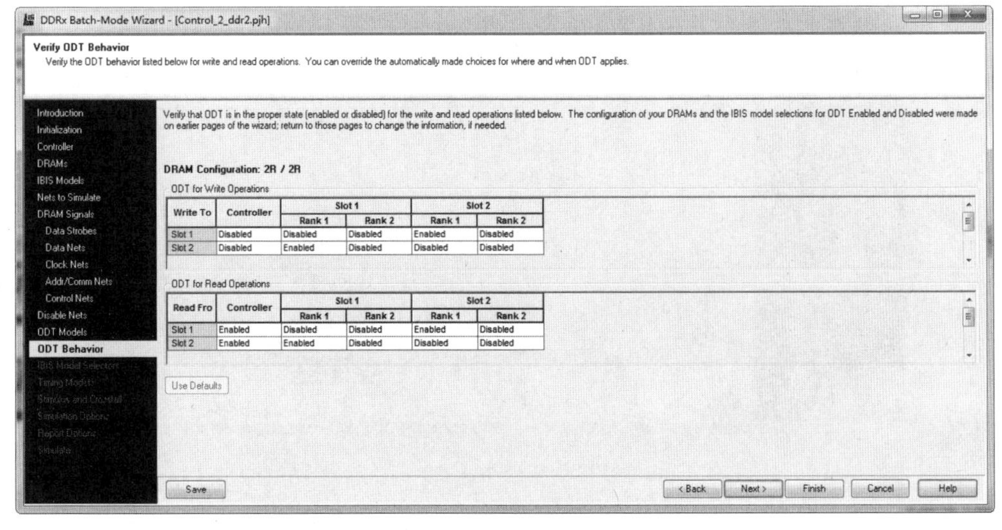

图 12-106

第 24 步：单击图 12-106 中的“Next”按钮后，出现为非 ODT 信号分配 IBIS 模型页面，如图 12-107 所示。

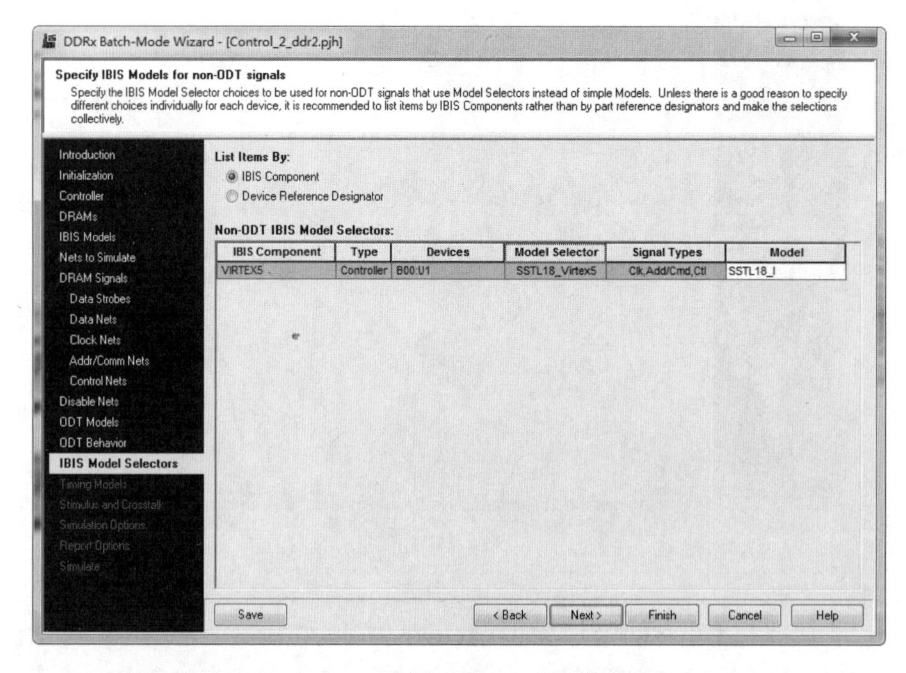


图 12-107

第 25 步：单击图 12-107 中的“Next”按钮后，出现分配时序模型页面。在该页面中进行相应操作，具体如图 12-108 所示。

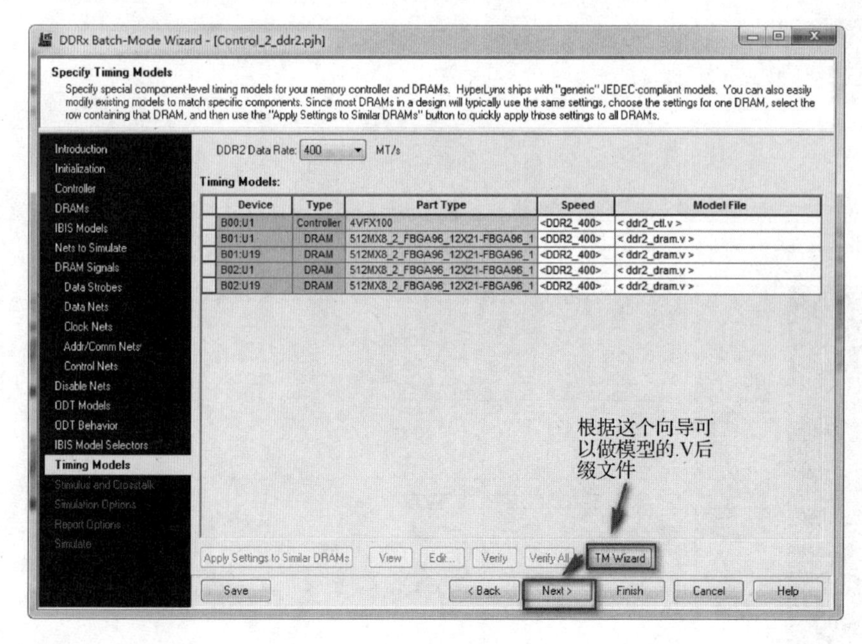


图 12-108

第 26 步：单击图 12-108 中的“Next”按钮后，出现分配激励和串扰设置页面。在该页面中进行相应操作，具体如图 12-109 所示。

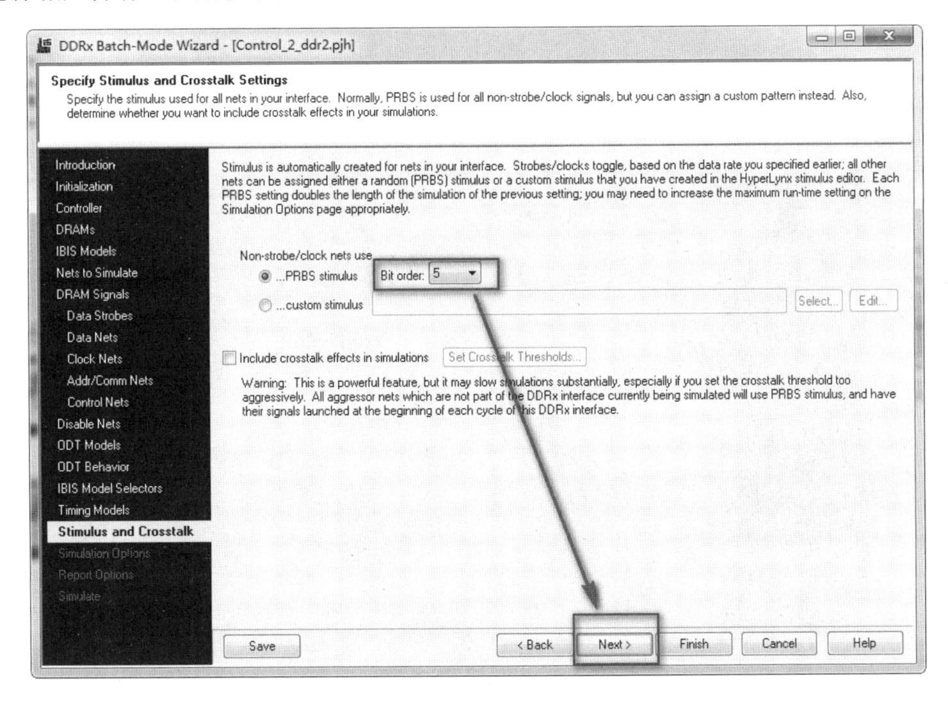
DDRx Batch-Mode Wizard - [Control_2_ddr2.pjh]
Specify Stimulus and Crosstalk Settings
Specify the stimulus used for all nets in your interface. Normally, PRBS is used for all non-strobe/clock signals, but you can assign a custom pattern instead. Also, determine whether you want to include crosstalk effects in your simulations.
Introduction
Initialization
Controller
DRAMs
IBIS Models
Nets to Simulate
DRAM Signals
Data Strobes
Data Nets
Clock Nets
Addr/Comm Nets
Control Nets
Disable Nets
ODT Models
ODT Behavior
IBIS Model Selectors
Timing Models
Stimulus and Crosstalk
Simulation Options
Report Options
Simulate
Stimulus is automatically created for nets in your interface. Strobes/clocks toggle, based on the data rate you specified earlier; all other nets can be assigned either a random (PRBS) stimulus or a custom stimulus that you have created in the HyperLynx stimulus editor. Each PRBS setting doubles the length of the simulation of the previous setting; you may need to increase the maximum run-time setting on the Simulation Options page appropriately.
Non-strobe/clock nets use
...PRBS stimulus
Bit order: 5
...custom stimulus
Select...
Edit...
Include crosstalk effects in simulations
Set Crosstalk Thresholds...
Warning: This is a powerful feature, but it may slow simulations substantially, especially if you set the crosstalk threshold too aggressively. All aggressor nets which are not part of the DDRx interface currently being simulated will use PRBS stimulus, and have their signals launched at the beginning of each cycle of this DDRx interface.
Save
< Back
Next >
Finish
Cancel
Help

图 12-109

第 27 步：单击图 12-109 中的“Next”按钮后，出现设置其他模拟选项页面，如图 12-110 所示。

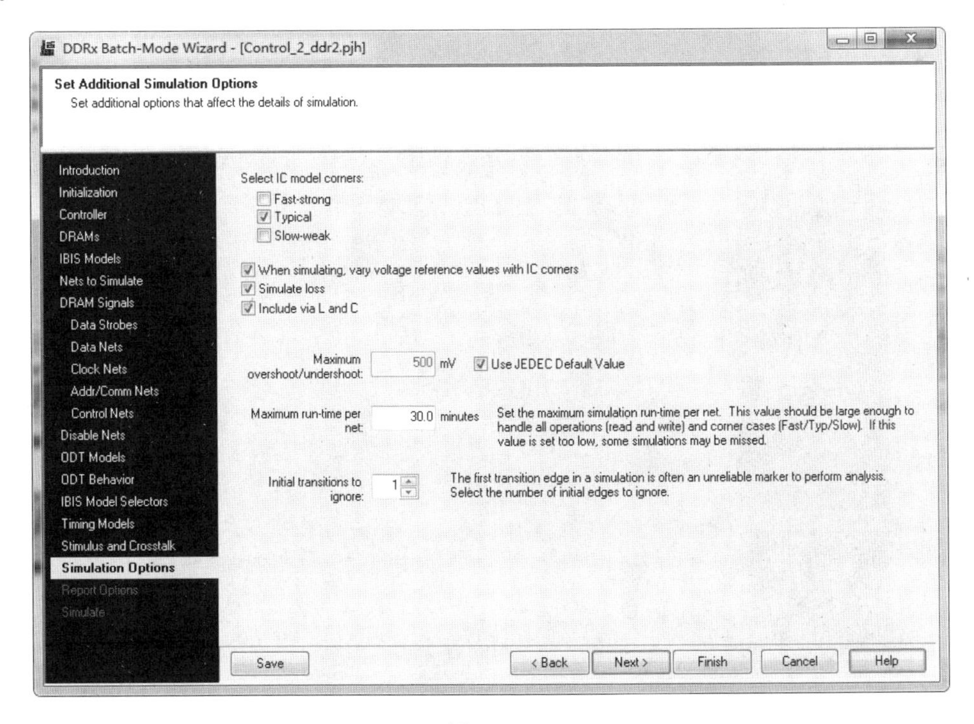
DDRx Batch-Mode Wizard - [Control_2_ddr2.pjh]
Set Additional Simulation Options
Set additional options that affect the details of simulation.
Introduction
Initialization
Controller
DRAMs
IBIS Models
Nets to Simulate
DRAM Signals
Data Strobes
Data Nets
Clock Nets
Addr/Comm Nets
Control Nets
Disable Nets
ODT Models
ODT Behavior
IBIS Model Selectors
Timing Models
Stimulus and Crosstalk
Simulation Options
Report Options
Simulate
Select IC model corners:
Fast-strong
Typical
Slow-weak
When simulating, vary voltage reference values with IC corners
Simulate loss
Include via L and C
Maximum overshoot/undershoot:
500 mV
Use JEDEC Default Value
Maximum run-time per net:
30.0 minutes
Set the maximum simulation run-time per net. This value should be large enough to handle all operations (read and write) and corner cases (Fast/Typ/Slow). If this value is set too low, some simulations may be missed.
Initial transitions to ignore:
1
The first transition edge in a simulation is often an unreliable marker to perform analysis. Select the number of initial edges to ignore.
Save
< Back
Next >
Finish
Cancel
Help

图 12-110

第 28 步：单击图 12-110 中的“Next”按钮后，出现选择是模拟审核还是仅审核并选择报告选项页面，如图 12-111 所示。

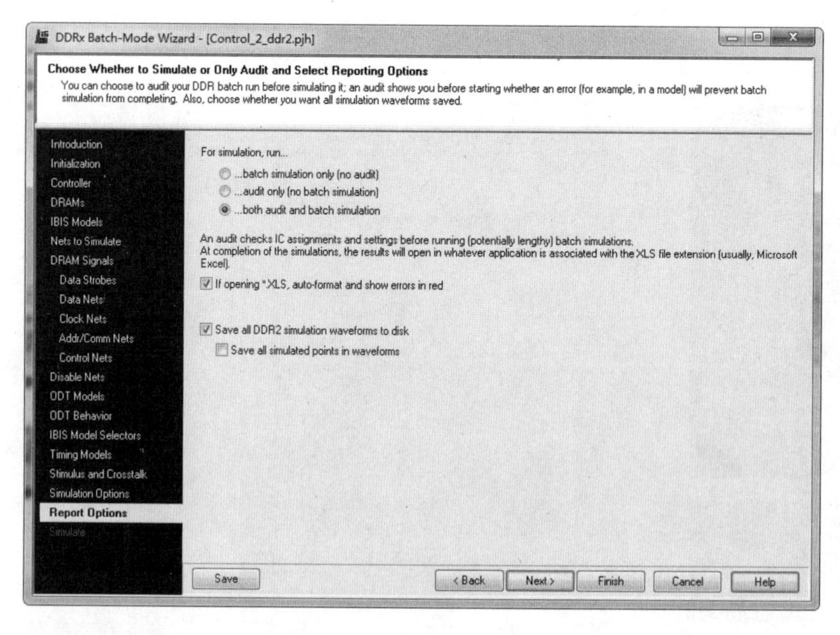
DDRx Batch-Mode Wizard - [Control_2_ddr2.pjh]
Choose Whether to Simulate or Only Audit and Select Reporting Options
You can choose to audit your DDR batch run before simulating it; an audit shows you before starting whether an error (for example, in a model) will prevent batch simulation from completing. Also, choose whether you want all simulation waveforms saved.
Introduction
Initialization
Controller
DRAMs
IBIS Models
Nets to Simulate
DRAM Signals
Data Strobes
Data Nets
Clock Nets
Addr/Comm Nets
Control Nets
Disable Nets
ODT Models
ODT Behavior
IBIS Model Selectors
Timing Models
Stimulus and Crosstalk
Simulation Options
Report Options
Simulate
For simulation, run...
...batch simulation only (no audit)
...audit only (no batch simulation)
...both audit and batch simulation
An audit checks IC assignments and settings before running (potentially lengthy) batch simulations.
At completion of the simulations, the results will open in whatever application is associated with the XLS file extension (usually, Microsoft Excel).
If opening *.XLS, auto-format and show errors in red
Save all DDR2 simulation waveforms to disk
Save all simulated points in waveforms
Save
< Back
Next >
Finish
Cancel
Help

图 12-111

第 29 步：单击图 12-111 中的“Next”按钮后，出现运行批处理模拟页面，如图 12-112 所示。

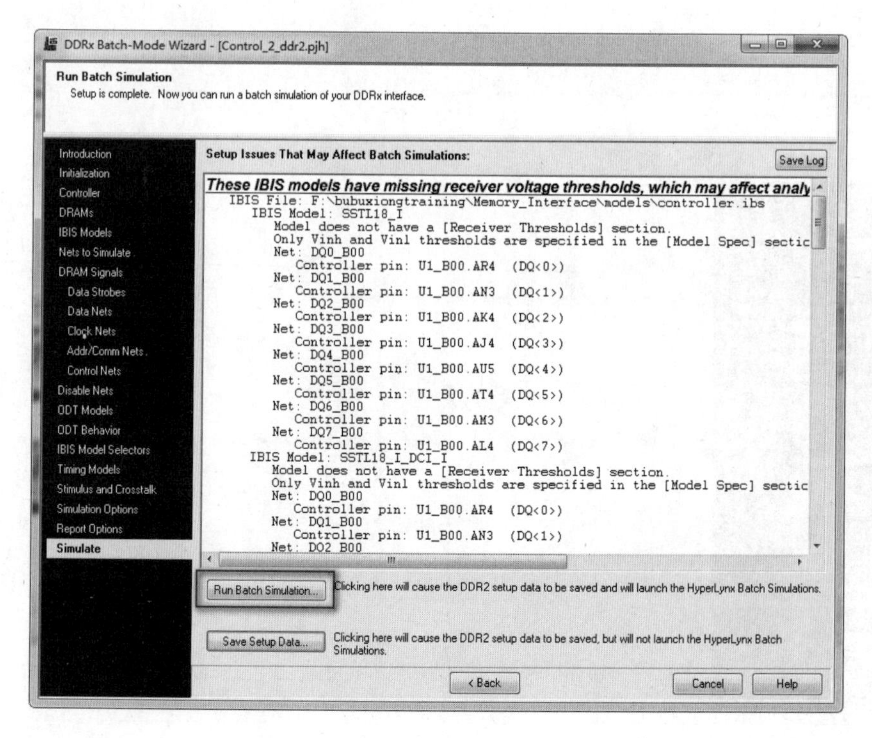
DDRx Batch-Mode Wizard - [Control_2_ddr2.pjh]
Run Batch Simulation
Setup is complete. Now you can run a batch simulation of your DDRx interface.
Introduction
Initialization
Controller
DRAMs
IBIS Models
Nets to Simulate
DRAM Signals
Data Strobes
Data Nets
Clock Nets
Addr/Comm Nets
Control Nets
Disable Nets
ODT Models
ODT Behavior
IBIS Model Selectors
Timing Models
Stimulus and Crosstalk
Simulation Options
Report Options
Simulate
Setup Issues That May Affect Batch Simulations:
Save Log
These IBIS models have missing receiver voltage thresholds, which may affect analy
IBIS File: F:\bubuxiongtraining\Memory_Interface\models\controller.ibs
IBIS Model: SSTL18_I
Model does not have a [Receiver Thresholds] section.
Only Vinh and Vinl thresholds are specified in the [Model Spec] sectic
Net: DQ0_B00
Controller pin: U1_B00.AR4 (DQ<0>)
Net: DQ1_B00
Controller pin: U1_B00.AN3 (DQ<1>)
Net: DQ2_B00
Controller pin: U1_B00.AK4 (DQ<2>)
Net: DQ3_B00
Controller pin: U1_B00.AJ4 (DQ<3>)
Net: DQ4_B00
Controller pin: U1_B00.AU5 (DQ<4>)
Net: DQ5_B00
Controller pin: U1_B00.AT4 (DQ<5>)
Net: DQ6_B00
Controller pin: U1_B00.AM3 (DQ<6>)
Net: DQ7_B00
Controller pin: U1_B00.AL4 (DQ<7>)
IBIS Model: SSTL18_I_DCI_I
Model does not have a [Receiver Thresholds] section.
Only Vinh and Vinl thresholds are specified in the [Model Spec] sectic
Net: DQ0_B00
Controller pin: U1_B00.AR4 (DQ<0>)
Net: DQ1_B00
Controller pin: U1_B00.AN3 (DQ<1>)
Net: DQ2_B00
Run Batch Simulation...
Clicking here will cause the DDR2 setup data to be saved and will launch the HyperLynx Batch Simulations.
Save Setup Data...
Clicking here will cause the DDR2 setup data to be saved, but will not launch the HyperLynx Batch Simulations.
< Back
Cancel
Help

图 12-112

第 30 步：单击图 12-112 中的“Run Batch Simulation”按钮后，就开始仿真模拟，模拟完了之后在多板工程对应的目录下出现名为 DDR_Results_Aug-8-2021_22h-56m 的文件夹，这个文件夹是按日期命名的，文件夹中的内容如图 12-113 所示。

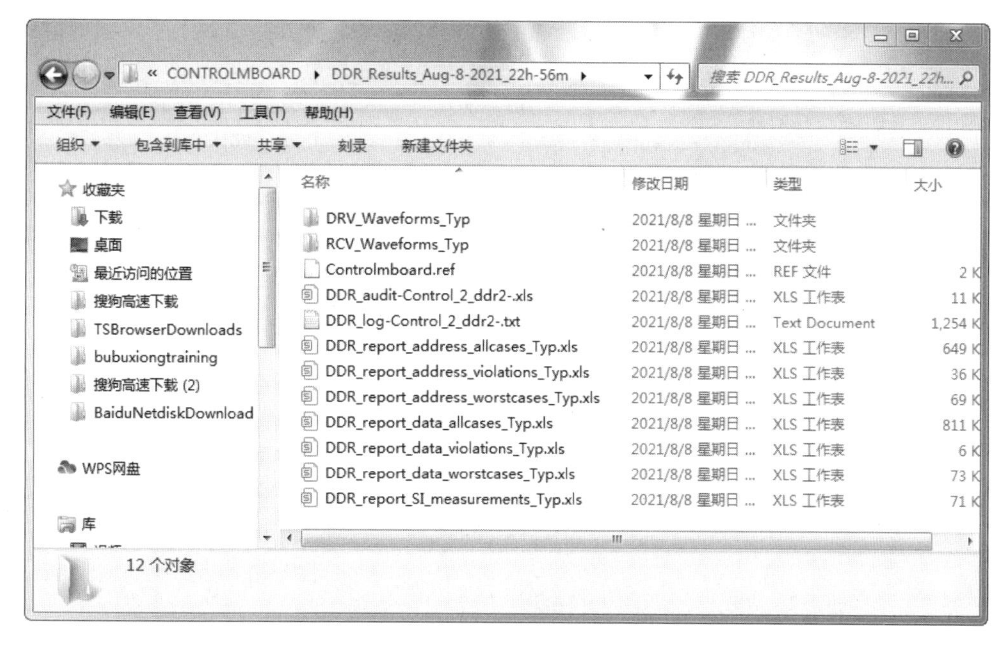


图 12-113

第 31 步：打开数据 Excel 表格 DDR_report_data_allcases_Typ.xls，如图 12-114 所示。

| A | B | C | D | E | F | G | H | I | J | K | L | M | N | O | P |
|---|---|---|---|---|---|---|---|---|---|---|---|---|---|---|---|
| Net Name | Pass/Fail | Operation | Driver Comp Ref Des & Pin Name | Receiver Comp Ref Des & Pin Name | Associated Clk/Strobe Net Name | Associated Clk/Strobe Driver Comp Ref Des & Pin Name | Associated Clk/Strobe Receiver Comp Ref Des & Pin Name | Clk/Strobe Crossing Threshold Time, [ns] | Setup Time (From Sim), tDS, [ps] | Min Setup Time, tDS(min) = tDS - Initial Delay Delta, [ps] | Base Setup Time, tDS(base), [ps] | Setup Derate Time Delta, d(tDS), [ps] | Required Setup Time, tDS(req) = tDS(base) + d(tDS), [ps] | Setup Time Margin, tDS(margin) = tDS(min) - tDS(req), [ps] | Hold Time (From Sim), tDH, [ps] |
| DQ0 | Pass | Write slot1 | U1_B00.AR4 | U19_B01.L1 | DQS_P0 | U1_B00.AM8&AM | U19_B01.J7&H8 | 69.138 | N/A | N/A | N/A | N/A | N/A | N/A | 1248.5 |
| DQ0 | Pass | Write slot1 | U1_B00.AR4 | U19_B01.L1 | DQS_P0 | U1_B00.AM8&AM | U19_B01.J7&H8 | 71.639 | 943.6 | 543.6 | 150 | 24.2 | 174.2 | 369.4 | N/A |
| DQ0 | Pass | Write slot1 | U1_B00.AR4 | U1_B01.L9 | DQS_P0 | U1_B00.AM8&AM | U1_B01.J7&H8 | 6.634 | 971.4 | 571.4 | 150 | 12.3 | 162.3 | 409.1 | N/A |
| DQ0 | Pass | Write slot1 | U1_B00.AR4 | U1_B01.L9 | DQS_P0 | U1_B00.AM8&AM | U1_B01.J7&H8 | 11.642 | N/A | N/A | N/A | N/A | N/A | N/A | 1243.3 |
| DQ0 | Pass | Write slot1 | U1_B00.AR4 | U1_B01.L9 | DQS_P0 | U1_B00.AM8&AM | U1_B01.J7&H8 | 14.143 | 939.4 | 539.4 | 150 | 17.5 | 167.5 | 371.9 | N/A |
| DQ0 | Pass | Write slot1 | U1_B00.AR4 | U1_B01.L9 | DQS_P0 | U1_B00.AM8&AM | U1_B01.J7&H8 | 16.642 | N/A | N/A | N/A | N/A | N/A | N/A | 1272.9 |
| DQ0 | Pass | Write slot1 | U1_B00.AR4 | U1_B01.L9 | DQS_P0 | U1_B00.AM8&AM | U1_B01.J7&H8 | 19.142 | 906.5 | 506.5 | 150 | 21.6 | 171.6 | 335 | 1185.5 |
| DQ0 | Pass | Write slot1 | U1_B00.AR4 | U1_B01.L9 | DQS_P0 | U1_B00.AM8&AM | U1_B01.J7&H8 | 21.641 | 1007.5 | 607.5 | 150 | 21.2 | 171.2 | 436.3 | N/A |
| DQ0 | Pass | Write slot1 | U1_B00.AR4 | U1_B01.L9 | DQS_P0 | U1_B00.AM8&AM | U1_B01.J7&H8 | 26.642 | N/A | N/A | N/A | N/A | N/A | N/A | 1272.8 |
| DQ0 | Pass | Write slot1 | U1_B00.AR4 | U1_B01.L9 | DQS_P0 | U1_B00.AM8&AM | U1_B01.J7&H8 | 29.142 | 908.8 | 508.8 | 150 | 21.4 | 171.4 | 337.4 | 1183.7 |
| DQ0 | Pass | Write slot1 | U1_B00.AR4 | U1_B01.L9 | DQS_P0 | U1_B00.AM8&AM | U1_B01.J7&H8 | 31.642 | 1010.1 | 610.1 | 150 | 20.7 | 170.7 | 439.4 | 1202.3 |
| DQ0 | Pass | Write slot1 | U1_B00.AR4 | U1_B01.L9 | DQS_P0 | U1_B00.AM8&AM | U1_B01.J7&H8 | 34.142 | 977.4 | 577.4 | 150 | 17.8 | 167.8 | 409.5 | 1189.3 |
| DQ0 | Pass | Write slot1 | U1_B00.AR4 | U1_B01.L9 | DQS_P0 | U1_B00.AM8&AM | U1_B01.J7&H8 | 36.642 | 1008.1 | 608.1 | 150 | 26.5 | 176.5 | 431.6 | 1202.4 |
| DQ0 | Pass | Write slot1 | U1_B00.AR4 | U1_B01.L9 | DQS_P0 | U1_B00.AM8&AM | U1_B01.J7&H8 | 39.142 | 979.1 | 579.1 | 150 | 18.1 | 168.1 | 411.1 | N/A |
| DQ0 | Pass | Write slot1 | U1_B00.AR4 | U1_B01.L9 | DQS_P0 | U1_B00.AM8&AM | U1_B01.J7&H8 | 46.642 | N/A | N/A | N/A | N/A | N/A | N/A | 1244.6 |
| DQ0 | Pass | Write slot1 | U1_B00.AR4 | U1_B01.L9 | DQS_P0 | U1_B00.AM8&AM | U1_B01.J7&H8 | 49.142 | 938.8 | 538.8 | 150 | 19.5 | 169.5 | 369.3 | 1197.6 |
| DQ0 | Pass | Write slot1 | U1_B00.AR4 | U1_B01.L9 | DQS_P0 | U1_B00.AM8&AM | U1_B01.J7&H8 | 51.642 | 980.3 | 580.3 | 150 | 13.4 | 163.4 | 417 | N/A |
| DQ0 | Pass | Write slot1 | U1_B00.AR4 | U1_B01.L9 | DQS_P0 | U1_B00.AM8&AM | U1_B01.J7&H8 | 54.142 | N/A | N/A | N/A | N/A | N/A | N/A | 1244 |
| DQ0 | Pass | Write slot1 | U1_B00.AR4 | U1_B01.L9 | DQS_P0 | U1_B00.AM8&AM | U1_B01.J7&H8 | 56.642 | 933.9 | 533.9 | 150 | 17 | 167 | 367 | 1197.8 |
| DQ0 | Pass | Write slot1 | U1_B00.AR4 | U1_B01.L9 | DQS_P0 | U1_B00.AM8&AM | U1_B01.J7&H8 | 59.142 | 978.3 | 578.3 | 150 | 13.4 | 163.4 | 414.9 | 1191.3 |
| DQ0 | Pass | Write slot1 | U1_B00.AR4 | U1_B01.L9 | DQS_P0 | U1_B00.AM8&AM | U1_B01.J7&H8 | 61.642 | 1005.9 | 605.9 | 150 | 27.1 | 177.1 | 428.7 | N/A |
| DQ0 | Pass | Write slot1 | U1_B00.AR4 | U1_B01.L9 | DQS_P0 | U1_B00.AM8&AM | U1_B01.J7&H8 | 64.142 | N/A | N/A | N/A | N/A | N/A | N/A | 1274.3 |
| DQ0 | Pass | Write slot1 | U1_B00.AR4 | U1_B01.L9 | DQS_P0 | U1_B00.AM8&AM | U1_B01.J7&H8 | 66.642 | 904 | 504 | 150 | 22.2 | 172.2 | 331.8 | N/A |
| DQ0 | Pass | Write slot1 | U1_B00.AR4 | U1_B01.L9 | DQS_P0 | U1_B00.AM8&AM | U1_B01.J7&H8 | 69.142 | N/A | N/A | N/A | N/A | N/A | N/A | 1242.4 |
| DQ0 | Pass | Write slot1 | U1_B00.AR4 | U1_B01.L9 | DQS_P0 | U1_B00.AM8&AM | U1_B01.J7&H8 | 71.642 | 933.8 | 533.8 | 150 | 13.7 | 163.7 | 370.1 | N/A |

图 12-114

第 32 步：为了验证自动测量报告的准确性，可以通过示波器打开对应的波形文件手动测量，打开的波形文件包括\DDR_Results_Aug-8-2021_22h-56m\RCV_Waveforms_Typ 中的“net-DQ0;drv-U1_B00.AR4;rcv-U1_B01.L9;W1.csv”和“net-DQS_P0;drv-U1_B00.AM8

&AM7;rcv-U1_B01.J7&H8;W1.csv”，并按照图 12-115 中所示的步骤进行操作。

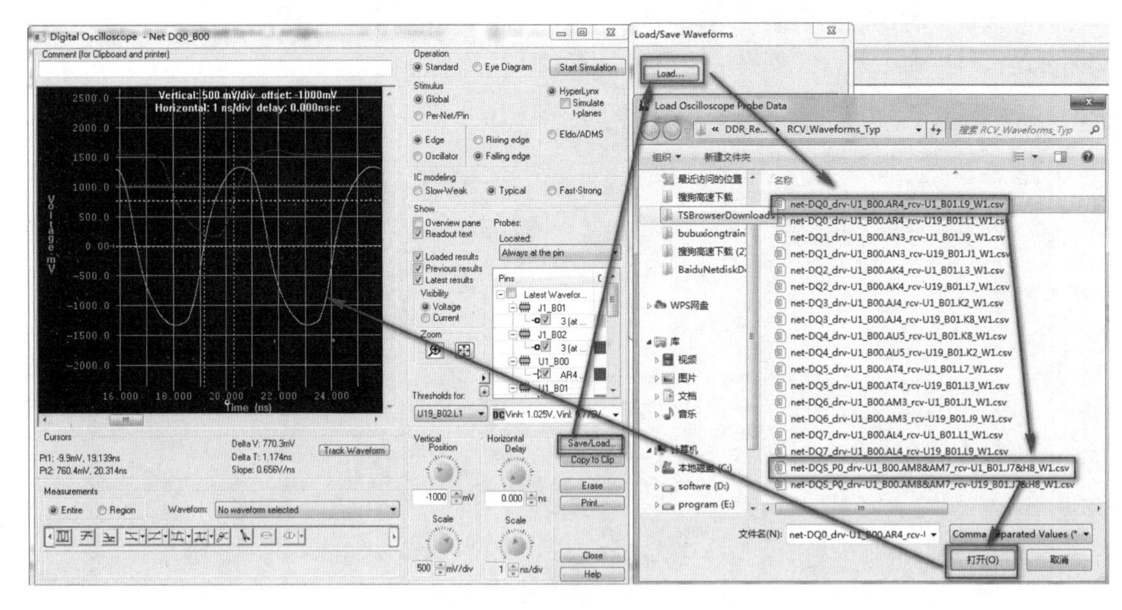


图 12-115

第 33 步：手动测量波形，如图 12-116 和图 12-117 所示。

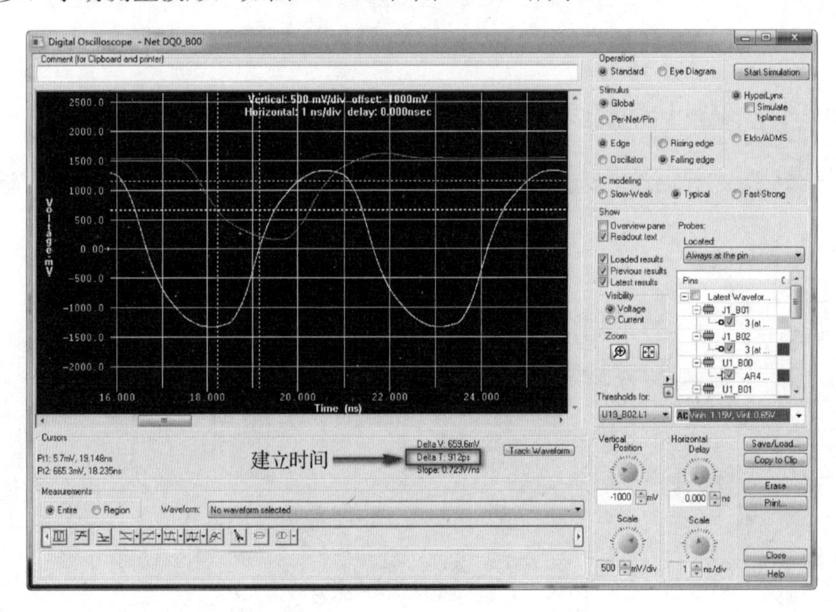


图 12-116

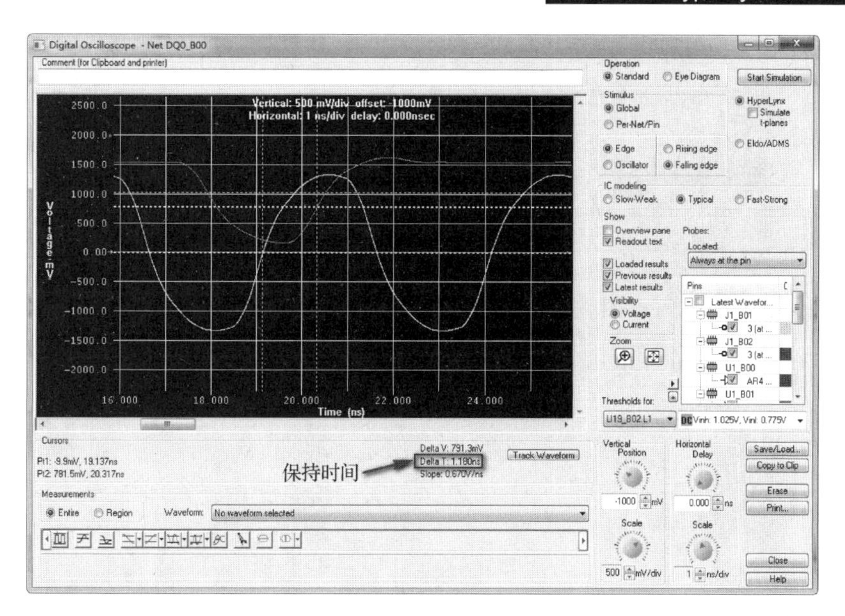


图 12-117

上面两张图的手动测量跟软件统计几乎差不多，可见软件统计是可信的。

## 12.4 DDR3 Fly-By 结构预仿真举例

本节举例中的主控接 8 个 DDR3 颗粒，数据都是一对一的，所以仿真研究的关键是地址控制命令信号。建模文件名为 DDR3_FLYBY_8PCS.ffs，主控模型用的是 sstl15i_rtio_r50_lv 模型，原理图如图 12-118 所示。

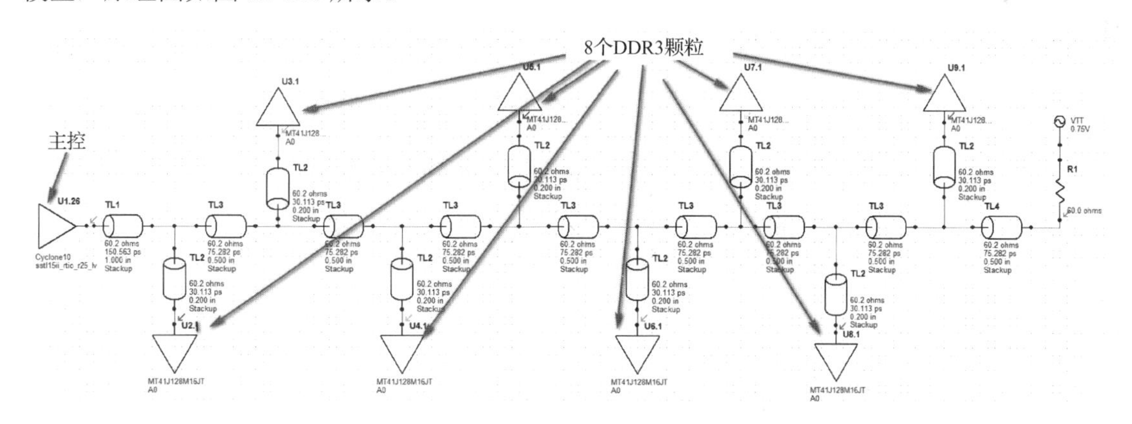


图 12-118

仿真后的眼图如图 12-119 和图 12-120 所示。从图中可以看出，离主控最近的 U2 眼图最差，离端接最近的 U9 眼图最好。

Sweep 方式决定 TL1/TL2/TL3 的线长变化对波形的影响，以及端接电阻 R1 的阻值大小对波形的影响，还有在 TL1 线长不变的情况下阻抗变化对波形的影响。

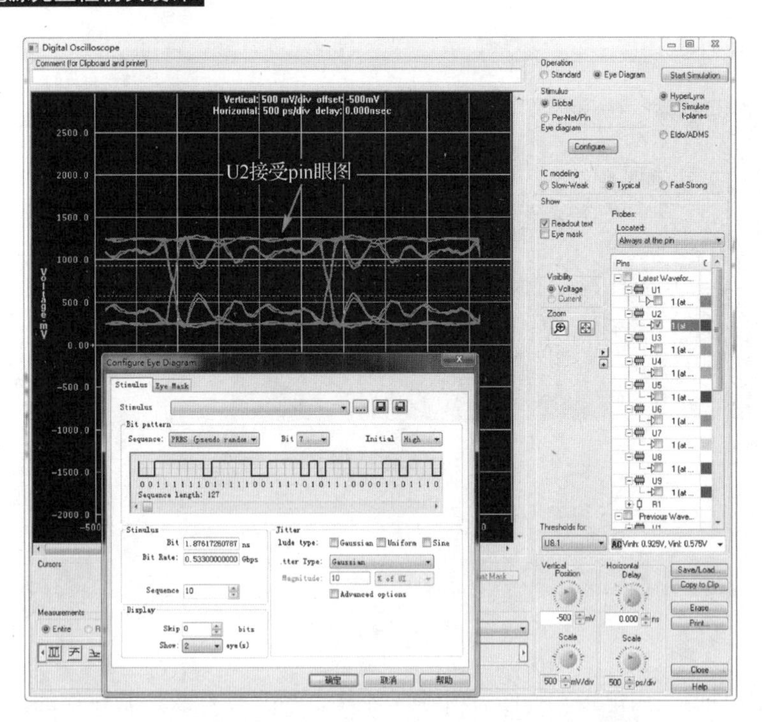


图 12-119

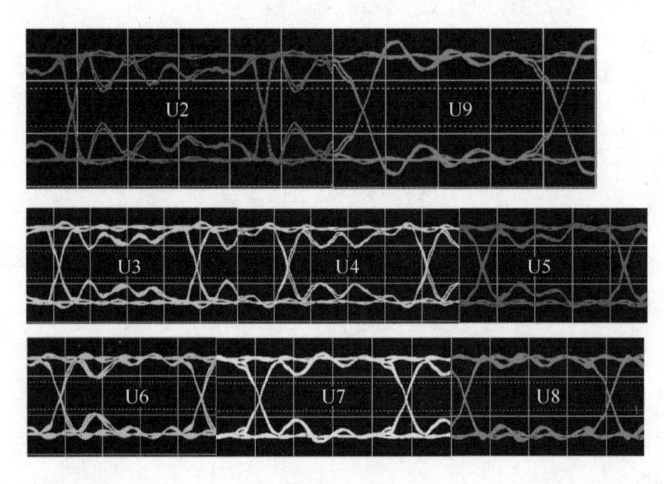


图 12-120

## 1. TL1 长度不变情况下阻抗变化对波形的影响

① 单击扫描图标"![]"，按照图 12-121 中所示的步骤开始扫描。

② 当主控发出的主控走线 TL1 的线宽为 4mil/8mil/12mil 时，U2 波形的对比如图 12-122 所示。从图中可以看出，U2 的波形在 TL1 变宽的情况下振铃变大。

③ 当主控发出的主控走线 TL1 的线宽为 4mil/8mil/12mil 时，U9 波形的对比如图 12-123 所示。从图中可以看出，U9 的波形在 TL1 变宽的情况下振铃也变大了。

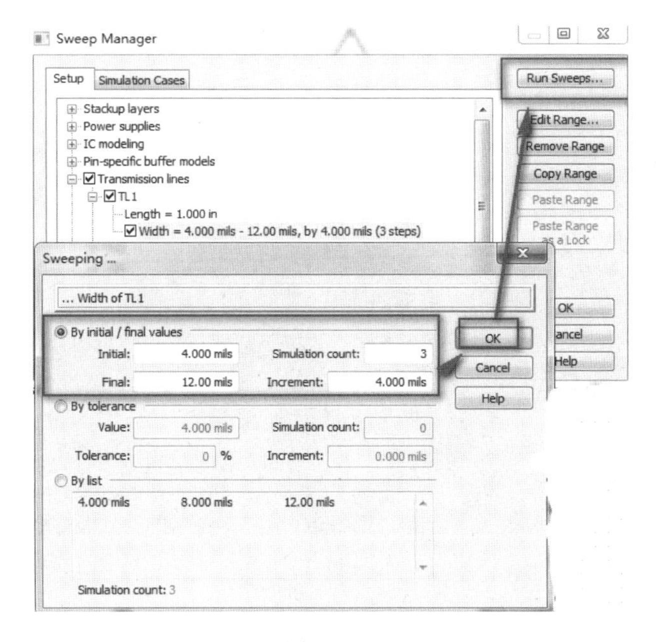


图 12-121

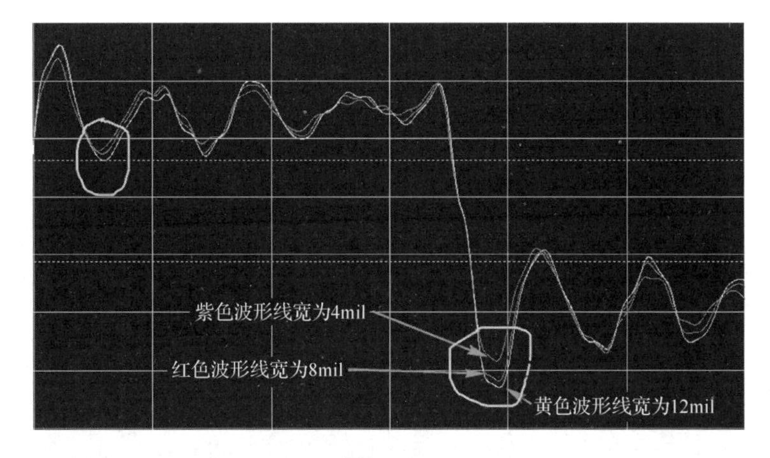


图 12-122

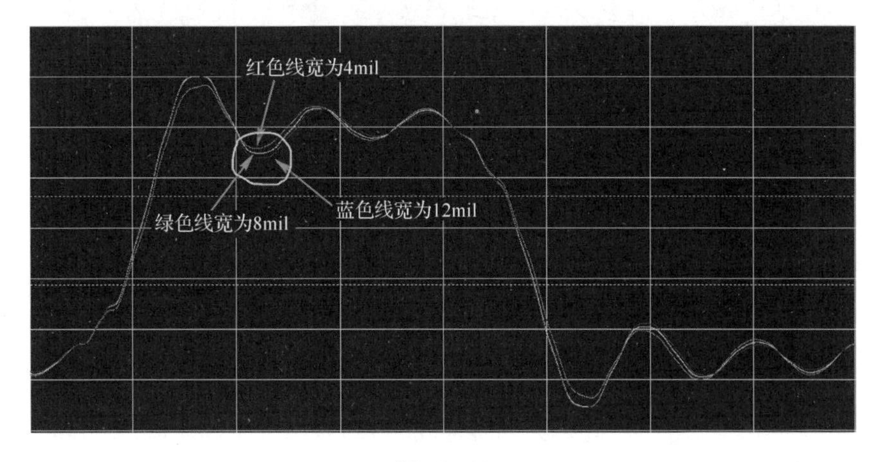


图 12-123

④ 理论上主控主支干走线变宽，阻抗降低，会减小反射，但是对接收器处的波形没好处，只对主控有好处，如图 12-124 所示。

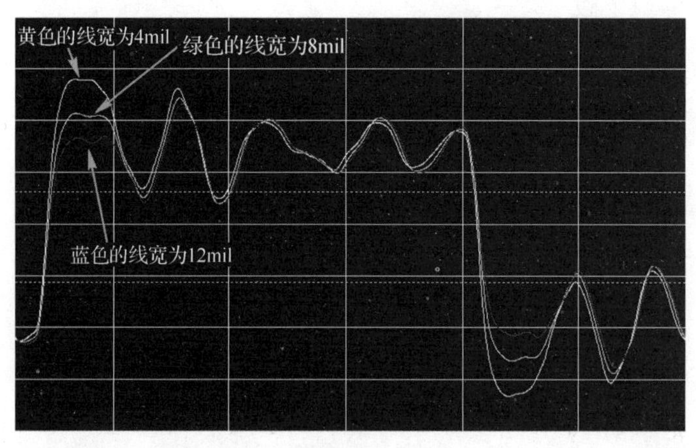


图 12-124

### 2. TL1 阻抗不变情况下长度变化对波形的影响

① 在 TL1 阻抗不变的情况下，当主控发出的主控走线 TL1 的线长为 500～2500mil 时，U2 波形的对比如图 12-125 所示。从图中可以看出，对于 U2 波形，主控走线 TL1 越短越好，但是当其为 1500mil 的时候再增加线长，U2 波形的变化就不大了，最佳是 500mil 的紫色波形。

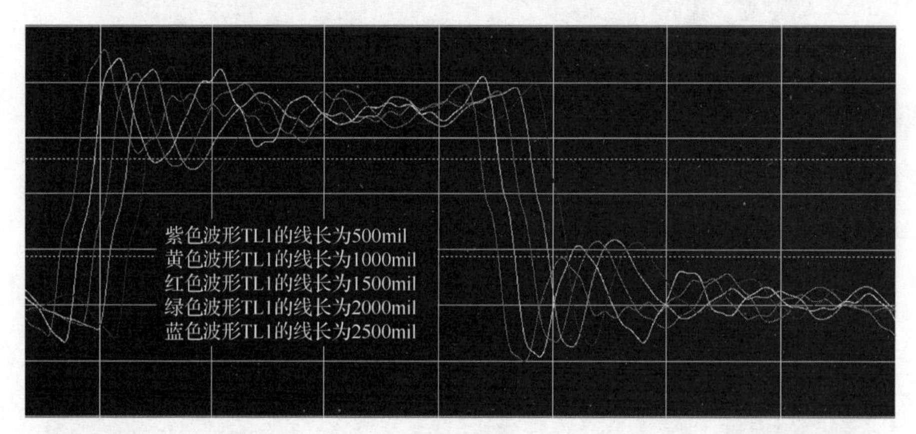


图 12-125

② 当主控发出的主控走线 TL1 的线长为 500～2500mil 时，U9 波形的对比如图 12-126 所示。从图中可以看出，对于 U9 波形，主干线 TL1 越短越好，但是其当为 2000mil 的时候再增加线长，U9 波形变化就不大了，最佳是 1000mil 的红色波形。

③ 结合以上两个分析，最佳主控走线 TL1 的布线长度为 1000mil。

### 3. TL2 阻抗不变情况下长度变化对波形的影响

① 在 TL2 阻抗不变的情况下，当 TL2 的线长为 20～200mil 时，U2 波形的对比如图 12-127 所示。从图中可以看出，对于 U2 波形，TL2 的线长越短越好，但是当其为 80mil 后再增加线长，U2 波形的变化就不大了，最佳是 20mil 的紫色波形。

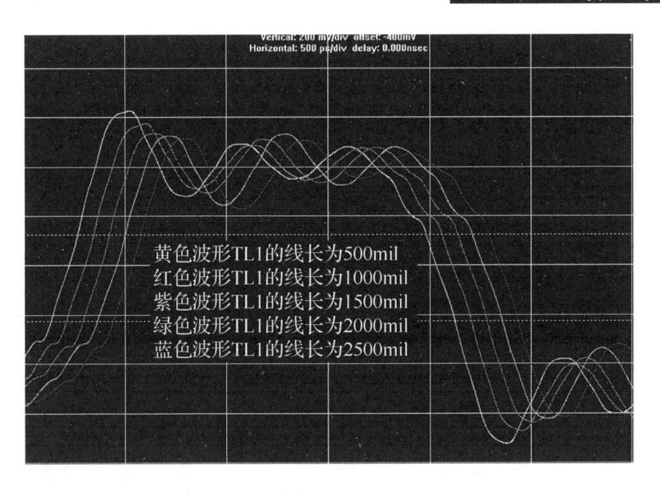


图 12-126

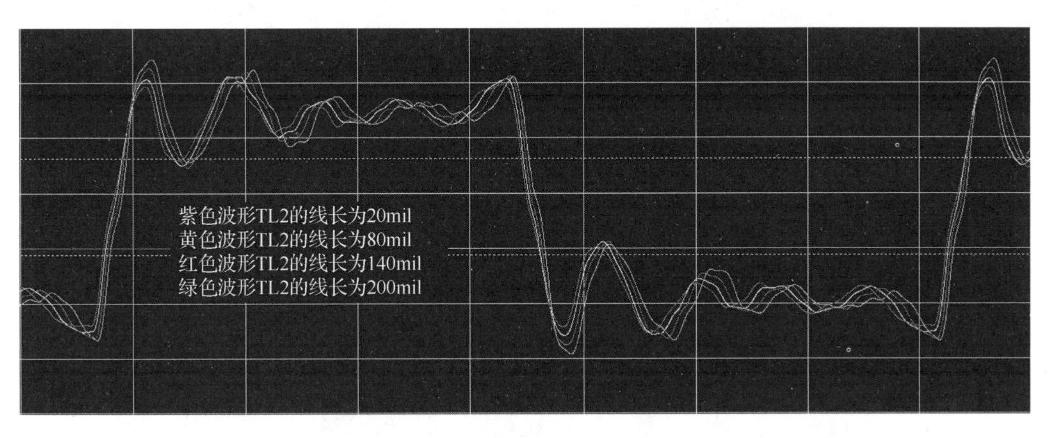


图 12-127

② 在 TL2 阻抗不变的情况下，当 TL2 的线长为 20～200mil 时，U9 波形的对比如图 12-128 所示。从图中可以看出，对于 U9 波形，TL2 的线长变化对其影响不大。

③ 结合以上两个波形分析，最佳布线长度是 20mil 左右。

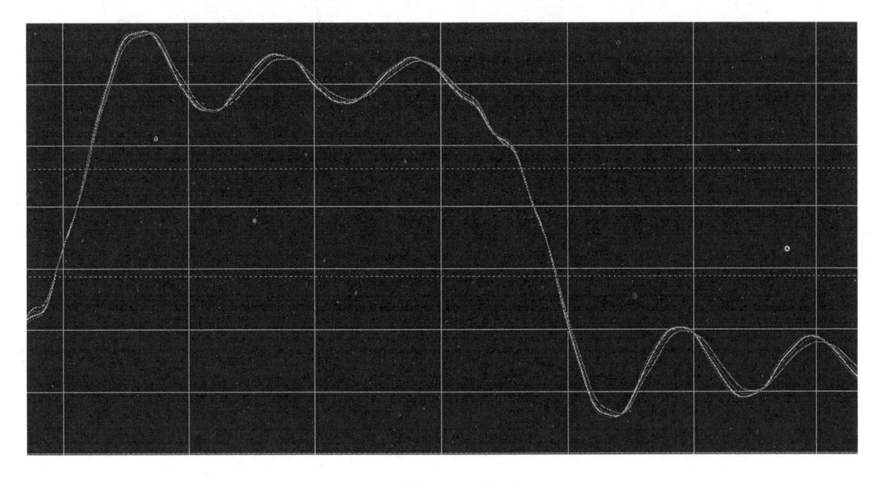

图 12-128

### 4. TL3阻抗不变情况下长度变化对波形的影响

① 在TL3阻抗不变的情况下，当TL3的线长为500～900mil时，U2波形的对比如图12-129所示。从图中可以看出，TL3的线长变化对U2波形的影响不大，随着长度增加，波形峰值变大，但是余量变大。

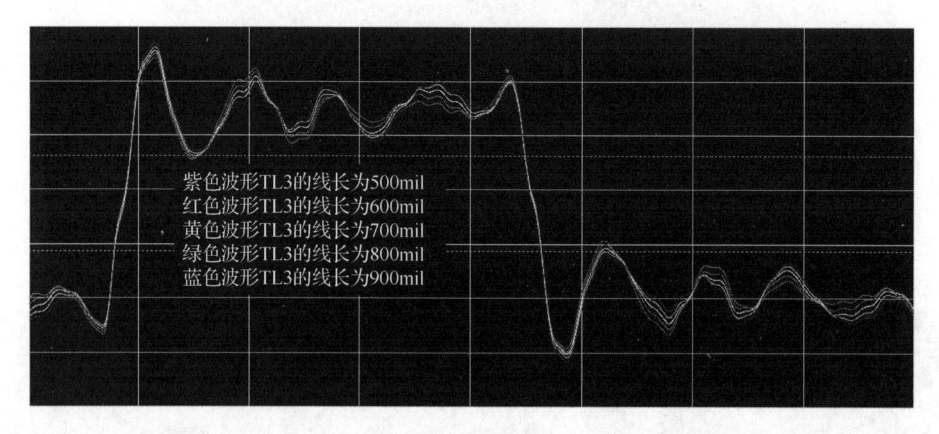


图12-129

② 在TL3阻抗不变的情况下，当TL3的线长为500～900mil时，U9波形的对比如图12-130所示。从图中可以看出，TL3的线长变化对U9波形的影响不大，随着长度增加，波形峰值稍微变小了，但是余量貌似也变大了些，所以对此策略是当TL3的线长为500mil时合适，因为还要考虑PCB布线的范围。

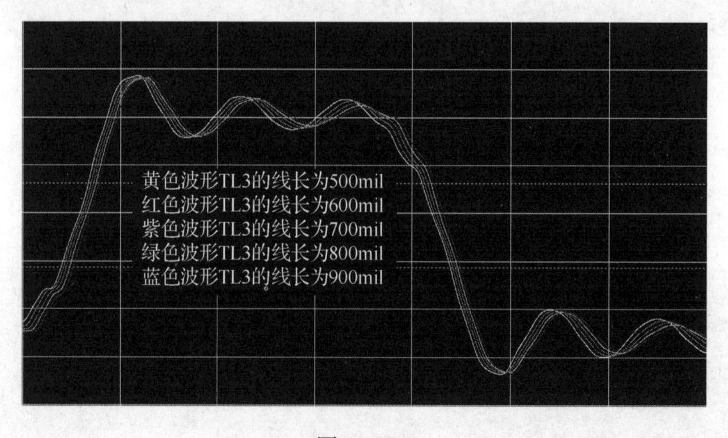


图12-130

### 5. TL4阻抗不变情况下长度变化对波形的影响

① 在TL4阻抗不变的情况下，当TL4的线长为200～600mil时，U2波形的对比如图12-131所示。

② 在TL4阻抗不变的情况下，当TL4的线长为200～600mil时，U9波形的对比如图12-132所示。

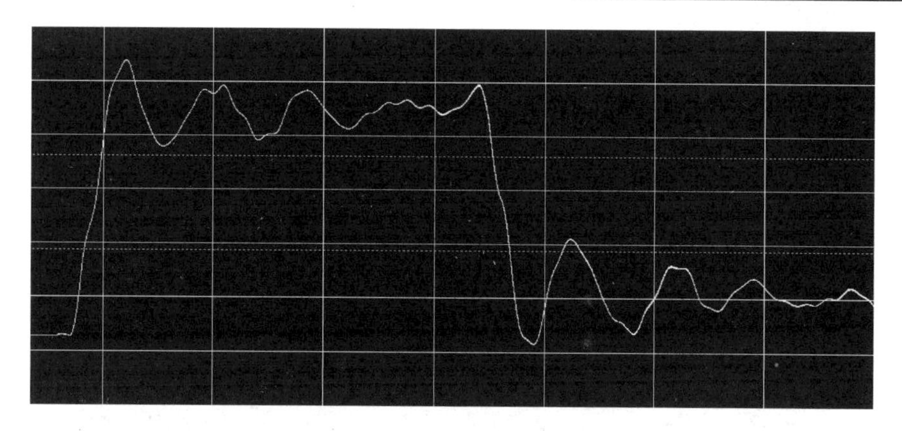

图 12-131

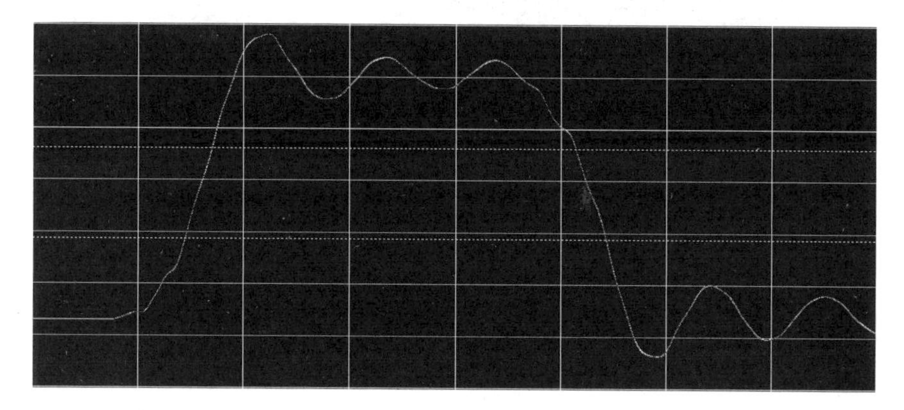

图 12-132

③ 结合以上两个波形分析，可见端接电阻的走线长度对波形没影响。

### 6. R1 阻值变化对波形的影响

① 当 R1 的阻值分别为 20、30、40、60、120 时，U2 波形的对比如图 12-133 所示。从图中可以看出，当 R1 的阻值为 120 时，U2 波形最好。

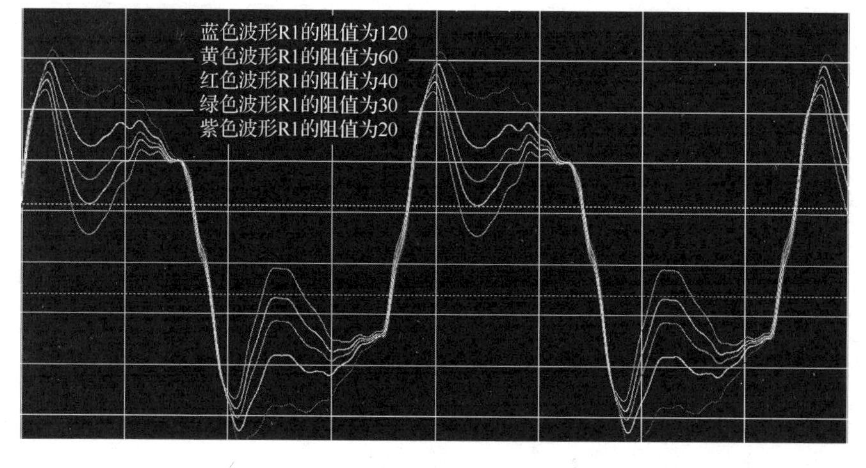


图 12-133

② 当 R1 的阻值分别为 20、30、40、60、120 时，U9 波形的对比如图 12-134 所示。从图中可以看出，当 R1 的阻值为 120 时，U9 波形最好，可见选择端接电阻 120 最合适。

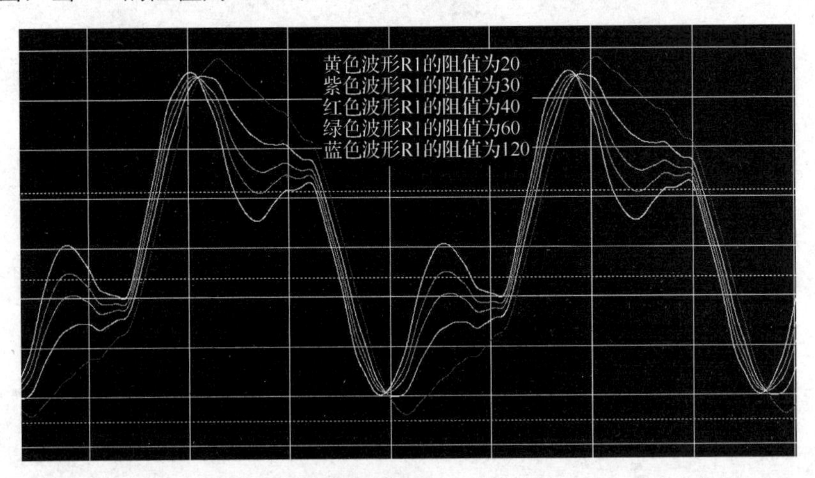


图 12-134

最后根据预仿真开始画 PCB，PCB 画完后将其导入 HyperLynx 软件做验证，如果可以，就可以发到电路板工厂去制板了。

## 12.5 DDR3 的 PCB 后仿真

### 1. 导入 PCB 文件到 HyperLynx

打开准备好的 PCB 文件 DDR3_2LAYER.pcb，导出生成 HyperLynx 文件，即 DDR3_2LAYER.hyp，打开这个文件后设置好 2 层板的叠层结构，具体操作如图 12-135 所示。

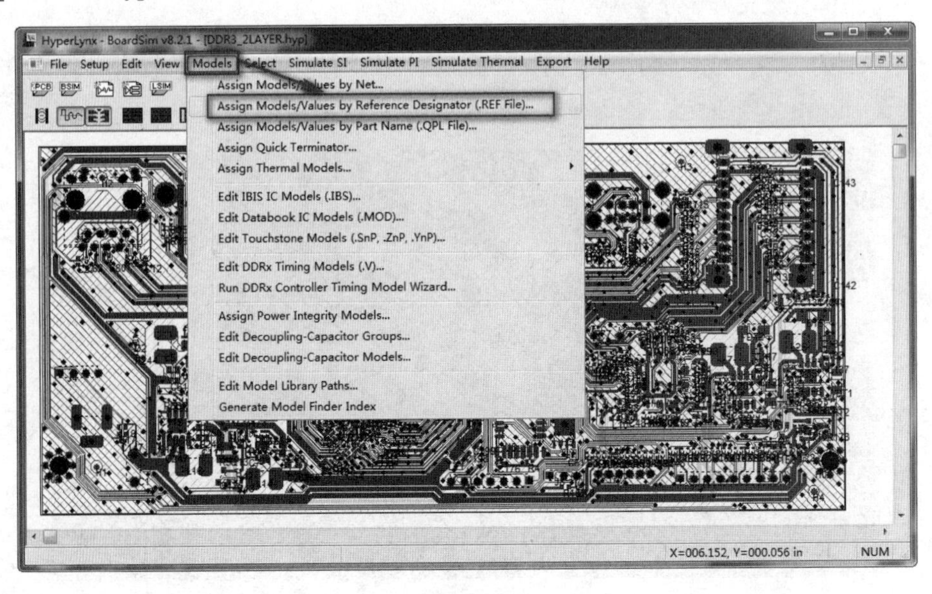


图 12-135

## 2．赋主控和 DDR3 颗粒模型

在弹出的 REF 文件对话框中按照图 12-136 和图 2-137 中所示的步骤进行操作，这样主控和 DDR3 的模型就赋好了。其中，maincontrolddr3.ibs 是从 v89c.ibs 文件中复制重新做出来的。

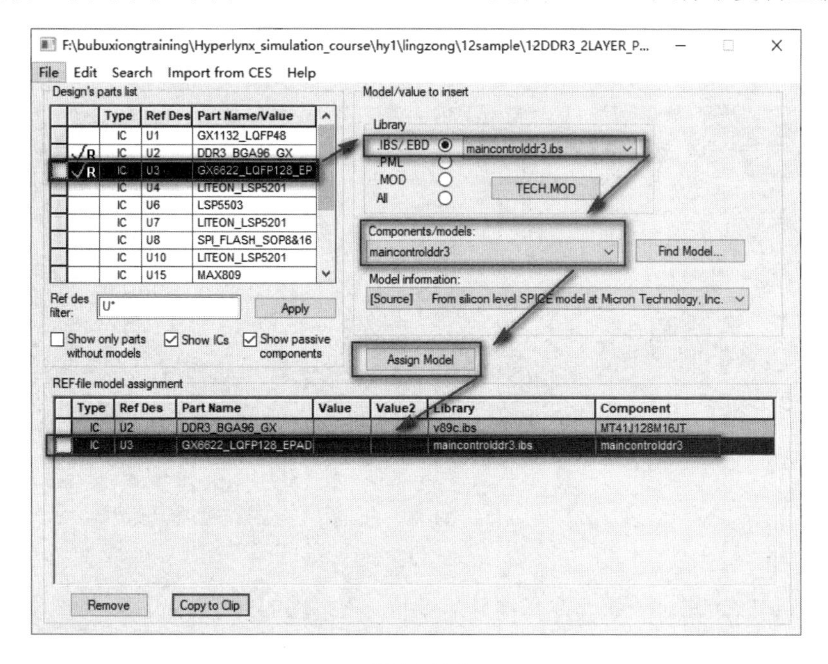


图 12-136

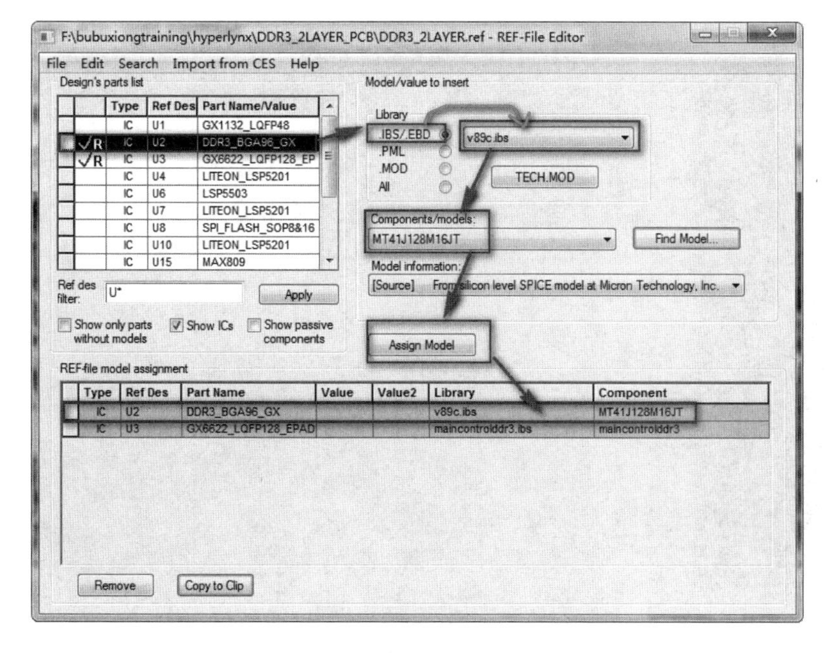


图 12-137

### 3. DDR3 的批处理仿真

第 1 步：按照图 12-138 中所示的操作启动 DDRx 批处理仿真向导。

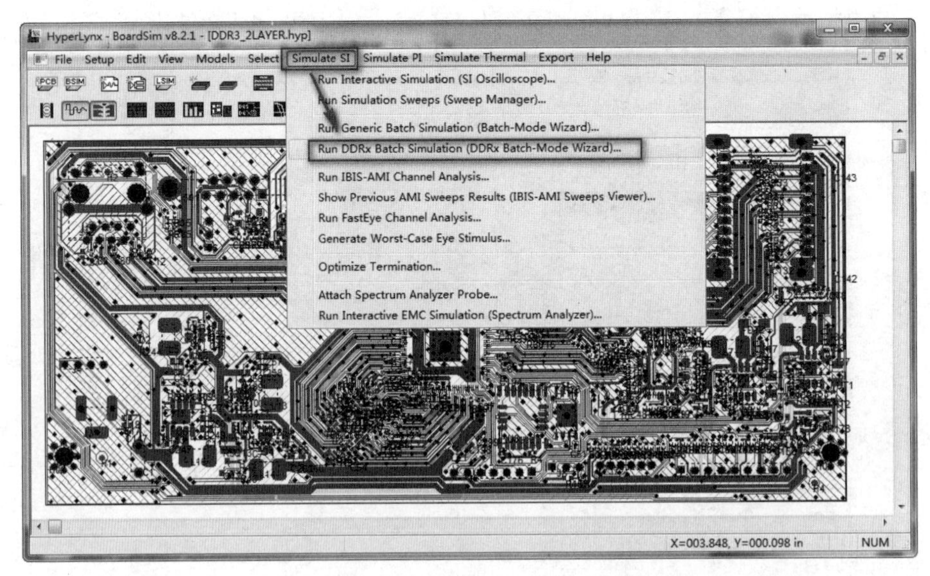
HyperLynx - BoardSim v8.2.1 - [DDR3_2LAYER.hyp]
File Setup Edit View Models Select Simulate SI Simulate PI Simulate Thermal Export Help
Run Interactive Simulation (SI Oscilloscope)...
Run Simulation Sweeps (Sweep Manager)...
Run Generic Batch Simulation (Batch-Mode Wizard)...
Run DDRx Batch Simulation (DDRx Batch-Mode Wizard)...
Run IBIS-AMI Channel Analysis...
Show Previous AMI Sweeps Results (IBIS-AMI Sweeps Viewer)...
Run FastEye Channel Analysis...
Generate Worst-Case Eye Stimulus...
Optimize Termination...
Attach Spectrum Analyzer Probe...
Run Interactive EMC Simulation (Spectrum Analyzer)...
X=003.848, Y=000.098 in
NUM

图 12-138

第 2 步：弹出 DDRx 批处理仿真向导对话框，如图 12-139 所示。

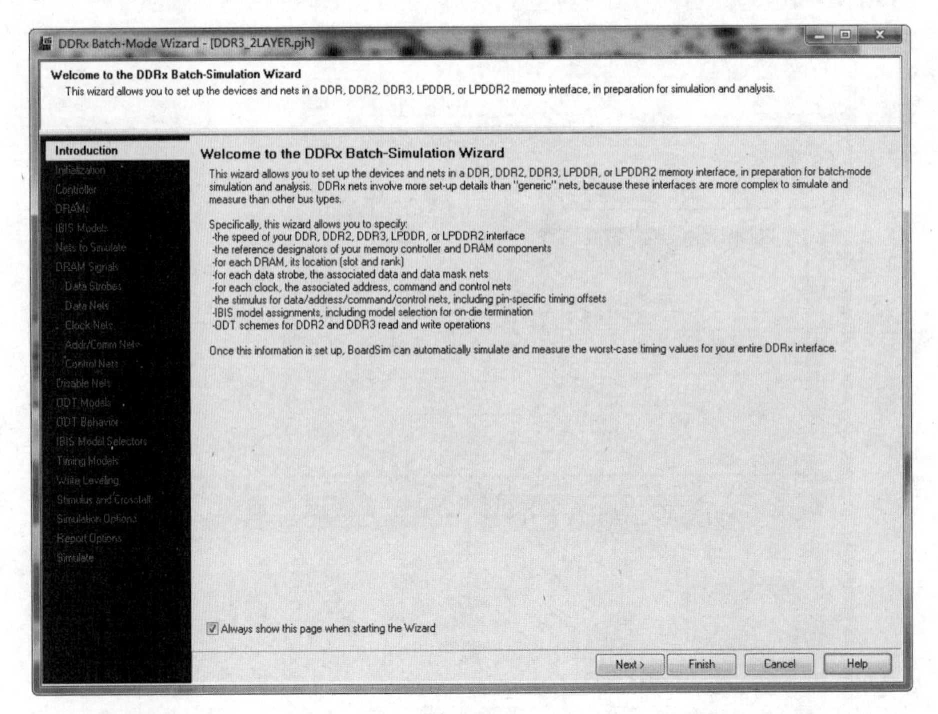
DDRx Batch-Mode Wizard - [DDR3_2LAYER.pjh]
Welcome to the DDRx Batch-Simulation Wizard
This wizard allows you to set up the devices and nets in a DDR, DDR2, DDR3, LPDDR, or LPDDR2 memory interface, in preparation for simulation and analysis.
Introduction
Welcome to the DDRx Batch-Simulation Wizard
This wizard allows you to set up the devices and nets in a DDR, DDR2, DDR3, LPDDR, or LPDDR2 memory interface, in preparation for batch-mode simulation and analysis. DDRx nets involve more set-up details than "generic" nets, because these interfaces are more complex to simulate and measure than other bus types.
Specifically, this wizard allows you to specify:
-the speed of your DDR, DDR2, DDR3, LPDDR, or LPDDR2 interface
-the reference designators of your memory controller and DRAM components
-for each DRAM, its location (slot and rank)
-for each data strobe, the associated data and data mask nets
-for each clock, the associated address, command and control nets
-the stimulus for data/address/command/control nets, including pin-specific timing offsets
-IBIS model assignments, including model selection for on-die termination
-ODT schemes for DDR2 and DDR3 read and write operations
Once this information is set up, BoardSim can automatically simulate and measure the worst-case timing values for your entire DDRx interface.
Always show this page when starting the Wizard
Next >
Finish
Cancel
Help

图 12-139

第 3 步：单击图 12-139 中的“Next”按钮后，在弹出的对话框中设置 DDR3 的速率，具体操作如图 12-140 所示。

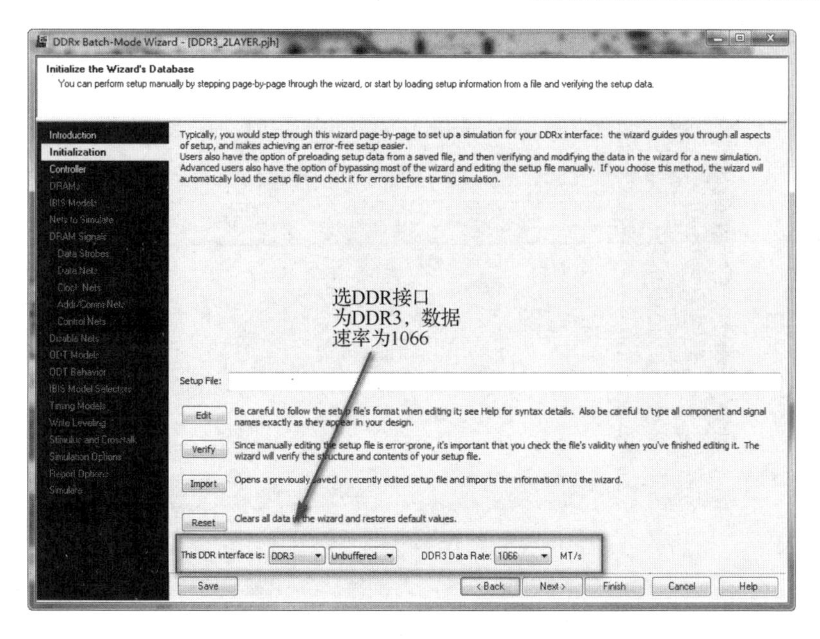


图 12-140

第 4 步：连续单击相应对话框中的“Next”按钮，设置 U3 为主控芯片、分配 DDR3 颗粒 U2、为主控和 DDR3 分配 IBIS 模型、DDR3 接口模拟设置、执行自动网络映射后的 DDR3 信号汇总、分配好的 DDR3 数据选通网络、分配好的 DDR3 数据网络、分配好的 DDR3 时钟网络、分配好的 DDR3 地址和命令网络、分配控制网络（本列控制信号是直接上拉的所以没有）、禁止分配网络（默认）、DDR3 的 ODT 模型分配、DDR3 的 ODT 模型核对、DDR3 的非 ODT 信号模型分配、分配 DDR3 的时序模型、DDR3 的写入均衡（这里单片不需要）、DDR3 的激励和串扰设置、DDR3 选中典型驱动强度、DDR3 选中模拟并审核、DDR3 运行批处理、DDR3 运行进度等，具体如图 12-141～图 12-162 所示。

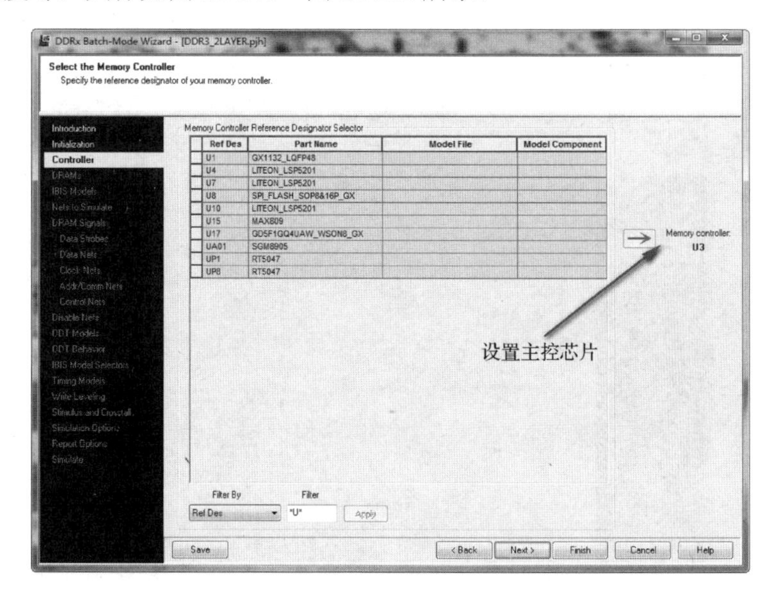


图 12-141

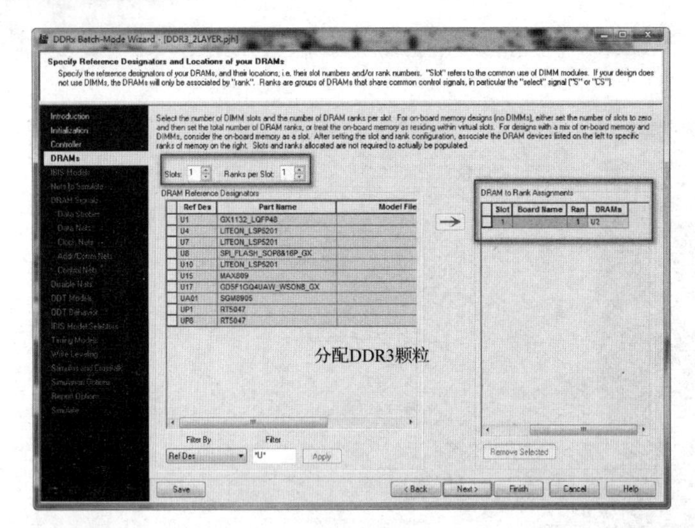


图 12-142

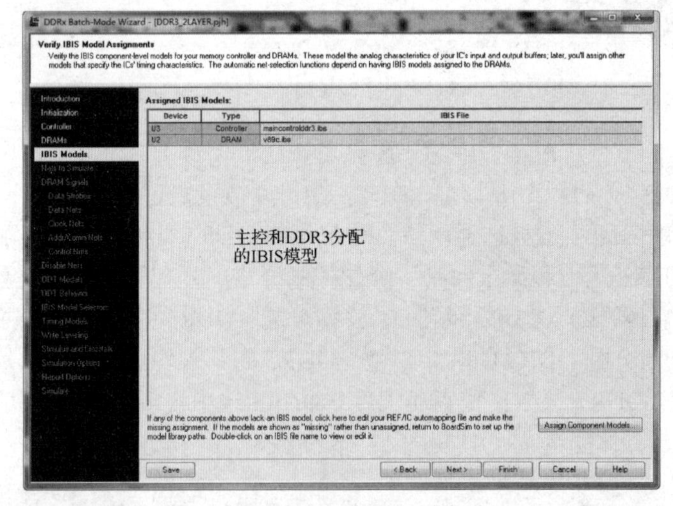


图 12-143

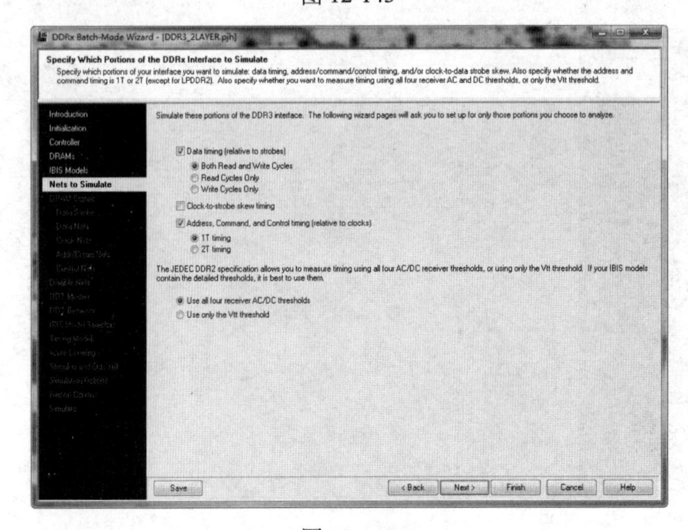


图 12-144

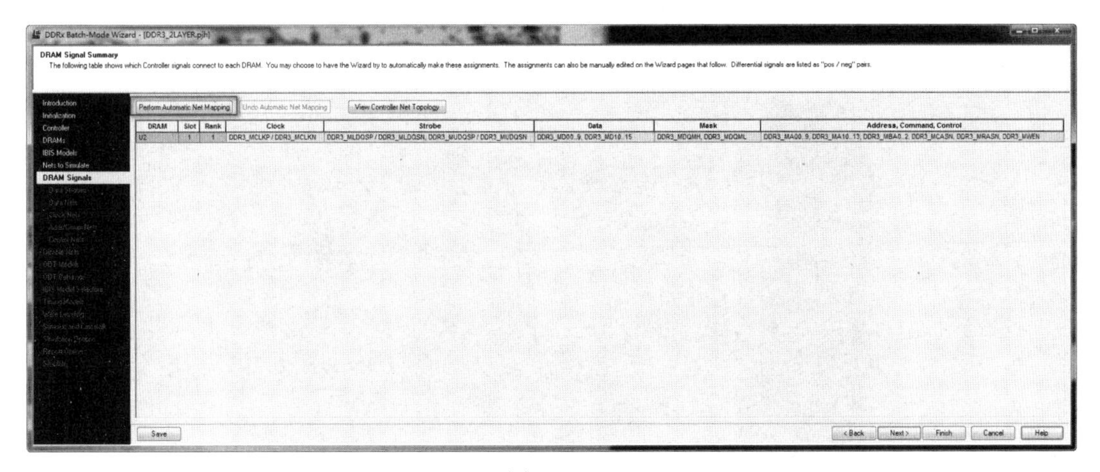


图 12-145

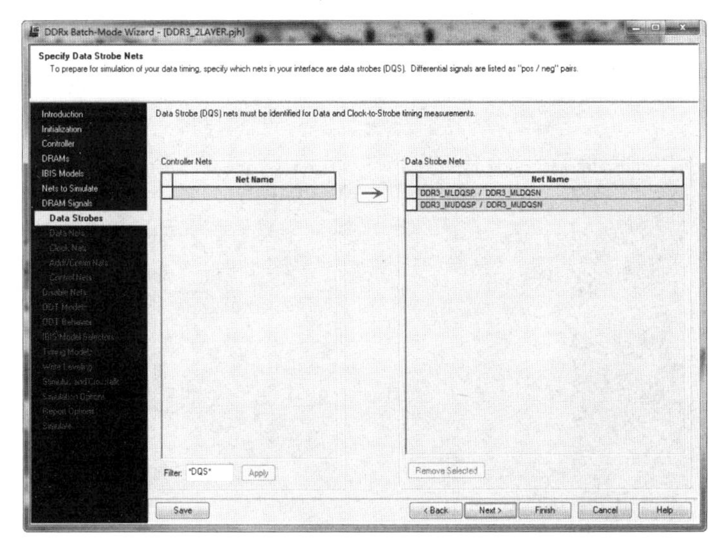


图 12-146

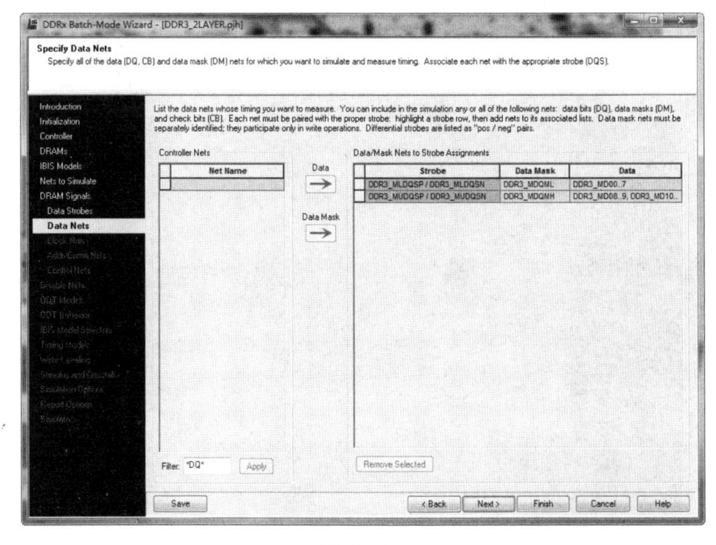


图 12-147

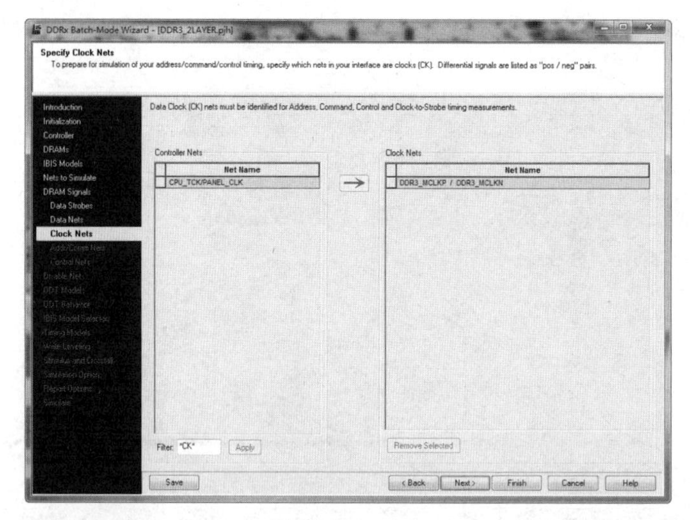


图 12-148

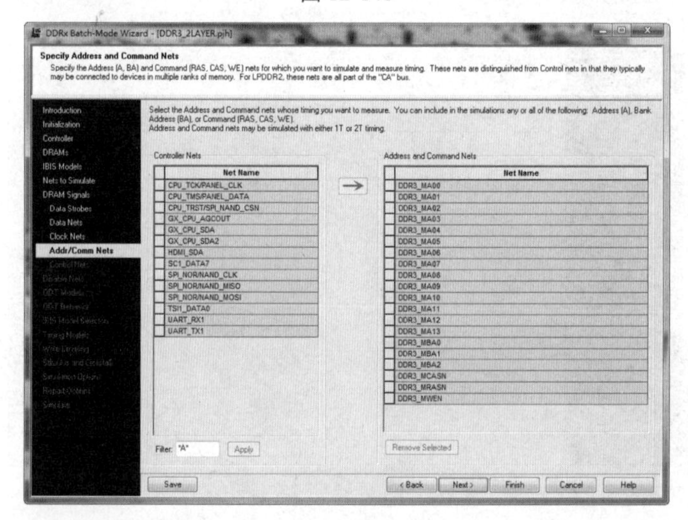


图 12-149

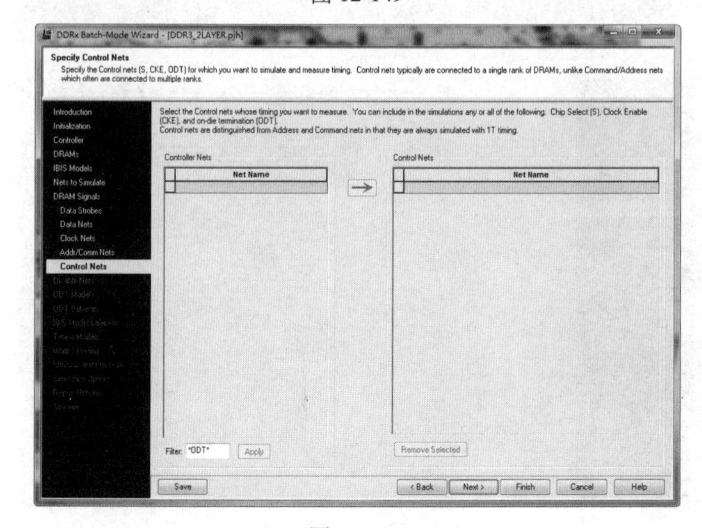


图 12-150

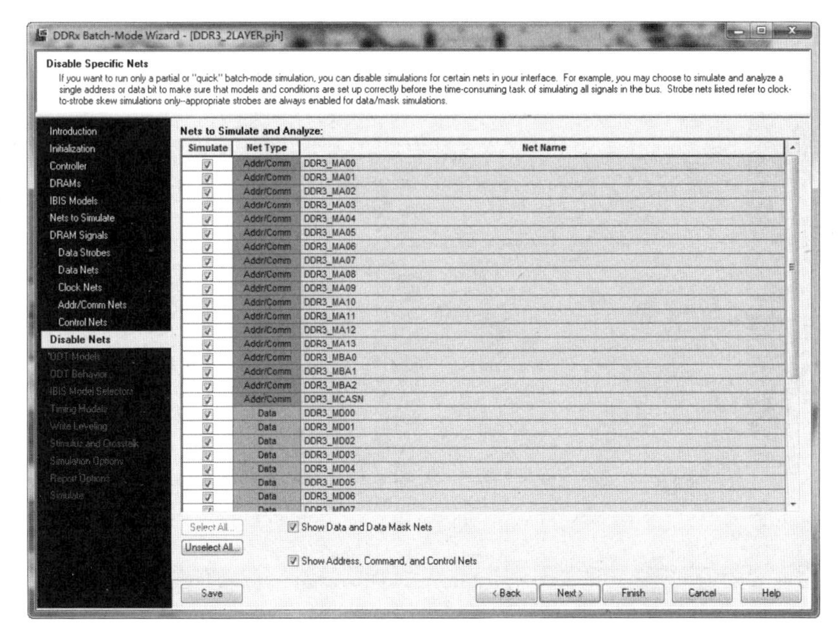
DDRx Batch-Mode Wizard - [DDR3_2LAYER.pjh]
Disable Specific Nets
If you want to run only a partial or "quick" batch-mode simulation, you can disable simulations for certain nets in your interface. For example, you may choose to simulate and analyze a single address or data bit to make sure that models and conditions are set up correctly before the time-consuming task of simulating all signals in the bus. Strobe nets listed refer to clock-to-strobe skew simulations only--appropriate strobes are always enabled for data/mask simulations.
Nets to Simulate and Analyze:
Simulate
Net Type
Net Name
Select All...
Unselect All...
Show Data and Data Mask Nets
Show Address, Command, and Control Nets
Save
< Back
Next >
Finish
Cancel
Help

图 12-151

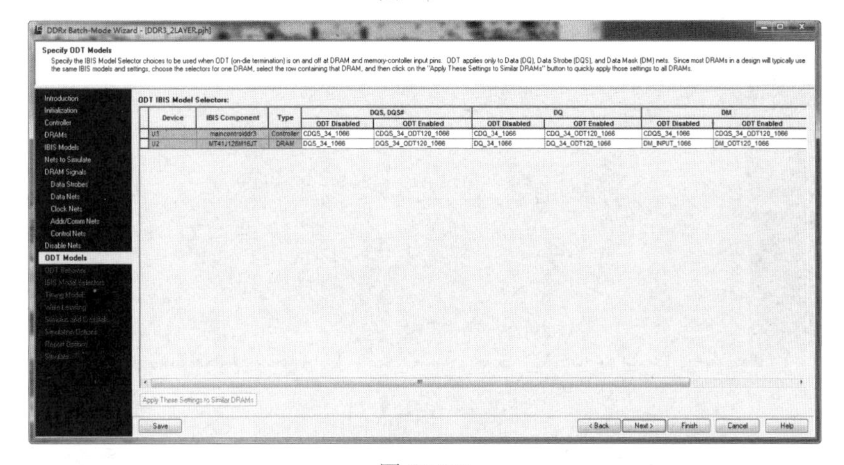

图 12-152

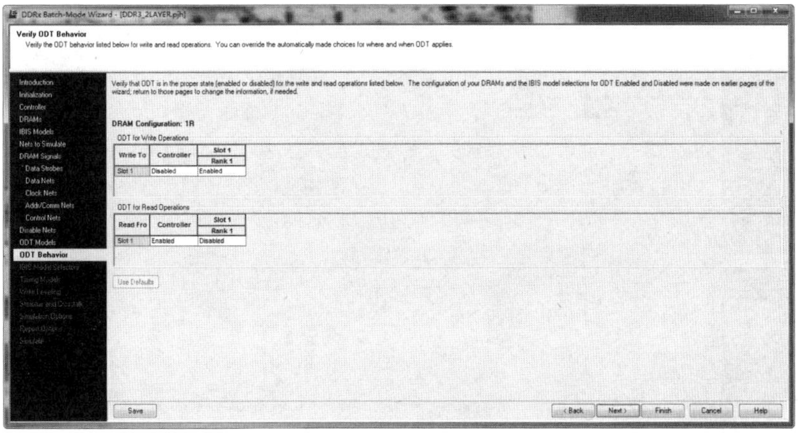

图 12-153

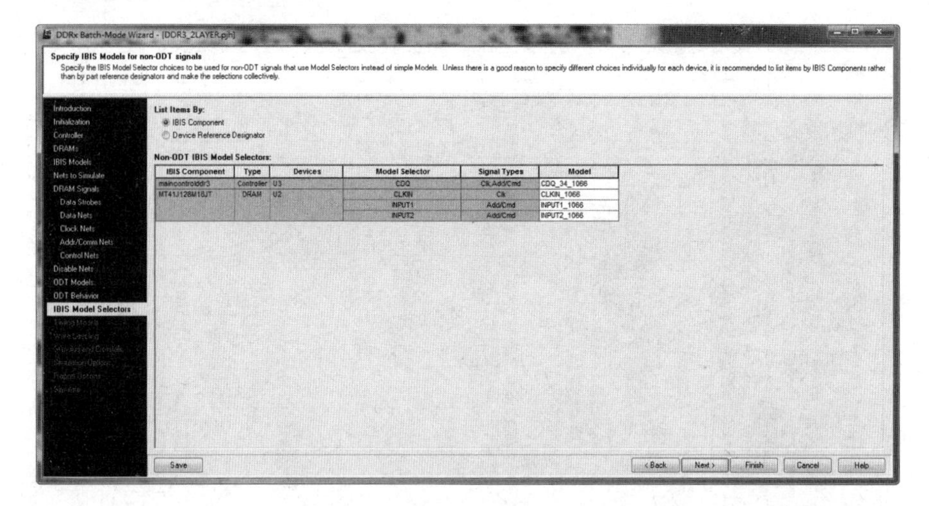


图 12-154

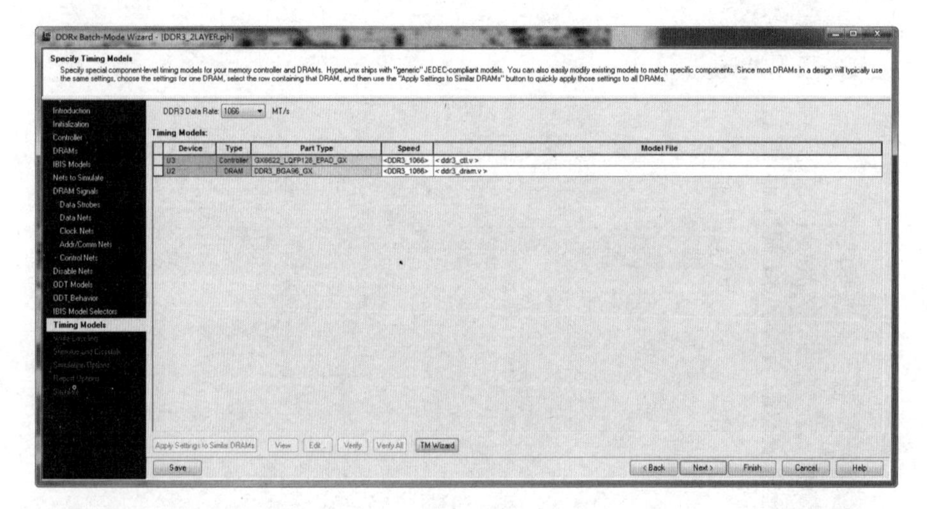


图 12-155

DDR3 Write Leveling

Specify the write-leveling delays for each DDR3 byte lane.

Import Delays

Data Strobes and Write Leveling Delays (pSec):

| Data Strobes | Slot 1 |
|---|---|
| DDR3_MLDQSP / DDR3_MLDQSN | |
| DDR3_MUDQSP / DDR3_MUDQSN | |

图 12-156

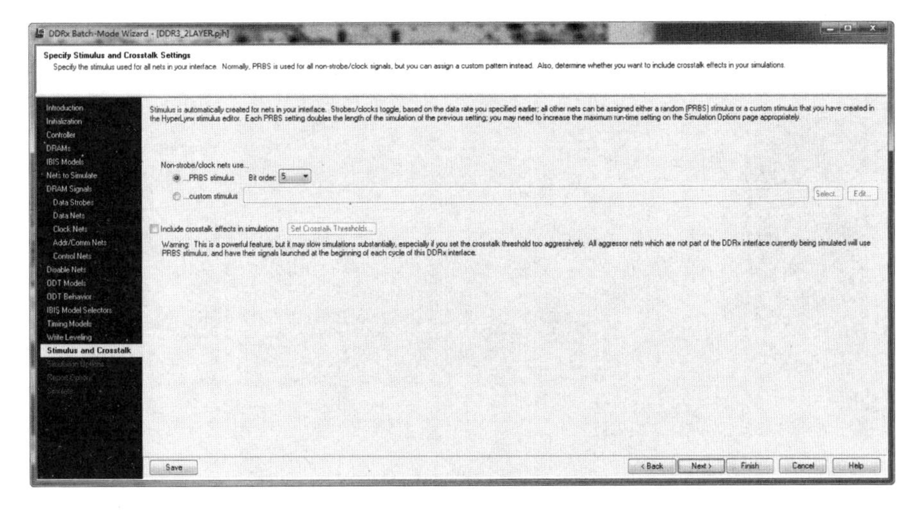


图 12-157

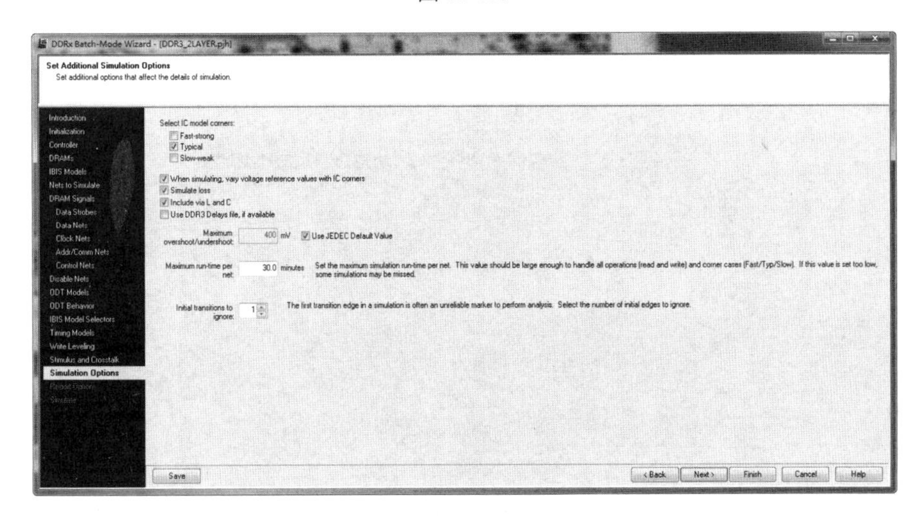


图 12-158

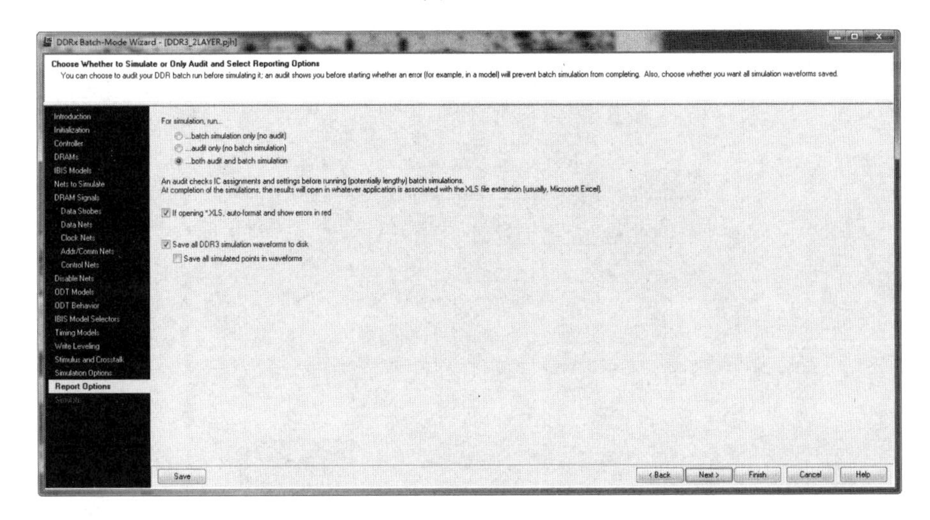


图 12-159

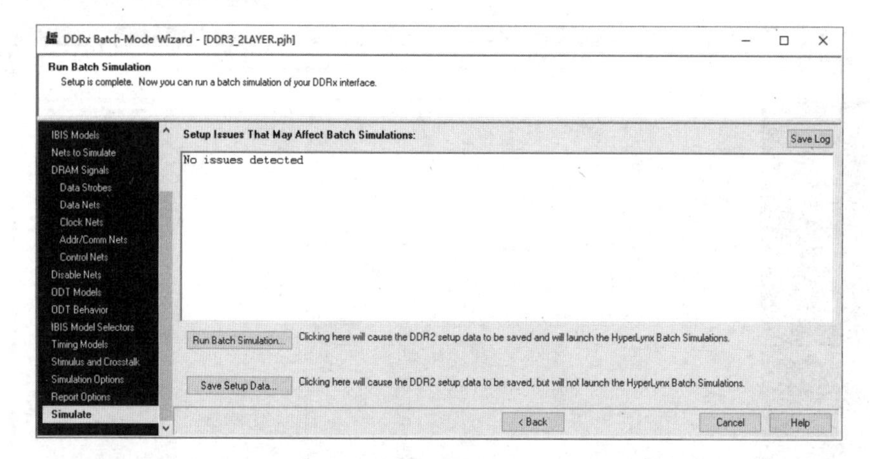


图 12-160

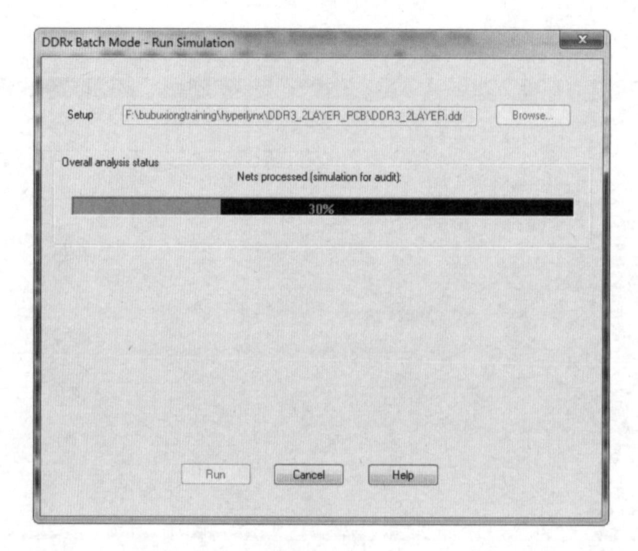


图 12-161

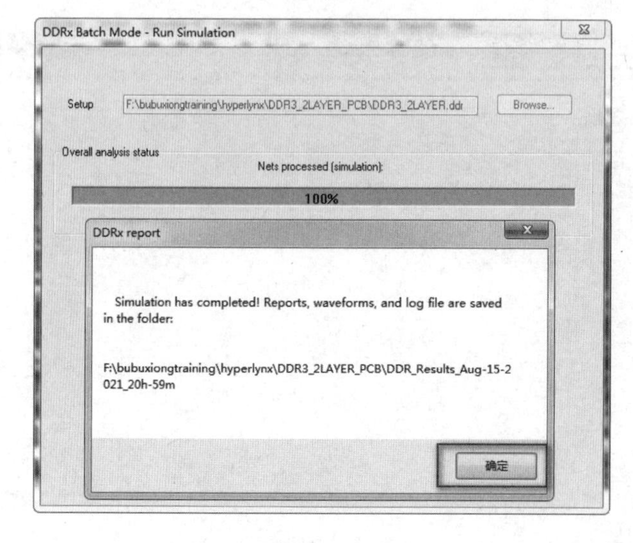


图 12-162

第 5 步：单击图 12-162 中的“确定”按钮后，在文件 DDR3_2LAYER.hyp 对应的目录下，产生文件夹 DDR_Results_Aug-15-2021_20h-59m，打开此文件夹中的 DDR_report_data_allcases_Typ.xls 和 DDR_report_address_allcases_Typ.xls 文件，检查有没有 fail 的项目，有则需要我们重新去查找原因，没有 fail 就代表仿真通过了。其中，子文件夹 DRV_Waveforms_Typ 为驱动端所有波形，子文件夹 RCV_Waveforms_Typ 为接收端所有波形。

# 第 13 章

# HyperLynx 之 DC Drop 仿真

电源完整性是电子产品设计面临的最大难题之一。现代数字和模拟 IC，在工作时都要求使用多个电源电压。可能会同时发生电源电压逐步减少而电流消耗逐渐增加的情况。设计裕度的降低意味着新的设计对于供电网络（PDN）中电压损耗的容忍度更低。

识别和解决 PDN 问题的一种有效方法是使用 HyperLynx 软件的直流降 DC Drop 仿真功能。硬件工程师、PCB 设计人员和信号完整性专家都可以使用直流压降在几秒钟内获得仿真结果，而无须进行长达数周的软件培训。通过在产品创建过程的早期发现 PDN 问题，最终将有助于您减少设计原型的次数，缩短上市时间，同时开发出更可靠的器件。

通过本章内容，你可以了解如何利用 HyperLynx 软件的 DC Drop 进行电压降分析，识别电流密度过高的区域，快速分析密集 Layout 中由于电源平面形状、电源走线导致的电源电压降。

## 13.1 DC Drop 前仿真

DC Drop 前仿真的操作步骤如下所述。

第 1 步：双击图标“”，启动 HyperLynx 软件。

第 2 步：单击图标“”，新建一个 Free-Form 格式的工程，并另存为 a_simple_board_predcDrop.ffs。

第 3 步：执行菜单命令 Window>Switch to PDN Editor，切换到 PDN Editor 工作区域，如图 13-1 所示。

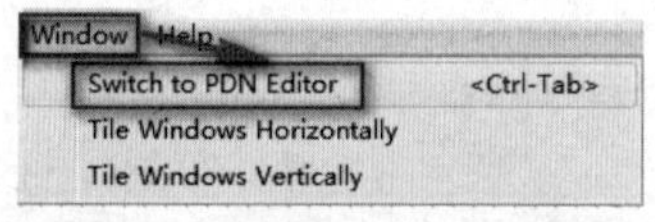


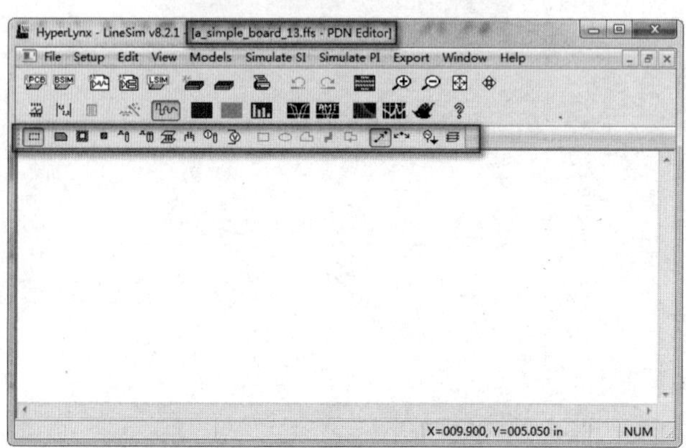


图 13-1

第 4 步：单击图 13-1 中的图标“ ”，画一个长 10in、宽 6in 的矩形框，如图 13-2 所示。

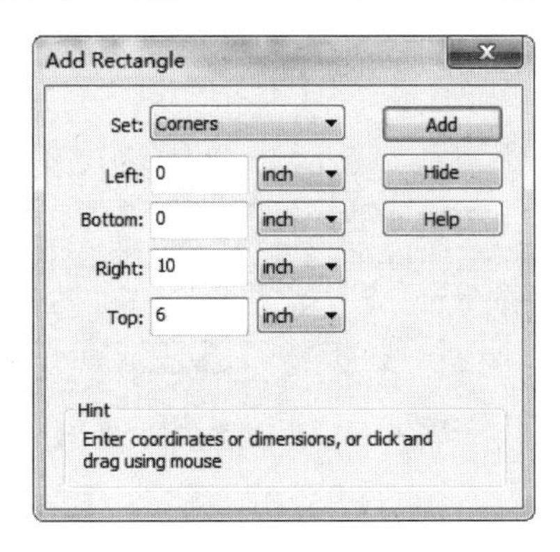


图 13-2

第 5 步：单击图 13-2 中的“Add”按钮，添加完成后的矩形框如图 13-3 所示。

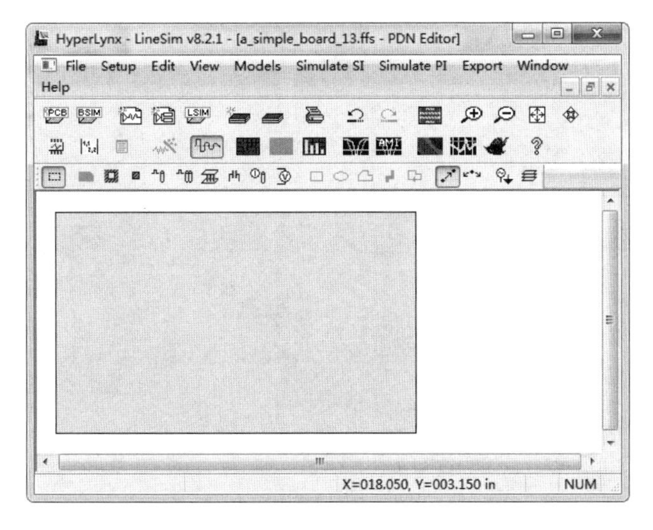


图 13-3

第 6 步：单击图 13-1 中的图标“ ”，选择激活默认 6 层中的两个平面层，如图 13-4 所示。

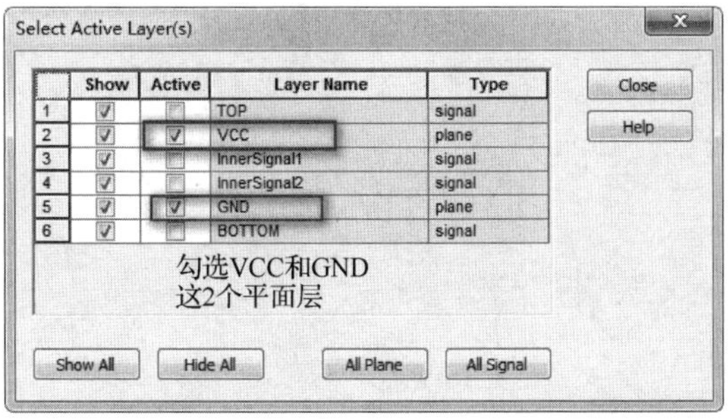

图 13-4

第 7 步：单击图 13-1 中的图标“”，增加一个 IC 电流源脚，将其放在（1.5in，2in）处，正端接在 VCC 层，负端接在 GND 层，并设置 DC 电流源为 5A，具体实现如图 13-5 所示。

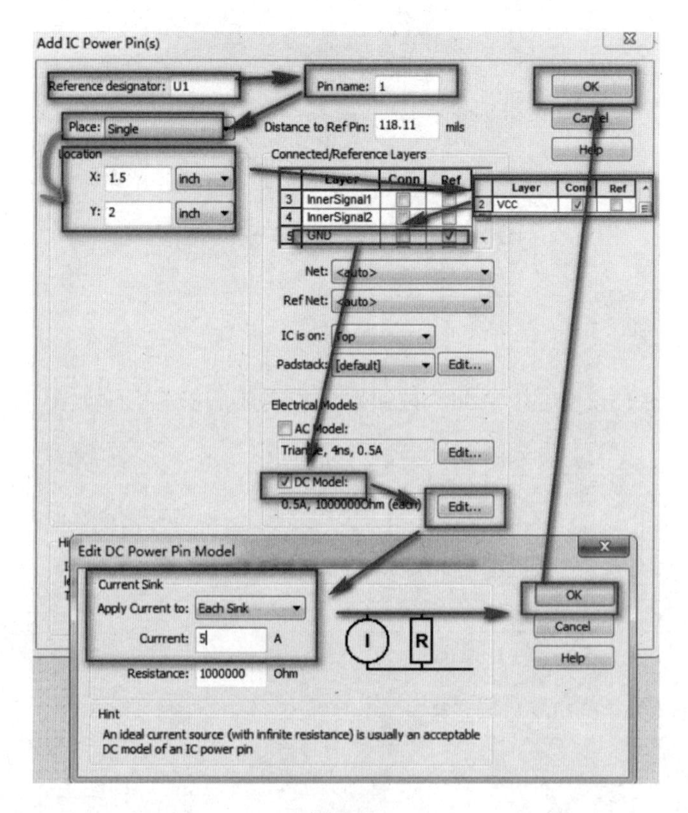


图 13-5

第 8 步：工作区出现 U1.1，如图 13-6 所示。

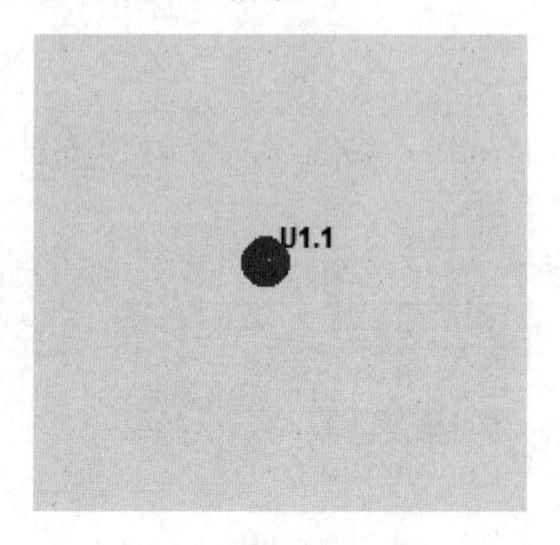


图 13-6

第 9 步：单击图 13-1 中的图标“”，增加一个电压源，具体实现如图 13-7 所示。添加完电压源后的工作区如图 13-8 所示。

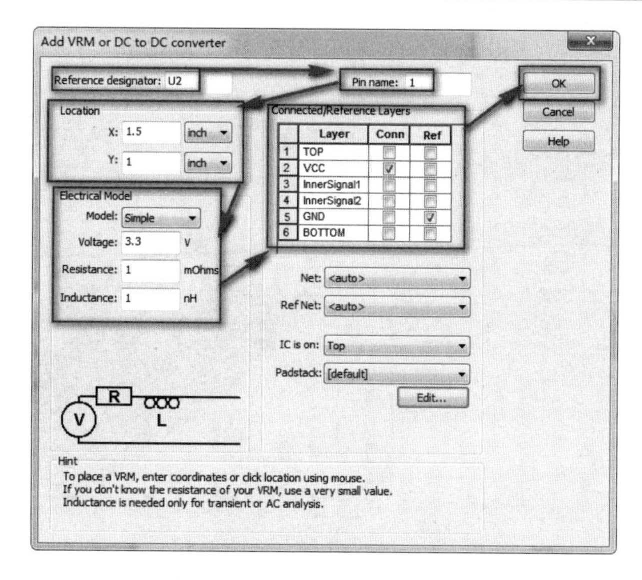


图 13-7

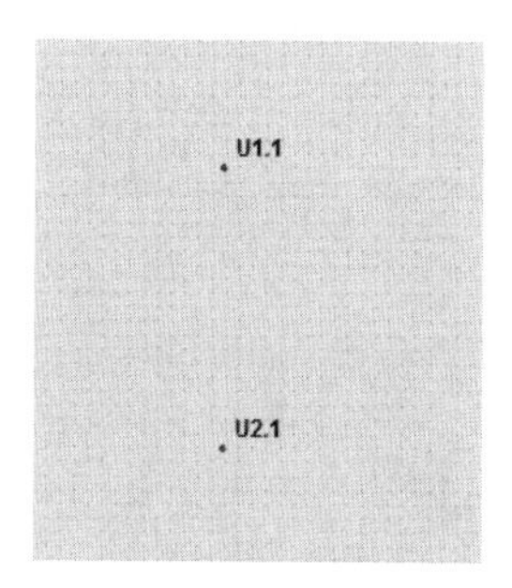


图 13-8

第 10 步：运行直流降仿真，具体操作如图 13-9 所示。

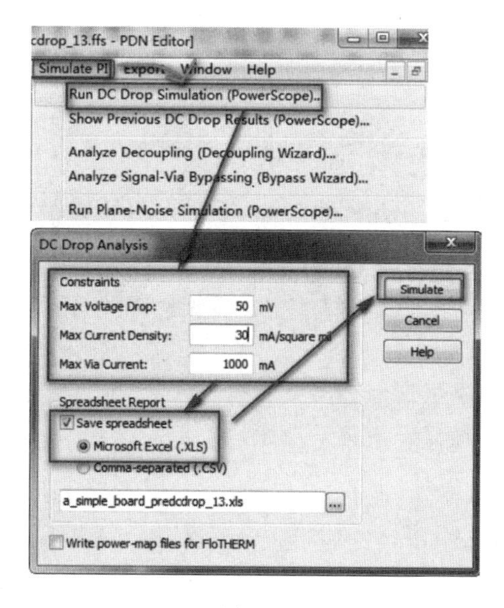


图 13-9

第 11 步：仿真完成后，弹出 2 个对话框，如图 13-10 所示。

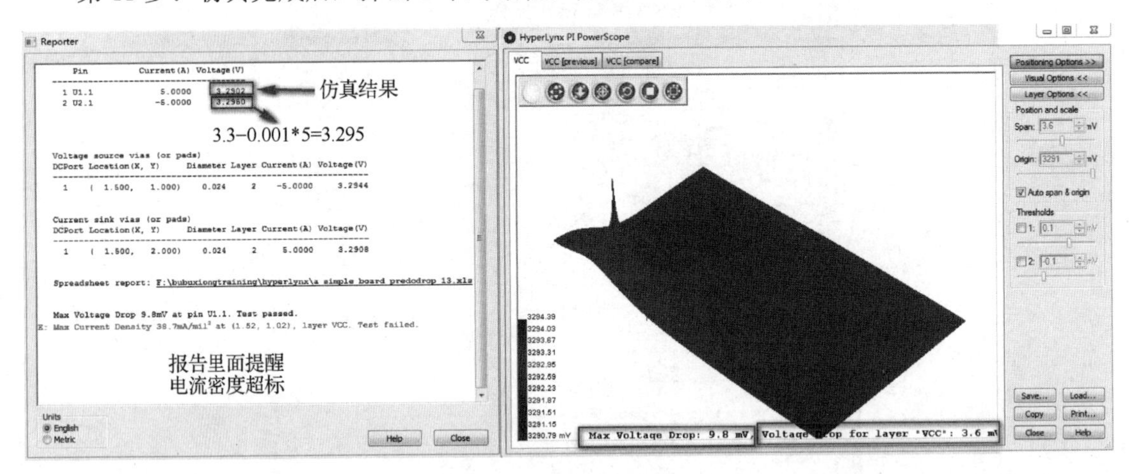


图 13-10

第 12 步：打开文件 a_simple_board_predcDrop_13.xls，内容如图 13-11 所示。

| A | B | C | D | E | F | G |
|---|---|---|---|---|---|---|
| Item | Location(s), in | Diameter, in | Layer(s) | Current, A | Voltage, V | Voltage drop, mV |
| Pin U1.1 | (1.5, 2) | | | 5 | 3.2902 | |
| Pin U2.1 | (1.5, 1) | | | -5 | 3.295 | |
| Current sink via or pad | (1.5, 2) | 0.024 | 2 | 5 | 3.2908 | |
| Voltage source via or pad | (1.5, 1) | 0.024 | 2 | -5 | 3.2944 | |

图 13-11

提示：如果不小心把上面 3D 显示的图形关了，是可以重新显示出来的，具体实现操作如图 13-12 所示。

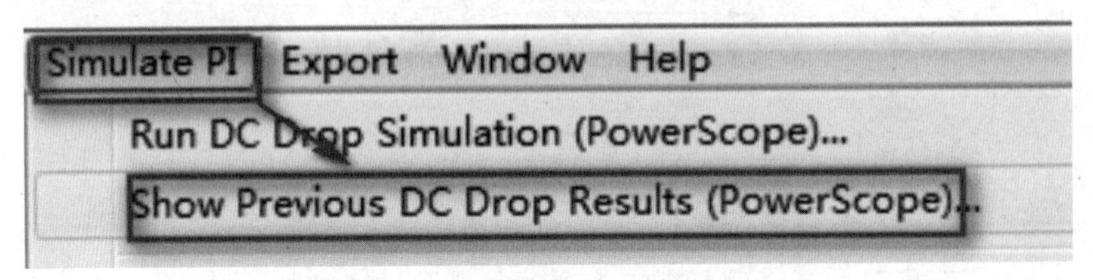


图 13-12

第 13 步：重新将 3D 图像显示出来，图 13-13 所示。

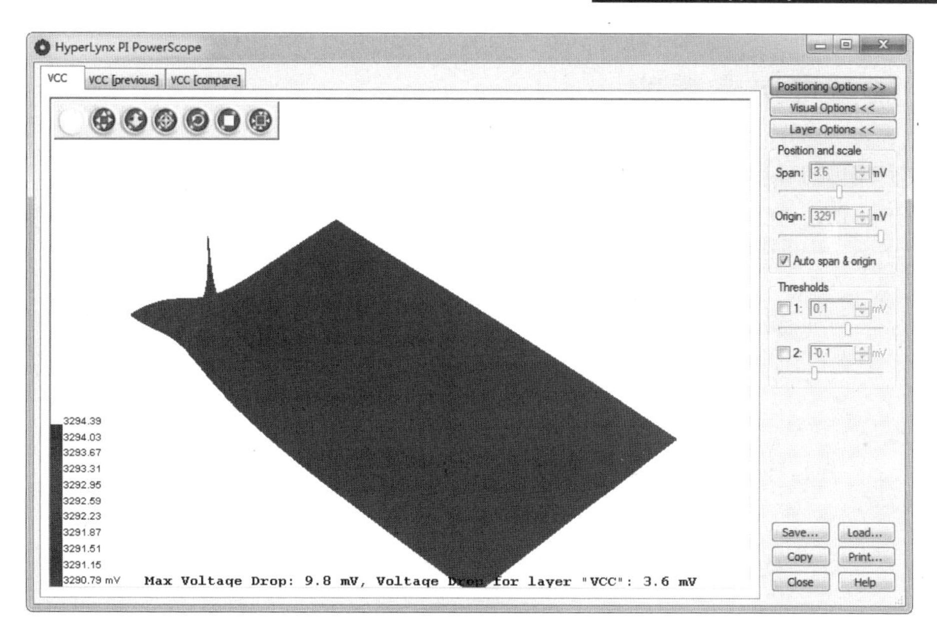


图 13-13

## 13.2 3D 显示图形中的按钮功能

① 图标“”：旋转（Turn）按钮，对准图形按住鼠标左键就可以任意旋转。

② 图标“”：平移（Pan）按钮，对准图形按住鼠标左键就可以任意平移。

③ 图标“”：放大缩小（Zoom）按钮，对准图形按住鼠标左键向上移动缩小、向下移动放大，或者用鼠标滚轮也可以实现放大缩小。

④ 图标“”：监测（Inspect）按钮，移动光标到图形处就会显示光标对准那个点的具体信息，如图 13-14 所示。

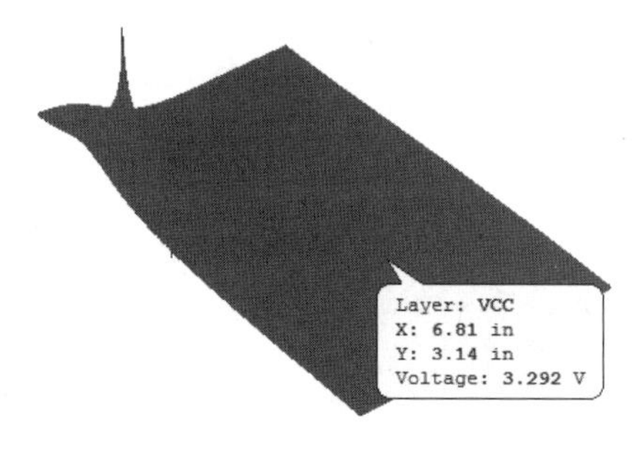


图 13-14

⑤ 图标“”：默认视图（Default View）按钮，单击它，可将视图恢复到软件默认的视图。

⑥ 图标“”： 2D/3D 切换（2D/Top View Only）按钮，单击它可以切换平面视图和立体视图。

⑦ 图标“”：视图适合工作区（Fit to View）按钮，单击它，可将视图放满工作区。

## 13.3 直流电流密度图

获取直流电流密度图的操作步骤如下所述。

第 1 步：单击 3D 视图右上角的“Visual Options <<”，在弹出的对话框中进行相应操作，具体如图 13-15 所示。

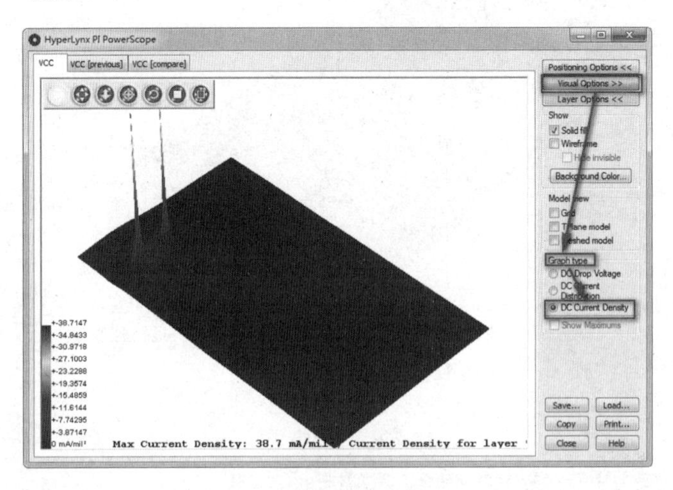


图 13-15

第 2 步：单击 3D 视图右上角的“Positioning Options <<”，在弹出的对话框中进行相应操作，具体如图 13-16 所示。

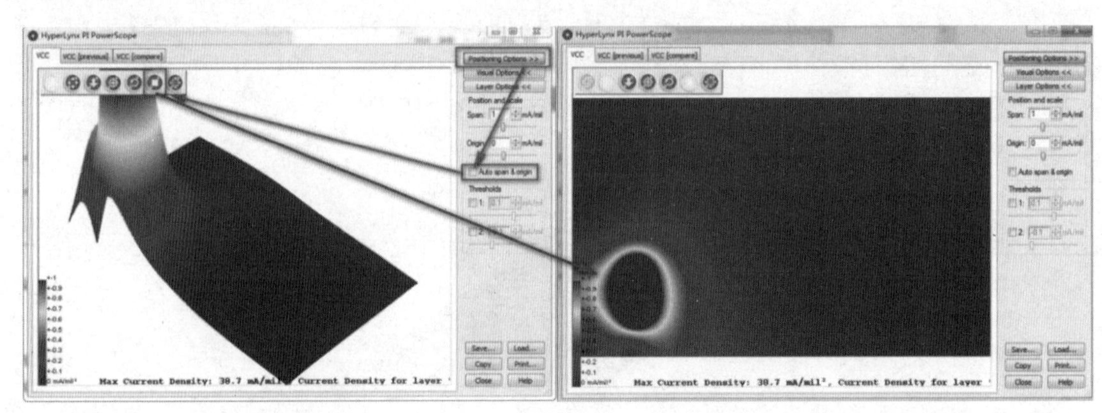

图 13-16

第 3 步：在“Span”处输入 5，如图 13-17 所示。

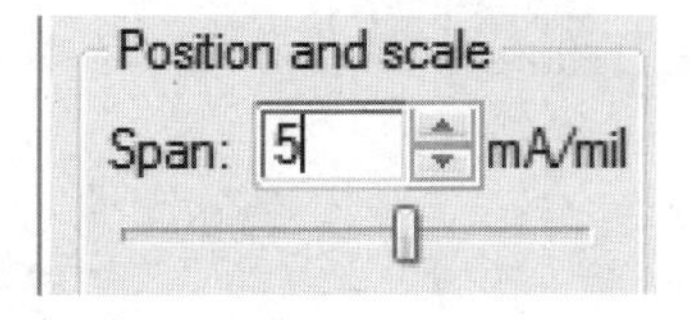


图 13-17

第 4 步：完成设置后的电流密度 2D 显示图如图 13-18 所示。

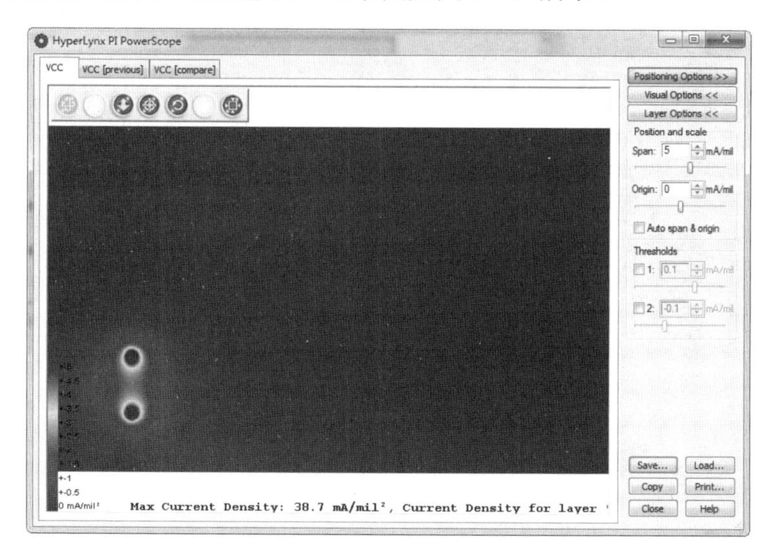


图 13-18

图 13-18 右下角的 6 个按钮详解如下。

① 单击图 13-18 中的“Save”按钮后出现如下对话框，如图 13-19 所示。

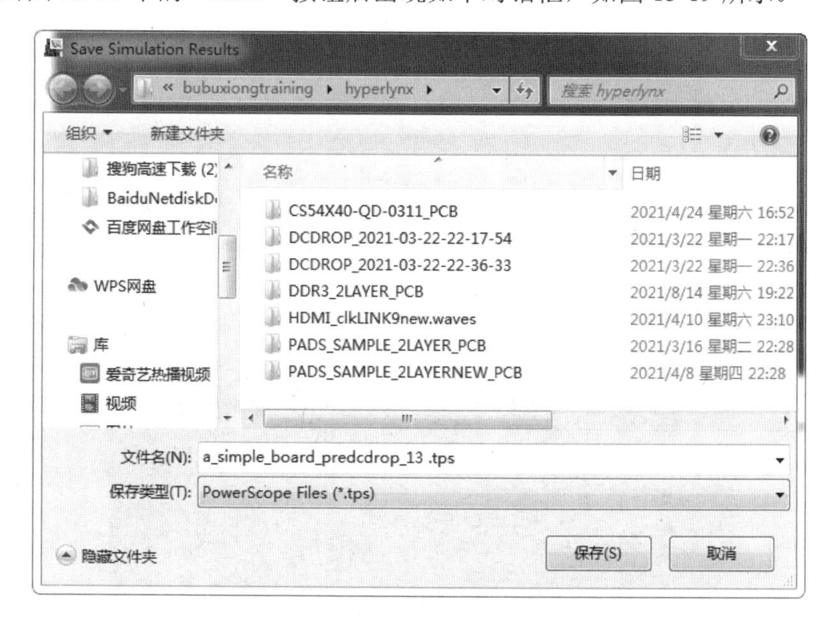


图 13-19

② 单击图 13-19 中的“保存”按钮后会将仿真结果保存下来了。

③ 单击图 13-18 中的“Load”按钮后会出现如图 13-20 所示的对话框，在该对话框中可以将先前存的 tps 后缀文件重新调出来。

图 13-20

④ 单击图 13-18 中的“Copy”按钮后会出现如图 13-21 所示的对话框，表示图形数据已经成功复制到剪切板。按“Ctrl+V”组合键通过剪切板将图形复制到如 word 这些软件里面，如图 13-22 所示。

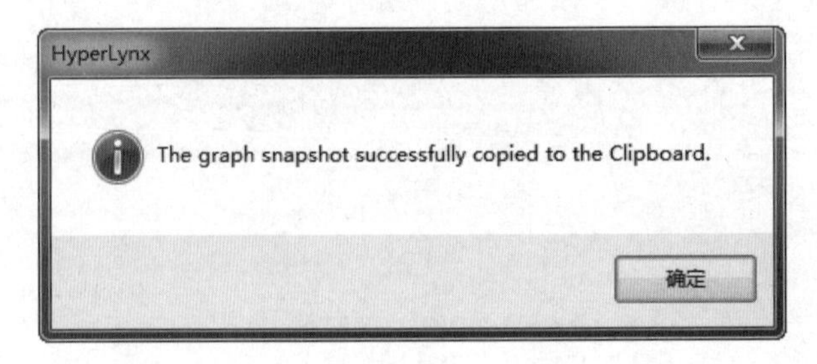


图 13-21

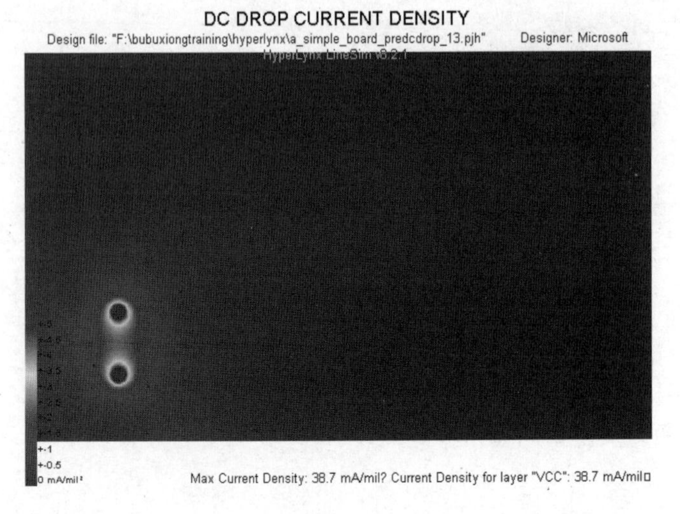


图 13-22

⑤ 单击图 13-18 中的“Print”按钮后会出现如图 13-23 所示的对话框。单击“OK”按钮后会生成 PDF 文档，如图 13-24 所示。

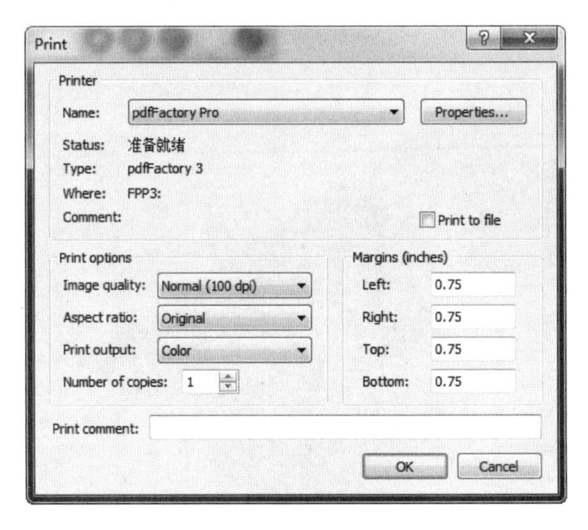


图 13-23

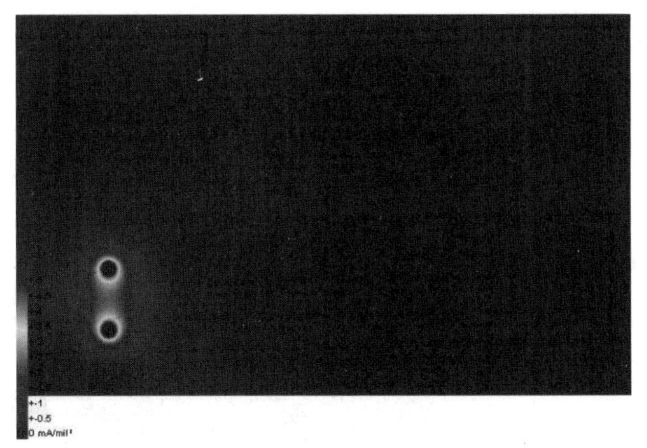


图 13-24

第 5 步：双击 PDN 工作区域中的 U1.1，将其坐标改为（2.5in，2in），重新仿真，然后单击“VCC[compare]”标签，如图 13-25 所示。

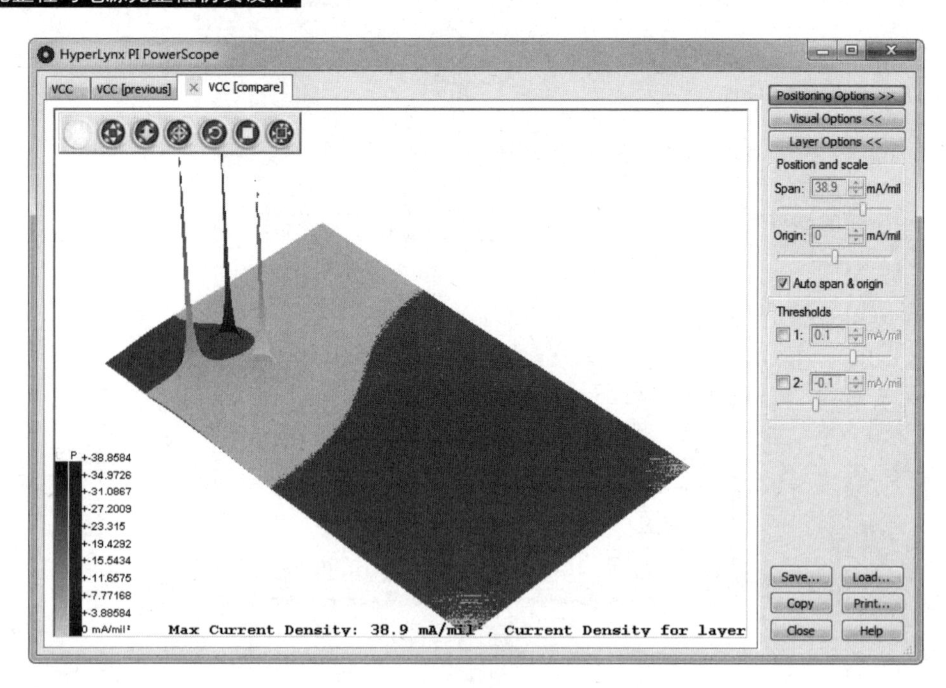


图 13-25

## 13.4 多层板直流降后仿真例子

### 1. 将板子导入到工作区

第 1 步：双击图标""，启动 HyperLynx 软件，然后按照图 13-26 所示操作。

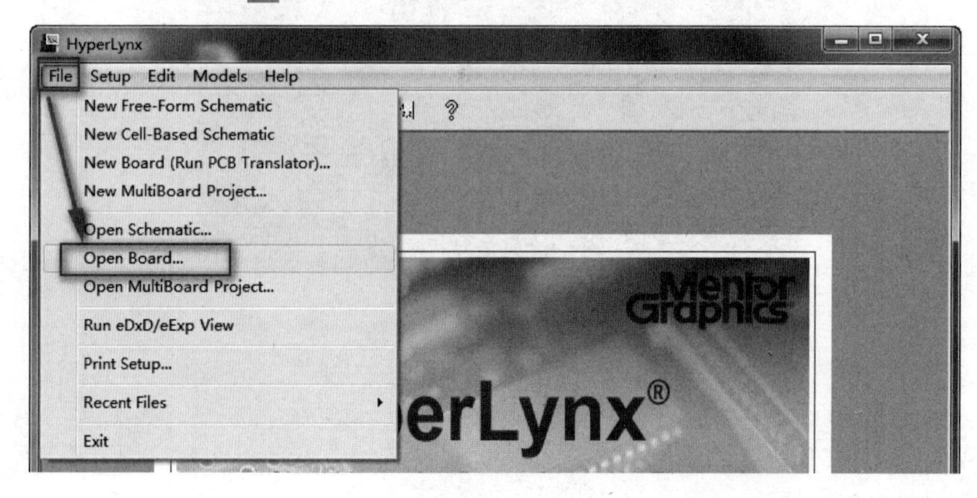


图 13-26

第 2 步：在弹出的对话框中进行相应操作，具体如图 13-27 所示。

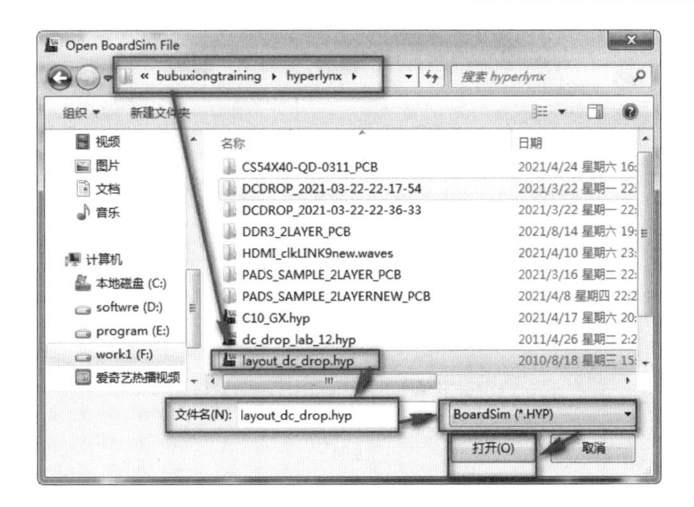


图 13-27

第 3 步：弹出警告对话框，在该对话框中单击“否”按钮，如图 13-28 所示。

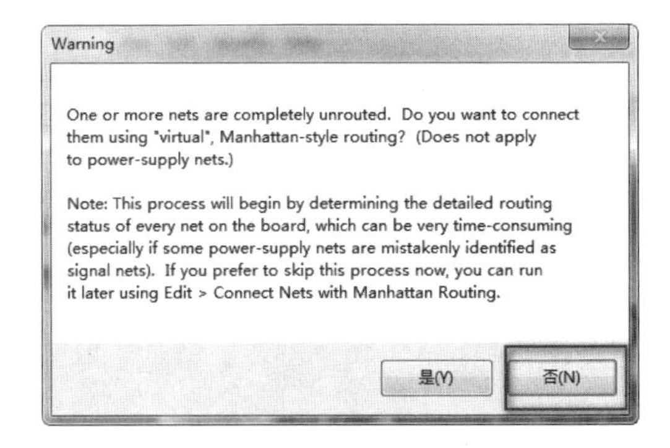


图 13-28

第 4 步：将板子导入工作区，如图 13-29 所示。

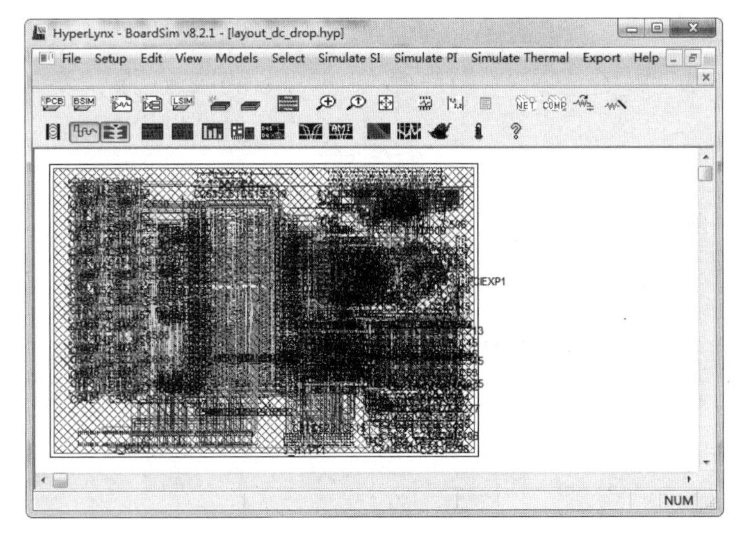


图 13-29

## 2．进行直流降仿真

第 1 步：打开直流降仿真，具体操作如图 13-30 所示。

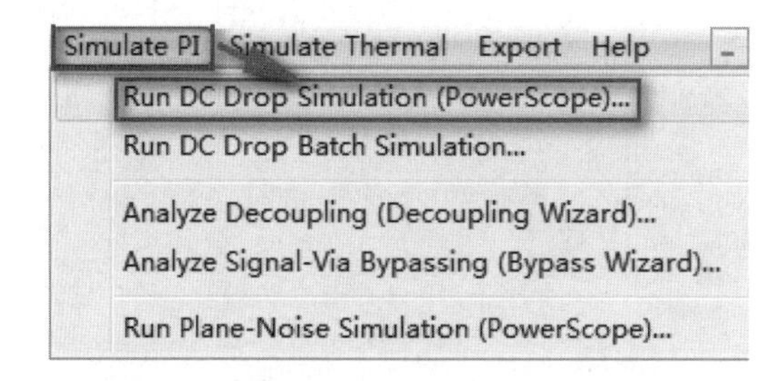


图 13-30

第 2 步：出现直流降仿真分析对话框，如图 13-31 所示。

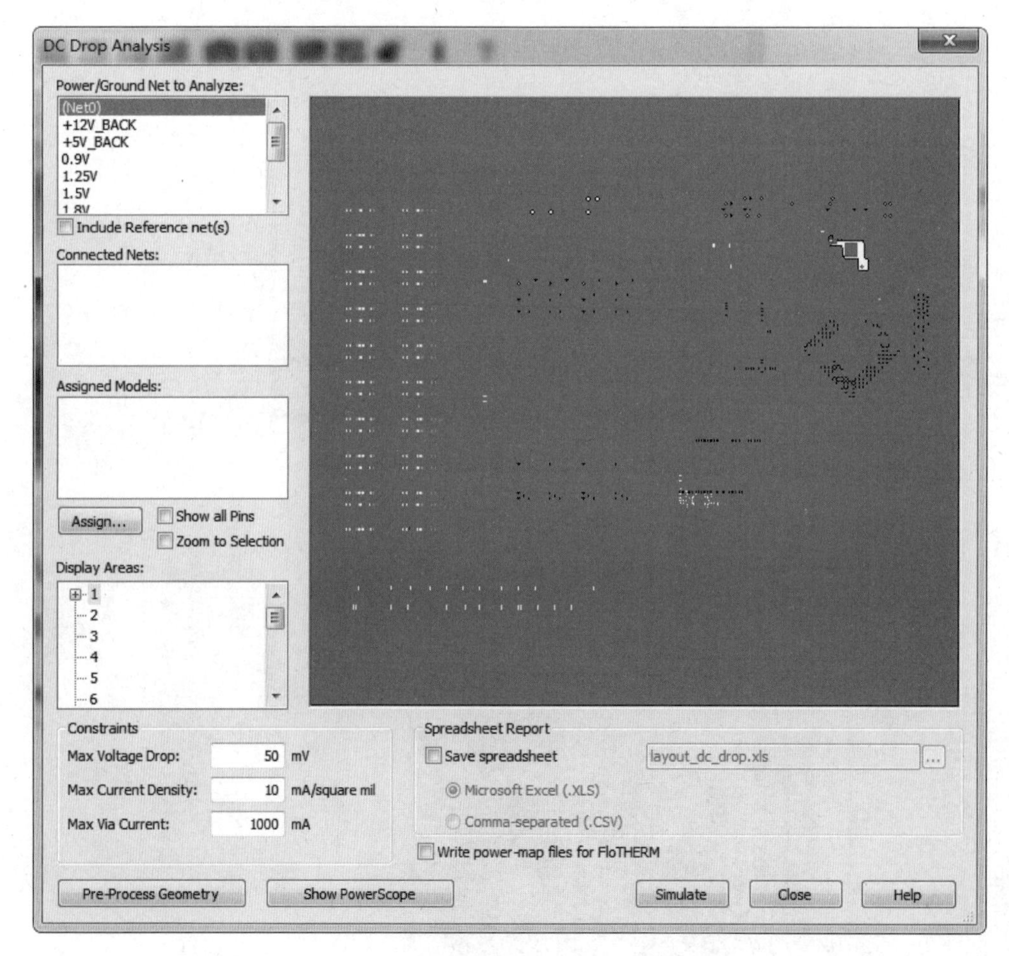


图 13-31

第 3 步：在“Power/Ground Net to Analyze”区域选择 1.5V 的电源网络，如图 13-32 所示。

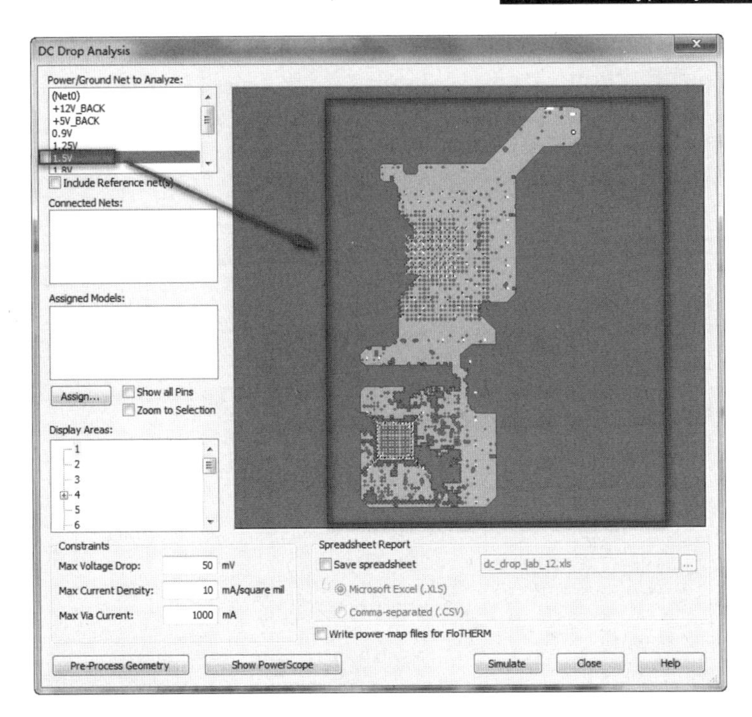


图 13-32

第 4 步：单击图 13-32 中的“Assign”按钮，在弹出的对话框中分配电流源和电压源，如图 13-33 所示。

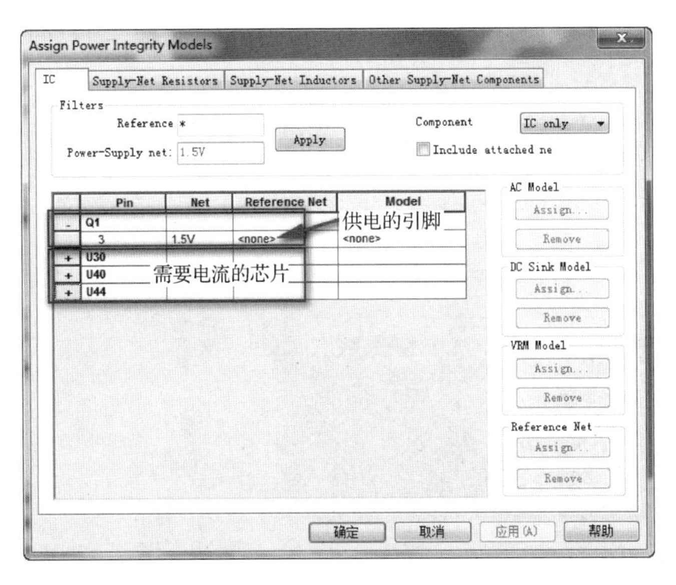


图 13-33

第 5 步：先分配 U30 的各个引脚，赋值总的电流为 3A，单击 AA4 行，然后单击 Y20 行，同时按住键盘中的“Shift”键，即可选中 AA4-Y20 的电源引脚，添加电流源模型，具体操作如图 13-34 所示。

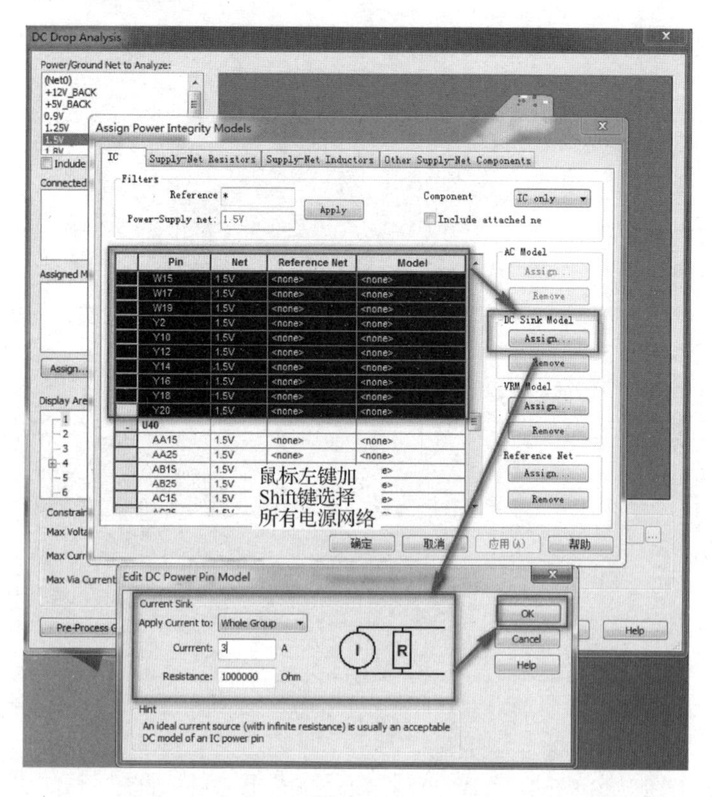


图 13-34

第 6 步：单击图 13-34 中的“OK”按钮后，在弹出的对话框中添加 U30 电流源的参考地网络，具体操作如图 13-35 所示。

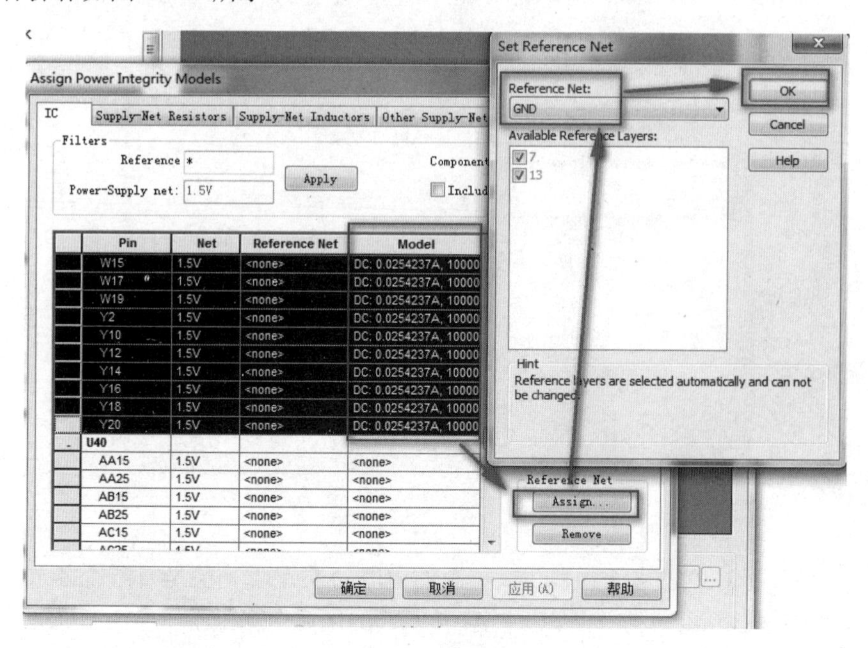


图 13-35

第 7 步：单击图 13-35 中的“OK”按钮后，弹出如图 13-36 所示的对话框。

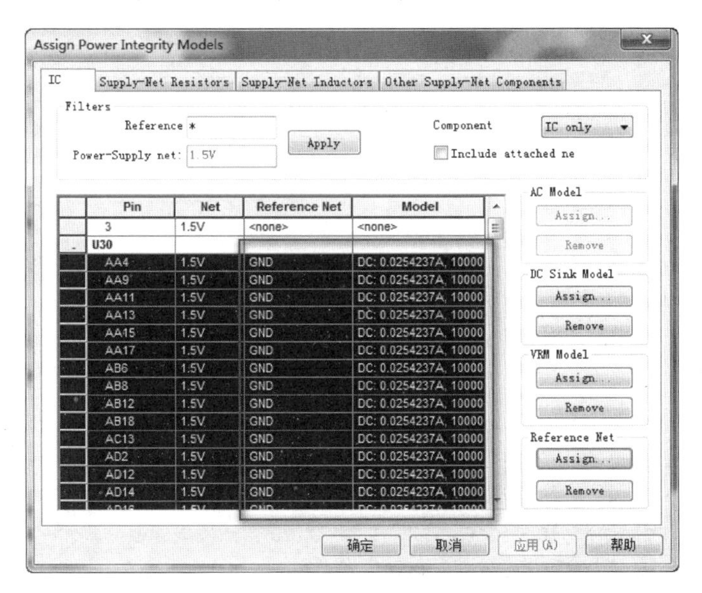


图 13-36

第 8 步：分配 U40 的各个引脚，赋值总的电流为 5A，具体操作如图 13-37 所示。

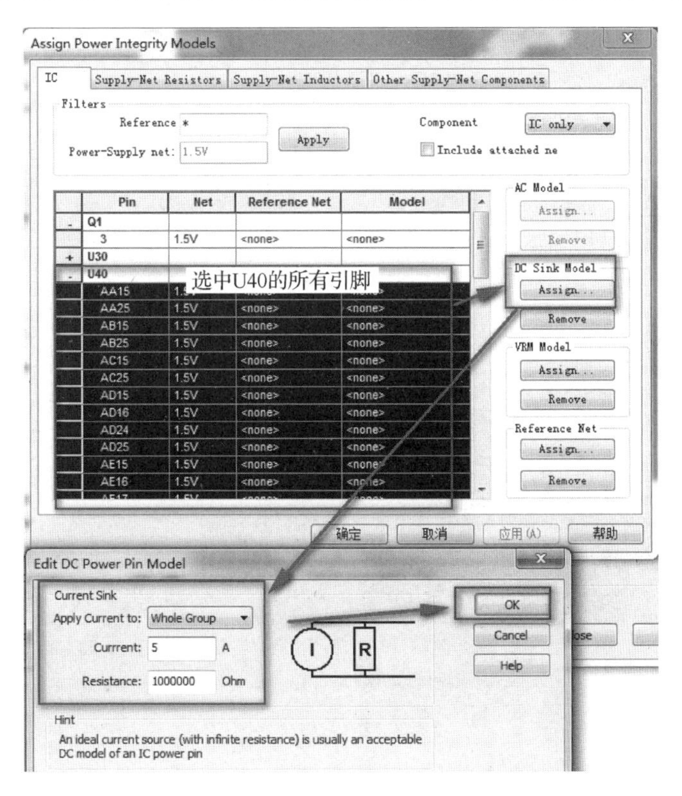


图 13-37

第 9 步：单击图 13-37 中的“OK”按钮后，在弹出的对话框中添加 U40 电流源的参考地网络，具体操作如图 13-38 所示。

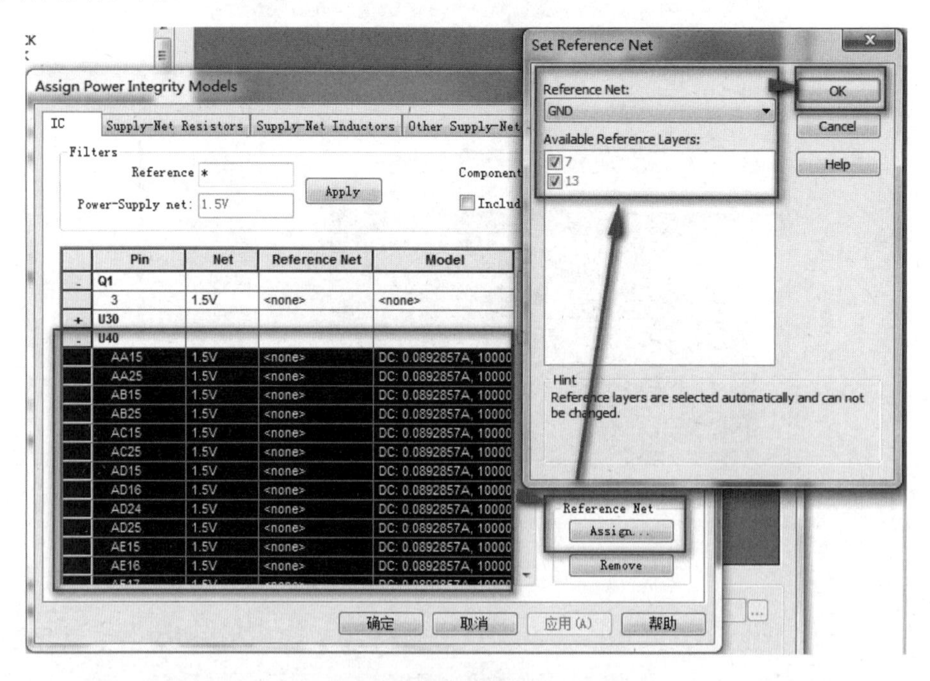


图 13-38

第 10 步：单击图 13-38 中的“OK”按钮后，弹出如图 13-39 所示的对话框。

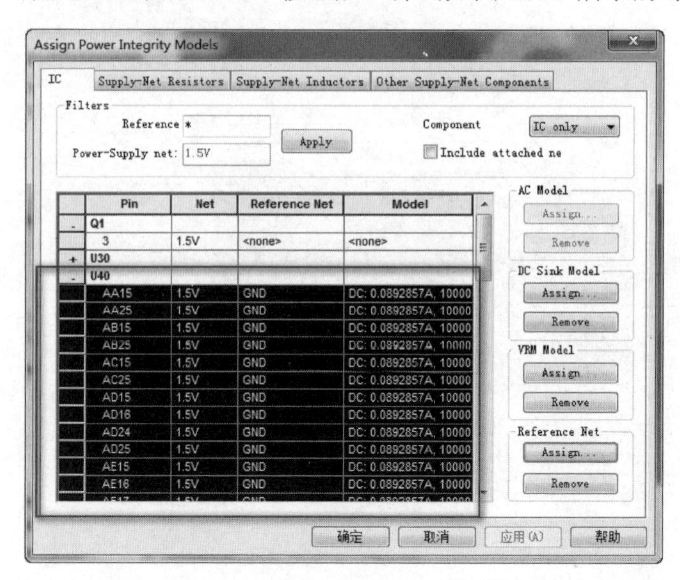


图 13-39

第 11 步：重复上面的步骤分配 U44 的电流为 0.5A，如图 13-40 所示。

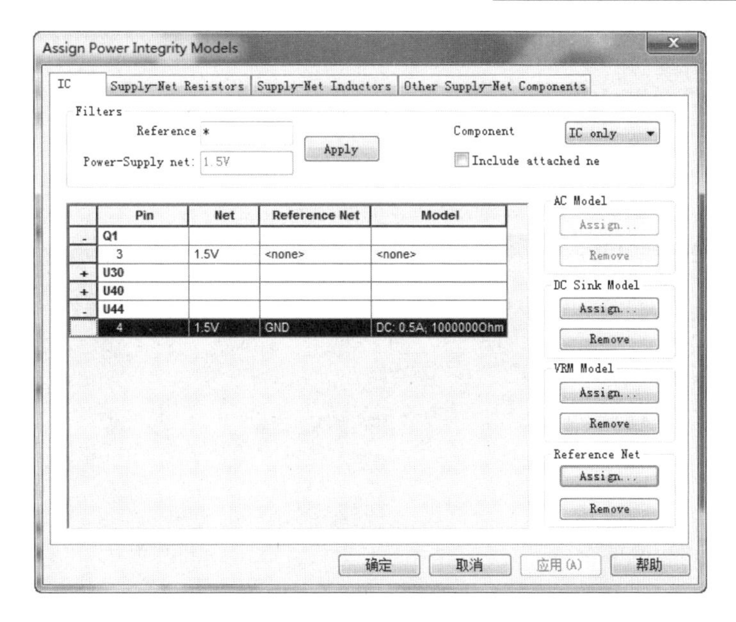


图 13-40

第 12 步：添加 Q1 电压源模型，具体操作如图 13-41 所示。

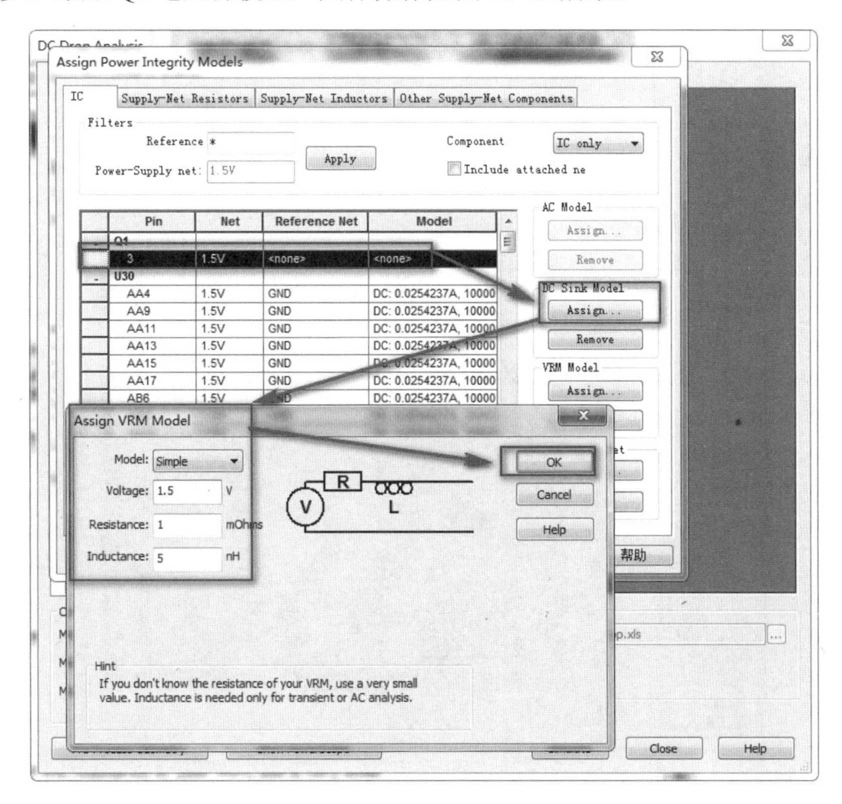


图 13-41

第 13 步：单击图 13-41 中的“OK”按钮后，在弹出的对话框中添加 Q1 电压源的参考地网络，具体操作如图 13-42 所示。

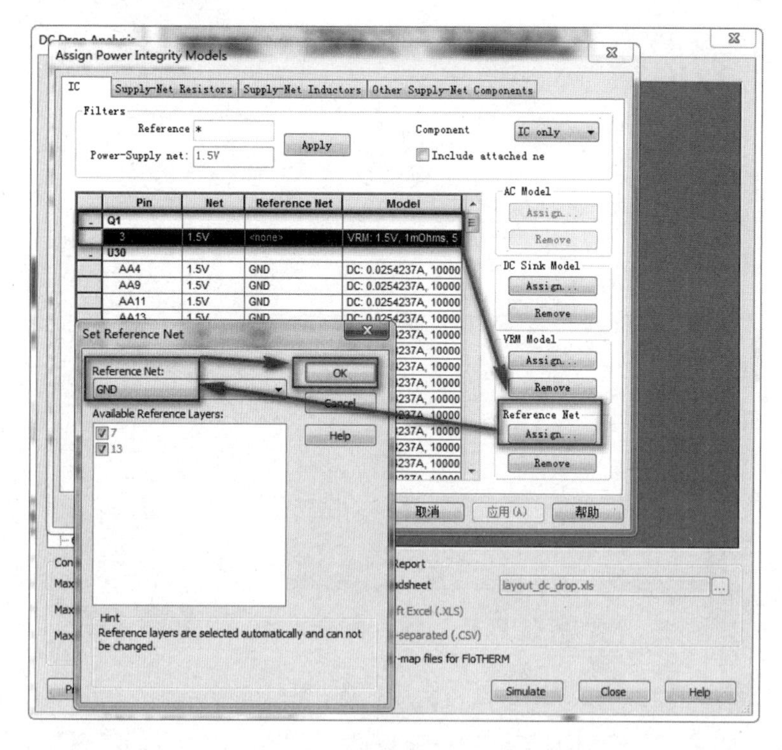


图 13-42

第 14 步：单击图 13-42 中的“OK”按钮后，在弹出的对话框中运行直流降分析，具体操作如图 13-43 所示。

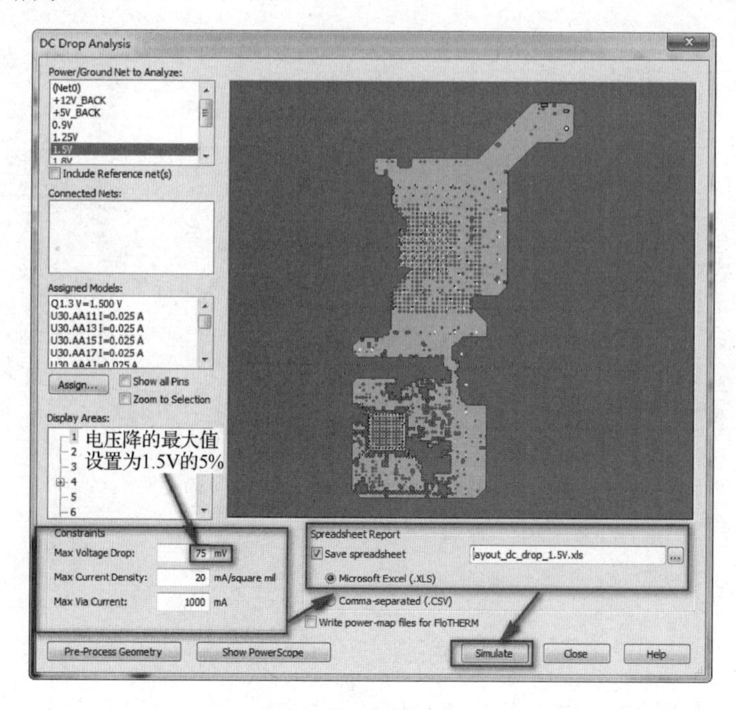


图 13-43

第 15 步：单击图 13-43 中的“Simulate”按钮后，弹出运行直流降仿真进程对话框，如图 13-44 所示。

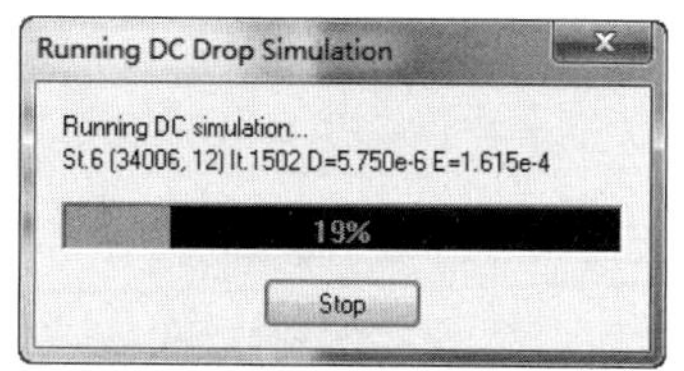


图 13-44

第 16 步：弹出的文本报告如图 13-45～图 13-49 所示。

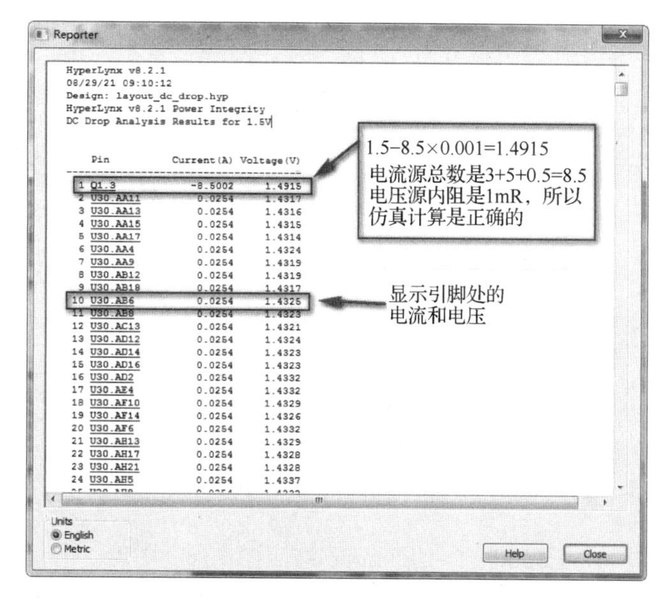


图 13-45

电压源的过孔或焊盘

```
Voltage source vias (or pads)
DCPort Location(X, Y)      Diameter Layer Current(A) Voltage(V)
-------------------------------------------------------------------
  1     (  9.765,   6.565)   0.018     4    -8.5002      1.4510
```

过孔位置　过孔直径　层数　流过的电流　过孔电压

图 13-46

电流源过孔或焊盘

```
Current sink vias (or pads)
DCPort Location(X, Y)      Diameter Layer Current(A) Voltage(V)
-------------------------------------------------------------------
  1     (  8.309,   5.102)   0.018     4     0.0254      1.4317
  2     (  8.260,   4.752)   0.018     4     0.0254      1.4304
  3     (  8.210,   5.002)   0.018     4     0.0254      1.4312
  4     (  8.210,   5.102)   0.018     4     0.0254      1.4316
```

图 13-47

最大电压降引脚　　电流密度最大处

```
E: Max Voltage Drop 111.6mV at pin U40.AH28. Test failed.
E: Max Current Density 1517.9mA/mil² at (9.76, 6.56), layer 1. Test failed.
E: Max Via Current 8500.2mA at (9.77, 6.56) between layers 4 and 1. Test failed.
```

最大过孔电流

图 13-48

Spreadsheet report: F:\bubuxiongtraining\hyperlynx\layout dc drop 1.5V.xls

图 13-49

### 3. 输出直流降仿真

第 1 步：单击图 13-43 中的“Show PowerScope”按钮，显示 3D 彩色图，如图 13-50 所示。

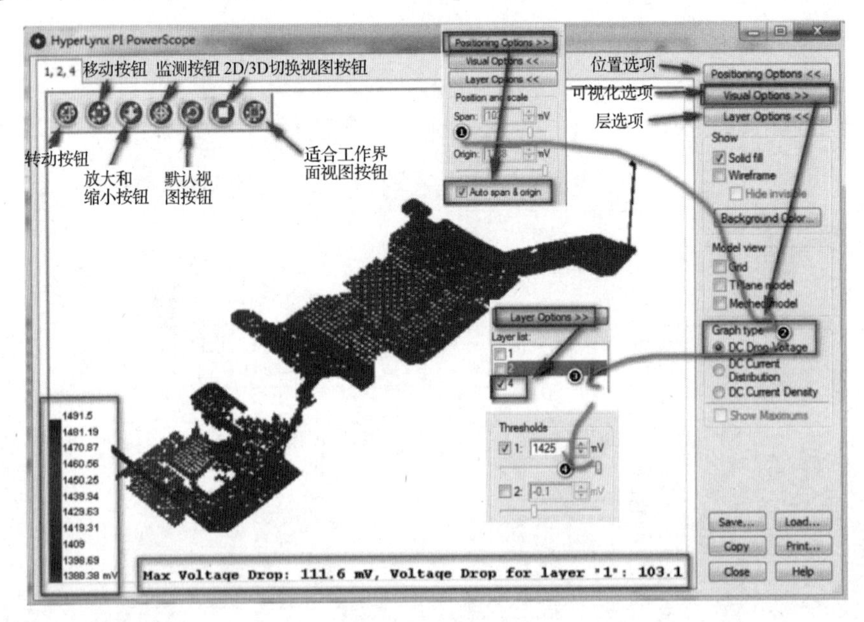


图 13-50

第 2 步：上面的阈值是 1500−75=1425mV，按照图 13-50 中的“①②③④”步骤操作，然后单击旋转按钮就可以轻易看出直流降有没有过关，如图 13-51 所示为旋转好的图形。

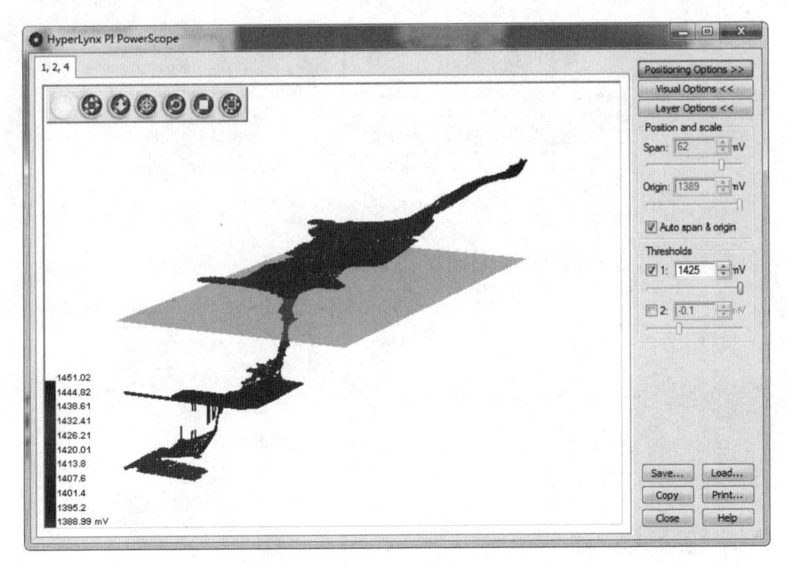


图 13-51

第 3 步：单击“◉”按钮后，单击“◉”按钮，就可以显示电压值，如图 13-52 所示。

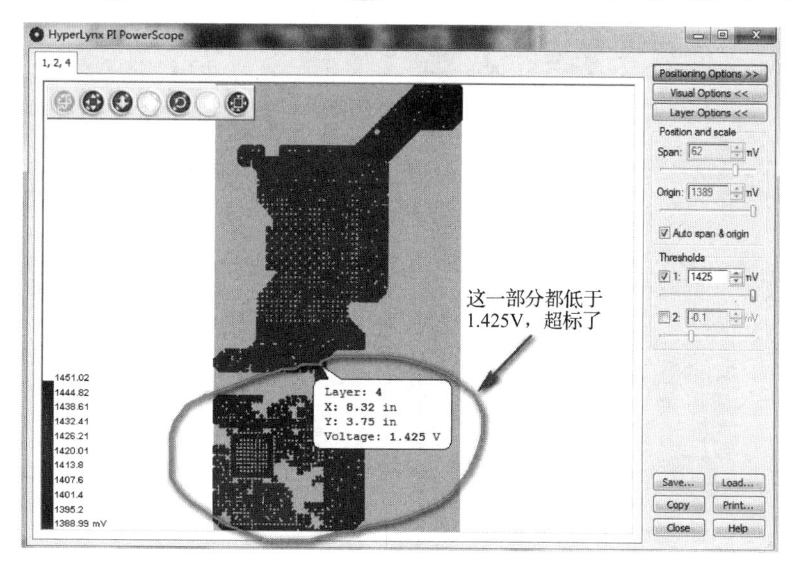


图 13-52

第 4 步：查看超标的原因的操作如图 13-53 所示。

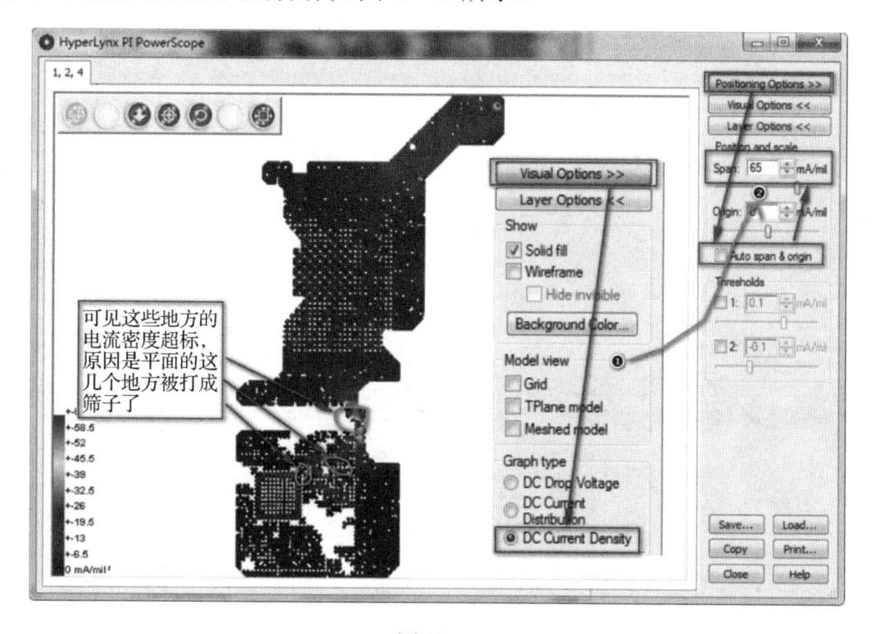


图 13-53

## 13.5　多层板直流降批处理后仿真例子

多层板直流降批处理后仿真例子的操作步骤如下所述。

第 1 步：进行直流降批处理仿真，具体操作如图 13-54 所示。

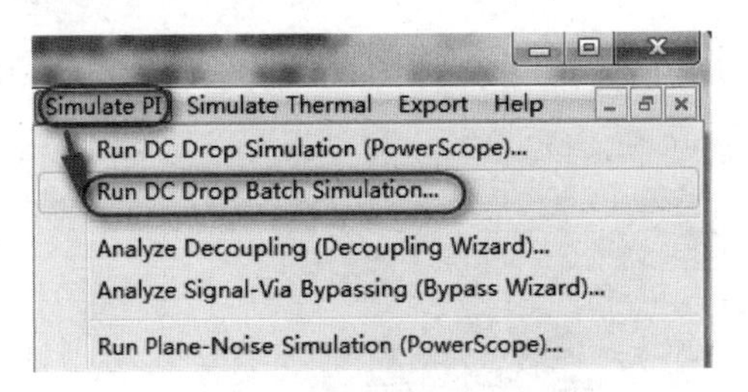


图 13-54

第 2 步：在弹出的直流降批处理对话框中进行相应设置，具体如图 13-55 所示。

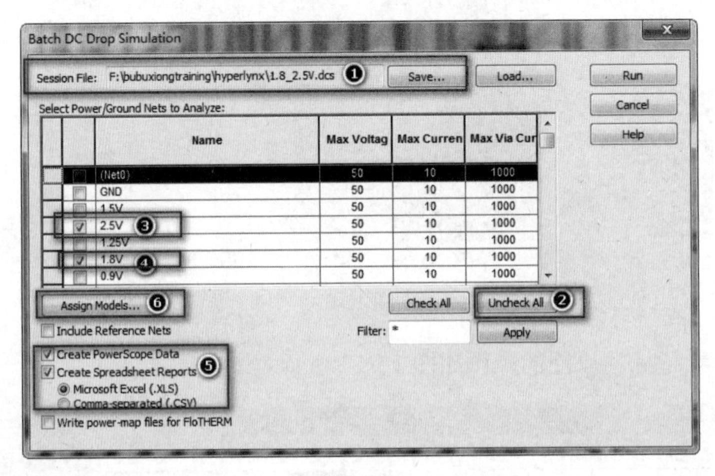


图 13-55

第 3 步，单击“Assign Models”按钮后，在弹出的对话框中分配 2.5V 的电流源，具体操作如图 13-56 所示。

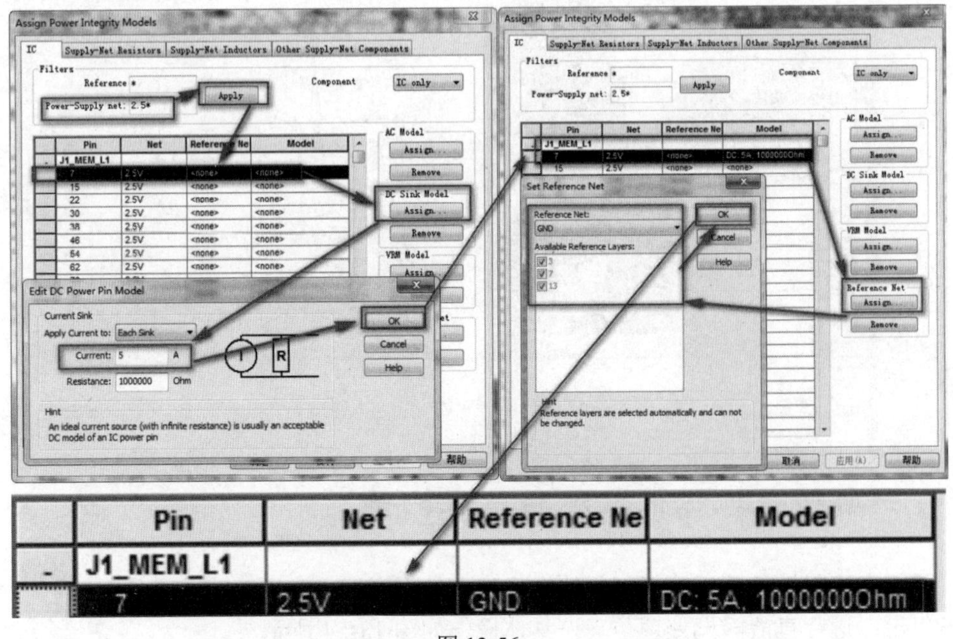


图 13-56

第 4 步：分配 2.5V 的电压源，具体操作如图 13-57 所示。

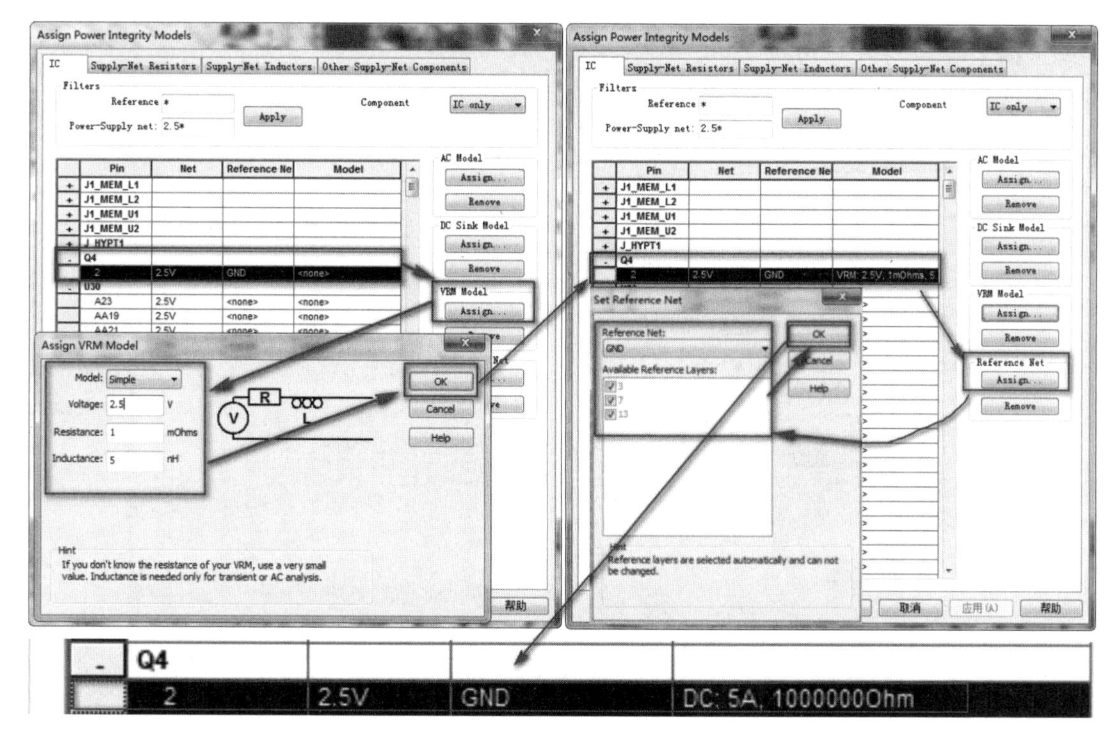


图 13-57

第 5 步：按照分配 2.5V 电流源和电压源的方式分配 1.8V 的电流源和电压源，分配完成后，在弹出的对话框中单击“Run”按钮，如图 13-58 所示。

Batch DC Drop Simulation

Session File: F:\bubuxiongtraining\hyperlynx\1.8_2.5V.dcs　Save...　Load...　Run　Cancel　Help

Select Power/Ground Nets to Analyze:

| | Name | Max Voltag | Max Curren | Max Via Cur |
|---|---|---|---|---|
| ☐ | (Net0) | 50 | 10 | 1000 |
| ☐ | GND | 50 | 10 | 1000 |
| ☐ | 1.5V | 50 | 10 | 1000 |
| ☑ | 2.5V | 50 | 10 | 1000 |
| ☐ | 1.25V | 50 | 10 | 1000 |
| ☑ | 1.8V | 50 | 10 | 1000 |
| ☐ | 0.9V | 50 | 10 | 1000 |

Assign Models...　Check All　Uncheck All

☐ Include Reference Nets　Filter: *　Apply

☑ Create PowerScope Data

☑ Create Spreadsheet Reports

◉ Microsoft Excel (.XLS)

○ Comma-separated (.CSV)

☐ Write power-map files for FloTHERM

图 13-58

第 6 步：单击图 13-58 中的“Run”按钮后，弹出的文本报告如图 13-59 所示。

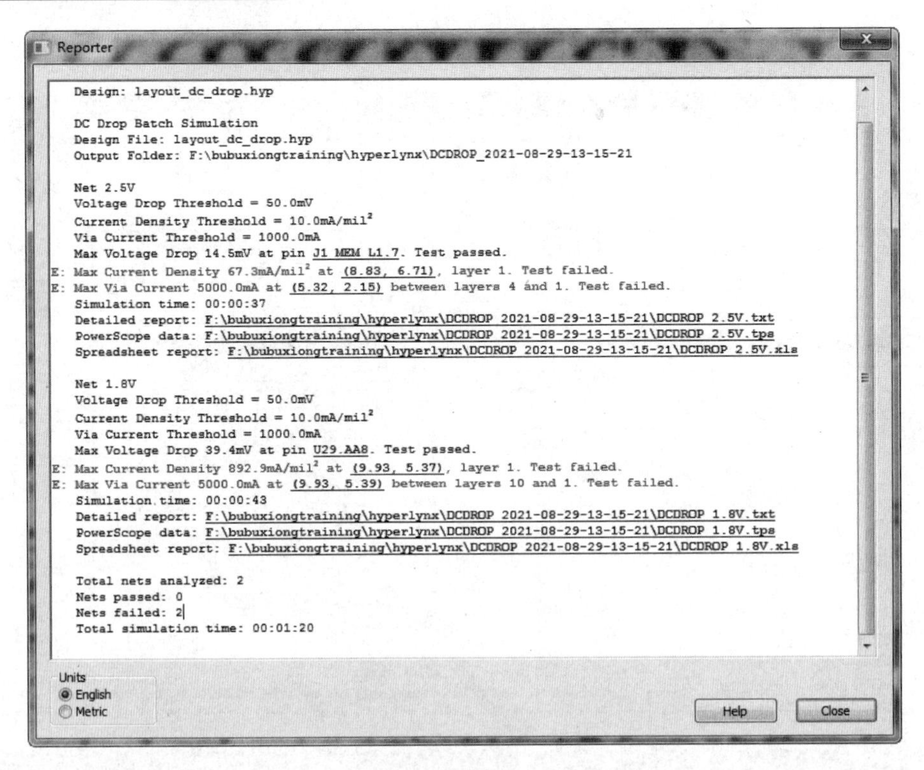
Reporter
Design: layout_dc_drop.hyp
DC Drop Batch Simulation
Design File: layout_dc_drop.hyp
Output Folder: F:\bubuxiongtraining\hyperlynx\DCDROP_2021-08-29-13-15-21
Net 2.5V
Voltage Drop Threshold = 50.0mV
Current Density Threshold = 10.0mA/mil²
Via Current Threshold = 1000.0mA
Max Voltage Drop 14.5mV at pin J1 MEM L1.7. Test passed.
E: Max Current Density 67.3mA/mil² at (8.83, 6.71), layer 1. Test failed.
E: Max Via Current 5000.0mA at (5.32, 2.15) between layers 4 and 1. Test failed.
Simulation time: 00:00:37
Detailed report: F:\bubuxiongtraining\hyperlynx\DCDROP 2021-08-29-13-15-21\DCDROP 2.5V.txt
PowerScope data: F:\bubuxiongtraining\hyperlynx\DCDROP 2021-08-29-13-15-21\DCDROP 2.5V.tps
Spreadsheet report: F:\bubuxiongtraining\hyperlynx\DCDROP 2021-08-29-13-15-21\DCDROP 2.5V.xls
Net 1.8V
Voltage Drop Threshold = 50.0mV
Current Density Threshold = 10.0mA/mil²
Via Current Threshold = 1000.0mA
Max Voltage Drop 39.4mV at pin U29.AA8. Test passed.
E: Max Current Density 892.9mA/mil² at (9.93, 5.37), layer 1. Test failed.
E: Max Via Current 5000.0mA at (9.93, 5.39) between layers 10 and 1. Test failed.
Simulation time: 00:00:43
Detailed report: F:\bubuxiongtraining\hyperlynx\DCDROP 2021-08-29-13-15-21\DCDROP 1.8V.txt
PowerScope data: F:\bubuxiongtraining\hyperlynx\DCDROP 2021-08-29-13-15-21\DCDROP 1.8V.tps
Spreadsheet report: F:\bubuxiongtraining\hyperlynx\DCDROP 2021-08-29-13-15-21\DCDROP 1.8V.xls
Total nets analyzed: 2
Nets passed: 0
Nets failed: 2
Total simulation time: 00:01:20
Units
English
Metric
Help
Close

图 13-59

第 7 步：单击图 13-59 中的“J1_MEM_L1.7”可以跳转到板中的相应位置，单击图中的路径，即可以查看相关报告。

## 13.6 二层板直流降仿真例子

二层板直流降仿真例子操作步骤如下所述。

第 1 步：启动 HyperLynx 软件，在弹出的对话框中按照图 13-60 中所示进行操作。

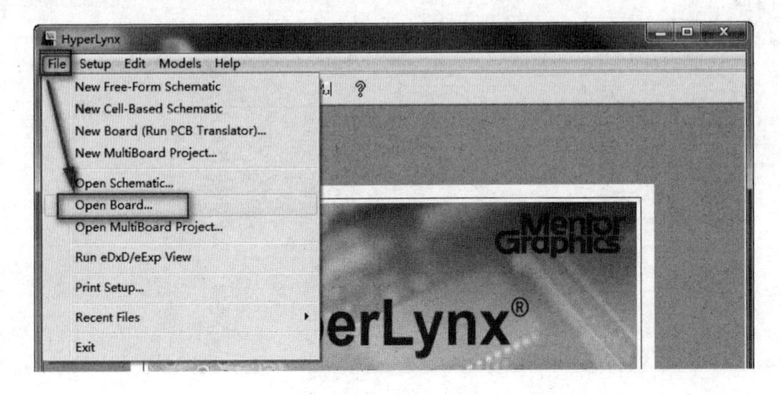
HyperLynx
File
Setup
Edit
Models
Help
New Free-Form Schematic
New Cell-Based Schematic
New Board (Run PCB Translator)...
New MultiBoard Project...
Open Schematic...
Open Board...
Open MultiBoard Project...
Run eDxD/eExp View
Print Setup...
Recent Files
Exit
Mentor Graphics
erLynx®

图 13-60

第 2 步：出现打开板文件对话框，在该对话框中选择路径下的板文件打开，操作步骤如图 13-61 所示。

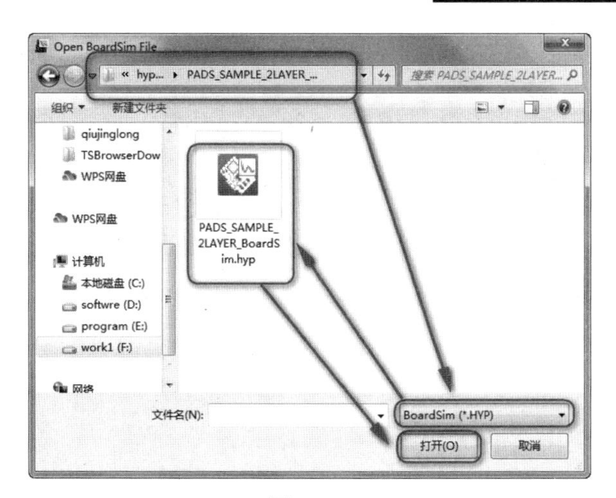
Open BoardSim File
« hyp... ▸ PADS_SAMPLE_2LAYER_...
搜索 PADS_SAMPLE_2LAYER...
组织 ▾
新建文件夹
qiujinglong
TSBrowserDow
WPS网盘
WPS网盘
计算机
本地磁盘 (C:)
softwre (D:)
program (E:)
work1 (F:)
网络
PADS_SAMPLE_2LAYER_BoardSim.hyp
文件名(N):
BoardSim (*.HYP)
打开(O)
取消

图 13-61

第 3 步：单击图 13-61 中的“打开”按钮后，弹出还原会话编辑对话框，如图 13-62 所示。

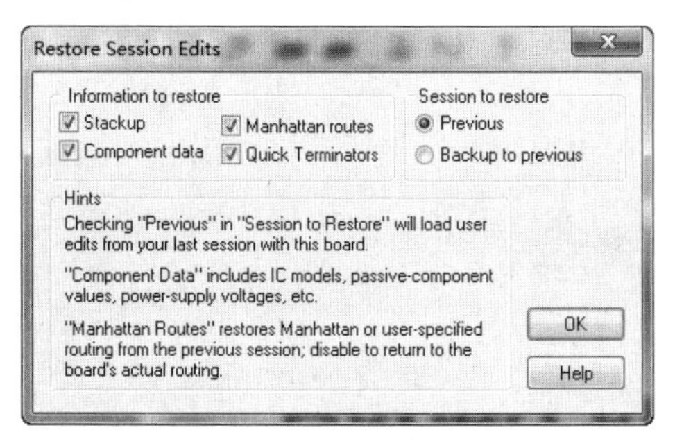
Restore Session Edits
Information to restore
Stackup
Manhattan routes
Component data
Quick Terminators
Session to restore
Previous
Backup to previous
Hints
Checking "Previous" in "Session to Restore" will load user edits from your last session with this board.
"Component Data" includes IC models, passive-component values, power-supply voltages, etc.
"Manhattan Routes" restores Manhattan or user-specified routing from the previous session; disable to return to the board's actual routing.
OK
Help

图 13-62

第 4 步：单击图 13-62 中的“OK”按钮，在弹出的对话框中进行相应操作，具体如图 13-63 所示。

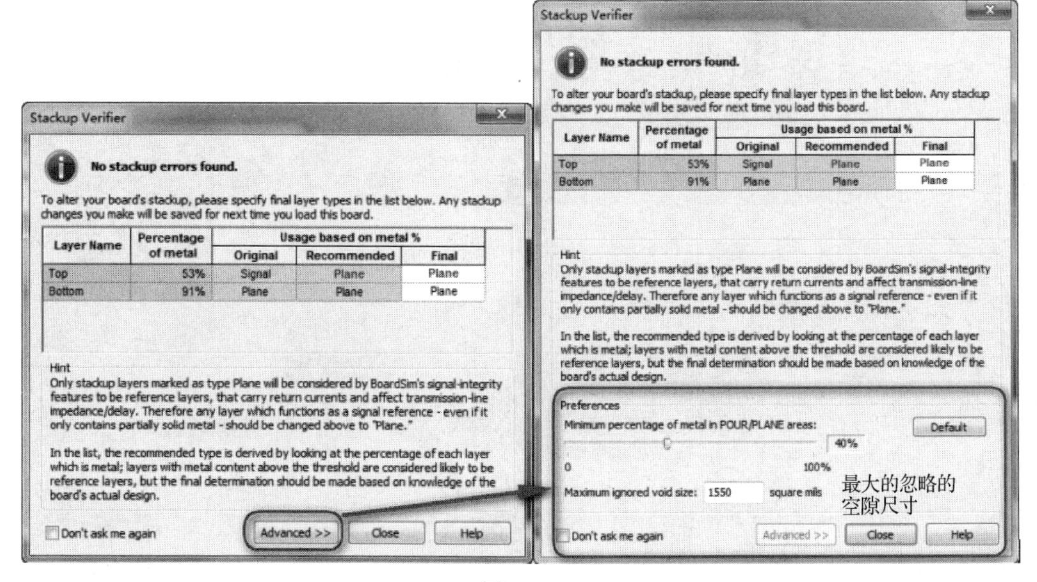
Stackup Verifier
No stackup errors found.
To alter your board's stackup, please specify final layer types in the list below. Any stackup changes you make will be saved for next time you load this board.
Layer Name
Percentage of metal
Usage based on metal %
Original
Recommended
Final
Top
53%
Signal
Plane
Plane
Bottom
91%
Plane
Plane
Plane
Hint
Only stackup layers marked as type Plane will be considered by BoardSim's signal-integrity features to be reference layers, that carry return currents and affect transmission-line impedance/delay. Therefore any layer which functions as a signal reference - even if it only contains partially solid metal - should be changed above to "Plane."
In the list, the recommended type is derived by looking at the percentage of each layer which is metal; layers with metal content above the threshold are considered likely to be reference layers, but the final determination should be made based on knowledge of the board's actual design.
Don't ask me again
Advanced >>
Close
Help
Preferences
Minimum percentage of metal in POUR/PLANE areas:
Default
40%
0
100%
Maximum ignored void size:
1550
square mils
最大的忽略的空隙尺寸

图 13-63

第 5 步：单击图 13-62 中的“OK”按钮，弹出叠层验证器对话框，如图 13-64 所示。

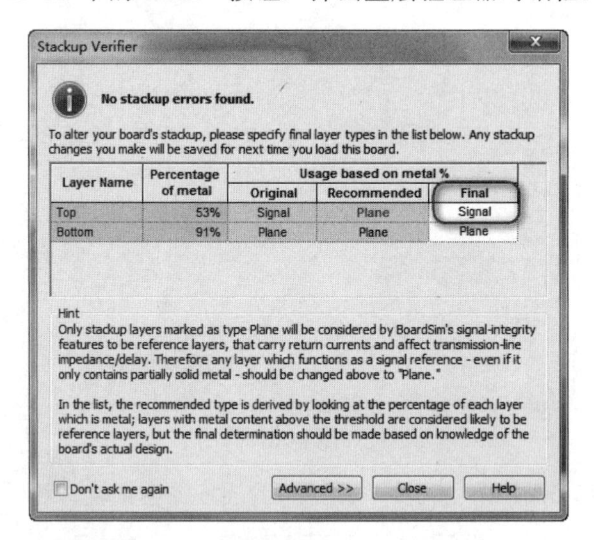
Stackup Verifier
No stackup errors found.
To alter your board's stackup, please specify final layer types in the list below. Any stackup changes you make will be saved for next time you load this board.
Layer Name
Percentage of metal
Usage based on metal %
Original
Recommended
Final
Top
53%
Signal
Plane
Signal
Bottom
91%
Plane
Plane
Plane
Hint
Only stackup layers marked as type Plane will be considered by BoardSim's signal-integrity features to be reference layers, that carry return currents and affect transmission-line impedance/delay. Therefore any layer which functions as a signal reference - even if it only contains partially solid metal - should be changed above to "Plane."
In the list, the recommended type is derived by looking at the percentage of each layer which is metal; layers with metal content above the threshold are considered likely to be reference layers, but the final determination should be made based on knowledge of the board's actual design.
Don't ask me again
Advanced >>
Close
Help

图 13-64

第 6 步：单击图 13-64 中的“Close”按钮，文件出现在工作界面中，如图 13-65 所示。

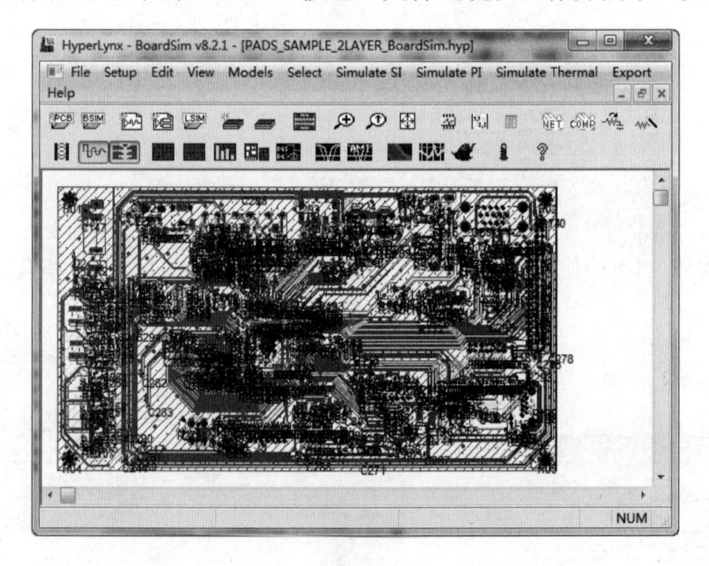
HyperLynx - BoardSim v8.2.1 - [PADS_SAMPLE_2LAYER_BoardSim.hyp]
File Setup Edit View Models Select Simulate SI Simulate PI Simulate Thermal Export
Help
NUM

图 13-65

第 7 步：进行直流降仿真，具体操作如图 13-66 所示。

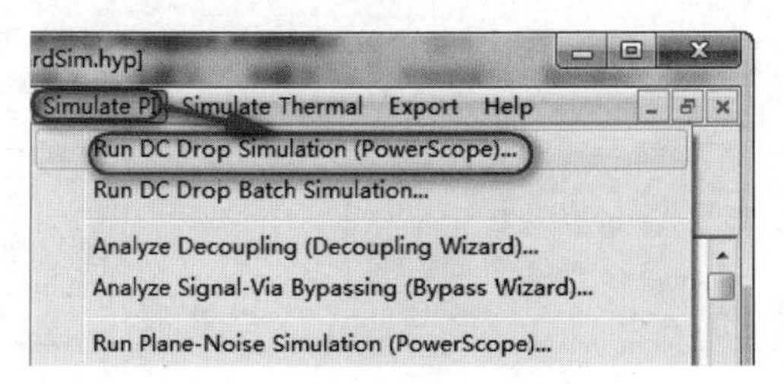
rdSim.hyp]
Simulate PI Simulate Thermal Export Help
Run DC Drop Simulation (PowerScope)...
Run DC Drop Batch Simulation...
Analyze Decoupling (Decoupling Wizard)...
Analyze Signal-Via Bypassing (Bypass Wizard)...
Run Plane-Noise Simulation (PowerScope)...

图 13-66

第 8 步：弹出直流降分析对话框，如图 13-67 所示。

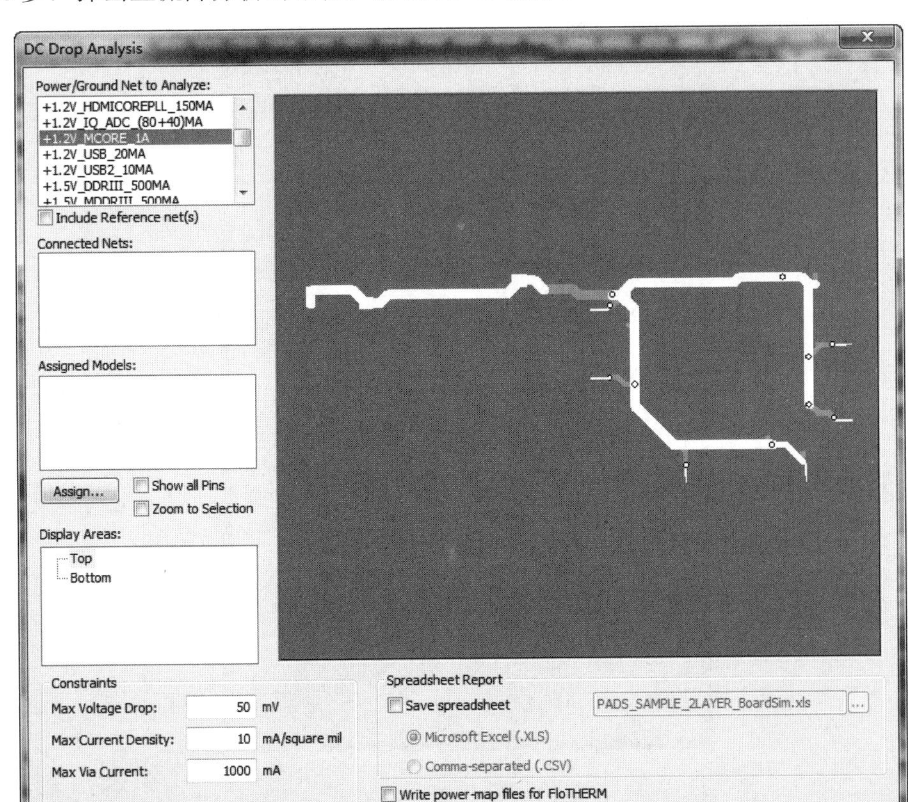


图 13-67

从图 13-67 中可以发现，PCB 中有 2 个 0R 电阻（R107 和 R226）跟+1.2V_MPW_1.5A 相连，也就是说图上的网络+1.2V_MCORE_1A 与+1.2V_MPW_1.5A 是同一个网络，直流降分析的时候需要连起来，但是我们发现电源网络里面没有+1.2V_MPW_1.5A，这时候需要进行以下设置。

① 执行菜单命令 Setup>Power Supplies，如图 13-68 所示。

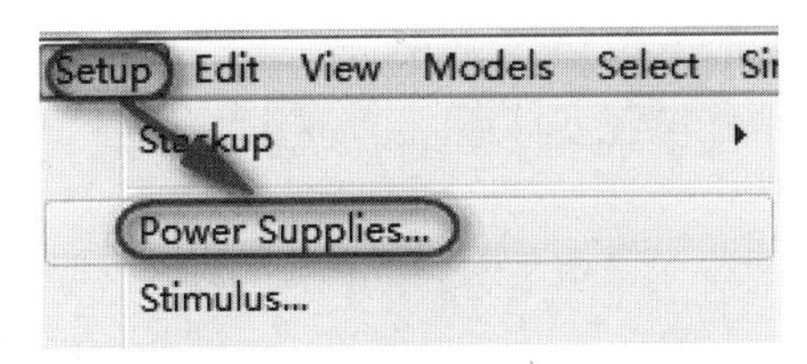


图 13-68

② 在弹出的对话框中进行相应操作，具体如图 13-69 所示。

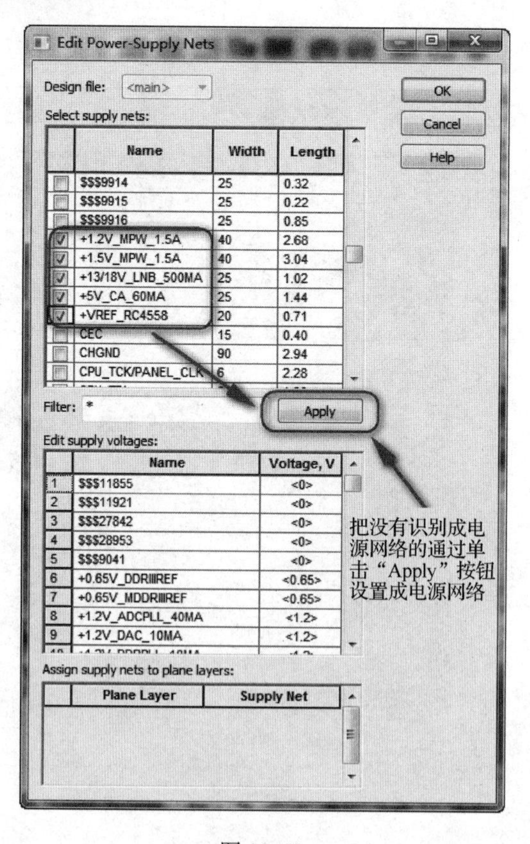


图 13-69

③ 重复前面的两个步骤，查看直流降分析图（见图 13-70），发现已经在电源和地网络中了。

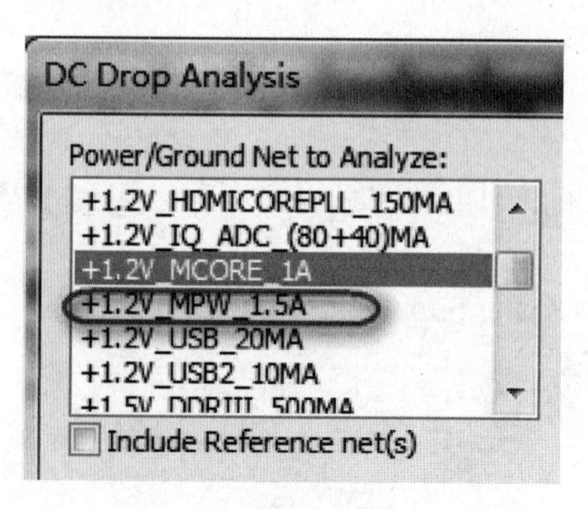


图 13-70

④ 将两个网络连接起来，具体操作如图 13-71 所示。

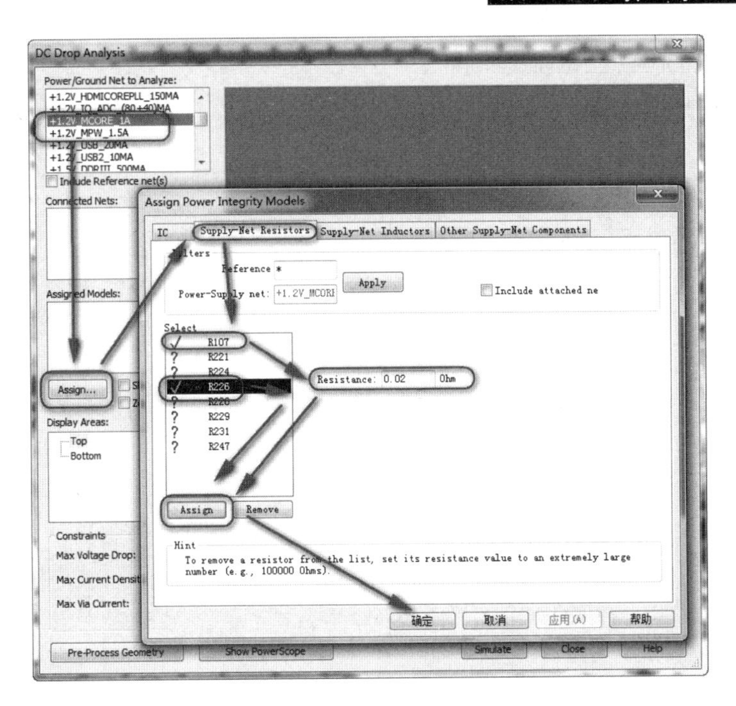


图 13-71

⑤ 单击图 13-71 中的“确定”按钮后，弹出两个连接起来的网络图，如图 13-72 所示。

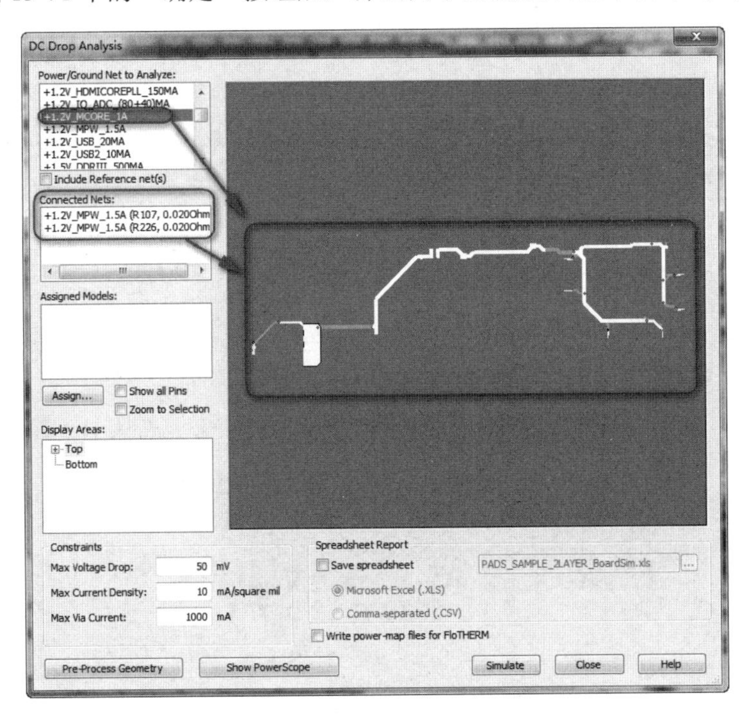


图 13-72

第 9 步：现在可以开始分配电流、电压源了。

① 为 U2 元件分配电流源的具体操作如图 13-73 所示。分配完成后如图 13-74 所示。

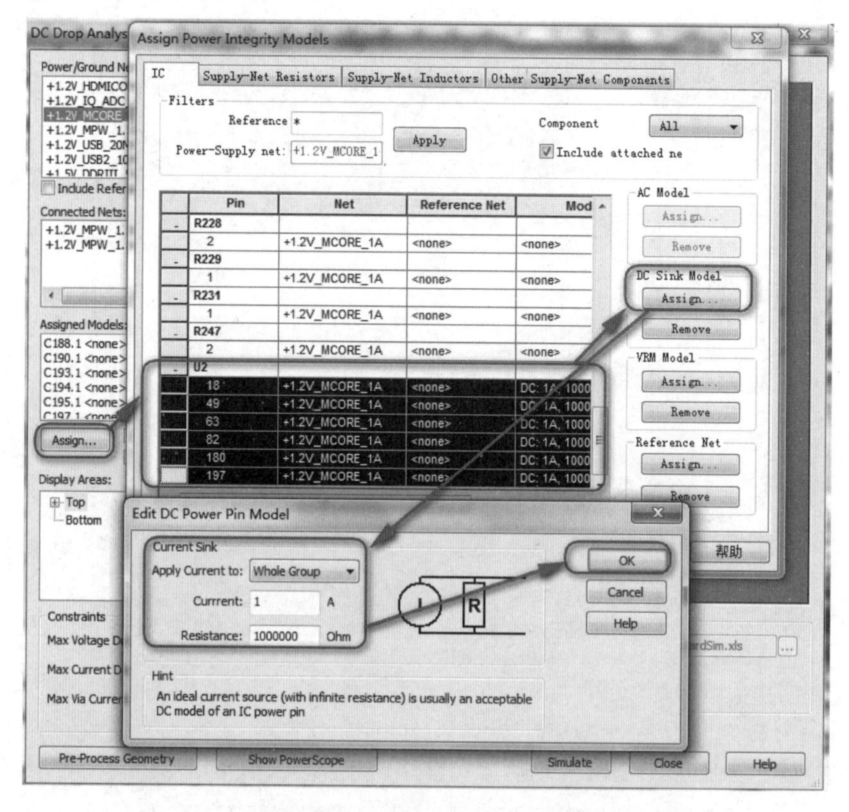


图 13-73

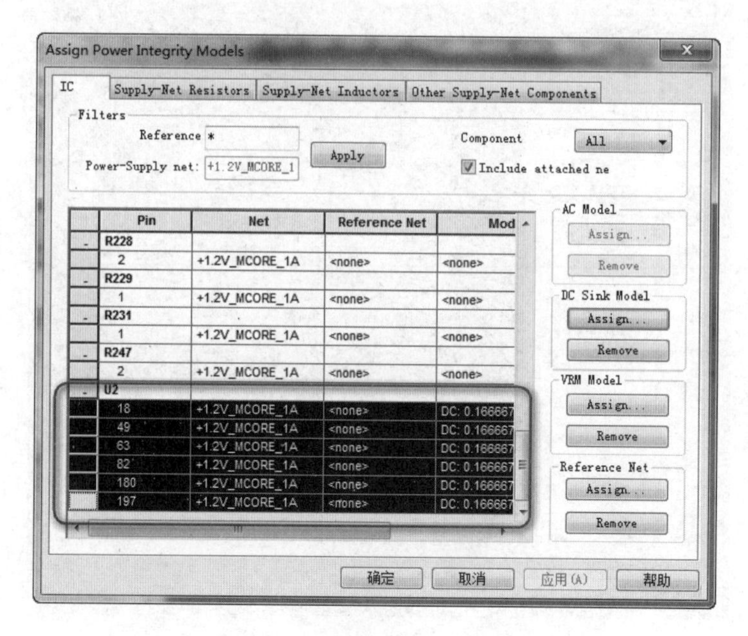


图 13-74

② 为 U2 分配电流源的参考地网络，具体操作如图 13-75 所示。分配完成后如图 13-76 所示。

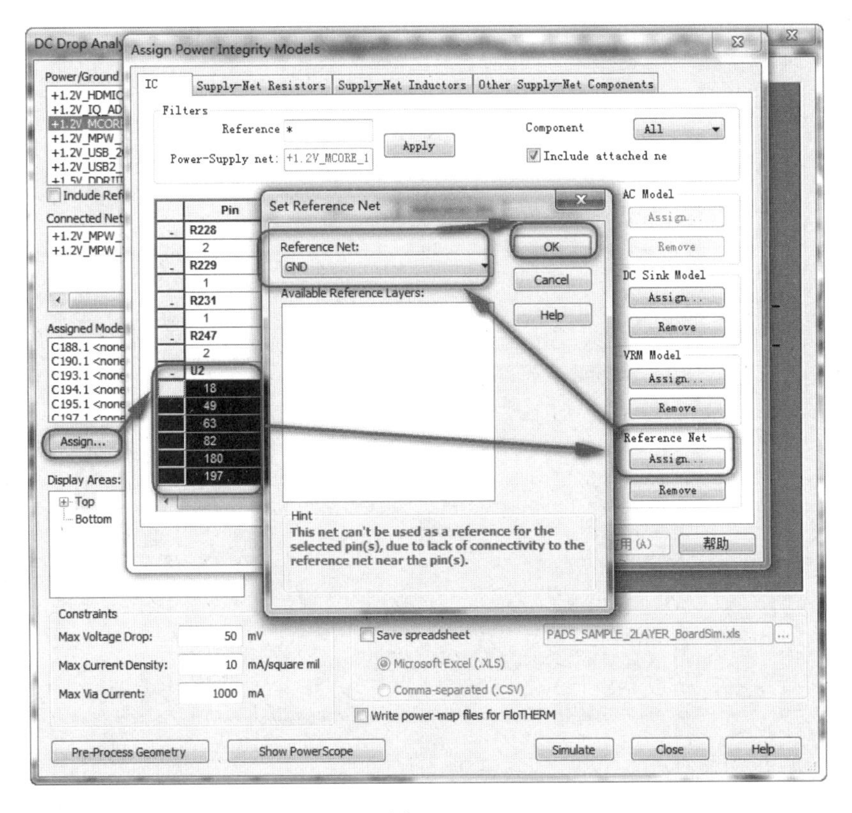


图 13-75

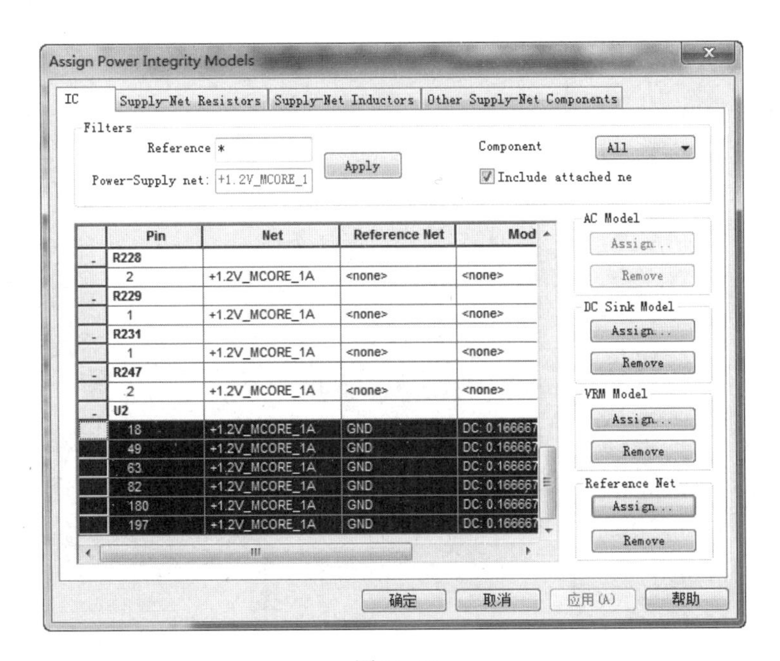


图 13-76

第 10 步：分配电压源，具体操作如图 13-77 所示。

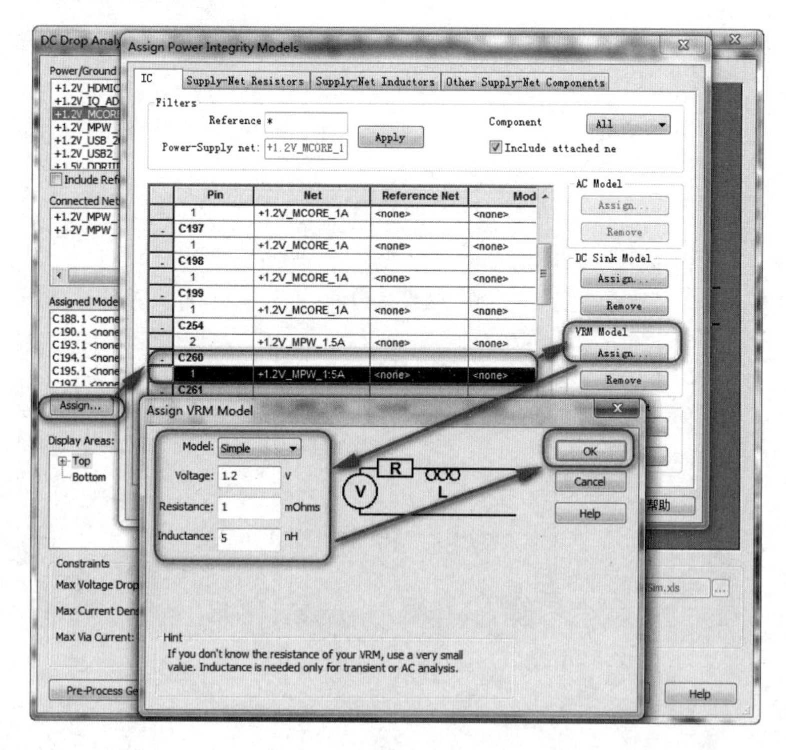


图 13-77

① 单击图 13-77 中的“OK”按钮后，在弹出的对话框中分配电压源的参考地网络，具体操作如图 13-78 所示。

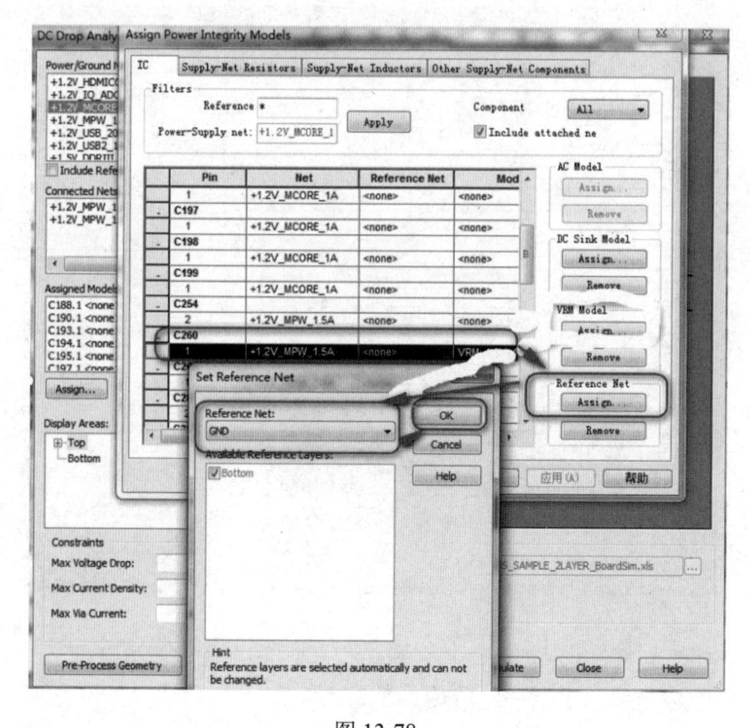


图 13-78

② 单击图 13-78 中的“OK”按钮后，弹出如图 13-79 所示的对话框。

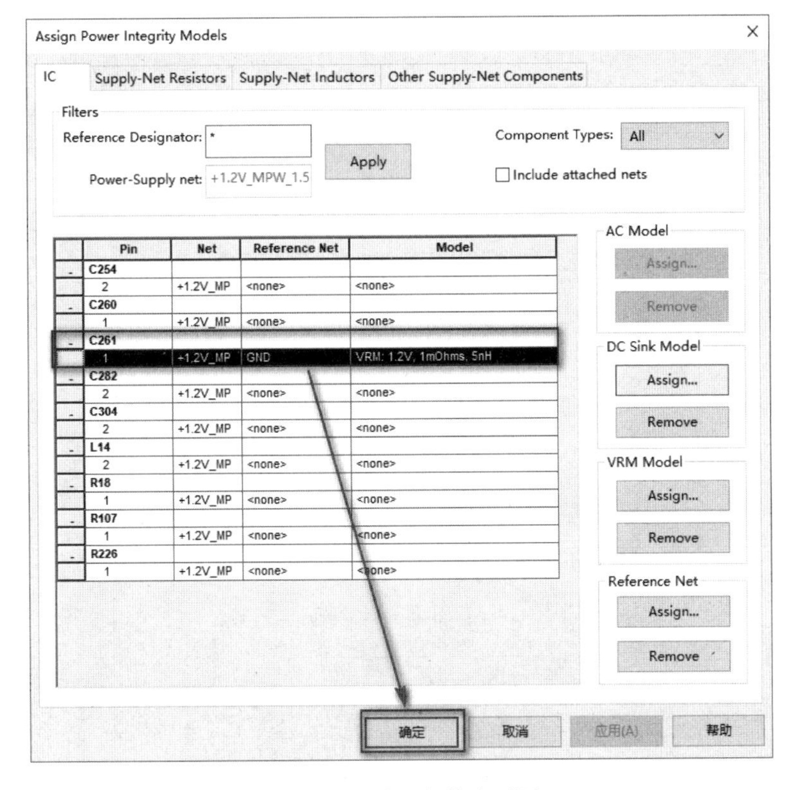


图 13-79　分配好的电压源

③ 单击图 13-79 中的“确定”按钮后，弹出如图 13-80 所示的对话框。

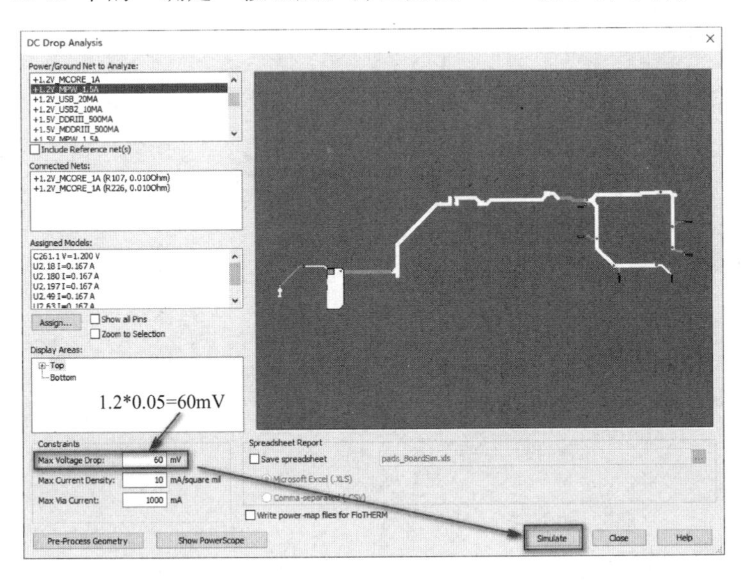


图 13-80

第 11 步：单击图 13-80 中的“Simulate”按钮后，生成的报告如图 13-81～图 13-83 所示。

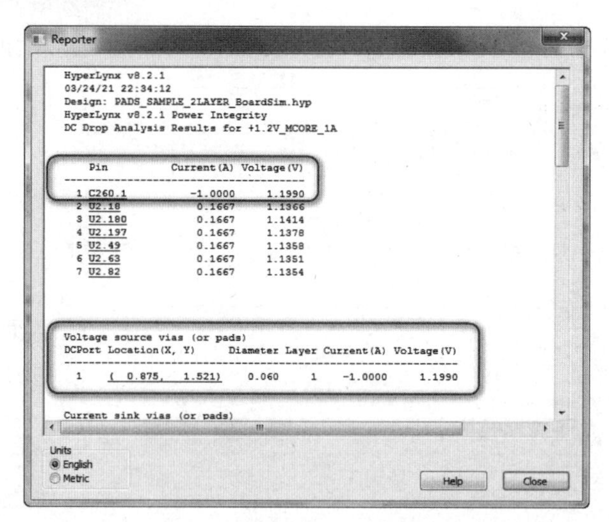


图 13-81

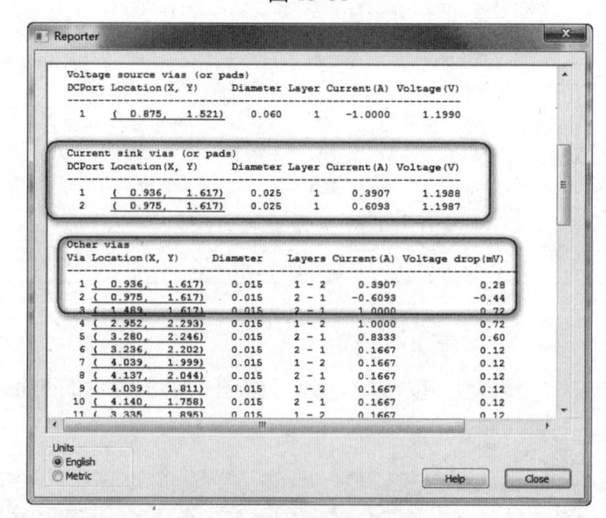


图 13-82

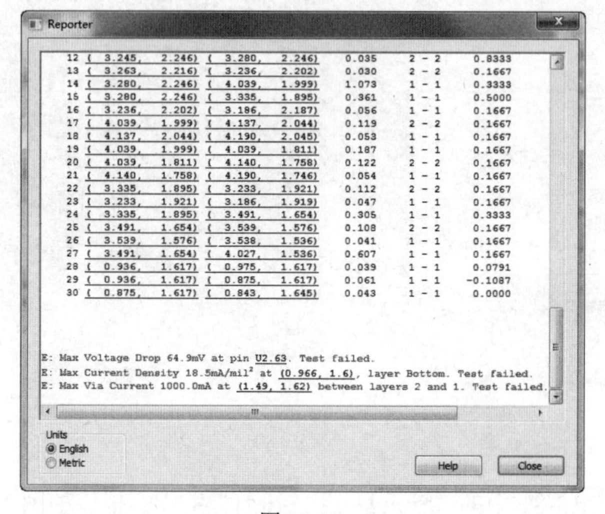


图 13-83

第 12 步：单击图 13-80 中的“Show Power Scope”按钮后，出现 3D 彩图，如 13-84 所示。

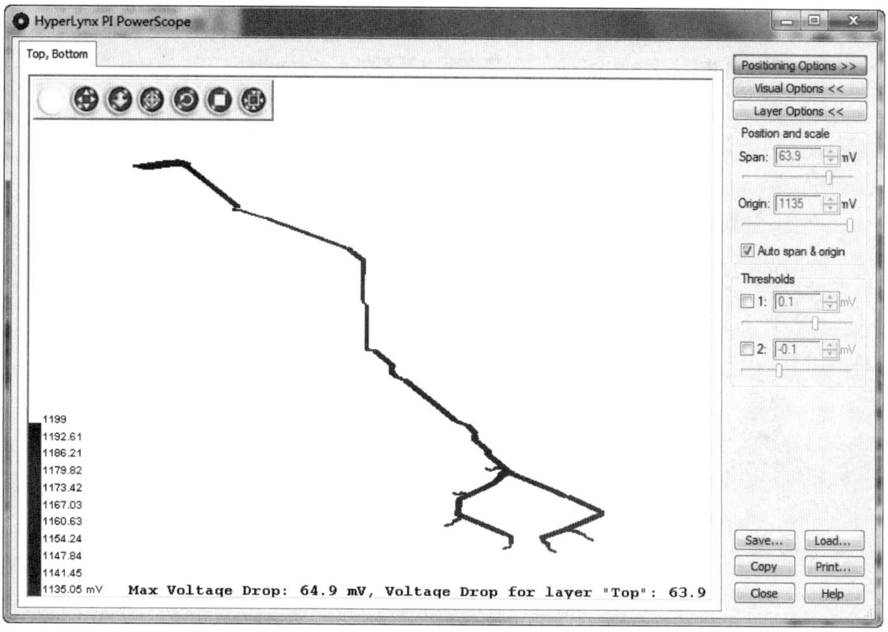

图 13-84

## 13.7　DDR2 内存条直流降仿真例子

DDR2 内存条直流降仿真例子的操作步骤如下所述。

第 1 步：双击图标“ ”，启动 HyperLynx 软件，在弹出的对话框中打开板文件对话框，具体操作如图 13-85 所示。

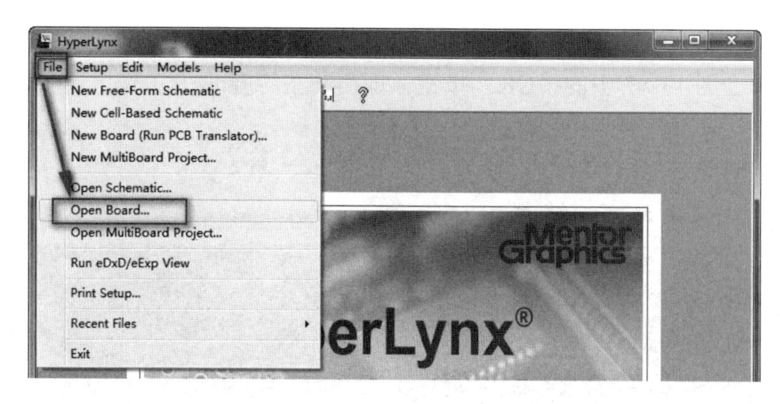


图 13-85

第 2 步：在弹出的对话框中打开板文件，具体操作如图 13-86 所示。

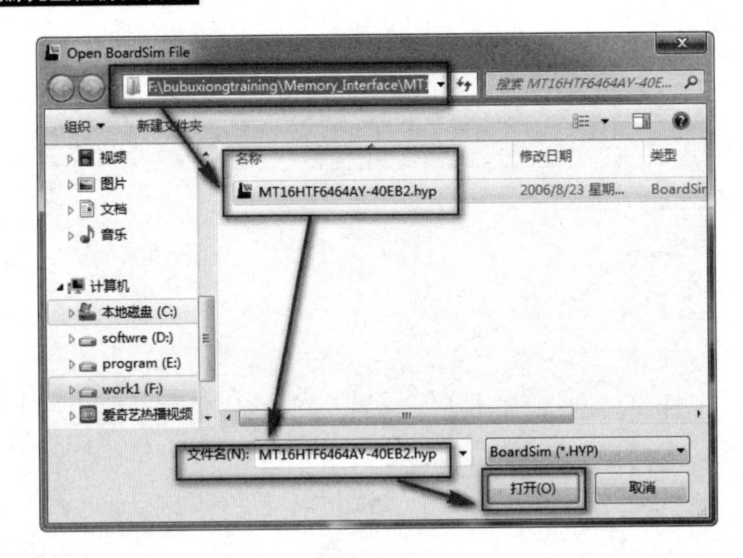


图 13-86

第 3 步：单击图 13-86 中的“打开”按钮后，出现还原会话编辑对话框，如图 13-87 所示。

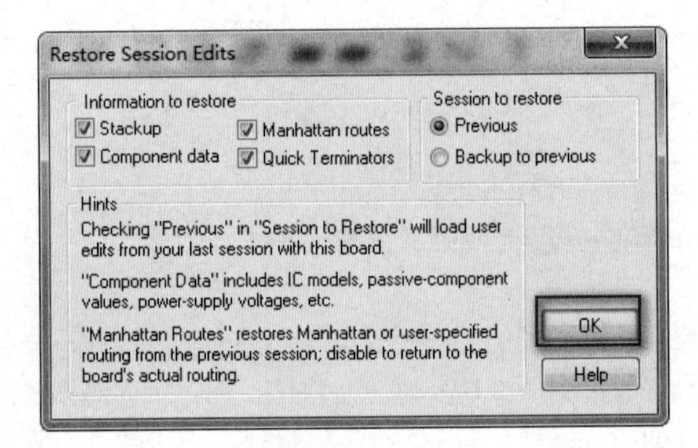


图 13-87

第 4 步：单击图 13-87 中的“OK”按钮，即可将内存条调入工作区，如图 13-88 所示。

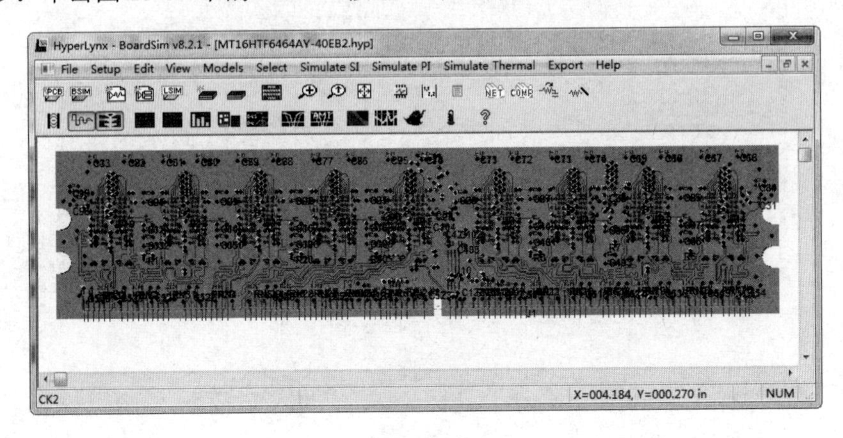


图 13-88

第 5 步：进行直流降仿真，具体操作如图 13-89 所示。

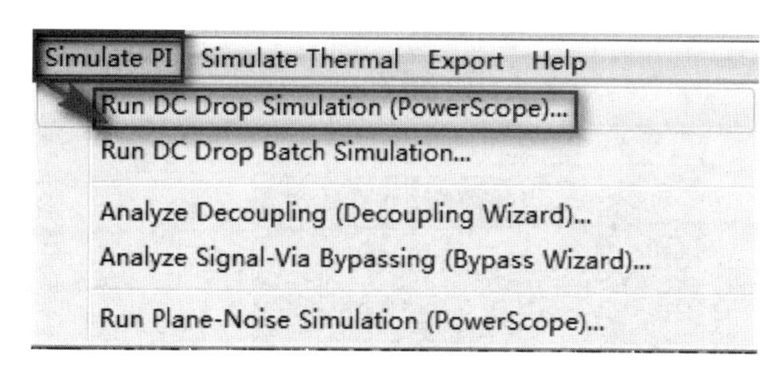


图 13-89

第 6 步：出现直流降分析对话框，如图 13-90 所示。

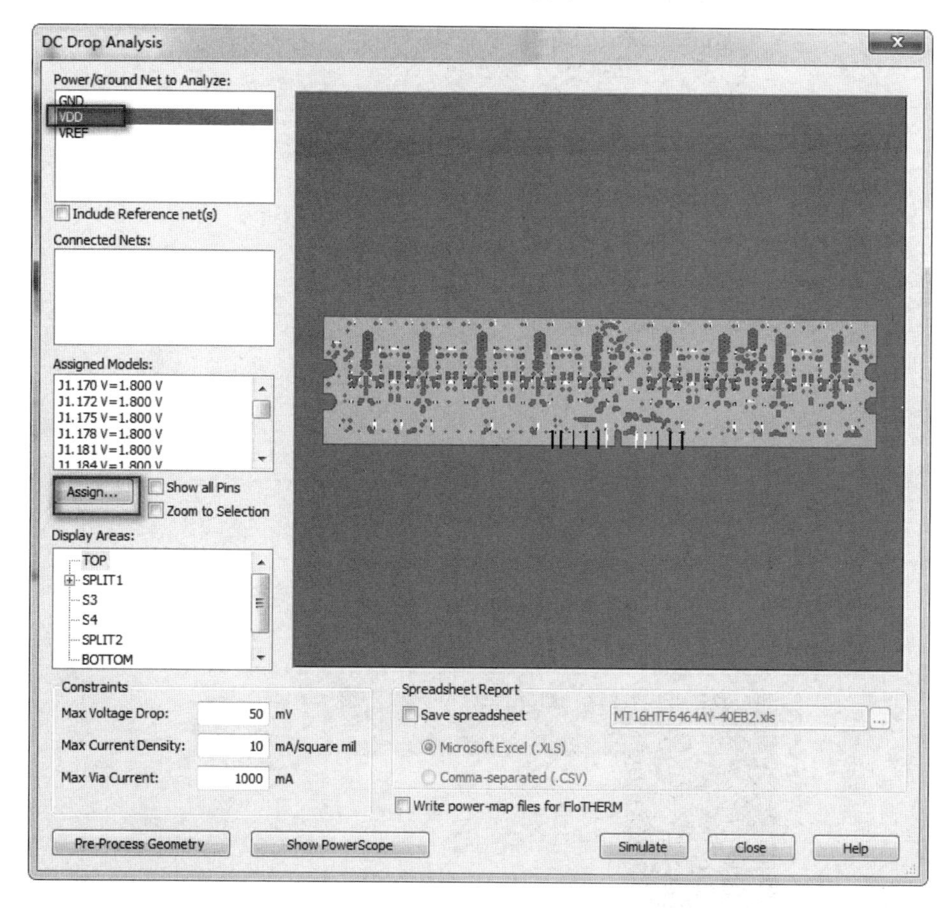


图 13-90

第 7 步：单击图 13-90 中的“Assign”按钮，在弹出的对话框中为 J1 分配电压源，具体操作如图 13-91 所示。

第 8 步：单击图 13-92 中“Reference Net”栏中的“Assign”按钮，在弹出的对话框中为 J1 分配电压源的参考网络，具体操作如图 13-92 所示。

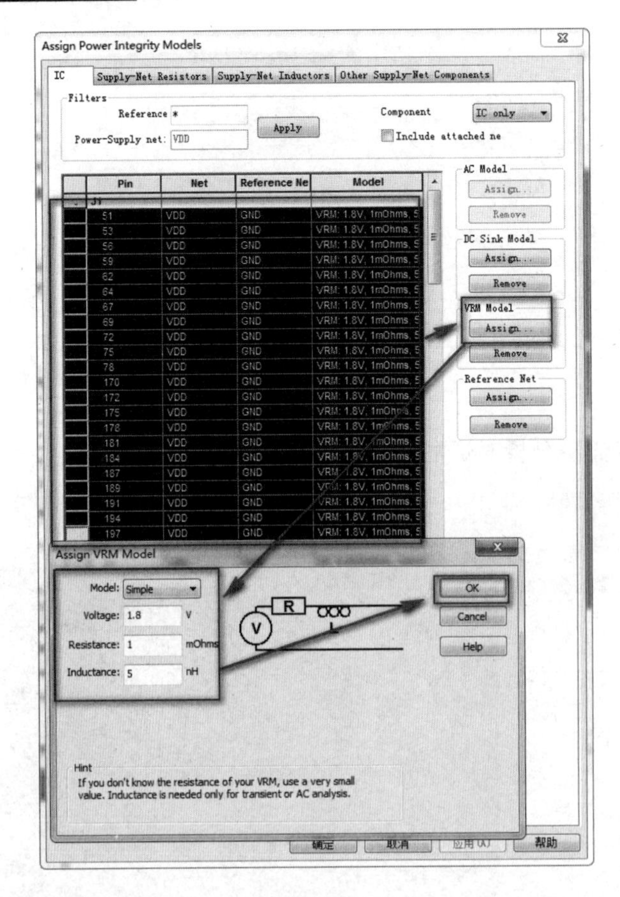
Assign Power Integrity Models
IC
Supply-Net Resistors
Supply-Net Inductors
Other Supply-Net Components
Filters
Reference *
Apply
Component
IC only
Power-Supply net: VDD
Include attached ne
Pin
Net
Reference Ne
Model
AC Model
Assign...
Remove
DC Sink Model
Assign...
Remove
VRM Model
Assign...
Remove
Reference Net
Assign...
Remove
Assign VRM Model
Model: Simple
Voltage: 1.8 V
Resistance: 1 mOhms
Inductance: 5 nH
R
L
V
OK
Cancel
Help
Hint
If you don't know the resistance of your VRM, use a very small value. Inductance is needed only for transient or AC analysis.
确定
取消
应用(A)
帮助

图 13-91

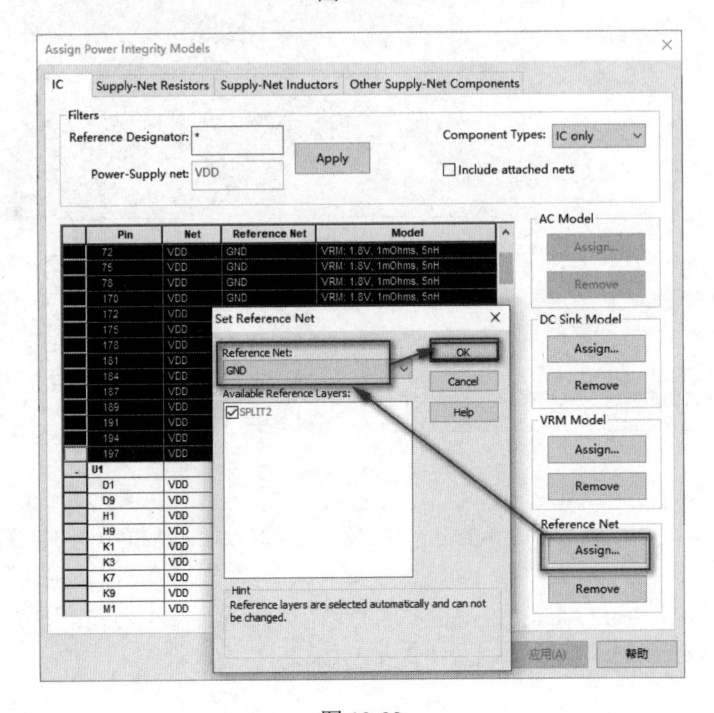
Assign Power Integrity Models
IC
Supply-Net Resistors
Supply-Net Inductors
Other Supply-Net Components
Filters
Reference Designator: *
Apply
Component Types: IC only
Power-Supply net: VDD
Include attached nets
Pin
Net
Reference Net
Model
VRM: 1.8V, 1mOhms, 5nH
AC Model
Assign...
Remove
DC Sink Model
Assign...
Remove
VRM Model
Assign...
Remove
Reference Net
Assign...
Remove
Set Reference Net
Reference Net:
GND
OK
Cancel
Help
Available Reference Layers:
SPLIT2
Hint
Reference layers are selected automatically and can not be changed.
应用(A)
帮助

图 13-92

第 9 步：分配完 J1 的电压源和参考地网络后，如图 13-93 所示。

| | Pin | Net | Reference Ne | Model |
|---|---|---|---|---|
| - | J1 | | | |
| | 51 | VDD | GND | VRM: 1.8V, 1mOhms, 5nH |
| | 53 | VDD | GND | VRM: 1.8V, 1mOhms, 5nH |
| | 56 | VDD | GND | VRM: 1.8V, 1mOhms, 5nH |
| | 59 | VDD | GND | VRM: 1.8V, 1mOhms, 5nH |
| | 62 | VDD | GND | VRM: 1.8V, 1mOhms, 5nH |
| | 64 | VDD | GND | VRM: 1.8V, 1mOhms, 5nH |
| | 67 | VDD | GND | VRM: 1.8V, 1mOhms, 5nH |
| | 69 | VDD | GND | VRM: 1.8V, 1mOhms, 5nH |
| | 72 | VDD | GND | VRM: 1.8V, 1mOhms, 5nH |
| | 75 | VDD | GND | VRM: 1.8V, 1mOhms, 5nH |
| | 78 | VDD | GND | VRM: 1.8V, 1mOhms, 5nH |
| | 170 | VDD | GND | VRM: 1.8V, 1mOhms, 5nH |
| | 172 | VDD | GND | VRM: 1.8V, 1mOhms, 5nH |
| | 175 | VDD | GND | VRM: 1.8V, 1mOhms, 5nH |
| | 178 | VDD | GND | VRM: 1.8V, 1mOhms, 5nH |
| | 181 | VDD | GND | VRM: 1.8V, 1mOhms, 5nH |
| | 184 | VDD | GND | VRM: 1.8V, 1mOhms, 5nH |
| | 187 | VDD | GND | VRM: 1.8V, 1mOhms, 5nH |
| | 189 | VDD | GND | VRM: 1.8V, 1mOhms, 5nH |
| | 191 | VDD | GND | VRM: 1.8V, 1mOhms, 5nH |
| | 194 | VDD | GND | VRM: 1.8V, 1mOhms, 5nH |
| | 197 | VDD | GND | VRM: 1.8V, 1mOhms, 5nH |

图 13-93

第 10 步：为 U1 分配电流源，具体操作如图 13-94 所示。

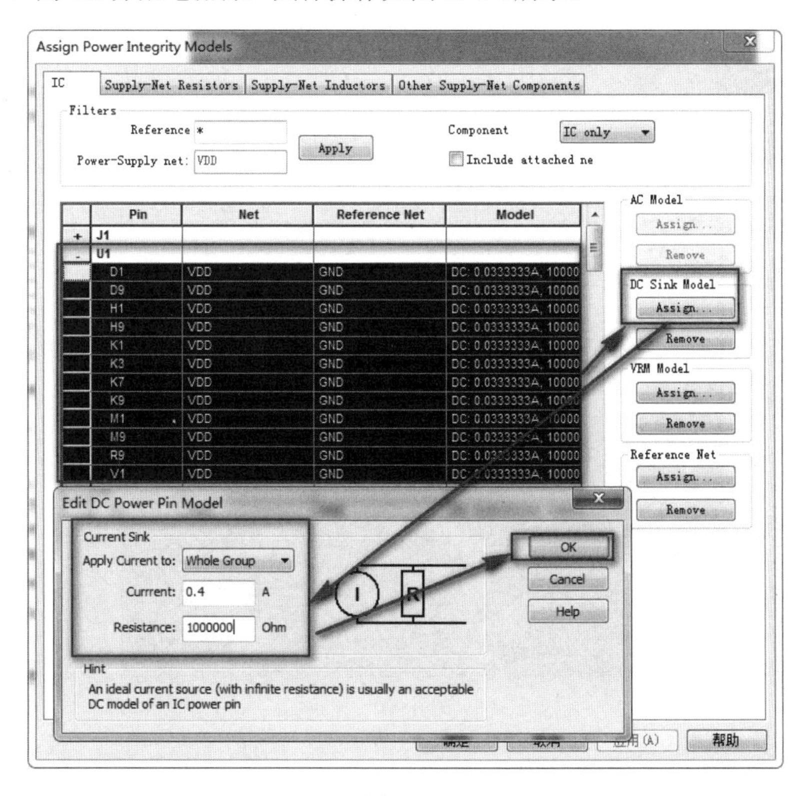


图 13-94

第 11 步：为 U1 分配电流源的参考地网络，具体操作如图 13-95 所示。

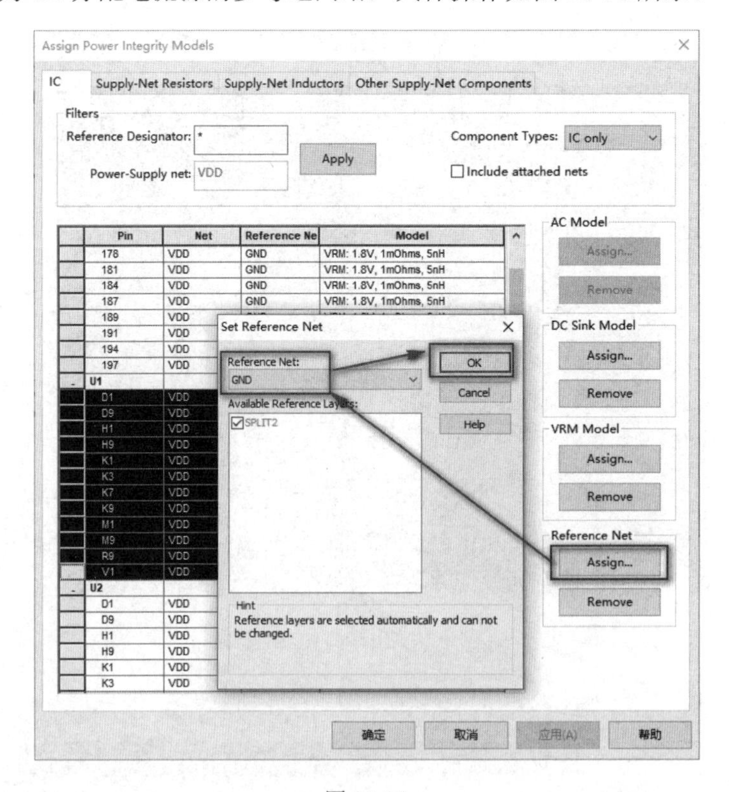


图 13-95

第 12 步：为 U1 分配完电压源和参考地网络后，如图 13-96 所示。

| | Pin | Net | Reference Ne | Model |
|---|---|---|---|---|
| | 178 | VDD | GND | VRM: 1.8V, 1mOhms, 5nH |
| | 181 | VDD | GND | VRM: 1.8V, 1mOhms, 5nH |
| | 184 | VDD | GND | VRM: 1.8V, 1mOhms, 5nH |
| | 187 | VDD | GND | VRM: 1.8V, 1mOhms, 5nH |
| | 189 | VDD | GND | VRM: 1.8V, 1mOhms, 5nH |
| | 191 | VDD | GND | VRM: 1.8V, 1mOhms, 5nH |
| | 194 | VDD | GND | VRM: 1.8V, 1mOhms, 5nH |
| | 197 | VDD | GND | VRM: 1.8V, 1mOhms, 5nH |
| - | U1 | | | |
| | D1 | VDD | GND | DC: 0.0333333A, 100000Ohm |
| | D9 | VDD | GND | DC: 0.0333333A, 100000Ohm |
| | H1 | VDD | GND | DC: 0.0333333A, 100000Ohm |
| | H9 | VDD | GND | DC: 0.0333333A, 100000Ohm |
| | K1 | VDD | GND | DC: 0.0333333A, 100000Ohm |
| | K3 | VDD | GND | DC: 0.0333333A, 100000Ohm |
| | K7 | VDD | GND | DC: 0.0333333A, 100000Ohm |
| | K9 | VDD | GND | DC: 0.0333333A, 100000Ohm |
| | M1 | VDD | GND | DC: 0.0333333A, 100000Ohm |
| | M9 | VDD | GND | DC: 0.0333333A, 100000Ohm |
| | R9 | VDD | GND | DC: 0.0333333A, 100000Ohm |
| | V1 | VDD | GND | DC: 0.0333333A, 100000Ohm |

图 13-96

第 13 步：用同样的方法为 U2～U19 分配好电流源，大小为 400mA。分配完电压源和电流源后的对话框如图 13-97 所示。

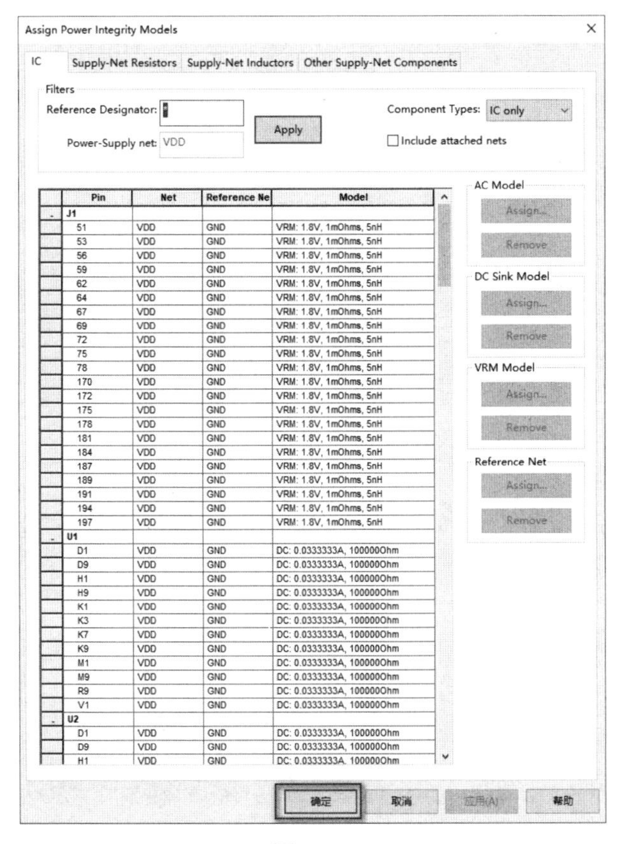


| Pin | Net | Reference Ne | Model |
|---|---|---|---|
| J1 | | | |
| 51 | VDD | GND | VRM: 1.8V, 1mOhms, 5nH |
| 53 | VDD | GND | VRM: 1.8V, 1mOhms, 5nH |
| 56 | VDD | GND | VRM: 1.8V, 1mOhms, 5nH |
| 59 | VDD | GND | VRM: 1.8V, 1mOhms, 5nH |
| 62 | VDD | GND | VRM: 1.8V, 1mOhms, 5nH |
| 64 | VDD | GND | VRM: 1.8V, 1mOhms, 5nH |
| 67 | VDD | GND | VRM: 1.8V, 1mOhms, 5nH |
| 69 | VDD | GND | VRM: 1.8V, 1mOhms, 5nH |
| 72 | VDD | GND | VRM: 1.8V, 1mOhms, 5nH |
| 75 | VDD | GND | VRM: 1.8V, 1mOhms, 5nH |
| 78 | VDD | GND | VRM: 1.8V, 1mOhms, 5nH |
| 170 | VDD | GND | VRM: 1.8V, 1mOhms, 5nH |
| 172 | VDD | GND | VRM: 1.8V, 1mOhms, 5nH |
| 175 | VDD | GND | VRM: 1.8V, 1mOhms, 5nH |
| 178 | VDD | GND | VRM: 1.8V, 1mOhms, 5nH |
| 181 | VDD | GND | VRM: 1.8V, 1mOhms, 5nH |
| 184 | VDD | GND | VRM: 1.8V, 1mOhms, 5nH |
| 187 | VDD | GND | VRM: 1.8V, 1mOhms, 5nH |
| 189 | VDD | GND | VRM: 1.8V, 1mOhms, 5nH |
| 191 | VDD | GND | VRM: 1.8V, 1mOhms, 5nH |
| 194 | VDD | GND | VRM: 1.8V, 1mOhms, 5nH |
| 197 | VDD | GND | VRM: 1.8V, 1mOhms, 5nH |
| U1 | | | |
| D1 | VDD | GND | DC: 0.0333333A, 100000Ohm |
| D9 | VDD | GND | DC: 0.0333333A, 100000Ohm |
| H1 | VDD | GND | DC: 0.0333333A, 100000Ohm |
| H9 | VDD | GND | DC: 0.0333333A, 100000Ohm |
| K1 | VDD | GND | DC: 0.0333333A, 100000Ohm |
| K3 | VDD | GND | DC: 0.0333333A, 100000Ohm |
| K7 | VDD | GND | DC: 0.0333333A, 100000Ohm |
| K9 | VDD | GND | DC: 0.0333333A, 100000Ohm |
| M1 | VDD | GND | DC: 0.0333333A, 100000Ohm |
| M9 | VDD | GND | DC: 0.0333333A, 100000Ohm |
| R9 | VDD | GND | DC: 0.0333333A, 100000Ohm |
| V1 | VDD | GND | DC: 0.0333333A, 100000Ohm |
| U2 | | | |
| D1 | VDD | GND | DC: 0.0333333A, 100000Ohm |
| D9 | VDD | GND | DC: 0.0333333A, 100000Ohm |
| H1 | VDD | GND | DC: 0.0333333A, 100000Ohm |

图 13-97

第 14 步：单击图 13-97 中的“确定”按钮，回到直流降分析对话框。在该对话框中进行相应操作，具体如图 13-98 所示。

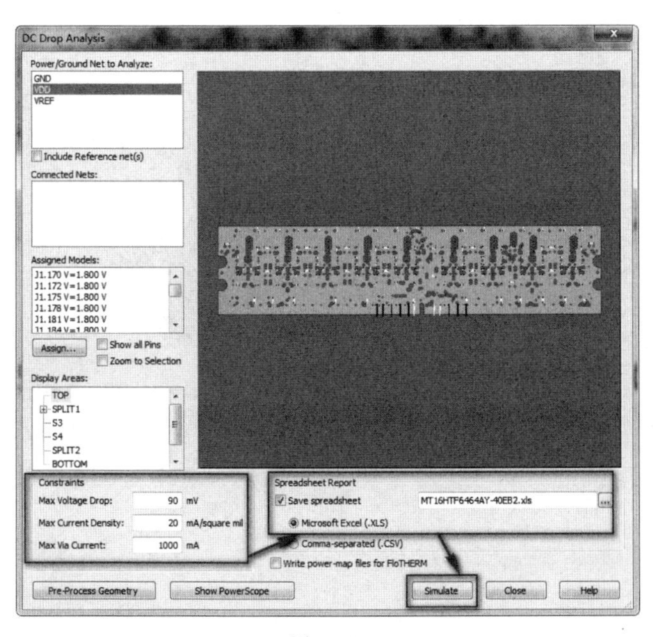


图 13-98

第 15 步：单击图 13-98 中的“Simulate”按钮后，出现文本报告和 3D 图，如图 13-99 和图 13-100 所示。

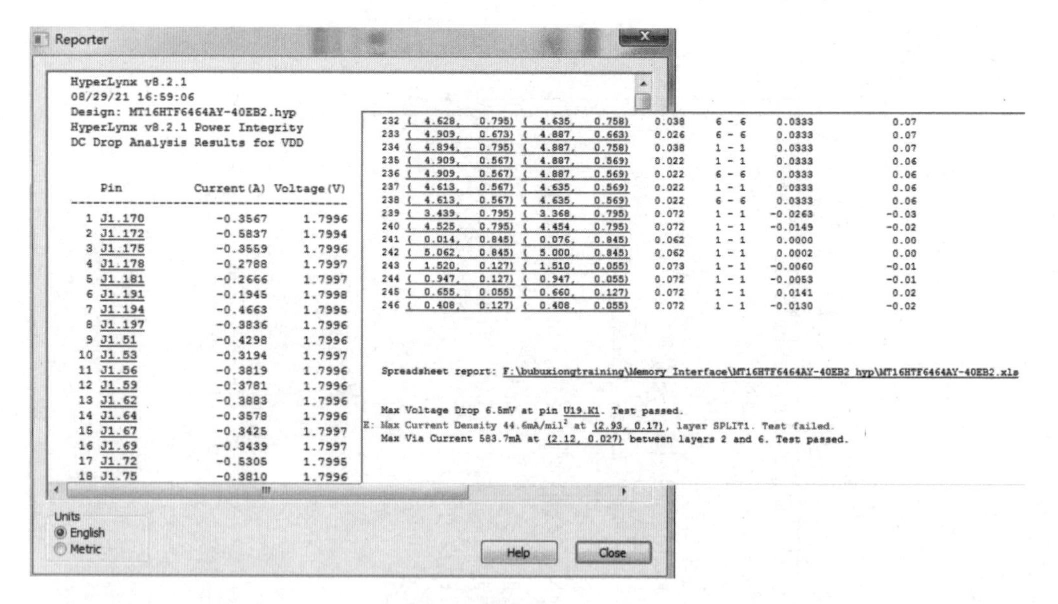


图 13-99

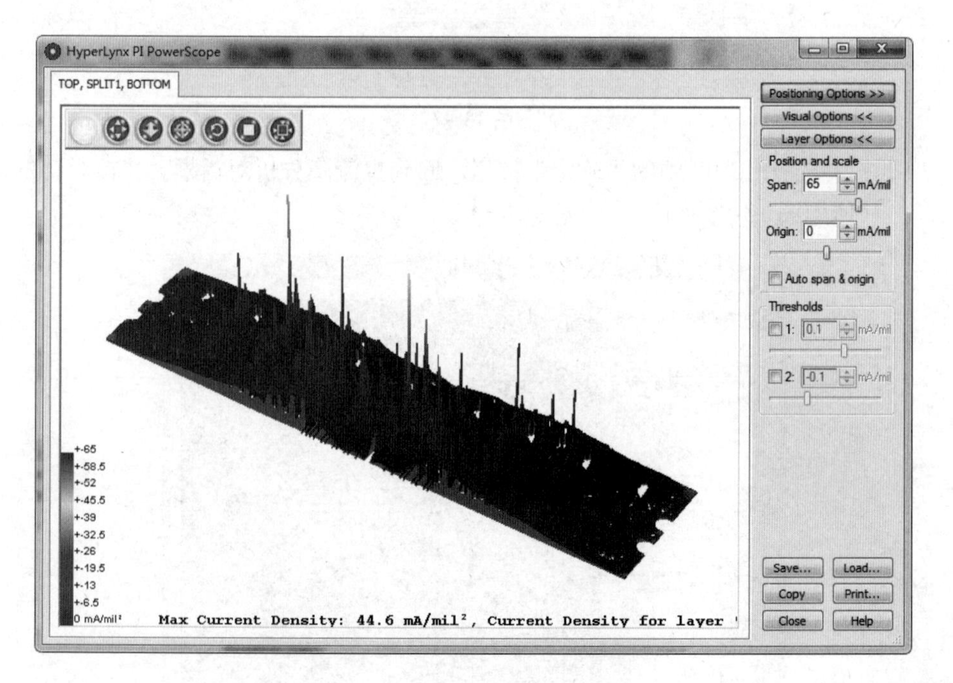


图 13-100

# 第 14 章 去耦平面噪声及协同分析实例

## 14.1 电源完整性理论

在电路中，电源的噪声是由电源分配网络（Power Distribution Network，PDN）阻抗引起的。PDN 简化模型如图 14-1 所示。

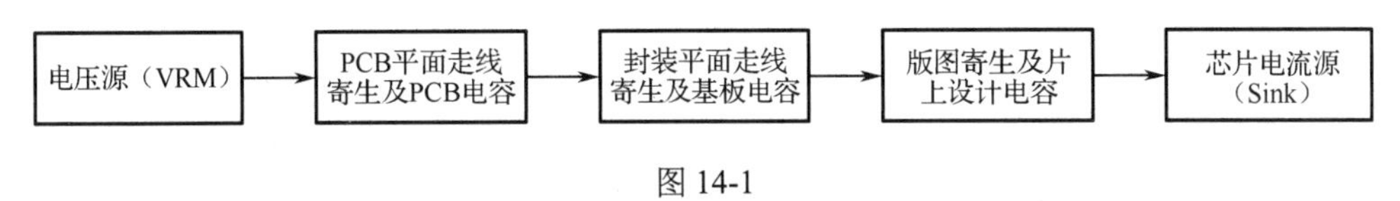


图 14-1

PDN 简化模型中的 VRM 通常是 LDO 和 DC/DC，还有电源模块等，如图 14-2 所示为一个 LDO 的纹波抑制率-输出电流图。

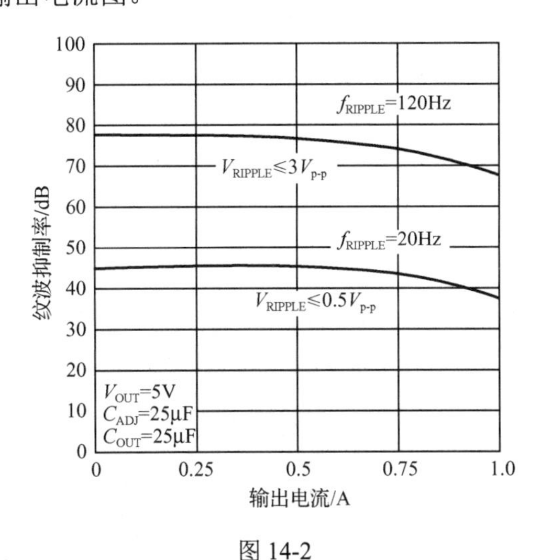


图 14-2

而 DC/DC 早期的开关频率是 340kHz，后面慢慢提高到 2MHz，也就是 VRM 是几十赫兹到几兆赫兹的去耦频率，这些也是带电容的。

大容量的电解电容一般都是千赫兹，大瓷片 1MHz 左右，小瓷片可以到 100MHz 左右。PCB 平面构成的平板电容和封装构成的平板电容比瓷片更有效，也是百兆赫兹左右。封装瓷片电容可更加高一点，但是最多也是百兆赫兹左右。芯片 DIE 电容只能到吉赫兹以上。

目标阻抗是电源完整性当前最流行的从频域考虑的评估手段。目标阻抗公式为 $Z=\frac{V}{I}$，Z

为目标阻抗，$V$ 为电源网络上的纹波电压，$I$ 为电源网络上的波动电流，通常取最大电流的一半（这个是工程师的经验总结），仅是在没有芯片提供数据情况下的经验值。

## 14.2 去耦预分析举例

去耦预分析举例的操作步骤如下所述。

第 1 步：执行菜单命令 File > New Free-Form Schematic，新建一个 LineSim Free-Form 原理图，并命名为 14Pre_Layout_pdn.ffs。

第 2 步：执行菜单命令 Setup > Stackup > Edit，打开叠层编辑器，删除中间两个信号层和两个介质层，如图 14-3 所示。

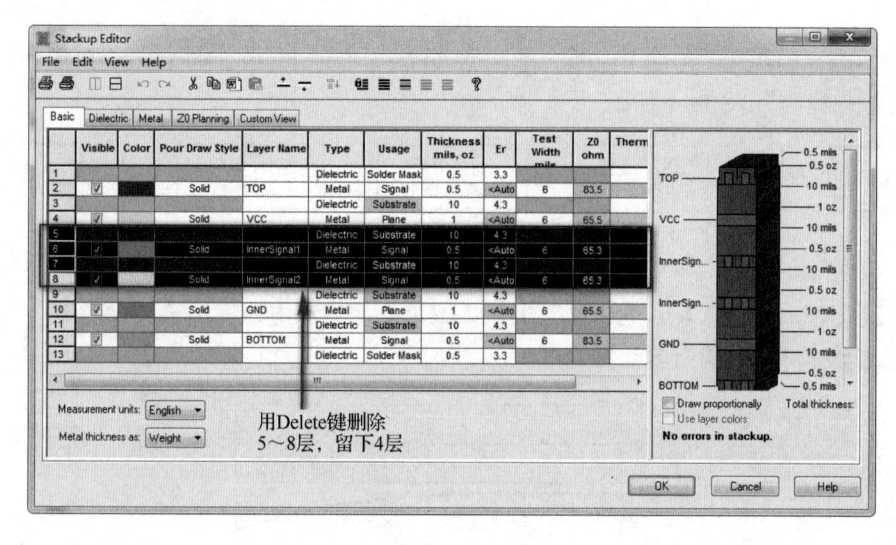
Stackup Editor
用Delete键删除
5～8层，留下4层
No errors in stackup.

图 14-3

第 3 步：删除操作完成，变成 1 个 4 层板的叠层图，如图 14-4 所示。

| | Visible | Color | Pour Draw Style | Layer Name | Type | Usage | Thickness mils, oz | Er | Test Width mils | Z0 ohm |
|---|---|---|---|---|---|---|---|---|---|---|
| 1 | | | | | Dielectric | Solder Mask | 0.5 | 3.3 | | |
| 2 | ✓ | | Solid | TOP | Metal | Signal | 0.5 | <Auto | 6 | 83.5 |
| 3 | | | | | Dielectric | Substrate | 10 | 4.3 | | |
| 4 | ✓ | | Solid | VCC | Metal | Plane | 1 | <Auto | 6 | 58.6 |
| 5 | | | | | Dielectric | Substrate | 10 | 4.3 | | |
| 6 | ✓ | | Solid | GND | Metal | Plane | 1 | <Auto | 6 | 58.6 |
| 7 | | | | | Dielectric | Substrate | 10 | 4.3 | | |
| 8 | ✓ | | Solid | BOTTOM | Metal | Signal | 0.5 | <Auto | 6 | 83.5 |
| 9 | | | | | Dielectric | Solder Mask | 0.5 | 3.3 | | |

图 14-4

第 4 步：在组件栏处单击 Select Active Layer 图标“ ”，在弹出的对话框中选择有效层，具体操作如图 14-5 所示。

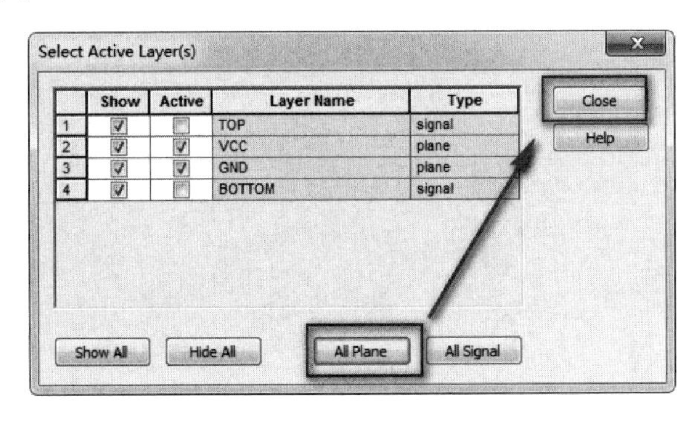


图 14-5

第 5 步：在组件栏处单击 Draw Board Outline 图标“ ”，画一个长 8in、宽 5in 的矩形平面，如图 14-6 所示。

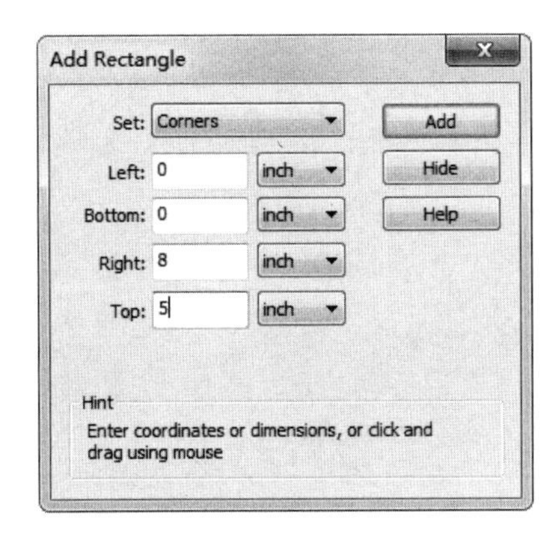


图 14-6

第 6 步：单击图 14-6 中的“Add”按钮，平面就画好了，如图 14-7 所示。

图 14-7

第 7 步：在组件栏处单击 Add Void Area 图标“ ”，从平面上挖一个矩形框，如图 14-8 所示。

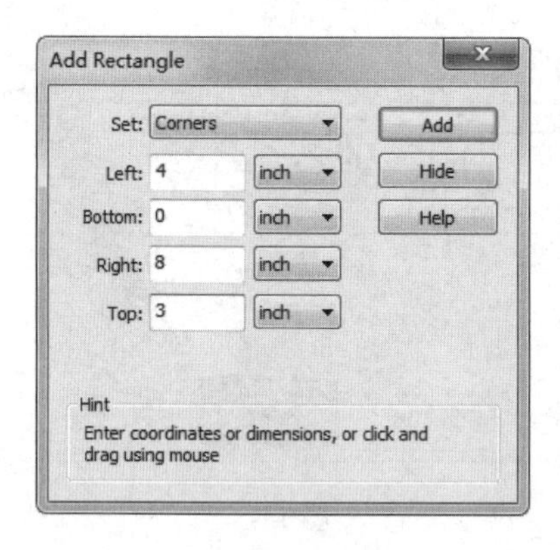


图 14-8

第 8 步：单击图 14-8 中的“Add”按钮，挖完铜皮后的板框如图 14-9 所示。

图 14-9

第 9 步：执行菜单命令 Simulate PI > Analyze Decoupling (Decoupling Wizard)，弹出去耦向导对话框，如图 14-10 所示。

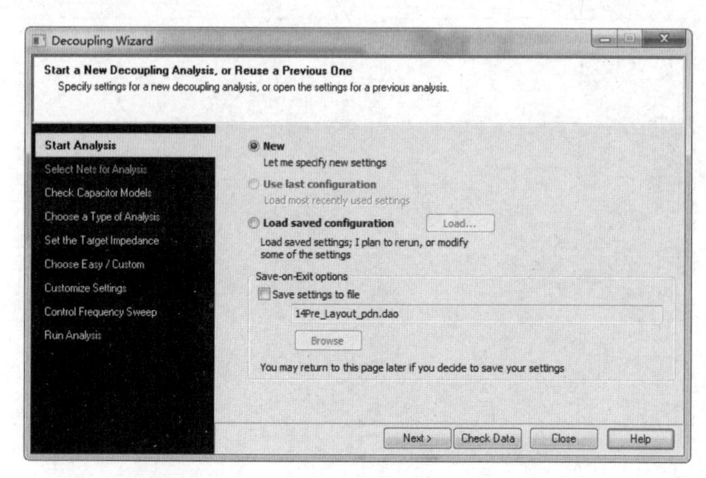


图 14-10

第 10 步：单击图 14-10 中的“Next”按钮，在弹出的对话框中进行相应操作，具体如图 14-11 所示。

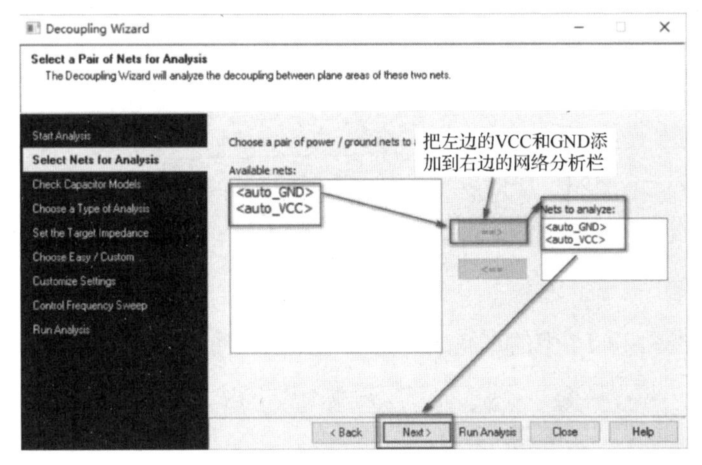
Decoupling Wizard
Select a Pair of Nets for Analysis
The Decoupling Wizard will analyze the decoupling between plane areas of these two nets.
Start Analysis
Select Nets for Analysis
Check Capacitor Models
Choose a Type of Analysis
Set the Target Impedance
Choose Easy / Custom
Customize Settings
Control Frequency Sweep
Run Analysis
Available nets:
<auto_GND>
<auto_VCC>
把左边的VCC和GND添加到右边的网络分析栏
Nets to analyze:
<auto_GND>
<auto_VCC>
< Back
Next >
Run Analysis
Close
Help

图 14-11

第 11 步：在之后接连两次弹出的对话框中单击“Next”按钮，弹出目标阻抗页面，如图 14-12 所示。

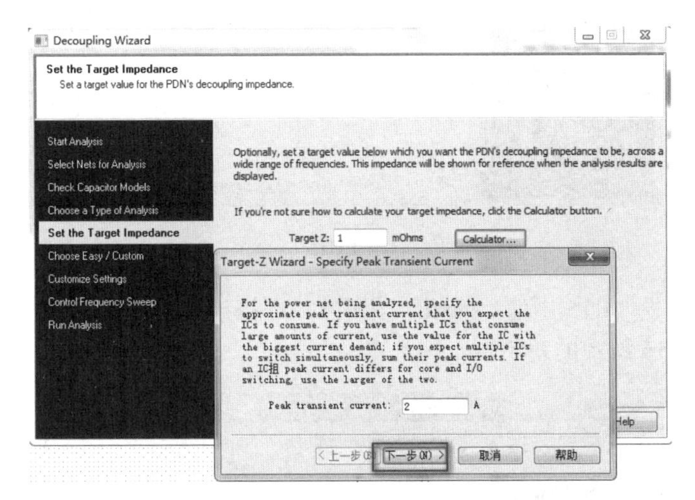
Decoupling Wizard
Set the Target Impedance
Set a target value for the PDN's decoupling impedance.
Start Analysis
Select Nets for Analysis
Check Capacitor Models
Choose a Type of Analysis
Set the Target Impedance
Choose Easy / Custom
Customize Settings
Control Frequency Sweep
Run Analysis
Optionally, set a target value below which you want the PDN's decoupling impedance to be, across a wide range of frequencies. This impedance will be shown for reference when the analysis results are displayed.
If you're not sure how to calculate your target impedance, click the Calculator button.
Target Z: 1 mOhms
Calculator...
Target-Z Wizard - Specify Peak Transient Current
For the power net being analyzed, specify the approximate peak transient current that you expect the ICs to consume. If you have multiple ICs that consume large amounts of current, use the value for the IC with the biggest current demand; if you expect multiple ICs to switch simultaneously, sum their peak currents. If an IC祖 peak current differs for core and I/O switching, use the larger of the two.
Peak transient current: 2 A
下一步(N) >
取消
帮助

图 14-12

第 12 步：单击图 14-12 中的“下一步”按钮，在弹出的对话框中设置电压为 5V、纹波百分比为 5%，如图 14-13 所示。

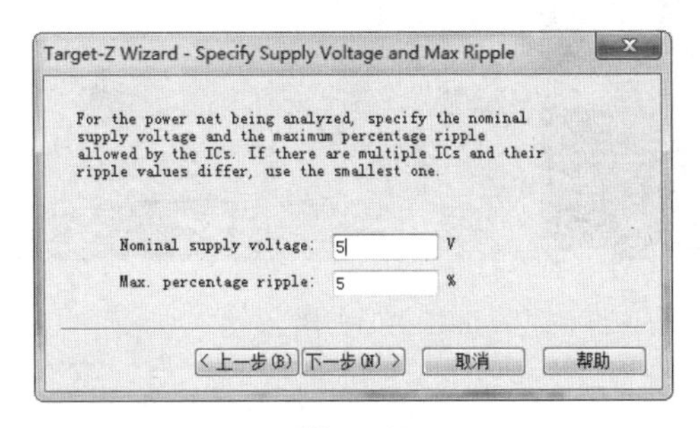
Target-Z Wizard - Specify Supply Voltage and Max Ripple
For the power net being analyzed, specify the nominal supply voltage and the maximum percentage ripple allowed by the ICs. If there are multiple ICs and their ripple values differ, use the smallest one.
Nominal supply voltage: 5 V
Max. percentage ripple: 5 %
< 上一步(B)
下一步(N) >
取消
帮助

图 14-13

第 13 步：单击图 14-13 中的“下一步”按钮，弹出如图 14-14 所示的对话框。

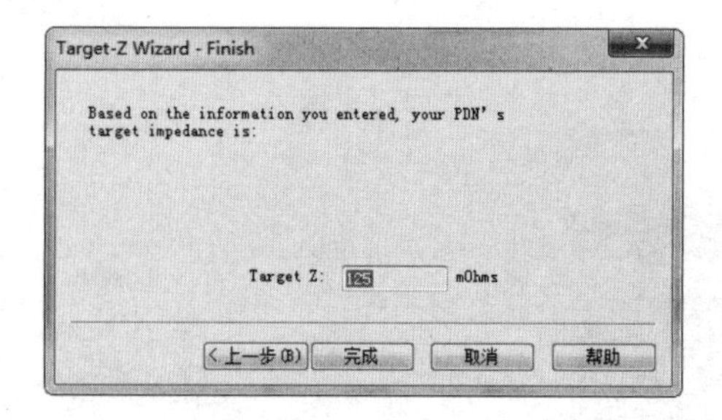


图 14-14

第 14 步：单击图 14-14 中的“完成”按钮，弹出如图 14-15 所示的对话框。

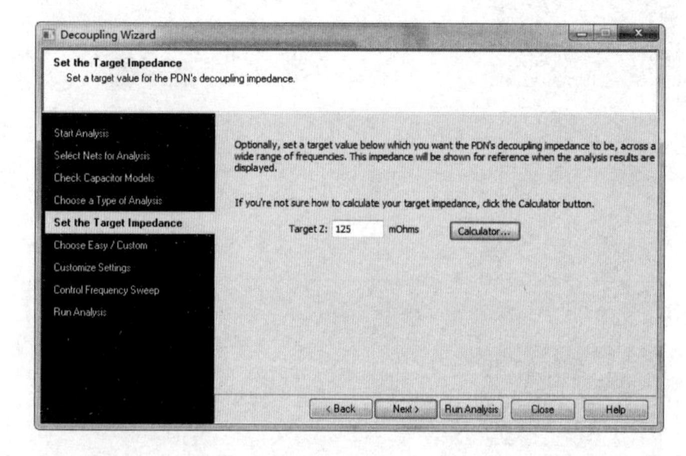


图 14-15

第 15 步：单击图 14-15 中的“Next”按钮后，在接连弹出的对话框中单击“Next”按钮 3 次，弹出如图 14-16 所示的对话框。

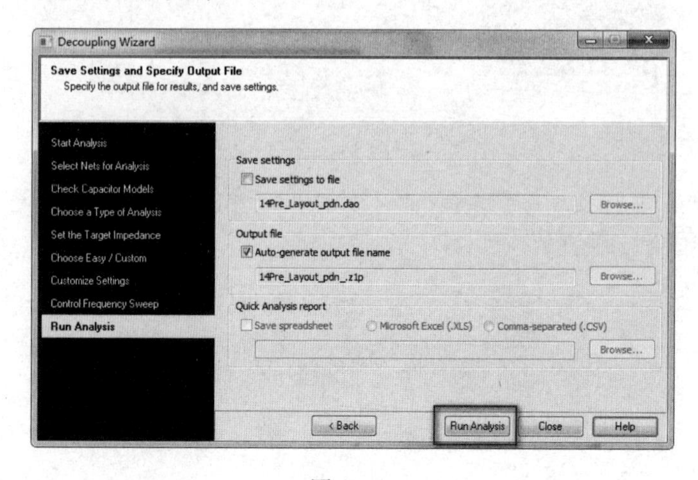


图 14-16

第 16 步：单击图 14-16 中的“Run Analysis”按钮，出现平面阻抗曲线，如图 14-17 所示。

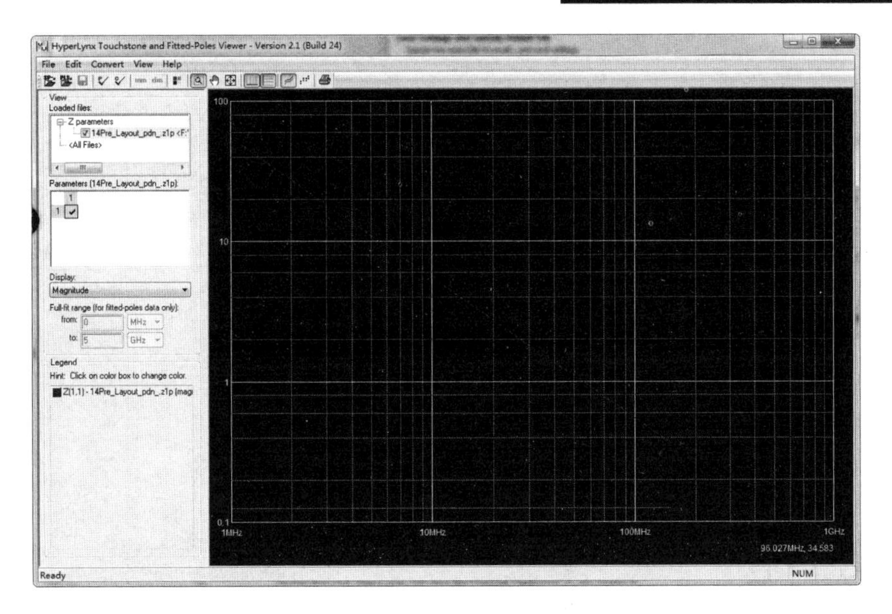


图 14-17

第 17 步：单击 PDN 编辑器工具栏中的增加去耦电容按钮 Add Decoupling Capacitor(s)图标“ ”，弹出如图 14-18 所示的对话框。

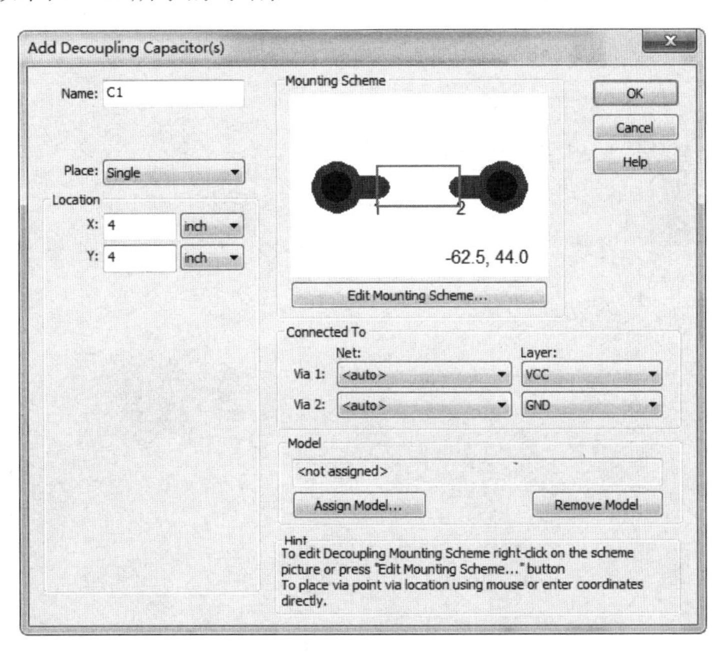


图 14-18

第 18 步：单击图 14-18 中的“Edit Mounting Scheme”按钮，弹出去耦表贴原理图编辑器对话框。在该对话框中，双击左边的“Via”，在弹出的对话框中进行相应设置并单击“OK”按钮，如图 14-19 所示。

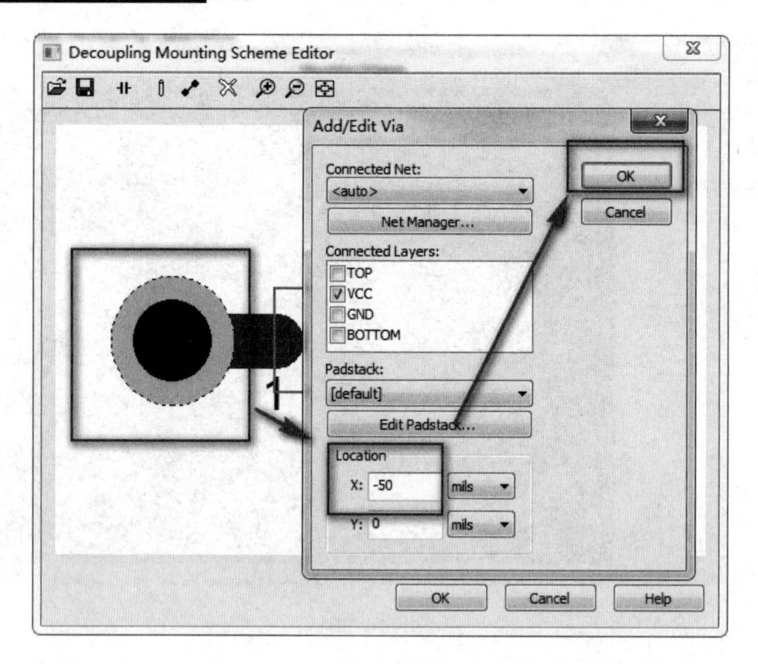


图 14-19

第 19 步：双击右边的“Via”，在弹出的对话框中进行相应设置并单击“OK”按钮，如图 14-20 所示。

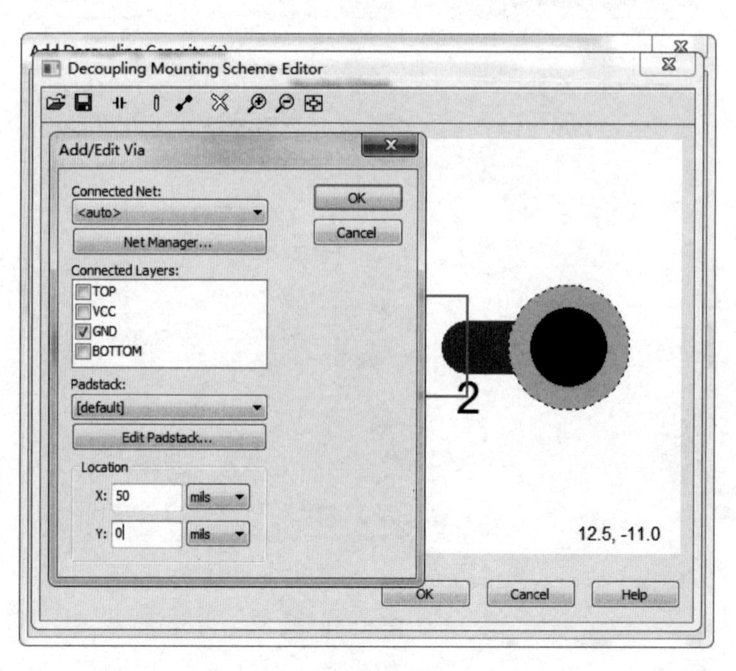


图 14-20

第 20 步：单击图 14-18 中的“Assign Model”按钮，弹出分配/编辑电容模型对话框，如图 14-21 所示。

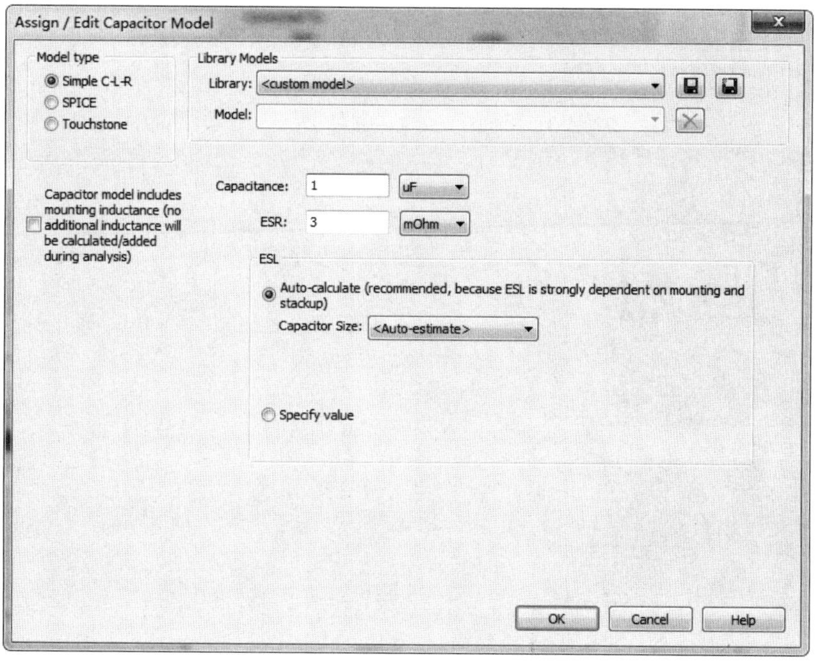

图 14-21

第 21 步：单击图 14-21 中的“OK”按钮，回到增加去耦电容对话框，如图 14-22 所示。

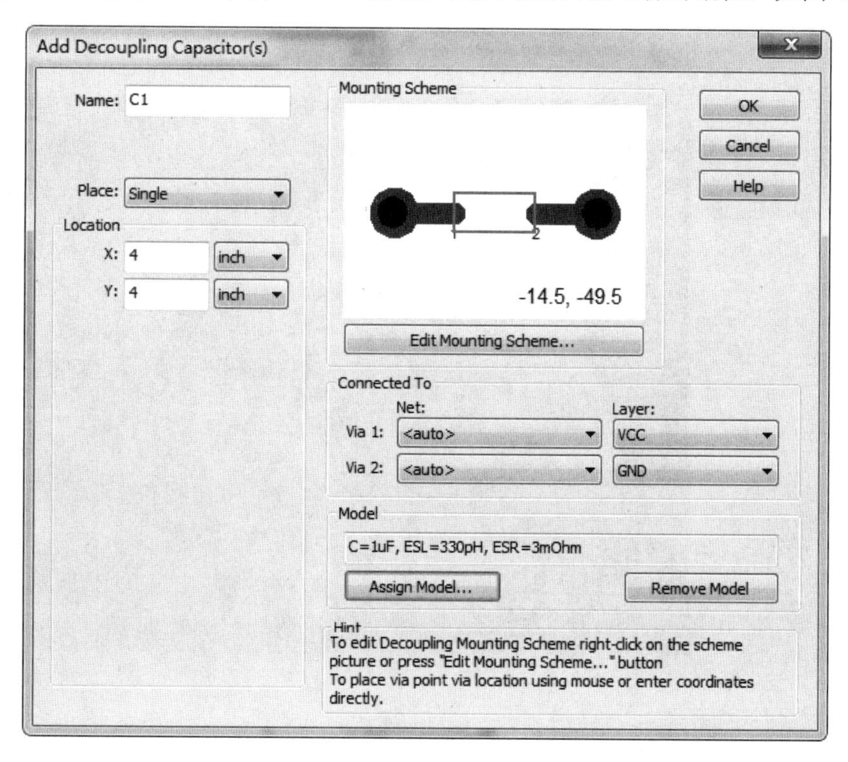


图 14-22

第 22 步：单击图 14-22 中的“OK”按钮后，再次做去耦电容仿真，如图 14-23 所示。

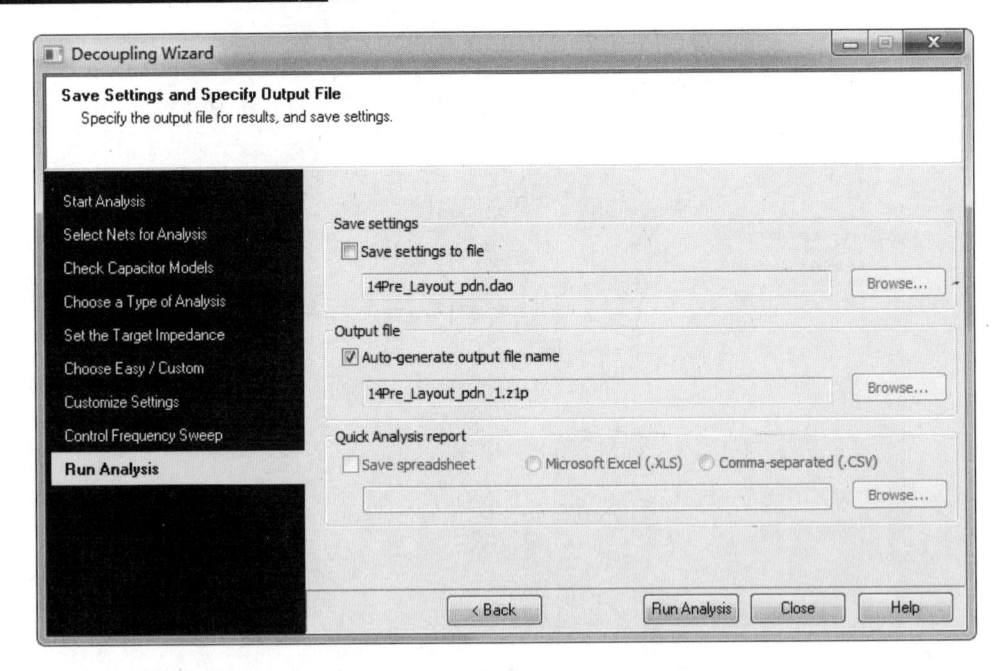


图 14-23

第 23 步：单击图 14-23 中的“Run Analysis”按钮，出现 PDN 阻抗曲线，如图 14-24 所示。

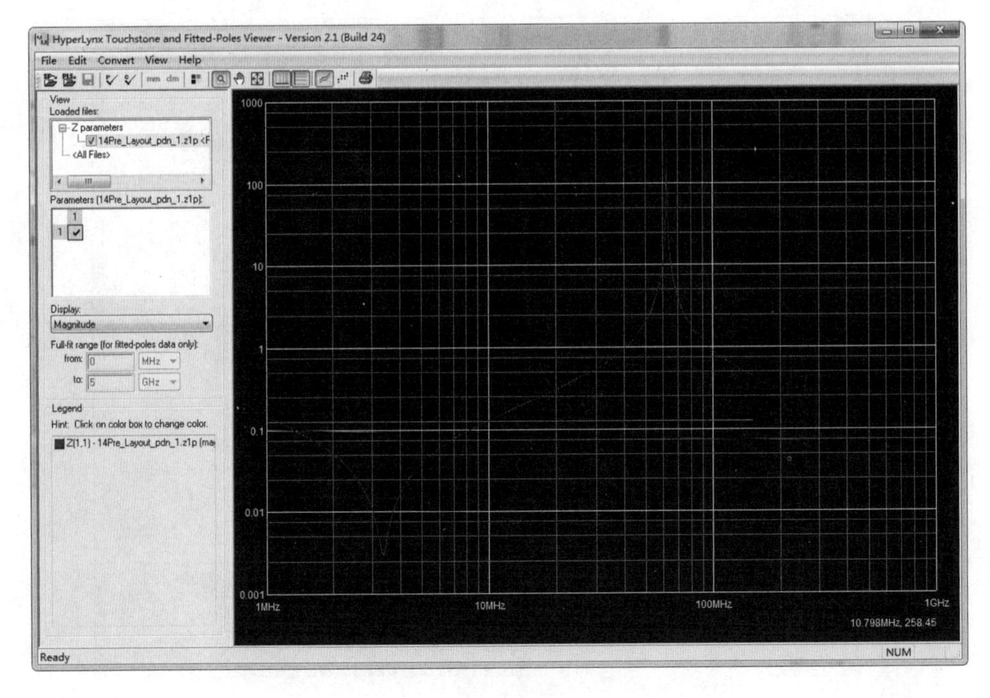


图 14-24

第 24 步：再次单击 PDN 编辑器工具栏中的增加去耦电容图标“ ”，在弹出的对话框中分配一组电容，如图 14-25 所示。

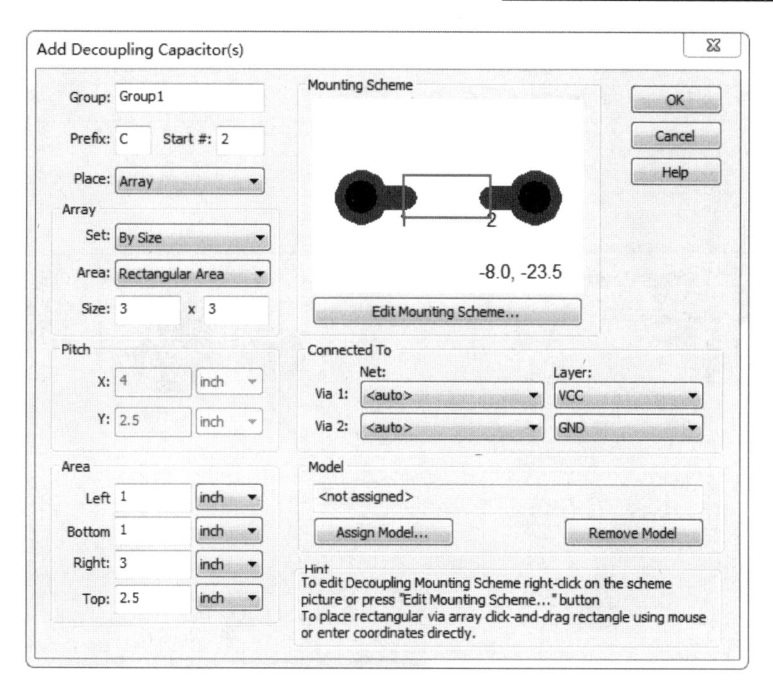


图 14-25

第 25 步：单击图 14-25 中的“Edit Mounting Scheme”按钮，在弹出的对话框中双击左边的“Via”，在弹出的对话框中按照图 14-26 中所示的步骤进行设置并单击“OK”按钮。

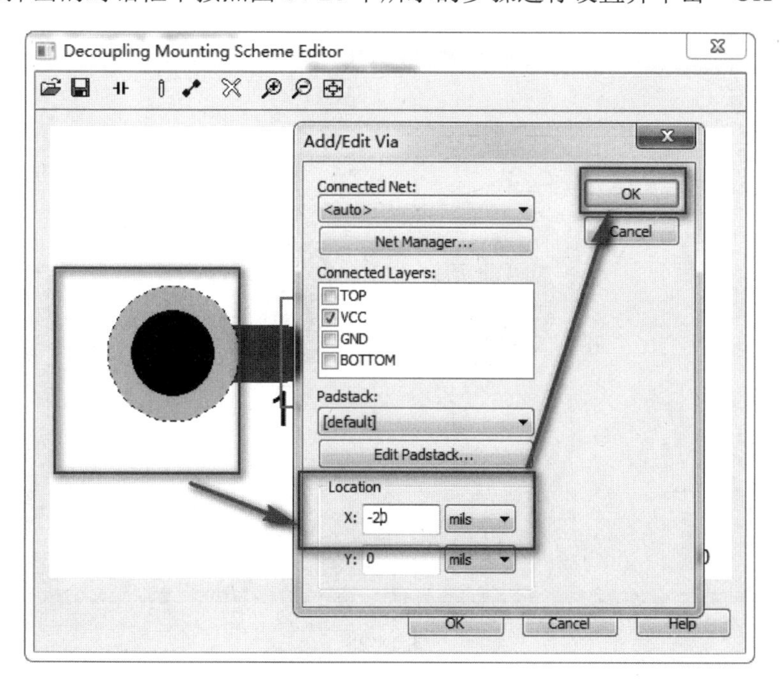


图 14-26

第 26 步：双击右边的“Via”，在弹出的对话框中按照图 14-27 中所示的步骤进行设置并单击“OK”按钮。

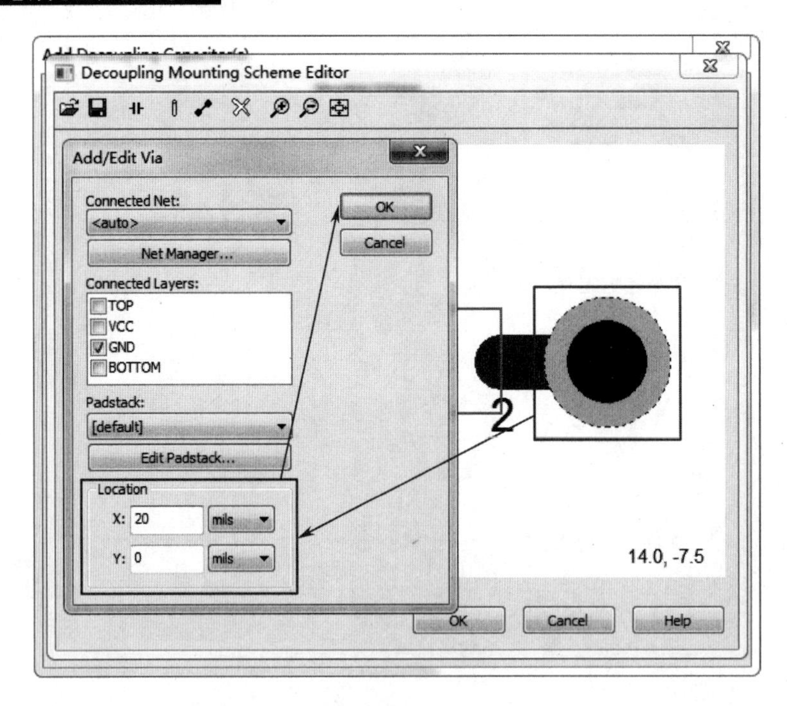


图 14-27

第 27 步：编辑完引脚后的去耦电容如图 14-28 所示。

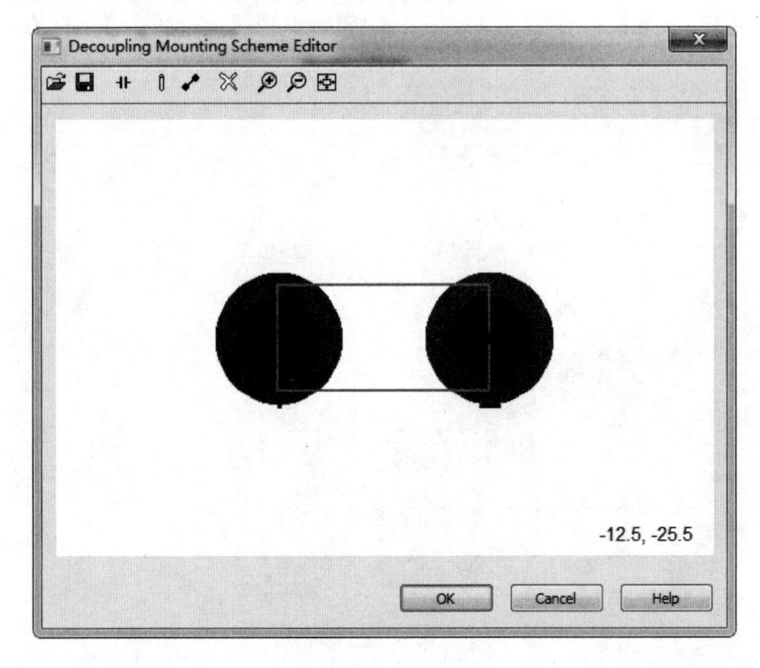


图 14-28

第 28 步：单击图 14-25 中的“Assign Model”按钮，弹出分配/编辑电容模型对话框，如图 14-29 所示。

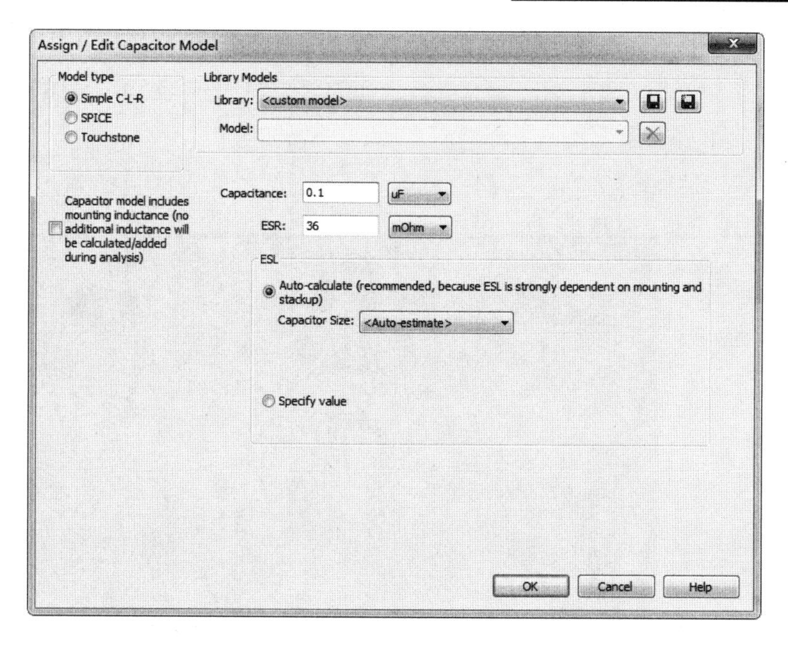


图 14-29

第 29 步：单击图 14-29 中的“OK”按钮，工作区增加了 9 个 0.1μF 的去耦电容，如图 14-30 所示。

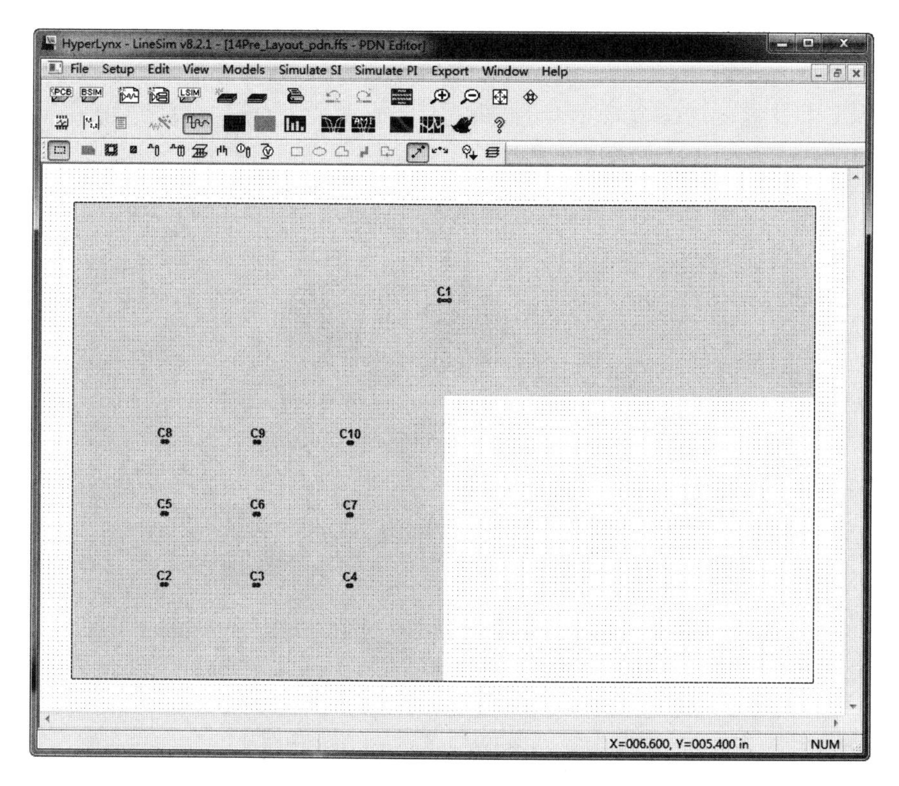


图 14-30

第 30 步：执行菜单命令 Simulate PI>Analyze Decoupling（Decoupling Wizard），打开去耦

向导对话框。在该对话框中，选择“Run Analysis”栏，单击“Run Analysis”按钮，再次做去耦电容仿真，结果如图 14-31 所示，即加电容组后的阻抗曲线（红色）。从图中可以看出，红色线阻抗明显变小了，可见加去耦电容的效果。

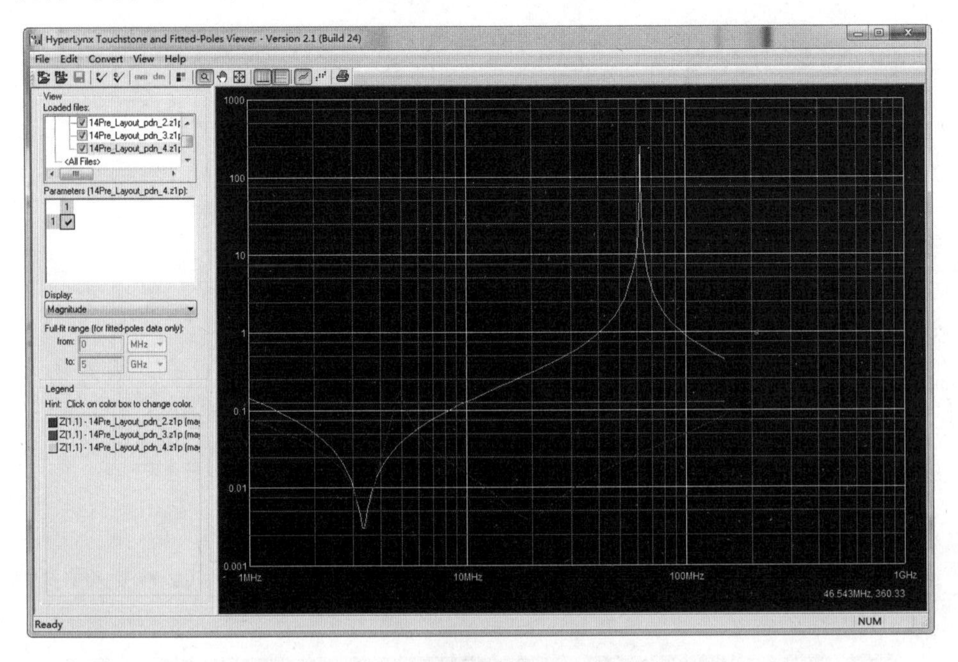


图 14-31

第 31 步：重复第 24 步和第 25 步，去耦电容的放置区域如图 14-32 中所示。

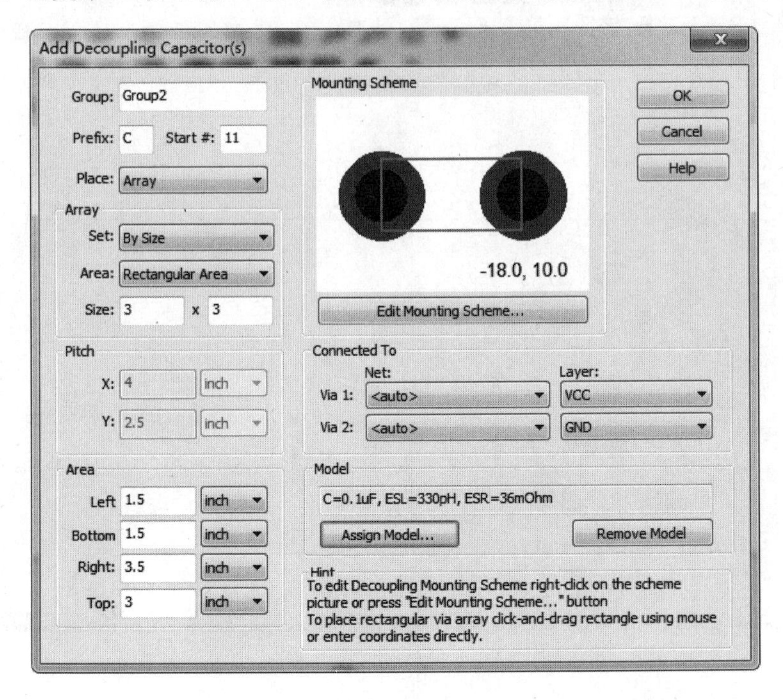


图 14-32

第 32 步：单击图 14-32 中的“OK”按钮，工作区域如图 14-33 所示。

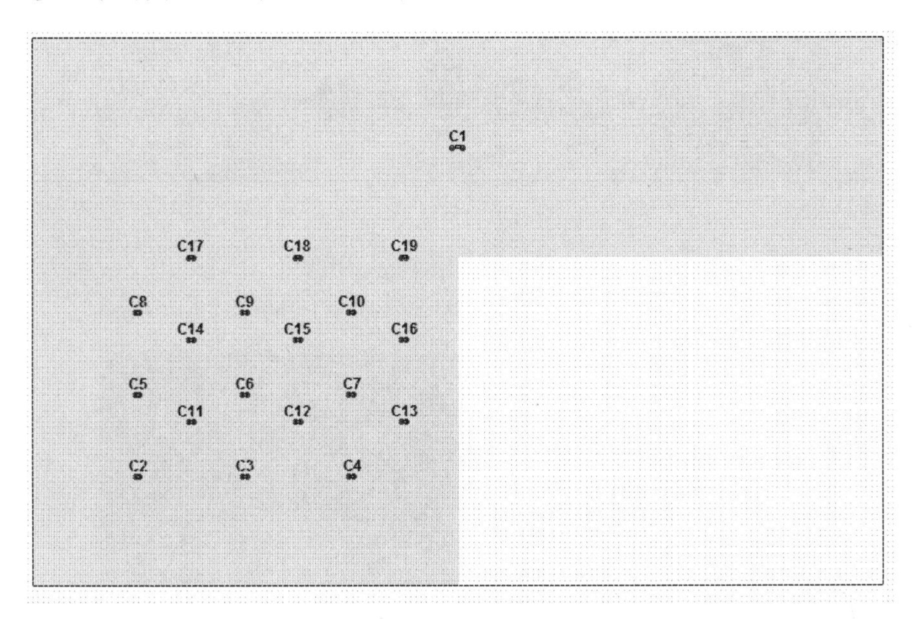


图 14-33

第 33 步：执行菜单命令 Simulate PI>Analyze Decoupling（Decoupling Wizard），打开去耦向导对话框。在该对话框中，选择“Run Analysis”栏，单击“Run Analysis”按钮，再次做去耦电容仿真，结果如图 14-34 所示，即加第二批电容组后的阻抗曲线（红色）。从图中可以看出，符合要求。

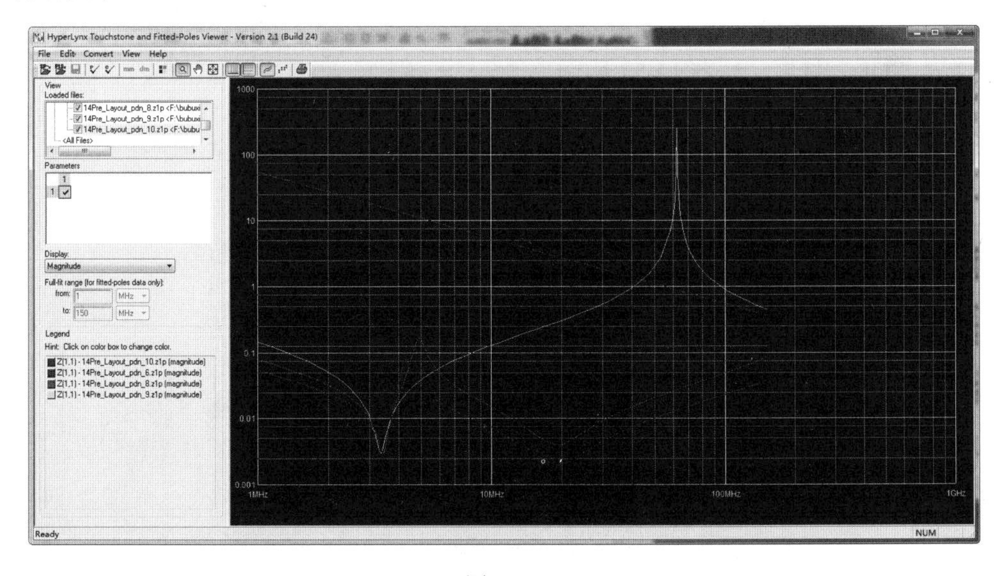


图 14-34

第 34 步：单击工具栏处的叠层图标“ ”，将原来的 VCC 与 GND 之间的层厚 10mil 改成 5mil，如图 14-35 所示。

Basic | Dielectric | Metal | Z0 Planning | Custom View

| | Visible | Color | Pour Draw Style | Layer Name | Type | Usage | Thickness mils, oz | Er | Test Width mils | Z0 ohm | Thermal Conductivity Btu/hrftF |
|---|---|---|---|---|---|---|---|---|---|---|---|
| 1 | | | | | Dielectric | Solder Mask | 0.5 | 3.3 | | | 0.173 |
| 2 | ✓ | | Solid | TOP | Metal | Signal | 0.5 | <Auto | 6 | 83.5 | 227.476 |
| 3 | | | | | Dielectric | Substrate | 10 | 4.3 | | | 0.173 |
| 4 | ✓ | | Solid | VCC | Metal | Plane | 1 | <Auto | 6 | 47.7 | 227.476 |
| 5 | | | | | Dielectric | Substrate | 5 | 4.3 | | | 0.173 |
| 6 | ✓ | | Solid | GND | Metal | Plane | 1 | <Auto | 6 | 47.7 | 227.476 |
| 7 | | | | | Dielectric | Substrate | 10 | 4.3 | | | 0.173 |
| 8 | ✓ | | Solid | BOTTOM | Metal | Signal | 0.5 | <Auto | 6 | 83.5 | 227.476 |
| 9 | | | | | Dielectric | Solder Mask | 0.5 | 3.3 | | | 0.173 |

图 14-35

第 35 步：再次仿真，阻抗曲线如图 14-36 所示。

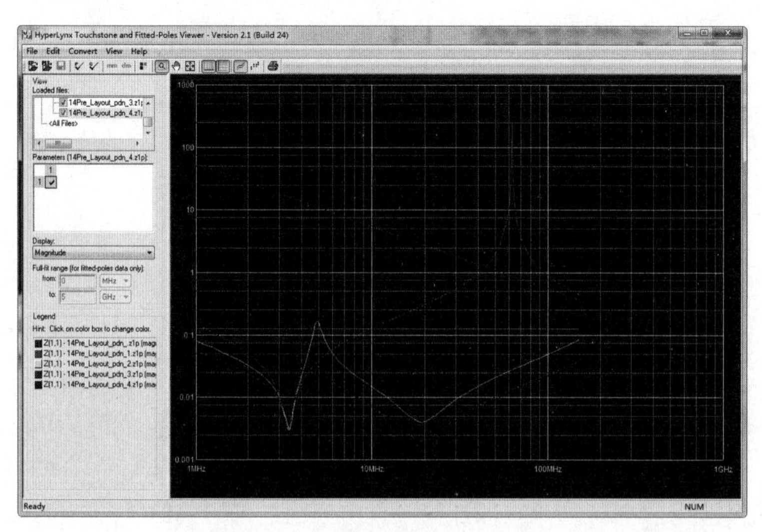


图 14-36

第 36 步：单击组件栏中的 Add IC Power Pin(s)图标“ ”，在弹出的对话框中进行相应设置并单击“OK”按钮，如图 14-37 所示。

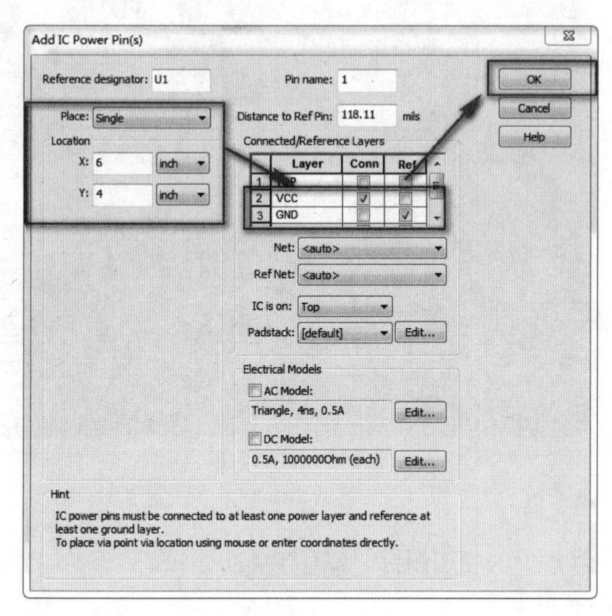


图 14-37

第 37 步：在弹出的对话框中按照图 14-38 中所示进行操作。

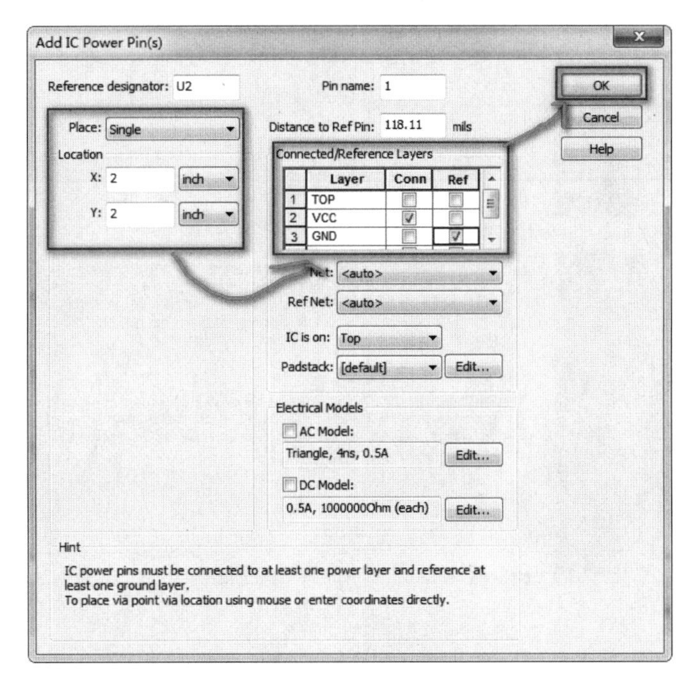


图 14-38

第 38 步：增加 IC 电源引脚后的工作区如图 14-39 所示。

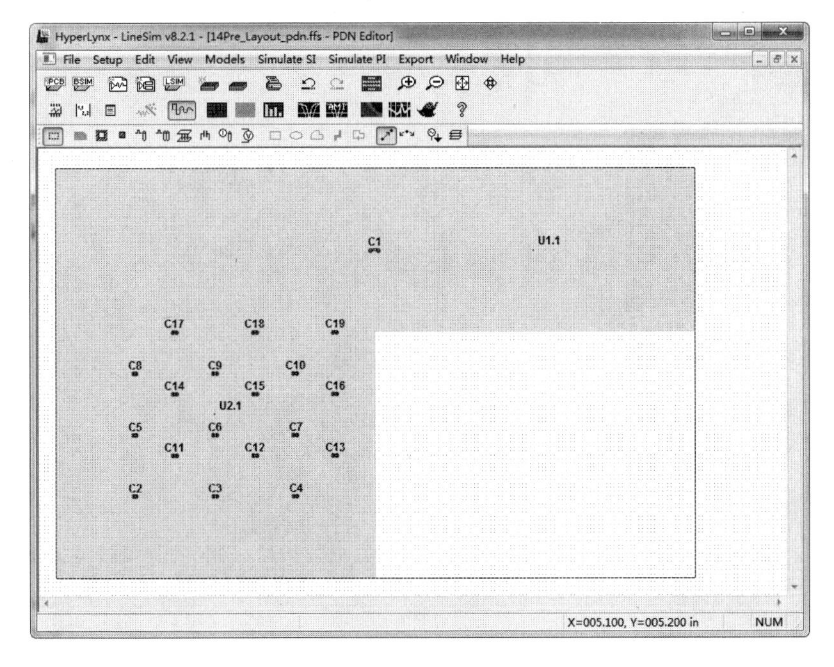


图 14-39

第 39 步：执行菜单命令 Simulate PI>Analyze Decoupling（Decoupling Wizard），打开去耦向导对话框，在该对话框中按照图 14-40 中所示进行设置。

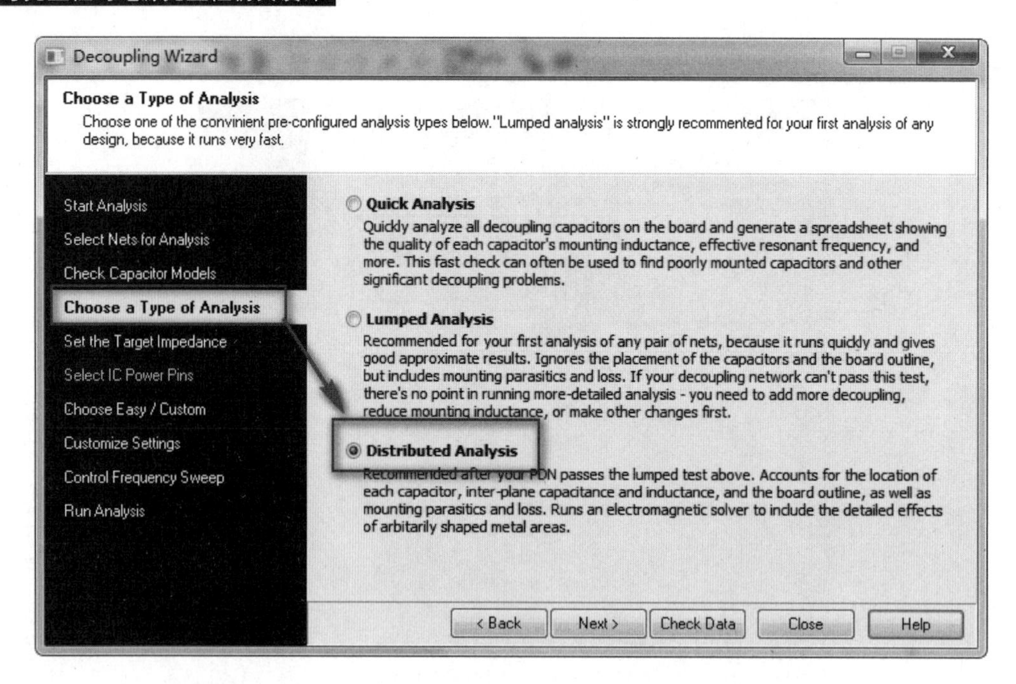
Decoupling Wizard
Choose a Type of Analysis
Choose one of the convinient pre-configured analysis types below."Lumped analysis" is strongly recommented for your first analysis of any design, because it runs very fast.
Start Analysis
Select Nets for Analysis
Check Capacitor Models
Choose a Type of Analysis
Set the Target Impedance
Select IC Power Pins
Choose Easy / Custom
Customize Settings
Control Frequency Sweep
Run Analysis
Quick Analysis
Quickly analyze all decoupling capacitors on the board and generate a spreadsheet showing the quality of each capacitor's mounting inductance, effective resonant frequency, and more. This fast check can often be used to find poorly mounted capacitors and other significant decoupling problems.
Lumped Analysis
Recommended for your first analysis of any pair of nets, because it runs quickly and gives good approximate results. Ignores the placement of the capacitors and the board outline, but includes mounting parasitics and loss. If your decoupling network can't pass this test, there's no point in running more-detailed analysis - you need to add more decoupling, reduce mounting inductance, or make other changes first.
Distributed Analysis
PDN passes the lumped test above. Accounts for the location of each capacitor, inter-plane capacitance and inductance, and the board outline, as well as mounting parasitics and loss. Runs an electromagnetic solver to include the detailed effects of arbitarily shaped metal areas.
< Back
Next >
Check Data
Close
Help

图 14-40

第 40 步：单击图 14-40 中的“Next”按钮后，在弹出的对话框中再次单击“Next”按钮，弹出选择 IC 电源引脚页面，如图 14-41 所示。

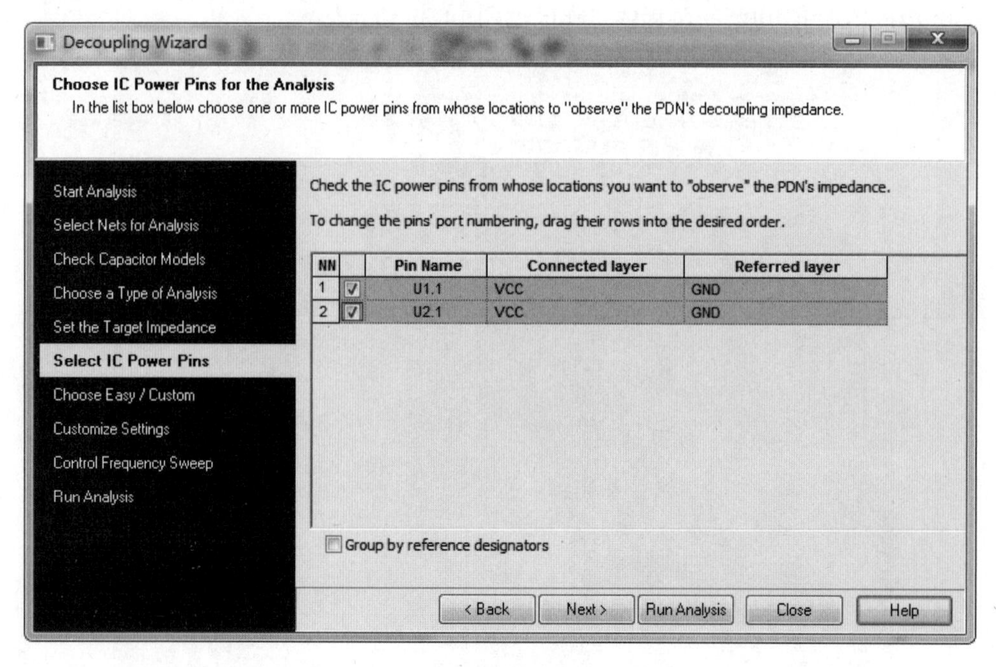
Decoupling Wizard
Choose IC Power Pins for the Analysis
In the list box below choose one or more IC power pins from whose locations to "observe" the PDN's decoupling impedance.
Start Analysis
Select Nets for Analysis
Check Capacitor Models
Choose a Type of Analysis
Set the Target Impedance
Select IC Power Pins
Choose Easy / Custom
Customize Settings
Control Frequency Sweep
Run Analysis
Check the IC power pins from whose locations you want to "observe" the PDN's impedance.
To change the pins' port numbering, drag their rows into the desired order.
NN
Pin Name
Connected layer
Referred layer
1
U1.1
VCC
GND
2
U2.1
VCC
GND
Group by reference designators
< Back
Next >
Run Analysis
Close
Help

图 14-41

第 41 步：单击图 14-41 中的“Next”按钮，弹出配置选项页面，在该页面中按照图 14-42 中所示进行操作。

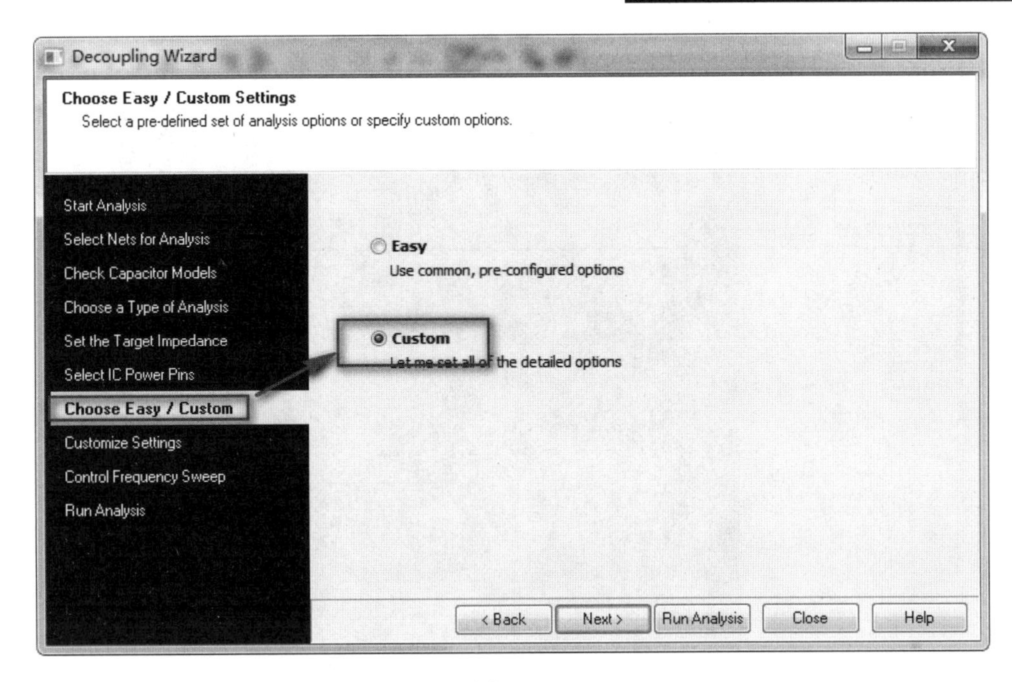


图 14-42

第 42 步：单击图 14-42 中的“Next”按钮后，在弹出的对话框中再次单击“Next”按钮，弹出控制频率扫描页面。在该页面中按照图 14-43 中所示进行操作。

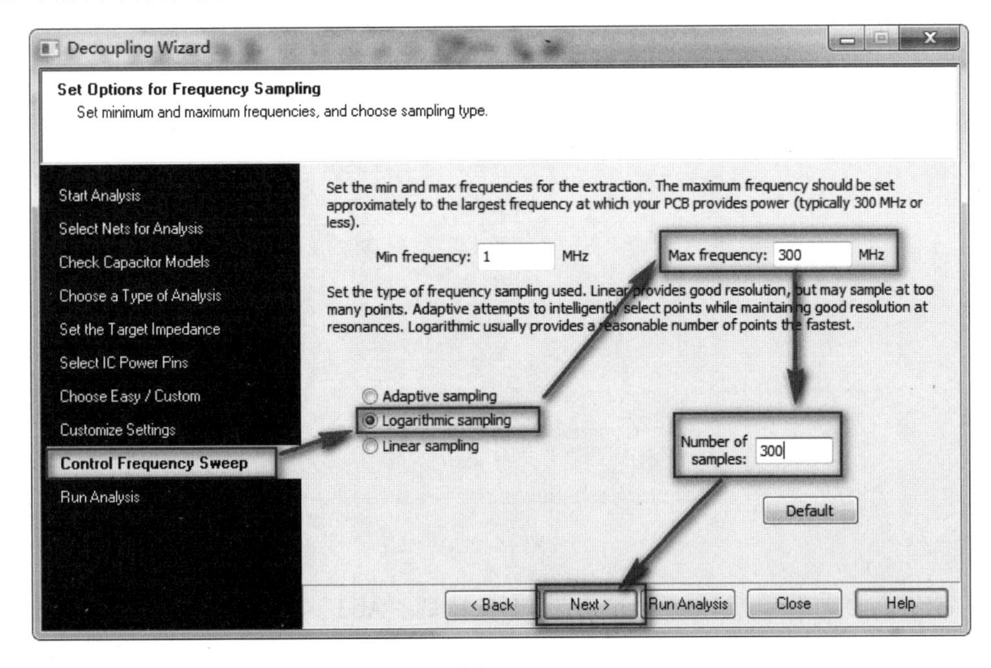


图 14-43

第 43 步：单击图 14-43 中的“Next”按钮，弹出运行分析页面。在该页面中单击“Run Analysis”按钮，结果如图 14-44 所示。从图中可以看出，明显 U2.1 比 U1.1 的阻抗曲线低、阻抗频率更高，原因是 U2.1 周围都是去耦电容，而 U1.1 离去耦电容较远。

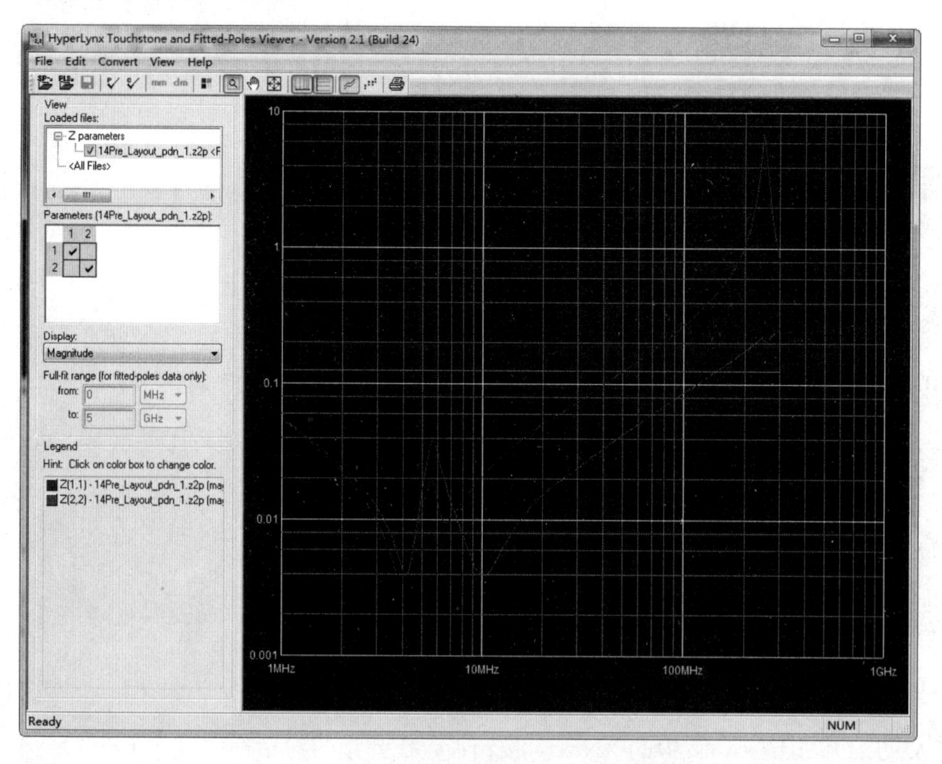


图 14-44

第 44 步：单击组件栏中的 Add Void Area 图标“”，弹出如图 14-45 所示的对话框。

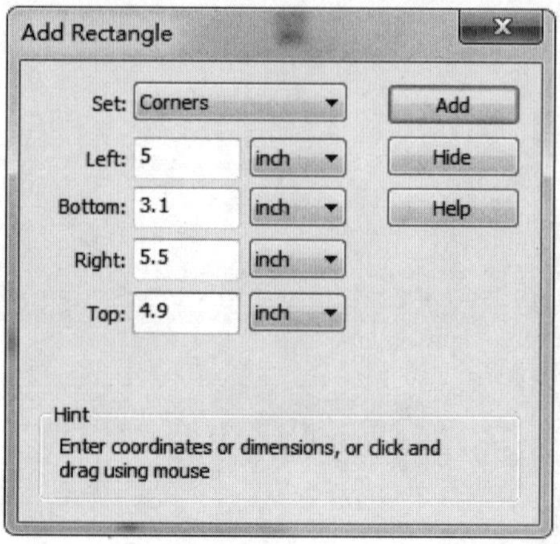

Add Rectangle

Set: Corners

Left: 5 inch

Bottom: 3.1 inch

Right: 5.5 inch

Top: 4.9 inch

Add

Hide

Help

Hint

Enter coordinates or dimensions, or click and drag using mouse

图 14-45

第 45 步：设置完相应参数后，单击图 14-45 中的“Add”按钮后，出现一个矩形白色挖空区，如图 14-46 所示。

第 46 步：执行菜单命令 Simulate PI>Analyze Decoupling（Decoupling Wizard），打开去耦向导对话框。在该对话框中，选择“Run Analysis”栏，单击“Run Analysis”按钮，再次进行去耦电容仿真，结果如图 14-47 所示。从图中可以看出，U1.1 的 PDN 曲线明显变差了，可见平面完整的重要性。

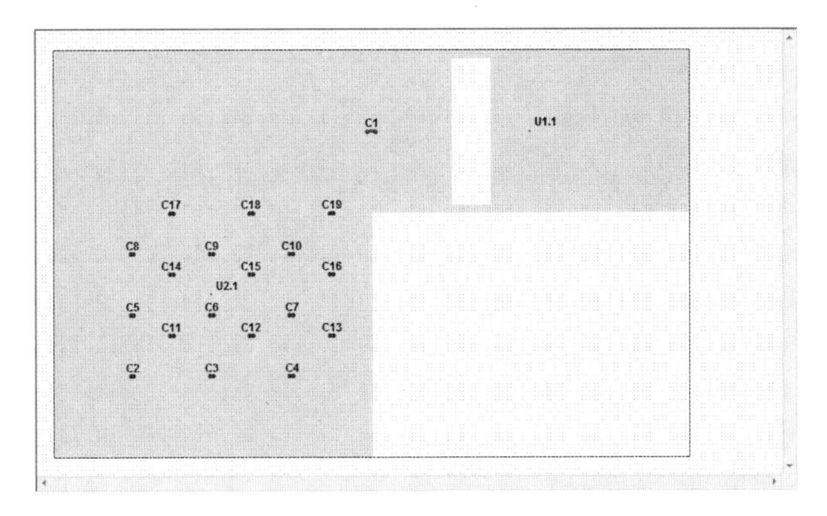


图 14-46

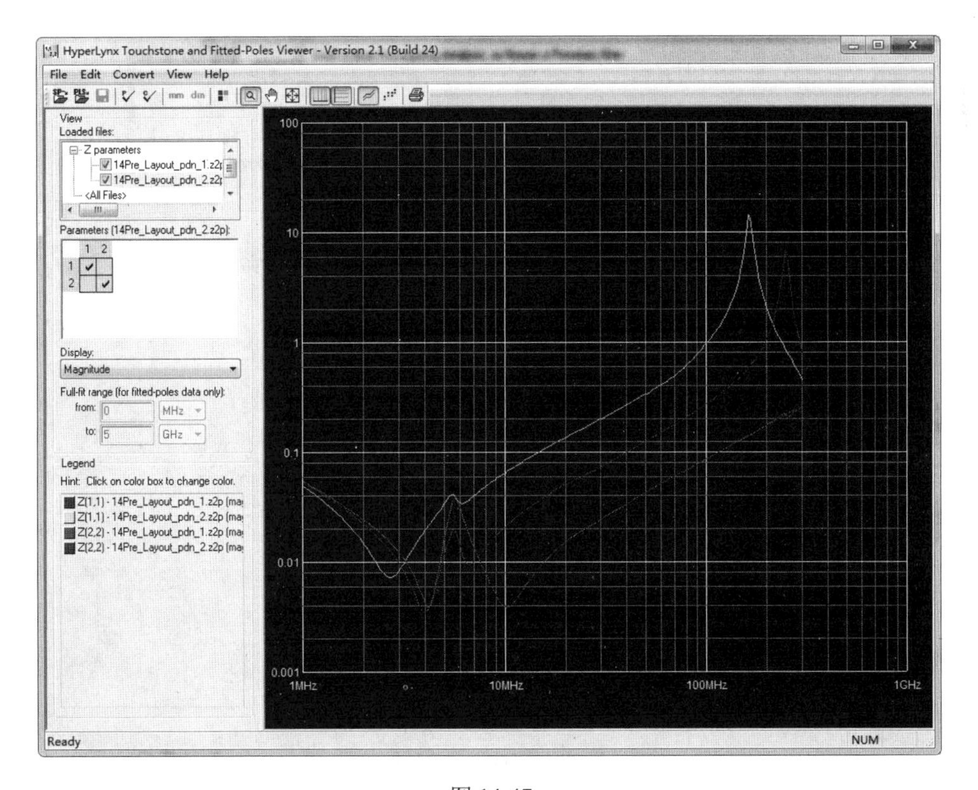


图 14-47

## 14.3　去耦平面后分析举例

去耦平面后分析举例的操作步骤如下所述。

第 1 步：执行菜单命令 File>Open Board，打开事先准备好的文件 14Post_Layout_Decoupling Analysis.hyp，如图 14-48 所示。

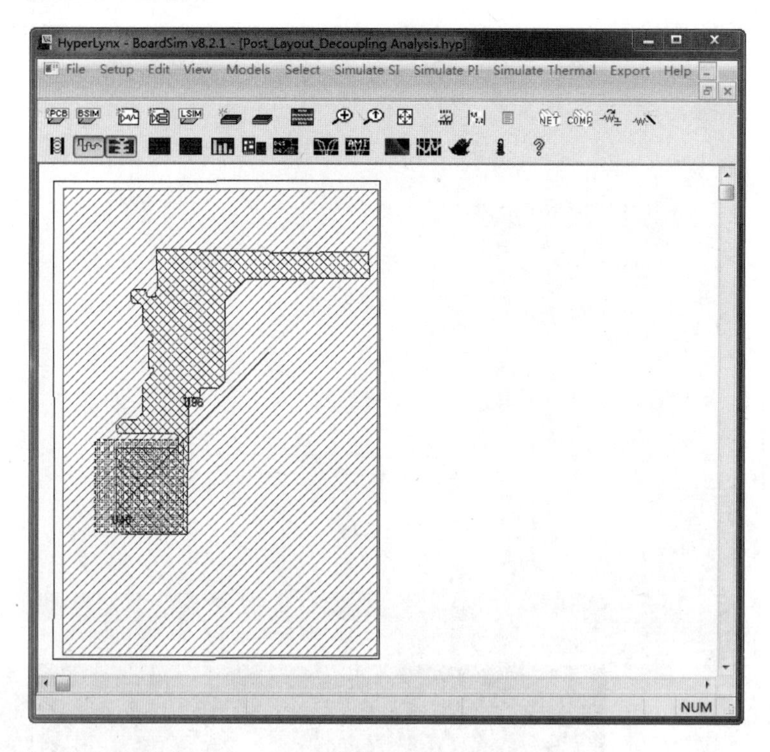


图 14-48

第 2 步：执行菜单命令 View > Highlight Net，点亮 1.5V 电源网络，具体操作如图 14-49 所示。

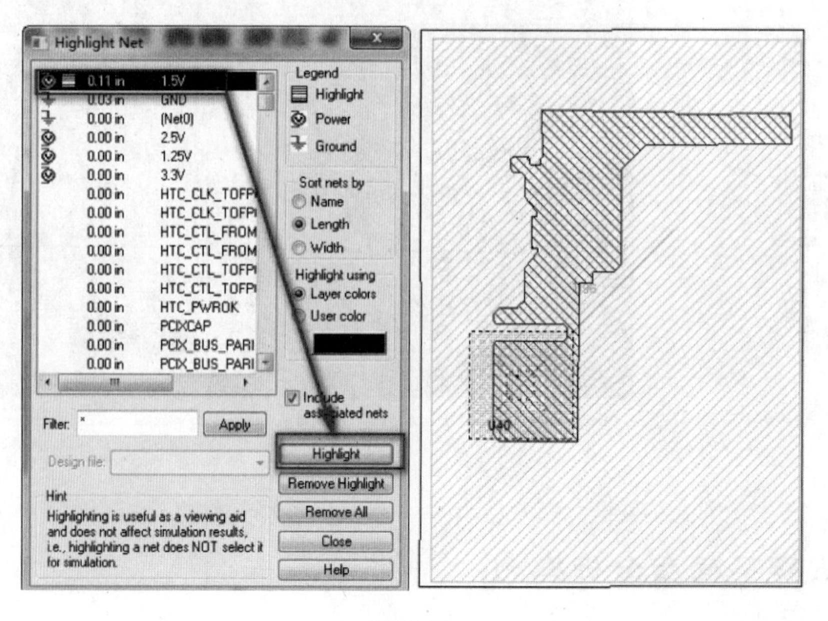


图 14-49

第 3 步：执行菜单命令 Models > Assign Power Integrity Models，在弹出的对话框中按照图 14-50 中所示的步骤进行操作。

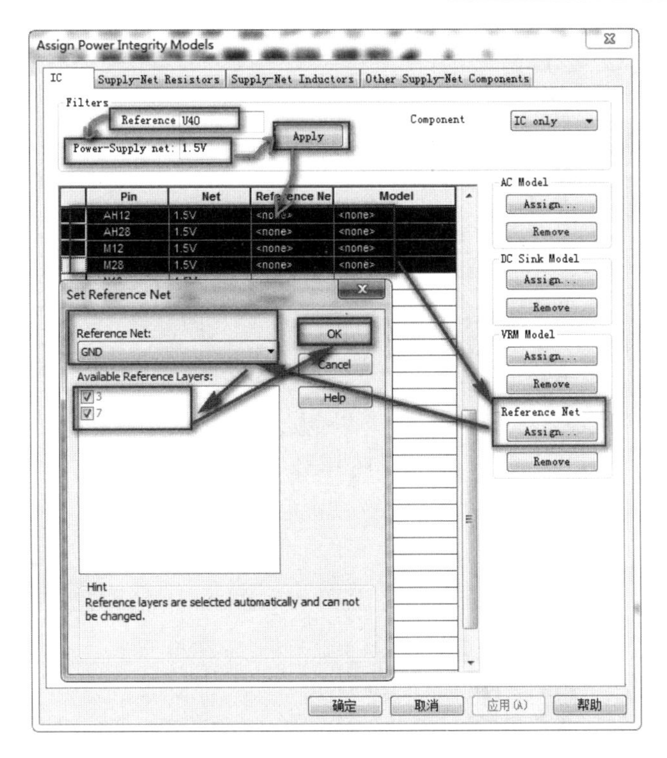


图 14-50

第 4 步：单击图 14-50 中的“确定”按钮，将 U40 的 1.5V 网络的 4 个电源脚分配给对应的电源 GND 参考网络。

第 5 步：执行菜单命令 Simulate PI > Analyze Decoupling (Decoupling Wizard)，在弹出的对话框中按照图 14-51 中所示进行操作。

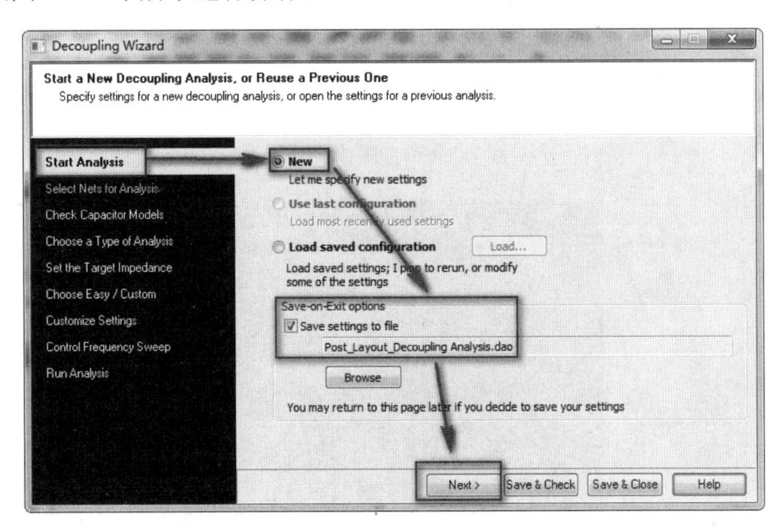


图 14-51

第 6 步：在弹出的对话框中按照图 14-52 中所示进行操作。

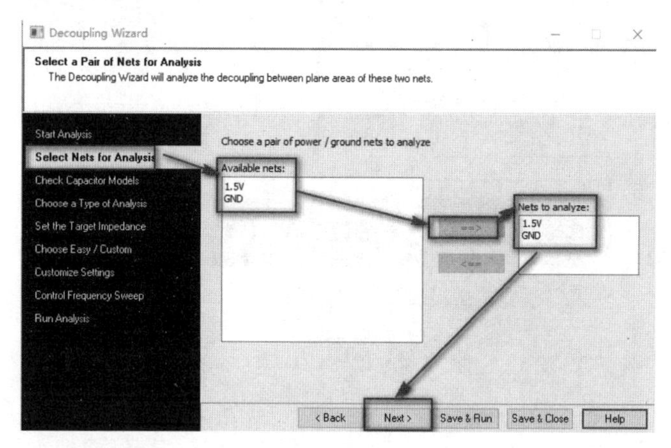


图 14-52

第 7 步：在连接弹出的对话框中单击“Next”按钮 7 次后，在弹出的对话框中按照图 14-53 中所示进行操作。

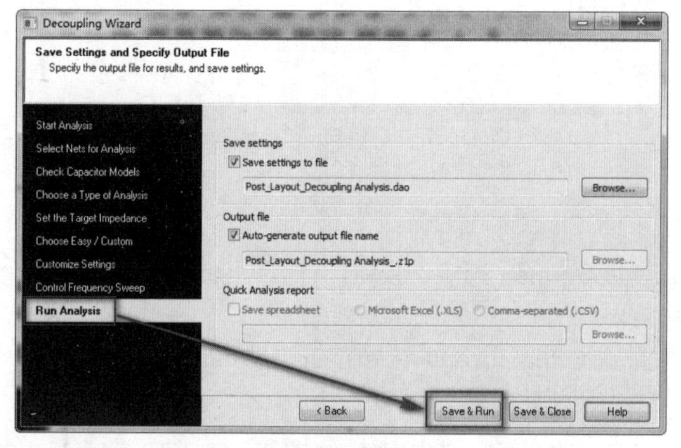


图 14-53

第 8 步：出现阻抗曲线，如图 14-54 所示。

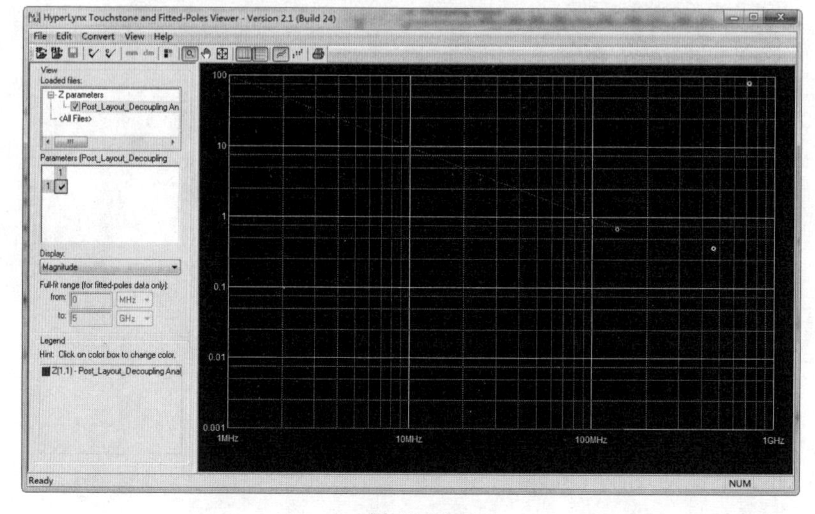


图 14-54

第 9 步：为了看 4 个脚的 PDN 曲线，需要选择 Distributed Analysis 分析，如图 14-55 所示。

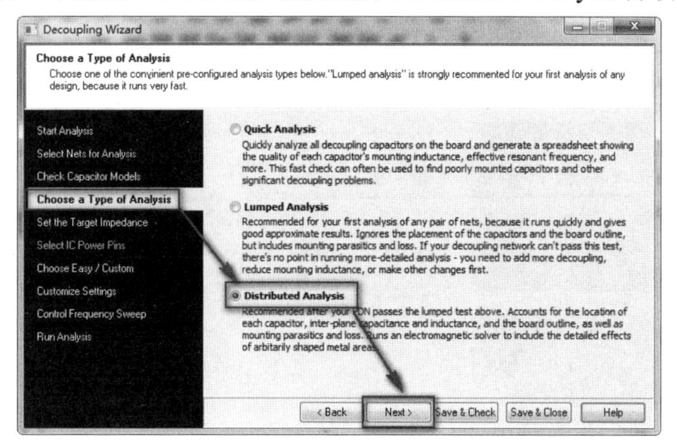
Decoupling Wizard
Choose a Type of Analysis
Choose one of the convinient pre-configured analysis types below."Lumped analysis" is strongly recommented for your first analysis of any design, because it runs very fast.
Start Analysis
Select Nets for Analysis
Check Capacitor Models
Choose a Type of Analysis
Set the Target Impedance
Select IC Power Pins
Choose Easy / Custom
Customize Settings
Control Frequency Sweep
Run Analysis
Quick Analysis
Quickly analyze all decoupling capacitors on the board and generate a spreadsheet showing the quality of each capacitor's mounting inductance, effective resonant frequency, and more. This fast check can often be used to find poorly mounted capacitors and other significant decoupling problems.
Lumped Analysis
Recommended for your first analysis of any pair of nets, because it runs quickly and gives good approximate results. Ignores the placement of the capacitors and the board outline, but includes mounting parasitics and loss. If your decoupling network can't pass this test, there's no point in running more-detailed analysis - you need to add more decoupling, reduce mounting inductance, or make other changes first.
Distributed Analysis
N passes the lumped test above. Accounts for the location of each capacitor, inter-plane capacitance and inductance, and the board outline, as well as mounting parasitics and loss. Runs an electromagnetic solver to include the detailed effects of arbitrarily shaped metal areas.
< Back
Next >
Save & Check
Save & Close
Help

图 14-55

第 10 步：在接连弹出的对话框中单击“Next”按钮 2 次，然后在弹出的对话框中按照图 14-56 中所示进行操作。

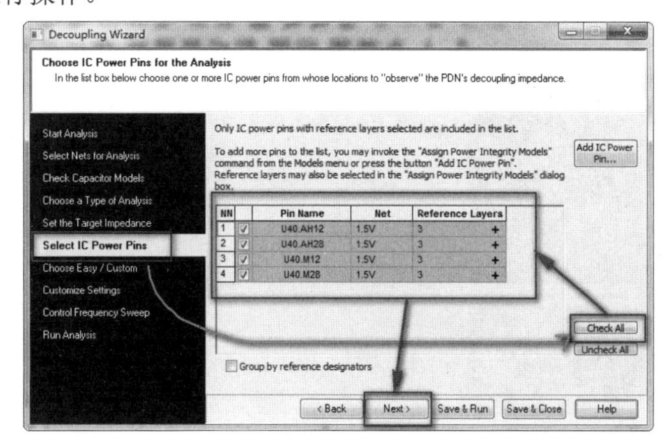
Decoupling Wizard
Choose IC Power Pins for the Analysis
In the list box below choose one or more IC power pins from whose locations to "observe" the PDN's decoupling impedance.
Start Analysis
Select Nets for Analysis
Check Capacitor Models
Choose a Type of Analysis
Set the Target Impedance
Select IC Power Pins
Choose Easy / Custom
Customize Settings
Control Frequency Sweep
Run Analysis
Only IC power pins with reference layers selected are included in the list.
To add more pins to the list, you may invoke the "Assign Power Integrity Models" command from the Models menu or press the button "Add IC Power Pin". Reference layers may also be selected in the "Assign Power Integrity Models" dialog box.
Add IC Power Pin...
NN
Pin Name
Net
Reference Layers
1 U40.AH12 1.5V 3
2 U40.AH28 1.5V 3
3 U40.M12 1.5V 3
4 U40.M28 1.5V 3
Check All
Uncheck All
Group by reference designators
< Back
Next >
Save & Run
Save & Close
Help

图 14-56

第 11 步：单击图 14-56 中的“Next”按钮后，在弹出的对话框中按照图 14-57 中所示进行操作。

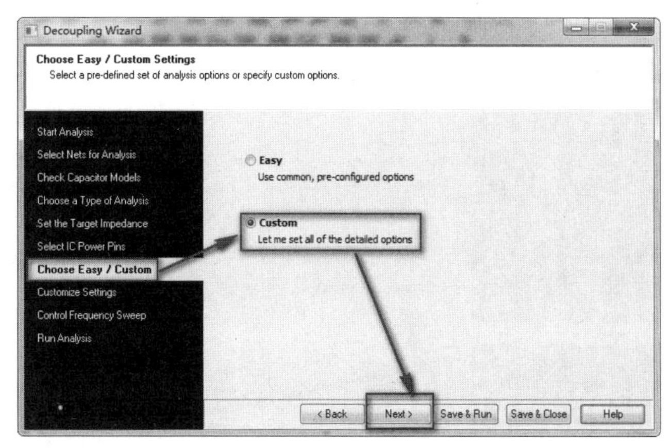
Decoupling Wizard
Choose Easy / Custom Settings
Select a pre-defined set of analysis options or specify custom options.
Start Analysis
Select Nets for Analysis
Check Capacitor Models
Choose a Type of Analysis
Set the Target Impedance
Select IC Power Pins
Choose Easy / Custom
Customize Settings
Control Frequency Sweep
Run Analysis
Easy
Use common, pre-configured options
Custom
Let me set all of the detailed options
< Back
Next >
Save & Run
Save & Close
Help

图 14-57

第 12 步：单击图 14-57 中的“Next”按钮后，弹出如图 14-58 所示的对话框。

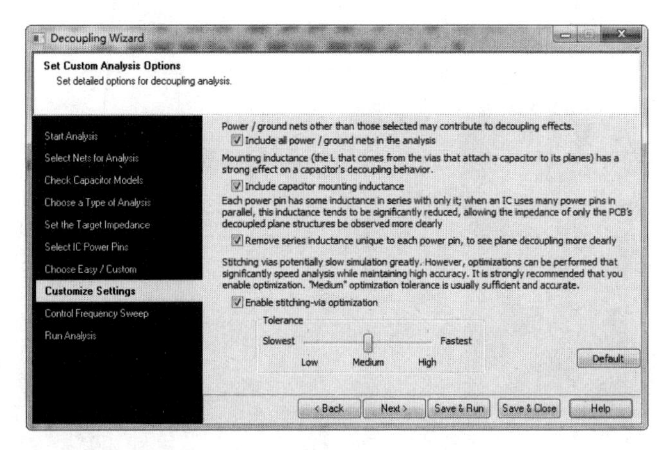
Decoupling Wizard
Set Custom Analysis Options
Set detailed options for decoupling analysis.
Start Analysis
Select Nets for Analysis
Check Capacitor Models
Choose a Type of Analysis
Set the Target Impedance
Select IC Power Pins
Choose Easy / Custom
Customize Settings
Control Frequency Sweep
Run Analysis
Power / ground nets other than those selected may contribute to decoupling effects.
Include all power / ground nets in the analysis
Mounting inductance (the L that comes from the vias that attach a capacitor to its planes) has a strong effect on a capacitor's decoupling behavior.
Include capacitor mounting inductance
Each power pin has some inductance in series with only it; when an IC uses many power pins in parallel, this inductance tends to be significantly reduced, allowing the impedance of only the PCB's decoupled plane structures be observed more clearly
Remove series inductance unique to each power pin, to see plane decoupling more clearly
Stitching vias potentially slow simulation greatly. However, optimizations can be performed that significantly speed analysis while maintaining high accuracy. It is strongly recommended that you enable optimization. "Medium" optimization tolerance is usually sufficient and accurate.
Enable stitching-via optimization
Tolerance
Slowest
Fastest
Low
Medium
High
Default
< Back
Next >
Save & Run
Save & Close
Help

图 14-58

第 13 步：单击图 14-58 中的“Next”按钮，弹出如图 14-59 所示的对话框。

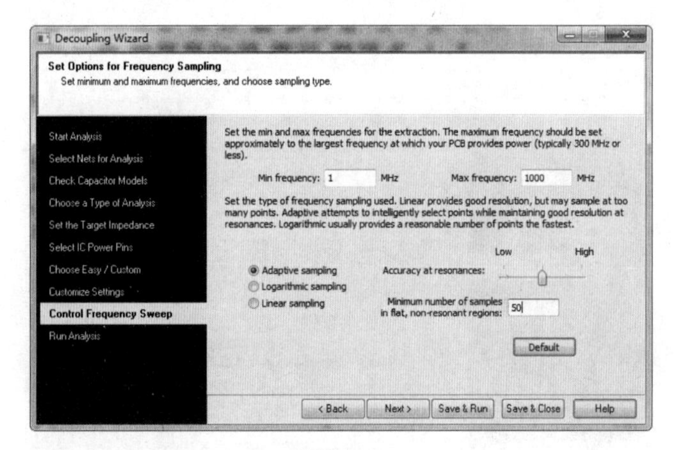
Decoupling Wizard
Set Options for Frequency Sampling
Set minimum and maximum frequencies, and choose sampling type.
Start Analysis
Select Nets for Analysis
Check Capacitor Models
Choose a Type of Analysis
Set the Target Impedance
Select IC Power Pins
Choose Easy / Custom
Customize Settings
Control Frequency Sweep
Run Analysis
Set the min and max frequencies for the extraction. The maximum frequency should be set approximately to the largest frequency at which your PCB provides power (typically 300 MHz or less).
Min frequency: 1 MHz
Max frequency: 1000 MHz
Set the type of frequency sampling used. Linear provides good resolution, but may sample at too many points. Adaptive attempts to intelligently select points while maintaining good resolution at resonances. Logarithmic usually provides a reasonable number of points the fastest.
Low
High
Adaptive sampling
Logarithmic sampling
Linear sampling
Accuracy at resonances:
Minimum number of samples in flat, non-resonant regions: 50
Default
< Back
Next >
Save & Run
Save & Close
Help

图 14-59

第 14 步：单击图 14-59 中的“Next”按钮，在弹出的对话框中按照图 14-60 中所示进行操作。

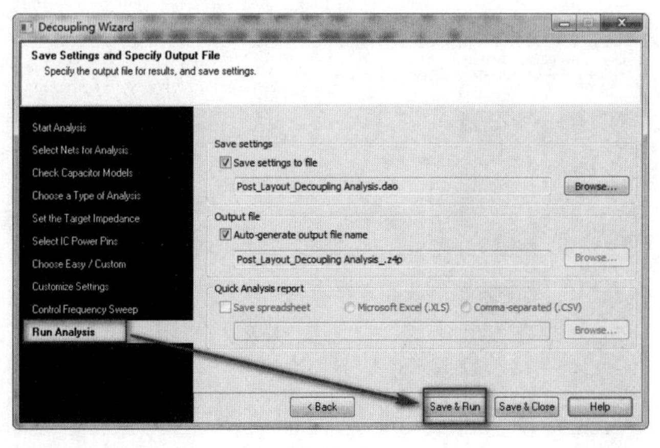
Decoupling Wizard
Save Settings and Specify Output File
Specify the output file for results, and save settings.
Start Analysis
Select Nets for Analysis
Check Capacitor Models
Choose a Type of Analysis
Set the Target Impedance
Select IC Power Pins
Choose Easy / Custom
Customize Settings
Control Frequency Sweep
Run Analysis
Save settings
Save settings to file
Post_Layout_Decoupling Analysis.dao
Browse...
Output file
Auto-generate output file name
Post_Layout_Decoupling Analysis_.z4p
Browse...
Quick Analysis report
Save spreadsheet
Microsoft Excel (.XLS)
Comma-separated (.CSV)
Browse...
< Back
Save & Run
Save & Close
Help

图 14-60

第 15 步：运行完后，出现其中 1 个脚的阻抗曲线，勾选对角线可以显示出 4 个脚的阻抗曲线，如图 14-61 所示。

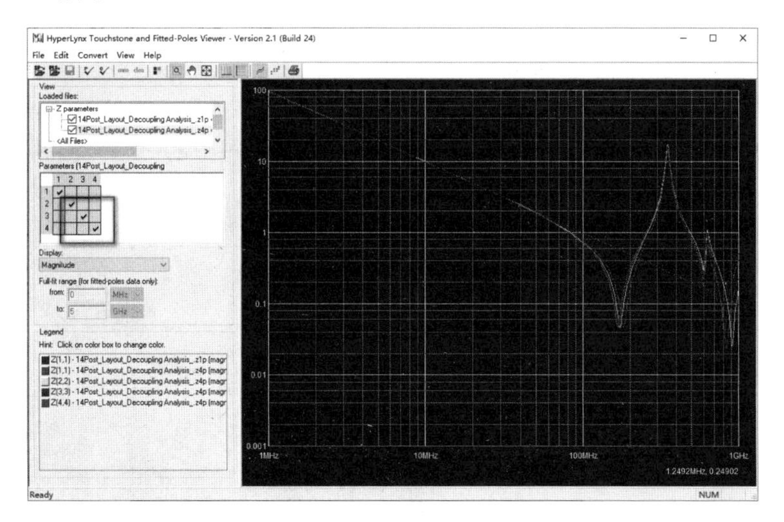


图 14-61

第 16 步：执行菜单命令 Setup > Stackup > Edit，出现叠层编辑对话框，如图 14-62 所示。

Stackup Editor

File　Edit　View　Help

原先5mil层后变成2mil

Basic | Dielectric | Metal | Z0 Planning | Custom View

| | Visible | Color | Pour Draw Style | Layer Name | Type | Usage | Thickness mils, oz | Er | Test Width mils | Z0 ohm | Thermal Conductivity Btu/hrftF |
|---|---|---|---|---|---|---|---|---|---|---|---|
| 1 | ☑ | | Hatched | 1 | Metal | Signal | 0.519 | <Auto | 8 | 70 | 227.476 |
| 2 | | | | | Dielectric | Substrate | 2 | | | | 0.173 |
| 3 | ☑ | | Hatched | 2 | Metal | Signal | 0.519 | <Auto | 6 | 58.1 | 227.476 |
| 4 | | | | | Dielectric | Substrate | 5 | 4 | | | 0.173 |
| 5 | ☑ | | Hatched | 3 | Metal | Plane | 1.037 | <Auto | 6 | 49.6 | 227.476 |
| 6 | | | | | Dielectric | Substrate | 2 | 4 | | | 0.173 |
| 7 | ☑ | | Hatched | 4 | Metal | Plane | 1.037 | <Auto | 6 | 46.9 | 227.476 |
| 8 | | | | | Dielectric | Substrate | 5 | 4 | | | 0.173 |
| 9 | ☑ | | Hatched | 5 | Metal | Signal | 0.519 | <Auto | 6 | 48.8 | 227.476 |

图 14-62

第 17 步：再次进行去耦分析，结果如图 14-63 所示。

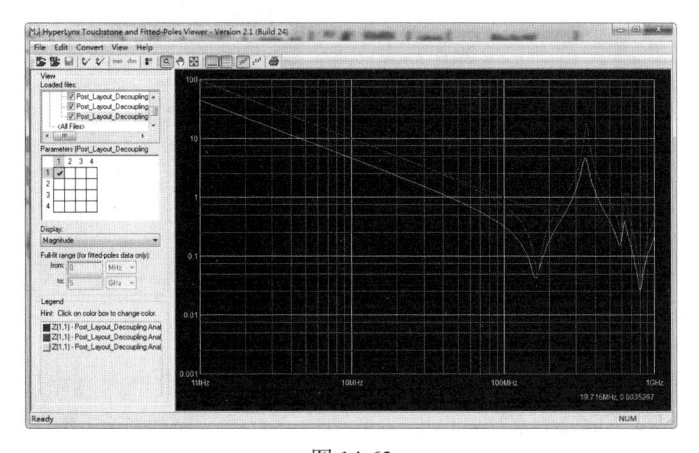


图 14-63

## 14.4 去耦电容后分析举例

去耦电容后分析举例的操作步骤如下所述。

第1步：执行菜单命令File>Open Board，打开事先准备好的文件14Post_Layout_Decoupling Analysis_caps.hyp，弹出如图14-64所示的警告页面，单击图中的“否”按钮。

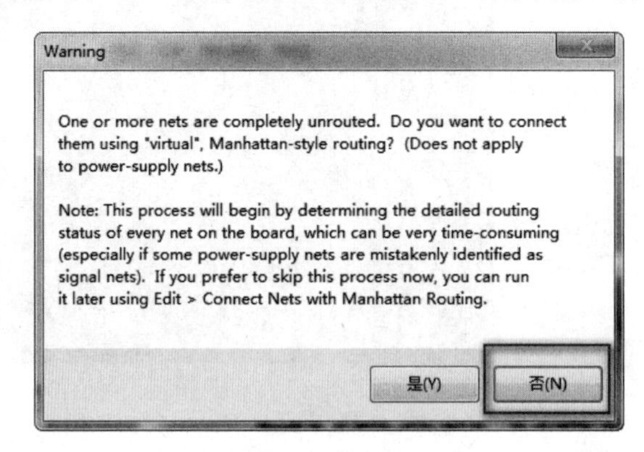
Warning
One or more nets are completely unrouted. Do you want to connect them using "virtual", Manhattan-style routing? (Does not apply to power-supply nets.)
Note: This process will begin by determining the detailed routing status of every net on the board, which can be very time-consuming (especially if some power-supply nets are mistakenly identified as signal nets). If you prefer to skip this process now, you can run it later using Edit > Connect Nets with Manhattan Routing.
是(Y)
否(N)

图14-64　警告页

第2步：在弹出的对话框中将文件调入到软件中，如图14-65所示。

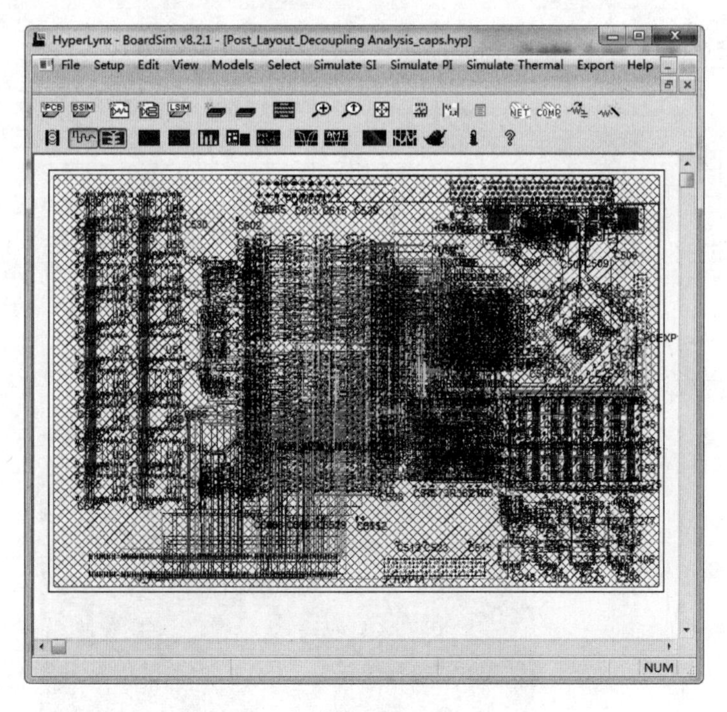
HyperLynx - BoardSim v8.2.1 - [Post_Layout_Decoupling Analysis_caps.hyp]
File Setup Edit View Models Select Simulate SI Simulate PI Simulate Thermal Export Help
NUM

图14-65

第3步：执行菜单命令Setup > Power Supplies，出现编辑电源网络对话框。在该对话框中确认1.8V/2.5V/3.3V和GND网络在供电电源网络区，具体操作如图14-66所示。

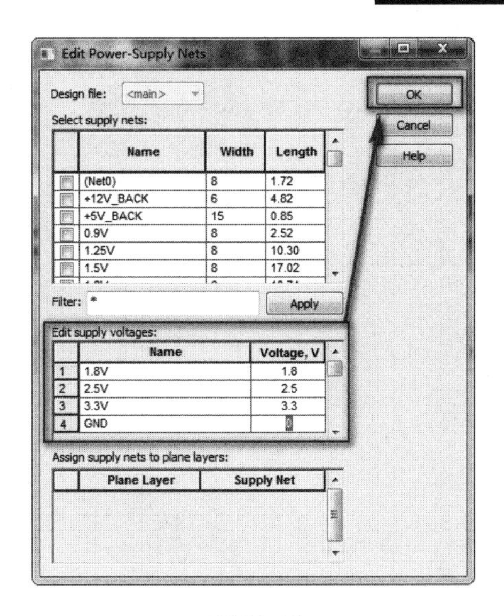


图 14-66

第 4 步：执行菜单命令 Models > Edit Decoupling-Capacitor Groups，在弹出的对话框中按照图 14-67 中所示进行操作。

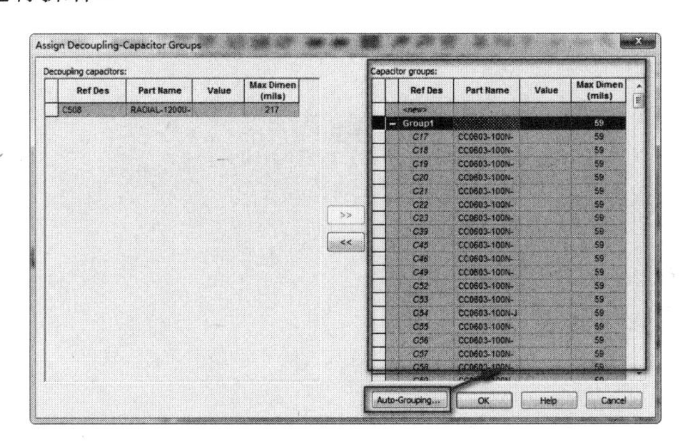


图 14-67

第 5 步：单击图 14-67 中“Group1”左边的“+”号，把不是 10nF 的移到左边框，然后重新建立一个 Group_10n，具体操作如图 14-68 所示。

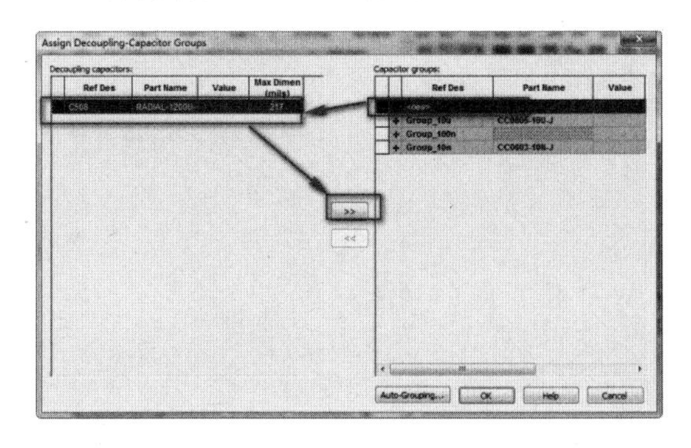


图 14-68

第 6 步：把所有电容组整理完毕，如图 14-69 所示。

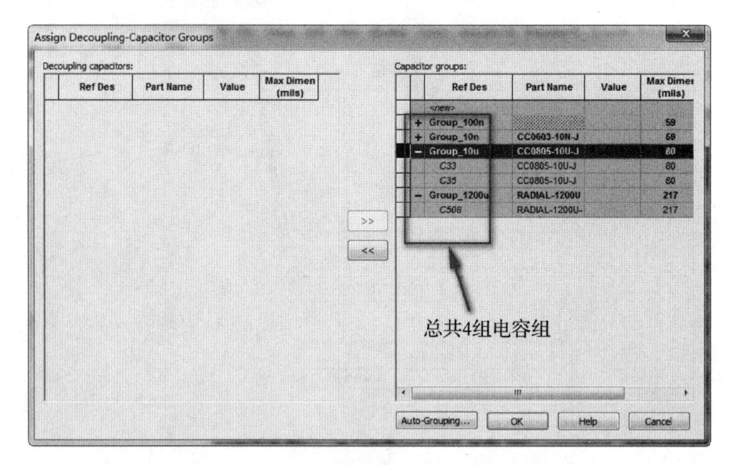


图 14-69

第 7 步：执行菜单命令 Models > Edit Decoupling-Capacitors Models，弹出分配去耦电容模型对话框。在该对话框中，如图 14-70 所示对模型进行分配。

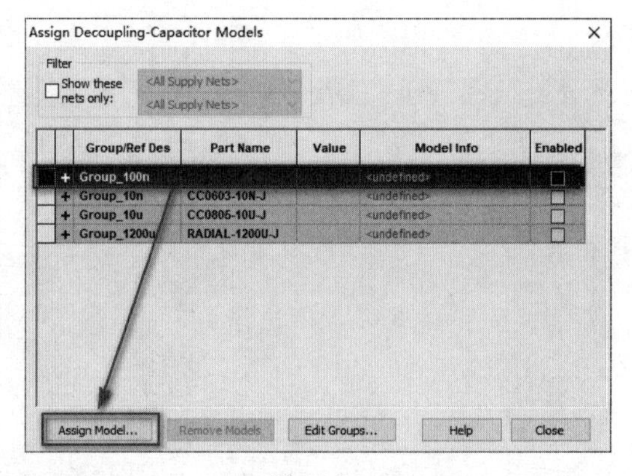


图 14-70

第 8 步：弹出如图 14-71 所示的分配电容模型对话框。

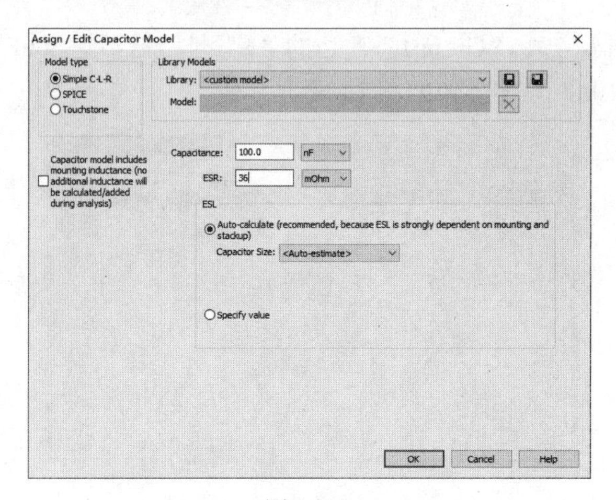


图 14-71

按照上面的操作，4 组电容模型分配如下。

- Group_10u : C=10μF, ESR=3mOhms, ESL = Auto-Calculate。
- Group_10n : C= 10nF, ESR=97mOhms, ESL=Auto-calculate。
- Group_100n : C= 100nF, ESR=36mOhms, ESL=Auto-calculate。
- Group_1200u : C= 1200μF, ESR=2mOhms, ESL=20nH。

第 9 步：执行菜单命令 Simulate PI > Analyze Decoupling (Decoupling Wizard)，开始去耦分析，选择需要分析的网络，具体操作如图 14-72 所示。

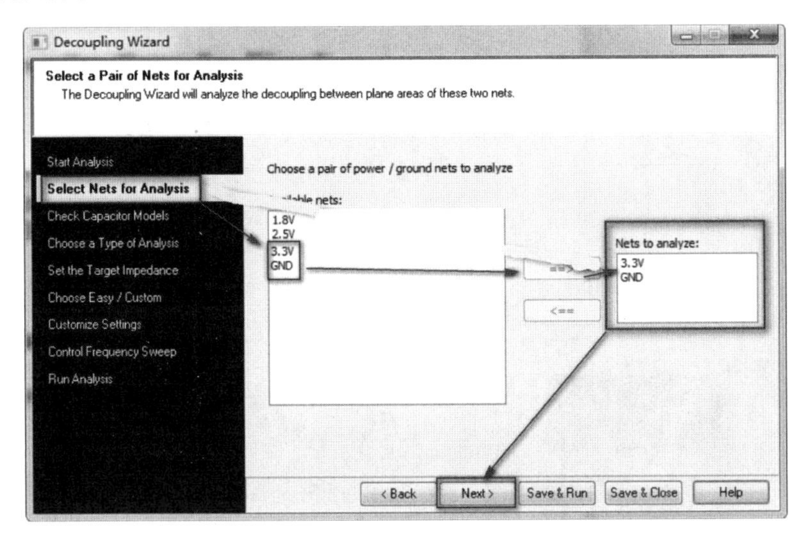


图 14-72

第 10 步：单击图 14-72 中的“Next”按钮后，出现如图 14-73 所示的对话框。

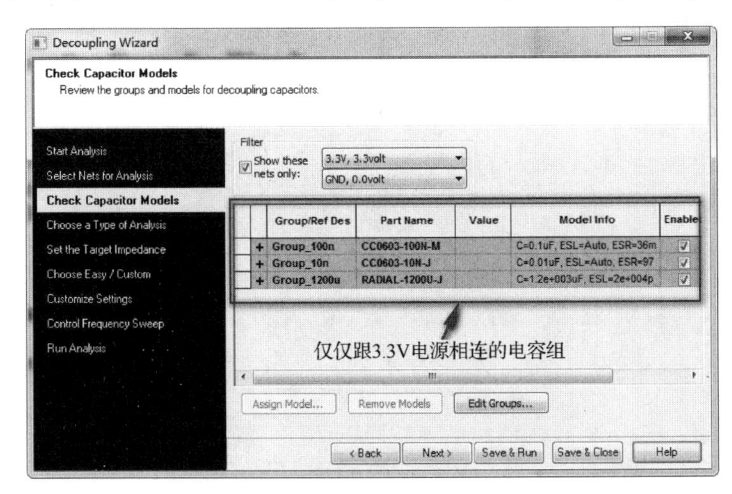


图 14-73

第 11 步：单击图 14-73 中的“Next”按钮，在弹出的对话框中按照图 14-74 中所示进行操作。

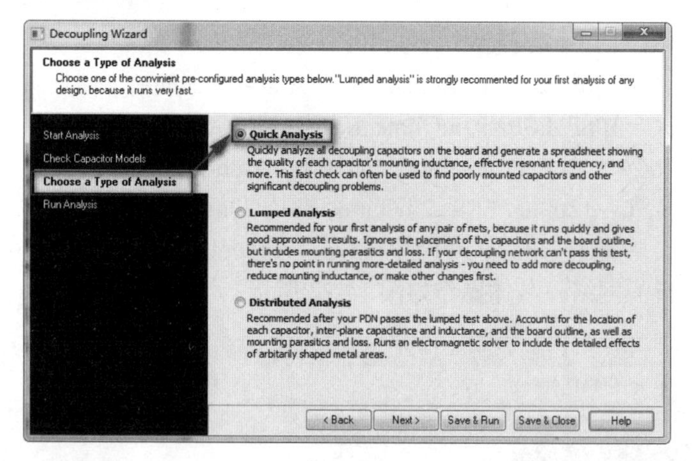
Decoupling Wizard
Choose a Type of Analysis
Choose one of the convinient pre-configured analysis types below."Lumped analysis" is strongly recommended for your first analysis of any design, because it runs very fast.
Start Analysis
Check Capacitor Models
Choose a Type of Analysis
Run Analysis
Quick Analysis
Quickly analyze all decoupling capacitors on the board and generate a spreadsheet showing the quality of each capacitor's mounting inductance, effective resonant frequency, and more. This fast check can often be used to find poorly mounted capacitors and other significant decoupling problems.
Lumped Analysis
Recommended for your first analysis of any pair of nets, because it runs quickly and gives good approximate results. Ignores the placement of the capacitors and the board outline, but includes mounting parasitics and loss. If your decoupling network can't pass this test, there's no point in running more-detailed analysis - you need to add more decoupling, reduce mounting inductance, or make other changes first.
Distributed Analysis
Recommended after your PDN passes the lumped test above. Accounts for the location of each capacitor, inter-plane capacitance and inductance, and the board outline, as well as mounting parasitics and loss. Runs an electromagnetic solver to include the detailed effects of arbitarily shaped metal areas.
< Back
Next >
Save & Run
Save & Close
Help

图 14-74

第 12 步：单击图 14-74 中的“Next”按钮，在弹出的对话框中按照图 14-75 中所示进行操作。

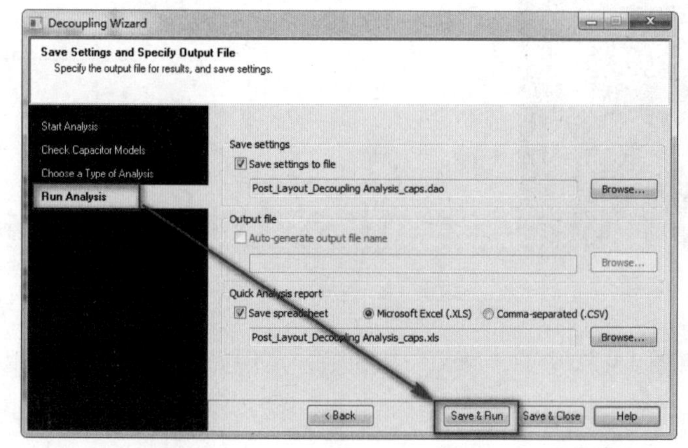
Decoupling Wizard
Save Settings and Specify Output File
Specify the output file for results, and save settings.
Start Analysis
Check Capacitor Models
Choose a Type of Analysis
Run Analysis
Save settings
Save settings to file
Post_Layout_Decoupling Analysis_caps.dao
Browse...
Output file
Auto-generate output file name
Browse...
Quick Analysis report
Save spreadsheet
Microsoft Excel (.XLS)
Comma-separated (.CSV)
Post_Layout_Decoupling Analysis_caps.xls
Browse...
< Back
Save & Run
Save & Close
Help

图 14-75

第 13 步：弹出如图 14-76 所示的报告页。

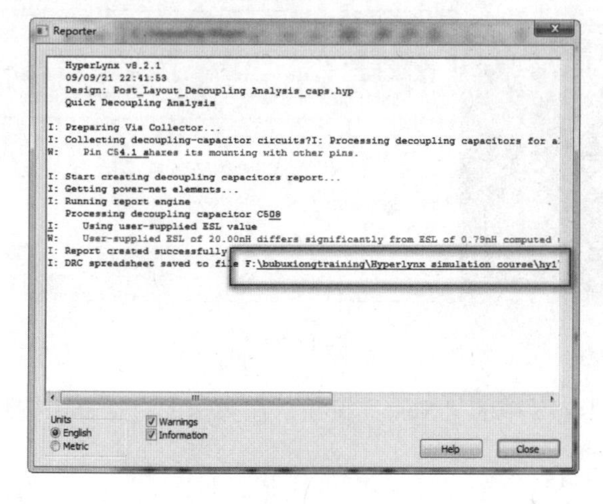
Reporter
HyperLynx v8.2.1
09/09/21 22:41:53
Design: Post_Layout_Decoupling Analysis_caps.hyp
Quick Decoupling Analysis
I: Preparing Via Collector...
I: Collecting decoupling-capacitor circuits?I: Processing decoupling capacitors for a
W: Pin C54.1 shares its mounting with other pins.
I: Start creating decoupling capacitors report...
I: Getting power-net elements...
I: Running report engine
Processing decoupling capacitor C508
I: Using user-supplied ESL value
W: User-supplied ESL of 20.00nH differs significantly from ESL of 0.79nH computed
I: Report created successfully
I: DRC spreadsheet saved to file F:\bubuxiongtraining\Hyperlynx simulation course\hy1
Units
English
Metric
Warnings
Information
Help
Close

图 14-76

第 14 步：单击图 14-76 中框选的链接，打开 Excel 表格报告，如图 14-77 所示。该表格中包含去耦电容的一些信息，可见 Quick Analysis 只能计算出这些有用信息，特别是 Mounting Quality 这一项，如果显示 good 就是好的。

| | A | B | C | D | E | F | G | H |
|---|---|---|---|---|---|---|---|---|
| 1 | Capacitor | Model | Value, uF | Mounting Quality | Total Mounting Inductance, nH | Estimated ESL, nH | Actual Resonance Frequency, MHz | Resonance Frequency w/o Mounting, MHz |
| 2 | C17 | C=0.1uF, ESL=Auto, ESR=36mOhms | 0.1 | good | 0.65 | 0.32 | 19.75 | 27.71 |
| 3 | C18 | C=0.1uF, ESL=Auto, ESR=36mOhms | 0.1 | good | 1.18 | 0.4 | 14.67 | 27.71 |
| 4 | C19 | C=0.1uF, ESL=Auto, ESR=36mOhms | 0.1 | good | 0.92 | 0.33 | 16.63 | 27.71 |
| 5 | C20 | C=0.1uF, ESL=Auto, ESR=36mOhms | 0.1 | good | 0.92 | 0.33 | 16.56 | 27.71 |
| 6 | C21 | C=0.1uF, ESL=Auto, ESR=36mOhms | 0.1 | good | 0.84 | 0.33 | 17.41 | 27.71 |

图 14-77

第 15 步：在去耦电容向导对话框中，再次选择“Choose a Type of Analysis”项，然后选择“Lumped Analysis”类型，如图 14-78 所示。

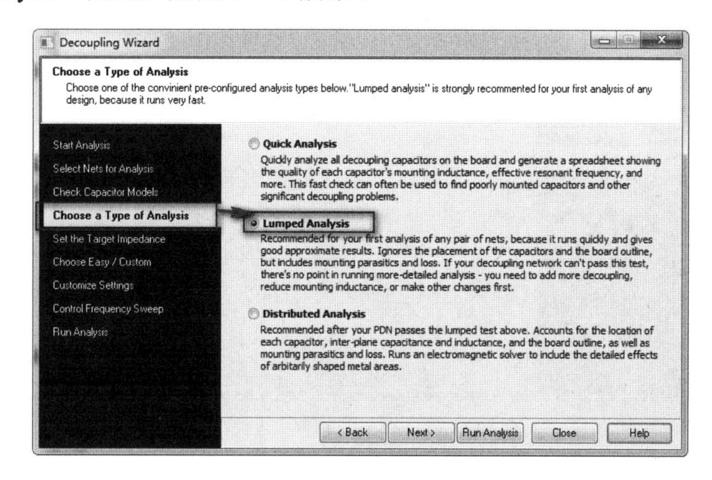
Decoupling Wizard
Choose a Type of Analysis
Choose one of the convinient pre-configured analysis types below."Lumped analysis" is strongly recommented for your first analysis of any design, because it runs very fast.
Start Analysis
Select Nets for Analysis
Check Capacitor Models
Choose a Type of Analysis
Set the Target Impedance
Choose Easy / Custom
Customize Settings
Control Frequency Sweep
Run Analysis
Quick Analysis
Quickly analyze all decoupling capacitors on the board and generate a spreadsheet showing the quality of each capacitor's mounting inductance, effective resonant frequency, and more. This fast check can often be used to find poorly mounted capacitors and other significant decoupling problems.
Lumped Analysis
Recommended for your first analysis of any pair of nets, because it runs quickly and gives good approximate results. Ignores the placement of the capacitors and the board outline, but includes mounting parasitics and loss. If your decoupling network can't pass this test, there's no point in running more-detailed analysis - you need to add more decoupling, reduce mounting inductance, or make other changes first.
Distributed Analysis
Recommended after your PDN passes the lumped test above. Accounts for the location of each capacitor, inter-plane capacitance and inductance, and the board outline, as well as mounting parasitics and loss. Runs an electromagnetic solver to include the detailed effects of arbitarily shaped metal areas.
< Back
Next >
Run Analysis
Close
Help

图 14-78

第 16 步：单击图 14-78 中的“Next”按钮，在弹出的对话框中按照图 14-79 中所示进行操作。

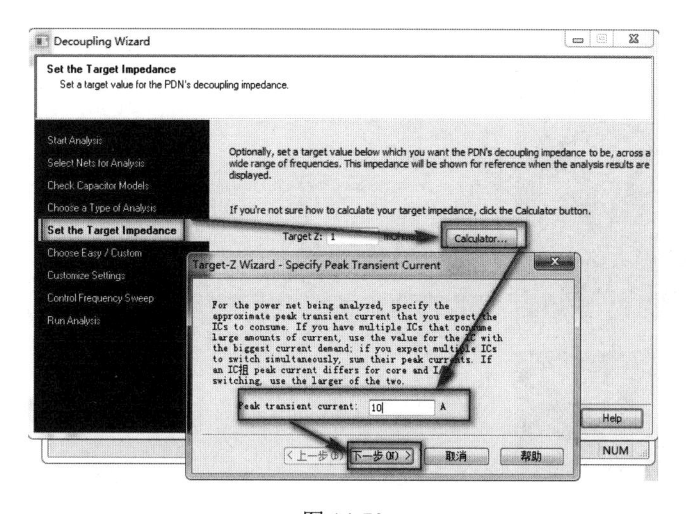
Decoupling Wizard
Set the Target Impedance
Set a target value for the PDN's decoupling impedance.
Start Analysis
Select Nets for Analysis
Check Capacitor Models
Choose a Type of Analysis
Set the Target Impedance
Choose Easy / Custom
Customize Settings
Control Frequency Sweep
Run Analysis
Optionally, set a target value below which you want the PDN's decoupling impedance to be, across a wide range of frequencies. This impedance will be shown for reference when the analysis results are displayed.
If you're not sure how to calculate your target impedance, click the Calculator button.
Target Z:
Calculator...
Target-Z Wizard - Specify Peak Transient Current
Peak transient current: 10 A
下一步(N) >
取消
帮助
Help
NUM

图 14-79

第 17 步：按照图 14-80 中所示进行操作。

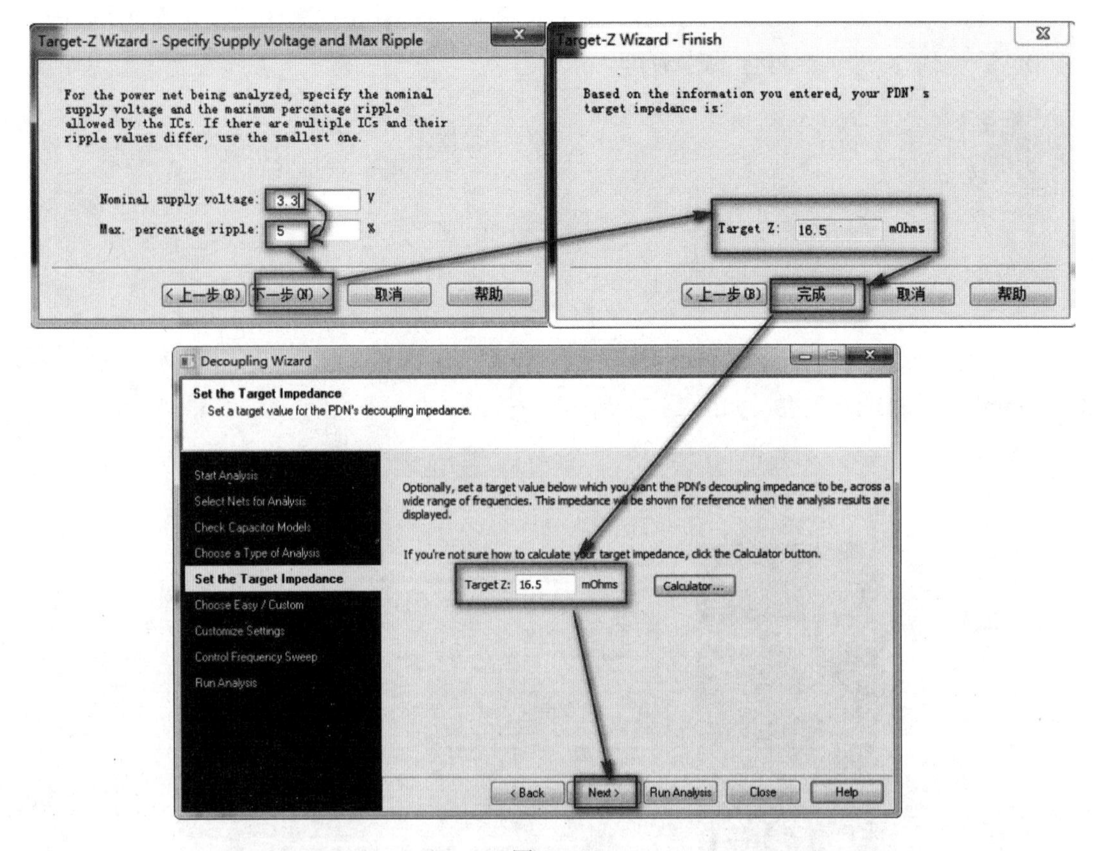


图 14-80

第 18 步：在接连弹出的对话框中单击“Next”按钮 3 次后，在弹出的对话框中按照图 14-81 中所示进行操作。

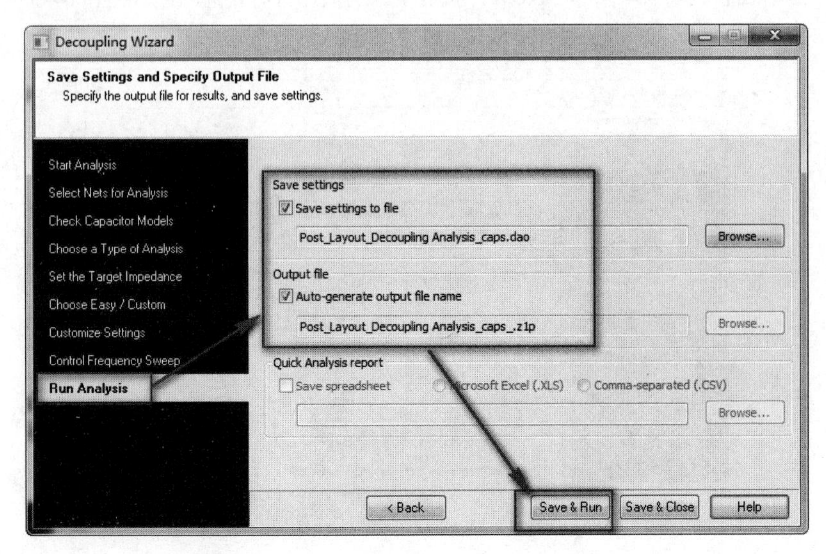


图 14-81

第 19 步：运行完后，出现阻抗曲线，如图 14-82 所示。从图中可以看出，阻抗曲线符合要求。

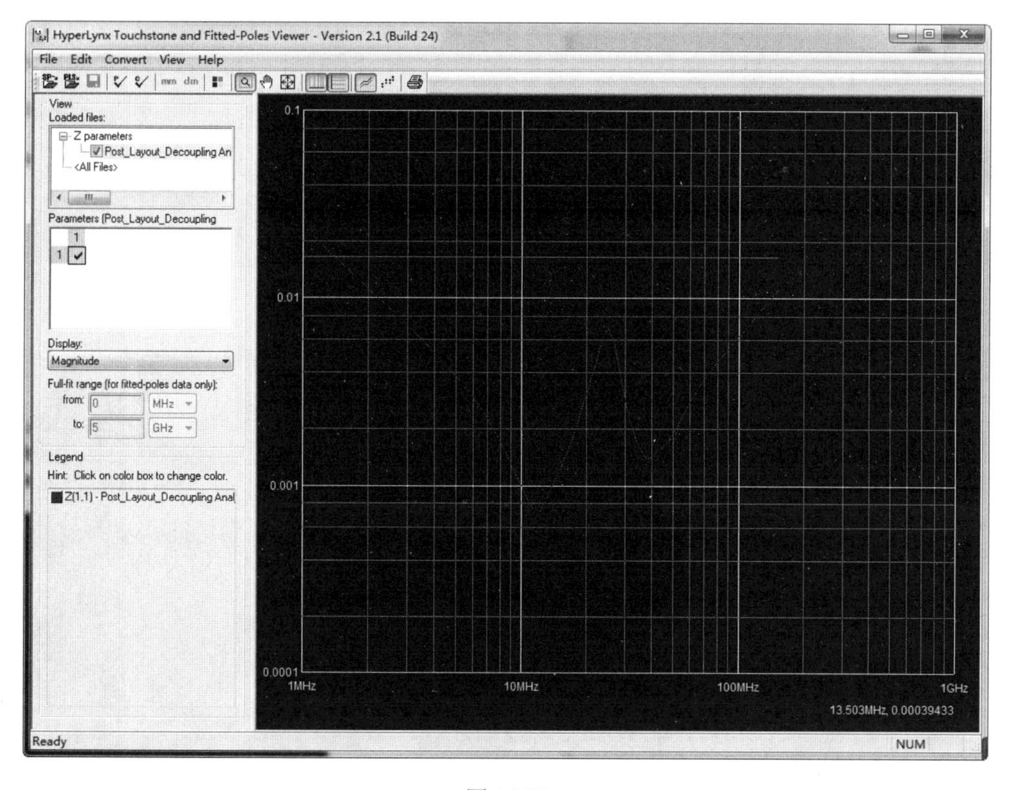
HyperLynx Touchstone and Fitted-Poles Viewer - Version 2.1 (Build 24)
File Edit Convert View Help
View
Loaded files:
Z parameters
Post_Layout_Decoupling An
<All Files>
Parameters (Post_Layout_Decoupling
Display:
Magnitude
Full-fit range (for fitted-poles data only):
from: 0 MHz
to: 5 GHz
Legend
Hint: Click on color box to change color.
Z(1,1) - Post_Layout_Decoupling Anal
0.1
0.01
0.001
0.0001
1MHz
10MHz
100MHz
1GHz
13.503MHz, 0.00039433
Ready
NUM

图 14-82

第 20 步：在去耦电容向导对话框中，再次选择“Choose a Type of Analysis”项，然后选择“Distributed Analysis”类型，单击“Next”按钮如图 14-83 所示。

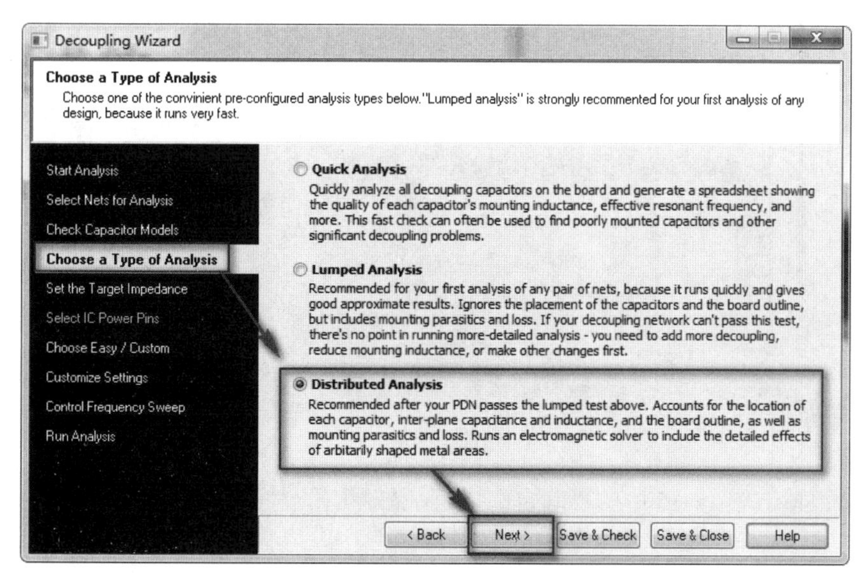
Decoupling Wizard
Choose a Type of Analysis
Choose one of the convinient pre-configured analysis types below."Lumped analysis" is strongly recommented for your first analysis of any design, because it runs very fast.
Start Analysis
Select Nets for Analysis
Check Capacitor Models
Choose a Type of Analysis
Set the Target Impedance
Select IC Power Pins
Choose Easy / Custom
Customize Settings
Control Frequency Sweep
Run Analysis
Quick Analysis
Quickly analyze all decoupling capacitors on the board and generate a spreadsheet showing the quality of each capacitor's mounting inductance, effective resonant frequency, and more. This fast check can often be used to find poorly mounted capacitors and other significant decoupling problems.
Lumped Analysis
Recommended for your first analysis of any pair of nets, because it runs quickly and gives good approximate results. Ignores the placement of the capacitors and the board outline, but includes mounting parasitics and loss. If your decoupling network can't pass this test, there's no point in running more-detailed analysis - you need to add more decoupling, reduce mounting inductance, or make other changes first.
Distributed Analysis
Recommended after your PDN passes the lumped test above. Accounts for the location of each capacitor, inter-plane capacitance and inductance, and the board outline, as well as mounting parasitics and loss. Runs an electromagnetic solver to include the detailed effects of arbitarily shaped metal areas.
< Back
Next >
Save & Check
Save & Close
Help

图 14-83

第 21 步：在接连弹出的对话框中单击“Next”按钮 2 次，在弹出的对话框中按照图 14-84 中所示进行操作。

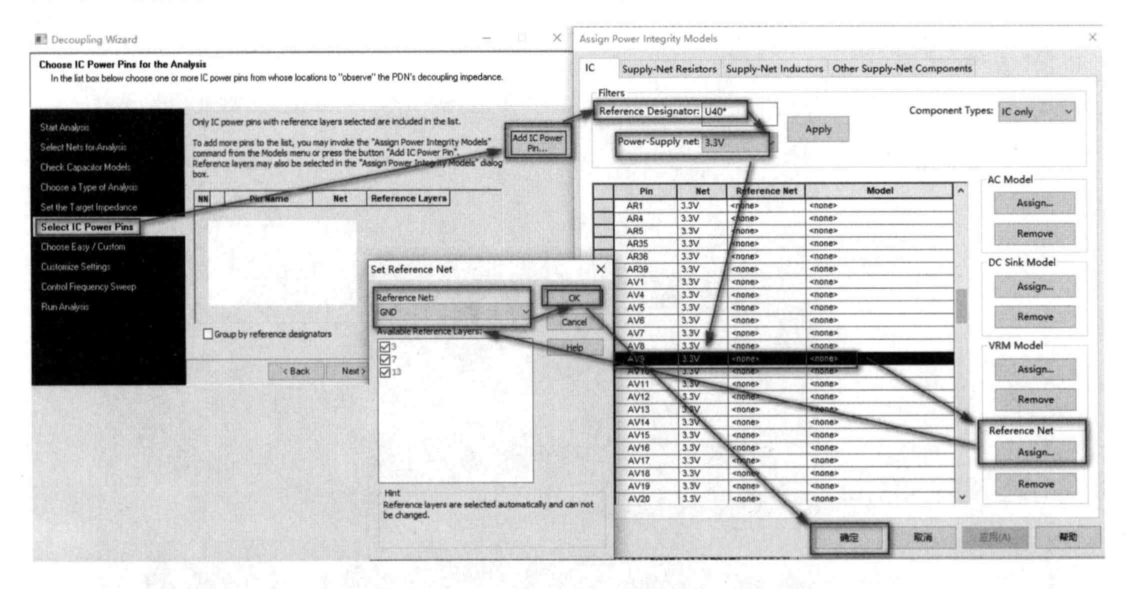


图 14-84

第 22 步：分配好对应的 GND 网络后如图 14-85 所示。

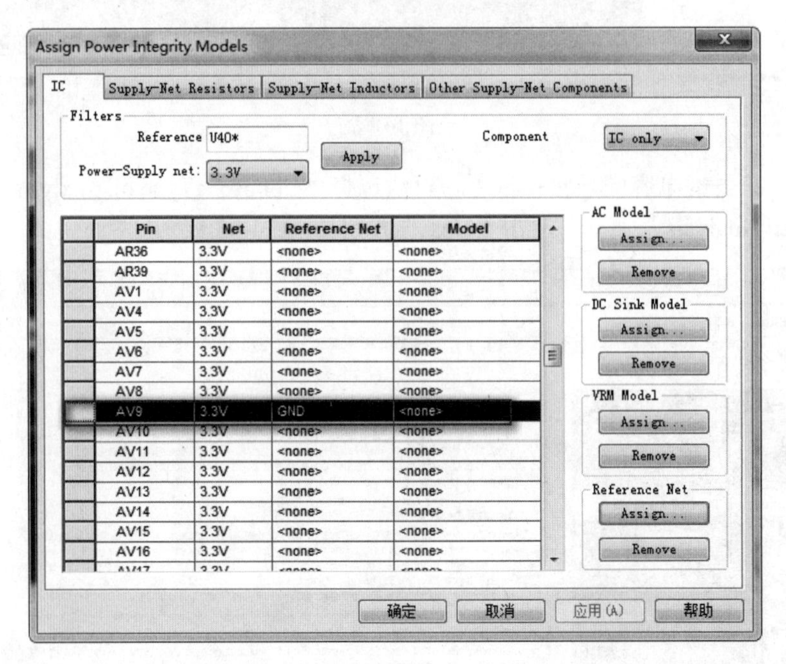


图 14-85

第 23 步：单击图 14-85 中的“确定”按钮，在弹出的对话框中按照图 14-86 中所示进行操作。

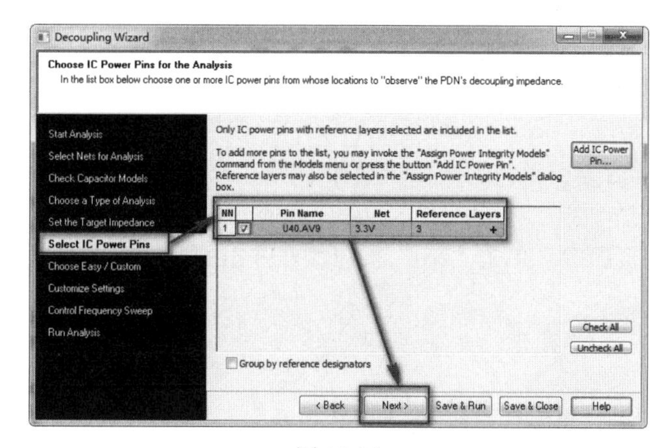


图 14-86

第 24 步：在接连弹出的对话框中单击“Next”按钮 4 次后，在弹出的对话框中按照图 14-87 中所示进行操作。

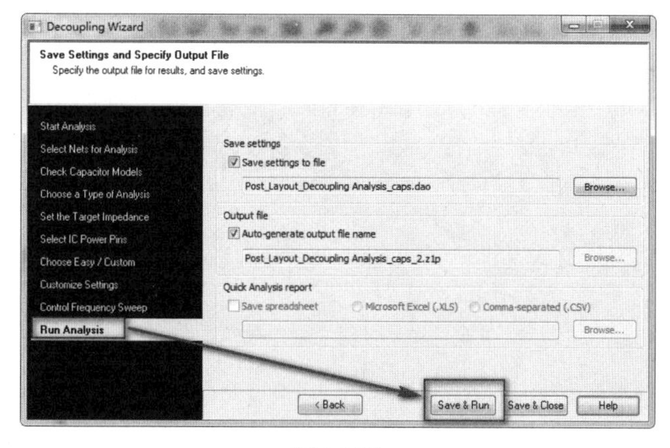


图 14-87

第 25 步：出现指定脚的阻抗曲线（紫色那条曲线），如图 14-88 所示。

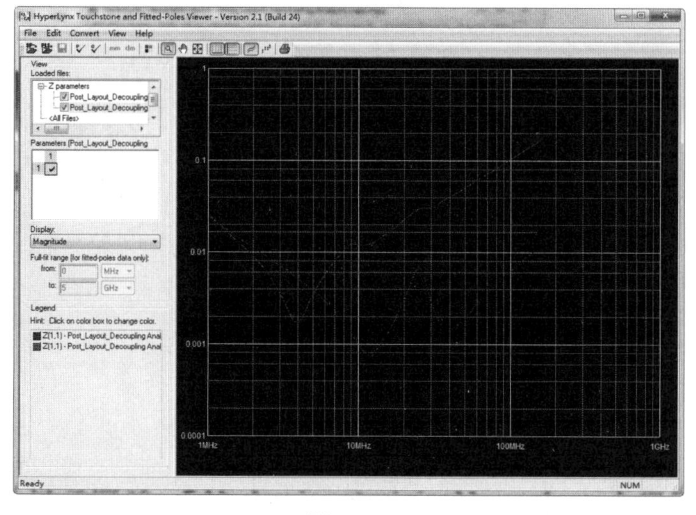


图 14-88

## 14.5 用 QPL 文件去耦后分析举例

用 QPL 文件去耦后分析举例的操作步骤如下所述。

第 1 步：打开事先准备好的 14Post_Layout_decoupling_caps_qpl.hyp 文件，打开过程中会出现警告页面。在该页面中，单击“No”按钮。在弹出的对话框中可以看到文件被调入工作区，如图 14-89 所示。

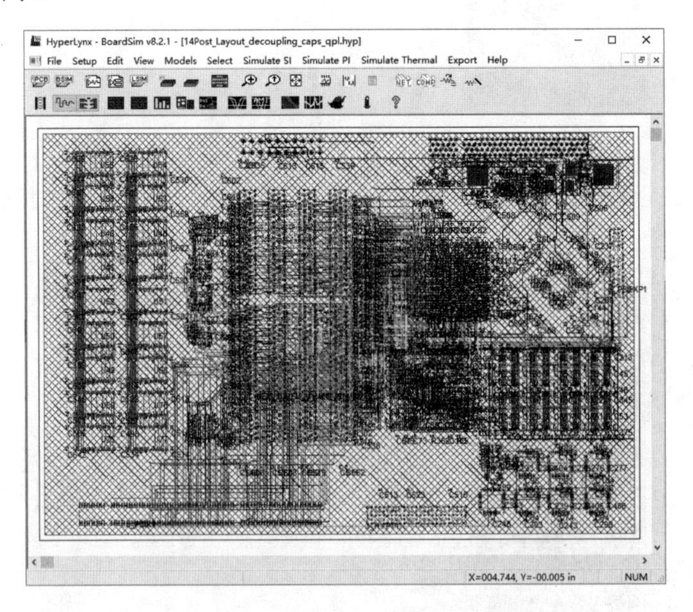


图 14-89

第 2 步：执行菜单命令 Models > Edit Decoupling-Capacitor Groups，弹出如图 14-90 所示的对话框。

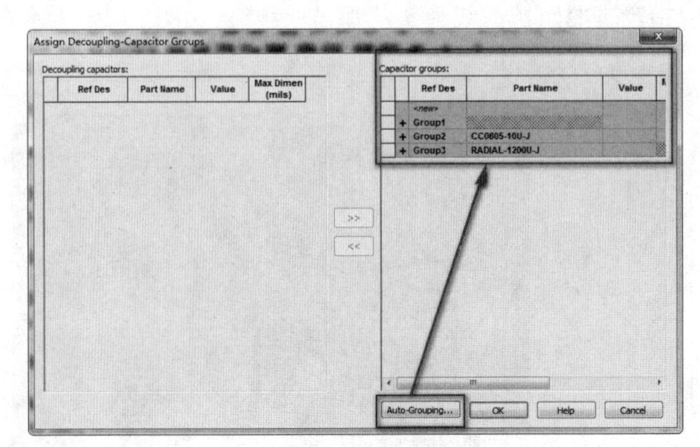


图 14-90

第 3 步：单击图中“Group1”的“+”号展开，发现有 3 种类型的电容，即 CC0603-100N-M、CC0603-100N-J 和 CC0603-10N-J。

第 4 步：单击图中“Group2”的“+”号展开，只有一种类型，即 CC0805-10U-J。

第 5 步：单击图中“Group3”的“+”号展开，只有一种类型，即 RADIAL-1200U-J。

第 6 步：执行菜单命令 Models > Assign Models/Values by Part Name (.QPL File)，打开 QPL 编辑器。在 QPL 编辑器中，按照图 14-91 中所示进行操作。

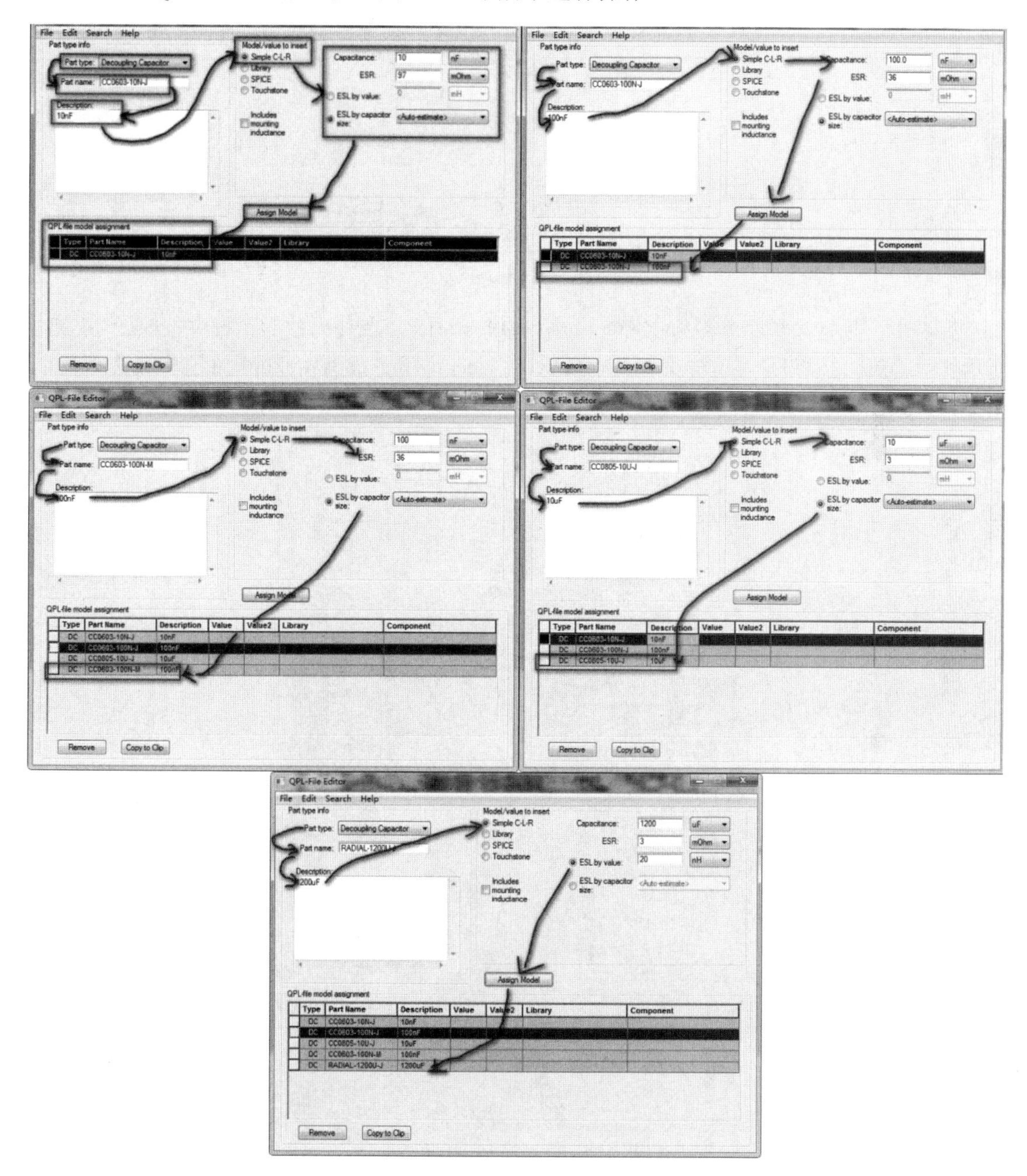


图 14-91

第 7 步：执行菜单命令 File > Save as，在弹出的对话框中按照图 14-92 中所示进行操作。

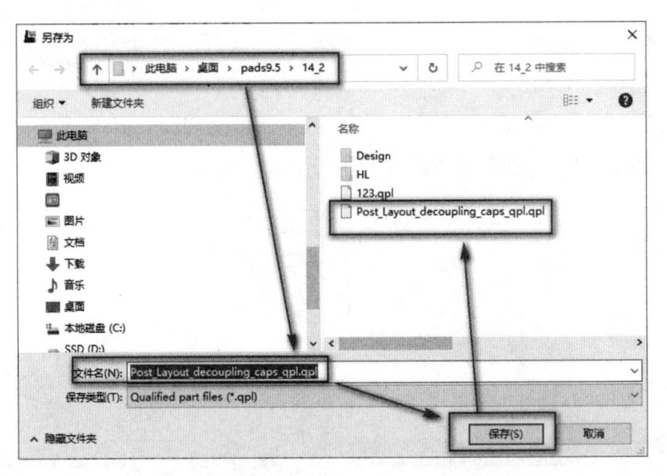


图 14-92

第 8 步：执行菜单命令 Setup > Options > Directories，在弹出的对话框中按照图 14-93 中所示加载 QPL 文件路径，这样就把 Post_Layout_decoupling_caps_qpl.qpl 加载进来了，然后关闭文件，如图 14-94 所示。

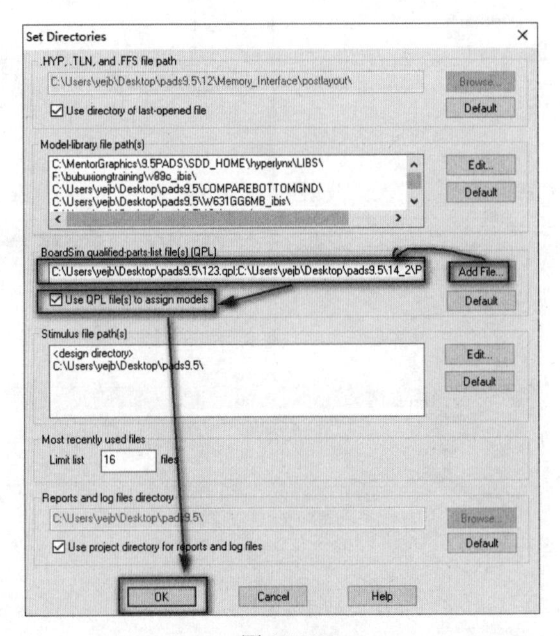


图 14-93

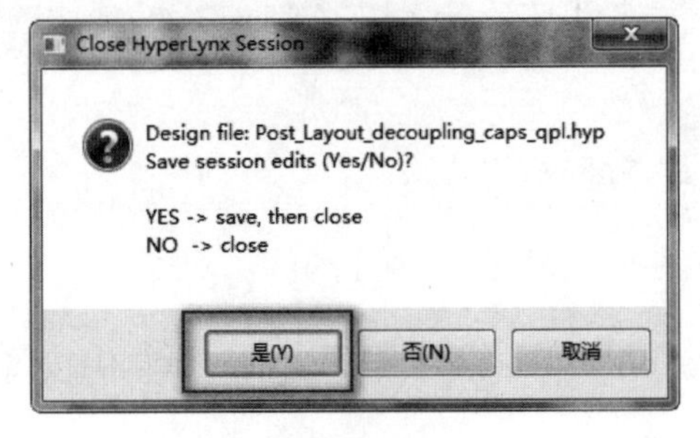


图 14-94

第 9 步：重新打开 14Post_Layout_decoupling_caps_qpl.hyp 文件，执行菜单命令 Models > Edit Decoupling-Capacitor Models，弹出如图 14-95 所示的对话框。

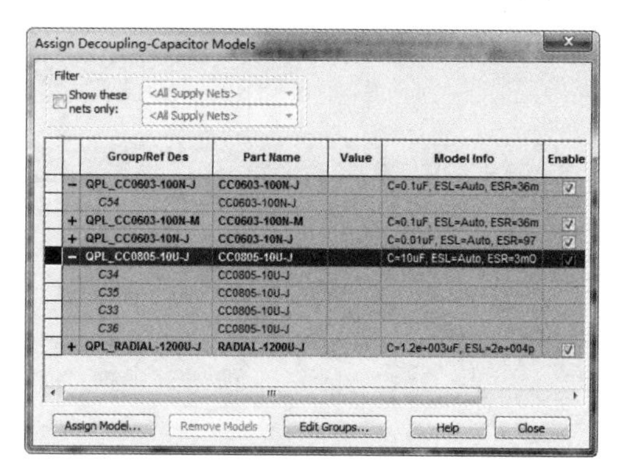


图 14-95

第 10 步：执行菜单命令 Simulate PI > Analyze Decoupling（Decoupling Wizard），打开去耦电容向导对话框，在该对话框中按照图 14-96 中所示进行操作。

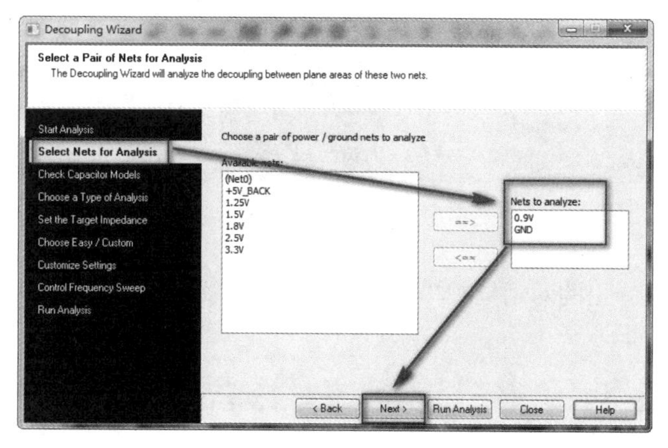


图 14-96

第 11 步：在弹出的对话框中按照图 14-97 中所示进行操作。

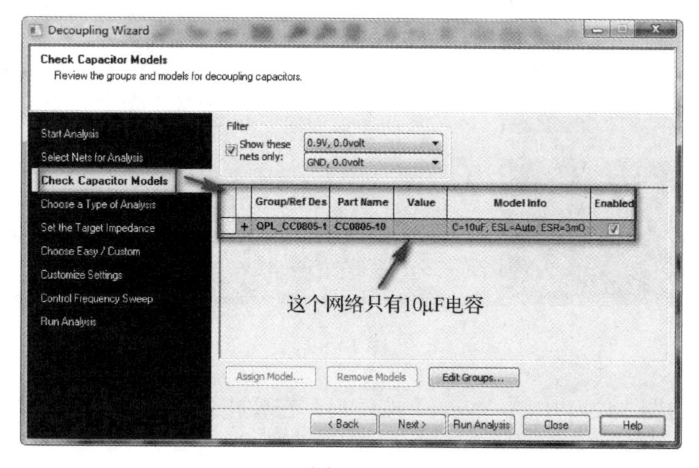


图 14-97

第 12 步：单击图 14-97 中的“Next”按钮，在弹出的对话框中按照图 14-98 中所示进行操作。

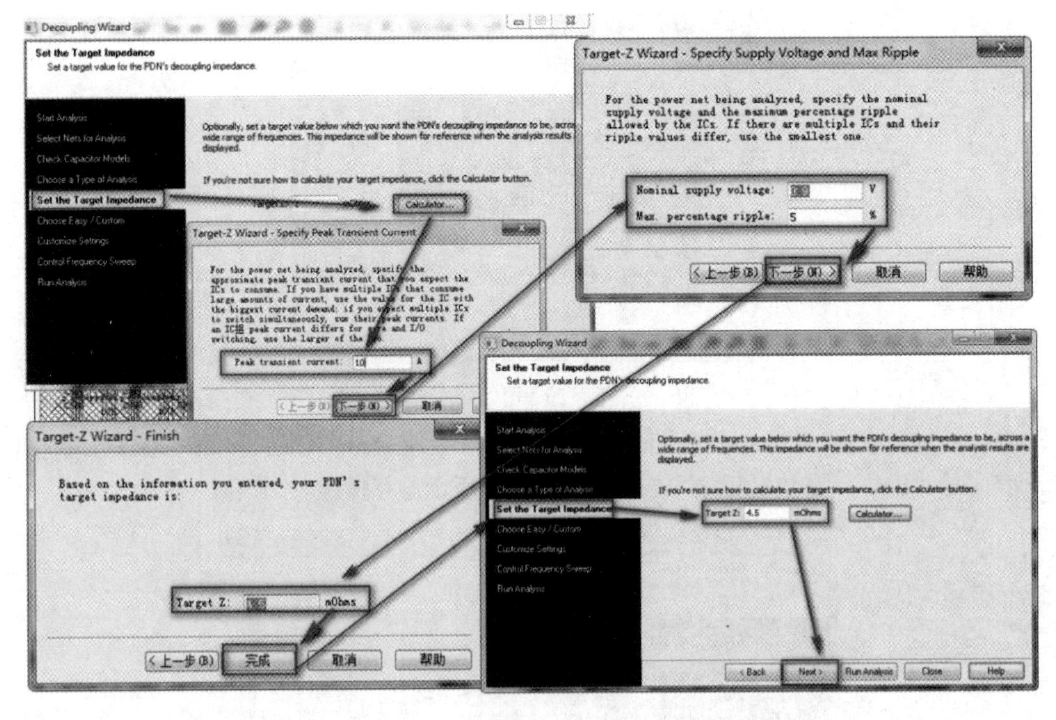


图 14-98

第 13 步：在接连弹出的对话框中单击“Next”按钮 3 次后，在弹出的对话框中按照图 14-99 中所示进行操作。

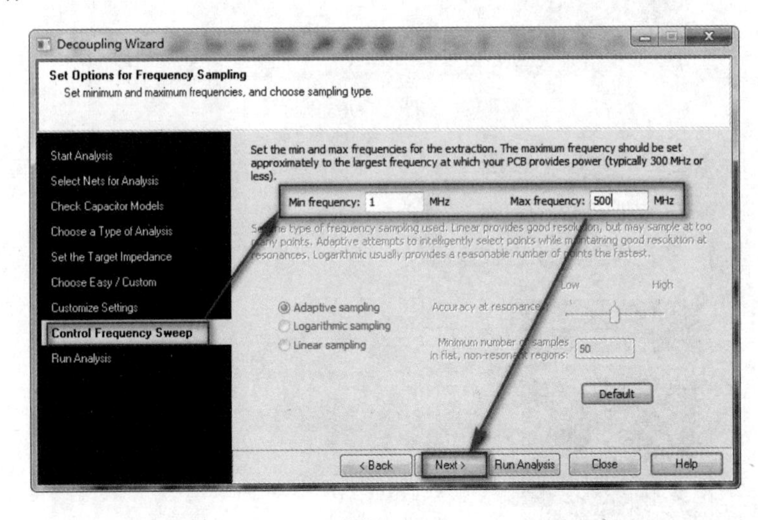


图 14-99

第 14 步：单击图 14-99 中的“Next”按钮后，在弹出的对话框中按照图 14-100 中所示进行操作。

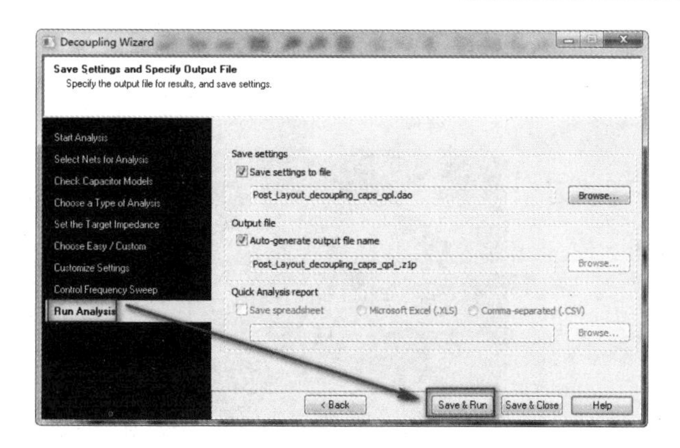


图 14-100

第 15 步：在弹出的对话框中可以看到 0.9V 的阻抗曲线，如图 14-101 所示。

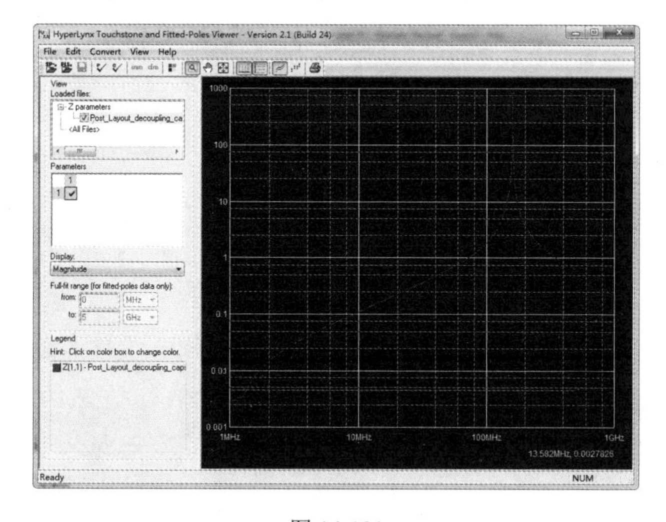


图 14-101

第 16 步：接下来重复上面步骤将其他网络（1.25V、1.8V、2.5V、3.3V）的阻抗曲线仿真出来。在阻抗分析网络选择对话框中按照图 14-102 中所示进行操作，即可选择相应的阻抗分析网络。

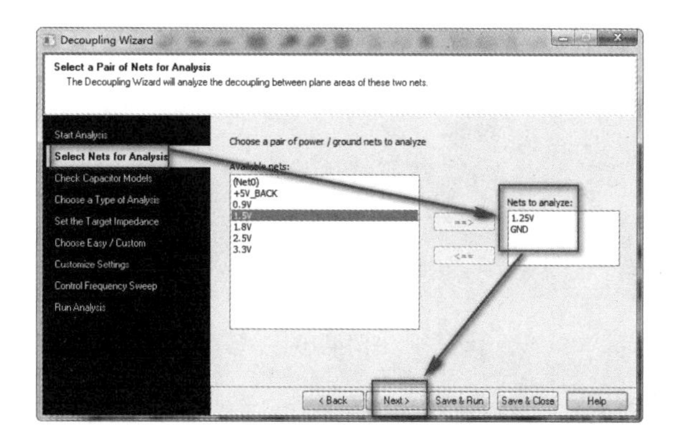


图 14-102

第 17 步：求解出来的 1.25V、1.8V、2.5V、3.3V 的阻抗曲线如图 14-103 所示。

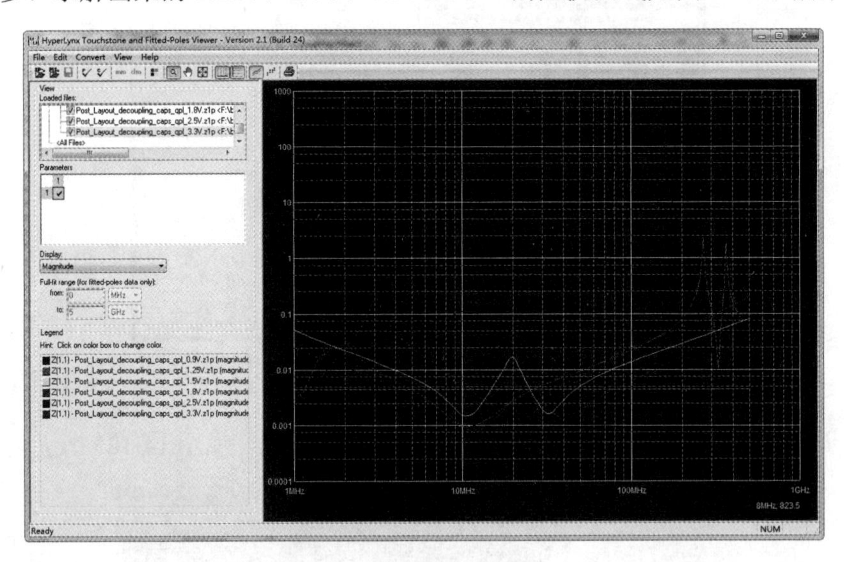


图 14-103

## 14.6 平面噪声分析

平面噪声分析的操作步骤如下所述。

第 1 步：打开事先准备好的 14plane_noise_pre_analysis.ffs 文件，如图 14-104 所示。

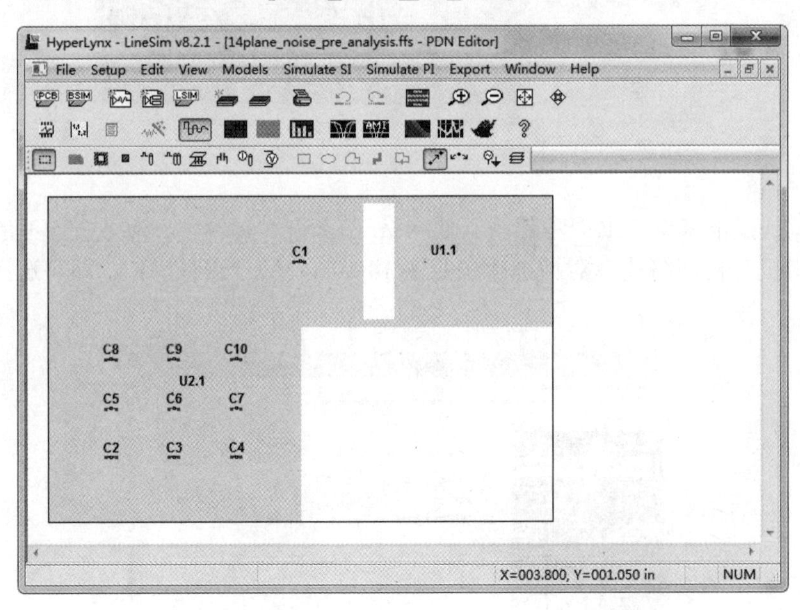


图 14-104

第 2 步：将光标移到 U1.1 的位置后出现小方块，然后鼠标双击，在弹出的对话框中按照图 14-105 中所示进行操作，分配 U1.1 的交流电流源。

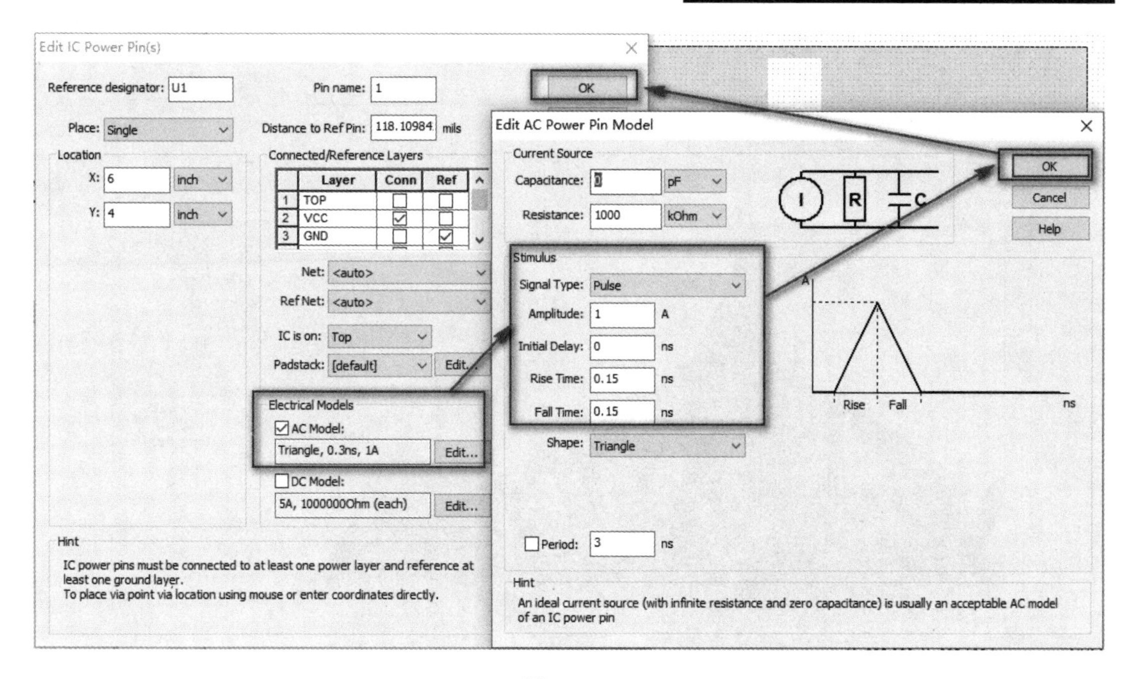


图 14-105

第 3 步：将光标移到 U2.1 的位置后出现小方块，然后鼠标双击，在弹出的对话框中按照图 14-106 中所示进行操作，分配 U2.1 的交流电流源。

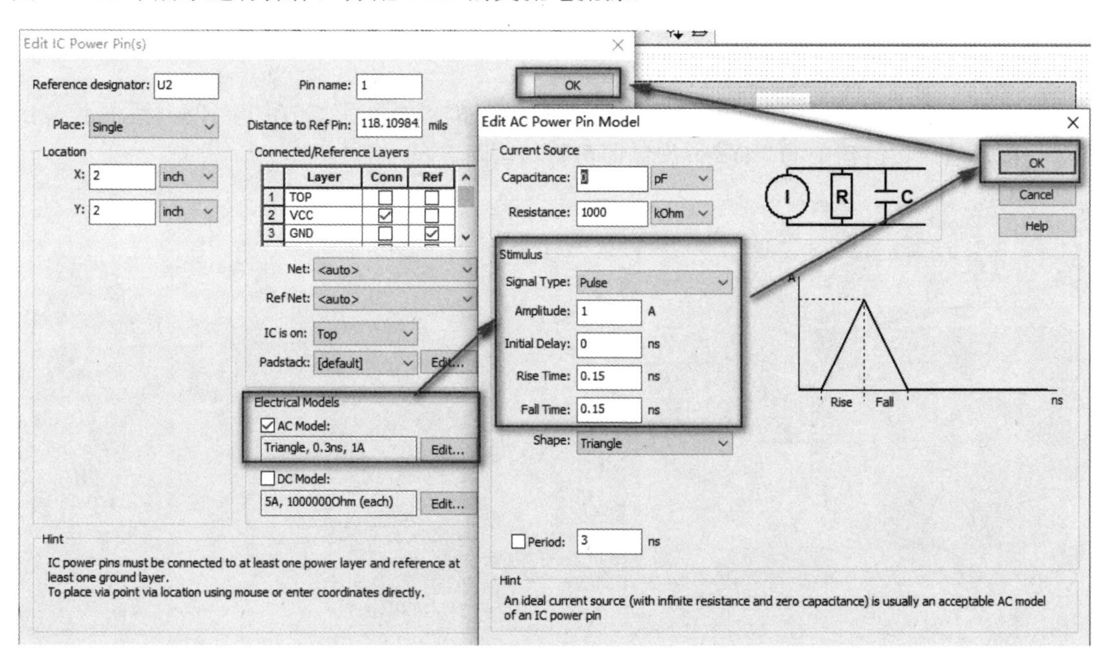


图 14-106

第 4 步：执行菜单命令 Simulate PI > Run Plane-Noise Simulation (PowerScope)，在弹出的对话框中按照图 14-107 中所示进行操作。

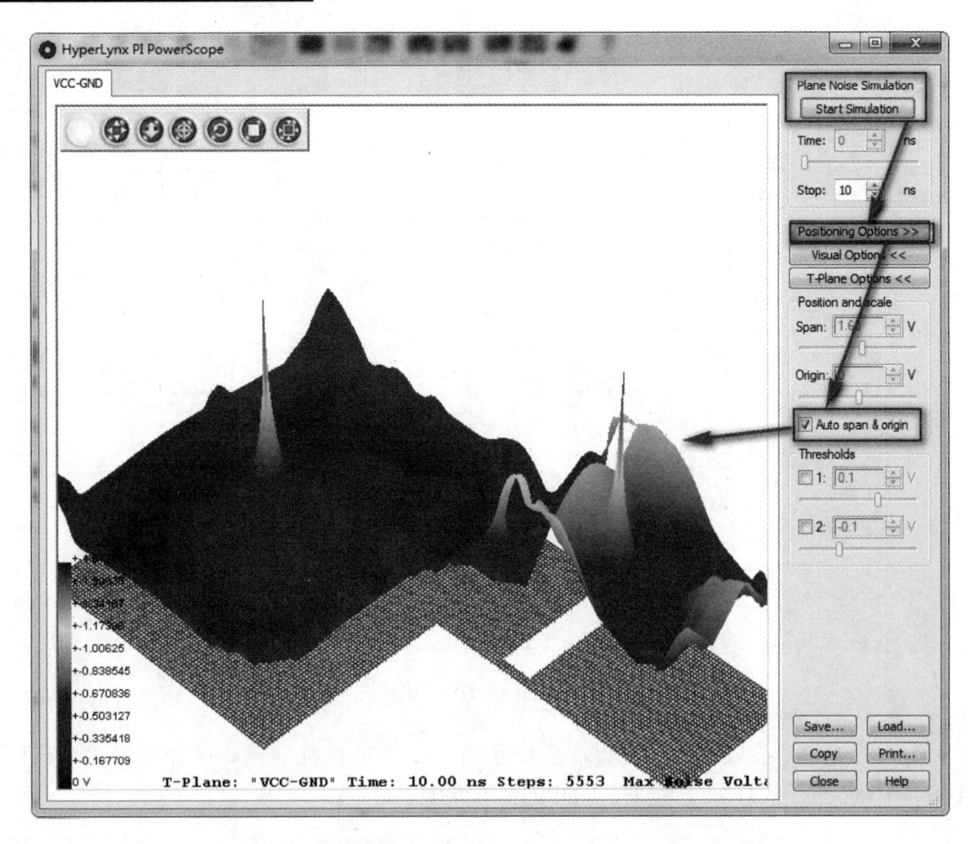


图 14-107

第 5 步：单击组件栏中的 Switch to Select Mode 图标“[ ]”，如图 14-108 所示操作，出现黑色框，然后按键盘中的“Delete”键即可将其删除。

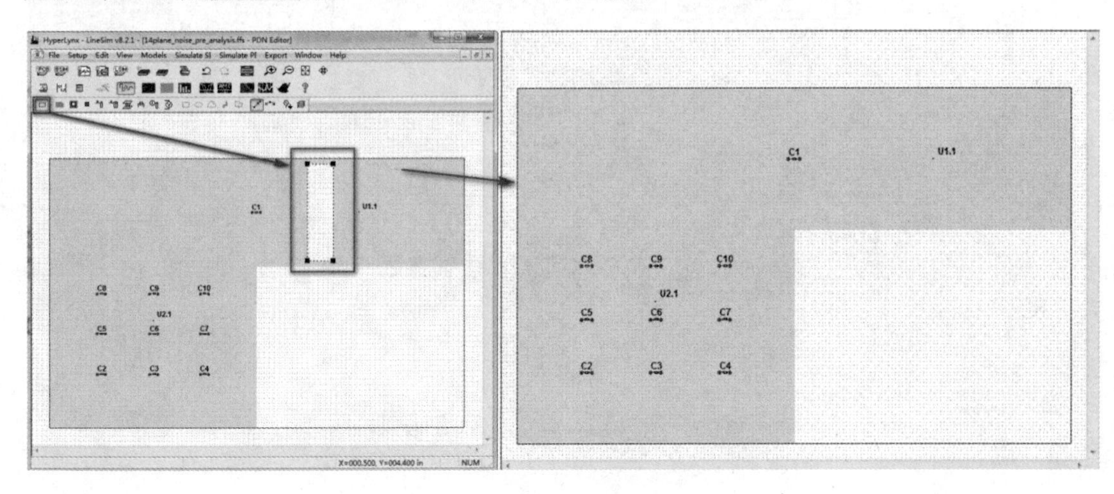


图 14-108

第 6 步：再次执行菜单命令 Simulate PI > Run Plane-Noise Simulation(PowerScope)，弹出如图 14-109 所示的对话框。

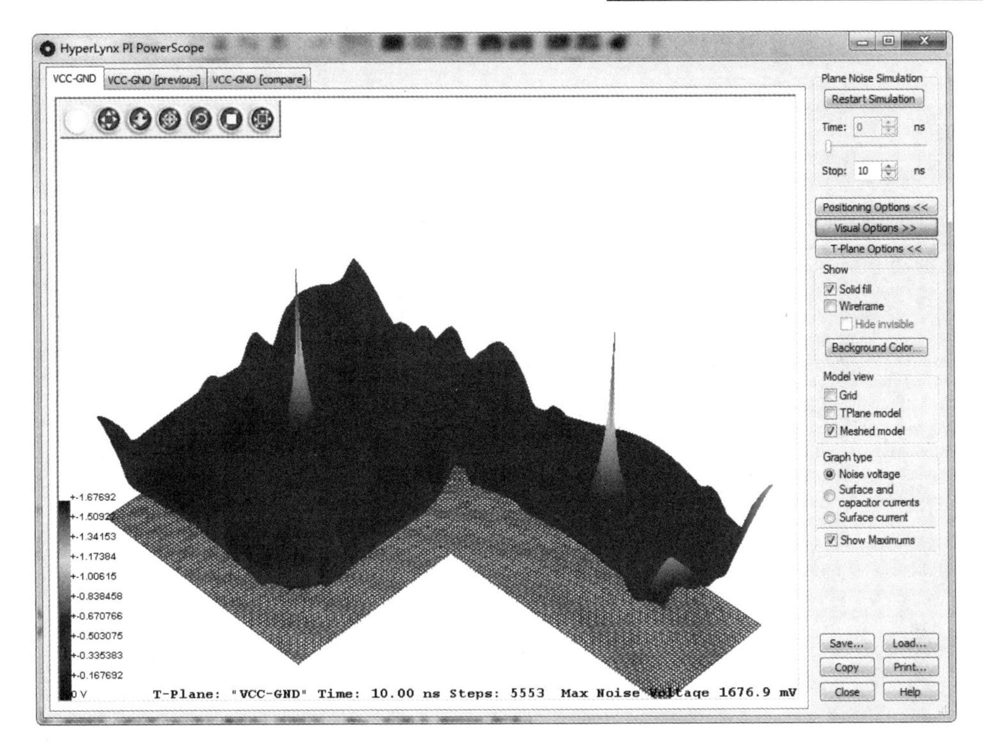


图 14-109

第 7 步：执行菜单命令 Setup > Stackup > Edit，在弹出的对话框中按照图 14-110 中所示进行操作，把平面距离从 10mil 改成 5mil。

Basic | Dielectric | Metal | Z0 Planning | Custom View

|  | Visible | Color | Pour Draw Style | Layer Name | Type | Usage | Thickness mils, oz | Er | Test Width mils | Z0 ohm | Thermal Conductivity Btu/hrftF |
|---|---|---|---|---|---|---|---|---|---|---|---|
| 1 |  |  |  |  | Dielectric | Solder Mask | 0.5 | 3.3 |  |  | 0.173 |
| 2 | √ |  | Solid | TOP | Metal | Signal | 0.5 | <Auto | 6 | 83.5 | 227.476 |
| 3 |  |  |  |  | Dielectric | Substrate | 10 | 4.3 |  |  | 0.173 |
| 4 | √ |  | Solid | VCC | Metal | Plane | 1 | <Auto | 6 | 58.6 | 227.476 |
| 5 |  |  |  |  | Dielectric | Substrate | 10 | 4.3 |  |  | 0.173 |
| 6 | √ |  | Solid | GND | Metal | Plane | 1 | <Auto | 6 | 58.6 | 227.476 |
| 7 |  |  |  |  | Dielectric | Substrate | 10 | 4.3 |  |  | 0.173 |
| 8 | √ |  | Solid | BOTTOM | Metal | Signal | 0.5 | <Auto | 6 | 83.5 | 227.476 |
| 9 |  |  |  |  | Dielectric | Solder Mask | 0.5 | 3.3 |  |  | 0.173 |

Basic | Dielectric | Metal | Z0 Planning | Custom View

|  | Visible | Color | Pour Draw Style | Layer Name | Type | Usage | Thickness mils, oz | Er | Test Width mils | Z0 ohm | Thermal Conductivity Btu/hrftF |
|---|---|---|---|---|---|---|---|---|---|---|---|
| 1 |  |  |  |  | Dielectric | Solder Mask | 0.5 | 3.3 |  |  | 0.173 |
| 2 | √ |  | Solid | TOP | Metal | Signal | 0.5 | <Auto | 6 | 83.5 | 227.476 |
| 3 |  |  |  |  | Dielectric | Substrate | 10 | 4.3 |  |  | 0.173 |
| 4 | √ |  | Solid | VCC | Metal | Plane | 1 | <Auto | 6 | 47.7 | 227.476 |
| 5 |  |  |  |  | Dielectric | Substrate | 5 | 4.3 |  |  | 0.173 |
| 6 | √ |  | Solid | GND | Metal | Plane | 1 | <Auto | 6 | 47.7 | 227.476 |
| 7 |  |  |  |  | Dielectric | Substrate | 10 | 4.3 |  |  | 0.173 |
| 8 | √ |  | Solid | BOTTOM | Metal | Signal | 0.5 | <Auto | 6 | 83.5 | 227.476 |
| 9 |  |  |  |  | Dielectric | Solder Mask | 0.5 | 3.3 |  |  | 0.173 |

图 14-110

第 8 步：再次执行菜单命令 Simulate PI > Run Plane-Noise Simulation(PowerScope)，弹出如图 14-111 所示的对话框。从图中可以看出，平面噪声减小了。

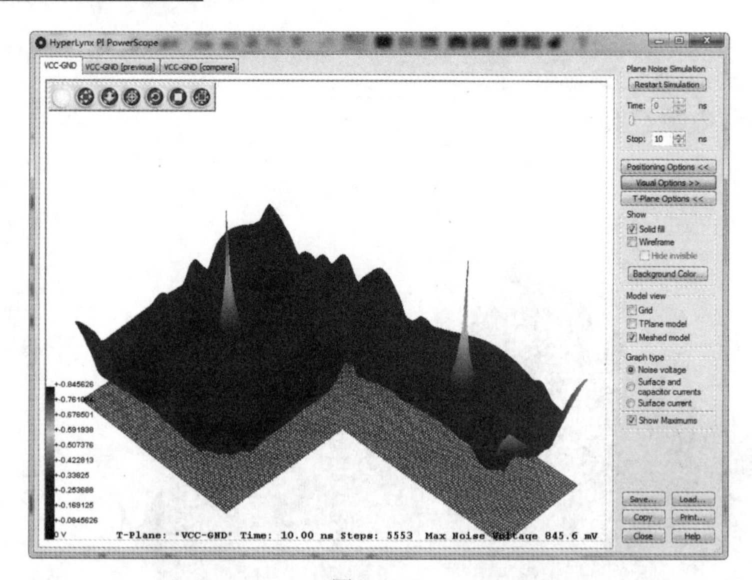


图 14-111

## 14.7 平面噪声后分析

平面噪声后分析的操作步骤如下所述。

第 1 步：打开事先准备好的 14plane_noise_post_analysis.hyp 文件，如图 14-112 所示。

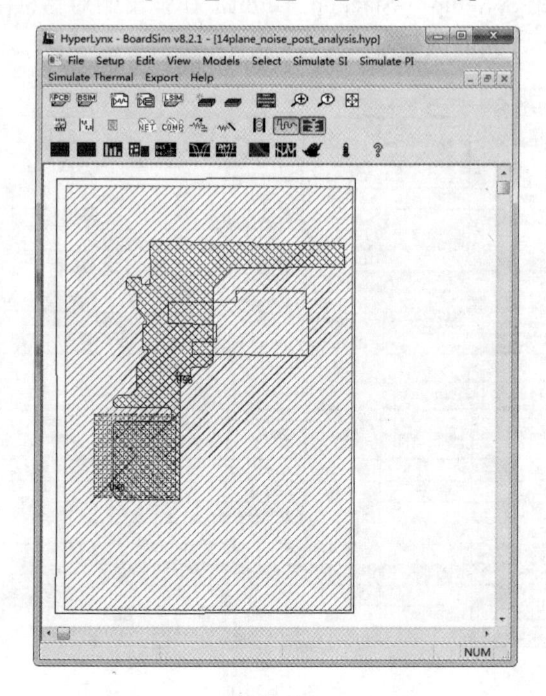


图 14-112

第 2 步：执行菜单命令 View > Highlight Net，在弹出的对话框中按照图 14-113 中所示进行操作，高亮显示 1.5V 网络。

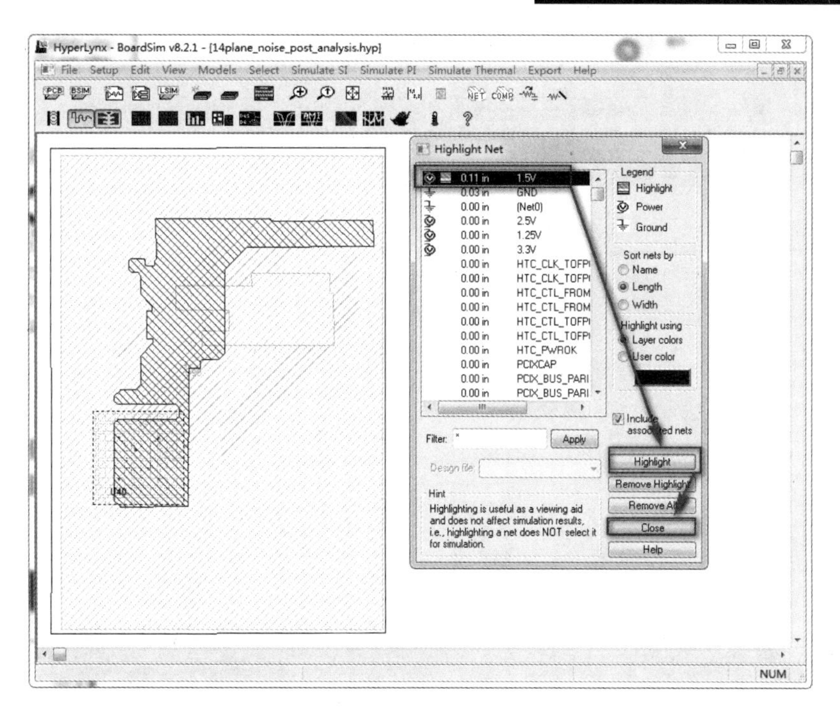


图 14-113

第 3 步：单击图 14-113 中的“Close”按钮关闭对话框后，按照图 14-114 中所示进行操作，即可只显示第 4 层。

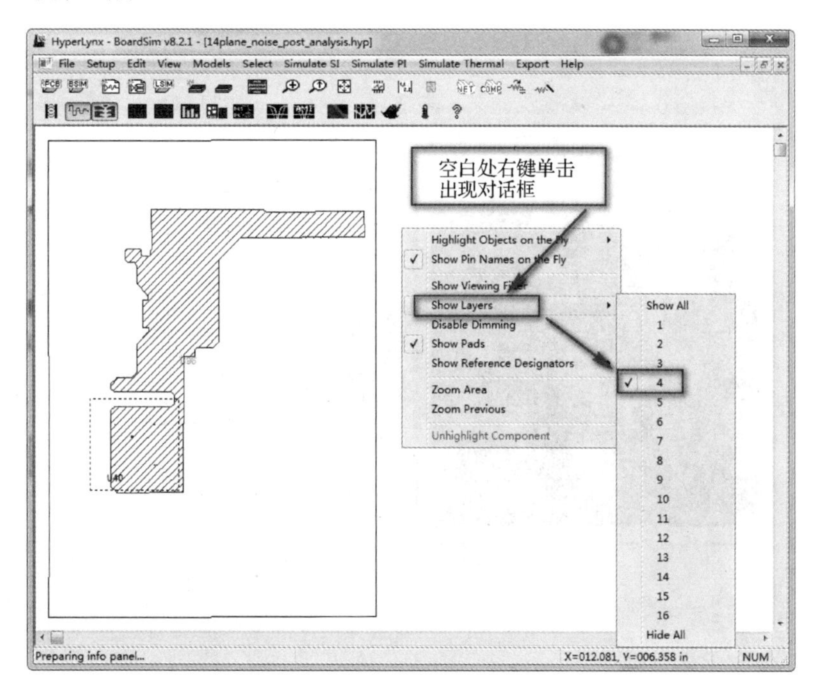


图 14-114

第 4 步：重复上面步骤，把第 3 层和第 7 层的 GND 网络也高亮显示出来，具体操作如

图 14-115 所示。通过勾选 3 和 7 可以看到 7 层有个矩形孔。

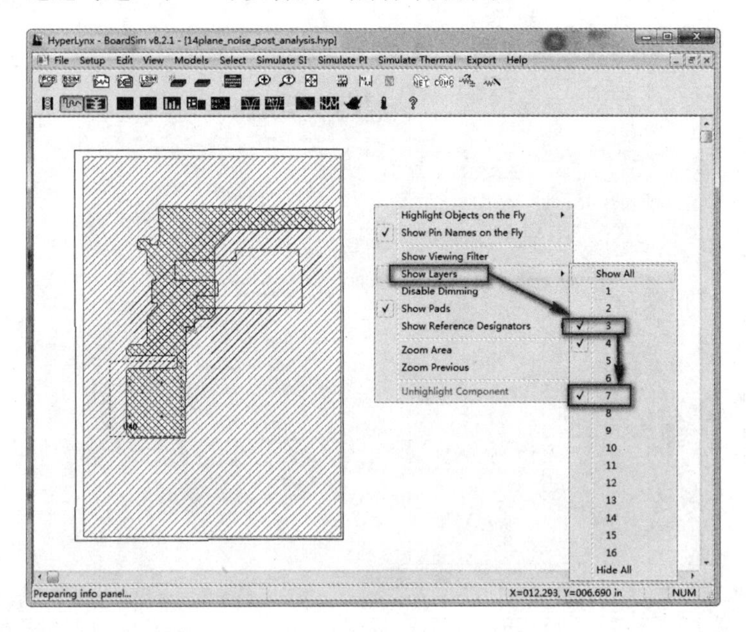


图 14-115

第 5 步：执行菜单命令 Models > Assign Power Integrity Models，在弹出的对话框中按照图 14-116 中所示进行操作。

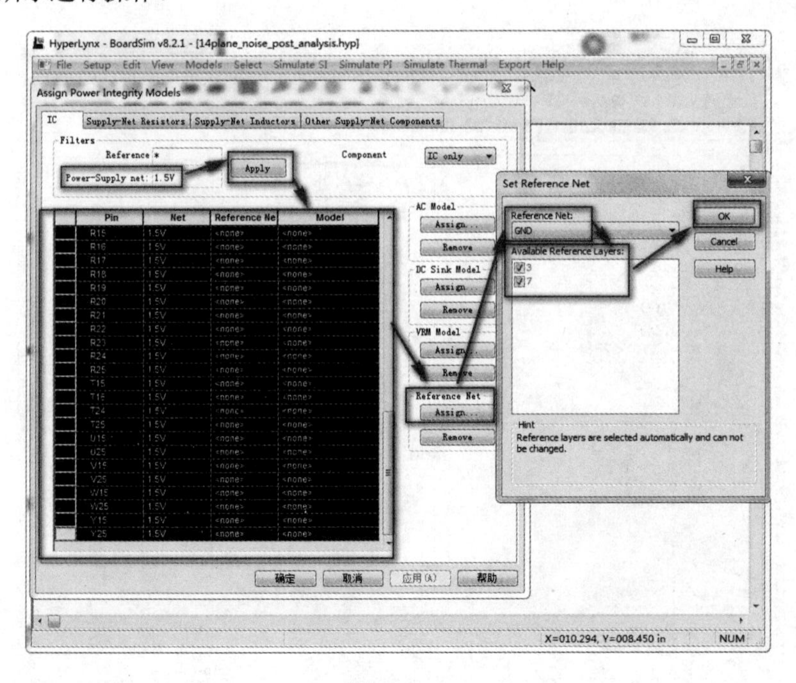


图 14-116

第 6 步：单击图 14-116 中的“OK”按钮后，分配好了参考地网络，如图 14-117 所示。

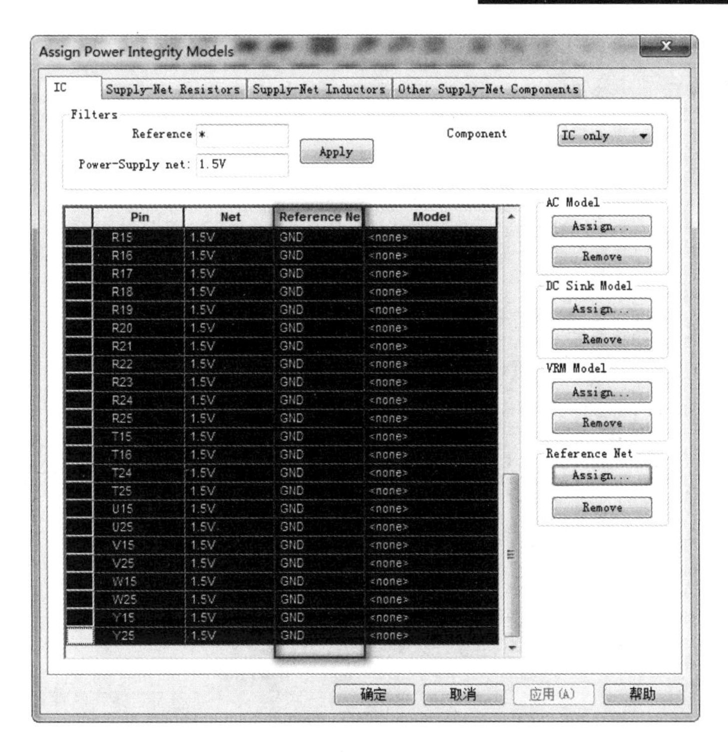


图 14-117

第 7 步：给 1.5V 网络分配 AC Model，具体操作如图 14-118 所示。

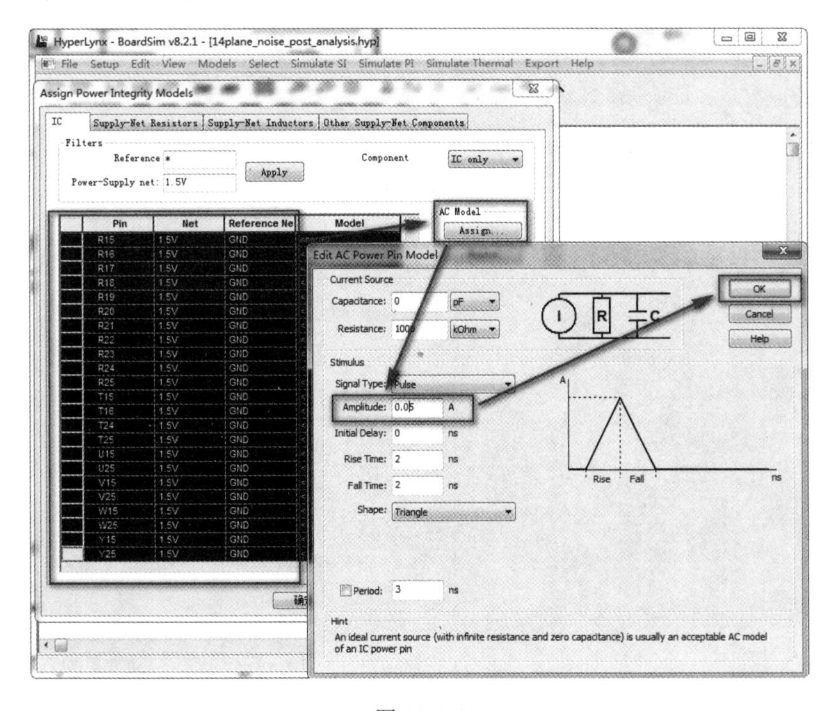


图 14-118

第 8 步：单击图 14-11 中的“OK”按钮后，弹出如图 14-119 所示的对话框。

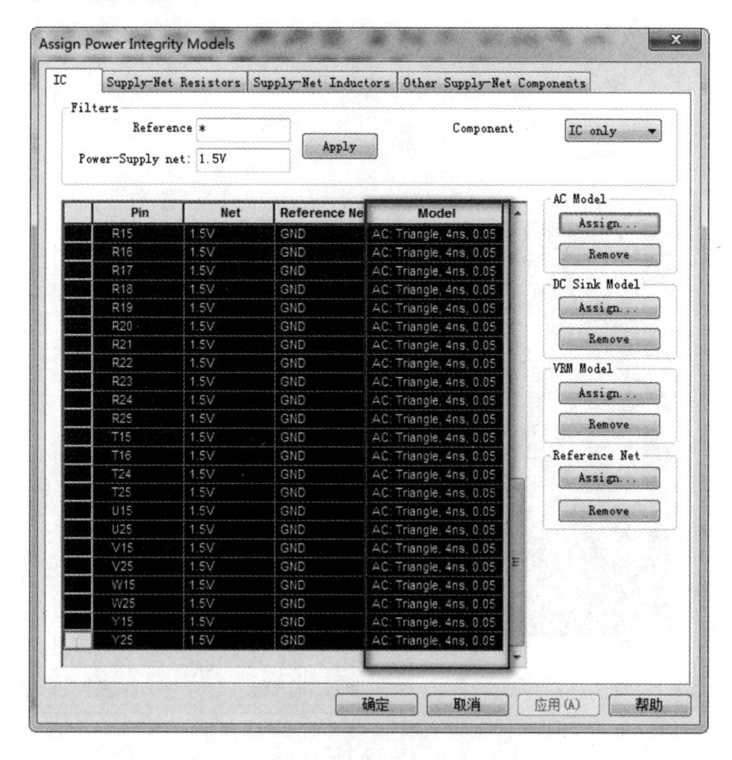


图 14-119

第 9 步：执行菜单命令 Simulate PI > Run Plane-Noise Simulation (PowerScope)，做平面噪声分析，具体操作如图 14-120 所示。

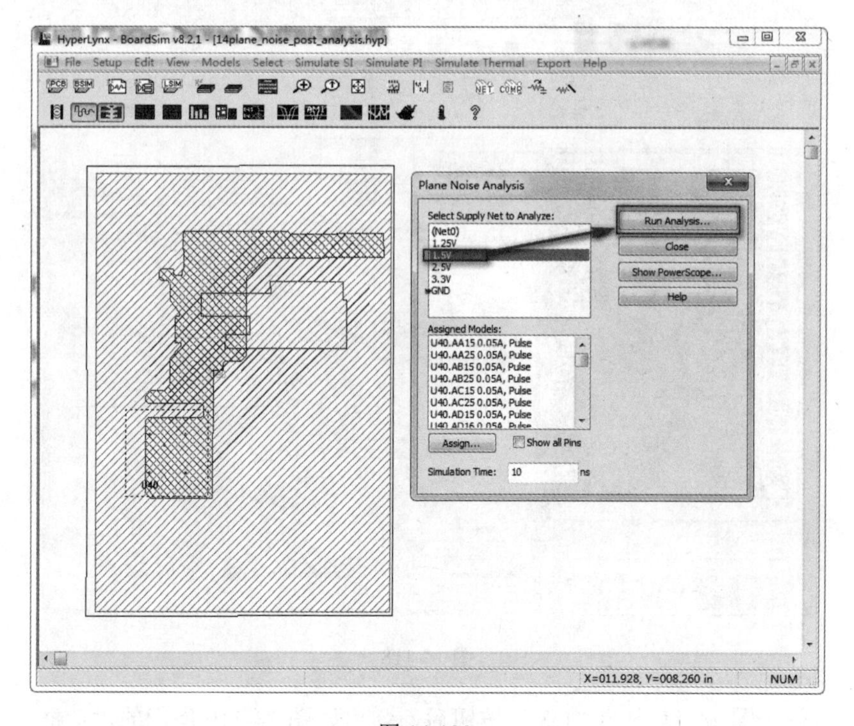


图 14-120

第 10 步：单击图 14-120 中的“Run Analysis”按钮后，报错后执行菜单命令 Setup>Power Supplies，在弹出的对话框中按照图 14-121 中所示进行操作。

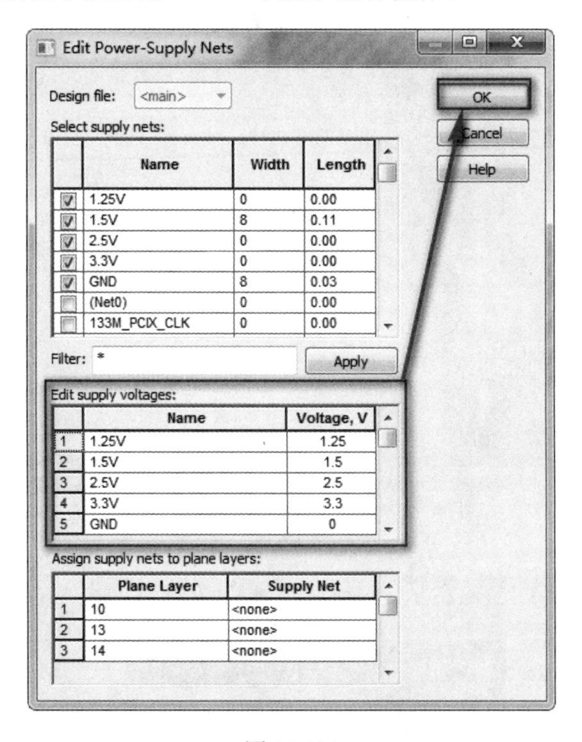


图 14-121

第 11 步：按照上面的步骤，再次对 1.5V 网络做仿真分析，结果如图 14-122 所示。

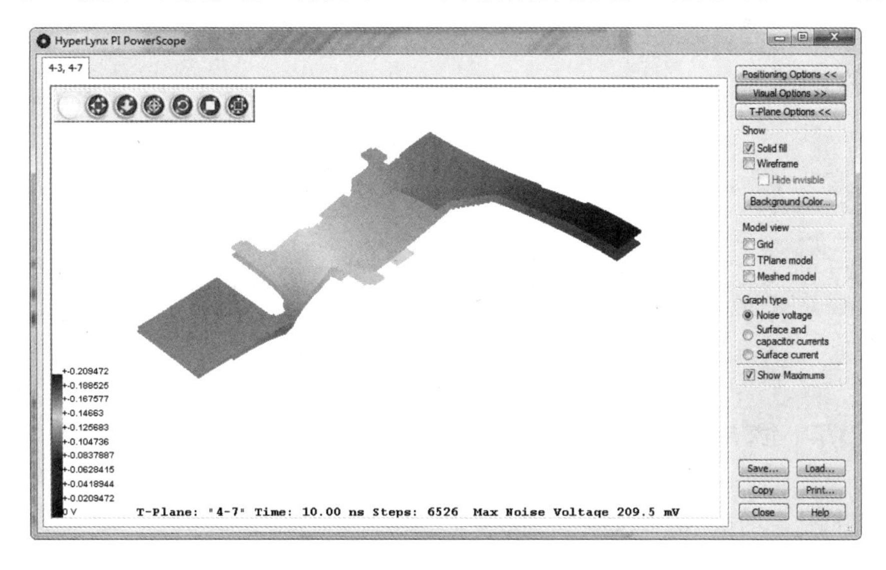


图 14-122

第 12 步：如图 14-123 和图 14-124 中所示设置，分别显示 4 层和 3 层的 3D 图、4 层和 7 层的 3D 图。

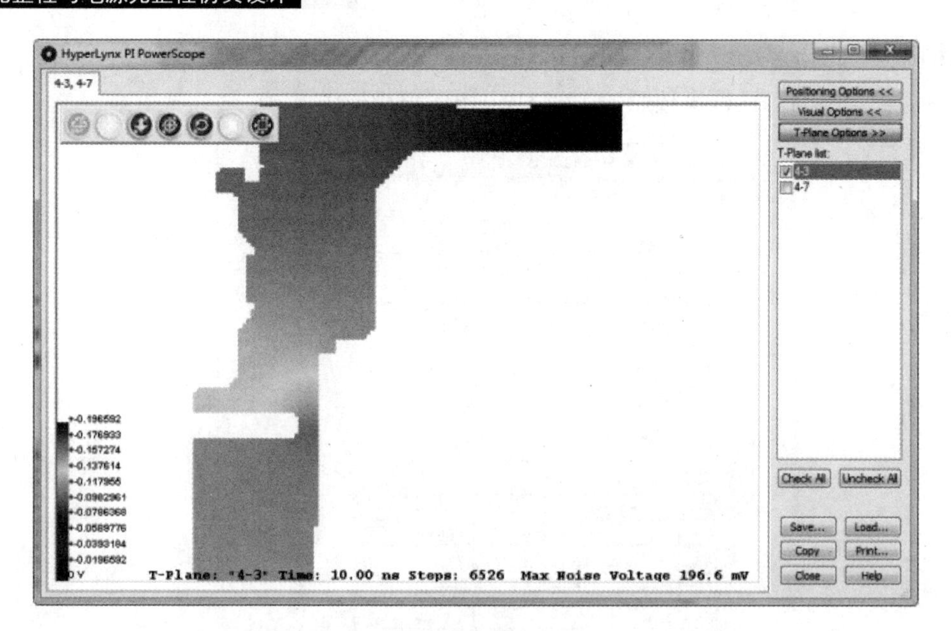


图 14-123

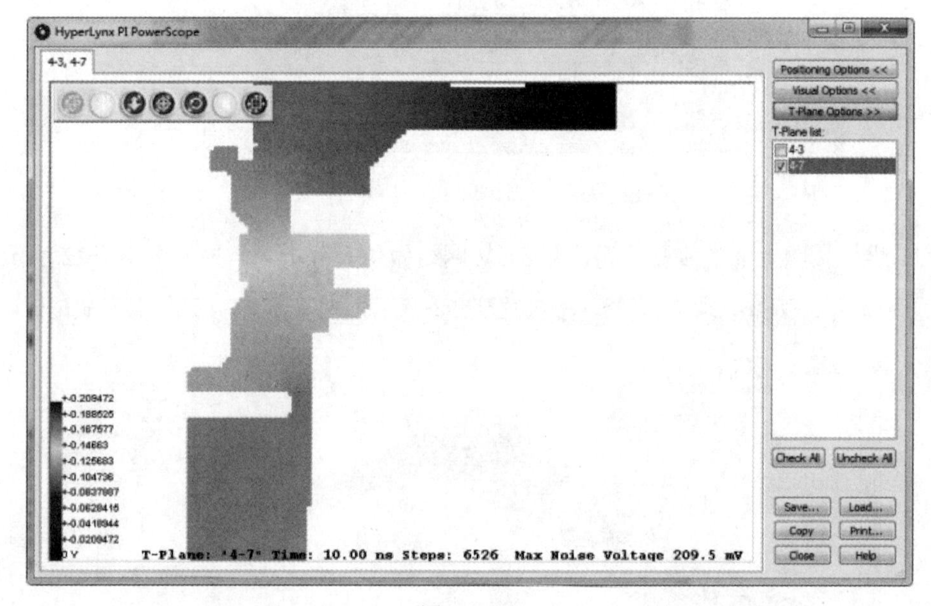


图 14-124

## 14.8 SI/PI 协同仿真

SI/PI 协同仿真的操作步骤如下所述。

第 1 步：打开事先准备好的 14co_simulation_via.ffs 文件，然后执行菜单命令 Window > Tile Windows Horizontally，如图 14-125 所示。

第 2 步：在原理图编辑器中，单击原理图元件栏中的过孔图标“ ”，增加一个 V1 的 Via 过孔，如图 14-126 所示。

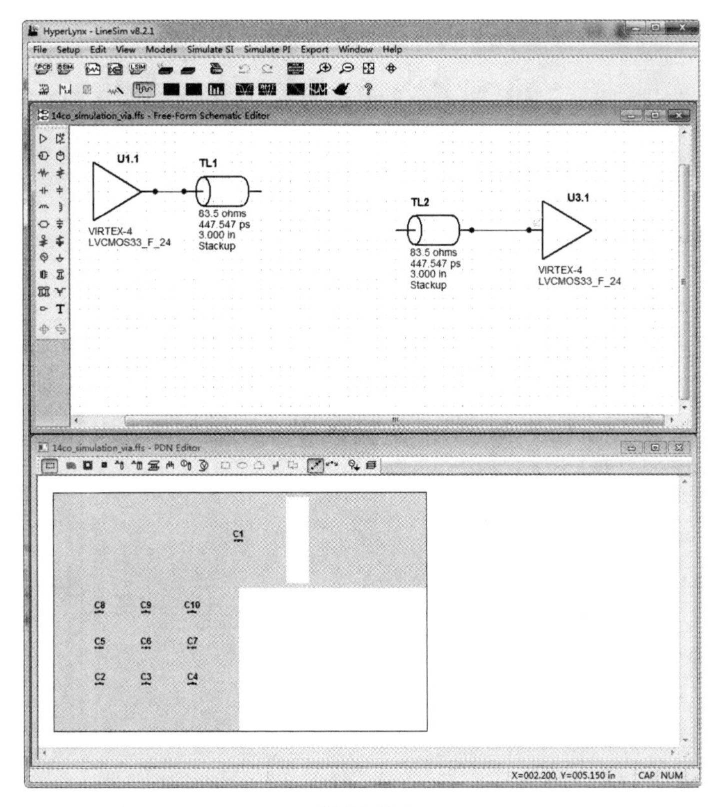

图 14-125

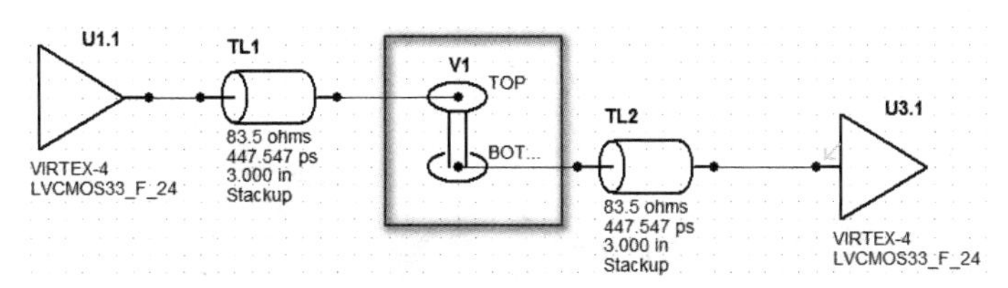


图 14-126

第 3 步：在 PDN 编辑中，单击组件栏中的增加过孔图标"　"，在弹出的对话框中按照图 14-127 中所示进行操作。

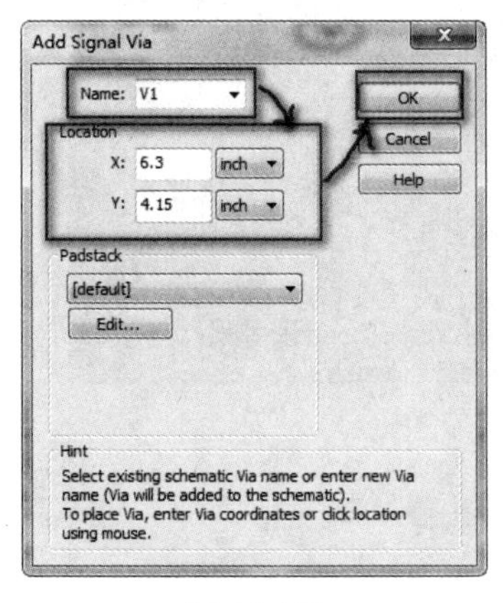


图 14-127

第 4 步：加完过孔的工作区如图 14-128 所示。

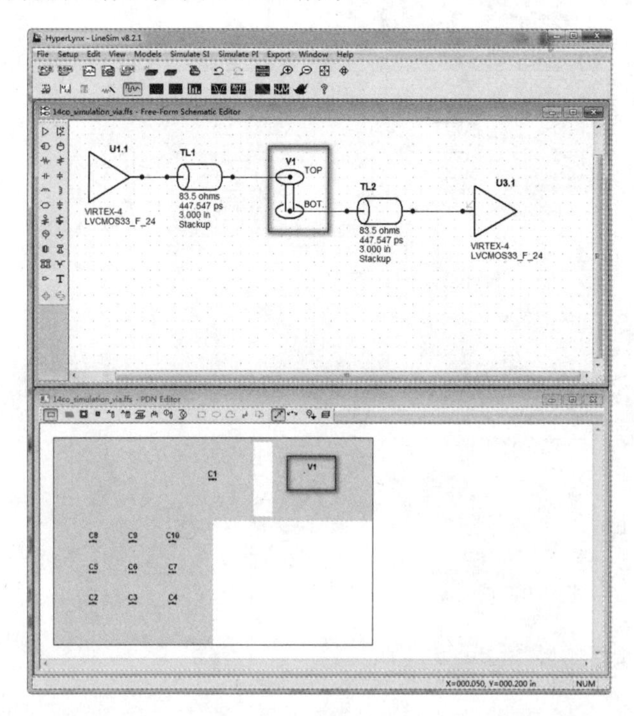


图 14-128

第 5 步：单击图 14-128 中的示波器图标“■”，在弹出的对话框中按照图 14-129 中所示进行操作。

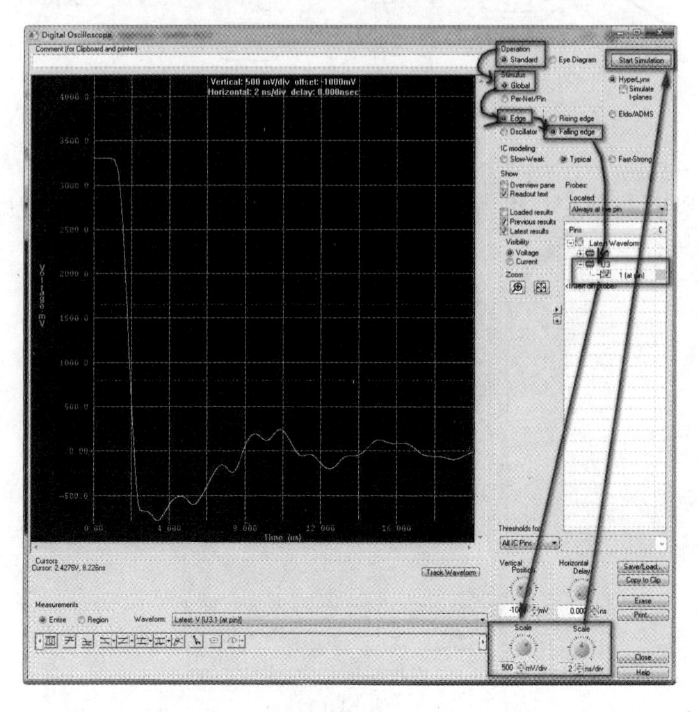


图 14-129

第 6 步：勾选图 14-129 中的“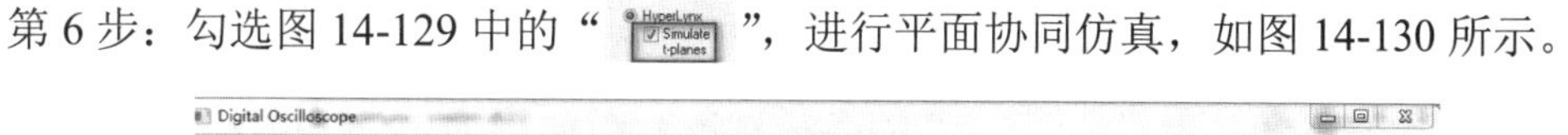”，进行平面协同仿真，如图 14-130 所示。

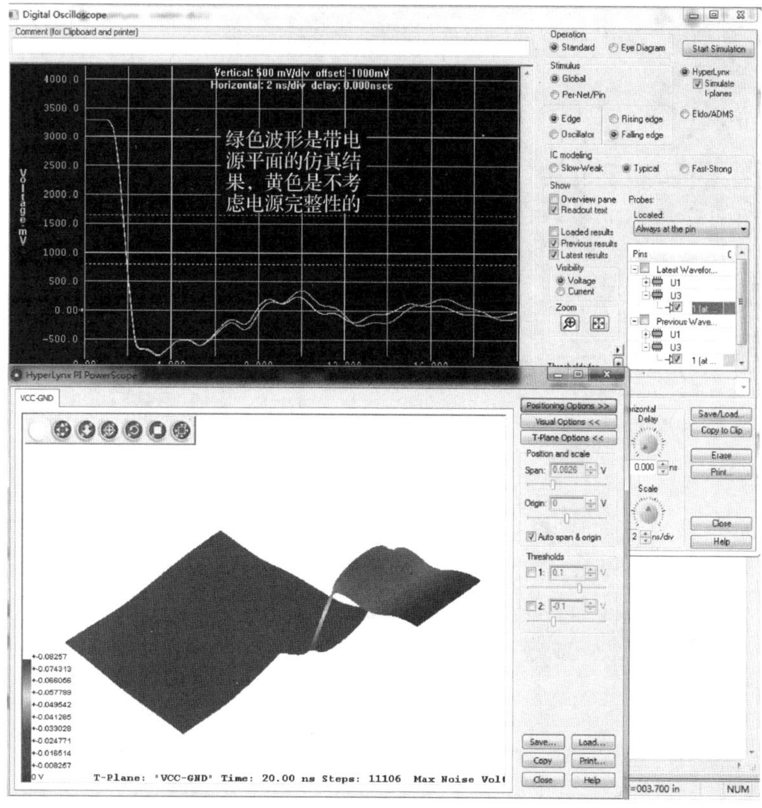


图 14-130

第 7 步：把光标移动到 PDN 编辑器中的 V1 处，出现图标“”后，移动 V1 到图 14-131 中所示的几个电容中间。

图 14-131

第 8 步：仿真结果如图 14-132 所示。

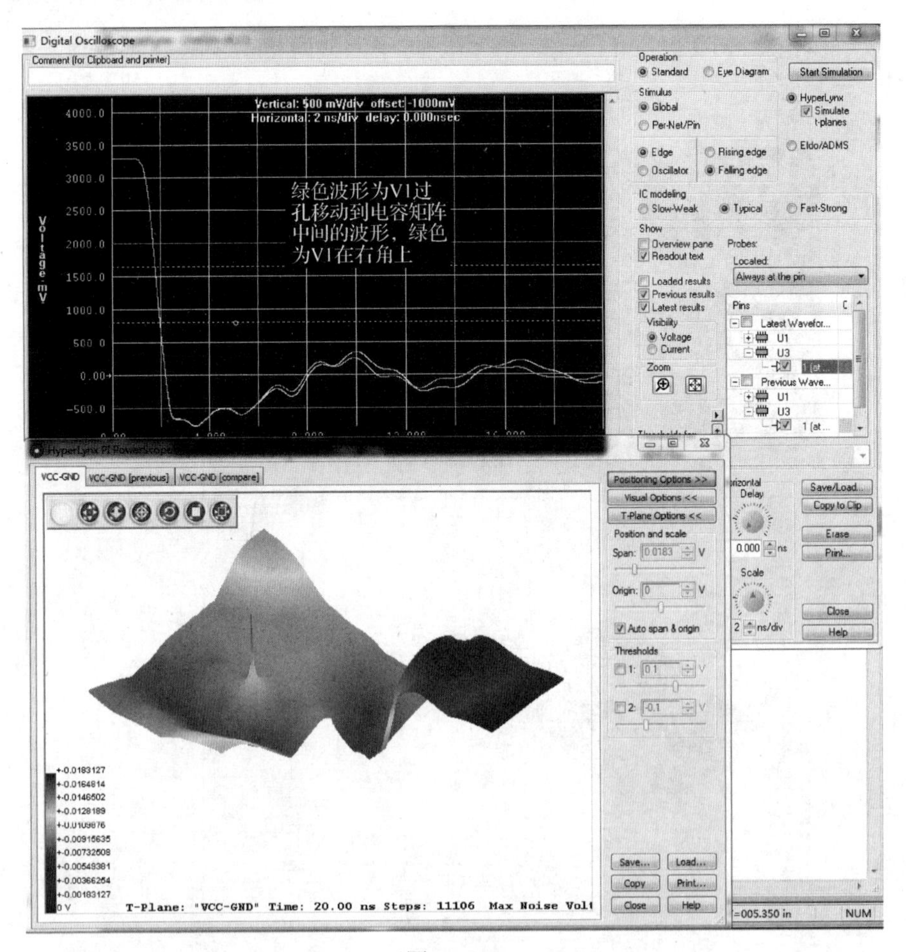


图 14-132

第 9 步：两个波形的对比如图 14-133 所示。

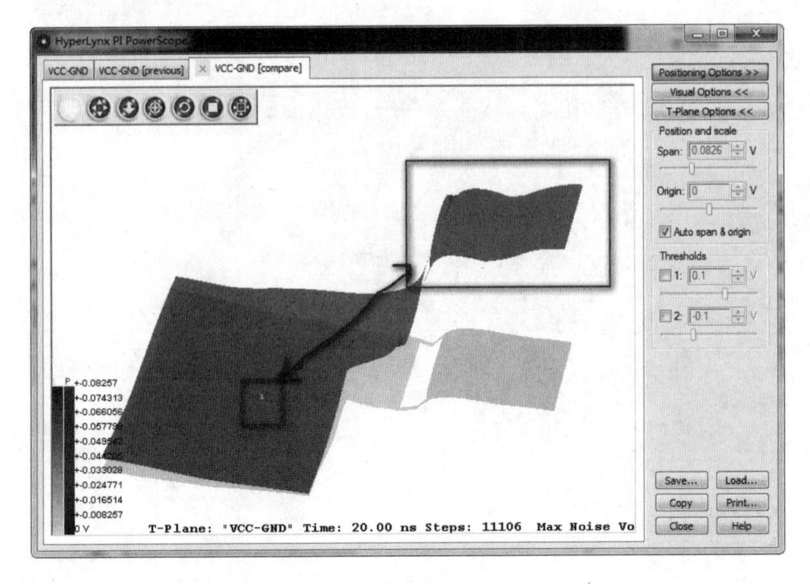


图 14-133

第 10 步：不勾选“HyperLynx Simulate t-planes”再次仿真后，如图 14-134 所示。

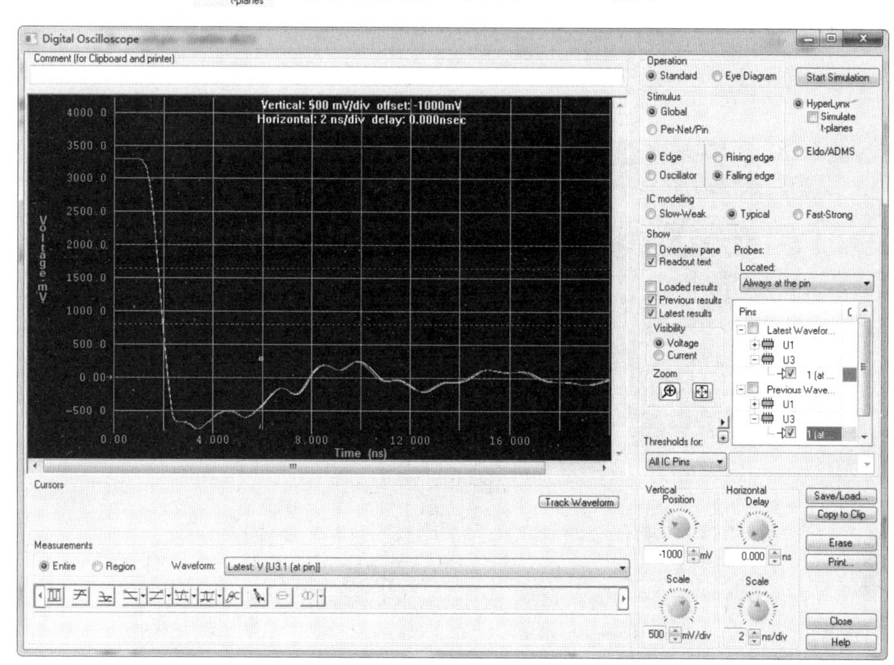


图 14-134

结论：理想仿真波形和带平面仿真波形几乎一致，所以路径带了缝合电容会很好地补偿阻抗路径。

## 14.9 通过过孔旁路分析研究过孔阻抗的好坏

通过过孔旁路分析研究过孔阻抗好坏的操作步骤如下所述。

第 1 步：执行菜单命令 Simulate PI > Analyze Signal-Via Bypassing (Bypass Wizard)，在弹出的对话框中选择 PDN 编辑器中的过孔 V1，具体操作如图 14-135 所示。

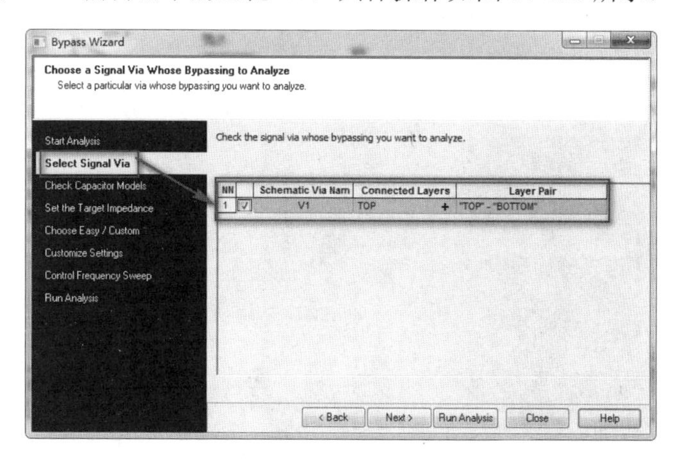


图 14-135

第 2 步：单击图 14-135 中的“Next”按钮，在弹出的对话框中按照图 14-136 中所示进行操作。

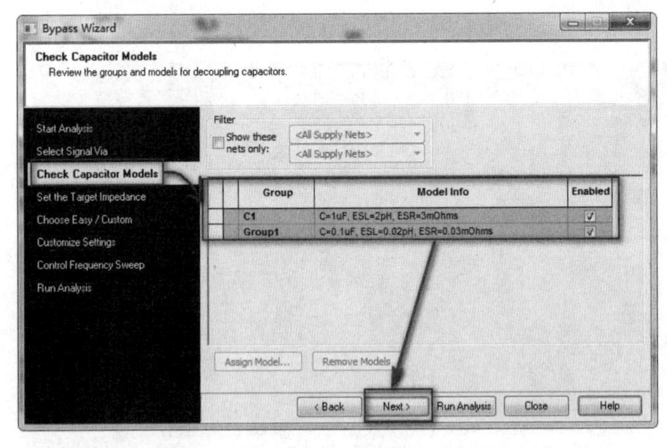


图 14-136

第 3 步：在弹出的对话框中按照图 14-137 中所示进行操作。

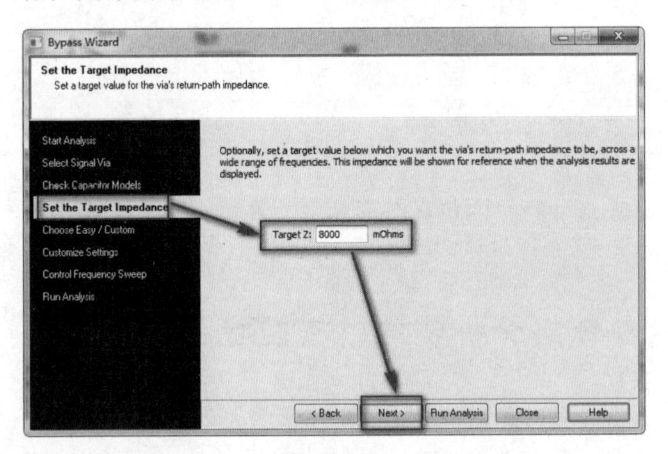


图 14-137

第 4 步：在弹出的对话框中按照图 14-138 中所示进行操作。

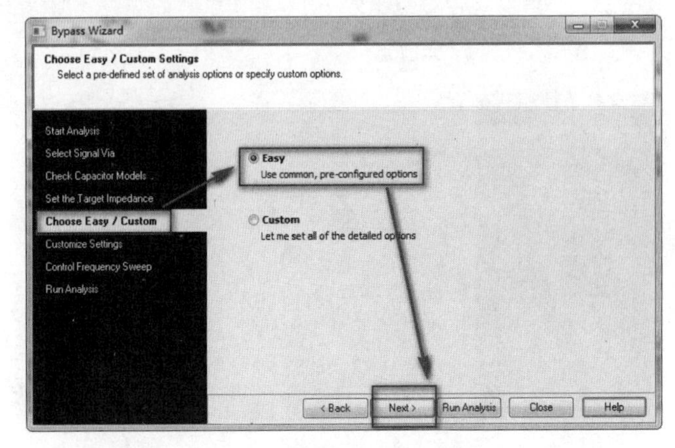


图 14-138

第 5 步：在接连弹出的对话框中单击“Next”按钮 3 次后，在弹出的对话框中按照图 14-139 中所示进行操作。

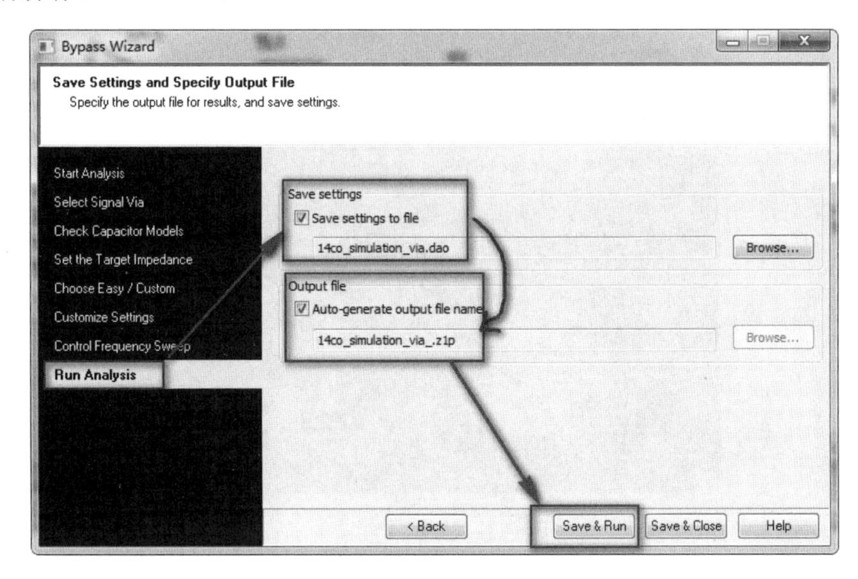


图 14-139

第 6 步：在弹出的对话框中可以看到过孔的路径阻抗曲线，如图 14-140 所示。

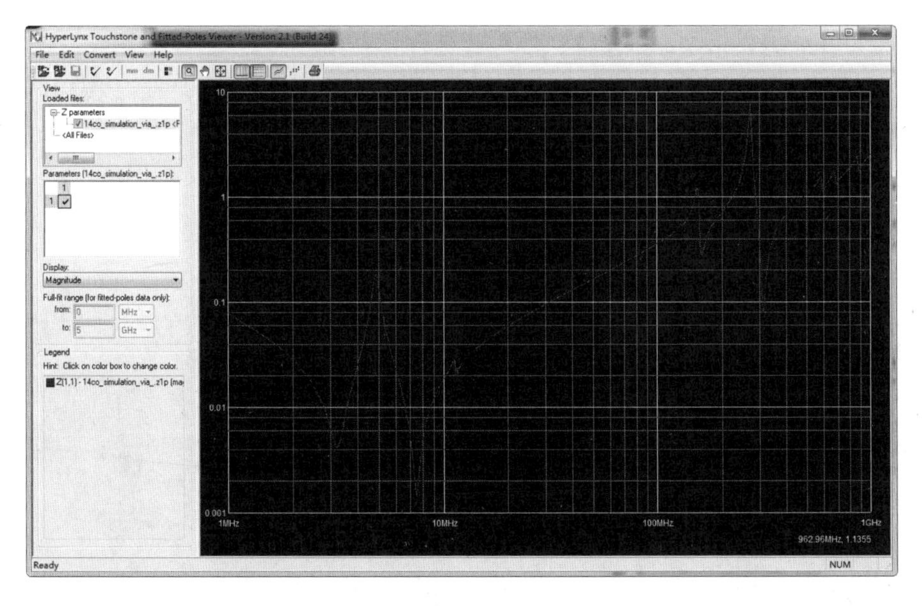


图 14-140

第 7 步：按上面的方法，把过孔移动到右上角的无电容处，再次进行仿真，如图 14-141 所示。从图中可以看到，没有缝合电容过孔的阻抗曲线比周边有缝合电容的阻抗曲线要大。

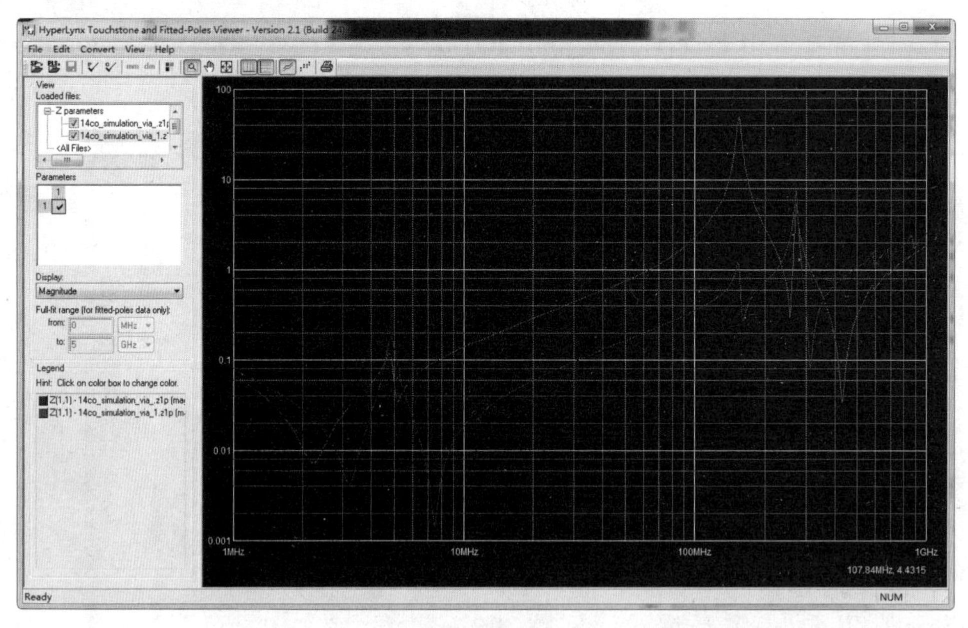


图 14-141

## 14.10 PDN 预设计

PDN 预设计的操作步骤如下所述。

第 1 步：双击图标“ HyperLynx ”，启动 HyperLynx 软件。单击“ ”图标，新建一个原理图。最大化 PDN 编辑器，将原理图另存为 14Pre_PDN.ffs，其叠层结构的设置如图 14-142 所示。

| | Visible | Color | Pour Draw Style | Layer Name | Type | Usage | Thickness mils, oz | Er | Test Width mils | Z0 ohm | Thermal Conductivity Btu/hrftF |
|---|---|---|---|---|---|---|---|---|---|---|---|
| 1 | | | | | Dielectric | Solder Mask | 0.5 | 3.3 | | | 0.173 |
| 2 | ✓ | | Solid | TOP | Metal | Signal | 0.5 | <Auto | 6 | 83.5 | 227.476 |
| 3 | | | | | Dielectric | Substrate | 10 | 4.3 | | | 0.173 |
| 4 | ✓ | | Solid | VCC | Metal | Plane | 1 | <Auto | 6 | 58.6 | 227.476 |
| 5 | | | | | Dielectric | Substrate | 10 | 4.3 | | | 0.173 |
| 6 | ✓ | | Solid | GND | Metal | Plane | 1 | <Auto | 6 | 58.6 | 227.476 |
| 7 | | | | | Dielectric | Substrate | 10 | 4.3 | | | 0.173 |
| 8 | ✓ | | Solid | BOTTOM | Metal | Signal | 0.5 | <Auto | 6 | 83.5 | 227.476 |
| 9 | | | | | Dielectric | Solder Mask | 0.5 | 3.3 | | | 0.173 |

图 14-142

第 2 步：单击 PDN 编辑器组件栏中的图标“ ”，创建一个长 10in、宽 10in 的正方形板框，具体操作如图 14-143 所示。

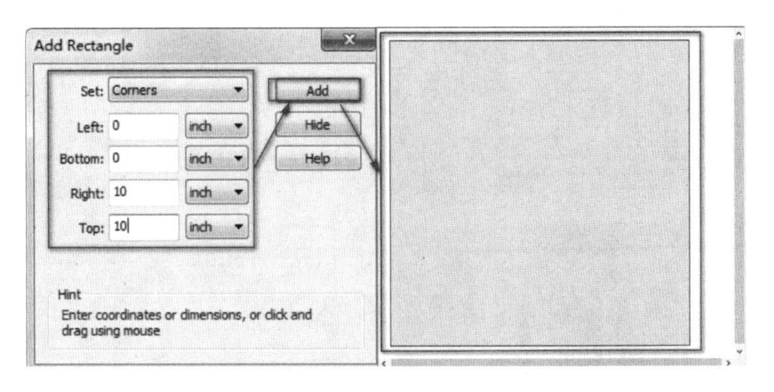


图 14-143

第 3 步：执行菜单命令 Simulate PI>Analyze Decoupling( Decoupling Wizard)，弹出去耦向导对话框，去耦仿真设置如图 14-144 所示。

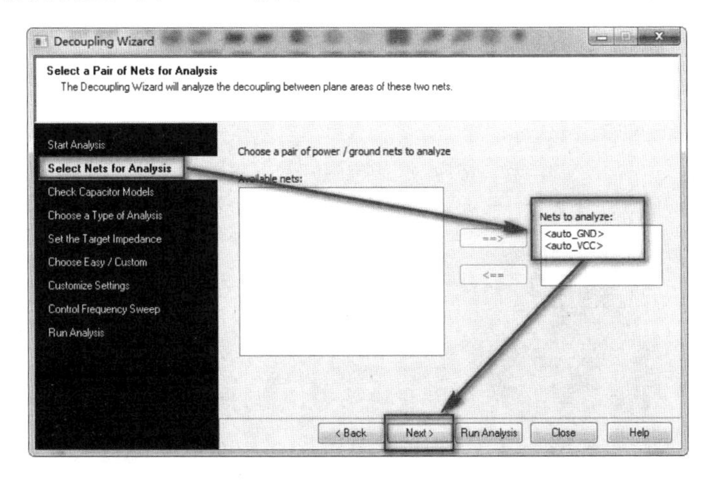


图 14-144

第 4 步：在接连弹出的对话框中单击“Next”按钮 2 次后，在弹出的对话框中设置目标阻抗，如图 14-145 所示。

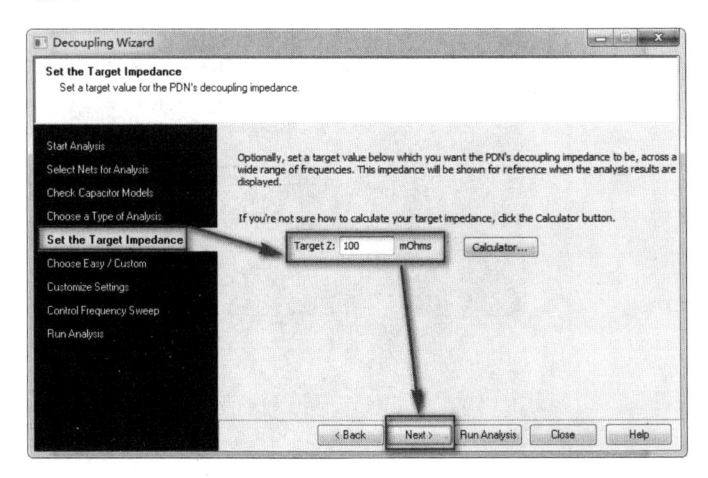


图 14-145

第 5 步：在接连弹出的对话框中单击“Next”按钮 2 次后，在弹出的对话框中按照图 14-146 中所示进行操作。

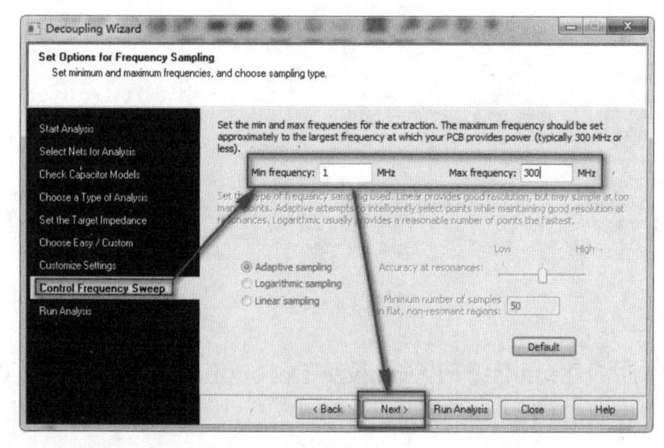


图 14-146

第 6 步：单击图 14-146 中的“Next”按钮后，在弹出的对话框中按照图 14-147 中所示进行操作。

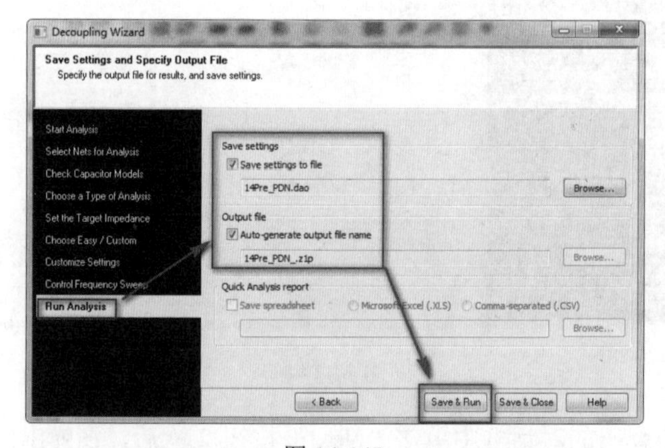


图 14-147

第 7 步：在弹出的对话框中可以看到如图 14-148 中所示的阻抗曲线图。

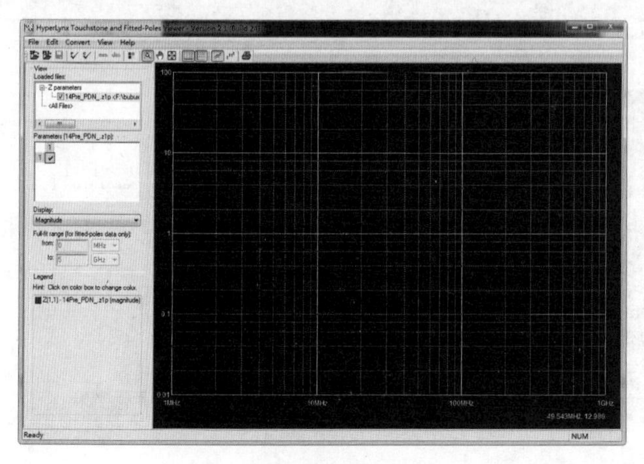


图 14-148

第 8 步：单击 PDN 编辑器组件栏中的去耦电容图标“ ”，在弹出的对话框中增加去耦电容，具体操作如图 14-149 所示。

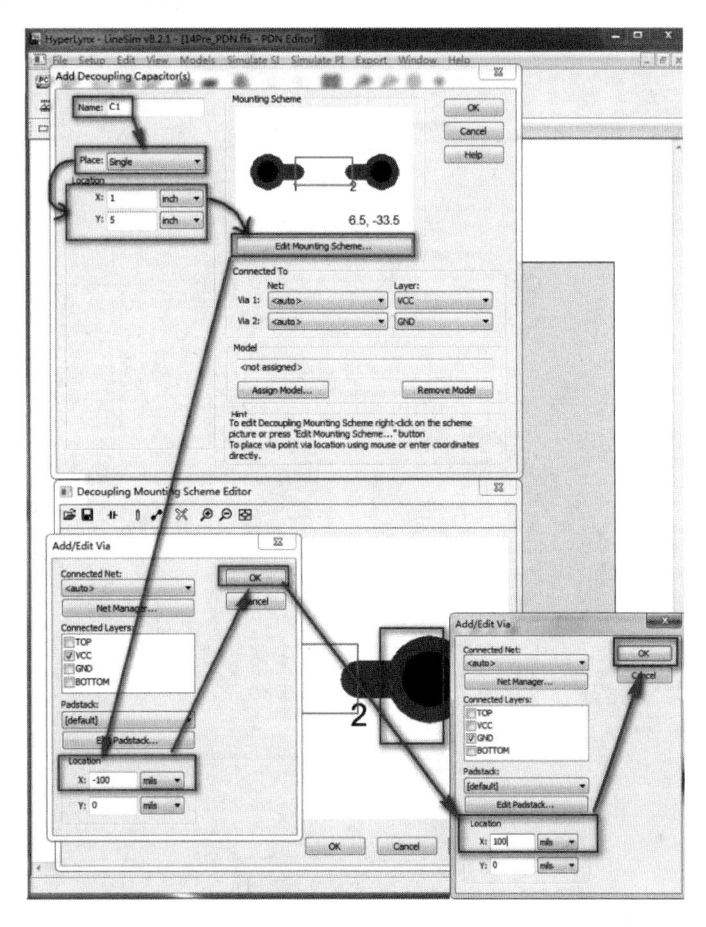


图 14-149

第 9 步：出现的过孔拉长了，如图 14-150 所示。

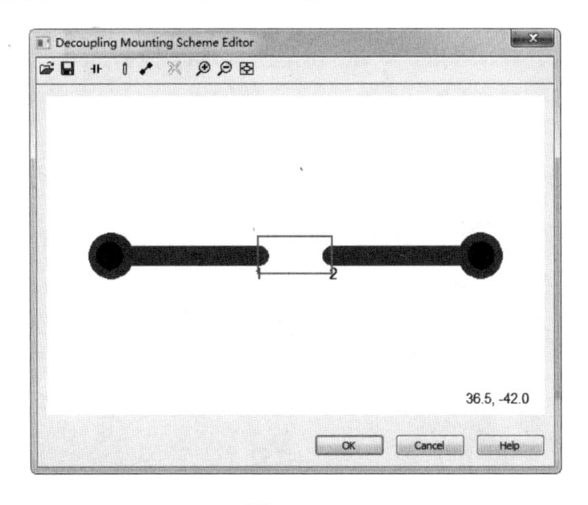


图 14-150

第 10 步：再次赋电容模型，具体操作如图 14-151 所示。

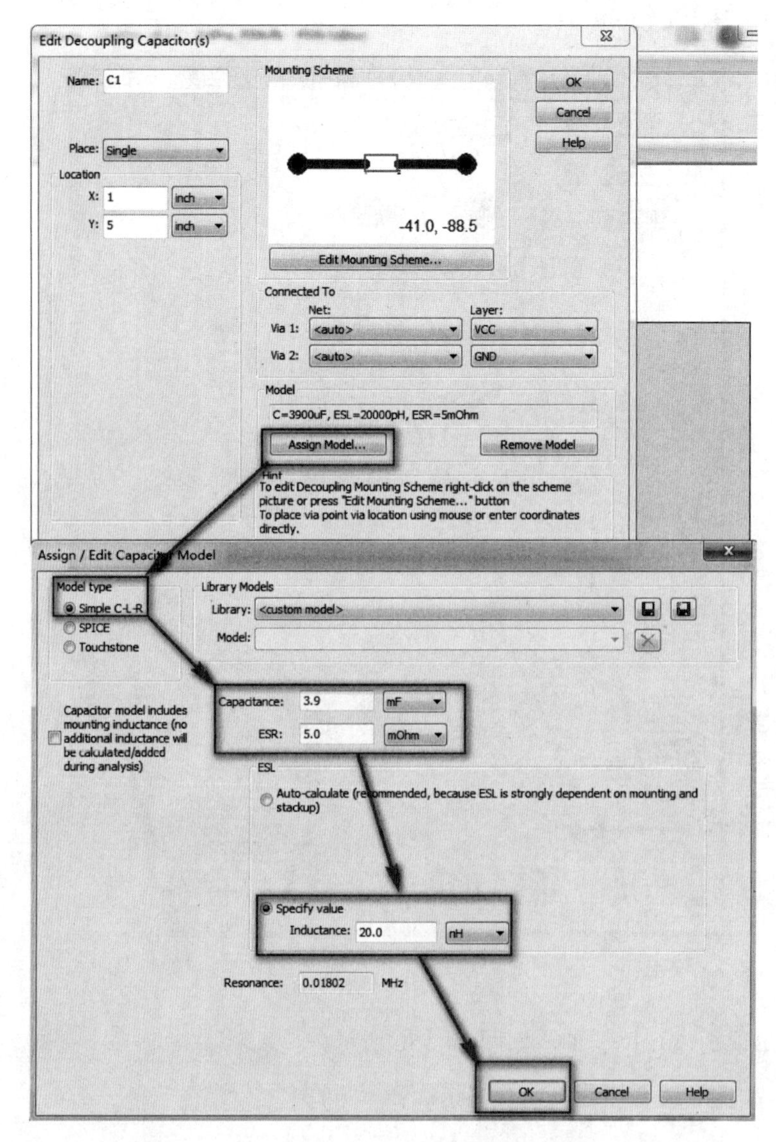


图 14-151

第 11 步：再次进行去耦仿真操作。如图 14-152 所示操作，打开去耦向导对话框。

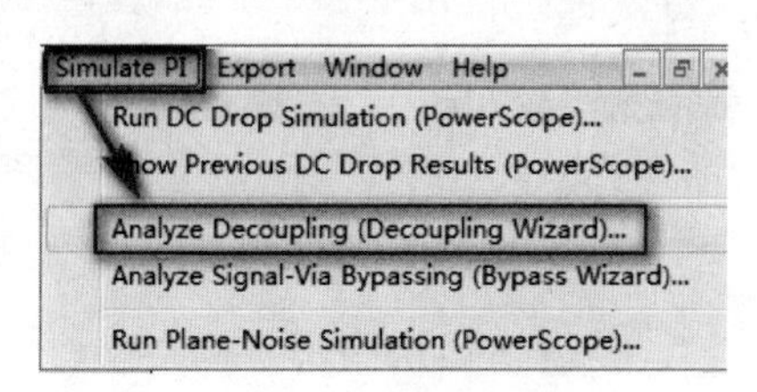


图 14-152

第 12 步：在打开的去耦向导对话框中按照图 14-153 中所示进行操作。

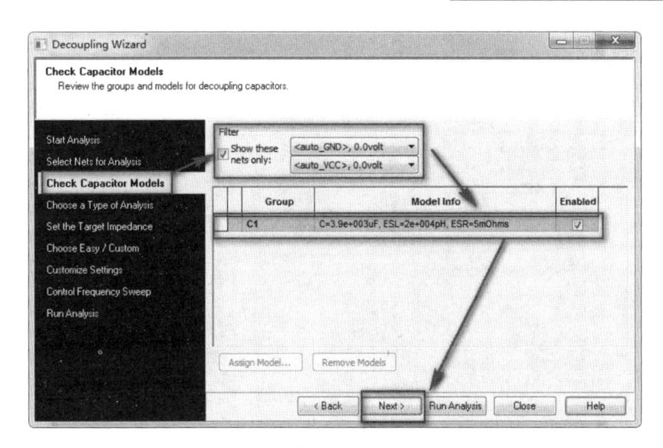


图 14-153

第 13 步：按照图 14-154 中所示进行操作。

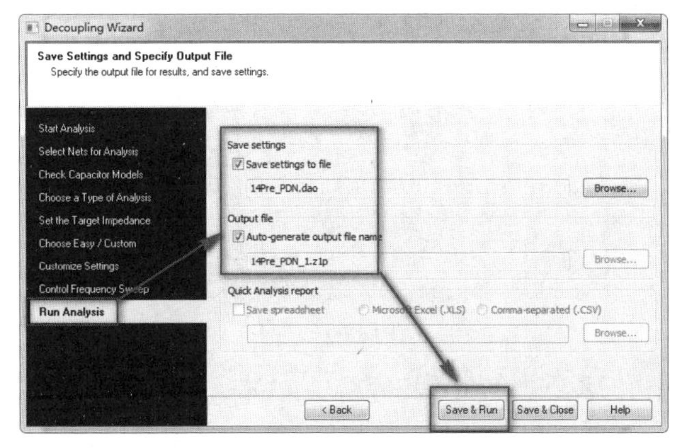


图 14-154

第 14 步：在弹出的对话框中可以看到增加一个去耦电容后的阻抗曲线（粉红色），如图 14-155 所示。

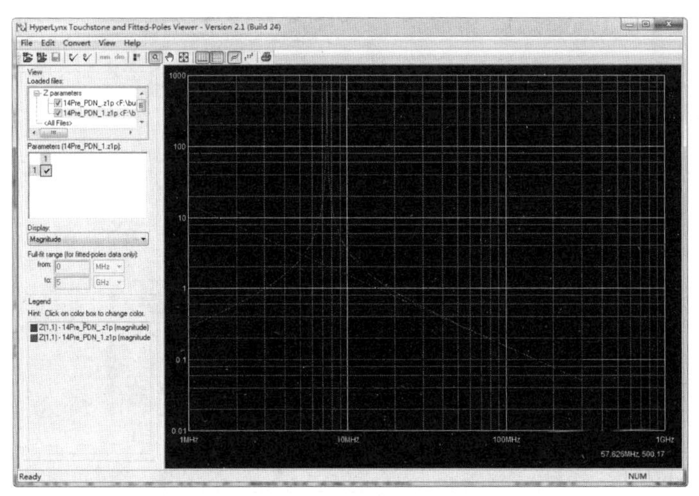


图 14-155

第 15 步：再次单击工具栏中的去耦电容图标“ ”，增加一个 0402 封装的去耦电容 C2，容值为 100nF，ESR=36mohm，电感选择自动计算，坐标为（2in，5in），具体设置如图 14-156 所示。

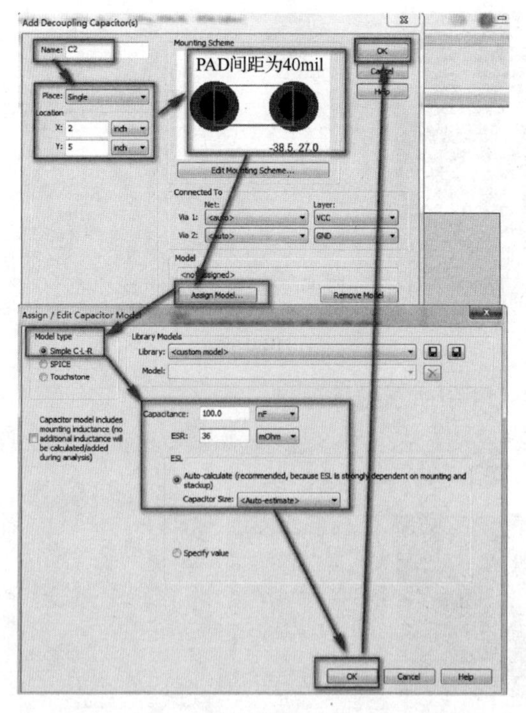


图 14-156

第 16 步：重复上面的步骤增加去耦电容 C3，具体操作如图 14-157 所示。

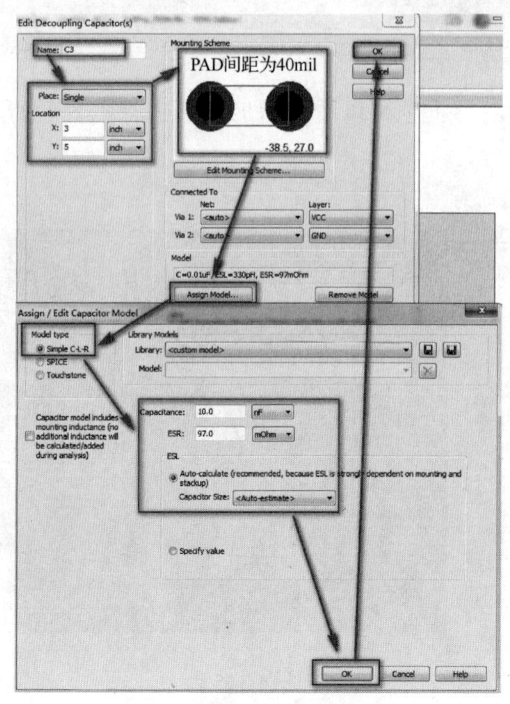


图 14-157

第 17 步：再次仿真，具体操作如图 14-158 所示。

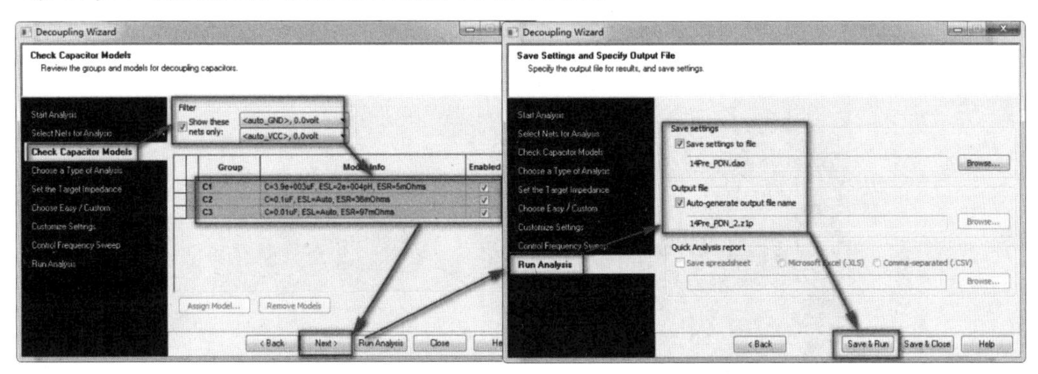


图 14-158

第 18 步：仿真出的阻抗曲线（增加 C2/C3 去耦电容后的黄色阻抗曲线）如图 14-159 所示。

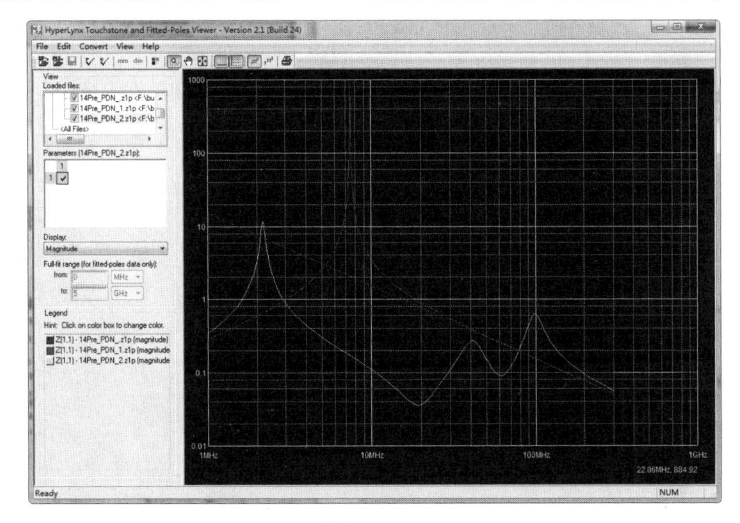


图 14-159

第 19 步：增加 24 个 100nF 的去耦电容，具体操作如图 14-160 所示。

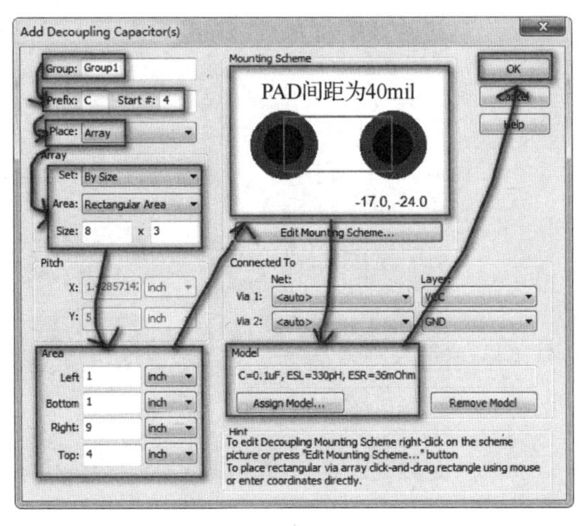


图 14-160

第 20 步：按照图 14-161～图 14-163（蓝色阻抗曲线）中所示的操作步骤进行仿真。

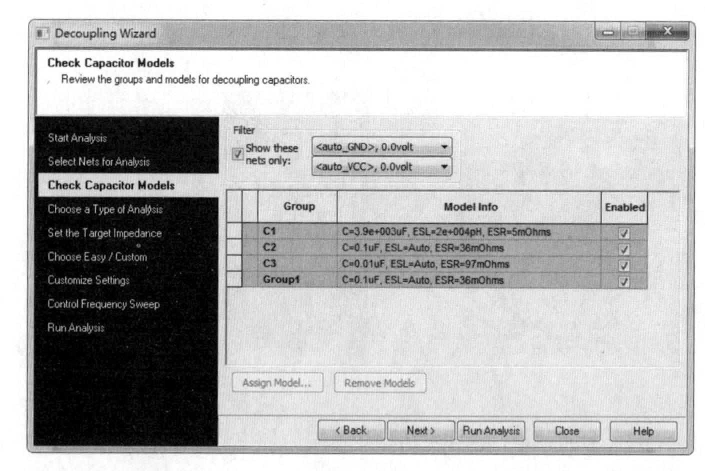


图 14-161

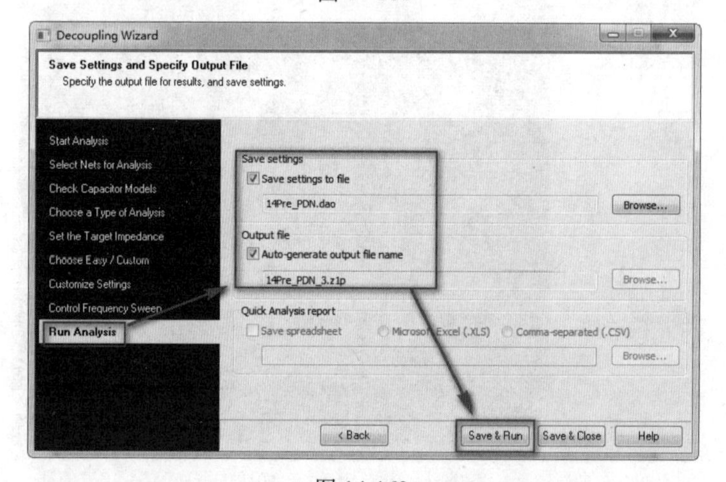


图 14-162

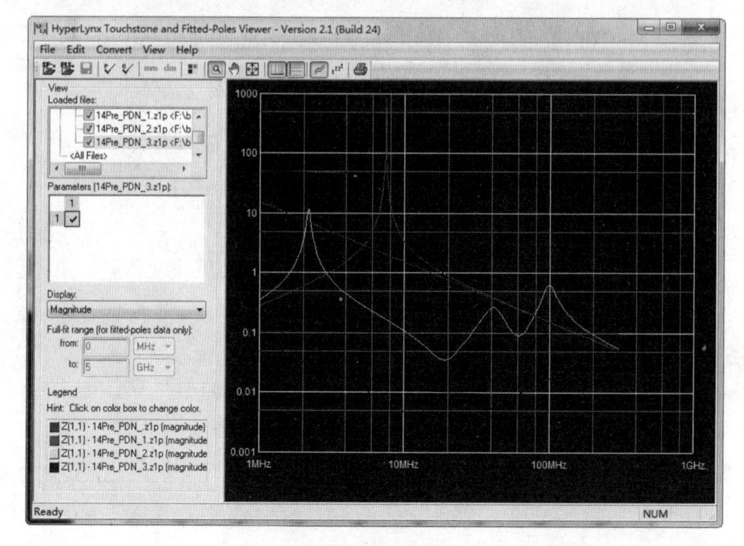


图 14-163

第 21 步：增加 24 个 10nF 的去耦电容，具体操作如图 14-164 所示。

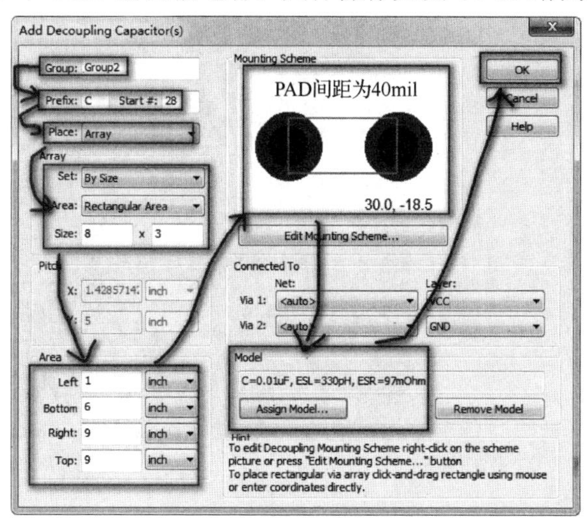


图 14-164

第 22 步：按照图 14-165～图 14-167（紫色阻抗曲线）中所示的操作步骤进行仿真。

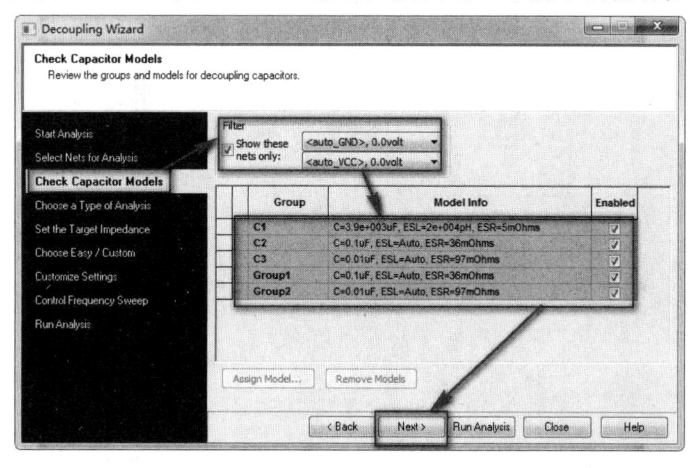


图 14-165

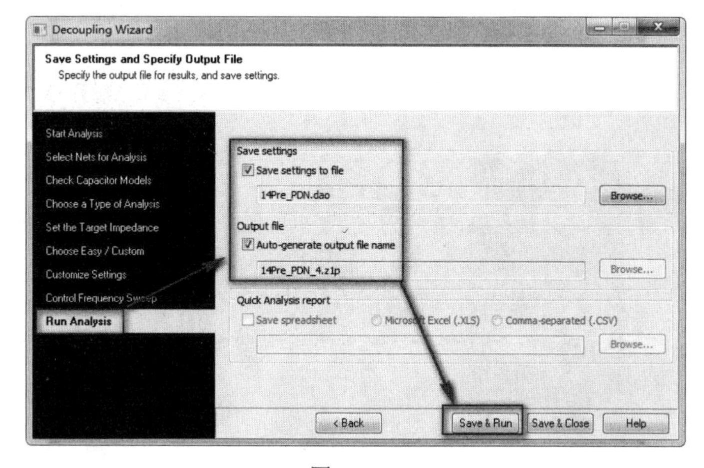


图 14-166

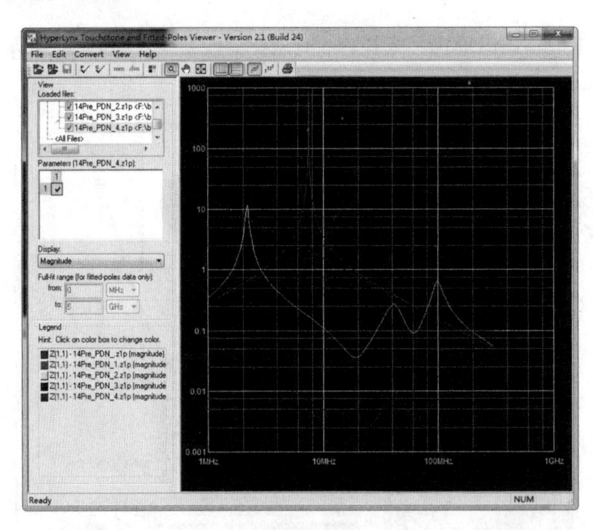

图 14-167

第 23 步：再次增加一个 0805 10μF 的瓷片电容，ESR=3mR，电感自动计算，坐标在（4in，5in）处，去压低低频区的阻抗，具体操作如图 14-168 所示。

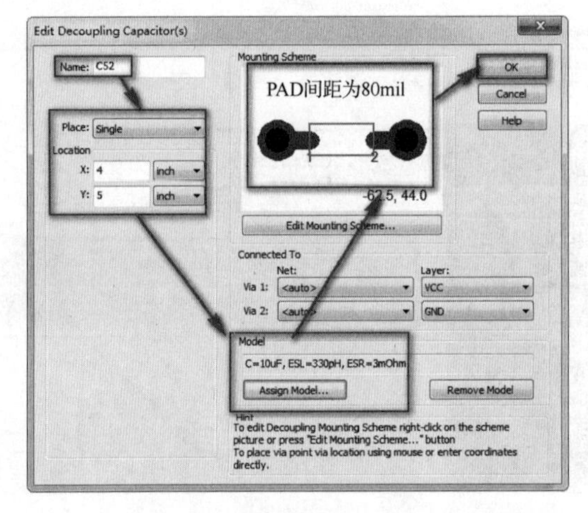


图 14-168

第 24 步：再次按图 14-169～图 14-171（绿色阻抗曲线）中所示的操作步骤进行仿真。

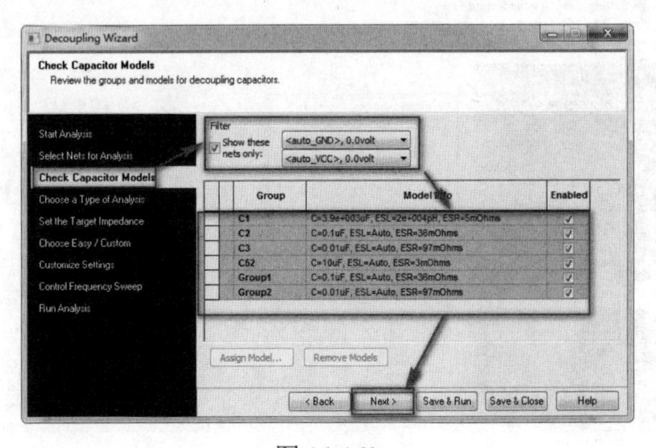


图 14-169

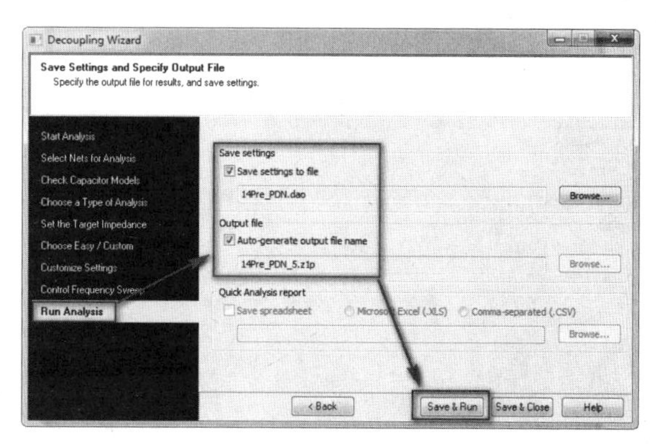


图 14-170

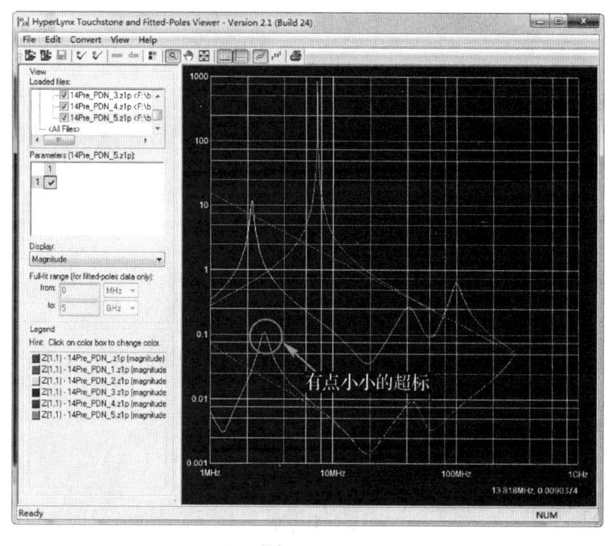


图 14-171

第 25 步：再次增加一个 4.7μF 的电容，ESR=36mR，电感为 0.56nH，坐标在（5in，5in）处，具体操作如图 14-172 所示。

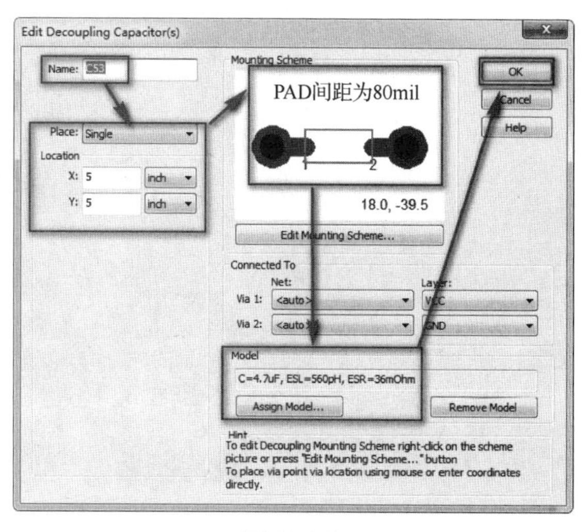


图 14-172

第 26 步：再次按图 14-173～图 14-175（浅绿色阻抗曲线）中所示的操作步骤进行仿真。

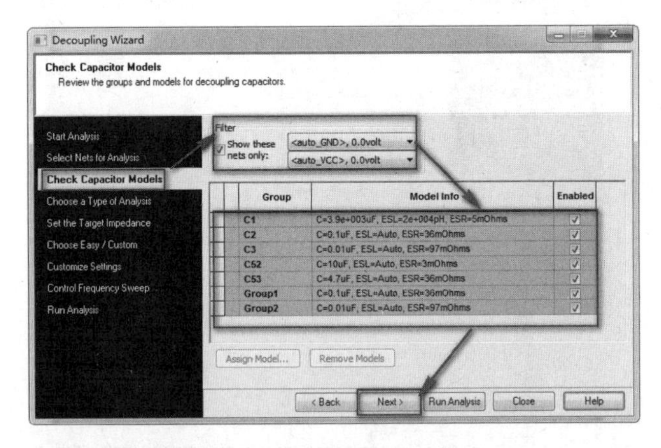


图 14-173

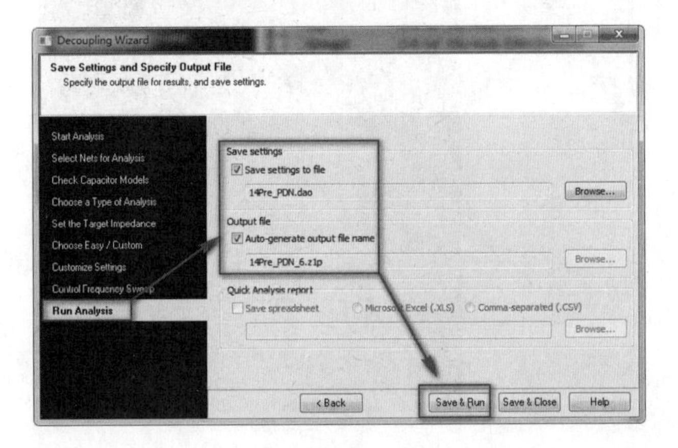


图 14-174

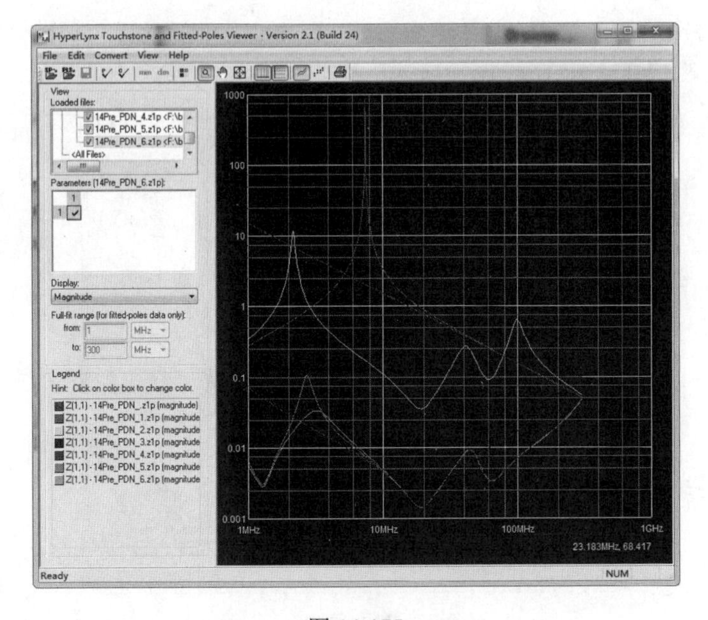


图 14-175

到此实现了目标阻抗曲线的要求，将目标阻抗曲线值压在了阻抗曲线以下。

## 14.11　多层板去耦后分析

多层板去耦后分析的操作步骤如下所述。

第 1 步：打开事先准备好的 14C10_GX.hyp 文件，如图 14-176 所示。

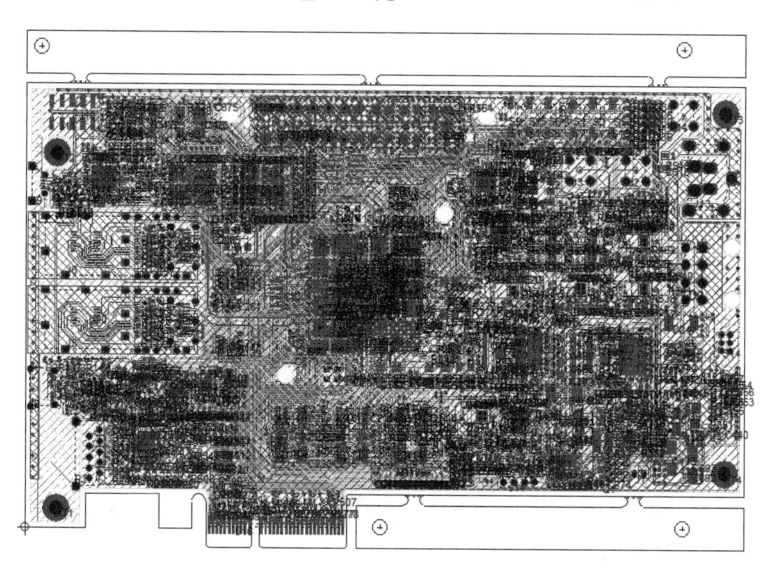

图 14-176

第 2 步：执行菜单命令 Setup>Power Supplies，在弹出的对话框中按照图 14-177 中所示进行操作。

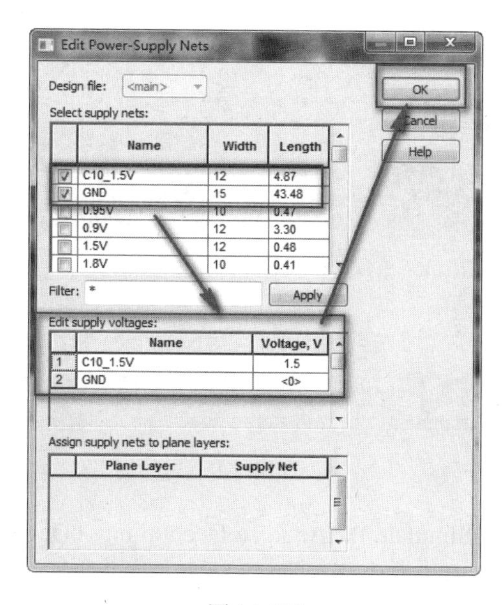


图 14-177

第 3 步：执行菜单命令 Models>Edit Decoupling-Capacitor Groups，在弹出的对话框中按照图 14-178 中所示进行操作。

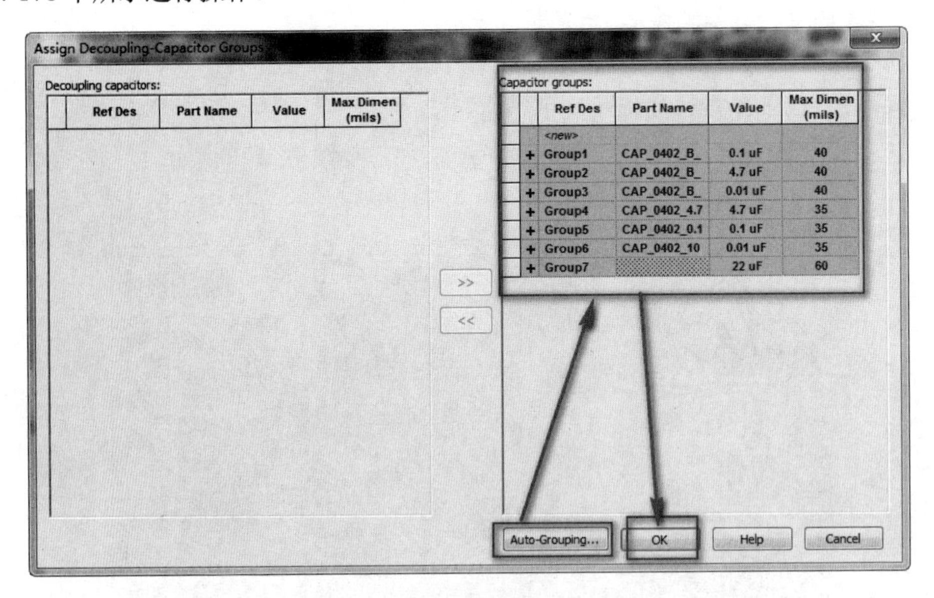


图 14-178

第 4 步：执行菜单命令 Models>Edit Decoupling-Capacitor Models，在弹出的对话框中按照图 14-179 中所示分配去耦电容组的模型。

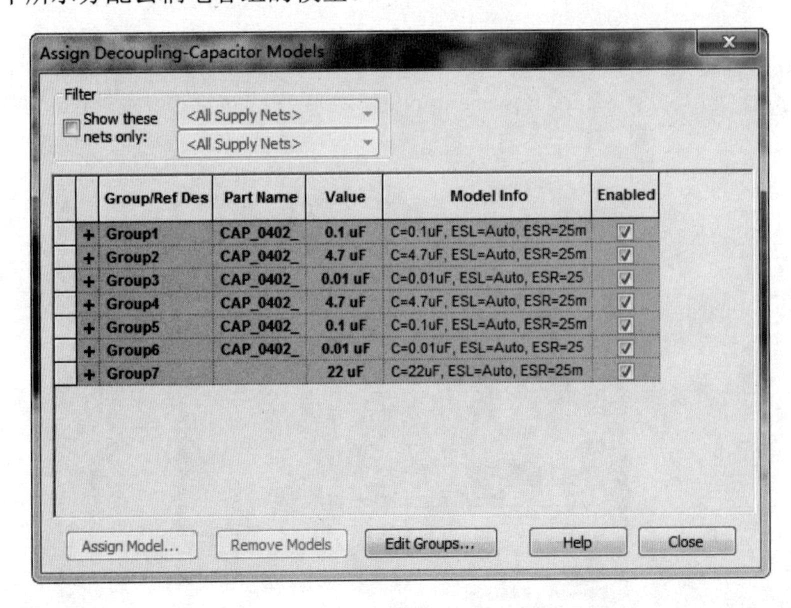


图 14-179

第 5 步：执行菜单命令 Simulate PI>Analyze Decoupling（Decoupling Wizard），在弹出的对话框中按照图 14-180～图 14-185 中所示进行操作。

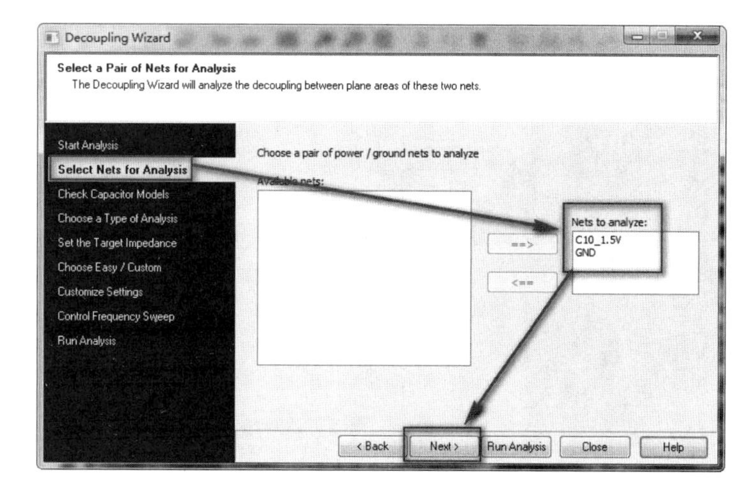


图 14-180

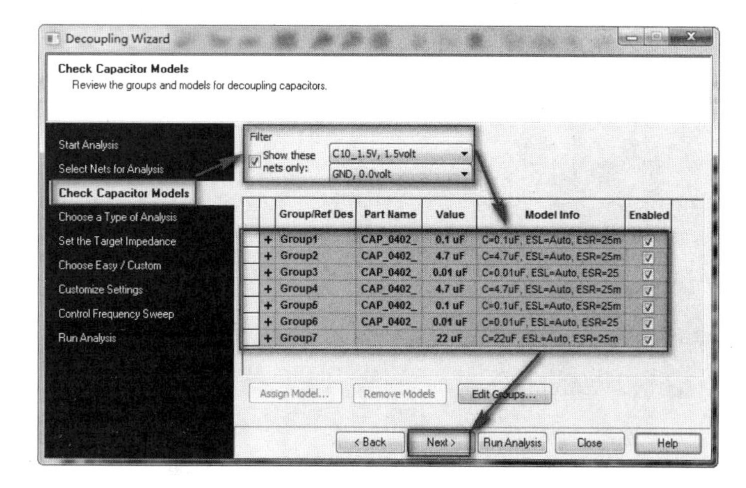


图 14-181

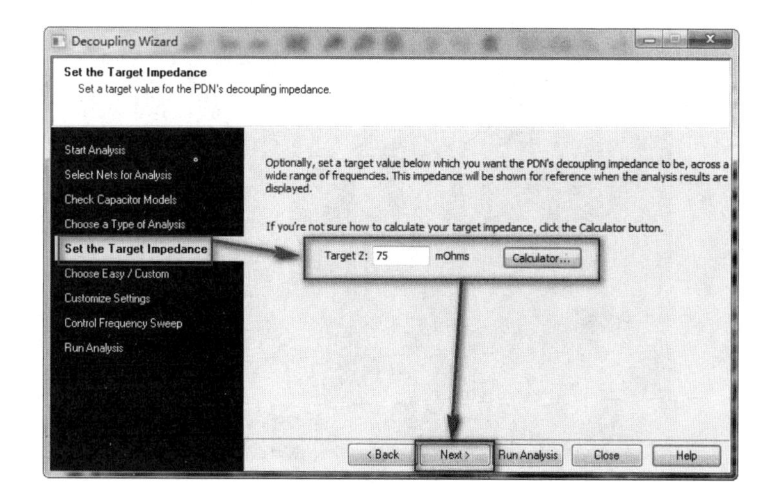


图 14-182

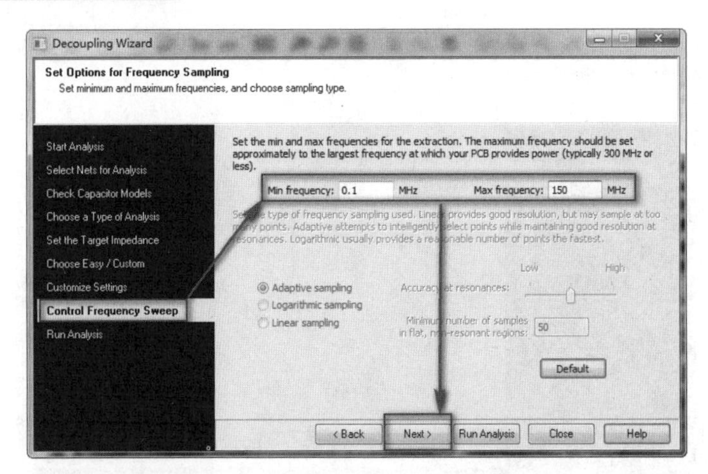


图 14-183

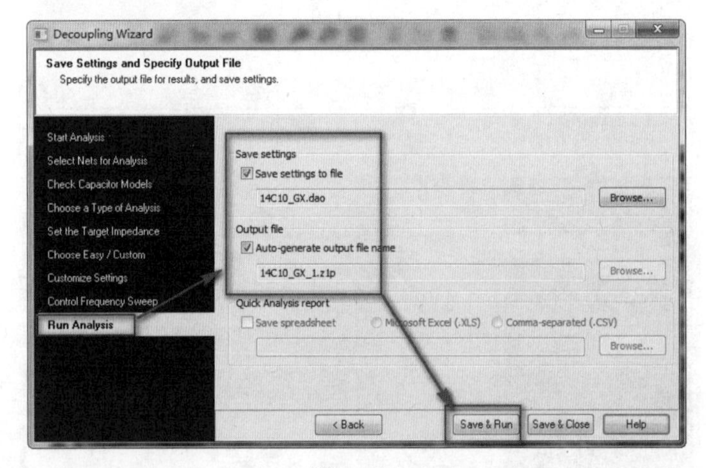


图 14-184

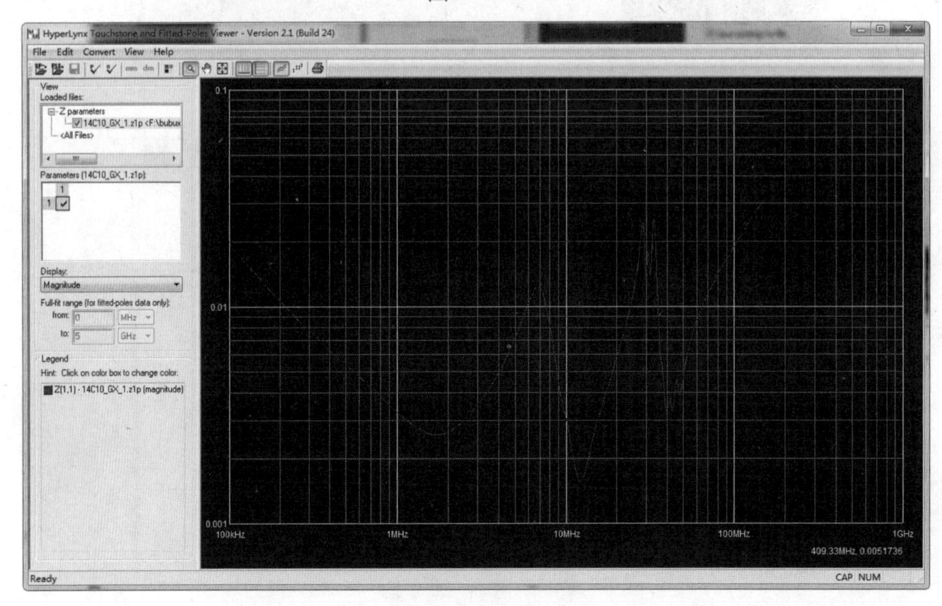


图 14-185

第 6 步：查看每个芯片每个引脚（Pin）的阻抗曲线。单击去耦向导对话框中的“Choose a Type of Analysis”，选择“Distributed Analysis”，然后按照图 14-186～图 14-188 中所示进行操作。

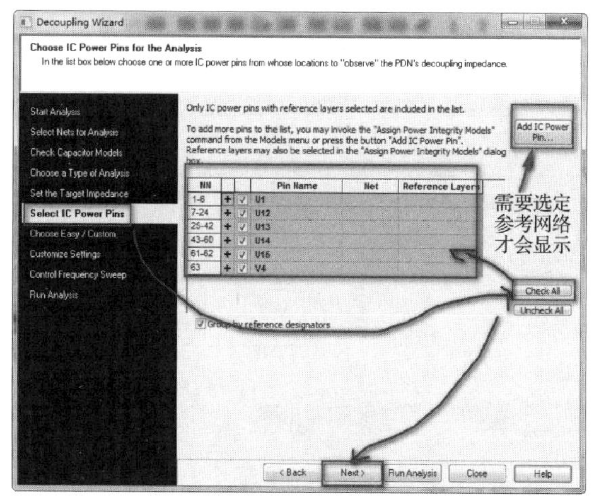


图 14-186

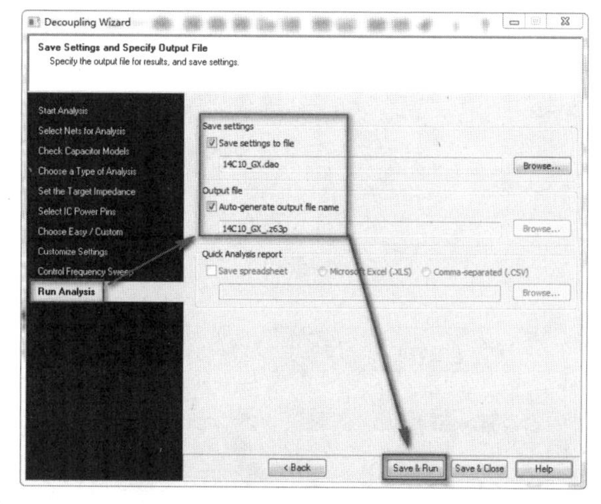


图 14-187

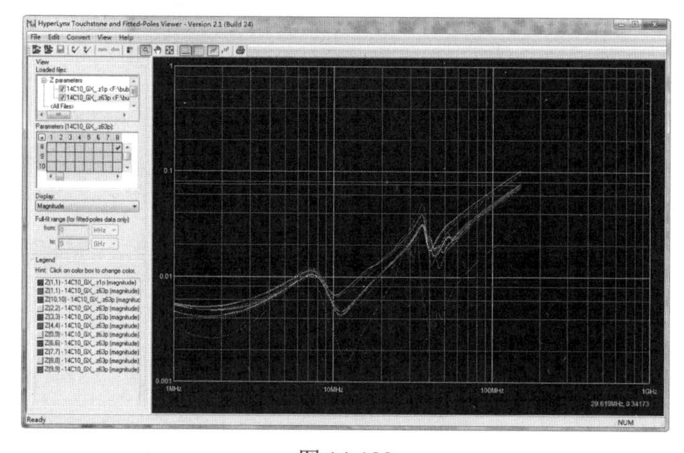

图 14-188

第 7 步：执行菜单命令 Simulate PI>Run Plane-Noise Simulation（PowerScope），进行平面噪声分析，具体操作如图 14-189～图 14-191 所示。

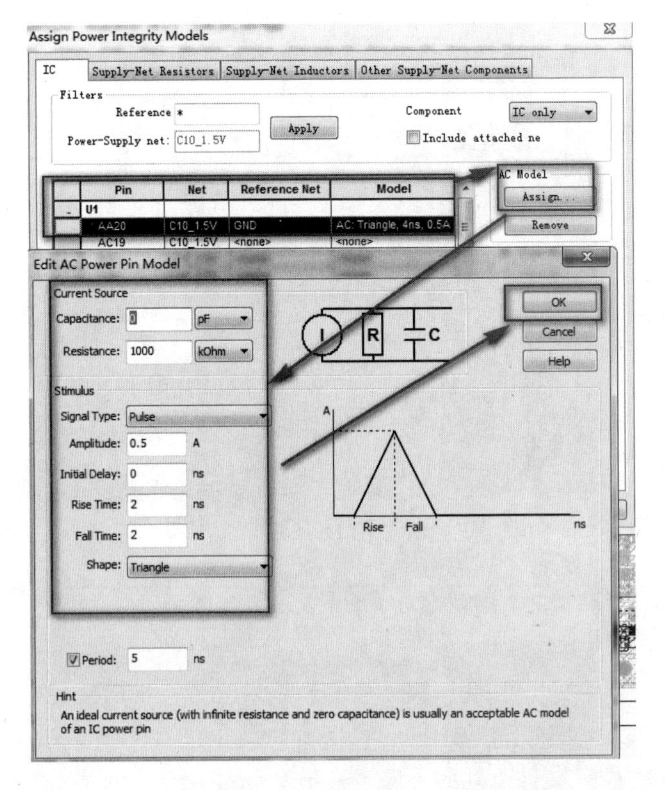


图 14-189

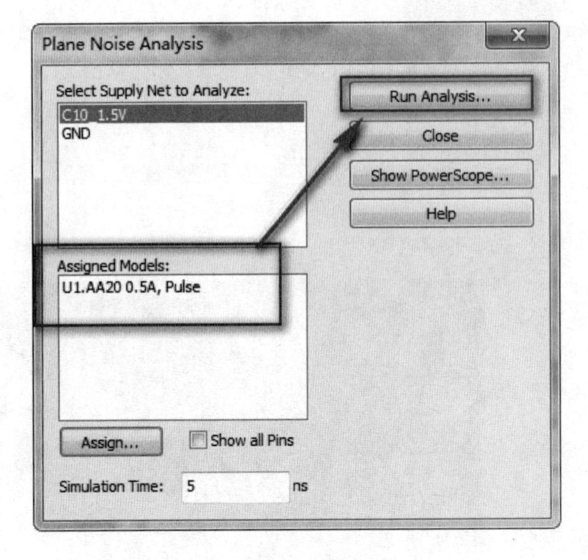


图 14-190

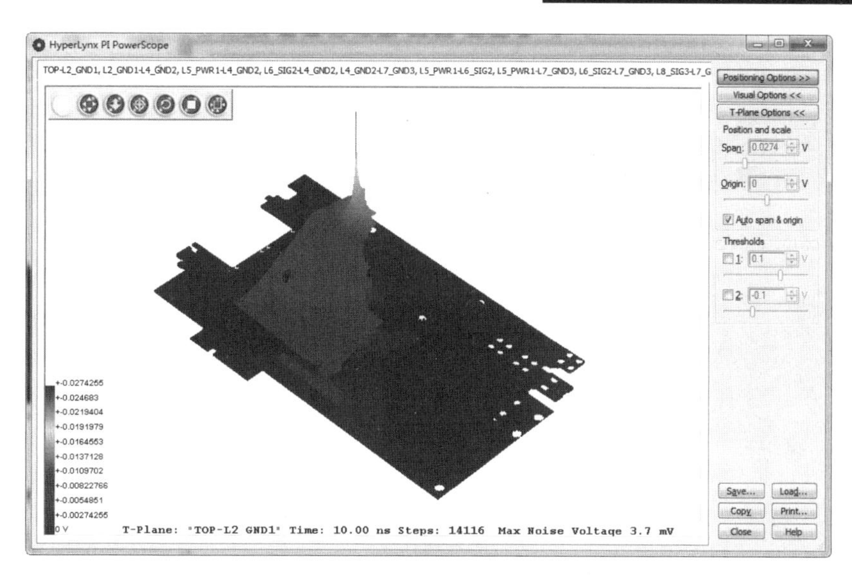


图 14-191

## 14.12　4 层板去耦后分析

4 层板去耦后分析的操作步骤如下所述。

第 1 步：打开事先准备好的 14ATE_BGA324_1113_BoardSim.hyp 文件，如图 14-192 所示。

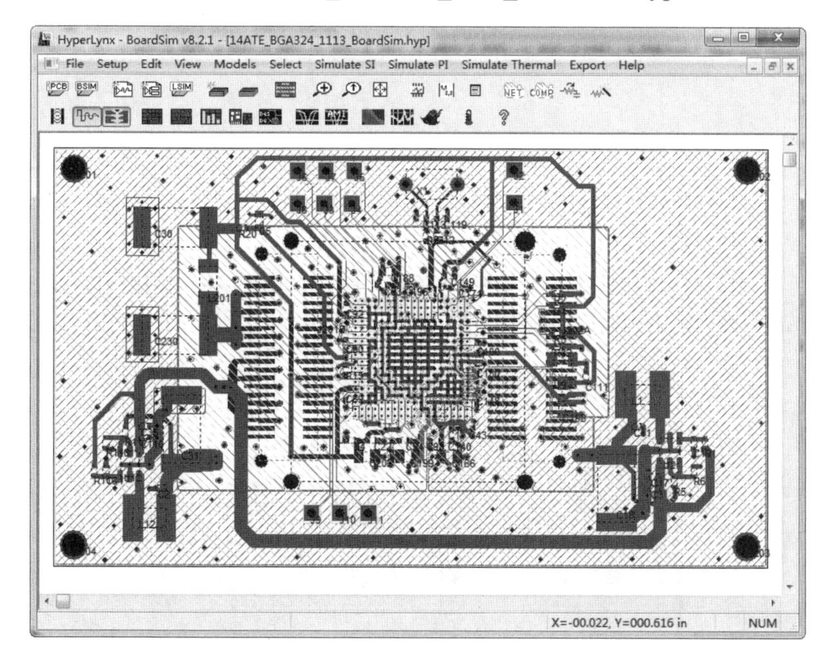


图 14-192

第 2 步：执行菜单命令 Setup>Power Supplies，出现电源网络编辑对话框，如图 14-193 所示，在该对话框中选择编辑好的电源和地网络。

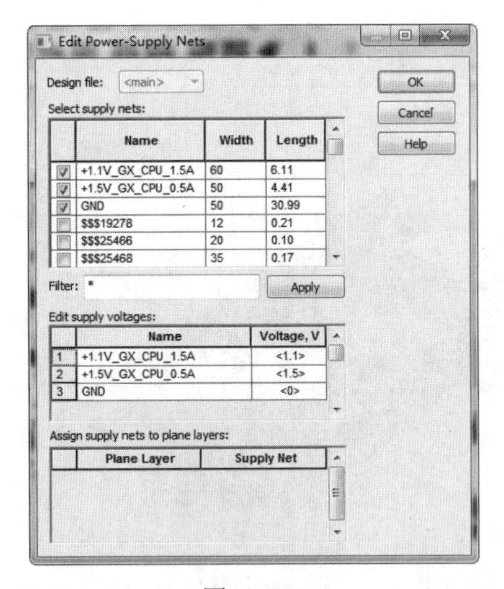


图 14-193

第 3 步：执行菜单命令 Models>Edit Decoupling-Capacitor Groups，在弹出的对话框中分配去耦电容组，具体操作如图 14-194 所示。

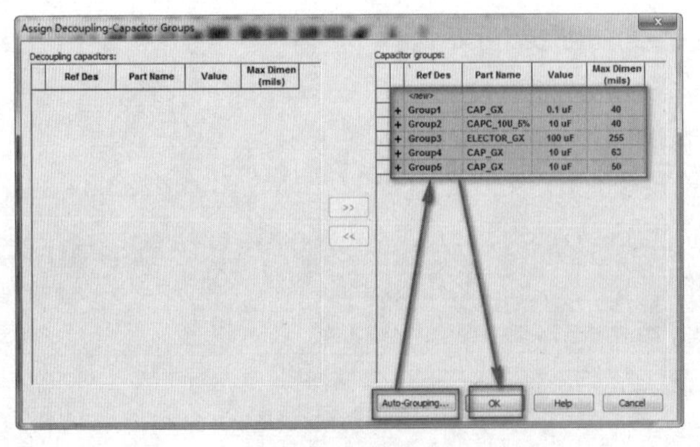


图 14-194

第 4 步：执行菜单命令 Models>Edit Decoupling-Capacitor Models，在弹出的对话框中分配去耦电容组的模型，具体操作如图 14-195 所示。

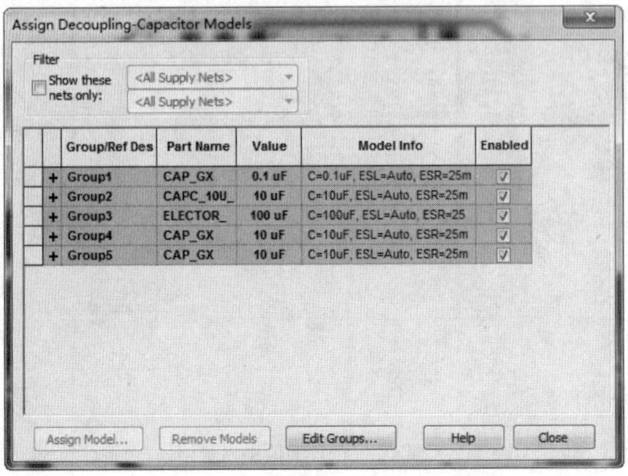

Assign Decoupling-Capacitor Models

Filter
Show these nets only: <All Supply Nets> <All Supply Nets>

| Group/Ref Des | Part Name | Value | Model Info | Enabled |
|---|---|---|---|---|
| + Group1 | CAP_GX | 0.1 uF | C=0.1uF, ESL=Auto, ESR=25m | √ |
| + Group2 | CAPC_10U_ | 10 uF | C=10uF, ESL=Auto, ESR=25m | √ |
| + Group3 | ELECTOR_ | 100 uF | C=100uF, ESL=Auto, ESR=25 | √ |
| + Group4 | CAP_GX | 10 uF | C=10uF, ESL=Auto, ESR=25m | √ |
| + Group5 | CAP_GX | 10 uF | C=10uF, ESL=Auto, ESR=25m | √ |

Assign Model... Remove Models Edit Groups... Help Close

图 14-195

第 5 步：执行菜单命令 Simulate PI>Analyze Decoupling（Decoupling Wizard），在弹出的对话框中按照图 14-196～图 14-200 中所示进行操作。

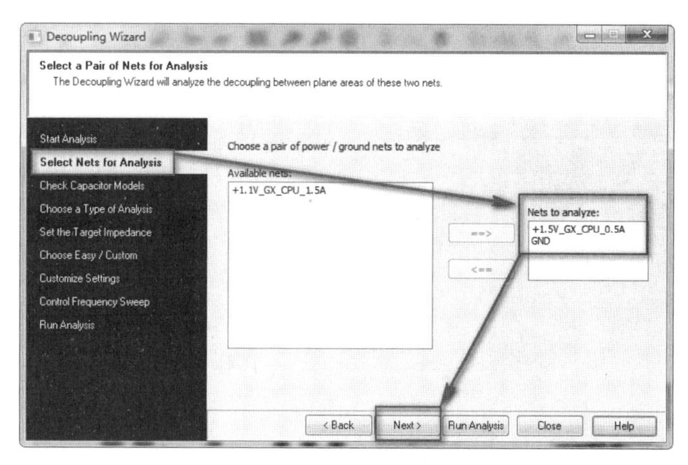


图 14-196

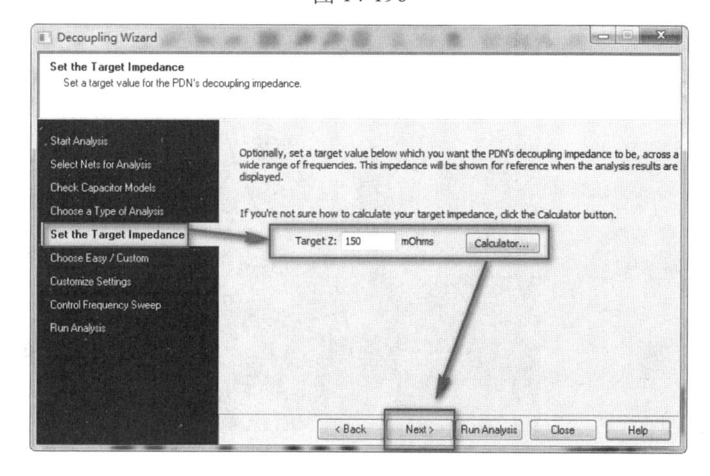


图 14-197

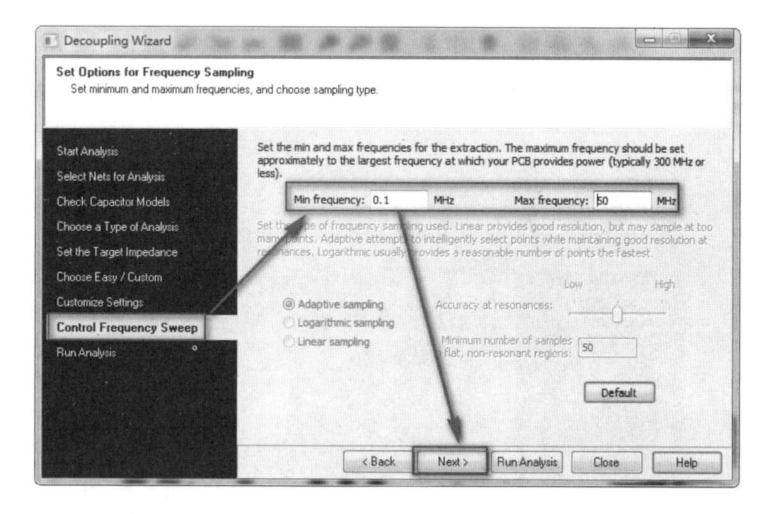


图 14-198

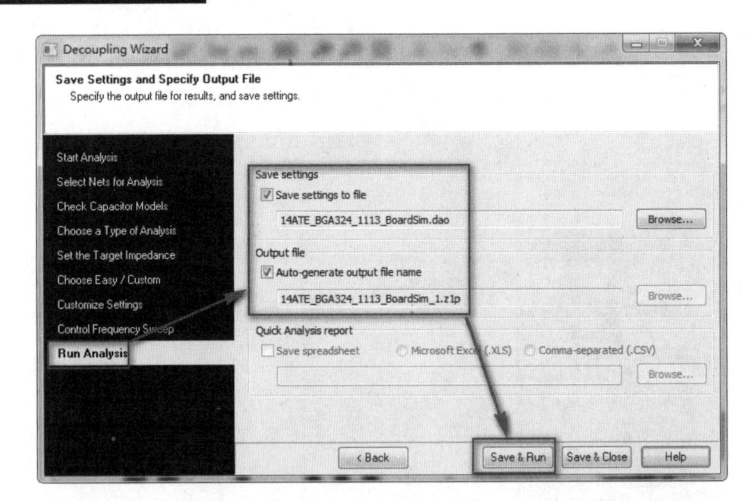


图 14-199

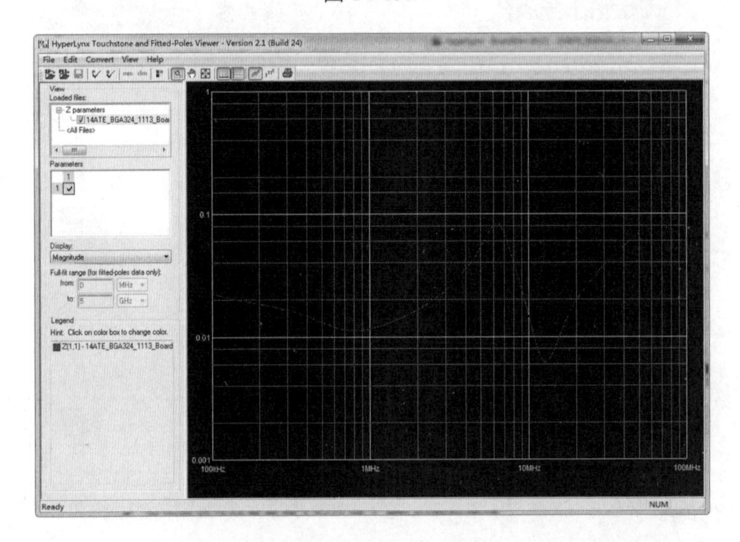

图 14-200

第 6 步：查看每个芯片每个引脚的阻抗曲线，如图 14-201～图 14-206 所示进行操作。

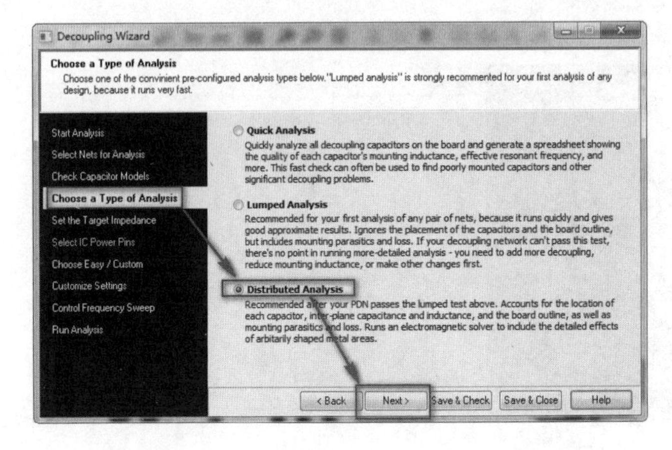


图 14-201

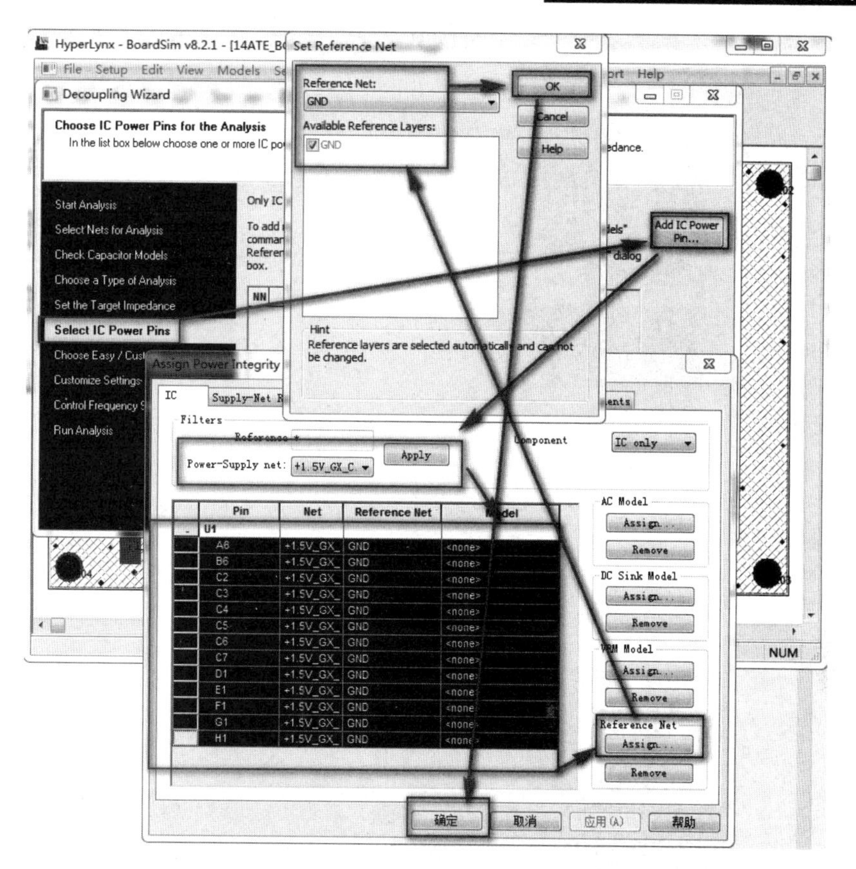


图 14-202

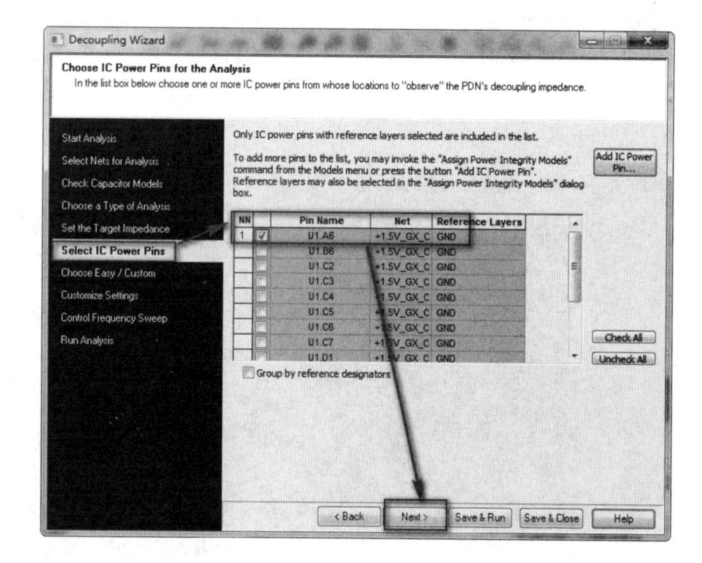


图 14-203

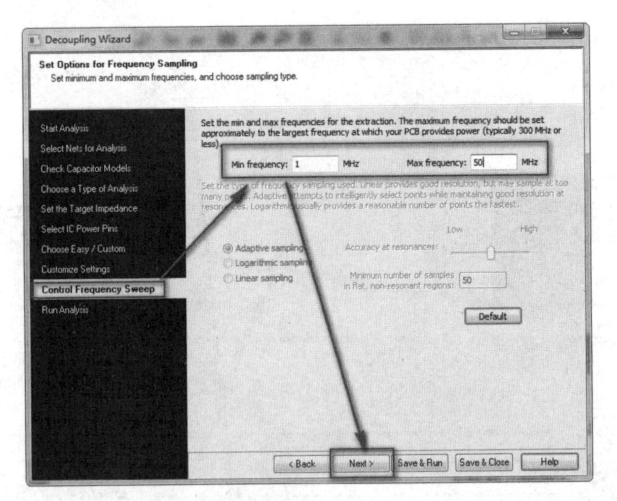


图 14-204

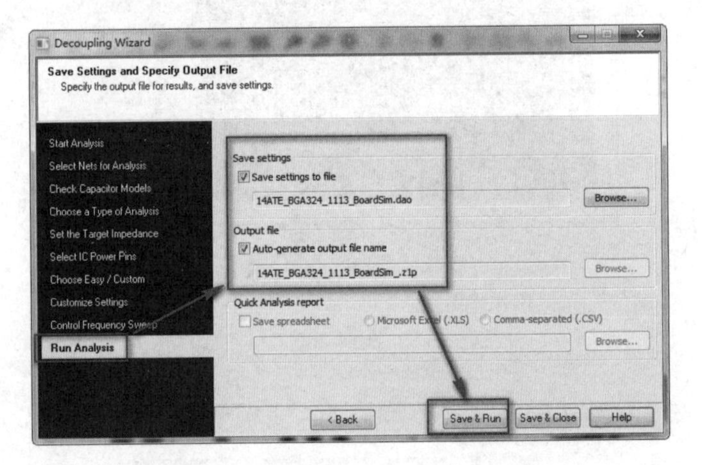


图 14-205

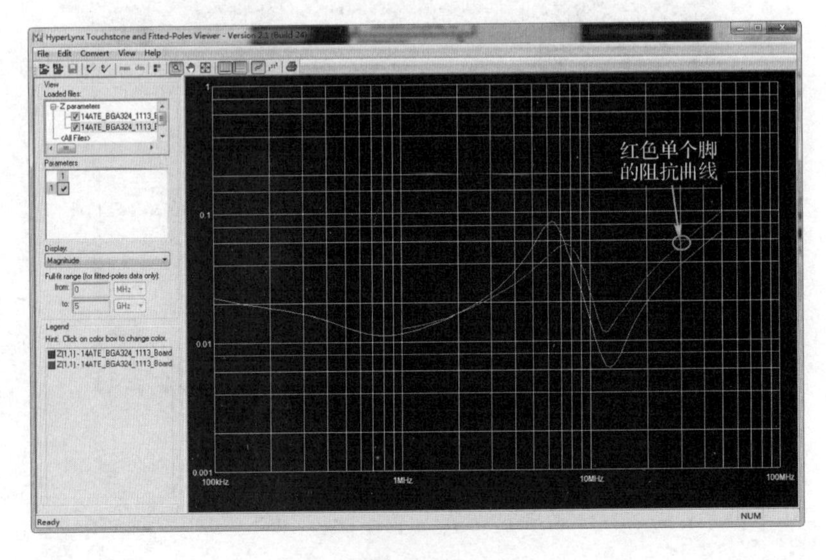


图 14-206

第 7 步：选择另一个网络，如图 14-207～图 14-209 所示进行操作。

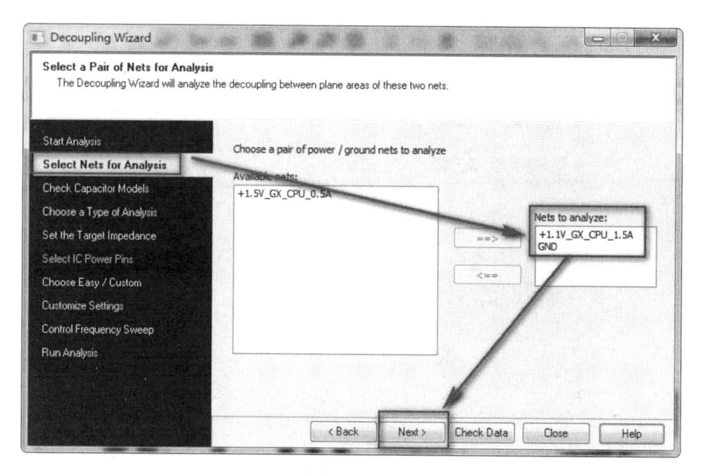


图 14-207

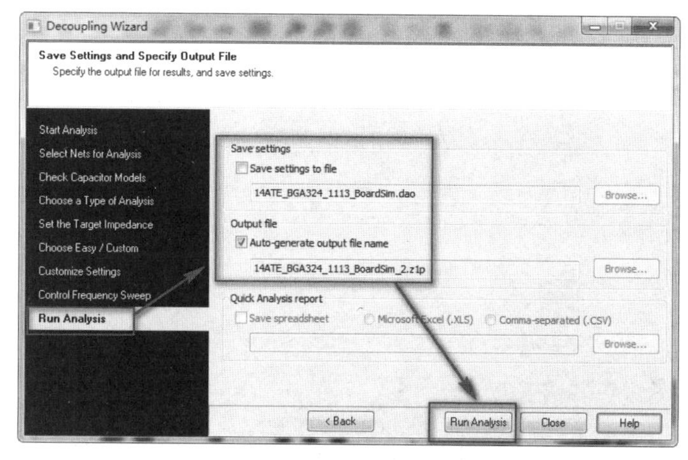


图 14-208

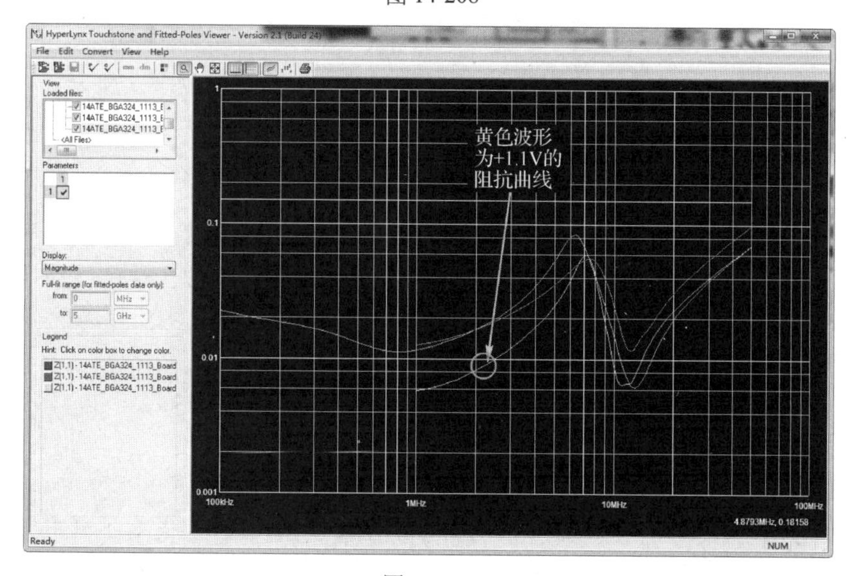


图 14-209

第 8 步：执行菜单命令 Simulate PI>Run Plane-Noise Simulation（PowerScope），进行平面噪声分析，具体操作如图 14-210 和图 14-211 所示。

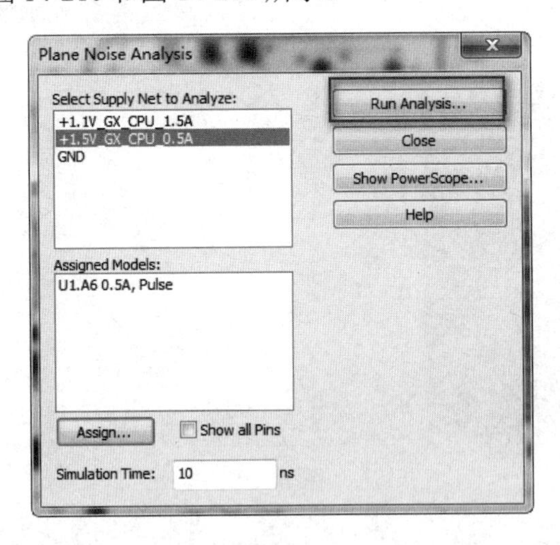


图 14-210

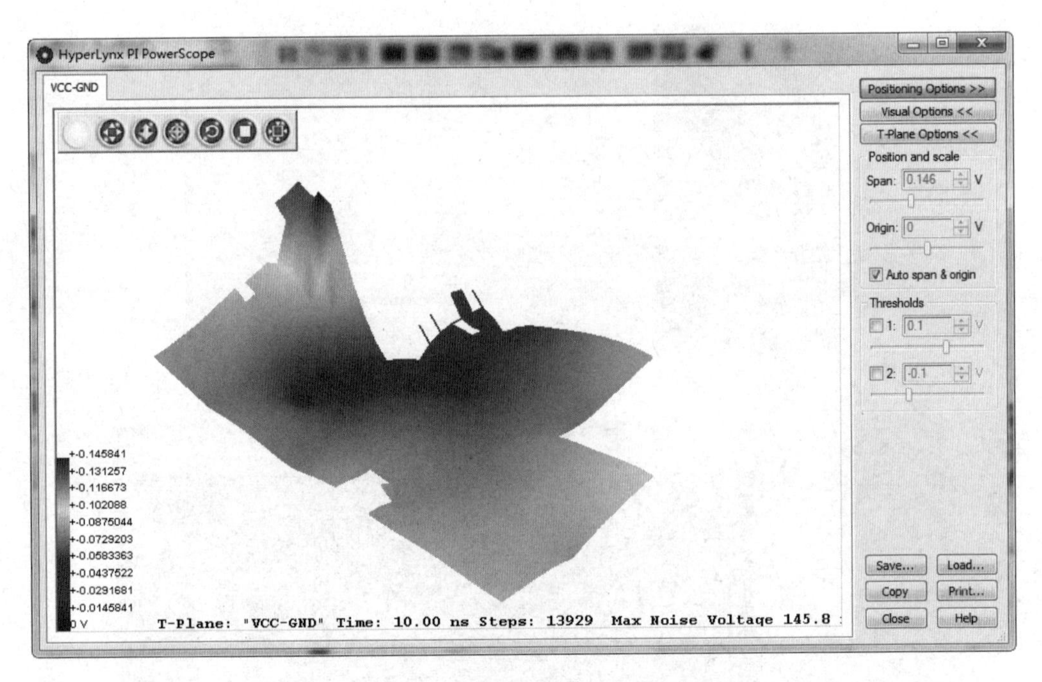


图 14-211

## 14.13 导出内存条 EBD 模型

导出内存条 EBD 模型的操作步骤如下所述。

第 1 步：单击“HyperLynx”图标，启动 HyperLynx 软件，在弹出的对话框中按照图 14-212 中所示进行操作。

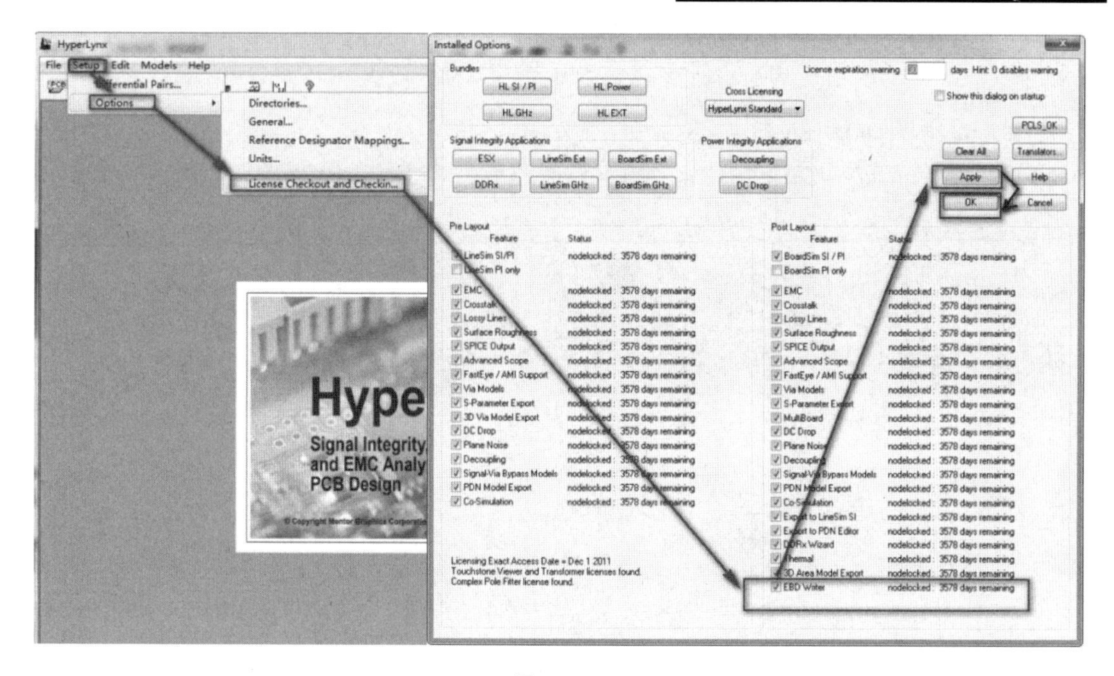


图 14-212

第 2 步：打开准备好的 MT16HTF6464AY-40EB2.hyp 文件，具体操作如图 14-213 所示。

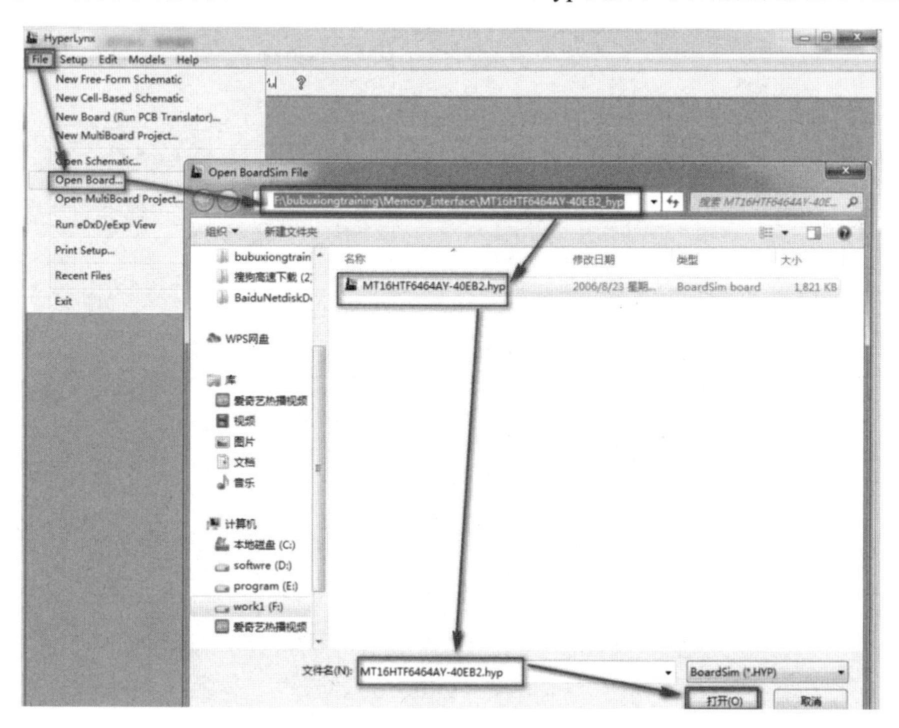


图 14-213

第 3 步：单击图 14-213 中的“打开”按钮后，内存条文件就调入工作区了，如图 14-214 所示。

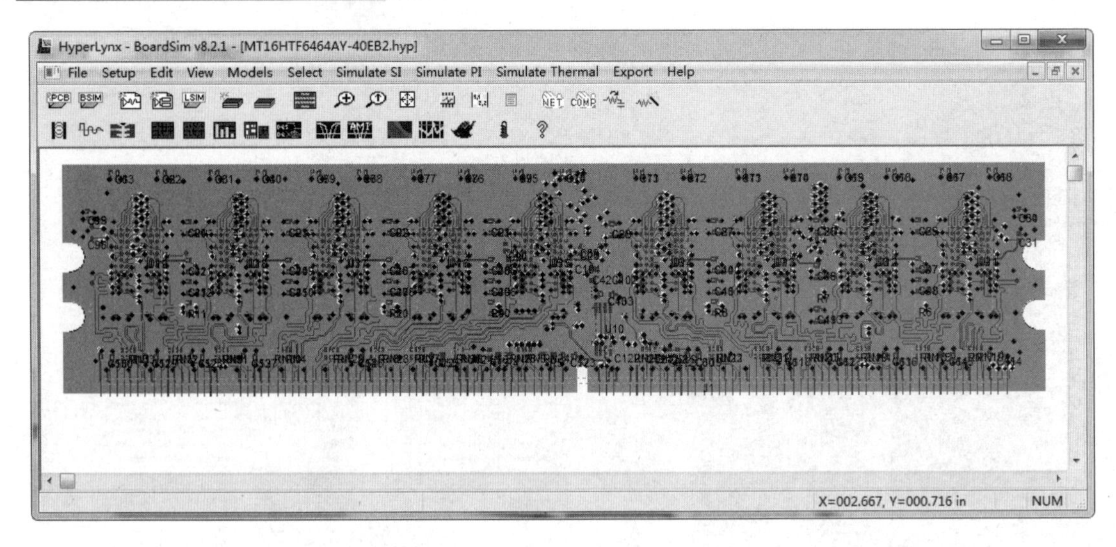

图 14-214

第 4 步：按照图 14-215 中所示进行操作。

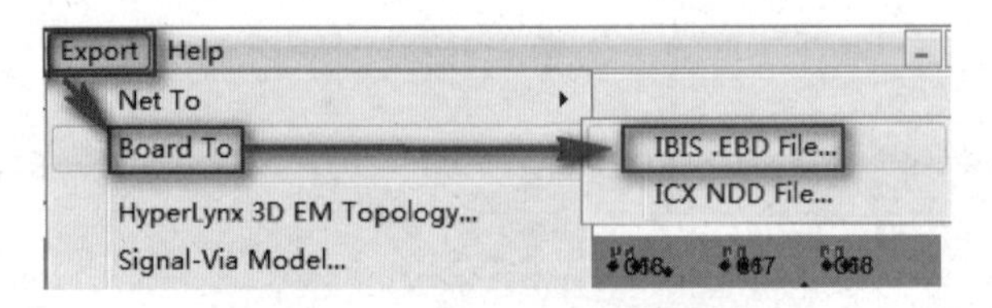


图 14-215

第 5 步：在弹出的对话框中选择内存条的插槽参考标识 J1，具体操作如图 14-216～图 14-219 所示。

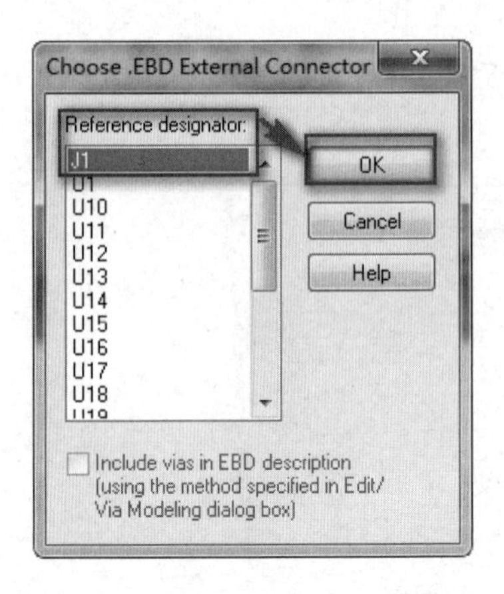


图 14-216

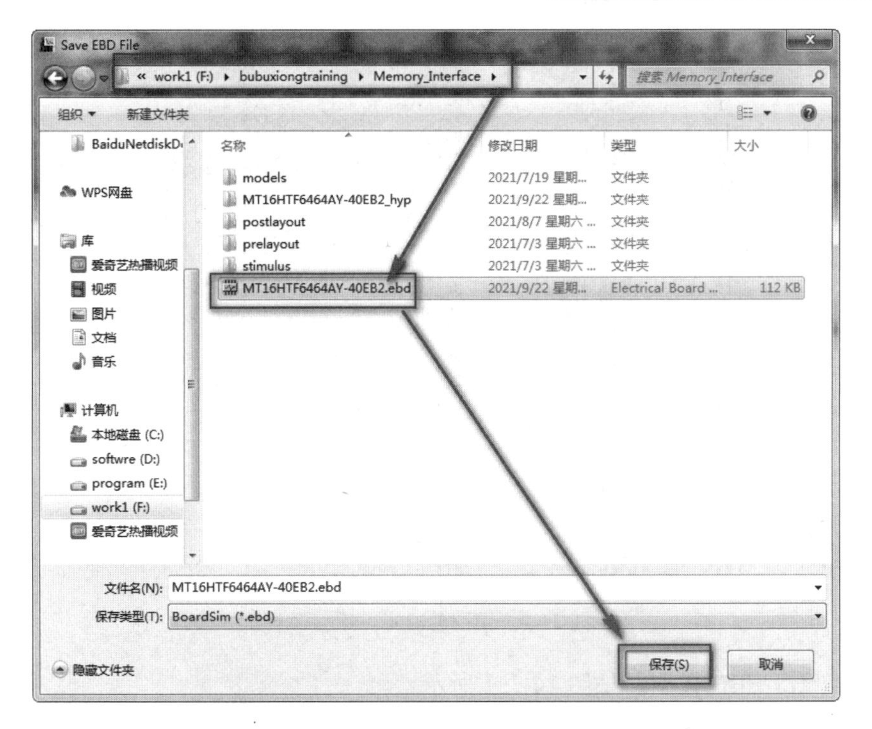


图 14-217

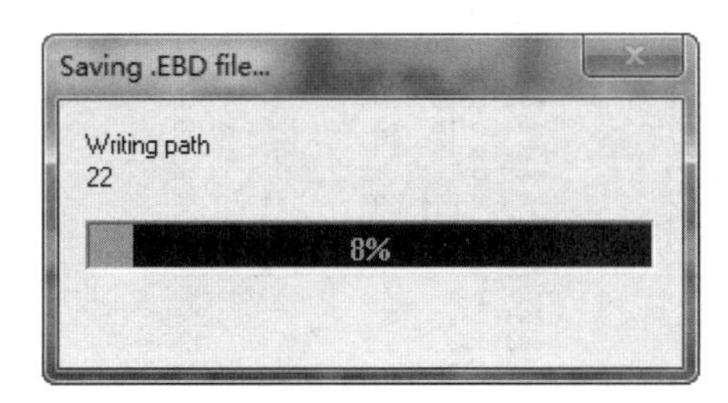


图 14-218

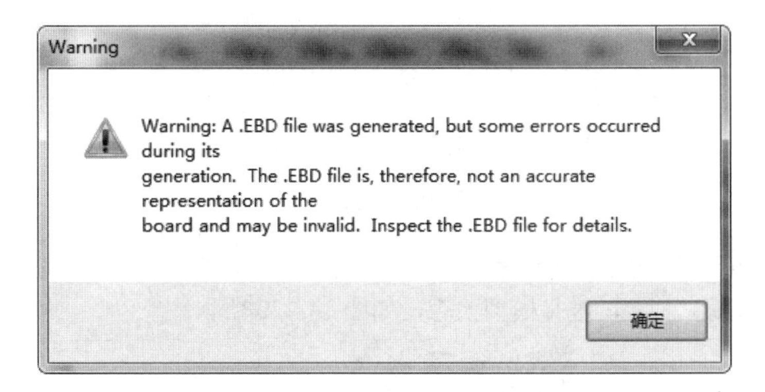


图 14-219

第 6 步：打开导出后的 EBD 模型，进行检查，如图 14-220 所示。

```
[Reference Designator Map]
| Ref Des  File name    Component name
TP1        tp1.ibs           Warning: Supply a valid mapping
TP2        tp2.ibs           Warning: Supply a valid mapping
TP3        tp3.ibs           Warning: Supply a valid mapping
TP4        tp4.ibs           Warning: Supply a valid mapping
TP5        tp5.ibs           Warning: Supply a valid mapping
TP6        tp6.ibs           Warning: Supply a valid mapping
TP7        tp7.ibs           Warning: Supply a valid mapping
TP8        tp8.ibs           Warning: Supply a valid mapping
TP9        tp9.ibs           Warning: Supply a valid mapping
TP10       tp10.ibs          Warning: Supply a valid mapping
TP11       tp11.ibs          Warning: Supply a valid mapping
TP12       tp12.ibs          Warning: Supply a valid mapping
TP13       tp13.ibs          Warning: Supply a valid mapping
U1         u26a.ibs          MT47H32M8BP_CLP
U2         u26a.ibs          MT47H32M8BP_CLP
U3         u26a.ibs          MT47H32M8BP_CLP
U4         u26a.ibs          MT47H32M8BP_CLP
U5         u26a.ibs          MT47H32M8BP_CLP
U6         u26a.ibs          MT47H32M8BP_CLP
U7         u26a.ibs          MT47H32M8BP_CLP
U8         u26a.ibs          MT47H32M8BP_CLP
U9         u26a.ibs          MT47H32M8BP_CLP
U10        eeprom_nc.ibs     eeprom
U11        u26a.ibs          MT47H32M8BP_CLP
U12        u26a.ibs          MT47H32M8BP_CLP
U13        u26a.ibs          MT47H32M8BP_CLP
U14        u26a.ibs          MT47H32M8BP_CLP
U15        u26a.ibs          MT47H32M8BP_CLP
U16        u26a.ibs          MT47H32M8BP_CLP
U17        u26a.ibs          MT47H32M8BP_CLP
U18        u26a.ibs          MT47H32M8BP_CLP
U19        u26a.ibs          MT47H32M8BP_CLP
```

图 14-220

第 7 步：修改 EBD 模型，如图 14-221 所示。

```
[Reference Designator Map]
| Ref Des  File name     Component name
TP1        test_point.ibs     test_point
TP2        test_point.ibs     test_point
TP3        test_point.ibs     test_point
TP4        test_point.ibs     test_point
TP5        test_point.ibs     test_point
TP6        test_point.ibs     test_point
TP7        test_point.ibs     test_point
TP8        test_point.ibs     test_point
TP9        test_point.ibs     test_point
TP10       test_point.ibs     test_point
TP11       test_point.ibs     test_point
TP12       test_point.ibs     test_point
TP13       test_point.ibs     test_point
U1         u26a.ibs           MT47H32M8BP_CLP
U2         u26a.ibs           MT47H32M8BP_CLP
U3         u26a.ibs           MT47H32M8BP_CLP
U4         u26a.ibs           MT47H32M8BP_CLP
U5         not_used.ibs       not_used
U6         u26a.ibs           MT47H32M8BP_CLP
U7         u26a.ibs           MT47H32M8BP_CLP
U8         u26a.ibs           MT47H32M8BP_CLP
U9         u26a.ibs           MT47H32M8BP_CLP
U10        eeprom_nc.ibs      eeprom
U11        u26a.ibs           MT47H32M8BP_CLP
U12        u26a.ibs           MT47H32M8BP_CLP
U13        u26a.ibs           MT47H32M8BP_CLP
U14        u26a.ibs           MT47H32M8BP_CLP
U15        not_used.ibs       not_used
U16        u26a.ibs           MT47H32M8BP_CLP
U17        u26a.ibs           MT47H32M8BP_CLP
U18        u26a.ibs           MT47H32M8BP_CLP
U19        u26a.ibs           MT47H32M8BP_CLP
```

图 14-221

第 8 步：单击工具栏中的 IBIS 编辑器图标“”，打开模型编辑器。在模型编辑器中，单击工具栏中的图标“✓”，进行模型检查，如图 14-222 所示。

图 14-222

最后软件没有提示任何错误后就表示成功了，到此 EBD 模型就可以提供给用户使用了。

# 第 15 章

# HyperLynx 之 S 参数级联和 TDR 查看

HyperLynx 软件的 S 参数级联和 TDR 查看步骤如下所述。

第 1 步：单击桌面中的图标“”，启动 SI9000 软件，在弹出的阻抗页面中按照图 15-1 中所示进行操作，在频率相关计算页面中按照图 15-2 中所示进行操作。

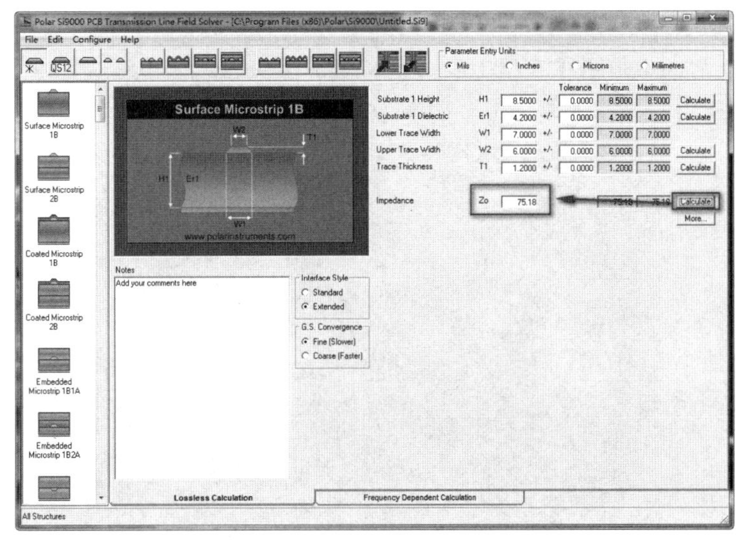


图 15-1

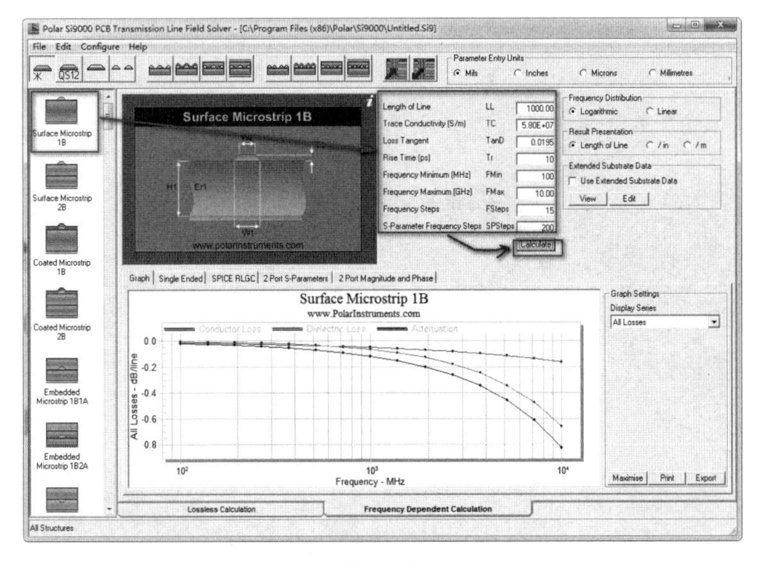


图 15-2

第 2 步：如图 15-3 所示，执行菜单命令 File>Export TouchStone Format，弹出如图 15-4 所示的对话框。

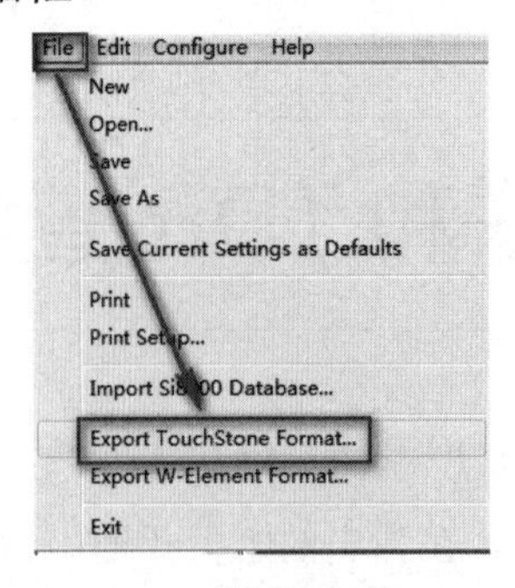


图 15-3

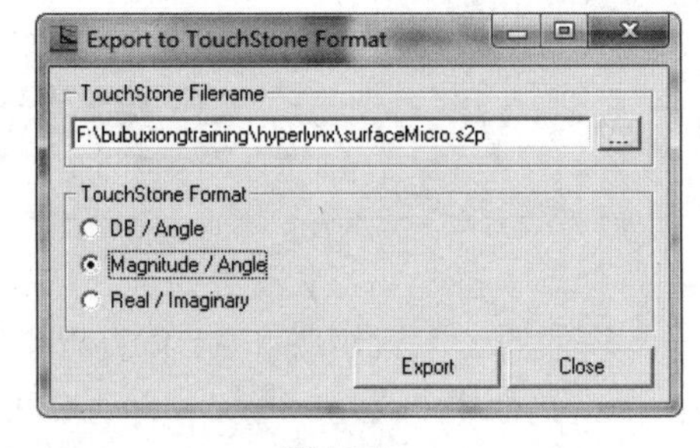


图 15-4

第 3 步：单击 HyperLynx 软件图标，启动 HyperLynx 软件。如图 15-5 所示，在弹出的 HyperLynx 软件主界面中单击工具栏中的编辑 S 参数图标“”，然后在弹出的对话框中按照图 15-6 所示的步骤进行操作，最后得到如图 15-7 所示的插损曲线图。

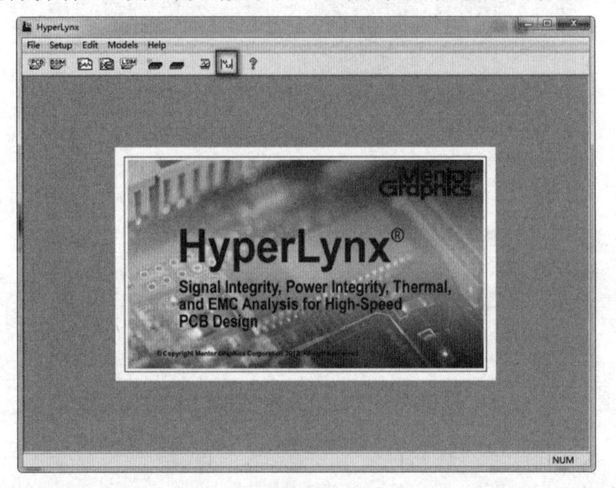


图 15-5

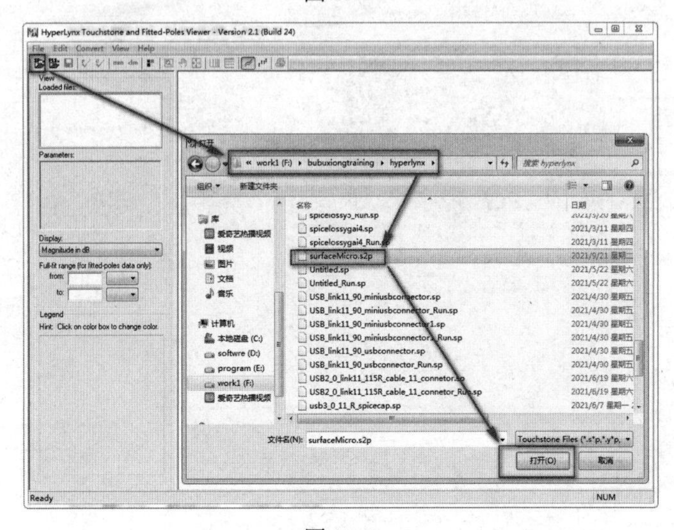


图 15-6

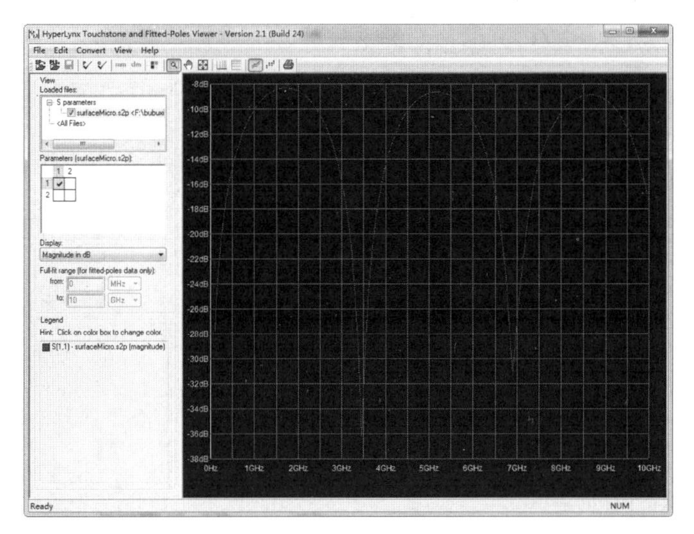


图 15-7

第 4 步：如图 15-8 所示，执行菜单命令 View>TDR Impedance Plot，打开 TDR 对话框。在该对话框中，按照图 15-9 中所示进行操作，即可看到 TDR 阻抗曲线图。

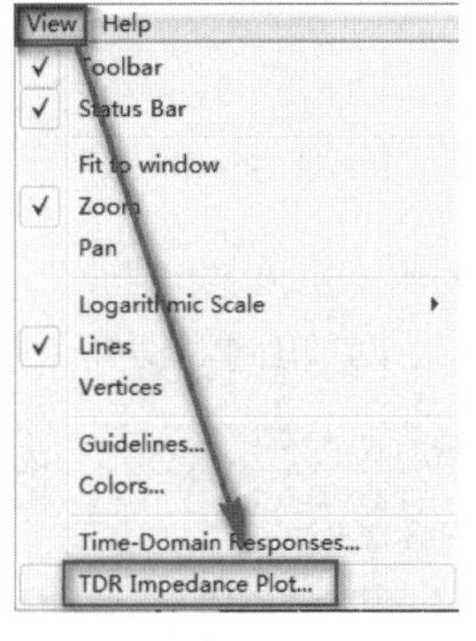


图 15-8

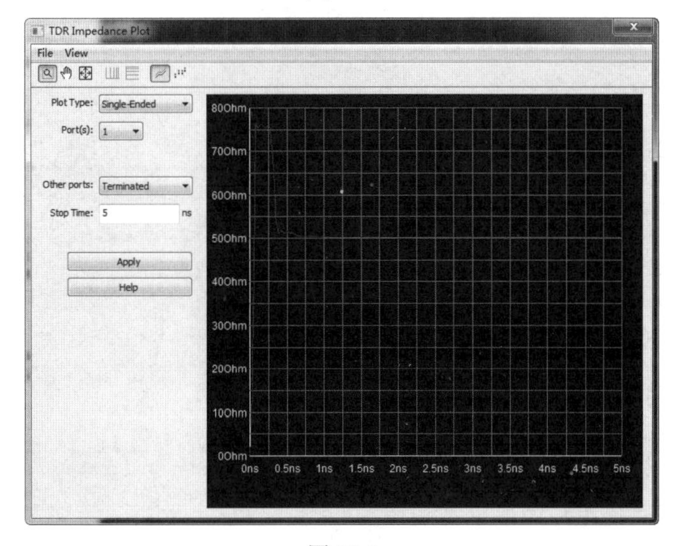


图 15-9

第 5 步：S 参数级联，具体实现如下所述。

① 通过 SI9000，导出 1in/2in/3in 的差分 S 参数，如图 15-10 所示。

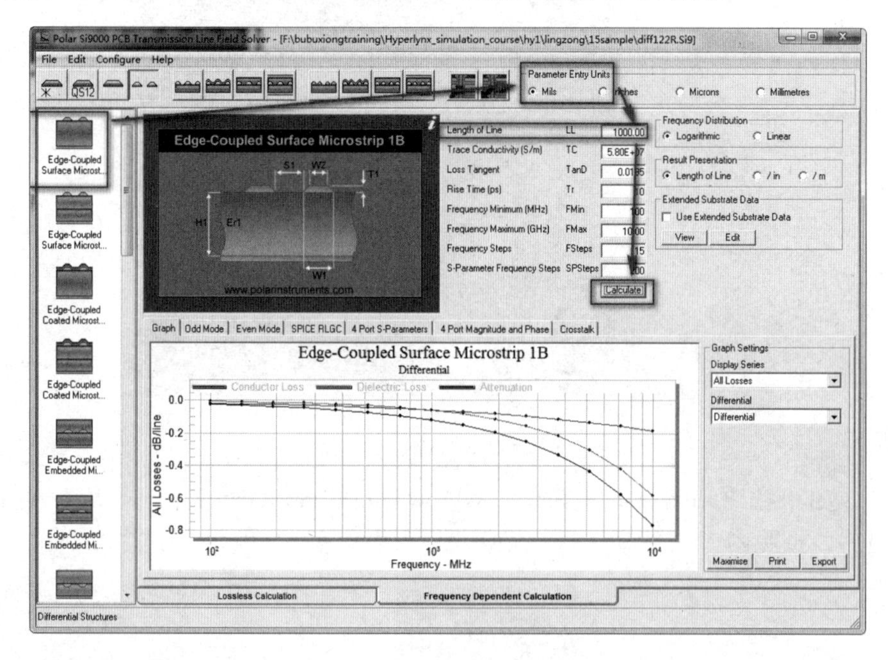


图 15-10

② 连续导出 S 参数名称（1inch.s4p/2inch.s4p/3inch.s4p）。

③ 单击查看 S 参数图标“”，在弹出的对话框中按照图 15-11 中所示进行操作。

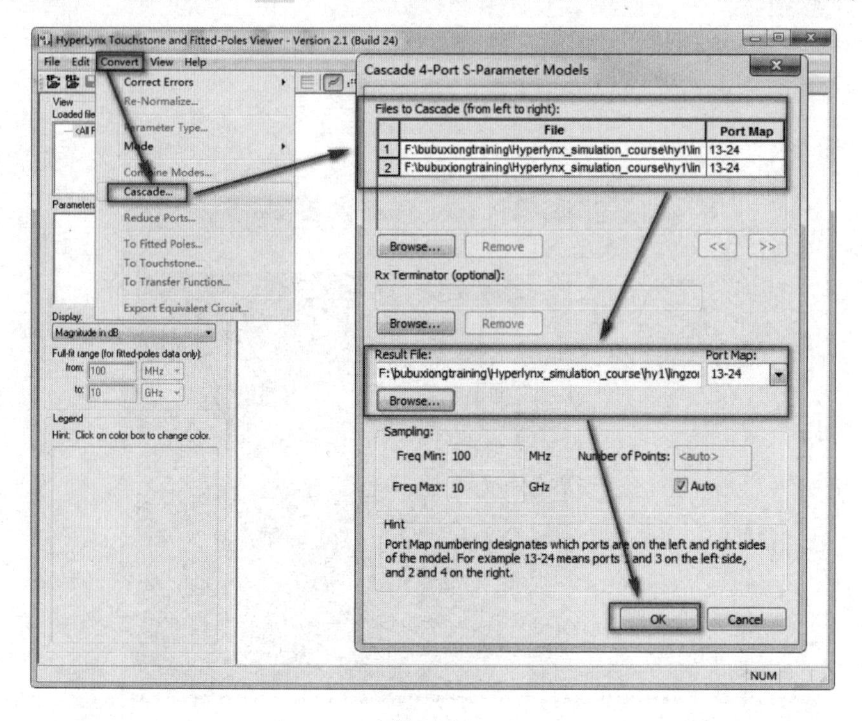


图 15-11

④ 导出后的 S 参数为 3inchcas.s4p。

⑤ 也可通过 LineSim 建立原理图导出 S 参数。如图 15-12 所示，建立一个原理图（14_1_2_cascade.ffs）。

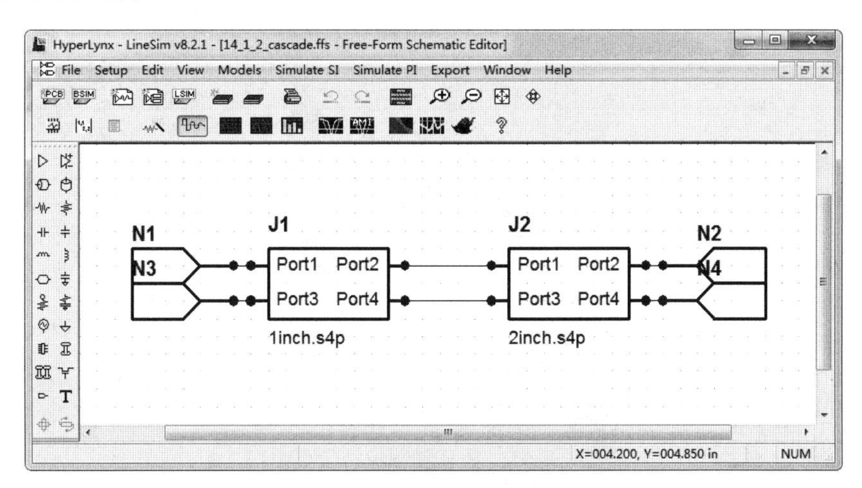


图 15-12

⑥ 按照图 15-13 中所示进行操作，导出 S 参数。

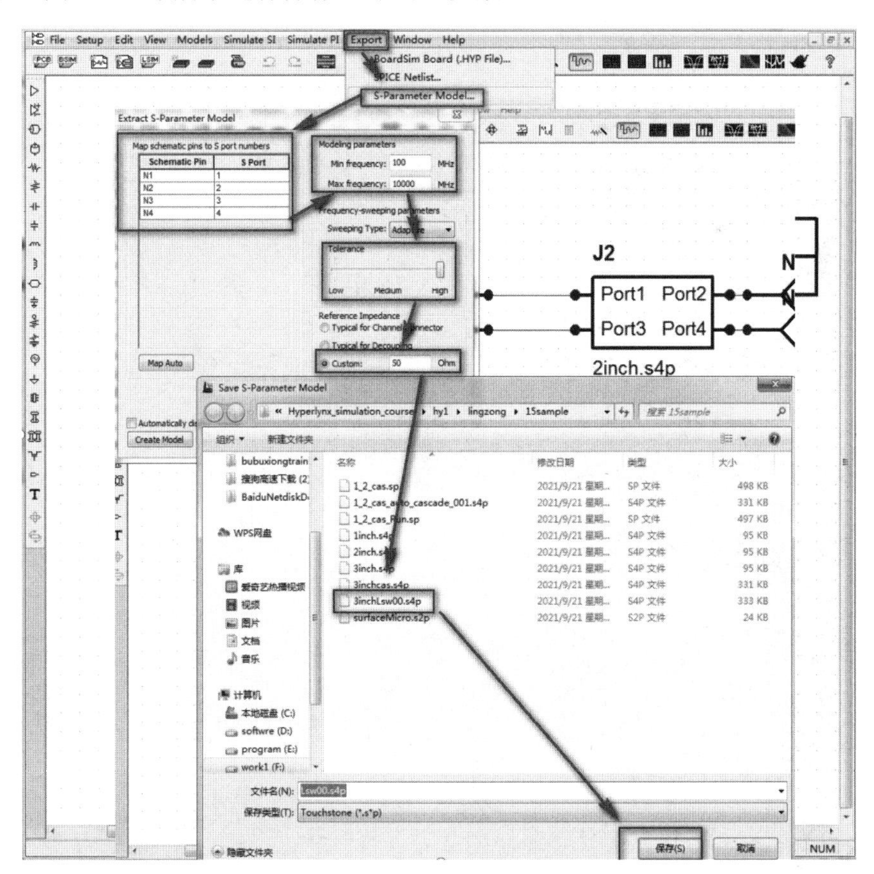


图 15-13

⑦ 通过 S 参数编辑器对比这 2 种方式级联的 S 参数，如图 15-14 所示。

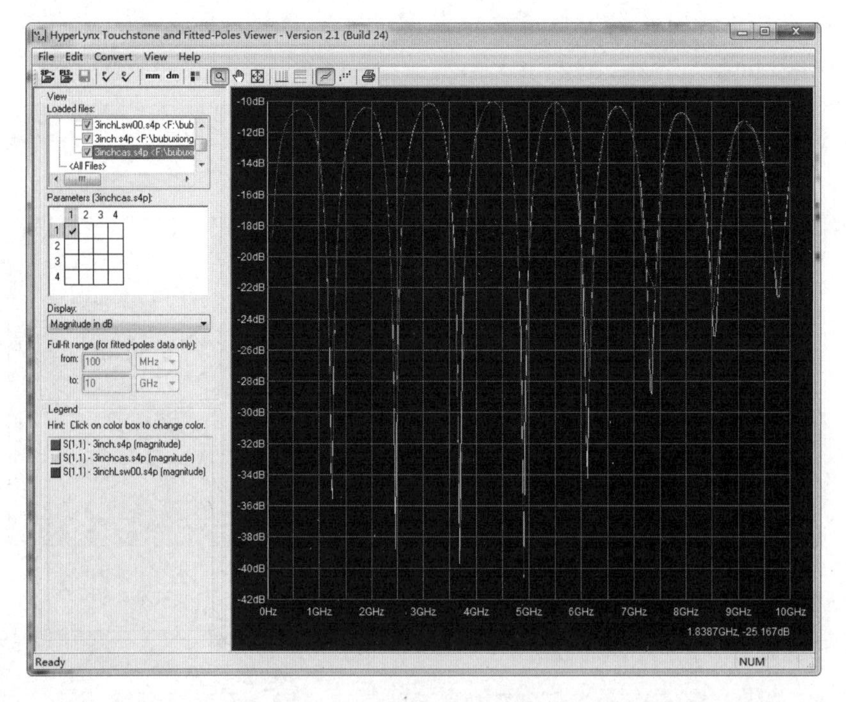


图 15-14

⑧ 建立一个工程做一下波形对比，级联 S 参数对比原理图如图 15-15 所示。

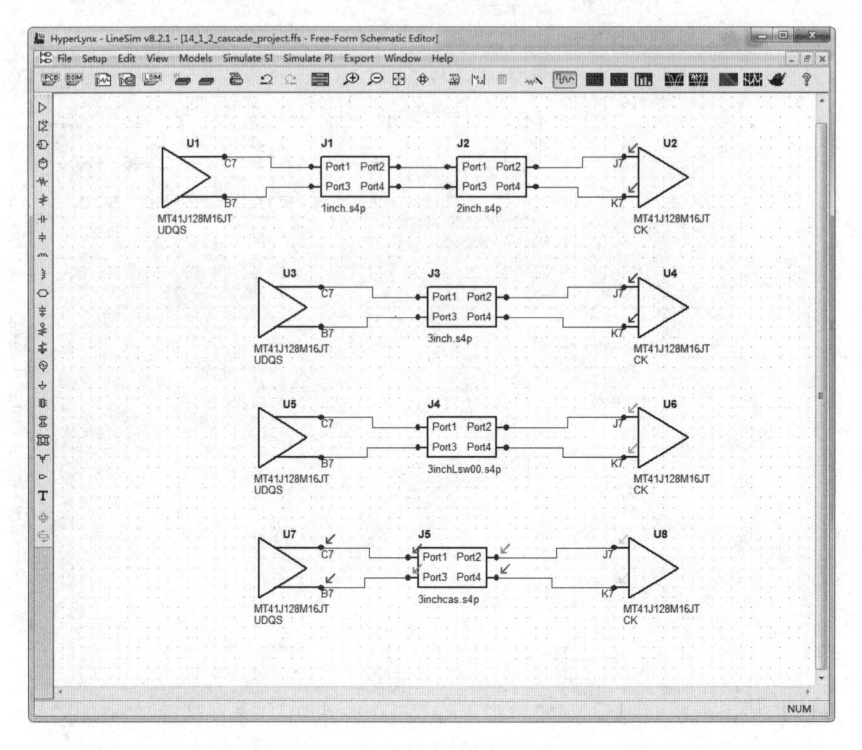


图 15-15

⑨ 仿真波形如图 15-16 所示。

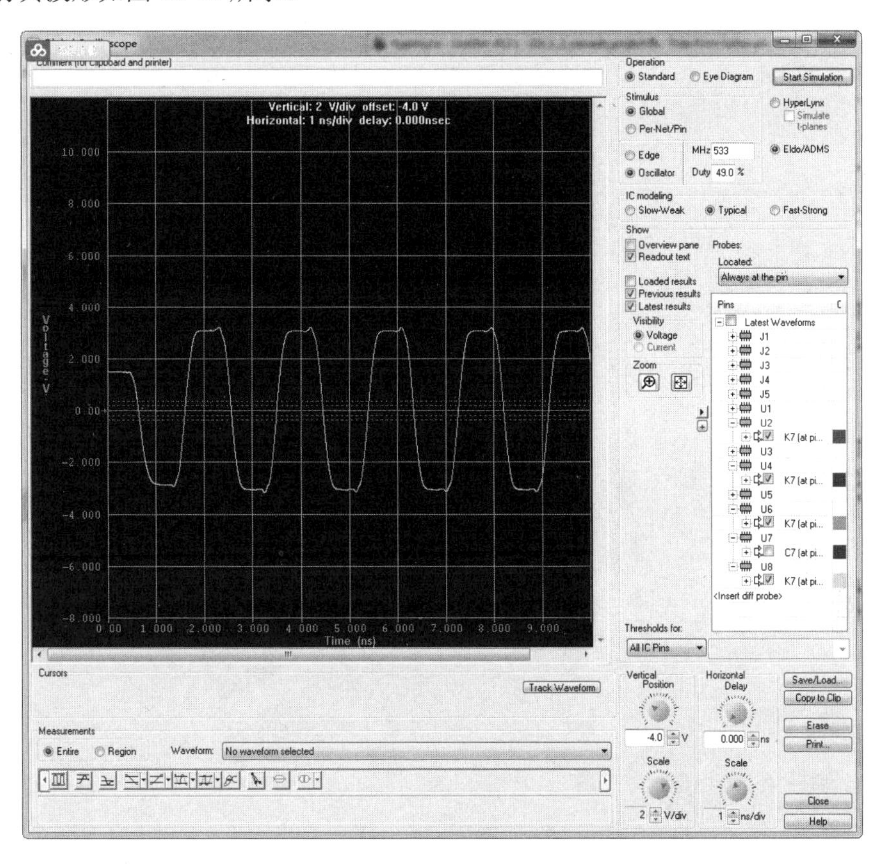


图 15-16

从图 15-16 中可以看出，波形一致性很好，可见级联是成功的。